Cell Biology

全国优秀教材
一等奖

细胞生物学

（第5版）

主　编　丁明孝　王喜忠　张传茂　陈建国

编著者　（按姓氏笔画排序）

丁明孝　王喜忠　邓宏魁　苏都莫日根
佟向军　邹方东　张传茂　陈丹英
陈建国　蒋争凡　焦仁杰　翟中和

高等教育出版社·北京

内容提要

《细胞生物学》第5版是一本全彩色印刷、图文并茂的教材。全书共16章，内容包括绪论、细胞生物学研究方法、细胞质膜、物质的跨膜运输、细胞质基质与内膜系统、蛋白质分选与膜泡运输、线粒体、叶绿体、细胞骨架、细胞核与染色质、核糖体、细胞信号转导、细胞周期与细胞分裂、细胞增殖调控与癌细胞、细胞分化与干细胞、细胞衰老与细胞程序性死亡、细胞的社会联系等。

本次修订以细胞重大生命活动为主线，以分子机制为视点，对教材结构体系进行了调整，由第4版的17章调整为16章，对全书超过20%的内容进行了修订、改写和补充。对基本概念、基础知识和基本理论进行了删繁就简，对学科发展前沿和研究新成果严谨引用、准确修正、及时更新，力争保持教材内容的基础性、科学性和前沿性。全书共有图片370余幅，其中照片120余幅，全部插图均为作者自主设计、绘制，全部照片源自作者科研成果或授权使用。

本书可供综合性大学、师范院校和农林、医学院校的本科生、研究生使用，也可供有关科研工作者参考。

图书在版编目（CIP）数据

细胞生物学 / 丁明孝等主编. --5版. -- 北京：高等教育出版社，2020.5（2023.12重印）

ISBN 978-7-04-047157-1

Ⅰ. ①细… Ⅱ. ①丁… Ⅲ. ①细胞生物学－高等学校－教材 Ⅳ. ①Q2

中国版本图书馆CIP数据核字（2019）第140619号

Xibao Shengwuxue

策划编辑 吴雪梅 王 莉　　责任编辑 张 磊 王 莉　　封面设计 王凌波
版式设计 张 楠　　插图绘制 李 钢　　责任印制 朱 琦

出版发行 高等教育出版社
社　　址 北京市西城区德外大街4号
邮政编码 100120
印　　刷 唐山市润丰印务有限公司
开　　本 889mm×1194mm 1/16
印　　张 24
字　　数 760千字
购书热线 010-58581118
咨询电话 400-810-0598
网　　址 http://www.hep.edu.cn
http://www.hep.com.cn
网上订购 http://www.hepmall.com.cn
http://www.hepmall.com
http://www.hepmall.cn
版　　次 1995年1月第1版
2020年5月第5版
印　　次 2023年12月第12次印刷
定　　价 89.00元

物 料 号 47157-A0

翟中和院士
北京大学教授

研究领域

细胞的结构与功能；
病毒与宿主细胞的相互作用

王喜忠
四川大学教授

研究领域

细胞遗传学

陈建国博士
北京大学教授

研究领域

细胞骨架的结构与功能；
神经系统的发育及细胞分化

苏都莫日根博士
北京大学教授

研究领域

植物细胞及生殖生物学

邹方东博士
四川大学教授

研究领域

细胞命运调控及
肿瘤细胞生物学

蒋争凡博士
北京大学教授

研究领域

天然免疫与肿瘤

丁明孝
北京大学教授

研究领域

细胞分化

张传茂博士
北京大学教授

研究领域

细胞周期调控与肿瘤细胞生物学；细胞核结构、动态变化与功能

邓宏魁博士
北京大学教授

研究领域

体细胞重编程；细胞命运调控；再生医学

佟向军博士
北京大学教授

研究领域

脊椎动物的胚胎发育

陈丹英博士
北京大学副教授

研究领域

固有免疫的细胞信号转导

焦仁杰博士
广州医科大学教授

研究领域

染色质可塑性与信号转导

数字课程（基础版）

细胞生物学

（第5版）

主编　丁明孝　王喜忠　张传茂　陈建国

登录方法：

1. 电脑访问 http://abook.hep.com.cn/47157，或手机扫描下方二维码、下载并安装 Abook 应用。
2. 注册并登录，进入“我的课程”。
3. 输入封底数字课程账号（20 位密码，刮开涂层可见），或通过 Abook 应用扫描封底数字课程账号二维码，完成课程绑定。
4. 点击“进入学习”，开始本数字课程的学习。

课程绑定后一年为数字课程使用有效期。如有使用问题，请点击页面右下角的“自动答疑”按钮。

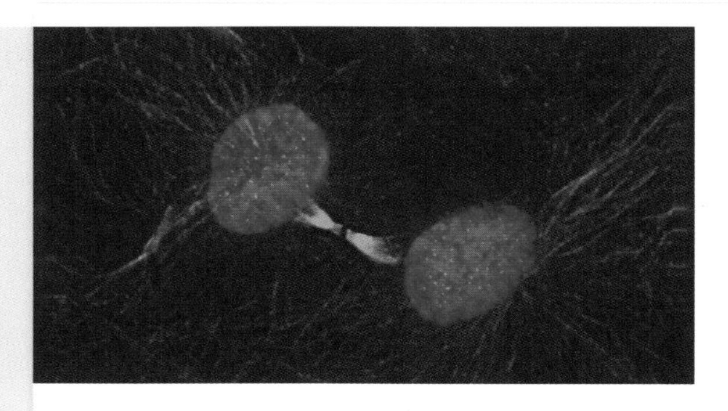

细胞生物学（第5版）

本数字课程资源主要包括书中各章的知识窗、教学课件、自测题、细胞生物学重要名词解释以及1901—2019年诺贝尔生理学或医学奖和部分化学奖获奖项目及获奖人员简介。本资源是对纸质教材的有力补充和拓展，供有兴趣的学生和教师参考。

用户名：　密码：　验证码：　5360　忘记密码？　登录　注册

http://abook.hep.com.cn/47157

扫描二维码，下载Abook应用

前言

细胞生物学是生命科学的基础和前沿学科。探究细胞及其生命活动规律既是生命科学的出发点，也是生命科学的汇聚点。正如生物学大师 Wilson 所预言的那样，“一切生命的关键问题都要到细胞中去寻找答案”。细胞生物学是当前生命科学中发展最快的学科之一，随着学科前沿的不断拓展，人们对细胞的认识也随之日益充实和更新。作为一门本科生基础课的教材，如何从海量的资料中进行取舍，把基础与前沿知识有机地结合起来，寻求细胞中诸多生命科学问题的答案，一直是教材编写所遇到的难题，同时也是讲好这门课程所面临的主要问题。

自第 4 版《细胞生物学》教材问世以来，得到了广大师生的关心与厚爱，我们收到许多老师和学生的反馈意见与建议。为了做好再版工作，我们专程走访了 17 所不同类型的高校，听取了几十位任课教师的意见，他们对本书再版的章节框架及其具体内容提出了中肯建议，极大鼓励和鞭策了我们做好第 5 版教材的修订工作。这次修订，主要涉及到如下几个方面：

一、鉴于细胞生物学研究的迅猛发展，本次修订以细胞重大生命活动为主线，以分子机制为视点，对教材结构体系以及全书超过 20% 的内容进行了调整和补充。将第 4 版中的第一章和第二章内容合并、精简和充实；加大了“细胞分化”一章中干细胞生物学的分量；对“细胞信号转导”和“细胞衰老与细胞程序性死亡”等章节的内容做了较大幅度的修改与补充；对基础知识、基本概念和基本理论进行了删繁就简，适度引进和增加了新的研究成果，力图保持教材内容的基础性、科学性和前沿性的特点。同时，集成细胞生物学国家精品课程建设和研究成果，注意把握好拓宽知识和更新内容的分寸，以利于加强学生自学能力，调动学习的主动性。令人欣慰的是，在细胞分子生物学领域，国内涌现出一批令人瞩目的科研成果，如通过化学重编程获得多潜能干细胞，解析了葡糖转运蛋白、γ 分泌酶等重要生物大分子复合体的三维结构，破解了 RNA 拼接的机理，提出染色质折叠新的结构模型等。这些内容，不仅有利于读者了解学科发展的动态和前沿知识，而且也有助于激发学生的学习热情。本教材一直力求“图文并茂”，这次再版又对其部分插图和照片做了修改和更新，依然采用彩版印刷，力图进一步增强其科学性、新颖性和可读性，以便于学生理解复杂的细胞生命活动的过程与机理。

二、现行教学计划中，细胞生物学理论课为 3 个学分。根据细胞生物学课程的定位和教学基本要求，第 5 版教材由第 4 版的 17 章 51 节调整为 16 章 45 节，共计 76 万字，以便更好地适应生物科学、生物技术、生物工程专业及农、林、医药等类专业本科生基础课教学的需要。翟中和院士反复强调：书不要越编越深，要尽量突出“精”，即“精彩”；读起来不“累”，要“轻松愉快”；对教材的内容和文字，还需要反复推敲，反复磨练，大家还有很长的路要走。依照翟老师关于本次教材修订的指导思想，本教材的作者们付出了艰辛的劳动。我们觉得，第 5 版教材现有的篇幅和内容，应该更适于教师因地制宜地取舍与“少而精”地讲授，利于实现预定的教学目标。

三、在第 5 版教材的修订过程中，翟老师提议邀请从事干细胞生物学研究的邓宏魁教授和从事免疫学与细胞信号转导研究的蒋争凡教授参加本书的修订与编写工作。这两位老师在各自领域都做出了出色的研究成果，对干细胞、细胞分化和细胞信号转导等领域，具有较为深入和独到的理解，为本书的修订增添了新的活力。同时，翟老师还主动提出并极力要求不再担任本书的主编，由丁明孝、王喜忠、张传茂和陈建国四位教授共同担任第 5 版的主编。翟老师非常重视细胞生物学教学和教材建设。自 1991 年倡导并组织编写这本教材以来，为之付出了巨大的努力并取得了卓著的成绩。我们知道，第 1 版《细胞生物学》(1995 年) 曾获教育部科学技术进步奖一等奖 (1998)、国家科学技术进步奖三等奖 (著作类，1999)；第 2 版《细胞生物学》(2000 年) 是教育部推荐的“面向 21 世纪课程教材”，同时也是“九五”国家级重点教材，获国家级优秀教材一等奖和国家级教学成果奖二等奖 (2002)；第 3 版《细胞生物学》(2007 年) 是普通高等教育“十一五”国家级规划教材和高等教育出版社“百门精品教材”，获北京市精品教材一等奖和国家级教学成果奖二等奖 (2009)；第 4 版《细胞生物学》(2011 年) 为“十二五”普通高等教育本科国家级规划教材，被 200 余所高等院校采用，成为国内生物类教材发行量最大的教材之一。翟老师对《细胞生物学》教材提出了殷切的期望，他说：“通过大家共同努力，该书越编越好，真正成为一部经得起考验的精品教材。”翟老师的鼓励，让我们每位作者铭记在心，深受感动。他对教材建设呕心沥血、严谨执着的精神，将激励我们一代一代地继续努力工作下去。

第 5 版《细胞生物学》教材的编写和修订，旨在与国内同类教材起到相得益彰的作用。然而，尽管我们为之付出了极大的努力，但由于细胞生物学发展迅速，知识结构不断拓展，许多概念和内容不断更新，以及我们自己的知识和能力有限，所以，此次修订中难免存在错漏之处，敬请读者批评指正。

当此第 5 版教材即将与读者见面之际，我们对国内外众多支持和帮助过我们的专家、学者和广大师生充满了感激之情。首先要感谢纽约大学兰岗医学中心孙同天教授和兰岗医学中心电镜室梁凤霞教授，他们极其热心、全力以赴地为本版教材征集并提供大量图片。感谢哈佛大学庄小威院士为本书修改了超高分辨率显微术一节并提供珍贵的图片，马普研究所郭强博士修订了蛋白酶体部分并提供相关资料与图片。感谢美国国立卫生研究院 Bechara Kachar 教授，纽约大学兰岗医学中心 David Stokes 教授、Devrim Acehan 博士、Dan Littman 教授、孔祥鹏教授、周铭博士，瑞士巴塞尔大学 Ueli Aebi 教授，苏黎世大学 Markus Noll 教授，华盛顿大学医学院 John Heuser 教授，得克萨斯大学 Potu N. Rao 教授，威斯康星大学 Hans Ris 教授，滨州州立大学刘爱民教授，日本东京大学医学院 Nobutaka Hirokawa 教授等，他们为本书惠赠照片或审订书稿，其支持和帮助是本书得以顺利出版的重要保障。

在本次修订过程中，还得到国内许多教授和专家的大力支持。北京大学程和平院士认真审阅了钙火花部分并提供图片，高宁教授和李治非博士审阅了核糖体一章并增加了新的内容和图片。清华大学施一公院士、颜宁教授、俞立教授、欧光朔教授，厦门大学韩家淮院士，浙江大学洪健教授，复旦大学马红教授，同济大学祝建教授，南开大学胡俊杰教授和 Yoko Shibata 博士，山东大学医学院李伯勤教授，中国农业大学袁明教授，北京师范大学何大澄教授，中国科学院生物物理研究所李国红研究员和朱平研究员，中国科学院遗传与发育生物学研究所杨琳博士，北京生命科学研究所何万中研究员，北京大学童坦君院士、张博教授、胡迎春博士、刘轶群博士、董巍博士、杜立颖老师、王承艳博士、王佳茗和姚安之女士等，他们或惠赠图片或撰写和校订书稿，从各方面予以热情的帮助，对此我们表示由衷的感谢！

感谢南开大学、武汉大学、华中科技大学、北京化工大学、中国农业大学、华中农业大学、北京林业大学、天津师范大学、北京师范大学、山西大学、河北大学、湖北大学等高校，在我们走访调研中，各校给予了全力的支持；特别是要感谢舒红兵院士、刘江东教授、卜文俊教授、王芳教授、荆艳萍教授和王兰教授等，他们对我们盛情接待、热心帮助，保障了我们调研工作顺利开展。感谢西北农林科技大学李绍军老师对本书提出许多中肯的意见。

在第5版教材修订过程中，策划编辑王莉女士和责任绘图师李钢博士始终兢兢业业、忘我付出，令本书编者深受感动。责任编辑张磊博士在该教材图文加工等方面给予了大力帮助。高等教育出版社林金安先生、生命科学与医学出版事业部吴雪梅女士给予了热情的帮助和指导，在此，我们表达诚挚的感谢！

在本教材即将完成修订之时，与我们共同奋斗十七载的良师益友王喜忠教授，不幸因病辞世。自1991年起，王老师在本教材的第1版至第5版的整个撰写和出版过程中，做了大量的组织工作和无私奉献。王老师为人豁达风趣，思路明朗清晰，善于把复杂的科学问题深入浅出地表述出来，对本教材的编写乃至对我国细胞生物学的教学都发挥了重要的作用。我们谨以第5版《细胞生物学》的出版，对王喜忠老师表示深切的怀念和深沉的敬意！

丁明孝　张传茂　陈建国

2019年7月

关于本书基因和蛋白质符号书写规范的说明

每个物种都有自己的基因和蛋白质命名惯例。对于基因符号，在某些物种中，全部用大写或小写字母表示；而在另一些物种中，第一个字母大写，其余字母小写。对于蛋白质符号，也存在类似的情况。但共同点是，基因符号总是用斜体字，蛋白质符号总是用正体字。

个性化的命名惯例使学习者无所适从。在很多情况下讨论问题时，仅需要泛指一种基因或蛋白质，而不需要具体说明是人源、鼠源或者拟南芥源，因而有必要做一些统一化处理。对于本书中基因和蛋白质符号的书写，特作出如下约定：

所有物种的基因符号，统一用斜体表示，其中第一个字母大写，其余字母小写，如 *Ras*、*Cdc2*、*Src*、*Fzo*。在某些情况下，为区分功能或演化相关的基因，在基因符号中会添加字母或数字：若所加字母或数字位于基因符号之后，字母或数字与原符号之间不加连字符，如 *AccD*、*Dnm1*、*Adl2B*，但若由此而引起误解的除外，如 *Mtr1-1*；若所加字母位于基因符号之前，则字母与原符号之间添加连字符，如 *K-Ras*、*N-Myc*、*c-Myc*。在指称突变体名称时，全部采用小写字母，如 *fzo*，除非其中的字母表示类型的区分，如 *bimE7*。

对于蛋白质的命名，情况稍微复杂。为避免强制统一对于既有规则的破坏，本书在作出约定的同时，尽量兼顾文献中的样式。在大多数情况下，与基因对应的蛋白质，以与基因同样的方式书写，但用正体而不是斜体，如 Ras、Cdc2、Src、Fzo。但个别蛋白质符号因鲜有文献采用仅首字母大写的书写方式，其蛋白质符号书写同文献，如 AQP。

需要说明的是，本书用英文全称的首字母缩略词提及一类蛋白质或者某些蛋白质时，其名称根据英文缩略词构词法原则采用全部大写，如 HSP（heat shock protein）、GFP（green fluorescence protein）、IRE1（inositol requiring enzyme 1）。而在具体表征某个蛋白质时仍只用首字母大写，如 Hsp70、Hsp100。

目录

第一章

绪论

许多科学家认为，生命科学的发展可以划分为三个阶段，即 19 世纪以及更早的时期，是以形态描述为主的生物科学时期；20 世纪上半叶，主要是实验生物学时期；20 世纪 50 年代以来，由于 DNA 双螺旋结构的发现与中心法则的确立，生命科学进入了精细定性与定量的现代生物学时期。人们对细胞的认识大致也符合这一历史进程。那么作为经典生物学重要分支的细胞学（cytology）是在怎样的历史条件下建立和发展起来的呢？现代的细胞生物学（cell biology）又如何取代了细胞学的位置，发展成当今生命科学中一门备受关注的前沿学科呢？为此我们有必要重温这段科学发展的历史。

回顾学科发展史，不仅是简单地知道一些著名科学家的名字和他们对学科发展的贡献，更重要的是要了解人们在认知细胞的过程中，在每个时期所面临的核心问题及相关的代表人物，他们是如何分析和解决这些问题，最终形成学科的基本概念和基本理论。

因此，追溯本学科领域的认知历程，对我们了解和掌握认知规律，总结和归纳出本学科目前的基本理论与基本概念，以及学科面临的科学问题及解决途径，开创出自己未来的一片天地，是大有裨益的。我们也力求把这一教学思路贯穿在本书的其他章节中。

如果从细胞的角度去看整个生物界，我们会发现，五彩缤纷的生物界是由种类繁多、类型各异的细胞组成。在本书详细讲述细胞结构与功能之前，有必要浏览一下细胞世界中不同类型的细胞及其基本特征，了解细胞的同一性与多样性。作为非细胞形态的生物体——病毒及其与细胞的关系也将在本章作扼要的介绍。

第一节 细胞学与细胞生物学

人们通常称 1838—1839 年施莱登（M. J. Schleiden）和施万（T. Schwann）确立的细胞学说、1859 年达尔文（C. R. Darwin）确立的进化论和 1866 年孟德尔（G. J. Mendel）确立的遗传学为现代生物学的三大基石，可以说细胞学说又是后两者的“基石”，细胞学也正是在此基础上建立和发展的。20 世纪 50 年代，分子生物学的建立和发展，改变了诸如动物学、植物学、胚胎学、生理学、遗传学等经典生物学的面貌，同时也产生了细胞生物学等新型的学科，极大促进了整个生命科学和生物技术的发展。

细胞学是研究细胞结构和功能的生物学分支学科。细胞生物学是应用现代物理学与化学的技术成就和分子生物学的方法与概念，在细胞水平上研究生命活动的学科。那么这两个学科有什么联系，区别在哪里？当前人们又是如何理解细胞生物学这一学科的呢？我们只要从这两个学科的建立和发展历程就不难得出答案。

一、细胞的发现

人的肉眼很难观察到细胞，没有显微镜的研制，就不会有细胞的发现。欧洲13世纪就发明了眼镜，16世纪末才研制出第一台显微镜。英国学者胡克（R. Hooke）对软木塞良好的密封性感到好奇，于是用自制的显微镜（放大倍数为40～140倍），观察了软木（栎树皮）的薄片，第一次描述了植物细胞的构造，并首次借用拉丁文*cellar*（小室）这个词，来描述他所看到的类似蜂巢状结构（实际上观察到的只是死亡组织中的细胞壁）。后来英文用cell这个词，中文译为“细胞”。胡克有关细胞的首次描述，出现在他1665年发表的著作《显微图谱》中。因此，人们也就认为细胞是在1665年由胡克发现的。

此后不久，荷兰学者列文虎克（A. van Leeuwenhoek）设计和研制了当时最好的显微镜，以极大的好奇心，观察了许多活体动植物细胞、原生动物甚至细菌，孜孜不倦长达50年之久。1674年他在观察鱼的红细胞时，还描述了细胞核的结构。就真正的活细胞发现而言，当属列文虎克是不足为过的。令人惊叹的是，为人们打开细胞世界之门做出巨大贡献的列文虎克（见知识窗1-1）竟是一位布店的学徒。

随着显微技术的发展，在此之后的170多年历史中，更多的学者对动植物的微观结构进行了广泛的研究，积累了大量资料：如1833年，英国植物学家R. Brown发现植物细胞内存在细胞核；接着人们观察到动物细胞的核仁。随着对细胞及其与有机体关系的认识不断加深，人们终于有可能对这些知识进行科学的概括，并上升到具有普遍指导意义的理论高度，提出了细胞学说。

施莱登（1804—1881）

施万（1810—1882）

二、细胞学说的建立及其意义

细胞学说产生于19世纪的德国，这并非偶然。当时的德国自然科学相当发达，自然哲学非常流行，科学家面对纷繁复杂的自然界时，总是力图运用哲学思辨，提炼出纷乱现象背后的本质。于是，人们对植物和动物的大量显微观察所得到的结果，借助哲学思辨的头脑分析和总结归纳，上升到理论的高度，细胞学说应运而生。1838年，德国植物学家施莱登发表了《植物发生论》，指出细胞是构成植物的基本单位。1839年，德国动物学家施万发表了《关于动植物的结构和生长的一致性的显微研究》论文，在总结前人工作的基础上提出：一切植物、动物都是由细胞组成的，细胞是生物体的基本结构单位。这就是著名的“细胞学说”（cell theory）。然而，此刻的细胞学说并不完善，在不少细节上还存在谬误。如施莱登曾认为，细胞的繁殖是新细胞在老细胞的核中产生，通过细胞崩解而完成的。这种看法随即被一系列学者的研究所修正。德国医生和病理学家R. Virchow 1858年指出，“细胞只能来自细胞”，“正如动物只能来自动物，植物只能来自植物一样”。此外，他还提出有机体的一切病理表现都是基于细胞的损伤。Virchow关于细胞来自细胞的观点，进一步指明了细胞作为一个相对独立的生命活动基本单位的性质，通常被认为是对细胞学说的一个重要补充和完善。因此，有些人认为细胞学说应当是在1858年才最后完成的。

细胞学说提出后的十几年中，这一理论迅速得到充实、发展而日臻完善，并影响了许多生物领域的研究。如C. T. E. von Siebold研究表明，不仅动植物，而且原生动物也是由细胞组成的，它就是只含一个细胞的动物，能独立地进行全部生命活动；A. Kolliker通过对胚胎学的研究，证明了生物个体发育的过程就是细胞不断繁殖和分化的连续过程。至19世末期，细胞学说得到了普遍的承认，也标志着细胞学的建立，从而为现代生物学的发展奠定了基础。恩格斯说："有了这个发现，有机的有生命的自然产物的研究——比较解剖学、生理学和胚胎学——才获得了巩固的基础。"同时他把细胞学说、能量守恒定律和达尔文进化论并列为19世纪自然科学的"三大发现"。进化论解释了生物的多样性，而细胞学说提出了生物同一性的细胞学基础，因而大大推进了人类对整个自然界的认识，有力地促进了自然科学和哲学的进步。

三、从经典细胞学到实验细胞学时期

细胞学说的建立，很自然地掀起了对多种细胞进行广泛地观察与描述的高潮。19世纪的最后25年，各种细胞器和细胞分裂活动相继被发现，这称为细胞学的经典时期。进入20世纪以后，人们对细胞的探索从好奇或消遣性地观察进入了主动地科学实验，称为实验细胞学时期，细胞学呈现出繁荣的景象，同时也促进和带动了生物学多学科的发展。

经典细胞学时期的主要进展有如下几个方面：

（1）原生质理论的提出　1840年J. E. Pukinje和1846年H. von Mohl首次将动物和植物细胞内的均匀、有弹性的胶状物质称为"原生质"（protoplasm）。1861年，M. Schultze提出了原生质理论，认为组成有机体的基本单位是一小团原生质，这种物质在各种有机体中是相似的。1880年，J. von Hanstein提出"原生质体"（protoplast）概念，细胞的概念进一步演绎成具有生命活性的一小团原生质。protoplast显然比cell（小室）对细胞的理解更为确切，但由于cell一词已经通行，所以就沿用下来。然而，这一重要的基本概念的深化，极大促进了人们对细胞中具有生命活性的物质及其结构的研究进程。

（2）细胞分裂的研究　W. Flemming在动物细胞，E. A. Strasburger在植物细胞中都发现了细胞核的分裂过程，1880年Flemming称其为有丝分裂（mitosis），并证实有丝分裂的实质是核内丝状物（染色体）的形成及其向两个子细胞的平均分配。van Beneden（1883年）和Strasburger（1886年）分别在动物与植物细胞中发现减数分裂（meiosis），至此发现了细胞分裂的基本类型。

（3）细胞器的发现　随着显微镜分辨力的提高和石蜡切片及多种染色方法的发明，各种细胞器相继被发现。如1883年van Beneden和T. Boveri发现中心体，1894年R. Altmann发现线粒体，1898年C. Golgi发现高尔基体等。这一系列重要的发现，极大地丰富了人们对细胞的认识并引发人们更深入的探索。

1892年，O. Hertwig在《细胞和组织》一书中，提出生物学的基础在于研究细胞的特性、结构和机能，并以细胞为基础，对所有生物学现象进行归纳与综合，从而使细胞学成为生命科学的一个独立分支。同时，由于他采用实验方法研究海胆和蛔虫卵发育中的核质关系，实际上创立了实验细胞学。此后，人们广泛应用实验的手段与分析的方法，借助各种模式生物来研究细胞学中的一些重要问题，为细胞学的研究开辟了众多新的领域，并与生物学其他领域相结合，形成了一些重要的分支学科。特别是在后期，组织与细胞体外培养技术的建立与应用，使实验细胞学得到迅速的发展，其主要内容包括：

（1）细胞遗传学　1876年Hertwig发现了动物的受精现象；1883年van Beneden发现了蛔虫的卵和精子的染色体只有体细胞的一半；1888年Strasburger等在植物体中也发现受精现象，并证明生殖细胞的染色体数是体细胞的一半；1900年，孟德尔在34年前发现的遗传法则被重新提出；1905年E. B. Wilson发现性别与染色体的关系，A. Weissman推测遗传单位有序地排列在染色体上。在这些研究的基础上，德国的Boveri同美国的W. Sutton不谋而合地提出遗传的染色体假说，把染色体的行为同孟德尔的遗传因子联系起来；1910年，摩尔根（T. H. Morgan）用果蝇做了大量的实验遗传学工作，证明基因是决定遗传性状的基本单位，而且直线排列在染色体上。上述的工作使细胞学与遗传学结合起来，奠定了细胞遗传学的基础（见知识窗1-2）。

细胞遗传学主要从细胞学角度，特别是从染色体的结构和功能，以及染色体和其他细胞器的关系来研究遗传现象，阐明遗传和变异的机制。其核心就是染色体–基因学说。虽然当今染色体和基因的概念与研究内容已发生了根本的变化，人们已经很少提起细胞遗传学这个概念，但染色体结构与基因表达控制关系这一科学问题仍是人们关注的热点。

（2）细胞生理学　19世纪末期开始，人们注意到活细胞的运动，如细胞的变形运动、细胞质流动、纤毛与鞭毛运动和肌肉收缩等，并进行了相关的研究。随着生理学技术的发展，人们在细胞质膜及其通透性、细胞的应激性与神经传导等方面也开展了大量研究工作。

1909 年，R. Harrison 和 A. Carrel 创立了组织培养技术，为研究细胞生理学开辟了一条重要途径。1943 年，A. Claude 用高速离心机从活细胞内把细胞核和各种细胞器（如线粒体、叶绿体）分离出来，在体外研究它们的生理活性，这对研究细胞器的功能和化学组成，以及酶在各细胞器中的定位等起了很大的作用。细胞生理学的主要研究内容是：细胞对其周围环境的反应，细胞生长与繁殖的机制，细胞从环境中摄取营养的能力，细胞的兴奋性、收缩性、分泌性，生物膜的主动运输和能量传递与生物电等。随着现代生物学的快速发展，细胞生理学这一分支学科似乎在逐渐淡化，但其研究内容却不断延伸，如物质跨膜运输、信号转导等已成为当前细胞生物学的重点。可认为这是细胞生理学研究与其他学科交融发展的结果。

（3）细胞化学　早期对生物体化学成分和基本生化反应的研究，是脱离细胞的形态结构进行的。1924 年，R. Feulgen 等首先建立了对细胞内脱氧核糖核酸（DNA）特异性的定性检测方法，这就是众所周知的福尔根反应（Feulgen reaction）。此后，1940 年 J. Brachet 用甲基绿－派洛宁染色方法来测定细胞中的 DNA 与 RNA，T. O. Casperson 用紫外显微分光光度法测定 DNA 在细胞中的含量。细胞组分分离技术、放射自显影技术和超微量分析等方法的广泛运用，对细胞内核酸与蛋白质的代谢研究也有很大的促进作用。细胞化学这一分支学科一直保持着强劲的发展势头，由显微分光光度法到流式细胞术，由福尔根反应到核酸分子原位杂交技术，由免疫荧光技术到激光扫描共聚焦显微技术等，使人们对细胞成分，特别是核酸与蛋白质的定性、定位、定量以及动态变化研究达到前所未有的精确性与专一性。

上述实验细胞学分支学科并没有停步不前，其内容与内涵也在不断发展与演变，直至现在依然还是细胞生物学的重要组成部分。

四、细胞生物学学科的形成与发展

20 世纪 50 年代以来，随着电子显微镜超薄切片技术的发展，在人们眼前呈现出一个崭新的细胞微观世界——细胞超微结构。不仅已知的细胞结构，诸如线粒体、高尔基体、细胞质膜、核膜、核仁、染色质与染色体等结构以新的面貌展现在人们的面前，而且还发现了一些新的重要的细胞结构，如内质网、核糖体、溶酶体、核孔复合体与细胞骨架体系等，从而为细胞生物学学科的形成奠定了基础。那么，这些精细的细胞结构是怎样组成的？确切的功能是什么？它们又是如何相互协同作用，完成各种复杂的代谢活动和生命过程呢？这些问题仅靠超微形态学的研究是难以回答的。1953 年沃森（J. Watson）和克里克（F. Crick）等人发现了 DNA 分子双螺旋结构，随后，人们提出了遗传中心法则，标志着分子生物学这一新兴学科的问世。正是由于分子生物学概念与技术的引入，分子生物学、生物化学、遗传学等学科与细胞学之间相互渗透与结合，人们对细胞结构与功能的研究水平达到了新的高度。20 世纪 70 年代以后，细胞生物学这一学科最后得以形成并确立。20 世纪 70 年代建立的转基因技术和单克隆抗体技术，80 年代各种模式生物的建立及其大量突变株的分析，特别是 90 年代以来，经典基因打靶技术以及 TALEN、CRISPR/Cas 技术的广泛应用，DNA 测序技术、生物芯片技术的快速发展，都极大地促进了人们在分子水平上对细胞的基本生命活动规律的探索。人类基因组计划及随后的蛋白质组等“组学”的兴起和快速发展，极大地拓展了对生物分子研究的视野，各种高通量技术以及生物信息技术的发展使人们能够“认识”并能以实验手段加以研究的基因和蛋白质的种类有了爆炸性的增加，从而也使得过去相对孤立的调控因子或信号通路的研究，日益趋于迅速细化的网络式系统。而细胞生物学自身也成为一门学科综合性很强、特别是与分子生物学密不可分的前沿学科。正因如此，自 20 世纪 80 年代以来，人们开始赋予细胞生物学以“分子细胞生物学”或“细胞分子生物学”等名称。诺贝尔奖最能集中反映当代生物科学的重大成就。综观近 50 年来荣获诺贝尔生理学或医学奖、化学奖的课题内容，很多都是与细胞生物学密切相关（见本书附录及配套数字课程）。

细胞生物学是应用现代物理学与化学的技术，以及分子生物学的概念与方法，侧重从细胞作为生命活动的基本单位的思维为出发点，研究和揭示细胞基本生命活动规律的科学。它从显微、亚显微与分子水平上研究细胞结构与功能，细胞的增殖、分化、衰老、死亡，以及细胞信号转导和基因表达调控，细胞起源与进化等重大生命过程。可以看到，细胞的结构与功能、细胞重大生命活动及其分子机制的研究日趋深入，已经成为 21 世纪生命科学研究的重要领域，并以空前的广度和深度，直接和强有力地影响和改变着人类的生活。

无论是单细胞的生物还是多细胞的有机体，生命体都呈现出多层次、非线性的复杂体系的性质，是高度动态的耗散性的结构体系，而细胞则是生命体结构与功能的基本单位，有了细胞才有完整的生命活动。所以毫不奇怪，细胞是生命活动的枢纽层次，细胞生物学成为生命科学的枢纽学科和前沿学科。细胞的研究既是生命科学的出发点，又是生命科学微观和宏观研究的汇聚点，也因之成为当前生命科学中发展最快的领域之一。早在1925年，生物学大师Wilson就提出“一切生命的关键问题都要到细胞中去寻找答案”。重温这句名言，至今仍感内涵深刻。

生物的生殖发育、遗传、神经（脑）活动等重大生命现象的研究都要以细胞为基础，一切疾病发病机制也是以细胞病变为基础，以基因工程和蛋白质工程为核心的现代生物技术主要是以细胞操作为基础而进行的，因此，细胞生物学不仅与生命科学的各个分支学科，而且也与农业、医学的发展有着密不可分的联系，它将在解决人类面临的重大问题、促进经济和社会发展中发挥重要的作用。

第二节　细胞的同一性与多样性

地球上的生命形式千差万别，已经命名的物种超过200万种，实际存在的物种估计数以千万计，但作为生命基本单位的细胞，则有显著的基本共性，诸如相似的化学组成、最基本的结构形式、类似的遗传语言和相似的代谢调控机制。同时，细胞又表现出它的多样性，正是由于存在种类繁多、形态各异、功能多样的细胞，才得以形成不同的物种和构建多细胞生物体的组织和器官。本书的开始，有必要扼要介绍一下五彩缤纷的细胞世界的同一性与多样性。

一、细胞是生命活动的基本单位

地球上只存在一种生命形式，就是以细胞为基本形态结构的生命体。细胞是生命活动的基本单位，所有的细胞都具有共同的基本特征：

（一）细胞的基本共性

1. 相似的化学组成

在自然界存在的90种元素中，细胞只利用其中的20多种元素构成自身，其中包括碳（C）、氢（H）、氧（O）、氮（N）、磷（P）、硫（S）等，这些化学元素形成以碳为基本骨架的氨基酸、核苷酸、脂质和糖类，是构成细胞的基本构件；与细胞种类多样性相比，细胞的化学组成显得非常同一，所有细胞都是由几乎同样的材料建成的。也正因如此，生物体可以拆卸其他生物的“零件”来构建自身，这也是生物存活和演化的物质基础。

2. 脂－蛋白体系的细胞质膜

所有的细胞表面均有主要由磷脂双分子层与蛋白质构成的细胞质膜，细胞质膜使细胞与周围环境保持相对的独立性，形成相对稳定的细胞内环境，并通过细胞质膜与周围环境进行物质交换和信号传递。

3. 相同的遗传装置

所有的细胞都以双链DNA作为遗传信息的载体，以RNA作为转录物指导蛋白质的合成，蛋白质的合成场所都是核糖体。除一些原生生物外，所有的细胞都使用几乎相同的一套遗传密码。提示所有的细胞都起源于共同的原始祖先。

4. 一分为二的分裂方式

所有细胞的增殖都以一分为二的方式进行分裂，核内的遗传物质在分裂时均匀地分配到两个子细胞内，这是生命繁衍的基础与保证。从演化的观点看，现存的所有细胞都是共同原始祖先的后代。

（二）细胞的大小

细胞的大小是细胞的重要特征，各类细胞的大小有一定规律（图1-1A）。一般而言，按细胞平均直径粗略计算，支原体细胞比最小的病毒大10倍，细菌细胞比支原体大10倍，而多数动植物细胞比细菌大10多倍，一些原生动物细胞又比一般动植物细胞大10倍。

对于高等动植物，不论物种的差异多大，同一器官与组织的细胞，其大小总是在一个恒定的范围之内。合适的细胞体积，能够保证细胞与周围环境进行正常的物质与信息交换，保证细胞内物质运输和信号传递的正常进行，对于细胞行使正常的生物学功能至关重要。那么细胞的体积受什么因素控制呢？

一般认为，细胞的大小取决于核糖体的活性，因

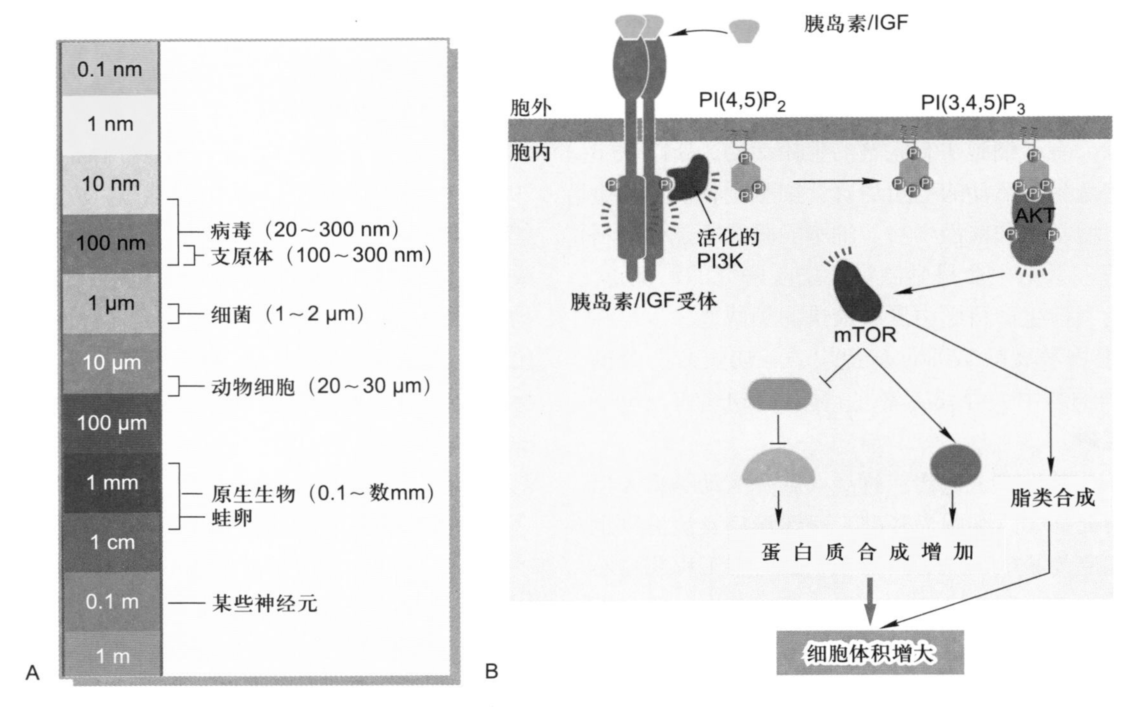

图 1–1　细胞的大小及其调控

A. 各类细胞直径的比较。B. 多细胞生物主要通过 IGF/PI3K/Akt/mTOR 信号途径调控细胞的体积。IGF：胰岛素样生长因子；$PI(4,5)P_2$：4,5– 二磷酸磷脂酰肌醇；$PI(3,4,5)P_3$：3,4,5– 三磷酸磷脂酰肌醇；PI3K：3– 磷脂酰肌醇激酶；Akt：蛋白激酶 B；mTOR：哺乳动物雷帕霉素靶蛋白。

为蛋白质的量由核糖体来决定。在酵母和果蝇中已经得到几种核糖体蛋白发生变异的突变体，它们的细胞大小都发生了变化。随之人们发现从果蝇到哺乳类的各种生物，都应用一套几乎完全相同的信号网络来调控细胞大小。如在哺乳动物中，这一网络的中心是一个叫做 mTOR（mammalian target of rapamycin，哺乳动物雷帕霉素靶蛋白）的蛋白激酶，因其能被雷帕霉素（rapamycin）抑制而得名，如果该蛋白失活，会导致细胞体积变小（图 1-1B）。

细胞大小的决定还受到其他多种因素的影响。例如植物细胞在旺盛分裂期的大小，也是取决于蛋白质等生物大分子的积累；但在完成分裂后，植物细胞的体积会增加数倍甚至数千倍，这个过程不是依赖有机物的积累，而是中央液泡的膨胀。

那么能够独立生存的最小的生命体有多大呢？也就是能够独立完成全部生命活动的最小的细胞是哪种细胞呢？这就是单细胞生物——支原体（mycoplast）。支原体的直径一般只有 0.1~0.3 μm，具有细胞基本的结构和功能。近年来通过对支原体基因系统的删除，人们发现至少需要约 400 个基因，才能维持一个自由生活的细胞的代谢活动。前几年轰动一时的“人造生命”（见知识窗 1-3）的成功，也正是以支原体作为研究对象的。然而从严格的意义上讲，细胞中“人造”的部分只是体外合成的支原体基因组，而细胞的其余部分仍是现存的支原体细胞的组分。可见，即使是最小、最简单的细胞，目前也无法人工合成。

（三）细胞是生命活动的基本单位

从生命起源的角度看，细胞的出现标志着生命的诞生。在此后漫长的生命演化过程中，细胞一直扮演生命活动基本单位的重要角色。

1. 一切有机体都由细胞构成，细胞是构成有机体的基本单位

尽管地球上生命的形态和生存方式大相径庭，但无一例外均由细胞构成。有些生物仅由一个细胞构成，另一些生物则由数百乃至万亿计细胞构成。人体内的细胞大约分为 200 多种不同的类型（图 1–2），刚出生的婴儿约由 2×10^{12} 个细胞组成，成年人大约含有 3.7×10^{13} 个细胞；人脑是由 10^{11} 个神经元和几十倍于此的神经胶质细胞构成的复杂体系。

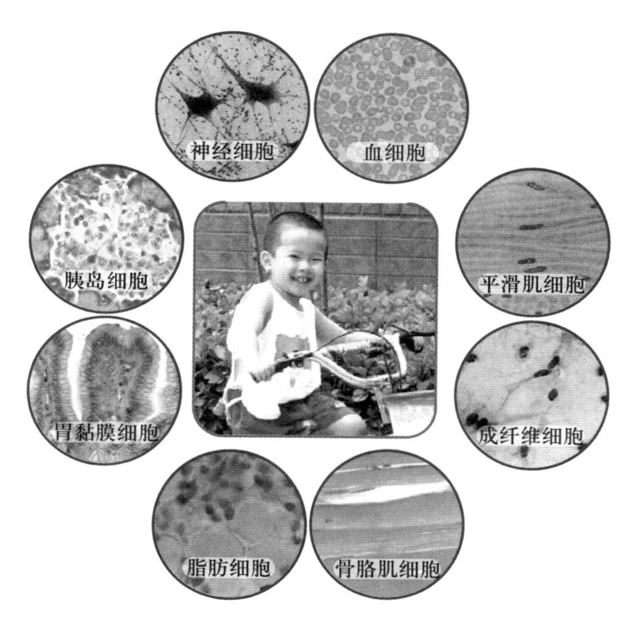

图 1-2　人体由 200 多种不同的细胞组成（董巍博士惠赠）

2. 细胞是代谢与功能的基本单位

有机体一切代谢活动最终要靠各种细胞来完成。单细胞生物依靠一个细胞完成运动、呼吸、排泄和生殖等一系列生理活动；多细胞生物则更多地依靠细胞之间的相互协同作用，通过不同形态结构的细胞有机地组织起来，形成执行特定功能的器官，完成其复杂的生理功能。

3. 细胞是有机体生长发育的基础

有机体的发育与生长是依靠细胞的分裂、分化、迁移与凋亡来实现的，这是自然界最为复杂的过程之一。虽然目前对其中的很多机理还不甚了解，但毋庸置疑，细胞是生长与发育的基本单位。

4. 细胞是繁殖的基本单位，是遗传的桥梁

单细胞生物的繁殖表现为细胞一分为二，多细胞生物依靠细胞分裂形成特殊形式的生殖细胞——孢子或配子，上一代的遗传信息存在于生殖细胞中。孢子萌发或配子结合为合子，是下一代生命的开始，细胞核中的遗传信息指导下一代生命体的构建。

5. 细胞是生命起源的标志，是生物演化的起点

生命是经过长期的化学演化，由非生命的物质形成的。含有遗传物质的原始细胞的形成，标志着生命的出现，此后便进入生物演化阶段，最终形成了纷繁多样的生命世界。

二、细胞的基本类型

生物圈的成员数以千万计，而我们的肉眼能看到的成员，包括已发现的 150 万种以上的动物、50 万种左右的植物和接近 8 万种的真菌，它们形态结构都大相径庭，表现出明显的不连续，这也是生物分类的基础。但在显微镜下，从大象到小鼠，从参天巨树到高不盈寸的小草，它们的细胞结构却大致相同：都由细胞质膜、细胞质和细胞核组成。而细菌等微生物，它们的细胞结构则表现出很大的不同，最明显的一点是没有膜围绕的典型的细胞核。由此看来，生物界最显著的差异更多地表现在细胞层次上，而不是大象和小鼠的区别，甚至不是大象和小草的不同。

（一）细胞的类型与生物界的类群

根据细胞结构上的的差异，可以把细胞分为真核细胞（eukaryotic cell, *eu* 是希腊语“真实”的意思，*karyon* 是希腊语“核”的意思）与原核细胞（prokaryotic cell）两大类。这一概念最早由法国生物学家 E. Chatton 于 1937 年提出，20 世纪 60 年代得到广泛认同，它不仅对细胞生物学，而且对整个现代生命科学均具有深远影响，由此延伸而把整个生物界划分为原核生物（prokaryote）与真核生物（eukaryote）两大类群（域，domain）。原核生物几乎都由单个原核细胞构成，而真核生物却可以分为单细胞真核生物与多细胞真核生物。随着研究的深入人们发现，原核细胞与真核细胞的区别，远不只有无细胞核，它们在代谢方式、遗传信息传递方式、基因表达调控和信号转导等各个方面都存在显著差异。

通过在基因和基因组层次上的深入研究，人们发现，在原核细胞中有一类群，它们的遗传信息表达系统与其他的原核细胞差异相当大，反而与真核细胞更为接近。于是人们把这类细胞从原核细胞中独立出来，另立一个类群，称为古核细胞（即古细菌，archaea），由古核细胞所构成的生物称古核生物（archaeon）。

这样，整个生物界的类群包括 3 个域：原核生物、古核生物和真核生物。在此基础上又分为 6 个界：由原核生物组成的原核生物界，由古核生物组成的古核生物界，以及由真核生物组成的原生生物界、真菌界、植物界和动物界（图 1-3）。

（二）两类代表性的原核细胞：细菌与蓝藻

原核细胞大约出现在 30～35 亿年前，代表一种原始的细胞类群。原核生物一般体积小，直径 0.2～10 μm，但其繁殖快，在地球上分布的广度与对生态环境的适应

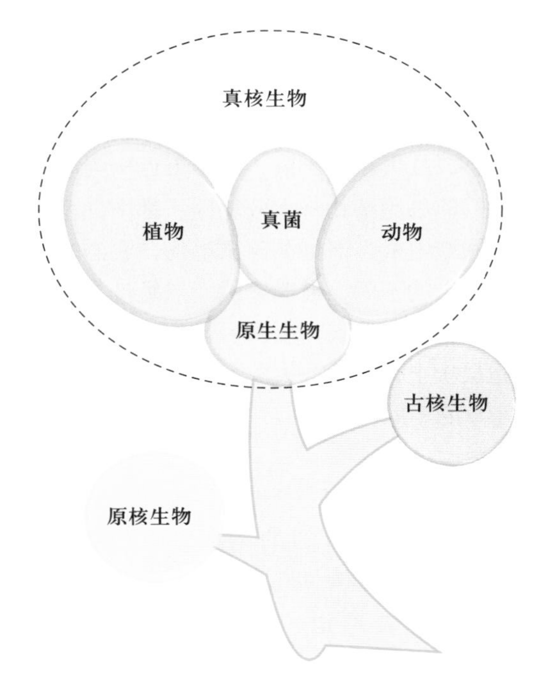

图 1-3　**生物界的基本类群**

所有生物起源于共同的祖先，最终演化出 3 种基本的的细胞类型和构成生物类群的 6 个界。古核细胞与真核细胞在进化上的亲缘关系更近些。

性比真核生物大得多。另一方面，原核生物取得的选择优势是有代价的——它们的基因量少，基因表达调控简单，无法进行复杂的细胞分化，也就难以形成多细胞生命体。因此它们虽然选择优势明显，却只能占有非常有限的生态位，导致物种数目远少于真核生物。

原核生物包括支原体、衣原体、立克次氏体、细菌、放线菌和蓝藻等多个家族。下面我们以细菌和蓝藻为代表，介绍原核细胞的基本特征。

1. 细菌

细菌是自然界分布最广、个体数量最多、与人类关系极为密切的有机体，在大自然物质循环过程中处于极重要的地位。多数细菌的直径大小在 0.5～5.0 μm 之间。

（1）细菌细胞的基本结构　电子显微镜下可以看到构成细菌的细胞壁、细胞质膜、核糖体和核区等基本结构（图 1-4），有时还可以观察到中膜体、荚膜与鞭毛等特化结构。

所有细菌的细胞壁具有的共同成分是肽聚糖，青霉素可抑制肽聚糖的合成。革兰氏阳性菌（G^+）因细胞壁的肽聚糖含量极高，故对青霉素很敏感；反之，革兰氏阴性菌（G^-）由于肽聚糖含量很少，对青霉素不敏感。

细菌的细胞质膜除了具有选择性交换物质等功能外，膜上丰富的酶系执行许多重要的代谢功能，如有氧呼吸、蛋白质的合成与分泌及细胞壁合成等。因此，细菌的细胞质膜可以完成真核细胞中诸如线粒体、内质网和高尔基体所承担的部分功能。

某些细菌具有鞭毛（flagellum），直径约 20 nm。虽然中英文单词完全相同，但细菌鞭毛的结构与真核生物的鞭毛完全不一样，它仅由一种鞭毛蛋白（flagellin）构成，运动机理也迥然不同。

每个细菌细胞含 5 000～50 000 个核糖体，核糖体的沉降系数为 70S（详见第十章）。除了核糖体外，没有类似真核细胞的细胞器。

细菌细胞没有核膜围绕的典型的细胞核结构，但绝大多数细菌有明显的核区或称类核（nucleoid）。核区形态不规则，四周是较致密的胞质物质。细菌

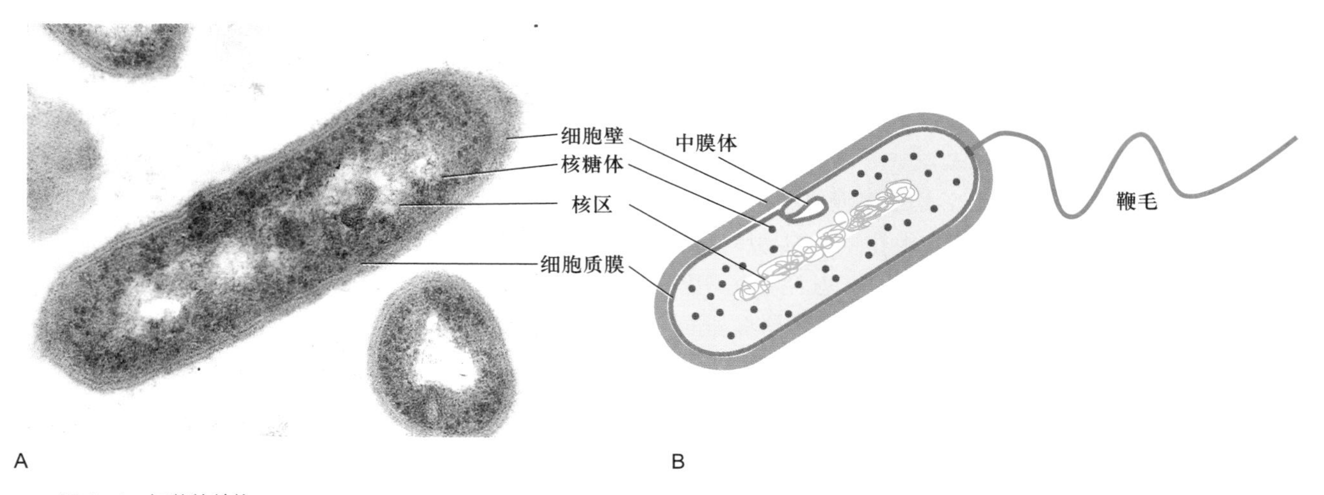

图 1-4　**细菌的结构**

A. 猪丹毒杆菌（*Erysipelothrix rhusiopathiae*）（G^+）的电镜照片。B. 细菌结构的模式图。（A 图由丁明孝提供）

DNA 也在拟核蛋白（不同于组蛋白）的协助下进行高效包装：在不到 1 μm^3 的核区空间内，折叠着长达 1 200～1 400 μm 的环状 DNA，所含的遗传信息量足够编码 2 000～5 000 种蛋白质，因此细菌 DNA 的空间构建十分精巧。

人们常把细菌的核区 DNA 也称为染色体，实际上它没有真正的染色体结构，只是习惯上沿用了真核细胞的染色体概念。

（2）细菌基因组与遗传信息表达体系　细菌基因组很小，为环状 DNA，如大肠杆菌仅为 4.64×10^6 bp。一般有一个复制起始点，复制时，细菌 DNA 环附在细菌质膜上作为支持点，复制不受细胞分裂周期的限制，可以连续进行。细菌的 DNA 复制、RNA 转录与蛋白质合成的结构装置在空间上没有分隔，可以同时进行，即细菌 DNA 分子边复制边转录，正在转录的 mRNA 又与核糖体结合翻译肽链。转录与翻译在时间与空间上是连续进行的，这是细菌乃至整个原核细胞与真核细胞最显著的差异之一（图 1-5）。

在细菌细胞内还存在可进行自主复制的更小的环状 DNA 分子，称质粒（plasmid），质粒基因可以赋予细菌某些新的性状。细菌失去质粒 DNA 而无妨于正常代谢活动。质粒也常用作实验室基因重组与基因转移的载体。

（3）细菌的增殖　细菌以二分裂方式进行增殖，速度非常快，在适宜的培养条件下，大肠杆菌每 20 min 就增殖一代，而其 DNA 复制则需要 40 min，是细胞周期长度的两倍。为什么细胞周期比 DNA 复制的时间还短呢？原来在迅速增殖的细菌中，上一次 DNA 复制尚未完成时，下一次 DNA 复制就已经开始了。在刚刚分开的子细胞中，DNA 已经完成了部分复制（详见第十二章）。

细菌的细胞分裂受到严格调控。人们已发现起始 DNA 分离的关键蛋白 FtsZ（filamenting temperature-sensitive mutant Z）。FtsZ 与真核细胞的管蛋白（tubulin）是同源物，其功能类似于动物胞质分裂中的微丝。

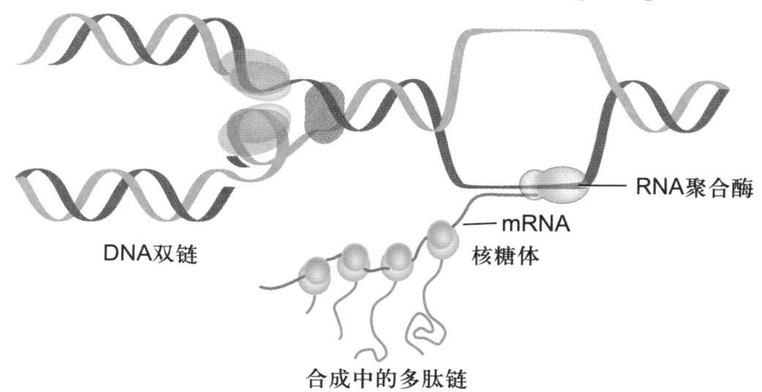

图 1-5　细菌的复制、转录和翻译连续进行的示意图

2. 蓝藻

蓝藻又称蓝细菌（cyanobacteria），是自养型原核生物，能进行与高等植物类似的光合作用并放出 O_2。蓝藻出现在约 30 亿年以前，O_2 的释放，改变了地球大气圈的组成，使原始地球的还原型大气变成富含 O_2 的氧化型大气，为真核生物和后生生物的起源与演化创造了条件。

蓝藻分布十分广泛，且能生长在极为贫瘠的环境下。蓝藻细胞内含有丰富的色素，使细胞呈现各种颜色，虽名为蓝藻，却不一定都是蓝绿色。

蓝藻细胞的体积比其他原核细胞大得多，直径一般在 1～10 μm，有的可达 60 μm（如颤藻，*Oscillatoria princeps*）。有些蓝藻经常以丝状、片状或中空球状的细胞群体存在，“发菜”就是蓝藻的丝状体，对固定沙漠有重要作用。

（1）蓝藻的细胞结构　蓝藻细胞质膜外有细胞壁和一层胶质的鞘。蓝藻的细胞壁与革兰氏阴性菌十分相似，由一层薄的肽聚糖组成，外面包有外膜。所不同的是，细胞壁内层含有纤维素。蓝藻的细胞质部分有很多同心环样的膜片层结构，称为类囊体（thylakoid），光合色素和电子传递链均位于此。类囊体膜上还有大量藻胆蛋白所构成的藻胆体，负责将光能传递给叶绿素 a。蓝藻细胞中央部位在光镜下较周围原生质明亮，是遗传物质 DNA 所在部位，相当于细菌的核区，称为中心质或中央体。实际上“中心质”经常不位于中央，与周围胞质无明确界限。蓝藻的 DNA 也几乎为裸露的，复制也可连续进行。与细菌的核区不同，中心质 DNA 的拷贝数在不同种类和不同个体中变动很大，有些种类含有多个 DNA 拷贝。

蓝藻细胞中有许多内含物，如脂滴、羧酶体（光合作用固定 CO_2 的酶）和气泡（外被蛋白质鞘，调节细胞在水中的位置）等（图 1-6）。

（2）细胞分裂与分化　蓝藻细胞分裂时，细胞中部向内生长出新横隔壁，将中心质与原生质分为两半。一般情况下，两个子细胞在一个公共的胶质鞘包围下保持在一起，并不断分裂而形成丝状、片状等多细胞群体。

丝状蓝藻在氮源不足时，群体中 5%～10%的细胞分化为异形胞（heterocyst）（图 1-6B）。异形胞中的固氮酶以光系统 I 制造的 ATP 为能量，将 N_2 还原为 NH_3。

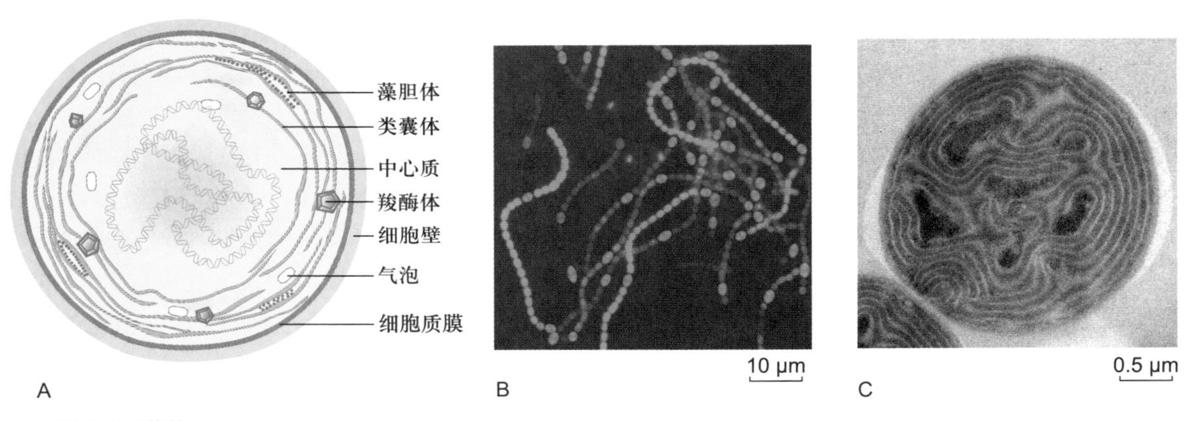

图 1-6 **蓝藻**

A. 电镜下鱼腥藻（*Anabaena*）的超微结构示意图，显示细胞壁、细胞质膜、类囊体等结构。B. 荧光显微镜下的丝状蓝藻鱼腥藻，红色细胞为正常的营养体细胞，蓝色细胞为具有固氮作用的异形胞。C. 鱼腥藻电镜超薄切片图片。（B 图由赵进东博士惠赠；C 图由胡迎春博士惠赠）

（三）古核细胞（古细菌）

通过直系同源基因（orthologous gene）序列相似性的比较，可以确定物种间的演化关系。应用这种方法，人们赫然发现，形态结构非常相似的原核生物并不是统一的类群，而是在极早的时候就演化为两大类：古细菌（archaebacteria）与真细菌（eubacteria）。

古细菌又称为古核生物（archaeon），常常发现于极端特殊环境中，过去把它们归属为原核生物，是因为其形态结构、DNA 结构及其基本生命活动方式与原核细胞相似。最早发现的古细菌是产甲烷细菌类，接着陆续又发现盐细菌（halobacteria，生长在浓度大的盐水中）、热原质体（thermoplasma，生长在煤堆中）、硫氧化菌（sulfolobus，生长在硫磺温泉中）等几百种古细菌。后来发现古细菌在地球上广泛分布。

因为很多古细菌生存在极度特殊的环境中，所以长期不为人们所重视。后来发现在海洋深处的热泉周围高温的环境中存在众多嗜热细菌，人们很自然联想到它们可能代表了原始地球环境中生命存在与繁衍的特定形式，在细胞起源与演化中扮演过重要角色而非演化盲支。因而，古细菌成为细胞起源与演化研究领域的热点。

古细菌形态多样，细胞大小在 0.1～15 μm 不等，以分裂或出芽的方式进行增殖。

1. 细胞壁

古细菌也有细胞壁，染色呈 G^+ 或 G^-，但没有胞壁酸和肽聚糖，因此溶菌酶以及抑制肽聚糖合成的青霉素等抗生素对古细菌的生长没有抑制作用。

2. 细胞质膜

虽然古细菌的质膜也是由脂类与蛋白质构成，但却具有其独自的特征：如细菌的脂肪酸是以酯键与甘油结合，而在古细菌中，是以醚键与甘油结合；膜脂中还有一类特殊的中性脂质——鲨烯衍生物；极端耐热菌的质膜甚至是由 40 个碳长的四乙醚组成的“单层膜”（图 1-7）。

3. DNA 及其基因结构

古细菌 DNA 为环状，有操纵子结构，大部分基因无内含子，有多顺反子 mRNA 存在，这些都与细菌相似。另外一些特征却与真核细胞类似，如 DNA 和组蛋白结合成类似核小体结构；编码 tRNA 和 rRNA，甚至部分编码蛋白质的基因中有内含子；RNA 聚合酶为复杂多聚体；翻译起始的氨基酸为 Met（细菌是 fMet）等。已经测序的詹氏甲烷球菌（*Methanococcus jannaschii*）的 1 700 多个编码蛋白质的基因中，近 60% 是特有的基因序列。

4. 核糖体

多数古细菌类的核糖体虽然也是 70S，但含有 60 种以上蛋白，数量介于真核细胞与真细菌之间，而且其中的 rRNA 与蛋白质的性质更接近于真核生物。根据对 5S rRNA 基因的分子演化分析，认为古细菌与真核生物同属一大类，而与细菌差距甚远。与真核细胞类似，针对细菌核糖体的抗生素不能与古核细胞核糖体结合，所以不能抑制其蛋白质合成。古核生物核糖体的结构和生物学特性显然更接近于真核生物。

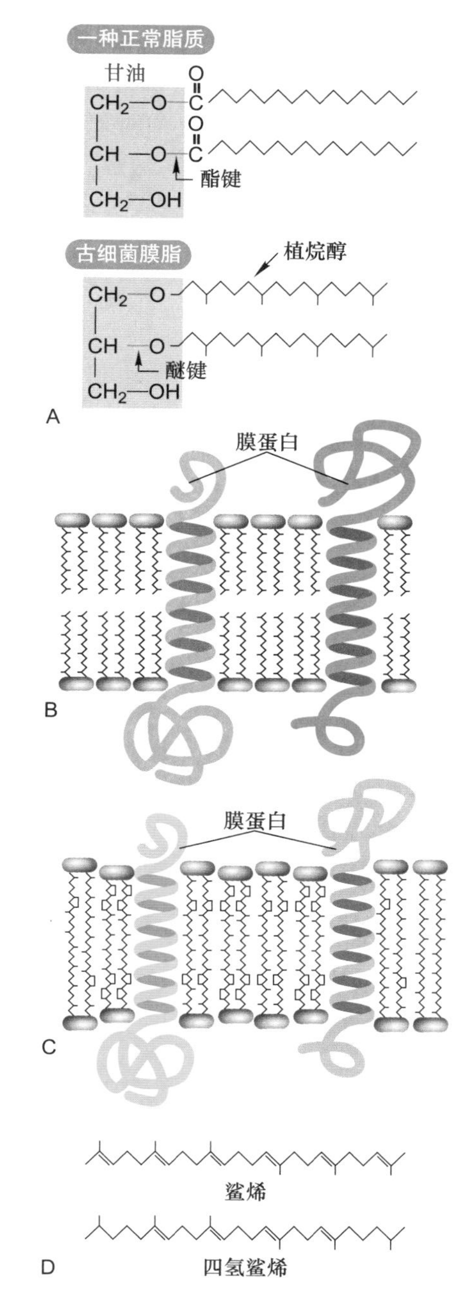

图 1-7 **古细菌的细胞膜脂**

A. 古细菌的膜脂中，烃链通常由 20 个碳组成，并以醚键与甘油结合。B. 古细菌的脂双层膜，由双层 C_{20} 二乙醚（植烷醇甘油二乙醚）组成，镶嵌有蛋白质。C. 嗜热古细菌的膜是由膜蛋白和 C_{40} 四乙醚（如二联植烷醇二甘油四乙醚、环式二植烷醇二甘油四乙醚等）组成的单层膜，十分坚挺，能够对抗高温。D. 古细菌膜中常常含有一定量的非极性脂质，它们是鲨烯的衍生物。

（四）真核细胞

人们发现最早真核细胞的化石年龄约 21 亿年。现存的真核生物种类繁多，包括了单细胞原生生物和全部多细胞生物（动植物和大部分真菌）。在此仅就真核细胞的最基本知识作概要介绍，有关真核细胞的结构与功能以及重要生命活动，将在本书的各章节一一详述。

1. 真核细胞的基本结构体系及其组装

真核细胞在内部构建成许多精细的具有专门功能的结构单位。在亚显微结构水平上，真核细胞可以划分为三大基本结构系统：①以脂质及蛋白质成分为基础的生物膜结构系统；②以核酸与蛋白质为主要成分的遗传信息传递与表达系统；③由特异蛋白质分子装配构成的细胞骨架系统。这些由生物大分子构成的基本结构体系，构成了细胞内部结构精密、分工明确、职能专一的各种细胞器，并以此为基础保证了细胞生命活动具有高度程序化与高度自控性。

（1）生物膜系统　生物膜的厚度基本在 8～10 nm 范围之内。细胞表面的质膜及其相关结构，主要功能是进行选择性的物质跨膜运输与信号转导。细胞内部由双层核膜将细胞分成两大结构与功能区域——细胞质与细胞核，使得基因表达得以精密调控。在细胞质内以膜围绕形成很多重要的细胞器：线粒体与叶绿体是主要的供能与产能结构；内质网是生物分子合成的基地，脂质、糖类与很多蛋白质分子在内质网合成并分选运输；高尔基体是对内质网上合成的物质进行加工、包装与运输的细胞器；溶酶体是细胞内的“消化系统”。生物膜还为生命的化学反应提供了表面，很多重要的酶定位在膜上，大部分生化反应在膜的表面进行。

（2）遗传信息传递与表达系统　遗传信息的储存、传递与表达系统是由 DNA、RNA 和蛋白质组成的复杂体系。DNA 与组蛋白构成了染色质的基本结构——核小体（nucleosome），它们的直径为 10 nm；由核小体盘绕与折叠成紧密程度不同的异染色质与常染色质，在细胞分裂阶段又进一步包装而形成染色体。染色质结构，连同 DNA 的修饰酶和转录因子等共同调控基因的转录。核仁主要是转录 rRNA 与核糖体亚基装配的场所。核糖体是由 4 种 rRNA 与数十种蛋白质构成的颗粒结构，其功能是将 tRNA 携带的氨基酸根据 mRNA 的指令连接成肽链。

（3）细胞骨架系统　细胞的骨架系统是由一系列特异的结构蛋白装配而成的网架，对细胞形态与内部结构的合理排布起支架作用。细胞骨架可分为胞质骨架与核骨架，实际上它们又是相互联系的。胞质骨架主要由微丝、微管与中间纤维（也称中间丝）等构成。微丝直径 5～7 nm，主要功能是细胞运动和信号传递；微管直径为 24 nm，其主要功能是为细胞内物质的运输提供轨道，以及形成有丝分裂的纺锤丝；中等纤维直径为10 nm，分为多种类型，具有组织特异性，主要对细胞起支撑作用。

核骨架包括核纤层（nuclear lamina）与核基质（nuclear matrix）。核纤层的成分是核纤层蛋白（lamin），核基质的成分则颇为复杂。它们与基因表达、染色质构建与排布有关系。

从上述三种基本结构体系的分析，我们可以在亚显微尺度上找到一个基本共同点，不论是生物膜的厚度，遗传信息表达体系中颗粒与纤维结构的大小，还是骨架纤维的直径，都是在5～20 nm的尺度范围。近年，纳米生物学（nanobiology）——在纳米尺度上的生物分子结构与功能的研究，可能为在更深层次上揭示大分子复合体与生命现象的关系提供更有力的证据。

蛋白质、核酸和脂质等生物分子如何逐级组装并最终形成细胞赖以进行生命活动的细胞结构体系，是当前生命科学研究中所面临的基本问题之一。现在已知的生物大分子组装方式，大体可分为自我装配（self-assembly）、协助装配（aided-assembly）和直接装配（direct-assembly）三种。自我装配可视为从头发生（*de novo*），装配的相关信息存在于参与装配的分子本身，中间纤维的自组装就属于这类。协助装配方式是指，在组成大分子复合物装配过程中，除需要形成最终结构的亚基外，还需要其他组分的介入，但这些组分不参加最终的产物，像核糖体的组装需要200多种蛋白质的介入。直接装配是指某些亚基直接装配到预先形成的基础结构上，如细胞质膜扩展过程中，新的膜脂和膜蛋白加入到已存在的膜上。

通过装配形成细胞的基本结构体系，具有重要的生物学意义。首先，以蛋白质复合体取代超大蛋白质，可以加快转录和翻译的速度，减少基因突变和转录、翻译过程中发生错误的概率；其次，通过装配与去装配，更容易调节与控制多种生物学过程，如在细胞有丝分裂中，细胞发生的复杂变化及其精准的调控（详见第十四章）。

2. 植物细胞与动物细胞

动植物体内存在多种不同的、功能各异的细胞类型，但这些细胞却都有着基本相同的结构与功能体系。大部分细胞器与细胞结构，其形态与成分相近，功能也很类似（图1-8）。

但是，由于动物与植物的营养方式和代谢方式有很大的区别，因此以自养和根植为特征的植物的细胞，在某些方面与动物细胞也表现出明显的区别。

（1）细胞壁　植物细胞壁的主要成分是纤维素，还有果胶质、半纤维素与木质素等。显然，这是植物定植生存和自养的代谢方式所必需的。由于细胞壁的存在，植物细胞之间形成了区别于动物细胞的特殊的连接通道——胞间连丝（详见第十六章）。也许由于同样的原因，植物细胞中至今尚未发现类似动物细胞的中间纤维。

（2）液泡　液泡是由单层生物膜包围的封闭系统，溶液中含有无机盐、糖类、氨基酸、蛋白质、生物碱与色素等物质。植物细胞常常同时存在两种不同的液泡，即中性的储存蛋白质的液泡和酸性的裂解液泡。前者是植物细胞的代谢库，起调节细胞内环境的作用；后者含有水解酶，能够降解衰老的细胞器，发挥类似溶酶体的

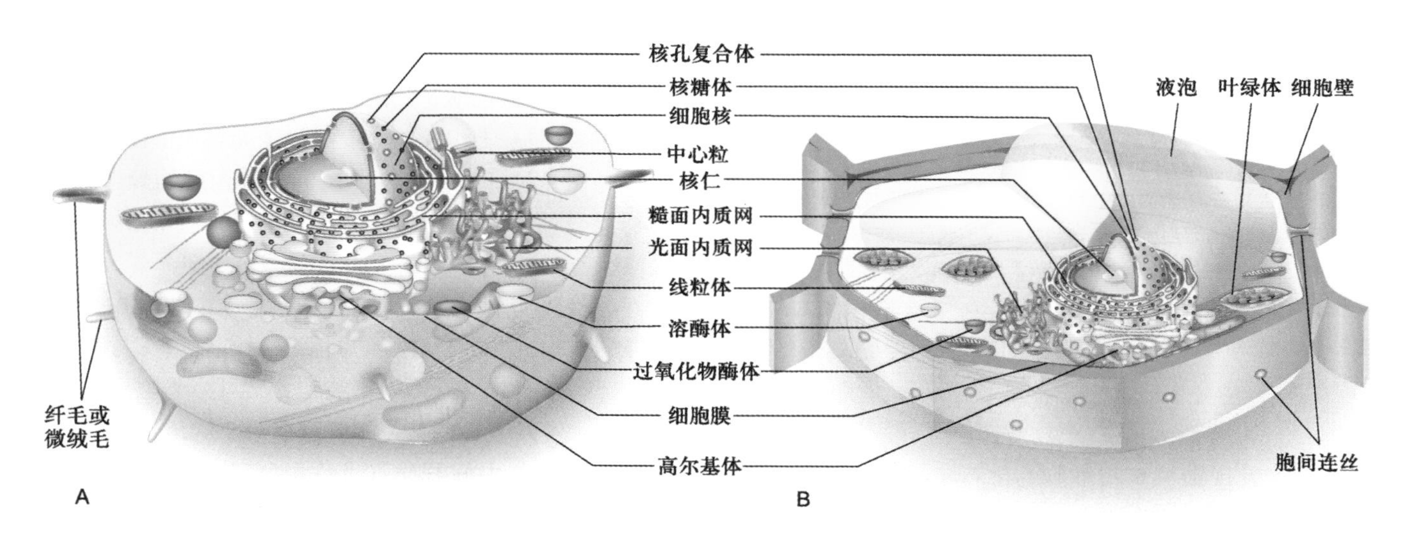

图1-8　动物细胞（A）和植物细胞（B）模式图

功能。

中央大液泡是随着细胞的生长，由小液泡合并与增大而形成的。因而，在细胞质中氮元素基本不增加的情况下，植物通过“廉价”的液泡填充细胞，增加细胞的体积，从而扩大了吸收太阳能的面积。同时，为了维持植物细胞内的膨压，溶质必须不断地被转运进液泡中，以维持植物细胞和组织的刚性。

（3）叶绿体　叶绿体是植物细胞内最重要并普遍存在的质体（plastid），是进行光合作用的细胞器。质体是植物细胞中由双层膜包裹的一类细胞器的总称，与糖类的合成与贮藏密切相关，是绿色植物细胞特有的细胞器。

质体是由原质体发育而来。原质体没有色素，存在于茎尖的分生组织细胞中。光照情况下，原质体内合成叶绿素，发育为叶绿体。

除了在上述的结构与功能方面的明显差别外，植物细胞与动物细胞在细胞的增殖、分化、衰老和死亡等生命活动中，以及细胞的能量与物质代谢、信息传递和物质转运方面，也存在明显的差异。如植物细胞分裂以后，普遍有一个体积增大与成熟的过程，细胞体积会增加数倍甚至成千上万倍；又如植物细胞常常要合成数以万种的、并不直接参与生长发育过程的次生代谢产物（secondary metabolite），又称植物天然产物（natural product）。这些神秘的代谢产物不仅为人类提供了药物和调味剂等多种化合物，更是在长期的演化过程中，植物体能够适应周围的生态环境并得以生存的必要保障。

（五）原核细胞、古核细胞与真核细胞的比较

原核细胞、古核细胞与真核细胞是三个最基本的细胞类群，它们最根本的区别归纳如下（表 1-1）：

1. 细胞膜系统的演化

真核细胞以膜系统的演化为基础，首先把细胞分为两个相对独立的部分——细胞核与细胞质，细胞质内又以膜系统为基础分隔为结构更精细、功能更专一的单位——各种重要的细胞器。细胞内部结构与职能的分工是真核细胞区别于原核细胞的重要标志。

随着细胞体积的增大与细胞内部结构的复杂化，细胞内部需要有空间上的合理布局，必然需要有一个精密的支架。细胞骨架主要担任了这个角色。

2. 遗传信息量与遗传装置的扩增与复杂化

正是在细胞内膜系统演化的基础上，出现了细胞内部结构与功能的区域化与专一化，这是细胞演化过程中的一次重大飞跃，导致了遗传装置的扩增与基因表达方式的相应变化。真核细胞的基因组一般远远大于原核细胞的，作为遗传信息载体的 DNA 也由原核细胞的环状单倍性变为线状多倍性；基因数量大大增加，由几千个演化到 2 万～3 万个；同时，细胞核的存在，使真核细

表 1-1　三类细胞基本特征的比较

特 征	原核细胞	古核细胞	真核细胞
细胞质膜	有（多功能性）	有（多功能性）	有
核膜	无	无	有
染色体	由一个（少数多个）环状 DNA 分子构成的单个染色体，DNA 不与或很少与蛋白质结合	由环状 DNA 分子构成的单个染色体，DNA 与组蛋白结合	2 个染色体以上，染色体由线状 DNA 与蛋白质组成
核仁	无	无	有
核糖体	70S（包括 50S 与 30S 的大小亚基），对氯霉素敏感	70S（包括 50S 与 30S 的大小亚单位），对氯霉素不敏感	80S（包括 60S 与 40S 的大小亚基），但对氯霉素不敏感
翻译起始	fMet	Met	Met
膜质细胞器	无	无	有
核外 DNA	细菌具有裸露的质粒 DNA	有质粒	线粒体 DNA，叶绿体 DNA
细胞壁	主要由肽聚糖形成	由蛋白质形成，不含肽聚糖	如有，成分为纤维素与果胶（植物）或几丁质（真菌）
细胞骨架	无	无	有
细胞增殖（分裂）方式	二分裂	二分裂	有丝分裂为主

胞基因表达实现了多层次调控，远比原核生物精细与复杂，为完成复杂的生命活动提供了基础。真核生物除了编码基因外，还有不编码任何蛋白质或RNA的基因间隔序列和内含子。内含子的出现，使同一个RNA可以通过可变剪接，编码出多种不同的蛋白质。哺乳动物的2.5万～3万个编码蛋白质的基因，估计能够翻译出10万多种蛋白质，大大增加了生物的复杂程度。在此基础上，很多真核生物成为多细胞生物，细胞出现了显著而复杂的分化。

由于真核细胞拥有多条DNA分子，并且DNA与蛋白质形成复杂的染色质和染色体等高级结构形式，加之真核细胞内部结构的庞大与复杂性，给遗传物质的准确复制与均等无误地分配到子细胞增加了“难度”，真核细胞发展出一整套复杂精密的体系，严格调控细胞周期的进程，完成细胞增殖（详见第十三章）。原核细胞增殖过程中没有有丝分裂器的出现，也没有像真核细胞那样明确的细胞周期。

原核生物和真核生物在地球上已经共同生存了20多亿年，长期的共存，使两者之间形成了复杂的相互关系。有些原核生物是真核生物的病原体，有些与真核细胞相互依存。例如人的消化道中存在由1 000多种微生物组成的肠道菌群，总数达10万亿。在正常情况下，肠道菌群的结构相对稳定，宿主为它们提供栖息地和营养物质，而菌群的定植不仅不会致病，反而对宿主的正常生命活动必不可少，它们合成许多种B族维生素和必需氨基酸，促进铁、锌等元素的吸收，某些肠道菌群还对免疫系统的正常发育与维持至关重要（图1-9）。

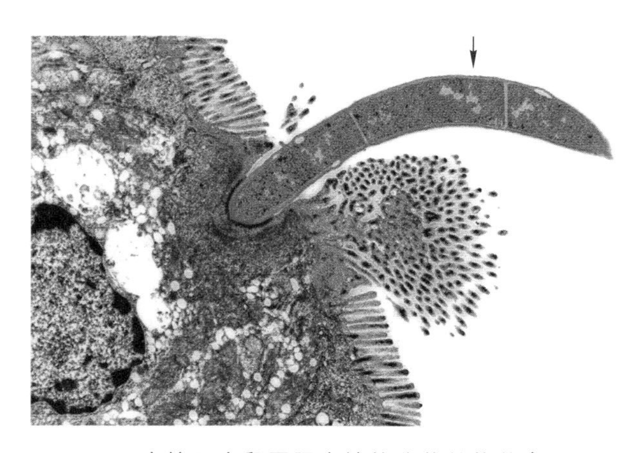

图1-9　定植于小鼠回肠末端的分节丝状菌（segmented filamentous bacterium，箭头所示）。这种细菌能够刺激宿主T辅助淋巴细胞Th17的增殖，分泌IL17等细胞因子，加强宿主对致病菌的抵御能力。（梁凤霞博士、Ivaylo Ivanov博士和Dan Littman博士惠赠）

三、病毒及其与细胞的关系

既然细胞是生命活动的基本单位，那么作为非细胞形态的生命体——病毒，是否是个例外呢？我们知道，病毒是迄今发现的最小、最简单的有机体。病毒只是一种生物大分子复合体，本身不表现任何生命特征，所有的病毒必须在细胞内繁殖才能表现出其生命特征。因此，从这个角度去看，细胞依然可以看作生命活动的基本单位。如果我们对病毒做一些扼要介绍，就更清楚地看出，不仅病毒繁殖的每一步骤，就连病毒的起源也与细胞密不可分。

（一）病毒与细胞的区别

病毒与细胞的区别主要表现在以下几个方面：

（1）病毒很小，结构极其简单，没有核糖体等任何细胞结构，因此，不可能独自进行任何代谢活动。绝大部分病毒的大小只有20～200 nm，必须在电子显微镜下才能清楚地看到。

（2）遗传物载体为DNA或RNA。所有细胞中都含有DNA和RNA，并以双链DNA分子作为遗传物质的载体。然而，病毒的遗传物质有些为DNA，有些为RNA，分别称之为DNA病毒和RNA病毒。通常每一种病毒粒子中只含有DNA或RNA。病毒的基因组复制与基因表达，也必须在细胞内进行。

（3）以复制和装配的方式进行增殖。病毒的增殖过程，如同生产汽车，在细胞这个生产病毒的工厂中，首先合成大量的病毒核酸以及各种病毒蛋白，然后由这些“部件”装配成新的子代病毒。因此，一般把病毒的增殖称为复制，而细胞只能以分裂的方式增殖。

（4）彻底的寄生性。病毒虽然具备了生命活动的最基本特征（增殖与遗传），但只是一类不“完全”的生命体，必须利用宿主细胞的结构、“原料”、能量与酶系统进行繁殖，因此，有人称之为分子水平上的寄生。有些病毒，只要把它们的遗传物质（DNA或RNA）注入到细胞中，就可以繁殖出正常的子代病毒。

（二）病毒及其在细胞内的增殖

病毒是由核酸和一种或多种蛋白质组成的（图1-10）。包裹病毒核酸的衣壳（capsid）由蛋白质形成，衣壳与核酸构成病毒的核衣壳（nucleocapsid），病毒的衣壳有保护核酸的作用。有些病毒在核衣壳之外，还围

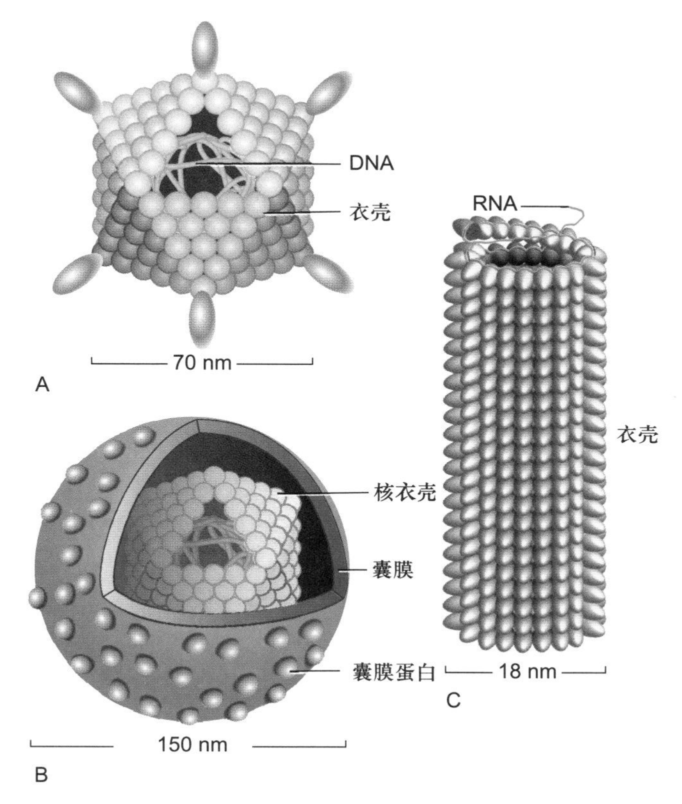

图 1-10 几种病毒结构的示意图

A. 腺病毒，由病毒 DNA 和衣壳组成。B. 疱疹病毒，病毒的核衣壳外面包被一层脂双层囊膜。C. 烟草花叶病毒，一种 RNA 病毒。

有脂双层的囊膜（envelope），其主要成分为脂质与蛋白质。脂双层来自于细胞膜，而蛋白质由病毒基因编码。

病毒在宿主细胞内的增殖是病毒生命活动的具体表现。病毒增殖的第一步是识别并进入细胞。不同的病毒可通过其表面的蛋白质，识别细胞表面特异的受体（蛋白质或糖蛋白），因而感染特定的细胞，我们把这种细胞称之为病毒的宿主细胞。目前，人们成功治愈艾滋病的一种方法，就是将造血干细胞中 HIV 的辅助受体蛋白基因 *Ccr5* 剔除，然后对患者进行骨髓移植，患者体内新生成的 T 淋巴细胞，由于缺少 HIV 辅助受体蛋白，病毒无法识别和侵染，最终病愈。

病毒可以通过不同途径进入宿主细胞。腺病毒、流感病毒、HIV 和辛德毕斯病毒等采用一种如同特洛伊“木马计”的策略：细胞通过主动的胞饮作用，把与细胞表面受体结合的病毒拉进细胞，造成了病毒的感染；随后，病毒“篡夺”了细胞对代谢过程的“指导”作用，利用宿主细胞的全套代谢机构，以病毒核酸为模板，进行病毒核酸的复制与转录，并翻译病毒蛋白质，进而装配成新一代的病毒颗粒，最后从细胞中释放出来，再感染其他的细胞，开始下一轮的增殖周期（图 1-11）。

病毒在细胞内的增殖过程是病毒与细胞相互作用的极为复杂的过程，多种病毒感染可诱发细胞凋亡。有趣的是，某些病毒编码的蛋白质起到抑制细胞凋亡的作用，使病毒得以完成其繁殖过程。

对病毒与细胞相互关系的研究，极大地推动了细胞生物学研究的进展。比如病毒癌基因致细胞癌变过程的研究，不仅促进了细胞原癌基因的发现，也加深了人们对细胞增殖与调控机制的认识。

（三）病毒与细胞在起源与演化中的关系

病毒是非细胞形态的生命体，其生命活动只能在细胞内实现。因此，病毒与细胞在起源上的关系一直是人们很感兴趣的问题，目前存在三种主要观点：

生物大分子 ⟶ 病毒 ⟶ 细胞

生物大分子 < 病毒 / 细胞

生物大分子 ⟶ 细胞 ⟶ 病毒

在半个多世纪前，第一种观点占优势，认为病毒是生物与非生物之间的桥梁，病毒具有生物与非生物的两重性。按此逻辑的推理，显然是生物大分子先组装成病毒，再由病毒进化为细胞。然而，由于病毒彻底的寄生性，所有病毒必须在细胞内增殖，所以，没有细胞的存在，很难想象会有病毒的生存。因此，病毒的起源不可能先于细胞。第二种观点认为，在生命起源过程中，由生物大分子分别演化出细胞与病毒这两种不同类型的生命体。但由于尚未发现病毒的化石，因此，人们目前更倾向于第三种观点，即病毒是由细胞或细胞组分演化来的，这一观点也得到了很多实验结果的支持。

细胞是生命的基本单位。人们对生命的认识过程是从个体→细胞→分子逐渐深入，这也是学科发展的基本趋势。如果从生命的层次或生物演化的角度来看，细胞则是产生和决定生命活动的最基本层次。从 17 世纪人们在显微镜下发现细胞至细胞学说的建立，从 19 世纪 Flemming 发现染色体，20 世纪 20 年代摩尔根提出遗传的染色体学说，到 20 世纪 50 年代初 DNA 双螺旋结构的发现以及 2003 年人类基因组计划的完成，从核移植到体外干细胞的诱导成功，这些人类探索生命奥秘的里程碑，无不显示出细胞生物学是生命科学的核心学科。

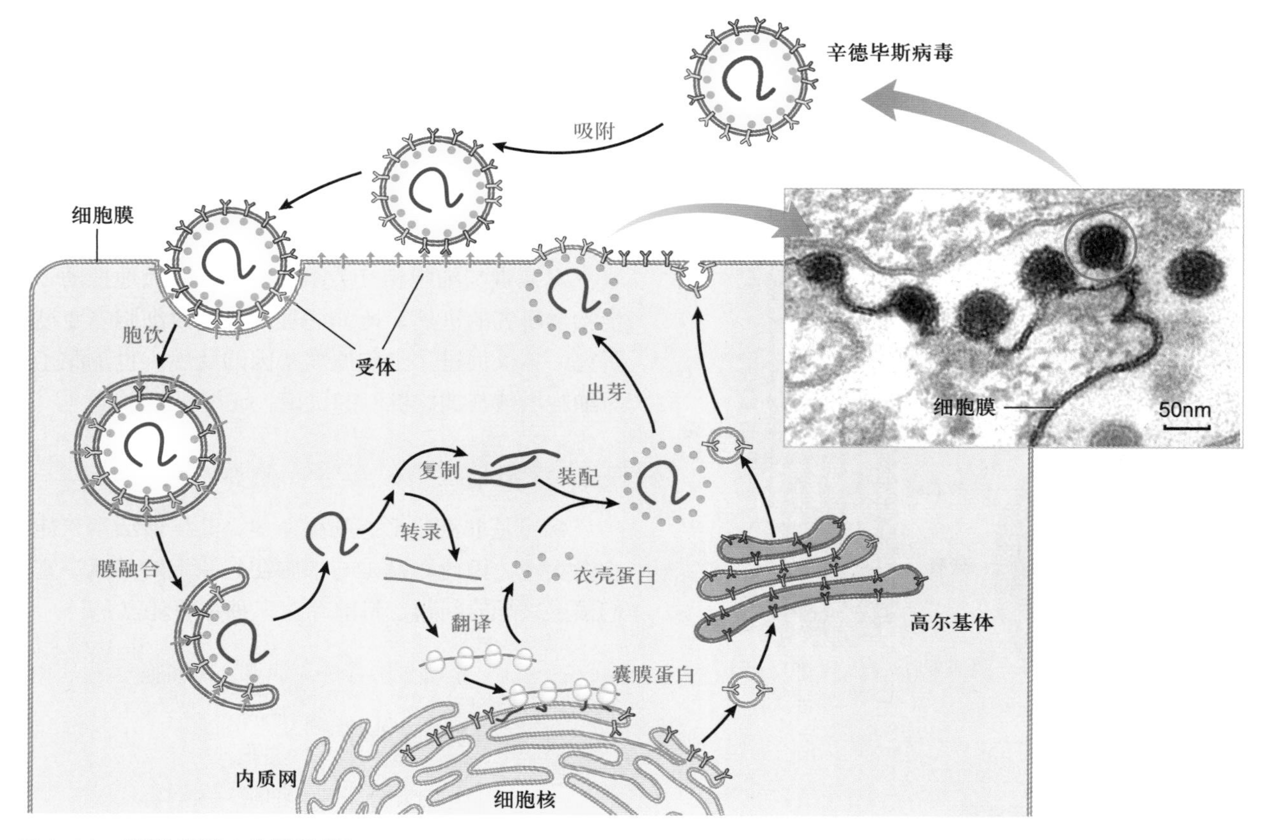

图 1-11 **病毒在细胞中的增殖过程**

辛德毕斯病毒（Sindbis virus）是一种昆虫病毒，属披膜病毒科，由正二十面体的核衣壳和脂蛋白囊膜组成。图示病毒在细胞质中繁殖的过程。电镜图片显示病毒出芽、释放的过程。（梁凤霞博士惠赠）

细胞生物学的发展速度与发展趋势，从细胞生物学教科书的内容及其版本更新之快也可以明显地反映出来。在此，我们推荐下面 6 本教材作为主要参考书，并以此做为本章的结束。

[1] Alberts B, Johnson A, Lewis J, *et al*. Molecular Biology of the Cell. 6th ed. New York: Garland Publishing Inc., 2014.

[2] Alberts B, Hopkin K, Johnson A D, *et al*. Essential Cell Biology. 5th ed. New York: Garland Publishing Inc., 2018.

[3] Karp G. Cell and Molecular Biology: Concepts and Experiments. 8th ed. New York: John Wiley and Sons Inc., 2015.

[4] Lodish H, Berk A, Kaiser C A, *et al*. Molecular Cell Biology. 8th ed. New York: W. H. Freeman and Company, 2016.

[5] Becker W H, Kleinsmith L J, Hardin J, *et al*. The World of the Cell. 8th ed. San Francisco: Benjamin Cummings, 2014.

[6] Cassimeris L, Lingappa V R, Plopper G. Lewin's Cells. 3rd ed. Sudbury: Jones and Bartlett Publishers, 2013.

思考题

1. 如何理解“细胞是生命活动的基本单位”这一重要概念？
2. 为什么说支原体可能是最小、最简单的细胞存在形式？
3. 怎样理解“病毒是非细胞形态的生命体”？请比较病毒与细胞的区别并讨论其相互的关系。
4. 试从演化的角度比较原核细胞、古核细胞及真核细胞的异同。
5. 细胞的结构与功能相关是细胞生物学的一个基本原则，你是否能提出相关的论据来说明之？

参考文献

1. Eme L, Spang A, Lombard J, *et al*. Archaea and the origin of eukaryotes. *Nature Reviews Microbiology*, 2017, 15(12): 711-723.
2. Kater L, Thoms M, Barrio-Garcia C, *et al*. Visualizing the assembly pathway of nucleolar pre-60S ribosomes. *Cell*, 2017, 171(7): 1599-1610.
3. Lloyd A C. The regulation of cell size. *Cell*, 2013, 154(6): 1194-1205.
4. Ruvinsky I, Meyuhas O. Ribosomal protein S6 phosphorylation: from protein synthesis to cell size. *Trends in Biochemical Sciences*, 2006, 31(6): 342-348.
5. Serino M, Luche E, Chabo C, *et al*. Intestinal microflora and metabolic diseases. *Diabetes & Metabolism*, 2009, 35(4): 262-272.
6. Young J K. Introduction to Cell Biology. Singapore: World Scientific Publishing Co., 2010.

第二章

细胞生物学研究方法

技术的进步在细胞生物学乃至整个生物学的建立与发展中起着巨大的作用。没有显微镜的发明就不会有细胞的发现，也就不可能提出细胞学说；同样，如果没有电子显微镜技术的建立及其与分子生物学技术的相互结合，也难以想象细胞生物学会有今天这样的长足进展。那么，究竟哪些技术属于细胞生物学研究方法的范畴呢？一般来说，凡是用来解决细胞生物学问题所采用的方法都应属于细胞生物学研究方法。然而，随着学科的交叉与融合，当今几乎没有哪些生物学问题与细胞和细胞生物学无关。所以，人们很难给细胞生物学的研究方法界定一个明确的范畴。虽然对生物大分子结构与功能的分析是了解细胞结构与细胞生命活动的基础，在目前细胞生物学研究中也常常使用这些实验方法与技术，如基因的克隆、表达与DNA序列测定，研究特异DNA、RNA片段或蛋白质所常用的Southern杂交、Northern杂交和蛋白质免疫印迹技术等。但这些技术在生物化学、分子生物学和遗传学等学科中已有介绍，本教材不再过多重复。着眼于细胞生物学的学科特点、发展历史及当前所研究的内容，本章拟从细胞形态的结构观察、细胞及其组分的分析、细胞培养与生物工程、细胞及生物大分子的动态变化等几个方面介绍有关细胞生物学研究方法，侧重于实验方法的基本原理及所能解决的问题。具体的操作步骤详见相关参考书。

第一节　细胞形态结构的观察方法

肉眼的分辨率一般只有0.2 mm，很难识别单个细胞；光学显微镜的分辨率可达0.2 μm，借此发现了细胞；电子显微镜分辨率高达0.2 nm，将细胞的超微结构展现在人们面前。图2－1比较了光学显微镜、电子显微镜和扫描隧道显微镜适宜观察的样品大小及分辨率。有趣的是，光学显微镜、电子显微镜和扫描隧道显微镜，除了它们因提高分辨率而称之为显微镜这一共性外，在其成像原理、仪器构造以及使用和操作方法等方面，几乎没有任何共同之处。

一、光学显微镜

17世纪，光学显微镜（light microscope）的发明使人们第一次看见了细胞，进而建立了细胞学说，为细胞学的兴起和发展打下基础。光学显微镜至今仍然是细胞生物学研究的重要工具。随着光学显微术与图像处理技术的快速发展，光学显微镜在研究细胞的结构与功能，特别是生物大分子在活细胞中的定位及其动态变化和相互作用等方面展示出了新的活力。

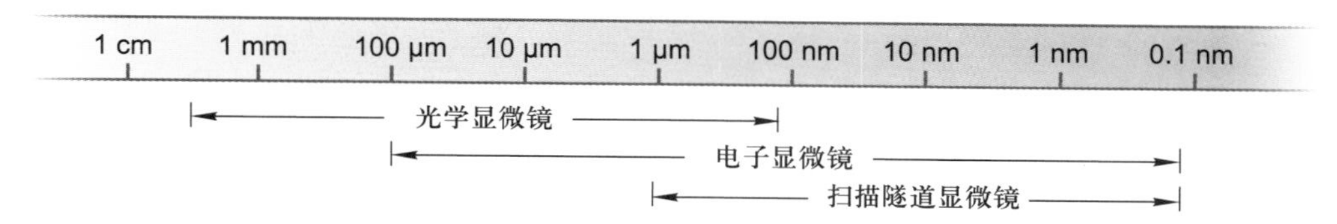

图 2-1　几种显微镜可观察的样品大小（箭头之间的范围）及其分辨能力（右侧箭头所指位置）

（一）普通复式光学显微镜

光学显微镜主要由三部分组成：① 光学放大系统（图 2-2），为两组玻璃透镜：目镜与物镜。② 照明系统：包括光源和聚光镜，有时另加各种滤光片以控制光的波长范围。③ 镜架及样品调节系统。1872 年，德国科学家阿贝（E. K. Abbe）等研制出了完美程度几乎可与现代普通光学显微镜媲美的复式显微镜。

显微镜最重要的性能参数是分辨率（resolution），而不是放大倍数。分辨率是指能区分开两个质点间的最小距离。分辨率 D 的高低取决于光源的波长 λ，物镜镜口角 α（标本在光轴上的一点对物镜镜口的张角）和介质折射率 N（图 2-3），它们之间的关系是：

$$D=\frac{0.61\,\lambda}{N\cdot\sin(\alpha/2)}$$

通常 α 最大值可达 140°，空气中 $N=1$，最短的可见光波长 $\lambda=400$ nm，此时分辨率 $D=260$ nm，约 0.3 μm。若在油镜下，N 可提高到 1.5，分辨率 D 则可达 0.2 μm，所以普通光学显微镜的最大分辨率是 0.2 μm。

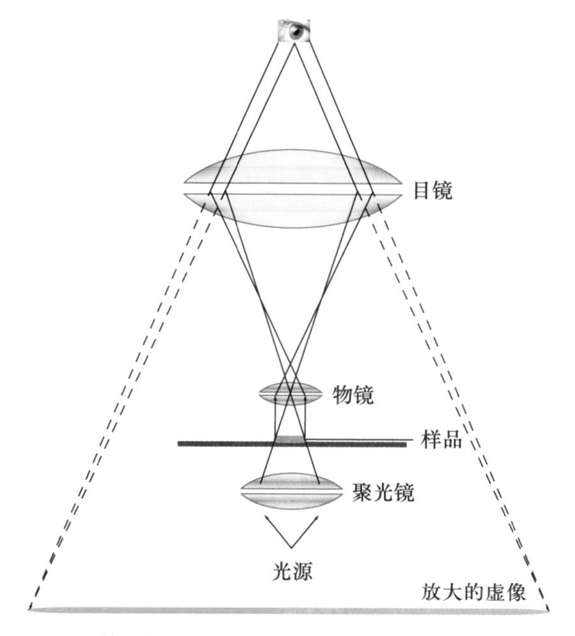

图 2-2　普通光学显微镜成像示意图

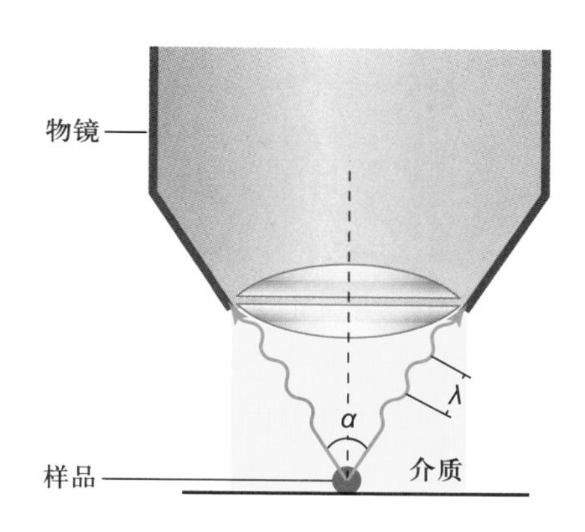

图 2-3　决定光学显微镜分辨率的要素：物镜的镜口角（α）、入射光的波长（λ）以及介质的折射率（N）

光学显微镜可以直接用于观察单细胞生物或体外培养细胞。如果观察生物组织样品，则通常需要对所观察的材料进行固定和包埋（常用的固定剂如甲醛，包埋剂如石蜡等），再将包埋好的样品切成厚度约 5 μm 的切片，最后进行染色（图 2-4A）。如苏木精和伊红染色（又称 H-E 染色）就是一种常用的染色方法。碱性染料苏木精和酸性染料伊红分别与细胞核和细胞质的某些成分特异性地结合，从而改变透射光线的波长，我们就可以清晰观察到蓝紫色的细胞核和红色的细胞质的形态（图 2-4B）。

（二）相差显微镜和微分干涉显微镜

生物样品一经固定就失去了生物活性，活细胞显微结构的细节可以借助相差显微镜（phase-contrast microscope）来观察。光波的基本属性包括波长、频率、振幅和相位等。可见光的波长和频率的变化表现为颜色的不同，振幅的变化表现为亮暗的区别，而相位的变化却是人眼不能觉察的。当两束光通过光学系统时，会发生相互干涉。如果它们的相位相同，干涉的结果是使光的振幅加大，亮度增强。反之，就会相互抵消而亮度变暗（图 2-5）。相差显微镜和干涉差显微镜就是利用这样的原理增强样品的反差，从而实现对非染色活细胞的观察。

光线通过不同密度的物质时，其滞留程度也不同。

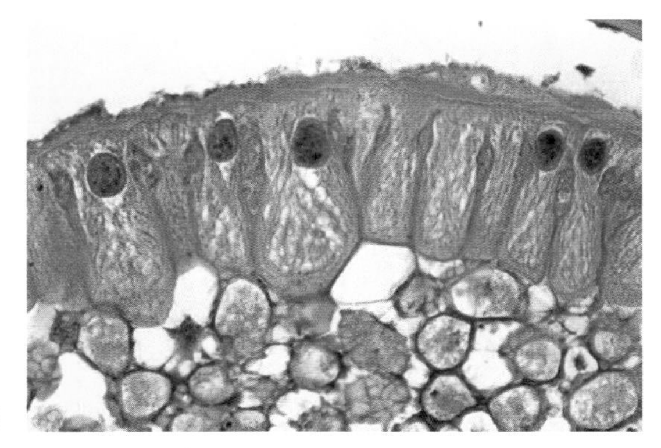

图 2-4 石蜡切片的制备程序（A）及其显微图片（B）

B 为蛔虫子宫上皮细胞的 H-E 染色图片。

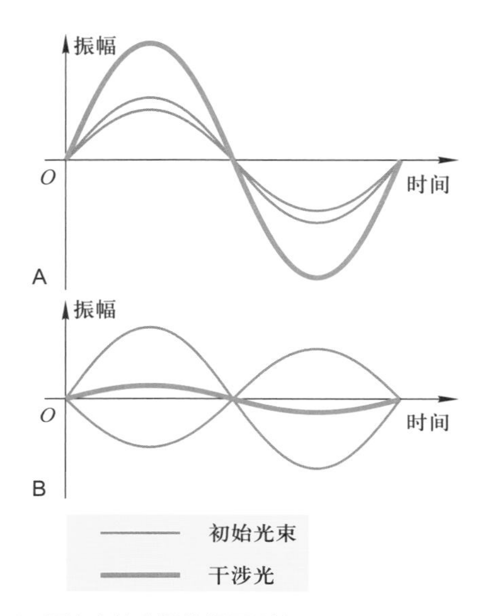

图 2-5 两束光波之间的相互干涉

A. 当两束光的相位相同时，相互干涉的结果使光波的振幅增加。B. 当两束光的相位相反时，则导致光波的振幅降低。

密度大则光的滞留时间长，密度小则光的滞留时间短，因而，其光程或相位发生了不同程度的改变。相差显微镜是在普通光学显微镜的基础上，添加两个元件，即“环状光阑”和在物镜后焦面上的“相差板”，从而可将这种光程差或相位差，通过光的干涉作用，转换成振幅差，因此，可以分辨出细胞中密度不同的各个区域（图 2-6）。1932 年，荷兰物理学家 F. Zernike 制备出第一台相差显微镜，他因此项发明在 1953 年获诺贝尔物理学奖。

1952 年，G. Nomarski 在相差显微镜的基础上，发明了微分干涉显微镜（differential-interference microscope），又称 Nomarski 相差显微镜。微分干涉显微镜是以平面偏振光为光源。光线经棱镜折射后分成两束，在不同时间经过样品的相邻部位，然后再经过另一棱镜将这两束光汇合，从而使样品中厚度上的微小区别转化成明暗区别。微分干涉显微镜更适于研究活细胞。

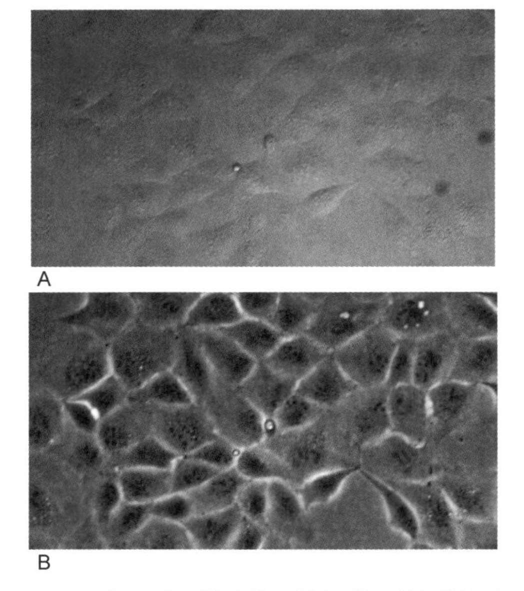

图 2-6 两种不同类型的光学显微镜所拍摄的图像比较

体外培养的 MDCK 细胞在普通光学显微镜（A）和相差显微镜（B）下拍摄图像效果的比较。（梁凤霞博士惠赠）

如果将微分干涉显微镜接上高分辨率录像装置，就可以用来观察并记录活细胞中的颗粒及细胞器的运动。计算机辅助的微分干涉显微镜可以进一步提高样品的反差并降低图像的背景“噪声”，使一些常规光学显微镜难于观察的一些显微结构，如单根微管（直径约 24 nm）等也可以在光镜下分辨出来。其分辨率比普通光镜提高了一个数量级。从而为在高分辨率条件下研究活细胞提供了必要的工具。应用这一原理制备的录像增差显微镜（video-enhance microscope）可以用来直接观察颗粒物质沿着微管运输的动态过程。

（三）荧光显微镜

荧光显微镜（fluorescence microscope）是在光镜水平上，对细胞内特异的蛋白质、核酸、糖类、脂质以及某些离子等组分进行定性定位研究的有力工具。荧光显微镜采用的光源和光学系统均与普通光学显微镜有所不同，其核心部件是滤光片系统以及专用的物镜镜头（图 2-7A）。滤光片系统由激发滤光片（安装在光源和样品之间，只允许特定波长的激发光通过）和阻断滤光片

（安装在物镜和目镜之间，只容许荧光染料所发出的荧光通过）组成。这样，通过激发滤光片的短波长的激发光，照射标记在样品中的荧光分子上，使之产生一定波长的可见光即荧光（图 2-7B）。由于荧光显微镜的暗视野为荧光信号提供了强反差背景，非常微弱的荧光信号亦可得以分辨。

荧光显微镜样品制备技术包括免疫荧光技术（见本章第二节）和荧光素直接标记技术。荧光染料 DAPI 特异性地直接与细胞中的 DNA 相结合，从而显示出细胞核或染色体在细胞中的定位。这是一种常用的直接标记技术。目前，荧光显微术得到了广泛的应用，特别是细胞内动态变化的研究。例如，用显微注射器将标记荧光素的肌动蛋白注射到培养细胞中，可以看到肌动蛋白分子组装成肌动蛋白纤维的过程。又如，将在激发光作用下，可产生荧光的绿色荧光蛋白（green fluorescent protein, GFP）的基因与编码某种蛋白质的基因相融合，利用荧光显微镜，就可以在表达这种融合蛋白基因的活细胞中，观察到该蛋白质的动态变化。由于不同荧光素所激发出的荧光波长不同，同一样品可以用两种以上的荧光素标记，从而同时显示不同成分在细胞中的定位（图 2-7C，图 2-9A）。

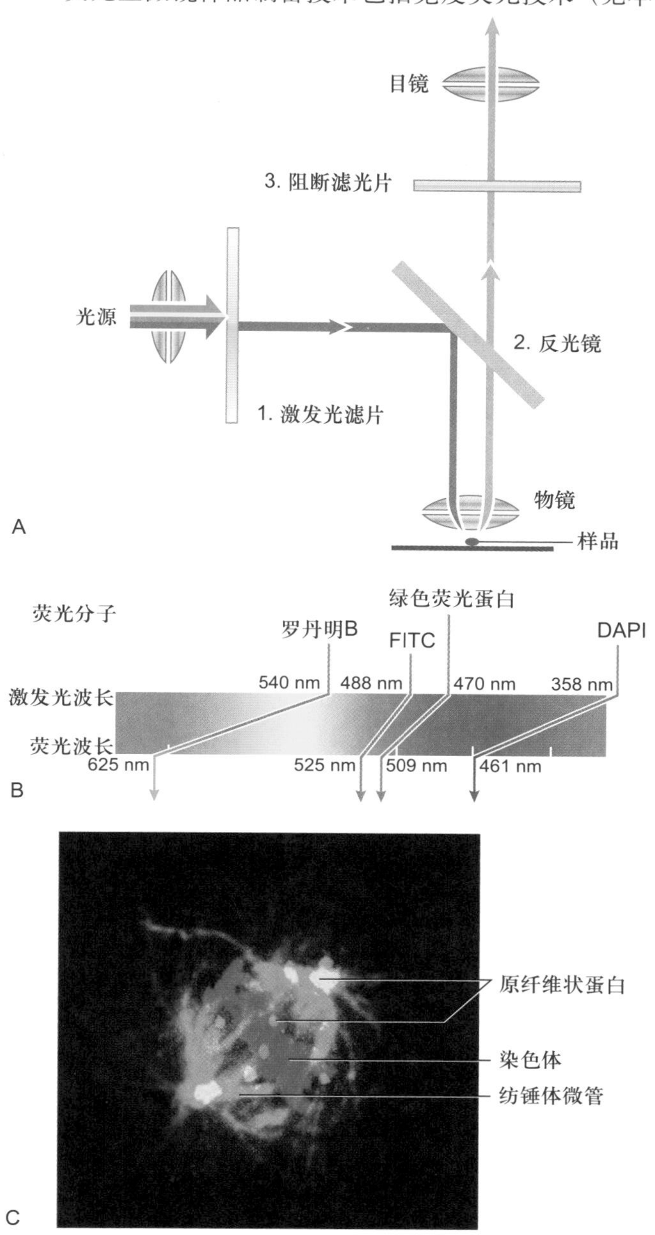

图 2-7　**荧光显微镜的基本原理及其应用**

A. 荧光显微镜的工作原理与光路示意图。B. 不同荧光素所需激发光波长与所产生的荧光波长的比较。C. 荧光显微镜显示出在有丝分裂中期细胞中，纺锤体微管（绿色）、中期染色体（蓝色）和原纤维状蛋白（fibrillarin）（红色）等结构成分，图中黄色是红色和绿色的叠合。（C 图由郭焱和陈建国博士提供）

（四）激光扫描共焦显微镜

在普通荧光显微镜下，许多来自样品中焦平面以外的荧光会使观察到的图像反差减小、分辨能力降低。而激光扫描共焦显微镜（laser scanning confocal microscope, LSCM，简称共焦显微镜）相当于在荧光显微镜上安装了一套激光共焦成像系统，并以激光（可见或紫外激光）为光源，从而，极大地提高了图像的分辨率（图 2-8）。所谓共焦，是指聚光镜和物镜同时聚焦

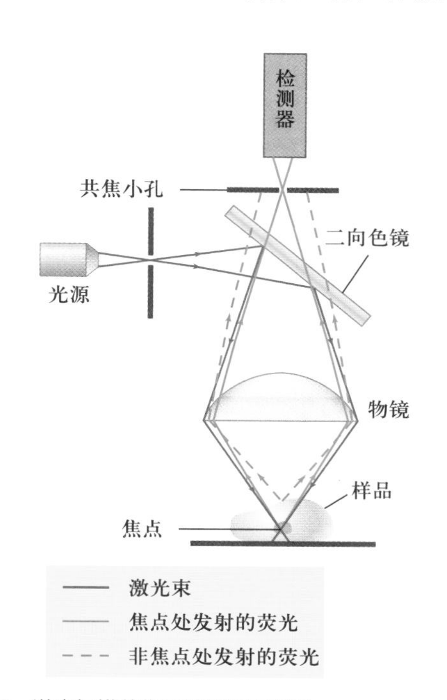

图 2-8　**激光扫描共焦显微镜的原理图**

激光束（光源）经二向色镜反射后，通过物镜会聚到样品某一焦点；从焦点发射的荧光（样品一般经免疫荧光标记）经透镜会聚成像，被检测器检出；样品其他部位发射的荧光不会聚焦成像，因而检测器不能检出。

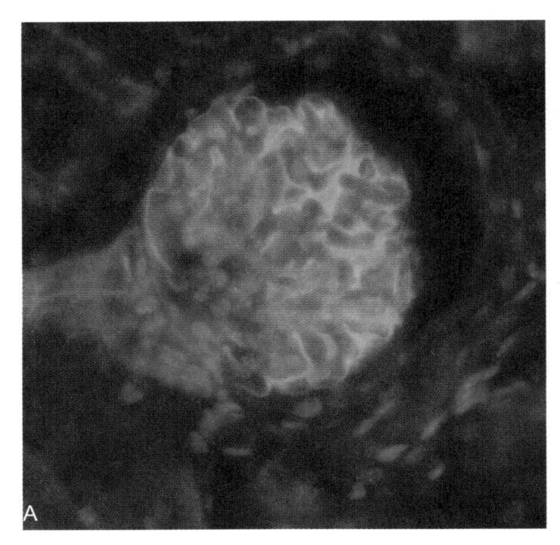

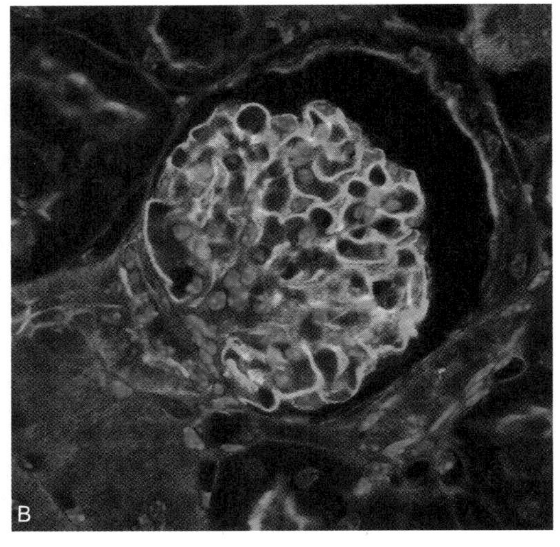

图 2-9 **荧光显微镜（A）和激光扫描共焦显微镜（B）所观察图像的比较**

图中显示小鼠肾小球的厚切片（厚度 20 μm）中，用不同的标记方法和不同的荧光染料，分别显示其凝集素（绿色）、微丝（红色）和细胞核（蓝色）的分布。激光扫描共焦显微镜所获得的图像更为清晰。（梁凤霞博士惠赠）

到同一点上，因而只有聚光镜聚焦在样品中的某一位点上所产生的激发荧光才能清晰成像，而来自焦平面以外的散射光则被小孔或狭缝挡住，再利用激光扫描装置和计算机高速采集与处理会聚每一个点上的信息，形成一幅清晰的二维图像。激光扫描共焦显微镜的分辨率可以比普通荧光显微镜的分辨率提高 1.4～1.7 倍。其纵向分辨率（axial resolution）也得到很大的改善。由于可自动调节并改变观察的焦平面，所以可以通过“光学切片”即改变焦点获得一系列不同切面上的细胞图像，经叠加后重构出样品的三维结构。早在 1955 年，M. Minsky 就发明了扫描共焦显微镜。但是直到 30 年后，随着激光光源的应用和一系列的改进，这种新型的显微镜才得以问世。目前，它在研究亚细胞结构与组分的定位及动态变化等方面的应用越来越广泛，其中包括本章后面所谈到的荧光共振能量转移技术、荧光漂白恢复技术等，都离不开激光扫描共焦显微镜（图 2-9B）。

（五）超高分辨率显微术

根据传统的光学理论，远场光学显微镜在 x、y 轴向的理论分辨率的极限值为 200 nm，而 z 轴向的分辨率还要比这个数值低得多，大约是 500～800 nm，远远不能满足要求。于是，人们开始寻找突破光学显微镜分辨率极限的方法。经过 20 多年的努力，研制出诸如 TIRFM、PALM/STORM、4π 和 STED 显微术，以及 SIM 等多种不同类型的超高分辨率显微术。

1. 全内反射荧光显微术（total internal reflection fluorescence microscopy, TIRFM）

根据瑞利 / 阿贝公式，显微镜的分辨率主要取决于光线的波长和物镜的数值孔径。而且，由于成像过程中产生的泊松噪声和检测元件的背景噪声使光学显微镜的实际分辨率远远低于理论值。可见，降低噪声是提高分辨率的有效途径。激光扫描共焦显微镜主要是依靠针孔来减少非焦平面的信息从而提高图像的清晰度，但针孔不能无限缩小。而全内反射荧光显微镜的原理是基于斯涅耳定律，即当光线从光密介质进入光疏介质时，一部分光会发生折射，而另一部分光线会发生反射（图 2-10）。并且，当入射角（θ_1）的角度增大时，折射角（θ_2）也随之增大。当入射角达到临界角（θ_C）时，折射角的角度达到 90°。当入射角继续增大时，就会发生全内反射（TIR）现象。此时，光线会在介质的另一面产生隐失波。隐失波的能量范围通常在 200 nm 以内，且在 z 轴上呈现指数衰减，因此可以激发很薄一层（约

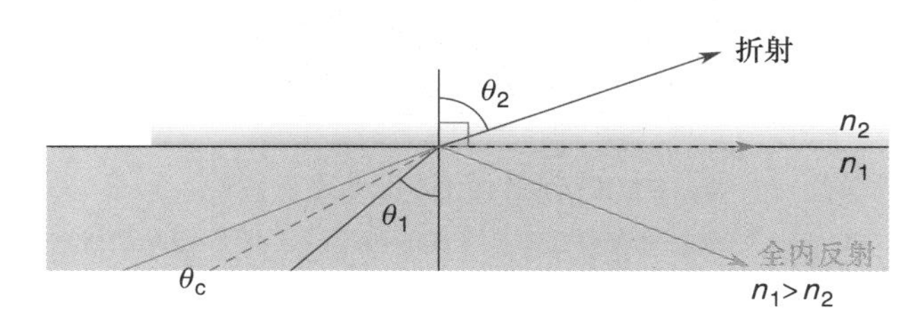

图 2-10 **全内反射示意图**

n_1 和 n_2 分别为玻璃和液体的折射率，θ_1 和 θ_2 分别为入射角和折射角，θ_C 为临界角。

100 nm）样品内特定的荧光分子发光，这样就大大降低了背景噪声的干扰，提高了图像分辨率。该技术的特点是只能观察细胞紧靠玻片的大约 100 nm 的范围，例如观察细胞质膜以及紧靠细胞质膜的细胞骨架组分的动态行为，而对细胞的其他部分的观察则无能为力。

2. 基于单分子成像技术的 PALM/STORM 方法

对于单个荧光光源的光子分布，通过特定的数学方法（如高斯函数）拟合，可以比较容易地定位荧光光源，精度达到纳米量级。P. Selvin 研究小组应用单分子成像技术在体外条件下分析肌球蛋白分子的行为，达到 1.5 nm 的定位精度。但是，如果两个荧光光源相距很近并且同时发光，应用该技术并不能区分它们。

一种绿色荧光蛋白的突变体（PA-GFP）的出现使情况出现了转机。PA-GFP 在激活之前对 488 nm 的光没有反应，但如果用 405 nm 的激光激活一段时间，再用 488 nm 激光照射时，可发出绿色荧光。E. Betzig 等将 PA-GFP 的发光特性与单分子荧光的定位精度相结合，成功地突破了光学显微镜的分辨率极限。其基本原理是将目的蛋白克隆到 PA-GFP 表达载体，并转染细胞。待融合蛋白表达后用较低能量的 405 nm 激光照射细胞，随机地使很少一部分（相隔较远的）PA-GFP 激活，再用 488 nm 激光激发激活的 PA-GFP 发出绿色荧光，通过高斯函数拟合将这些荧光分子定位，然后用 488 nm 激光将这些已经精确定位的荧光分子漂白，使其不能在下一轮激光照射时被激活。重复上述过程，每次都用 405 nm 和 488 nm 激光来激活、激发、定位和漂白少量的荧光分子，如此持续进行数百个循环，直到将细胞内几乎所有的荧光分子都精确地定位，并将所得到的图像合成在一张图上。这样就可以得到分辨率比传统的光学显微技术高 10 倍以上的图像。由此建立了光激活定位显微术（photoactivated localization microscopy, PALM）。后来 Betzig 的研究小组进一步发展 PALM，成功记录了细胞内两种蛋白质的相对位置。PALM 的缺点是只能用于观察外源表达蛋白的定位，并且每一幅图像照相所需的时间很长，不适合用于活细胞动态观察。

庄小威的研究小组开发了一种与 PALM 类似，但可以用来做细胞内源性蛋白的超分辨率定位的方法。其原理是基于花青染料可以被一种波长的光激活发出荧光，还可以被另一种波长的光波关闭而处于暗态，可以用不同波长的光波照射这些花青染料以控制它们发光或不发光。这样，就可以将原本靠得很紧的蛋白质用成对的染料（如 Cy3/Cy5）标记的特异抗体反应，在显微镜下先用激光使报告分子 Cy5 失活，然后用 561 nm 激光随机地激活少数几个 Cy3，并导致其配对的 Cy5 活化，再用 647 nm 激光激发 Cy5，使其发出 670 nm 的荧光，信号被相机捕捉后通过高斯拟合求出其中心位置。重复上述过程 10 000 次以上，以得到 100 万个以上的数据，就可以重构出内源蛋白分布的高分辨率图像，该方法被命名为随机光学重构显微术（stochastic optical reconstruction microscopy, STORM）。采用不同的荧光染料对，应用 STORM 可以对多达 4 种内源性蛋白进行精细定位，分辨率可以达到 20 nm 左右（图 2-11）。其缺

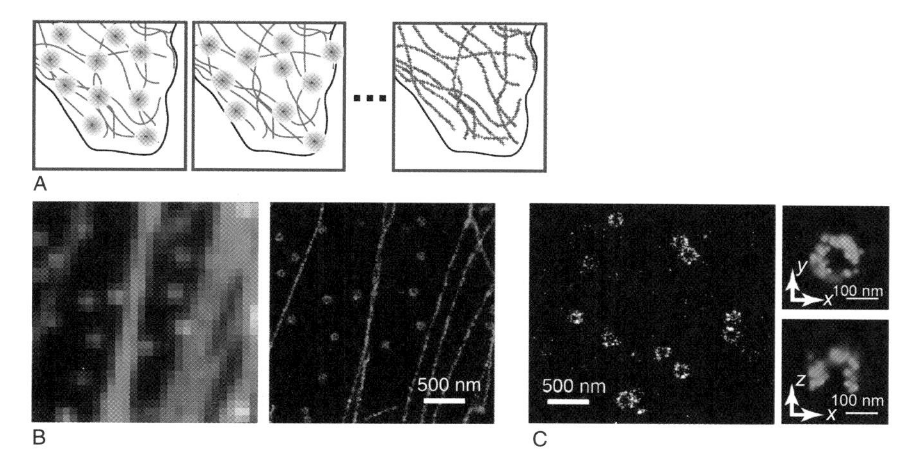

图 2-11　基于单分子定位原理的 STORM 超高分辨率成像技术

A. 在任一时刻，只有极少数荧光分子被随机激活（左图中绿圈），成像后加以精确定位（绿圈中的黑十字）. 经过多次重复，由大量荧光分子的精确位点组合成了一幅 STORM 图像（右图）。B. 在相同的放大倍数下，细胞中的微管（绿色）和网格蛋白包被小泡（红色）在常规荧光显微镜下的图像（左）与 STORM 超高分辨率图像（右）的比较。C. 三维 STORM 超高分辨率图像。左图显示细胞中的网格蛋白包被小泡。右图为放大图片，分别显示其在 *xy* 截面（上图）和 *xz* 截面（下图）的一个网格蛋白包被小泡。（庄小威博士惠赠）

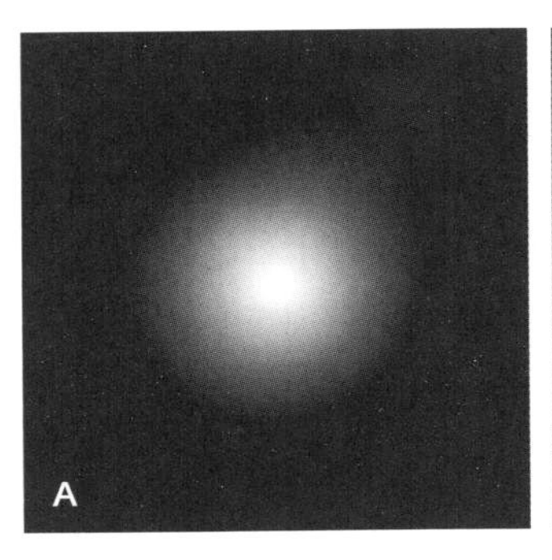

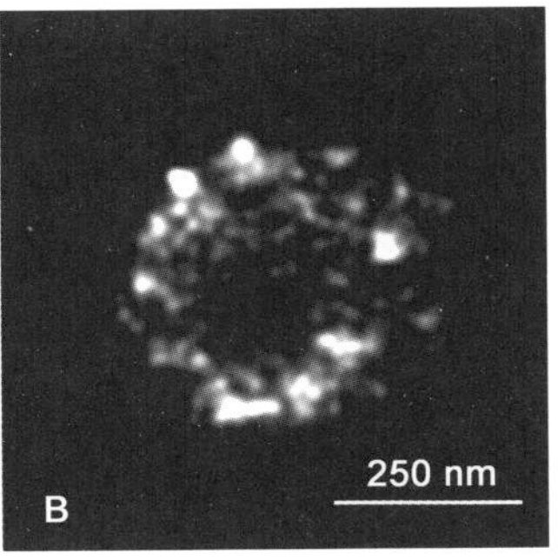

图 2-12　激光扫描共焦显微镜（A）与 STED 超高分辨率显微镜（B）观察中心粒蛋白的分布的图像比较

在 STED 超高分辨率显微镜图像中，可分辨出中心粒蛋白在中心粒中的分布。（陈建国博士和黄宁博士提供）

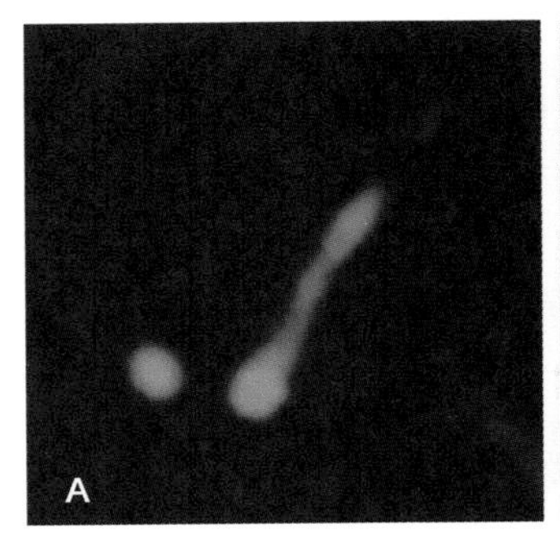

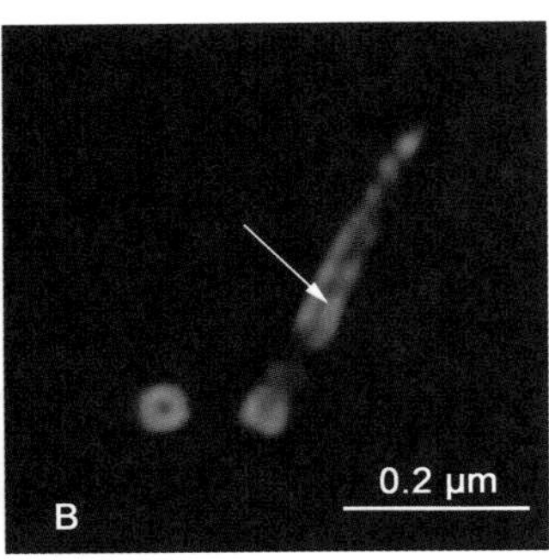

图 2-13　激光扫描共焦显微镜（A）与 SIM 超高分辨率显微镜（B）的图像比较

SIM 超高分辨率显微镜图像中，可清晰分辨出动物细胞纤毛基体（即母中心粒）中由三联体微管围成的空隙（箭号所示）。（陈建国博士和黄宁博士提供）

点是得到一张超分辨图像的时间很长，在活细胞中很难实现。

3. 4π 和 STED 显微术

S. Hell 发明的 4π 显微镜是基于增加物镜的接受角而等效增加物镜的数值孔径（NA）。具体是在样品的两侧各放置一个相同的高性能物镜，使总的接受角接近 4π，进而提高了 NA。Hell 的这一设计成功地将 z 轴分辨率从 500 nm 提高到 100 nm 左右，但 4π 显微镜并没有突破衍射极限。此后，Hell 设想使用一束激光，仅仅激发一个点的荧光基团并使其发出荧光，然后再用第二束像面包圈那样的环状高强度的脉冲激光照射那个点周围的荧光，该激光的波长可以使发光物质从受激状态返回到基态。这样，就只有中间没有完全损耗的荧光分子可以观察到。环状激光中间的孔径越小，图像的分辨率就越高。Hell 给这项发明取名受激发射损耗（stimulated emission depletion, STED）显微术（图 2-12）。理论上，STED 显微术的分辨率不受光的衍射过程所限制，利用该技术可以使水平面的分辨率达到纳米级，而且可以快速地观察活细胞内的实时动态变化，如记录神经元突触小泡的行为，但没有提高 z 轴方向的分辨率。如果将 4π 和 STED 结合，将可以同时提高 z 轴方向的分辨率。

4. 结构照明显微术

M. Gustafsson 博士将非线性结构照明部件引入到传统的显微镜上，使显微镜的硬件系统增加了光栅和控制元件，软件系统可对所获取的图像信息进行计算。其原理是通过光栅的旋转和移动将多重相互衍射的光束照射到样本上，并在此发生干涉，然后从收集到的发射光模式中提取高分辨信息，生成一幅完整的图像。这一技术称为结构照明显微术（structured-illumination microscopy, SIM）。利用结构照明术可使 x、y 平面分辨率达到 100 nm，z 轴向分辨率也提高了 2 倍。其优点是对于普通的免疫荧光标记样本和各种荧光蛋白表达样本，可以不经特殊处理直接观察。其缺点是分辨率远低于其他超高分辨率显微术（图 2-13）。

二、电子显微镜

光学显微镜技术在细胞生物学研究中起着极为重要的作用。但由于光波波长的限制，光镜的分辨率难以得到进一步提高。只有借助分辨率更高的电子显微镜（electron microscope, EM，简称电镜），才可能观察到细胞内部的精细结构。电子显微镜经过了多位科学家共同努力，最终由德国科学家 E. Ruska 于 1932 年制作而成，Ruska 因此于 1986 年获诺贝尔物理学奖。

（一）电子显微镜的基本知识

电子显微镜的基本原理与光学显微镜完全不同，构造也要比光学显微镜复杂得多。但电子显微镜的光路却与光学显微镜具有相似性（图 2-14）。

1. 电子显微镜与光学显微镜的基本区别

电子显微镜的高分辨率主要是因为使用了波长比可见光短得多的电子束作为光源，波长一般小于 0.1 nm。光源的差异决定了电镜与光镜的一系列不同点（表 2-1）：比如电子显微镜需要通过电磁透镜聚焦，电镜镜筒中要求高度真空，图像需要通过荧光屏、感光胶片或

表 2-1　电子显微镜与普通光学显微镜的基本区别

	分辨本领	光　源	透　镜	真　空	成像原理
光学显微镜	200 nm	可见光（波长 400～760 nm）	玻璃透镜	不要求真空	利用样本对光的吸收形成明暗反差和颜色变化
电子显微镜	0.2 nm	电子束（波长 0.01～0.9 nm）	电磁透镜	真空	利用样品对电子的散射和透射形成明暗反差

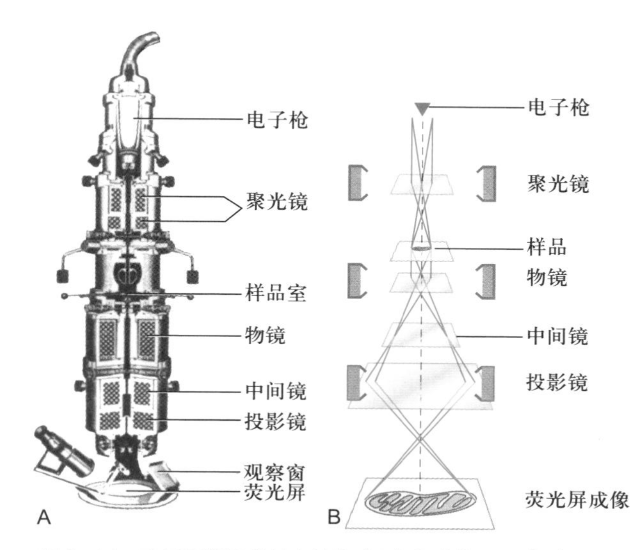

图 2-14　电子显微镜的基本结构（A）和成像原理（B）

电荷耦合器件（charge-coupled device, CCD）进行显示和记录等。

2. 电子显微镜的有效放大倍数与分辨本领

如前所述，人眼的分辨率一般为 0.2 mm，光学显微镜的分辨率为 0.2 μm 左右，其放大倍数为 0.2 mm/0.2 μm，即 1 000 倍。而电子显微镜的分辨率可达 0.2 nm，其放大倍数为 10^6 倍。上述放大倍数称之为有效放大倍数。如果通过光学手段继续放大，再也不会得到任何有意义的信息，因此称之为“空放大”。

电镜的分辨率与分辨本领并不等同，电镜的分辨本领是指电镜处于最佳状态下的分辨率。实际情况下，电镜的实际分辨率常常受到生物制样技术本身的限制，如在超薄切片样品中其分辨率约为超薄切片厚度的 1/10，即通常超薄切片厚度若为 50 nm，则实际分辨率约为 5 nm，远低于电镜的分辨本领 0.2 nm。

3. 电子显微镜的基本构造

电子显微镜主要由以下 4 部分组成（图 2-14）：

（1）电子束照明系统　包括电子枪和聚光镜。如可用高频电流加热钨丝发出电子，通过高电压的阳极使电子加速（这一装置称电子枪），射出的电子经聚光镜会聚成电子束。

（2）成像系统　包括物镜、中间镜与投影镜等。它们是经过精密加工的中空圆柱体，里面装置线圈，通过改变线圈的电流大小，调节圆柱体内空间的磁场强度。电子束经过磁场时发生螺旋式运动，最终的结果如同光线通过玻璃透镜时一样，聚焦成像。

（3）真空系统　用两级真空泵不断抽气，保持电子枪、镜筒及记录系统内的高度真空，以利于电子的运动。

（4）记录系统　电子成像须通过荧光屏显示用于观察，或用感光胶片或 CCD 相机记录下来。

（二）主要电镜制样技术

1. 超薄切片技术

由于电子束的穿透能力有限，为获得较高分辨率，切片厚度一般仅为 40～50 nm，即一个直径为 20 μm 的细胞可切成几百片，故称超薄切片（ultrathin section）。这需要样品既要有一定刚性又要有一定韧性，而生物样品并不具备这些特性，为此，样品往往需要包埋在特殊的介质中。但包埋的过程会破坏样品的细微结构，所以超薄切片样品制备的第一步就是样品的固定，以期更好地保存细胞的精细结构（图 2-15）。

（1）固定　固定是保持样品的真实性的一个最重要的环节。固定不仅要求保持样品的形态和精细结构不发生改变；有时还要求细胞内部的成分保持在原来的位置上，甚至其免疫原性尽可能的不发生改变。透射电镜常用化学法进行样品的固定，固定剂为戊二醛和四氧化锇（OsO_4，常称为锇酸）等（表 2-2）。同时，为了更好地保存细胞的超微结构，还可以利用物理方法，如超低温冷冻等方法进行固定。在固定操作过程中，动物的处死和取材都要快速进行，以防细胞自溶作用造成的损伤。固定的样品块直径一般小于 1 mm，以便固定剂迅速渗透。

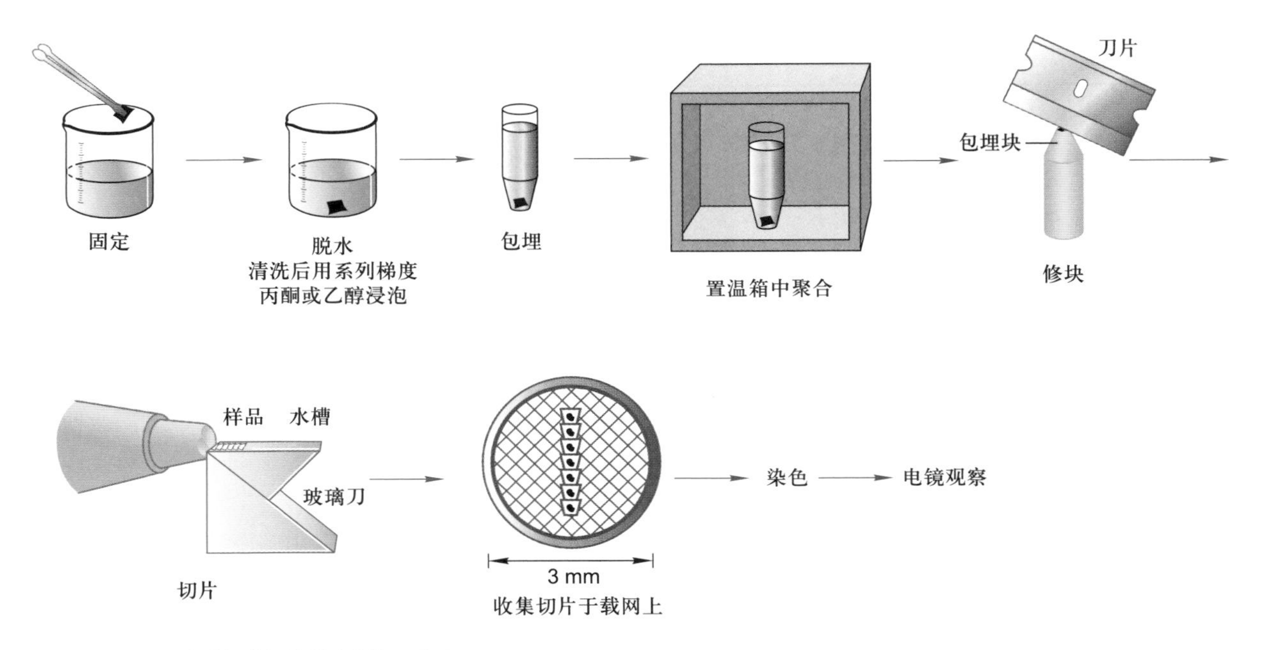

图 2-15 电镜超薄切片样本制备示意图

电镜超薄切片样本的制备包括固定、脱水、包埋、切片和染色等基本步骤。

表 2-2 几种固定剂对细胞不同成分的固定效果的比较

固定剂	核酸	蛋白质	磷脂	多糖	不饱和脂肪酸
锇酸	+	++	+++	+	+++
戊二醛	+	++	+	+	+
高锰酸钾	+	+++	+++	+	+++

“+”表示固定剂对不同细胞成分的相对固定效果。

（2）包埋 包埋的目的是保证在切片过程中，包埋介质能均匀良好地支撑样品，以便获得连续、完整并有足够强度的超薄切片。包埋介质要求具有良好的机械性能（如刚度和韧性等）以利于切片；在聚合过程中，不发生明显的膨胀与收缩；观察样品时，易被电子穿透并能耐受的电子轰击；在高倍放大的图像中不显示本身结构等特征。目前常用的包埋剂是各种环氧树脂。生物样品固定后含有大量水分，而包埋剂多具疏水性质。因此固定的样品在包埋前通常要经过一系列的脱水处理。

（3）切片 超薄切片的制备过程如图 2-15 所示。切片厚度通常是 40～50 nm。切片厚度可通过样品杆的金属热膨胀或机械伸缩来控制。切片刀以玻璃或钻石为材料，最常使用的是玻璃刀。切片须捞在覆有支持膜（如 Formvar 膜）的载网（铜网或镍网，一般直径 3 nm）上，用于染色和电镜观察。

（4）染色 电镜样品用重金属盐进行染色。样品中的不同成分对各种重金属盐“染料”有不同的亲和性，如锇酸宜染脂质，柠檬酸铅易染蛋白质，乙酸双氧铀用以染核酸等。当电子束穿过样品时，样品中的金属离子不同程度地散射和吸收电子，在样品的图像上形成明暗差别。因此，电镜下观察到图像只能为黑白图像。

应用超薄切片技术，几乎可以观察各种细胞的超微结构。图 2-16 即是动物细胞的超薄切片电镜图片。此外，超薄切片技术还可以与细胞化学、免疫化学和原位杂交等技术结合，在超微结构水平上完成蛋白质与核酸

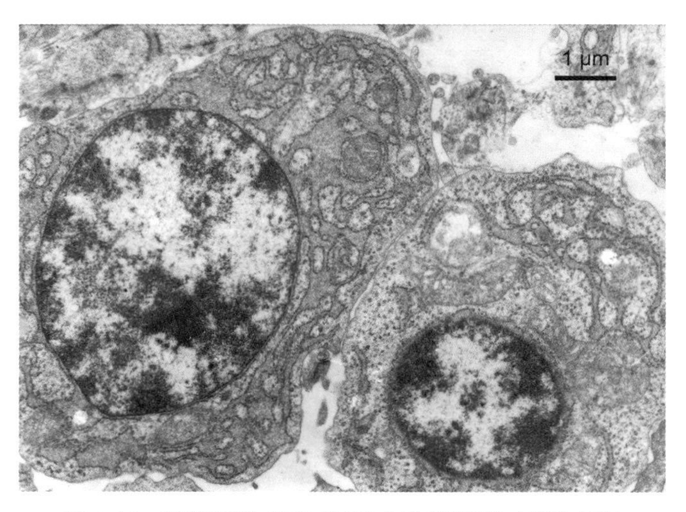

图 2-16 超薄切片技术显示的动物细胞超微结构（洪健惠赠）

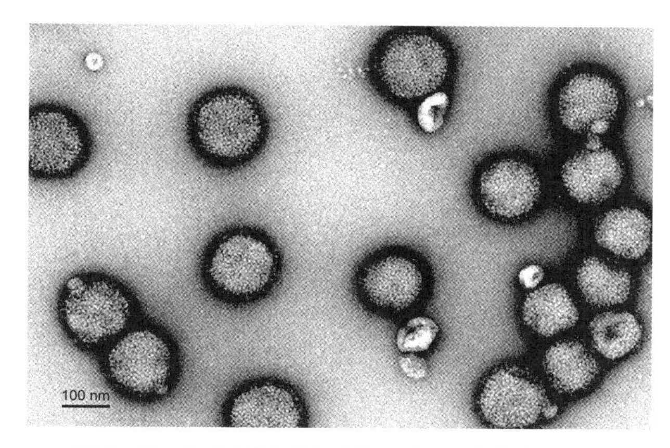

图 2–17 流感病毒负染色电镜照片（梁静楠惠赠）

等组分的定性、定位和半定量研究。

2. 负染色技术

经纯化的细胞组分或结构，如线粒体基粒、核糖体、蛋白颗粒及细胞骨架纤维甚至病毒等可以通过电镜负染色技术（negative staining）显示其精细结构，分辨率可达 1.5 nm 左右。负染色是用重金属盐，如磷钨酸或醋酸双氧铀溶液对铺展在载网上的样品进行染色。吸去多余染料，样品自然干燥后，整个载网上都铺上了一薄层重金属盐，从而衬托出样品的精细结构（图 2–17）。

3. 冷冻蚀刻技术

冷冻蚀刻技术（freeze etching）的样品制备过程包括冰冻断裂与蚀刻复型两步，因此又称冷冻断裂–蚀刻复型技术。用快速低温冷冻法，在液氮或液氦中将样品迅速冷冻，然后在低温下进行断裂。这时冷冻样品往往从其结构相对“脆弱”的部位（即膜脂双分子层的疏水端）裂开，从而显示出镶嵌在膜脂中的蛋白质颗粒。经过一段时间冰的升华（又称蚀刻），进一步增强图像“浮雕”样的效果。再用铂等重金属进行倾斜喷镀，以形成对应于凹凸断裂面的电子反差。接着，用碳进行垂直喷镀，在断裂面上形成一层连续的碳膜。最后用消化液把生物样品消化掉，将复型膜（碳膜及其被碳膜包裹的，含有图像信息的金属微粒膜）移到载网上，并在电镜下进行观察（图 2–18A）。

冷冻蚀刻技术主要用来观察膜断裂面上的蛋白质颗粒和膜表面形貌特征，图像富有立体感，样品不需包埋甚至也不需要固定，因而能更好地保持样品的真实结构（图 2–18B）。在此基础上又发展了快速冷冻深度蚀刻技术（quick freeze deep etching），该技术主要用于观察胞质中的细胞骨架纤维及其结合蛋白，从而拓宽了这一技术的应用范围。

4. 电镜三维重构与低温电镜技术

因为透射电镜利用穿透样品的电子成像，这部分的电子已经携带了样品的内部结构信息，因此我们得到的二维电镜图像中，实际上包含了样品三维结构的全部信息。从二维电镜图像出发，构建出样品的三维图像，称电镜图像的三维重构。从 20 世纪 60 年代开始，英国学者 A. Klug 率先把晶体学的图像数据处理方法用于电镜样品的研究中，成功地获得了负染色样品中 T 噬菌体的三维结构图像，开创了蛋白质三维结构研究的新方向，因此获得 1982 年诺贝尔化学奖。

由于染色方法的局限性及负染色后干燥过程对样品本身结构细节的损伤，负染色技术制备的生物样品的分辨率只能达到 1.5～2 nm。经过几十年的不懈努力，人们建立了和发展了低温电镜技术（cryo-electron microscopy），这一技术在细胞内各种生物大分子及其复合物的三维结构分析中，发挥了其他技术不可替代的重要作用，例如膜蛋白（见图 3–15“γ-分泌酶复合物三维结构”）、核糖体、30 nm 染色质（见图 9–12“染色质纤维的三维结构”）以及病毒颗粒等。顾名思义，低温电镜技术制备的生物样品，一般不经过固定、包埋、染色和干燥等步骤，而是将样品直接在冷冻剂中快速冷冻，形成 100～300 nm 厚的冰膜，在电镜内 −160℃低温下利用相位衬度成像。获得的大量图像还要经过一系列数据处理后，构建出样品的三维结构密度图。

目前主要应用低温电镜单颗粒分析技术（single particle analysis）来研究生物大分子的三维结构，即对包被在冰膜中相同的、分散的、取向随机性的大量颗粒性样品进行拍照和三维重构处理。这是目前最主要的也是发展最快的电镜三维重构方法，其三维结构图像已接近原子尺度的分辨率，为解析生命活动运转中的各种“纳米机器”的结构与作用机理，提供了重要的实验手段。在发展低温电镜技术中贡献巨大的三位科学家 J. Dubochet、J. Frank、R. Henderson 也因此获得 2017 年诺贝尔化学奖。

电子断层成像技术（electron tomography）也是利用电镜图像进行三维重构的另一项重要技术。它是对样品中同一物体，在不同的倾角下连续拍照，获得一系列二维投影图片，再重构其三维结构。电子断层成像技术也可用于研究蛋白质复合体的三维结构，但其分辨率明显低于低温电镜单颗粒分析技术。然而这一技术还可用于更大尺度的细胞器、细胞骨架、膜泡运输系统等的三

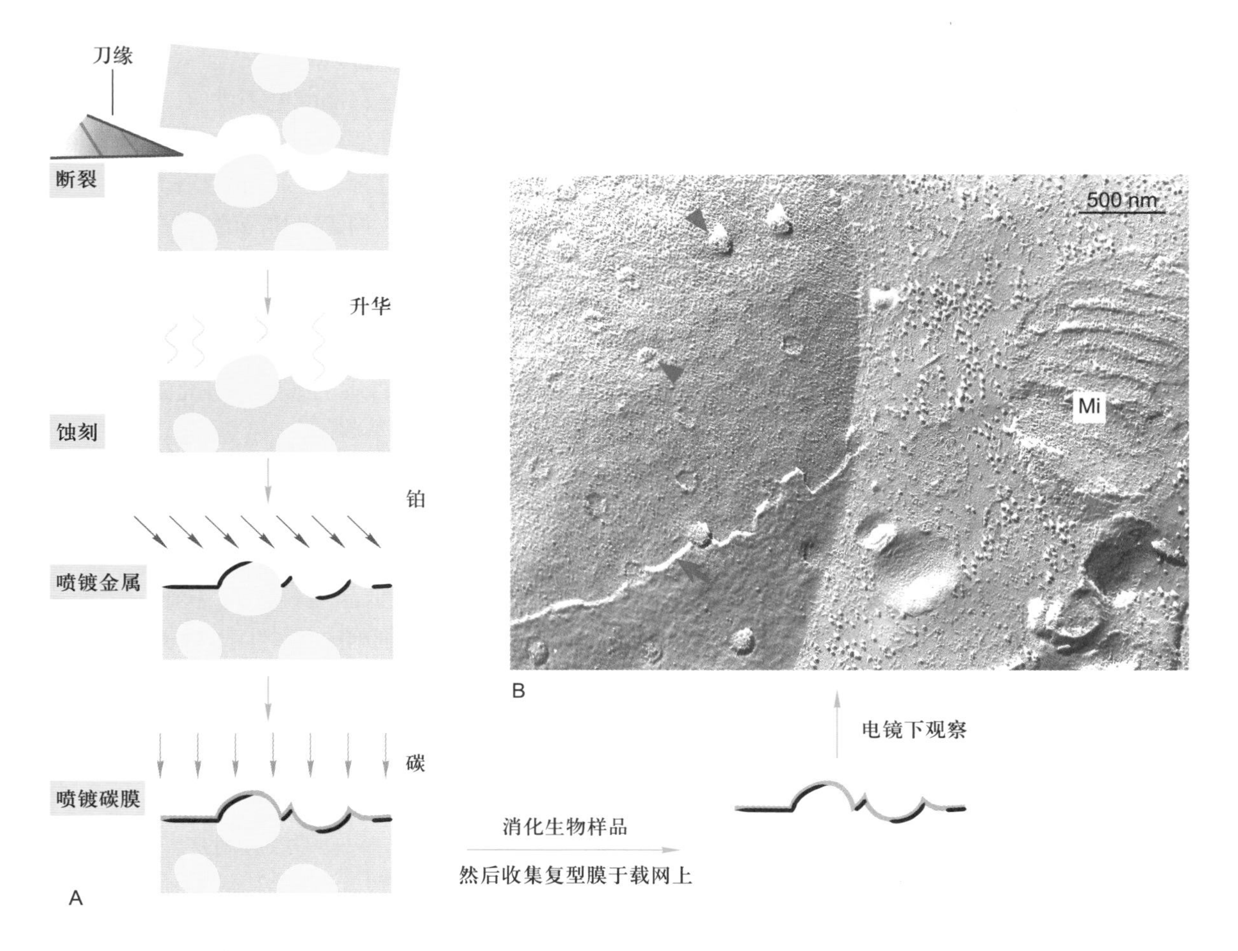

图 2-18 冷冻蚀刻技术示意图

A. 样品制备流程图。B. 牛肾原代细胞的冷冻蚀刻电镜图片，显示双层核膜（箭头所示）、核孔复合体结构（三角所示）以及线粒体（Mi）和细胞质中的囊泡等结构。（B 图由王梅和丁明孝提供）

维结构研究，因此在细胞生物学研究中也得到日益广泛的应用。电子断层成像技术可用于冷冻的样品，更多的是用于超薄切片样品（图 2-19）。

利用扫描电镜背散射电子成像（back scattered electron imaging）技术可以研究细胞、组织等更大尺度的超微结构的三维结构，这在揭示神经元之间的相互关系的脑科学研究中，是一项不可或缺的重要技术。经典的扫描电镜是利用细胞表面的二次电子成像，以观察细胞表面的形貌（见下述“扫描电镜技术”）。而扫描电镜背散射电子图像携带了原子序数的信息，因此，对所观察的组织块染色后，可以显示出如同超薄切片样品的细胞内部结构（图 2-20）。在扫描电镜中，做类似超薄切片的处理，同时利用其背散射电子成像，就可以得到一幅幅样品内部的超微结构图像，进而构建成整个组织的三维结构图象。

5. 扫描电镜技术

扫描电镜（scanning electron microscope, SEM）问世于 20 世纪 60 年代。其电子枪发射出的电子束被磁透镜会聚成极细的电子“探针”，在样品表面进行“扫描”，激发样品表面放出二次电子、背散射电子等。二次电子由探测器收集并被闪烁器转变成光信号，其产生的多少与样品表面的形貌相关。这样，通过扫描电镜可以得到样品表面的立体图像信息（图 2-21）。

为了保证样品在扫描观察前不发生表面变形，通常需要利用 CO_2 临界点干燥法对样品进行干燥处理。此外，为了得到正确的二次电子信号，样品表面需有良好的导电性。所以样品在观察前还要喷镀一层金膜。

扫描电镜景深长，成像具有强烈的立体感，一般扫描电镜的分辨本领仅为 3 nm。近些年研制的低压高分辨扫描电镜分辨本领可达 0.7 nm，可用于观察核孔复合

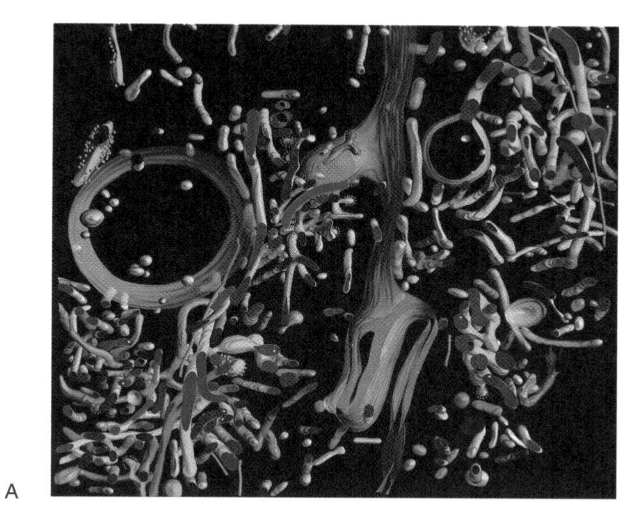

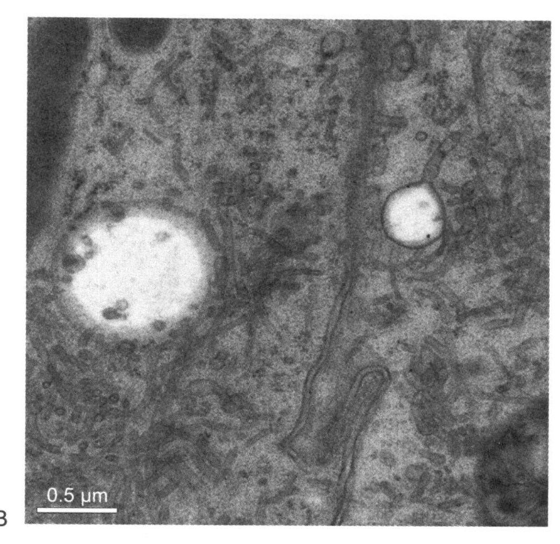

图 2-19　电子断层成像技术显示的细胞内膜及膜泡运输系统的三维图像（A）及同一区域的二维超薄切片图像（B）（何万忠博士惠赠）

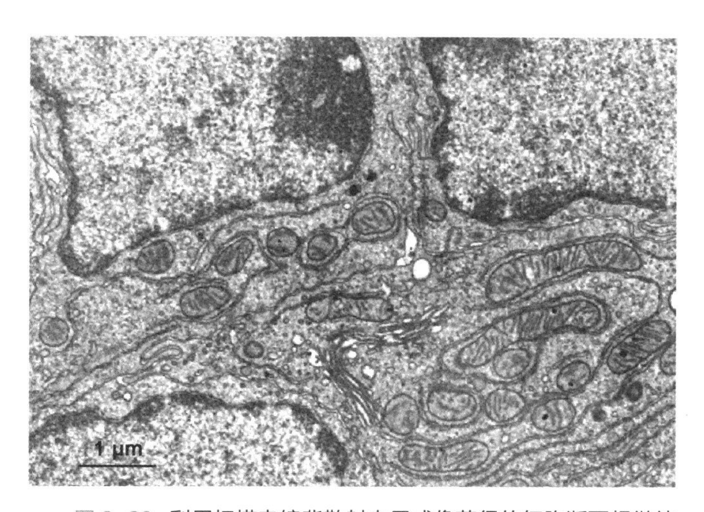

图 2-20　利用扫描电镜背散射电子成像获得的细胞断面超微结构图像

细胞中的细胞核、线粒体、高尔基体等细胞器清晰可见，其分辨率接近透射电镜超薄切片图像。（刘轶群博士惠赠）

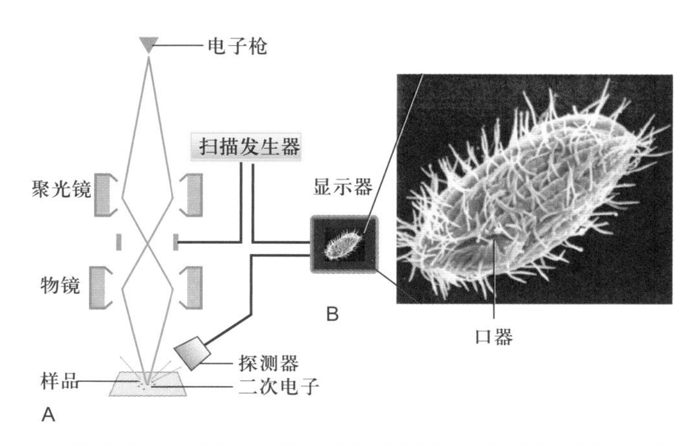

图 2-21　扫描电镜原理示意图（A）及扫描电镜下清晰显示的原生动物四膜虫表面的纤毛和口器（B）（B 图由韩飞和丁明孝提供）

体等更精细的结构。

尽管电子显微镜具有分辨率高这一光学显微镜无可比拟的优越性，但直至目前人们还不能用它来观察活的生物样品，而且难以观察细胞的全貌，因此在很多研究中仍需要光镜与电镜技术相结合，这就是为什么各种光－电关联技术（correlative light microscopy and electron microscopy）得到越来越广泛的关注和应用。

三、扫描隧道显微镜

扫描隧道显微镜（scanning tunnel microscope, STM）是 IBM 苏黎世实验室的 G. Binnig 和 H. Rohrer 等人于 1981 年发明的，它是一种探测微观世界物质表面形貌的仪器。此项发明获得 1986 年的诺贝尔物理学奖。

STM 的主要原理是利用量子力学中的隧道效应。通常在低电压下，二电极之间具有很大的阻抗，阻止电流通过，称之为势垒；当二电极之间近到一定距离（50 nm 以内）时，电极之间产生了电流，称隧道电流：这种现象称隧道效应。并且隧道电流（I）和针尖与样品之间的间距（d）呈指数关系［一维近似 $I \propto \exp(-2Kd)$，K 为常数］，这样 d 可转化为 I 的函数而被测定，针尖的位置就可以确定，由此样品的表面形貌也可确定。

STM 的主要装置包括实现 x、y、z 三个方向扫描的压电陶瓷，逼近装置，电子学反馈控制系统和数据采集、处理、显示系统。

STM 的主要特点有：① 具有原子尺度的高分辨本领，侧分辨率为 0.1～0.2 nm，纵分辨率可达 0.001 nm；

② 可以在真空、大气、液体（接近于生理环境的离子强度）等多种条件下工作，这一点在生物学领域的研究中尤其重要；③ 非破坏性测量，因为扫描时不接触样品，又没有高能电子束轰击，基本上可避免样品的形变。

目前，STM 作为一种新技术，已被广泛应用于生命科学各研究领域。人们已用 STM 直接观察到 DNA、RNA 和蛋白质等生物大分子及生物膜、病毒等的结构。与其功能类似的还有原子力显微镜（atomic force microscope, AFM）。原子力显微镜，顾名思义，是利用微小的探针来操纵和测量样品的形貌和力学性质。这个微小的探针在一个悬梁臂弹簧的末端，在与样品直接作用时，悬梁臂的微小位移通过“光杠杆”效应得以放大上千倍投射到光电探测器上，并通过一个反馈通路来控制探针和样品之间的相互作用。原子力显微镜不仅可以精确地测量出样品的形貌，而且还可以测量样品的微观力学性质。其作用力范围在 10 pN（皮牛）到几十 nN（纳牛）之间，恰恰适合于细胞信号分子与配体结合以及蛋白质分子的折叠和展开等研究。

可以预料，STM 和 AFM 等将在纳米生物学乃至纳米科学各领域研究中将发挥越来越重要的作用。

第二节　细胞及其组分的分析方法

形态学观察与细胞组分分析相结合是当代细胞生物学研究中常常采用的实验方法。它为揭示生物大分子在细胞内的空间定位、相互关系及其功能的研究提供了有力的工具。

一、用超离心技术分离细胞组分

用低渗匀浆、超声破碎或研磨等方法可使细胞质膜破损，形成细胞核、线粒体、叶绿体、内质网、高尔基体、溶酶体等细胞器和细胞组分组成的混合匀浆，再通过差速离心，即利用不同的离心速度所产生的不同离心力，将各种质量和密度不同的亚细胞组分和各种颗粒分开（图 2-22）。

密度梯度离心是将要分离的细胞组分小心地铺放在含有密度逐渐增加的、高溶解性的惰性物质（如蔗糖）形成的密度梯度溶液表面，通过重力或离心力的作用使样品中不同组分以不同的沉降率沉降，形成不同的沉降带。各组分的沉降率与它们的形状和大小有关，通常以沉降系数（S 值）表示。超速离心机可达转数 10^5 r/min，产生 60 万倍重力场。在这巨大离心力的作用下，甚至相当小的 tRNA（沉降系数 4S）和单一的酶都可根据其沉降系数相互分离开。密度梯度离心又可分为速度沉降和等密度沉降两种。常用的介质有蔗糖和氯化铯等。

速度沉降主要是用于分离密度相近而大小不一的细胞组分。离心前，将要分离的细胞匀浆物放置在蔗糖浓度梯度（通常质量分数范围为 5%—40%）溶液的上层，各种细胞组分根据它们的大小以不同的速度沉降，形成不同的沉降带（图 2-23），然后分别收集不同的沉降带中的组分，用于分析。

等密度沉降用于分离不同密度的细胞组分。细胞组分在连续梯度的高密度介质中经离心力场长时间的作用沉降或漂浮到与自身密度相等的位置，形成不同的密度区带。这种方法非常灵敏，甚至可以将掺入重同位素

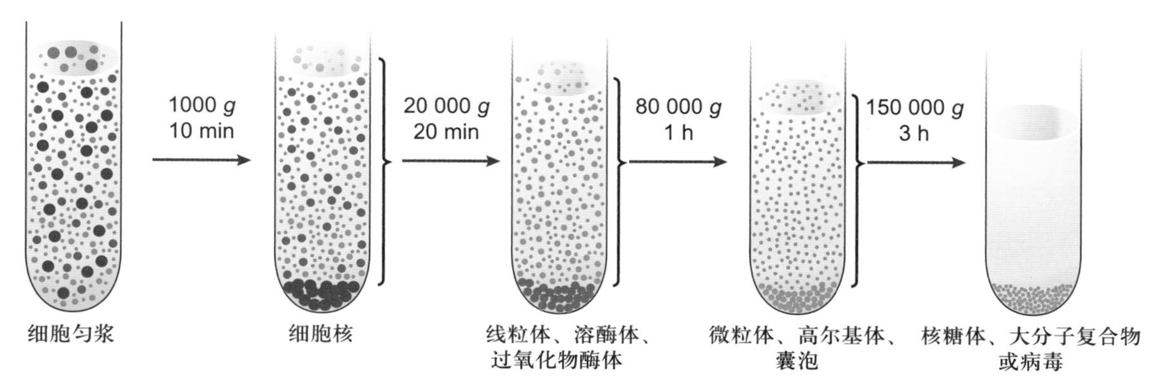

图 2-22　用差速离心法分离细胞匀浆中的各种细胞组分

图中显示，随着离心力（*g*）大小和离心时间的不同，各种细胞组分沉淀在不同的离心管底部。

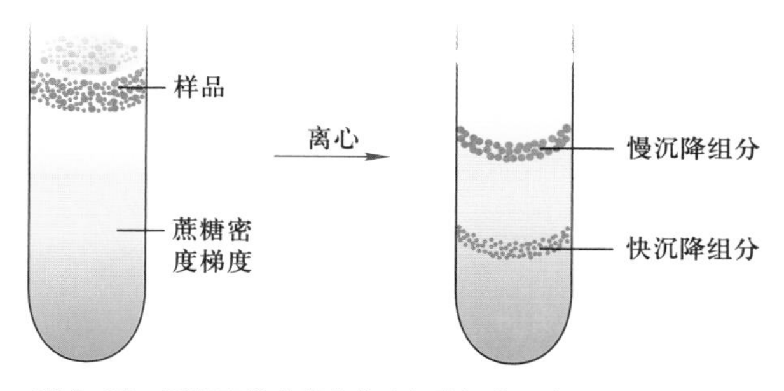

图 2-23　用密度梯度离心分离细胞组分示意图

如 ^{14}C 或 ^{15}N 的生物大分子和未标记物分开。1957 年，M. Meselson 和 F. Stahl 利用 ^{15}N 标记大肠杆菌 DNA，并用氯化铯等密度沉降法直接证明了 DNA 的半保留复制。

二、特异蛋白抗原的定位与定性

20 世纪 70 年代以来，免疫学的迅速发展为细胞生物学的研究提供了强有力的手段，特别是在细胞内特异蛋白的定位与定性方面，单克隆抗体与其他一些检测手段相结合发挥了重要作用。免疫荧光与免疫电镜是最常见的研究细胞内蛋白质分子定位的重要技术，而对蛋白质组分进行体外分析定性通常则采用免疫印迹（Western blotting）、放射免疫沉淀（radioimmuno-precipitation）和蛋白质芯片、质谱分析等技术，这里不再一一介绍。

（一）免疫荧光技术

前面已经介绍了荧光显微镜技术，其中也提到免疫荧光技术。所谓免疫荧光技术就是将免疫学方法（抗原－抗体特异结合）与荧光标记技术相结合用于研究特异蛋白抗原在细胞内分布的方法，它包括直接和间接免疫荧光技术两种（图 2-24）。实验步骤主要包括荧光抗体的制备、标本的处理、免疫染色和观察记录等过程。

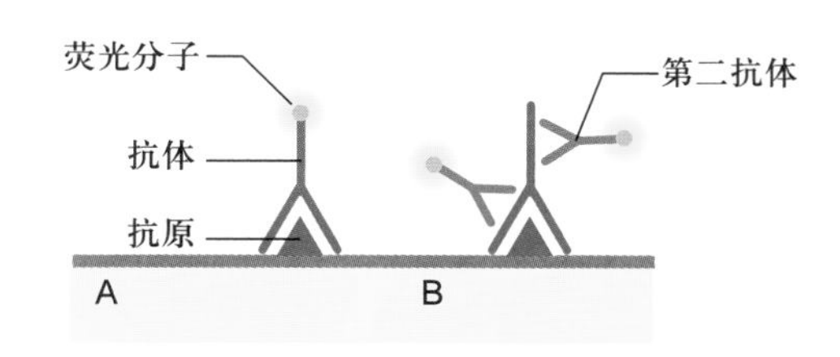

图 2-24　直接免疫荧光标记与间接免疫荧光标记技术

A. 直接免疫荧光标记技术：将荧光分子与抗体偶联后直接用于免疫标记技术。B. 间接免疫标记技术：先将抗体（称第一抗体）与抗原反应，然后加入与荧光分子相偶联的抗第一抗体的抗体（称第二抗体）。

标本处理有多种方法，组织切片、冷冻切片、整装细胞都可应用，其宗旨只有一个，即要尽量完好地保持被检测蛋白质的抗原性；免疫染色就是抗原－抗体反应的过程，这里要注意设立各种实验对照以保证结果的可靠性。除免疫荧光技术外，还可用免疫酶标记技术，即以酶（如辣根过氧化物酶）代替荧光素与抗体偶联，因此可在普通显微镜下观察。近年来，激光扫描共焦显微镜的应用使免疫荧光技术在细胞生物学研究中发挥了越来越大的作用。

（二）免疫电镜技术

免疫荧光技术快速、灵敏、特异性强，但其分辨率有限。免疫电镜技术则能有效地提高样品的分辨率，在超微结构水平上研究特异蛋白抗原的定位。

免疫电镜技术可分为免疫铁蛋白技术、免疫酶标技术与免疫胶体金技术，其主要区别是与抗体结合的标志物不同，这在一定程度上也反映了免疫电镜技术的发展过程。目前，免疫铁蛋白技术几乎已无人问津，而免疫胶体金技术则受到越来越多的青睐。胶体金本身具有许多优点，如：在电镜下金颗粒容易识别，并可以制成 5 nm、10 nm 或 20 nm 等不同直径的金颗粒，用以双重标记或多重标记。

免疫电镜技术的样品制备程序与免疫荧光技术类似（图 2-25），包括样品的固定、包埋、超薄切片制备、免疫标记和染色等步骤。其技术关键是在样品制备过程

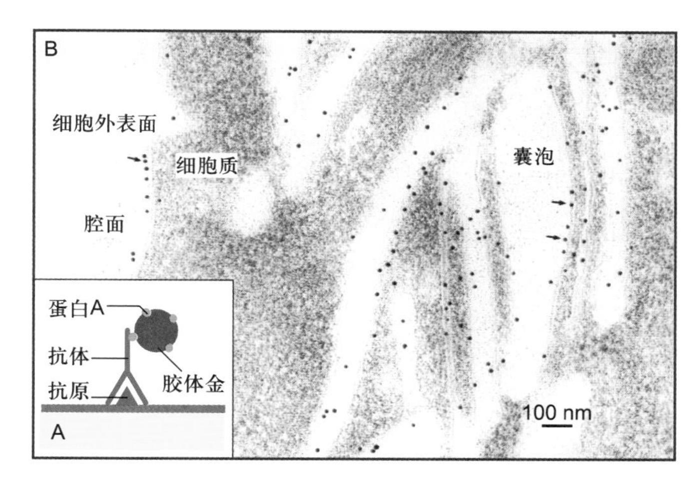

图 2-25　免疫胶体金电镜技术的基本原理与应用

A. 免疫胶体金标记技术原理的示意图：细菌蛋白 A 可与胶体金结合，也可以与抗体（如 IgG）的 Fc 端特异结合。B. 免疫胶体金标记显示膀胱上皮细胞中特异的膜蛋白的分布（箭头所指）。（B 图由梁凤霞博士和丁明孝提供）

中既要保持样品中蛋白的抗原性，又要尽量保存样品的精细结构。免疫电镜技术至今已得到广泛应用。

三、细胞内特异核酸的定位与定性

细胞内特异核酸（DNA 或 RNA）的定性与定位的研究，通常采用原位杂交（*in situ* hybridization）技术。用标记的核酸探针通过分子杂交确定特异核苷酸序列在染色体上或在细胞中的位置的方法称为原位杂交。

原位杂交技术首先是在光镜水平上发展起来的，放射性同位素标记的探针与样品中的 DNA 或 RNA 杂交后，用显微放射自显影的方法显示杂交物的存在部位；或用荧光素标记的探针进行杂交，在荧光显微镜下直接显示细胞中与探针杂交的特异核酸。近年来，以生物素等生物小分子代替同位素或荧光素标记探针，使原位杂交技术得到了更为广泛的应用发展。电镜原位杂交技术可将特异序列核苷酸的定位与细胞的超微结构结合起来，其基本原理与光镜原位杂交类似，只是探针标记物不同，杂交反应的检测常常是通过与抗生物素抗体相连的胶体金颗粒显示出来的。

原位杂交技术在显微与亚显微水平上研究基因定位、特异 mRNA 表达等问题的研究中具有重要作用（图 2–26）。

四、细胞成分的分析与细胞分选技术

流式细胞术（flow cytometry）可定量地测定某一细胞中的 DNA、RNA 或某一特异的标记蛋白的含量，以及细胞群体中上述成分含量不同的细胞的数量，它还可将某一特异染色的细胞从数以万计的细胞群体中分离出来，以及将 DNA 含量不同的中期染色体分离出来，甚至可用于细胞的分选。

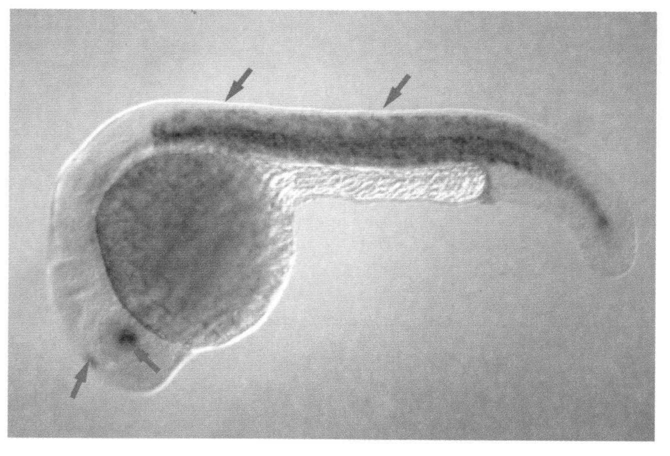

图 2–26　用原位杂交技术显示 *Z13* 基因在受精后 1 天的斑马鱼胚胎的体节、眼和松果体中的表达（箭头所指）。（张博博士惠赠）

细胞群体一般需要分散后对待测的某种成分进行特异的荧光染色，然后使悬液中的细胞一个个快速通过流式细胞仪（每秒可达几万个细胞）。当含有单个细胞的液滴通过激光束时，带有不同荧光的细胞所在的液滴被充上正电荷、负电荷，或不被充电，同时检测器可测出并记录每个细胞中的待测成分的含量。因带有不同表面标志的细胞所带的电荷的种类不同，当液滴通过高压偏转板时，带不同电荷的液滴发生偏转，从而达到将细胞分选的目的（图 2–27）。如果染色过程不影响细胞活性，那么分离出来的细胞还可以继续培养。

第三节　细胞培养与细胞工程

一、细胞培养

细胞培养是当前细胞生物学乃至整个生命科学研究与生物工程中最基本的实验技术。干细胞生物学的发展及其应用在很大程度上基于细胞培养技术的发展。细胞培养包括原核生物细胞（如大肠杆菌）、真核单细胞（如酵母菌、四膜虫）、植物细胞与动物细胞的培养以及与此密切相关的病毒的培养。本节扼要介绍动植物细胞培养技术以及与细胞培养直接相关的一些技术。

（一）动物细胞培养

体外培养的动物细胞可分为原代细胞（primary culture cell）与传代细胞（subculture cell）。原代细胞是指从机体取出后立即培养的细胞，进行传代培养后的细胞即称为传代细胞。也有人把传至 10 代以内的细胞统称为原代细胞培养。适应在体外培养条件下持续传代培养的细胞称为传代细胞。

任何动物细胞的培养均需从原代细胞培养做起。动物很多组织的细胞，如幼年动物的肾、肺、卵巢、精巢、肌肉及肿瘤等组织的细胞较易培养，而神经细胞等则较难培养。原代细胞培养步骤如下：首先取出健康动物的组织块，剪碎，用浓度与活性适中的胰酶或胶原酶与 EDTA（螯合剂）等将细胞连接处消化使其分散，给

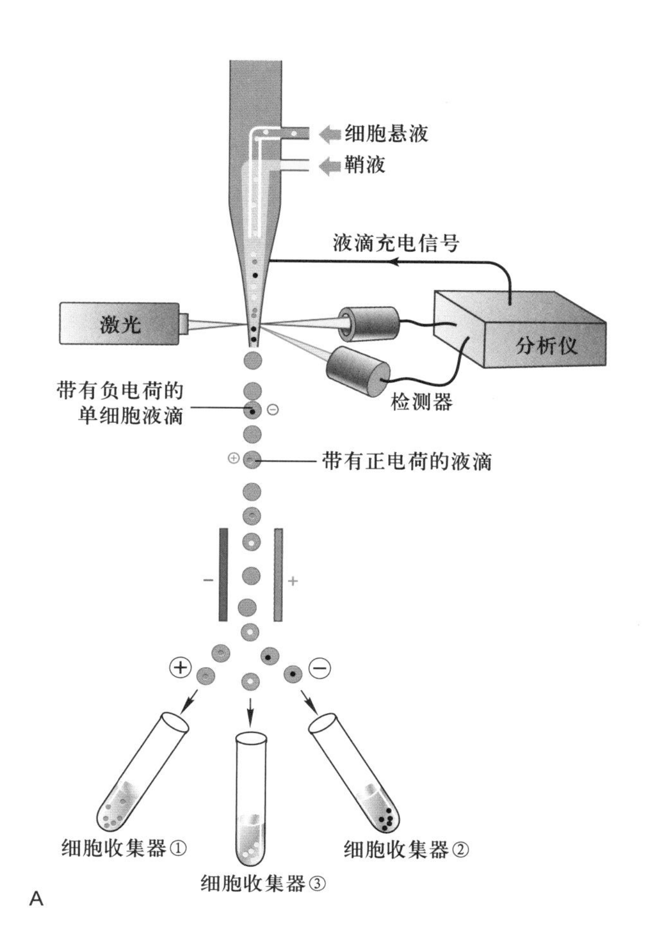

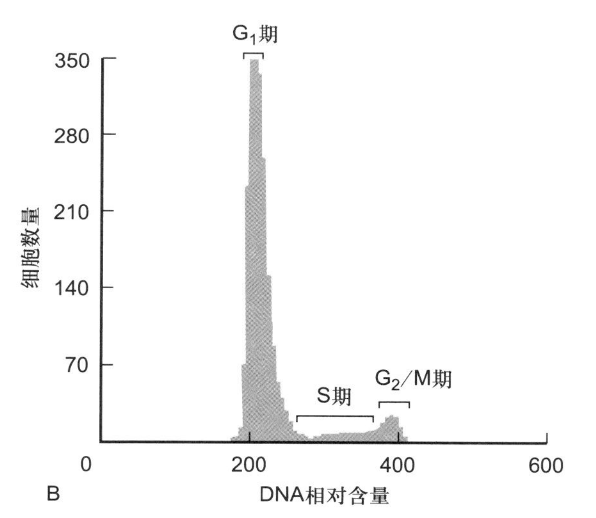

图 2-27 流式细胞仪的工作原理

A. 流式细胞仪分选原理示意图。B. 显示流式细胞仪分析处在不同时相的 HeLa 细胞的实验结果。（B 图由杜立颖惠赠）

予良好的营养液与无菌的培养环境（接近体温与体内pH），在培养中进行静置或慢速转动培养。但不论用何种培养液一般都要加一定量的小牛（或胎牛）血清，这样细胞才能很好地贴壁生长与分裂（图 2-28A）。

分散的细胞悬液在培养瓶中很快（在几十分钟至数小时内）就贴附在瓶壁上，称为细胞贴壁。分散呈圆球形的细胞一经贴壁就迅速铺展并开始有丝分裂，逐渐形成致密的细胞单层，称为单层细胞（single layer cell），这种培养方法称为单层细胞培养。

原代培养的细胞一般传至 10 代左右就不易传下去了，细胞生长出现停滞，大部分细胞衰老死亡，但有极少数细胞可能渡过“危机”而传下去。这些存活的细胞一般又可顺利地传 40～50 代次，并且仍保持原来染色体的二倍体数量及接触抑制的行为，很多学者把这种传代细胞称作细胞系（cell line）。一般情况下（胚胎干细胞等除外），当细胞传至 50 代以后又要出现“危机”，难以再传下去。这种传代次数有限的体外培养细胞通常称为有限细胞系（finite cell line）。但在传代过程中如有部分细胞发生了遗传突变，并使其带有癌细胞的特点，有可能在培养条件下无限制地传代培养下去，这种传代细胞称为永生细胞系（infinite cell line），或连续细胞系（continuous cell line）。该细胞系细胞的根本特点是染色体明显改变，一般呈亚二倍体或非整倍体，失去接触抑制，容易传代培养。HeLa 细胞系（来自宫颈瘤细胞）、BHK21（baby hamster kidney）细胞系与 CHO（Chinese hamster ovary）细胞系等都是常用的连续细胞系（图 2-28B、C）。依靠这些细胞系做了大量卓有成效的研究工作。

用单细胞克隆培养或通过药物筛选的方法从某一细胞系中分离出单个细胞，并由此增殖形成的、具有基本相同的遗传性状的细胞群体称为细胞克隆。该细胞群体经过生物学鉴定，如具有特殊的遗传标记或性质，这样的细胞系可以称为细胞株（cell strain）。

体外培养的细胞，不论是原代细胞还是传代细胞，一般不能保持体内原有的细胞形态。但大体可以分为两种基本形态：成纤维样细胞（fibroblast like cell）与上皮样细胞（epithelial like cell）。此外还有一些可移动的游走细胞。

某些传代细胞还可用悬浮方法培养。其培养条件比较复杂，悬浮培养的最大优点是在有限的培养液中获得大量细胞。

（二）植物细胞培养

目前植物细胞培养主要有两种类型：

（1）细胞培养　常用单倍体细胞培养，这种培养方法主要用花药在人工培养基上进行培养。可以从小孢子

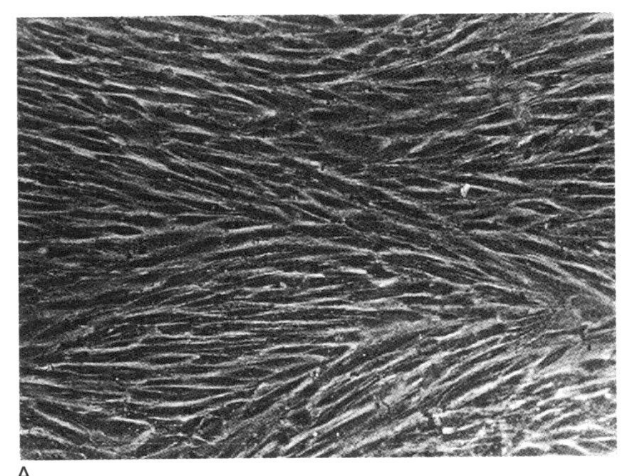

A

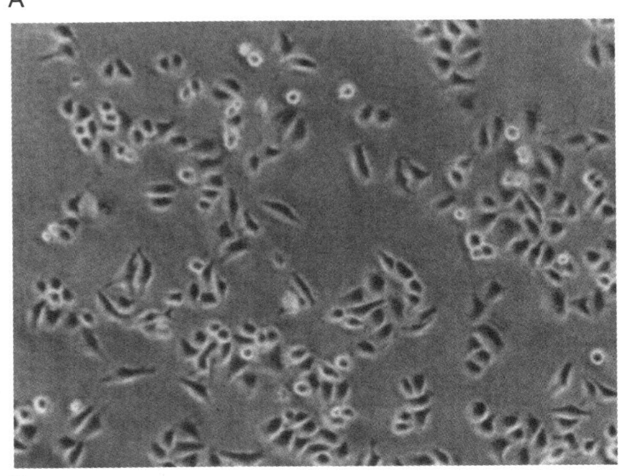

B

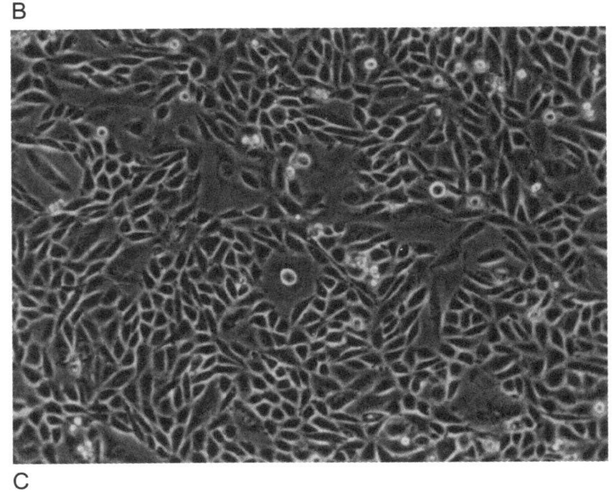

C

图 2-28　**体外培养的细胞**

A. 长满单层的牛肾原代细胞。B. 正在生长分裂的 HeLa 细胞。C. 长满单层的 CHO 原代细胞。（任显辉博士和邱殷庆博士惠赠）

（雄性生殖细胞）直接发育成胚状体，然后长成单倍体植株。单倍体细胞培养在植物育种中已取得了很大成就。

（2）原生质体培养　一般用植物的体细胞（二倍体细胞），先经纤维素酶处理去掉细胞壁，去壁的细胞称为原生质体（protoplast）。原生质体在无菌培养基中可以生长与分裂，经过诱导分化最终可长成植株。也可以用不同植物的原生质体进行融合与体细胞杂交，由此而获得体细胞杂交的植株。转基因植物细胞的培养与分化的研究是植物基因工程的基础。

目前在植物无性繁殖中常采用植物组织培养，即分离出小块的植物体，又称外殖体（explant），在体外无菌条件下进行培养，形成愈伤组织（callus），即植物创面的新生组织。在一定条件下，诱导分化最终长成植株。

二、细胞工程

细胞工程是生物工程的重要领域之一。细胞工程所涉及的主要技术包括细胞培养、细胞分化的定向诱导、细胞融合和显微注射等。通过细胞融合技术发展起来的单克隆抗体技术已取得了重大成就。细胞工程与基因工程结合，前景尤为广阔。

（一）细胞融合与单克隆抗体技术

两个或多个细胞融合成一个双核或多核细胞的现象称为细胞融合（cell fusion）。介导动物细胞融合常用的促融剂有灭活的病毒（如仙台病毒）或化学物质（如聚乙二醇，PEG）；植物细胞融合时，要先用纤维素酶去掉细胞壁，然后才便于原生质体融合。20 世纪 80 年代又发明了电融合技术（electrofusion method）。将悬浮细胞在低压交流电场中聚集成串珠状细胞群，或对相互接触的单层培养细胞，再施加高压电脉冲处理使其融合。

1975 年，英国科学家 C. Milstein 和 G. J. F. Köhler 将产生抗体的淋巴细胞同肿瘤细胞融合，成功地建立了 B 淋巴细胞杂交瘤技术（B-lymphocyte hybridoma technique）用于制备单克隆抗体（monoclonal antibody），他们因此而获得 1984 年的诺贝尔生理学或医学奖。动物受到外界抗原刺激后可激发 B 淋巴细胞活化，产生相应的抗体，但 B 淋巴细胞在体外难以增殖，而一些骨髓瘤细胞［TK（胸苷激酶）或 HGPRT（次黄嘌呤鸟嘌呤磷酸核糖）缺陷型］不分泌抗体，但在体外培养条件下可以无限传代。为了大量制备纯一的单克隆抗体，Milstein 和 Köhler 把小鼠骨髓瘤细胞与经绵羊红细胞免疫过的小鼠脾细胞（B 淋巴细胞）在聚乙二醇或灭活的病毒的介导下发生融合。融合后的杂交瘤细胞具有两种亲本细胞的特性，一方面可分泌抗绵羊红细胞的抗体，另一方面像肿瘤细胞一样，可在体外培养条件下或移植到体内无限增殖。由于骨髓瘤细胞缺乏 TK 或 HGPRT，

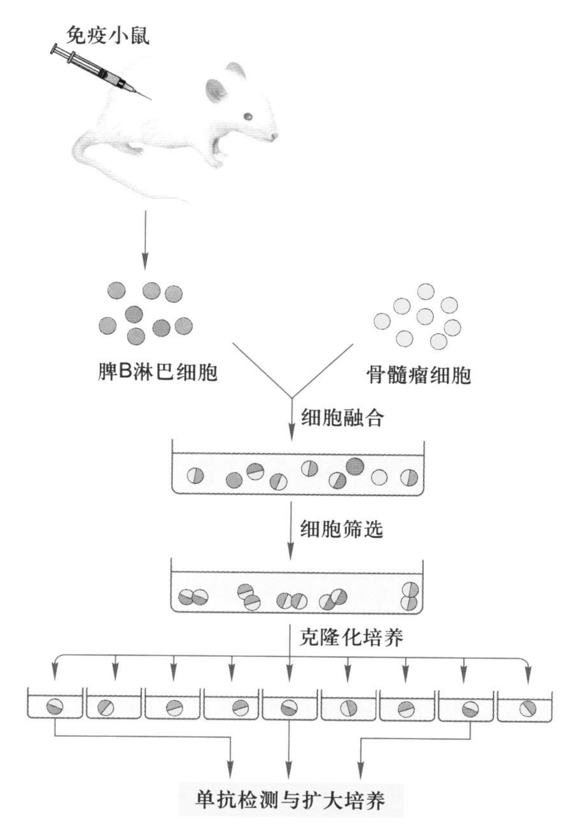

图 2–29　单克隆抗体制备过程示意图

在含氨基蝶呤的培养液内不能成活。只有融合细胞才能在含 HAT（次黄嘌呤、氨基蝶呤和胸腺嘧啶核苷）的培养液内通过旁路合成核酸而得以生存。通过 HAT 选择培养和细胞克隆，可以获得能大量分泌单克隆抗体的杂交瘤细胞株。单克隆抗体的制备过程如图 2–29 所示。

单克隆抗体技术最主要的优点是可以用混合性的异质抗原制备出针对某单一性抗原分子上特异决定簇的同质性单克隆抗体。单克隆抗体技术与基因克隆技术相结合为分离和鉴定新的蛋白质和基因开辟了一条广阔途径。而且在临床诊断与肿瘤等疾病的治疗中也具有重要作用。

（二）显微操作技术与动物的克隆

真核细胞是由细胞核和细胞质两大部分组成的，为了探明核质相互作用的机制，科学家们创建了细胞拆合技术。所谓细胞拆合，就是把细胞核与细胞质分离开来，然后把不同来源的胞质体（cytoplast）和核质体（karyoplast）相互组合，形成核质杂交细胞。

细胞拆合可以分为物理法和化学法两种类型。物理法就是用机械方法或短波光把细胞核去掉或使之失

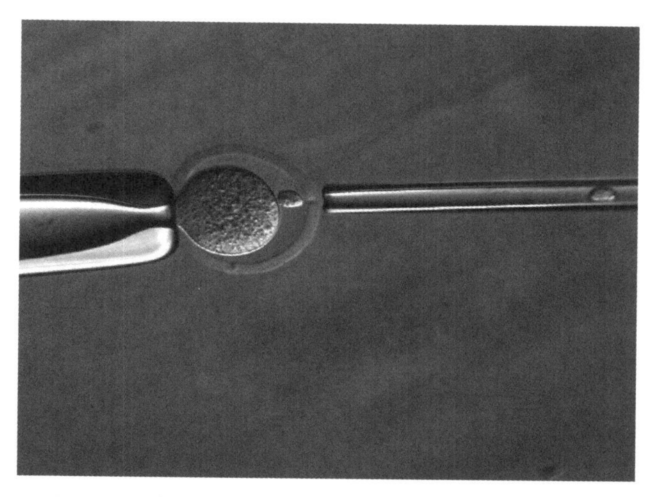

图 2–30　应用显微注射技术进行细胞核移植（邓宏魁博士提供）

活，然后用微吸管吸取其他细胞的核，注入去核的细胞质中，组成新的杂交细胞。这种核移植必须用显微操纵仪进行操作。化学法是用细胞松弛素 B（cytochalasin B）处理细胞，细胞出现排核现象，再结合离心技术，将细胞拆分为核质体和胞质体两部分。显微操作（micromanipulation）技术是早期建立的一种实验胚胎学技术，即在显微镜下，用显微操作装置对细胞进行解剖和微量注射（microinjection）的技术。现在显微操作装置的设计愈来愈精密，不仅用于核移植，而且亦可对细胞核进行解剖和向核内注入基因（图 2–30）。

细胞拆合、显微注射与现代分子生物学技术相结合使这些经典的胚胎学技术展现出极大的潜力，它不仅成为核质关系、细胞内某种 mRNA 或蛋白质功能等基础研究的重要手段，而且在转基因动物、高等动物的克隆方面的理论与实践研究中取得了重大的突破。

第四节　细胞及生物大分子的动态变化

一、荧光漂白恢复技术

荧光漂白恢复（fluorescence photobleaching recovery, FPR）技术是使用亲脂性或亲水性的荧光分子，如荧光素、绿色荧光蛋白等与蛋白或脂质偶联，用于检测所标记分子在活体细胞表面或细胞内部的运动及其迁移速

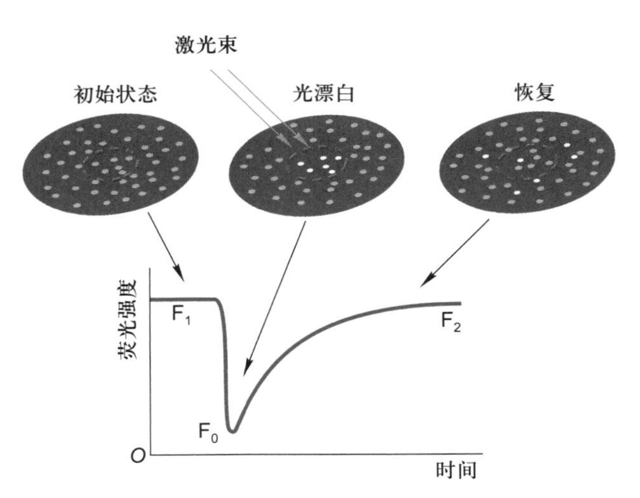

图 2-31　荧光漂白恢复技术原理示意图

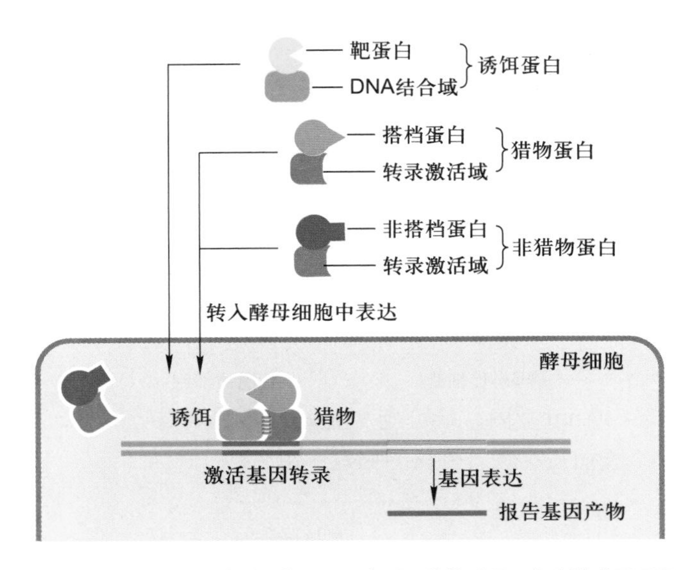

图 2-32　用于检测蛋白质－蛋白质互作的酵母双杂交技术原理示意图

率。FPR 技术的原理是：利用高能激光束照射细胞的某一特定区域，使该区域内标记的荧光分子发生不可逆的淬灭，这一区域称光漂白（photobleaching）区。随后，由于细胞中脂质分子或蛋白质分子的运动，周围非漂白区的荧光分子不断向光漂白区迁移。结果使光漂白区的荧光强度逐渐地恢复到原有水平。这一过程称荧光恢复（fluorescence recovery）。荧光恢复的速度在很大的程度上反映荧光标记的脂质或蛋白质在细胞中运动速率（图 2-31）。FPR 技术不仅能给出活细胞内脂质或蛋白质运动的定性的结果，而且还可以获得某些定量的信息。如膜脂分子的扩散系数和蛋白质的迁移率等，从而有助于解决细胞内脂质和蛋白质分子的动态变化以及与其他成分相互作用等一系列问题。

二、酵母双杂交技术

酵母双杂交系统（yeast two-hybrid system）是一种利用单细胞真核生物酵母在体内分析蛋白质－蛋白质相互作用的系统。该技术由 Fields 等人于 1989 年首次建立，目前已得到广泛的应用。酵母双杂交系统的建立得益于对真核生物调控转录起始过程的认识和 DNA 重组质粒的构建技术。细胞基因转录起始需要转录激活因子的参与，转录激活因子一般由两个或两个以上相互独立的结构域构成，即 DNA 结合域（DNA binding domain, DB）和转录激活域（activation domain, AD）。前者可识别 DNA 上的特异转录调控序列并与之结合；后者可与其他成分作用形成转录复合体的，从而启动它所调节的基因的转录。酵母双杂交系统正是利用这个原理来研究蛋白质－蛋白质的相互作用。如果要证明蛋白 A 是否与蛋白 B 在细胞内相互作用，或寻找与蛋白 A 可能发生作用的蛋白，则可分别制备 DB 与蛋白 A 的融合蛋白（又称“诱饵”，bait），以及 AD 与蛋白 B 或可能与蛋白 A 发生作用蛋白的融合蛋白（又称“猎物”，prey）。如果蛋白 A 与蛋白 B 或其他蛋白在细胞内相互结合，则可形成与转录激活因子类似的具有的 DB 和 AD 结构域的复合物，从而启动报告基因的表达。反之，则报告基因不表达。这样就可以分析蛋白质－蛋白质之间的相互作用（图 2-32）。

酵母双杂交系统是一种具有高灵敏度的，在活细胞内研究蛋白质相互作用的实验技术。该技术既可以用来研究哺乳动物，也可以用来研究高等植物蛋白质之间的相互作用。因此，它在许多的研究领域诸如细胞信号转导网络中各种蛋白质的相互关系等方面有着广泛的应用。值得提出的是，由于“猎物”蛋白可能与“诱饵”蛋白存在非特异性结合等原因，所以该实验系统有可能存在假阳性的问题。目前，酵母双杂交技术还在不断完善，并由此衍生出一些相关的新技术。

三、荧光共振能量转移技术

荧光共振能量转移（fluorescence resonance energy transfer, FRET）技术是用来检测活细胞内两种蛋白质分子是否直接相互作用的重要手段。其基本原理是：在一定波长的激发光照射下，只有携带发光基团A的供体分子可被激发出荧光A，而同一激发光不能激发携带发光基团B的受体分子发出荧光B。然而，当供体所发出的荧光光谱A与受体上的发光基团的吸收光谱B相互重叠，并且两个发光基团之间的距离小到一定程度时，就会发生不同程度的能量转移现象，即以供体的激发波长A激发时，可观察到受体发射的荧光B，这种现象称为FRET（图2-33）。在体内，如果两个蛋白质分子的距离在10 nm之内，就可能发生FRET现象，由此认为这两个蛋白质存在着直接的相互作用。

FRET技术用于检测体内两种蛋白质之间是否存在直接的相互作用。例如，选择青色荧光蛋白（CFP）和黄色荧光蛋白（YFP）的基因分别与目的蛋白（或称供体蛋白和受体蛋白）的基因融合表达。如果这两个融合蛋白之间的距离大于10 nm时，在一定波长的激发光照射下，只有供体蛋白中的CFP被激发，放出蓝色荧光。如果这两个融合蛋白之间的距离在5～10 nm的范围内时，供体蛋白中CFP发出的荧光可以被受体蛋白中的YFP所吸收，并激发YFP发出黄色荧光。此时可以通过测量CFP的荧光强度的损失量来判断这两个蛋白是否存在相互作用。两个蛋白距离越近，CFP所发出的荧光被YFP接收的量就越多，检测器所接收到的蓝色荧光就越弱，而黄色荧光就越强。反之就不会出现FRET现象。荧光共振能量转移的效率在很大程度上反映了细胞内两种蛋白相互作用的可能性与作用的强弱。

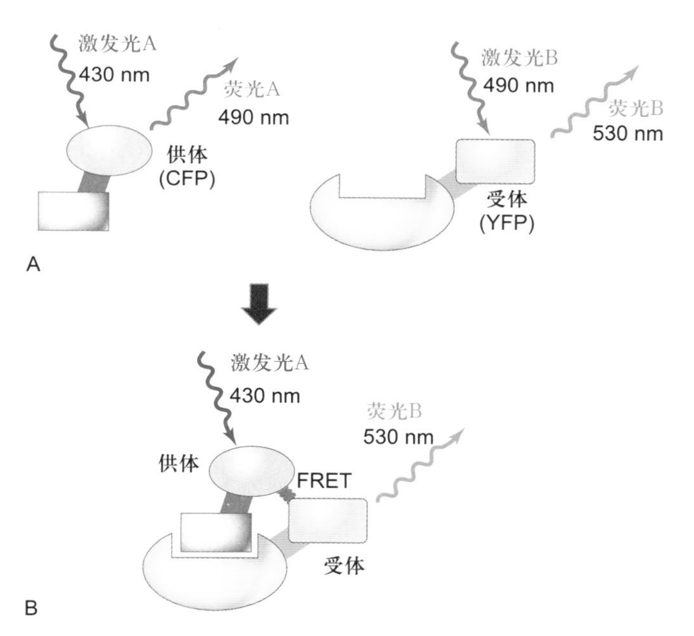

图2-33　**荧光共振能量转移原理图**

A. 携带CFP的供体蛋白与携带YFP的受体蛋白分子之间的距离大于10 nm时，在一定波长的激发光（430 nm）的照射下，只有供体蛋白中的CFP被激发，放出波长为490 nm的青色荧光，而受体中的YFP不会被激发出黄色荧光。B. 如果这两个蛋白质之间的距离在1～10 nm的范围内，将发生荧光共振能量转移（FRET），只有YFP发出波长为530 nm的黄色荧光。

四、放射自显影技术

放射自显影技术（autoradiography）是利用放射性同位素的电离射线对乳胶（含AgBr或AgCl）的感光作用，对细胞内生物大分子进行定性、定位与半定量研究的一种细胞化学技术。对细胞或生物体内生物大分子进行动态研究和追踪（pulse-chase）是这一技术独具的特征。放射自显影技术包括两个主要步骤，即同位素标记的生物大分子前体的掺入和细胞内同位素所在位置的显示。常用于生物学研究的同位素及其性质如表2-3所示，根据实验要求可选择合适的同位素。

研究DNA合成时通常用氚（^{3}H）标记的胸腺嘧啶脱氧核苷（^{3}H-TdR），研究RNA合成用氚标记的尿嘧啶核苷（^{3}H-U）；在研究含硫蛋白分子代谢时，可用^{35}S标记的蛋氨酸和半胱氨酸，^{3}H或^{14}C标记的蛋氨酸、亮氨酸等也是常用于蛋白质合成的前体化合物。

显微放射自显影的基本实验步骤如下：首先用合适的放射性前体分子标记机体或细胞，根据实验的需要，按标记的持续时间分为持续标记和脉冲标记。标记后的组织与细胞可按常规方法制片，在暗室中向样品表面均匀地敷一层厚3～10 μm的乳胶膜，然后在暗盒中曝光（或称自显影）数天，再经显影、定影后于显微镜下观察。细胞中银颗粒所在的部位即代表放射性同位素的标记部位。

电镜放射自显影技术的基本原理与显微放射自显影相同，实验操作过程亦相似。与显微放射自显影不同之

表2-3　**常用放射性同位素的基本特点**

同位素	放射性粒子	在乳胶内的射程	半衰期
^{32}P	硬β	数mm	14.2天
^{14}C	中等能量β	平均10 μm	5760年
^{3}H	软β	0.8 μm	12年
^{35}S	中等能量β	10 μm～1 mm	87天

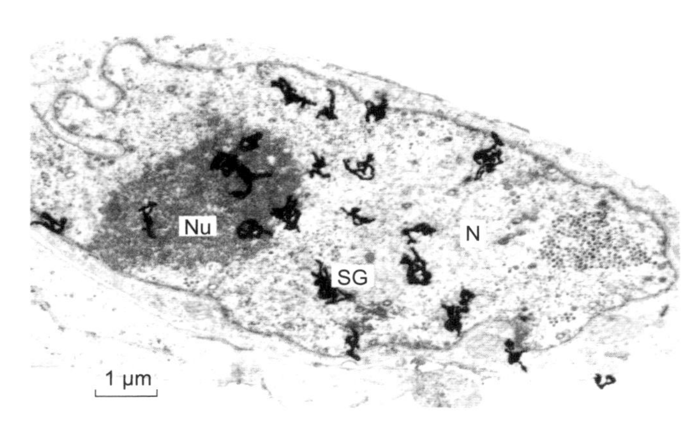

图 2-34 **电镜放射自显影图片**

鸭瘟病毒感染鸡胚成纤维细胞 24 h 后，用 ^{3}H– 尿嘧啶核苷脉冲标记 10 min 的电镜放射自显影图片，显示 RNA 在细胞内合成的部位。SG：银颗粒；N：细胞核；Nu: 核仁。（丁明孝和翟中和提供）

点是，对样品制备与敷乳胶的要求更为严格，曝光时间一般长达数月（图 2-34）。

第五节 模式生物与功能基因组的研究

显微镜和电子显微镜技术的建立与发展极大地开拓了人们的视野，帮助科学家们发现了细胞内各种复杂的精细结构。然而对其成分的了解，特别是数以万种的基因及其表达产物的功能，以及它们在细胞代谢与细胞生长、分化、衰老、凋亡等生命活动的协同作用与调节机制，则更多地需要通过各种模式生物，借助于多种生物化学与分子生物学的技术手段进行研究。

理想的研究系统往往是实验成功的关键，现代细胞生物学乃至生命科学的研究进展，在很大程度上是依赖于选择合适的生物材料。如大肠杆菌与操纵子学说的建立及现代分子生物学的发展，豌豆和果蝇与遗传学定律的发现，酵母和海胆与对细胞周期调控机制的认识，线虫与对细胞凋亡机制的揭示，小鼠与对哺乳动物功能基因组学的研究等等。由于基因在进化上的保守性以及遗传密码的通用性，从一种实验生物得到的实验结果常常也适用于其他生物，至少具有有益的借鉴作用。细胞分子生物学研究中应用最广的几种代表性模式生物见知识窗 2-1。

多种模式生物的功能基因组学、蛋白质组学以及生物信息学的研究，对细胞生物学等学科的发展，甚至是人类自身疾病的研究与防治，起到了巨大的推动作用。与之相关的实验技术，诸如基因测序、突变体的制备以及蛋白质分离鉴定技术等在生物化学和分子生物学教材中已有较为详尽的描述，在本书数字课程中也作了扼要地介绍（见知识窗 2-2），因此这里不再赘述。

近年来，随着实验技术的不断改进和新技术的大量涌现，极大地提高了后基因组时代科学研究的效率和科研水平。如“人类基因组计划”曾耗时 10 年，花费 30 亿美元。而今完成一个人的全基因组测序只需要几周时间，花费仅为几千美元。又如就功能基因组学中最重要的实验技术之一基因打靶技术而言，通过传统的方法获得突变株小鼠，通常需要 1～2 年时间。而应用新建立的 CRISPR（clustered regularly interspaced short palindromic repeat）技术（见知识窗 2-3），只需要几周时间且极大地提高了成功率。本章前面提到的低温电镜技术近几年已发展成为解析膜蛋白等生物大分子以及核小体等细胞结构的利器。显然，层出不穷的具有的革命性的实验技术的建立，极大地促进了细胞生物学的发展。

最后，应当指出的是，当今生物学各学科之间的交叉性较强，在研究方法上更需多学科各种技术的巧妙结合。在运用某一技术进行细胞生物学研究时，对实验技术的精确掌握和进行必要的改进是非常重要的。由于研究对象和实验条件不同，可以说运用好任何一项实验技术都不仅仅是简单的重复。在原有实验技术的基础上如果能够有所改进或建立新的实验方法和研究模式，其本身就是一项具有创新性的研究工作。它不仅对于已选定的研究课题，而且对本学科的发展也可能产生重大的影响。

思考题

1. 试举 1～2 例说明电子显微镜技术与细胞分子生物学技术的结合在现代细胞生物学研究中的应用。
2. 光学显微镜技术有哪些新发展？它们各有哪些突出优点？为什么电子显微镜不能完全代替光学显微镜？
3. 为什么说细胞培养是细胞生物学研究的最基本的实验技术之一？
4. 研究细胞内生物大分子之间的相互作用与动态变化涉及哪些实验技术？它们各有哪些优点和不足之处？

参考文献

1. 丁明孝，梁凤霞，洪健，等. 生命科学中的电子显微镜技术. 北京：高等教育出版社，2021.
2. 吕志坚，陆敬泽，吴雅琼，等. 几种超分辨率荧光显微技术的原理和近期进展[J]. 生物化学与生物物理进展，2009，36(12): 1626-1634.
3. Ausubel F M. Current Protocols in Molecular Biology. New York: John Wiley and Sons Inc., 2001.
4. Hsu P D, Lander E S, Zhang F. Development and applications of CRISPR-Cas9 for genome engineering. *Cell*, 2014, 157(6): 1262-1278.
5. Spector D L, Goldman R D, Leinwand L A, *et al*. Cells: A Laboratory Manual. New York: Cold Spring Harbor Laboratory Press, 1998.

第三章

细胞质膜

细胞质膜（plasma membrane）曾称细胞膜（cell membrane），是指围绕在细胞最外层，由脂质、蛋白质和糖类组成的生物膜。

细胞质膜不仅在结构上作为细胞的界膜，使细胞具有一个相对稳定的内环境，同时在细胞与环境之间的物质运输、能量转换及信息传递过程中也起着重要的作用。

真核细胞内部存在由膜围绕构建的各种细胞器。细胞内膜（internal membrane）系统与细胞质膜统称为生物膜（biomembrane），它们具有共同的结构特征，因此本章对质膜结构与功能的阐述亦有助于读者对整个生物膜的结构与功能有一个基本的了解。

第一节　细胞质膜的结构模型与基本成分

一、细胞质膜的结构模型

人们借助光学显微镜发现了细胞，但在此后的几百年里却一直没有观察到细胞质膜，甚至有人怀疑细胞是否有一个确切的边界结构。20 世纪 50 年代初随着电子显微镜技术的发展，质膜的超微结构才得以显示。但是，人们也并未因此感到惊奇，因为在此几十年前，细胞生理学家在研究细胞内渗透压时就已证明质膜的存在。

1925 年，E. Gorter 和 F. Grendel 用有机溶剂抽提人的红细胞质膜的膜脂成分，以便测定膜脂单层分子在水面的铺展面积，发现它是红细胞表面积的二倍，这一结果提示了质膜是由双层脂分子构成的。随后，人们发现质膜的表面张力比油－水界面的表面张力低得多，已知脂滴表面如吸附有蛋白质成分则表面张力降低，因此 H. Davson 和 J. F. Danielli 推测，质膜中含有蛋白质成分并提出“蛋白质－脂质－蛋白质”的三明治式的质膜结构模型。这一模型影响达 20 年之久。

1959 年，J. D. Robertson 根据电子显微镜观察的结果提出了单位膜模型（unit membrane model），发展了三明治模型，并大胆地推断所有的生物膜都由蛋白质－脂质－蛋白质的单位膜构成。这一模型得到 X 射线衍射分析结果的支持。如果用锇酸固定细胞时，由于锇酸与磷脂极性头部基团亲合力极强，所以在电镜超薄切片中的细胞质膜显示出“暗－亮－暗”三条带，两侧的暗带厚度约 2 nm，推测是蛋白质，中间亮带厚度约 3.5 nm，推测是脂双层分子，整个膜的厚度约 7.5 nm（图 3-1）。随后的一些实验，如细胞融合结合免疫荧光标记技术证明，质膜中的蛋白质是可流动的，电镜冷冻蚀刻技术显示了双层膜脂中存在膜蛋白颗粒。

在此基础上，S. J. Singer 和 G. L. Nicolson 于 1972 年提出了生物膜的流动镶嵌模型（fluid mosaic model）。流动镶嵌模型得到各种实验结果的支持，奠定了生物

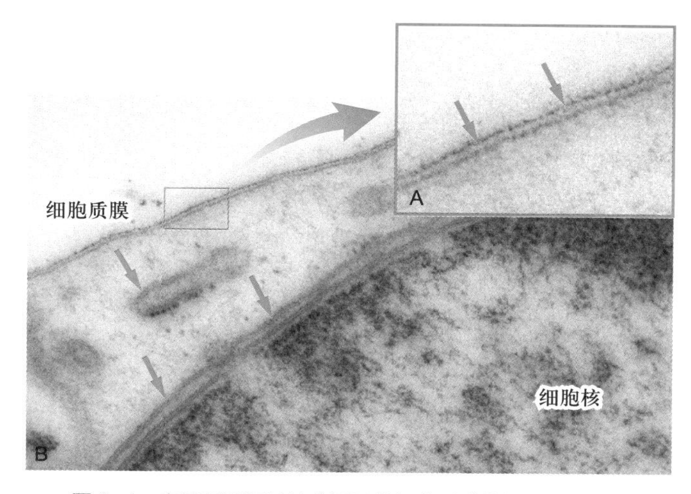

图 3-1　电镜超薄切片技术显示的细胞质膜结构

A. 动物细胞细胞质膜（箭号所指），中间亮带厚约 3.5 nm，两侧暗带厚约 2 nm。B. 细胞核膜及胞质中囊泡膜也都由单位膜组成（箭号所指）。（Bechara Kachar 博士惠赠）

膜的结构与特征的基础（图 3-2），从而激发人们对膜蛋白与膜脂的相互作用及其功能的深入探索。1975 年 N. Unwin 和 Henderson 首次报道了古核生物盐细菌的质膜蛋白——菌紫红质（bacteria rhodopsin）的三维结构。它是一个跨膜 7 次的膜蛋白，通过蛋白质的疏水结构域“镶嵌”在脂双层中，利用光能完成质子的转运。流动镶嵌模型主要强调：① 膜的流动性，即膜蛋白和膜脂均可侧向运动；② 膜蛋白分布的不对称性，有的结合在膜表面，有的嵌入或横跨脂双分子层。

1988 年 K. Simons 和 G. van Meer 提出的脂筏模型（lipid raft model）是对膜流动性的新的理解。该模型认为在甘油磷脂为主体的生物膜上，胆固醇、鞘磷脂等富集区域形成相对有序的脂相，如同漂浮在脂双层上的“脂筏”一样载着执行某些特定生物学功能的各种膜蛋白（图 3-3）。脂筏最初可能在高尔基体上形成，最终转移到细胞质膜上，有些脂筏可在不同程度上与膜下细胞骨架蛋白交联。据推测，一个直径 100 nm 的脂筏可载有 600 个蛋白质分子。目前已发现几种不同类型的脂筏，它们在细胞信号转导、物质的跨膜运输及病原微生物侵染细胞过程中可能起着重要的作用。脂筏模型虽然还不尽完善，但得到了越来越多的实验证据的支持。

目前对生物膜结构的认识可归纳如下（图 3-2B，图 3-3）：

（1）具有极性头部和非极性尾部的磷脂分子在水相中具有自发形成封闭的膜系统的性质，磷脂分子以疏水性尾部相对，极性头部朝向水相形成磷脂双分子层（phospholipid bilayer），每层磷脂分子称为一层小叶（leaflet）。脂分子是组成生物膜的基本结构成分，尚未发现在生物膜结构中起组织作用的蛋白质。但在脂筏中存在某些有助于脂筏结构相对稳定的功能蛋白。

（2）蛋白质分子以不同的方式镶嵌在脂双层分子中或结合在其表面，蛋白质的类型、蛋白质分布的不对称性及其与脂分子的协同作用赋予生物膜各自的特性与功能。

（3）生物膜可看成是蛋白质在双层脂分子中的二维溶液。然而膜蛋白与膜脂之间、膜蛋白与膜蛋白之间及其与膜两侧其他生物大分子的复杂的相互作用，在不同程度上限制了膜蛋白和膜脂的流动性。同时也形成了赖以完成多种膜功能的脂筏、纤毛和微绒毛等结构（图 3-4）。

（4）在细胞生长和分裂等整个生命活动中（如细胞分裂、内吞等过程中的某些区域），生物膜在三维空间上可出现弯曲、折叠、延伸以及非脂双层状态等改变，

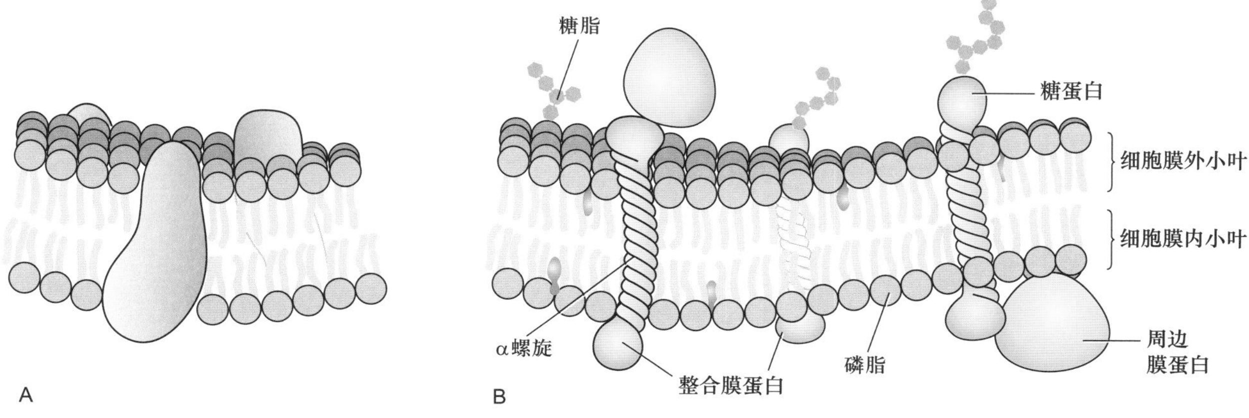

图 3-2　生物膜的模型

A. 流动镶嵌模型示意图。B. 生物膜结构示意图。

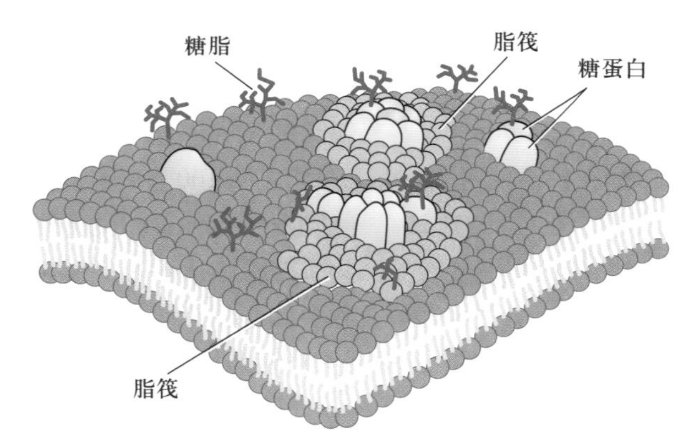

图 3-3　**细胞质膜的脂筏模型示意图**

图 3-4　**扫描电镜显示豚鼠耳蜗毛细胞表面的纤毛**

细胞质膜弯曲、延伸构成的纤毛，用以感受声音的大小与频率。（Bechara Kachar 博士惠赠）

处于不断的动态变化中，从而保证了诸如细胞运动、细胞增殖等各种代谢活动的进行。某些有囊膜的病毒如 HIV 和辛德毕斯病毒（Sindbis virus, SbV）等，也是通过从细胞质膜上“出芽”的方式，组装与释放到细胞外（图 3-5）。

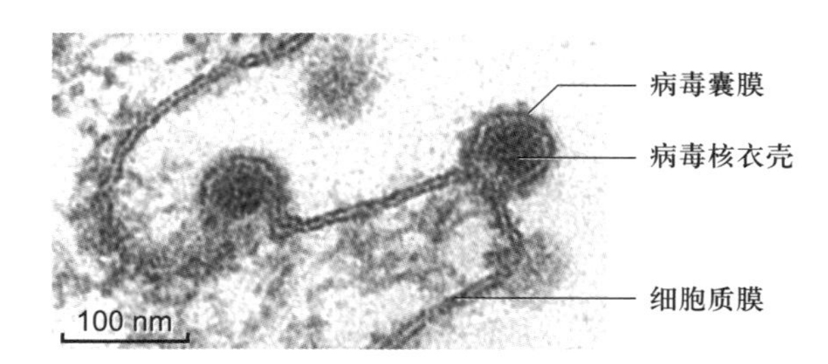

图 3-5　**病毒出芽过程中细胞质膜的动态变化**

电镜图片显示了凸凹不平的脂双层细胞质膜以及 SbV 以出芽的方式在宿主细胞质膜上的组装和释放的过程。（梁凤霞博士惠赠）

二、膜脂

膜脂是生物膜的基本组成成分，每个动物细胞质膜上约有 10^9 个脂分子，即每平方微米的质膜上约有 5×10^6 个脂分子。膜脂不仅能帮助膜蛋白锚定在生物膜上，而且还影响到膜的形态特性和生物学功能。

（一）成分

膜脂主要包括甘油磷脂（glycerophosphatide）、鞘脂（sphingolipid）和固醇（sterol）三种基本类型（图 3-6）。它们的化学结构、在生物膜上的含量以及生物学

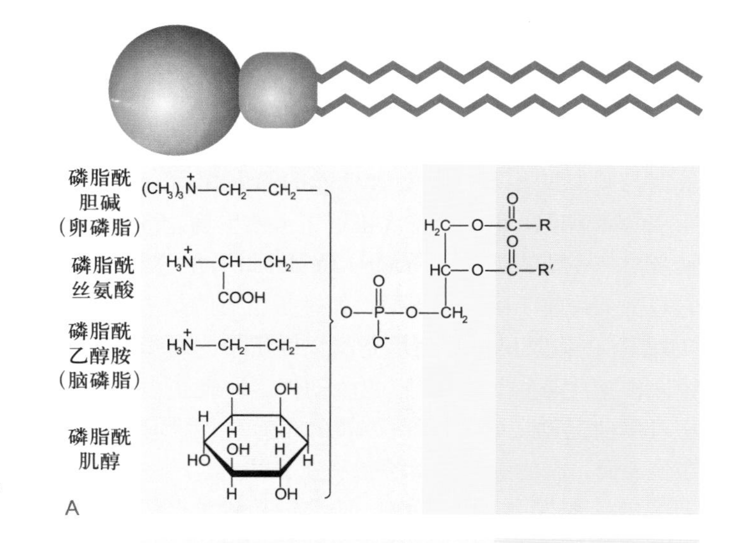

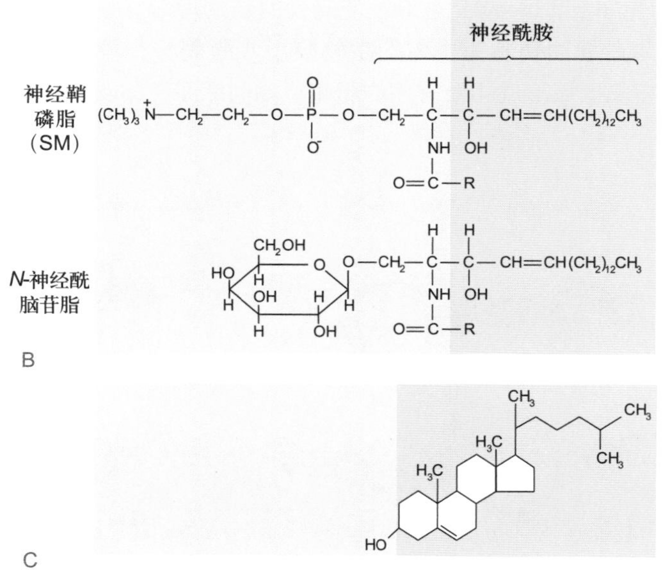

图 3-6　**膜脂的基本类型**

A. 甘油磷脂。B. 鞘磷脂与糖脂。C. 胆固醇。

功能各不相同。生物膜上还有少量的糖脂（glycolipid），鉴于绝大多数的糖脂都属于鞘氨醇的衍生物，因此，目前人们多将糖脂归于鞘脂类。

1. 甘油磷脂

甘油磷脂构成了膜脂的基本成分，占整个膜脂的50%以上。甘油磷脂为3–磷酸甘油的衍生物，包括质膜中最丰富的磷脂酰胆碱（卵磷脂，phosphatidylcholine, PC）以及磷脂酰丝氨酸（phosphatidylserine, PS）、磷脂酰乙醇胺（phosphatidylethanolamine, PE）和磷脂酰肌醇（phosphatidylinositol, PI）等（图3–6A），主要在内质网合成。组成生物膜的甘油磷脂分子的主要特征是：① 具有一个与磷酸基团相结合的极性头和两个非极性的尾（脂肪酸链），但存在于线粒体内膜和某些细菌质膜上的心磷脂（cardiolipin）除外，它具有4个非极性的尾部；极性头的空间占位可影响脂双层的曲度（图3–7），如与PC比较，PE更倾向于形成曲面膜。② 脂肪酸碳链为偶数，多数碳链由16或18个碳原子组成。也有少量14或20个碳链组成的脂肪酸链。③ 除饱和脂肪酸（如软脂酸、硬脂酸）外，常常还有含1～2个双键的不饱和脂肪酸（如油酸），不饱和脂肪酸多为顺式，顺式双键在烃链中产生约30°角的弯曲。甘油磷脂不仅是生物膜的基本成分，而且其中的某些成分如PI等在细胞信号转导中起重要作用。

2. 鞘脂

鞘脂均为鞘氨醇的衍生物，主要在高尔基体合成。它具有一条烃链，另一条链是与鞘氨醇的氨基共价结合的长链脂肪酸。其头部，可能是一个类似于甘油磷脂的基于磷酸基团的极性头部，称为鞘磷脂（sphingomyelin, SM），如神经鞘磷脂，是丰度最高的一种鞘磷脂，它的头部是一个与鞘氨醇分子末端的羟基共价结合的磷酸胆碱。其分子结构与甘油磷脂非常相似，因此统称磷脂（phospholipid）。鞘磷脂与甘油磷脂共同组成生物膜（图3–6B）。与鞘磷脂结合的脂肪酸链较长，可多达26个碳原子，因此鞘磷脂形成的脂双层的厚度较甘油磷脂的厚度更大，如SM为4.6～5.6 nm，而PC约3.5 nm（图3–8A、B）。

另一类鞘脂为糖脂，也是两性分子，它的极性头部是直接共价结合到鞘氨醇上的一个单糖分子或寡糖链，因此也称鞘糖脂。糖脂普遍存在于原核和真核细胞的细胞质膜上，其含量不足膜脂总量的5%，在神经细胞质膜上糖脂含量较高，占5%～10%。目前已发现40余种糖脂。不同的细胞中所含糖脂的种类不同，如神经细胞含有神经节苷脂，人红细胞表面含有ABO血型糖脂等，它们均具有重要的生物学功能。

在动物细胞中，最简单的糖脂是脑苷脂，因最早从人脑中提取故名，它们只有一个葡萄糖或半乳糖残基与鞘氨醇连接（图3–6B），较复杂的神经节苷脂可含多达7个糖残基，其中含有不同数目的唾液酸。糖脂不属于磷脂类。

3. 固醇

胆固醇及其类似物统称固醇或甾醇，它是一类含有4个闭环的碳氢化合物，其亲水的头部为一个羟基，是一种分子刚性很强的两性化合物（图3–6C）。与磷脂不同的是其分子的特殊结构和疏水性太强，自身不能形成脂双层。只能插入磷脂分子之间，参与生物膜的形成。胆固醇与甘油磷脂相互作用会增加磷脂分子的有序性及

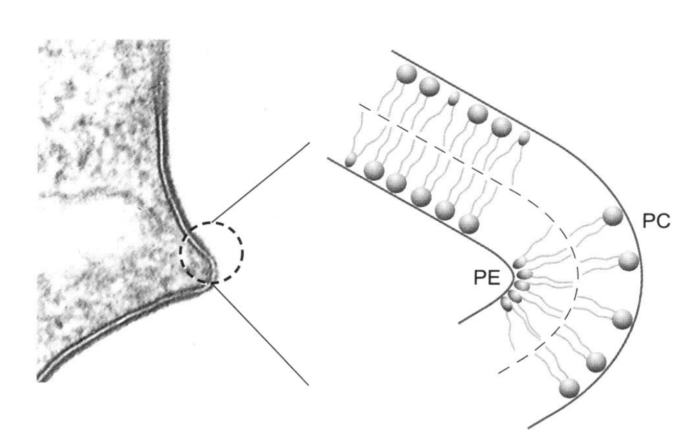

图3–7　脂分子极性头的空间占位对脂双层曲度的影响

PE极性头较小，更多地分布在脂双层曲率较大的一侧。左侧为电镜图片，右侧为示意图。

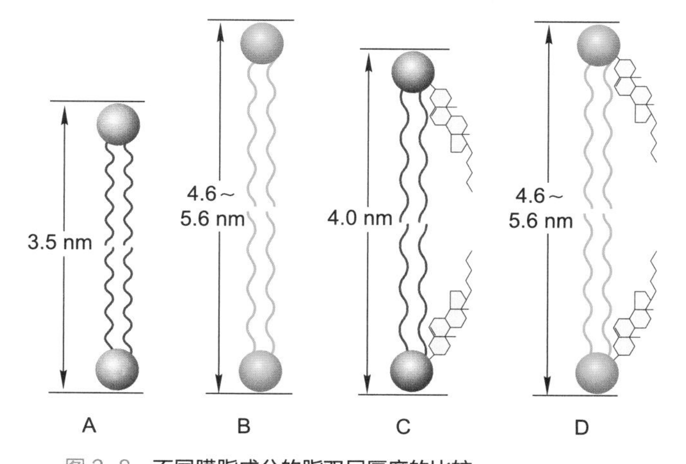

图3–8　不同膜脂成分的脂双层厚度的比较

A. 卵磷脂。B. 鞘磷脂。C. 卵磷脂和胆固醇。D. 鞘磷脂和胆固醇。

脂双层的厚度，但对鞘磷脂没有明显的影响（图 3-8C、D）。胆固醇存在于动物细胞和极少数的原核细胞中，在哺乳动物的细胞质膜中，尤为丰富。其含量一般不超过膜脂的 1/3。在多数的细胞中，50%～90% 的胆固醇存在于细胞质膜和相关的囊泡膜上。胆固醇的合成是在动物细胞的胞质和内质网完成的，而动物体内的胆固醇部分来自于食物。它在调节膜的流动性，增加膜的稳定性以及降低水溶性物质的通透性等方面都起着重要作用。同时，它又是脂筏的基本结构成分。缺乏胆固醇可能导致细胞分裂的抑制。植物细胞和真菌细胞中都有各自的固醇化合物，如植物中的豆固醇（stigmasterol）和真菌中的麦角固醇（ergosterol）。但它们的结构和合成途径与胆固醇稍有不同，这些微小差别正是目前使用的多数抗真菌药物的研发基础。植物细胞质膜中的固醇含量高达膜脂总量的 30%～50%，多数细菌质膜中不含有胆固醇成分，但某些细菌的膜脂中含有甘油脂等中性脂质。

胆固醇除了作为生物膜的主要结构成分外，还是很多重要的生物活性分子的前体化合物，如固醇类激素、维生素 D 和胆酸等。人们还发现，胆固醇可以与发育调控的重要信号分子 Hedgehog 共价结合。

此外在植物和多数微生物的细胞质膜中，会有大量的甘油糖脂，它是由二酰甘油分子中的羟基与糖基的糖苷键连接而成。在动物体内，甘油糖脂只存在于精子等少数细胞的质膜中。

膜脂作为生物膜的基本结构成分，其组成的分子类型对生物膜的结构和功能有很大的影响。实际上，细胞质膜和其他生物膜都具有各自特异的膜脂和膜蛋白成分。不同种类的细胞，同一细胞中不同类型的生物膜，甚至同一细胞的质膜的不同部位，其膜的组分也可能有明显的差别，因此膜的厚度也是不均一的，且处于动态变化之中。如高尔基体膜上的鞘磷脂的含量为内质网膜的 6 倍，小肠上皮细胞腔面质膜中的鞘磷脂含量是质膜其他部位含量的 2 倍，后者显然有助于增加腔面质膜的稳定性。

（二）膜脂的运动方式

膜脂分子有 4 种运动方式：

（1）沿膜平面的侧向运动，温度为 37℃时的扩散系数为 10^{-8} cm^2/s，相当于每秒移动 2 μm 的距离。由于侧向运动产生分子间的换位，其交换频率约 10^7 次 /s。磷脂分子通过侧向运动从细菌的一端到另一端一般仅需要 1 s，动物细胞大约 20 s。侧向运动是膜脂分子的基本运动方式，具有重要的生物学意义。

（2）脂分子围绕轴心的自旋运动。

（3）脂分子尾部的摆动。脂肪酸链靠近极性头部的摆动较小，其尾部摆动较大。X 射线衍射分析显示，在距头部第 9 个碳原子以后的脂肪酸链已变成无序状态。

（4）双层脂分子之间的翻转运动：一般情况下翻转运动极少发生，其发生频率还不到脂分子侧向交换频率的百亿分之一。研究人工膜上脂分子运动所得到的结果与用支原体、细菌和红细胞膜为材料所得到的结果类似，但脂分子的翻转运动在细胞某些膜系统中发生的频率很高，特别是在内质网膜上，新合成的磷脂分子经几分钟后，将有半数从脂双层的一个小叶通过翻转运动转位到另一个小叶，为自然翻转运动速率的 10 万倍。但这一过程需要特殊的膜蛋白称翻转酶（flippase）来完成。

脂分子的运动不仅与脂分子的类型有关，也与脂分子同膜蛋白及膜两侧的生物大分子之间的相互作用以及温度等环境因素有关。因此，在某一特定的细胞中所检测到的某类脂分子的运动速率，可能与人工脂膜的数据有较大的差别。

（三）脂质体

脂质体（liposome）是根据磷脂分子可在水相中形成稳定的脂双层膜的现象而制备的人工膜。单层脂分子铺展在水面上时，其极性端插入水相而非极性尾部面向空气界面，搅动后形成乳浊液，即形成极性端向外而非极性端在内的脂分子团又称微团（micelle），或形成双层脂分子的球形脂质体（图 3-9A、C）。天然磷脂有两条非极性尾部，难以形成微团，当用磷脂酶处理，仅保留一条脂肪酸链时，就很容易形成微团，我们在用肥皂洗手时的滑润感主要源于液体中大量的微团。

球形脂质体直径为 25~1 000 nm 不等，控制形成条件可获得大小均一的脂质体，同样的原理还可以制备平面的脂质体膜，但需要有固体支撑物（图 3-9B）。

脂质体可用单一或混合的磷脂来制备，同时还可以嵌入不同的膜蛋白，因此脂质体是研究膜脂与膜蛋白及其生物学性质的极好实验材料。脂质体中裹入 DNA 可有效地将其导入细胞中，因此常用于转基因实验。

在临床治疗中，脂质体显示出诱人的应用前景。脂质体中裹入不同的药物或酶等具有特殊功能的生物大分子，可望用于治疗多种疾病。特别是脂质体技术与单克隆抗体及其他技术结合，可使药物更有效地作用于靶细胞以减少对机体的损伤（图 3-9D）。

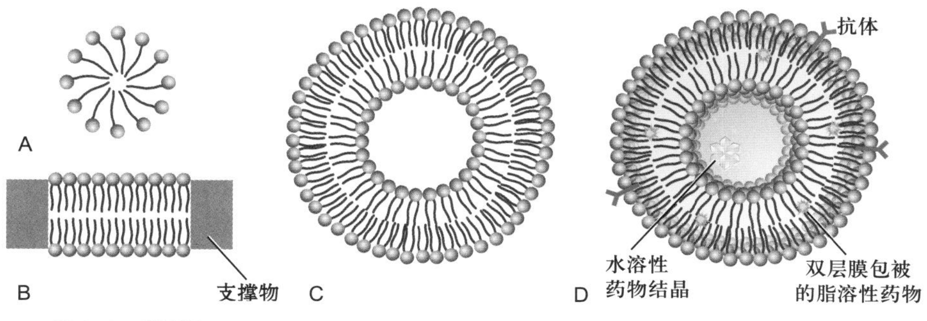

图 3-9 脂质体

由于磷脂分子之间以及磷脂分子与水的相互作用，自发地形成 3 种形式的聚合体：脂的极性端向外而非极性尾部向内的脂分子团，即微团（A）；双层脂分子的球形脂质体（C）；在固体支撑物存在的情况下，也可形成平面脂双层膜（B）。D 为表面带有特异抗体的用于靶向药物治疗的脂质体的示意图。

三、膜蛋白

膜蛋白是位于脂双层之中或表面的蛋白质总称。动物细胞主要有 9 种膜脂，而膜蛋白的种类繁多。酵母基因组中约 1/3 的基因编码膜蛋白，多细胞有机体膜蛋白的种类更多一些。虽然多数膜蛋白的分子数量较少，但却赋予生物膜非常重要的生物学功能。50% 以上的小分子药物的受体为膜蛋白。不同类型的细胞以及细胞不同部位的生物膜，其膜蛋白的含量与种类都有很大的区别。如线粒体内膜的膜蛋白含量达 76%，而在神经细胞髓鞘质膜中，仅占 18%。膜蛋白赋予各种生物膜行使不同的生理功能。

（一）膜蛋白的类型

根据膜蛋白分离的难易程度及其与脂分子的结合方式，膜蛋白可分为三种基本类型：周边膜蛋白（peripheral membrane protein）或称外在膜蛋白（extrinsic membrane protein）、整合膜蛋白（integral membrane protein）或称内在膜蛋白（intrinsic membrane protein）和脂锚定膜蛋白（lipid-anchored membrane protein）（图 3-10）。

周边膜蛋白为水溶性蛋白质，它不直接与脂双层的疏水核心接触，而是靠离子键或其他较弱的键与膜表面的膜蛋白分子或膜脂分子结合，因此只要改变溶液的离子强度甚至提高温度就可以从膜上分离下来，但膜结构并不被破坏。如多种以磷脂为底物的水溶性酶类，就是通过其分子中特殊部位结合到生物膜表面。磷脂酶（phospholipase）是其中一例，它以较高的亲和力结合到膜界面的磷脂头部极性基团上，以降解衰老或损伤的生物膜，它也是多种蛇毒的活性成分。

脂锚定膜蛋白是通过与之共价相连的脂分子（脂肪酸或糖脂）插入膜的脂双分子中，而锚定在细胞质膜上，其水溶性的蛋白质部分位于脂双层外。脂锚定膜蛋白可分三种类型（图 3-11）：

（1）脂肪酸（豆蔻酸或软脂酸等）结合到膜蛋白 N 端的甘氨酸残基上（图 3-11A）。如与肿瘤发生相关的酪氨酸蛋白激酶的突变体 v-Src，就是通过与其 N 端共价结合的豆蔻酸插入脂双层的细胞质小叶。它是人们发现的第一个病毒癌基因产物。

（2）由 15 或 20 个碳链长的烃链结合到膜蛋白 C 端的半胱氨酸残基上（图 3-11B），有时还有另一条烃链或脂肪酸链结合到近 C 端的其他半胱氨酸残基上，这种双重锚定有助于蛋白质更牢固地与膜脂结合。例如同属于 GTP 酶超家族的 Ras 和 Rab 蛋白均为双锚定膜蛋白。前者参与细胞信号转导，后者介导膜泡的融合。上述两类脂锚定膜蛋白均分布在细胞质膜的细胞质一侧。

（3）通过糖脂锚定在细胞质膜上（图 3-11C），如大分子的蛋白聚糖（proteoglycan）。在不同的细胞中，这类糖脂的结构有很大的不同，但都含

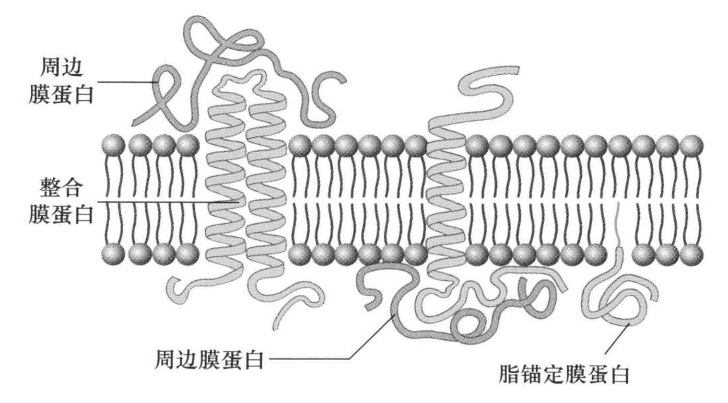

图 3-10 膜蛋白的基本类型

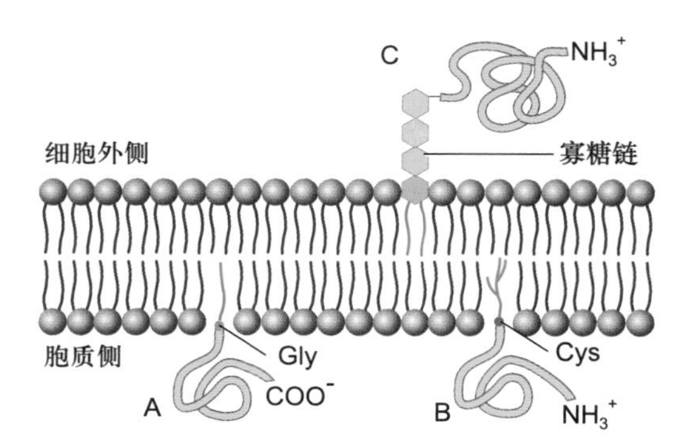

图 3-11　**脂锚定膜蛋白的 3 种基本类型**

通过与膜蛋白 N 端甘氨酸（Gly）结合的脂肪酸（A）或与膜蛋白 C 端半胱氨酸（Cys）结合的烃链和脂肪酸（B），及通过糖脂链（C）锚定在细胞质膜上。

有磷脂酰肌醇（PI）基团，因此称为磷脂酰肌醇糖脂（glycosylphosphatidylinositol, GPI）锚定方式，简称 GPI 锚定方式。与磷脂分子类似，同磷脂酰肌醇结合的 2 个脂肪酸链插入脂膜中。肌醇同时与长度不等的寡糖链相结合，最后寡糖末端的磷酸乙醇胺与蛋白质共价相连，从而有效地将蛋白质结合到质膜上。GPI 脂锚定膜蛋白都分布在质膜外侧。

整合膜蛋白与膜结合比较紧密，只有用去垢剂处理使膜崩解后才可分离出来。整合膜蛋白占整个膜蛋白的 70%～80%，据估计人类基因中，1/4～1/3 基因编码的蛋白质为整合膜蛋白。

（二）整合膜蛋白与膜脂结合的方式

目前所了解的整合膜蛋白均为跨膜蛋白（transmembrane protein），跨膜蛋白在结构上可分为：胞质外结构域、跨膜结构域和胞质内结构域等三个组成部分（图 3-12）。它与膜结合的主要方式有：

（1）膜蛋白的跨膜结构域与脂双层分子的疏水核心的相互作用，这是整合膜蛋白与膜脂结合的最主要和最基本的结合方式。

（2）跨膜结构域两端携带正电荷的氨基酸残基，如精氨酸、赖氨酸等与磷脂分子带负电的极性头部形成离子键，或带负电的氨基酸残基通过 Ca^{2+}、Mg^{2+} 等阳离子与带负电的磷脂极性头部相互作用。

（3）某些膜蛋白通过自身在胞质一侧的半胱氨酸残基共价结合到脂肪酸分子上，后者插入脂双层中进一步加强膜蛋白与脂双层的结合力。

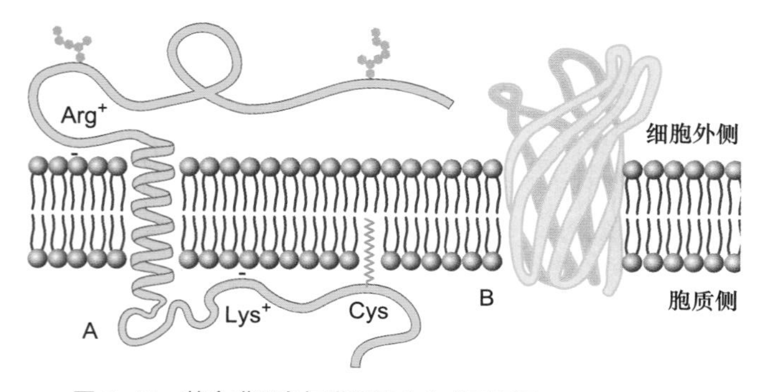

图 3-12　**整合膜蛋白与膜脂结合方式示意图**

整合膜蛋白的跨膜结构域是与膜脂结合的主要部位，具体作用方式如下：

（1）跨膜结构域含有 20 个左右的疏水氨基酸残基，形成 α 螺旋（长度约 3 nm），其外侧疏水侧链通过范德华力与脂双层分子脂肪酸链（厚度约 3.2 nm）相互作用（图 3-12A）。这类膜蛋白称单次跨膜蛋白（single-pass transmembrane protein），如红细胞质膜上的血型糖蛋白 A（glycophorin A），其跨膜的 α 螺旋由 23个氨基酸残基组成。多数膜蛋白具有几个跨膜的 α 螺旋区，称多次跨膜蛋白（multipass transmembrane protein）。如在细胞信号转导通路中，最普遍存在的 G 蛋白偶联信号通路的细胞表面受体就是一类跨膜 7 次的膜蛋白。跨膜结构域的 α 螺旋的方向，有的与膜面垂直，有的则与膜面呈一定的角度。因此跨膜结构域的 α 螺旋的长度也各有差异。

（2）跨膜结构域主要由 β 折叠片（图 3-12B）组成，如大肠杆菌外膜上的孔蛋白（porin）以及线粒体、叶绿体外膜上的孔蛋白。由于 α 螺旋中相邻两个氨基酸残基的轴向距离为 0.15 nm，而在 β 折叠片中为 0.35 nm。所以跨膜结构域的 β 折叠片一般由 10～12 个氨基酸残基组成，就足以跨越细胞膜。X 射线晶体学研究结果显示，大肠杆菌的孔蛋白 OmpX 由三聚体组成，在每一个亚基中，16 个反向平行的 β 折叠片相互作用形成跨膜通道，通道具有疏水性的外侧和亲水性的内侧。细菌中发现了多种类型的孔蛋白，用于不同的物质转运和多种其他的生物学功能，但在线粒体和叶绿体中，孔蛋白类型较少，可允许分子量小于 10^4 的小分子自由通过。孔蛋白跨膜结构域疏水性的外侧以及某些疏水性的侧链，使其稳定地结合在脂膜上。

（3）某些 α 螺旋既具有极性侧链又具有非极性侧链。多个 α 螺旋形成特异极性分子的跨膜通道，其外侧是非极性链，与膜脂相互作用；内侧是极性链，形成通道。如人红细胞膜上的带 3（band 3）蛋白，它介导 Cl^-/HCO_3^- 的跨膜运输。

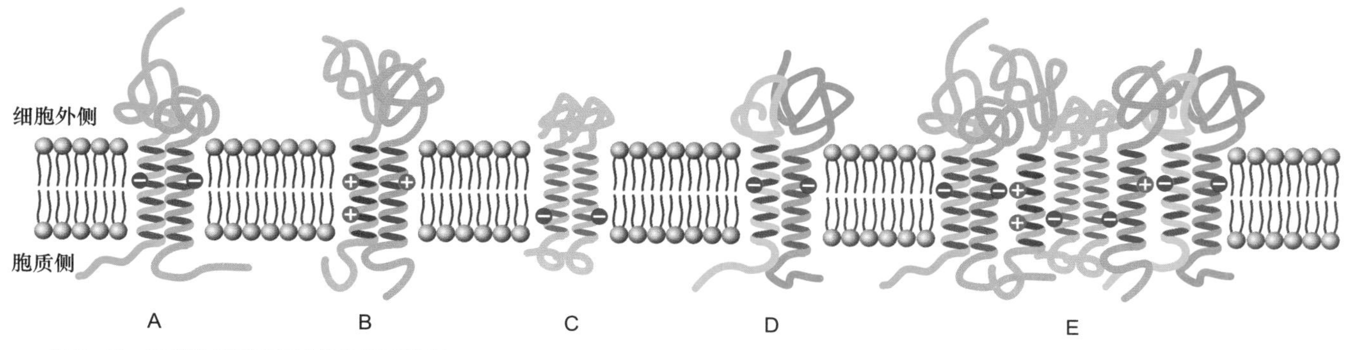

图 3-13 **功能性膜蛋白复合体的形成机制**

通过膜蛋白（A—D）跨膜结构域相互之间的作用，形成了具有生物学功能的膜蛋白复合体（E）。

结构分析的结果显示，跨膜蛋白与膜脂的相互作用往往是非常复杂的。首先，跨膜蛋白的跨膜结构域本身就各不相同（如外侧的疏水氨基酸侧链），跨膜结构域的轴向与脂膜平面的角度不同，再加上很多膜蛋白是以三聚体甚至多聚体的方式行使其功能。这又涉及跨膜结构域之间相互作用，如血型糖蛋白 A 二聚体是通过两个跨膜结构域形成的卷曲结构（coiled-coil）。由 4 个二聚体组成的 T 细胞抗原受体是通过膜蛋白跨膜结构域 α 螺旋所携带的正、负电荷相互吸引，最终疏水跨膜片段及其与脂类的相互作用组装成有功能的多聚体（图 3-13）。

水孔蛋白（aquaporin）是一类具有 6 个 α 螺旋区的蛋白质家族，通常形成四聚体的膜蛋白以行使其转运水或甘油等分子的功能。Glpf 是其中一种转运甘油的水孔蛋白（图 3-14）。

用 X 射线衍射技术获得的三维结构的图像显示了膜蛋白与膜脂的复杂结合方式，多数跨膜 α 螺旋的方向与脂膜平面成一定角度，一条最长的 α 螺旋在中部出现弯曲，特别是有两条较短的 α 螺旋其 N 端相对，各插进脂膜的一半（图 3-14）。可以想象，膜脂的种类和与膜蛋白的作用方式也直接影响到膜蛋白的空间构象及其功能。已知水孔蛋白 0（aquaporin-0, AQP0）在脂膜中，周围排列紧密的磷脂面对跨膜结构域的疏水部分，脂肪酸链呈直线排列，而面对某些亲水的表面，脂肪酸链呈扭曲状。某些磷脂分子的头部基团与膜面平行，而某些磷脂分子的头部基团则与膜面近于垂直。又如，线粒体内膜中心的磷脂与氧化磷酸化相关的膜蛋白复合体的相互作用，可能对其稳定性是十分重要的。这些都显示了膜脂与膜蛋白的特异的复杂的相互作用。虽然，人们可以根据膜蛋白分子的氨基酸序列推测其三级结构，但对膜蛋白及其与膜脂关系的三维结构的分析，对深入了解其结构和功能依然是至关重要的研究课题。

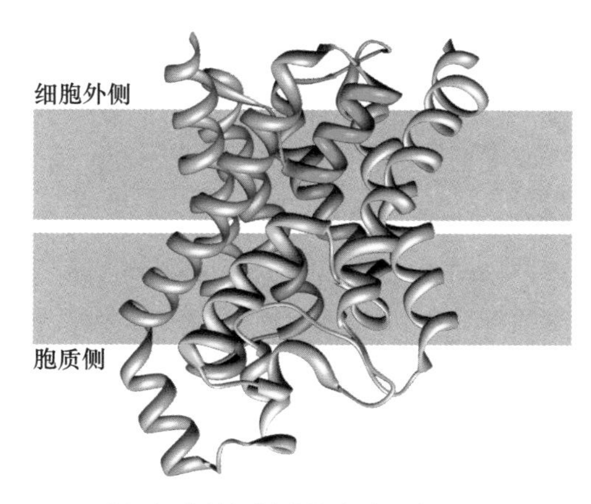

图 3-14 **大肠杆菌转运甘油的水孔蛋白 Glpf 的三维结构图像（基于 PDB 数据库 1 FX8 结构绘制）**

在过去的几十年中，虽然已克隆了几千种膜蛋白的基因，但由于其难以形成晶体，因而只对几百种膜蛋白的结构获得了高分辨率的解析结果。其三维结构分析主要是应用 X射线晶体衍射技术。我国学者也曾成功地解析了叶绿体膜上的捕光复合物Ⅱ的晶体结构、线粒体内膜电子传递链上的复合物Ⅱ和葡糖转运蛋白（见图 4-5）等晶体结构，使得对这类多亚基膜蛋白复合体的结构与功能的研究取得了重要成果。特别是 2013 年以来，低温电镜单颗粒分析技术的革命性进展（见第二章），其三维结构图像分辨率接近原子尺度，这无疑极大地促进了对难以结晶的膜蛋白结构的解析。施一公等应用低温电镜单颗粒分析技术，获得了神经细胞质膜上的膜蛋白——γ 分泌酶复合体高分辨三维结构图像（图 3-15），就是一个很好的实例，它为了解阿尔茨海默病的发病机制与治疗提供了重要的理论依据。

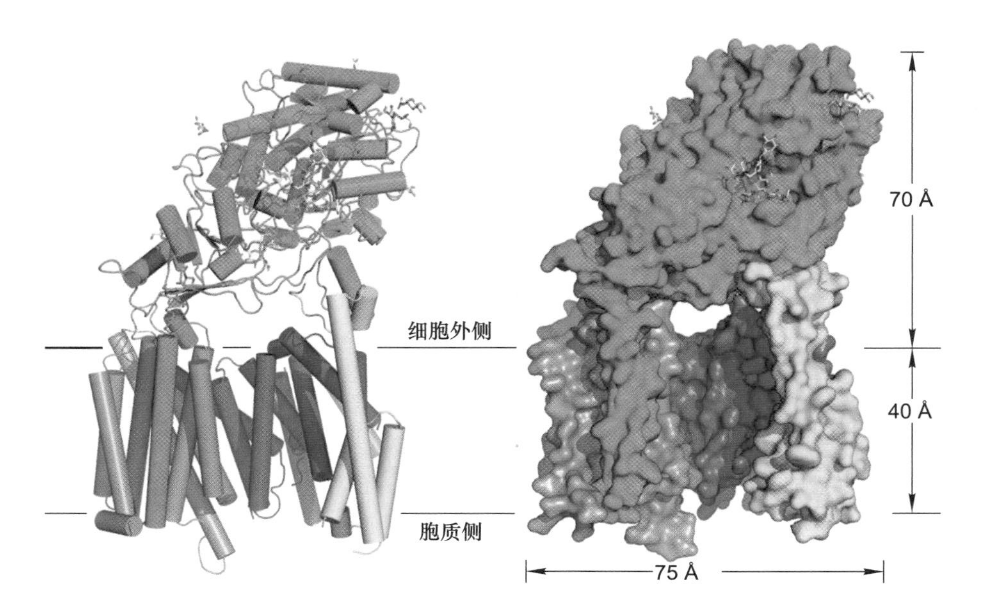

图 3-15 **通过对低温电镜的图像分析和数据处理获得的膜蛋白 γ 分泌酶复合体的三维结构（分辨率 3.4 Å）**（施一公博士惠赠）

（三）去垢剂

去垢剂（detergent）是一端亲水、一端疏水的两性小分子，是分离与研究膜蛋白的常用试剂。去垢剂可以插入膜脂，与膜脂或膜蛋白的跨膜结构域等疏水部位结合，形成可溶性的微粒（图 3-16A）。

少量的去垢剂能以单分子状态溶解于水中，当达到一定浓度时，去垢剂分子可在水中形成微团（micelle），此时去垢剂的浓度称为微团临界浓度（critical micelle concentration, CMC）。CMC 是各种去垢剂的特征和功能的重要参数。当使用的去垢剂的浓度高于或低于其 CMC 时，去垢剂的作用方式和膜蛋白的分离效果均有所不同。去垢剂分为离子型去垢剂和非离子型去垢剂两种类型。

常用的离子型去垢剂如十二烷基硫酸钠（SDS）具有带电荷的基团，其分子式如下：

$$CH_3-(CH_2)_{11}-O-\overset{\overset{\displaystyle O}{\|}}{\underset{\underset{\displaystyle O}{\|}}{S}}-ONa^+$$

SDS 可使细胞膜崩解，与膜蛋白疏水部分结合并使其与膜分离，高浓度的 SDS 还可以破坏蛋白质中的离子键和氢键等非共价键，甚至改变蛋白质亲水部分的构象。这一特性常用于蛋白质成分分析的 SDS 凝胶电泳。

由于 SDS 对蛋白质的作用较为剧烈，可引起蛋白质变性，因此在纯化膜蛋白时，特别是为获得有生物活性的膜蛋白时，常采用不带电荷的非离子去垢剂。

常用的非离子型去垢剂 Triton X-100（商品名）分

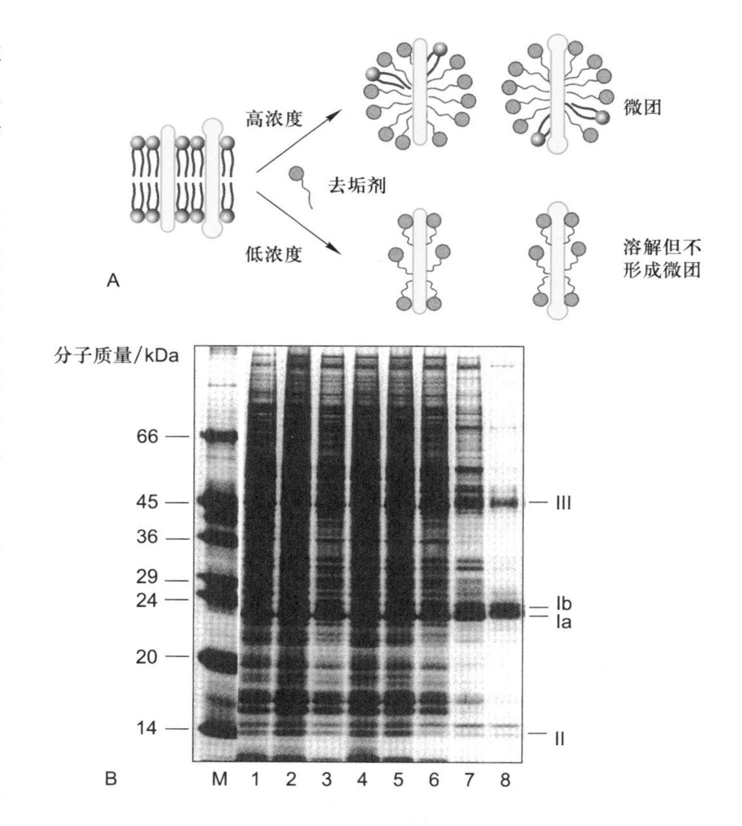

图 3-16 **利用去垢剂萃取和研究膜蛋白**

A. 去垢剂与膜脂或膜蛋白的跨膜结构域的疏水部位结合，形成可溶性的微粒的示意图。B. 用不同的去垢剂处理膀胱上皮细胞质膜，所萃取的膜蛋白的 SDS 凝胶电泳图谱。电泳条带 M 为已知分子质量标志蛋白质，1 为全部膜蛋白的电泳条带，2~8 为 7 种不同的去垢剂所萃取的膜蛋白的电泳条带（5、6 分别为 0.5% 和 2% 的 Triton X-100），7 为去垢剂 Sarkosol，后者可以特异地萃取出膀胱上皮细胞的 4 种主要质膜蛋白。（B 图由孙同天博士惠赠）

子式如下：

$$C(CH_3)_3-CH_2-C(CH_3)_2-\langle\bigcirc\rangle-O-[CH_2-CH_2-O]_n-CH_2-CH_2-OH$$

n=8~9

非离子去垢剂也可使细胞膜崩解，但对蛋白质的作用比较温和，它不仅用于膜蛋白的分离与纯化，也用于除去细胞的膜系统，以便对细胞骨架蛋白和其他蛋白质进行研究。

去垢剂有多种类型，多数为人工合成。由于不同的去垢剂对各种膜蛋白的作用有所区别，因此，有针对性地选用合适的、一定浓度的去垢剂在膜蛋白的分离与纯化过程中，就显得尤为重要（图 3-16B）。

第二节　细胞质膜的基本特征与功能

一、膜的流动性

膜的流动性是细胞质膜和所有的生物膜的基本特征之一，也是细胞生长、增殖等生命活动的必要条件。在脂膜二维空间上的热运动是膜脂和膜蛋白流动性的动力学基础，膜脂与膜蛋白的相互作用以及与膜两侧的生物大分子的相互作用，使膜的流动状态更为复杂。它不仅保证了细胞正常的代谢活动，而且受控于细胞代谢过程的调节。

（一）膜脂的流动性

膜脂的流动性主要指脂分子的侧向运动，它在很大程度上是由脂分子本身的性质决定的，一般来说，脂肪酸链越短，不饱和程度越高，膜脂的流动性越大。温度对膜脂的运动有明显的影响，各种膜脂都具有其不同的相变温度（phase transition temperature），鞘脂的相变温度一般高于磷脂。在生物膜中，膜脂的相变温度是由组成生物膜的各种脂分子的相变温度决定的。低于相变温度，膜脂的流动性会骤然降低。一般情况下，鞘脂或卵磷脂组成的脂双层膜流动性小一些，磷脂酰乙醇胺、磷脂酰肌醇和磷脂酰丝氨酸等组成的脂膜流动性大一些。

膜脂的流动性是生长细胞完成包括生长、增殖在内的多种生理功能所必需的。在细菌和动物细胞中，常常通过增加不饱和脂肪酸的含量来调节膜脂的相变温度，以维持膜脂的流动性。

在动物细胞中，胆固醇对膜的流动性也起着重要的双重调节作用。胆固醇分子既有与磷脂疏水的尾部相结合使其更为有序、相互作用增强及限制其运动的作用，也有将磷脂分子隔开使其更易流动的功能。其最终效应取决于胆固醇在脂膜中的相对含量以及上述两种作用的综合效果。通常胆固醇是起到防止膜脂由液相变为固相以保证膜脂处于流动状态的作用。在细胞质膜脂双层的内外两小叶的膜脂中，细胞外小叶膜脂的胆固醇的含量往往高于内小叶，因此内小叶膜脂的流动性更弱。

由于膜脂与膜脂以及膜脂与膜蛋白之间的复杂的相互作用，膜脂分子的运动状态各不相同，其运动的区域也受到一定的限制。当用荧光素标记磷脂分子，研究磷脂在成纤维细胞质膜中的运动情况时，人们发现大多数的磷脂只是在直径约 0.5 μm 的范围内自由运动，其原因是受到了直径约 1 μm 的膜蛋白含量较高的质膜区域所阻隔。

（二）膜蛋白的流动性

一系列的实验证明了膜蛋白的流动性，荧光抗体免疫标记实验就是其中一个典型的例子。用抗鼠细胞质膜蛋白的荧光抗体（显绿色荧光）和抗人细胞质膜蛋白的荧光抗体（显红色荧光）分别标记小鼠和人的细胞表面，然后用灭活的仙台病毒介导两种细胞融合。10 min 后不同颜色的荧光在融合细胞表面开始扩散，40 min 后已分辨不出融合细胞表面绿色荧光或红色荧光区域。如加上不同的滤光片，则显示红色荧光或绿色荧光都均匀地分布在融合细胞表面，这一实验清楚地显示了与抗体结合的膜蛋白在质膜上的运动。

如果用药物抑制细胞能量转换、蛋白质合成等代谢途径，对膜蛋白运动没有影响，但是如果降低温度，则膜蛋白的扩散速率可降低至原来的 1/20~1/10。实验表明，膜蛋白在脂双层二维溶液中的运动是自发的热运动，不需要细胞代谢产物的参加，也不需要能量输入。

实际上，机体中并不是所有的膜蛋白都像在体外人－鼠融合细胞质膜上那样自由运动。在极性细胞中，质膜蛋白被某些特殊的结构如紧密连接限定在细胞表面的某个区域。即使在单细胞生物草履虫的细胞质膜上，膜蛋白的分布也具有特定的区域性。有些细胞 90%的膜蛋白是自由运动的，而有些细胞只有 30%的膜蛋白处于流动状态，原因之一是某些膜蛋白与膜下细胞骨架结构相结合，限制了膜蛋白的运动。用阻断微丝形成的药物细胞松弛素 B 处理细胞后，膜蛋白的流动性大大增加。

用非离子去垢剂处理细胞使细胞膜系统崩解，多数膜蛋白流失，但仍有部分膜蛋白结合在细胞骨架上。细胞骨架不但影响膜蛋白的运动，也影响其周围的膜脂的流动。膜蛋白与膜脂分子的相互作用也是影响膜流动性的重要因素。

（三）膜脂和膜蛋白运动速率的检测

如前所述，荧光漂白恢复（fluorescence photobleaching recovery, FPR）技术是研究膜蛋白或膜脂流动性的基本实验技术之一（见第二章第四节）。用荧光素标记膜蛋白或膜脂，然后用激光束照射细胞表面某一区域，使被照射区的荧光淬灭变暗。由于膜的流动性，淬灭区域的亮度会逐渐增加，最后恢复到与周围的荧光强度相等。根据荧光恢复的速度可推算出膜蛋白或膜脂扩散速率。如细胞质膜中磷脂的扩散常数（diffusion constant）为 10^{-8} cm^2/s，较人工制备的纯磷脂双层膜减小近一个数量级。质膜上的膜蛋白扩散常数一般在 $5\times10^{-11}\sim5\times10^{-9}$ cm^2/s，而蛋白质在水溶液中的扩散常数为 10^{-7} cm^2/s，要比膜蛋白大 100～10 000 倍，显然脂分子与蛋白质分子及蛋白质分子之间的相互作用束缚了膜蛋白的自由扩散。

二、膜的不对称性

膜脂和膜蛋白在生物膜上呈不对称分布：如同一种膜脂在脂双层两个小叶中的分布不同，同一种膜蛋白在脂双层中的分布都有特定的方向或拓扑学特征；糖蛋白和糖脂的糖基部分均位于细胞质膜的外侧。

（一）细胞质膜各膜面的名称

为了便于研究和了解细胞质膜以及其他生物膜的不对称性，人们将细胞质膜的各个膜面命名如下：与细胞外环境接触的膜面称质膜的细胞外表面（extrocytoplasmic surface, ES），这一层脂分子和膜蛋白称细胞膜的外小叶（outer leaflet）。与细胞质基质接触的膜面称质膜的原生质表面（protoplasmic surface, PS）这一层脂分子和膜蛋白称细胞膜的内小叶（inner leaflet）。电镜冷冻蚀刻技术制样过程中，膜结构常常从双层脂分子疏水端断裂，这样又产生了质膜的细胞外小叶断裂面（extrocytoplasmic face, EF）和原生质小叶断裂面（protoplasmic face, PF）（图 3-17）。

细胞内的膜系统也根据类似的原理命名，如细胞内的囊泡，与细胞质基质接触的膜面为它的 PS 面，而与囊泡腔内液体接触的面为 ES 面，在膜泡出芽、融合及转运过程中，其拓扑学结构保持不变（图 3-18）。

动植物细胞的细胞质膜、内质网、高尔基体、溶酶体和囊泡等均由一层膜结构组成。线粒体、叶绿体和细胞核等有两层被膜，其膜面的命名原则及其拓扑学性质基本相同。在脂肪细胞（adipocyte）和很多细胞中，都含有储存脂肪（主要是三酰甘油和胆固醇）的一种细胞器，称为脂滴（lipid droplet）。脂滴外周仅由一层磷脂分子包被，相当于膜的内小叶。储存脂肪在内质网膜的内外小叶之间合成，然后以出芽的方式披上内质网膜的内小叶，形成游离的脂滴。其膜周围有多种膜蛋白，

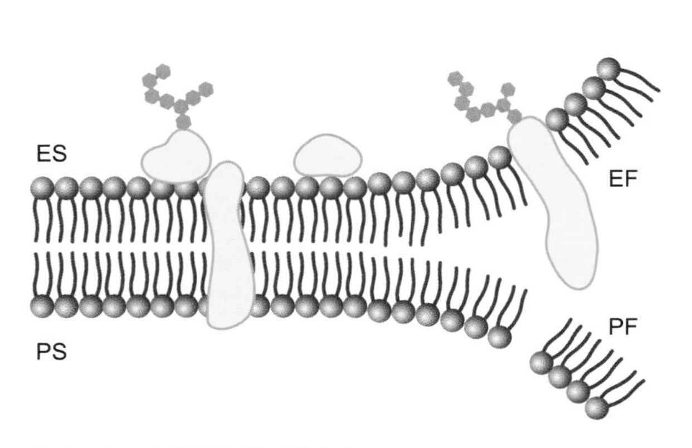

图 3-17　**生物膜各膜面的名称**

脂双层膜的 ES 与 PS 面以及电镜冷冻蚀刻技术所显示的细胞断裂面：EF 与 PF 面。

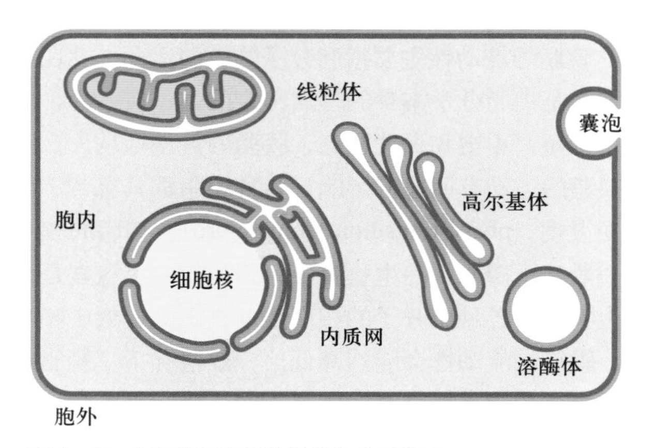

图 3-18　**细胞膜系统拓扑学结构的示意图**

图中显示细胞的膜系统在膜泡出芽、融合及转运过程中，其拓扑学结构保持不变（粉色膜面为 ES 面，蓝色为 PS 面）。

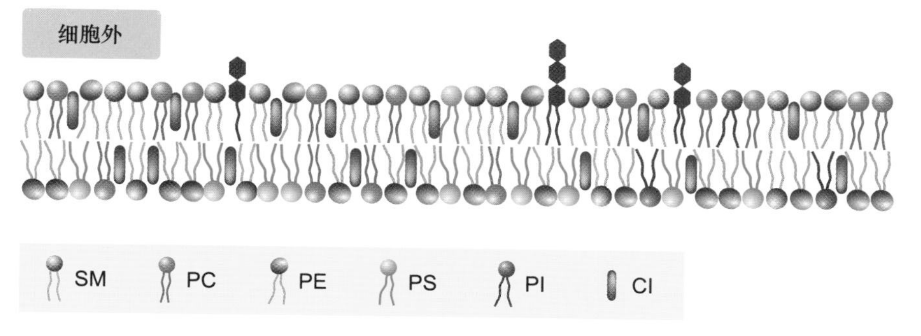

图 3-19　磷脂在人红细胞质膜上分布的示意图

SM：鞘磷脂；PC：卵磷脂；PE：磷脂酰乙醇胺；PS：磷脂酰丝氨酸；PI：磷脂酰肌醇；Cl：胆固醇。

其中包括与脂代谢相关的酶类。

（二）膜脂的不对称性

膜脂的不对称性是指同一种膜脂分子在膜的脂双层中呈不均匀分布。多数磷脂存在于脂双层的内外两侧，但某一侧往往含量高一些，并非均匀分布。如在人的红细胞质膜上，鞘磷脂和卵磷脂多分布在质膜外小叶，磷脂酰乙醇胺、磷脂酰肌醇和磷脂酰丝氨酸多分布在质膜内小叶（图 3-19），这种分布将会影响质膜的曲度。胆固醇在生物膜内外小叶的分布一般比较均匀。糖脂的分布表现出完全不对称性，其糖侧链都在质膜或其他内膜的 ES 面上，因此糖脂仅存在于质膜的外小叶中以及内膜的 ES 面上。糖脂的不对称分布是完成其生理功能的结构基础。磷脂分子不对称分布的原因和生物学意义还不很清楚，有人认为可能与其合成的部位有关，如甘油磷脂和鞘脂分别在内质网的 PS 面和高尔基体的 ES 面合成，这就形成了在脂双层中的不对称分布。显然这还不能完全解释膜脂的不对称性，如卵磷脂在质膜外小叶上含量更高。也有人推测可能与膜蛋白的不对称分布有关。已知某些膜脂的不对称分布有重要的生物学意义。如细胞质膜上，所有的磷酸化的磷脂酰肌醇的头部基团都面向细胞质一侧，这是在 G 蛋白偶联的信号转导的必要条件（详见第十一章）。又如在血小板的质膜上，磷脂酰丝氨酸通常主要分布在质膜的内小叶中，当受到血浆中某些因子的刺激后，很快翻转到外小叶上，活化参与凝血的酶类。当细胞濒临死亡时，难以维持脂不对称的生理状态，在质膜外小叶上，磷脂酰丝氨酸的含量明显增加。这种现象已作为研究细胞凋亡过程的检测指标之一。

（三）膜蛋白的不对称性

所有的膜蛋白，无论是周边膜蛋白还是整合膜蛋白，在质膜上都呈不对称分布。与膜脂不同，膜蛋白的不对称性是指每种膜蛋白分子在质膜上都具有明确的方向性。如细胞表面的受体、膜上载体蛋白等，都是按一定的取向传递信号和转运物质。与质膜相关的酶促反应也都发生在膜的某一侧面，特别是质膜上的糖蛋白或糖脂，其糖残基均分布在质膜的 ES 面，它们与细胞外的胞外基质，以及生长因子、凝集素和抗体等相互作用。如人的 ABO 血型抗原（图 3-20）。

各种生物膜的特征及其生物学功能主要是由膜蛋白来决定的。膜蛋白的不对称性是在它们合成时就已经确定，在随后的一系列转运和修饰过程中其拓扑学结构始终保持不变直至蛋白质降解，而不会像膜脂那样发生翻

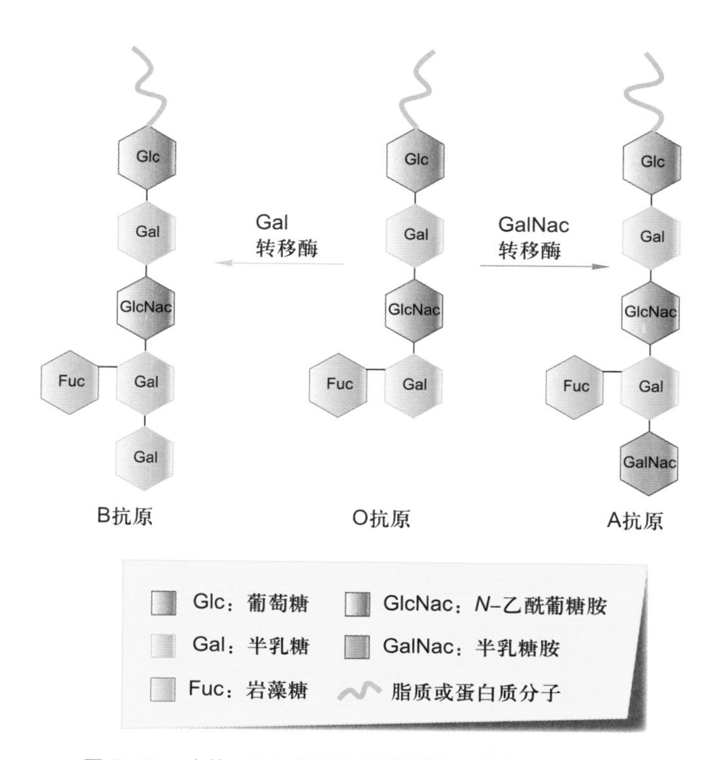

图 3-20　人的 ABO 血型抗原寡糖链结构的比较

转运动。膜蛋白的不对称性是生物膜完成复杂的、在时间与空间上有序的各种生理功能的保证。

三、细胞质膜相关的膜骨架

细胞质膜特别是膜蛋白常常与膜下结构（主要是细胞骨架系统）相互联系、协同作用，维持膜的形态并形成细胞表面的某些特化结构以完成特定的功能。这些特化结构包括鞭毛（flagellum）、纤毛（cilium）（见图 3-4）、微绒毛（microvillus）及细胞的变形足（lamellipodia）等，分别与细胞形态的维持、细胞运动、细胞的物质交换和信息传递等功能有关。其基本结构与功能将在第八章中详细阐述。因此本节仅介绍有关膜骨架（membrane associated cytoskeleton）的一些知识。

（一）膜骨架

膜骨架是指细胞质膜下与膜蛋白相连的由纤维蛋白组成的网架结构，它从力学上参与维持细胞质膜的形状并协助质膜完成多种生理功能。因为膜骨架多与肌动蛋白（actin）相关联，因此也称基于肌动蛋白的膜骨架（actin-based membrane skeleton）。早期人们应用光学显微镜曾注意到在细胞质膜下存在约 0.2 μm 厚的、观察不到任何细胞结构的"溶胶层"，又称细胞的皮层（cortex）。电镜技术出现以后，才发现质膜下的溶胶层中含有丰富的细胞骨架纤维（如微丝等），这些骨架纤维通过膜骨架与质膜相连。多数细胞的细胞质膜下，也都存在精细而复杂的细胞骨架网络，但至今为止，对膜骨架研究最多的还是哺乳动物的红细胞。

（二）红细胞的生物学特性

红细胞负责把 O_2 从肺运送到体内各组织，同时把细胞代谢产生的 CO_2 运回肺中。哺乳动物成熟的红细胞没有细胞核和内膜系统，所以红细胞的质膜是最简单最易研究的生物膜。正常情况下，红细胞呈双凹形的椭球结构，直径约 7 μm，但它可以通过直径比自己更小的毛细血管。在其平均寿命约 120 天的期间内，人的红细胞往返于动脉和静脉达几百万次，行程约 480 km 而不破损，这就需要红细胞质膜既有很好的弹性又具有较高的强度。红细胞质膜的这些特性在很大程度上是由膜骨架赋予的。红细胞的质膜与膜骨架比较容易纯化、分析。当细胞经低渗处理后，质膜破裂，同时释放出血红蛋白和胞内其他可溶性蛋白。这时红细胞仍然保持原来的基本形状和大小，这种结构称为血影（ghost）（图 3-21A）。因此红细胞为研究质膜的结构及其与膜骨架的关系提供了理想的材料。

（三）红细胞质膜蛋白及膜骨架

SDS-聚丙烯酰胺凝胶电泳分析血影的蛋白质成分显示：红细胞膜蛋白主要包括血影蛋白或称红膜肽（spectrin）、锚蛋白（ankyrin）、带 3 蛋白、带 4.1 蛋白、带 4.2 蛋白和肌动蛋白（actin），此外还有一些血型糖蛋白（glycoprotein）（图 3-21B）。改变处理血影的离子强度后进行电泳分析，则血影蛋白和肌动蛋白条带消失，说明这两种蛋白质不是整合膜蛋白而是周边膜蛋白，比较容易除去。此时血影的形状变得不规则，膜蛋白的流动性增强，说明这两种蛋白质在维持膜的形状及固定其他膜蛋白的位置方面起重要作用。若用去垢剂 Triton X-100 处理血影，这时带 3 蛋白及一些血型糖蛋白的电泳条带消失，但血影仍能维持原来的形状，说明带 3 蛋白及血型糖蛋白是膜整合蛋白，在维持血影乃至细胞形态上并不起决定性作用。

带 3 蛋白是红细胞质膜上 Cl^-/HCO_3^- 阴离子运输的载体蛋白，每个细胞中约有 120 万个分子。与血型糖蛋白不同，它由两个相同的多肽链组成二聚体，每条多肽链含有 929 个氨基酸，在质膜中穿越 14 次（小鼠），形成跨膜 α 螺旋。带 3 蛋白的 N 端伸向细胞质基质面折叠成不连续的疏水区域，为膜骨架蛋白提供结合位点。那么红细胞膜骨架是如何构成的呢？它与膜蛋白是什么关系呢？血影经非离子去垢剂处理后，所有的脂质和血型糖蛋白及大部分带 3 蛋白都被溶去，存留部分即是纤维状的膜骨架蛋白网络及部分与之结合的整合膜蛋白。因此，血影的形状仍能保持。膜骨架蛋白主要成分包括血影蛋白、肌动蛋白、锚蛋白和带 4.1 蛋白等。

血影蛋白由 α 链和 β 链组成一个二聚体，长约 100 nm，直径约 5 nm，两个二聚体头与头部相连形成一个长度为 200 nm 的四聚体，它可在体外溶液中组装。每个红细胞约含有 10 万个血影蛋白四聚体。与血影蛋白四聚体游离端相连的肌动蛋白纤维链长约 35 nm，其中包含 13 个肌动蛋白单体和 1 个原肌球蛋白分子（由两个多肽组成，每个多肽分子质量为 35 kDa）。纯化的血影蛋白与肌动蛋白纤维结合力非常微弱，带 4.1 蛋白和一种称为内收蛋白（adducin）的蛋白质与之相互作用，大大加强了肌动蛋白与血影蛋白的结合力。由于肌

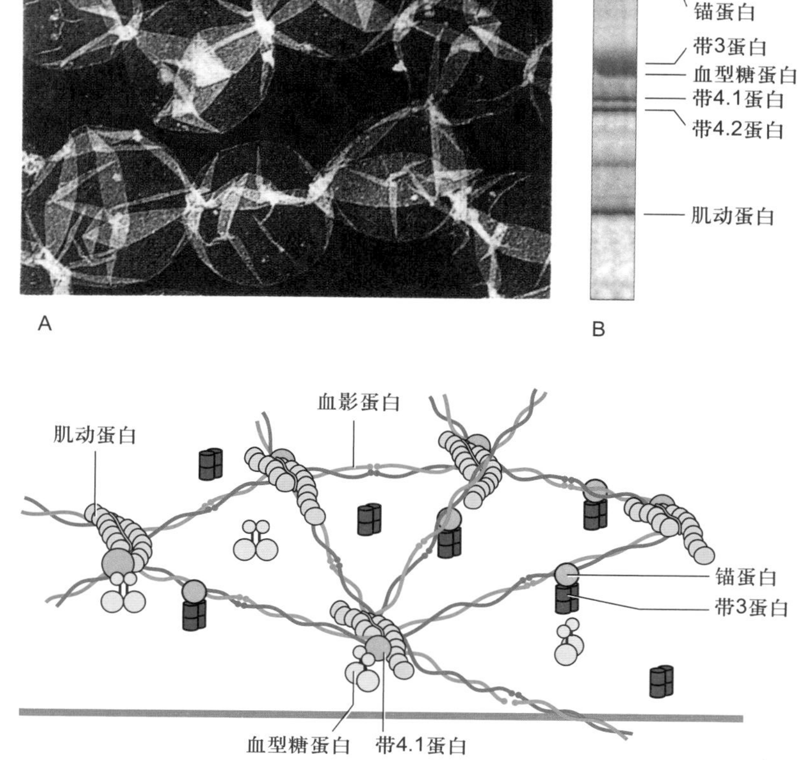

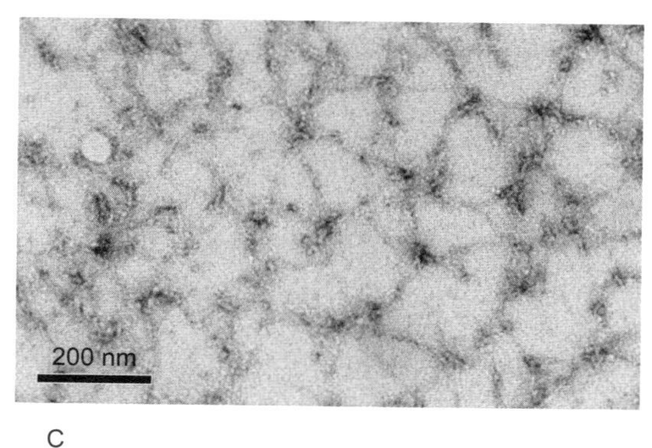

图 3-21 **红细胞膜骨架的基本结构与成分**

A. 红细胞血影。B. SDS–聚丙烯酰胺凝胶电泳对血影成分分析。C. 血影的负染色电镜照片，显示出网状的膜骨架结构。D. 膜骨架与膜蛋白结合的示意图。（A、B、C 图由 D. Acehan 和 D. Stokes 博士惠赠）

动蛋白纤维上存在多个（一般为 5 个左右）与血影蛋白结合的位点，所以可以形成一个网络状的膜骨架结构（图 3-21C）。

膜骨架网络与细胞膜之间的连接主要通过锚蛋白。每个红细胞中约有 10 万个锚蛋白分子。每个血影蛋白四聚体上平均有一个锚蛋白分子。锚蛋白含有两个功能性结构域：一个能紧密地而且特异地与血影蛋白 β 链上的一个位点相连；另一个结构域与带 3 蛋白中伸向胞质面的一个位点紧密结合，从而使血影蛋白网架与细胞质膜连接在一起。此外，带 4.1 蛋白还可以与血型糖蛋白的细胞质结构域（C 端）或带 3 蛋白结合，同样也起到使膜骨架与质膜蛋白相连的作用。膜骨架的组织及其与细胞质膜内在膜蛋白的关系如图 3-21D 所示。

红细胞质膜的刚性与韧性主要由质膜蛋白与膜骨架复合体的相互作用来实现，但其双凹形椭圆结构的形成还需要其他的骨架纤维参与。在红细胞中还存在着少量短纤维状的肌球蛋白纤维，它可能与两个或更多的肌动蛋白纤维相结合并将它们拉到一起，以维持红细胞的形态。

除红细胞外，已发现在其他细胞中也存在与锚蛋白、血影蛋白及带 4.1 蛋白类似的蛋白质，大多数细胞中也都存在膜骨架结构（图 3-22）。与红细胞不同，这些细胞具有较发达的胞质骨架体系，特别是质膜下呈网状分布的肌动蛋白纤维，而且细胞质膜功能更为复杂。呈动态变化的膜骨架不仅在力学结构上为细胞质膜行使

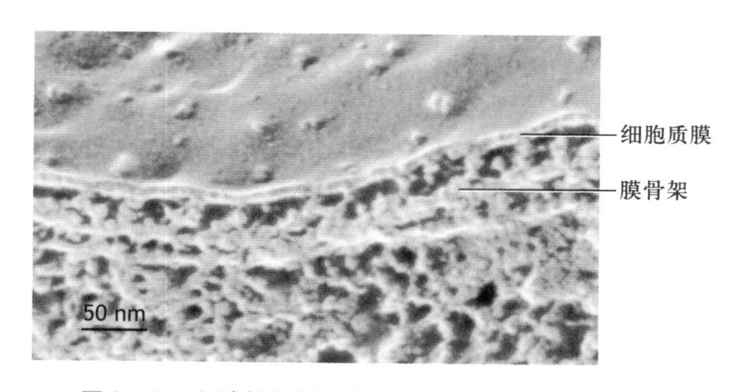

图 3-22 **深度蚀刻电镜图片显示小鼠耳部外毛细胞的细胞质膜与膜骨架**（Bechara Kachar 博士惠赠）

其功能提供一个三维的空间，而且直接参与细胞质膜的多种代谢活动。所以有关其他细胞中膜骨架的结构与功能的细节还有待进一步研究。

四、细胞质膜的基本功能

细胞质膜作为细胞内外边界，与内膜系统相比其结构更为复杂，功能更为多样。细胞质膜的主要功能概括如下：

（1）为细胞的生命活动提供相对稳定的内环境。

（2）选择性地运输物质，包括代谢底物的输入与代谢产物的排除，其中伴随着能量物质的传递。

（3）提供细胞识别位点，并完成细胞内外信息跨膜传导；病毒等病原微生物识别和侵染特异的宿主细胞的受体也存在于质膜上。

（4）为多种酶提供结合位点，使酶促反应高效而有序地进行。

（5）介导细胞与细胞、细胞与胞外基质之间的连接。

（6）质膜参与形成具有不同功能的细胞表面特化结构。

（7）膜蛋白的异常与某些遗传病、恶性肿瘤、自身免疫病甚至神经退行性疾病相关，很多膜蛋白可作为疾病治疗的药物靶标。

质膜以上的功能将在后面相关章节详细阐述。

质膜如何高效而精确地完成上述多种功能，其很多结构细节尚不清楚。近年来对脂筏及与之相关的胞膜窖（又称陷窝、质膜微囊，caveola）的研究，加深了对质膜的结构与功能了解。

脂筏中富含鞘磷脂和胆固醇。鞘磷脂较长且直的非极性尾部之间的相互作用，加上与胆固醇的近乎平面的疏水基团间“疏水键”的作用，形成了脂筏的基本结构。用非离子去垢剂可以将富含鞘磷脂和胆固醇的脂筏从细胞质膜上分离出来，蛋白质组学分析显示，其中含有多达 250 种蛋白质。

某些蛋白质，如阀蛋白（flotillin）、GPI 锚定膜蛋白以及与脂筏表面糖基结合（类似凝集素作用）的周边膜蛋白等，对脂筏的组装及稳定性均起着一定的作用。由于鞘磷脂的疏水尾部的碳链（通常 20～26 个碳原子）比甘油磷脂（通常 16～22 个碳原子）长，所以脂筏的脂双层厚度也比质膜其他部位厚一些（见图 3-8），而脂筏上整合膜蛋白的跨膜结构域也长一些，借此更有利于脂筏的组装。脂筏是一种异质性的、高度动态的、分子排列较紧密的、流动性较低的膜脂微区（memberane lipid microdomain）结构，直径一般为 10～200 nm。

脂筏在细胞的信息传递和物质运输等生命活动中可能起重要的作用，如人们发现，某些 G 蛋白偶联受体和 G 蛋白均富集在脂筏上。同时表皮生长因子受体、胰岛素受体等也存在于脂筏上，而且发现越来越多的细胞内信号分子如 Ras、Src 家族酪氨酸激酶及信号转导的接头分子也都定位在脂筏上。显然这为信号的跨膜传递提供了必要的空间和时间的保障。

还有一些的实验结果表明脂筏在细胞的胞饮和细胞蛋白质分选中也起重要的作用。人们还证实某些病毒的感染过程、阿尔茨海默病（Alzheimer disease）以及某些肿瘤的发生均可能与脂筏有密切的关系。

目前脂筏的研究主要停留在体外培养细胞上（主要是上皮细胞），研究表明它几乎存在于所有真核细胞膜上，但其确切的结构和功能依然不甚明了，其主要原因是脂筏过于微小且处在动态变化之中。这些问题的解决将依赖于今后新的实验技术和观察手段的建立。

思考题

1. 从生物膜结构模型的演化，谈谈人们对生物膜的认识过程。
2. 生物膜的“单位膜”模型是根据哪一种电镜制样技术的实验结果提出来的？为什么在多数细胞超微结构图片中，难以观察到“单位膜”的图像？
3. 膜脂有哪几种基本类型？它们各自的结构特征与功能是什么？
4. 何谓整合膜蛋白？它以什么方式与脂双层膜相结合？
5. 生物膜的基本特征是什么？这些特征与它的生理功能有什么联系？
6. 细胞表面有哪几种常见的特化结构？红细胞膜骨架的基本结构与功能是什么？

参考文献

1. 杨福愉. 生物膜. 北京：科学出版社，2005.
2. Bai X, Yan C, Yang G, *et al*. An atomic structure of human γ-secretase. *Nature*, 2015, 525(7568): 212-217.
3. Engelman D. Membranes are more mosaic than fluid. *Nature*, 2005, 438(7068): 578-580.
4. Grecco H E, Schmick M, Bastiaens P I H. Signaling from the living plasma membrane. *Cell*, 2011, 144(6): 897-909.
5. Jacobson K, Dietrich C. Looking at lipid rafts? *Trends in Cell Biology*, 2004, 9: 87-91.
6. Santos A L, Preta G. Lipids in the cell: organisation regulates function. *Cellular and Molecular Life Sciences*, 2018, 75(11): 1909-1927.
7. Singer S J, Nicolson G L. The fluid mosaic of the structure of cell membranes. *Science*, 1972, 175(4023): 720-731.
8. Suzuki K G N. New insights into the organization of plasma membrane and its role in signal transduction. *International Rereiw of Cell and Molecular Biology*, 2015, 317: 67-96.

第四章

物质的跨膜运输

细胞质膜是细胞与细胞外环境之间一种选择性通透屏障，它既能保障细胞对基本营养物质的摄取、代谢产物或废物的排除，又能调节细胞内离子浓度，使细胞维持相对稳定的内环境。物质的跨膜运输对细胞的生存和生长至关重要。物质通过细胞质膜的转运主要有三种途径：被动运输（包括简单扩散和协助扩散）、主动运输以及胞吞与胞吐作用。

第一节　膜转运蛋白与小分子及离子的跨膜运输

一、膜转运蛋白

活细胞内外的离子浓度是高度不同的，Na^+ 是细胞外最丰富的阳离子（cation），而 K^+ 是细胞内最丰富的阳离子（表 4-1）。细胞内外的离子浓度差异对于细胞的存活和功能至关重要。这种离子浓度差异分布主要由两种机制所调控：一是取决于一套特殊的膜转运蛋白（membrane transport protein）的活性；二是取决于质膜本身的脂双层所具有的疏水性特征。除了脂溶性分子和小的不带电荷的分子能以简单扩散的方式直接通过脂双层外，脂双层对绝大多数极性分子、离子以及细胞代谢

表 4-1　典型哺乳类动物细胞内外离子浓度的比较

组分	细胞内浓度 / (mmol · L^{-1})	细胞外浓度 / (mmol · L^{-1})
阳离子		
Na^+	5 ~ 15	145
K^+	140	5
Mg^{2+}	0.5	1 ~ 2
Ca^{2+}	10^{-4}	1 ~ 2
H^+	7×10^{-5} (pH 7.2)	4×10^{-5} (pH 7.4)
阴离子 *		
Cl^-	5 ~ 15	110

* 细胞必须含有等量的正负电荷，即呈电中性。因此细胞内除含有 Cl^- 外，还含有许多其他未列在表中的阴离子（如 HCO_3^-、PO_4^{3-}、蛋白质、核酸和荷载磷酸及羧基基团的代谢产物等），固定的阴离子是带负电荷的大小不同的有机分子，它们被捕获在细胞内，不能透过质膜。表中给出的 Ca^{2+} 和 Mg^{2+} 浓度是胞质中的游离离子浓度。细胞内总的 Ca^{2+} 浓度为 1~2 mmol/L，而 Mg^{2+} 浓度约为 20 mmol/L，但它们绝大多数与蛋白质或其他物质结合，Ca^{2+} 还储存在各种细胞器中。

产物的通透性都极低，形成了细胞的渗透屏障。这些物质的跨膜转运需要质膜上的膜转运蛋白参与。转运蛋白在细胞营养物摄取、代谢产物释放以及信号跨膜转换等生命活动中起重要作用。不少疾病都与膜转运蛋白的功能失常有关。

各种细胞膜结合蛋白中，约 15%～30% 是膜转

运蛋白。膜转运蛋白可分为两大类：一类是载体蛋白（carrier protein, transporter）；另一类是通道蛋白（channel protein）。有些载体蛋白介导主动运输，有些介导协助扩散，而通道蛋白只介导协助扩散。

（一）载体蛋白及其功能

载体蛋白几乎存在于所有类型的生物膜上，属于多次跨膜蛋白。每种载体蛋白能与特定的溶质结合，通过一系列构象改变介导溶质的跨膜转运（图 4–1）。20 世纪 50 年代中期，在细菌中发现单基因突变可导致半乳糖跨膜运输被阻断，从而发现了细菌质膜上负责 β－半乳糖转运的载体蛋白。类似的基因突变在人的胱氨酸尿（cystinuria）遗传病患者中发现，这种病人的肾细胞和肠细胞不能将胱氨酸和半胱氨酸转运到血液，从而导致这些氨基酸在尿中积累并在肾中形成胱氨酸结石。

不同的生物膜往往含有各自功能相关的不同载体蛋白（表 4–2），质膜具有输入营养物糖、氨基酸和核苷酸的载体蛋白。线粒体内膜具有输入丙酮酸和 ADP 以及输出 ATP 的载体蛋白等。载体蛋白与酶类似：具有与溶质（底物）特异性结合的位点，所以每种载体蛋白对溶质具有高度选择性；转运过程具有类似于酶与底物作用的饱和动力学特征；既可被底物类似物竞争性地抑制，又可被某种抑制剂非竞争性抑制以及对 pH 有依赖性等。因此，有人将载体蛋白称为通透酶（permease）。与酶不同的是，载体蛋白对转运的溶质不作任何共价修饰。

（二）通道蛋白及其功能

目前发现的通道蛋白有上百种，普遍存在于各类真核细胞的质膜以及细胞内膜上。通道蛋白通过形成亲水性通道，实现对特异溶质的跨膜转运，有三种类型：离子通道（ion channel）、孔蛋白（porin）以及水孔蛋白（aquaporin, AQP）。目前所发现的大多数通道蛋白都是离子通道。

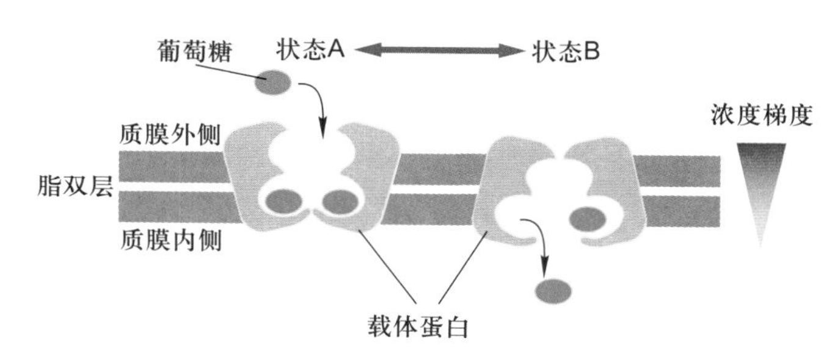

图 4–1　**载体蛋白通过构象改变介导溶质（葡萄糖）协助扩散的模型**

载体蛋白以两种构象状态存在：状态 A，溶质结合位点在膜外侧暴露；状态 B，同样的溶质结合位点在膜内侧暴露。两种构象状态的转变随机发生而不依赖于是否有溶质结合和是否完全可逆。若膜外侧溶质浓度高，则与状态 A 载体蛋白结合的溶质就比与状态 B 载体蛋白结合的多，净效果表现为溶质顺浓度梯度进入细胞。

离子通道蛋白通常形成选择性和门控性跨膜通道。因为对离子的选择性取决于通道的直径、形状以及通道内带电荷氨基酸残基的分布，所以离子通道介导协助扩散时不需要与溶质结合，只有大小和电荷适宜的离子才能通过。孔蛋白存在于革兰氏阴性细菌的外膜以及线粒体和叶绿体的外膜上，其跨膜区域由 β 折叠片层形成柱状亲水性通道。与离子通道蛋白相比，孔蛋白选择性很低，而且能通过较大的分子，如线粒体外膜上的孔蛋白可允许分子量为 5 000 的分子通过。水孔蛋白是近年来发现的一类新的通道蛋白，其转运机制随后介绍。

根据对离子通道的研究，发现与载体蛋白相比，离子通道具有两个显著特征：第一个特征是具有极高的

表 4–2　**载体蛋白的举例**

载体蛋白	典型定位	能源	功能
葡萄糖载体	大多数动物细胞的质膜	无	被动输入葡萄糖
Na^+ 驱动的葡萄糖泵	肾和肠细胞的顶部质膜	Na^+ 梯度	主动输入葡萄糖
Na^+–H^+ 交换器	动物细胞的质膜	Na^+ 梯度	主动输出 H^+，调节 pH
Na^+–K^+ 泵	大多数动物细胞的质膜	ATP 水解	主动输出 Na^+ 和输入 K^+
Ca^{2+} 泵	真核细胞的质膜	ATP 水解	主动输出 Ca^{2+}
H^+ 泵（H^+–ATP 酶）	植物细胞、真菌和一些细菌细胞的质膜	ATP 水解	从细胞主动输出 H^+
	动物细胞溶酶体膜、植物和真菌细胞的液泡膜	ATP 水解	主动将胞质内 H^+ 转运到溶酶体或液泡
菌紫红质	一些细菌的质膜	光	主动将 H^+ 转运到细胞外

转运速率，比已知任何一种载体蛋白最快转运速率要高 1 000 倍以上，每个通道每秒钟可通过 10^7～10^8 个离子，接近自由扩散的理论值。驱动离子跨膜转运的动力来自溶质的浓度梯度和跨膜电位差两种力的合力，即跨膜的电化学梯度（electrochemical gradient），运输的方向顺电化学梯度进行。第二个特征是离子通道并非连续性开放而是门控的，即通道的开启或关闭受膜电位变化、化学信号或压力刺激的调控。因此，根据激活信号的不同，离子通道可分为电压门控通道（voltage-gated channel）、配体门控通道（ligand-gated channel）和应力激活通道（stress-activated channel）（图 4–2）。在电压门控通道中，带电荷的蛋白质结构域会随跨膜电位梯度的改变而发生相应的移动，从而使离子通道开启或关闭。在配体门控通道中，细胞内外的某些小分子配体与通道蛋白结合后引起通道开启或关闭。应力激活通道是通道蛋白感受应力而开启通道形成离子流，产生电信号。内耳听觉毛细胞就是依赖于这类通道的典型例子。离子通道决定了细胞膜对于特定离子的通透性，并与离子泵（如 Na^+–K^+ 泵）一起，调节细胞内的离子浓度和跨膜电位。神经细胞离子通道的迅速激活导致动作电位的产生和传递；肌细胞中肌质网膜 Ca^{2+} 通道的迅速开启使得储存的 Ca^{2+} 释放到细胞质基质，从而引发肌肉的收缩。

二、小分子及离子的跨膜运输类型

小分子或离子的跨膜运输与诸多生物学过程密切相关，如神经细胞的可兴奋性传递、细胞对营养物的摄取、细胞信号转导、细胞渗透压的维持以及细胞能量转换中 ATP 的产生等。根据跨膜转运是否需要细胞提供能量，跨膜运输分为两种类型：被动运输（passive transport）和主动运输（active transport）。被动运输中又根据是否需要膜转运蛋白参与，分为两种类型：简单扩散（simple diffusion）和协助扩散（facillitated diffusion）（图 4–3）。

（一）简单扩散

小分子或离子以热自由运动的方式顺着电化学梯度或浓度梯度直接通过脂双层进出细胞，不需要细胞提供能量，也无需膜转运蛋白的协助，称为简单扩散。不同性质的小分子及离子跨膜运动的速率差异极大。疏水性小分子如 O_2、N_2 以及不带电荷的极性小分子很容易通过简单扩散进出细胞。在简单扩散的跨膜运动中，脂双层对溶质的通透性大小主要取决于分子大小和极性。小分子比大分子更容易跨膜，非极性分子比极性分子更容易跨膜，而带电荷的离子跨膜运动则需要更高的自由能，所以没有膜转运蛋白的人工脂双层对离子是高度不透的。图 4–4 显示在通过无膜转运蛋白的人工脂双层时，不同性质的小分子或离子具有不同的跨膜运动速率。

物质对膜的通透性（P）可以根据它在油和水中的分配系数（K）及其扩散系数（D）来计算：

$$P = KD/t$$

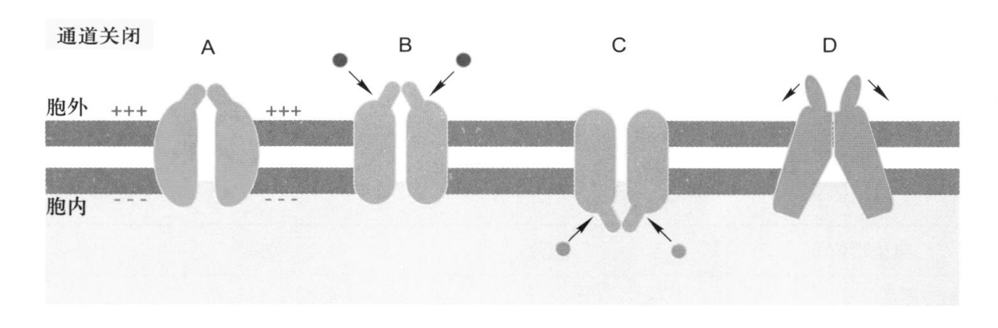

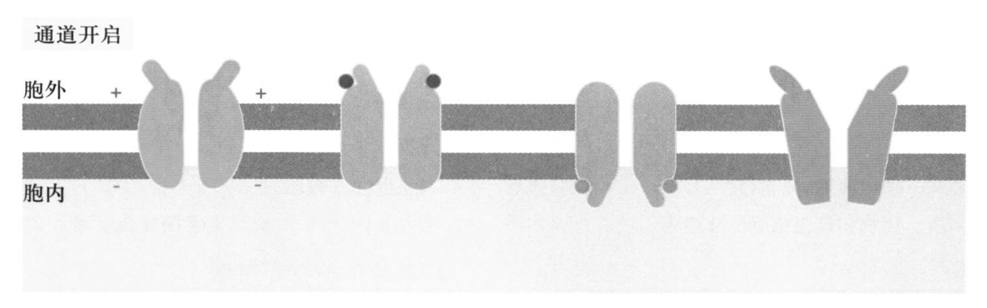

图 4–2　三种类型的离子通道示意图
A. 电压门控通道。B, C. 配体门控通道（B 为胞外配体，C 为胞内配体）。D. 应力激活通道。

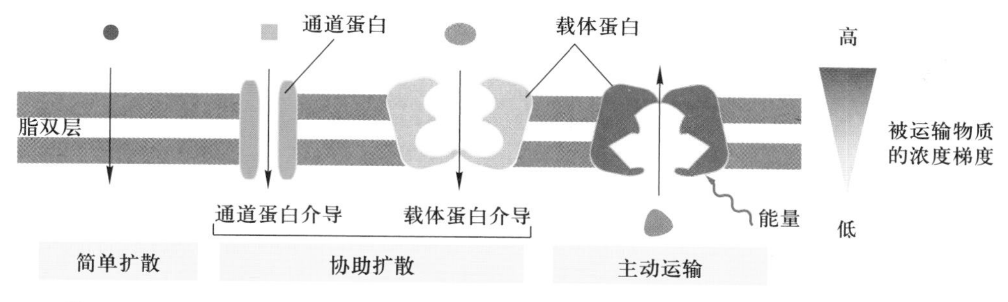

图 4-3　**跨膜运输类型**

简单扩散和协助扩散都是溶质顺着电化学梯度进行跨膜转运，也都不需要细胞提供能量。不同的是，简单扩散不需要膜转运蛋白协助，而协助扩散需要膜转运蛋白的协助；主动运输需要细胞提供能量，溶质逆着电化学梯度进行跨膜转运。此外，载体蛋白既能够执行协助扩散，又能够执行主动运输，而通道蛋白只执行协助扩散。

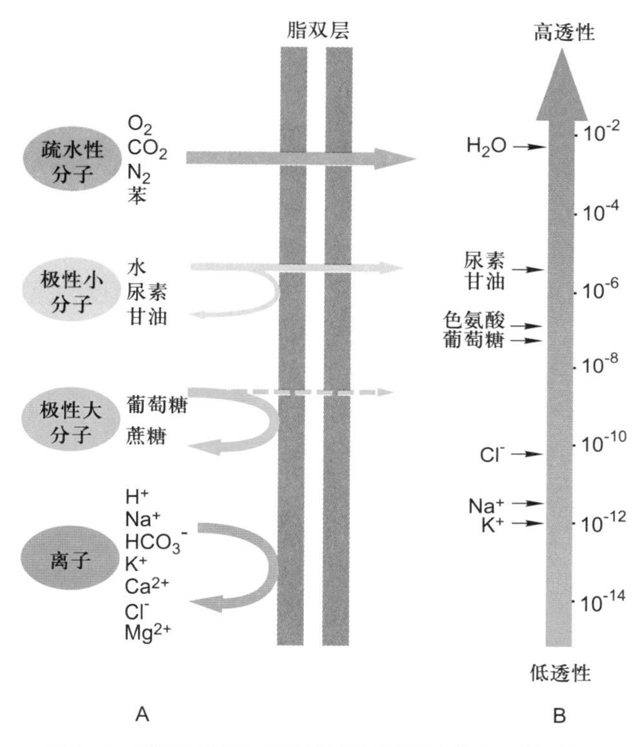

图 4-4　**不同性质的物质通过无膜转运蛋白的人工脂双层**

A. 人工脂双层膜对不同分子的相对透性。B. 不同物质通过人工脂双层膜的渗透系数。

式中，t 为膜的厚度。

（二）协助扩散

协助扩散是指溶质顺着电化学梯度或浓度梯度，在膜转运蛋白协助下的跨膜转运方式，又叫易化扩散。协助扩散不需要细胞提供代谢能量，转运的动力来自物质的电化学梯度或浓度梯度。借助膜转运蛋白，多种极性小分子和无机离子，包括水分子、糖、氨基酸、核苷酸以及细胞代谢物等，都可以顺着电化学梯度或浓度梯度完成跨膜转运。

1. 葡糖转运蛋白

绝大多数哺乳动物细胞都是利用葡萄糖作为细胞的主要能源。人类基因组编码十多种葡糖转运蛋白（glucose transporter, GLUT），构成 GLUT 蛋白家族，它们具有高度相似的氨基酸序列，都含有 12 个跨膜的 α 螺旋。其中，Glut1 是介导葡萄糖进入红细胞及通过血脑屏障的主要转运蛋白，对于维持血糖浓度的稳定和大脑供能起关键作用。Glut1 三维晶体结构呈现出该家族成员典型的折叠方式——12 个跨膜螺旋组成 N 端和 C 端两个结构域（图 4-5A）。Glut1 通过开口朝向胞外和开口朝向胞内的有序的构象改变过程，完成葡萄糖的协助转运（图 4-5B）。

2. 水孔蛋白：水分子的跨膜通道

生物体的主要组成成分是水，约占人体质量的 70%。水分子不带电荷但具有极性，尽管它可以通过简单扩散的方式缓慢穿过脂双层，但对于某些组织来说，如肾小管和集合管对水的重吸收、从脑中排出额外的水、唾液和眼泪的形成等，水分子就必须借助质膜上的大量水孔蛋白以实现快速跨膜转运（图 4-6A）。水孔蛋白对于细胞渗透压以及生理与病理的调节作用十分重要，比如人肾近曲小管对原尿中水重吸收作用，通常一个正常成年人每天要产生 180 L 的原尿，这些原尿经近曲小管的水孔蛋白的吸收，大部分水分被人体循环利用，最终只有约 1 L 的尿液排出人体。

红细胞是研究水孔蛋白的一个理想模型。20 世纪 80 年代，在红细胞膜中发现了第一个水孔蛋白 CHIP28（channel-forming integral protein, 28 kDa），后来统一命名为 AQP1。到现在，超过 200 种水孔蛋白陆续被发现，

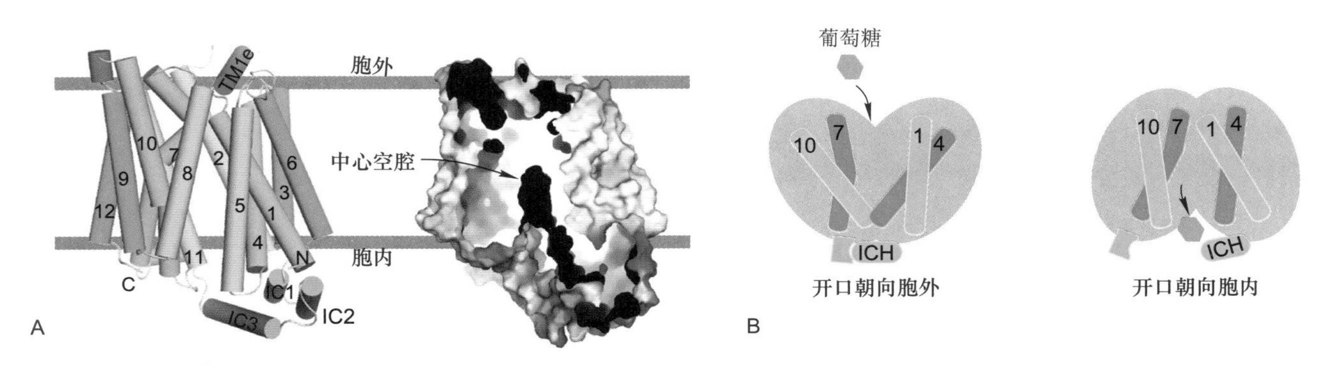

图 4-5　Glut1 的晶体结构（含 N45T 和 E329Q 突变）和转运葡萄糖的工作模型

A. Glut1 的三维晶体结构含 12 个跨膜螺旋，组成 N 端和 C 端两个结构域。处于这种构象状态时，两个结构域之间的底物结合位点朝向胞质开放，呈现向内开放构象。跨膜区域 TM1 和 TM7 的胞外部分相互作用，封住了 Glut1 胞外开口。胞内 4 个 α 螺旋组成的结构域 IC1—IC4 的相互接触或位移有助于关闭或开启 Glut1 胞质一侧的开口（颜宁博士惠赠）。B. Glut1 底物结合位点朝胞外开放时，葡萄糖结合，Glut1 构象发生变化，朝胞内开放，释放葡萄糖，完成葡萄糖转运的构象变化循环。通过这种有序的构象改变完成葡萄糖的协助转运。

从细菌到植物、从动物到人，水孔蛋白广泛存在于所有细胞质膜上。水孔蛋白是一个大家族，仅哺乳类细胞至少就发现了十多种水孔蛋白。表 4-3 列出了部分水孔蛋白的主要分布及其功能。

对 AQP1 晶体学数据分析表明，水孔蛋白由 4 个亚基组成四聚体（图 4-6B），每个亚基都由 6 个跨膜 α 螺旋组成（图 4-6C、D）。每个水孔蛋白亚基单独形成一个供水分子通过的中央孔，孔的直径稍大于水分子直径，约 0.28 nm，水孔长约 2 nm。尽管还没有完全揭示为何 AQP1 在对水分子快速通过的同时能有效阻止质子的通过，表现出对水分子的特异通透性，但已有的数据表明，这种特异性与两个半跨膜区的 Asn－Pro－Ala 模式有关。AQP1 中央孔的孔径无法通过比水分子大的物质，而两个 Asn－Pro－Ala 中的 Asn 残基所带的正电荷也排除了质子的通过，因此，AQP1 是一个高度特异的亲水通道，只允许水而不允许离子或其他小分子溶质通过。值得一提的是，有些水孔蛋白对溶质的通透不仅局限于水分子，如 AQP8 对尿素也有通透性，AQP7 对甘油具有通透性。

植物水孔蛋白在种子萌发、细胞伸长、气孔运动以

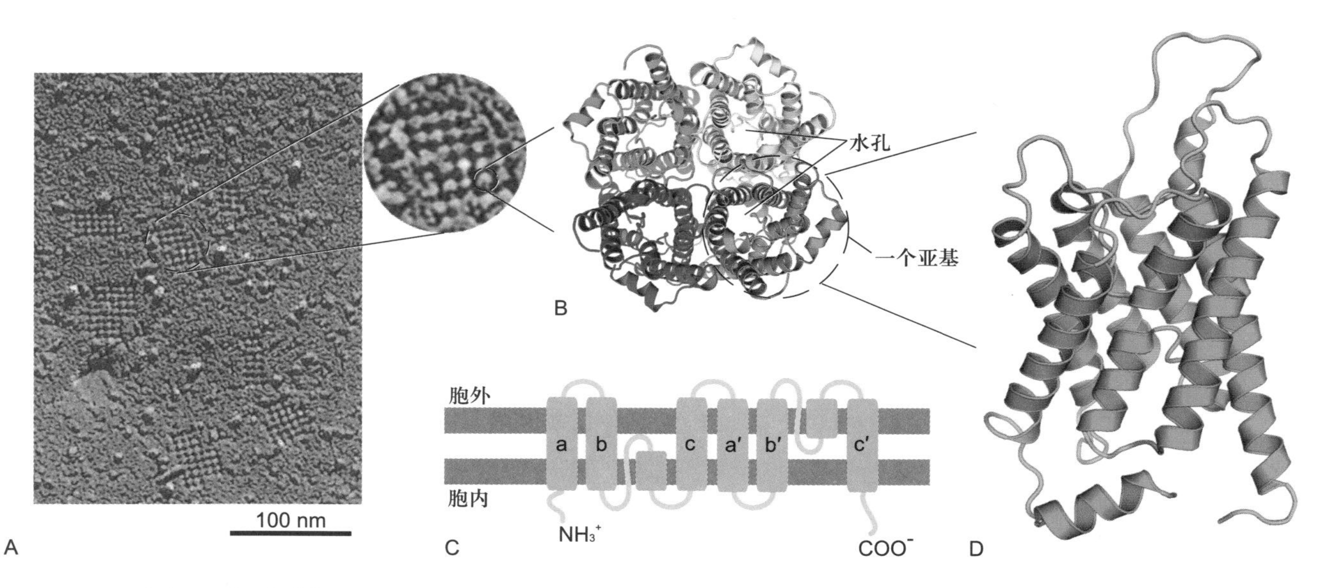

图 4-6　水孔蛋白分布与结构示意图

A. 豚鼠细胞质膜上分布的大量水孔蛋白电镜照片。B. 水孔蛋白 AQP1 由 4 个亚基组成四聚体。C. 每个亚基由 3 对同源的跨膜 α 螺旋（aa′、bb′ 和 cc′）组成。D. 亚基三维结构示意图。（A 图由 Bechara Kachar 博士惠赠；B、D 图基于 PDB 数据库 3GD8 结构绘制）

表 4-3　部分水孔蛋白举例

水孔蛋白	组织分布	功　能
AQP0	晶状体纤维细胞	维持晶状体透明度
AQP1	红细胞 肾近曲小管 眼睛睫状上皮 大脑脉络丛 肺泡上皮细胞	多种功能 近曲肾小管水分重吸收 眼中水状液的分泌 中枢系统脑脊髓液的分泌 肺中水平衡
AQP2	肾集合管	肾集合管中水通透力（突变产生肾源性尿崩症）
AQP3	肾集合管，呼吸道支气管上皮细胞	水重吸收进入血液，气管和支气管液体分泌
AQP4	肾集合管 中枢神经系统 呼吸道支气管上皮细胞	水重吸收 中枢神经系统中脑脊髓液的重吸收；脑水肿的调节 支气管液体分泌
AQP5	唾液腺、泪腺、汗腺	唾液、眼泪、汗液的分泌
AQP7	脂肪组织、肾、睾丸	转运水以及甘油
γ-TIP	植物液泡膜	植物液泡水的摄入，调节膨压

及受精等过程中调节水分的快速跨膜转运。此外，有些水孔蛋白还在植物逆境应答如抗旱性中起着重要作用。

（三）主动运输

与被动运输不同，主动运输是由载体蛋白所介导的物质逆着电化学梯度或浓度梯度进行跨膜转运的方式。主动运输普遍存在于动、植物细胞和微生物细胞。根据能量来源的不同，可将主动运输分为：由 ATP 直接提供能量（ATP 驱动泵）、间接提供能量（协同转运或偶联转运蛋白）以及光驱动泵三种基本类型（图 4-7）。

1. ATP 驱动泵

ATP 驱动泵（ATP-driven pump）是 ATP 酶直接利用水解 ATP 提供的能量，实现离子或小分子逆浓度梯度或电化学梯度的跨膜运输。这种主动运输是一种能量偶联的化学反应过程，即离子或小分子逆电化学梯度的“上山”运动（需要能量）与 ATP 水解（释放能量）相偶联。主动运输每秒转运的离子数为 $1 \sim 10^3$ 不等。

2. 协同转运蛋白

协同转运蛋白（cotransporter）或偶联转运蛋白（coupled transporter）介导各种离子和分子的跨膜运动。这类转运蛋白包括两种基本类型：同向协同转运蛋白（symporter）和反向协同转运蛋白（antiporter）。同向协同转运是偶联物的运输方向相同，如小肠上皮细胞和肾小管上皮细胞吸收葡萄糖或氨基酸等有机物，就是伴随 Na^+ 从细胞外流入细胞内而完成的；而反向协同转运是偶联物的运输方向相反，如质膜上 Na^+/H^+ 交换载体在完成 H^+ 输出细胞的同时伴随着 Na^+ 输入细胞。这

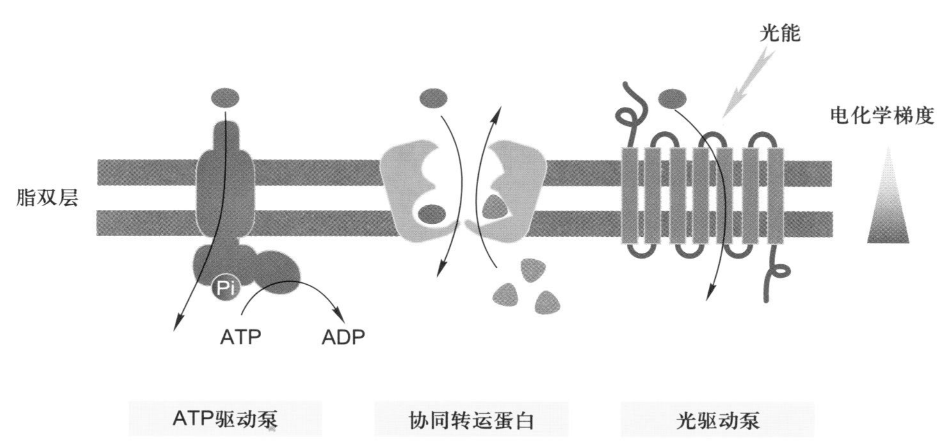

图 4-7　主动运输三种类型

两类转运蛋白使一种离子或分子逆浓度梯度的转运与另一种或多种其他溶质顺着电化学梯度或浓度梯度的转运偶联起来。与 ATP 驱动泵直接利用水解 ATP 提供能量的方式不同，协同转运蛋白所利用的能量储存在其中一种溶质的电化学梯度中。在动物细胞的质膜上，Na^+ 是常用的协同转运离子，它的电化学梯度为另一种物质的主动运输提供了驱动力。由于 Na^+ 电化学梯度的形成需要 Na^+–K^+ 泵水解 ATP，因此，协同转运是一种间接消耗能量的主动转运方式。在细菌、酵母、植物和动物细胞的被膜细胞器，绝大多数协同运输是靠 H^+ 而不是靠 Na^+ 电化学梯度来驱动的。协同转运蛋白每秒转运的底物数 10^2～10^4 不等。

3. 光驱动泵

光驱动泵（light-driven pump）主要发现于细菌细胞，对溶质的主动运输与光能的输入相偶联，如菌紫红质。

第二节　ATP 驱动泵与主动运输

在三种能量来源形式的主动运输中，最常见的是 ATP 驱动泵。ATP 驱动泵将 ATP 水解生成 ADP 和无机磷酸（Pi），并利用释放的能量将小分子物质或离子进行跨膜转运，因此 ATP 驱动泵通常又被称为转运 ATP 酶。正常情况下转运 ATP 酶并不能单独水解 ATP，而是将 ATP 的水解与物质的跨膜转运紧密偶联在一起。根据泵蛋白的结构和功能特性，ATP 驱动泵可分为 4 类：P 型泵、V 型质子泵、F 型质子泵和 ABC 超家族。前三种转运离子，后一种主要转运小分子（图 4-8）。

一、P 型泵

所有 P 型泵（P-type pump）都有 2 个独立的 α 催化亚基，具有 ATP 结合位点；绝大多数还具有 2 个起调节作用的小的 β 亚基。在转运离子过程中，至少有一个 α 催化亚基发生磷酸化和去磷酸化反应，从而改变转运泵的构象，实现离子的跨膜转运。由于转运泵水解 ATP 使自身形成磷酸化的中间体，因此称作 P 型泵。大多数 P 型泵都是离子泵，负责 Na^+、K^+、H^+ 和 Ca^{2+} 跨膜梯度的形成和维持。

（一）Na^+–K^+ 泵

1. Na^+–K^+ 泵结构与转运机制

Na^+–K^+ 泵（Na^+–K^+ pump），又称 Na^+–K^+ ATP 酶，位于动物细胞的质膜上，由 2 个 α 和 2 个 β 亚基组成四聚体（图 4-9A），β 亚基是糖基化的多肽，并不直接参与离子跨膜转运，但帮助在内质网新合成的 α 亚基进行折叠。Na^+–K^+ 泵的转运机制总结在图 4-9B 中：在细胞内侧 α 亚基与 Na^+ 相结合促进 ATP 水解，α 亚基上的一个天冬氨酸残基磷酸化引起 α 亚基构象发生变化，将 Na^+ 泵出细胞，同时细胞外的 K^+ 与 α 亚基的另一位点结合，使其去磷酸化，α 亚基构象再度发生变化将 K^+ 泵入细胞，完成整个循环。从整个转运过程可以看出，α 亚基的磷酸化发生在 Na^+ 结合后，而去磷酸化则发生在 K^+ 结合后。Na^+ 依赖性的磷酸化和 K^+ 依赖性的去磷酸化引起 Na^+–K^+ 泵构象发生有序变化，每秒钟可发生 1 000 次左右。此外，每个循环消耗一个 ATP 分子，可

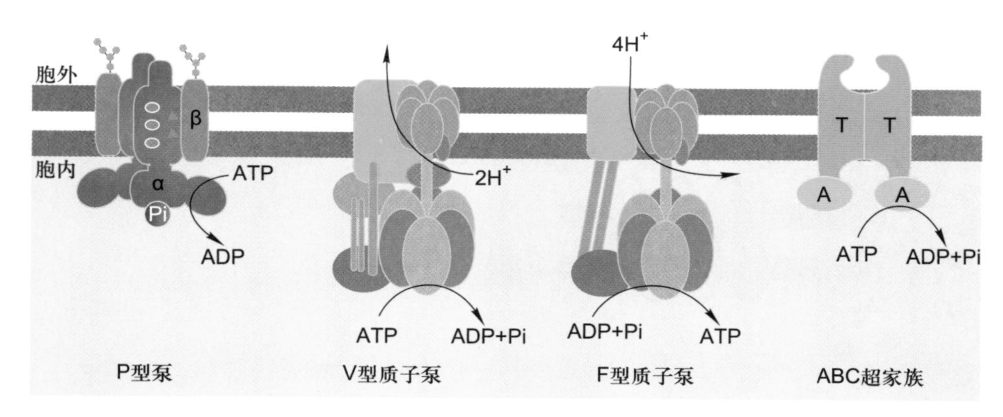

图 4-8　4 种类型的 ATP 驱动泵

P 型泵、V 型质子泵和 ABC 超家族利用 ATP 水解释放的能量进行物质跨膜运输，而 F 型质子泵通常情况下是利用质子动力势合成 ATP。

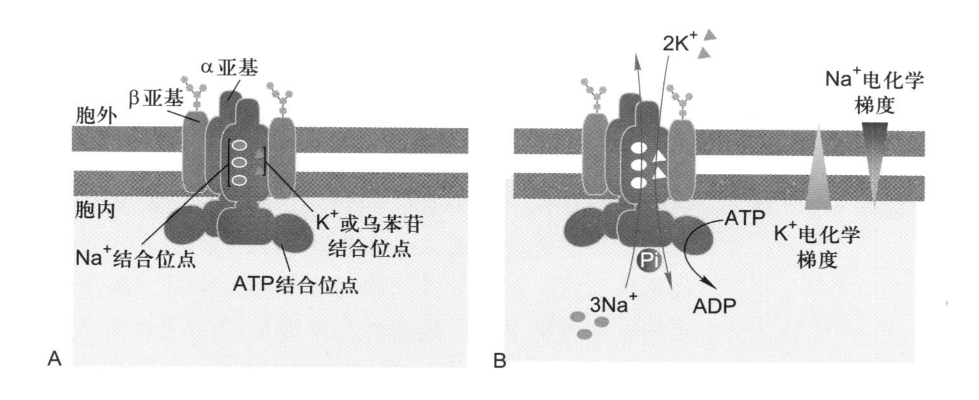

图 4-9　Na^+-K^+ 泵的结构（A）与工作模式（B）示意图

以逆着电化学梯度泵出 3 个 Na^+ 和泵入 2 个 K^+。这是由 ATP 直接提供能量的主动转运，而非协同转运，因为 Na^+ 和 K^+ 都是逆着电化学梯度进行跨膜转运。极少量的乌本苷（ouabain）便可抑制 Na^+-K^+ 泵的活性（乌本苷的半数抑制量 I_{50} 为 1 μmol/L），而 Mg^{2+} 和少量的膜脂有助于 Na^+-K^+ 泵活性的提高，生物氧化抑制剂如氰化物使 ATP 供应中断，Na^+-K^+ 泵失去能源以致停止工作。

2. Na^+-K^+ 泵主要生理功能

如表 4－1 所示，动物细胞胞外 Na^+ 浓度比胞内高，而 K^+ 离子比胞内低。一般的动物细胞要消耗 1/3 的总 ATP 供 Na^+-K^+ 泵工作以维持细胞内高 K^+ 低 Na^+ 的离子环境（神经细胞可消耗高达 2/3 的总 ATP），其生理意义主要体现在以下几方面：

（1）维持细胞膜电位　细胞质膜两侧均具有一定的电位差，称为膜电位（membrane potential）。膜电位是膜两侧的离子浓度不同形成的，细胞在静息状态时膜电位质膜内侧为负，外侧为正。每一个工作循环下来，Na^+-K^+ 泵将从细胞泵出 3 个 Na^+ 并泵入 2 个 K^+，结果对膜电位的形成起到了一定作用。

（2）维持动物细胞渗透平衡　动物细胞内含有多种溶质，包括多种阴离子以及阳离子。如果没有 Na^+-K^+ 泵的工作将 Na^+ 泵出细胞，那么水分子将由于渗透压的缘故顺着自身浓度梯度通过水孔蛋白大量进入细胞引起细胞吸水膨胀。显然，Na^+-K^+ 泵不断地将 Na^+ 泵到胞外维持了细胞的渗透平衡。胞外除了高浓度的 Na^+ 外，还有 Cl^-（靠膜电位停留在胞外）参与维持动物细胞渗透压平衡。人的红细胞膜上含有丰富的水孔蛋白，如果利用 Na^+-K^+ 泵的抑制剂乌本苷处理，红细胞将因为胞外 Na^+ 浓度降低而不断吸水膨胀，甚至破裂。

不同类型细胞用不同的机制解决渗透压问题。动物细胞靠 Na^+-K^+ 泵工作维持渗透平衡，而植物细胞依靠其坚韧的细胞壁防止膨胀和破裂，能耐受较大的跨膜渗透差异，并具有相应的生理功能，如保持植物茎坚挺，调节气孔的气体交换等；生活在水中的一些原生动物（如草履虫），通过收缩泡收集后排除过量的水。

（3）吸收营养　动物细胞对葡萄糖或氨基酸等有机物吸收的能量由蕴藏在 Na^+ 电化学梯度中的势能提供。Na^+-K^+ 泵工作形成的 Na^+ 电化学梯度驱动葡萄糖协同转运载体以同向协同转运的方式，将葡萄糖等有机物转运进入小肠上皮细胞，然后再经 Glut2 以协助扩散的方式转运进入血液，完成对葡萄糖的吸收（图 4-10）。

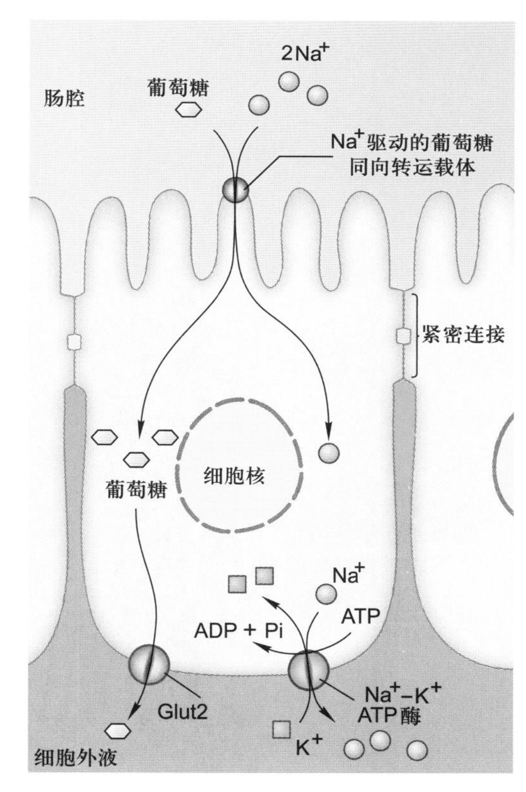

图 4-10　小肠上皮细胞吸收葡萄糖的示意图

葡萄糖分子通过 Na^+ 驱动的同向协同运输方式进入上皮细胞，再经载体介导的协助扩散方式进入血液，Na^+-K^+ 泵消耗 ATP 维持 Na^+ 的电化学梯度。

动物细胞利用膜两侧的 Na^+ 电化学梯度以协同转运的方式吸收营养物，而植物细胞、真菌和细菌细胞通常利用质膜上的 H^+-ATP 酶形成的 H^+ 电化学梯度来吸收营养物，如在某些细菌中，乳糖的吸收伴随着 H^+ 从细胞质膜外进入细胞，每转移一个 H^+，吸收一个乳糖分子。

（二）Ca^{2+} 泵及其他 P 型泵

1. Ca^{2+} 泵的结构与功能

Ca^{2+} 是细胞内重要的信号物质，细胞质基质中游离的 Ca^{2+} 浓度始终维持在一个很低水平。细胞质基质中低 Ca^{2+} 浓度的维持主要得益于质膜或细胞器膜上的钙泵（Ca^{2+} pump）将 Ca^{2+} 泵到细胞外或细胞器内。Ca^{2+} 泵，又称 Ca^{2+}-ATP 酶，是另一类 P 型泵，分布在所有真核细胞的质膜和某些细胞器如内质网、叶绿体和液泡膜上。在肌肉细胞的肌质网膜上，Ca^{2+} 泵占肌质网膜蛋白 90%以上，对细胞引发刺激－反应偶联具有重要作用。对肌质网膜上 Ca^{2+} 泵三维结构已获得高分辨解析（图 4-11）。Ca^{2+} 泵是一个由 1 000 个氨基酸残基组成的跨膜蛋白，与 Na^+-K^+ 泵的 α 亚基同源，含有 10 个跨膜 α 螺旋，其中 3 个螺旋形成了跨越脂双层的中央通道。在 Ca^{2+} 泵处于非磷酸化状态时，2 个通道螺旋中断形成胞质侧结合 2 个 Ca^{2+} 的空穴，ATP 在胞质侧与其结合位点结合，伴随 ATP 水解使相邻结构域天冬氨酸残基磷酸化，从而导致跨膜螺旋的明显重排。跨膜螺旋的重排破坏了 Ca^{2+} 结合位点并释放 Ca^{2+} 进入膜的另一侧。

Ca^{2+} 泵工作与 ATP 的水解相偶联，每消耗 1 分子 ATP 从细胞质基质泵出 2 个 Ca^{2+}。Ca^{2+} 泵主要将 Ca^{2+} 输出细胞或泵入内质网腔中储存起来，以维持细胞质基质中低浓度的游离 Ca^{2+}。Ca^{2+} 泵将 Ca^{2+} 泵入肌质网，对调节肌细胞的收缩运动至关重要。在动物细胞质膜上分布的 Ca^{2+} 泵，其 C 端是细胞内钙调蛋白（CaM）的结合位点，当胞内 Ca^{2+} 浓度升高时，Ca^{2+} 与钙调蛋白结合形成激活的 Ca^{2+}-CaM 复合物并与 Ca^{2+} 泵结合，进而调节 Ca^{2+} 泵的活性。内质网型的 Ca^{2+} 泵没有钙调蛋白的结合域。

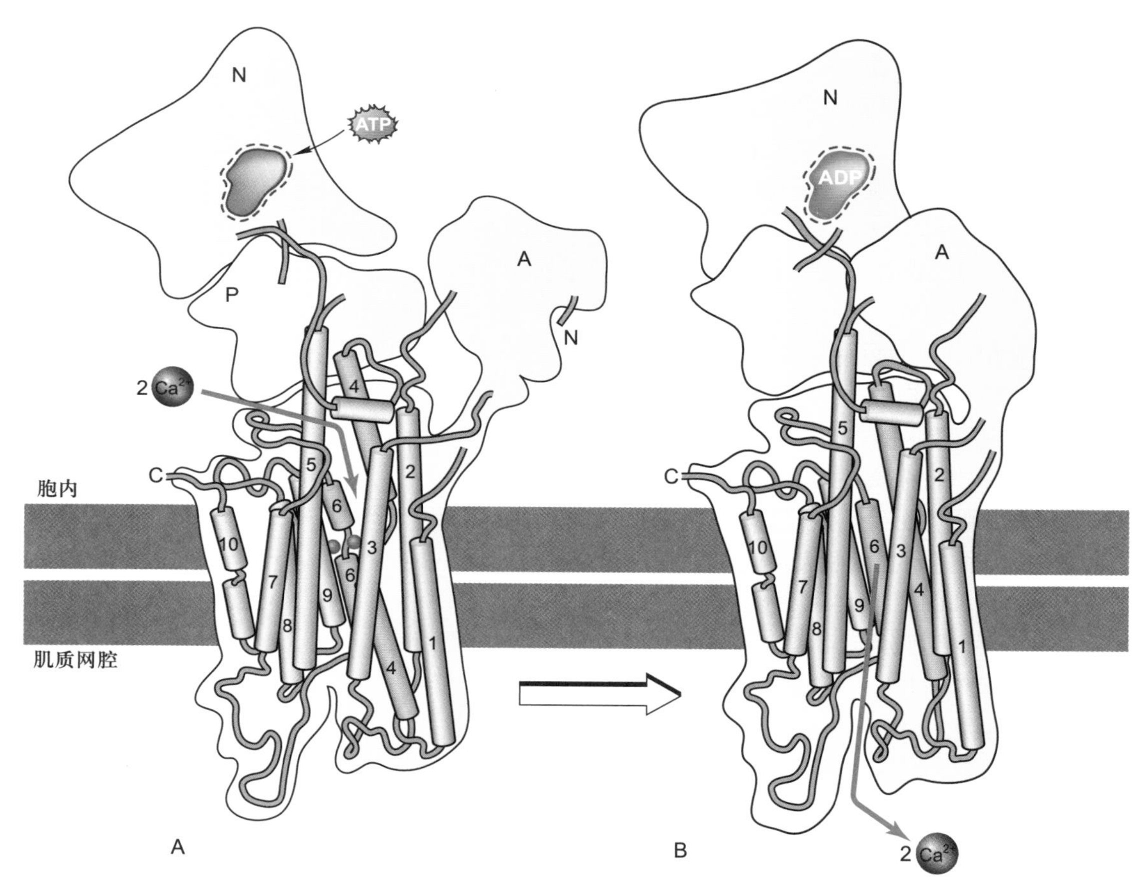

图 4-11　肌质网 Ca^{2+} 泵转运 Ca^{2+} 前（A）和后（B）的工作模型

N：核苷酸结合部位；P：磷酸化部位；A：活化部位。

2. P 型 H^+ 泵

P 型泵中除了 Na^+-K^+ 泵和 Ca^{2+} 泵外，还有 H^+ 泵（H^+ pump）。植物细胞、真菌（包括酵母）和细菌细胞质膜上虽然没有 Na^+-K^+ 泵，但有 P 型 H^+ 泵（H^+-ATP 酶）。P 型 H^+ 泵将 H^+ 泵出细胞，建立和维持跨膜的 H^+ 电化学梯度（作用类似动物细胞 Na^+ 的电化学梯度），并用来驱动转运溶质进入细胞。细菌细胞对糖和氨基酸的摄取，主要是由 H^+ 驱动的同向协同转运完成的。P 型 H^+ 泵的工作也使得细胞周围环境呈酸性。

二、V 型质子泵和 F 型质子泵

V 型质子泵（V-type proton pump）广泛存在于动物细胞的内体膜、溶酶体膜，破骨细胞和某些肾小管细胞的质膜，以及植物、酵母和其他真菌细胞的液泡膜上（V 为 vesicle 第一个字母）。F 型质子泵（F-type proton pump）存在于细菌质膜、线粒体内膜和叶绿体类囊体膜上（F 为 factor 的第一个字母）。V 型质子泵和 F 型质子泵彼此相似，但与 P 型泵无关且结构更为复杂。V 型质子泵和 F 型质子泵都含有几种不同的跨膜和胞质侧亚基。两者与 P 型泵不同，在功能上都是只转运质子，并且在转运 H^+ 过程中不形成磷酸化的中间体。

V 型质子泵利用 ATP 水解供能从细胞质基质中逆 H^+ 电化学梯度将 H^+ 泵入细胞器，以维持细胞质基质 pH 中性和细胞器内的 pH 酸性；而存在于线粒体内膜、植物类囊体膜和细菌质膜上的 F 型质子泵却以相反的方式发挥其生理作用。它通常利用质子动力势合成 ATP，即当 H^+ 顺着电化学梯度通过质子泵时，所释放的能量驱动 F 型质子泵合成 ATP，如线粒体的氧化磷酸化和叶绿体的光合磷酸化作用，因此 F 型质子泵称作 H^+-ATP 合酶（又称为 F_oF_1-ATP 合酶）更为贴切。

三、ABC 超家族

（一）ABC 转运蛋白的结构与工作模式

ABC 超家族（ABC superfamily）也是一类 ATP 驱动泵，又叫 ABC（ATP-binding cassette）转运蛋白。该超家族含有几百种不同的转运蛋白，广泛分布于从细菌到人类各种生物中，是最大的一类转运蛋白。每种 ABC 转运蛋白对于底物或底物的基团有特异性。所有 ABC 转运蛋白都共享一种由 4 个“核心”结构域组成的结构模式（图 4-12）：2 个跨膜结构域（T），每个结构域由 6 个跨膜 α 螺旋组成，形成底物运输的通路并决定底物的特异性；2 个胞质侧 ATP 结合域（A），具有 ATP 酶活性，凸向胞质。有些 ABC 转运蛋白由一条多肽链组成，而有些 ABC 转运蛋白则由 2 条或多条装配成相似结构的多肽链构成。ATP 分子结合前，ABC 转运蛋白的底物结合位点暴露于胞外一侧（原核细胞）或胞质一侧（真核细胞）。一旦 ATP 分子与 ABC 转运蛋白结合，将诱导 ABC 转运蛋白 2 个 ATP 结合域二聚化，引起转运蛋白构象改变，使底物结合部位暴露于质膜的另一侧；而 ATP 水解以及 ADP 的解离将导致 ATP 结合域解离，引起转运蛋白构象恢复原有状态。这样，通过 ATP 分子的结合与水解，ABC 转运蛋白就能完成小分子物质的跨膜转运。

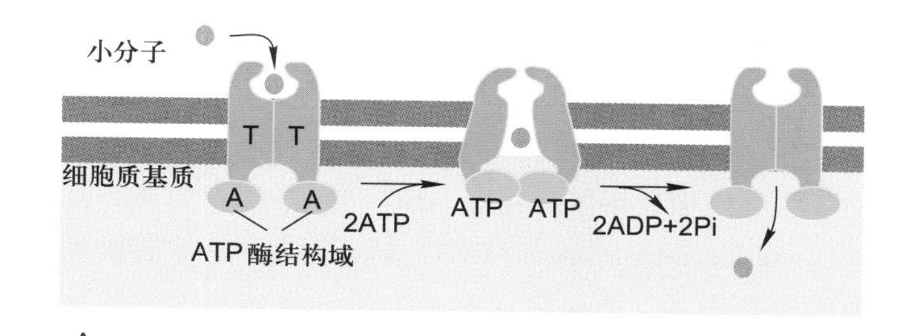

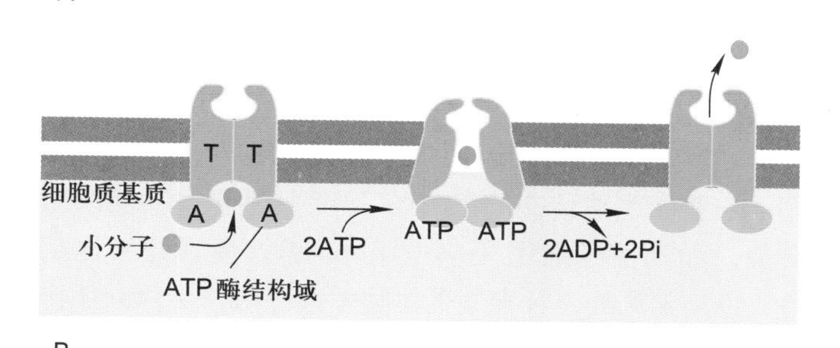

图 4-12　原核细胞（A）和真核细胞（B）ABC 超家族结构与工作示意图

细菌除了通过 H^+-ATP 酶形成的 H^+ 电化学梯度来吸收营养物外，其质膜上含有大量依赖水解 ATP 提供能量逆浓度梯度从环境中摄取各种营养物的 ABC 转运蛋白。

（二）ABC 转运蛋白与疾病

正常生理条件下，ABC 转运蛋白是细菌质膜上糖、氨基酸、磷脂和肽的转运蛋白，是哺乳类细胞质膜上磷脂、亲脂性药物、胆固醇和其他小分子的转运蛋白。ABC 蛋白在肝、小肠和肾等器官分布丰富，它们能将天然毒物和代谢废物排出体外。

由于有些 ABC 转运蛋白能够将抗生素或其他抗癌

药物泵出细胞而赋予细胞抗药性，近些年来，ABC 转运蛋白在医学领域引起了极大关注。事实上，真核细胞最早被鉴定的 ABC 转运蛋白就是从肿瘤细胞和抗药性培养细胞中发现的。这类 ABC 转运蛋白称为多药抗性（multidrug-resistance, MDR）转运蛋白，在多种肿瘤细胞中高表达，能利用水解 ATP 的能量将脂溶性的抗癌药物从细胞内转运到细胞外，从而降低细胞内药物浓度，导致肿瘤细胞抗药性增强而降低患者化疗效果。此外，引起疟疾的疟原虫对药物氯喹（chloroquine）的抗性也与病原体 ABC 转运蛋白高表达有关。

一些人类遗传病的发生与 ABC 转运蛋白功能改变有关，如囊性纤维化（cystic fibrosis）。囊性纤维化是白人中最常见的一种常染色体隐性遗传病，又称黏稠物阻塞症，是由于囊性纤维化跨膜转运调节蛋白（cystic fibrosis transmembrane conductance regulator, CFTR）发生突变。CFTR 是一种 ABC 转运蛋白，常位于肺、汗腺和胰腺等上皮细胞的顶面（又称游离面），调节 Cl^- 转运。但由于 CFTR 突变功能异常时，Cl^- 转运发生问题，导致细胞外缺水而使得肺部黏稠分泌物堵塞支气管。

综上所述，主动运输都需要消耗能量，所需能量可直接来自 ATP 或来自离子电化学梯度；同样也需要膜上的特异性载体蛋白，这些载体蛋白不仅具有结构上的特异性，还具有结构上的可变性。细胞运用各种不同的方式通过不同的体系在不同的条件下完成小分子物质或离子的跨膜转运。

四、离子跨膜转运与膜电位

不同方式的物质跨膜运动，其结果是产生并维持了膜两侧不同物质特定的浓度分布。对某些带有电荷的物质，特别是对离子来说，就形成了膜两侧的电位差。插入细胞微电极便可测出细胞质膜两侧各种带电物质形成的电位差的总和，即膜电位。细胞在静息状态下的膜电位称静息电位（resting potential），在刺激作用下产生行使通讯功能的快速变化的膜电位称动作电位（active potential）。静息电位是细胞质膜内外相对稳定的电位差，质膜内为负值，质膜外为正值，这种现象又称极化（polarization）。在动物不同类型细胞中，静息电位有很大变化，典型的膜电位在 −70～−30 mV 之间。

静息电位主要是由质膜上相对稳定的离子跨膜运输或离子流形成的。Na^+–K^+ 泵的工作使细胞内外的 Na^+ 和 K^+ 浓度远离平衡态分布，胞内高浓度的 K^+ 是细胞内有机分子所带负电荷的主要平衡者。处于静息状态的动物细胞，质膜上许多非门控的 K^+ 渗漏通道通常是开放的，而其他离子（如 Na^+、Cl^- 或 Ca^{2+}）通道却很少开放。所以静息膜允许 K^+ 通过开放的渗漏通道顺电化学梯度流向胞外。随着正电荷转移到胞外而留下胞内的非平衡负电荷，结果是膜外正离子过量和膜内负离子过量，从而产生外正内负的静息电位。动物细胞的静息电位值主要反映了跨膜的 K^+ 电化学梯度。对植物和真菌细胞，静息电位的维持主要是通过 ATP 驱动的质子泵将大量 H^+ 从细胞内转运到细胞外。

动物细胞质膜对 K^+ 的通透性大于 Na^+ 是产生静息电位的主要原因，Cl^- 甚至细胞中的蛋白质分子（一般净电荷为负值）对静息电位的大小也有一定的影响。Na^+–K^+ 泵对维持静息电位的相对恒定起重要的作用。

Na^+ 和 K^+ 离子通道都是膜上的电压门控通道，它们的开关变化应答于膜电位的变化，或者说电压门控通道打开的概率由膜电位控制。电压门控通道在神经细胞电信号的转导中具有重要作用，它们也存在于其他细胞，包括肌肉细胞、卵细胞、原生动物，甚至植物细胞。电压门控通道有特殊的带电荷的蛋白质结构域，称为电压感受器（voltage sensor），对膜电位的变化极其敏感，从而控制通道蛋白转换它的“关－开”构象。于是，在含有许多通道蛋白分子的膜片内，可能发现当膜处于某一电位时，平均 10%的通道是打开的，而处于另一电位时，90%的通道是打开的。

当细胞接受刺激信号（电信号或化学信号）超过一定阈值时，电压门控 Na^+ 通道将介导细胞产生动作电位。细胞接受阈值刺激，Na^+ 通道打开，引起 Na^+ 通透性大大增加，瞬间大量 Na^+ 流入细胞内，致使静息电位减小乃至消失，此即质膜的去极化（depolarization）过程。当细胞内 Na^+ 进一步增加达到 Na^+ 平衡电位，形成瞬间的内正外负的动作电位，称质膜的反极化，动作电位随即达到最大值。只有达到一定的刺激阈，动作电位才会出现，这是一种全或无的正反馈阈值，在 Na^+ 大量进入细胞时，K^+ 通透性也逐渐增加，随着动作电位出现，Na^+ 通道从失活到关闭，电压门控 K^+ 通道完全打开，K^+ 流出细胞从而使质膜再度极化，以至于超过原来的静息电位，此时称超极化（super polarization）。超极化时膜电位使 K^+ 通道关闭，膜电位又恢复至静息状态（图 4–13）。

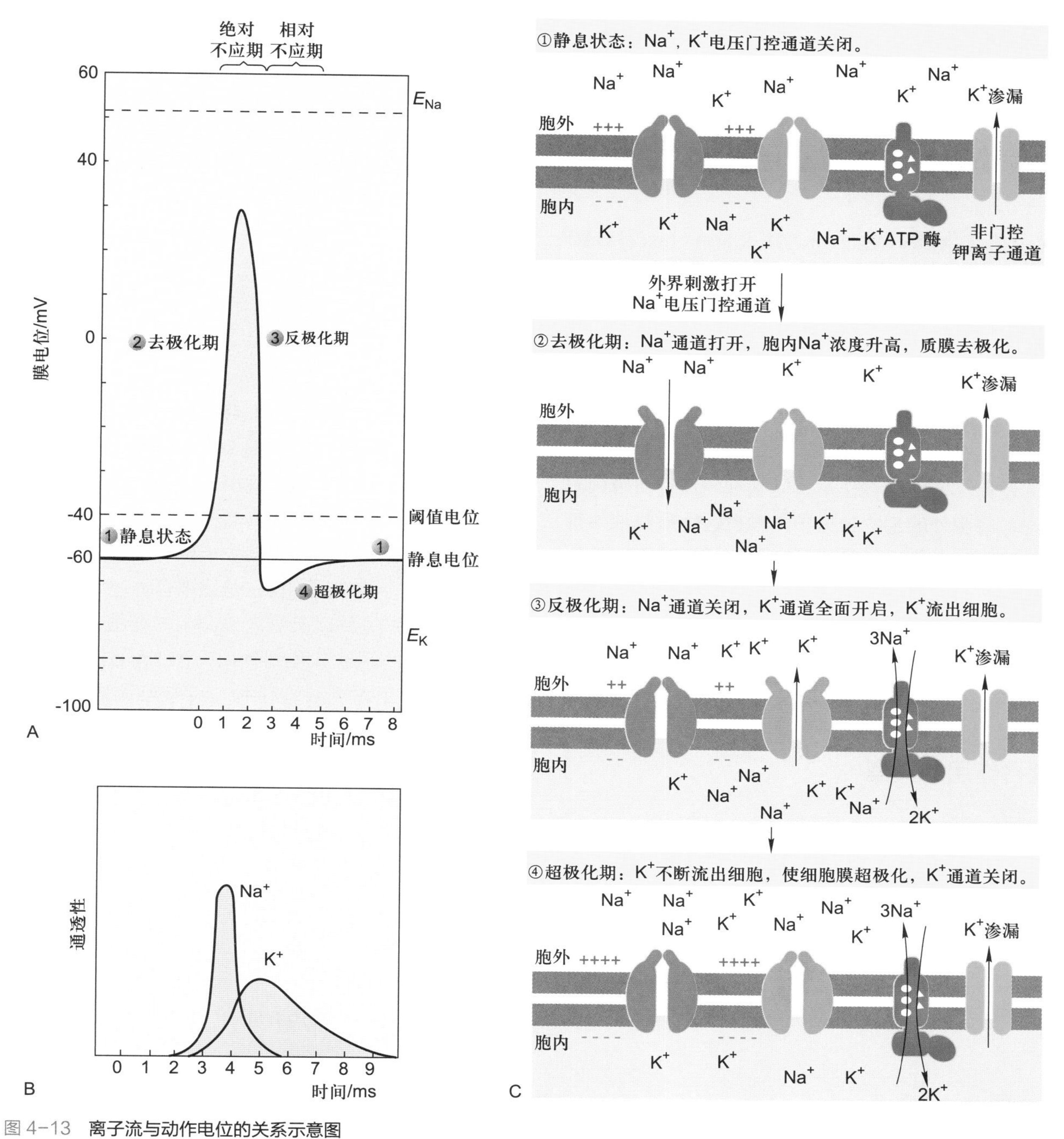

图 4-13　离子流与动作电位的关系示意图

A. 动作电位的产生和膜电位改变。B. 动作电位产生过程中，膜通透性改变。C. 动作电位产生过程中，离子通道开启与关闭示意图。

膜电位与质膜对 K^+ 和 Na^+ 不同的通透性有关，而质膜上 Na^+、K^+ 通道蛋白及 Na^+-K^+ 泵等膜蛋白也随膜电位变化有规律地关闭和开启。细胞质膜膜电位具有重要的生物学意义，在神经、肌肉等可兴奋细胞中，是化学信号或电信号引起的兴奋传递的重要方式。

第三节　胞吞作用与胞吐作用

真核细胞通过胞吞（endocytosis）和胞吐（exocytosis）作用完成大分子与颗粒性物质的跨膜运输，如蛋白质、多核苷酸、多糖等。在转运过程中，物质包裹在脂双层膜包被的囊泡中，因此又称膜泡运输。这种运输方式常常可同时转运一种或一种以上数量不等的大分子甚至颗粒性物质，因此也有人称之为批量运输（bulk transport）。膜泡运输涉及生物膜的断裂与融合，是一个耗能的过程。所谓胞吞作用，就是细胞通过质膜内陷形成囊泡，将胞外的生物大分子、颗粒性物质或液体等摄取到细胞内，以维持细胞正常的代谢活动；而胞吐作用则是细胞内合成的生物分子（蛋白质和脂质等）和代谢物以分泌泡的形式与质膜融合而将内含物分泌到细胞表面或细胞外的过程。由于胞吐作用将在第六章详细介绍，本节主要介绍胞吞作用。

一、胞吞作用的类型

胞吞时质膜内陷脱落形成的囊泡，称胞吞泡（endocytic vesicle）。根据胞吞泡形成的分子机制不同和胞吞泡的大小差异，胞吞作用可分为两种类型：吞噬作用（phagocytosis）和胞饮作用（pinocytosis）（图 4-14）。吞噬作用形成的吞噬泡直径往往大于 250 nm，而胞饮作用形成的胞饮泡直径一般小于 150 nm。此外，所有真核细胞都能通过胞饮作用连续摄入溶液及可溶性分子，而吞噬作用往往发生于一些特化的吞噬细胞如巨噬细胞（macrophage）。

（一）吞噬作用

吞噬作用是一类特殊的胞吞作用。通过吞噬作用形成的胞吞泡叫做吞噬体（phagosome）。对于原生生物，细胞通过吞噬作用将胞外的营养物摄取到吞噬体，最后在溶酶体中消化降解成小分子物质供细胞利用。吞噬作用是原生生物摄取食物的一种方式。在高等多细胞生物体中，吞噬作用往往发生于巨噬细胞和中性粒细胞（neutrophil），其作用不仅仅是摄取营养物，主要是清除侵染机体的病原体以及衰老或凋亡的细胞，如人的巨噬细胞每天通过吞噬作用清除 10^{11} 个衰老的红细胞。

吞噬作用需要被吞噬物与吞噬细胞表面结合并激活细胞表面的受体，将信号传递到细胞内并引起细胞应答反应，是一个信号触发的过程。在激活吞噬作用过程中，抗体诱发的吞噬作用研究得最为清楚。当抗体与病原微生物表面结合后，暴露出尾部的 Fc 区域，该区域

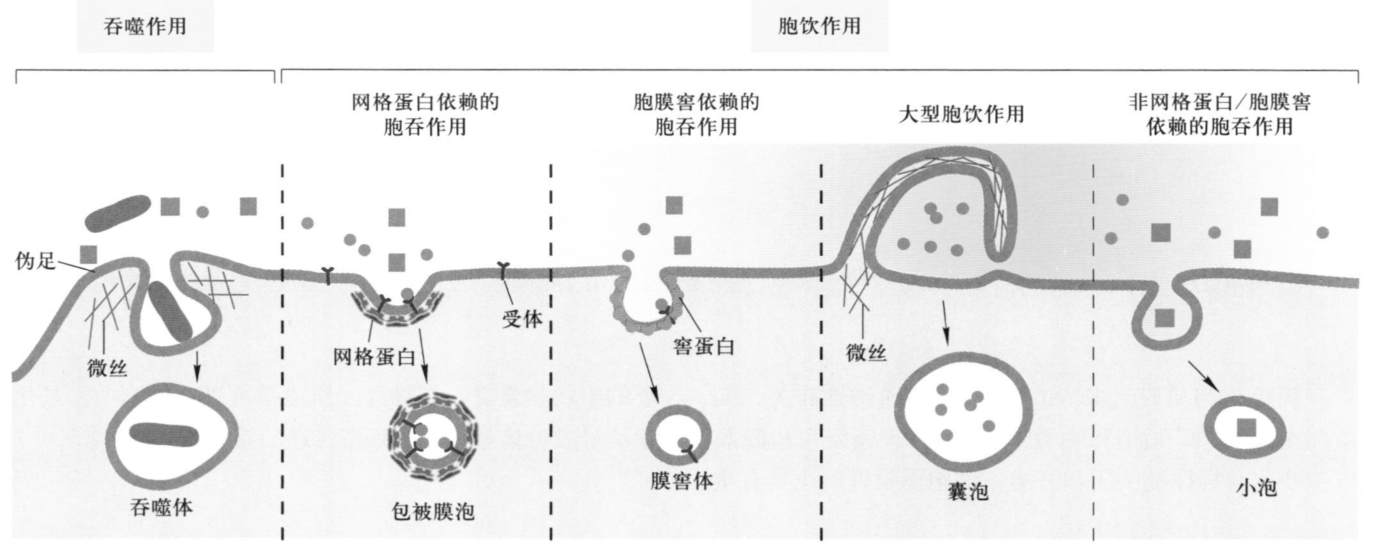

图 4-14　**胞吞作用的类型**

胞吞作用可分为吞噬作用和胞饮作用两大类型，而胞饮作用又可分为网格蛋白依赖的胞吞作用、胞膜窖依赖的胞吞作用、大型胞饮作用以及非网格蛋白 / 胞膜窖依赖的胞吞作用 4 种类型。

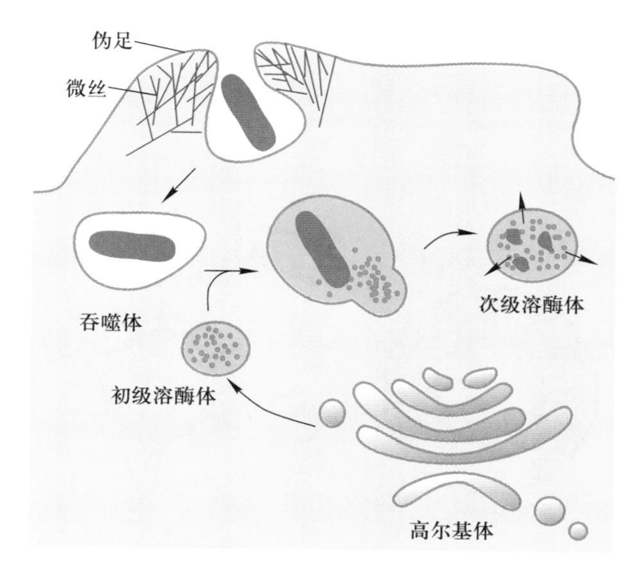

图 4-15 吞噬作用

吞噬细胞伸出伪足，包裹病原微生物形成吞噬体，吞噬体与溶酶体融合，在各种酸性水解酶的作用下，将病原微生物分解。未被分解的底物形成残余小体，可通过胞吐作用的方式将残余底物释放到细胞外。

被巨噬细胞和中性粒细胞表面的 Fc 受体识别，从而诱发吞噬细胞质膜伸出伪足（pseudopod），将病原微生物包裹起来形成吞噬体，最后与溶酶体融合，并在其中被各种水解酶降解（图 4-15）。伪足的生成与细胞内微丝及其结合蛋白在质膜下局部装配密切相关，这一装配过程需要 Rho 家族蛋白的 GTP 酶活性以及活化的 Rho-GEF。

吞噬细胞表面的受体除了能识别 Fc 启动吞噬作用以外，目前还发现了其他几类启动吞噬作用的受体，如有些受体可以识别补体（complement），从而与抗体一道吞噬降解病原微生物；有些受体可以直接识别某些微生物表面的寡糖链；还有些受体可以识别凋亡的细胞。

（二）胞饮作用

与吞噬作用不同的是，胞饮作用几乎发生于所有类型的真核细胞中。胞饮作用可以分为网格蛋白依赖的胞吞作用（clathrin dependent endocytosis）、胞膜窖依赖的胞吞作用（caveola dependent endocytosis）、大型胞饮作用（macropinocytosis）以及非网格蛋白 / 胞膜窖依赖的胞吞作用（clathrin and caveola independent endocytosis）（图 4-14）。其中，了解最多的胞饮作用就是网格蛋白依赖的胞吞作用。

1. 网格蛋白依赖的胞吞作用

网格蛋白（clathrin）由 3 个二聚体组成，每个二聚体包括 1 条 180 kDa 的重链和 1 条 35～40 kDa 的轻链。3 个二聚体形成三脚蛋白复合体（triskelion），是包被的结构单位。当配体与膜上受体结合后，网格蛋白聚集在膜下，逐渐形成直径 50～100 nm 的质膜凹陷，称网格蛋白包被小窝（clathrin-coated pit）。一种小分子 GTP 结合蛋白——发动蛋白（dynamin）在深陷的包被小窝的颈部组装成环，发动蛋白水解与其结合的 GTP 引起颈部缢缩，最终脱离质膜形成网格蛋白包被膜泡（clathrin-coated vesicle）。几秒钟后，网格蛋白便脱离包被膜泡返回质膜附近区域以便重复使用。脱包被的囊泡与早期内体（early endosome）融合，从而将转运分子及胞外液体摄入细胞。在大分子跨膜转运中，网格蛋白本身并不起捕获特异转运分子的作用，有特异性选择作用的是包被中另一类衔接蛋白（adaptin），它既能结合网格蛋白，又能识别跨膜受体胞质面的尾部肽信号（peptide signal），从而通过网格蛋白包被膜泡介导跨膜受体及其结合配体的选择性运输（图 4-16）。

根据胞吞的物质是否具有专一性，可将胞吞作用分为受体介导的胞吞作用（receptor mediated endocytosis）和非特异性的胞吞作用。受体介导的胞吞作用既是大多数动物细胞从胞外摄取特定大分子的有效途径，也是一种选择性浓缩机制（selective concentrating mechanism），避免了摄入细胞外大量的液体。重要的例子包括动物细胞通过受体介导的胞吞作用对胆固醇的摄取、鸟类卵细胞摄取卵黄蛋白以及肝细胞摄入转铁蛋白等。某些激素如胰岛素与靶细胞表面受体结合进入细胞，巨噬细胞通过表面受体对免疫球蛋白及其复合物、病毒、细菌乃至衰老细胞的识别和摄入，以及其他一些基本代谢物如合成血红蛋白所必需的维生素 B_{12} 和铁的摄取，都是通过受体介导的胞吞作用进行的。受体介导的胞吞作用也可以被某些病毒所利用，流感病毒和 AIDS 病病毒（HIV）就是通过这种胞吞途径侵染细胞的。

胆固醇是动物细胞质膜的基本成分，也是固醇类激素的前体。胆固醇主要在肝细胞中合成，是极端不溶的，它在血液中的运输是通过与磷脂和蛋白质结合形成低密度脂蛋白（low-density lipoprotein, LDL）颗粒的形式进行。LDL 是分子质量为 3 000 kDa、直径为 22 nm 的多分子复合物，通过与细胞表面的低密度脂蛋白受体特异地结合形成受体 -LDL 复合物，几分钟内便通过网格蛋白包被膜泡的内化作用进入细胞，经脱包被作用并与内体（endosome）融合。内体是动物细胞内由膜包裹

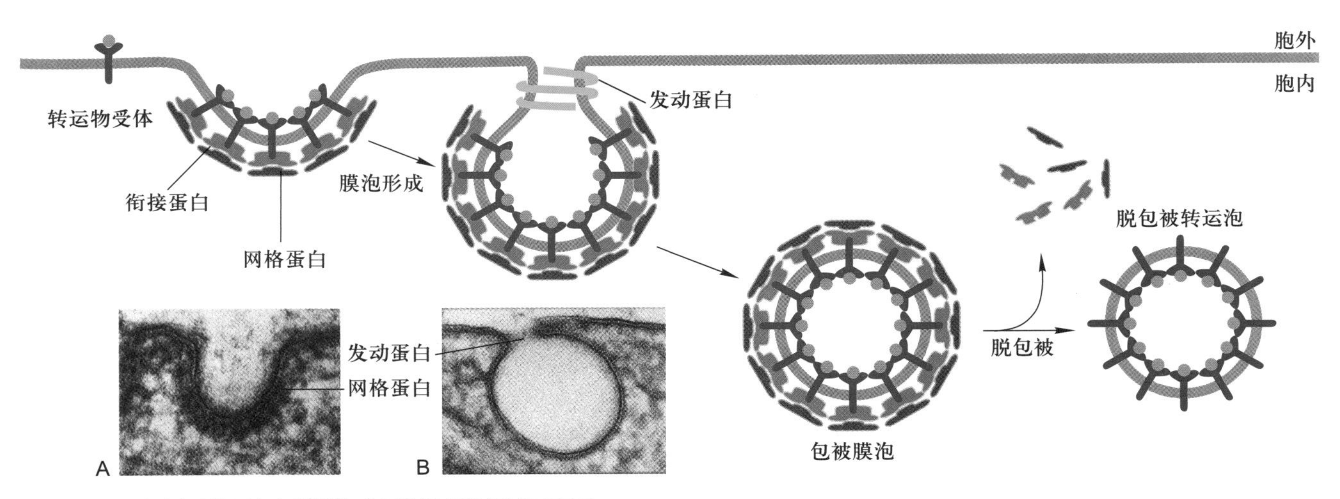

图 4-16　通过网格蛋白包被膜泡介导的选择性运输示意图

A 和 B 是显示网格蛋白包被膜泡形成过程的电镜照片。（图中照片由 Bechara Kachar 博士惠赠）

的细胞器，其作用是传输由胞吞作用新摄入的物质到溶酶体。内体膜上有 ATP 驱动的质子泵，将 H^+ 泵入内体腔中，使腔内的 pH 降低（pH 5～6）。在此过程中，低 pH 环境可引起 LDL 与受体分离，而内体以出芽的方式形成含有受体的小囊泡，返回细胞质膜，受体重复使用。然后含有 LDL 的内体与溶酶体融合，低密度脂蛋白被水解，释放出胆固醇和脂肪酸供细胞利用（图 4-17）。

在胞吞过程中，内体被认为是膜泡运输的主要分选站之一，其中的酸性环境在分选过程中起关键作用。已知有 25 种以上的不同受体，具有不同的分选信号，参与不同类型受体介导的胞吞作用。在受体介导的胞吞作用过程中，不同类型的受体具有不同的内体分选途径：① 大部分受体返回它们原来的质膜区域，如上述 LDL 受体循环到质膜再利用；② 有些受体不能再循环而是最后进入溶酶体被消化，如与表皮生长因子

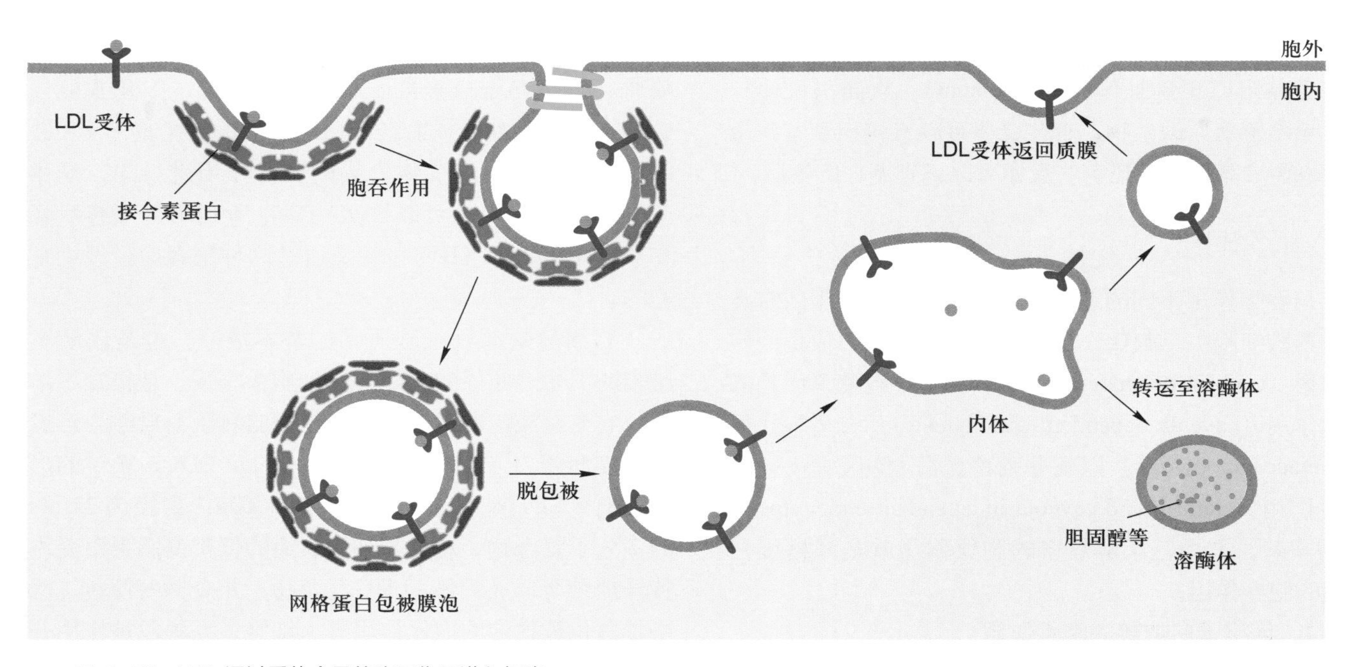

图 4-17　LDL 通过受体介导的胞吞作用进入细胞

（epidermal growth factor, EGF）结合的细胞表面受体，大部分在溶酶体被降解，从而导致细胞表面 EGF 受体浓度降低，这种现象称为受体下行调节（receptor down-regulation）；③ 有些受体被运至细胞另一侧的质膜，该过程称为跨细胞转运（transcytosis）。在具有极性的上皮细胞中，这是一种将胞吞作用与胞吐作用相结合的物质跨细胞转运方式，即转运的物质通过胞吞作用从上皮细胞的一侧被摄入细胞，再通过胞吐作用从细胞的另一侧释放出去。母鼠的抗体从血液通过上皮细胞进入母乳中，乳鼠肠上皮细胞将抗体摄入体内，都是通过跨细胞转运完成的。

2. 其他类型的胞饮作用

并非所有的胞吞泡的形成都需要网格蛋白的参与，胞膜窖依赖的胞吞作用是目前关注较多的另一种胞饮作用。胞膜窖在质膜的脂筏区域形成，电镜观察发现有些细胞的胞膜窖呈内陷的瓶状。胞膜窖的特征性蛋白是窖蛋白，包括 caveolin-1、caveolin-2 和 caveolin-3。与网格蛋白参与的包被膜泡的形成不同，胞膜窖的形成部位位于质膜的脂筏区域。胞吞时，胞膜窖携带着内吞物，利用发动蛋白的收缩作用从质膜上脱落，然后转交给内体样的细胞器——膜窖体（caveosome）或者跨细胞转运到质膜的另一侧。在整个过程中，因为是整合膜蛋白，窖蛋白始终不会从胞吞泡膜上解离下来。由于胞膜窖所在部位含有大量信号转导的受体和蛋白激酶等，这暗示胞膜窖很可能发挥了一种细胞信号转导的平台作用。

大型胞饮作用是另一种胞饮作用，它是通过质膜皱褶包裹内吞物形成囊泡完成胞吞作用（图 4-14）。与吞噬作用类似，大型胞饮作用形成的胞吞泡也比较大，质膜皱褶的形成过程也依赖微丝及其结合蛋白。但二者有着明显的差别，如启动吞噬作用的受体往往位于特异细胞表面，而启动大型胞饮作用的受体却位于很多类型的细胞表面，而且受体还能启动其他生理功能，如有些受体就是与细胞生长相关的生长因子受体。

此外，还有非网格蛋白 / 胞膜窖依赖的胞吞作用，如位于淋巴细胞膜上的白介素 2（interleukin-2, IL2）受体就是介导非网格蛋白 / 胞膜窖依赖的胞吞作用。

二、胞吞作用与细胞信号转导

作为真核细胞的一种重要生命活动，胞吞作用不仅调控细胞对营养物的摄取和质膜构成等，近年来发现，胞吞作用还参与了细胞信号转导，并与多种信号整合在一起，在更高层次上参与了细胞和机体组织的调控。而信号转导过程也对胞吞作用进行调控，二者相互调节、彼此整合，在细胞生长、发育、代谢以及增殖等过程中发挥着重要作用。

（一）胞吞作用对信号转导的下调

下调信号转导活性研究最为清楚的一个例子就是表皮生长因子及其受体的胞吞作用。EGF 是一类分子量较小的胞外信号蛋白分子，能够刺激上皮细胞及其他多种细胞增殖。与 LDL 受体不同，当 EGF 受体与其配体 EGF 结合后，受体二聚化并引起受体胞质结构域酪氨酸残基自磷酸化而被活化，开启细胞下游信号级联反应（详见第十一章）；另一方面，细胞通过胞吞作用，将 EGF 受体及 EGF 吞入细胞内降解，从而导致细胞信号转导活性下调。这种调节作用即受体下行调节。而 EGF 受体的胞吞作用也受到细胞信号的调控，尽管调控的分子机制还很不清楚，但这一调控过程与受体的泛素化（ubiquitination）有关。当 EGF 受体与 E3 泛素连接酶 Cbl（Casitas B-lineage lymphoma）结合后，后者催化泛素分子共价连接到受体上，从而引起泛素结合蛋白识别受体上的泛素分子，并帮助受体进入网格蛋白包被小窝，启动受体内吞。

（二）胞吞作用对信号转导的激活

胞吞作用既可以下调信号转导活性，也可以激活信号转导活性。胞吞作用激活信号转导的最典型例子就是 Notch 信号通路。Notch 信号是细胞与细胞间相互作用的主要信号通路之一，对多细胞生物中细胞分化命运的决定起关键作用。Notch 信号通路的功能最早发现于果蝇神经系统的发育。果蝇正常发育的神经系统通过一种旁侧抑制（lateral inhibition）机制抑制其他上皮细胞发育成神经细胞。其过程是：前体神经细胞（信号细胞）在自身质膜上表达单次跨膜信号蛋白 Delta，当该信号蛋白与邻近上皮细胞（靶细胞）表面的受体 Notch 结合后，激活邻近靶细胞的 Notch 途径；通过 Notch 信号通路调控，邻近靶细胞就无法分化成神经细胞，而仍然保持为上皮细胞。在这一过程中，除了配体（Delta/Serrate/Lag2 家族，DSL）与 Notch 受体结合外，信号通路的激活还依赖于 DSL 和 Notch 的胞吞作用。首先，配体 DSL 与 Notch 受体结合，导致 Notch 暴露出其胞外 S2 切割位点并被裂解，胞外部分与配体被信号细胞

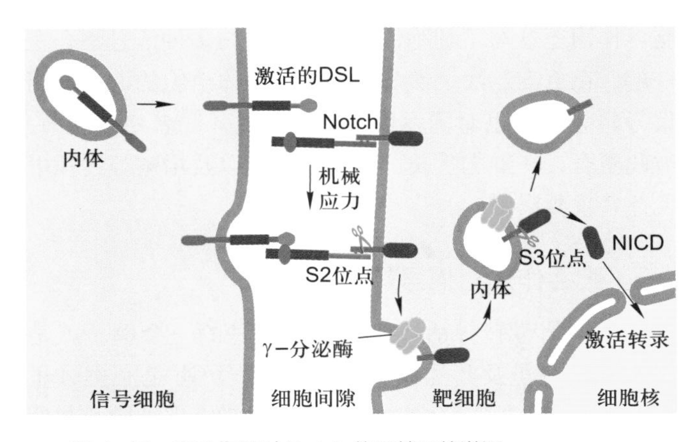

图 4-18 胞吞作用对 Notch 信号转导的激活

Notch 及其配体 DSL 的胞吞作用对 Notch 活化是必需的，其中，DSL 的胞吞依赖泛素。DSL 与 Notch 结合并内吞，Notch 受体第一次被切割后，通过胞吞作用，第二次被切割，产生有活性片段进入细胞核，调节靶基因表达。

内吞，然后，Notch 受体被靶细胞内吞至内体，并在 S3 位点被 γ-分泌酶（γ-secretase）切割，产生有活性的 Notch 受体胞内活性片段（Notch intracellular domain, NICD）。该片段进入细胞核，调控靶基因表达，产生相应的细胞响应（图 4-18）。在 Notch 受体活化过程中，无论是配体在信号细胞中的胞吞作用还是受体在 S2 位点切割后的胞吞作用，都对最后在 S3 位点被 γ-分泌酶切割产生有活性的 Notch 受体胞内活性片段起到了决定性作用。当然，配体和受体的胞吞作用受泛素化等多种信号的调节。

综上所述，胞吞作用与细胞信号转导相互调节，对生命活动的调控发挥了很重要的作用。除了网格蛋白依赖性胞吞方式以外，细胞还通过非网格蛋白依赖性胞吞作用调节其他很多的细胞表面受体。不同类型的受体有不同的胞吞方式，对细胞信号调节、受体活性关闭与放大、信号持续时间长短等发挥着关键作用。

三、胞吐作用

胞吐作用与胞吞作用相反，它是通过分泌泡或其他膜泡与质膜融合而将膜泡内的物质运出细胞的过程。真核细胞有从高尔基体反面网状结构（TGN）分泌的囊泡向质膜流动并与之融合的稳定过程，通过这种组成型的胞吐途径（constitutive exocytosis pathway），新合成的蛋白质和脂质以囊泡形式连续不断地供应质膜更新，从而确保细胞分裂前质膜的生长；囊泡内可溶性蛋白分泌到细胞外，有的成为质膜外周蛋白，有的形成胞外基质组分，有的作为营养成分或信号分子扩散到胞外液。真核细胞除了这种连续的组成型胞吐途径之外，特化的分泌细胞还有一种调节型胞吐途径（regulated exocytosis pathway），这些分泌细胞产生的分泌物（如激素、黏液或消化酶）储存在分泌泡内，当细胞在受到胞外信号刺激时，分泌泡与质膜融合并将内含物释放出去。

真核细胞无论是通过胞吞作用摄取大分子还是通过胞吐作用分泌大分子，都是通过膜泡运输的方式进行的，并且转运的膜泡只与特定的靶膜融合，从而保证了物质有序地跨膜转运。此外，当分泌泡或转运膜泡与质膜融合并通过胞吐作用释放其内含物后，会使质膜表面积增加，但发生在质膜其他区域的胞吞作用则减少其表面积，这种动态平衡过程对质膜成分的更新和维持细胞的生存与生长是必要的。有关胞吐作用的其他内容，参见本书第六章。

思考题

1. 比较载体蛋白与通道蛋白的异同。
2. 比较 P 型离子泵、V 型质子泵、F 型质子泵和 ABC 超家族的异同。
3. 说明 Na^+-K^+ 泵的工作原理及其生物学意义。
4. 将哺乳动物红细胞置于清水中，会发现红细胞膨胀破裂（溶血现象），而在野外或实验室两栖类动物将卵产在清水中，卵细胞却不会膨胀，更不会破裂，根据所学知识推测红细胞和两栖类卵细胞耐低渗能力为何差异如此之大。
5. 试述胞吞作用的类型与功能。

参考文献

1. Carafoli E, Brini M. Calcium pumps: structural basis for and mechanism of calcium transmembrane transport. *Current Opinion in Chemical Biology*, 2000, 4:152-161.
2. Deng D, Sun P, Yan C, *et al*. Molecular basis of ligand recognition and transport by glucose trausporters. *Nature*, 2015, 526 (7573): 391-396.
3. Deng D, Xu C, Sun P, *et al*. Crystal structure of the human glucose transporter GLUT1. *Nature*, 2014, 510 (7503): 121-125.
4. Higgins C F, Linton K J. The xyz of ABC transporters. *Science*, 2001, 293 (5536):1782-1784.
5. Hollenstein K, Dawson R J P, Locher K P. Structure and mechanism of ABC transporter proteins. *Current Opinion in Structure Biology*, 2007, 17: 412-418.
6. Holmgren M, Wagg J, Bezanilla F, *et al*. Three distinct and sequential steps in the release of sodium ions by the Na^+/K^+-ATPase. *Nature*, 2000, 403 (6772): 898-901.
7. Möbius W, van Donselaar E, Ohno-Iwashita Y, *et al*. Recycling compartments and the internal vesicles of multivesicular bodies harbor most of the cholesterol found in the endocytic pathway. *Traffic*, 2003, 4 (4): 222-231.
8. Murata K, Mitsuoka K, Hirai T, *et al*. Structural determinants of water permeation through aquaporin-1. *Nature*, 2000, 407 (6804): 599-605.
9. Nishi T, Forgac M. The vacuolar H^+-ATPase-nature's most versatile proton pumps. *Nature Reviews Molecular Cell Biology*, 2002, 3: 94-103.
10. Polo S, Fiore P P. Endocytosis conducts the cell signaling orchestra. *Cell*, 2006, 124 (5): 897-900.
11. Raiborg C, Rusten T E, Stenmark H. Protein sorting into multivesicular endosomes. *Current Opinion in Cell Biology*, 2003, 15 (4): 446-455.

细胞质基质与内膜系统

20 世纪初，随着组织化学染色技术在细胞学研究中的应用，人们逐渐认识到在细胞质内部似乎存在一个由生物膜构成的网络。电镜技术建立以后，形态学观察和生化证据使人们确认，真核细胞内具有发达的膜系统，将细胞质分隔成不同的区室。近期对活细胞进行连续观察的结果表明，细胞内由生物膜构成的各种区室处于不断的变化之中，是高度动态的结构组分。区室化（compartmentalization）是真核细胞结构和功能的基本特征之一。细胞内部被膜系统大致分隔为三类结构：细胞质基质（cytoplasmic matrix）、内膜系统（endomembrane system）和其他由膜所包被的细胞器，诸如线粒体、叶绿体、过氧化物酶体和细胞核等（图 5-1）。细胞内膜系统是指在结构、功能乃至发生上相互关联、由单层膜包被的细胞器或细胞结构，主要包括内质网、高尔基体、溶酶体、内体和分泌泡等。

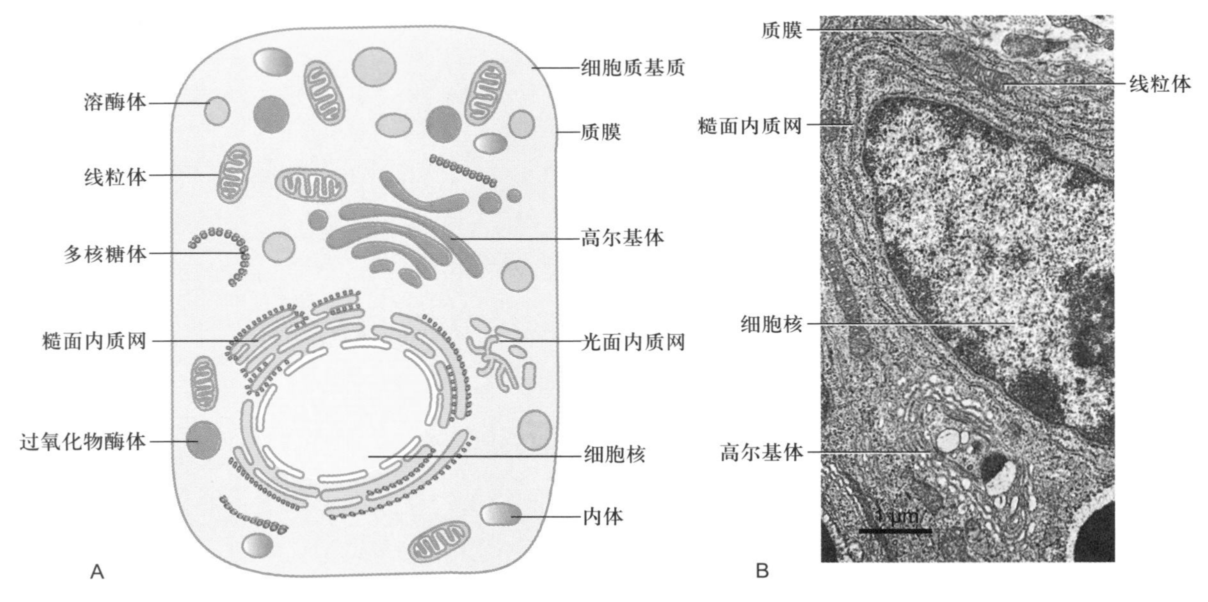

图 5-1　A. 真核细胞内典型的区室化结构特征示意图。B. 小鼠回肠 Paneth 细胞超微结构的一部分（梁凤霞博士惠赠）。

第一节 细胞质基质及其功能

在真核细胞的细胞质中，除去可分辨的细胞器以外的胶状物质称细胞质基质。1965 年 H. A. Lardy 最先引入细胞质基质这一术语，当时是根据细胞破碎后超离心除去非可溶性物质的液相组分而定义的。其体积占细胞总体积 50% 以上，主要成分是水，以及存在于其中的蛋白质、各种 RNA、有机分子和各种离子。

一、细胞质基质的涵义

细胞与环境，细胞质与细胞核，以及细胞器之间的物质运输、能量交换、信息传递等都要通过细胞质基质来完成，很多重要的中间代谢反应也发生在细胞质基质中。近年来发现细胞质基质还行使着多种其他的重要功能。然而人们对细胞质基质的认识与细胞核和其他细胞器相比还是相当肤浅，在研究细胞质基质过程中，曾赋予它诸如细胞液（cell sap）、透明质（hyaloplasm）、胞质溶胶（cytosol）和细胞质基质等多个名称，其涵义也被不断地更新与完善，这既反映了从不同的侧面与层次对细胞质基质的了解，也反映了对细胞质基质认识的不断深入。越来越多的证据表明，细胞质基质很可能是一种高度有序的体系。用差速离心法分离细胞匀浆物中的各种细胞组分，先后除去细胞核、线粒体、溶酶体、高尔基体和细胞质膜等细胞器或细胞结构后，存留在上清液中的主要是细胞质基质的成分。生物化学家多称之为胞质溶胶，其中蛋白质质量浓度约 200 mg/mL。细胞质基质是一种黏稠的胶体，多数的水分子是以水化物的形式紧密地结合在蛋白质和其他大分子表面的极性部位，只有部分水分子以游离态存在，起溶剂作用。细胞质基质中蛋白质分子和颗粒性物质的扩散速率仅为水溶液中的 1/5，更大的结构如分泌泡和细胞器等则固定在细胞质基质的某些部位上，或沿细胞骨架定向运动。细胞质基质是蛋白质与脂类合成的重要场所。在细胞质基质中合成的蛋白质，半数以上将分门别类地转移到细胞核和细胞器中。在细胞质基质中，各种代谢活动高效有序地进行，各种代谢途径之间的协调有序以及所涉及的物质、能量与信息的定向转移和传递，这些复杂的生命过程都不是简单的“酶溶液”所能完成的。

近些年来人们注意到，在细胞质基质中多数蛋白质，其中包括水溶性蛋白，并不是以溶解状态存在的。P. L. Paine 把乳胶小球注射到非洲爪蟾的卵母细胞中，经过一段时间之后，取出乳胶小球，用聚丙烯酰胺双向凝胶电泳技术分析了渗入乳胶小球中的蛋白质成分，并与周围细胞质中的蛋白质成分进行比较。结果发现，在所检测的 90 多种多肽中，80%的多肽未曾扩散到乳胶小球中，而是滞留在细胞质基质中。人们推测，细胞质基质作为一种高度有序的体系，关键在于细胞质骨架纤维贯穿其中，起重要的组织作用，多数的蛋白质直接或间接地与细胞骨架结合，或与生物膜结合，其周围又吸附了多种分子，从而不同程度地影响和改变微环境的某些物理性质，这样一种有精细区域化的凝胶结构体系，其组成成分在不同细胞的不同生理状态下有所不同，以完成多种复杂的生物学功能。原位杂交技术证明，mRNA 在细胞中也呈区域性分布。如在卵母细胞中不同的 mRNA 定位于细胞质基质的不同部位，卵细胞在母体发生期间，由蛋白质和 RNA 在细胞质基质中的特定分布而形成的位置信息，往往对子代个体胚胎发育早期的细胞分化起着重要的作用。免疫荧光技术证明，与糖酵解过程有关的一些酶结合在微丝上，在骨骼肌细胞中则结合在肌原纤维的某些特殊位点上。这种特异性的结合不仅与细胞的生理状态有关，而且也与组织发育和细胞分化的程度有关。酶与微丝结合后，酶的动力学参数也发生了明显的变化。如与糖酵解有关的酶类，彼此之间可能以弱键结合在一起形成多酶复合体，定位在细胞质基质的特定部位，催化从葡萄糖至丙酮酸的一系列反应。前一个反应的产物即为下一个反应的底物，二者间的空间距离仅为几个纳米，各个反应途径之间也以类似的方式相互关联，从而有效地完成复杂的代谢过程。这种结构体系的维持只能在高浓度的蛋白质及其特定的离子环境的条件之下实现。一旦细胞破裂，甚至在稀释的溶液中，这种靠分子之间脆弱的相互作用而形成的结构体系就会遭到破坏。这也正是研究细胞质基质比研究其它细胞器困难的主要原因。

也有学者主张细胞质骨架作为相对独立的主要结构体系不应纳入细胞质基质范畴。然而离开了细胞质骨架的支持与组织，细胞质基质便无法维系这种高度复杂的有序结构，也就无法完成各种生物学功能。从细胞骨架的角度来看，骨架的主要成分，特别是微管和微丝的装配和解聚与周围的液相始终处在一种动态平衡之中，离开这种特定的环境，骨架系统也难以行使其功能。

二、细胞质基质的功能

细胞质基质所行使的功能不是孤立或单一的，它体现在一套多种细胞生命活动的过程中。目前了解最多的是许多中间代谢过程都发生在细胞质基质中，如糖酵解过程、磷酸戊糖途径、糖醛酸途径、糖原的合成与分解过程。尽管人们对这些代谢反应的具体生化步骤早已清楚，但对它们在细胞质基质中如何进行的细节，特别是反应的底物和产物如何定向转运的机制并不清楚。目前已知细胞信号转导是调控细胞代谢及细胞增殖、分化、衰老和凋亡的基本途径，但对多种信号通路的网络整合及交叉对话（cross-talking）却知之甚少。

细胞质基质是蛋白质和脂肪酸合成的重要场所。细胞内所有蛋白质合成的起始步骤都发生在细胞质基质内的游离核糖体上，具有特殊N端信号序列的分泌蛋白和跨膜蛋白合成起始后，核糖体很快就转移到内质网膜上，边合成边转移到内质网腔，或整合到内质网膜上，然后再以膜泡运输的方式由内质网转运至高尔基体并进一步完成蛋白质修饰和分选。其他蛋白质的合成均在细胞质基质中游离核糖体上完成，并根据蛋白质自身所携带的信号，分别转运到线粒体、叶绿体、过氧化物酶体以及细胞核中，也有些蛋白质驻留在细胞质基质中，构成自身的结构成分。

细胞质基质另一方面的功能与细胞质骨架相关。细胞质骨架作为细胞质的主要结构组分，不仅与维持细胞的形态、运动、物质运输及能量传递等过程相关（参见第八章），也是细胞结构体系的组织者，为细胞质基质中其他成分和细胞器提供锚定位点。有人估计一个直径为16 μm的细胞，其细胞质骨架的表面积可达 $5\times10^6\sim10\times10^6$ μm^2，而相同直径的球形细胞的表面积仅约800 μm^2，这样大的表面积不仅限制了水分子的运动，而且使蛋白质、mRNA等生物大分子通过与骨架蛋白分子间的选择性结合，锚定在特定的位点，从而在细胞质基质中形成更为精细的空间分布，使复杂的代谢反应高效而有序进行。

细胞质基质还与蛋白质的翻译后修饰和选择性降解等方面有关：

1. 蛋白质的修饰

已发现有100余种蛋白质的侧链修饰方式，绝大多数的修饰都是由专一的酶作用于蛋白质侧链特定位点上。侧链修饰对蛋白质的功能及命运至关重要，但很多修饰的生物学意义至今尚不清楚。在细胞质基质中发生蛋白质修饰的类型主要有：

（1）辅酶或辅基与酶的结合　在无数酶促氧化－还原反应中，细胞内的辅酶将能量以质子的形式在酶之间传递。

（2）磷酸化与去磷酸化　蛋白质的磷酸化与去磷酸化反应分别由蛋白激酶与磷酸酶催化，以快速调节细胞内多种蛋白质的生物活性。可被磷酸化的蛋白质氨基酸残基主要包括酪氨酸、丝氨酸、苏氨酸。蛋白质磷酸化与去磷酸化还影响细胞信号调控级联反应和基因转录活性。已知人类基因组中有大约2 000个编码蛋白激酶的基因和1 000个编码磷酸酶的基因。

（3）蛋白质糖基化作用　蛋白质糖基化主要发生在内质网和高尔基体中，在哺乳动物的细胞质基质中发生的糖基化主要是把*N*–乙酰葡糖胺（*N*-acetyl-glucosamine）加到蛋白质的丝氨酸残基的羟基上。

（4）甲基化修饰　很多细胞骨架蛋白其N端发生甲基化修饰，以防止被细胞内的蛋白水解酶识别而降解，从而使蛋白质在细胞中维持较长的寿命。组蛋白甲基化修饰在细胞内由特异性的甲基转移酶催化完成，主要包括精氨酸甲基化和赖氨酸甲基化两种情况，组蛋白甲基化修饰还与基因表达的调控相关，是表观遗传学的重要研究领域之一，越来越多的证据表明组蛋白甲基化功能异常与肿瘤的发生发展密切相关。

（5）酰基化　最常见的一类酰基化的修饰是内质网上合成的跨膜蛋白在通过内质网和高尔基体的转运过程中发生的。由不同的酶催化软脂酸链共价连接到某些跨膜蛋白暴露在细胞质基质侧的结构域上；另一类酰基化修饰发生在诸如*Src*基因和*Ras*基因这类癌基因的表达产物上，催化这一反应的酶可识别蛋白中的信号序列，将脂肪酸链共价地结合到蛋白质特定的位点上。如*Src*基因编码的酪氨酸蛋白激酶，与豆蔻酸共价结合后，靠豆蔻酸链结合到细胞质膜上，这一修饰是*Src*基因导致细胞转化所必需的。组成中心体和纤毛/鞭毛的微管蛋白往往被乙酰化修饰，这种修饰可能与它们在这些细胞结构中的组装及功能相关。

2. 控制蛋白质的寿命

细胞中的蛋白质处于不断降解与更新的动态过程中。细胞质基质中的蛋白质，大部分寿命较长，其生物活性可维持几天甚至数月。但也有一些寿命很短，合成后几分钟就降解了，其中包括在某些代谢途径中，催化限速反应步骤的酶和 *Fos* 等癌基因的产物。只要通过改变它们的合成速度，就可以控制其浓度，从而发挥调节代谢途径或细胞生长与分裂的作用。

在蛋白质分子的氨基酸序列中，既含有决定蛋白质定位和功能的靶向信号和修饰信号，还含有决定蛋白质寿命的信号。这种信号存在于蛋白质N端的第一个氨基酸残基，若N端的第一个氨基酸是Met（甲硫氨酸）、Ser（丝氨酸）、Thr（苏氨酸）、Ala（丙氨酸）、Val（缬氨酸）、Cys（半胱氨酸）、Gly（甘氨酸）或Pro（脯氨酸），则蛋白质往往是稳定的；如是其他氨基酸，则往往是不稳定的。在真核细胞每种蛋白质起始合成时，N端的第一个氨基酸都是甲硫氨酸（细菌中为甲酰甲硫氨酸），但合成后不久便被特异的氨基肽酶水解除去，然后由氨酰tRNA蛋白转移酶（aminoacyl-tRNA-protein transferase）把一个信号氨基酸加到某些蛋白质的N端，最终在蛋白质的N端留下一个稳定或不稳定的氨基酸残基。

在真核细胞的细胞质基质中，有一种识别并降解错误折叠或不稳定蛋白质的机制，即泛素化和蛋白酶体所介导的蛋白质降解途径（ubiquitin- and proteasome-mediated pathway），有人将这种蛋白质降解机制戏称是“细胞给予需要损毁的蛋白质一个化学的死亡之吻（kiss of death）”，A. Ciechanover等三位科学家因此发现而获得2004年诺贝尔化学奖。泛素化和蛋白酶体所介导的蛋白质降解途径具有多种生物学功能：包括蛋白质质量监控、影响细胞代谢、信号转导和受体调整（receptor modulation）、免疫反应、细胞周期调控、转录调节和DNA修复等。

蛋白酶体（proteasome）是细胞内降解蛋白质的大分子复合体，由约50种亚基组成，分子质量为2000～2400 kDa，具有蛋白酶活性，其功能可誉为细胞内蛋白质破碎机（protein shredder）。哺乳类细胞内蛋白酶体约占细胞蛋白质含量的1%。其中最主要的类别是26S蛋白酶体。它包含一个由28种亚基组成桶状的20S催化核心，及一个或两个由19种亚基组成的19S调节亚基（或称为“帽”）（图5-2A）。20S催化核心由α、β两类蛋白，以α-β-β-α的排列方式，形成四层中空的环状结构。α环构成骨架结构，β环具有蛋白酶活性。19S调节亚基起着识别泛素化底物蛋白、切除泛素修饰及使蛋白去折叠的作用。其中与20S催化核心接触的6种亚基具有ATP酶活性，可利用水解ATP所释放的能量使蛋白质去折叠，并将其进一步传递至20S催化核心，这也是整个蛋白酶体水解过程中唯一的耗能步骤。

泛素（ubiquitin）是由76个氨基酸残基组成的小分子球蛋白，具热稳定性，普遍存在于真核细胞中，人和酵母细胞的泛素分子的相似度高达96%，由于广泛存

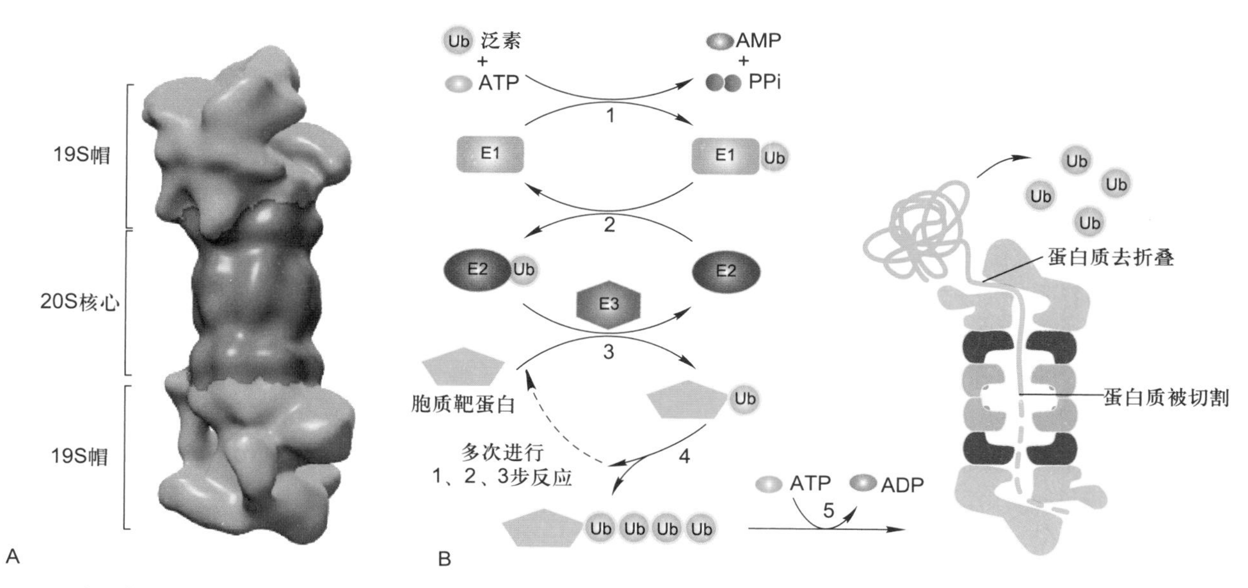

图5-2　由泛素和蛋白酶体所介导的蛋白质降解途径

A. 大鼠蛋白酶体结构图。应用冷冻电子断层扫描技术，选取神经细胞胞质成像，对其中的蛋白酶体进行平均后，获得在细胞内（原位）的蛋白酶体的结构图（郭强博士惠赠）。B. 靶蛋白泛素化及其降解示意图：1. E1活化泛素分子；2. 泛素分子转移至E2；3. E3催化形成异肽键；4. 靶蛋白被泛素化；5. 蛋白酶体识别泛素化靶蛋白、ATP水解驱动泛素移除、靶蛋白去折叠转入蛋白酶体核心内被降解。

在且序列高度保守，故名泛素。泛素具有多种生物学功能。在蛋白质的泛素化修饰过程中，泛素分子共价结合到靶蛋白质的赖氨酸残基上。蛋白质的泛素化需要多酶复合体发挥作用，即通过三种酶的先后催化来完成，包括泛素活化酶（E1）、泛素结合酶（E2，又称泛素载体蛋白）和泛素连接酶（E3）。其过程涉及如下步骤（图5-2B）：①泛素活化酶（E1）通过形成酰基－腺苷酸中介物使泛素分子C端被激活，该反应需要ATP；②转移活化的泛素分子与泛素结合酶（E2）的半胱氨酸残基结合；③异肽键（isopeptide bond）形成，即与E2结合的泛素羧基和靶蛋白赖氨酸侧链的氨基之间形成异肽键，该反应由泛素连接酶（E3）催化完成。连接到靶蛋白上的泛素分子也有多个赖氨酸残基，这些赖氨酸残基可以继续被泛素化修饰，后面的泛素链连接在前一个泛素分子的特定赖氨酸残基上，如Lys48或Lys63位点。如果这样的修饰经多次重复进行，便在靶蛋白上形成有多个泛素分子共价连接的寡聚泛素链。然而，在泛素链中起共价连接作用的赖氨酸位点往往决定了所产生的生理效应。如在泛素链中每次被修饰的位点是Lys48，则将导致泛素化靶蛋白被蛋白酶体的19S调节亚基所识别和去折叠，进而转移至20S催化核心内降解。由泛素控制的蛋白质降解具有重要的生理意义，它不仅能够清除错误折叠和需要进行存量调控的蛋白质，还对细胞周期调控、DNA修复、细胞生长、免疫功能等都有重要的调控作用。如果连接靶蛋白的泛素链是由各个泛素分子的Lys63位点修饰形成的，则可能导致靶蛋白的分选途径或者是活性的改变（活化或失活）。

3. 帮助变性或错误折叠的蛋白质正确折叠

这一功能主要靠热激蛋白（heat shock protein, HSP）来完成。热激蛋白是一类演化上高度保守的蛋白质家族，在人类、果蝇和植物中发现的HSP都有相似的序列和功能，特别值得注意的是它们作为分子伴侣（molecular chaperone）而发挥多种作用，如协助细胞内蛋白质合成、分选、折叠与装配。其中大多数是组成型表达和执行多种基本功能，有些是细胞在胁迫条件下高水平表达，以在维持细胞稳态中发挥核心作用。根据分子量大小、结构和功能，热激蛋白被区分为几个家族：Hsp100、Hsp90、Hsp70、Hsp60和新近发现的分子质量在15～40 kDa的小分子HSP。每一家族中都有由不同基因编码的数种蛋白质成员。有的基因在正常条件下表达，有些则在温度增高或其他胁迫条件下大量表达，以保护细胞，减少异常环境的损伤。有证据表明，在正常细胞中，热激蛋白选择性地与畸形蛋白质结合形成聚合物，利用水解ATP释放的能量使聚集的蛋白质溶解，并进一步折叠成正确构象的蛋白质。

第二节 细胞内膜系统及其功能

细胞内膜系统（endomembrane system）包括内质网、高尔基体、溶酶体、内体和分泌泡等，这些细胞器是结构、功能乃至发生上彼此关联并不断变化的动态结构体系。各区室之间通过生物合成、蛋白质修饰与分选、膜泡运输和各种质量监控机制维系其系统的动态平衡。细胞内膜相结构所占的比例因细胞的种类和生理功能不同而有很大的差别，根据对肝细胞和胰腺外分泌细胞的分析，肝细胞体积平均约5 000 μm^3，而胰腺外分泌细胞为1 000 μm^3，总细胞膜面积（包括细胞器膜）大约分别为110 000 μm^2和13 000 μm^2。二者质膜和各种细胞器的膜所占百分比也不尽相同。

一、内质网的结构与功能

内质网（endoplasmic reticulum, ER）是真核细胞中最普遍且形态多变、适应性最强的细胞器之一。内质网由封闭的管状或扁平囊状膜系统及其包被的腔所形成互相连通的三维网络结构。内质网通常占细胞膜系统的一半左右，体积占细胞总体积的10%以上。在不同类型的细胞中，内质网占细胞总体积的比例差异很大，同一细胞在不同发育阶段和不同的生理状态下，内质网的结构与功能也随之显著变化。在细胞周期不同阶段，内质网也发生很大变化，细胞分裂时，内质网要经历解体与重建的过程。

内质网是细胞内除核酸以外一系列重要的生物大分子如蛋白质、脂类和糖类的合成基地。由于内质网的存在，使细胞内膜的表面积大为增加，为多种酶特别是多酶体系提供了大面积的结合位点。同时内质网作为完整封闭体系，将内质网合成的物质与细胞质基质中合成的物质分隔开来，这更有利于它们的加工和运输。原核细胞内没有内质网，由细胞膜代行其某些类似的职能。

内质网的发现要比线粒体和高尔基体等细胞器晚得多。1945年，K. R. Porter等人在体外培养的细胞中初次观察到细胞质的内质部分有网状结构，建议称为内质网。随着超薄切片和固定技术的改进，G. E. Palade 和 Porter 等人于 1954 年证实内质网是由膜围绕的囊泡所组成。虽然之后发现的内质网不仅仅存在于细胞的内质部位，但仍习惯延用此名称。

生物化学家曾从细胞质中分离出大量称为微粒体（microsome）的结构，实际上这是在细胞匀浆和超速离心过程中，由破碎的内质网形成的近似球形的囊泡结构，它包含内质网膜与核糖体两种基本组分。虽然这是形态上的人工产物，但在体外实验中，微粒体仍具有蛋白质合成、蛋白质糖基化和脂类合成等内质网的基本功能。因此在生化与功能研究中，常常把微粒体和内质网等同看待。

（一）内质网的两种基本类型

内质网是真核细胞中最大的膜性细胞器，包括核膜（将在细胞核部分介绍）和延伸到细胞质内的外周内质网 (peripheral ER)。其中外周内质网根据形态的不同，又分为片层状内质网和管状内质网。片层状内质网一般位于核膜周围，大部分是有核糖体附着的糙面内质网（rough endoplasmic reticulum, rER），是膜蛋白和分泌蛋白的合成加工场所。而管状内质网一般没有核糖体附着，属于光面内质网（smooth endoplasmic reticulum, sER），主要发挥脂质合成、信号转导、与其它细胞器的相互作用等功能。

糙面内质网多呈扁囊状，排列较为整齐，因其膜表面附有大量的核糖体而命名（图 5-3）。它是内质网与核糖体共同形成的复合机能结构，其主要功能是合成分泌性蛋白和多种膜蛋白。因此在分泌活动旺盛的细胞（如胰腺腺泡细胞和分泌抗体的浆细胞）中糙面内质网非常发达，而在一些未分化的细胞与肿瘤细胞中则较为稀少。内质网膜上有一种称为移位子（translocon）的蛋白复合体，直径约 8.5 nm，中心有一个直径为 2 nm 的“通道”，rER 上新合成的多肽经该通道向 ER 的腔内转移。

表面没有附着核糖体的内质网称光面内质网，光面内质网常为分支管状，形成较为复杂的三维结构，其表面通常无核糖体附着。光面内质网是脂类合成的重要场所，细胞中几乎不含有纯的光面内质网，它们只是作为内质网这一连续结构的一部分。光面内质网所占的区域通常较小，往往作为出芽的位点，将内质网上合成的蛋白质或脂类转运到高尔基体。在某些细胞中，光面内质网非常发达并具有特殊的功能，如合成固醇类激素的细胞（图 5-3B）及肝细胞等。

用密度梯度离心法将肝细胞中的光面内质网和糙面内质网分开，并发现糙面内质网上有 20 余种与光面内质网上不同的蛋白质。既然内质网是一个连续的整体结构，那么在糙面内质网和光面内质网组分中存在如此多的蛋白质种类的差异就暗示在内质网膜上可能存在某些

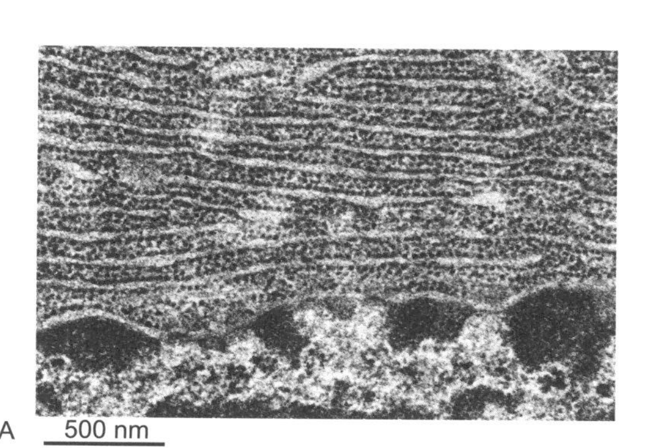

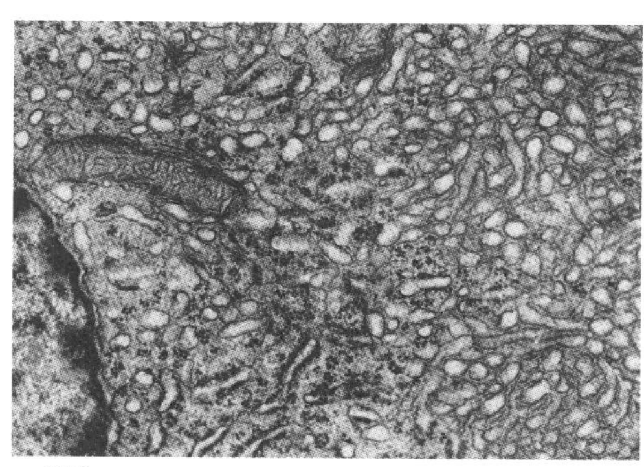

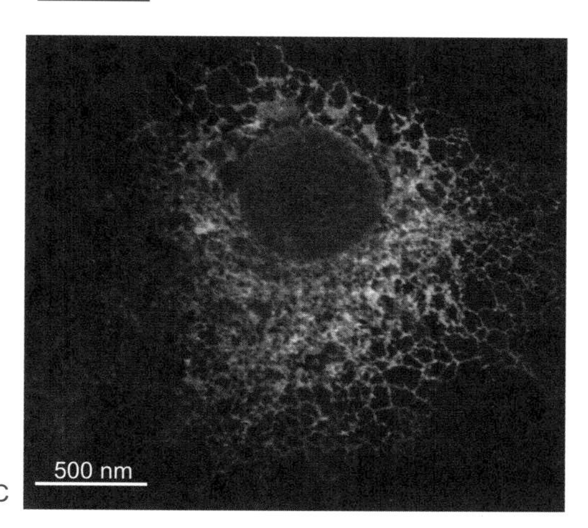

图 5-3　**内质网的形态结构**

A. 胰腺外分泌细胞中发达的糙面内质网，内质网膜及外层核膜上均附有核糖体。B. 黄体细胞有丰富的光面内质网。C. Cos-7 细胞经双重荧光染色显示的内质网的分布：抗钙网蛋白（Calreticulin）绿色荧光染色和抗 CLIMP-63 红色荧光染色，绿色显示两种形式的内质网，叠加色（黄）显示糙面内质网区。（A 图由梁凤霞博士惠赠；B 图由黄百渠博士和曾宪录博士惠赠；C 图由 Yoko Shibata 博士惠赠）

特殊的装置，影响了光面内质网与糙面内质网之间蛋白质的自由移动，并维持其特殊的形态。否则在内质网膜这个二维的流体结构中，不同区域的脂类和蛋白质就会因侧向扩散而趋于平衡。

对内质网与其他细胞器关系的研究，不仅有利于阐明细胞的某些生理生化过程，而且对探讨细胞器的发生与演化很有意义。来源于细胞膜的胞吞小泡常与来自高尔基体的膜泡或溶酶体融合，甚至会到达高尔基体。内质网上合成的膜蛋白经高尔基体分选被转运到细胞质膜上。在原核细胞中也能观察到一些核糖体附着在细胞膜内侧，因而有人认为，在演化过程中，内质网可能由细胞膜演化而来。内质网膜与核膜连成一体，内质网的腔也与核周隙相通，而且外层核膜也附着大量的核糖体，这种结构上的联系提示内质网与核膜在发生上有同源关系。

光面内质网与高尔基体在结构、功能与发生上的关系更为密切。此外，在合成代谢旺盛的细胞内，糙面内质网总是与线粒体紧密相依，这固然与线粒体为内质网执行功能提供所需能量直接相关，最近还发现这种分布上的联系与脂类的转移以及 Ca^{2+} 释放的调节也密切相关。在间期细胞中，内质网的分布常常与微管的走向一致，且总是沿微管向细胞周缘延伸。已发现依赖于微管的驱动蛋白（kinesin）与内质网结合，提示源于核膜的内质网在驱动蛋白的牵引下沿微管向外延伸形成复杂的网状结构。

内质网对外界因素（射线、化学毒物、病毒等）的作用非常敏感，糙面内质网发生的最普遍的病理变化是内质网腔扩大并形成空泡，继而核糖体从内质网膜上脱落，使蛋白质合成受阻。

（二）内质网的功能

内质网是细胞内蛋白质和脂质的合成基地，几乎全部的脂质、分泌蛋白和跨膜蛋白都是在内质网上合成的。目前对内质网的功能尚不完全了解，就已积累的资料可以看出，内质网是行使多种重要功能的复杂的结构体系。

1. 糙面内质网与蛋白质的合成

细胞内蛋白质的合成都起始于细胞质基质中的游离核糖体。有些蛋白质刚起始合成不久便转移至内质网膜上，继续肽链延伸并完成蛋白质合成。在糙面内质网上，多肽链边延伸边穿过内质网膜进入腔内，如细胞外基质组分、抗体和多肽类激素等分泌性蛋白质，以及内质网、高尔基体和溶酶体等细胞器腔内的可溶性驻留蛋白等。还有一些蛋白质在合成过程中就定位到内质网的膜上，如位于内质网、高尔基体、溶酶体以及细胞质膜的跨膜蛋白。这些跨膜蛋白的构象都具有方向性，并且在内质网上合成时就已确定，在后续的转运过程中，其拓扑学特性始终保持不变。

2. 光面内质网与脂质的合成

内质网合成细胞所需包括磷脂和胆固醇在内的几乎全部膜脂，其中最主要的磷脂是磷脂酰胆碱（卵磷脂）。合成磷脂所需要的三种酶都定位在内质网膜上，其活性部位在膜的细胞质基质侧（图 5-4）。用于磷脂合成的

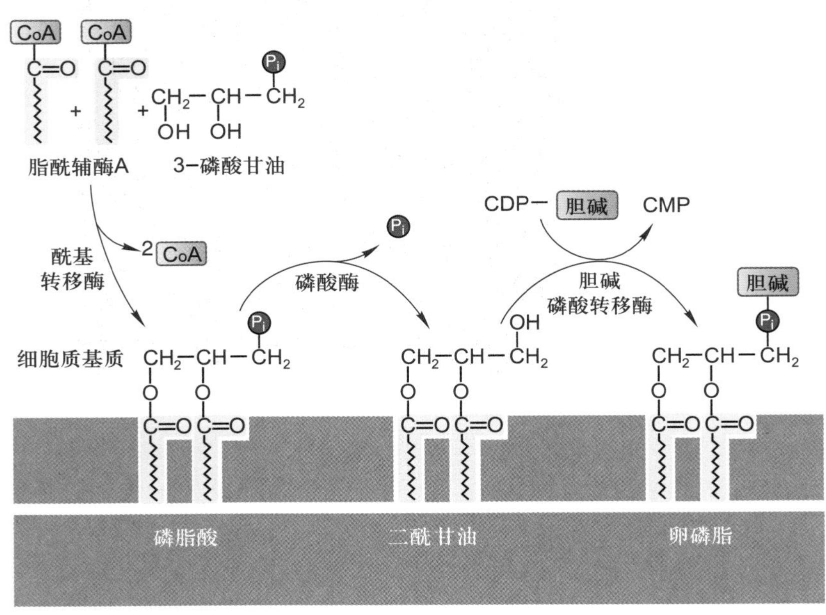

图 5-4　卵磷脂在内质网膜上合成过程的示意图

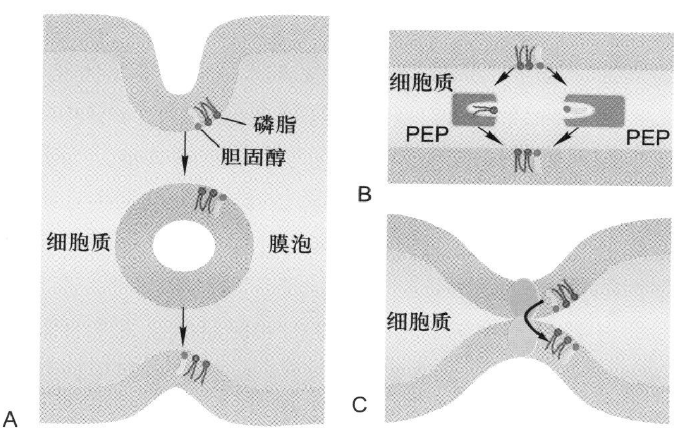

图 5-5 **胆固醇与磷脂在供体膜与受体膜之间可能的转运机制**

A. 通过膜泡转运脂质。B. 通过 PEP 介导的脂质转运。C. 膜嵌入蛋白介导的膜间直接接触。

底物来自细胞质基质，反应的第一步是增大膜面积，第二、三两步确定新合成磷脂的种类。除卵磷脂外，其他几种磷脂，如磷脂酰乙醇胺、磷脂酰丝氨酸以及磷脂酰肌醇等都以类似的方式合成。在内质网膜上合成的磷脂几分钟后就由细胞质基质侧转向内质网腔面，这一过程借助磷脂转位蛋白（phospholipid translocator）或称转位酶（flippase）来完成。转位蛋白的转位效率因磷脂的种类而异，通常是对含胆碱的磷脂要比对含丝氨酸、乙醇胺或肌醇的磷脂转位能力更强，因此卵磷脂更容易转位到内质网膜的腔面。

在内质网膜上合成的磷脂向其他膜的转运主要有三种可能的机制（图 5-5）：第一种是以出芽的方式形成膜泡转运到高尔基体、溶酶体和细胞质膜上。第二种是凭借磷脂交换蛋白（phospholipid exchange protein, PEP）在供体膜与受体膜之间转移磷脂。其转运模式首先是 PEP 与磷脂分子结合形成水溶性的复合物进入细胞质基质，遇到靶膜时，将磷脂安插在膜上，结果是将磷脂从内质网膜转移到靶膜（如线粒体或过氧化物酶体的膜）上。每种 PEP 只能识别一种磷脂，推测磷脂酰丝氨酸就是以这种方式转移到线粒体膜上，然后脱羧基而形成磷脂酰乙醇胺，而磷脂酰胆碱则不加任何修饰地转移到线粒体膜上。第三种膜脂转运机制可能是供体膜与受体膜之间通过膜嵌入蛋白所介导的直接接触。

3. 蛋白质的修饰与加工

在糙面内质网合成的膜蛋白、细胞内膜系统腔内的各种蛋白和分泌蛋白在它们到达目的地之前，通常要发生 4 种基本修饰与加工：①发生在内质网和高尔基体的糖基化修饰；②在内质网腔内形成二硫键；③蛋白质的折叠和装配；④在内质网、高尔基体和分泌泡发生特异性的蛋白质水解切割。

蛋白质糖基化是指在蛋白质合成的同时或合成后，在酶的催化下寡糖链被连接在肽链特定的糖基化位点上形成糖蛋白的过程。蛋白质的糖基化修饰会影响蛋白质折叠、分选及其定位，糖链结构不同还会影响糖蛋白的半寿期和降解。参与靶蛋白糖基化修饰的寡糖链具有共同的内核结构。大多数寡糖链在糖基转移酶（glycosyltranferase）的催化下从位于内质网膜腔面的磷酸多萜醇载体转移到靶蛋白三氨基酸残基（Asn-X-Ser/Thr，X 为除 Pro 以外任意氨基酸）序列的天冬酰胺残基上，这种形式的糖基化修饰称为 *N*– 连接的糖基化（*N*-linked glycosylation），与天冬酰胺直接结合的糖都是 *N*– 乙酰葡糖胺（表 5-1）。*N*– 连接糖基化起始于内质网，以磷酸多萜醇为载体，先合成 14 个糖基［$(Glc)_3(Man)_9(GlcNAc)_2$］的前体，然后膜上糖基转移酶将寡糖链由磷酸多萜醇转移至肽链糖基化位点（Asn-X-Ser/Thr）的天冬酰胺残基上，经内质网特异性糖苷酶的加工，形成高甘露糖型糖蛋白，再转移至高尔基体完成蛋白质 *N*–连接糖基化修饰。也有少数糖基化是发生在靶蛋白的丝氨酸或苏氨酸残基上，或在羟赖氨酸或羟脯氨酸残基上（如胶原蛋白），这种形式的糖基化修饰都发生在靶蛋白氨基酸残基的羟基氧原子上，故称为 *O*– 连接的糖基化（*O*-linked glycosylation），*O*– 连接糖基化发生在高尔基

表 5-1 *N*–连接与 *O*–连接的寡糖比较

特征	*N*–连接	*O*–连接
①合成部位	糙面内质网和高尔基体	高尔基体
②合成方式	来自同一个寡糖前体	一个个单糖加上去
③与之结合的氨基酸残基	天冬酰胺	丝氨酸、苏氨酸、羟赖氨酸、羟脯氨酸
④最终长度	至少 5 个糖残基	一般 1～4 个糖残基，但 ABO 血型抗原较长
⑤第一个糖残基	*N*– 乙酰葡糖胺	*N*– 乙酰半乳糖胺等

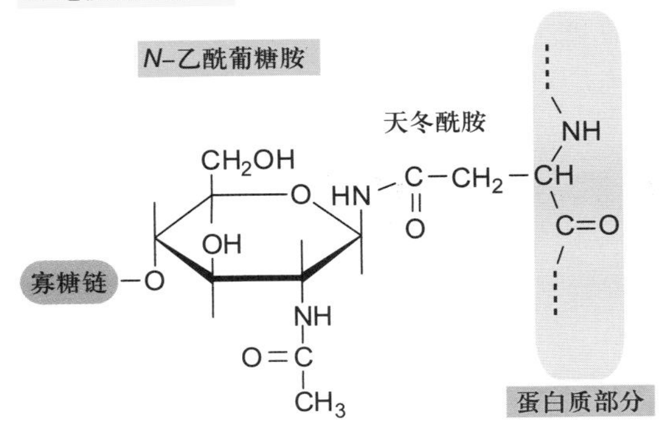

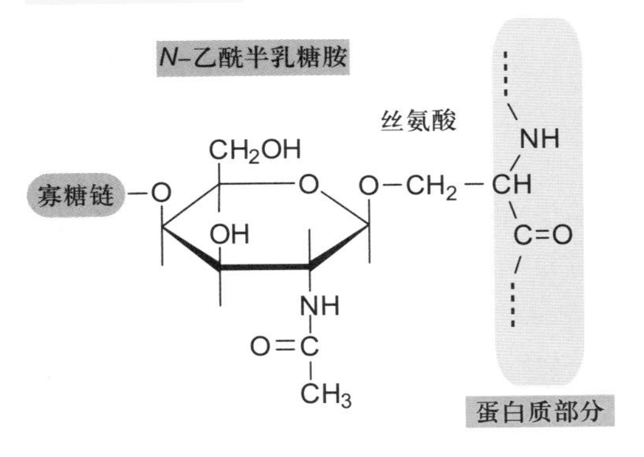

图 5-6　N- 连接的糖基化与 O- 连接的糖基化的比较

N- 连接的糖基化与之直接结合的糖是 N- 乙酰葡糖胺；O- 连接的糖基化与之直接结合的糖是 N- 乙酰半乳糖胺。

体，与靶蛋白直接结合的糖是 N- 乙酰半乳糖胺。两种糖基化其寡糖链在成分和结构上有很大的不同，合成与加工的方式也完全不同（表 5-1，图 5-6）。

在内质网发生的蛋白质 N- 连接糖基化的加工过程如图 5-7 所示，转移至高尔基体后还会经过一系列复杂的修饰，其进一步加工过程参见本节后述高尔基体功能。

另一种较常见的蛋白质修饰是酰基化（acylation），发生在内质网膜的胞质面，通常是软脂酸共价结合在跨膜蛋白的半胱氨酸残基上，类似的酰基化也发生在高尔基体甚至膜蛋白向细胞膜转移的过程中，是形成脂锚定蛋白的重要方式。

此外，一些新生肽的脯氨酸和赖氨酸会发生羟基化（hydroxylation），如在胶原蛋白上发生的羟基化修饰形成了大量的羟脯氨酸和羟赖氨酸。

4. 新生多肽的折叠与组装

肽链的合成仅需几十秒钟至几分钟即可完成，而新合成的多肽在内质网停留的时间往往长达几十分钟。不同的蛋白质在内质网停留的时间长短不一，这在很大程度上取决于蛋白质正确折叠所需要的时间。有些多肽还要进一步参与多亚基寡聚体的组装。不能正确折叠的肽链或未组装成寡聚体的蛋白质亚基，不论在内质网膜上还是在内质网腔中，一般都不能转运至高尔基体，这类多肽一旦被识别，便通过 Sec61p 复合体从内质网腔转至细胞质基质，进而通过依赖泛素的降解途径被蛋白酶体所降解。可见内质网是蛋白质分泌转运途径中行使质量监控的重要场所。

在目前发现的 16 000 种与人类疾病相关的蛋白质错义突变中，绝大多数是通过影响这些蛋白质的折叠、组装及转运直接或间接造成的。蛋白质错误折叠引起疾病，究其机制大体可分为两类彼此重叠的情况，一是正确折叠和转运的蛋白质减少，无法保障功能需求，即功能丢失（loss of function）；二是错误折叠的蛋白质可以

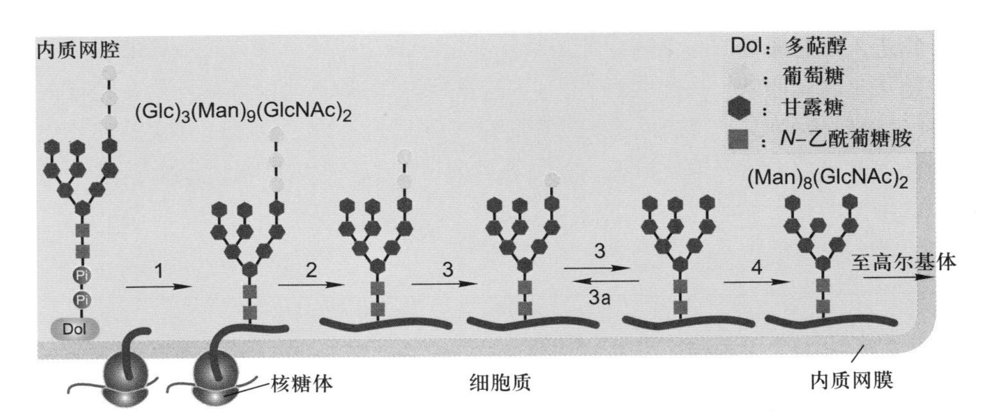

图 5-7　发生在糙面内质网蛋白质 N- 连接的糖基化过程

1. 含有 $(Glc)_3(Man)_9(GlcNAc)_2$ 的寡聚糖首先在内质网磷酸多萜醇载体上组装，然后在糖基转移酶的催化下，寡聚糖基从磷酸多萜醇载体转移到新生肽链的天冬酰胺残基上。2—3. 在分子伴侣 BiP 和蛋白二硫键异构酶的帮助下，蛋白质折叠时，3 个葡萄糖残基分别被葡糖苷酶所切除（3a 在内质网蛋白质正确折叠时起作用）。4. 1 个 Man 残基被移除，形成 $(Man)_8(GlcNAc)_2$ 高甘露糖型寡聚糖。

获得异常的功能（gain of function），例如某些离子通道蛋白突变致使功能异常（肺囊性纤维病）；错误折叠或加工的蛋白质形成细胞毒性聚合体，从而导致人类疾病（如阿尔茨海默病Aβ淀粉样斑块，亨廷顿舞蹈症中亨廷顿蛋白聚合体）。

在内质网狭小的腔隙中常常同时有多种蛋白质大量合成，特别是许多分泌蛋白常含有连接半胱氨酸残基的二硫键。内质网腔是一种非还原性环境，多肽链疏水基团之间以及侧链基团之间的相互作用，也极易导致二硫键形成，从而对肽链的正确折叠带来很大困难。内质网中有一种蛋白二硫键异构酶（protein disulfide isomerase, PDI），它附着在内质网膜腔面上，可以切断异常的二硫键，形成自由能最低的蛋白质构象，从而帮助蛋白重新形成二硫键并产生正确折叠的构象。

折叠好的蛋白质，内部往往有一个疏水的核心，未折叠的蛋白质由于疏水核心的外露，即使在很低的浓度下，也很容易发生聚集，甚至与其它未折叠的蛋白形成复合物。内质网含有一种结合蛋白（binding protein, BiP），是属于Hsp70家族的分子伴侣，在内质网中有两个作用：一是与进入内质网的未折叠蛋白质的疏水氨基酸残基结合，防止多肽链错误折叠和聚合，或者识别错误折叠的蛋白质或未装配好的蛋白质亚基，并促进它们重新折叠与装配；二是防止蛋白质在转运过程中变性或断裂。一旦这些蛋白质形成正确构象或完成装配，便与BiP分离，进入高尔基体。蛋白二硫键异构酶和BiP等蛋白质都具有四肽驻留信号（KDEL或HDEL）以保证它们滞留在内质网中，并维持很高的浓度。BiP还可同Ca^{2+}结合，可能通过Ca^{2+}与带负电的磷脂头部基团相互作用，使BiP结合到内质网膜上。

5. 内质网的其他功能

一般情况下，光面内质网所占比例很小，但在某些细胞中却非常发达。肝细胞中的光面内质网很丰富，它是合成外输性脂蛋白颗粒的基地。肝细胞中的光面内质网中还含有一些酶，介导氧化、还原和水解反应，使脂溶性的毒物转变成水溶性物质而被排出体外，此过程称为肝细胞的解毒作用（detoxification）。研究较为深入的是细胞色素P450家族酶系的解毒反应，聚集在光面内质网膜上的水不溶性毒物或代谢产物在P450混合功能氧化酶（mixed-function oxidase）作用下羟基化，完全溶于水并转送出细胞进入尿液排除体外。某些药物如苯巴比妥（phenobarbital）进入体内后，便诱导肝细胞中与解毒反应有关的酶大量合成，在以后的几天时间内光面内质网的面积成倍增加。一旦毒物消失，多余的光面内质网也随之被溶酶体消化，5天内又恢复到原来的大小。

心肌细胞和骨骼肌细胞中含有发达的特化的光面内质网，称肌质网（sarcoplasmic reticulum），是储存Ca^{2+}的细胞器，对细胞质中Ca^{2+}浓度起调节作用。肌质网膜上的Ca^{2+}-ATP酶将细胞质基质中的Ca^{2+}泵入肌质网腔中，储存起来。当肌细胞受到神经冲动刺激后，Ca^{2+}释放，肌肉收缩。在多数真核细胞中，内质网具有储存Ca^{2+}的功能，内质网膜上存在与肌质网膜上相同的三磷酸肌醇（IP_3）的受体，细胞外信号通过胞内第二信使（IP_3）也可引起Ca^{2+}向细胞质基质释放。内质网储存Ca^{2+}的功能，在于内质网中存在大量包括BiP在内的4种以上的Ca^{2+}结合蛋白，其浓度可达30～100 mg/mL。每个Ca^{2+}结合蛋白分子可与30个左右的Ca^{2+}结合，从而致使内质网中的Ca^{2+}浓度高达3 mmol/L。内质网作为Ca^{2+}的储存库，由于高浓度的Ca^{2+}及与之结合的Ca^{2+}结合蛋白，从而阻止内质网以出芽的方式形成转运膜泡。因此，Ca^{2+}浓度的变化对转运膜泡的形成，可能起重要的调节作用。

在某些合成固醇类激素的细胞如睾丸间质细胞中，光面内质网也非常丰富，其中含有合成胆固醇并进一步产生固醇类激素的一系列的酶。

（三）内质网应激及其信号调控

内质网是蛋白质合成、折叠、组装、运输和参与脂质代谢的重要场所，也是细胞内主要的Ca^{2+}库。当某些因素致使内质网的生理功能紊乱、钙稳态失衡，未折叠或错误折叠的蛋白质在内质网腔内超量积累时，便会激活相关信号通路，引发内质网应激（endoplasmic reticulum stress, ERS）反应，来应对环境的变化并恢复内质网的正常状态。所以，ERS是一种自我保护反应，也是监控蛋白质合成质量的有效机制，也是细胞存活程序和凋亡程序的选择过程，细胞可以调动相关的信号通路来恢复或者是维持细胞稳态；或者是启动细胞凋亡程序来处理不能修复的损伤细胞，因此ERS机制事关细胞生死抉择（cell life and death decisions）。ERS（图5-8）涉及以下几个方面：①未折叠蛋白质应答反应（unfolded protein response, UPR），即错误折叠与未折叠蛋白质不能按正常途径从内质网中释放，从而在内质网腔内聚集，引起一系列分子伴侣和折叠酶表达上调，促进蛋白质正确折叠，防止其聚集，从而提高细胞在有害因素下的生存能力。②内质网超负荷反应（endoplasmic

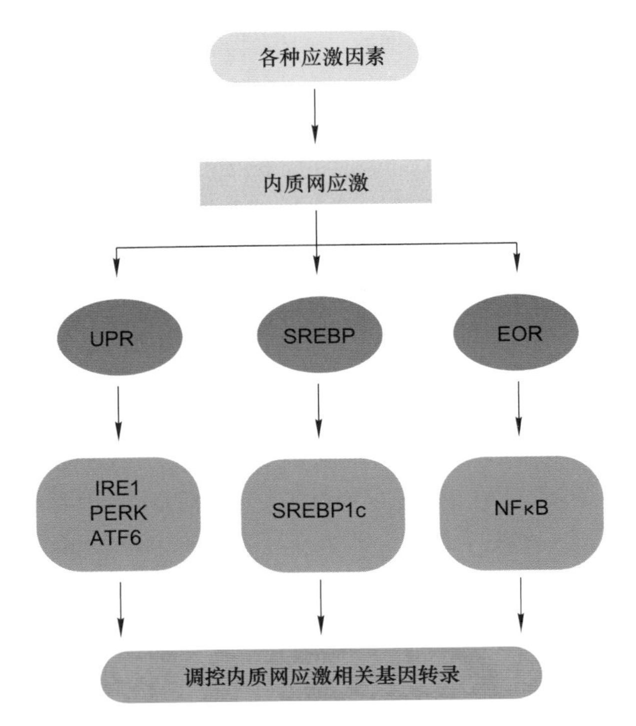

图 5–8　内质网应激反应

在各种应激因素（错误折叠或未折叠蛋白质在 ER 腔内聚集、Ca^{2+} 平衡紊乱、缺氧、异常糖基化和病毒感染等）作用下，主要通过 3 条途径引发内质网应激（ERS）反应，影响特定基因表达。如果内质网功能持续紊乱，细胞将最终启动凋亡程序。（图中英文缩写符号见正文）

reticulum overload response, EOR)，一些正确折叠的蛋白质如没有被及时运出而在内质网过度蓄积，特别是膜蛋白在内质网异常堆积也会启动其他促生存的机制来反制内质网压力，例如激活细胞核因子 κB（NFκB）引发的内质网超负荷反应，最终产生促炎性细胞因子（proinflammatory cytokine)，进而激活细胞存活、凋亡、细胞炎症反应和细胞分化等相关的信号途径。③固醇调节级联反应，是由内质网表面合成的胆固醇损耗所致，通过固醇调节元件结合蛋白（sterol regulatory element binding protein, SREBP）介导的信号途径，影响特定基因表达。④如果内质网功能持续紊乱，细胞将最终启动细胞凋亡程序。

1. 未折叠蛋白质应答反应

哺乳类动物细胞的 3 种 ER 跨膜蛋白参与了 UPR，它们是需肌醇酶 1（inositol requiring enzyme l, IRE1)、PKR 类似的内质网激酶（PKR-like endoplasmic reticulum kinase, PERK；PKR 为双链 RNA 激活的蛋白激酶）和激活性转录因子 6（activating transcription factor 6, ATF6)，它们在 UPR 信号转导途径中起着内质网应激感受器的作用。在正常生理条件下，它们与内质网腔中的调控蛋白 BiP/GRP78 相结合，形成稳定的复合物，当错误或未折叠蛋白质在 ER 中超量积累时，BiP/GRP78 与这些感应蛋白解离，感应 ERS 信号，分别引发三条不同的平行信号途径，以保护 ERS 下的细胞，引发不同的未折叠蛋白质应答反应（图 5–9A）。

第一条途径最先是在酵母细胞中发现，参与 UPR 的关键蛋白是跨 ER 膜的双功能蛋白激酶 / 核酸内切酶 IRE1。IRE1 的 ER 腔面结构域具有 BiP/GRP78（glucose-regulated protein 78）的结合位点，胞质面结构域具有丝氨酸 / 苏氨酸激酶活性和特异性的 RNA 内切酶活性。应答反应的基本步骤如图 5–9B 所示：超量的错误折叠蛋白质在 ER 腔面与 BiP 竞争性结合，从而使原来 BiP 结合的 IRE1 单体与相邻的 IRE1 形成二聚体，并发挥激酶活性使所结合的 IRE1 磷酸化，结果激活 IRE1 的核酸内切酶活性，切割基因调节蛋白前体 mRNA，产生有功能的 mRNA。这种发生在细胞质基质中 mRNA 加工过程使得基因调节蛋白（如 Hac1）被翻译，再转位进入核内作为转录因子激活那些编码未折叠蛋白质应答反应相关蛋白质的基因的转录，以缓解内质网应激压力。IRE1 还能切割 28S rRNA，影响核糖体装配，抑制蛋白质翻译。

第二条途径是超量积累的错误折叠蛋白质作为信号激活 ER 膜上的 PKR 类似的内质网激酶 PERK。和双功能跨膜蛋白 IRE1 一样，PERK 正常情况下通过内质网腔面 N 端结构域与伴侣蛋白 BiP/GRP78 结合而处于失活状态。在 ER 应激时，未折叠蛋白质或错误折叠蛋白质竞争性地结合 BiP/GRP78，因而 PERK 与之解离，然后 PERK 激酶二聚化和交叉磷酸化，活化的 PERK 可使翻译起始因子 eIF2α 第 51 位丝氨酸磷酸化，磷酸化的 eIF2α 不能完成 GTP—GDP 的交换作用，从而减缓或暂停蛋白质合成，限制了内质网的蛋白质负荷，这对蛋白质折叠是有利的。有研究表明：PERK 活化后能特异性地抑制细胞周期蛋白 D1 的翻译表达，导致 G_1 期的停顿，PERK 磷酸化 eIF2α 后抑制细胞内大部分蛋白质的翻译过程，同时 PERK 激活后还会激活 JNK（c-Jun N-terminal kinase）及 P38 信号传导通路，诱导 UPR 基因的转录上调。

第三条途径是从内质网到细胞核的信号通路并激活未折叠蛋白质应答反应，是通过内质网应激调节的 ATF6 完成的。ATF6 合成后定位在内质网膜上，当错误折叠蛋白质在内质网积累后，ATF6 被转运到高尔基体，

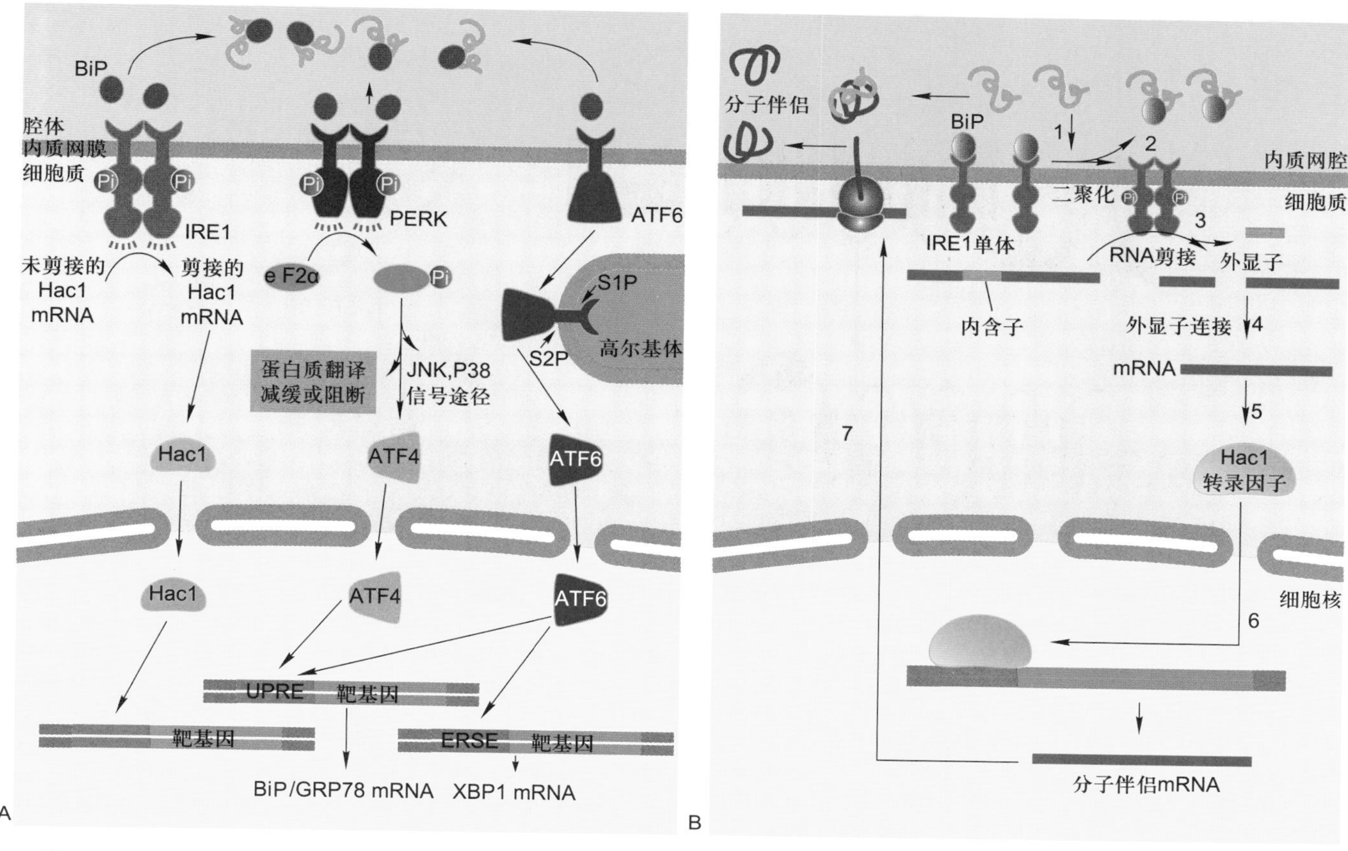

图 5-9　未折叠蛋白质应答反应图示

A. 三条不同的平行信号传导途径执行未折叠蛋白质应答反应（UPR）。B. IRE1 膜蛋白介导的 UPR：1. 错误折叠蛋白质作为内质网信号，激活内质网跨膜激酶（感受器）；2. 活化的激酶二聚化、交叉磷酸化，激活核糖核酸内切酶活性；3. 活化的核糖核酸内切酶，切除前体 RNA 的内含子；4. 外显子连接，形成有功能活性的 mRNA；5. mRNA 翻译形成基因调节蛋白 Hac1；6. 基因调节蛋白进入核内，激活为 ER 分子伴侣编码的基因；7. 新合成的 ER 分子伴侣帮助蛋白质折叠。

在那里被 S1P 和 S2P 蛋白酶裂解而被激活，激活后的 ATF6 进入细胞核内，促进含顺式作用元件 ERSE（ER stress response element, ERSE）的转录因子（如 XBP1）及 UPR 靶分子（BiP/GRP78）等基因转录。

2. 固醇调节级联反应

依赖胆固醇的转录调控有赖于受控靶基因启动子内 10 个碱基对组成的固醇调控元件（sterol regulatory element, SRE），依赖类固醇的转录因子称作固醇调控元件结合蛋白（SREBP），SREBP 通过两个跨膜结构域锚定在内质网膜上。由 SREBP 介导的信号通路始于内质网膜，除 SREBP 之外，至少还涉及内质网膜上的两种跨膜蛋白 insig-1(2) 和 SCAP 的联合作用，从而使细胞胆固醇库的变化受到监控，以维持磷脂和胆固醇的水平（图 5-10）。当膜上胆固醇水平升高时，SREBP 和 SCAP 结合形成复合物而抑制胆固醇的合成；当胆固醇耗竭时，SREBP-SCAP 复合物被释放并转移到高尔基体被 S1P 和 S2P 分别在两个位点酶切，成为活性因子易位到胞核而激活靶基因转录。

3. ERS 反应引发的细胞凋亡

ERS 介导的细胞凋亡是近些年提出的一种新的途径。尽管某些信号通路的细节尚不清楚，但在此过程中，细胞内钙稳态失衡和需钙蛋白酶、caspase-12 的激活是关键的环节。细胞内钙稳态失衡是诱导 ERS 的重要因素，当 ERS 时，Ca^{2+} 从内质网腔释放到胞质中，胞质中的 Ca^{2+} 水平增高，从而激活 Ca^{2+} 依赖的蛋白酶 calpain，诱发细胞凋亡途径。calpain 以无活性的二聚体形式存在于胞质中，由大小亚基组成，大亚基（分子质量 80 kDa）有 4 个结构域，包含活性部位，小亚基（分子质量 30 kDa）由两个结构域组成，包含调节部位，大小亚基上均有 Ca^{2+} 的结合位点。ERS 时，不同的凋亡信号可刺激内质网膜上的 IP_3R 通道开放，使 Ca^{2+} 从内质网腔释放到细胞质中，高水平的 Ca^{2+} 与需钙蛋白

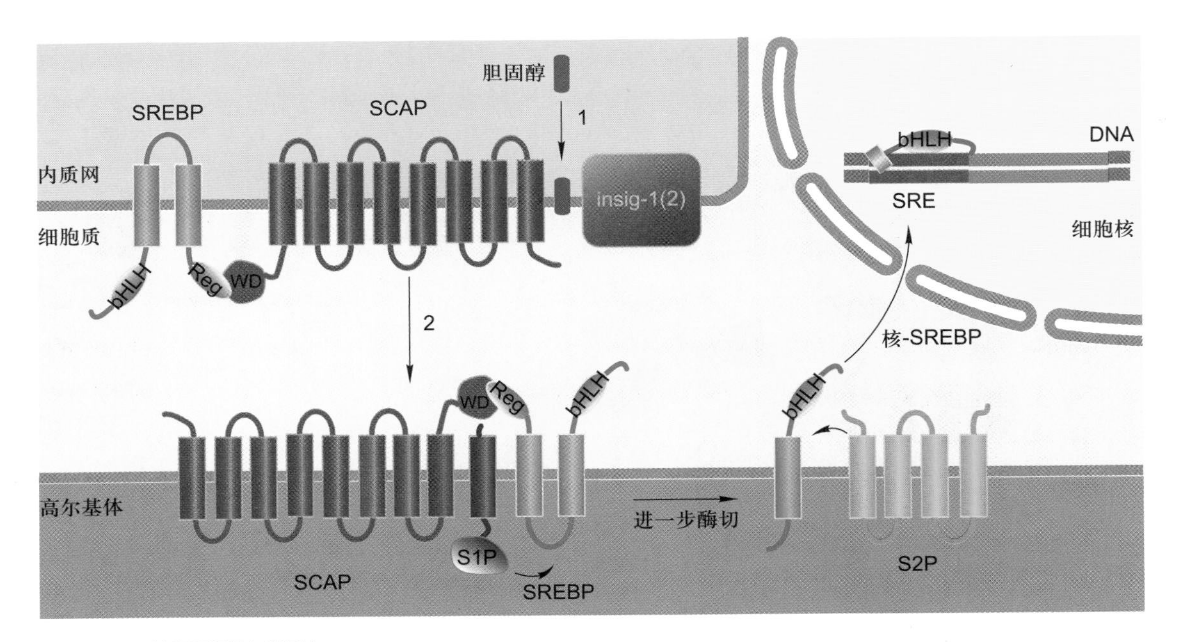

图 5-10　SREBP 的胆固醇敏感调控

1. 当胆固醇水平过高时，insig-1(2) 与 SCAP 蛋白上固醇敏感结构域结合，将 SCAP-SREBP 复合物锚定在内质网膜上。2. 在胆固醇水平降低时，insig-1(2) 与 SCAP 解离，容许 SCAP-SREBP 复合物以膜泡转运的形式移动到高尔基体。在高尔基体，SREBP 随即在两个位点分别被蛋白酶 S1P 和 S2P 切割，从而使 SREBP 蛋白 N 端 bHLH 结构域得以释放。释放后的 bHLH 结构域称作核 -SREBP（nSREBP），并转位到核内，调控具有 SRE 的靶基因的转录。

酶结合，从而导致 calpain 酶原大小亚基水解而被激活。活化的 calpain 可裂解多种蛋白质底物，例如与几种细胞骨架蛋白结合的黏着斑蛋白（vinculin），calpain 可通过裂解黏着斑蛋白，破坏细胞骨架稳定性，使胞膜起泡，核染色质聚集，诱导细胞凋亡。同时活化的 calpain 还可剪切 Bcl-xL 使之由抗凋亡分子转变为促凋亡分子，促进细胞凋亡。caspase-12 位于内质网膜的胞质侧，并且是唯一存在于内质网上的 caspase 家族成员。在非应激情况下，它以酶原的形式存在，当 ERS 时，caspase-12 可以通过不同的途径被激活，如当 ERS 时，活化的 calpain 可转位于内质网膜上，在 T132/A133 和 K158/T159 两个切割位点切割 caspase-12 酶原，使其成为活化的 caspase-12，作为执行细胞凋亡的重要水解酶而发挥作用。

上述源自内质网的信号途径，虽然了解得还不够深入，但都是应激条件下细胞中内质网的一种保护性反应。内质网分子伴侣表达的上调可辅助未折叠蛋白质的折叠，如果仍未形成天然构象，则可转位到细胞质中经泛素 - 蛋白酶体途径降解（内质网相关蛋白质的降解）。ERS 可以通过未折叠蛋白质反应和内质网相关蛋白质的降解，维持内质网的稳态，促进细胞生存；但如果 ERS 反应过强或持续时间过长，则会导致细胞启动细胞凋亡程序。

二、高尔基体的形态结构与功能

高尔基体（Golgi body）又称高尔基器（Golgi apparatus）或高尔基复合体（Golgi complex），是真核细胞内普遍存在的一种细胞器。1898 年，意大利医生 Golgi 用镀银法首次在神经细胞内观察到一种网状结构，命名为内网器（internal reticular apparatus）。后来在很多细胞中相继发现了类似的结构并称之为高尔基体。高尔基体从发现至今已有百余年历史，其中几乎一半时间是进行关于高尔基体形态乃至是否真实存在的争论。20 世纪 50 年代以后随着电子显微镜技术的应用和超薄切片技术的发展，才确证了高尔基体的真实存在。

高尔基体是由大小不一、形态多变的囊泡体系组成，在不同的细胞中，甚至细胞生长的不同阶段都有很大的变化。高尔基体是高度动态的结构，而且难于分离与纯化，再加之动物细胞中高尔基体数目较少，即使在含量丰富的肝细胞中高尔基体也仅有 50 个左右。因此对高尔基体的结构与功能的研究，一直是细胞生物学家面临的挑战性难题之一。近些年来虽然对高尔基体的结构与功能进行了较多研究，但目前积累的资料仍不足以彻底阐明高尔基体的结构与功能。

（一）高尔基体的形态结构与极性

电子显微镜所观察到的高尔基体特征性结构是由排列较为整齐的扁平膜囊（saccule）堆叠而成（常常 4～8 个），囊堆构成了高尔基体的主体结构（图 5-11），扁平膜囊多呈弓形或半球形。膜囊周围又有许多大小不等的囊泡结构。高尔基体是一种有极性的细胞器，这不仅表现在它在细胞中往往有比较恒定的位置与方向，而且物质从高尔基体的一侧输入，从另一侧输出，因此每层膜囊也各不相同。在很多细胞中，高尔基体靠近细胞核的一侧，扁囊弯曲成凸面 (convex) 又称形成面（forming face）或顺面（*cis* face），面向细胞质膜的一侧常呈凹面（concave）又称成熟面（mature face）或反面（*trans* face）。

根据高尔基体的各部膜囊特有的成分，可用电镜组织化学染色方法对高尔基体的结构组分作进一步的分析，常用的 4 种标志细胞化学反应是：

（1）嗜锇反应，经锇酸浸染后，高尔基体的顺面膜囊被特异地染色；

（2）焦磷酸硫胺素酶（TPP 酶）的细胞化学反应，可特异地显示高尔基体反面的 1～2 层膜囊；

（3）胞嘧啶单核苷酸酶（CMP 酶）和酸性磷酸酶的细胞化学反应，常常可显示靠近反面膜囊状和反面管网结构，CMP 酶也是溶酶体的标志酶。20 世纪 60 年代初，A. B. Novikoff 发现 CMP 酶和酸性磷酸酶存在于高尔基体反面一侧，称这种结构为 GERL，意为这种结构与高尔基体（G）密切相关，但它是内质网（ER）的一部分，参与溶酶体（L）的生成，当时认为溶酶体中的酶是内质网合成后，通过 GERL 而不经过高尔基体进入溶酶体中，这一假说影响达十年之久。

（4）烟酰胺腺嘌呤二核苷磷酸酶（NADP 酶）的细胞化学反应，是高尔基体中间几层扁平囊的标志反应。

组织化学染色技术可以反映高尔基体的生化极性，高尔基体的各种标志反应不仅有助于对高尔基体结构与功能的深入了解，而且可以用来更准确地鉴别高尔基体的极性。如汤雪明等用嗜锇反应作为高尔基体顺面的标志反应，研究了中性颗粒细胞发育过程中高尔基体的极性变化。结果表明，高尔基体的顺面并非总是在高尔基体的凸面，在细胞发育的某个阶段可能位于高尔基的凹面。在此以前，由于仅根据形态上的凸凹来确定高尔基体的极性，因此一度认为中性颗粒细胞的中幼粒细胞阶段，其高尔基体的顺面也具有输出分泌颗粒的功能。

A. Rambourg 等借助超高压电镜观察不同厚度的切片，并从不同角度拍摄高尔基体的立体照片，对高尔基体的形态结构进行了比较并做了系统的三维结构分析，结果显示高尔基体是一个十分复杂的连续的整体结构。酵母细胞高尔基体功能缺陷突变株研究发现，高尔基体是一个复杂的由许多功能不同的间隔所组成的完整体系。目前多数学者认为，高尔基体至少由以下几个互相联系的部分组成：

（1）高尔基体顺面膜囊与顺面网状结构（*cis* Golgi network, CGN）

顺面膜囊位于高尔基体顺面外侧，顺面网状结构（CGN）与之相连，呈中间多孔而连续分支状。CGN 膜厚约 6 nm，比高尔基体其他部位略薄，但与内质网膜厚度接近。一般认为，CGN 接受来自内质网新合成的物质并将其分类后转入高尔基体中间膜囊，也有一些携

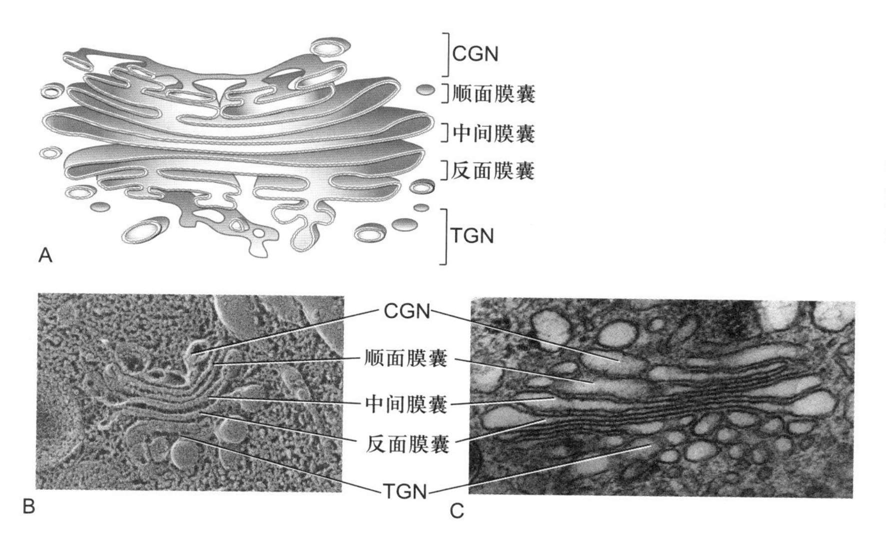

图 5-11　**高尔基体的形态结构**

A. 动物分泌细胞高尔基体三维结构的分区示意图。B. 动物细胞冷冻蚀刻扫描电镜观察到的高尔基体。C. 小鼠回肠 Paneth 细胞电镜超薄切片观察到的高尔基体。（B 图由 Bechara Kachar 博士惠赠；C 图由梁凤霞博士惠赠）

带内质网驻留信号（如 KDEL 或 HDEL）的蛋白质将与高尔基体膜囊上的相应受体相结合，随膜泡出芽后返回内质网。CGN 区域还具有其他生物活性，如蛋白质丝氨酸残基发生 *O*- 连接的糖基化，跨膜蛋白在细胞质基质一侧结构域的酰基化，溶酶体酶上寡糖的磷酸化，日冕病毒的装配也发生在 CGN。

（2）高尔基体中间膜囊（medial Golgi）

中间膜囊位于顺面膜囊与反面膜囊之间，由扁平膜囊与管道组成，形成不同间隔，但功能上是连续的、完整的膜囊体系。多数糖基修饰与加工、糖脂的形成以及与高尔基体有关的多糖的合成都发生在中间膜囊。扁平膜囊特殊的形态大大增加了糖的合成与修饰的有效表面积。

（3）高尔基体反面膜囊与反面网状结构（*trans* Golgi network, TGN）

反面膜囊位于高尔基体反面外侧，反面网状结构（TGN）与之相连，外侧伸入反面侧细胞质中，形态呈管网状。TGN 内 pH 可能比高尔基体其他部位低。TGN 是高尔基体蛋白质分选的枢纽区，同时也是蛋白质包装形成网格蛋白 /AP 包被膜泡的重要发源地之一。此外，某些“晚期”的蛋白质修饰也发生在 TGN，如半乳糖 α-2,6 位的唾液酸化、蛋白质酪氨酸残基的硫酸化及蛋白原的水解加工作用等。有人认为 TGN 在蛋白质与脂质的转运过程中还起到“瓣膜”的作用，保证这些物质单向转运。

令人疑惑的是高尔基体作为细胞内高度动态的细胞器，却又始终维持一种极性结构并实现大分子在各部组分间有序转移，对此目前有两种假说（图 5-12）：①膜泡运输模型（vesicular transport model），该模型认为高尔基体的膜囊群主体是相对稳态的结构，膜囊自身的更新和各部膜囊的生化极性（特征性酶和驻留蛋白的变化）是通过不同类型转运膜泡在相邻膜囊间顺向（顺面→反面）和反向（反面→顺面）有序转移实现的。②膜囊成熟模型（cisternal maturation model），此模型认为高尔基体的膜囊群主体是动态的结构，源自 ER 的泡管结构首先形成高尔基体 CGN，随后膜囊自身从顺面→反面渐次成熟并迁移，一些不当转移的膜囊特异酶类或驻留蛋白通过反向 COP Ⅰ 转运膜泡再没收回来。实际上，关于解释高尔基体结构如何组织与维持，以及膜囊间蛋白质转运的机制问题，现在并没有定论，也许上述两种模型共同发挥作用。

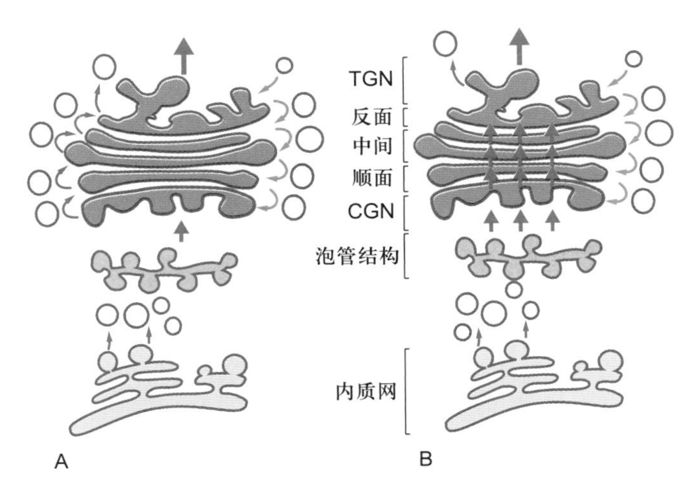

图 5-12　解释高尔基体结构组织及膜囊间蛋白质转运的两种可能模型

A. 膜泡运输模型。B. 膜囊成熟模型。

高尔基体与细胞骨架关系十分密切，在没有极性的细胞中，高尔基体分布在微管的负极端即微管组织中心处；在分离的高尔基体膜囊上，既存在依赖微管的马达蛋白，如细胞质动力蛋白（cytoplasmic dynein）和驱动蛋白（kinesin），又存在依赖微丝的马达蛋白，如不同类型的肌球蛋白（myosin）。最近还发现特异的血影蛋白（spectrin）网架也存在于高尔基体处。显然，它们对维持高尔基体动态的空间结构以及复杂的膜泡运输功能起重要的作用。

（二）高尔基体的功能

高尔基体的主要功能是将内质网合成的多种蛋白质进行加工、分类与包装，然后运送到细胞特定的部位或分泌到细胞外。内质网合成的脂质一部分也通过高尔基体向细胞质膜和溶酶体膜等部位转运。因此，高尔基体是细胞内大分子转运的枢纽或“集散地”。此外高尔基体还是细胞内糖类合成的工厂。

1. 高尔基体与细胞的分泌活动

早期的形态学观察结果就提示高尔基体可能与细胞分泌活动有关，但对这一功能的了解却经历了一个较长的认识过程。20 世纪 70 年代初，L. G. Caro 用 ^{3}H- 亮氨酸对胰腺的腺泡细胞进行脉冲标记，发现在脉冲标记 3 min 后，放射自显影银粒主要位于内质网；20 min 后，银粒出现在高尔基体；120 min 后则位于分泌泡并开始在细胞顶端释放。实验显示了分泌性蛋白在细胞内的合成与转运过程是通过高尔基体来完成的，后来的研究进一步发现，除分泌性蛋白外，多种细胞质膜上的膜蛋白、溶酶体中的酸性水解酶及胶原等胞外基质成分，其

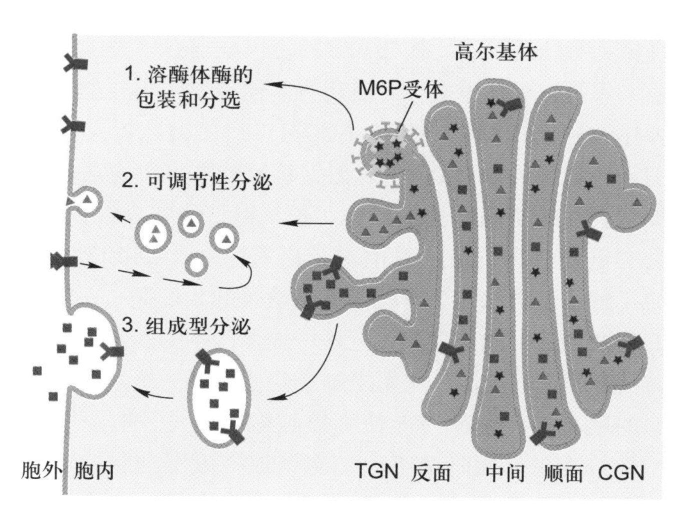

图 5-13　发生在高尔基体 TGN 区的三条蛋白质分选途径。

定向转运过程都是通过高尔基体完成的。

作为蛋白质合成主要场所的糙面内质网常常同时合成多种蛋白质，高尔基体 TGN 区是蛋白质包装分选的关键枢纽，在这里至少有三条分选途径（图 5-13）：

（1）溶酶体酶的包装与分选途径　具有 6- 磷酸甘露糖（M6P）标记的溶酶体酶与相应膜受体结合，通过出芽方式形成网格蛋白 /AP 包被膜泡，再转运至晚期内体（late endosome）。在这里，溶酶体酶（M6P 残基）与膜受体解离，受体返回再利用，溶酶体酶被释放到溶酶体中。溶酶体中含有几十种酸性水解酶，它们在内质网上合成后进入高尔基体。溶酶体酶在内质网合成时已起始 *N*- 连接的糖基化修饰，即把一个寡糖链共价结合到酶分子的天冬酰胺残基上。进入高尔基体膜囊后，在 *N*- 乙酰葡糖胺磷酸转移酶和磷酸葡糖苷酶先后催化下，寡糖链中的甘露糖残基磷酸化生成 6- 磷酸甘露糖。这种特异的反应，只发生在溶酶体的酶上，而不发生在其他的糖蛋白上，估计溶酶体酶本身的构象含有某种磷酸化的信号，如改变其构象则不能被识别也就不能形成 6- 磷酸甘露糖。在高尔基体反面的膜囊上有结合 6- 磷酸甘露糖的受体，由于溶酶体酶的多个位点上都可形成 6- 磷酸甘露糖，从而大大增加了与受体的亲和力，这种特异的亲和力使溶酶体酶与其他蛋白质分离并起到局部浓缩的作用。在一种称为 I 细胞病（inclusion cell disease）的患者中，由于 *N*- 乙酰葡糖胺磷酸转移酶单基因突变而不能合成 6- 磷酸甘露糖，溶酶体的酶也就不能被受体识别，因而无法转运到溶酶体中。在内质网合成的蛋白质很多都是糖蛋白，而且这些蛋白质的糖链在高尔基体中经历十分复杂的修饰，于是人们猜测这种修饰作用可能与蛋白质在高尔基体的分选有关。然而用重组 DNA 技术证明，多种糖蛋白在去掉糖链后仍能正常地输送到细胞的特定部位，说明糖链在多数蛋白质的分选中并不起决定性的作用。上述溶酶体酶的分选途径可能仅是一种特例，况且也不是溶酶体酶唯一的分选途径，已发现在肝细胞中溶酶体酶还存在不依赖于 6- 磷酸甘露糖的其他分选途径。

（2）调节型分泌（regulated secretion）途径　特化类型的分泌细胞，新合成的可溶性分泌蛋白在分泌泡聚集、储存并浓缩，只在特殊刺激条件下才引发分泌活动。例如胰腺 β 细胞胰岛素储存在特殊分泌泡内，当细胞应答血糖升高时才会分泌。在调节型分泌过程中，分泌型蛋白例如促肾上腺皮质激素（ACTH）、胰岛素和胰蛋白酶原等的分选进入调节型分泌泡似乎利用一种共同的机制。在合成 ACTH 的垂体肿瘤细胞中，用重组 DNA 技术同时诱导胰岛素和胰蛋白酶原的合成，正常情况下这些细胞并不表达胰岛素和胰蛋白酶原，但诱导合成的这三种蛋白质却分别进入同样的调节型分泌泡，当一种激素与垂体肿瘤细胞的受体结合并引起胞质中 Ca^{2+} 升高时，则三种蛋白质一起被分泌。虽然并没发现这三种蛋白质具有共有氨基酸序列作为分选信号，但明显具有某些共同特征发挥“信号”作用，指导它们选择性进入调节型分泌泡。电镜观察的形态学证据表明，调节型分泌途径是通过蛋白质选择性聚集而调控的，而选择性聚集与特殊的离子条件（pH 6.5 和 1 mmol/L Ca^{2+}）有某些关联。

（3）组成型分泌（constitutive secretion）途径　所有真核细胞，均可通过分泌泡连续分泌某些蛋白质至细胞表面，特别是非极性细胞，该途径似乎不受调节，所以称为组成型分泌。在极性细胞，分泌蛋白和质膜膜蛋白被选择性分选到顶面或基底面质膜，这种分选形式可能涉及特殊信号介导。一个很有趣的实验显示了蛋白质在高尔基体分选及其转运的信息仅存在于编码这个蛋白质的基因本身。流感病毒和水疱性口炎病毒可同时感染上皮细胞，这两种有囊膜病毒的囊膜蛋白均在糙面内质网上合成，然后经高尔基体转运到细胞质膜上。流感病毒的囊膜蛋白特异性地转运到上皮细胞游离端的细胞质膜上，而水疱性口炎病毒的囊膜蛋白则转运到基底面的细胞质膜上。

目前，人们发现水疱性口炎病毒囊膜蛋白在由糙面内质网合成后进入高尔基体时，存在于细胞质基质一侧的双酸分选信号（Asp-X-Glu 或 DXE）起重要的作用，其他一些膜蛋白也具有这一信号序列，表明膜蛋白在由内质网向高尔基体转运时，也存在一种选择性的转运机制。但是在有极性的上皮细胞高尔基体 TGN 如何使质膜膜蛋白进入不同的转运膜泡被分选到顶端或基底面质膜，其分子机制仍然不太清楚。

2. 蛋白质的糖基化及其修饰

大多数蛋白质或膜脂的糖基化修饰和与高尔基体有关多糖的合成，主要发生在高尔基体。溶酶体酶类、质膜上大多数膜蛋白和可溶性分泌蛋白都是糖蛋白，修饰蛋白质侧链的寡糖链是在糙面内质网合成及其从内质网向高尔基体转运过程中发生一系列有序加工的结果。而细胞质基质和细胞核中绝大多数蛋白都缺少糖基化修饰，仅有的例外是某些转录因子和核孔复合体上发现的一些糖蛋白，但其糖基都比较简单。与细胞内 DNA、RNA 和蛋白质合成不同，糖蛋白中寡糖链的合成与修饰都没有模板，是依靠不同的糖基转移酶、在细胞的不同间隔中经历复杂的加工过程才完成的。这自然会使人们联想，真核细胞中普遍存在的蛋白质糖基化一定具有某些重要的生物学功能：①糖基化的蛋白质其寡糖链具有促进蛋白质折叠和增强糖蛋白稳定性的作用。用衣霉素（tunicamycin）阻断蛋白质糖基化，在糙面内质网合成的多肽，如分泌的抗体 IgG 或分选到质膜上的糖蛋白如血凝素，由于缺少糖基侧链不能正确折叠而滞留在内质网中。虽然很多糖蛋白的分选与行使其功能并非需要糖基化的修饰，例如成纤维细胞所分泌的纤连蛋白（fibronectin）的数量与速率不受蛋白质糖基化与否的影响，但是糖基化的 FN 比未糖基化的 FN 对组织蛋白酶有更强的抗性，提示糖基化增强了糖蛋白的稳定性。②蛋白质糖基化修饰使不同蛋白质携带不同的标志，以利于在高尔基体进行分选与包装，同时保证糖蛋白从糙面内质网至高尔基体膜囊单向转移。目前所知，M6P 即作为溶酶体酶分选和包装的指导信号。③鉴于细胞内一些负责糖链合成与加工的酶类均由严格意义上的管家基因所编码，如多萜醇二磷酸寡糖糖基转移酶、甘露糖蛋白 GlcNAc 转移酶、α- 葡糖苷酶Ⅱ的 α 亚基，这些蛋白质的编码基因被敲除后会导致胚胎致死。另外，细胞表面、细胞外基质密集存在的寡糖链，可通过与另一个细胞表面的凝集素（lectin）之间发生特异性相互作用，直接介导细胞间的双向通信，或参与分化、发育等多种过程。④多羟基糖侧链还可能影响蛋白质的水溶性及蛋白质所带电荷的性质，如哺乳动物细胞表面常常带有负电荷，显然与膜上糖蛋白末端唾液酸残基的存在有关。考虑到寡糖链具有比核酸和多肽更大的潜在信息编码容量，作为分子标志之一可能还有其他重要作用，如参与机体细胞间识别，以及宿主细胞与病原微生物之间的识别。典型的例证是 ABO 血型抗原的许多决定簇是红细胞表面的不同结构的糖链，被抗糖抗体特异性识别，具有重要临床价值。目前对蛋白质糖基化生物学意义的了解还不够深入，有些学者从演化的角度提出，糖链的复杂加工可能是在演化过程中逐步产生的。因为寡糖链具有一定的刚性，从而限制了其他大分子接近细胞表面的膜蛋白，这就可能使真核细胞的祖先具有一个保护性的外被，同时又不像细胞壁那样限制细胞的形状与运动。

N- 连接的糖基化反应起始发生在糙面内质网，一个由 14 个糖残基的寡糖链从供体磷酸多萜醇上转移至新生肽链的特定三肽序列（Asn-X-Ser 或 Asn-X-Thr，其中 X 是除 Pro 以外的任何氨基酸）的天冬酰胺残基上。因此，所有的 *N*- 连接的寡糖链都有一个共同的前体，在糙面内质网以及在通过高尔基体各膜囊间隔的转移过程中，寡糖链经过一系列加工、切除和添加特定的单糖，最后形成成熟的糖蛋白。所有成熟的 *N*- 连接的寡糖链都含有 2 个 *N*- 乙酰葡糖胺和 3 个甘露糖残基。根据其结构特征又可分为高甘露糖 *N*- 连接寡糖（high mannose *N*-linked oligosacchiride）和复杂的 *N*- 连接寡糖（complex *N*-linked oligosacchiride），前者只含有 *N*- 乙酰葡萄糖和甘露糖，后者除此之外还含有岩藻糖、半乳糖和唾液酸，二者可能分别存在于不同种类的糖蛋白中，也可能存在于同一条肽链的不同位点上。

O- 连接的糖基化是在高尔基体中进行的。由不同的糖基转移酶催化，每次加上一个单糖。同复杂的 *N*- 连接的糖基化一样，最后一步是加上唾液酸残基，这一反应发生在高尔基体反面膜囊和 TGN 中，至此完成全部糖基的加工与修饰。多数的糖蛋白在 10 min 内便可从高尔基体分选到其它靶位点。

内质网和高尔基体中所有与糖基化及寡糖加工有关的酶都是整合膜蛋白。它们固定在细胞的不同间隔中，其活性部位均位于内质网或高尔基体的腔面。在高尔基体中，其反应底物核苷酸单糖（nucleotide sugar）通过载体蛋白介导的反向协同运输方式从细胞质基质转运到高尔基体囊腔内。在不同的膜囊间隔中，膜上的载体蛋白也有所不同，以维持腔内特定反应底物的浓度。

用电镜放射自显影的方法或不同的寡糖链合成的抑制剂，可显示在内质网和高尔基体各间隔中寡糖合成的活性。如用 ^{3}H- 甘露糖进行脉冲标记，标记物集中在糙面内质网上，用 ^{3}H- 岩藻糖或 ^{3}H- 半乳糖标记，则标记物集中在高尔基体的反面囊膜中。进一步分析证明半乳糖苷转移酶位于高尔基体反面膜囊，唾液酸转移酶定位于高尔基体反面膜囊和 TGN。因此寡糖链的合成与加工非常像在一条装配流水线上，糖蛋白从细胞器的一个间隔输送到另一个间隔，固定在间隔内侧上的一套排列有序的酶系，依次进行一道道加工，前一个反应的产物又作为下一个反应的底物，确保只有加工过的底物才能进入下一道工序（图 5-14）。

细胞中还有一类重要的糖蛋白，即蛋白聚糖

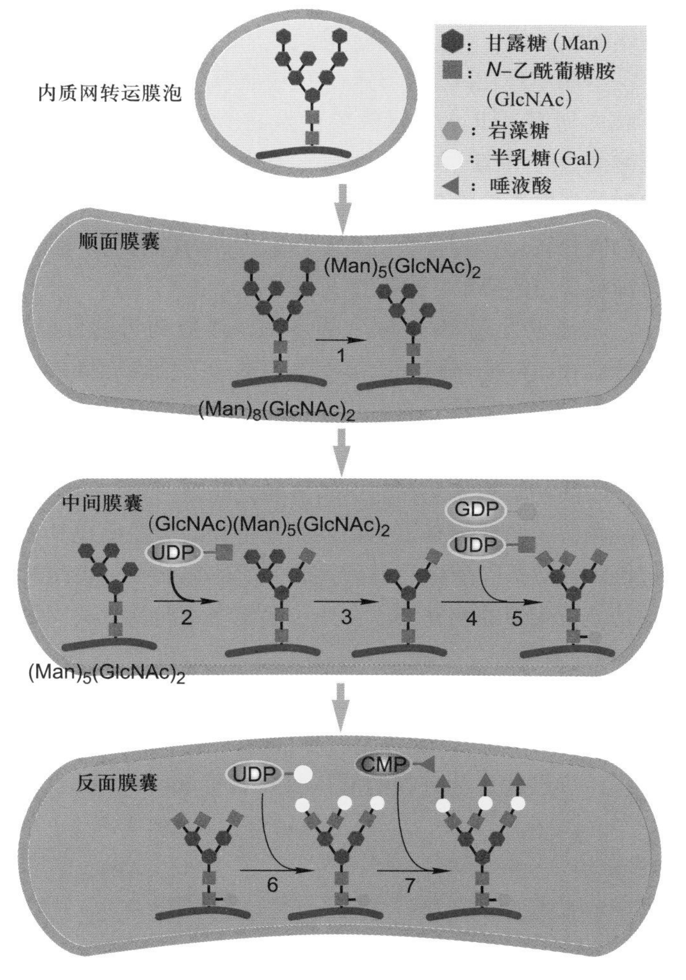

图 5-14　*N*- 连接寡糖在高尔基体各膜囊中的加工过程

N- 连接寡糖进入高尔基体后进行如下修饰：1. 在顺面膜囊切除 3 个 Man 残基。2. 在中间膜囊添加 1 个 GlcNAc 残基。3. 移除 2 个特定的 Man 残基，形成复合寡糖的核心结构。4—5. 添加 2 个 GlcNAc 残基，或在寡糖的基部添加侧链（如岩藻糖）。6. 在反面膜囊添加 Gal 残基。7. 添加唾液酸，完成寡糖末端区域的加工，但每个复合寡糖末端的三糖单元结构（GlcNAc-Gal- 唾液酸）是可变的，具体取决于蛋白质和细胞的种类。

(proteoglycan)，也在高尔基体完成组装的。它是由一个或多个糖胺聚糖（glycosaminoglycan）结合到核心蛋白的丝氨酸残基上，与一般 *O*- 连接寡糖不同，直接与丝氨酸羟基结合的不是 *N*- 乙酰半乳糖胺而是木糖(xylose)。蛋白聚糖多为胞外基质的成分，有些也整合在细胞质膜上，很多上皮细胞分泌的保护性黏液常常是蛋白聚糖和高度糖基化的糖蛋白的混合物。

在植物细胞中，高尔基体合成和分泌多种多糖，它们至少含 12 种以上的单糖，多数多糖呈分支状且有很多共价修饰，远比动物细胞复杂得多，估计构成植物细胞典型初生壁的过程就涉及数百种酶。除少数酶共价结合在细胞壁上外，多数酶都存在于内质网和高尔基体中。其中一个例外是多数植物细胞的纤维素是由细胞质膜外侧的纤维素合成酶合成的。对糖脂研究的资料不多，但已有的证据表明，糖脂的糖侧链也是以与糖蛋白相同的途径和方式合成与加工的，最后由高尔基体转运到溶酶体膜或细胞质膜上。

3. 蛋白酶的水解和其他加工过程

有些多肽，如某些生长因子和某些病毒囊膜蛋白，在糙面内质网中切除信号肽后便成为有活性的成熟多肽。还有很多肽激素和神经肽（neuropeptide）当转运至高尔基体的 TGN 或 TGN 所形成的分泌泡中时，在与 TGN 膜相结合的蛋白水解酶作用下，经特异性水解（常常发生在与一对碱性氨基酸相邻的肽键上）才成为有生物活性的多肽。

不同的蛋白质在高尔基体中酶解加工的方式各不相同，可归纳为以下几种类型：

（1）没有生物活性的蛋白原（proprotein）进入高尔基体后，将蛋白原 N 端或两端的序列切除形成成熟的多肽。如胰岛素、胰高血糖素及血清蛋白（如白蛋白等）这是一种比较简单的蛋白质加工形式。

（2）有些蛋白质分子在糙面内质网合成时是含有多个相同氨基酸序列的前体，然后在高尔基体中被水解形成同种有活性的多肽，如神经肽。

（3）一个蛋白质分子的前体中含有不同的信号序列，最后加工形成不同的产物；有些情况下，同一种蛋白质前体在不同的细胞中可能以不同的方式加工，产生不同种类的多肽，这样大大增加了细胞信号分子的多样性。不同的多肽采用不同的加工方式，推测其原因是：①有些多肽分子太小，在核糖体上难以有效地合成，如仅由 5 个氨基酸残基组成的神经肽；②有些可能缺少包装并转运到分泌泡中的必要信号；③更重要的是可以有效地防止这些活性物质在合成它的细胞内提前发挥作用。假如胰岛素在糙面内质网中合成后便具有生物活性，那么它很可能与内质网膜上的受体结合启动错误的反应。胰岛素即使进入分泌泡后也不会与受体结合，因为它仅在 pH 7 左右的条件下与受体结合，而储存胰岛素的分泌泡中 pH 为 5.5。

硫酸化作用也在高尔基体中进行的，硫酸化反应的硫酸根供体是 3′– 磷酸腺苷 –5′– 磷酸硫酸（3′-phosphoadenosine-5′-phosphosulfate, PAPS），它从细胞质基质中转入高尔基体膜囊内，在酶的催化下，将硫酸根转移到肽链中酪氨酸残基的羟基上。硫酸化的蛋白质主要是蛋白聚糖。

三、溶酶体的结构与功能

与其他细胞器不同，发现溶酶体的最早证据不是来自形态观察，而是在用差速离心法分离细胞组分时获得的。1949 年，C. de Duve 将大鼠肝组织匀浆，并对其中各种细胞器进行分级分离，以期找出哪些细胞器与糖代谢的酶有关。在测定作为对照的酸性磷酸酶活性时，发现酶的活性主要存在于线粒体组分中。但实验结果却出现了一些反常的现象，如蒸馏水提取物中酶的活性比在蔗糖渗透平衡液抽提物中酶的活性高。放置一段时间的抽提物比新鲜制品中的酶活性高，而且酶活性与沉淀物线粒体无关。随后又发现其他几种水解酶也有类似的现象，从而推测在线粒体组分中还存在另一种新的细胞器。1955 年，de Duve 与 Novikoff 合作首次用电子显微镜证明了溶酶体的存在。

（一）溶酶体的形态结构与类型

溶酶体（lysosome）是单层膜围绕、内含多种酸性水解酶类的囊泡状细胞器，其主要功能是行使细胞内的消化作用。溶酶体在维持细胞正常代谢活动及防御等方面起着重要作用，特别是在病理学研究中具有重要意义，因此越来越引起人们的高度重视。

溶酶体几乎存在于所有的动物细胞中，植物细胞内也有与溶酶体功能类似的细胞器，如圆球体、糊粉粒及中央液泡等。典型的动物细胞约含数百个溶酶体，但在不同的细胞内溶酶体的数量和形态有很大差异，即使在同一种细胞中溶酶体的大小、形态也有很大变化，这主要与溶酶体处于不同生理功能阶段相关。

溶酶体是一种异质性的（heterogeneous）细胞器，这是指不同溶酶体的形态大小，甚至其中所含水解酶的种类都可能有很大的不同。根据溶酶体处于完成其生理功能的不同阶段，大致可分为初级溶酶体（primary lysosome）、次级溶酶体（secondary lysosome）和残质体（residual body）。

初级溶酶体呈球形，直径 0.2～0.5 μm，内容物均一，不含有明显的颗粒物质，外面由一层脂蛋白膜围绕（图 5–15）。溶酶体含有多种酸性水解酶类，如蛋白酶、核酸酶、糖苷酶、酯酶、磷脂酶、磷酸酶和硫酸酶，酶的最适 pH 为 5.0 左右。若将氢氧化氨或氯奎（chloroquine）等可透过细胞膜的碱性物质加入细胞培养液中，致使溶酶体内 pH 提高至 7.0 左右，则导致溶酶体酶失活。

溶酶体膜在成分上也与其他生物膜不同：①嵌有质子泵，利用 ATP 水解释放的能量将 H^+ 泵入溶酶体内，使溶酶体中的 H^+ 浓度比细胞质中高 100 倍以上，以形成和维持酸性的内环境；②具有多种载体蛋白用于水解产物向外转运；③膜蛋白高度糖基化，可能有利于防止自身膜蛋白的降解，以保持其稳定。

目前已发现 60 余种溶酶体酶，多数为可溶性酶，有些整合在溶酶体膜上。溶酶体酶本身的结构能抵御酸变性的作用。对已知的溶酶体酶的一级结构进行分析发现它们具有某些特征性同源序列。此外，发现催化相关反应的某种溶酶体酶和非溶酶体酶之间蛋白质一级结构非常相似，与低等真核生物及原核生物的有关酶也具相似性。显然，溶酶体酶与相关的非溶酶体酶是一类结构与功能上相似的酶家族，在分子演化上可能具有共同的起源。

次级溶酶体是初级溶酶体与细胞内的自噬泡或异噬泡（胞饮泡或吞噬泡）融合形成的进行消化作用的复合体，分别称之为自噬溶酶体（autophagolysosome）和

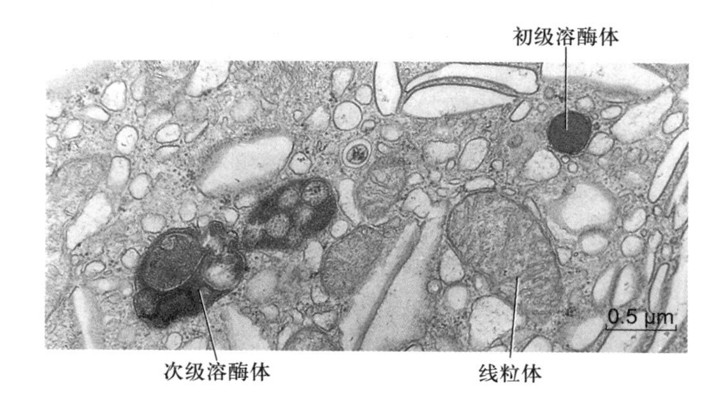

图 5–15　小鼠膀胱上皮细胞中的溶酶体（梁凤霞博士惠赠）

异噬溶酶体（heterophagic lysosome）。电镜观察显示次级溶酶体内部结构复杂多样，含有多种生物大分子、颗粒、膜片甚至某些细胞器，因此次级溶酶体形态不规则，大者直径可达几个微米。次级溶酶体内经历消化后，小分子物质可通过膜上载体蛋白转运到细胞质基质中，供细胞代谢利用，未被消化的物质残存在溶酶体内形成残质体或称后溶酶体。残质体可通过类似胞吐的方式将内容物排出细胞。

根据溶酶体的标志酶反应，可辨认出不同形态与大小的溶酶体。酸性磷酸酶（acid phosphatase）是常用的标志酶，用这种方法不仅有助于研究溶酶体的发生与成熟过程，而且还发现了多泡体等多种类型的溶酶体。溶酶体可看作是以含有大量酸性水解酶为共同特征，有不同形态大小，执行不同生理功能的一类异质性的细胞器。少量的溶酶体酶泄露到细胞质基质中，并不会引起细胞损伤，其主要原因是细胞质基质中的pH为7.0左右，在这种环境中溶酶体酶的活性大大降低。此外，在酵母细胞质中已发现一些蛋白质可以特异地与溶酶体酶结合而使其丧失活性。植物细胞的液泡中含有多种水解酶类，具有与动物细胞溶酶体类似的功能，一般液泡约占细胞总体积的30%以上，但在不同细胞中液泡体积从5%直至90%不等。除此之外，液泡还具有储存营养与废物、调节细胞体积增长及细胞膨压等多种作用。

（二）溶酶体的功能

溶酶体的基本功能是细胞内的消化作用，这对于维持细胞的正常代谢活动及防御微生物的侵染都有重要的意义。溶酶体的消化作用一般可概括成三种途径，每种途径都将导致不同来源的物质在细胞内被消化（图5-16）。

1. 消化由胞吞作用进入细胞的内容物

细胞需要从周围环境中获取自己生长所需的营养物质，其中葡萄糖、氨基酸和一些小分子物质可以通过细胞膜上的转运系统进入细胞后直接利用，而另外一些如细胞的膜组分、胞外基质以及其他被吞噬的物质等，则需要通过胞吞作用包裹在胞吞泡中，经溶酶体途径加以消化后才能利用。对于细胞凋亡而产生的有膜包裹的碎片也会被周围的细胞所吞噬，然后经溶酶体消化。在这些事件中溶酶体就相当于细胞的消化器官，将细胞胞吞的内容物降解成小分子物质供细胞利用。很多单细胞真核生物如黏菌、变形虫等靠吞噬细菌和某些真核微生物而生存，其溶酶体的消化作用就显得更为重要。当基因

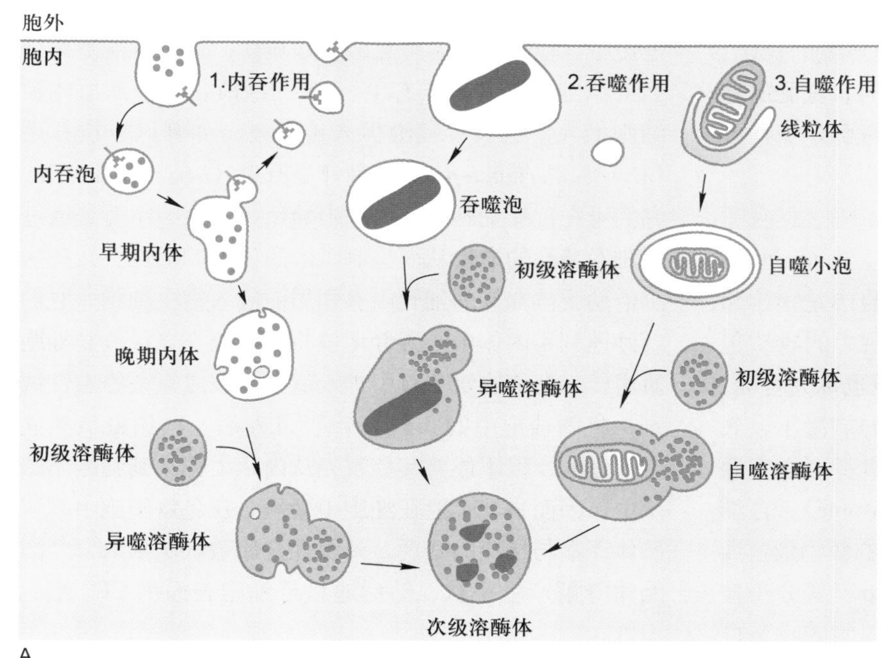

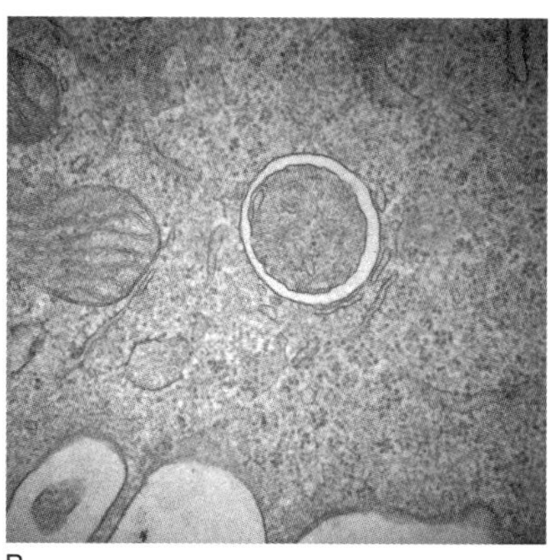

图5-16　溶酶体的消化作用

A. 消化作用的三种途径。1. 内吞作用，可溶性大分子通过质膜包被小窝内化和内吞泡摄入细胞与初级溶酶体结合形成异噬溶酶体被消化；2. 吞噬作用，破损细胞或病原体及不溶性颗粒物质通过异噬泡形成进入细胞与初级溶酶体结合被消化；3. 自噬作用，细胞内破损细胞器和批量细胞质形成自噬泡与初级溶酶体结合被消化。B. 大鼠肾细胞经血清和氨基酸饥饿2 h后的电镜照片。示双层膜包裹的自噬小泡（俞立博士惠赠）。

突变导致溶酶体酶缺失或产生溶酶体酶功能异常时，其底物不能被水解而积留在溶酶体中，结果会导致代谢紊乱，引起疾病。对衰老细胞的清除主要是由巨噬细胞完成，如红细胞衰老时，细胞膜骨架发生改变，导致细胞韧性的改变，而不能进入比其直径更小的毛细血管中。同时细胞表面糖链中的唾液酸残基脱落，暴露出半乳糖残基，从而被巨噬细胞识别并捕获，进而被吞噬和降解。

2. 细胞自噬与生物大分子、损伤的细胞器的降解

在真核细胞中，一些生物大分子、损伤或折叠错误的蛋白质、损伤的细胞器等需要清除。对于定位于细胞质基质中的快速周转蛋白（如与细胞周期调控相关的激酶），其清除方式通常采用如前所述的泛素依赖的蛋白酶体降解途径，而一些半寿期较长的蛋白也可通过细胞自噬介导的溶酶体降解途径。对于一些受损或需要淘汰的细胞器，如线粒体、内质网和过氧化物酶体等，通常采用自噬降解途径。

细胞自噬（auotophagy）是自噬相关基因（autophagyrelated gene, Atg）调控下对细胞内受损或需要淘汰的物质进行再利用的过程。该过程中一些受损的蛋白质或细胞器被双层膜结构的自噬小泡包裹，并与溶酶体（动物中）或液泡（酵母和植物中）融合，将内容物降解后循环利用。在大多数细胞中，细胞自噬只维持在很低的水平，以维持细胞结构的正常更新和内环境的稳定。但当外界环境发生变化，如营养物质缺乏时，细胞的自噬作用增强，以为细胞提供生存所必需的小分子物质和能量。

细胞自噬主要有微自噬（microautophagy）、巨自噬（macroautophagy）和分子伴侣介导的自噬（chaperone-mediated autophagy, CMA）三种形式。微自噬是指溶酶体或者液泡的膜直接内陷，将细胞质基质中的物质包裹进入溶酶体腔，并降解的过程。巨自噬也称大自噬，即通常所说的自噬，是细胞在相关信号的刺激下，底物蛋白或细胞器被一种双层膜的结构包裹，形成直径400～900 nm大小的自噬小泡（autophagosome），自噬小泡的外膜与溶酶体膜融合，释放所包裹的底物到溶酶体降解的过程。CMA是指溶酶体通过Hsp70等分子伴侣识别并结合带有“KFERQ”氨基酸序列的底物蛋白进行降解的过程，CMA不仅在持续饥饿状态下为细胞提供能量，还在氧化性损伤保护、维持细胞内环境稳定等方面发挥作用。

在自噬信号的刺激下，细胞利用内质网、线粒体或高尔基体等细胞器的膜形成一种称为分离膜（phagephore）的双层膜结构。该结构不断延伸并最后将胞浆成分包裹形成自噬体，并与溶酶体融合形成自噬溶酶体（autolysosome），将内容物降解利用。日本学者大隅良典利用酵母突变体鉴定了一批对自噬过程至关重要的自噬相关基因，自噬过程是由这些基因编码的蛋白质和蛋白质复合物所控制的。每种蛋白质负责调控自噬体启动与形成的不同阶段。

细胞自噬涉及细胞结构组分的降解和小分子物质的再利用，能在细胞饥饿时快速提供能量并更新受损的细胞结构，也能在病原微生物侵染细胞时发挥作用。细胞自噬相关基因的变异可能与帕金森病、肿瘤等人类疾病相关。

3. 防御功能

防御功能是某些细胞特有的功能，它可以识别并吞噬入侵的病毒或细菌，在溶酶体作用下将其杀死并进一步降解。动物有几种吞噬细胞（phagocyte），位于肝、脾和其他血管通道中，用以清除抗原抗体复合物及吞噬的细菌、病毒等入侵者，同时也不断清除衰老死亡的细胞和血管中颗粒物质。当机体被感染后，单核细胞（monocyte）迁移至感染或发炎的部位，分化成巨噬细胞，巨噬细胞中溶酶体非常丰富，溶酶体酶与溶酶体所含过氧化氢、超氧化物（O_2^-）等共同作用杀死细菌，电镜下巨噬细胞内常可见较多残质体，这也可能是为什么巨噬细胞的寿命只有1～2天的缘故。某些病原体被细胞摄入，进入吞噬泡但未被杀死，如麻风分枝杆菌（*Mycobacterium leprae*）、利什曼原虫（*Leishmania*）等，它们可在巨噬细胞的吞噬泡中繁殖，其原因主要是通过抑制吞噬泡的酸化从而抑制了溶酶体酶的活性。某些病毒借助受体介导的细胞内吞作用而侵入宿主细胞，它们巧妙地利用内体中的酸性环境将病毒核衣壳释放到细胞质中，如在细胞培养液中加入氢氧化铵或氯奎等碱性试剂，将内吞泡中的pH提高至7.0左右，则病毒虽然能进入细胞，但不能将其核衣壳从内体中释放到细胞质基质中，因而也就不能在细胞中繁殖。在免疫细胞中，溶酶体还参与抗原的处理，外源性抗原被细胞摄取，经溶酶体降解产生小肽，然后递呈至细胞表面供CD_4^+细胞识别。

（三）溶酶体的发生

如前所述，溶酶体酶是在糙面内质网上合成并经*N*-连接的糖基化修饰，然后转至高尔基体，在高尔基

体的顺面膜囊中寡糖链上的甘露糖残基被磷酸化形成6-磷酸甘露糖（M6P），并与存在于高尔基体的反面膜囊和TGN膜上的M6P受体结合，使溶酶体酶得以浓缩富集，最后以出芽的方式形成网格蛋白/AP包被膜泡转运到溶酶体中。

溶酶体酶甘露糖残基的磷酸化先后由两种酶催化：一种是*N*-乙酰葡糖胺磷酸转移酶（*N*-acetylglucosamine phosphotransferase, GlcNAc-P-transferase）；另一种是磷酸葡糖苷酶（phosphoglycosidase）。当溶酶体酶进入高尔基体的顺面膜囊后，*N*-乙酰葡糖胺磷酸转移酶将单糖二核苷酸UDP-GlcNAc上的GlcNAc-P转移到高甘露糖寡糖链上的α-1,6甘露糖残基上，再将第二个GlcNAc-P加到α-1,3的甘露糖残基上，接着在高尔基体中间膜囊中磷酸葡糖苷酶除去末端的GlcNAc暴露出磷酸基团，形成M6P标志。上述反应涉及磷酸转移酶如何从内质网转入高尔基体的多种蛋白质中识别溶酶体酶，现已确定溶酶体酶分子中存在识别信号。这种信号不是肽链某些一级结构序列而是依赖于溶酶体酶的构象或三级结构形成的信号斑（signal patch）。

多数溶酶体酶分子上具有多个*N*-连接的寡糖链，一旦GlcNAc-磷酸转移酶识别了溶酶体酶的信号斑后，在每条寡糖链上便可形成多个M6P残基。溶酶体酶与GlcNAc-磷酸转移酶的识别位点的结合，其亲和常数为$K_a = 10^5$ L/mol，在高尔基体TGN区，含有多个M6P的溶酶体酶与M6P受体结合，其亲和常数高达$K_a = 10^9$ L/mol，前后对比放大了10 000倍。在高尔基体TGN中，M6P受体常集中地分布在某些TGN膜区，从而使溶酶体酶与其他的蛋白质分离并起到局部浓缩的作用，保证了它们以出芽的方式向溶酶体转移。M6P受体有两种，其中之一是依赖Ca^{2+}的受体，它同样也是胰岛素类生长因子Ⅱ的受体，该受体在pH 7.0左右时与M6P结合，而pH 6.0以下则与M6P分离。

在TGN形成的转移小泡首先将溶酶体酶转运到前溶酶体（prelysosome）中，有人认为前溶酶体是载有溶酶体酶的脱包被的转运膜泡与晚期内体融合形成的。前溶酶体的基本特征是脂蛋白膜上具有质子泵，腔内呈酸性，pH 6.0左右。用抗M6P受体的抗体进行免疫标记，显示M6P受体存在于高尔基体的TGN和前溶酶体（晚期内体）膜上，但不存在于溶酶体膜上。如用弱碱性试剂处理体外培养细胞，则M6P受体从高尔基体的TGN上消失而仅存在于前溶酶体膜上，该结果提示，M6P受体穿梭于高尔基体和前溶酶体之间。在高尔基体的中性环境中，M6P受体与M6P结合，进入前溶酶体的酸性环境中后，M6P受体与M6P分离，并返回高尔基体。同时在前溶酶体中，溶酶体酶M6P去磷酸化，使M6P受体与之彻底分离。在高尔基TGN中，包装溶酶体酶的转运膜泡是网格蛋白/AP包被膜泡，但出芽后很快便脱包被，转运至晚期内体并与之融合。溶酶体的发生及其转运过程见图5-17所示。

溶酶体酶的M6P特异标志是目前研究高尔基体分选机制中较为清楚的一条途径。然而这一分选体系的效率似乎不高，一部分含有M6P标志的溶酶体酶会通过运输小泡直接分泌到细胞外。在细胞质膜上，存在依赖于Ca^{2+}的M6P受体，它同样可与胞外的溶酶体酶结合，在网格蛋白/AP协助下通过受体介导的内吞作用，将酶送至前溶酶体中，M6P受体也同样可返回细胞质膜，循环使用。分泌到细胞外的溶酶体酶多数以酶前体的形式存在且具有一定的活性，但蛋白酶是一例外，其前体没有活性。蛋白酶需要进一步切割与加工才能成为有活性的蛋白酶，这一过程是否发生在前溶酶体或溶酶体中，尚不清楚。

已发现在正常淋巴细胞中，如在细胞毒性T细胞和天然杀伤细胞的溶酶体中，既含有溶酶体酶也含有水溶性蛋白穿孔素（perforin）和粒酶（granzyme），溶酶体酶是通过依赖于M6P的途径进入溶酶体，而后者是通过不依赖M6P的途径进入溶酶体。当细胞受到外界信号刺激后，这类溶酶体会象分泌泡一样释放内含物，杀伤靶细胞，因此又称这类溶酶体为分泌溶酶体（secretory lysosome）。

在溶酶体中，除可溶性水解酶外，还有一些是结合在膜上的酶，如葡糖脑苷脂酶（glucocerebrosidase），此外还有溶酶体膜上的特异膜蛋白，这些膜蛋白也是在内质网上合成，经高尔基体加工与分选的。M6P标志的作用是把可溶性的蛋白质结合在特异膜受体上，因此溶酶体的膜蛋白就无需M6P化，但这些膜蛋白如何同其他蛋白质区分开来而特异地分选到溶酶体膜上，其机制尚不清楚。实际上，溶酶体的发生可能是多种途径的复杂过程。不同种类的细胞可能采取不同的途径，同一种细胞也可能有不同的方式，甚至某些酶还可能通过不同的渠道进入溶酶体中，如酸性磷酸酶合成时是一种跨膜蛋白，它并不涉及M6P途径，而像其他膜蛋白那样经高尔基体转运到细胞表面，随后依赖于胞质侧部分酪氨酸残基信号，从细胞表面再转运到溶酶体，在胞质中巯基蛋白酶和溶酶体中天冬氨酸蛋白酶的作用下成为可溶

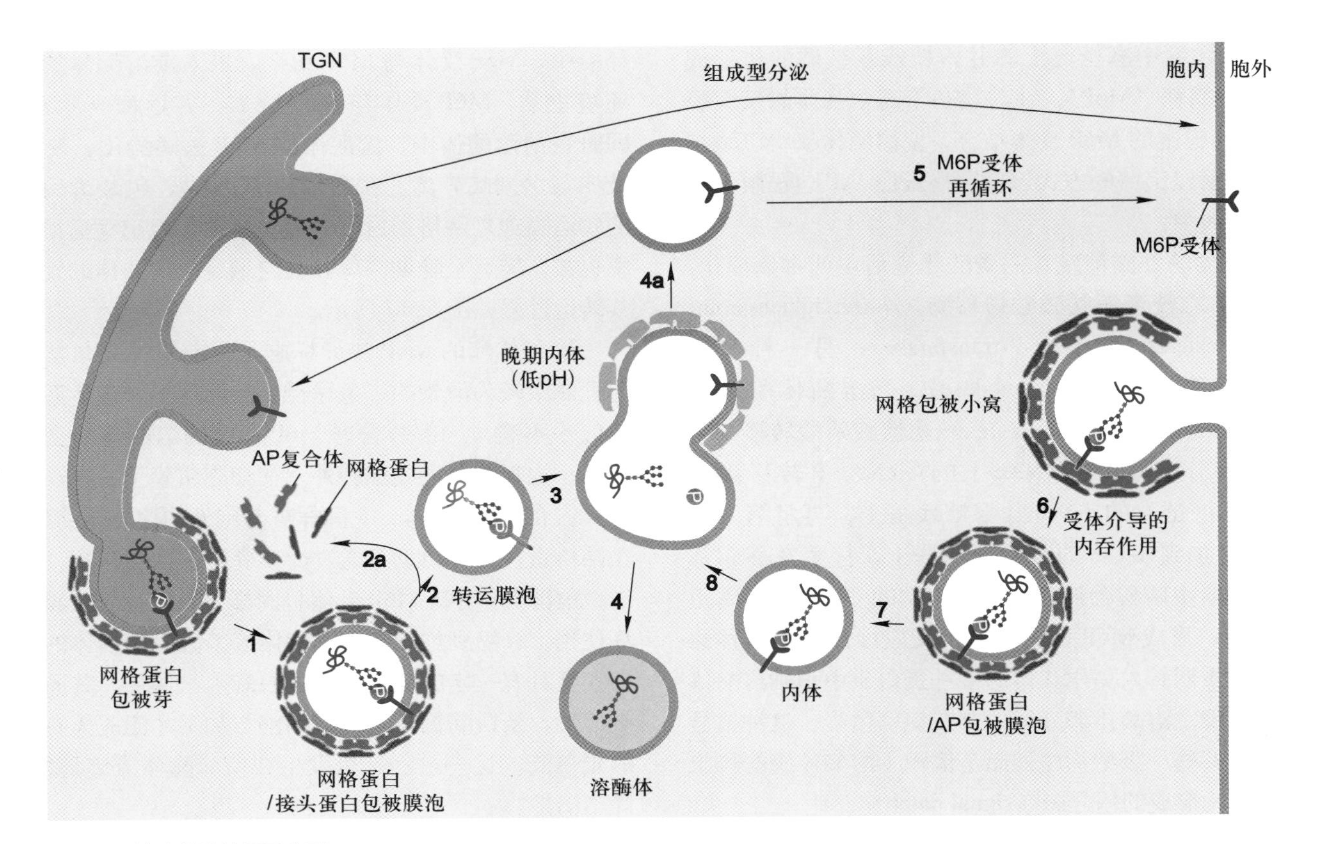

图 5-17　**溶酶体酶转运示意图**

1. 具有 M6P 标记的溶酶体酶在高尔基体的 TGN 与膜受体结合，形成网格蛋白 / 接头蛋白包被膜泡；2. 包被复合物解聚，形成转运膜泡；3. 转运膜泡与晚期内体融合；4. 去磷酸化的酶与 M6P 受体解离，形成溶酶体，2a 和 4a 表示包被蛋白和 M6P 受体可再循环利用；5. 某些受体可转运到细胞表面，磷酸化的溶酶体酶偶尔也会通过组成型分泌途径转运到细胞表面或分泌到细胞外；6—8. 分泌的酶通过受体介导的内吞作用被回收。

性的酶。溶酶体酶的加工常常发生在它们进入溶酶体以后，不同种酶的加工方式也各自不同，然而有些加工，如糖侧链的部分水解，可能是溶酶体内特定环境造成的，对酶的活性并非必要。

（四）溶酶体与疾病

溶酶体是细胞内消化的主要场所，由于遗传缺陷致使溶酶体中缺乏某种水解酶，导致相应的底物不能被降解而积蓄在溶酶体内。溶酶体过载和代谢紊乱引起溶酶体贮积症（lysosomal storage disease），例如泰 - 萨克斯病（Tay-Sachs disease）就是因为己糖胺酶 A 的先天性缺失，从而不能有效降解神经节苷脂 GM_2，结果导致患儿智力迟钝、失明，一般在 2～6 岁死亡。还有一些其他类型的溶酶体贮积症，也是由于相关溶酶体酶的缺失，引起底物贮积造成的。另一个案例是 I 细胞病（inclusion-cell disease），其主要病因不是由于酶的生成障碍，而是由于 *N*- 乙酰氨基葡糖磷酸转移酶缺乏，M6P 信号缺失，致使异常转运不能进入溶酶体而分泌进入血液，结果底物在溶酶体内积蓄形成很大的包涵体。此外，由于不同因素引起溶酶体膜稳定性下降，导致溶酶体水解酶类外溢，也可导致与溶酶体相关的疾病发生，如硅肺、类风湿性关节炎。

（五）过氧化物酶体

过氧化物酶体（peroxisome）又称微体（microbody），是由单层膜围绕的内含一种或几种氧化酶类的细胞器（图 5-18）。1954 年 J. Rhodin 首次在鼠肾的肾小管上皮细胞中观察到这种细胞器。

由于过氧化物酶体在形态大小及降解生物大分子等功能上与溶酶体类似，是一种异质性的细胞器，其确切的生理功能在发现后的相当一段时间内都不清楚，因此人们把它看作是某种特殊溶酶体。直至 20 世纪 70 年代才逐渐确认，过氧化物酶体是一种与溶酶体完全不同的细胞器。它普遍地存在于所有动物细胞和很多植物细胞中。早年以大鼠肝组织及种子植物的种子作为研究过氧化物酶体的实验材料。近些年来，人们从几种酵母菌

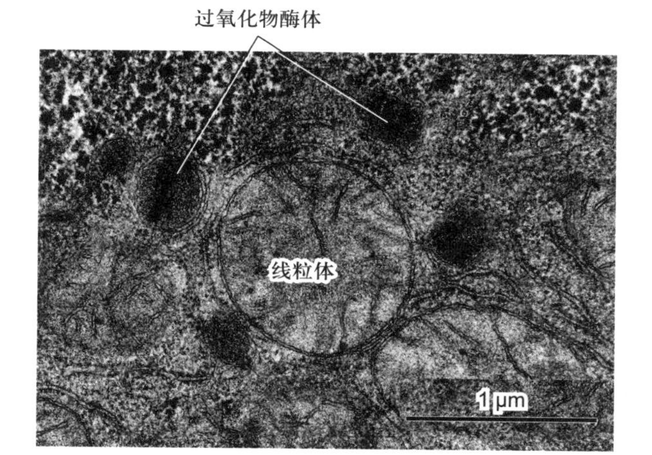

图 5-18　鼠肝细胞超薄切片所显示的过氧化物酶体和其他细胞器如线粒体等

及成纤维细胞中筛选出一系列过氧化物酶体缺陷突变株，进而克隆了 20 多种与过氧化物酶体发生相关的基因（称 *Pex* 基因，对应的蛋白质称 peroxin），从而对该细胞器结构、功能及其发生过程有了进一步了解。

1. 过氧化物酶体与溶酶体的区别

过氧化物酶体和初级溶酶体的形态与大小类似，但过氧化物酶体中高浓度的尿酸氧化酶等常形成晶格状结构，因此可作为电镜识别的主要特征。此外，这两种细胞器在成分、功能及发生方式等方面都有很大的差异，详见表 5-2 所示。

2. 过氧化物酶体的功能

过氧化物酶体是一种异质性细胞器，不同生物的细胞中，甚至单细胞生物的不同个体中所含酶的种类及其行使的功能都有所不同。如在含糖培养液中生长的酵母细胞内过氧化物酶体的体积很小；但当它生长在含甲醇培养液中时，其体积增大、数量增多，可占细胞质体积的 80%以上，并能氧化甲醇；当酵母生长在含脂肪酸培养基中，则过氧化物酶体非常发达，并可把脂肪酸分解成乙酰辅酶 A 供细胞利用。

对动物细胞过氧化物酶体的功能了解很少，已知在肝细胞或肾细胞中，它可氧化分解血液中的有毒成分，起到解毒作用，例如饮酒后几乎半数的酒精是在过氧化物酶体中被氧化成乙醛的。

过氧化物酶体是真核细胞中直接利用分子氧的细胞器，其中常含有两种酶：一是依赖于黄素（FAD）的氧化酶，其作用是将底物氧化降解，并产生 H_2O_2；二是过氧化氢酶，其含量常占过氧化物酶体蛋白质总量的 40%，它的作用是将 H_2O_2 分解，形成水和氧气。由这两种酶催化的反应，相互偶联，从而使细胞免受 H_2O_2 的毒害。氧化酶和过氧化氢酶之间可以形成一个简单的呼吸链，但不起能量转换的作用。

过氧化物酶体可降解生物大分子，最终产生 H_2O_2，其中多数反应也可在其他细胞器中进行，但并不产生 H_2O_2。因此有的学者提出，过氧化物酶体另一种功能是分解脂肪酸等高能分子向细胞直接提供热能，而不必通过水解 ATP 的途径获得能量。在植物细胞中过氧化物酶体起着重要的作用。一是在绿色植物叶肉细胞中，它催化 CO_2 固定反应的副产物的氧化，即所谓光呼吸作用，将光合作用的副产物乙醇酸氧化为乙醛酸和过氧化氢；二是在种子萌发过程中，过氧化物酶体降解储存在种子中的脂肪酸产生乙酰辅酶 A，并进一步形成琥珀酸，后者离开过氧化物酶体进一步转变成葡萄糖。因上述转化过程伴随着一系列称为乙醛酸循环的反应，因此又将这种过氧化物酶体称为乙醛酸循环体（glyoxysome）。在动物细胞中没有乙醛酸循环反应，因此动物细胞不能将脂肪中的脂肪酸转化成糖。

近年来，越来越多与过氧化物酶体相关的疾病被发现，主要有各型肾上腺脑白质营养不良（adreno-

表 5-2　过氧化物酶体与初级溶酶体的特征比较

特　征	溶酶体	过氧化物酶体
形态大小	多呈球形，直径 0.2 ~ 0.5 μm，无酶晶体	球形，哺乳动物细胞中直径多在 0.15 ~ 0.25 μm，内常有酶的晶体
酶种类	酸性水解酶	含有氧化酶类
pH	5 左右	7 左右
是否需 O_2	不需要	需要
功能	细胞内的消化作用	多种功能
发生	酶在糙面内质网合成，经高尔基体出芽形成	酶在细胞质基质中合成，经组装与分裂形成
识别的标志酶	酸性水解酶等	过氧化氢酶

leukodystrophy)，脑肝肾综合征（Zellweger 病，一种遗传病），婴儿儿型 Refsum 病，高六氢吡啶羧酸血症（hyperpipecolicacidemia），肢近端型点状软骨发育不良（rhizomelic chondrodysplasiapunctata）等。

3. 过氧化物酶体的发生

过氧化物酶体的发生过程既不同于线粒体或叶绿体，也有别于溶酶体。过氧化物酶体中不含 DNA，组成过氧化物酶体的膜蛋白和可溶性基质蛋白均由细胞核基因编码，主要在细胞质基质中合成，然后分选转运到过氧化物酶体中。现在已知，过氧化物酶体的发生有两种途径：一是细胞内已有的成熟过氧化物酶体经分裂增殖而产生子代细胞器；二是在细胞内从头开始组装（*de novo*）。过氧化物酶体的组装包括 3 个阶段（图 5-19）：①过氧化物酶体的装配起始于内质网。在那里，Pex3 和 Pex16 等在内质网膜上合成，并被插入到膜上，它们再招募 Pex19 并形成一个特殊的区域，然后由内质网出芽形成过氧化物酶体的前体。这种过氧化物酶体的前体可以相互之间或是与已经存在的过氧化物酶体融合，以使之生长成较大的体积或为以后的分裂做准备。在这个特殊的膜泡上，Pex19 蛋白作为过氧化物酶体膜蛋白靶向序列的胞质受体而发挥作用，一些在细胞质游离核糖体上合成的过氧化物酶体的其他膜蛋白可以通过自己所带的靶向序列与 Pex19 结合，并在 Pex3 和 Pex16 等的帮助下插入到该细胞器的膜上，待所有过氧化物酶体膜蛋白都插入后，便形成了过氧化物酶体雏形（peroxisomal ghost），为基质蛋白输入提供基础。②具有过氧化物酶体引导信号 1（peroxisomal targeting signal 1, PTS1）和 PTS2 的基质蛋白，它们分别以 Pex5 和 Pex7 为胞质受体，各自靶向序列与相应受体结合后再与膜受体（Pex14）结合。在过氧化物酶体的膜上，有一种至少由 6 种 peroxin 组装而成的易位体（translocator），具有过氧化物酶体引导信号的蛋白质或寡聚体被 Pex5 或 Pex7 识别，并与 Pex14 结合后，通过易位体进入过氧化物酶体的腔内。与蛋白质进入内质网、线粒体或叶绿体不同的是，通过这种方式进入过氧化物酶体的蛋白体不需要将多肽链展开就能与胞质受体如 Pex5 一起进入腔内，即便是直径较大的寡聚体。Pex5 等胞质受体与过氧化物酶体蛋白一起进入以后便将货物释放，并回到细胞质内重复使用。这一过程由定位于过氧化物酶体膜上的蛋白复合物（Pex10、Pex12 和 Pex2）介导完成。基质蛋白输入产生成熟的过氧化物酶体。③成熟的过氧化物酶体经分裂产生子代过氧化物酶体，分裂过程依赖于 Pex11 蛋白。

与 Pex5 等胞质受体结合的蛋白质进入过氧化物酶体的机制还没有完全研究清楚，但有一点可以肯定，由 peroxin 组装而成的易位体的孔径是动态可调的，并且只有在货物通过时开启，以适应不同直径的已折叠的蛋白质通过，甚至是在细胞质里就已经装配好的寡聚体。这与蛋白质进入线粒体和叶绿体的情况完全不同，后者需要将已经已折叠的蛋白质解开，进去以后再重新折叠或组装成有活性的蛋白质。过氧化物酶体在物质代谢过程中会产生 H_2O_2 等对细胞有害的物质，因此，过氧化物酶体膜上的转运通道应该是非常严密的，不会允许这些分子自由扩散出去，但其机制还未明了。

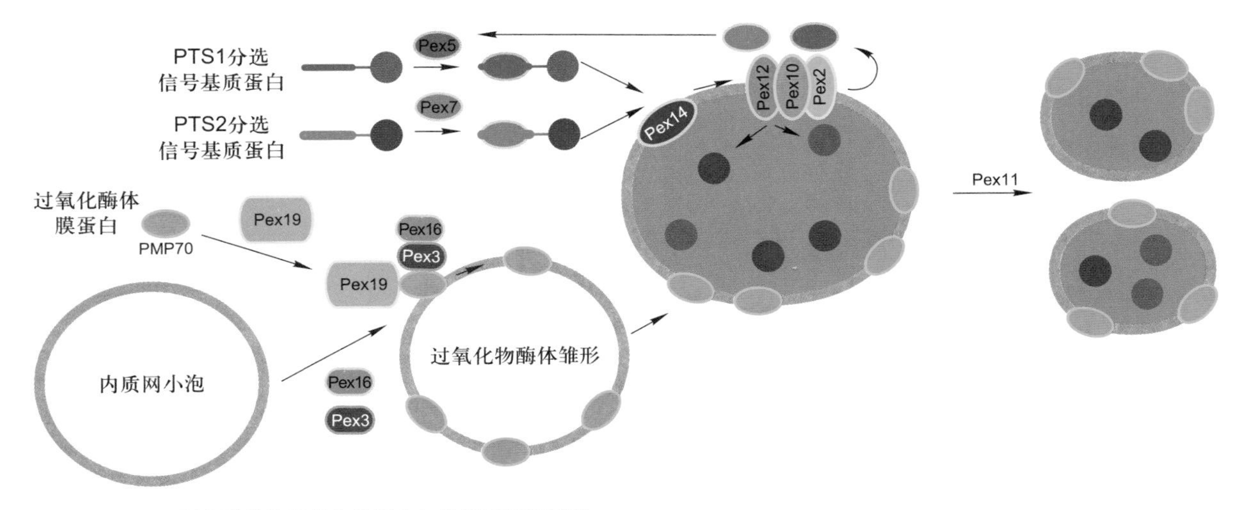

图 5-19 过氧化物酶体的生物发生与分裂过程的模型

思考题

1. 谈谈你对细胞质基质的结构组成及其在细胞生命活动中作用的理解。
2. 为什么说细胞内膜系统是一个结构与功能密切联系的动态性整体?
3. 试述内质网的主要功能及其质量监控作用。
4. 试述高尔基体的结构特征及其生理功能。
5. 蛋白质糖基化的基本类型、功能定位及生物学意义是什么?
6. 溶酶体是怎样发生的? 它有哪些基本功能?
7. 过氧化物酶体与溶酶体有哪些区别? 怎样理解过氧化物酶体是异质性的细胞器?

参考文献

1. Bernales S, Papa F R, Walter P. Intracellular signaling by the unfolded protein response. *Annual Review of Cell and Developmental Biology*, 2006, 22: 487-508.
2. Chen S, Novick P, Ferro-Novick S. ER structure and function. *Current Opinion in Cell Biology*, 2013, 25: 428-433.
3. Ellgaard L, Helenius A. Quality control in the endoplasmic reticulum. *Nature Reviews Molecular Cell Biology*, 2003, 4:181-191.
4. Farquhar M G, Palade G E. Golgi apparatus: 100 years of progress and controversy. *Trends in Cell Biology*, 1998, 8: 2-10.
5. Hiderou Yoshida. ER stress and diseases. *The FEBS Journal*, 2007, 274:630-58.
6. Hoepfner D, Schildnegt D, Braakman I, *et al*. Contribution of the endoplasmic reticulum to peroxisome formation. *Cell*, 2005, 122 (1): 85-95.
7. Kubota H. Quality control against misfolded proteins in the cytosol: a network for cell survival. *Journal of Biochemistry*, 2009, 146: 609-616.
8. Mizushima N, Komatsu M. Autophagy: Renovation of cell and tissues. *Cell*, 2011, 147 (4): 728-741.
9. Phillips M J, Voeltz G K. Structure and function of ER membrane contact sites with other organelles. *Nature Reviews Molecular Cell Biology*, 2016,17: 69-82.
10. Raychaudhuri S, Prinz W A. Nonvesicular phospholipid transfer between peroxisomes and the endoplasmic reticulum. *Proceedings of the National Academy of Sciences of the United States of America*, 2008, 105: 15785-15790.
11. Trombetta E S, Parod A J. Quality control and protein folding in the secretory pathway. *Annual Review of Cell and Developmental Biology*, 2003, 19: 649-676.
12. Wu H, Carvalho P, Voeltz G K. Here, there, and everythere: the importance of ER membrane contact sites. *Science*, 2018, 361 (6401): eaan5835.
13. Yang Z, Klionsky D J. Eaten alive: a history of macroautophagy. *Nature Cell Biology*, 2010, 12: 814-822.

第六章

蛋白质分选与膜泡运输

细胞中的每种蛋白质需要组装到特定部位才能发挥功能。蛋白质在细胞内的分选和定位，以及复杂的膜泡运输，是真核细胞维持其结构有序与功能稳态的充分必要条件。

第一节　细胞内蛋白质的分选

在真核细胞中，除少量蛋白质在线粒体和叶绿体内合成外，绝大多数蛋白质都是由核基因编码，或在游离的核糖体上合成，或在糙面内质网膜结合的核糖体上合成。然而，蛋白质合成以后必须转运到达特定的部位才能参与组装细胞结构，发挥其生物学功能，这一过程称为蛋白质靶向转运（protein targeting）或蛋白质分选（protein sorting）。蛋白质分选是涉及多种信号调控的复杂而重要的细胞生物学热点问题。

一、信号假说与蛋白质分选信号

Palade 发现，在细胞质的游离核糖体上合成的是非分泌蛋白，而在内质网附着核糖体上能合成分泌蛋白。但细胞学家们并没有发现能够解释游离核糖体和附着核糖体功能差异的原因。Palade 的学生 G. Blobel 假设该差异应存在于蛋白质本身。他和同事 D. Sabatini 推测分泌蛋白可能在 N 端携带有短的信号序列。一旦该序列从核糖体翻译合成，结合因子便与该序列结合，指导其转移到内质网膜，后续翻译过程将在内质网膜上进行。这就是 1975 年 Blobel 和 Sabatini 提出的信号假说（signal hypothesis）。后来，P. Leder 及其同事构建的无细胞翻译系统合成了比正常分泌抗体长 6～8 个氨基酸的轻链，其他研究者也获得了相似的结果。在对 Blobel 和 Sabatini 的假说不知情的情况下，剑桥大学的 Milstein 基于他的体外无细胞系统提出了相似假设，但当研究人员检查微粒体的蛋白质时，发现只存在正常长度的蛋白质，他们假设这多余氨基酸序列在指导蛋白质转运至内质网上有重要作用。尽管一些人质疑多出的这段肽链是体外翻译和分离的错误，但 Blobel 等人设计了一种蛋白质体外翻译－转运系统，获得了一系列信号假说的证据，如利用鼠的 mRNA、兔的核糖体和狗的内质网（胰腺微粒体）组建的翻译－转运系统可能是一个通用系统。探究细胞内蛋白质转运机制的诸多细节花费了 20 多年时间，其中洛克菲勒大学的 Blobel 因此在 1999 年获诺贝尔生理学或医学奖。

已知指导分泌蛋白在糙面内质网上合成的决定因素包括：蛋白质 N 端的信号肽（signal sequence 或 signal peptide）、信号识别颗粒（signal recognition particle, SRP）和内质网膜上信号识别颗粒的受体（又称停泊蛋白，docking protein, DP）等因子共同协助完成的。

信号肽位于蛋白质的 N 端，一般由 16～26 个氨基酸残基组成，其中包括疏水核心区、信号肽的 C 端和 N

图 6-1 信号肽的一级结构序列

以血清白蛋白和 HIV-1 型病毒的糖蛋白 gp160 信号肽为例，显示出两者信号肽一级序列分别由疏水核心、C 端和 N 端三个区域构成。

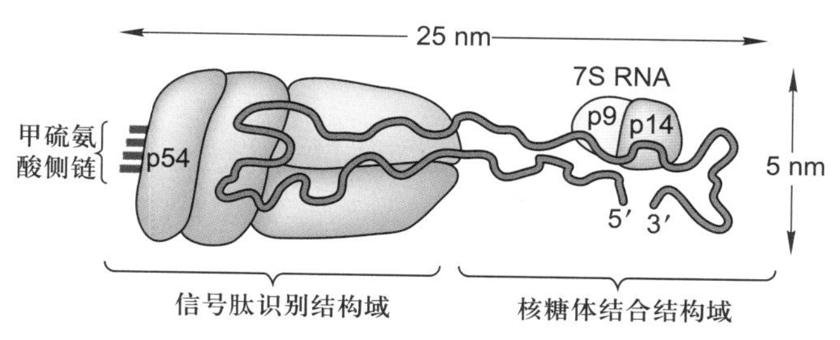

图 6-2 信号识别颗粒（SRP）的结构示意图

SRP 含有两个结构域，p54 蛋白是一种包含成簇甲硫氨酸残基的 GTP 酶，甲硫氨酸侧链与信号肽的疏水核心结合；当 SRP 与信号肽结合后，SRP 的 p9 和 p14 蛋白复合体阻断新生肽链的翻译。

端等三部分（图 6-1）；原核细胞某些分泌蛋白的 N 端也具有信号序列。信号肽似乎没有严格的专一性，如大鼠的胰岛素原蛋白接上真核或原核细胞的信号肽，均可通过大肠杆菌的细胞质膜分泌到细胞外。

信号识别颗粒（SRP）是一种核糖核蛋白复合体（图 6-2），由 6 种不同的蛋白质和一条长度约为 300 个核苷酸的 7S RNA 组成，SRP 通常存在于细胞质基质中，等待信号肽从多聚核糖体上延伸暴露出来，SRP 既可与新生肽信号序列和核糖体大亚基结合，又可与内质网膜上 SRP 受体结合。SRP 受体是内质网膜上的整合蛋白，由 α 和 β 亚基组成，可特异地与 SRP 结合。当 SRP 的 p54 亚基和 SRP 受体的 α 亚基与 GTP 结合时，会增进 SRP/ 新生肽 / 核糖体复合物与 SRP 受体结合的强度。

应用体外无细胞系统（cell free system）进行蛋白质合成实验，证实分泌蛋白向 rER 腔内的转运是同蛋白质翻译过程偶联进行的，这种分泌蛋白在信号肽引导下边翻译边跨膜转运的过程称为共翻译转运（cotranslational translocation）。

体外无细胞系统蛋白质合成的实验证实，在分泌蛋白合成过程中信号肽、信号识别颗粒和停泊蛋白之间的相互关系显示在表 6-1 中。

根据已有研究资料和证据，对表 6-1 中的结果及分泌蛋白在内质网上合成的共翻译转运过程可概括为如图 6-3 所示。

蛋白质首先在细胞质基质游离核糖体上起始合成，当多肽链延伸至约 80 个氨基酸残基时，N 端的内质网信号序列暴露出核糖体并与 SRP 结合，导致肽链延伸暂时停止，防止新生肽 N 端损伤和成熟前折叠（图 6-3 步骤 1 和 2），直至 SRP 与内质网膜上的 SRP 受体结合，将核糖体 - 新生肽复合物附着到内质网膜上（图 6-3 步骤 3），当 2 分子 GTP 分别与 SRP-p54 亚基和 SRP 受体 α 亚基结合时，这种结合复合物的相互作用被强化。核糖体 - 新生肽复合物与内质网膜的移位子（translocon）结合，SRP 脱离了信号序列和核糖体，返回细胞质基质中重复使用，肽链又开始延伸。以环化构象存在的信号肽与移位子组分结合并使孔道打开，信号肽穿入内质网膜并引导肽链以袢环的形式进入内质网腔中，这是一个耗能过程（图 6-3 步骤 4）。与此同时，腔面上的信号肽酶切除信号肽并快速使之降解（图 6-3 步骤 5）。肽链继续延伸，直至完成整个多肽链的合成（图 6-3 步骤 6），蛋白质进入腔内并折叠，核糖体释放，移位子关闭（图 6-3 步骤 7 和 8）。

引导新生肽链穿过移位子的信号肽可视为起始转

表 6-1 在无细胞系统中蛋白质的翻译过程与 SRP、DP 和微粒体的关系

实验组别	含有编码信号序列的 mRNA	SRP	DP	微粒体	结果
1	+	–	–	–	产生含信号肽的完整多肽
2	+	+	–	–	合成 70 ~ 100 个氨基酸残基后，肽链停止延伸
3	+	+	+	–	产生含信号肽的完整多肽
4	+	+	+	+	信号肽切除，多肽链进入微粒体中

“+”和“–”分别代表反应混合物中存在（+）或不存在（–）该物质。

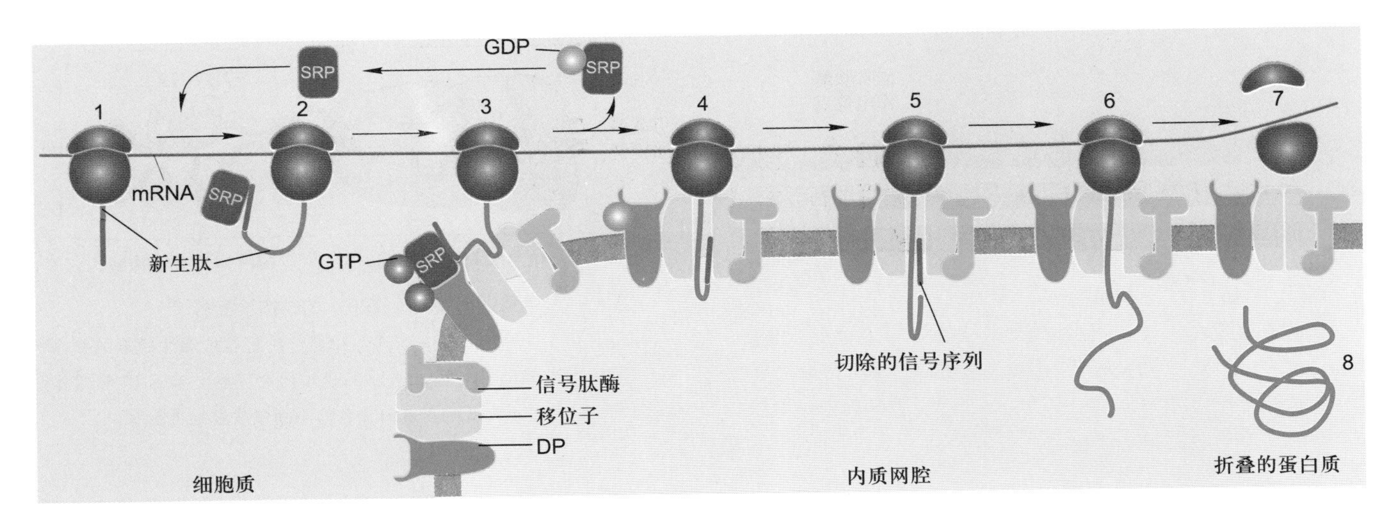

图 6-3　分泌蛋白的合成与共翻译转运过程图解

图示信号序列、SRP、SRP 受体及移位子之间的相互作用。1—2. 分泌蛋白合成起始，内质网靶向信号序列合成，并被游离的 SRP 识别；3. SRP 与内质网膜上的受体结合，引导核糖体 – 新生肽复合物附着到内质网膜上；4. 核糖体 / 新生肽与内质网膜的移位子结合，伴随 GTP 水解，SRP 与相应受体解离，返回细胞质基质中重复使用，肽链又开始延伸，通过移位子以袢环的形式进入内质网腔；5. 新生肽链的信号序列被信号肽酶切除；6. 新生肽链继续延伸，直至多肽链的合成结束；7—8. 蛋白质进入腔内并折叠。

移序列（start transfer sequence）。肽链中还可能存在某些内在序列与内质网膜有很强的亲和力从而使之结合在脂双层之中，这段序列不再转入内质网腔中，称之为内在停止转移锚定序列（internal stop-transfer anchor sequence, STA）和内在信号锚定序列（internal signal-anchor sequence, SA）。如果一种多肽只有 N 端信号序列而没有停止转移锚定序列，那么这种多肽合成后一般进入内质网腔中，如果一种多肽的停止转移锚定序列位于多肽的内部，那么这种多肽最终会成为内质网的膜蛋白。含有多个起始转移序列和多个停止转移锚定序列的多肽将成为多次跨膜的膜蛋白。跨膜蛋白的拓扑学结构可能就是由这些蛋白质一级结构中的起始和停止转移序列共同决定的。在 rER 合成的整合膜蛋白根据拓扑学特征大体上可分为 4 类（图 6-4），它们的共同点是多肽链的 20～25 个疏水氨基酸残基形成跨膜 α 螺旋，不同点在于是否有 N 端可切割的 ER 信号序列，定位方向或跨膜次数也会有所不同，其中单次跨膜蛋白多肽链内在

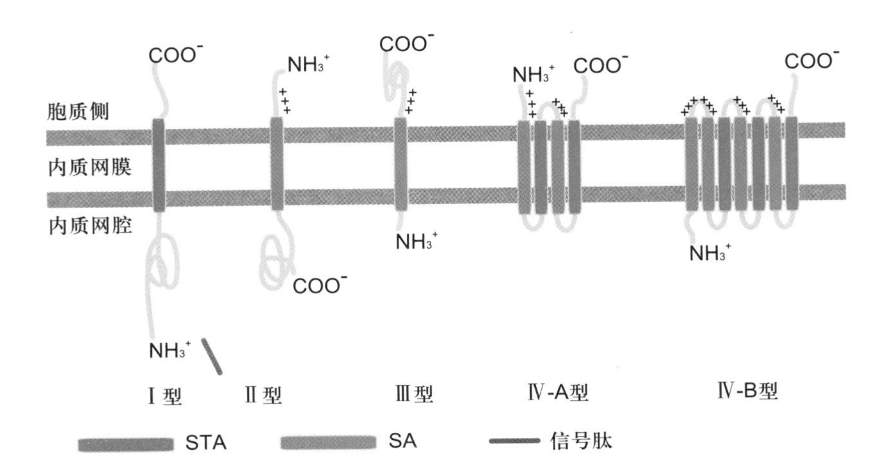

图 6-4　内质网膜整合蛋白的拓扑学类型

STA：内在停止转移锚定序列；SA：内在信号锚定序列。这样的序列在多次跨膜蛋白中会有变化。Ⅰ、Ⅱ、Ⅲ型均为一次跨膜 α 螺旋，Ⅰ型蛋白含有一个被切割的 N 端内质网信号序列，通过 STA 锚定在膜上，N 端亲水区位于内质网腔面，C 端亲水区位于细胞质基质面，如 LDL 受体、流感 HA、胰岛素受体、生长素受体；Ⅱ型蛋白不含有可切割的内质网信号序列，N 端亲水区位于细胞质基质侧，C 端亲水区位于内质网腔面，如无唾液酸糖蛋白受体、转铁蛋白受体、高尔基半乳糖苷转移酶、高尔基唾液酸转移酶；Ⅲ型蛋白含有一个疏水的跨膜片段，邻近 N 端亲水区，与Ⅰ型蛋白有相同方向但不含可切割的信号序列，如细胞色素 P450；Ⅳ型蛋白含有 2 个或多个跨膜片段，又称多次跨膜蛋白，例如 G 蛋白偶联受体、葡糖转运蛋白、电压门控 Ca^{2+} 通道、ABC 小分子泵、CFTR（Cl^-）通道、Sec61 蛋白。

表 6-2 指导蛋白质从细胞质基质转运到细胞器的靶向序列的主要特征*

靶细胞器	蛋白质中信号序列的定位	信号序列是否切除	信号序列性质
内质网（腔）	N 端	切除	6～12 个疏水氨基酸核心，前面常有一个或多个碱性氨基酸（Arg、Lys）
线粒体（基质）	N 端	切除	两亲螺旋，长度 20～50 个氨基酸残基，一侧具有 Arg 和 Lys 残基，另一侧是疏水残基
叶绿体（基质）	N 端	切除	没有共同基序，常富含 Ser、Thr 和少数疏水残基，罕见 Glu 和 Asp
过氧化物酶体	大多在 C 端，少数在 N 端	不被切除	PTS1 信号（Ser-Lys-Leu）在 C 端，PTS2 信号在 N 端
细胞核	变化的	不被切除	多种类型，共同基序含有短的富含 Lys 和 Arg 残基序列

* 注：靶向细胞器的膜或其他亚区间的蛋白质有不同或附加的信号序列。

停止转移序列和信号锚定序列决定其拓扑学特征。至于新生肽链的跨膜取向主要受到跨膜片段侧翼氨基酸残基的电荷分布的影响，一般而言，带正电荷氨基酸残基一侧朝向细胞质基质一侧。

线粒体、叶绿体中绝大多数蛋白质以及过氧化物酶体中的蛋白质也是在某种信号序列的指导下进入这些细胞器中。为了研究方便，有人将这种信号序列称之为导肽（leader peptide），其基本特征是蛋白质在细胞质基质中合成以后再转移到这些细胞器中，因此称这种翻译－转运方式为翻译后转运（post-translational translocation）。这种转运方式在蛋白质跨膜过程中不仅需要消耗 ATP 使多肽去折叠，而且还需要一些分子伴侣蛋白的协助（如热激蛋白 Hsp70）以帮助这类转运蛋白正确折叠形成有功能的蛋白质。继发现信号肽序列之后，人们又相继发现一系列蛋白质分选信号序列（表 6-2），统称信号序列（signal sequence）。有些信号序列还可形成三维结构的信号斑（signal patch），指导蛋白质转运至细胞的特定部位。

二、蛋白质分选转运的基本途径与类型

核基因编码的蛋白质的分选大体可分两条途径：

（1）翻译后转运途径　即在细胞质基质游离核糖体上完成多肽链的合成，然后转运至膜围绕的细胞器，如线粒体、叶绿体、过氧化物酶体及细胞核，或者成为细胞质基质中的可溶性驻留蛋白和骨架蛋白（图 6-5 右侧）。人们最近在酵母细胞中也发现有些分泌蛋白不像大多数真核细胞那样，边合成边跨膜转运，而是由结合 ATP 的分子伴侣 BiP 蛋白（BiP-ATP）与膜整合蛋白 Sec63 复合物相互作用，水解 ATP 提供动力驱动翻译后转运途径，即分泌蛋白在细胞质基质游离核糖体上合成，然后再转运至内质网中。

（2）共翻译转运途径　即蛋白质合成在游离核糖体上起始之后，由信号肽及其与之结合的 SRP（信号肽 -SRP）引导转移至糙面内质网，然后新生肽边合成边转入糙面内质网腔或定位在 ER 膜上，经转运膜泡运至高尔基体加工包装再分选至溶酶体、细胞质膜或分泌到细胞外，内质网与高尔基体本身的蛋白质分选也是通过这一途径完成的（图 6-5 左侧）。

根据蛋白质分选的转运方式或机制不同，又可将蛋白质转运分为四类：

（1）蛋白质的跨膜转运（transmembrane transport）主要是指共翻译转运途径中，在细胞质基质中起始合成的蛋白质，在信号肽 -SRP 介导下与内质网膜上 SRP 受体结合转移到内质网，然后边合成边转运，或进入内质网腔或插入内质网膜；此外是指翻译后转运途径中，在细胞质基质核糖体上完成合成的多肽链在不同靶向信号序列指导下，依不同的机制转运到线粒体、叶绿体和过氧化物酶体等细胞器。

（2）膜泡运输（vesicular transport）　蛋白质通过不同类型的转运膜泡从糙面内质网合成部位转运至高尔基体进而分选转运至细胞的不同部位。膜泡运输涉及供体膜出芽形成不同的转运膜泡、依赖细胞骨架和分子马达的膜泡运输以及膜泡与靶膜的融合等过程。

（3）选择性的门控转运（gated transport）　在细胞质基质中合成的蛋白质通过核孔复合体在核－质间双向选择性地完成核输入或核输出，参见第九章第一节关于核孔复合体的选择性运输。

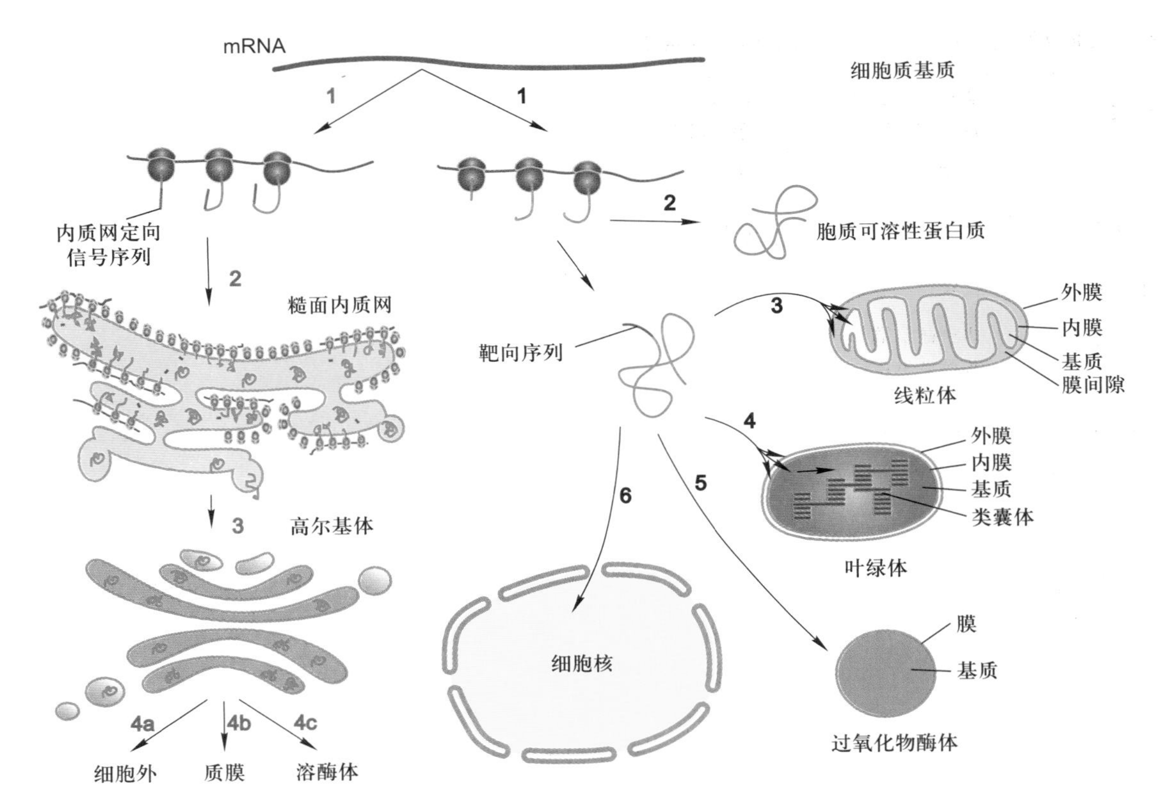

图 6-5　**真核细胞蛋白质分选的主要途径与类型**

图右侧（黑色序号）代表翻译后转运的非分泌途径：1. 核基因编码的 mRNA 在细胞质基质游离核糖体上完成多肽链的合成；2. 合成的蛋白质不含信号序列，并驻留在细胞质基质中；3、4、5. 依据不同的细胞器特异性的靶向序列，首先释放到细胞质基质，然后通过跨膜运输方式转运至线粒体、叶绿体和过氧化物酶体；6. 通过核孔复合体门控运输方式转运至细胞核。图左侧（红色序号）代表共翻译转运的蛋白质分泌途径：1. 核基因编码的 mRNA 在细胞质基质游离核糖体上起始合成，然后在信号肽及其结合的 SRP 引导下与内质网膜结合并完成蛋白质合成；2. 在 rER 完成蛋白质合成；3. 以膜泡运输方式转运至高尔基体；4a、4b、4c. 以膜泡运输方式分选至细胞外、质膜和溶酶体。

(4) 细胞质基质中蛋白质的转运　上述几种分选类型也涉及蛋白质在细胞质基质中的转运，这一过程显然与细胞骨架系统密切相关，但由于细胞质基质的组织结构尚不清楚，因此对其中的蛋白质转运特别是信号转导途径中蛋白质分子的转运方式了解甚少。

三、蛋白质向线粒体和叶绿体的分选

与共翻译转运途径中依赖 N 端信号肽序列靶向内质网的过程不同，翻译后转运途径中要进入到线粒体（图 6-6）、叶绿体（图 6-7）和过氧化物酶体等细胞器的蛋白质的分选是由多个步骤组成的过程，并需要多个不同的靶向序列（targeting sequence）。定位到叶绿体的前体蛋白的 N 端具有 40～50 个氨基酸组成的转运肽（transit peptide），用以指引多肽定位到叶绿体并进一步穿过叶绿体被膜进入基质或类囊体中。转运到线粒体和过氧化物酶体的蛋白质与此类似，但靠的是不同的引导序列，即线粒体蛋白 N 端的导肽或过氧化物酶体蛋白 C 端的内在靶向序列（见表 6-2）。至于这些细胞器蛋白最终是定位在不同的膜上还是不同的基质空间，除不同转运肽之外，还需要其他参与空间定位的信号序列。此外，通过翻译后转运途径进入线粒体、叶绿体和过氧化物酶体等细胞器的蛋白质，也必须在分子伴侣的帮助下解折叠或维持非折叠状态，以顺利通过膜上的输入装置。蛋白质输入这些细胞器通常是需要能量的过程。

1. 蛋白质从细胞质基质到线粒体的转运

大部分线粒体蛋白是由核基因编码的，这些蛋白质在细胞质基质游离核糖体上合成后被转运到线粒体发挥功能。

(1) 蛋白质从细胞质基质输入到线粒体基质　所有线粒体基质蛋白的 N 端靶向信号序列虽然不尽相同，但共享相似的基序（motif），由 20～50 个氨基酸残基组成，富含疏水氨基酸，带正电荷的碱性氨基酸（Arg、Lys）和羟基氨基酸（Ser、Thr），缺少带负电荷的氨基酸（Asp、Glu）。这样的氨基酸残基组成有利于基质蛋白的靶向信号序列形成两亲的 α 螺旋构象，并且实验表明，两亲的 N 端靶向信号序列对于指导蛋白质输入线粒体基质是至关重要的。蛋白质从细胞质基质输入到线粒体基质的基本步骤如图 6-6A 所示：在游离核糖体上合成的前体蛋白，与分子伴侣 Hsp70 结合，并使其保持未折叠或部分折叠状态。其 N 端具有线粒体基质靶向序列（步骤 1），前体蛋白与内外膜接触点附近的输入受体（Tom20/22）结合（步骤 2），被引进输入孔（步骤 3），输入的蛋白质进而通过内外膜接触点的输入通道（外膜为 Tom40，内膜为 Tim23/17，步骤 4、5），线粒体基质分子伴侣 Hsp70 与输入的蛋白质结合并水解 ATP 以驱

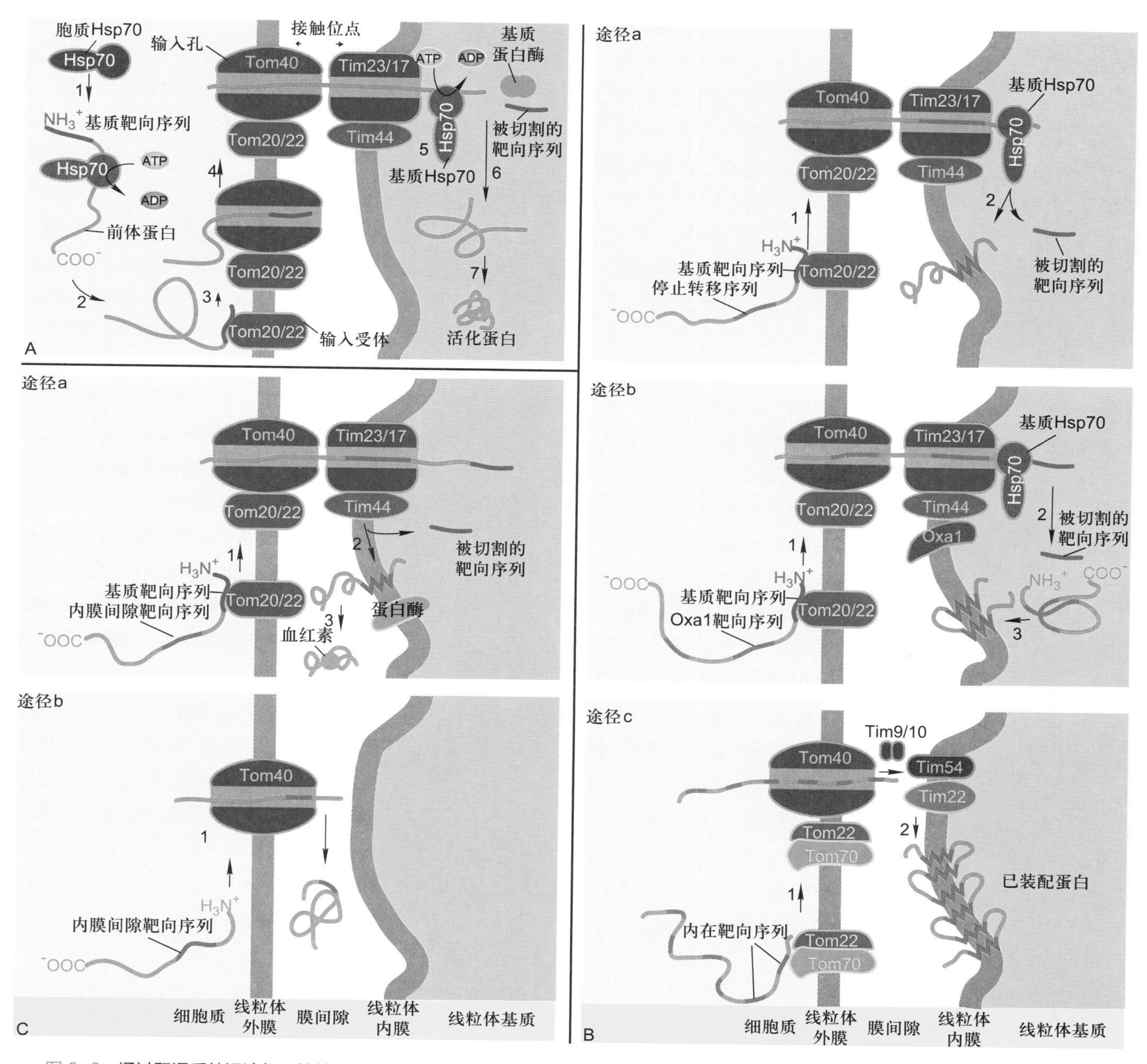

图 6-6　通过翻译后转运途径，核基因编码的线粒体蛋白的转运

A. 蛋白质从细胞质基质输入到线粒体基质。B. 线粒体蛋白通过三种途径从细胞质基质输入到线粒体内膜。C. 线粒体蛋白通过两种途径从细胞质基质输入到线粒体膜间隙。TOM/TIM: translocase of outer/inner mitochondria membrane complex，线粒体外 / 内膜移位酶复合物。

动基质蛋白的输入。输入蛋白的基质靶向序列在基质蛋白酶作用下被切除，同时 Hsp70 也从新输入的基质蛋白上释放下来（步骤 6），折叠成活性形式（步骤 7）。

（2）线粒体内膜蛋白的输入　如图 6–6B 所示，途径 a 和途径 b 输入的线粒体蛋白其 N 端都有基质靶向序列，在线粒体外膜上都利用 Tom40 为输入孔道，外膜上 Tom22/20 作为识别 N 端基质靶向序列的输入受体，内膜转运蛋白都是 Tim23/17，但通过途径 b 输入的内膜蛋白（如 ATP 合酶亚基 9）不但具有 N 端基质靶向序列，还具有内在的疏水结构域，前者引导前体蛋白进入线粒体基质，后者可被内膜蛋白 Oxa1 所识别，Oxa1 是一种与内膜蛋白插入相关的蛋白质，由线粒体基因组编码，在线粒体基质核糖体上合成。因此，这类线粒体内膜蛋白通过途径 b，其前体先进入基质，基质靶向序列被切割后再装配到内膜上。在 a 和 b 两种途径中，基质 Hsp70 与输入基质可溶性蛋白起相同作用。在途径 c 中，输入的内膜蛋白是多次跨膜蛋白（如 6 次跨膜的 ADP/ATP 反向交换蛋白），缺少 N 端基质靶向序列，含有被 Tom70/Tom22 输入受体识别的多个内在靶向序列，内膜的转运通道 Tim22/54 也与 a、b 途径有所不同。此外，在途径 c 中两种膜间空间蛋白（Tim9/Tim10）被认为起分子伴侣的作用，协助输入蛋白在外膜与内膜通道之间的转运。

（3）线粒体膜间隙蛋白的输入　如图 6–6C 所示，蛋白质从细胞质基质输入到线粒体膜间隙的途径有两种：途径 a 是从细胞质基质输入到线粒体膜间隙的主要途径，其过程与内膜蛋白途径 a 类似（图 6–6B），主要不同是蛋白质（如细胞色素 b2）内在靶向序列定位在膜间隙，并且在转运过程中被内膜上蛋白酶于膜间隙一侧切割，然后释放的蛋白质折叠并与血红素结合；途径 b 转运的蛋白质通过外膜 Tom40 输入孔，直接进入膜间隙。

2. 蛋白质从细胞质基质向叶绿体的分选：基质与类囊体蛋白的靶向输入

叶绿体的结构比线粒体还要复杂，除外膜、内膜、叶绿体基质以外，还有相对独立的类囊体，由核基因编码的叶绿体基质蛋白包括所有卡尔文循环有关的酶和 1,5– 二磷酸核酮糖羧基歧化酶（Rubisco）的小亚基都是在细胞质基质合成后输入到叶绿体基质的。这些前体蛋白均具有 N 端基质输入序列（stromal-import sequence），与线粒体基质蛋白的输入过程基本相似，前体蛋白以非折叠形式输入，并有赖于基质 Hsp70 的作用和 ATP 提供能量；与线粒体不同的是，叶绿体不产生跨内膜的电化学梯度，因此 ATP 水解供能几乎是唯一动力来源。

定位在类囊体膜和类囊体腔的许多蛋白质与光合作用相关，其中大多数是在细胞质基质中以前体形式合成的，多肽链上含有多个靶向序列。以质体蓝素蛋白前体（plastocyanin precursor）和金属结合蛋白前体（metal-binding precursor）为例，如图 6–7 所示，尚未折叠的两种蛋白前体首先通过外膜上相同的转运基质蛋白的通道进入基质，N 端基质靶向序列被基质蛋白酶切除，从而使类囊体靶向序列暴露（图 6–7 步骤 1）；进入基质后这两种蛋白的转运途径产生分歧，一个是 SRP 依赖途径：质体蓝素及类似的蛋白质在基质空间保持非折叠状态，这需要一组分子伴侣参与（图中未示），在类囊体靶向序列指导下与叶绿体 SRP（和细菌 SRP 密切相关）结合，然后在类囊体膜上叶绿体 SRP 受体在转运蛋白 SecY 的介导下，转运到类囊体腔（图 6–7 步骤 2）；进入腔内后，质体蓝素的类囊体靶向序列被内切蛋白酶（endoprotease）切除，蛋白质折叠产生成熟构象（图 6–7 步骤 3）。另一种是 pH 依赖的途径：非折叠的金属结合蛋白的 N 端基质靶向序列首先被切除，然后金属结合蛋白在基质中折叠并与其辅因子结合（图 6–7 步骤 2），在类囊体靶向序列 N 端的两个精氨酸残基和跨叶绿体内膜的 pH 梯度是折叠蛋白输入到类囊体腔所必需的（图 6–7 步骤 3）；类囊体膜上的转运蛋白至少由 4 种与细菌质膜相关的蛋白质组成，输入到类囊体腔的金属结合蛋白其 N 端的类囊体靶向序列被切除，产生成熟的构象（图 6–7 步骤 4）。

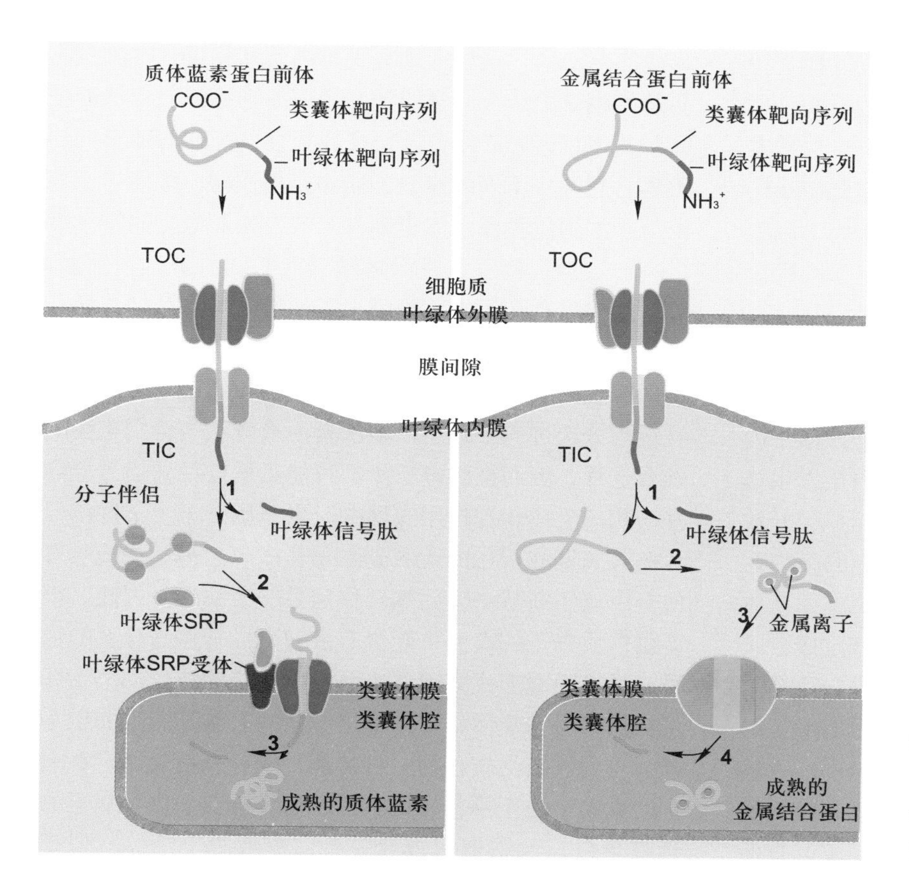

图 6-7 **通过后翻译转运途径，叶绿体蛋白从细胞质基质输入到类囊体腔**

TOC/TIC: translocase of the outer/inner chloroplast membrane complex，叶绿体外 / 内膜移位酶复合物。

第二节 细胞内膜泡运输

一、膜泡运输概述

在高度区室化的真核细胞中，细胞生命活动有赖于细胞内部各结构组分之间的协同作用。由内膜系统构成的各区室之间物质的输送通常是靠膜泡的方式进行，如内质网、高尔基体和溶酶体等细胞器之间蛋白质的转运，细胞分泌物的释放和内吞物向溶酶体的转运也是通过膜泡进行的。膜泡运输，是指从细胞内膜系统的某个细胞器（包括内体）表面出芽形成的囊泡，或者是由细胞膜内陷形成的内吞泡在分子马达的介导下沿微管或微丝（相关内容见第八章）转运到目的地，并与靶细胞器或细胞膜融合的过程。通过这一过程将一个细胞器中的物质转运到另一个细胞器中，或分泌到细胞外。膜泡运输是真核细胞内一种最重要的运输系统。例如，对控制血糖具有重要作用的胰岛素，正是借助膜泡进行精确传递并最终释放在血液中。2013 年两位美国科学家 J. E. Rothman 和 R. W. Schekman 和一位德国科学家 T. C. Südhof 因为解答了细胞如何组织其内部的运输系统——囊泡运输系统的奥秘而获得诺贝尔生理学或医学奖。这三位科学家中，美国加州大学伯克利分校的 Schekman 以酵母温度敏感突变株为材料发现了能控制细胞运输系统不同方面的三类基因，从基因层面上为了解细胞中囊泡运输的严格管理机制提供了新线索；耶鲁大学的 Rothman 在 20 世纪 90 年代发现了 SNARE 蛋白复合体介导膜的融合；基于前两位美国科学家的研究，德国科学家 Südhof 在研究突触信息传递中，发现并解释了膜泡如何在神经指令下由 Ca^{2+} 触发并精确地释放出内部的神经递质。若膜泡运输系统发生病变，细胞运输机制随即不能正常运转，可能导致神经系统病变、糖尿病以及免疫紊乱等严重后果，正如诺贝尔奖评选委员会在声明中所说，“没有膜泡运输的精确组织，细胞将陷入混乱状态”。因此，细胞必须依赖有效而精密的机制，确保在糙面内质网合成的各种蛋白质，加工后在高尔基体 TGN 区通过形成不同的转运膜泡以不同的途径被分选、运输，各就各位，在特定时间和位点发挥其特定功能。膜泡运输是蛋白质分选的一种特有的方式，普遍存在于真核细胞中。在转运过程中不仅涉及蛋白质本身的修饰、加工和组装，还涉及多种不同膜泡靶向运输及其复杂的调控过程。在细胞分泌与胞吞过程中，以膜泡运输方式介导蛋白质分选途径形成细胞内复杂的膜流（membrane flow）（图 6-8），这种膜流具有高度组织性、方向性并维持其动态平衡。

在细胞内膜系统中，糙面内质网相当于蛋白质合成工厂，而高尔基体是重要的枢纽和集散中心。由于内质网的驻留蛋白具有回收信号，即使有的蛋白质发生逃逸，也会被回收回来，所以有人将内质网比喻成“开放的监狱”（open prison）。既然高尔基体在细胞的膜泡运输及其随之而形成的膜流中起枢纽作用，那么高尔基体在细胞中的位置如何确定，高尔基体本身的特定成分又是如何保持的呢？对高尔基体特征性蛋白质进行免疫标记，可观察到高尔基体聚集在微管组织中心（MTOC）附近。在有丝分裂过程中用秋水仙素（colchicine）解聚微管后，高尔基体也裂解成若干小囊泡分散在细胞质中。当微管再装配时，囊泡又沿微管移向 MTOC，重新形成高尔基体，这种运动方式与内质网相反，推测在高尔基体膜囊上结合有类似动力蛋白的马达蛋白，从而使高尔基体靠近中心体，并维持其极性。高尔基体不同的膜囊具有各自不同的成分。同样，内质网、溶酶体、分泌泡和细胞质膜及内体也都具有各自相对稳定的特异性成分，这是行使复杂膜泡运输功能的物质基础。例如，SRP 受体仅存在于内质网膜上，而特定的糖苷转移酶和寡糖加工酶仅存在于一定的高尔基体膜囊上。然而由内质网合成的蛋白质，其中包括膜蛋白在通过高尔基体的转运与分选过程中经历了多次囊泡形成和与特定靶膜的融合过程，因而推测每一步都可能是通过特异信号介导并与相应受体相互作用实现的。蛋白质分子上某些信号可使其长期驻留在内质网或高尔基体中。另一些信号可使蛋白质不断从一个间隔转移到另一个间隔。因此，很多蛋白质分子的表面可能含有多种介导转移与分选的信号。转运膜泡形成或出芽主要发生在膜的特异部位，即蛋白质信号与受体结合的部位。某些有囊膜病毒的出芽释放可看成膜泡转移的一种特例，成分分析表明，在病毒的囊膜中几乎不含有宿主细胞的膜蛋白而仅含病毒的囊膜蛋白。如果把病毒囊膜蛋白看成膜上受体，似乎

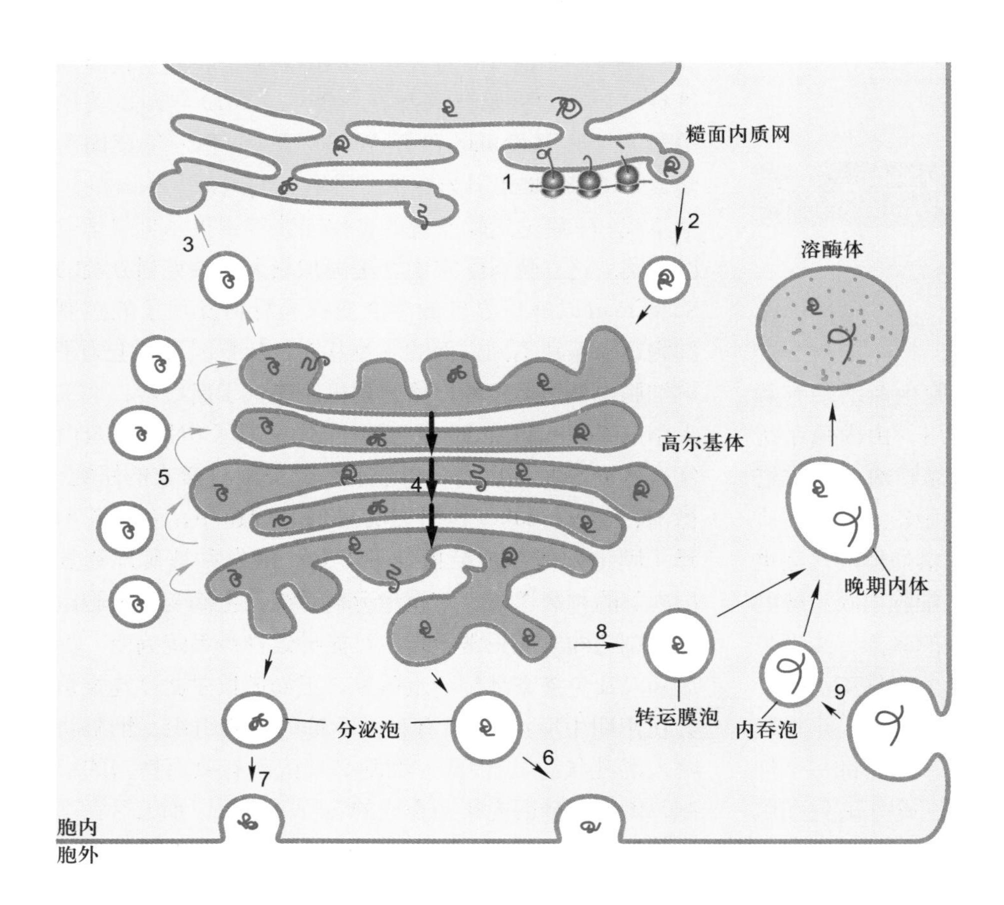

图 6-8 **蛋白质的分泌与胞吞途径概观**

1. 在 rER 合成的蛋白质，通过共翻译转运途径跨膜运输；2. 内质网出芽，形成转运泡并与高尔基体融合，形成高尔基体顺面网状结构；3. 从高尔基体顺面膜囊和顺面网状结构到 rER 的逆向运输；4. 高尔基体膜囊顺面→反面成熟递进（非膜泡过程）；5. 高尔基体后期膜囊→早期膜囊的逆向运输；6. 组成型分泌；7. 调节型分泌；8. 分选到溶酶体；9. 胞吞途径。

表 6-3　蛋白质转运中涉及的三种包被膜泡的特征比较

膜泡类型	介导的转运途径	包被蛋白	结合的 GTP 酶
COP Ⅱ 包被膜泡	ER →高尔基体顺面膜囊	Sec23/Sec24 和 Sec13/Sec31 复合体，Sec16	Sar1
COP Ⅰ 包被膜泡	高尔基体顺面膜囊→ ER， 晚期高尔基扁平囊→早期扁平囊	包含 7 种不同 COP 亚基的包被蛋白	ARF
网格蛋白 / 接头蛋白包被膜泡	高尔基体反面膜囊→内体 高尔基体反面膜囊→内体 细胞膜→内体 * 高尔基体→溶酶体， 黑（色）素体或血小板囊泡	clathrin/AP1 clathrin/GGA clathrin/AP2 AP3 复合物 **	ARF ARF 证据表明不需 ARF ARF

* 新近证据表明，在胞吞作用过程中，不需要 ARF 参与。

** 每种类型 AP 复合物由 4 种不同亚基组成。AP3 复合物包被蛋白是否含有网格蛋白未知。

正是病毒核衣壳上的信号与受体的相互作用，排除了细胞质膜上的其他多种膜蛋白。在细胞内的出芽、胞吞和膜融合过程中，除受体外究竟有多少膜蛋白会从一个细胞间隔进入另一个细胞间隔，目前还不清楚。但实验表明，受体蛋白可以返回原来的膜结构中，如从高尔基体的顺面膜囊返回内质网，从溶酶体返回至高尔基体的 TGN 以及从受体介导的胞吞泡返回到细胞质膜上。显然这有利于维持特定膜成分的相对稳定。

细胞内膜泡运输需要多种转运膜泡参与，根据转运膜泡表面包被蛋白的不同，目前发现有三种不同类型：COP Ⅱ（coat protein Ⅱ）包被膜泡、COP Ⅰ（coat protein Ⅰ）包被膜泡和网格蛋白 / 接头蛋白（clathrin/adaptor protein）包被膜泡，它们分别介导不同的膜泡转运途径（表 6-3，图 6-9）。

二、COP Ⅱ 包被膜泡的装配及运输

COP Ⅱ 介导细胞内顺向运输（anterograde transport）过程中从内质网出芽的小泡的形成。COP Ⅱ 由小分子 GTP 结合蛋白 Sar1、Sec23/Sec24 复合物、Sec13/Sec31

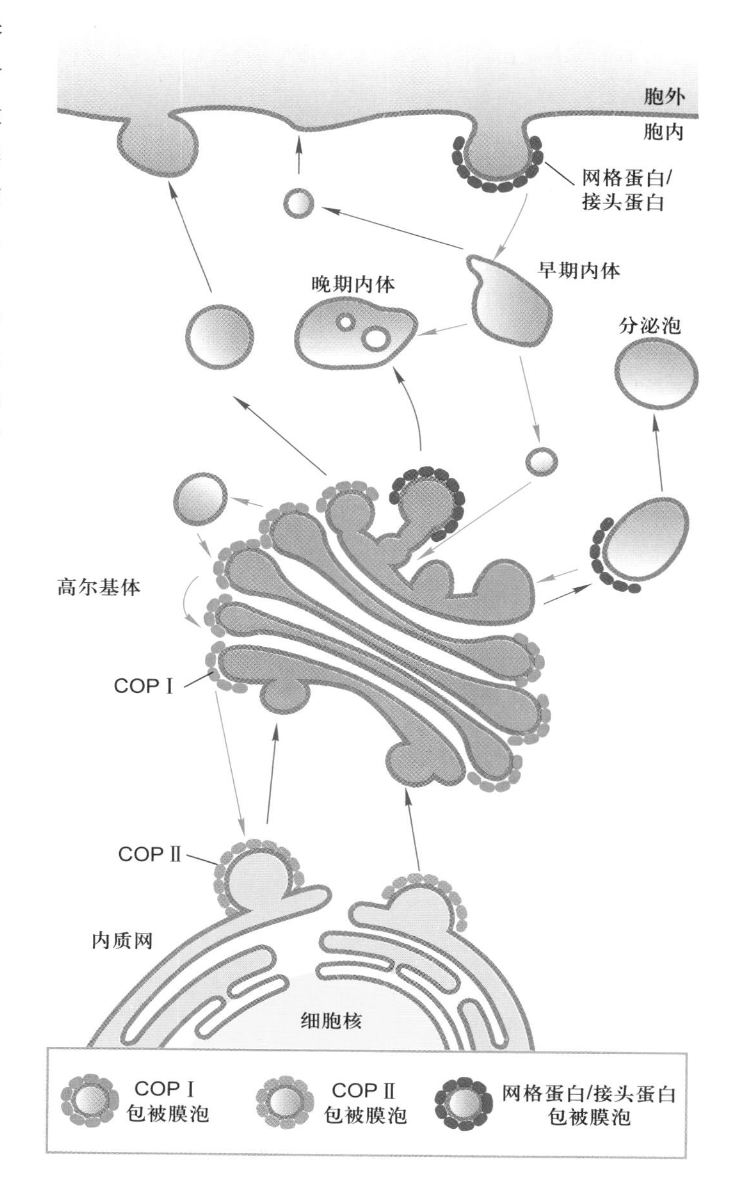

图 6-9　在细胞合成 - 分泌与内吞途径中三种主要膜泡类型的转运方式

各区室之间货物的转运通过囊泡进行。囊泡转运的不同步骤使用不同的包被蛋白。这些包被蛋白选择不同的货物并形成分泌和内吞途径各步骤的运输小泡，如：COPII 介导从内质网至高尔基体转运货物时膜泡的形成；COPI 介导从高尔基体回收货物转运至内质网的膜泡形成，也在高尔基体膜囊之间相关修饰酶类的回收利用中发挥作用；网格蛋白 / 接头蛋白介导高尔基体反面管网区分泌泡的形成，也参与部分内吞泡的形成。

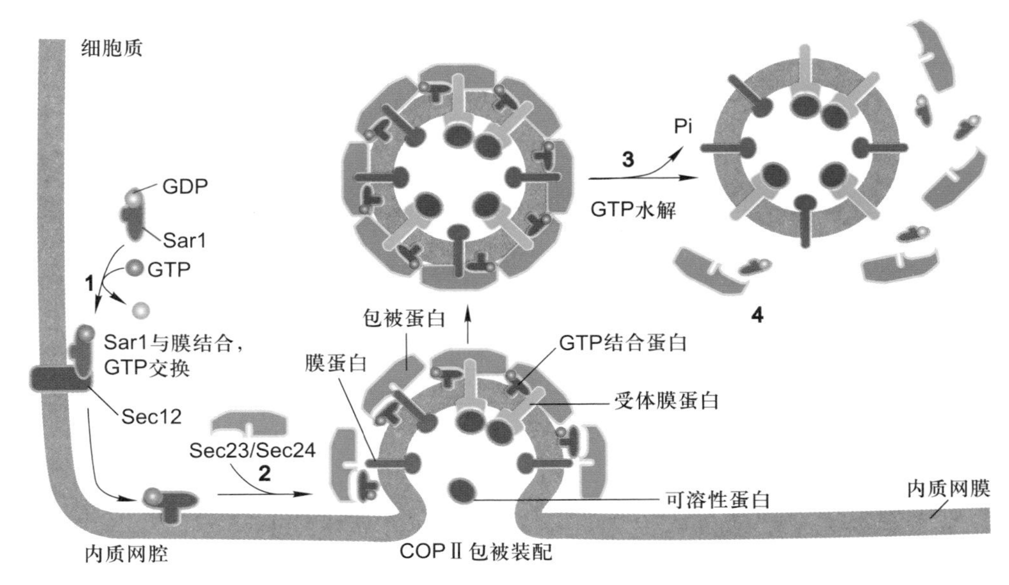

图 6-10　Sar1 蛋白在 COPⅡ包被膜泡装配与去装配中作用模型

1. Sar1 与膜结合，GTP 交换；2. COPⅡ包被装配；3. GTP 水解；4. COPⅡ包被去装配。

复合物以及大的纤维蛋白 Sec16 等结构组成。COPⅡ包被膜泡是通过胞质可溶性 COPⅡ在供体膜（ER 膜）出芽时聚合形成的，包被装配的聚合过程受小分子 GTP 结合蛋白 Sar1 调控，Sar1 隶属于 GTP 酶超家族，通过 Sar1-GDP/Sar1-GTP 的转换，起分子开关调控作用。该包被膜泡的装配过程如图 6-10 所示：细胞质中可溶性 Sar1-GDP 与 ER 膜蛋白 Sec12（鸟苷酸交换因子）相互作用，催化 GTP 置换 GDP 形成 Sar1-GTP，GTP 的结合引发 Sar1 构象改变暴露出疏水 N 端并插入 ER 膜，膜结合的 Sar1 对包被蛋白的进一步装配起募集者作用（步骤 1），Sar1 与膜的结合提供了随后 Sec23/Sec24 复合物的结合位点，从而在 ER 膜出芽区形成三重复合物 Sar1-GTP/Sec23/Sec24（步骤 2），随后，Sec13/Sec31 复合物与三重复合物结合（图中未显示）。因为纯化的 Sec13 和 Sec31 蛋白具有自组装形成网格结构的特点，因而发挥 COPⅡ包被骨架的作用。最后，大的纤维蛋白 Sec16 结合在 ER 膜的胞质表面，一方面与已装配的复合物相互作用，另一方面组织其他包被蛋白的结合，从而提高包被蛋白的聚合效率。当包被组装完成以后，Sec23 亚基促进 GTP 被 Sar1 水解（步骤 3），Sar1-GDP 从膜泡上释放，引发包被去装配而解聚（步骤 4）。

膜泡运输既能转运膜蛋白，又能通过膜受体识别并

表 6-4　指导蛋白质包装到特异性转运膜泡的分选信号

信号序列	具有信号的蛋白	信号受体	转运膜泡类型
腔内分选信号			
Lys-Asp-Glu-Leu（KDEL）	驻留在 ER 的可溶性蛋白	高尔基体顺面膜囊 KDEL 受体	COPⅠ
6-磷酸甘露糖（M6P）	可溶性溶酶体酶	高尔基体反面膜囊 M6P 受体	clathrin/AP1
	分泌的溶酶体酶	质膜上 M6P 受体	clathrin/AP2
膜蛋白分选信号			
Lys-Lys-X-X（KKXX）	驻留在 ER 的膜蛋白	COPⅠ α 和 β 亚基	COPⅠ
二酸（例如 Asp-X-Glu）	ER-高尔基体转运膜蛋白	COPⅡ Sec24 亚基	COPⅡ
Asn-Pro-X-Tyr（NPXY）	质膜上 LDL 受体	AP2 复合物	clathrin/AP2
Tyr-X-X-Φ（YXXΦ）	高尔基体反面膜囊蛋白	AP1（μ1 亚基）	clathrin/AP1
	质膜膜蛋白	AP2（μ2 亚基）	clathrin/AP2
Leu-Leu（LL）	质膜膜蛋白	AP2 复合物	clathrin/AP2

注：X= 任意氨基酸；Φ= 疏水氨基酸。括号内为单字母氨基酸缩写。

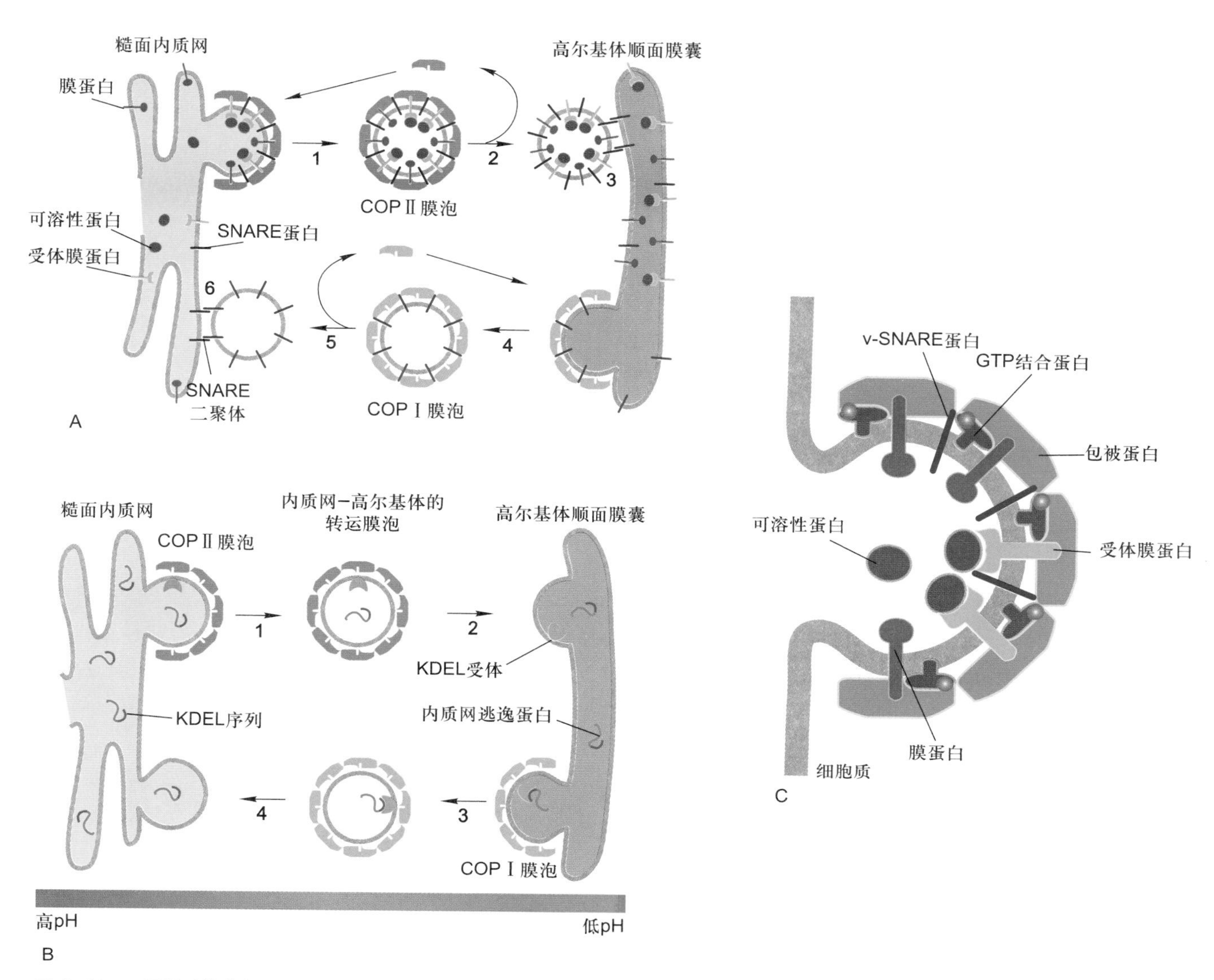

图 6–11　不同类型的膜泡及其运输方式

A. 内质网与高尔基体之间，分别由 COP Ⅱ和 COP Ⅰ包被膜泡介导蛋白质顺向和逆向转运。1—3. 由 COP Ⅱ包被膜泡介导的顺向运输，从内质网膜出芽，可溶性包被蛋白复合物聚合形成膜泡包被，v-SNARE 和其他被转运的膜蛋白和可溶性蛋白（与膜泡膜上受体结合），通过与包被蛋白的相互作用被包装在膜泡内，v-SNARE 蛋白在脱包被膜泡表面得以暴露，以利于同靶膜的融合；4—6. 由 COP Ⅰ包被膜泡介导的反向运输，膜脂双分子层、某些蛋白质如 v-SNARE 和错误分选的内质网驻留蛋白，从高尔基体顺面网状区转运到内质网。B. KDEL 受体在从高尔基体回收内质网腔驻留蛋白。1—2. 内质网腔中存在的 C 端具有 KDEL 信号的蛋白质被包装到 COP Ⅱ包被膜泡，并转运到高尔基体；3—4. 内质网逃逸蛋白通过 COP Ⅰ膜泡介导的反向运输得以回收。注意，COP Ⅱ、COP Ⅰ和高尔基体膜囊上均有识别与结合 KDEL 信号的受体，信号与受体的亲和力受到 pH 高低的影响，低 pH 促进结合，高 pH 有利于释放。C. 在供体膜内质网出芽及其转运蛋白的包装示意图。通过募集小分子 GTP 结合蛋白，引发供体膜出芽，然后，胞质中的包被蛋白复合物与被转运的膜蛋白胞质结构域结合，其中有些膜蛋白也作为腔内可溶性蛋白的受体。

转运可溶性蛋白，其包装特异性取决于被转运蛋白的靶向分选序列（表 6–4），借以区分哪些膜蛋白或可溶性蛋白将被进一步包装转运，哪些将作为滞留蛋白而被排除在外，从而膜泡包被直接选择靶向序列或分选信号。例如内质网被转运的膜蛋白具有二酸（如：Asp–X–Glu）分选信号，Sec24 亚基是识别并结合该信号的受体，最终通过 COP Ⅱ包被膜泡从内质网转运到高尔基体（图 6–11）。

三、COP Ⅰ包被膜泡的装配与运输

COP Ⅰ 介导细胞内膜泡逆向运输（retrograde

transport）过程中从高尔基体反面膜囊到高尔基体顺面膜囊以及从高尔基体顺面网状区到内质网的货物转运膜泡的形成，包括再循环的膜脂双层、内质网驻留的可溶性蛋白和膜蛋白，是内质网回收错误分选的逃逸蛋白（escaped protein）的重要途径。

COPⅠ包被膜泡首先被分离鉴定，用不能被水解的GTP类似物（GTP analogue）处理细胞，将引起COPⅠ包被膜泡在细胞内聚集，并通过密度梯度离心法可将其从细胞匀浆中分离出来，分析发现COPⅠ包被含有7种不同的蛋白质亚基和一种调节膜泡转运的GTP结合蛋白ARF。和Sar1一样，ARF也是一种结合GDP/GTP的分子开关调控蛋白，包被蛋白复合物（coatomer）的装配与去装配依赖于ARF所结合的核苷酸交换与水解过程；此外，ARF也参与网格蛋白包被膜泡的装配调节。

是什么因素决定一种特异蛋白是被保留在内质网还是进入高尔基体？已有研究证据显示，细胞器中的蛋白质是通过两种机制保留及回收来维持的：一是转运膜泡将驻留蛋白有效排斥在外，例如，有些驻留蛋白参与形成大的复合物，因而不能被包装在出芽形成的转运膜泡中，结果被保留下来；二是对逃逸蛋白的回收机制，使之返回它们正常驻留的部位。回收逃逸的内质网蛋白是通过回收信号介导的特异性受体完成的。现已发现，内质网的正常驻留蛋白，不管在腔内还是在膜上，它们在C端含有一段回收信号序列（retrieval signal），如果它们意外地被包装进入转运膜泡从内质网逃逸到高尔基体CGN，则CGN区的膜结合受体蛋白将识别并结合这些逃逸蛋白的回收信号，形成COPⅠ包被膜泡将它们回收到内质网（图6-11B）。如表6-4所示，内质网腔中的可溶性蛋白，如蛋白二硫键异构酶和协助折叠的分子伴侣，均具有典型的KDEL回收信号。如果一个内质网蛋白缺乏KDEL序列，那么这种蛋白质将不能返回内质网，而是被转运膜泡带到质膜。相反，如果通过基因重组方法使表达的溶酶体蛋白或分泌蛋白在C端含有一段附加的KDEL序列，那么这种蛋白质将返回内质网，而不是被转运至溶酶体或分泌泡。内质网的膜蛋白如SRP受体，在C端有一个不同的回收信号，通常是KKXX（K：赖氨酸，X：任意氨基酸），识别并结合该信号的受体是COPⅠ的α和β亚基，从而促进它们返回到ER。

在ER膜上整合蛋白v-SNARE（供体膜受体蛋白，见下文膜融合）和其他被转运蛋白是通过与包被蛋白的相互作用被包装到转运膜泡的，可溶性转运蛋白通过与出芽膜泡上相应受体的结合而被募集，包被膜泡脱去包被复合物，包被蛋白可再循环利用，而v-SNARE暴露在小泡膜表面。膜泡脱被后，在小分子GTP结合蛋白Sar1蛋白参与下，脱包被的膜泡留在高尔基体顺面膜囊，暴露的内质网膜蛋白v-SNARE与高尔基体顺面膜囊上同类蛋白t-SNARE（靶膜受体蛋白，见下文膜融合）相互配对，介导膜泡与靶膜融合，内含物释放进入高尔基体顺面膜囊。内质网腔中的蛋白质（特别是高浓度存在的腔内蛋白质）在出芽过程中可以被动掺入到COPⅡ包被膜泡并转运到高尔基体。许多这类蛋白质带有C端KDEL序列，定位于高尔基体膜上的KDEL受体能识别并结合该分选信号，二者的亲和性对pH变化非常敏感，内质网和高尔基体之间微小的pH差异都有利于携带KDEL序列的蛋白质与高尔基体衍生膜泡上的受体结合，并有助于这些蛋白质从内质网释放。如果在内质网发生错误包装和转运，由于COPⅠ包被膜泡上也有KDEL受体，所以也能保证逃逸蛋白被内质网回收。

这种通过回收信号所介导的回收机制有利于防止内质网腔蛋白（如用于新合成分泌蛋白正确折叠所需要的分子伴侣）的损失。在生物合成途径中，每种膜组分也许都具有它自身独特的回收信号，所以任凭转运膜泡在特定空间不断运动，但每种细胞器仍可保持它独特的蛋白质组分。

四、网格蛋白/接头蛋白包被膜泡的装配与运输

网格蛋白/接头蛋白包被膜泡介导分泌泡和内吞泡的形成，如从高尔基体TGN向细胞膜及内体或向溶酶体、黑（色）素体、血小板囊泡和植物细胞液泡的货物转运过程中膜泡的形成（表6-3）。另外，在受体介导的内吞途径中，网格蛋白还参与内吞泡的形成。高尔基体的TGN区是网格蛋白/接头蛋白包被膜泡形成的发源地，在功能上既是细胞分泌途径中物质转运的主要分选位点，又是网格蛋白包被膜泡的组装位点。典型的网格蛋白/接头蛋白包被膜泡是一类双层包被的膜泡，外层由网格蛋白组成，内层由接头蛋白复合物组成。纯化的网格蛋白分子呈三腿结构（triskelion），每个分支含一条重链和一条轻链。与COPⅡ的Sec13/Sec31复合

物一样，网格蛋白也有自组装形成多角型网格的特性（图 6-12），当网格蛋白在供体膜上聚合，便募集接头蛋白复合物到供体膜的胞质面并与其结合，接头蛋白复合物一方面将网格蛋白网格包被连接到质膜上，另一方面又能特异性地促使一些膜结合蛋白富集到形成包被的膜区。现已发现有三种接头蛋白复合物（AP1、AP2 和 AP3），每种接头蛋白复合物含有 4 种接头蛋白亚基的一个拷贝，形成异四聚体。接头蛋白复合物的一个亚基与网格蛋白重链远端的球形结构域特异性结合，一方面促进三腿网格蛋白与接头蛋白复合物的联合装配，同时也增加已装配包被的稳定性。正如小分子 GTP 结合蛋白 ARF 参与启动 COP Ⅰ 包被装配一样，ARF 也参与网格蛋白 / 接头蛋白包被的起始装配。除三种接头蛋白复合物之外，还发现另一类接头蛋白 GGA，由单一多肽链组成。接头蛋白复合物或 GGA 在膜泡的胞质面与转运的膜蛋白或膜受体（结合腔内可溶性蛋白）特异性结合，决定哪些蛋白将被包装转运或哪些蛋白将被排除在外。这种特异性是由转运蛋白的分选信号决定的（表 6-4）。网格蛋白 / 接头蛋白包被膜泡形成的首要步骤是供体膜出芽和包被的装配，芽体如何缢缩并与供体膜断裂是网格蛋白 / 接头蛋白包被膜泡形成的关键，发动蛋白（dynamin）具有 GTP 酶活性，它所介导的网格蛋白包被膜泡的组装模式见图 6-12C。在供体膜上网格蛋白 / 接头蛋白包被小泡出芽形成后，发动蛋白围绕颈部聚合，然后催化 GTP 水解，所释放的能量驱动发动蛋白构象改变，导致网格蛋白 / 接头蛋白包被膜泡从供体膜断裂并释放。如果人为使细胞表达突变型的发动蛋白，其将不能结合 GTP 并使之水解，也不形成独立的网格蛋白 / 接头蛋白包被膜泡，而是产生发动蛋白聚合包绕具有较长颈部的膜泡芽体。尚未发现 GTP 酶参与 COP Ⅰ 和 COP Ⅱ 包被膜泡芽体从供体膜的断裂，更不清楚不同类型的包被膜泡断裂会有如此差异。但与 COP Ⅰ 和 COP Ⅱ 包被膜泡一样，通常情况下网格蛋白 / 接头蛋白包被膜泡形成后不久便脱去包被，网格蛋白 / 接头蛋白包被的解聚一方面涉及 ARF 开关蛋白从结合 GTP 状态转变为结合 GDP 状态，另一方面也可能涉及 ATP 水

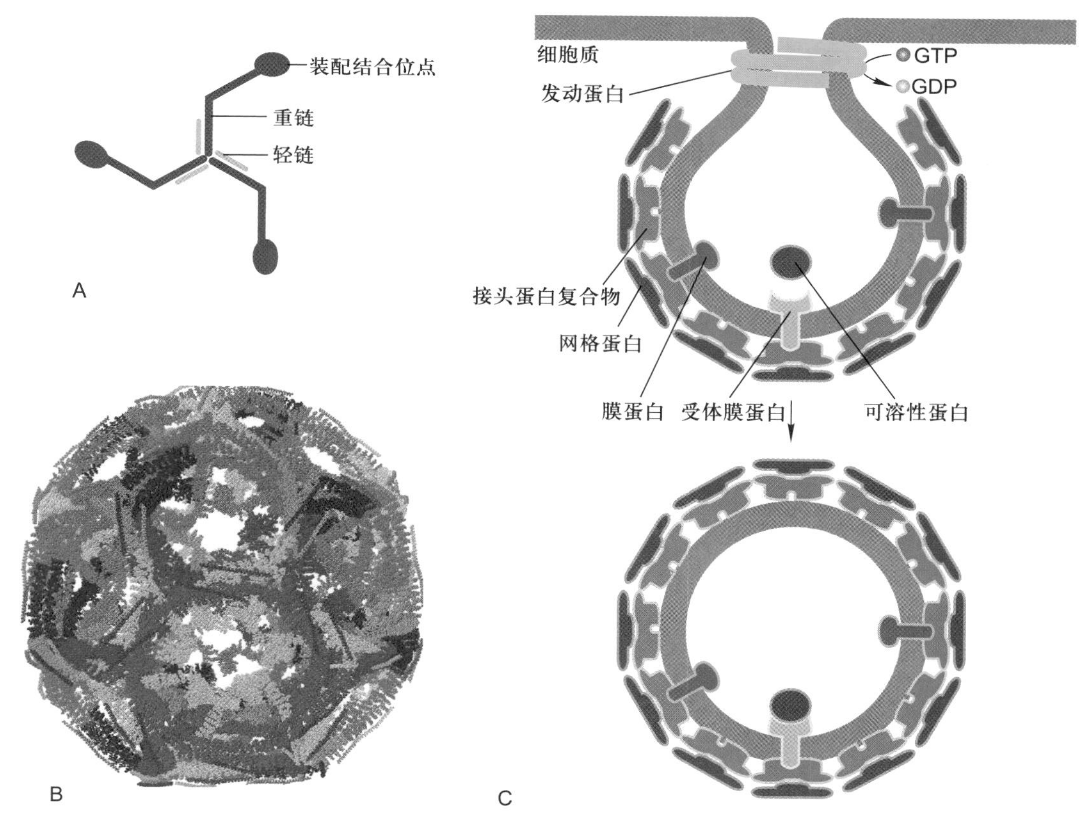

图 6-12　**网格蛋白、多角形网格包被结构及发动蛋白介导的网格蛋白 / 接头蛋白包被膜泡的形成示意图**

A. 三腿网格蛋白分子，3 条重链，3 条轻链。B. 在体外缺乏膜泡的情况下自组装的网格蛋白网格包被。C. 发动蛋白介导的网格蛋白 / 接头蛋白包被膜泡的形成示意图。（B 图基于 PDB 数据库 1XI4 结构绘制）

解提供的能量，鉴于胞质内 Hsp70 蛋白是所有真核细胞中普遍存在的组成型分子伴侣，因而认为 Hsp70 致使 ATP 水解释放的能量用于驱动网格蛋白 / 接头蛋白包被的去组装过程。脱包被的结果不仅释放三腿网格蛋白被循环再利用，而且由于包被去组装也会使 v-SNARE 得以暴露，利于膜泡与靶膜的融合。

五、转运膜泡与靶膜的锚定和融合

膜泡转运是十分复杂的过程，在酵母基因组中至少发现 25 种以上与膜泡转运有关的基因。膜泡运输的关键步骤至少涉及如下过程：①供体膜的出芽、装配和断裂，形成不同的包被转运膜泡，该过程已在前面述及（图 6-11C 和图 6-12B）；②在细胞内由马达蛋白驱动、以微管为轨道的膜泡运输（参见第八章第二节）；③转运膜泡与特定靶膜的锚定和融合。现已知，在膜泡靶向转运过程中，有另一类小分子 GTP 结合蛋白，即 Rab 蛋白的参与。和 Sar1 与 ARF 蛋白一样，Rab 蛋白也属于开关调控蛋白 GTP 酶超家族成员，在特异性鸟苷酸交换因子（GEF）催化下，胞质中 Rab-GDP 转换为 Rab-GTP，引发 Rab 构象改变致使其与特定转运膜泡的表面蛋白相互作用，并通过类异戊二烯（isoprenoid）基团插入转运膜泡内。一旦 Rab-GTP 被结合在膜泡表面，便与靶膜上称作 Rab 效应器（Rab effector）的结合蛋白相互作用，从而使转运膜泡被锚定在适当的靶膜上（图 6-13 步骤 1）。在膜泡融合发生以后，与 Rab 蛋白结合的 GTP 被水解成 GDP，随即引发 Rab-GDP 释放，然后再被用于进行 GDP—GTP 交换、结合及水解的下一个周期。有些证据表明，在膜泡融合事件中涉及特异性 Rab 蛋白的参与，如酵母中 *Sec4* 基因编码一种 Rab 蛋白，如果酵母细胞表达突变的 Sec4 蛋白，则将导致细胞内分泌泡的积累，而不能与质膜融合。在哺乳类细胞中，Rab5 蛋白被定位在作为早期内体的脱被内吞泡上，在无细胞系统实验体系中，早期内体彼此融合需要 Rab5 的存在。此外，在无细胞提取物中加入 GTP，则会促进内体彼此融合的速率。在早期内体膜上发现还存在一种长的卷曲蛋白，称之早期内体抗原 1（early endosome antigen 1，EEA1），其功能是作为 Rab5 效应器而存在，这样，一种内吞泡膜上的 Rab5-GTP 与另一种内吞泡膜上的 EEA1 特异性结合为膜泡间彼此融合提供了保障机制。

转运膜泡的形成、运输及其与靶膜的融合是一个耗能的特异性过程，涉及多种蛋白质间识别、组装、去组装的复杂调控，膜泡与靶膜的选择性融合是保证细胞内定向膜流的重要因素之一。如果说小分子 GTP 结合蛋白 Rab 主要是控制转运膜泡与相应靶膜的锚定，那么，介导转运膜泡与靶膜融合的主要机制是 v-SNARE/t-SNARE 蛋白的配对。有些与融合相关的蛋白质已被分离，特别是从神经细胞中分离出参与特异性的膜泡锚定和融合的蛋白质组分，如神经元突触前膜含有一种突触融合蛋白（syntaxin），能与突触小泡膜上的膜蛋白 VAMP（vesicle-associated membrane protein）特异性地结合，这两种蛋白质的相互作用介导膜的融合和神经递质的释放。尽管酵母与哺乳类在演化上已有 10 亿年的分歧，而且酵母细胞也没有任何突触传递的功能活性，但却具有编码与突触融合蛋白和 VAMP 相似蛋白质的基因家族，现已知酵母细胞表达 20 种以上不同的相关 v-SNARE 和 t-SNARE 蛋白，在对每一种编码 SNARE 基因进行突变缺陷分析后，证实了每种 SNARE 蛋白所参与的特异性膜融合事件。考察所有融合事件表明，SNARE 形成四螺旋束复合体，与 1 个 VAMP/1 个 syntaxin/2 个 SNAP25 组成的复合体一样（图 6-13），其功能都是介导分泌泡与质膜融合，在其他类型的膜泡融合事件中，如 COPⅡ 包被膜泡与高尔基体顺面网状结构的融合，SNARE 复合体四螺旋束的组成（1 个 v-SNARE/3 个 t-SNARE）有所不同。应用体外脂质体融合实验，研究者可以检验各种 v-SNARE 和 t-SNARE 蛋白组合对供体膜与靶膜之间融合的介导能力，发现只有少数组合可以有效介导膜的融合，说明膜的融合是有选择性的。动物细胞膜泡融合需要一种可溶性的胞质融合蛋白 *N*- 乙基马来酰亚胺敏感因子（*N*-ethylmaleimide-sensitive factor, NSF）和几种可溶性 NSF 结合蛋白（soluble NSF attachment protein, SNAP），NSF 和 SNAP 负责介导不同类型膜泡的融合，没有明显特异性。提供特异性保障的是 SNAP 受体（SNAP receptor，又称 SNARE），每种转运膜泡都有特异的 v-SNARE（vesicle-SNAP receptor），能识别并与靶膜上 t-SNARE（target-SNAP receptor）彼此配对，形成稳定的卷曲 SNARE 复合体，因此正是通过 v-SNARE 与 t-SNARE 两类蛋白间的互补和相互作用，决定了供体膜泡与靶膜的融合（图 6-13）。SNARE 复合体的稳定性是靠蛋白质分子间大量非共价键来维系的，因此融合完成后，SNARE 复合体必须消耗 ATP 水解能量而解离，释放的单一 SNARE 蛋白亚基再用于另外的融合事件。

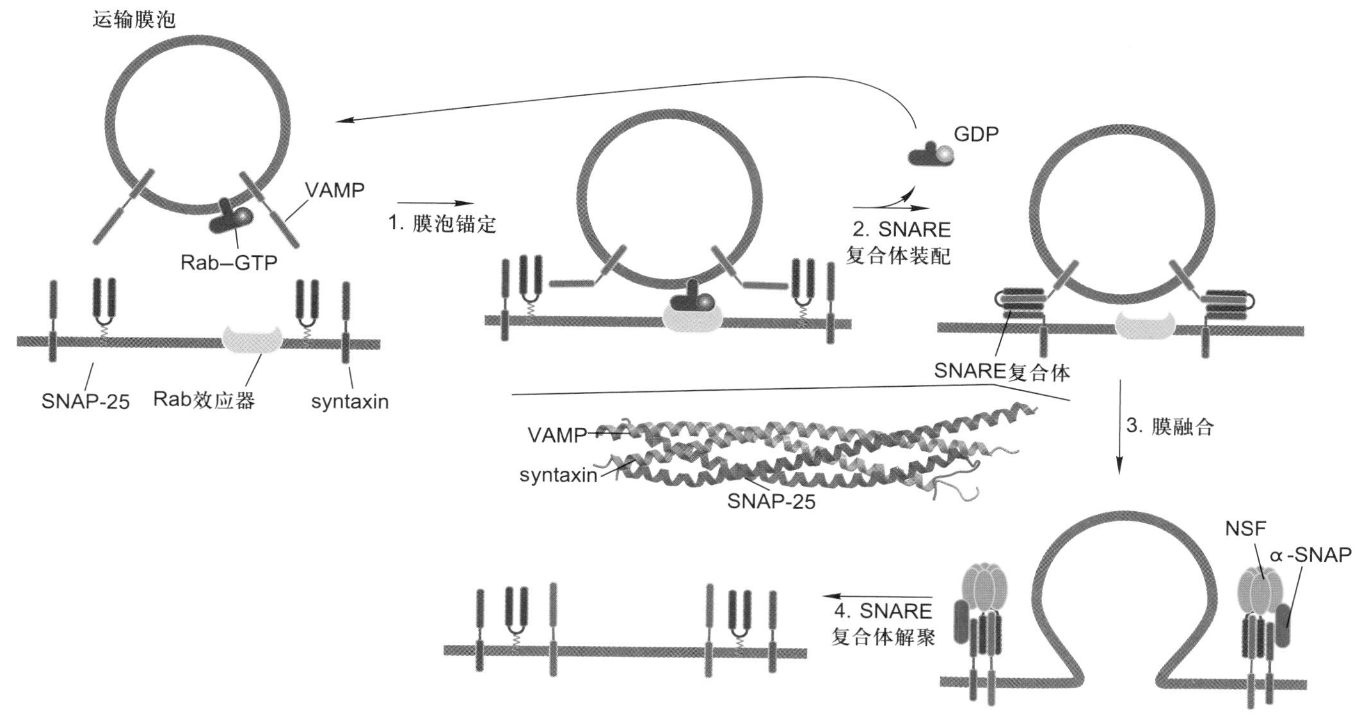

图 6–13　在供体膜和靶膜之间膜泡的锚定与融合模式图解（图中卷曲 SNARE 复合体由孔祥鹏博士惠赠）

在供体膜上的 GEF 识别并结合特异性 Rab 蛋白，诱发 GTP 置换 GDP，鸟苷酸交换引发 Rab 蛋白构象改变并暴露其共价结合的脂质基团，从而帮助 Rab–GTP 蛋白锚定在供体膜上，并随膜泡转移，在靶膜上 Rab–GTP 与 Rab 效应器结合，这种结合有助于膜泡锚定和 v-SNARE 与 t-SNARE 的配对（步骤 1）；v-SNARE 蛋白（图中 VAMP）与同类 t-SNARE（图中 syntaxin 和 SNAP25）胞质结构域相互作用，形成稳定的卷曲 SNARE 复合体，将膜泡与靶膜紧密束缚在一起（步骤 2）；伴随 SNARE 复合体形成后，供体膜泡与靶膜随即融合（步骤 3）；两膜融合后，NSF 联合 α-SNAP 蛋白随即与 SNARE 复合体结合，然后 NSF 催化 ATP 水解，驱动 SNARE 复合体解离，游离的 SNARE 蛋白再用于其他膜泡的融合（步骤 4）。具有 GTP 酶活性的 Rab 蛋白水解与之结合的 GTP，释放可溶性的 Rab–GDP 进入细胞质。在细胞质中 Rab–GDP 与 GDP 解离抑制物（GDI）结合，从而防止 Rab 蛋白从 Rab–GDP 复合物中释放出来，直至与 GEF 发生相互作用。

思考题

1. 何谓分泌性蛋白合成的信号肽学说，涉及的主要组分如何协同作用?
2. 试述分泌蛋白的合成、加工及转运途径。
3. 试述细胞内膜泡运输的概况、类型及其各自主要功能。
4. 简述 COP Ⅰ 和 COP Ⅱ 包被膜泡形成的机制以及在维持细胞结构稳定方面的作用。

参考文献

1. Dolezal P, Likic V, Tachezy J, *et al*. Evolution of the molecular machines for protein import into mitochondria. *Science*, 2006, 313(5785): 314-318.
2. Edeling M A, Smith C, Owen D. Life of a clathrin coat: insights from clathrin and AP structures. *Nature Reviews Molecular Cell Biology*, 2006, 7: 32-44.
3. Gevorkyan-Airapetov L, Zohary K, Popov-Čeleketić D, *et al*. Interaction of Tim23 with Tim50 is essential for protein translocation by the mitochondrial TIM23 complex. *Journal of Biochemistry*, 2009, 284(8): 4865-4872.
4. Grosshans B L, Ortiz D, Novick P. Rabs and their effectors: achieving specificity in membrane traffic. *Proceedings of the National Academy of Sciences of the United States of America*, 2006, 103(32): 11821-11827.
5. Gürkan C, Stagg S M, LaPointe P, *et al*. The COPII cage: unifying principles of vesicle coat assembly. *Nature Reviews Molecular Cell Biology*, 2006, 7: 727-738.
6. Jahn R, Lang T, Südhof T C. Membrane fusion. *Cell*, 2003, 112(4): 519-533.
7. Jahn R, Scheller R H. SNAREs—engines for membrane fusion. *Nature Reviews Molecular Cell Biology*, 2006, 7: 631-643.
8. Kaiser C A, Schekman R. Distinct Sets of SEC genes govern transport vesicle formation and fusion early in the secretory pathway. *Cell*, 1990, 61(4): 723-733.
9. Martens S, McMahon H T. Mechanisms of membrane fusion: disparate players and common principles. *Nature Reviews Molecular Cell Biology*, 2008, 9: 543-556.
10. Mokranjac D, Neupert W. Protein import into mitochondria. *Biochemical Society Transactions*, 2005, 33(5): 1019-1023.
11. Neupert W, Herrmann J M. Translocation of proteins into mitochondria. *Annual Review of Biochemistry*, 2007, 76: 723-749.
12. Soll J, Schleiff E. Protein import into chloroplasts. *Nature Reviews Molecular Cell Biology*, 2004, 5: 198-208.
13. Söllner T, Bennett M K, Whiteheart S W, *et al*. A protein assembly-disassembly pathway *in vitro* that may correspond to sequential steps of synaptic vesicle docking, activation, and fusion. *Cell*, 1993, 75(3): 409-418.
14. Südhof T C. A molecular machine for neurotransmitter release: synaptotagmin and beyond. *Nature Medicine*, 2013, 19: 1227-1231.
15. Wickner, W, Schekman R. Protein translocation across biological membranes. *Science*, 2005, 310(5753): 1452-1456.

第七章

线粒体和叶绿体

能量是所有生命活动的基础。真核细胞内存在一类特殊的、由双层膜封闭式包被的细胞器——线粒体和叶绿体，它们在能量的转换和生产中承担着核心的功能。线粒体和叶绿体都携带自身的遗传物质DNA，以原核细胞的编码方式转录合成一些自身需要的RNA与蛋白质；这两种细胞器都以分裂的方式实现增殖；它们的遗传信息以非孟德尔方式遗传给子代。这些结构、行为和遗传学特征表明线粒体和叶绿体具有半自主性，可能是一类起源于内共生的特殊的细胞器。

本章讲述线粒体和叶绿体的基本结构与功能，同时对这两种细胞器在细胞中的行为及调控机制进行初步的讨论。

第一节　线粒体与氧化磷酸化

1890年，德国生物学家Altmann首先在光学显微镜下观察到动物细胞内存在一种颗粒状结构，取名为生命小体（bioblast）。1897年，C. Benda将之命名为线粒体（mitochondrion，源于希腊语mito：线，chondrion：颗粒）。在植物细胞中，F. Meves于1904年首次发现了线粒体，从而确认了线粒体是普遍存在于真核细胞内的重要细胞器。

一、线粒体的基本形态及动态特征

在动植物细胞中，线粒体是一种高度动态的细胞器，其动态特征包括运动导致的位置和分布的变化以及融合和分裂介导的形态、体积与数目的变化等。

（一）线粒体的形态、分布及数目

借助光学显微镜，早期的科学家观察到的线粒体正如命名时的取意，呈颗粒或短线状，直径0.3～1.0 μm，长度为1.5～3.0 μm。但在许多动、植物的特定细胞或细胞周期的时相中，线粒体的大小和形态可能随着细胞的生命活动呈现出很大的变化。比如，人成纤维细胞中的线粒体可长达40 μm，植物分生组织细胞中会出现环核的片层状线粒体等。

线粒体在细胞内的分布与细胞内的能量需求密切相关。能量需求集中的区域线粒体分布密集，反之较为疏散。已有的证据表明，动植物细胞中的线粒体时刻处于依赖细胞骨架和马达蛋白的运动之中。无论线粒体在细胞中表现为随机还是极性分布，均是各线粒体在运动方向和运动速率上受到调控的一个综合结果，但该调控的深层机制尚待解析。

细胞中线粒体的数目同样呈现动态变化并接受调控。首先，不同类型真核生物细胞中线粒体的数目相差较大，而同一类真核细胞中线粒体的数目则相对比较稳定。比如，衣藻和红藻等低等的真核生物每个细胞只含

有一个线粒体，而高等动物细胞内含有数百到数千个线粒体，说明细胞中线粒体的数目受到物种遗传信息的调控。在同一种高等动植物体内，细胞内线粒体数目与细胞类型相关，说明细胞内线粒体的数目随着细胞分化而变化。

（二）线粒体的融合与分裂

动植物细胞中均可观察到频繁的线粒体融合与分裂现象。这种现象被认为是线粒体形态调控的基本方式，也是线粒体数目调控的基础。多个颗粒状的线粒体融合可形成较大体积的线条状或片层状线粒体，同时后者也可通过分裂形成较小体积的颗粒状线粒体。当融合与分裂的比值大致处于平衡状态时，细胞内线粒体的数目和体积基本保持不变。反之，则会出现线粒体数目的增加或减少。

线粒体数目和体积调控的生物学意义尚不完全清楚。通常认为体积较小的颗粒状线粒体易于依赖细胞骨架的动态运输，而体积较大的线粒体则适合在细胞特定的区域呈现相对静态的分布。这样，线粒体的融合与分裂可能是细胞应对生命活动的需求对线粒体进行合理"排兵布阵"的手段之一。

频繁的线粒体融合与分裂实际上把细胞中所有的线粒体联系成一个不连续的动态整体。在植物细胞中，可以观察到线粒体融合与分裂的偶联现象，即颗粒状或短线状的线粒体融合后随即发生分裂（图 7-1）。该过程频繁发生于细胞内的线粒体之间，通常在数十秒内完成。由于其频发性、不同步性和偶联性，这种类型的线粒体融合与分裂并不改变细胞内线粒体的大小及数目，其生物学意义可能在于线粒体之间共享遗传信息。

1. 线粒体融合与分裂的分子基础

线粒体的融合与分裂均依赖于特定基因和蛋白质的参与和调控。

参与和调控线粒体融合的基因最早发现于果蝇，取名为 *Fzo*（fuzzy onion，模糊的葱头）。在野生型果蝇精细胞发育过程中，细胞内的线粒体发生聚集并融合形成一个大体积的球形线粒体。该线粒体膜系统呈同心圆排布，在切片上酷似葱头平切面的结构特征，故被称作"葱头"。"模糊的葱头"是一个果蝇突变体（*fzo*），其精细胞中的线粒体同样会聚集到一个球形的区域内，但不发生融合（图 7-2）。这样，没有融合的线粒体群在显微镜下不呈同心圆的膜系统特征，"模糊的葱头"因而得名。分子遗传学研究结果表明，决定果蝇精细胞线粒体融合的基因（*Fzo*）编码一个跨膜的大分子 GTP 酶，定位在线粒体外膜上（图 7-2），介导线粒体融合。

进一步的研究发现，与 *Fzo* 具有同源性的基因家族广泛存在于酵母和哺乳动物的基因组内。这些基因编码结构类似的大分子 GTP 酶，其核心功能也是介导线粒体融合。可见，线粒体融合的分子机制在动物进化中高度保守。在哺乳动物中，上述大分子 GTP 酶被称作线粒体融合素（mitofusin），而编码线粒体融合素的 *Fzo* 同源基因被称作 *Mfn*（如小鼠的 *Mfn1* 和 *Mfn2*）。由于线粒体融合与分裂的动态平衡维持线粒体的形态和体积，突变的 *Fzo* 或 *Mfn* 导致线粒体分裂单向发生，细胞内出现线粒体数目增加和体积减小的现象（图 7-3）。该现象被称作线粒体片段化。

Fzo 和 *Mfn* 的发现及其功能的确定为人类认识线粒体的融合现象提供了重要的分子基础。但目前除在酵母中发现了一个与 Fzo1 蛋白相结合的膜间隙蛋白（Mgm1）为线粒体融合所必需外，未发现其他与线粒体融合相关的基因和蛋白质。此外，虽然植物细胞中存

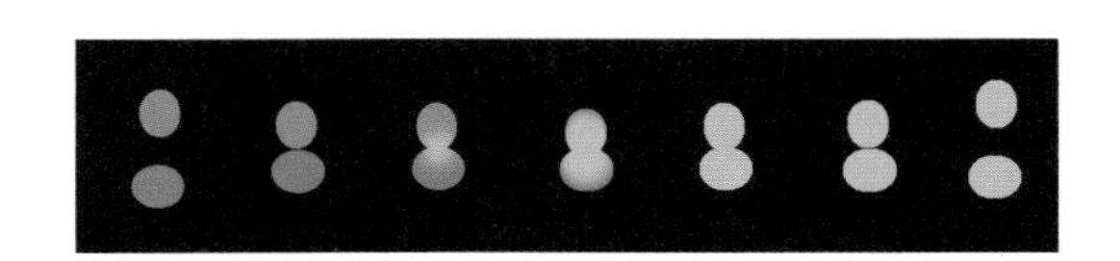

图 7-1　线粒体融合与分裂的偶联

洋葱表皮细胞内线粒体在约 1 min 时间内相继发生融合和分裂的模式图。S. Arimura 等使用可变色荧光蛋白（Kaede）标记线粒体。红色和绿色的颗粒为不同的线粒体，当它们融合后颜色叠加成为黄色。

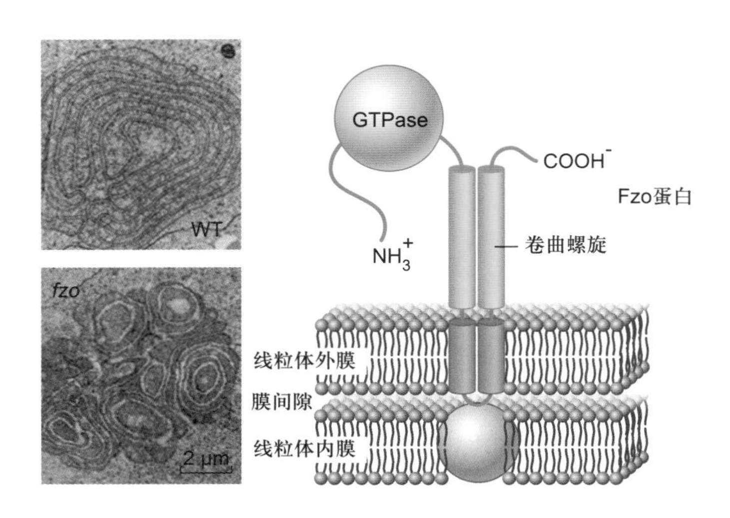

图 7-2　"模糊的葱头"与跨膜大分子 GTP 酶的模式结构

野生型（WT）果蝇精细胞发育过程中线粒体融合形成大体积球形线粒体，突变体（*fzo*）中线粒体聚集但不融合。（图片获授权）

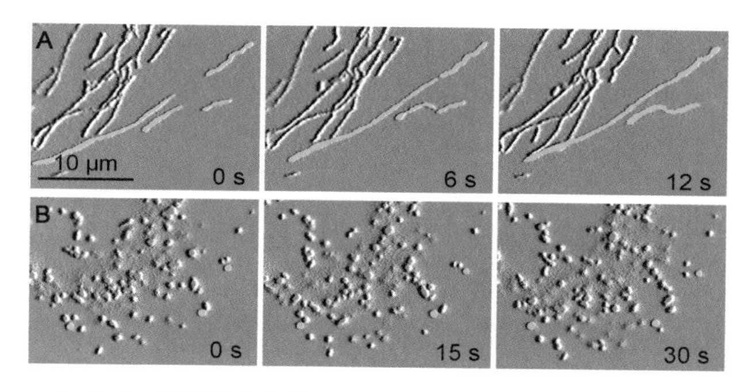

图 7-3 **线粒体融合基因突变导致的线粒体片段化**

小鼠细胞 *Mfn1* 基因野生型（上排）和突变型（下排）的线粒体。注意野生型细胞中蓝色标出的细长线粒体在相对运动中接触并融合，而突变体细胞中的线粒体高度片段化，无融合现象发生。（图片获授权）

在频繁的线粒体融合现象，但其基因组中并不存在 *Fzo* 或 *Mfn* 的同源基因。

线粒体的分裂同样依赖特定基因和蛋白质的参与和调控。研究发现，无论在动物还是植物细胞中，线粒体的分裂都离不开一类发动蛋白（dynamin）。编码这类蛋白质的基因，如酵母中的 *Dnm1*（编码 dynamin-1）、大鼠中的 *Dlp1*（编码 dynamin-like protein 1）、线虫和哺乳动物中的 *Drp1*（编码 dynamin-related protein 1）以及植物细胞中的 *Adl2B*（编码 *Arabidopsis thaliana* dynamin-like protein 2B）突变均会抑制线粒体的分裂，导致细胞中出现结构异常的大体积线粒体。与介导线粒体融合的基因（*Fzo* 和 *Mfn*）相比，线粒体分裂必需的发动蛋白类基因不仅在酵母和动物之间呈现同源性，同时也发现于植物基因组中，说明线粒体分裂的分子机制在整个真核生物的演化中具有高度的保守性。

有趣的是，线粒体分裂必需的发动蛋白类蛋白同样是一类大分子 GTP 酶。尽管不同类型的大分子 GTP 酶具有各自的特征性结构，但它们的共性是具有一个相似的 GTP 酶结构域。除了线粒体的融合与分裂外，这类大分子 GTP 酶在细胞中还介导各种膜相细胞器的融合与断裂，同时在细胞内膜泡转运的过程中扮演重要的角色。目前，人们已将真核生物基因组中编码大分子 GTP 酶的所有基因归类为一个基因超家族。该超家族编码的所有大分子 GTP 酶被统称为发动蛋白相关蛋白（dynamin-related protein）。依照这种新的归类，介导线粒体融合（*Fzo* 和 *Mfn*）及分裂（*Dnm1*、*Dlp1* 和 *Drp1*）的基因均被列为发动蛋白相关蛋白基因超家族的成员。

线粒体分裂必需的 Dnm1、Dlp1 和 Drp1 蛋白结构中没有线粒体膜的定位结构域。这些分子大部分以可溶性蛋白的形式存在于细胞质中。在线粒体分裂时，这类 GTP 酶分子在其他蛋白的介导下有序地排布到线粒体分裂面的外膜上（图 7-4），组装成环线粒体的纤维状结构。该结构与线粒体膜间隙及内膜下的未知蛋白质协同缢缩，致使线粒体膜发生环形内陷并最终一分为二。如果相关基因发生突变，线粒体分裂过程中的膜内陷和膜断裂便会出现障碍。

由于线粒体分裂相关的发动蛋白不具备膜定位能力，所以如何将它们“招募”到线粒体表面适当位置是线粒体分裂调控分子机制的重要环节。两种线粒体分裂必需的蛋白质——Fis1 和 Mdv1，在这个环节中发挥着中心的作用。其中 Fis1 的 C 端具有线粒体外膜的跨膜结构，保证该蛋白 N 端朝向细胞质定位于线粒体外膜；而 Mdv1 同时结合 Fis1 和 Drp1（或 Dnm1、Dlp1），以“桥”的方式将 Drp1（或 Dnm1、Dlp1）定位到线粒体外膜上。除此之外，线粒体分裂还需要 endophilin B1、MFF（mitochondrial fission factor） 以及 GDAP1（ganglioside-induced differentiation associated protein 1）等一些蛋白质的参与。其中 GDAP1 突变还会引起线粒体疾病（Charcot-Marie-Toothe disease type 4A）。可见，线粒体分裂的分子机制非常复杂且与线粒体的功能密切相关。

2. 线粒体融合与分裂的结构动力基础

线粒体的融合与分裂都是一个“动”的过程，和细胞内其他的动态行为（如染色体的移动）一样，需要特定的力学机制予以保证。介导线粒体融合与分

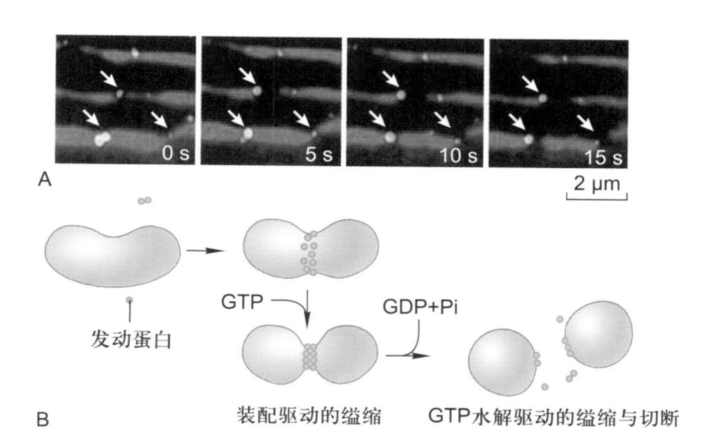

图 7-4 **线粒体分裂必需蛋白质（Dnm1、Drp1）的定位**

A. 线虫细胞中 Drp1 的活细胞定位（线粒体标记为红色，Drp1 标记为绿色）。注意线粒体分裂的位点上出现 Drp1。B. 发动蛋白纤维组装及分解驱动线粒体分裂的模式图。（图片获授权）

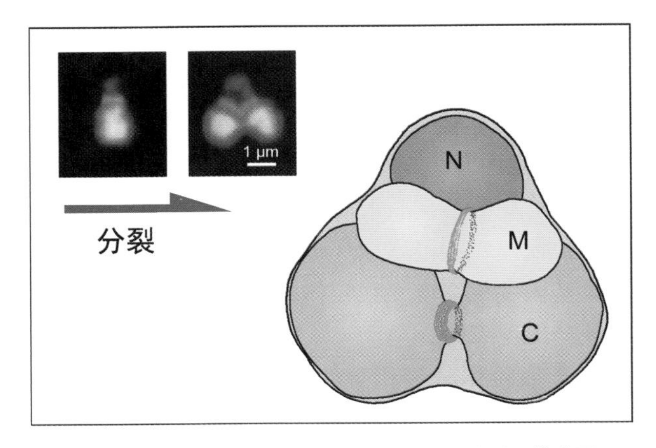

图 7-5 红藻线粒体和叶绿体的分裂过程及分裂环模式图

红藻细胞含一个线粒体和一个叶绿体。在细胞增殖过程中，叶绿体（红色自发荧光）率先启动分裂，随后线粒体启动分裂，最后细胞核分裂。模式图中红色的环状结构示线粒体和叶绿体的分裂环。C：叶绿体；M：线粒体；N：细胞核。

裂的分子力学机制被称为线粒体的融合与分裂装置（fusion and division apparatus）。这些装置实际上是指参与线粒体融合或分裂的所有蛋白质在细胞内组装而成的功能单位。

借助现有的细胞生物学方法观察线粒体融合时，除了发现线粒体融合素家族的 GTP 酶（Fzo 和 Mfn）均匀分布于线粒体外膜之外，人们并未观察到结构上的线粒体融合装置，推测线粒体融合的细胞动力学机制可能比较简单。相比之下，线粒体分裂装置的细胞结构特征则非常突出。借助透射电子显微镜，人们在动植物细胞的线粒体上均发现了环绕线粒体的蛋白质缢缩结构，称为线粒体分裂环（mitochondrial division ring）（图 7-5）。线粒体分裂环又分为外环和内环。其中外环位于线粒体外膜的表面，暴露于细胞质；而内环则位于线粒体内膜的下面，暴露在线粒体基质内。在线粒体分裂过程中，以分裂环为主体的线粒体分裂装置呈现有序的动态变化，说明线粒体分裂的细胞动力学机制较为复杂。

线粒体的分裂表现为线粒体内外膜同时发生内陷并最终在内陷处被分断的过程。这个连续的过程可被人为地分为三个阶段：① 早期：线粒体分裂的准备阶段，膜内陷尚未发生；② 中期：线粒体膜呈现环形内陷并逐渐加深；③ 后期：线粒体膜被分断，线粒体一分为二。在线粒体分裂的早期，内环首先形成于线粒体内膜下，随后在线粒体的外膜上面出现外环。当内环和外环分别形成时，线粒体膜上的着环区域开始发生内陷，线粒体分裂进入中期。随着线粒体膜内陷程度的加深，外环不断加粗，而内环始终保持细薄的状态。当线粒体分裂进入后期时，内环消失，外环则一直保留到分裂结束。

目前，线粒体分裂装置（分裂环）的蛋白质基本组成尚不清楚。上面介绍的发动蛋白家族蛋白（Dnm1、Dlp1 或 Drp1）只出现于分裂的中期稍后及后期的外环中，推测参与深度缢缩及膜分断，是线粒体分裂外环的重要成分之一。此外，在红藻细胞的线粒体分裂过程中，一种称作 FtsZ 的大分子 GTP 酶（原核细胞分裂的必需蛋白）先于内环出现在线粒体内膜下的分裂位置并形成环状分布。但随着线粒体分裂进程的加深，FtsZ 蛋白的密度逐渐减小，推测其可能是招募内环蛋白的重要分子。有趣的是，动物及高等植物的基因组中并未发现产物定位于线粒体的 FtsZ 同源基因，说明 FtsZ 蛋白的功能在演化过程中可能被另外的未知蛋白所取代。由于线粒体分裂装置的基本组成以及决定其形成位置的分子机制还不得而知，线粒体分裂在今后一段时期内仍将是细胞生物学中令人关注的重要领域之一。

3. 线粒体融合与分裂的生物学意义

线粒体在细胞内发生融合和分裂的现象发现已久，但该现象的生物学意义尚待解析。一般认为，线粒体的基质中含有高水平的氧化自由基，容易导致 DNA 损伤。因此，线粒体可能通过不断的融合和分裂来平衡这种损伤，以保证部分遗传物质受损的线粒体可以正常工作。

除此之外，线粒体的融合与分裂显然也是线粒体大小、数目及分布调控的基础。拟南芥根尖分生细胞中存在伴随细胞周期的线粒体融合与分裂：在有丝分裂的 G_2 期，细胞内大量的颗粒状线粒体融合形成巨大的线粒体片层，环绕在细胞核周围；之后这种大片层状线粒体再度分裂，形成颗粒状线粒体，分散到细胞质中。这种规律性的线粒体融合与分裂可能是一种细胞调控，使线粒体的数量、大小和分布变化更有效地对应细胞内的能量需求与供给。

最近的研究发现，植物体细胞中的线粒体数目远大于细胞中的线粒体 DNA 拷贝数。比如，拟南芥的叶肉细胞拥有 500～1 000 个线粒体，而每个细胞中却只存在 50～70 个线粒体 DNA 拷贝（测序结果展示的 366.9 kb 全长环形 DNA 分子为 1 个拷贝）。这个结果说明植物细胞中多个线粒体共享 1 个线粒体 DNA 分子。进一步的显微成像结果表明，拟南芥叶肉细胞中多数的

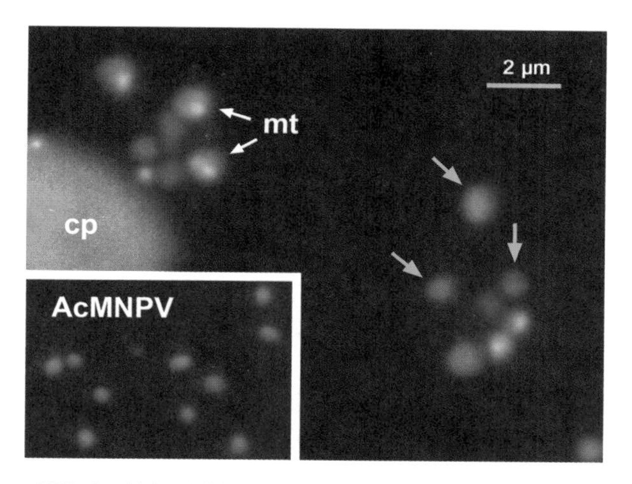

图 7-6　**荧光显微镜下观察到的拟南芥叶肉细胞**

经 DAPI 染色后，可以观察到线粒体和叶绿体 DNA 的荧光信号。注意多数线粒体（橙色箭头指示）中无 DNA 信号。同时染色观察的改构苜蓿银纹夜蛾核型多角体病毒（Autographa californica multiple nucleopolyhedrovirus, AcMNPV）为一种杆状 DNA 病毒，每个颗粒含 143 kb 的病毒 DNA 分子。cp：叶绿体；mt：线粒体（绿色荧光蛋白标记）。

线粒体并不携带线粒体 DNA，而部分携带 DNA 的线粒体也只携带 100 kb（约 1/3 个拷贝）左右的 DNA 分子（图 7-6）。因此，植物细胞中的线粒体遗传信息在线粒体之间呈现出显著的不均等分布，需要依赖频繁的线粒体融合与分裂实现遗传信息的共享。同时，上面的结果还表明，植物线粒体 DNA 测序获得的全长 DNA 分子序列可能是人为拼接的结果，而实际存在于线粒体中的 DNA 分子则可能是该序列的不同的组成部分。

二、线粒体的超微结构

虽然线粒体的形态和大小表现出多种变化，但其基本结构均由内外两层单位膜封闭包裹而成。线粒体的外膜（outer membrane）平展，起界膜作用；而内膜（inner membrane）则向内折叠延伸形成嵴（cristae）。在不同的真核生物中，线粒体嵴的形态也呈现丰富的变化。比如，动物细胞中常见的“袋状嵴”是由内膜规则性折叠而成，而植物细胞线粒体的“管状嵴”则是内膜不规则内陷形成的弯曲小管（图 7-7）等。

存在于外膜和内膜之间的空间被称为膜间隙（intermembrane space）。通常情况下，膜间隙的宽度比较稳定。线粒体内膜之内空间称之为基质（matrix）（图 7-7C）。近年来的研究发现，线粒体外膜与内质网或细胞骨架等其他细胞组分之间可以通过特定的蛋白质形成结构和功能的联系，而线粒体内膜与外膜之间也由一些蛋白质形成随机的点状连接。

（一）外膜

外膜指线粒体最外面的一层平滑的单位膜结构，厚约 6 nm。外膜中蛋白质和脂质约各占 50%。外膜上分布着由孔蛋白（porin）构成的桶状通道，直径为 2～3 nm，可根据细胞的状态可逆性地开闭。当孔蛋白通道完全打开时，可以通过分子量高达 5 000 的分子。ATP、NAD、辅酶 A 等分子量小于 1 000 的物质均可自由通过外膜。由于外膜的通透性很高，膜间隙中的离子

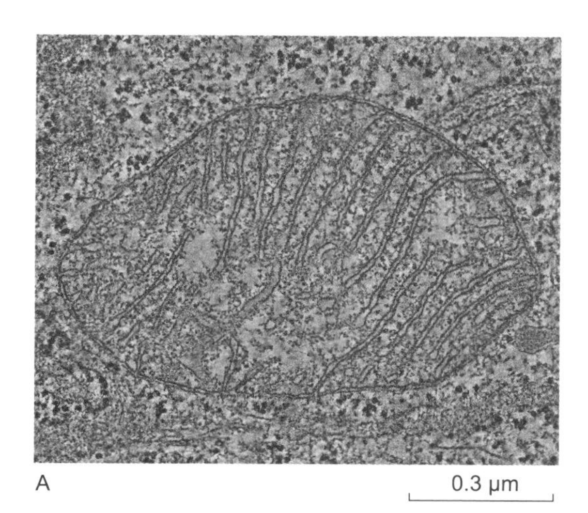

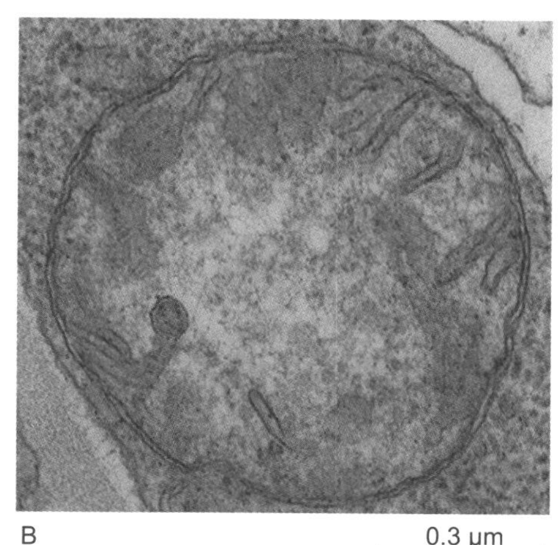

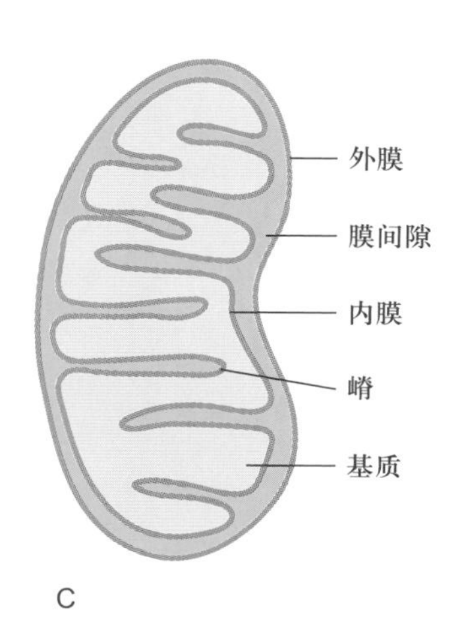

图 7-7　**人淋巴细胞线粒体（A）、拟南芥幼叶线粒体（B）的超微结构及线粒体超微结构的模式图（C）**

（A 图由 Devrim Acehan 博士和 David Stokes 博士惠赠；B 图由张泉博士惠赠）

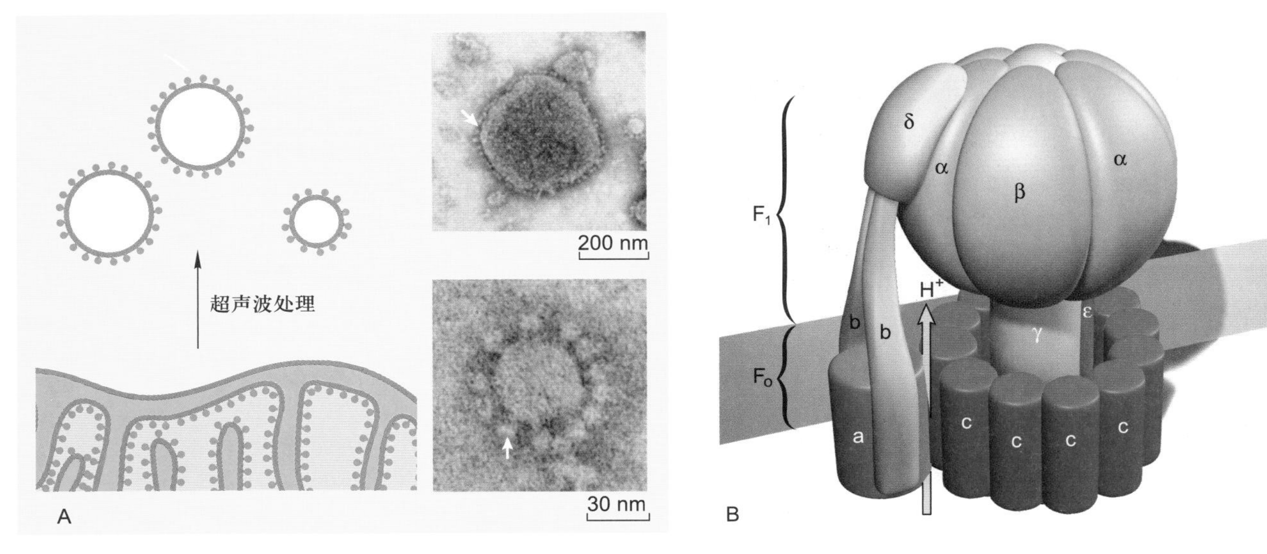

图 7-8　ATP 合酶的负染电子显微图像（A）及分子结构模式图（B）

线粒体内膜在超声波作用下形成亚线粒体小泡，经电子负染后可以观察到其表面排布的线粒体基粒——ATP 合酶（箭头指示）。（图片获授权）

环境几乎与胞质相同。

外膜上还分布有一些特殊的酶类，如参与肾上腺素氧化、色氨酸降解、脂肪酸链延长的酶，表明外膜不仅参与膜磷脂的合成，还可对将在线粒体基质中彻底氧化的物质进行先行初步分解。外膜的标志酶是单胺氧化酶（monoamine oxidase）。

（二）内膜

内膜是位于外膜内侧的一层单位膜结构，厚 6～8 nm。相对外膜而言，内膜有很高的蛋白质 / 脂质比（质量比≥3∶1）。内膜缺乏胆固醇，富含心磷脂（cardiolipin，约占磷脂含量的 20%）。这种组成决定了内膜的不透性（impermeability），限制所有分子和离子的自由通过，是质子电化学梯度的建立及 ATP 合成所必需的。细菌的质膜也具有线粒体内膜的结构特征，推测线粒体内膜与细菌质膜具有演化上的关联性。

线粒体内膜向内延伸形成嵴，大大增加了内膜的面积。据测算，肝细胞线粒体内膜的面积相当于外膜的 5 倍，细胞质膜的 17 倍。同时，嵴的形状、数量和排列与细胞种类及生理状况密切相关，如心肌和骨骼肌线粒体嵴的数量相当于肝细胞线粒体嵴的 3 倍。这种差异可能反映了不同组织细胞对 ATP 的需求。通常情况下，能量需求较多的细胞中线粒体嵴的数量也较多。

线粒体内膜是氧化磷酸化的关键场所。早期的研究发现内膜的嵴上存在许多规则排列的颗粒，称为线粒体基粒（elementary particle）。实验证明这些颗粒即为 ATP 合酶（ATP synthase）（图 7-8）。内膜的标志酶是细胞色素氧化酶。

（三）膜间隙

膜间隙的宽度通常维持在 6～8 nm。当细胞活跃呼吸时，膜间隙可显著扩大。膜间隙内的液态介质含有可溶性的酶、底物和辅助因子。腺苷酸激酶是膜间隙的标志酶，其功能为催化 ATP 分子末端磷酸基团转移到 AMP，生成 ADP。

（四）线粒体基质

线粒体基质为富含可溶性蛋白的胶状物质，具有特定的 pH 和渗透压，催化线粒体重要生化反应，如三羧酸循环、脂肪酸氧化、氨基酸降解等相关的酶类存在于基质中。此外，基质中还含有 DNA、RNA、核糖体以及转录、翻译所必需的重要生物大分子。

从上述结构特征可以看出，线粒体的固形成分主要为蛋白质和脂质。其中脂质占线粒体干重的 20%～30%，而蛋白质中包括了催化线粒体生化反应的主要酶类。

三、氧化磷酸化

线粒体的主要功能是高效地将有机物中储存的能量

转换为细胞生命活动的直接能源 ATP。人体内的细胞每天要合成数千克 ATP，大约 95% 由线粒体产生。因此，线粒体被誉为细胞的“动力工厂”（power plant）。线粒体通过氧化磷酸化作用进行能量转换，其内膜上的 ATP 合酶、电子传递及内膜本身的理化特性为氧化磷酸化提供了必需的保障。

（一）ATP 合酶

在线粒体中，最终生成 ATP 的装置是 ATP 合酶。在电子显微镜下，ATP 合酶的分子由球形的头部和柱形的基部组成，头部朝向线粒体基质，规则性地排布在内膜下并以基部与内膜相连（图 7-8A）。由于电子密度的差别不明显，尽管 ATP 合酶头部的直径达到了 9 nm，在常规透射电镜的线粒体超薄切片上仍难以分辨，须借助负染色电镜技术。J. T. Stasny 和 F. L. Crane 于 1964 年分离了线粒体内膜，用超声波处理成“亚线粒体小泡”后，利用负染技术成功地观察到了 ATP 合酶的分布及分子构型，为后续的线粒体功能研究提供了珍贵的初始资料。

由于 ATP 合酶在 ATP 生成中处于重要地位，其分子结构与分子动力学机制一直是线粒体研究的重要组成部分。在生化研究中，ATP 合酶的头部被称为偶联因子 1（coupling factor 1, F_1），由 5 种类型的 9 个亚基组成，组分为 $\alpha_3\beta_3\gamma\varepsilon\delta$。在空间上，3 个 α 亚基和 3 个 β 亚基交替排列，形成一个“橘瓣”状结构（图 7-8B）。其中 α 和 β 亚基具有核苷酸结合位点，但只有 β 亚基的结合位点具有催化 ATP 合成或水解的活性。F_1 的功能是催化 ATP 合成，在缺乏质子梯度情况下则呈现水解 ATP 的活性。γ 亚基的一个结构域构成穿过 F_1 的中央轴，另一结构域与 3 个 β 亚基中的一个结合。ε 亚基协助 γ 亚基附着到 ATP 合酶的基部结构 F_o 上。γ 与 ε 亚基具有很强的亲和力，结合形成“转子”（rotor），旋转于 $\alpha_3\beta_3$ 的中央，调节 3 个 β 亚基催化位点的开放和关闭。δ 亚基为 F_1 和 F_o 相连接所必需。

ATP 合酶的基部结构被称作 F_o［表示对寡酶素（oligomycin）敏感的因子］。与亲水性的 F_1 相比，F_o 是一个疏水性的蛋白复合体，嵌合于线粒体内膜，由 a、b、c 3 种亚基按照 $ab_2c_{8\sim15}$ 的比例组成跨膜的质子通道。多拷贝的 c 亚基形成一个环状结构。a 亚基和 b 亚基形成的二聚体排列在 c 亚基十二聚体形成的环的外侧。同时，a 亚基、b 亚基及 F_1 的 δ 亚基共同组成“定子”（stator），也称外周柄。

在线粒体 ATP 合酶的分子中，F_1 和 F_o 通过“定子”和“转子”的双重作用形成连接。合成或水解 ATP 时，“转子”受到通过 F_o 的 H^+ 流驱动，于 $\alpha_3\beta_3$ 的中央旋转，依次与 3 个 β 亚基作用，调节 β 亚基催化位点的构象变化；“定子”在一侧将 $\alpha_3\beta_3$ 与 F_o 连接起来并使之保持固定的位置。因此，F_o 在 ATP 合酶中的作用是将跨膜质子驱动力转换成扭力矩（torsion），驱动“转子”旋转。

基于 ATP 合酶的分子结构，Boyer 于 1979 年提出了结合变构机制（binding change mechanism），以解释质子流驱动 ATP 合成的分子过程。该机制认为：① 质子梯度的作用并不是生成 ATP，而是使 ATP 从酶分子上解脱下来。② ATP 合酶上的 3 个 β 亚基的氨基酸序列是相同的，但它们的构象却不同。即在任一时刻，3 个 β 催化亚基以 3 种不同的构象存在，从而使它们对核苷酸具有不同的亲和性（图 7-9）。③ ATP 通过旋转催化（rotational catalysis）而生成。在此过程中，通过 F_o“通道”的质子流引起 c 亚基环和附着于其上的 γ 亚基纵轴（中央轴）在 $\alpha_3\beta_3$ 的中央进行旋转。旋转的动力来自于 F_o 质子通道中的质子跨膜运动。由于在外侧有“定子”（外周柄）的固定作用，合酶的外周部分相对于膜表面是静止的。“转子”的旋转在 360° 范围内分三步发生，大约每旋转 120°，γ 亚基就会与一个不同的 β 亚基相接触。这种接触迫使 β 亚基转变成 β- 空缺构象。γ 亚基的一次完整旋转（360°）必然使每一个 β 亚基都经历三种不同的构象改变，导致 3 个 ATP 生成并从酶表面释放。ATP 合酶中使化学能转换成机械能的效率几乎达 100%，是迄今发现的自然界最小的“分子马达”。

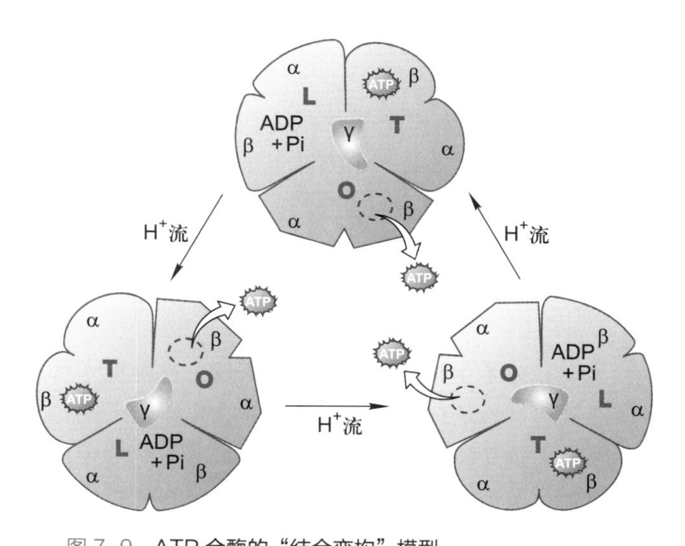

图 7-9 ATP 合酶的“结合变构”模型

L：松弛构象（loose）；T：紧密构象（tight）；O：开放构象（open）。

（二）质子驱动力

线粒体 ATP 合酶在质子流的推动下实现分子内“转子”的旋转，驱动 ATP 的生成。依照这个模型，线粒体膜间隙中的质子浓度必须高于基质中的质子浓度，才有可能产生质子的定向流动。也就是说，膜间隙与基质之间质子浓度梯度的形成与保持是线粒体合成 ATP 的基本前提。

研究结果表明，线粒体内膜上的电子传递为膜间隙与基质之间的质子梯度提供了保证。在电子传递的过程中，高能电子的能量逐级释放，基质中的质子则借助高能电子释放的能量被不断地定向转运到膜间隙。这个过程所需的 H^+ 和高能电子来源于线粒体内的三羧酸循环（tricarboxylic acid cycle, TCA 循环）。其产物 NADH 在 NADH 脱氢酶作用下脱氢形成 H^+ 和高能电子（$NADH \rightarrow NAD^+ + H^+ + 2e^-$）（图 7–10）。可见线粒体承担的能量转换实质上是把基于质子密度梯度（pH 差）的质子驱动力（proton motive force）转换为 ATP 分子中的高能磷酸键。因此，来源于 TCA 循环的高能电子是线粒体合成 ATP 的基本能源，而电子传递过程承担了重要的介导作用。

经过电子传递，高能电子携带的能量被逐级卸载，成为低能电子。由于低能电子最终被 O_2 分子接收，生成 H_2O（图 7–10），所以电子传递的化学本质相当于一个氧化反应。ATP 合成过程中的磷酸化（$ADP + Pi \rightarrow ATP$）反应不仅以电子传递为基础，而且与之偶联发生，因此线粒体中 ATP 的形成过程也被称为氧化磷酸化（oxidative phosphorylation）。这个过程不仅基于线粒体内膜上的电子传递和 ATP 合酶，同时依赖于线粒体内膜的物理特性。

由于 O_2 分子获得电子生成水时只接受低能电子，所以电子传递实际上是一个高能电子释放多余能量的自然过程，同时质子的转运恰好利用了该过程释放的能量，因此电子传递不需要额外能量的驱使。

（三）电子传递链

化学和分子生物学实验的结果表明，高能电子释放多余能量的过程是分级分步完成的。在电子传递的每一个能级上，接受和释放电子的分子或原子被称为电子载体（electron carrier），而由电子载体组成的电子传递序列被称为电子传递链（electron transport chain），也称作呼吸链（respiratory chain）。

参与电子传递链的电子载体有 5 类：黄素蛋白、细胞色素、泛醌、铁硫蛋白和铜原子。它们的共同特征是具有氧化还原作用。

实验证明，呼吸链中的电子载体按严格的顺序和方向排列，规律为氧化还原电位由低向高。其中 $NAD^+/NADH$ 的氧化还原电位值最低（$E' = -0.32$ V），而 O_2/H_2O 的氧化还原电位最高（$E'_0 = +0.82$ V）。这种渐高的排序是因为氧化还原电位较低的电子载体具有较强的电子提供能力，因而较容易作为还原剂而处于传递链的前面位置。在呼吸链中，一个电子载体从前面一个电子载体上获得电子而被还原，随后将电子传递给下一个载体而被氧化，周而复始。

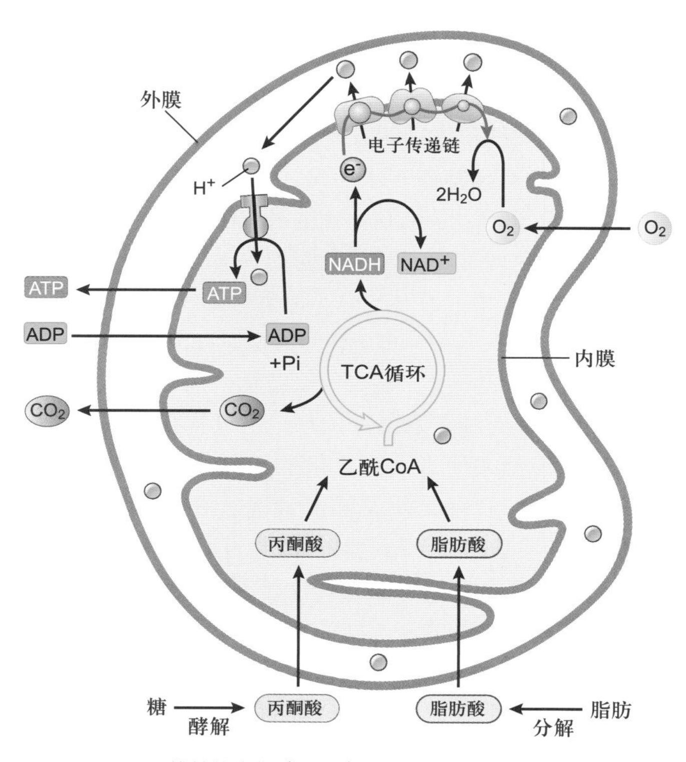

图 7–10 **线粒体产能（ATP）的原理示意图**

细胞内储能的大分子化合物糖和脂肪经酵解或分解形成丙酮酸和脂肪酸。后者进入线粒体后进一步分解成乙酰 CoA。乙酰 CoA 通过 TCA 循环，产生含有高能电子的 NADH 和 $FADH_2$（后者未图示）。这两种分子中的高能电子通过电子传递链（蓝色带箭头曲线表示）最终传递给氧，生成水。在电子传递的过程中，内膜上的电子传递复合物将基质中的质子转运至膜间隙，形成 ATP 合酶工作所需的质子梯度。除了糖和脂肪以外，细胞内的储能大分子氨基酸也可被分解为丙酮酸或乙酰 CoA，加入 TCA 循环（未图示）。由于 NADH 不能通过线粒体内膜，细胞质中糖酵解产生的 NADH 不能进入线粒体。但其分子上的电子可以通过“穿梭途径”进入线粒体并加入电子传递链。

（四）电子传递复合物

除了上面的电子载体以外，线粒体内膜上的电子传递还需要与这些载体分子互作的蛋白质及多肽参与。将线粒体内膜破坏后，可从中分离出 4 种膜蛋白复合物，分别命名为复合物Ⅰ、Ⅱ、Ⅲ和Ⅳ。实验证明，每一种复合物催化电子在呼吸链中的一段传递。如：复合物Ⅰ和Ⅱ分别催化电子从供体 NADH 和 $FADH_2$ 传递到泛醌（UQ）；复合物Ⅲ催化电子从泛醌传递到细胞色素 c（Cyt c）；复合物Ⅳ将电子从 Cyt c 转移到 O_2。这样，完整的电子传递由上述 4 种膜蛋白复合物分段催化完成（图 7–11）。这些分布于线粒体内膜、含有电子传递催化中心的膜蛋白复合物被称作电子传递复合物。

膜蛋白复合物的分子解析结果表明，哺乳动物的 4 个电子传递复合物包含了约 70 种不同的蛋白质或多肽。其中一部分多肽并不参与电子传递，可能贡献于复合物的结构或构型。

（1）复合物Ⅰ　亦称 NADH–CoQ 还原酶或 NADH 脱氢酶。哺乳动物的复合物Ⅰ由 42 个不同的多肽组成，总分子质量接近 1 000 kDa。其中 7 个疏水的跨膜多肽由线粒体基因编码。复合物Ⅰ含一个带有 FMN 的黄素蛋白和至少 6 个铁硫中心。高分辨率电镜显示复合物Ⅰ呈 L 形，一侧臂嵌于膜上，另一侧臂伸至基质。后者催化 1 对电子从 NADH 传递给泛醌。复合物Ⅰ每传递 1 对电子伴随 4 个质子从基质转移到膜间隙，可理解为一种由高能电子释放能量驱动的质子泵。

（2）复合物Ⅱ　亦称琥珀酸–CoQ 还原酶或琥珀酸脱氢酶，由 4 种不同的蛋白质组成，总分子质量为 140 kDa。复合物Ⅱ是三羧酸循环中唯一一个结合在膜上的酶，催化来自琥珀酸的 1 对电子经 FAD 和 Fe–S 传给泛醌而进入呼吸链。该步电子传递释放的能量较少，不伴随质子的跨膜转移。

（3）复合物Ⅲ　亦称 CoQ–Cyt c 还原酶、细胞色素还原酶或 Cyt bc_1 复合物（简称 bc_1），由 10 个多肽组成，总分子质量为 250 kDa。该复合物含 1 个 Cyt b（线粒体基因编码）、1 个 Cyt c_1 和 1 个铁硫蛋白，催化电子从泛醌传给 Cyt c。复合物Ⅲ每传递 1 对电子伴随 4 个质子从基质转移到膜间隙。

（4）复合物Ⅳ　亦称细胞色素氧化酶或 Cyt c 氧化酶。哺乳动物的复合物Ⅳ由 13 个多肽组成，总分子质量约为 204 kDa。其中 3 个疏水性多肽由线粒体基因编码。该复合物共有 4 个氧化还原中心：Cyt a、Cyt a_3 及 2 个铜离子（CuA，CuB），催化电子从 Cyt c 传给氧，生成 H_2O。复合物Ⅳ每传递 1 对电子从基质中摄取 4 个 H^+，其中 2 个用于水的形成，另 2 个被转移至膜间隙。

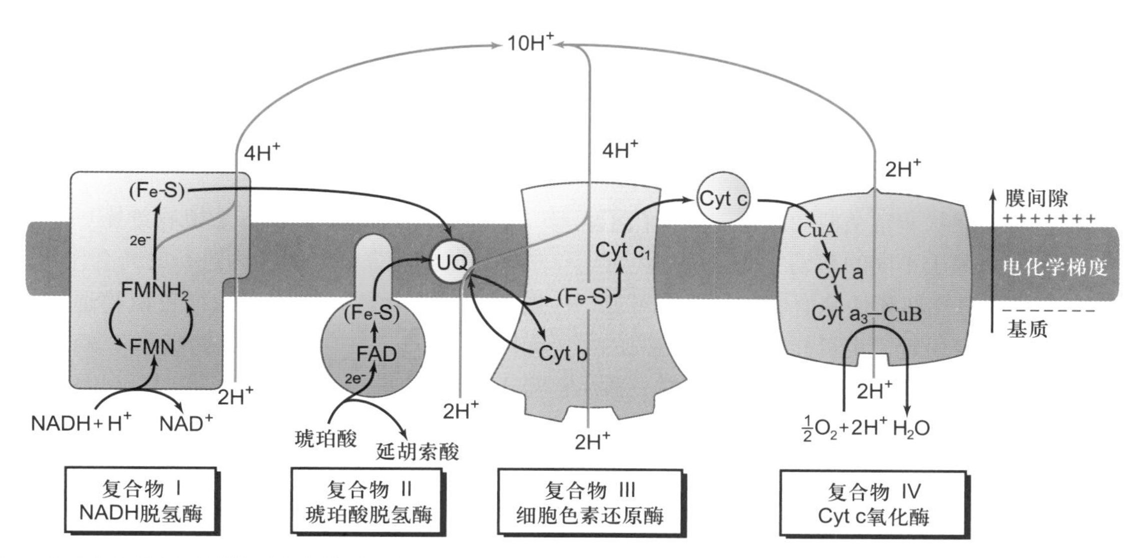

图 7–11　**线粒体内膜电子传递复合物的排列及电子和质子传递示意图**

呼吸链由 4 种含有电子载体的复合物和 2 种独立存在于膜上的电子载体（UQ 和 Cyt c）组成。进入呼吸链的电子来自 NADH 或 $FADH_2$。电子从复合物Ⅰ或复合物Ⅱ传递给 UQ，然后进一步传递给复合物Ⅲ，经由 Cyt c 传递给复合物Ⅳ，最后传递给 O_2，生成 H_2O。图中指出了 H^+ 跨膜转移的位点以及各位点上每传递 1 对电子可能伴随的跨膜 H^+ 数量。

四、线粒体与疾病

作为一种半自主性细胞器，线粒体的氧化磷酸化、DNA 复制、RNA 转录、蛋白质合成等生命活动据推测需要多达 1 000～2 000 种蛋白质。目前已经确定在线粒体中发挥功能的蛋白质有近 900 种，其余的有待进一步探究。如果编码这些蛋白质的基因发生了有害的突变，蛋白质的功能就有可能受到影响甚至丧失。在这种情况下，线粒体的生命活动可能出现障碍，导致动植物机体发生疾病。在医学上，由线粒体功能障碍引起的疾病被称为线粒体病（mitochondrial disease）。

已知的人类线粒体病有 100 多种，常见的有脑坏死、心肌病、肿瘤、不育、帕金森综合征等。由于肌肉、心脏和大脑等组织需要线粒体提供相对大量的能量供给，线粒体病的症状较多地表现为这些组织的异常病变。例如，曾经在我国一部分地区高发的克山病就是一种心肌线粒体病。它是以心肌损伤为主要病变的地方性心肌病，因缺硒而引起。由于硒对线粒体膜具有不可替代的稳定作用，缺硒的患者心肌线粒体出现膨胀，嵴稀少且不完整，膜电位下降，膜流动性减低。同时，患者线粒体中的琥珀酸脱氢酶、细胞色素氧化酶和 ATP 合酶活性都有明显降低，导致电子传递和氧化磷酸化偶联的效率受到显著影响。

线粒体中许多功能蛋白复合物（如 ATP 合酶、电子传递复合物）是由线粒体基因和核基因编码的蛋白质亚基共同组成的。因此，线粒体病既有可能来源于线粒体 DNA 的突变，也有可能来源于核 DNA 的突变。此外，线粒体内的化学反应呈链式进行（如电子传递链），催化不同环节的酶类缺失或缺陷往往导致类似的线粒体功能障碍。这样，即使症状非常类似的线粒体病，在不同的患者中也有可能来源于不同的基因突变。例如，常见的 Leigh 综合征（亚急性坏死性脑脊髓病）既有可能由线粒体编码的基因突变引起，也可能由细胞核编码的其他多个基因突变造成。区别线粒体病致病基因核－质性质的简单方法是分析病症的遗传规律。线粒体 DNA（基因）突变导致的线粒体病呈单纯的母系遗传。

人类的线粒体基因组只编码 13 种蛋白质，约相当于线粒体生命活动所需蛋白质总数的 1%。但已知的线粒体病的绝大多数来源于线粒体基因组编码的蛋白质缺失或缺陷，表明线粒体 DNA 发生突变的频率远高于细胞核 DNA。出现这样的现象可能与呼吸链产生的自由基相关。据测算，机体 95%以上的氧自由基来自线粒体的呼吸链。正常情况下氧自由基可被线粒体中的 Mn^{2+}-SOD（超氧化物歧化酶）清除。但机体衰老及退行性疾病时 Mn^{2+}-SOD 活性降低，导致线粒体中氧自由基积累。实验结果表明，氧自由基的过度积累导致线粒体 DNA 的损伤或突变。

植物的线粒体基因组编码较多的蛋白质（如拟南芥线粒体 DNA 编码 122 种蛋白质）。虽然这些蛋白质的变异同样导致个体缺陷，但植物材料中很少使用线粒体病的概念。农业生产中广为利用的细胞质雄性不育，事实上是一种典型的植物线粒体病。由于该性状具有极高的生产利用价值，其分子机制的研究受到了国内外长期和广泛的关注。中国科学家刘耀光的研究组 2006 年首先破解了水稻细胞质雄性不育及其恢复的机制，他们发现了线粒体 DNA 特定部位重组产生编码毒性多肽的可读框（*Orf79*），其产物在花粉线粒体中的积累导致雄性不育的规律；同时，研究还发现了恢复系中 *Rf1a* 和 *Rf1b* 基因编码核酶，通过降解 *Orf79* mRNA 的方式解除花粉败育的不育系恢复机制。

本节着重介绍了线粒体在真核细胞能量代谢中的重要作用。事实上，除了氧化磷酸化产生 ATP 以外，线粒体还参与许多其他非常重要的生命活动过程，如细胞氧化还原电位的调节、信号转导、细胞凋亡以及细胞电解质平衡等。相关内容见本教材的其他章节。

第二节　叶绿体与光合作用

叶绿体（chloroplast）是植物细胞中另一种承担能量转换的细胞器。叶绿体内进行的光合作用是自然界最重要的化学反应。地球上的绿色植物通过光合作用将太阳能转化为生物能源的产能高达 2 200 亿吨 / 年，相当于全球每年能耗的 10 倍。可见，叶绿体及其光合作用为地球上包括人类在内的大多数生物提供了必需的能源。由于光合作用将空气中的 CO_2 转换为高能有机碳链，绿色植物中的叶绿体同时还承担着回收大气中 CO_2 的重要作用，受到了全世界的广泛关注。在 21 世纪人类面临的主要挑战中，粮食和环境问题均涉及叶绿体及光合作用。因此，叶绿体与光合作用的研究在理论和生产上具有重要的意义。

一、叶绿体的基本形态及动态特征

在植物细胞中，叶绿体也是一种动态的细胞器。这种动态表现为光调控下的分布和位置变化、基质小管介导的相互连接、伴随分化和去分化的形态变化以及叶绿体分裂导致的数目变化等。

（一）叶绿体的形态、分布及数目

在植物细胞中，叶绿体是最容易观察到的细胞器。这是因为叶绿体中含有叶绿素，与透明的细胞质之间呈现较大的反差。同时，叶绿体体积较大，借助普通光学显微镜的中低倍物镜即可清晰分辨。在高等植物的叶肉细胞中，叶绿体呈凸透镜或铁饼状，直径为 5～10 μm，厚 2～4 μm（图 7-12）。由于叶肉细胞内的大部分空间被液泡占据，叶绿体分布在细胞质膜与液泡间薄层的细胞质中，呈平层排列。通常情况下，高等植物的叶肉细胞含 20～200 个叶绿体。

高等植物的叶片生长平展后，叶肉细胞内叶绿体的体积和数目相对保持稳定。在环境条件不变的情况下，成熟叶肉细胞中罕见有关叶绿体分裂与融合的报道，这种数目和体积的稳定性有别于线粒体。但细胞内的叶绿体仍呈现动态特征。首先，叶绿体在细胞膜下的分布依光照情况而变化。光照较弱时，叶绿体会汇集到细胞顶面，以最大限度地吸收光能，保证高效率的光合作用；而光照强度很高时，叶绿体移动到细胞侧面，以避免强光的伤害（图 7-13）。叶绿体通过位移避开强光的行为称为躲避响应（avoidance response）。相反，在弱光下叶绿体汇集到细胞受光面的行为称作积聚响应（accumulation response）。

叶绿体在细胞内位置和分布受到的动态调控称为叶绿体定位（chloroplast positioning）。由于光照强度保持稳定状态时叶绿体的分布和位置不呈现明显的变化，叶绿体定位至少包括两个必需的细胞动力学环节：叶绿体的移动及移动后在新的最适位置上的“锚定”。化学处理破坏细胞内的微丝骨架后，叶绿体定位出现异常，说明叶绿体的运动和位置维持需要借助微丝骨架的作用。在拟南芥的叶肉细胞中，一个被命名为 Chup1（chloroplast unusual positioning 1）的微丝结合蛋白为叶绿体正常定位所必需。编码该蛋白质的基因（*Chup1*）

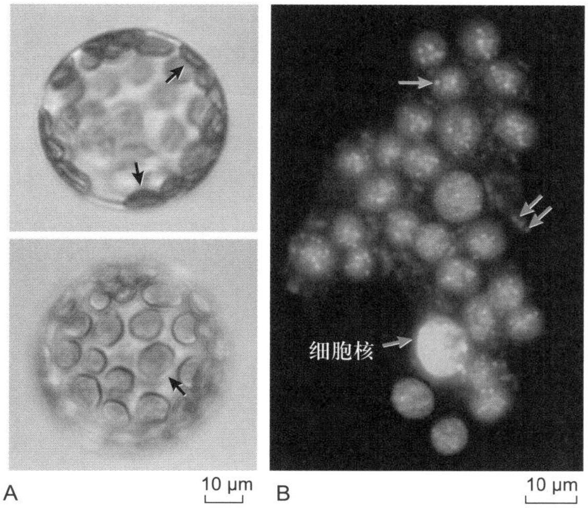

图 7-12　光学显微镜及荧光显微镜下观察到的叶绿体

A. 拟南芥叶肉细胞原生质体光学显微照片。焦面置于细胞中部时，观察到的叶绿体呈两端渐窄的条形（上图箭头）。而将焦面移动到细胞顶部时，观察到的叶绿体为近圆形（下图箭头）。可见，叶绿体的立体结构应与凸透镜或铁饼相似。B. 将原生质体细胞质平铺并经 DAPI 染色后的荧光显微照片。红色为叶绿素的自发荧光。当细胞质平铺为一薄层时，叶绿体的顶面观均为近圆形。此外，经 DAPI 染色后的叶绿体中可以观察到叶绿体 DNA 颗粒状荧光（红色箭头）。同时，细胞质中可以观察到线粒体 DNA 的荧光信号（蓝色箭头）。（胡迎春博士惠赠）

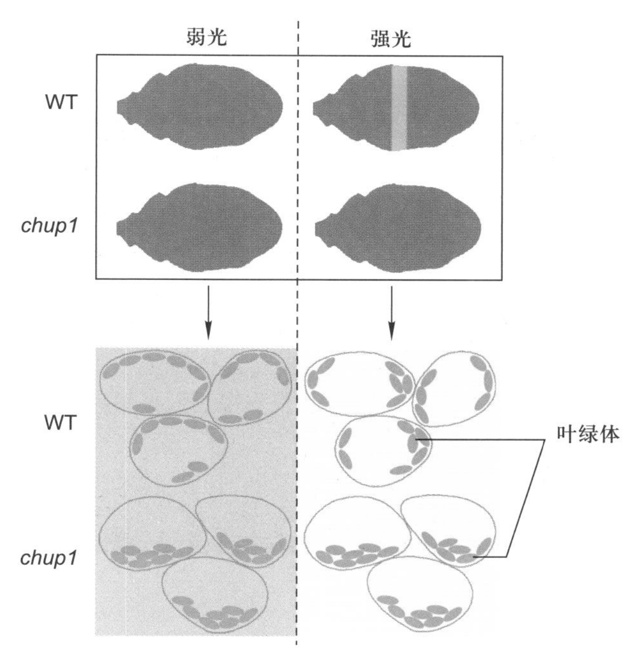

图 7-13　光照强度对叶绿体分布及位置影响的示意图

野生型（WT）拟南芥叶片呈深绿色。对叶片的一部分（整体遮光，中部留出一条窄缝）强光照射 1 h 后，被照射的窄缝处变成浅绿色。这是由于细胞中的叶绿体发生了位置和分布的变化，以减少强光的伤害。在一种叶绿体定位异常的突变体（*chup1*）中，光照对叶绿体的位置和分布失去影响。

突变后，叶绿体呈现定位异常（图 7-13）。研究结果显示，Chup1 定位于叶绿体外膜表面，分子质量约 112 kDa。由于分子上存在肌动蛋白结合域，Chup1 很可能是叶绿体与微丝骨架之间实现连接的重要蛋白质，在以微丝骨架为依托的叶绿体定位过程中发挥重要的作用。

与动物相比，植物缺乏主动运动能力。其适应和抵御环境胁迫的机制更多地体现在细胞内独特的生命活动，如叶绿体定位。目前，在介导细胞器运动的马达蛋白中未发现叶绿体特异的马达蛋白。据推测，叶绿体有可能依靠 Chup1 等蛋白质与微丝骨架形成连接，随着微丝骨架的动态变化而发生位移。

除了位置和分布的变化以外，细胞中叶绿体的动态行为还表现于叶绿体之间的动态连接。与线粒体不同的是，叶肉细胞内罕见叶绿体之间的相互融合。但叶绿体可以通过其内外膜延伸形成的管状凸出（基质小管，stroma-filled tubule 或 stromule）实现叶绿体之间的相互联系（图 7-14）。用 GFP 标记叶绿体膜后，荧光显微镜下可以观察到基质小管之间频繁的融合与分断。这种动态的融合与分断有助于叶绿体实现实时的物质或信息交换。因此，与线粒体相似，细胞内的叶绿体仍然可以被视作一个不连续的动态整体。实验结果显示，基质小管

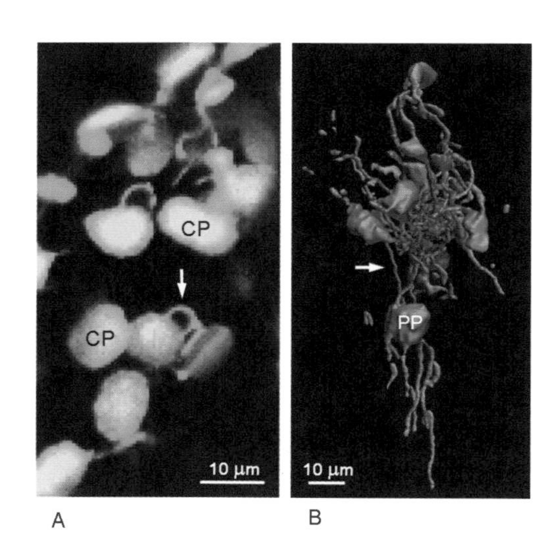

图 7-14 **叶绿体及原质体膜向外延伸形成的柔性管状结构——基质小管**

该结构具双层膜，分别为叶绿体内膜和外膜的直接延伸。由于叶绿体（或质体）基质随小管延伸，故名基质小管（箭头所指）。A. GFP 标记叶绿体膜后荧光显微镜下观察到的基质小管。B. 三维重构显示的拟南芥卵细胞原质体及复杂的基质小管网络。CP：叶绿体；PP：原质体。（图片获授权）

还可能具备其他重要的细胞学功能，比如将叶绿体代谢中产生的废物输送到液泡中。这些功能的背后尚有许多科学问题值得深入研究。

（二）叶绿体的分化与去分化

叶绿体仅存在于植物茎叶等绿色组织的细胞内。未发芽的种子（胚）细胞中没有叶绿体。在种子萌发过程中，子叶、叶鞘和真叶细胞中的原质体（proplastid）相继分化为叶绿体。这种分化依赖于光照。植物在黑暗条件下生长时，细胞中原质体不能形成叶绿体，幼苗呈黄色。可见，叶绿体是原质体的一种分化方式。在储藏组织（如块根、块茎和胚乳）和一些其他的白化组织中，质体以造粉质体（amyloplast）或白色体（etioplast）的形式存在。

叶绿体分化于幼叶的形成和生长阶段。因此，从生长中的植物顶芽纵切片上，可以观察到分生细胞中的原质体分化形成叶绿体的连续过程。在形态上，叶绿体的分化表现为体积的增大、内膜系统的形成和叶绿素的积累。而在生化和分子生物学上，则体现为叶绿体功能所必需的酶、蛋白质、大分子的合成、运输及定位。据推测，叶绿体的正常工作需要数千个基因的支持。可见叶绿体分化是一个十分复杂的过程。在该过程中，某一个基因的突变或异常往往便会导致叶绿体分化的障碍。植物中常见的白化苗就是叶绿体分化障碍的表现。除了叶绿素合成相关基因的突变直接导致白化外，其他基因的缺陷同样可以导致植物白化，机制多种多样。例如，拟南芥编码叶绿体蛋白酶的基因（*Var1* 及 *Var2*）发生突变后，早期质体内多余的蛋白质得不到清除，导致部分叶肉细胞内叶绿体分化异常，叶片出现白斑；园艺中常用的花叶植物（绿色叶片上出现白斑或白色花纹）也是部分叶肉细胞中叶绿体分化出现障碍的结果。白化叶或叶片的白化部分中的质体为白色体（图 7-15）。

在特定情况下，叶绿体的分化是可逆的。叶肉细胞经组织培养形成愈伤组织细胞时，叶绿体去分化再次形成原质体。目前，人们对叶绿体分化与去分化的了解还仅限于发现了一些必需的基因。其复杂的调控网络尚不清楚，有待于进一步研究。

（三）叶绿体的分裂

质体和叶绿体通过分裂而实现增殖。在高等植物中，叶绿体的分裂集中发生在生长中的幼叶内。在形态上，幼叶中的叶绿体体积为成熟叶绿体的 1/10～1/5，

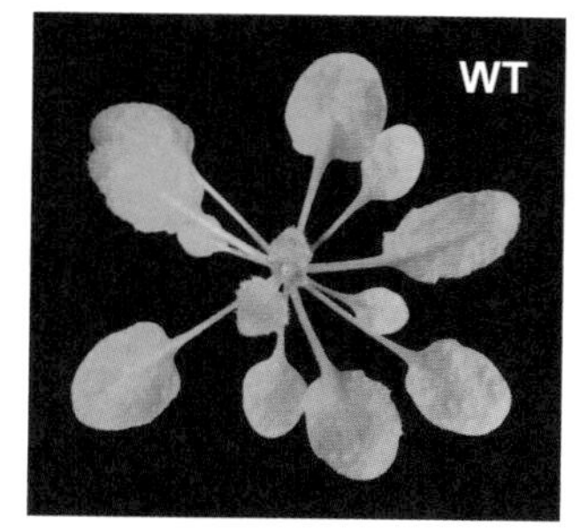

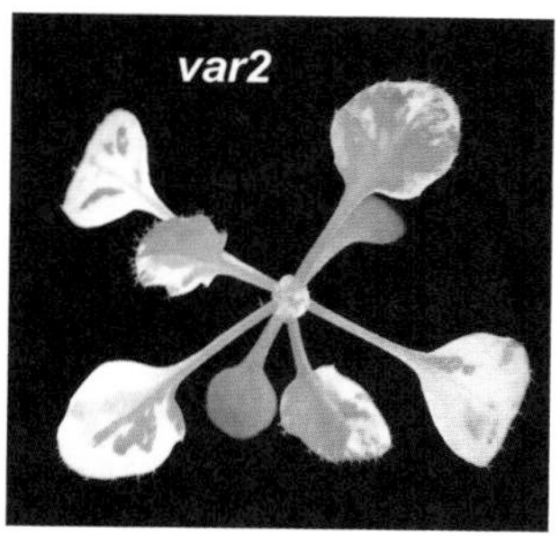

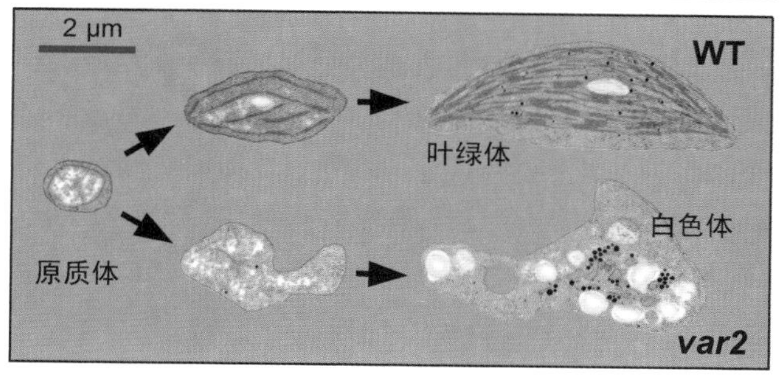

图 7-15　**叶绿体分化及分化异常的表现**

野生型拟南芥（WT）叶肉细胞中原质体分化为叶绿体，而花叶突变体（*var2*）叶片白斑部分的叶肉细胞内质体形成白色体（绿色区域内质体形成正常的叶绿体）。植物的花叶突变体在园艺中常被视为珍稀观叶品种，其变异的分子生物学机制多数不详（“未知”示一种未知变异机制的常春藤花叶突变体）。（张泉博士、胡迎春博士及 W. Sakamoto 博士惠赠）

基质内只形成少数基质类囊体，尚未或正在开始形成基粒类囊体。这种分化中的叶绿体被称为前叶绿体（pre-chloroplast）（图 7-15）。观察茎尖分生组织附近的幼叶细胞时，可以发现频繁的前叶绿体分裂现象。但在停止生长的成熟叶片中很少观察到叶绿体分裂，说明细胞内叶绿体数目的调控主要发生于细胞分化和生长的早期阶段。

叶绿体的分裂与线粒体分裂具有相同的结构动力机制。在分裂中的叶绿体上，可以观察到环绕叶绿体的分裂环（chloroplast division ring），亦由外环和内环组成。外环位于叶绿体外膜表面，暴露于细胞质；而内环位于叶绿体内膜下面，暴露于叶绿体基质（图 7-16）。

分裂环的缢缩是叶绿体分裂的细胞动力学基础。但需要说明的是，对叶绿体分裂环与线粒体分裂环的认识还仅限于作为电镜下细胞超微结构概念，所涉及的蛋白质分子基础尚不清楚。人们将叶绿体分裂所有相关蛋白质组成的分裂功能单位称为叶绿体分裂装置（chloroplast division apparatus, chloroplast division machinery）。较分裂环而言，分裂装置是一个更为完整的细胞功能概念，包括分裂环和分裂环以外的相关蛋白质。

与线粒体的分裂相似，发动蛋白相关蛋白在叶绿体分裂装置中起着同样的作用。在被子植物中，叶绿体分裂必需的发动蛋白相关蛋白被称为 Arc5（accumulation and replication of chloroplasts 5）。该蛋白在叶绿体表面开始缢陷时组装成环状结构，出现于缢陷处，推动叶绿体膜深度缢陷及分断。在分子结构和作用时空上，Arc5 与线粒体分裂装置中的发动蛋白类蛋白非常相似，推测可能是分裂外环的重要组成部分。编码 Arc5 的基因突变导致叶绿体分裂受到抑制，细胞内出现异常大体积的叶绿体。

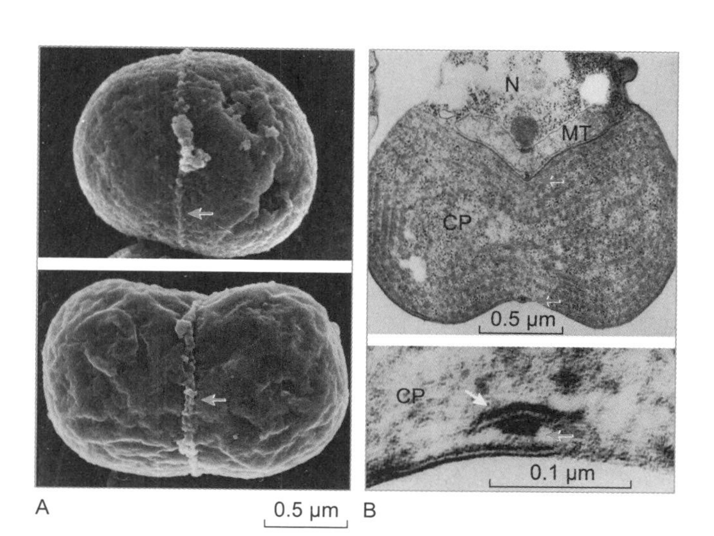

图 7-16　**电子显微镜下观察到的红藻的叶绿体分裂环**

在扫描电子显微镜下，红藻叶绿体分裂环的外环（A 中红色箭头指示）为一环形索状结构，位于叶绿体表面，随着叶绿体分裂的进行而变粗。在叶绿体的垂环切面上，分裂环的一对横切面出现在叶绿体的缢缩处，呈较高电子密度（B 中蓝色箭头指示）。将分裂环的切面放大（B 下图）后，在外环切面（红色箭头）的下面可以清楚地分辨出形状宽扁的内环（黄色箭头）断面。外环与内环的断面之间由叶绿体膜相隔。高等植物的分裂环在超微结构上与红藻相同。CP：叶绿体；MT：线粒体；N：细胞核。（图片获授权）

由于 Arc5 分子上没有叶绿体膜定位信号，Arc5 在叶绿体膜外的外环处的组装需要借助其他蛋白质的作用。研究结果发现，在叶绿体分裂的最早期，FtsZ 蛋白先于叶绿体膜的缢陷汇集于叶绿体的内膜下，组装成一个环状结构，称为 FtsZ 环或 Z 环（FtsZ ring, Z ring）。由于 Z 环的荧光强度在叶绿体膜尚未发生缢陷时最强，而随着叶绿体分裂进程而减弱（图 7-17），推测其功能可能是在叶绿体分裂前参与分裂位置的决定，而不是内环的组成蛋白。

如果叶绿体分裂环和分裂缢陷的位置由最先出现于该位置的 Z 环决定的话，叶绿体膜内的 Z 环位置信息必须传递到膜外的相应位置，以招募外环蛋白在该位置汇集和组装。这个推测近期得到了证实。研究结果表明，一个内膜的跨膜蛋白 Arc6 通过其伸向叶绿体基质的 N 端实现与 FtsZ 的相互作用，同时其伸向膜间隙的 C 端与外膜上的跨膜蛋白 Pdv2（plastid division 2）的 C 端相结合。由于 Pdv2 的 N 端伸向细胞质并与 Arc5 相互结合，叶绿体膜内的 Z 环位置信息通过 Arc6 传递到膜间隙，再通过 Pdv2 传递给叶绿体膜外的 Arc5（图 7-17）。实验结果还显示，编码 FtsZ、Arc6、Pdv1 和 Pdv2 的基因突变均导致叶绿体分裂障碍，细胞内出现异常大体积的叶绿体。

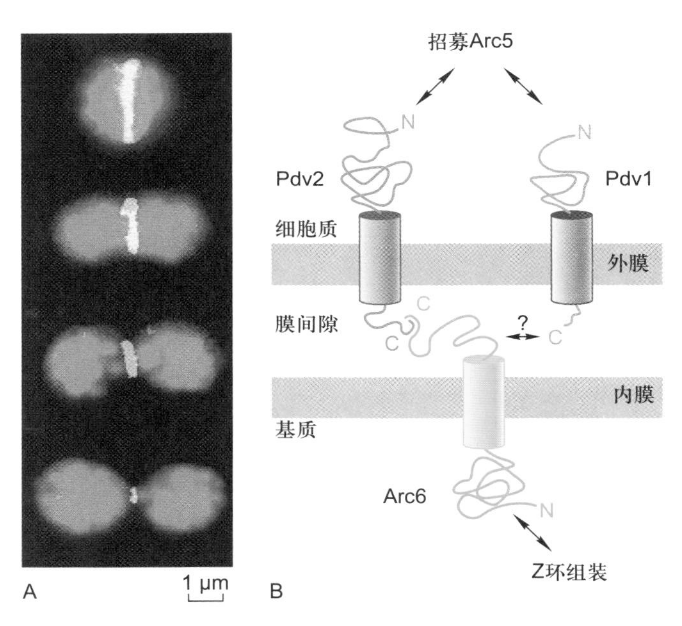

图 7-17　高等植物叶绿体分裂过程中 Z 环的免疫荧光（A）及分裂相关蛋白的定位（B）

实验结果表明：在叶绿体分裂的早期，内膜下的 Z 环最先完成定位和组装。叶绿体内膜跨膜蛋白 Arc6 的 N 端伸向叶绿体基质，与 FtsZ 的相互作用，协助 Z 环组装。同时，Arc6 的 C 端伸向膜间隙，与外膜跨膜蛋白 Pdv2 的 C 端相结合，将叶绿体膜内的 Z 环位置信息传递到膜间隙。在 Pdv2 的相同位置，还存在另一个 C 端较短跨膜蛋白 Pdv1。这两个蛋白质的 N 端均伸向细胞质，共同招募 Arc5。Pdv1 和 Pdv2 的编码基因双突变后 Arc5 无法正常定位，而它们的单突变亦导致叶绿体分裂异常。（图片获授权）

二、叶绿体的超微结构

叶绿体的超微结构可以被分为 3 个部分：叶绿体被膜（chloroplast envelope）或称叶绿体膜（chloroplast membrane）、类囊体（thylakoid）以及叶绿体基质（stroma）（图 7-18）。这三部分结构组成一个三维的产能“车间”，为光合作用提供了必需的结构支持。

（一）叶绿体膜

与线粒体相同，叶绿体也是一种由双层单位膜包被的细胞器。其外膜和内膜的厚度为每层 6～8 nm。叶绿体内、外膜之间的腔隙称为膜间隙（intermembrane space），为 10～20 nm。与线粒体膜一样，叶绿体的外膜通透性大，含有孔蛋白，允许分子量高达 10^4 的分子通过；而内膜则通透性较低，成为细胞质与叶绿体基质间的通透屏障，仅允许 O_2、CO_2 和 H_2O 分子自由通过。叶绿体内膜上有很多转运蛋白，选择性转运较大分子进出叶绿体，如磷酸交换载体（phosphate exchange carrier，将细胞质中的无机磷转运到叶绿体基质并将基质中产生的磷酸甘油醛释放到细胞质）和二羧酸交换载体（dicarboxylate exchange carrier，交换含有 2 个羧基的酸，如苹果酸和延胡索酸）。

（二）类囊体

叶绿体内部由内膜衍生而来的封闭的扁平膜囊，称为类囊体。类囊体囊内的空间称为类囊体腔（thylakoid lumen）。在叶绿体中，许多圆饼状的类囊体有序叠置成垛，称为基粒（granum，复数 grana）。组成基粒的类囊体称为基粒类囊体（granum thylakoid）。而贯穿于两个或两个以上基粒之间，不形成垛叠的片层结构称为基质片层（stroma lamella）或基质类囊体（stroma thylakoid）（图 7-18）。基粒类囊体的直径为 0.25～0.8 μm，厚约 0.01 μm。一个叶绿体通常含有 40～60 个甚至更多的基粒。每个基粒由 5～30 层基粒类囊体组成。基粒类囊体的层数在不同植物或同一植物的不同绿色组织间可出现较大变化。在光照等因素的调节下，基粒类囊体与基质

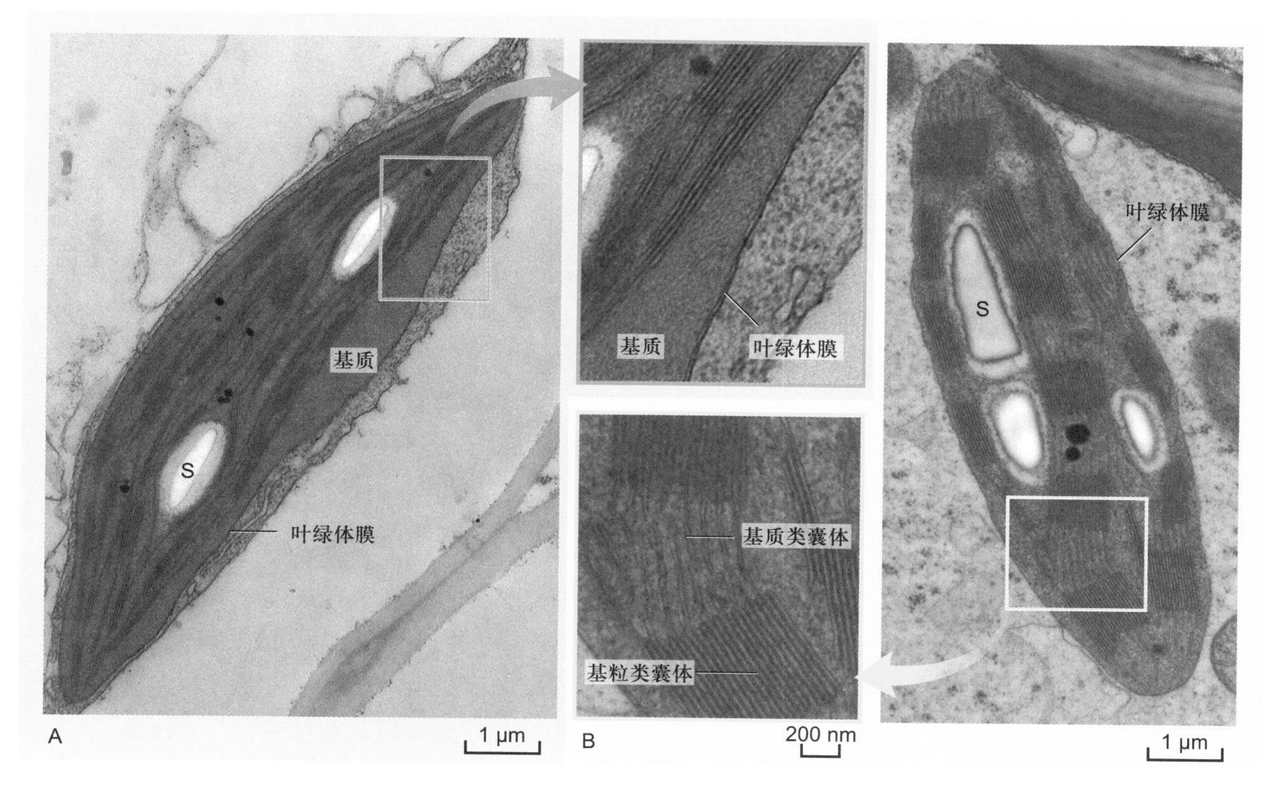

图 7-18　**电子显微镜下观察到的叶绿体**

不同植物或同一植物不同绿色组织中叶绿体的超微结构略有差别。如拟南芥幼叶中的叶绿体（A）边缘较为扁平，基粒类囊体层数较少；而水稻幼芒中的叶绿体（B）边缘相对浑圆，基粒类囊体层数较多等。此外，基粒类囊体的层数还与植物的受光情况相关。S：淀粉粒。（张泉博士惠赠）

类囊体之间可发生动态的相互转换。

类囊体垛叠成基粒是高等植物叶绿体特有的结构特征。这种垛叠大大增加了类囊体片层的总面积，有益于更多地捕获光能，提高光反应效率。由于管状或扁平状的基质类囊体将相邻基粒相互连接，叶绿体内的全部类囊体之间实际上是一个完整连续的封闭膜囊。该膜囊系统独立于基质，在电化学梯度的建立和 ATP 的合成中起重要作用。

类囊体膜的化学组成与其他的细胞膜有明显差异，富含具有半乳糖的糖脂和极少的磷脂。糖脂中的脂肪酸主要是不饱和的亚麻酸，约占 87%。这样，类囊体膜的脂质双分子层流动性非常大，有益于光合作用过程中类囊体膜上的光系统Ⅱ（PSⅡ）、Cyt b_6f 复合物、光系统Ⅰ(PSⅠ) 及 CF_o-CF_1 ATP 合酶复合物在膜上的侧向移动。此外，类囊体膜上的蛋白质 / 脂质的比值很高，同样与叶绿体的光合作用功能相关。

（三）叶绿体基质

叶绿体内膜与类囊体之间的液态胶体物质，称为叶绿体基质。基质的主要成分是可溶性蛋白和其他代谢活跃物质，其中丰度最高的蛋白质为 1,5- 二磷酸核酮糖羧化酶 / 加氧酶（ribulose-1, 5-biphosphate carboxylase/ oxygenase，简称 Rubisco）。该酶分子质量为 550 kDa，由 8 个大亚基（每个约 53 kDa）和 8 个小亚基（每个约 14 kDa）组成，约占类囊体可溶性蛋白的 80% 和叶片可溶性蛋白的 50%。Rubisco 是光合作用中的一个重要的酶系统，亦是自然界含量最丰富的蛋白质。研究证实，Rubisco 的大亚基由叶绿体基因编码，而小亚基由核基因编码。此外，叶绿体基质中还含有参与 CO_2 固定反应的所有酶类，是光合作用固定 CO_2 的场所。除蛋白质外，基质中还含有叶绿体 DNA、核糖体、脂滴（lipid droplet）、植物铁蛋白（phytoferritin）和淀粉粒（starch grain）等物质。

三、光合作用

叶绿体的主要功能是进行光合作用。绿色植物、藻类和蓝细菌通过光合作用将水和二氧化碳转变为有机化合物并放出氧气。光合作用是自然界将光能转换为化学能的主要途径，其本质可视为呼吸作用的逆过程。线粒体中的呼吸作用是将氧还原成水，而叶绿体中的光合作用将水光解放出氧。这两个过程逆向进行，前者释放能量，后吸收能量。

高等植物的光合作用由两步反应协同完成，分别被称为依赖光的反应（light dependent reaction）或称“光反应”（light reaction）和碳同化反应（carbon assimilation reaction）或称固碳反应（carbon fixation reaction）。光反应包括原初反应和电子传递及光合磷酸化两个步骤，指叶绿素等光合色素分子吸收、传递光能并将其转换为电能，进而转换为活跃的化学能，形成 ATP 和 NADPH，同时产生 O_2 的一系列过程。光反应在类囊体膜上进行。固碳反应指在光反应产物即 ATP 和 NADPH 的驱动下，CO_2 被还原成糖的分子反应过程。该过程将活跃的化学能转换为稳定的化学能，在叶绿体基质中进行。

（一）原初反应

捕获光能是光合作用的初始步骤。原初反应（primary reaction）指光合色素分子被光能激发而引起第一个光化学反应的过程。该过程包括光能的吸收、传递和转换，即光能被天线色素分子吸收并传递至反应中心，继而诱发最初的光化学反应，使光能转换为电能的过程（图 7-19）。原初反应只需 10^{-15}～10^{-12} s，并可在 -196℃低温下进行。

1. 光合色素

叶绿体化学成分的显著特点是含有色素（pigment）。色素的特性是分子内含有独特的化学基团，能吸收可见光谱中特定波长的光。植物叶绿体中所含的色素有数十种之多，可分为三类：叶绿素、类胡萝卜素和藻胆素。高等植物和多数藻类的叶绿体内含有叶绿素和类胡萝卜素，藻胆素仅存在于一些细菌和藻类中。

叶绿素（chlorophyll）是光合作用的主要色素，在光吸收中起核心作用。高等植物的叶绿体含有叶绿素 a 和叶绿素 b。这两种叶绿素均为绿色，具有不同的吸收光谱，可互补吸收不同范围的可见光。叶绿素分子由卟啉环（porphyrin ring）和叶绿醇（phytol）两部分基团组成。前者具有吸光性和亲水性，后者则具有疏水性。疏水的叶绿醇插入类囊体膜和脂质结合，起到分子定位作用。

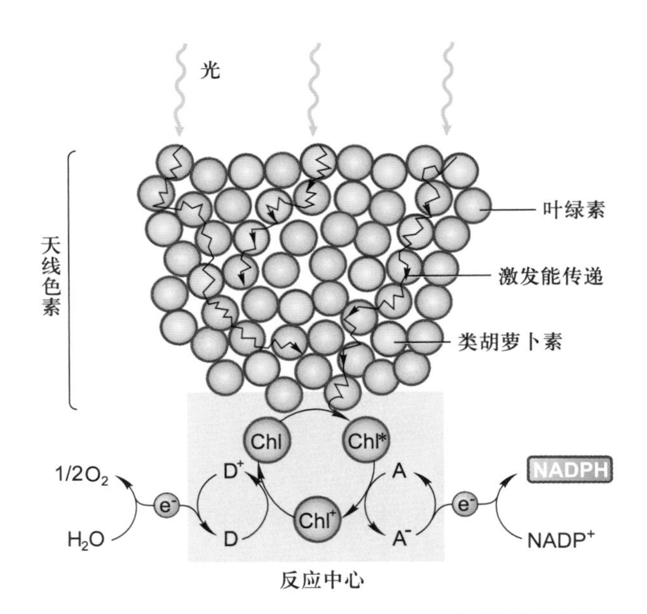

图 7-19　光合作用原初反应的能量吸收、传递与转换图解
Chl 为反应中心色素分子；D 为原初电子供体；A 为原初电子受体。

类胡萝卜素（carotenoid）是类囊体膜上的辅助色素（accessory pigment），呈黄色、红色或者紫色。最重要的类胡萝卜素是 β- 胡萝卜素（β-carotene）和叶黄素（xanthophyll）。类胡萝卜素能协助叶绿体吸收叶绿素不能吸收的光，提高光吸收效率；同时又能从激发的叶绿素分子上回收多余的能量，以热能的形式释放。叶绿素分子上多余的能量如果不被类胡萝卜素吸收，将转移至氧分子产生单线态氧（O^*），引起分子或细胞损伤。因此，类胡萝卜素具有重要的光损伤防护功能。

藻胆素（phycobilin）能够吸收叶绿素不能吸收的杂色光。其吸收的光能可以转移给叶绿素，同叶绿素分子吸收的光能一起进入光反应途径。

实验表明，叶绿体中并非所有的叶绿素分子都直接参与将光能转换为化学能的光化学反应。在大约 300 个叶绿素分子组成的一个光合单位（photosynthetic unit）中，只有一对特殊的叶绿素 a 分子，即反应中心色素（reaction center pigment），具有将光能转换为化学能的功能，其余的光合色素称为捕光色素（light harvesting pigment）或天线色素分子（antenna pigment molecule）。后者的作用是吸收光能并将之有效地传递到反应中心色素。

天线色素分子间的能量传递是有序的，即从需能较高的天线色素分子传递到需能较低的色素分子。换言之，能量从吸收短波长光波的天线色素分子传向吸收长波长光波的的天线色素分子。反应中心的叶绿素分子是吸收最长波长光的色素。所有天线色素分子吸收的光能必然且不可逆转地传递给反应中心色素。反应中心色素在直接吸收光能或接受从天线色素分子传递来的光能后被激发，产生电荷分离和能量转换。

2. 光化学反应

光化学反应是指反应中心色素分子吸收光能而引发的氧化还原反应。天线色素分子吸收的光能通过共振机制迅速地传递给反应中心色素分子 Chl。Chl 被激发后形成激发态 Chl^*，放出电子传给原初电子受体 A。这时 Chl 被氧化为带正电荷的 Chl^+，而 A 被还原为带负电荷的 A^-。氧化态的 Chl^+ 再次从原初电子供体 D 获得电子而恢复为原初状态的 Chl，原初电子供体 D 则被氧化为 D^+（图 7-19）。这样，氧化还原（即电荷分离）不断发生，电子被不断地传递给原初电子受体 A。通过这样的过程，D 被氧化而 A 被还原，光能最终被转换为电能。

（二）电子传递和光合磷酸化

原初反应将光能转换为电能，完成了光反应的第一步。电子随后在电子传递体之间的传递，导致 ATP 和 NADPH 的形成，即电能转换为活跃的化学能。这一过程涉及水的裂解、电子传递及 $NADP^+$ 还原。其中 H_2O 是最终电子供体；$NADP^+$ 是最终电子受体。水裂解释放的电子在沿着光合电子传递链传递的同时，在类囊体膜的两侧建立质子电化学梯度，驱动 ATP 的合成。

1. 电子传递

光合电子传递链（photosynthetic electron transfer chain）由一系列的电子载体构成。这些电子载体包括细胞色素、黄素蛋白、醌和铁氧还蛋白等。它们分别组装在膜蛋白复合物，如 PS Ⅰ、PS Ⅱ 及 Cyt b_6f 复合物中（图 7-20）。

光系统（photosystem, PS）指光合作用中光吸收的功能单位，由叶绿素、类胡萝卜素、脂质和蛋白质组成。每一个光系统复合物含两个组分：捕光复合物（light harvesting complex, LHC）和反应中心复合物（reaction center complex）。在叶绿体的类囊体膜上存在

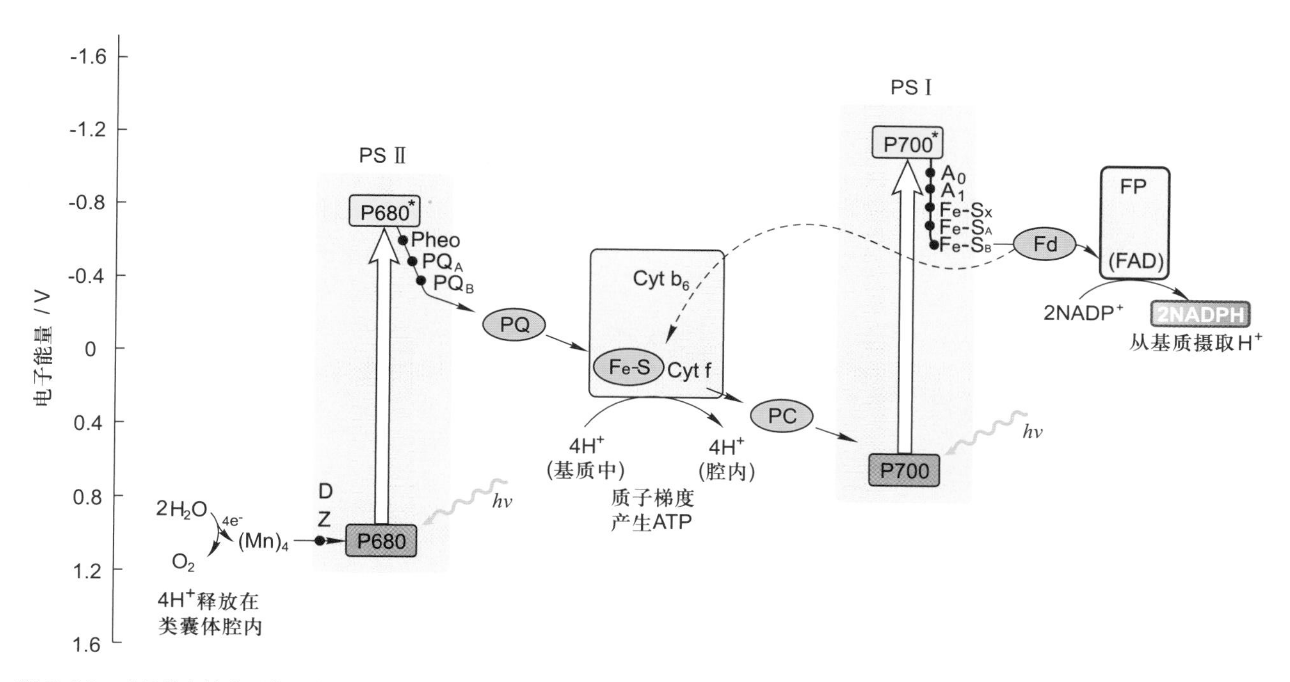

图 7-20 **叶绿体中的光系统及电子传递途径**

在非循环光合作用过程中，电子从 H_2O 传递到 $NADP^+$ 经过一个“Z 形”传递路径。电子传递体的纵轴位置反映了其标准还原电势。来自水分子的电子在传递给 $NADP^+$ 之前需经过两次能量提升（空心箭头）。每次提升消耗一个光子，分别在不同的光系统中完成。经 PS Ⅱ 完成第一次能量提升的电子以“下山”的方式流过电子传递链。其间电子经过细胞色素 b_6f 复合物时驱动质子移动穿过类囊体膜，产生质子梯度。同时，水分子裂解时产生的质子亦释放于类囊体腔内。虚线箭头表示循环光合作用的电子传递路径。该途径只涉及 PS Ⅰ。PS Ⅱ 和 PS Ⅰ 反应中心的叶绿素分别称为 P680 和 P700；“P”代表色素，“680”和“700”分别为该色素最大吸收波长。

两个不同的光系统：PSⅡ和PSⅠ。这两个光系统具有独特而互补的功能。它们的反应中心相继催化光驱动的电子从 H_2O 到 $NADP^+$ 的流动（图 7-20）。

光系统驱动 1 个电子从 H_2O 传递到 $NADP^+$ 需要 2 个光子（每个光系统各吸收 1 个）。这样，每形成 1 分子的 O_2 需要 4 个电子从 2 个 H_2O 传递到 2 个 $NADP^+$，共需吸收 8 个光子（每个光系统各吸收 4 个）。

（1）PSⅡ的结构与功能　PSⅡ由反应中心复合物和PSⅡ捕光复合物（LHCⅡ）组成。它们的功能是利用光能在类囊体膜腔面一侧裂解水并在基质侧还原质体醌，使类囊体膜的两侧形成质子梯度。

反应中心复合物是一个由 20 多个不同多肽组成的叶绿素－蛋白质复合物（图 7-21）。这些多肽大多数由叶绿体基因组编码。

LHCⅡ是一个由蛋白质、叶绿素、类胡萝卜素和脂质分子组成的复杂的高疏水性膜蛋白复合物。2004 年，中国科学家在《自然》杂志上发表了菠菜 LHCⅡ的晶体结构，首次提出了 LHCⅡ的完整结构模型。该结构模型揭示了每一个复合物单体中的 14 个叶绿素分子（其中 8 个叶绿素 a，6 个叶绿素 b）和 4 个类胡萝卜素的排布规律，阐述了 LHCⅡ高效率进行光吸收和能量传递的分子结构基础。

（2）Cyt b_6f 复合物的结构与功能　在电子传递过程中，Cyt b_6f 复合物在PSⅡ和PSⅠ之间承担重要的联系。PSⅡ光反应产生的 PQ_BH_2 脱离 D1 蛋白后，电子从 PQ_BH_2 经 Cyt b_6f 复合物传递至质体蓝素（plastocyanin, PC）并经之传递给PSⅠ中的 $P700^*$。Cyt b_6f 复合物含有一个 Cyt b_6、一个 Fe-S 和一个 Cyt f（c 型细胞色素），和线粒体中的 Cyt bc_1 的结构与功能相似，都是作为电子载体。Cyt b_6f 复合物将电子从双电子载体 PQ_B 转运到单电子载体 PC，形成一个 Q 循环。在这个循环中，电子从 PQ_BH_2 一次一个地传递到 PC，引起 H^+ 的跨膜转移。在叶绿体中，一对电子的传递导致 4 个 H^+ 从基质转移至类囊体腔。随着电子从PSⅡ传递到PSⅠ，质子在类囊体膜的两侧形成梯度。

（3）PSⅠ的结构与功能　PSⅠ由反应中心复合物和PSⅠ捕光复合物（LHCⅠ）组成（图 7-22），其功能是利用吸收的光能或传递来的激发能在类囊体膜的基质侧将 $NADP^+$ 还原为 NADPH。

2. 光合磷酸化

由光照所引起的电子传递与磷酸化作用相偶联而生成 ATP 的过程称为光合磷酸化（photophosphorylation）。光合作用通过光合磷酸化形成 ATP，再通过 CO_2 同化将能量储存在有机物中。

（1）CF_o-CF_1 ATP 合酶　在叶绿体中催化 ATP 合成的酶称为 CF_o-CF_1 ATP 合酶（CF_o-CF_1 ATP synthase），

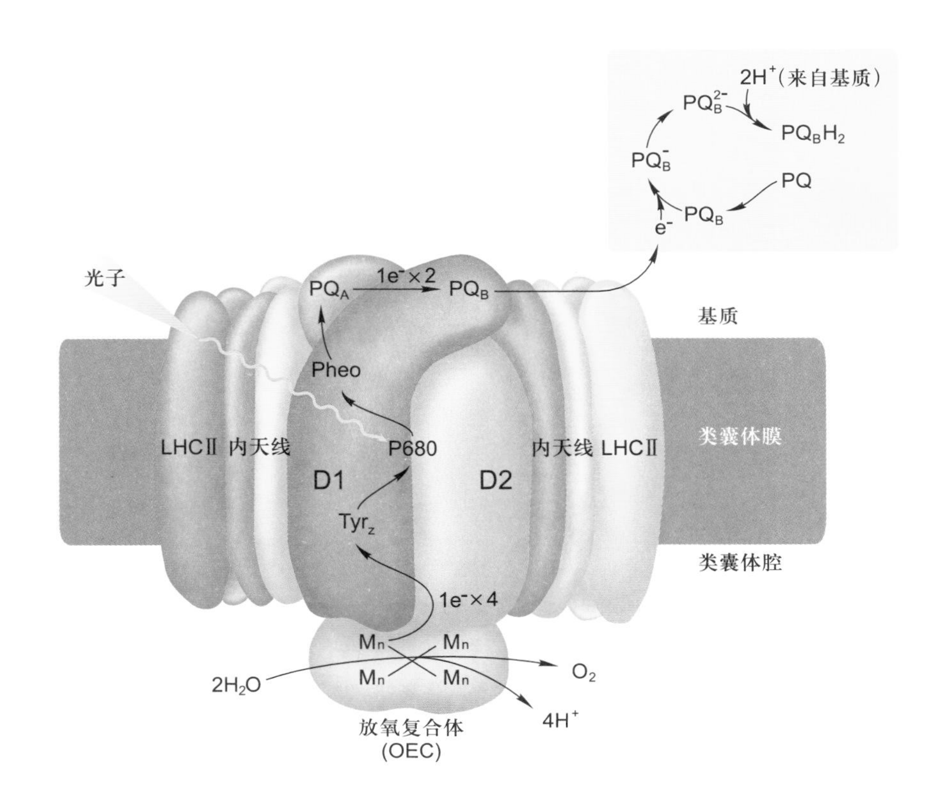

图 7-21　PSⅡ结构示意图

LHCⅡ中的天线色素分子吸收光能并将之传递给反应中心 P680 后，P680 受到激发释放一个电子。该电子经 D1 蛋白上的原初电子受体脱镁叶绿素（Pheo）传递给与 D2 蛋白结合的质体醌 PQ_A，继而传递至与 D1 蛋白结合的另一个质体醌 PQ_B。PQ_B 在连续接受 2 个电子后，形成 PQ_B^{2-}。此时 PQ_B^{2-} 从基质中摄取 2 个 H^+ 形成还原型 PQ_BH_2，并从 D1 蛋白上解离下来释放到类囊体膜的脂双层中。随后新的氧化型 PQ 补充到 D1 蛋白上。在上述电子传递过程中，反应中心 P680 经酪氨酸残基（Z 或 Tyr_Z）接受来自水分子的电子。在整体功能上，PSⅡ催化电子从水传递给质体醌，从而建立质子梯度。

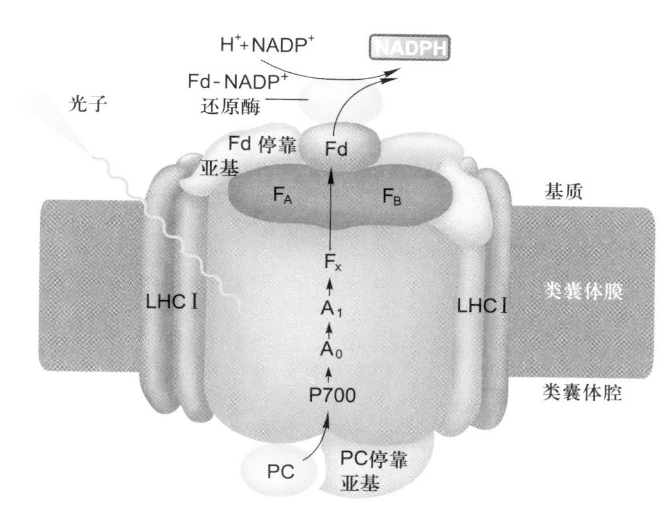

图 7-22　PS Ⅰ结构示意图

LHC Ⅰ中的天线色素分子吸收光能并传递给反应中心 P700，使其中的一个叶绿素 a 分子激发而释放 1 个电子。释放的电子传递给原初电子受体（另一个单体叶绿素 a 分子）A_0，经 A_1（可能是叶绿醌 phylloquinone，即维生素 K_1）、F_X（铁硫中心）和 F_A/F_B 传递给铁氧还蛋白（ferredoxin, Fd）。Fd 是一个含 2Fe-2S 的低分子量可溶性铁硫蛋白，疏松地结合于类囊体膜基质侧，通过 $Fe^{3+} \rightarrow Fe^{2+}$ 的转变每次接受和传递 1 个电子。在 Fd-$NADP^+$ 还原酶（ferredoxin-NADP reductase）的作用下，电子随后从 Fd 转移到氧化型辅酶Ⅱ（$NADP^+$）。获得 2 个电子的 $NADP^+$ 结合基质中的 1 个 H^+ 形成还原型辅酶Ⅱ（NADPH），自 H_2O 至 $NADP^+$ 的电子传递最终完成。PS Ⅰ至少含有 11 种多肽，由核基因组和叶绿体基因组共同编码（高等植物中）。反应中心复合物是一个多蛋白复合体，其中 P700 是两个特殊的叶绿素 a 的二聚体。LHC Ⅰ由天线色素分子和几种不同的多肽组成，位于反应中心复合物的周围。

位于类囊体膜外表面朝向细胞质一侧，由 CF_o 和 CF_1（C 代表叶绿体）两部分组成。CF_1 与线粒体中的 F_1 在亚基组成、结构和功能上都非常相似，均由 α、β、γ、δ、ε 5 种亚基组成。CF_o 是一个跨膜的质子通道，至少有 4 种亚基组成，与线粒体中的 F_o 同源。

叶绿体 ATP 合酶的作用机制也与线粒体 ATP 合酶基本相同。在质子驱动力作用下，ADP 和 Pi 在酶的表面缩合成 ATP。同样，ATP 从酶分子上释放需要质子驱动力。叶绿体 ATP 合酶以旋转催化的方式使其中的 3 个 β 催化亚基按顺序参与 ATP 的合成、ATP 的释放和 ADP 与 Pi 的结合。

（2）光合磷酸化的类型　光合磷酸化依电子传递的方式的不同分为非循环和循环两种类型。

非循环光合磷酸化：由光能驱动的电子从 H_2O 开始，经 PS Ⅱ、Cyt b_6f 复合物和 PS Ⅰ最后传递给 $NADP^+$（见图 7-19）。非循环光合磷酸化的电子传递经过两个光系统，在电子传递过程中建立质子梯度，驱动 ATP 的形成。在这个过程中，电子被单方向传递，故称非循环光合磷酸化（noncyclic photophosphorylation）。这种磷酸化途径的产物有 ATP 和 NADPH（绿色植物）或 NADH（光合细菌）。

循环光合磷酸化：由光能驱动的电子从 PS Ⅰ开始，经 A_0、A_1、Fe-S 和 Fd 后传给 Cyt b_6f，再经 PC 回到 PS Ⅰ（见图 7-20）。电子循环流动过程中释放的能量通过 Cyt b_6f 复合物转移质子，建立质子梯度并驱动 ATP 的形成。这种电子的传递是一个闭合的回路，故称循环光合磷酸化（cyclic photophosphorylation）。循环光合磷酸化由 PS Ⅰ单独完成，同时在其过程中只有 ATP 的产生，不伴随 NADPH 的生成和 O_2 的释放。当植物缺乏 $NADP^+$ 时，启动循环光合磷酸化，以调节 ATP 与 NADPH 的比例，适应碳同化反应对 ATP 与 NADPH 的比例需求（3∶2）。

（3）光合磷酸化的作用机制　光合磷酸化的作用机制与线粒体的氧化磷酸化相似，同样可用化学渗透学说来阐明。在类囊体膜中，光合链的各组分按一定的顺序排列，呈不对称分布。当两个光系统发生原初反应时，类囊体腔中的水分子发生裂解，释放出氧分子、质子和电子，引起电子从水传递到 $NADP^+$ 的电子流（图 7-23）。

叶绿体中 ATP 合成的机制也与线粒体的十分相似。通过电子传递，类囊体腔内的 H^+ 浓度升高，类囊体膜两侧形成质子梯度。当腔内的 H^+ 顺电化学梯度穿越类囊体膜上的 ATP 合酶（CF_o 和 CF_1）时，驱动 ADP 磷酸化形成 ATP。由于 CF_1 位于类囊体膜的基质侧，新合成的 ATP 被释放入基质。同时，通过 PS Ⅰ形成的 NADPH 也被释放在基质中。这两种光反应高能产物（ATP 和 NADPH）随即用于叶绿体基质中的碳同化反应。

（4）ATP 合成机制　在光合作用的光反应中，两个光系统的联合作用将水裂解释放出的电子传递到 $NADP^+$。在电子从 H_2O 转移到 $NADP^+$ 的过程中，大约每 4 个电子的转移（即 1 分子 O_2 的形成）可使类囊体腔中约增加 12 个 H^+。其中 4 个 H^+ 由放氧复合体直接提供，另外 8 个 H^+ 由 Cyt b_6f 复合物从基质中摄入。在 ATP 合成的高峰期，检测结果表明类囊体膜两侧的质子浓度相差约 1 000 倍，相当于 3 个单位的 ΔpH。如此明显的梯度保证了 ATP 合成的强大驱动力。在电子传递过程中，当 H^+ 从基质转移到类囊体腔时，其他阳离子

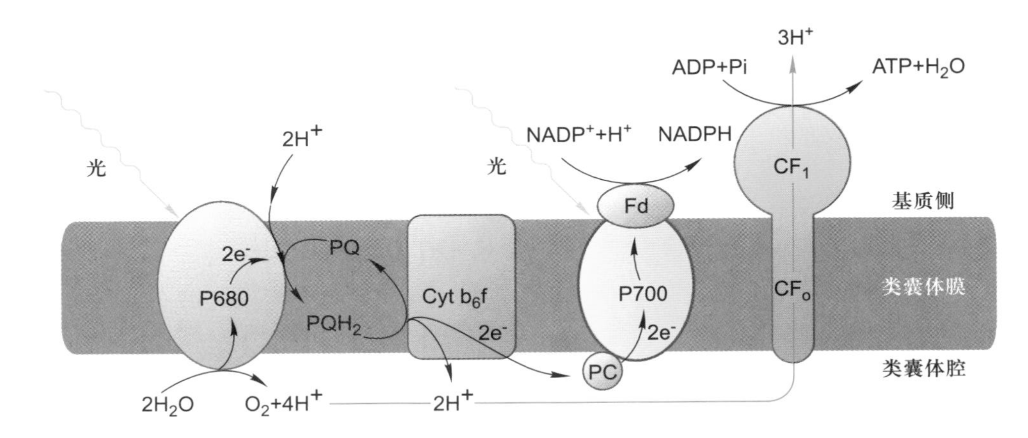

图 7-23　叶绿体类囊体膜中进行的电子传递和 H^+ 跨膜转移

P680 分子吸收光子后，激发出的电子传至膜外侧的电子受体 PQ；PQ 接受电子，并从基质中摄取 2 个质子，还原为 PQH_2；PQH_2 移到膜的内侧，将 2 个质子释放到类囊体腔中，而把电子交给 Cyt b_6f，随后又经位于膜内侧的质体蓝素（PC），把电子传递给 P700；P700 分子吸收光子后，放出电子，经铁硫蛋白传给位于膜外侧的铁氧还蛋白（Fd），最后将电子交给 $NADP^+$，使之还原成 NADPH。在进行电子传递的同时，H^+ 被泵过类囊体膜，在类囊体膜的两侧建立质子梯度。

从类囊体腔转移向基质，以保证叶绿体内不会产生明显的膜电位。

（三）光合碳同化

二氧化碳同化（CO_2 assimilation）是光合作用过程中的固碳反应。从能量转换角度看，碳同化的本质是将光反应产物 ATP 和 NADPH 中的活跃化学能转换为糖分子中高稳定性化学能的过程。高等植物的碳同化有三条途径：卡尔文循环、C_4 途径和景天酸代谢（CAM）。其中卡尔文循环是碳同化的基本途径，具备合成糖类等产物的能力。其他两条途径只能起到固定、浓缩和转运 CO_2 的作用，不能单独形成糖类等产物。

1. 卡尔文循环

卡尔文循环（Calvin cycle）以 3- 磷酸甘油酸（三碳化合物）为固定 CO_2 的最初产物，故也称做 C_3 途径。20 世纪 50 年代卡尔文（M. Calvin）等应用 ^{14}C 示踪的方法揭示了该著名的碳同化过程。由于卡尔文在光合碳同化途径上做出的重大贡献，1961 年被授予诺贝尔化学奖。C_3 途径是所有植物进行光合碳同化所共有的基本途径，包括三个主要的阶段：羧化（CO_2 固定）、还原和 RuBP 再生（图 7-24）。

（1）羧化阶段　CO_2 被 NADPH 还原固定的第一步是被羧化生成羧酸。此时，1,5- 二磷酸核酮糖（ribulose-1, 5-biphosphate, RuBP）作为 CO_2 的受体。在 RuBP 羧化酶/加氧酶（RuBP carboxylase/oxygenase, Rubisco）的催化下，1 分子 RuBP 与 1 分子 CO_2 反应形成 1 分子的不稳定六碳化合物，并立即分解为 2 分子 3- 磷酸甘油酸。此过程被称为 CO_2 羧化阶段（CO_2 carboxylation phase）。

（2）还原阶段　3- 磷酸甘油酸在 3- 磷酸甘油酸激酶催化下被 ATP 磷酸化，形成 1,3- 二磷酸甘油酸，然后在 3- 磷酸甘油醛脱氢酶催化下被 NADPH 还原成

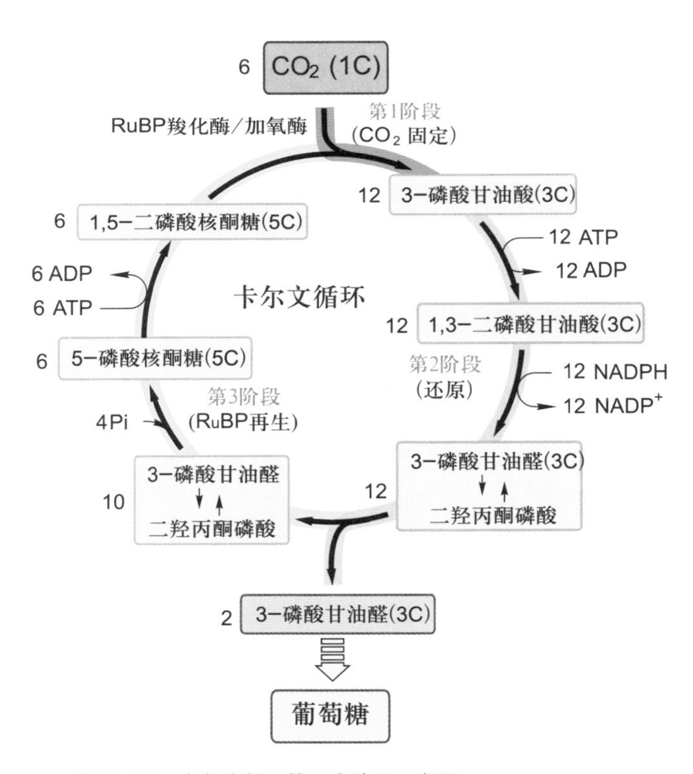

图 7-24　卡尔文循环的三个阶段示意图

储能更多的3-磷酸甘油醛。光反应中生成的ATP和NADPH主要被用于这个过程。因此，还原阶段是光反应与固碳反应的连接点。当CO_2被还原成3-磷酸甘油醛时，光合作用的储能过程便告完成。3-磷酸甘油醛等三碳糖可进一步转化，在叶绿体内合成淀粉。

（3）RuBP再生阶段　3-磷酸甘油醛可异构化，形成二羟丙酮磷酸。这两种磷酸丙糖在醛缩酶催化下合成磷酸己糖，然后在一系列酶的作用下，可形成磷酸化的丁糖、戊糖、庚糖。5-磷酸核酮糖在5-磷酸核酮糖激酶的催化下发生磷酸化，消耗1个ATP，再形成RuBP。该反应是第三次耗能反应。RuBP作为卡尔文循环的起始物和CO_2的接受体，需要得到不断的再生，以维持循环的连续进行。

综上所述，C_3途径以光反应生成的ATP及NADPH为能源，推动CO_2的固定和还原。卡尔文循环每次只固定1个CO_2分子，6次循环才能把6个CO_2分子同化成1个己糖分子。在能量使用上，循环每固定1个CO_2分子需要3分子ATP和2分子NADPH。

卡尔文循环净反应可表示为：

$$6CO_2 + 18ATP + 12NADPH \longrightarrow C_6H_{12}O_6 + 12NADP^+ + 18ADP + 18Pi$$

在糖类化合物中，己糖特别是葡萄糖占据中心位置。葡萄糖是合成纤维素和淀粉的构件分子，被看成是CO_2固定的主要终产物。

2. C_4途径

20世纪60年代人们发现，除了卡尔文循环以外，一些热带或亚热带起源的植物中还存在着另一个独特的CO_2固定途径。该途径固定CO_2的最初产物为草酰乙酸（四碳化合物），因而被称为C_4途径。通过C_4途径固定CO_2的植物被称为C_4植物，如甘蔗、玉米、高粱。C_4植物具有一个典型的结构特征，即叶脉周围有一圈含叶绿体的薄壁维管束鞘细胞，其外面整齐环列叶肉细胞。与C_3植物不同的是，CO_2在叶肉细胞中首先与磷酸烯醇式丙酮酸（PEP）反应生成草酰乙酸。这步反应在磷酸烯醇式丙酮酸羧化酶（PEP羧化酶）催化下进行。生成的草酰乙酸具有不稳定性，迅速被还原为苹果酸。叶肉细胞随后将苹果酸转运至维管束鞘细胞。在维管束鞘细胞中，苹果酸被分解再次释放出CO_2，进入卡尔文循环。

可见，C_4植物的卡尔文循环是在维管束鞘细胞内进行的。叶肉细胞为此提供CO_2的供体（苹果酸）。人们普遍认为C_4途径是植物适应环境的结果。在热带或亚热带环境中，高温导致强烈的蒸腾作用，植物叶片缺水时调节部分气孔关闭或半关闭，致使叶片中CO_2浓度下降，光合作用的效率降低。与C_3植物细胞的RuBP羧化酶/加氧酶相比，C_4植物叶肉细胞中的PEP羧化酶具有非常高的CO_2亲和力，可固定低浓度的CO_2。这样，通过高效率固定低浓度CO_2并向维管束鞘细胞输送苹果酸的方式，C_4途径保证了维管束鞘细胞中较高的CO_2水平（可达大气中浓度的10倍），维持了高热环境下的光合作用。

3. 景天酸代谢

景天酸代谢（crassulacean acid metabolism, CAM）发现于生长在干旱地区的景天科及其他一些肉质植物。由于环境干旱，这些植物的气孔白天关闭，夜间开放，以最大限度地减少水分蒸发。由于CO_2只能在夜间进入叶片，需要在此间将其固定下来。景天酸代谢与C_4途径非常相似，CO_2在PEP羧化酶的催化下与磷酸烯醇式丙酮酸结合，生成草酰乙酸，进一步还原为苹果酸。细胞中的苹果酸在白天经氧化脱羧释放CO_2，进入卡尔文循环，最后形成淀粉。与C_4植物不同的是，景天酸代谢过程中的初级固碳产物（苹果酸）合成和卡尔文循环均在叶肉细胞中进行，不需要细胞间转移。

第三节　线粒体和叶绿体的半自主性及其起源

在真核生物的细胞中，线粒体和叶绿体是一类特殊的细胞器。它们的功能受到细胞核基因组和自身基因组的双重调控。因此，真核细胞中这两种特殊的细胞器被称为半自主性细胞器（semiautonomous organelle）。由于这样的特殊性，人们普遍认为线粒体和叶绿体具有独特的内共生起源（endosymbiotic origin）。

线粒体和叶绿体以非孟德尔方式遗传。这种遗传方式可能在真核生物的起源与演化过程中发挥了重要的作用。

一、线粒体和叶绿体的半自主性

线粒体和叶绿体的功能依赖数以千计的核基因编码的蛋白质。同时，这两种细胞器还拥有自身的遗传物质DNA，编码一小部分必需的RNA和蛋白质。这些蛋白质通过线粒体和叶绿体专用的酶和核糖体系统进行翻译。

（一）线粒体和叶绿体DNA

1962年，Ris和W. Plaut在衣藻叶绿体中发现了DNA状物质；1963年，M. Nass和S. Nass在鸡胚肝细胞线粒体中也发现同样的物质，推测线粒体和叶绿体中可能存在遗传物质DNA。人们之后陆续从各种生物的叶绿体和线粒体中纯化出了DNA。

绝大多数真核细胞的线粒体DNA（mitochondrial DNA, mtDNA）呈双链环状，分子结构与细菌的DNA相似。在不同的物种之间，mtDNA的分子大小有一定的差异。比如，人类的mtDNA约为16 kb，酵母的约为78 kb，而高等植物拟南芥的mtDNA约为366 kb。继1981年人类的线粒体基因组被成功测序之后，目前已有一千多种真核生物的mtDNA序列信息被解读。这些信息为了解线粒体的起源与演化提供了重要的资料。

在动物细胞中，平均每个线粒体携带1个以上拷贝的mtDNA。除了精细胞以外，每个动物细胞携带的mtDNA拷贝数在1 000～10 000个范围内。相比之下植物细胞携带的mtDNA拷贝数要低得多。此外，被子植物的mtDNA呈现出丰富的分子多态性。

叶绿体DNA（cpDNA）或称质体DNA（ptDNA）亦呈环状，分子大小依物种的不同呈现较大差异，在200～2 500 kb之间。在发育中的幼嫩叶片中，叶绿体含较多拷贝的cpDNA（最多时接近100个）。而当叶片成熟后，每个叶绿体中的cpDNA数量呈现明显的下调，维持在10个左右。

mtDNA和cpDNA均以半保留方式进行复制。^{3}H–嘧啶核苷标记实验证明，mtDNA主要在细胞周期的S期及G_2期进行复制；而cpDNA则主要在G_1期复制。mtDNA和cpDNA的复制受细胞核的控制。复制所需的DNA聚合酶、解旋酶等均由核基因编码。

（二）线粒体和叶绿体中的蛋白质

mtDNA和cpDNA也被称为线粒体基因组（mitochondrial genome）和叶绿体基因组（chloroplast genome），具有与核DNA一样的编码功能。借助自身的酶系统（主要由核基因编码），这些基因组携带的遗传信息会被转录和/或翻译成相应的功能分子。比如，哺乳动物的线粒体基因组编码2种rRNA（12S和16S）、22种tRNA以及13种多肽。这些遗传信息均在线粒体中得到表达，其产物在线粒体的生命活动中扮演着不可缺少的重要角色。比如，上述产物中的13种多肽分别是线粒体复合物Ⅰ（7个亚基）、复合物Ⅲ（1个亚基）、复合物Ⅳ（3个亚基）和F_o（2个亚基）的组成部分。

叶绿体基因组携带的遗传信息同样为叶绿体的生命活动所必需。它们包括4种rRNA（23S、16S、4.5S及5S）、30种（烟草）或31种（地钱）tRNA以及100多种多肽。叶绿体基因编码的多肽涉及光合作用的各个环节，如RuBP羧化酶（大亚基）、PSⅠ（2个亚基）、PSⅡ（8个亚基）、ATP合酶（6个亚基）以及Cyt b_6f复合物（3个亚基）。此外，叶绿体基因编码的多肽还以70S核糖体的组成蛋白等形式参与叶绿体的生命活动。

可见，线粒体和叶绿体基因组编码的蛋白质在线粒体和叶绿体的生命活动中是重要和不可缺少的。但这些蛋白质还远远不足以支撑线粒体和叶绿体的基本功能，更多的蛋白质来自于核基因组的编码，于细胞质中合成后被运往线粒体和叶绿体的功能位点。比如，酵母线粒体中的主要酶复合物由75个亚基组成。其中线粒体基因组编码并在线粒体中合成的只有9个，其余的亚基均由细胞核编码并在细胞质中合成。

现有的研究资料表明，线粒体和叶绿体的生命活动均需要数以千计的核基因参与。这个数字充分说明了线粒体和叶绿体对细胞核的依赖。细胞核编码的基因产物在细胞质中合成后，需要被准确地定向运输到叶绿体和线粒体（参见第六章）。

（三）线粒体、叶绿体基因组与细胞核的关系

上面的内容说明线粒体和叶绿体的生命活动受到细胞核以及它们自身基因组的双重调控。这就要求不同的基因表达调控机制以及表达产物分子之间形成精确的协作关系。简而喻之，如果线粒体和叶绿体中的某种酶复合物被看作一台机器的话，这台机器的“国产部件”（细胞器自身编码和合成的多肽亚基）和“进口部件”（细胞核编码的亚基）之间必须形成数量和质量上的完好匹配，才能保证线粒体和叶绿体生命活动的有效运行。在真核生物的演化过程中，细胞核与线粒体、叶绿体之间通过“协同演化”（coevolution）的方式建立了精确有效的分子协作机制。

在真核细胞中，细胞核与线粒体、叶绿体之间在

遗传信息和基因表达调控等层次上建立的分子协作机制被称为核质互作（nuclear-cytoplasmic interaction）。有序的核质互作为线粒体、叶绿体以及真核细胞的生命活动提供了必要的保证。当核质互作相关的细胞核或线粒体、叶绿体基因单方面发生突变，引起细胞中的分子协作机制出现严重障碍时，细胞或真核生物个体通常会表现出一些异常的表型。这类表型背后的分子机制被统称为核质冲突（nuclear-cytoplasmic incompatibility, nuclear-cytoplasmic conflict）。

在自然界中，核质冲突的表型并不罕见。人类线粒体疾病的本质就是一类典型的核质冲突。人类的线粒体病多为母系遗传，说明其中核质冲突的直接原因更多地来源于线粒体基因的突变。这些基因突变可能造成其编码亚基的构型发生变化，无法与细胞核编码的其他亚基组装成具有正常功能的蛋白质复合体，导致线粒体功能丧失。

另一个值得注意的现象是，在线粒体和叶绿体的基因表达过程中，一些基因中的个别碱基需要接受必要的修饰方可翻译出正确的蛋白质。这种修饰在RNA水平上进行，称为RNA编辑（RNA editing）。RNA编辑改变RNA分子上的碱基，因此会带来表达产物蛋白质上氨基酸的变化。在高等植物中，将碱基C转换为U的编辑（C-to-U editing）最为普遍，叶绿体基因组中通常有40～50个碱基，而线粒体基因组则有400～500个碱基受到编辑。当某些基因转录的RNA编辑出现障碍时，细胞或植物会呈现类似核质冲突的表型（图7-25）。这个现象暗示RNA编辑有可能是真核细胞为有效消除核质冲突而获得的一种分子机制。

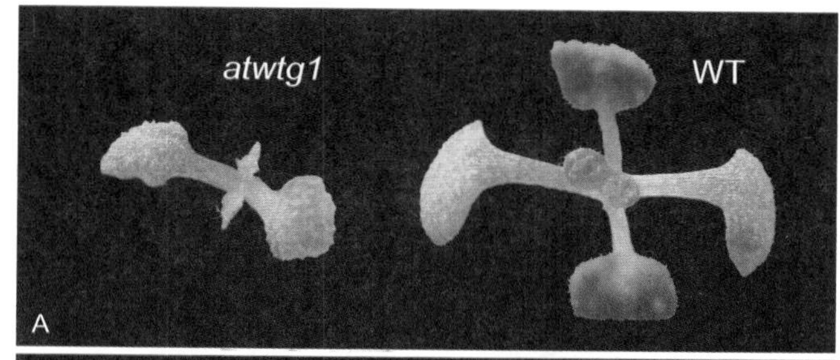

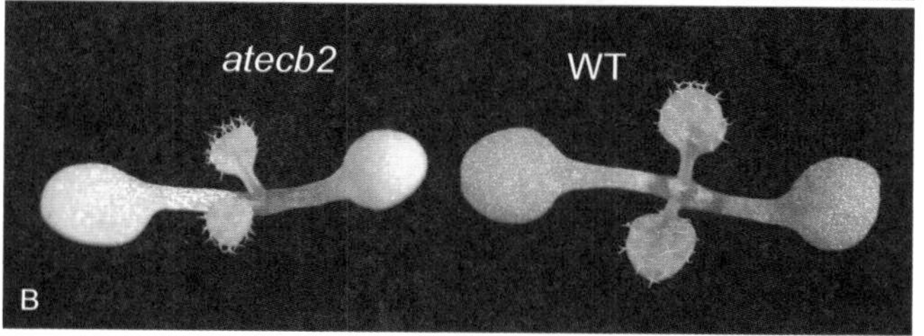

图7-25　拟南芥RNA编辑障碍导致的核质冲突

A. 在野生型拟南芥（WT）中，叶绿体基因*PetL*负责编码细胞色素b_6f（Cyt b_6f）复合体的其中一个亚基，Cyt b_6f复合体是光合电子传递链上的重要电子载体之一。*PetL*的第2个密码子CCT（脯氨酸）需经RNA编辑后变为CTT（亮氨酸），才能得到具有正常活性的亚基。该RNA编辑受到了细胞核基因编码蛋白Dcd1的调控。在这个基因的突变体（*atwtg1*）中，*PetL*基因正常的RNA编辑行为受到抑制，造成了RNA编辑缺陷，从而导致*PetL*编码的亚基不具活性，电子传递受阻，幼叶出现黄化表型。

B. 在野生型拟南芥（WT）中，叶绿体基因*AccD*（编码乙酰CoA羧化酶复合物中羧基转移酶的β亚基。该复合物在脂肪酸合成中具关键作用。*AccD*的第265个密码子得到编辑后产物具有正常的活性。该RNA编辑需要细胞核蛋白AtECB2的参与。当编码AtECB2的基因被突变（*atecb2*）后，正常的RNA编辑机制受到破坏，导致*AccD*产物的分子中出现错误的氨基酸残基而失活，幼苗出现白化表型。可见，RNA编辑具有消除核质冲突的客观作用。（杨仲南博士和胡迎春博士惠赠）

综上所述，在真核生物的形成和进化过程中，细胞核基因组与线粒体、叶绿体基因组之间经历了长期的“磨合”，形成了上述既互相依赖又相互制约的核质互作关系。这种磨合式的共进化在不同类别的真核生物之间既体现出了共性，也表现出一些差别。比如，动物、酵母、脉孢菌和植物的mtDNA在分子大小上存在较大差异，但它们在编码复合物Ⅲ中的细胞色素b、复合物Ⅳ的亚基1、2和3以及ATP合酶（F_o）的亚基6和8上具有完全的一致性（表7-1）。此外，脉孢菌和植物的线粒体基因组编码复合物Ⅰ中的6个亚基；而酵母中的这些亚基则全部由细胞核编码等（详见表7-1）。细胞核与线粒体、叶绿体基因组的编码内容反映不同类别真核生物的核质互作状态以及这些生物之间的演化关系，值得仔细品味。

二、线粒体和叶绿体的起源

由于线粒体和叶绿体具有独特的半自主性并与细胞核建立了复杂而协调的互作关系，它们的起源一直以来多被认为有别于其他细胞器。在人们为这两种细胞器设计的起源假说中，内共生起源学说很好地贴合了线粒体和叶绿体的半自主性和核质关系特征，因而得到了广泛的认可和支持。

内共生起源学说认为，线粒体和叶绿体分别起源于原始真核细胞内共生的行有氧呼吸的细菌和行光能自养的蓝细菌。该假说的提出远早于mtDNA和cpDNA的

表 7-1　不同真核生物线粒体基因组（DNA）大小及其表达产物

	动物	酵母	真菌（脉孢菌属）	植物
线粒体 DNA/kb	14~18	78	19~108	200~2 500
表达产物				
复合物 Ⅰ（NADH-CoQ 还原酶）				
亚基数	7	0	6	6
复合物 Ⅲ（CoQ-Cyt c 还原酶）				
Cyt b	+	+	+	+
复合物Ⅳ（细胞色素氧化酶）				
亚基 1、2、3	+	+	+	+
ATP 合酶的 F_0 部分				
亚基 6	+	+	+	+
亚基 8	+	+	+	+
亚基 9	−	+	−	+
ATP 合酶的 F_1 部分				
α 亚基	−	−	−	+
rRNA				
大亚基	16S	21S	21S	26S
小亚基	12S	15S	15S	18S
5S RNA	−	−	−	+
tRNA	22	23~25	23~25	约 30

发现。其中叶绿体的内共生起源假说见于 1905 年，由 K. Mereschkowsky 提出；而线粒体的类似起源假说见于 1918 和 1922 年，分别由 P. Porteir 和 I. E. Wallin 提出。随着人们对真核细胞超微结构、线粒体和叶绿体 DNA 及其编码机制的认识，内共生起源学说的内涵得到了进一步充实。

1970 年，L. Margulis 在已有的资料基础上提出了一种更为细致的设想。该设想认为，真核细胞的祖先是一种体积较大、不需氧具有吞噬能力的细胞，通过糖酵解获取能量。而线粒体的祖先则是一种革兰氏阴性菌，具备三羧酸循环所需的酶和电子传递链系统，可利用氧气把糖酵解的产物丙酮酸进一步分解，获得比酵解更多的能量。当这种细菌被原始真核细胞吞噬后，即与宿主细胞间形成互利的共生关系：原始真核细胞利用这种细菌获得更充分的能量，而这种细菌则从宿主细胞获得更适宜的生存环境。与此类似，叶绿体的祖先可能是原核生物蓝细菌（cyanobacteria）。当这种蓝细菌被原始真核细胞摄入后，为宿主细胞进行光合作用，而宿主细胞则为其提供生存条件。

线粒体和叶绿体的内共生学说先后得到了大量的生物学研究证据的支持。特别是近期的分子生物学和生物信息学的研究发现真核细胞的细胞核中存在大量原本可能属于呼吸细菌或蓝细菌的遗传信息，说明最初的呼吸细菌和蓝细菌的大部分基因组在漫长的协同演化过程中发生了向细胞核的转移。这种转移极大地消弱了线粒体和叶绿体的自主性，建立起稳定、协调的核质互作关系。

除遗传信息转移之外，线粒体和叶绿体内共生起源学说还得到如下主要论据的支持。

（1）基因组与细菌基因组具有明显的相似性　线粒体和叶绿体具有细菌基因组的典型特征。它们均为单条环状双链 DNA 分子，不含 5- 甲基胞嘧啶，无组蛋白结合并能进行独立的复制和转录。此外，在碱基比例、核苷酸序列和基因结构特征等方面，线粒体和叶绿体基因组也与细胞核基因组表现出显著差异，而与原核生物极为相似。同时，线粒体和叶绿体具有自身的DNA聚合酶及RNA聚合酶，能独立复制和转录自己的RNA。其mRNA、rRNA的沉降系数与细菌的类似。

（2）具备独立、完整的蛋白质合成系统　线粒体和叶绿体的蛋白质合成机制类似于细菌，而有别于真核生物：① 与细菌一样，线粒体和叶绿体中的蛋白质合成从*N*-甲酰甲硫氨酸开始，而真核细胞中的蛋白质合成从甲硫氨酸开始。② 线粒体和叶绿体的核糖体较小于真核生物的80S核糖体。例如，动物细胞线粒体的核糖体为50S～60S，真菌线粒体的核糖体为70S～74S，而叶绿体的核糖体为70S。③ 线粒体、叶绿体和原核生物的核糖体中只有5S rRNA，而不少真核细胞的核糖体中存在5.8S rRNA。④ 线粒体中的蛋白质合成因子具有原核生物核糖体的识别特异性，其功能可部分地被细菌的蛋白质合成因子取代，但线粒体的蛋白质合成因子不能识别细胞质核糖体。⑤ 线粒体核糖体与线粒体mRNA形成多核糖体。⑥ 叶绿体tRNA和氨酰tRNA合成酶通常可与细菌相应的酶交叉识别，而不与细胞质中相应的酶形成交叉识别。⑦ 叶绿体的核糖体小亚基可与大肠杆菌的核糖体大亚基组合，形成有功能的杂合核糖体。⑧ 线粒体和叶绿体核糖体上的蛋白质合成被氯霉素、四环素抑制，而抑制真核生物核糖体上蛋白质合成的放线酮对它们无抑制作用。⑨ 线粒体RNA聚合酶可被原核细胞RNA聚合酶的抑制剂（如利福霉素）所抑制，但不被真核细胞RNA聚合酶的抑制剂（如放线菌素D）所抑制等。

（3）分裂方式与细菌相似　线粒体和叶绿体均以缢裂的方式分裂增殖，类似于细菌。

（4）膜的特性　线粒体、叶绿体的内膜和外膜存在明显的性质和成分差异。外膜与真核细胞的内膜系统具有性质上的相似性，可与内质网和高尔基体膜融合沟通；而它们的内膜则与细菌质膜相似，内陷折叠形成细菌的间体、线粒体的嵴和叶绿体的类囊体。在膜的化学成分上，线粒体和叶绿体内膜的蛋白质/脂质比远大于外膜，接近于细菌质膜的成分。这些特性都暗示线粒体和叶绿体的内膜起源于其最初的共生体（呼吸细菌和蓝细菌）的质膜，而外膜则来源于它们的宿主（共生体进入宿主细胞时包被形成）。

（5）其他佐证　线粒体的磷脂成分、呼吸类型和Cyt c的初级结构均与反硝化副球菌或紫色非硫光合细菌非常接近，暗示线粒体的祖先可能是这两种菌中的一种。

自然界中存在的胞内共生蓝藻（蓝小体）表现出了基因片段转移等内共生形成叶绿体的行为特征，为真核生物形成的内共生说提供了“活化石”性的佐证。

近年来，真核细胞线粒体和叶绿体的内共生起源学说得到了越来越多的研究证据的支持，使得非内共生起源学说（non-endosymbiosis theory）逐渐淡出了人们的视野。作为另一种假说，非内共生起源学说由T. Uzzell等于1974年提出，认为真核细胞的前身可能是一种体积较大的好氧细菌。其细胞膜通过内陷、扩张和分化逐渐发展成了线粒体、叶绿体和其他细胞器，继而细胞演化为真核细胞。

思考题

1. 怎样理解线粒体和叶绿体是细胞能量转换的细胞器？
2. 线粒体和叶绿体在细胞内呈现怎样的动态特征？
3. 试比较线粒体与叶绿体在基本结构方面的异同。
4. 为什么说三羧酸循环是真核细胞能量代谢的中心？
5. 电子传递链与氧化磷酸化之间有何关系？
6. 试比较线粒体的氧化磷酸化与叶绿体的光合磷酸化的异同点。
7. 氧化磷酸化偶联机制的化学渗透假说的主要论点是什么？
8. 为什么说线粒体和叶绿体是半自主性细胞器？
9. 线粒体与叶绿体的内共生起源学说有哪些证据？

参考文献

1. Arimura S, Yamamoto J, Aida G P, *et al*. Frequent fusion and fission of plant mitochondria with unequal nucleoid distribution. *Proceedings of the National Academy of Sciences of the United States of America*, 2004, 101(20): 7805-7808.
2. Berry E A, Guergova-Kuras M, Huang L, *et al*. Structure and function of cytochrome bc complexes. *Annual Review of Biochemistry*, 2000, 69: 1005-1075.
3. Boyer P D. What makes ATP synthase spin? *Nature*, 1999, 402(6759): 247-249.
4. Elston T, Wang H, Oster G. Energy transduction in ATP synthase. *Nature*, 1998, 391(6666): 510-513.
5. Glynn J M, Froehlich J E, Osteryoung K W. *Arabidopsis* ARC6 coordinates the division machineries of the inner and outer chloroplast membranes through interaction with PDV2 in the intermembrane space. *Plant Cell*, 2008, 20(9): 2460-2470.
6. Lackner L L, Nunnari J M. The molecular mechanism and cellular functions of mitochondrial division. *Biochimica et Biophysica Acta(BBA)-Molecular Bosis of Disease*, 2009, 1792(12): 1138-1144.
7. Liu Z, Yan H, Wang K, *et al*. Crystal structure of spinach major light-harvesting complex at 2.72 Å resolution. *Nature*, 2004, 428(6980): 287-292.
8. Oikawa K, Kasahara M, Kiyosue T, *et al*. Chloroplast unusual positioning 1 is essential for proper chloroplast positioning. *Plant Cell*, 2003, 15(12): 2805-2815.
9. Praefcke G J K, McMahon H T. The dynamin superfamily: universal membrane tabulation and fission molecules? *Nature Reviews Molecular Cell Biology*, 2004, 5(2): 133-147.
10. Sun F, Huo X, Zhai Y, *et al*. Crystal structure of mitochondrial respiratory membrane protein complex Ⅱ. *Cell*, 2005, 121(7): 1043-1057.
11. Wang D, Zhang Q, Liu Y, *et al*. The levels of male gametic mitochondrial DNA are highly regulated in angiosperms with regard to mitochondrial inheritance. *Plant Cell*, 2010, 22(7): 2402-2416.
12. Wang Z, Zou Y, Li X, *et al*. Cytoplasmic male sterility of rice with Boro II cytoplasm is caused by a cytotoxic peptide and is restored by two related PPR motif genes via distinct modes of mRNA silencing. *Plant Cell*, 2006, 18(3): 676-687.
13. Westermann B. Mitochondrial membrane fusion. *Biochimica et Biophysica Acta (BBA)-Molecular Cell Research*, 2003, 1641(2-3): 195-202.
14. Yu Q, Jiang Y, Chong K, *et al*. AtECB2, a pentatricopeptide repeat protein, is required for chloroplast transcript *accD* RNA editing and early chloroplast biogenesis in *Arabidopsis thaliana*. *The Plant Journal*, 2009, 59(6): 1011-1023.

图片版权说明

of the double ring structures for plastid and mitochondrial division in the unicellular red alga Cyanidioschyzon merolae. Vol. 206, 1998, 551-560. Shin-ya Miyagishima, Ryuuichi Itoh, Kyoko Toda, Hidenori Takahashi, Haruko Kuroiwa, Tsuneyoshi Kuroiwa. Fig. 4i, l. ©Springer-Verlag 1998; and with kind permission from Springer Science+Business Media: *Planta*. Isolation of dividing chloroplasts with intact plastid-dividing rings from a synchronous culture of the unicellular red alga Cyanidioschyzon merolae. Vol. 209, 1999, 371-375. Shin-ya Miyagishima, Ryuuichi Itoh, Saburo Aita, Haruko Kuroiwa, and Tsuneyoshi Kuroiwa. Fig. 2f, g. ©Springer-Verlag 1999; and **Figure 7-17A** is reprinted with kind permission from Springer Science+Business Media: *Planta*. Chloroplast division machinery as revealed by immunofluorescence and electron microscopy. Vol. 215, 2002, 185-190. Haruko Kuroiwa, Toshiyuki Mori, Manabu Takahara, Shin-ya Miyagishima, and Tsuneyoshi Kuroiwa. Fig. 1B. ©Springer-Verlag 2002.

第八章

细 胞 骨 架

真核细胞是一个高度动态的结构，其形态和结构可因周围环境的变化而不断调整，而这些过程都依赖于细胞信号转导以及由此引起的细胞骨架的动态变化。应用活细胞成像系统并结合图像处理技术，可观察到细胞质内有一些纤维样的结构，其长度和分布状态由于纤维的组装和解聚而不断改变，在纤维表面还有一些细胞器或颗粒状物质作定向移动。用电子显微镜观察经非离子去垢剂处理后的细胞，也可见到一个复杂的纤维网络结构，这种结构通常被称为细胞骨架（cytoskeleton）。细胞骨架主要包括微丝（microfilament, MF）、微管（microtubule, MT）和中间丝（intermediate filament, IF）三种结构组分（图 8-1），它们分别由相应的蛋白质亚基组装而成。在细胞周期的不同阶段，细胞骨架具有完全不同的分布状态；在各种不同分化状态的细胞中，细胞骨架的分布模式也有很大的差异，甚至连组装骨架的蛋白质种类也不尽相同。细胞骨架与数目众多的结合蛋白的相互作用是细胞结构与功能相统一的分子基础。细胞骨架结合蛋白不仅对骨架的网络结构进行调节，还在骨架与其他细胞结构之间建立了广泛的连接，对细胞的结构和功能发挥组织作用，并进一步影响细胞的形态、运动以及相邻的细胞和微环境。

第一节　微丝与细胞运动

微丝又称肌动蛋白丝（actin filament），或纤维状肌动蛋白（fibrous actin, F-actin），这种直径为 7 nm 的纤维存在于所有真核细胞中。微丝网络的空间结构与

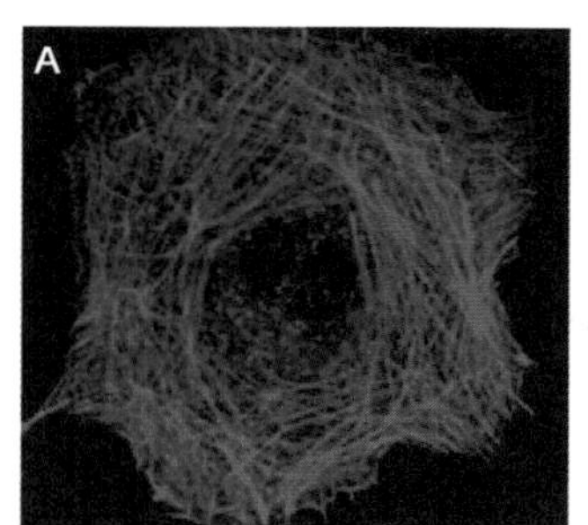

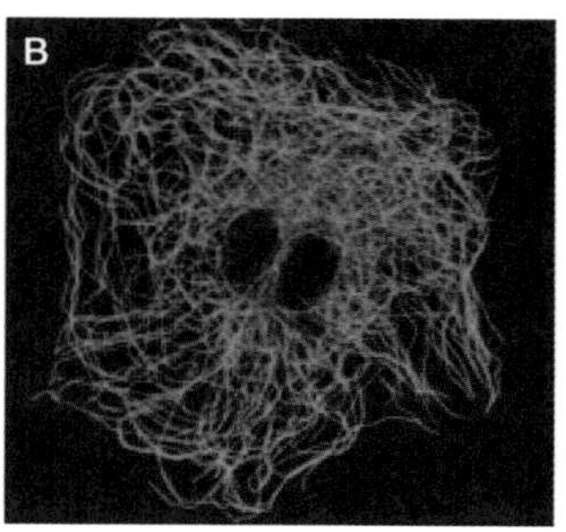

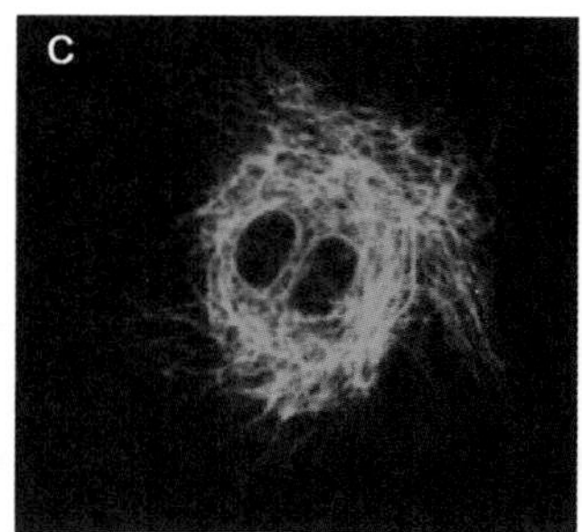

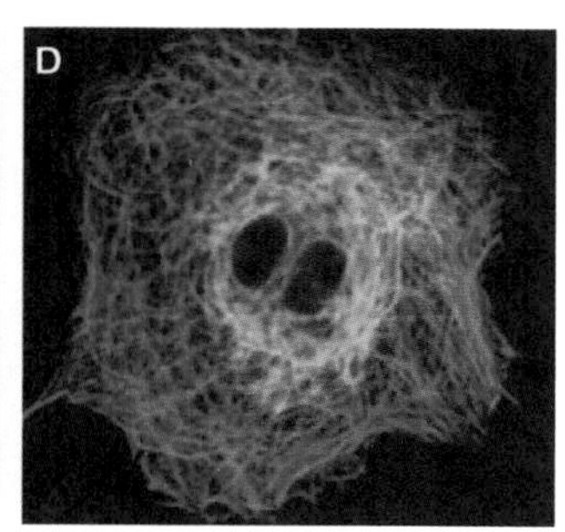

图 8-1　**细胞骨架的基本类型及其分布**

免疫荧光染色显示细胞内微丝（A）、微管（B）和中间丝（C）在体外培养的小鼠上皮细胞内的分布，以及三种细胞骨架结构的叠加图（D）。微丝网络更接近细胞的边缘。（Ueli Aebi 博士惠赠）

功能取决于与之相结合的微丝结合蛋白（microfilament binding protein）。在不同类型的细胞内，甚至是在同一细胞的不同区域，不同的微丝结合蛋白赋予微丝网络不同的结构特征和功能。如小肠上皮细胞微绒毛内部的微丝束及细胞皮层的微丝网络，与黏着斑相连的应力纤维，成纤维细胞迁移时前缘的片足和丝足中临时性的微丝结构，胞质分裂环，以及存在于肌细胞中的细肌丝。微丝网络结构的动态变化与多种细胞生命活动过程相关，如细胞突起（微绒毛、伪足）的形成及对细胞微环境的感知和调节、细胞质分裂、吞噬作用、细胞迁移。作为肌球蛋白运动的轨道，微丝还在细胞收缩（如肌细胞）和物质运输等过程中发挥重要作用。

一、微丝的组成及其组装

（一）结构与成分

微丝的主要结构成分是肌动蛋白（actin）。在大多数真核细胞中，肌动蛋白是含量最丰富的蛋白质之一。在肌细胞中，肌动蛋白占细胞总蛋白质量的10%以上；即使在非肌细胞中，也占细胞总蛋白质量的1%～5%。肌动蛋白在细胞内有两种存在形式，即肌动蛋白单体（又称球状肌动蛋白，G-actin）和由单体组装而成的纤维状肌动蛋白。肌动蛋白的电镜图像呈球状，但经X射线衍射得到的三维结构显示该分子上有一条裂缝将其分成两瓣，其底部有两段肽链相连。在裂缝内部有一个核苷酸（ATP或ADP）结合位点和一个二价阳离子（Mg^{2+}或Ca^{2+}）结合位点（图8-2A）。与肌动蛋白结合的核苷酸可以自由地与周围介质中游离的核苷酸交换，但由于ATP与肌动蛋白的结合力更强，所以游离的肌动蛋白通常是带有ATP的。另外，由于细胞质中游离Mg^{2+}的浓度远高于Ca^{2+}的浓度，所以肌动蛋白的二价阳离子结合位点也被Mg^{2+}占据。

肌动蛋白在生物演化过程中是高度保守的。在哺乳动物和鸟类细胞中至少已分离到6种肌动蛋白，4种为α-肌动蛋白，分别为横纹肌、心肌、血管平滑肌和肠道平滑肌所特有，它们与肌球蛋白等结构组分一起组装成细胞的收缩性装置；另外2种为β-肌动蛋白和γ-肌动蛋白，存在于所有的细胞中。其中β-肌动蛋白通常

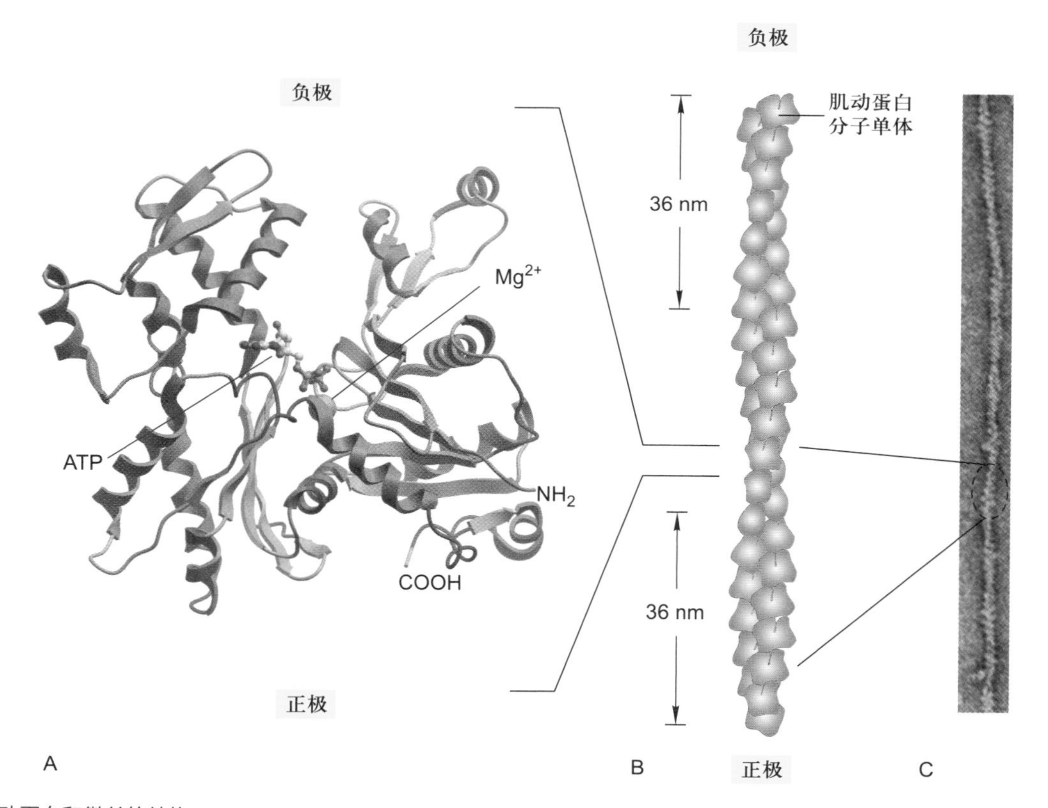

图8-2 肌动蛋白和微丝的结构

A. 肌动蛋白的三维结构（5.5 nm×5.5 nm×3.5 nm），1分子ATP和1个Mg^{2+}结合于肌动蛋白分子中间的裂缝中。B. 微丝的结构模型，其中每一个肌动蛋白亚基与4个相邻的亚基相互作用（上下各1个，侧面2个）。C. 微丝的电镜图像。（Ueli Aebi博士惠赠）

定位于细胞的边缘，而γ- 肌动蛋白是应力纤维的组成成分。不同的α- 肌动蛋白分子的一级结构（约 400 个氨基酸残基）仅有 4～6 个氨基酸残基不同，β- 肌动蛋白或γ- 肌动蛋白与α- 肌动蛋白（来自横纹肌）也仅相差约 25 个氨基酸残基。显然这些肌动蛋白基因是从同一个祖先基因演化而来。多数简单的真核生物，如酵母和黏菌，仅含单个肌动蛋白基因。然而大多数多细胞真核生物含有多个编码肌动蛋白的基因，如海胆有 11 个，网柄菌属（*Dictyostelium*）有 17 个，在某些种类的植物基因组中肌动蛋白基因的数目多达 60 个。

尽管不同生物的肌动蛋白具有很高的相似性，但微小的差异可能会导致功能上的变化。如在果蝇细胞中表达酵母的肌动蛋白基因，将导致果蝇飞翔障碍。另外，在一些原核生物如杆状和螺旋状的细菌中也存在一些肌动蛋白类似物，如 MreB 和 Mbl。这些蛋白质也能组装成与微丝相似的结构，并调控细胞的形态和染色体的分离。MreB 突变的大肠杆菌菌体呈球状，而一些球菌的基因组内没有发现编码该蛋白的基因。显然，MreB 与细菌的形态相关。

电镜图像显示微丝是一条直径约为 7 nm 的扭链（图 8-2C），整根微丝在外观上类似于由两股肌动蛋白纤维呈右手螺旋盘绕而成，螺距为 36 nm（图 8-2B）。在纤维内部，每个肌动蛋白亚基周围都有 4 个单体，上、下各一个，另外两个位于一侧。肌动蛋白分子上的裂缝使得该蛋白本身在结构上具有不对称性。在组装成微丝之后，每一个肌动蛋白亚基的裂缝都朝向微丝的同一端，从而使微丝在结构上具有极性。具有裂缝的一端为负极（-），而另一端为正极（+）。在细胞内，多种微丝结合蛋白与微丝的表面相互作用，调节微丝的结构和功能。

（二）微丝的组装及其动力学特性

有关微丝组装的信息大多来源于体外实验的结果。在试管中，微丝的组装 / 解聚与溶液中所含肌动蛋白的状态（结合 ATP 或 ADP）、离子的种类及浓度等参数有关。通常，只有结合 ATP 的肌动蛋白才能参与微丝的组装。当溶液中含有适当浓度的 Ca^{2+}，而 Na^{+}、K^{+} 的浓度很低时，微丝趋向于解聚；而当溶液中含有 ATP、Mg^{2+} 以及较高浓度的 Na^{+}、K^{+} 时，溶液中的 G-actin 则趋向于组装成 F-actin，即新的 G-actin 加到微丝末端，使微丝延伸。

肌动蛋白组装成微丝的过程大体上可以分为几个阶段：首先是成核反应（nucleation）。当聚合作用在只含有 G-actin，而没有 F-actin 的试管中进行时，组装的起始过程相当缓慢。G-actin 必须先形成一个具有 2～3 个亚基的低聚物，即所谓的成核过程。该过程是 G-actin 组装的限速步骤，称为延迟期。跟随着延迟期的是一个纤维快速延长的过程。当体系中肌动蛋白 -ATP 的浓度较高时，微丝的组装会在两极同时发生，但由于微丝的两端存在结构上的差异，导致肌动蛋白亚基组装的速度也不同，通常是肌动蛋白在微丝正端加入的速度比负端快 5～10 倍。随着组装过程的进行，系统中肌动蛋白单体浓度逐渐降低，组装的速度会逐步减慢。最后，系统（如果 ATP 足够多的话）会到达一个稳定状态，即纤维正极端组装的速度与负极端解聚的速度相同，纤维的长度保持不变。此时，体系中肌动蛋白单体的浓度称为临界浓度（C_c），在数值上等于解聚速度常数和组装速度常数的比值，即 $C_c = K_{off}/K_{on}$。微丝末端的延长或解聚取决于增加亚基时体系中自由能（ΔG）的变化，当体系中游离的肌动蛋白的浓度高于 C_c 时，ΔG 小于零，微丝的末端会继续组装。相反，当游离的肌动蛋白浓度低于 C_c 时，ΔG 大于零，微丝将自发解聚。

在细胞内，微丝的成核过程需要肌动蛋白相关蛋白（actin-related protein, ARP）Arp2/3 复合物的参与，在该复合物由 Arp2、Arp3 及其他 5 种蛋白质组成，可以与微丝或其他细胞结构结合，并以此作为微丝组装的起点。肌动蛋白单体与 Arp2/3 复合物结合而使纤维延长。肌动蛋白在参与微丝的组装前通常先与 ATP 结合，而肌动蛋白亚基组装到微丝的末端以后，构象发生变化，具有了 ATP 酶的活性，能将本身结合的 ATP 水解成 ADP，并释放磷酸基。当微丝的组装速度快于末端肌动蛋白水解 ATP 的速度时，相当于在微丝的末端有一个由肌动蛋白 -ATP 亚基所构成的帽。末端带有这种帽子结构的微丝比较稳定，可以持续组装。相反，当微丝末端的组装速度较肌动蛋白亚基水解 ATP 的速度慢，肌动蛋白亚基所结合的 ATP 都被水解成 ADP 时，这段微丝就比较容易解聚。由于微丝两端在结构上存在差异，而且负极端往往与 Arp2/3 复合物及细胞结构结合，所以新的肌动蛋白亚基通常是在正极端加入，而很少在负极端加入。细胞内微丝的稳定性受多种结合蛋白的调控，其动态性比体外组装更为复杂。待微丝组装到一定长度时，其正极端有可能与微丝结合蛋白或其他细胞结构相结合而使其处于稳定状态，也可能是两端都发生解聚。

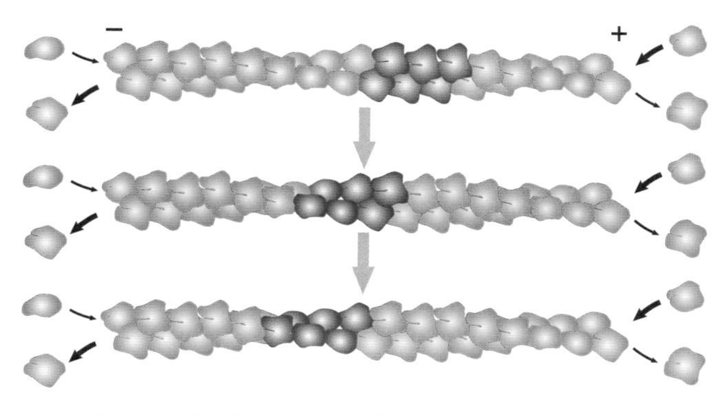

图 8-3　**肌动蛋白组装过程中发生的踏车行为**

当体系中肌动蛋白的浓度处于临界浓度时，由于微丝两端结构上的差异，其正端随肌动蛋白亚基的不断加入而延伸，负端则因为解聚而缩短。在统计学意义上，正极端延长，负极端缩短，但长度几乎不变。

相比之下，负极端更容易与帮助微丝解聚的蛋白质相互作用，这样就使得微丝正极端不断组装，而负极端不断解聚，如细胞迁移时片足内部微丝结构的变化就是如此。在体外组装过程中有时也可以见到微丝的正极端由于肌动蛋白亚基的不断添加而延长，而负极端则由于解离而缩短，这一现象称为踏车行为（treadmilling）（图 8-3）。

（三）影响微丝组装的特异性药物

一些药物可以影响肌动蛋白的聚合或解离，从而影响细胞内微丝网络的结构。细胞松弛素（cytochalasin）是一类真菌的代谢产物，可与微丝结合并将其切断。细胞松弛素结合在微丝末端后还可阻止肌动蛋白在该部位的聚合，但对微丝的解聚没有明显影响，因而用细胞松弛素处理细胞可以破坏微丝的网络结构，并阻止细胞的运动。鬼笔环肽（phalloidin）是一种由毒蕈（*Amanita phallodies*）产生的双环杆肽，与微丝表面有强亲和力，但不与游离的肌动蛋白单体结合，因此，用荧光标记的鬼笔环肽染色可清晰地显示微丝在细胞中的分布。鬼笔环肽与微丝结合后能阻止微丝的解聚，使其保持稳定状态；而且，将鬼笔环肽注射到细胞内同样能阻止细胞运动。可见细胞内微丝的功能依赖于其组装和解聚的动态过程。

二、微丝网络结构的调节与细胞运动

（一）非肌细胞内的微丝结合蛋白

尽管纯化的肌动蛋白可以在合适的体外环境下组装成微丝，但其复杂性和有序性都远不能与细胞内的相比。细胞内的微丝与多种结合蛋白相互作用，具有复杂的三维网络结构，并执行相应的功能。在细胞内，有些微丝结构相当稳定，如肌细胞中的细肌丝及小肠上皮细胞微绒毛中的微丝束，而另一些微丝只是暂时性的结构，如由微丝和肌球蛋白组装形成的胞质分裂环，在血小板激活及无脊椎动物精子顶体反应过程中出现的微丝束，只有在执行某种功能时才进行组装。实际上，在大多数非肌细胞中的微丝是一种高度动态的结构，它们持续地进行组装和解聚。微丝的这种动态不稳定性与细胞形态的持续变化及细胞运动有密切的关系。细胞内肌动蛋白的组装受到可溶性肌动蛋白的存在状态和微丝结合蛋白的种类两个不同层次的调节。

细胞内微丝网络的组织形式和功能通常取决于与之结合的微丝结合蛋白，而不是微丝本身。在不同的细胞中，甚至是同一细胞的不同部位，由于微丝结合蛋白的种类及存在状态的差异，微丝网络的结构有可能完全不同。微丝结合蛋白通过影响微丝的组装与解聚，介导微丝与其他细胞结构之间的相互作用来决定微丝的组织行为。此外，微丝还可以通过和肌球蛋白之间的相互作用来转运生物大分子复合物及多种细胞器，并对细胞的形态结构和蛋白质的定位起组织作用，进而调节细胞的行为。目前，人们已经从各种组织细胞中分离到 100 多种不同的微丝结合蛋白，根据其作用方式的不同，可以分成如下几种类型。

1. 肌动蛋白单体结合蛋白

在细胞内，可溶性的肌动蛋白和纤维状肌动蛋白的比例大体是 1∶1。也就是说，细胞内游离态肌动蛋白的浓度远远高于肌动蛋白组装所需的临界浓度，但由于游离态肌动蛋白常与肌动蛋白单体结合蛋白（如胸腺素 β_4 和前纤维蛋白）结合在一起，从而使肌动蛋白组装成微丝的过程受到必要的调控，储存在细胞内的肌动蛋白只有在相关信号的刺激下才会被释放，成为真正的游离状态参与微丝的组装。

胸腺素 β_4 是由 43 个氨基酸残基组成的小肽，能与游离的肌动蛋白结合，并封闭肌动蛋白聚合的位点，从而阻止肌动蛋白组装到微丝的末端。在细胞内，胸腺素 β_4 的浓度通常与游离的肌动蛋白库的容量相关，它与肌动蛋白按 1∶1 的比例结合。由于胸腺素 β_4 与带 ATP 的肌动蛋白的亲和力高于带 ADP 的肌动蛋白，所以游离态的肌动蛋白主要是带有 ATP 的（图 8-4）。

前纤维蛋白（profilin）又名抑制蛋白，该蛋白与

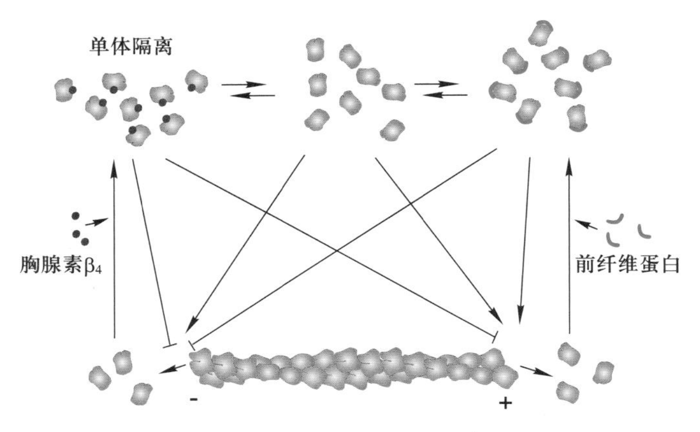

图 8-4　**肌动蛋白结合蛋白调节微丝的组装**

在合适的条件下，结合 ATP 的肌动蛋白可以参与微丝的组装。胸腺素 β_4 与肌动蛋白结合以后抑制微丝的组装。前纤维蛋白与肌动蛋白单体的底部结合，促进了微丝正极端的组装，但阻断了负极端的组装。

肌动蛋白的底部（正极端）结合，从而阻碍了前纤维蛋白 - 肌动蛋白复合体在微丝负极端的聚合，但这并不影响该复合体在微丝正极端的组装。当前纤维蛋白 - 肌动蛋白复合体与微丝的正极端结合后，前纤维蛋白便解离下来（图 8-4）。

2. 成核蛋白

细胞内肌动蛋白的组装受外部信号、Arp2/3 复合物及形成蛋白（formin）等因素的调控，以实现细胞形态和行为的快速变化。

Arp2/3 复合物由 Arp2、Arp3 和其他 5 种蛋白质组成，其中 Arp2、Arp3 与肌动蛋白的相似性达 45%，但其本身不能组装成纤维。在该复合物中，Arp2 和 Arp3 形成类似于微丝正极端肌动蛋白两个亚基的结构，从而可以启动肌动蛋白的成核过程。在外来信号的作用下，活化的 Arp2/3 复合物与细胞膜或其他适当的细胞结构结合，并为肌动蛋白提供组装的起始点。新的肌动蛋白亚基在正极端加入，而 Arp2/3 复合物则位于纤维的负端（图 8-5）。Arp2/3 复合物也可以结合在已有的微丝上，启动微丝分支的组装。在这种情况下，新组装的侧支与原有的微丝呈 70° 夹角。多个侧支的组装可使微丝连接成一个树状网络。由于 Arp2/3 复合物与携带 ATP 的肌动蛋白亚基的亲和力远大于带有 ADP 的肌动蛋白亚基，因此微丝的分支往往在新组装的一端产生。随着结合在肌动蛋白亚基内部的 ATP 的水解和 Pi 的释放，Arp2/3 复合物有可能从微丝上解离，导致分支的脱落。

形成蛋白家族的成员在结构上很保守，在微丝的延长过程中形成蛋白始终与其正极端结合，通过与前纤维蛋白相互作用而提高微丝的组装速度，还可保护正极端免受加帽蛋白的干扰。

3. 加帽蛋白

细胞内微丝的组装一旦停止，其末端的肌动蛋白亚基所带的 ATP 很可能因为水解而使得整个纤维处于不稳定状态，而微丝的过度组装也会影响细胞的结构和功能。加帽蛋白（capping protein）是指一类可与微丝的末端结合，从而阻止微丝解聚或过度组装的微丝结合蛋白。如与微丝的负极端结合的 Arp2/3 复合物和原肌球调节蛋白（tropomodulin），与正极端结合的 CapZ 和凝溶胶蛋白家族的成员（图 8-5）。这些与微丝末端相互作用的蛋白质在调节微丝的动力学性质方面发挥作用。在细胞运动过程中，对微丝加帽和脱帽的调控显得非常重要，这些过程受细胞膜上的 G 蛋白偶联受体及下游的 4,5- 二磷酸磷脂酰肌醇（PIP_2）的调节。

4. 交联蛋白

微丝的排列方式主要由微丝交联蛋白的种类决定。成束蛋白（bundling protein）将相邻的微丝交联成相互平行的束状结构，而凝胶形成蛋白（gel-forming protein）将微丝连接成网状。微丝交联蛋白都有一个或两个相似的微丝结合位点，能够单独或者以二聚体的形式将相邻的微丝交联在一起。多肽链或二聚体上两个微

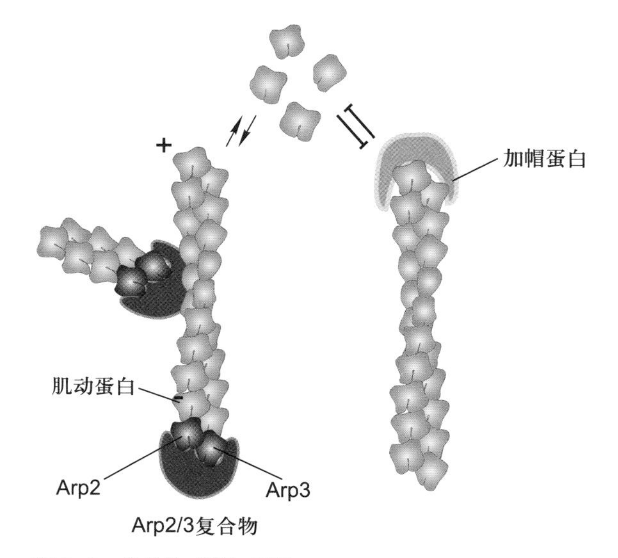

图 8-5　**微丝的成核与加帽**

Arp2/3 复合物参与肌动蛋白的成核，并可与微丝结合启动侧支的组装。微丝加帽蛋白可以结合在微丝的正极端或负极端，使末端处于稳定状态。

丝结合位点之间的距离决定了它们所交联形成的微丝束或网络的松紧程度。

丝束（毛缘）蛋白（fimbrin）是分布很广的微丝成束蛋白，由于分子较小，肽链上两个微丝结合位点靠得很近，并分别结合到相邻的微丝上，多个丝束蛋白分子与微丝结合可形成排列紧密的微丝束（图 8-6A）。在细胞前缘丝足中的微丝束就是这种类型，由于微丝的排列很紧密，肌球蛋白分子很难进入相邻的微丝之间，因此丝足中的微丝束没有收缩能力。绒毛蛋白（villin）与丝束蛋白相似，主要存在于微绒毛和细胞表面的指状突起中，也可将微丝交联成紧密排列的束状结构。微绒毛中的核心微丝束可通过肌球蛋白Ⅰ与微绒毛膜相连。α-辅肌动蛋白（α-actinin）只有一个微丝结合位点，但该蛋白可形成反向平行的二聚体，位于二聚体两端的两个微丝结合位点相距较远，因此，由 α- 辅肌动蛋白交联形成的微丝束（如应力纤维）中微丝的排列相对宽松（图 8-6B）。肌球蛋白Ⅱ可以进入相邻的微丝之间，并依靠其马达结构域与微丝相互作用，所以应力纤维具有收缩能力。

成束蛋白的两个肌动蛋白结合位点之间的区域都是僵直的，而另外一些微丝交联蛋白，如细丝蛋白（filamin）和血影蛋白（见第四章），它们的两个微丝结合位点之间的区域是柔软的，或者本身就是弯曲的。当微丝与这些交联蛋白相互作用时就会形成网状或凝胶样的结构。两个细丝蛋白的一端相互作用形成二聚体，另两个末端将两根微丝以 90° 的夹角交联，使微丝形成松散的网络结构（图 8-6C）。这种凝胶样的结构存在于片足中，能帮助细胞在基质表面爬行。血影蛋白是四条多肽链（两条 α 链和两条 β 链）组成的细长而容易弯曲的蛋白质分子，在细胞膜的内侧将微丝交联成二维网络，并将这个网络与细胞质膜相连，形成一个结实而富有弹性的细胞皮层，对细胞质膜有机械支撑作用。

5. 割断及解聚蛋白

在细胞迁移或其他运动过程中，细胞需要将特定区域的微丝快速解聚，或者是形成大量的末端以加速组装。凝溶胶蛋白（gelsolin）在高 Ca^{2+} 浓度（大于 1 μmol/L）情况下能将较长微丝切断，使肌动蛋白由凝胶态转化成溶胶态。微丝被切断后产生许多游离的正端和负端，在某些条件下可以加速微丝的解聚，而在另外一些条件下可以形成大量新的组装位点，促进微丝在短时间内快速组装。丝切蛋白 / 肌动蛋白解聚因子（cofilin/actin depolymerizing factor, cofilin/ADF）能与游离的肌动蛋白或微丝结合，提高微丝的解聚速度。

（二）细胞皮层

免疫荧光染色的结果显示，细胞内大部分微丝都集中在紧贴细胞质膜的细胞质区域，并由微丝结合蛋白交联成凝胶态三维网络结构，该区域通常称为细胞皮层（cell cortex）。皮层内一些微丝还与细胞质膜上的蛋白质结合，使膜蛋白的流动性受到一定程度的限制。皮层内密布的微丝网络可以为细胞质膜提供强度和韧性，有助于维持细胞形状。细胞的多种生理活动，如胞质环流（cyclosis）、阿米巴运动（ameboid movement）、变皱膜运动（ruffled membrane locomotion）、吞噬（phagocytosis）以及膜蛋白的定位等都与皮层内微丝网络的溶胶态 - 凝胶态转化相关。

（三）应力纤维

体外培养的细胞在基质表面铺展时，常在细胞质膜的特定区域与基质之间形成紧密黏附的黏着斑。在紧贴

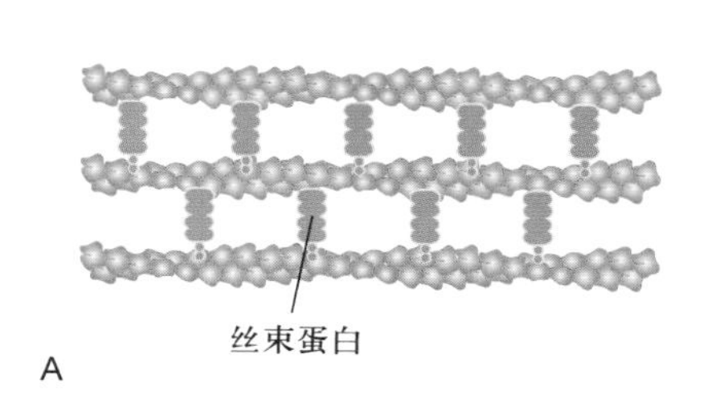

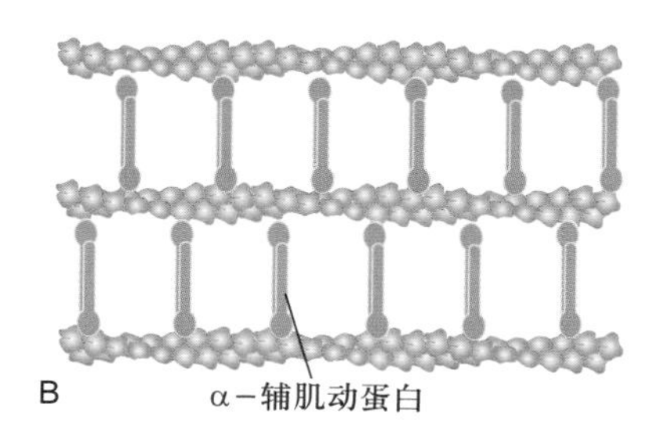

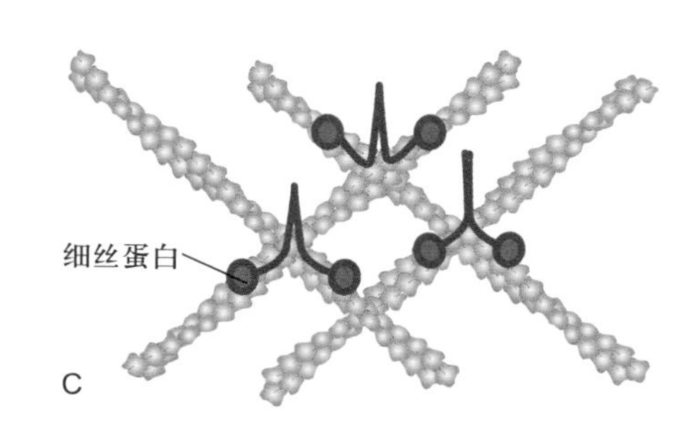

图 8-6 微丝交联蛋白与微丝的相互作用

A. 成束蛋白将相邻的微丝交联成束状结构。丝束蛋白和绒毛蛋白等交联而成的微丝束为紧密包装型。B. 由 α- 辅肌动蛋白交联形成的微丝束内部相邻的纤维之间比较宽松。C. 细丝蛋白将微丝交联成网状结构。

图 8-7　**应力纤维**

体外培养的星形胶质细胞用罗丹明（Rhodamine）标记的鬼笔环肽染色，显示在细胞内应力纤维和黏着斑的分布。（李慧惠博士提供）

黏着斑的细胞质膜内侧有大量成束状排列的微丝，这种连接相邻的黏着斑或特定的细胞结构的微丝束称为应力纤维（stress fiber）（图 8-7）。应力纤维的结构与骨骼肌细胞中的肌原纤维非常相似，其结构组分除微丝外，还含有肌球蛋白Ⅱ、原肌球蛋白、细丝蛋白和 α- 辅肌动蛋白等。

应力纤维是真核细胞内广泛存在的微丝结构。用肌球蛋白重链的 S1 片段标记应力纤维微丝的极性，结果显示应力纤维中相邻的微丝呈反向平行排列，而非肌动蛋白组分则表现不连续的周期性分布。应力纤维通过黏着斑与细胞外基质相连，可能在细胞形态发生、细胞分化和组织结构的维持等方面发挥作用。从应力纤维的蛋白组分来看，它应当可以产生张力。当细胞受到外界刺激开始运动时，细胞内的应力纤维将发生变化或消失。

（四）细胞伪足的形成与细胞迁移

体外培养的细胞常常会在基质表面迁移。这种现象也发生在动物体内，如在神经系统发育过程中，神经嵴细胞从神经管向外迁移；在发生炎症反应时，中性粒细胞向炎症组织迁移；神经元的轴突顺基质上的化学信号向靶标生长。细胞的这些运动过程主要是通过微丝的组装 / 解聚，以及与其他细胞结构的相互作用来实现的。

以成纤维细胞为例，细胞在基质或相邻细胞表面的迁移过程通常包含以下几个步骤：首先，细胞在它运动方向的前端伸出突起；接着，突起与基质之间形成新的锚定位点（如黏着斑），使突起附着在基质表面；然后，细胞以附着点为支点向前移动；最后，位于细胞后部的附着点与基质脱离，细胞的尾部前移。在迁移过程中，位于细胞前缘的肌动蛋白聚合使细胞伸出宽而扁平的片足（lamellipodium），在伪足内部微丝的正极端位于细胞的前缘，存在于该部位的 WASP 蛋白能够激活 Arp2/3 复合物，导致肌动蛋白的聚合及树枝状微丝网络的形成。片足常呈波形运动，在其前端还有一些比较纤细的突起，称为丝足（filopodium）（图 8-8）。

片足和丝足的形成依赖于肌动蛋白的聚合，并由此导致细胞形态的变化。当细胞受到外来信号的刺激时，位于细胞质膜附近的 WASP 蛋白将 Arp2/3 复合物激活，并使之成为微丝组装的成核位点，启动微丝的组装。前纤维蛋白可以促进结合 ATP 的肌动蛋白单体在微丝正极端聚合，使其向前延伸，并推动细胞膜向外形成突起。待微丝延伸到一定程度后，Arp2/3 复合物结合到微丝侧面，在此启动微丝侧支的组装。游离的肌动蛋白不断在正极端加入而使侧支向细胞质膜处延伸，Arp2/3 复合物结合在侧支上面再形成新的分支，并继续延伸。持续延伸的肌动蛋白网络推动细胞质膜向信号源方向伸出，形成伪足。

神经元生长锥的生长方式与成纤维细胞迁移时片足的行为非常相似。生长锥位于神经突起的顶端，前面有一个宽大扁平的伪足。突起生长时伪足起伏波动，

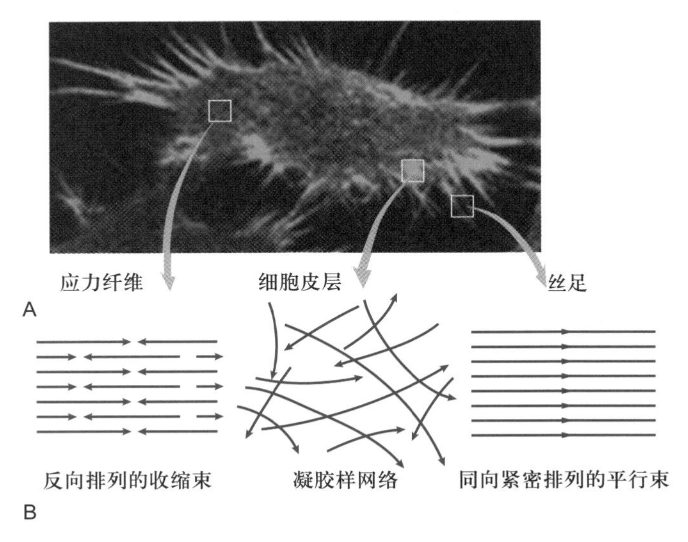

图 8-8　**动物细胞边缘的伪足及其微丝的排列方式**

A. 用荧光标记的鬼笔环肽染色显示体外培养细胞内微丝的分布以及细胞周缘伸出的伪足。B. 应力纤维、细胞皮层和丝足内部微丝的排列方式示意图。

并不停地伸出丝足勘探周围的环境信号，而微丝及其结合蛋白在片足和丝足的形成和运动过程中发挥主导作用。当某个丝足获得向前生长的信号时，微丝向前组装，突起生长，而其他方向的突起由于内部微丝的解聚而缩回。

（五）微绒毛

在小肠上皮细胞的游离面有大量的微绒毛（microvilli），其轴心是一束平行排列的微丝，对微绒毛的形态起支撑作用，其下端终止于端网结构（terminal web）。微丝结合蛋白如绒毛蛋白、丝束蛋白、胞衬蛋白（fodrin）等在微丝束的形成、维持及其与细胞质膜的连接中发挥作用。将肌球蛋白的S1片段与微绒毛内的微丝结合，然后用快速冷冻－深度蚀刻电镜技术可显示微绒毛内部微丝的极性，其正极端在微绒毛的顶部，在微绒毛的基部微丝束与细胞质中间丝相连（图8–9）。

（六）胞质分裂环

胞质分裂环（收缩环）是有丝分裂末期在两个即将分裂的子细胞之间形成的一个起收缩作用的环型结构（图8–10）。收缩环的主体结构由大量反向平行的微丝组装而成。胞质分裂的动力来源于结合在收缩环上的肌球蛋白所介导的极性相反的微丝之间的滑动。随着收缩环的收缩，两子细胞被缢缩分开。收缩环是非肌细胞中具有收缩功能的微丝束的典型代表，能在很短的时间内迅速组装与解聚以完成胞质分裂过程。

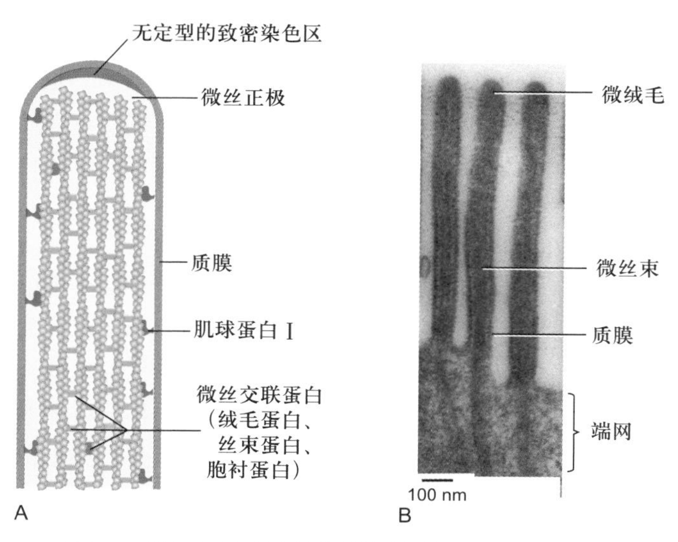

图8–9　**微绒毛中的微丝和微丝结合蛋白**

A. 微绒毛内部微丝及其结合蛋白排列结构模式图。B. 小肠上皮细胞表面微绒毛（纵切面）的电镜图像（Bechara Kachar博士惠赠）。

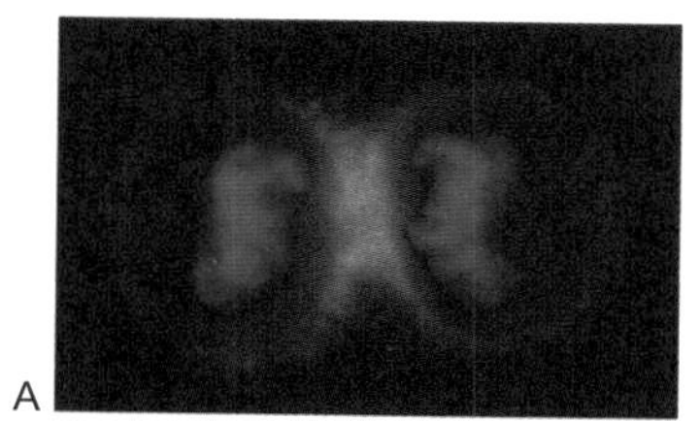

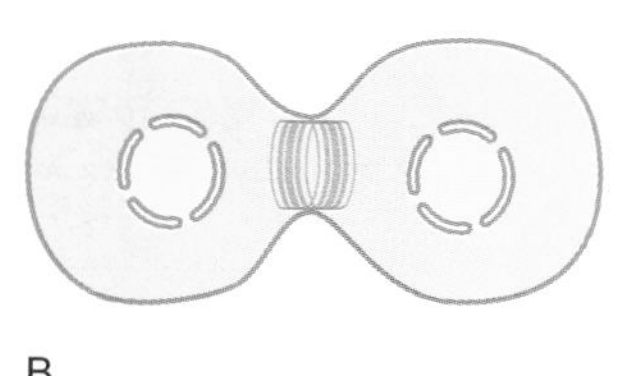

图8–10　**胞质分裂环**

A. 罗丹明标记的鬼笔环肽染色显示星形胶质细胞的胞质分裂过程中微丝的分布。染色质由DAPI染色显示。B. 胞质分裂环模式图。（A图由李慧惠博士提供）

三、肌球蛋白：依赖于微丝的分子马达

在细胞内参与物质运输的马达蛋白（motor protein）可以分为三类：沿微丝运动的肌球蛋白（myosin）、沿微管运动的驱动蛋白（kinesin）和动力蛋白（dynein）。这些蛋白既有与微丝或微管结合的马达结构域，又有与膜性细胞器或大分子复合物特异结合的“货物”结合结构域，利用水解ATP所提供的能量沿微管或微丝运动。

（一）肌球蛋白的种类

有关肌球蛋白最初的信息来自对骨骼肌细胞的研究，发现多个Ⅱ型肌球蛋白分子（图8–11）组装成肌原纤维的粗肌丝，并被相关的细胞结构约束在一定的区域，肌球蛋白的头部和组成微丝的肌动蛋白亚基之间的相互作用导致粗肌丝与细肌丝之间的滑动。随后，人们又陆续发现了多种不同类型的肌球蛋白分子。马达结构域是肌球蛋白超家族成员最保守的部位，是肌球蛋白定性和分类的依据，而这些肌球蛋白分子的C端和N端扩展部分则变化很大（图8–12）。基于马达结构域多肽链一级结构的相似性，可将肌球蛋白超家族的成员分成18个家族，一些类群还可以进一步分成多个亚家族。不同生物细胞所表达的肌球蛋白的种类具有较大的差别，如芽殖酵母表达的5种肌球蛋白分属3个不同的家族，而人类细胞表达40多种肌球蛋白，它们分别属于12个不同的家族。

在生物演化过程中，不同类型肌球蛋白成员逐步适应于特殊的细胞功能。如Ⅱ型肌球蛋白的成员在心肌、

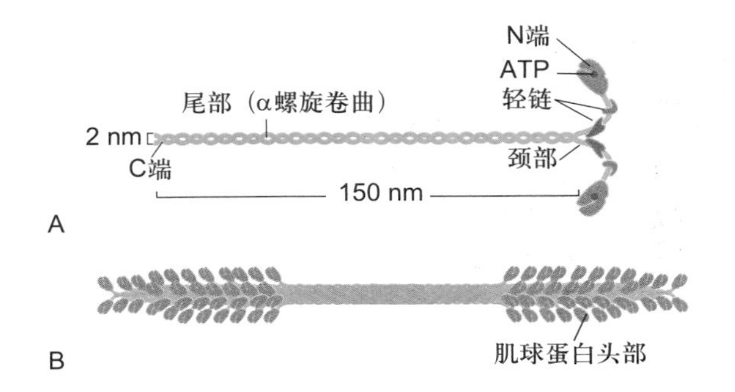

图 8-11　II 型肌球蛋白分子和粗肌丝的结构示意图

A. II 型肌球蛋白分子由 2 条具有马达结构域的重链（黄色）和 4 条起调节作用的轻链构成。B. 由 II 型肌球蛋白的尾部结构域相互作用而组装成的粗肌丝。

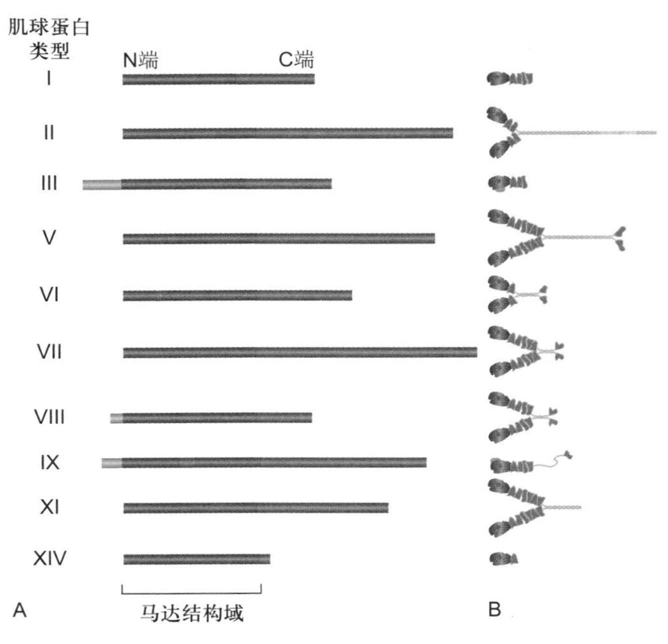

图 8-12　部分肌球蛋白超家族成员的结构示意图

A. 部分肌球蛋白分子重链的一级结构，棕色部分示马达结构域在多肽链中的位置。B. 一些肌球蛋白超家族成员分子的结构比较。所有的肌球蛋白分子都具有相似的马达结构域，但它们 C 端和某些成员的 N 端扩展部分变化很大。

骨骼肌和平滑肌细胞中与肌动蛋白纤维组装在一起能产生强大的收缩力，也在收缩环、应力纤维等具有收缩能力的细胞结构中发挥作用；Ⅴ型肌球蛋白与细胞内膜泡和其他细胞器的运输相关，Ⅰ、Ⅵ、Ⅸ和Ⅹ型肌球蛋白的一些成员参与了细胞内吞作用以及吞噬泡的运输，另一些肌球蛋白家族的成员在细胞形态和极性化细胞结构的建立及维持过程中发挥功能，如Ⅰ型肌球蛋白家族的成员将膜脂和微丝结构相连接，参与细胞突起的形成，一些Ⅱ型肌球蛋白的成员与应力纤维及细胞皮层的微丝相互作用，Ⅶ型肌球蛋白参与黏着斑的动态变化，还有一些肌球蛋白参与了细胞感知系统及信号转导过程，如某些Ⅰ型肌球蛋白分子对钙通道的活性具有调控作用，Ⅲ型肌球蛋白的成员与光感受器的信号分子相互作用，Ⅵ、Ⅶ和ⅩⅤ型肌球蛋白的一些成员与耳朵感觉细胞中的微丝结构相关，如果编码这些蛋白质的基因发生突变有可能造成听力障碍。

（二）肌球蛋白的结构

肌球蛋白是沿微丝运动的马达分子，该蛋白通常含有三个功能结构域。它们是与运动相关的马达结构域，位于马达结构域后部的调节结构域，以及参与肌球蛋白复合体的组装并选择性地与所运输的“货物”结合的尾部结构域。马达结构域位于肌球蛋白的头部，包含一个肌动蛋白亚基的结合位点和一个具有 ATP 酶活性的 ATP 结合位点，负责将 ATP 水解所释放的化学能转变成机械能。ATP 的水解及磷酸基团的释放等会改变马达结构域和调控结构域的构象。当 ATP 与肌球蛋白结合时，马达结构域与微丝的亲和力降低。调节结构域是连接马达结构域和尾部杆状区的一段 α 螺旋，也是肌球蛋白轻链的结合部位，它在肌球蛋白分子上发挥杠杆作用。肌球蛋白的轻链大多是钙调蛋白家族的成员，不同的轻链结合特定的肌球蛋白分子，而且这种搭配也随生物体的发育阶段而有所变化。

人们习惯上将Ⅱ型肌球蛋白称为传统的肌球蛋白（conventional myosin），而将其他的各种类型称为非传统的肌球蛋白（unconventional myosin）。图 8-12 显示几种类型的肌球蛋白的分子结构，其中研究较多的是Ⅰ型、Ⅱ型和Ⅴ型。除Ⅵ型肌球蛋白的运动方向是从微丝的正极端向负极端移动以外，其他各种类型的肌球蛋白都是向微丝的正极端运动的。

1. Ⅱ型肌球蛋白

在肌细胞中，Ⅱ型肌球蛋白组装成肌原纤维的粗肌丝，其含量约占肌细胞总蛋白量的一半。在非肌细胞中，Ⅱ型肌球蛋白是胞质分裂过程中收缩环的主要结构组分，并通过与微丝的相互作用主导收缩过程。Ⅱ型肌球蛋白也是应力纤维的结构组分。典型的Ⅱ型肌球蛋白分子包含 2 条重链和 4 条轻链，形成一个高度不对称的分子结构（图 8-11A）。两条重链的尾部卷曲盘绕形成直径 2 nm、长约 150 nm 的双股 α 螺旋。用胰蛋白酶处理肌球蛋白分子，可产生轻酶解肌

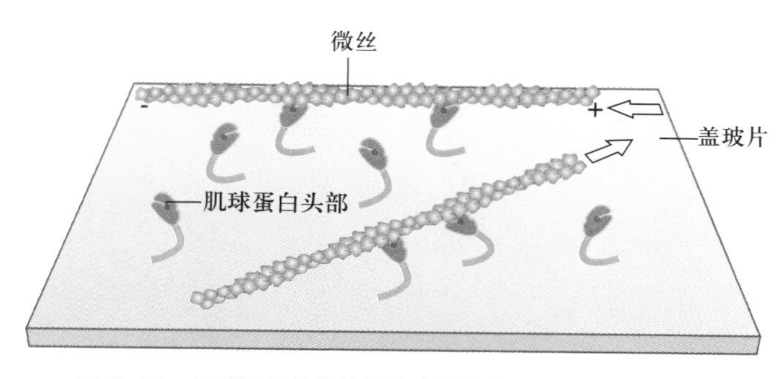

图 8–13　**肌球蛋白的体外运动实验模式图**

肌球蛋白的 S1 片段被固定在盖玻片上，然后在体系中加入用荧光标记的微丝。当在体系中加入 ATP 时，在荧光显微镜下可观察到微丝在盖玻片表面滑动。

球蛋白（light meromyosin, LMM）和重酶解肌球蛋白（heavy meromyosin, HMM）。重酶解肌球蛋白经木瓜蛋白酶处理，形成肌球蛋白头部（HMM–S1）和杆部（HMM–S2）。当反应体系中有 ATP 存在时，固定在盖玻片上的 S1 片段可以驱动微丝位移（图 8–13）。

Ⅱ型肌球蛋白分子的尾部主要起结构作用。双极肌球蛋白纤维组装时其尾部位于纤维的中央，而头部朝向两侧（图 8–11B）。在骨骼肌细胞中，由肌球蛋白尾部构成的肌原纤维的粗肌丝是高度稳定的，而在胞质分裂时的收缩环中则是一个临时性结构，在胞质分裂结束后便解体。

2. 其他类型的肌球蛋白

Ⅰ型肌球蛋白分子于 1973 年由 T. Pollard 和 E. Korn 从原生动物 *Acanthamoeba* 中分离得到。与传统的Ⅱ型肌球蛋白分子不同，该蛋白分子只有一个头部（马达结构域）和一个尾部，长度为 70 nm（图 8–12），在体外也不能组装成纤维。其头部结构域能在 ATP 存在时沿微丝运动，尾部结构域在不同种类的Ⅰ型肌球蛋白中各不相同，这可能与它们所运输“货物”的种类有关。有些Ⅰ型肌球蛋白的尾部可以和膜泡结合，也有一些是和细胞质膜结合，牵引质膜和皮层的微丝作相对运动，从而改变细胞的形状。

Ⅴ型肌球蛋白分子是由两条肽链组装而成的二聚体，具有两个头部。其颈部的长度大约是Ⅱ型肌球蛋白颈部的 3 倍，达 23 nm（图 8–12）。在运动过程中，Ⅴ型肌球蛋白的步幅正好是微丝上由 13 个肌动蛋白亚基所组成的重复结构的长度。该蛋白的两个头部交替与微丝结合可以确保马达分子以及所运载的“货物”始终与微丝相连。

细胞中的有些膜泡表面既有依赖微管的马达分子，也有依赖微丝的非传统类型的肌球蛋白。在细胞质内，一些膜性细胞器作长距离转运时通常依赖于微管，而在细胞皮层以及神经细胞生长锥前端等富含微丝的部位，货物的“运输”则依赖微丝进行。然而，在花粉管中的物质运输似乎主要依赖于微丝。

四、肌细胞的收缩运动

高等动物的个体运动有赖于骨骼肌的收缩。肌细胞是高度有序的收缩装置，使人们能从分子水平直至器官水平对其功能进行详细了解。

（一）肌纤维的结构

骨骼肌细胞又称肌纤维，是在胚胎期由单核成肌细胞融合而成，但细胞核仍保留在肌纤维内。用电镜观察肌纤维的纵切面，可见肌纤维是由数百条更细的肌原纤维（myofibril）组成的集束（图 8–14）。

每根肌原纤维由称为肌节（sarcomere）的收缩单元呈线性重复排列而成。每个肌节都表现出特征性的带型。肌原纤维的带状条纹由粗肌丝和细肌丝的纤维有序组装而成。粗肌丝由肌球蛋白组装而成，细肌丝的主要成分是肌动蛋白，辅以原肌球蛋白和肌钙蛋白。肌球蛋白的头部突出于粗肌丝的表面，并可与细肌丝上肌动蛋白亚基结合，构成粗肌丝与细肌丝之间的横桥（图 8–15）。

原肌球蛋白（tropomyosin, Tm）分子的长度为 40 nm，由两条平行的多肽链形成螺旋构型。Tm 位于肌动蛋白丝的螺旋状沟槽内，一个 Tm 的长度相当于 7 个肌动蛋白单体（图 8–16），对肌动蛋白与肌球蛋白头部的结合行使调节功能。

肌钙蛋白（troponin, Tn）含 3 个亚基，其中肌钙蛋白 C（Tn-C）能与 Ca^{2+} 结合，肌钙蛋白 T（Tn-T）与原肌球蛋白有高亲和力，肌钙蛋白 I（Tn-I）能抑制肌球蛋白马达结构域的 ATP 酶活性。细肌丝中每隔 40 nm 有一个肌钙蛋白复合体结合到原肌球蛋白上（图 8–16）。

除上述分子外，肌肉收缩系统中还有多种蛋白质组分。将细肌丝锚定于 Z 盘或质膜上的蛋白质有：① CapZ，由两个亚基构成，定位于 Z 盘，与肌动蛋白丝正极端结合，使肌动蛋白丝保持稳定。② α– 辅肌动蛋白，在细胞内组装成反向平行的二聚体，是骨骼肌 Z

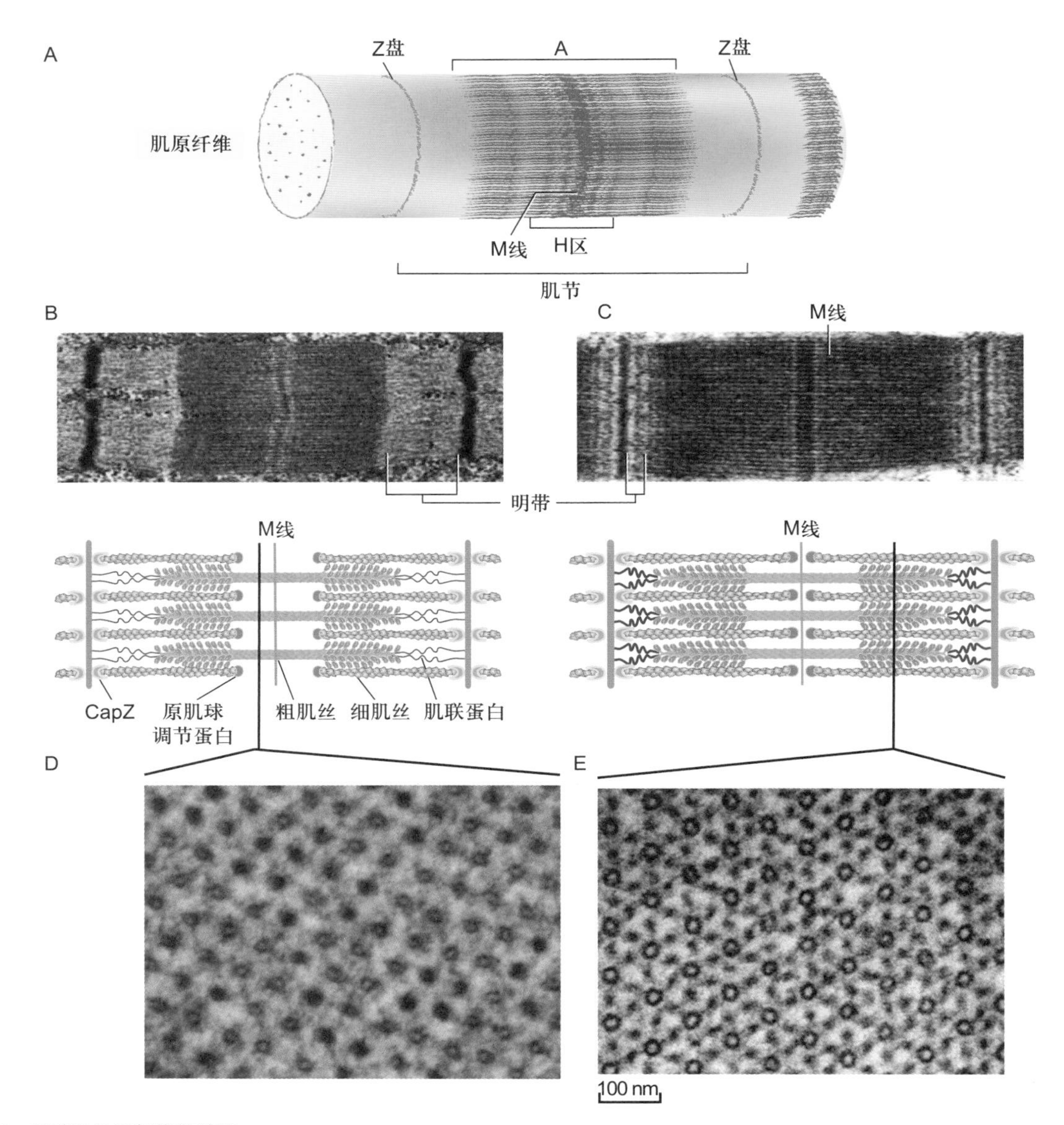

图 8-14 **骨骼肌及肌纤维的结构**

A. 肌纤维的三维结构模式图。B 和 C. 肌细胞纵切面，低倍电镜图像显示处于松弛（B 上）和收缩（C 上）状态下肌小节中明带和暗带有规律地排列，下面的是根据电镜照片所画的当肌肉处于松弛和收缩状态下粗肌丝和细肌丝的结构模式图。D. 肌原纤维的横切面，显示暗带中粗肌丝排列状态。E. 肌原纤维暗带中粗肌丝和细肌丝交汇处的横切面，显示六根细肌丝围绕一根粗肌丝成六角形排列。（电镜图像由洪健惠赠）

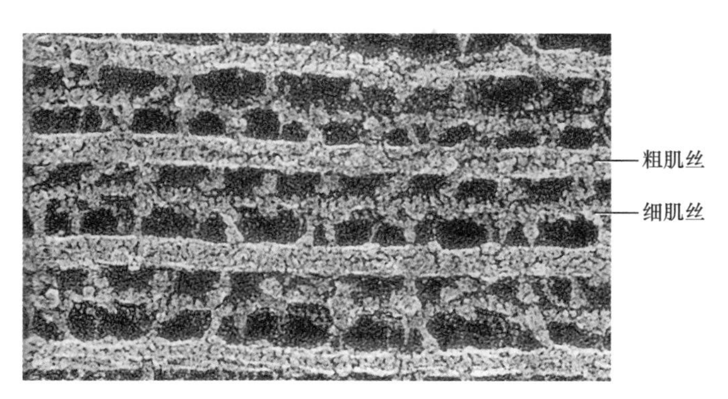

图 8-15 **快速冷冻－深度蚀刻电镜图像显示骨骼肌细胞中粗肌丝与细肌丝间的横桥**（John Heuser 博士惠赠）

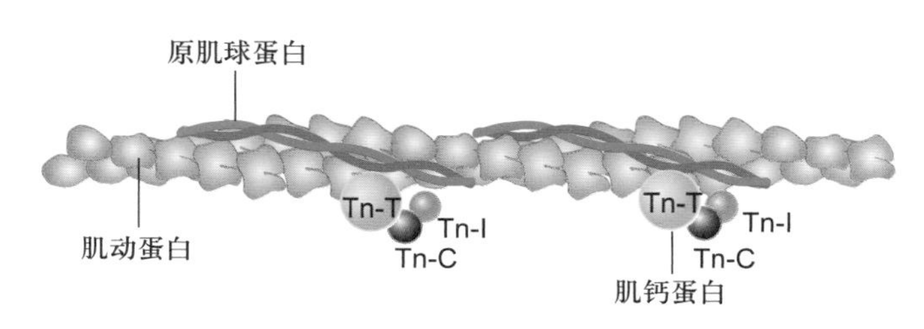

图 8-16 **细肌丝的分子结构示意图**

显示原肌球蛋白和肌钙蛋白沿肌动蛋白丝的分布状况，每个原肌球蛋白分子镶嵌在肌动蛋白丝的沟槽内，前后与 7 个肌动蛋白单体相互作用。

盘、平滑肌的电子致密部区（致密斑和致密体）及心肌闰盘的主要成分之一，可将微丝横向连接成束。③ 纽蛋白（vinculin），又名黏着斑蛋白，是一种细胞膜骨架蛋白，定位于黏着斑部位，介导整联蛋白和微丝之间的联系。纽蛋白也位于平滑肌细胞的致密区、心肌闰盘，介导微丝与细胞质膜等的结合。

在肌节中起结构作用的蛋白质还有：① 肌联蛋白（connectin），长度达 1 μm，具有弹性，连接 Z 盘与肌球蛋白纤维，在肌肉收缩或舒张时将粗肌丝定位于肌节中央。② 伴肌动蛋白（nebulin），从 Z 盘伸出，与肌动蛋白丝伴行，可能参与调节肌动蛋白丝的组装。③ 肌营养不良蛋白（dystrophin），可能参与微丝与质膜的锚定作用，对防止肌纤维退化也很重要。

（二）肌肉收缩的滑动模型

H. E. Huxley 和 J. Hanxon（1954）在观察肌肉收缩时发现肌节缩短只是由神经冲动引发的细肌丝与粗肌丝之间的相对滑动所致，在肌节内并无粗 / 细肌丝的长度变化，这就是肌肉收缩的滑行学说（sliding theory）。在此之后，人们对肌肉收缩的分子机制又有了更为明晰的认识，其基本过程如下：

1. 动作电位的产生

来自脊髓运动神经元的神经冲动经轴突传到运动终板（神经 - 肌肉接点），使肌细胞质膜去极化，并经 T 小管传至肌质网。

2. Ca^{2+} 的释放

肌质网去极化后释放 Ca^{2+} 至肌浆中，使 Ca^{2+} 浓度升高至收缩期的 Ca^{2+} 阈浓度（约为 10^{-6} mol/L）。

3. 原肌球蛋白位移

Ca^{2+} 与 Tn-C 结合，引起肌钙蛋白构象变化，Tn-C 与 Tn-I、Tn-T 结合力增强，导致 Tn-I 与肌动蛋白结合力削弱，使两者脱离；同时，Tn-T 使原肌球蛋白移位到肌动蛋白双螺旋沟槽的深处，暴露出细肌丝肌动蛋白与肌球蛋白头部的结合位点，解除了肌动蛋白与肌球蛋白结合的障碍。

4. 细肌丝与粗肌丝之间的相对滑动

肌球蛋白将 ATP 中储存的化学能转化成肌丝滑动的机械能，导致细肌丝和粗肌丝之间发生相对方向的滑动。肌球蛋白的头部结构域与肌动蛋白丝之间的每一个机械运动周期消耗一分子 ATP。根据滑动模型（图 8-17），当肌球蛋白头部（马达）结构域没有与 ATP 结合时，突出于粗肌丝表面的头部结构域与细肌丝上的

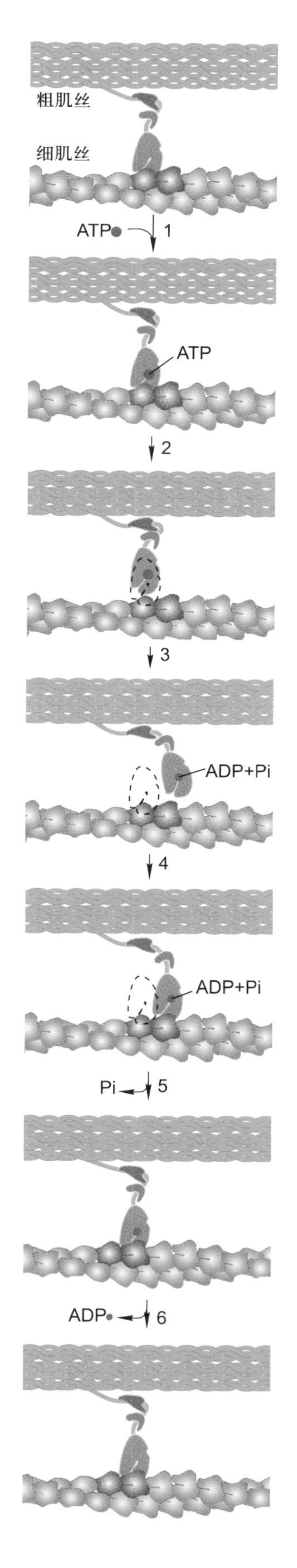

图 8-17　**肌肉收缩过程图解**

在初始状态，组成粗肌丝的肌球动蛋白的马达结构域上没有 ATP 时，该马达结构域与细肌丝结合，并呈僵直状态。1—2. ATP 结合到马达结构域导致其与细肌丝的结合力下降，肌球蛋白与肌动蛋白分开。3. ATP 水解，但 ADP+Pi 仍与肌球蛋白结合，获能的肌球蛋白头部发生旋转，向细肌丝的正极端（Z 盘一侧）抬升。4. 在 Ca^{2+} 存在的条件下，肌球蛋白头部与靠近细肌丝正极端的一个肌动蛋白亚基结合。5. Pi 释放，肌球蛋白颈部结构域发生构象变化，导致马达结构域与细肌丝的角度发生变化，拉动细肌丝导致细肌丝与粗肌丝做相对滑动。6. ADP 释放，肌球蛋白的马达结构域与细肌丝之间又回到僵直状态。

肌动蛋白单体处于紧密结合状态。当 ATP 结合到肌球蛋白的头部，引起头部结构域与细肌丝的分离（步骤 1、2）；同时头部结构域的 ATP 酶被激活，将 ATP 水解，由此释放的能量被被肌球蛋白吸收，导致进一步的构象变化，头部结构域向前抬升，并结合到靠近细肌丝正极端的一个肌动蛋白亚基上（步骤 3、4）；随着 Pi 和能量的释放，肌球蛋白颈部结构域发生构象变化，由此产生的力改变了头部结构域与细肌丝的角度，拉动肌动蛋白丝产生相对于肌球蛋白丝的滑动（步骤 5）；接着是 ADP 的释放，肌球蛋白的头部结构域与细肌丝之间又回到僵直状态（步骤 6）。如果体系中仍有高浓度的 Ca^{2+} 存在，肌球蛋白将继续进行下一个周期沿肌动蛋白丝的滑动。到达肌细胞的冲动一旦停止，肌质网就通过钙泵将 Ca^{2+} 回收，使胞质中钙浓度降低，于是收缩周期停止。

第二节　微管及其功能

微管的电镜图像呈中空的管状结构，其外径为 24 nm，内径为 15 nm。微管存在于所有真核细胞中，但大部分微管在细胞质内形成暂时性的结构，如间期细胞内的微管、分裂期细胞的纺锤体微管，这些微管对细胞内各种细胞器和生物大分子的非平衡态分布起重要的组织作用。另外一些微管形成相对稳定的“永久性”结构，如存在于纤毛或鞭毛内的轴丝微管、神经元突起内部的微管束结构等。

一、微管的结构组分与极性

对多种真核生物基因组进行分析的结果表明，微管蛋白是多基因编码的。根据各微管蛋白在一级结构上的相似性，大致可以分为 α、β、γ、δ、ε 和 ζ 6 个不同的微管蛋白亚家族，它们在细胞内具有不同的定位和功能。在人体基因组中，有 23 个编码微管蛋白的基因和至少 48 个假基因。此外，在细菌和古菌中也找到了在序列和功能上与微管蛋白相似的蛋白质种类，如 FtsZ 和 TubZ 等。通常情况下，微管由 α/β- 微管蛋白二聚体组装而成。不同基因编码的 α- 微管蛋白和 β- 微管蛋白在序列和结构上都非常相似，并且在试管中能混合组装成微管，但在生物体内的表达却有一定的组织特异性，如在神经细胞内表达的 β- 微管蛋白是 β3，而在一些人皮肤鳞癌细胞（如 A431 细胞）中表达的则是 β2。

α- 微管蛋白和 β- 微管蛋白翻译后即组装成 α/β- 微管蛋白二聚体，这种二聚体是细胞质内游离态微管蛋白的主要存在形式，也是微管组装的基本结构单位（图 8-18）。α- 微管蛋白含 450 个氨基酸残基，β- 微管蛋白含 455 个氨基酸残基。两者的 C 端均富含酸性氨基酸，并有多个翻译后修饰位点，使组装后的微管表面带有较强的负电荷。大多数微管结合蛋白的微管结合结构域都带正电荷，它们靠分子间正负电荷的相互作用而结合在微管表面。γ- 微管蛋白存在于中心体等具有微管组织功能的细胞结构上，在微管组装的成核过程中发挥主要作用。作为微管组装的起始位点，γ- 微管蛋白与 α/β- 微管蛋白二聚体中的 α- 微管蛋白结合，从而确定了微管的极性。δ- 和 ε- 微管蛋白主要定位于中心粒和纤毛的基体等部位，与三联体微管中 B 管和 C 管的组装相关。ζ - 微管蛋白目前仅在动质体目的原生动物中发现。FtsZ 在细菌细胞分裂时形成环状结构，类似于动物细胞分裂时由肌动蛋白 / 肌球蛋白形成的收缩环，促进细菌细胞的分裂。

从低等的单细胞真核生物到高等哺乳动物，微管蛋白可能是最保守的蛋白质分子之一。在 α- 微管蛋白和 β- 微管蛋白上都有一个 GTP 结合位点。可能是由于构象上的原因，结合在 α- 微管蛋白上的 GTP 通常不会被水解，因而该结合位点被称为不可交换位点（nonexchangeable site, N 位点）。结合在 β- 微管蛋白上的 GTP 在微管蛋白二聚体组装到微管的末端后即被水解成 GDP。当微管解聚后，β- 微管蛋白上的 GDP 可以被 GTP 所替换，然后再参与微管的组装。所以 β- 微管蛋白上的 GTP 结合位点是可交换位点（exchangeable site, E 位点）。此外，每个微管蛋白上还有二价阳离子（Mg^{2+}）结合位点，以及一些小分子化合物如秋水仙素和长春花碱的结合位点。

电镜图像显示微管横截面上有 13 个球形蛋白亚基，应用电镜或原子力显微镜等方法观察到的图像也显示微管管壁是由 α/β- 微管蛋白纵向排列而成的原纤丝（protofilament）构成，13 根原纤丝合拢后构成微管的管壁。由于相邻的原纤丝之间在排列上存在 1 nm 左右的交错，以致微管蛋白沿微管的圆周呈螺旋状排列，在微管合拢的位置微管蛋白构成的螺旋被终止，出现 α- 微

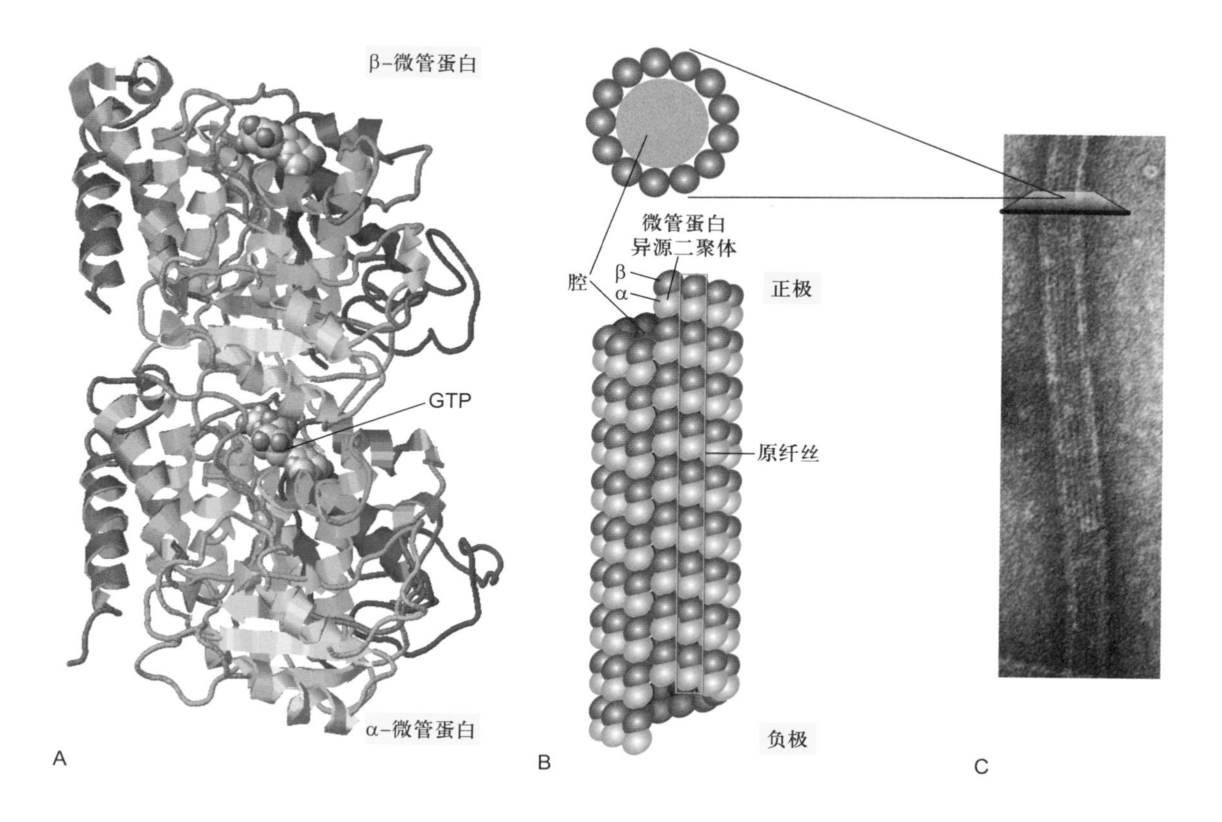

图 8-18　**微管和微管蛋白**

A. 微管蛋白二聚体的三维结构模型。α- 微管蛋白和 β- 微管蛋白各结合 1 分子的 GTP，它们在相互作用的界面上呈互补关系。B. 微管的结构模式图。上面为微管的横切面，显示由 13 个微管蛋白亚基组成的环状结构，下面为一段微管的侧面观，显示 13 根原纤丝合拢成微管时的位置关系。C. 微管经负染后的电镜图像，显示微管蛋白亚基和原纤丝的排列方式。D. 免疫荧光染色显示 HeLa 细胞中的微管（绿色）网络结构，大部分微管源自中心体（黄色），也有一部分微管并不与中心体相连。（C 图由 Ueli Aebi 博士惠赠；D 图由黄宁博士提供）

管蛋白和 β- 微管蛋白之间的横向结合，并产生纵贯微管长轴的“接缝”。微管组装的基本结构单位是由 α/β- 微管蛋白组成的二聚体，每一根原纤丝都是由这些二聚体有规律地排列而成，所以每一根原纤丝的两端都是不对称的，它们的一端都是 α- 微管蛋白，而在另一端都是 β- 微管蛋白，从而使整根微管在结构上呈极性状态（图 8-18，图 8-19）。

从结构上看，细胞内的微管有三种类型，它们分别是单管（如细胞质微管或纺锤体微管）、二联管（纤毛或鞭毛中的轴丝微管）和三联管（中心体或基体的微管）。微管结合蛋白的微管结合结构域与微管表面结合，而其他的结构域突出于微管表面，与相邻的微管或其他细胞结构相连。马达蛋白利用水解 ATP 产生的能量携带所运输的“货物”沿微管运动。这些蛋白质与微管网络的空间分布及功能密切相关。

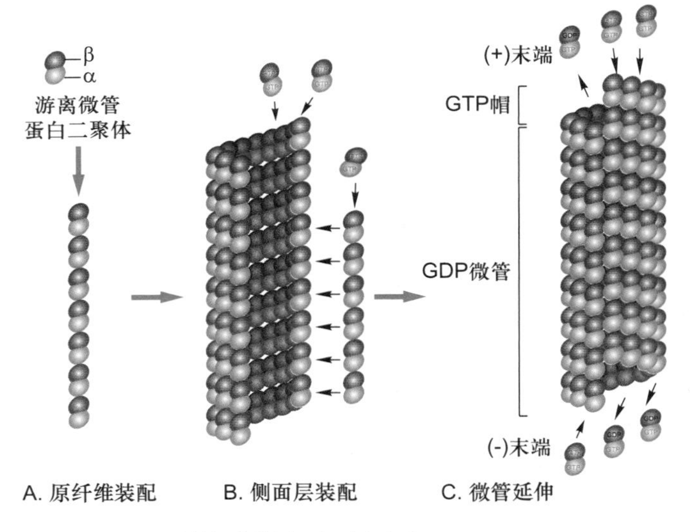

图 8-19 微管组装的过程与踏车行为

A. α/β-微管蛋白首先组装成原纤丝。B. 原纤丝侧向相互作用形成片层。C. 由 13 根原纤丝合拢形成的微管，α/β-微管蛋白从两端加入（或解聚）使微管延长（或缩短）。当体系中 α/β-微管蛋白的浓度处于临界浓度时，微管蛋白在微管的正极端组装的速度与在负极端去组装的速度相等，微管的长度可保持不变。

二、微管的组装与解聚

（一）微管的体外组装与踏车行为

由于细胞内部结构及蛋白组分相当复杂，因此有关微管组装方面的资料主要来源于体外试验的结果。首次在试管内成功进行微管组装试验的是 Temple 大学 R. Weisenberg 的研究室。他们以动物脑组织的匀浆物为材料，并加入适当浓度的 Mg^{2+}、GTP 和 EGTA，利用大部分微管具有在低温下解聚而在高于 20℃时可以重新组装的特点，成功地实现了微管的体外组装。通过调节实验系统的温度和缓冲液的组分，经过微管的组装 / 解聚和差速离心等多轮循环，再结合层析技术可以得到较纯的微管蛋白或组装好的微管。然而，电子显微镜观察发现这种微管的粗细并不均一。一些微管的横断面上并不是人们在细胞内所见到的有 13 个微管蛋白亚基，有的才 11 个或更少，也有些具有 15 个亚基。这些结果提示，微管在体外组装时，似乎缺乏某种机制来控制微管横断面上微管蛋白亚基的数目。

微管在体外的组装过程可以分为成核（nucleation）和延伸（elongation）两个阶段。在体外条件下由于缺乏 γ-微管蛋白环状复合物，微管的成核过程有别于体内。首先是微管蛋白纵向聚合形成一段短的原纤丝，即所谓的成核反应，然后是 α/β-微管蛋白在两端及侧面聚合而扩展成片状，当片状聚合物加宽到大致 13 根原纤丝时，即合拢成为一段微管。新的微管蛋白不断地组装到这段微管的两端，使之延长（图 8-19）。由于微管的一端是 α-微管蛋白，而另一端是 β-微管蛋白，这种结构上的差异导致 α/β-微管蛋白在两端进行装配时的平衡常数和组装速度都不相同。通常持有 α-微管蛋白的一端（负极）组装较慢，而持有 β-微管蛋白的一端（正极）组装较快。

与其他所有的生化反应过程一样，微管的组装速度同样与其底物（携带 GTP 的 α/β-微管蛋白）的浓度呈正相关。微管蛋白组装到微管的末端后，β-微管蛋白发挥 GTP 酶活性，将所结合的 GTP 水解为 GDP，由于高能磷酸键断裂所释放的能量储存于微管结构中，这使得末端带有 GDP 帽（GDP-cap，D 型）的微管解聚所产生的自由能的变化（ΔG）高于末端带有 GTP 帽（GTP-cap，T 型）的微管。同样，前者解聚的平衡常数 K_D（$K_D = K_{off}/K_{on}$）大于后者，即微管末端带 GDP 帽的组装所需的临界浓度［C_c(D)］要大于带 GTP 帽的临界浓度［C_c(T)］。当体系中微管蛋白的浓度介于这两个临界浓度之间时，末端为 GDP 帽的微管解聚，而带 GTP 帽的微管因组装而延长。末端 β-微管蛋白上 GTP 的水解导致自由能和微管蛋白构象发生变化，使微管原纤丝的末端发生弯曲，这种状态使微管蛋白二聚体之间的结合力下降，更容易发生解聚（图 8-20）。用电镜观察正在解聚的微管，可以在末端观察到这种弯曲的原纤丝，而正在组装过程中的微管末端亚基带的核苷酸是 GTP，其原纤丝是伸直的。当组装体系中结合 GTP 的微管蛋白的浓度较高，微管末端的组装速度大于 GTP 的水解速度时，可以在微管的末端形成一个结合 GTP 的帽子，从而使微管稳定地延伸。反之，底物的浓度随着微管的组装而下降时，微管的组装速度下降。当微管组装的速度小于 β-微管蛋白上 GTP 水解的速度时，末端暴露出结合 GDP 的微管蛋白，导致微管结构上的不稳定，从而表现出动力学不稳定性。由于微管两端存在结构上的差异，微管组装时两端所需的临界浓度也不一样，当组装体系中底物的浓度接近微管正极组装所需的临界浓度时，负极端已在临界浓度之下。此时，可以检测到在同一根微管上其正极端因组装而延长，而负极端则因解聚而缩短。当一端组装的速度和另一端解聚的速度相同时，微管的长度保持稳定，即所谓的“踏车行为”。

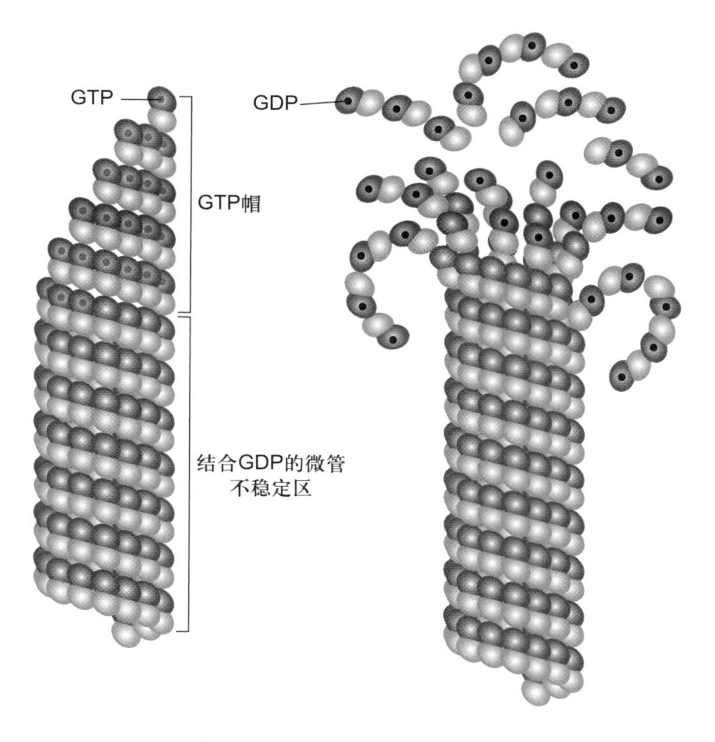

图 8-20　**微管的动态不稳定性依赖于微管末端 β-微管蛋白上 GTP 的水解与否**

当体系中 α/β-微管蛋白的浓度高于临界浓度时，微管组装的速度大于 GTP 水解的速度，在微管末端部位的 β-微管蛋白上带有 GTP（左侧）。而体系中游离微管蛋白的浓度等于或低于临界浓度时，微管末端的 β-微管蛋白上 GTP 水解的速度可能会高于微管组装的速度，GTP 的水解导致微管蛋白聚合物构象的变化，原纤丝发生弯曲，微管倾向于解聚（右侧）。

细胞内游离态的微管蛋白的浓度远高于微管组装所需的临界浓度。而这些微管蛋白中的大部分都与一种分子质量为 19 kDa 的磷蛋白——抑微管装配蛋白（stathmin）相结合（一个 stathmin 分子结合两个 α/β-微管蛋白），从而阻碍了它们参与微管的组装。stathmin 与微管蛋白的结合受其本身磷酸化状态的调控。磷酸化后的 stathmin 释放出微管蛋白，使细胞内能用于组装的微管蛋白的有效浓度提高，从而加快了微管的组装速度，降低了微管的动态不稳定性；相反，stathmin 的去磷酸化将降低微管蛋白的有效浓度，使微管组装速度降低。细胞可以通过调节局部 stathmin 的磷酸化状态来调控微管组装的动力学性质及其分布。

在有丝分裂期，微管的组装受到一些因子的调控，使微管网络的组织结构发生显著变化。在有丝分裂前期，细胞质微管解聚，游离的微管蛋白被用于组装纺锤体微管；在末期，这一过程发生逆转。正如荧光显微镜观察体外培养的细胞时所见到的那样，细胞内的微管组装通常都起源于某些特殊位点，如细胞质微管（图 8-18D）和纺锤体微管大多起源于中心体（centrosome），纤毛内部的微管起源于基体（basal body）。在间期细胞或终末分化细胞内，微管的组装通常从中心体部位开始，并随着微管蛋白的不断加入而得以延伸，但并非所有的微管都能持续不断地进行组装。在同一细胞内总能见到一些微管在延伸，而另一些微管在缩短甚至全部解聚。刚刚从一根微管解聚下来的微管蛋白将（β-微管蛋白上的）GDP 换成 GTP 后又被组装到另一根微管的游离端。这种快速组装和解聚的行为对于微管的功能极为重要。有时微管的游离端会与某些蛋白或细胞结构结合而不再进行组装或解聚，使该微管处于相对稳定状态。

（二）作用于微管的特异性药物

一些药物如秋水仙碱（colchicine）、诺考达唑（nocodazole）和紫杉醇（taxol）等可与游离的微管蛋白或组装好的微管结合，从而影响微管的组装或解聚。秋水仙素可以与游离的微管蛋白结合，当这种带有秋水仙素的微管蛋白组装到微管末端后，其他的微管蛋白就很难再装配上去，但这并不影响该微管的解聚，因此，用秋水仙素处理细胞可使微管网络解体。紫杉醇的作用与秋水仙素相反，当紫杉醇与微管结合后可以阻止微管的解聚，但不影响微管蛋白在微管的末端继续组装。结果是微管不停地组装，而不会解聚，这同样影响细胞周期的运行。临床上将一些影响微管组装/解聚的药物用于肿瘤的治疗就是基于这种机制。

微管组装和解聚还与温度有关。在其他条件合适情况下，当环境温度高于 20℃时游离的微管蛋白可组装成微管，而当温度较低时微管会解聚。但也有一些微管在低温状态下仍然保持稳定，这些微管被称为冷稳定性微管。

三、微管组织中心

在动物细胞的细胞核附近都有一个中心体，大部分微管也都在中心体处成核并锚定于此，呈发散状向细胞的边缘延伸，因此，中心体通常被称作微管组织中心（microtubule organizing center, MTOC）。微管与中心体相连的一端为负极，另一端为正极。除中心体以外，细胞内起微管组织中心作用的类似结构还有位于纤毛和鞭毛基部的基体等细胞器，以及上皮细胞顶端面和高尔基体的反面网状结构等。

（一）中心体

当用低温或秋水仙素、诺考达唑等药物处理体外培养的动物细胞时，可导致微管结构的解体，但当更换了不含药物的培养液，或将温度恢复到正常以后，微管就能从中心体上重新组装，并渐渐向细胞的边缘延伸（图 8-21）。

中心体是由蛋白质组装而成的细胞器，包含一对中心粒，它们彼此呈近乎垂直状态分布，围绕在中心粒周围的蛋白质被称为中心粒外周物质。中心粒是一个直径大约 250 nm、长度为 150～500 nm 的桶状结构。每个中心粒含有 9 组等间距的三联体微管。在每组三联体微管中，只有一根微管在结构上是完整的，管壁由 13 根原纤丝组装而成，称为 A 管，另外的两根微管为不完整微管，依次称为 B 管和 C 管。用电子显微镜观察中心粒外围的致密物质，发现微管并不是直接起源于中心粒，而是在中心粒的亚远端附属结构和外周物质区域（图 8-22）。参与中心粒组装的微管蛋白除了 α/β- 微管蛋白以外，还有 δ/ε- 微管蛋白。目前还不知道 δ/ε- 微管蛋白是如何组装到中心粒结构上，也不知道这两种微管蛋白发挥何种功能，但是 δ/ε- 微管蛋白的缺失将导致中心体结构的变化。

细胞内的微管并不都与中心体相连，如在神经细胞轴突内，尽管微管的正极都指向轴突的顶端，但大部分微管的另一端也在轴突内部。在树突内约有 50% 的微管的正极指向胞体，它们显然也不可能与中心体相连。另外一个特殊的例子是小鼠的卵母细胞，该细胞内似乎并没有中心体，但仍然能组织像减数分裂纺锤体那样复杂的微管结构。高等植物细胞内没有中心粒。在某些植物的间期细胞内，与微管组织中心相关的物质似乎存在于细胞核的周围，如在植物的胚乳细胞中，微管好像是起源于核膜的外表面。植物细胞有丝分裂纺锤体的微管从细胞的两极开始组装，然而，那里也没有中心体存在。

γ- 微管蛋白是在酵母的温度敏感突变体内发现的。该蛋白在细胞内的含量极微，定位于细胞中心体的致密外周物质中。免疫电镜观察结果显示，γ- 微管蛋白在中心体上形成直径为 24 nm 的环状结构。该环状结构在体外可以作为微管组装的起始点。据此，人们提出了微管在中心体部位的成核模型（图 8-22D）。该模型认为 13 个 γ- 微管蛋白在中心体的周物质中呈螺旋状排列形成一个开放的环状复合物。微管组装时，游离的 α/β- 微

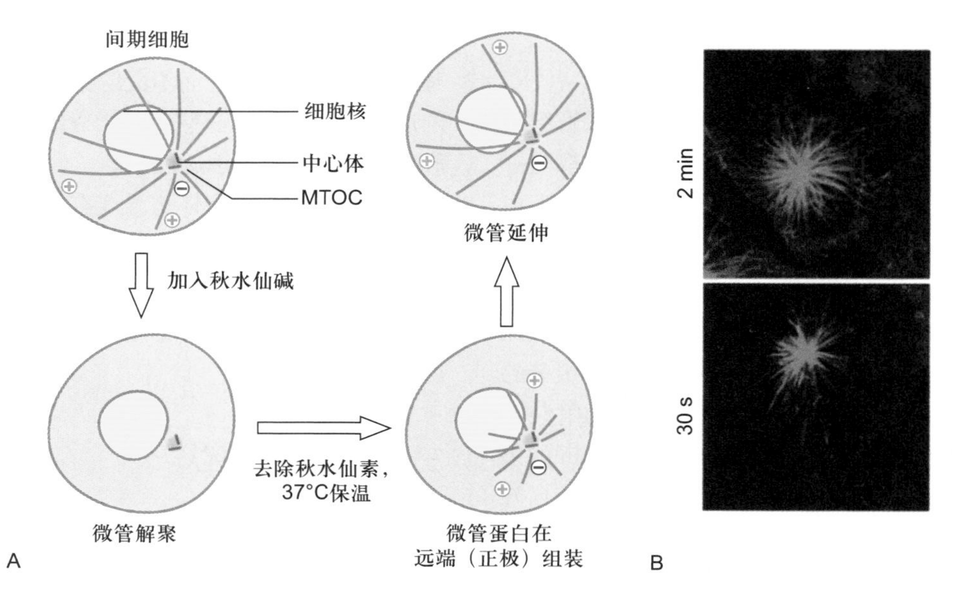

图 8-21　**中心体的微管成核作用**

A. 中心体微管解聚与重新组装模式图。向细胞培养液中加入秋水仙素，或者放在冰上处理一段时间，使细胞内的微管解聚。当除去药物，并再放回 37℃培养时可以诱导微管重新组装。B. 体外培养的成纤维细胞用 0.5 μg/mL 乙酰甲基秋水仙素处理 1 h，使细胞内的微管解聚，然后在正常培养液内生长 30 s 或更长时间，用特异性识别微管蛋白的抗体标记，显示从中心体重新组装的微管向各个方向生长。（B 图由伍启熹博士和何润生博士惠赠）

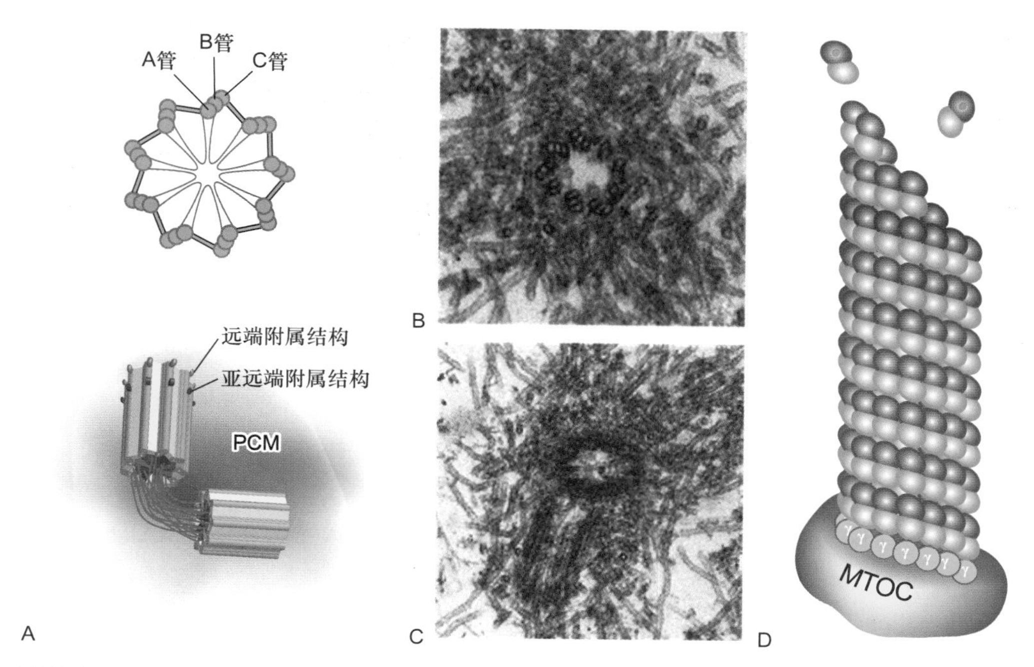

图 8-22 **中心体的结构及微管的成核**

A. 中心体结构示意图，显示成对的中心粒以及外周物质（PCM）。B. 中心粒横切面的电镜照片，显示 9 组微管三联体结构呈风车状排列。C. 显示一对垂直分布的中心粒及其起源于外周物质的微管。D. 大部分中心体微管的组装起始于 PCM 上的 γ- 微管蛋白环状复合物。（B、C 图由伍启熹博士和滕俊琳博士惠赠）。

管蛋白有序地加到 γ- 微管蛋白构成的环上，而且 γ- 微管蛋白只与二聚体中的 α- 微管蛋白结合。这样组装起来的微管在靠近中心体的一端为负极端，而位于正极端的一定是 β- 微管蛋白。

（二）基体和其他微管组织中心

鞭毛和纤毛内部的微管起源于其基部称为基体的结构。基体（参见图 8-32）在结构上与中心粒（图 8-22）基本一致，其外围由 9 组三联体微管构成，A 管为完全微管，B 管和 C 管为不完全微管。A 管和 B 管跨过纤毛板与纤毛轴丝中相应的亚纤维相连，C 管终止于纤毛板或基板附近。中心粒和基体是同源的，在某些时候可以相互转变。例如，当细胞进入 G_0 期时，中心粒转变成纤毛的基体，当细胞重新进入有丝分裂周期时，纤毛解体，基体转变成中心粒。中心粒和基体都具有自我复制的性质，一般情况下，新的中心粒是在细胞周期的 S 期、在原来已经存在的中心粒的近端复制而来。在某些细胞中，中心粒能从无到有（*de novo*）进行组装。

最近的一些文献显示，高尔基体的反面膜囊区域和上皮细胞的顶端面也有组织微管组装的能力。在一些细胞中似乎存在一种机制，可以从微管的末端切下一小段，这种被切下来的小段微管的命运并不清楚，有可能作为新的微管的生长点。

四、微管的动力学性质

微管的稳定性与其所结合的细胞结构组分以及细胞的生理状态相关。对微管动力学特征的研究通常在体外培养细胞上进行。当细胞处于正常的生长状态时，微管的组装和解聚并不是同步进行的。在同一时刻，往往可以观察到一部分微管正在组装延伸，而另一部分正在解聚。有时整根微管解聚后又重新组装，甚至在同一根微管的末端，其组装和解聚也可以反复进行。微管所表现的这种动力学不稳定性通常都发生在正极端（图 8-23）。当微管的末端与某些细胞结构结合后整根微管就会变得相对稳定。

不同状态的微管其稳定性差异很大。间期细胞中源于中心体的微管和有丝分裂期的纺锤体微管大多处于组装和解聚的动态平衡中，对各种理化因素如温度、流体压力、Ca^{2+} 浓度等的变化，以及一些化学药物如秋水仙素、长春花碱等都相当敏感。中心粒微管、轴突微管以及纤毛或鞭毛内部的轴丝微管则相当稳定，推测可能与

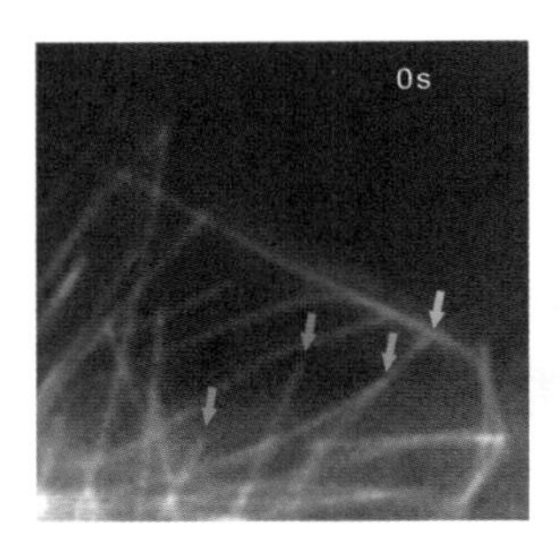

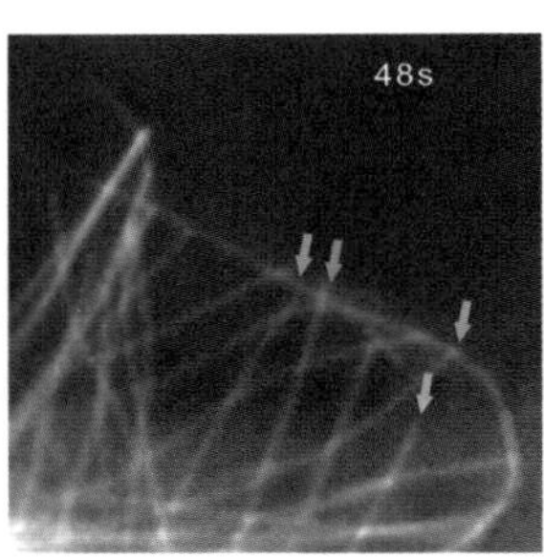

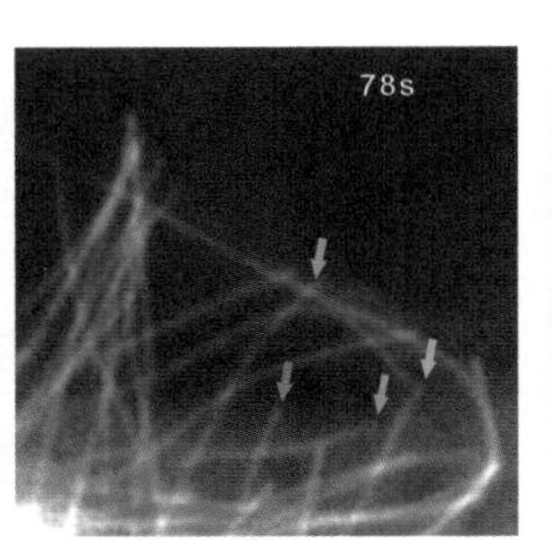

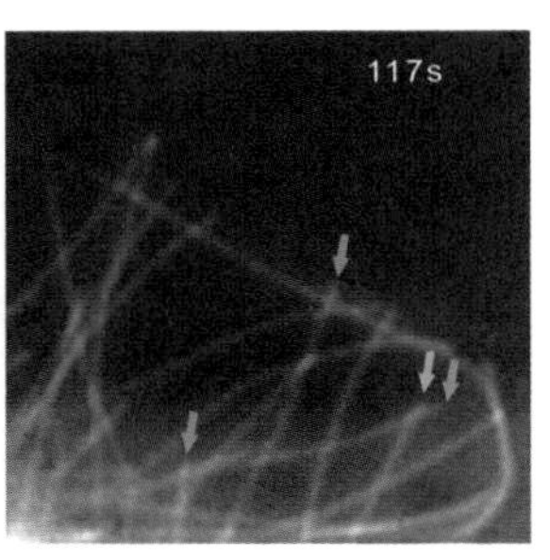

扫描观看
动态影像

图 8-23 **细胞内微管的动态不稳定性**

将 GFP-α-tubulin 转染 S2 细胞，该融合蛋白表达后可参与微管的组装。图像显示在细胞边缘的微管交替地缩短和伸长。从左到右示每张截图上的微管在不同时间的动态行为，不同颜色的箭号示所指微管随时间的变化而组装（伸长）或解聚（缩短）过程中的微管。（欧光朔博士惠赠）

其 α- 微管蛋白的第 40 位赖氨酸残基往往发生了乙酰化有关。由于这种乙酰化修饰仅仅发生在已经组装好的微管上，而且 α- 微管蛋白的第 40 位氨基酸残基位于微管的管腔内，所以，微管乙酰化修饰的速度相对较慢，只有存在时间较长，或者说较稳定的微管才能被乙酰化，但乙酰化是否使微管更加稳定还不得而知。

五、微管结合蛋白对微管网络结构的调节

如前所述，利用微管结构对温度的敏感性，再结合差速离心技术可以将微管蛋白纯化。但即使是进行多次组装 / 解聚的循环，仍然有一些蛋白质始终伴随着微管的组装而存在于体系中，这类蛋白质被称为微管结合蛋白（microtubule-associated protein, MAP）。根据 MAP 在电泳时所显示分子量的不同，依次命名为 MAP1、MAP2、MAP3、MAP4、tau 蛋白等。由于类似的研究大多以神经组织为对象，因此在已经鉴定的 MAP 中，有相当部分仅在神经系统中表达。微管结合蛋白分子通常都具有数个带正电荷的微管结合结构域（microtubule binding domain），该结构域与带负电荷的微管表面相互作用。一个 MAP 分子上成线性排列的微管结合结构域可以将微管表面原纤丝上相邻的微管蛋白亚基交联起来，以增加微管的稳定性。微管结合蛋白其余的结构域突出于微管表面与相邻的微管或细胞结构相作用，调节微管网络的结构和功能。

在神经细胞中，MAP2、tau 和 MAP1B 是研究得较为清楚的组分。MAP2 存在于神经元的胞体和树突，而 tau 则存在于轴突。在 MAP2 和 tau 的 C 端均有 3～4 个由 18 个氨基酸残基构成的微管结合结构域。与微管结合后，其 N 端突出于微管表面，并在相邻的微管之间形成横桥（图 8-24）。

为了探讨微管结合蛋白与微管网络结构的关系，J. Chen 等（1992）用编码 MAP2 和 tau 的 cDNA 转染体外培养的 Sf9 细胞，这些基因在 Sf9 细胞内表达后，原本呈圆形的细胞长出了与神经元的树突（MAP2）和轴突（tau）类似的细胞突起。电镜图像显示，在 MAP 诱导产生的突起内部具有规则排列的微管束。由 MAP2 诱导产生的微管束内相邻微管间的距离与树突内部微管束的结构相似，而由 tau 诱导产生的微管束内相邻微管间的距离与轴突内部微管束的结构相似。MAP2 和 tau 的分子结构基本相似，其 C 端都有 3～4 个微管结合结构域，所不同的是 N 端突出区域，MAP2 有 1 820 个氨基酸残基，而 tau 只含有 380 个氨基酸残基。正是由于 MAP2 和 tau 蛋白的 N 端的差异分别决定了树突和轴突内微管束内相邻微管间的距离的不同（图 8-24）。MAP2 或 tau 基因剔除小鼠的树突或轴突内部相邻微管间的横桥明显减少，虽然对神经元突起生长的影响并不是很大，但 MAP1B/MAP2 或 MAP1B/tau 的双基因剔除小鼠的神经突起的生长明显受阻，表明在轴突和树突中都有定位的 MAP1B 与 MAP2/tau 蛋白之间在功能上存在互补作用。

六、微管对细胞结构的组织作用

真核细胞内部是高度区室化的结构，各种生物大分子和细胞器等都分布在特定的空间。用秋水仙素等药物处理体外培养细胞，导致微管解聚，细胞变圆。与此相应的变化是内质网缩回到细胞核周围，高尔基体分散成小泡，细胞内依赖于微管的物质运输系统全面瘫痪，那些处于分裂期的细胞停止分裂。一旦阻止微管组装的药物被除去，微管又从中心体等部位重新组装，并向细胞周缘的伸展，内质网也随之向外侧铺展，高尔基体重

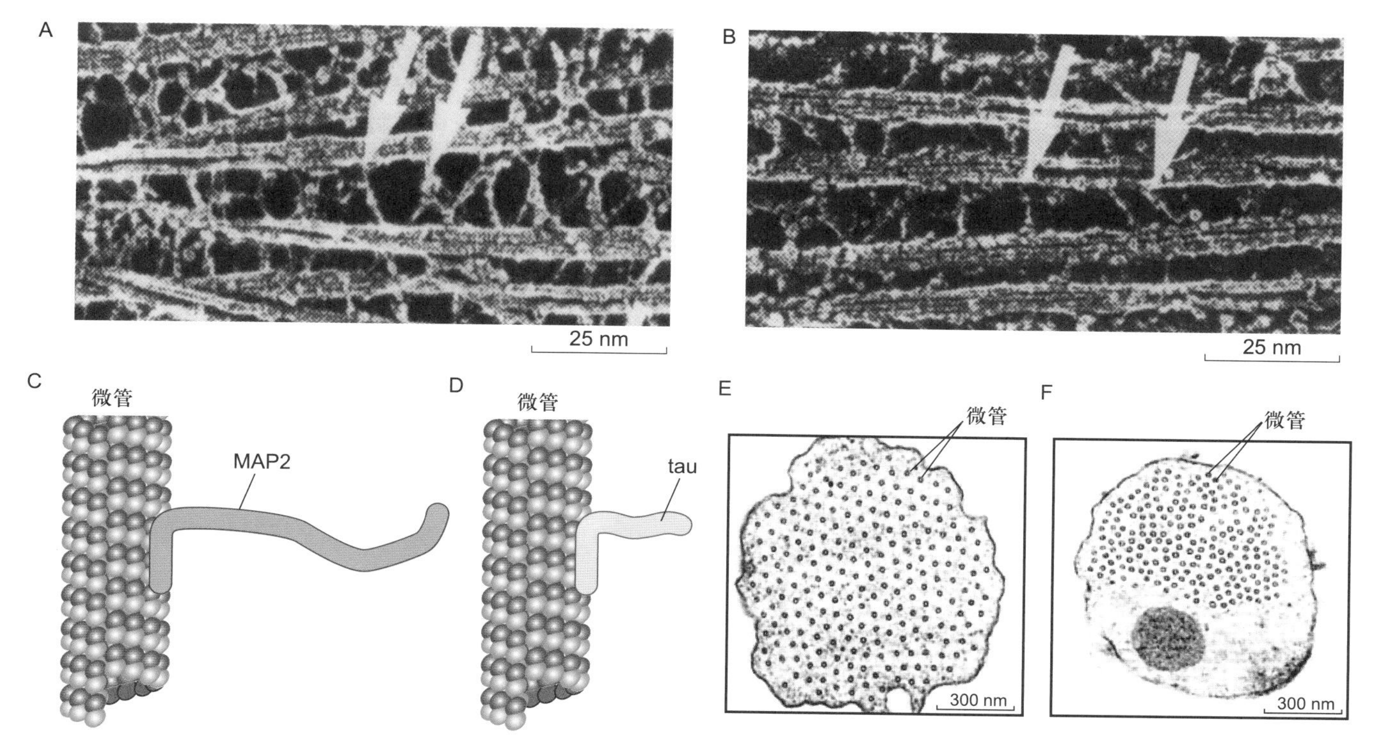

图 8-24　MAP2 和 tau 蛋白诱导产生的微管束的结构

A, B. 将 MAP2 和 tau 分别转染 Sf9 细胞，在诱导产生的微管束中相邻微管之间由 MAP2 和 tau 的 N 端突出结构域形成横桥。C, D. MAP2 和 tau 的 C 端微管结合结构域可与微管表面结合，其 N 端突出于微管表面。E. 由 MAP2 诱导产生的细胞突起内的微管束结构，相邻微管之间的距离为 60 ~ 70 nm，与树突内微管束的结构相似。F. 由 tau 蛋白诱导产生的细胞突起内的微管束结构，相邻微管之间的距离为 20 ~ 30 nm，与轴突内微管束的结构相似。（照片由陈建国博士提供）

新组装。对于体外培养的神经元，微管的解体将导致正在延伸中的神经突起停止生长，甚至缩回胞体。显然微管与细胞器的分布以及细胞的形态发生与维持等有很大的关系。

在神经元这样的终末分化细胞中，有大量的 MAP 与微管表面结合，将相邻的微管交联在一起成束状排列。相对于处于分裂周期中的细胞来说，神经突起内的微管要稳定得多。在阿尔茨海默病患者的脑神经元内，tau 蛋白的过度磷酸化使其很容易从微管上解离下来形成神经原纤维缠结，并导致微管的稳定性降低，结构紊乱，依赖于微管的物质运输系统受损，最终导致神经元的死亡。

神经元是一个高度极性化的细胞，一些蛋白质在轴突和树突部位的不对称分布导致这些神经突起在功能上的特化，从而保证了信号传递过程的正常进行。像这种极性化细胞结构的形成有赖于基于微管的物质运输，分子马达将胞体中合成的蛋白质定向转运到树突或者是轴突发挥功能。一些细胞器，如线粒体等也是沿着微管转运到轴突内。上皮细胞也是典型的极性化细胞的代表，在细胞的基底部和顶端，细胞器和蛋白质组分有着完全不同的分布方式。依赖微管的物质定向转运为细胞内各种细胞器和生物大分子的不对称分布提供了可能。

七、细胞内依赖于微管的物质运输

真核细胞内一些生物大分子的合成部位与行使功能部位往往是不同的，因此必然存在精细的物质转运和分选系统。应用快速冷冻 – 深度蚀刻技术观察轴突内部的结构时，在微管和一些膜性细胞器之间常常会看到一些横桥样结构（图 8-25）。在光学显微镜下观察活细胞，可以看到许多细胞器或膜泡在细胞质（图 8-26）或轴突内部沿微管作定向运动。甚至在同一根微管上可以观察到一些膜性细胞器向微管的一端运动，而另一些则向相反的方向移动。如果用破坏微管或抑制 ATP 酶活性的药物处理细胞，可以使这些膜泡停止转运。依赖微管

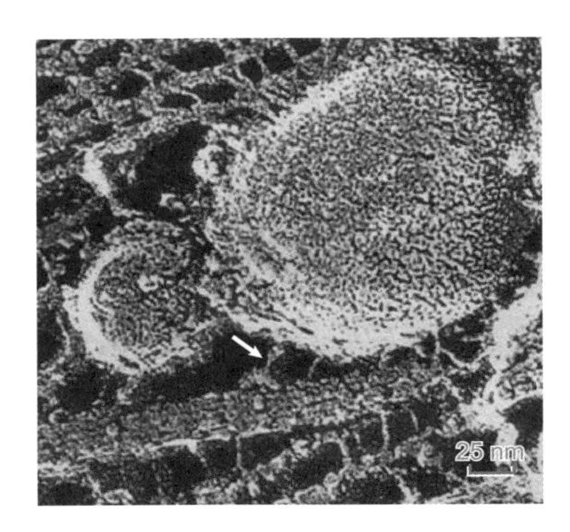

图 8-25 **快速冷冻－深度蚀刻电镜图像显示在轴突内部的微管和膜性细胞器之间有马达蛋白构成的横桥相连（箭号）**（Hirokawa 博士惠赠）

的马达蛋白主要有驱动蛋白（kinesin）和细胞质动力蛋白（cytoplasmic dynein），它们能将储存于 ATP 中的化学能转化成机械能，沿微管运输货物。

（一）驱动蛋白

1. 驱动蛋白的分子结构及其功能

驱动蛋白是 R. D. Vale 等从鱿鱼巨大的轴突内分离到的、能沿微管移动，但不同于肌球蛋白和动力蛋白的马达分子（即 kinesin-1）。该蛋白能运载膜性细胞器沿着微管向轴突的末梢移动。驱动蛋白在结构上与Ⅱ型肌球蛋白相似，由两条具有马达结构域的重链（kinesin heavy chain, KHC）和两条与重链的尾部结合、具有货物结合功能的轻链（kinesin light chain, KLC）组成。用低角度旋转投影（low angle rotary shadowing）电子显微镜观察的结果显示，驱动蛋白分子是一条长 80 nm 的杆状结构，头部一端有两个呈球状的马达结构域，直径约 10 nm，另一端是重链和轻链组成的扇形尾部，中间是重链杆状区（图 8-27）。球状的头部具有 ATP 结合位点和微管结合位点。随后，在其他多种生物如酵母、曲霉、昆虫以及小鼠和人的细胞中也陆续发现了编码类似驱动蛋白的基因及其表达产物。人类基因组中共有 45 个不同的驱动蛋白基因，马达结构域是该家族成员中非常保守的一个共有元件。

根据驱动蛋白马达结构域系统演化方面的信息和功能特征，驱动蛋白超家族（kinesin superfamily protein, KIF）的成员被分成 14 个蛋白家族和一个暂时未分组的“orphan kinesin”，用阿拉伯数字 1—14 标记各个蛋白家族，各个蛋白家族中的亚族则用附加的大写英文字母表示，如 kinesin-14A（表 8-1）。

驱动蛋白的行为与其马达结构域在多肽链中的位置有关，大部分驱动蛋白家族成员的马达结构域在肽链的 N 端（N- 驱动蛋白），如 kinesin-1 至 kinesin-12，它们能从微管的负极向正极移动。另外一些的马达结构域位于多肽链的中部（M- 驱动蛋白），如 kinesin-13 的 3 个成员，他们结合在微管的正极端或负极端，使微管处于不稳定状态，如有丝分裂时动粒微管两端的解聚

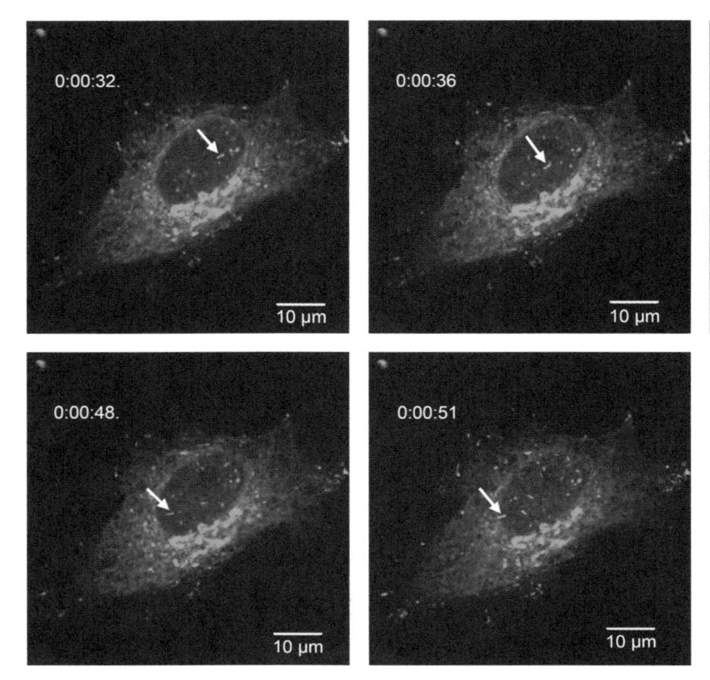
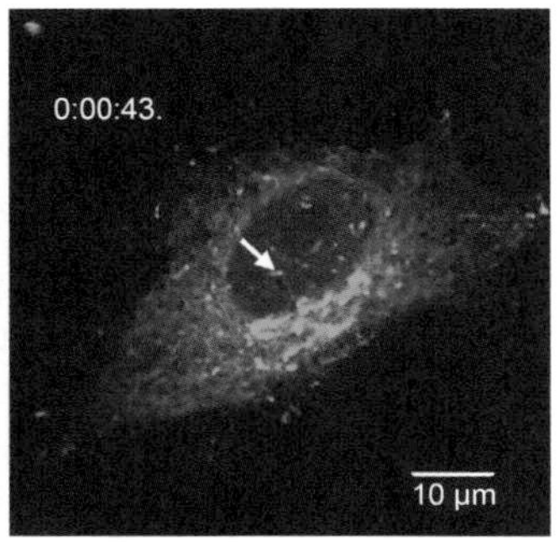

图 8-26 **膜泡在细胞质内运动**

将编码 EGFP 的 cDNA 插入到编码 calumenin 的信号肽序列之后，转染 HeLa 细胞。GFP-calumenin 在内质网上合成后经高尔基体形成分泌泡，再转运到细胞边缘分泌出去。也有一些会从高尔基体回到内质网。箭号示运动中的小泡。（王乔博士惠赠）

扫描观看动态影像

就与该蛋白相关。还有一些的马达结构域位于肽链的C端（C- 驱动蛋白），如kinesin-14的3个成员，这类驱动蛋白的运动方向与N- 驱动蛋白相反，它们从微管的正极向负极移动（图8-28）。kinesin-8和kinesin-14家族的成员既能向微管的正极端移动，还具有调节微管解聚的能力。大部分驱动蛋白可通过多肽链中部的一段卷曲螺旋相互作用而形成同源二聚体（如kinesin-4、6、7、8、10、12、13和14家族）。kinesin-1除了有两条重链（KHC）以外，在C端还有两条轻链（KLC）共同构成货物结合结构域。kinesin-2家族的Kif3的两个成员可与一个结合蛋白一起构成异三聚体（Kif3A–Kif3B–Kap3）。kinesin-3家族的成员以单体或同源二聚体的形成存在。kinesin-5家族的成员可以通过其杆状区形成反向四聚体，在极性相反的两根相邻的微管（如纺锤体极微管）之间滑动介导中心体向两极移动。kinesin-1至kinesin-3家族的成员主要与膜性细胞器和大分子复合物

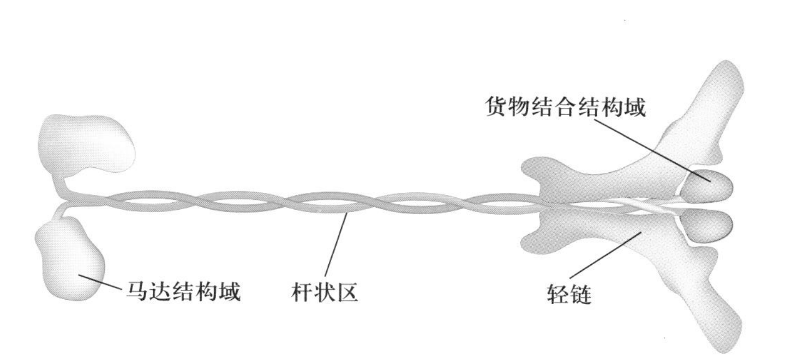

图8–27 驱动蛋白分子重链和轻链结构模式图

驱动蛋白是由两条重链和两条轻链构成的异源四聚体。球状的马达结构域位于左侧（重链的N端），从左向右分别是与微管相互作用的马达结构域、杆状区和与转运的“货物”相互作用的C端及轻链构成的扇形尾部。

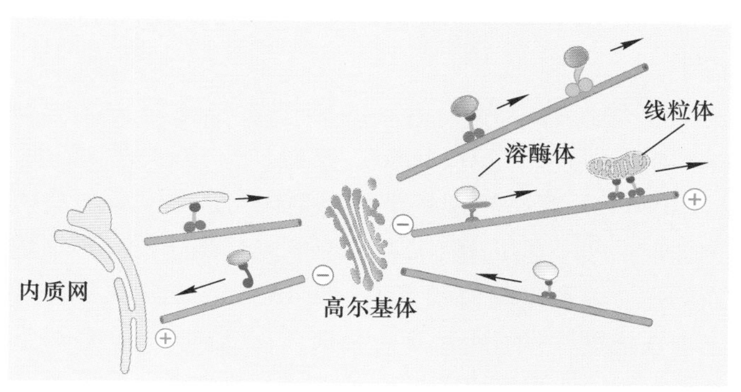

图8–28 细胞内依赖于微管的物质运输系统

胞质动力蛋白介导内质网至高尔基体之间、细胞胞吞泡至细胞内部的膜泡运输，而驱动蛋白家族的成员介导从高尔基体反面膜囊出芽小泡的运输。

表8–1 驱动蛋白家族成员的结构与功能

驱动蛋白家族	分子结构模式图	功能	亚基组成及主要成员
kinesin-1		膜泡、细胞器和mRNA运输	两条重链和两条轻链，如Kif5、KHC和Unc116、Bmkinesin-1
kinesin-2		膜泡、黑色素体和鞭毛内运输	异源三聚体，如Kif3、Klp64D、Klp68D、Krp85、Krp95和Fla10 同源二聚体：Kif17、Osm3和Kin5
kinesin-3		膜泡运输	单体，如Kif1A、Kif1B、Kif13、Kif14 Kif16和Kif28
kinesin-4		染色体定位	同源二聚体，如Kif4、Chromokinesin和Klp3A
kinesin-5		纺锤体极的分离和双极性确立	Kif11、Eg5、Klp61F、BimC、Bmk1(Ce)、Cin8、Kip1和Cut7等
kinesin-13		纠正动粒微管错误，染色体分离	双链二聚体，如Kif2A、Kif2B、Kif2C、Klp10A、Klp59C、Klp59D、Klp7、Kif24和Bmkinesin-13
kinesin-14		纺锤体极的组织，货物运输	KifC1、KifC2、KifC3、Klp3、Bmkinesin-14A和许多植物细胞中特有的种类

的运输相关，而其它家族的成员主要作用在于调节微管的动态不稳定性以及微管网络的结构。

2. 驱动蛋白沿微管运动的分子机制

在驱动蛋白的马达结构域上有两个重要的功能位点：ATP 结合位点和微管结合位点。与肌球蛋白的马达结构域（850 个氨基酸残基）相比，驱动蛋白的马达结构域（350 个氨基酸残基）显得很小巧。虽然两者在氨基酸序列上没有同源性，但它们的 ATP 结合位点的结构非常相似，两种马达结构域在大小和功能上的差异主要表现在细胞骨架结合部位和动力转换装置上。

驱动蛋白沿微管运动的分子模型有两种：一种是“步行”（hand over hand）模型，另一种是“尺蠖”（inchworm）爬行模型。步行模型认为：驱动蛋白的两个球状头部交替向前，每水解一个 ATP 分子，落在后面的那个将移动两倍的步距，即 16 nm。而原来领先的那个头部则在下一个循环时再向前移动。尺蠖爬行模型认为：驱动蛋白两个头部中的一个始终在前，另一个永远在后，每步移动 8 nm。在这个领域，尽管已经积累了大量的实验证据，特别是近年来发展起来的单分子行为分析，为研究驱动蛋白两个马达结构域是怎样协调向前运动的问题提供了有效的方法，但实验结果很不一致，有些结果支持步行模型，但也不乏与尺蠖爬行模型相吻合的结果。这里以传统的驱动蛋白为例，着重介绍被大多数学者承认的步行模型。

驱动蛋白的运动主要涉及发生在两个马达结构域上的 ATP 的结合、水解和 ADP 的释放，以及与自身构象变化相偶联等机械化学循环过程。在这一过程中，驱动蛋白的两个头部交替与微管相结合，以确保在移动过程中不会从微管上掉下来。每水解一个 ATP 分子，整个分子就向前移动一步（两个微管蛋白亚基的长度，约 8 nm）。当驱动蛋白沿微管行走时，两个马达结构域中位于前面的那个（L）与 ATP 结合时导致驱动蛋白发生构象变化，该结构域与微管紧密结合，并使后面的马达结构域（T）向前移动，越过原来位于前面的那个马达结构域（L）至微管正极一侧的另一个新的结合位点（共移动了 16 nm）。此时，处于前面的马达结构域（T）释放 ADP，处于后面的那个（L）水解 ATP，使得驱动蛋白处于开始时的状态，但两个头部互换了位置，整个分子则向微管的正极端移动了一步。在这一循环的运行过程中，驱动蛋白的两个马达结构域与微管之间交替结合，每个都有一半以上的时间与微管处于结合状态（图 8-29）。相比之下，Ⅱ型肌球蛋白沿微丝移动时，同样是 ATP 的水解与马达结构域的构象变化相偶联，但在每个循环开始时，不带 ATP 的肌球蛋白的头部以僵直的构象与微丝紧密结合，当 ATP 与肌球蛋白头部结合时，马上引起肌球蛋白构象的变化，使头部与微丝的亲和力降低。但头部脱离微丝时，ATP 水解，引发较大的构象变化，使肌球蛋白头部的构象几乎处于竖直状态。肌球蛋白头部和微丝上新的肌动蛋白亚基的微弱结合导致无机磷酸的释放，这一过程使头部恢复原来的构象，ADP 被释放，头部与肌动蛋白紧密结合，从而回到初始状态。新的一轮 ATP 与肌球蛋白头部的结合导致下一个循环的开始。在这个循环中，肌球蛋白的头部与微丝结合的时间仅占循环所需总时间的 5%。

引发驱动蛋白沿微管持续移动的原因有两个：第一，在每个驱动蛋白分子中，两个马达结构域的化学 - 机械循环是互相协调的，在一个马达结构域还没有与微管结合之前，另一个马达结构域不会从微管上掉下来，从而保证了步行的连续性，即马达分子和所运送的

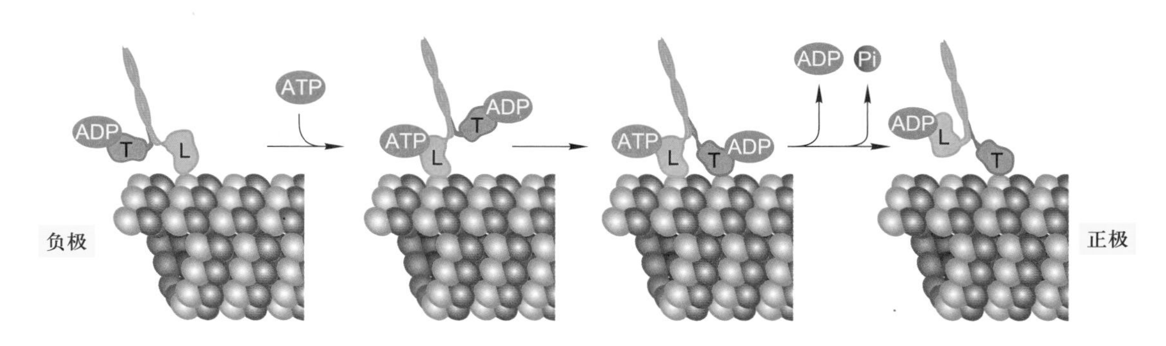

图 8-29 驱动蛋白沿微管运动的步行模型

kinesin-1 有两条重链，其头部的马达结构域（用 L 和 T 表示它们开始时所处的位置）伴随着 ATP 的结合、水解以及 Pi 与 ADP 的释放而在微管表面行走。在整个过程中，两个头部结构域至少有一个与微管处于结合状态。

“货物”或细胞器不会脱离微管。第二，驱动蛋白的马达结构域在 ATP 循环的大部分时间里都与微管紧密结合。

肌球蛋白不具备沿微丝持续向前运动的能力，但多个肌球蛋白组装而成的巨大复合物（如粗肌丝）的协同作用却能提高其整体移动的速度。如在骨骼肌细胞中，大量规则排列的肌球蛋白头部与同一根微丝相互作用，复合物中肌球蛋白头部的协同作用使得在单一循环时间内，它们能将微丝移动相当 20 步的总距离，而驱动蛋白只能沿微管移动 2 步。这样，即便是两者在水解 ATP 的速度和分子步距上相当，肌球蛋白却能以比驱动蛋白更快的速度沿细胞骨架移动。

（二）胞质动力蛋白及其功能

动力蛋白超家族由两组蛋白质组成：细胞质动力蛋白和轴丝动力蛋白（axonemal dynein）。后者也称为纤毛或鞭毛动力蛋白。动力蛋白的重链同样含有 ATP 结合部位和微管结合部位，利用水解 ATP 产生的能量沿微管运动。动力蛋白是已知马达蛋白中最大、移动速度最快的成员。细胞质动力蛋白是一个分子质量接近 1 500 kDa 的蛋白复合体，含多个亚基：2 条具有 ATP 酶活性的、使其沿微管移动的重链，2 条中间链，4 条中间轻链和一些轻链（图 8-30，图 8-31）。细胞质动力蛋白与被称为动力蛋白激活蛋白（dynactin）的蛋白复合体（含 p150^{Glued}、p62、dynamitin、Arp1、CapZa、CapZb、p27 和 p24）密切相关。动力蛋白激活蛋白调节动力蛋白的活性和动力蛋白与其货物的结合能力。与驱动蛋白和肌球蛋白超家族的多样性相比，细胞质动力蛋白的重链家族只有两个成员——Dync1h1 和 Dync1h2。Dync1h1 主要担负向微管的负极端转运货物的功能，Dync1h2 主要在鞭毛内的反向转运中起作用。Dync1h1 可直接结合货物，或通过选择性组装的动力蛋白亚基（包括多条中间轻链、中间链和轻链）来与多种货物相连，而驱动蛋白和肌球蛋白则演化出大量的家族成员，并利用他们自身的尾部结构域（或少数轻链）识别并结合货物。

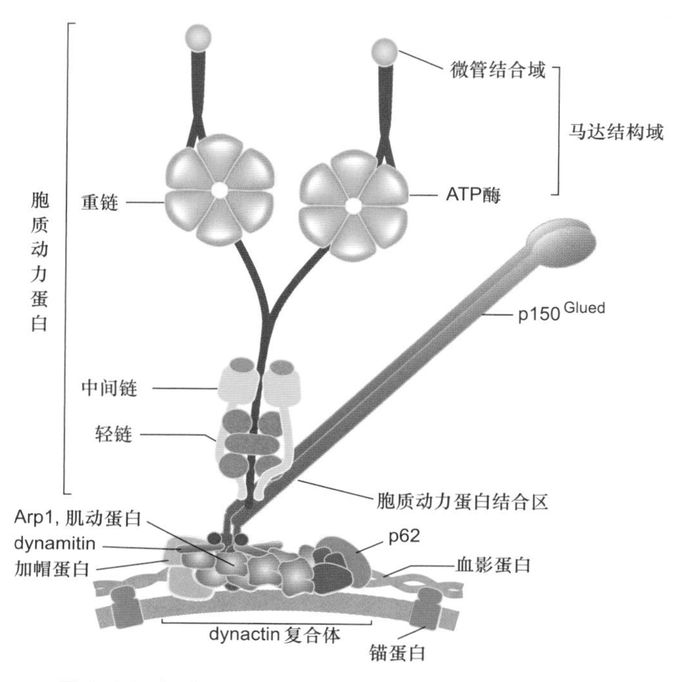

图 8-30　细胞质动力蛋白结构示意图

轴丝动力蛋白的种类远多于细胞质动力蛋白，结构和组成成分也相当复杂。根据动力蛋白在轴丝上的位置，可以将其分为内侧动力蛋白臂（inner dynein arm）和外侧动力蛋白臂（outer dynein arm）。不同类型的轴丝动力蛋白所含的重链（马达结构域）数量也不同，构成外侧臂的动力蛋白具有 2 个或 3 个马达结构域（图 8-31），而在 7 个已知的内侧臂动力蛋白成员中，有 1 个含有 2 个马达结构域，其他 6 个只有 1 个马达结构域。

细胞质动力蛋白被认为与内体 / 溶酶体、高尔基体及其他一些膜泡的运输，动粒和有丝分裂纺锤体的定位，以及细胞分裂后期染色体的分离等事件密切相关。将抗动力蛋白的抗体注入有丝分裂期的细胞，可诱导纺锤体结构的解体。敲除细胞质动力蛋白重链基因的小鼠（cDHC$^{-/-}$）在胚胎早期便死亡。因此，可以认为 cDHC 是高等真核生物生长和发育所必需的。cDHC$^{-/-}$ 胚泡细胞内高尔基体膜囊片段化，并均匀分散在整个细胞质中，而不像正常细胞内那样聚集在细胞核周围。在

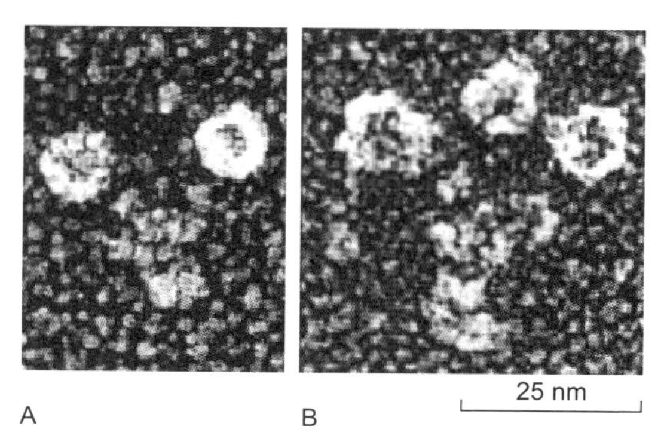

图 8-31　胞质动力蛋白（2 个头部）和轴丝动力蛋白（3 个头部）分子的马达结构域（John Heuser 博士惠赠）

$cDHC^{-/-}$ 细胞中，dynactin 复合体中的 Arp1 和 $p150^{Glued}$ 以及内体 / 溶酶体等细胞器都分散在整个细胞质中，表明 cDHC 是高尔基复合体的形成和正常定位所必需的。有趣的是在 $cDHC^{-/-}$ 细胞中“片段化”的高尔基体膜囊以及溶酶体仍附着在微管上。显然除 cDHC 外，还存在其他的蛋白质分子参与高尔基体、溶酶体等细胞器与微管的相互作用。

八、纤毛和鞭毛的结构与功能

纤毛（cilia）和鞭毛（flagella）是突出于细胞表面的、高度特化的细胞结构。精子和原生动物通过鞭毛的波状摆动使细胞在液体介质中游动。纤毛与鞭毛的结构相似，但较鞭毛短。纤毛是一些原生动物（如草履虫）的运动装置。在一些高等动物体内，纤毛存在于多种组织（如输卵管、呼吸道上皮组织）的细胞表面。相邻的纤毛可以几乎同步运动，使组织表面的液体定向流动。在人体呼吸道，数目众多的纤毛可以清除进入气管的异物，输卵管中的纤毛可以使卵细胞向子宫方向移动。近年来，随着鞭毛内转运机制的发现以及一些纤毛相关蛋白缺失后引起的一系列在细胞水平、组织水平乃至个体水平上的表型变化，使人们认识到这种细胞结构还与细胞信号转导、细胞增殖与分化、组织与个体的发育等过程密切相关。

（一）纤毛的结构及组装

1. 纤毛的结构

纤毛的外部是由细胞质膜特化而成的纤毛膜，内部是由微管及其附属蛋白组装而成的轴丝。轴丝是由 250 多种不同的蛋白质组装而成的高度有序的结构，这一结构从位于细胞皮层的基体发出，直达纤毛顶端。轴丝微管排列方式主要有 3 种模式：(1)“9+2”型：轴丝的外围是 9 组二联体微管，中间是 2 根由中央鞘所包围的中央微管。(2)“9+0”型：外周与“9+2”型相同，但缺乏中央微管。(3)“9+4”型：极少数的纤毛属于这一类型，轴丝中央含有 4 根单体微管。“9+0”型纤毛一般是不动纤毛，而“9+2”型纤毛则大多为动纤毛（kinocilium）。但这种分类不是绝对的，如斑马鱼的脊髓中央管中就存在“9+0”型的运动性室管膜纤毛，而蛙嗅觉上皮细胞上“9+2”型纤毛却是不动纤毛。缺乏运动能力的“9+0”型纤毛是构成各种感受器的基础（如化学感受器和本体感受器）。这些存在于感受器细胞上的不动纤毛通常被称为原生纤毛（primary cilium）。

轴丝微管的正极端都指向纤毛或鞭毛的顶端。外围的二联体微管由 A 管和 B 管组成，其中 A 管为完全微管，由 13 个亚基环绕而成，B 管为不完全微管，仅由 10 个亚基构成，另 3 个亚基与 A 管共用。中央微管均为完全微管（图 8-32）。中央鞘和外周 9 组二联体微管

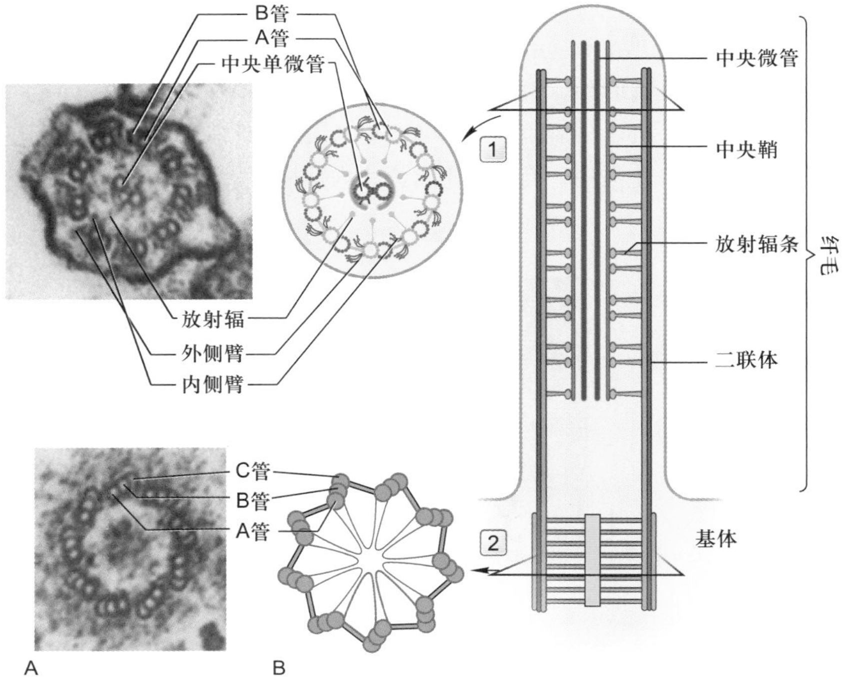

图 8-32 基体及轴丝的结构和示意图

A. 四膜虫纤毛横切面的电镜图像。B. 轴丝微管及其附属结构示意图。1. 轴丝的横切面，其外围是 9 组相互联系的微管二联体，中央是由中央鞘包围的两根微管。2. 基体横切面，其外围是 9 组相互联系的微管三联体。（A 图由丁明孝提供）

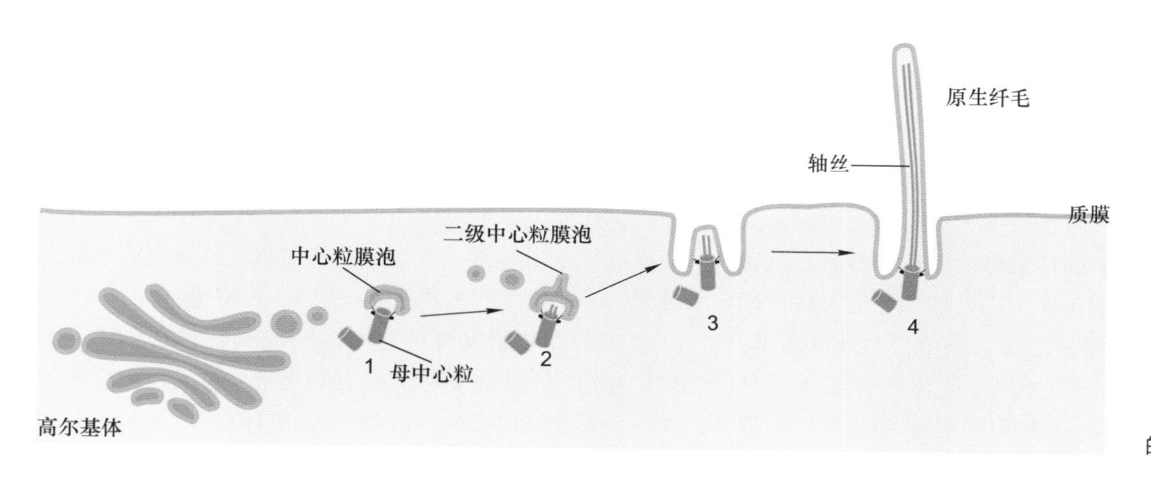

图 8-33 原生纤毛的形成过程

的 A 管之间由放射辐（radial spoke）相连。相邻的二联体之间通过连接蛋白（nexin）相连，还有 2 个动力蛋白臂从 A 管伸出，它们分别位于轴丝的内侧和外侧，其马达结构域沿相邻二联体微管的 B 管滑动使纤毛产生局部弯曲（图 8-32）。

位于纤毛基部的基体在结构上与中心粒类似。基体外围含有 9 组三联体微管，没有中央微管，呈“9+0”排列。其中 A 管为完全微管，而 B 管和 C 管则是不完全微管。基体中的 A 管和 B 管向外延伸而成为纤毛或鞭毛中的二联体微管（图 8-32）。

2. 纤毛的组装（发生）

纤毛起始于位于细胞膜内侧的基体。在细胞周期运行过程中，基体和中心粒的主体结构是可以通用的，变换过程中仅需要更换一些蛋白质组分。纤毛在细胞进入 G_1 期或 G_0 期时开始形成，进入 S 期前解体。利用电子显微镜观察培养的成纤维细胞，可见原生纤毛的形成分为 4 个阶段（图 8-33）。①来自高尔基体的膜泡被母中心粒远端附属结构招募，包裹在母中心粒的顶端，形成中心粒膜泡（centriolar vesicle, CV），一些中心体蛋白如 Cep97 和 CP110 等从母中心粒的顶端移除。②母中心粒微管开始延伸并获取成为基体所需的附属结构，初生轴丝开始显现。随着新的膜泡的加入，CV 慢慢变大，最终成为次级中心粒膜泡（secondary centriolar vesicle, SCV）。③母中心粒随同 SCV 向质膜迁移，当其锚定在质膜内侧的纤毛组装位点时，SCV 与质膜融合形成一个杯状结构，称为纤毛项链。④在鞭毛内运输（intraflagellar transport, IFT）复合体的介导下，原生鞭毛进一步装配并延长。

纤毛的延伸和维持依赖于鞭毛内运输。IFT 是位于二联体微管和纤毛膜之间的双向运输系统。kinesin-2 将 IFT 复合体 B（含纤毛组装所需的轴丝前体组分）从纤毛基部运送到顶部，IFT 复合体 A（需要回收的物质）由 dynein-2 运回胞体。IFT 复合体 A 包含 6 种纤毛组分，而复合体 B 包含 10 种纤毛组分（图 8-34）。这些编码 IFT 组分的基因在真核生物中高度保守，几乎对于所有真核细胞的纤毛或鞭毛的组装都是必需的。

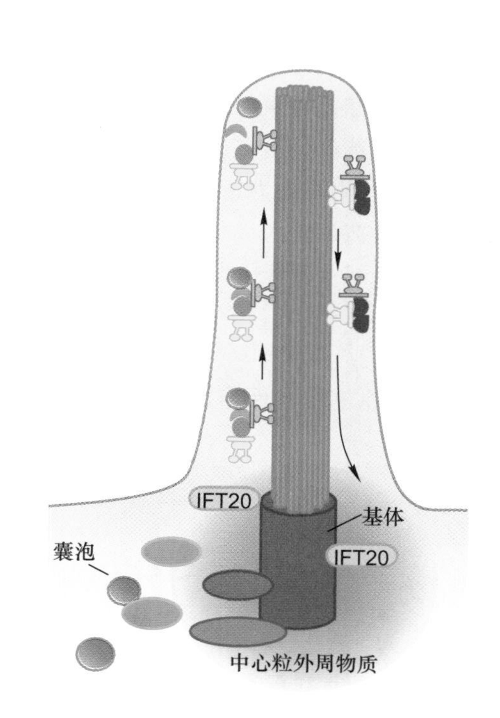

图 8-34 膜泡运输和鞭毛内运输

kinesin-2 自鞭毛或纤毛的基部运送 IFT 复合体 B 至顶端，动力蛋白将 IFT 复合体 A 自鞭毛的顶端运向基部。

（二）纤毛或鞭毛的运动机制

纤毛运动的本质是由轴丝动力蛋白所介导的相邻二联体微管之间的滑动。在实验过程中改变环境的pH可使细胞表面的鞭毛脱落。收集鞭毛，再用去垢剂除去其表面的膜结构，并用蛋白酶作轻微的处理以打断在微管二联体之间起连接作用的连接蛋白，使相邻的二联体微管仅靠动力蛋白彼此联系，而失去其他蛋白质的束缚。如果此时加入ATP，从一个外周二联体微管的A管伸出的动力蛋白的马达结构域会利用水解ATP产生的能量在相邻的二联体的B管上“行走”，从而导致二联体之间产生滑动（图8-35A）。然而，在完整的纤毛或鞭毛内部，组成轴丝的9组二联体微管之间，外周微管与中央鞘之间都有许多辅助蛋白将微管横向连成一个整体，相邻二联体微管之间的滑动受到“整体性”的阻碍，于是纤毛动力蛋白“行走”时所产生的力便会使纤毛的局部弯曲（图8-35B）。

纤毛或鞭毛的弯曲首先发生在其基部，因为这里的动力蛋白首先被活化。随着轴丝上的动力蛋白依次被特异地活化或者失活，这种弯曲有规律地沿着轴丝向顶端传播。动力蛋白的活化受中央微管和放射辐的调控，缺少这些结构的突变体纤毛没有运动能力。在纤毛或鞭毛的运动过程中，内侧的动力蛋白臂主要与纤毛弯曲有关，决定纤毛弯曲波形的大小和形态，外侧的动力蛋白臂则与拍打的力量和频率有关。

（三）纤毛的功能

对于单细胞原生生物而言，纤毛或鞭毛是其主要的运动装置，可以推动细胞在液体介质中向一定方向运动，实现觅食或应答环境的变化。一些动物细胞也带有纤毛，纤毛的运动可以推动组织表面的液体做定向流动，从而传输某些信号分子，影响靶细胞的定向分化与发育。此外，纤毛也作为感受装置，接受和传递外界物理或化学信号刺激，参与一系列细胞或机体内信号调控过程，影响细胞的生理状态或组织器官的发育。

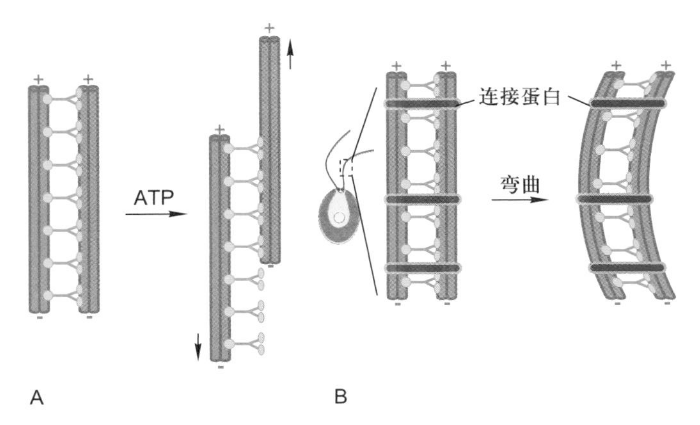

图8-35 纤毛或鞭毛的运动过程中相邻二联体微管的滑动模型

A. 在分离的微管中：动力蛋白导致微管滑动。B. 在普通的鞭毛中：动力蛋白导致微管弯曲。

在动物胚胎发育过程中，细胞或器官表面纤毛的结构和运动对决定躯体各器官的正常分布发挥重要的作用，如驱动蛋白家族的成员Kif3与IFT相关。Kif3A和Kif3B的基因剔除小鼠表现为发育过程中左右体轴形成不全。究其原因，是由于小鼠胚胎发育过程中胚胎结细胞所具有的单纤毛（monocilia）结构发育不全。Kif3A和Kif3B的基因剔除小鼠胚胎结细胞的纤毛（nodal cilia）中微管的排列方式与野生型小鼠“9+2”排列模式不同，呈不能运动的“9+0”结构。野生型小鼠胚胎结细胞的纤毛呈涡旋运动，产生一个左旋的液流，从而打破了小鼠胚胎发育过程中的对称性，为左右体轴的形成提供了可能。而在Kif3A或Kif3B的基因剔除小鼠胚胎结细胞由于纤毛发育不全，致使胚胎结处的左旋液流的形成受阻，最终导致左右体轴形成障碍。在一些频发内脏易位的小鼠品系中，往往可见到胚胎结细胞的纤毛异常。

存在于肾上皮细胞的原生纤毛是突出于细胞表面的物理感受器（mechanosensor），它通过感受液体的流动来起始细胞内的钙信号通路。polycystin-1、polycystin-2和polyductin/fibrocystin这3个定位于纤毛膜上的蛋白质是构成物理感受器的重要组分，如果这些蛋白质缺失，那么就算纤毛结构完整，钙信号通路仍然无法启动，最终导致多囊肾的发生。

一些特化的纤毛还行使化学感受器的功能，它对于生物体的光感受和嗅觉是不可或缺的。例如，在哺乳动物的视网膜上视锥细胞和视杆细胞利用特化的纤毛来感受光信号，并将信息传递给下游的双极神经元和水平细胞。感光细胞包括由纤毛连接的外段和内段，外段是高度动态的结构，而动态的维持则依赖于IFT。如果IFT缺失，外段结构会解体，从而导致失明。

哺乳动物的嗅觉神经元利用球状树突末端的15～20根纤毛来感受气味。纤毛缺陷的小鼠和患巴尔德－别德尔（Bardet-Biedl）综合征的患者，会出现嗅觉丧失症状。

此外纤毛参与了发育过程中的两类重要的信号通

路——Hedgehog（Hh）信号通路和 Wingless（Wnt）信号通路。如果纤毛缺失，通路就无法对外源信号做出应答，从而会造成神经管无法闭合、脑形态异常、多指、左右体轴异常和肾囊肿等发育缺陷。

九、纺锤体和染色体运动

当细胞从间期进入有丝分裂期，间期细胞的微管网络解聚为游离的微管蛋白，然后组装形纺锤体微管，介导染色体的运动；分裂末期，纺锤体微管解聚，又组装形成细胞质微管网络。

纺锤体微管包括动粒微管、极微管和星体微管。动粒微管连接染色体动粒与位于两极的中心体。极微管从两极发出，在纺锤体中部赤道区相互交错重叠。星体微管从中心体向周围呈辐射状分布。

有丝分裂过程中染色体的运动有赖于纺锤体微管的组装和解离。在这一过程中动粒微管与动粒之间的滑动主要是靠结合在动粒部位的 kinesin-13 家族的成员和细胞质动力蛋白沿微管的运动来完成。极微管在纺锤体的中部交错重叠，分布在该区域的 kinesin-5 家族的成员如 Cik1 和 Cin1 等为双极马达蛋白，其中一端的两个马达结构域沿一条微管运动，另一端的两个马达结构域沿来自另外一极的微管运动。由于重叠的两条微管的极性相反，故当双极驱动蛋白四聚体沿微管向正极运动时，纺锤体二极间的距离延长，这是有丝分裂后期发生的重要事件（详见第十二章）。

第三节　中间丝

中间丝又称中间纤维（intermediate filament, IF），最初是在平滑肌细胞内发现的直径为 10 nm 的绳索状结构。因其粗细介于肌细胞的粗肌丝和细肌丝之间，故命名为中间丝（图 8-36）。中间丝存在于绝大多数动物细胞内。细胞质中间丝通常是围绕细胞核开始组装，并伸展到细胞边缘与细胞质膜上的细胞连接如桥粒、半桥粒等结构相连。通过细胞连接，中间丝将相邻的细胞连成一体。在核膜的内侧，由核纤层蛋白（lamin）组装而成的纤维以正交网状形式排列构成核纤层，并通过位于内层核膜上的核纤层蛋白 B 受体与核膜相连。中间丝结构较微管和微丝稳定得多，用高盐溶液和非离子去垢剂处理细胞时，构成细胞骨架的微管和微丝，以及其他细胞结构基本上都被除去，但中间丝因有很强的抗抽提能力而被保存下来。

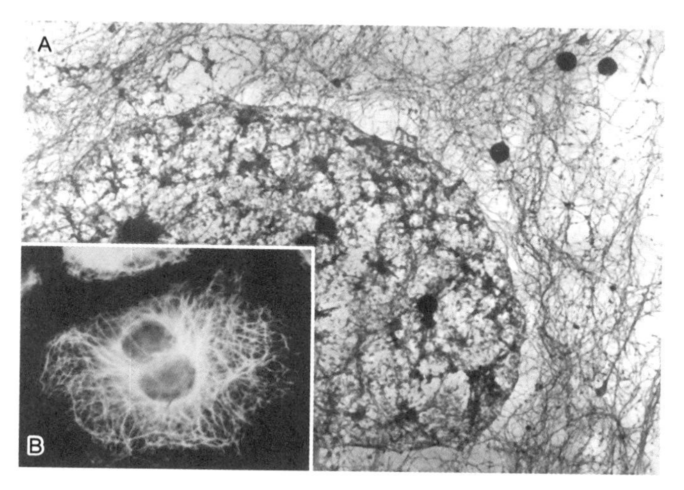

图 8-36　HeLa 细胞内的中间丝

A. 经非离子去垢剂处理和高盐缓冲液抽提后的细胞质中间丝网络的电镜照片。B. 免疫荧光染色显示细胞质中间丝的分布。（翟中和和蔡树涛博士惠赠）

与微管和微丝不同，中间丝并不是所有真核细胞所必需的结构组分。这类蛋白质在高等脊椎动物中最为复杂，而在植物基因组内尚未发现编码中间丝蛋白的基因，在酵母的核膜内侧也不存在核纤层结构。在线虫细胞中表达的某些中间丝蛋白与角蛋白有较高的相似性，但具有外骨骼的动物，如果蝇仅仅表达两种类型的核纤层蛋白，却没有细胞质中间丝。在人类基因组中共有 70 个编码中间丝蛋白的基因，其中大部分是在上皮细胞中表达的角蛋白基因（54 种）。在人体中也有一些组织细胞，如神经系统的少突胶质细胞，它们的细胞质部分形成包绕神经轴突的髓鞘，也没有观察到细胞质内有中间丝结构。

一、中间丝的主要类型和组成成分

中间丝的组成成分比微丝和微管要复杂得多，不同组织来源的细胞表达不同类型的中间丝蛋白（表 8-2）。根据中间丝蛋白的氨基酸序列、基因结构、组装特性以及在发育过程的组织特异性表达模式等，可将中间丝分为 6 种主要类型。Ⅰ型（酸性）和Ⅱ型（中性和碱性）角蛋白（keratin）在上皮细胞内以异源二聚体的形式参与中间丝的组装；而Ⅲ型中间丝，如波形蛋白（vimentin）、结蛋白（desmin）、微管成束蛋白（syncoilin）、胶质丝酸性蛋白（glial filament acidic protein, GFAP）与外周蛋白（peripherin），则通常组装成同源多聚体。波形蛋白在源于中胚层的细胞和发育早期的一些外胚层细胞中表达，且常在结蛋白、GFAP 和神经丝蛋白等一些有分化特异性的中间丝蛋白表达之前形成网络。Ⅳ型中间丝蛋白包括 3 种神经丝蛋白亚基（NF-L、NF-M 和 NF-H），α- 丝联蛋白（α-internexin），神经上皮干细胞蛋白（nestin），联丝蛋白 α（synemin-α）和 desmuslin 等成员，他们大部分在神经系统中表达，其中神经上皮干细胞蛋白是神经干细胞的标志蛋白，而联丝蛋白 α 和 desmuslin 在肌细胞中表达。核纤层蛋白 A/C 与核纤层蛋白 B1 和 B2 同属于Ⅴ型中间丝蛋白，其中核纤层蛋白 B 在人体所有细胞中均表达，而核纤层蛋白 A 只在原肠胚形成后分化的细胞中表达。CP49 和晶状体丝蛋白（filensin）/CP115 是在眼睛的晶状体中表达的两个中间丝蛋白，它们拥有中间丝蛋白所共有的一些结构特征，但由于螺旋终止序列等结构域上存在明显的差异，使这两个蛋白共组装成“念珠状纤维”，在电镜下呈波浪形的外观。由此，将这两个成员归入Ⅵ型中间丝蛋白家族（表 8-2）。这种结构可能与晶状体必须具有足够的刚性和弹性，以及尽量地透明等特性有关。改变这两种蛋白的表达将损害晶状体的功能，CP49 突变将导致家族性白内障。在人类基因组中至少包含 70 种不同的中间丝蛋白基因，组成了人类基因组中最大的基因家族之一。这种中间丝蛋白的多样性与人体内 200 多种细胞类型相关，这些细胞所表现的不同功能和机械性能又与其特殊的细胞骨架成分密切相关，因此，中间丝蛋白被认为是区分细胞类型的身份证。中间丝为多种细胞类型提供了独特的细胞骨架网络结构，在其 N 端和 C 端序列上的差异为不同的细胞类型提供了独特的细胞质环境，而核纤层蛋白则在核膜内侧形成纤维网络。

不同种类的中间丝蛋白有非常相似的二级结构。作为中间丝蛋白的重要结构特征，细胞质中间丝蛋白的中部都有一段由约 310 个氨基酸残基组成的高度保守的杆状区，其两侧是变化很大的头部和尾部。中间丝蛋白杆状区长度约 47 nm，该区域被插入了 3 个 β 片层结构，将 4 段卷曲螺旋（coiled-coil）结构域分隔开。其中 L12 将整个杆状区分成螺旋 1 和螺旋 2。螺旋 1 和螺旋 2 的

表 8-2　中间丝蛋白的类型和组织分布

型别	中间丝种类	组装伴侣	组织分布
Ⅰ型	Ⅰ型角蛋白（酸性），28 种	特定的Ⅱ型角蛋白	上皮细胞
Ⅱ型	Ⅱ型角蛋白（中性 – 碱性），26 种	特定的Ⅰ型角蛋白	上皮细胞
Ⅲ型	波形蛋白	自身	多种中胚层来源的细胞
	结蛋白	自身	所有肌肉细胞
	胶质纤维酸性蛋白	自身或波形蛋白	星形胶质细胞
	外周蛋白	自身或 NF-L	外周神经系统神经元、某些 CNS、受损轴突
	微管成束蛋白	III 型或 IV 型中间丝蛋白	肌细胞
Ⅳ型	神经丝蛋白三组分（NF-L, M, H）	NF-L	神经元
	α – 丝联蛋白	自身或 NF-L	神经元
	神经上皮干细胞蛋白	III 型中间丝蛋白	在神经上皮干细胞、胶质细胞和肌肉中广泛表达
	联丝蛋白 α	III 型中间丝蛋白	肌细胞
	联丝蛋白 β	III 型中间丝蛋白	
Ⅴ型	核纤层蛋白 A/C	核纤层蛋白 A/C	细胞核
	核纤层蛋白 B1	核纤层蛋白 B	细胞核
	核纤层蛋白 B2	核纤层蛋白 B	细胞核
Ⅵ型	晶状体丝蛋白 /CP115	CP49	晶状体
	CP49/ 晶状体蛋白	晶状体丝蛋白	晶状体

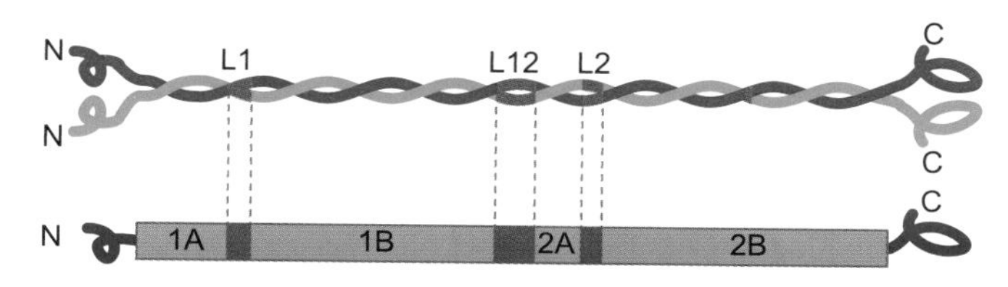

图 8-37 **中间丝蛋白分子结构模式图**

中间丝蛋白的中部是由大约 310 个氨基酸残基组成的杆状区，两侧是呈球状的 N 端头部和 C 端尾部。杆状区是中间丝蛋白最保守的区域，该区域被一段 β 片层结构 L12 分隔成螺旋 1 和螺旋 2，螺旋 1 和螺旋 2 又分别被两段 β 片层结构 L1 和 L2 分隔。两个中间丝蛋白分子的杆状区相互作用形成双股螺旋的二聚体结构。

长度各约 22 nm，螺旋 1 和螺旋 2 又分别被 L1 和 L2 隔为 A、B 两个亚区，4 个卷曲螺旋区间分别被称为 1A 与 1B 和 2A 与 2B（图 8-37）。每段螺旋区的氨基酸序列严格按照每 7 个氨基酸（a-g）一组重复排列，其中 a 和 d 为亲水性氨基酸。这样形成的 α 螺旋结构的表面有一个疏水性的沟槽，供二聚体组装时发挥作用。V 型中间丝蛋白在其 1B 区增加了 6 组（42 个）氨基酸残基的重复，其杆状区的长度为 352 个氨基酸残基。

中间丝的核心部分直径为 10 nm 左右，主要由中间丝蛋白的杆状区构成。中间丝蛋白的头部和尾部结构域参与中间丝的组装，较长的尾部结构域大多突出于中间丝的核心纤维之外，中间丝 22 nm 或 48 nm 的纵向周期与末端区域形成的突出有关。由中间丝伸出的末端区域可能和中间丝与细胞结构的相互作用有关。不同类型的中间丝的末端结构域变化较大。在电镜下观察到的波形纤维是表面比较光滑的丝状结构，而神经丝在神经突起内部平行排列成束状结构，NF-M 和 NF-H 的 C 端突出于神经丝的表面，并在相邻的神经丝之间，神经丝和微管等其他细胞结构之间形成横桥，将神经突起内的微管和中间丝网络连成一体。

二、中间丝的组装与表达

与微管和微丝的组装过程不同，中间丝蛋白在合适的缓冲体系中能自组装成 10 nm 的丝状结构。中间丝的组装首先是两个单体的杆状区以平行排列的方式形成双股螺旋的二聚体。该二聚体可以是同型二聚体（homodimer），如波形蛋白、GFAP 等，但如果是角蛋白，则肯定是一条 Ⅰ 型角蛋白和另一条 Ⅱ 型角蛋白构成异型二聚体（heterodimer）。二聚体的长度约 50 nm。然后是两个二聚体以反向平行和半分子交错的形式组装成四聚体（tetramer）。四聚体可能是中间丝组装的最小结构单位。由于四聚体是由两个二聚体以反向平行的方式组装而成，因此没有极性。作为中间丝组装的基本结构单位，四聚体之间在纵向（首尾）和侧向相互作用，最终组装成横截面为 32 个中间丝蛋白分子、长度不等的中间丝。中间丝的主干主要是由中间丝蛋白的杆状区构成，其 N 端和 C 端结构域除了在中间丝的组装过程中发挥作用之外，还是与细胞的其他结构组分相互作用的主要位点（图 8-38）。

中间丝的装配与解聚和微丝与微管的动态特征有所不同，并不表现为典型的踏车行为，也不需要 ATP 或 GTP 参与。

向细胞内注射荧光标记的中间丝蛋白，然后观察中间丝的组装过程，结果显示新加入的中间丝蛋白可以在已经存在的中间丝的多个位点加入，而不是像微管和微丝那样仅仅在末端加入。随着时间的延长，整个中间丝上都显示荧光标记。可见中间丝的组装模式与微管和微丝完全不同，在细胞内新的中间丝蛋白可以通过交换的方式掺入到原有的纤维中去。用胰蛋白酶处理体外培养的成纤维细胞，在细胞变圆的同时，细胞内的中间丝网络解聚。在除去胰蛋白酶以后，新的中间丝似乎从细胞核的周围开始组装，并向细胞边缘延伸，这时的中间丝好像是从头开始组装，新的中间丝蛋白会加到纤维的末端使纤维延长。

在细胞周期的运行过程中，细胞质中间丝网络在细胞分裂前解体，分裂结束后又重新组装。中间丝的解聚和重新组装过程与中间丝蛋白亚基的磷酸化和去磷酸化有关。有丝分裂前即将去组装的中间丝被磷酸化，然后中间丝上被磷酸化的蛋白亚基与 14-3-3 蛋白结合，导致中间丝网络解体。分裂结束后，中间丝蛋白的可溶性组分发生去磷酸化，14-3-3 蛋白从中间丝蛋白亚基上脱落，中间丝蛋白重新参与中间丝网络的组装。

在细胞分化过程中，中间丝的类型随着细胞的分化过程而发生变化。如在小鼠胚胎发育过程中，最初胚胎细胞中表达的中间丝蛋白是角蛋白，待胚胎发育到第 8～9 天，在将要发育为间叶组织的细胞中，角蛋白表达量下降直至停止表达，取而代之的是波形蛋白的表达。类似的表达谱变化还见于神经外胚层的发育中，首先表达的是角蛋白，第 11 天左右，角蛋白停止表达，波形蛋白出现，随后是神经上皮干细胞蛋白表达。当神

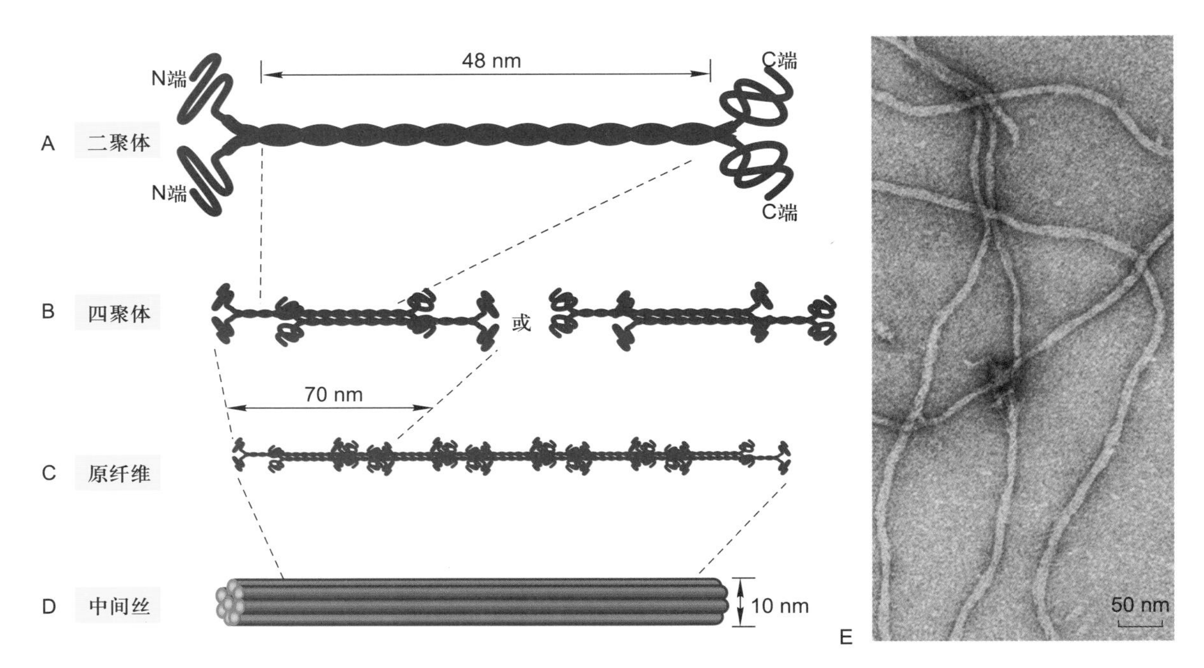

图 8-38　中间丝的组装模型

A. 由两个中间丝蛋白亚基平行排列组装而成双股螺旋的二聚体。B. 两个二聚体按反向平行，半分子交叠的方式组装成中间丝组装的基本结构单位——四聚体。C. 四聚体首尾相连形成原纤维。D. 8 根原纤维构成圆柱状的 10 nm 中间丝。E. 中间丝负染色的电子显微镜图像。（E 图由 Ueli Aebi 博士惠赠）

经干细胞最终分化成神经元和神经胶质细胞时，神经前体细胞内波形蛋白和神经上皮干细胞蛋白停止表达，改为表达神经丝蛋白。作为中枢神经系统中数量众多的星形胶质细胞通常同时表达波形蛋白和胶质纤维酸性蛋白，它们可以共同组装成中间丝，而在一些有丝分裂失控的胶质细胞瘤细胞内可以重新检测到神经上皮干细胞蛋白的表达。由此可见，胚胎细胞能根据其发育方向调节中间丝蛋白基因的表达。在一种类型的中间丝蛋白向另一种类型的中间丝蛋白转变的过程中，新的蛋白似乎是通过交换的方式掺入到原来的中间丝网络中去。

三、中间丝与其他细胞结构的联系

电镜观察所得到的图像信息显示，中间丝在胞质中组装成发达的网络结构，并与细胞质膜上特定的部位（如桥粒）连接，然后通过一些跨膜蛋白（如钙黏蛋白和整联蛋白）与细胞外基质，甚至是相邻细胞的中间丝间接相连。在细胞的内部，许多细胞质中间丝源自细胞核的周缘，并且与核膜有联系。由Ⅴ型中间丝蛋白组装而成的核纤层在核膜的内侧呈正交网状结构（图 8-39）。核纤层与内层核膜上的核纤层蛋白受体相连，从而成为核膜的重要支撑结构。此外，核纤层还是染色质的重要锚定位点。

在细胞分裂前期，核纤层结构解聚，核膜也随之解体，核纤层蛋白 A 以可溶性单体形式弥散在细胞中；而核纤层蛋白 B 则与核膜解体后形成的核膜小泡保持结合状态。分裂末期，结合有核纤层蛋白 B 的核膜小泡在染色质周围聚集，并渐渐融合形成新的核膜，而核纤层蛋白则在核膜的内侧组装成子细胞的核纤层。这一过程有赖于核纤层蛋白与染色质之间的相互作用。细胞分裂过程中核纤层的解体和重新组装与核纤层蛋白的磷酸化水平相关，提示有丝分裂促进因子（MPF）的 $p34^{Cdc2}$ 是核纤层蛋白 B 的激酶。在有丝分裂前期，MPF 可以使核纤层蛋白 B 的 Ser22 和 Ser392 磷酸化，这两个丝氨酸残基分别位于其头部和尾部结构域，磷酸化导致这两个与中间丝组装直接相关的结构域的构象发生变化，从而导致核纤层解聚。采用点突变方法改变这些磷酸化位点可干扰核纤层及核膜结构的解体。在有丝分裂的末期，结合在核膜小泡上的核纤层蛋白 B 的磷酸基被磷酸酶去除，小泡在染色质周围聚集并融合，去磷酸化后的核纤层蛋白 B 的头部和尾部的构象回复到能发生自组装的状态。可见，核纤层蛋白的磷酸化与去磷

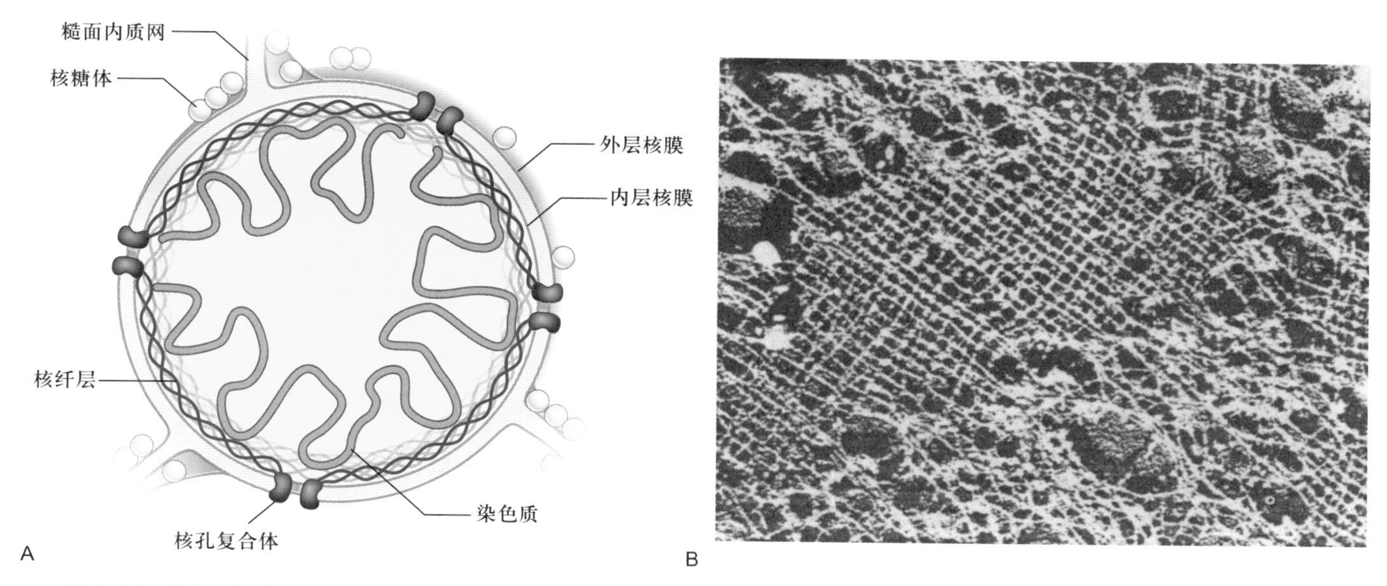

图 8-39 **核纤层的结构**

A. 核纤层结构示意图。B. 非洲爪蟾卵细胞核膜经 Triton X-100 处理去膜，电镜金属投影技术显示核纤层纤维网络。（B 图由 Ueli Aebi 博士惠赠）

酸化可能是有丝分裂过程中核纤层结构动态变化的调控因素。

核纤层蛋白的缺失或突变与多种人类遗传性疾病相关。A 型核纤层蛋白的突变引起脂肪代谢障碍，外周神经退化，并出现早衰症状。在所有的哺乳动物细胞中都有 B 型核纤层蛋白的表达，尽管没有在人体细胞中发现该蛋白的突变体，但在小鼠体内表达核纤层蛋白 B1 的缺失突变体会引起胚胎发育异常，并且在出生后死亡。因此，B 型核纤层蛋白基因的突变很可能是胚胎致死的。在体外培养的细胞中去除核纤层蛋白，会影响核膜的结构，使其很容易在机械力的作用下破裂。然而，由核纤层蛋白基因变异所导致的疾病似乎并不全与机械力的作用相关，还有许多未知的因素。

细胞质中间丝在那些受机械应力作用的组织细胞中特别丰富。处于不同分化阶段的上皮细胞表达不同类型的Ⅰ型及Ⅱ型角蛋白，不同种类的角蛋白具有不同的头部和尾部。可见不同的上皮细胞在表达的角蛋白种类上的差异与细胞所担负的使命相关。上皮细胞中的中间丝往往贯穿整个细胞，其末端与细胞质膜上特定的区域，特别是桥粒和半桥粒结构相连，而暴露在中间丝表面的角蛋白的头部和尾部结构域则与细胞质中的其他组分相结合。中间丝通过桥粒将上皮组织中的各个细胞连成一体，以分散皮肤所受外力的作用。有关基因的突变将干扰中间丝的组装，影响细胞之间的相互作用，如单纯大疱性表皮松懈症与编码角蛋白 5 和 14 的基因突变有关，患者的皮肤只要受到轻微的外力作用就会发生破裂，出现水泡。桥粒结构的受损或编码相关蛋白的基因突变同样会导致上皮组织结构的严重破坏。

中间丝除了与桥粒等细胞结构相互作用外，还有一些中间丝结合蛋白如网蛋白（plectin），能将相邻的中间丝组织成束，还能将中间丝与细胞内的微丝、微管以及其他的细胞结构相连接，从而发挥作用。网蛋白基因的变异同样引起上皮组织及神经系统等多种人类疾病。网蛋白基因敲除小鼠在出生后数天死亡。

在神经元内，NF-M 和 NF-H 的尾部结构域突出于神经丝的表面，在与之相邻的神经丝、微管以及一些膜性结构之间形成横桥，将轴突内部的细胞骨架等结构连成一体，为这个细长的细胞突起提供必要的内部支撑。波形蛋白和胶质纤维酸性蛋白是星形胶质细胞中间丝的主要成分，敲除编码这两种蛋白的基因，将导致星形胶质细胞的一些功能如细胞的迁移能力和脑受伤后形成胶质疤痕的能力受损。可见中间丝与细胞其他结构组分的相互作用对于维持组织的整体功能是非常重要的。

思考题

1. 通过这一章的学习，你对生命体的自组装原则有何认识？
2. 除支持作用和运动功能外，细胞骨架还有什么功能？怎样理解“骨架”的概念？
3. 细胞中同时存在几种骨架体系有什么意义？是否是物质和能量的一种浪费？
4. 为什么说细胞骨架是细胞结构和功能的组织者？细胞内一些细胞器和生物大分子的不对称分布有什么意义？
5. 如何理解细胞骨架的动态不稳定性？这一现象与细胞生命活动过程有什么关系？

参考文献

1. 陈晔光，张传茂，陈佺. 分子细胞生物学. 3版. 北京：高等教育出版社，2019.
2. Bettencourt-Dias M, Glover DM. Centrosome biogenesis and function: centrosomics brings new understanding. *Nature Reviews Molecular Cell Biology*, 2007, 8: 451-463.
3. Chen J, Kanai Y, Cowan N J, *et al*. Projection domains of MAP2 and tau determine spacings between microtubules in dendrites and axons. *Nature*, 1992, 360(6405): 674-677.
4. Cooper J A, Schafer D A. Control of actin assembly and disassembly at filament ends. *Current Opinion in Cell Biology*, 2000, 12: 97-103.
5. Hirokawa N, Noda Y, Tanaka Y, *et al*. Kinesin superfamily motor proteins and intracellular transport. *Nature Reviews Molecular Cell Biology*, 2009, 10: 682-696.
6. Holmes K C, Popp D, Gebhard W, *et al*. Atomic model of the actin filament. *Nature*, 1990, 347(6288): 44-49.
7. Howard J. Molecular motors: structural adaptations to cellular functions. *Nature*, 1997, 389(6651): 561-567.
8. Hsu V W, Lee S Y, Yang J. The evolving understanding of COPI vesicle formation. *Nature Reviews Molecular Cell Biology*, 2009, 10: 360-364.
9. Janke C, BulinskiJ C. Post-translational regulation of the microtubule cytoskeleton: mechanisms and functions. *Nature Reviews Molecular Cell Biology*, 2011, 12: 773-786.
10. Ning H, Xia Y, Zhang D, *et al*. Hierarchical assembly of centriole subdistalappendages *via* centrosome binding proteins CCDC120 and CCDC68. *Nature Communications*, 2017, 8: 15057.
11. Nonaka S, Tanaka Y, Okada Y, *et al*. Randomization of left-right asymmetry due to loss of nodal cilia generating leftward flow of extraembryonic fluid in mice lacking KIF3B motor protein. *Cell*, 1998, 95(6): 829-837.
12. Paavilainen V O, Bertling E, Falck S, *et al*. Regulation of cytoskeletal dynamics by actin-monomer-binding proteins. *Trends in Cell Biology*, 2004, 14(7): 386-394.
13. Vale R D. The molecular motor toolbox for intracellular transport. *Cell*, 2003, 112(4): 467-480.

第九章

细胞核与染色质

本章介绍真核细胞中特有的核心细胞器——细胞核，及细胞核中的核心成分——染色质。细胞核是细胞内遗传信息储存与表达的场所，染色质是遗传信息储存与表达的载体。本章的知识点包括：核被膜的结构与功能、染色质的结构与功能、染色体、核仁的结构与功能、核基质。其中染色质的结构与功能、复制与表达是一切真核细胞生命活动的基础。这一部分的内容也会在分子生物学、遗传学（包括表观遗传）和生物化学中涉及。本章着重从细胞生物学的角度理解遗传信息如何在细胞中储存、传递与表达，以及这些过程与细胞中其他细胞结构和细胞中其他生命活动的关系。

细胞核是真核细胞内最大、最重要的细胞器，是细胞遗传与代谢的调控中心，是真核细胞区别于原核细胞最显著的标志之一。自 1831 年 Brown 发现并命名细胞核（nucleus，复数：nuclei）以来，对于细胞核的研究始终倍受重视。所有真核细胞，除高等植物韧皮部成熟的筛管和哺乳动物成熟的红细胞等极少数例外，都含有细胞核。一般说来，真核细胞失去细胞核会导致细胞的死亡。细胞核大多呈球形或卵圆形，但也随物种和细胞类型不同而有很大变化。细胞核与细胞质在体积之间通常存在一个大致的比例，即细胞核的体积约占细胞总体积的 10%，这被认为是制约细胞最大体积的主要因素之一。核的大小依物种不同而变化，高等动物细胞核直径一般为 5～10 μm，高等植物细胞核直径一般为 5～20 μm，低等植物细胞核直径为 1～4 μm。细胞核主要由核被膜、核纤层、染色质、核仁及核体组成（图 9-1）。细胞核是遗传信息的储存场所，与细胞遗传及代谢活动密切相关的基因复制、转录和转录初产物的加工过程均在此进行。

核被膜既是分割细胞核与其他细胞器的屏障，也是保证细胞核与细胞质交流的唯一通道。多数无机小分子可以自由通过核被膜上的核孔，但对多数生物大分子来说这一过程是要受到严格调控的。核被膜由与内质网相连的双层脂膜、核孔以及位于双层脂膜内侧的核纤层组成。核纤层除了支撑外层核被膜之外，还与细胞核内部的染色质、特别是异染色质有直接联系：包括结构与功能上的联系。染色质的基本组成成分是 DNA 和组蛋白。核心组蛋白 H2A、H2B、H3 和 H4 以及与之缠绕的 DNA 组成的核小体是组成染色质的基本单位。核小体盘聚成 30 nm 螺线管结构，这是染色质发挥功能的基础。DNA 复制、转录、重组都在染色质上进行。螺线管的进一步缠绕构成染色质的高级结构。染色质根据浓缩程度的不同通常可分为常染色质与异染色质。它们在细胞核中的分布与细胞类型以及细胞状态直接相关。染色质结构改变与基因活性直接相关，这一过程受表观遗传修饰调控：包括 DNA 修饰、组蛋白修饰、染色质重塑因子的参与等。染色体是染色质的特殊表现形式：在细胞分裂过程中染色质复制后先形成染色体，然后均匀分配到两个子细胞中。这对遗传物质的稳定遗传非常重要。染色质上负责编码 rRNA 的基因转录集中在细胞核的一个特殊区域——核仁内进行。核仁是 rRNA 合成与加工以及核糖体组装的场所。染色质与核仁以及一些核体在细胞核内依附的基地就是核基质。

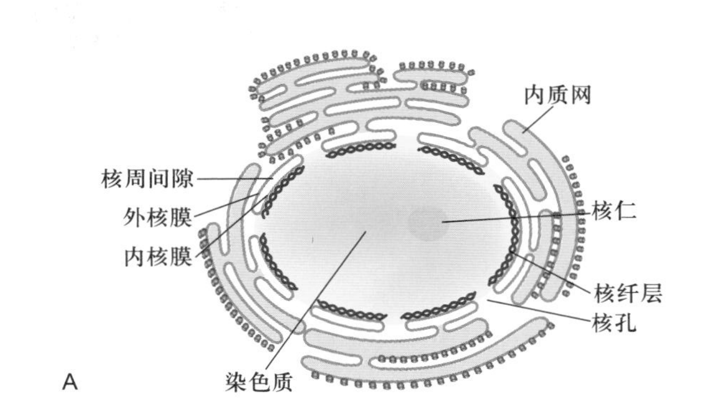

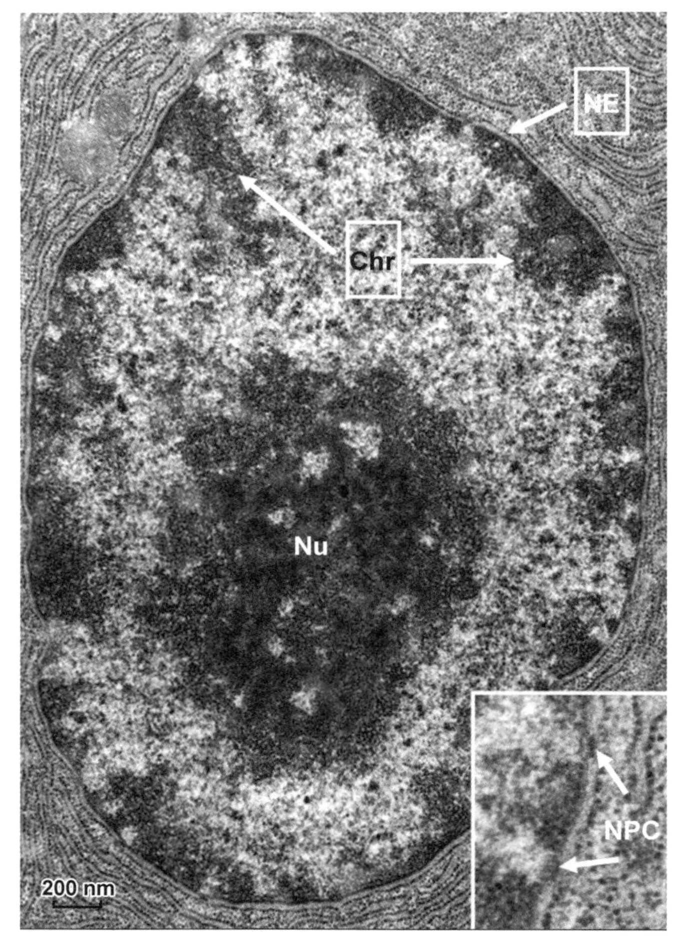

B

图 9-1 **细胞核截面图**

A. 细胞核结构组成示意图。B. 透射电镜图片显示胰腺细胞核：Nu，核仁；NPC，核孔复合体；Chr，染色质；NE，核被膜。（B 图由梁凤霞博士惠赠）

第一节 核被膜

核被膜（nuclear envelope）位于细胞核的最外层，是细胞核与细胞质之间的界膜。特殊的位置决定了它具有两方面的功能。一方面，核被膜构成了核、质之间的天然选择性屏障，将细胞分成核与质两大结构和功能区域，使得 DNA 复制、RNA 转录与加工在核内进行，而蛋白质翻译则局限在细胞质中。这样既避免了核质间彼此相互干扰，使细胞的生命活动秩序更加井然，同时还能保护核内的 DNA 分子免受损伤。另一方面，核被膜调控细胞核内外的物质交换和信息交流。核被膜并不是完全封闭的，核质之间进行着频繁的物质交换与信息交流。这些物质交换与信息交流主要是通过核被膜上的核孔复合体进行的。

核被膜在普通光学显微镜下难以分辨；在相差显微镜下，由于细胞核与细胞质的折光率不同，可以看出核被膜的界限；只有在电子显微镜下才能看清核被膜的细微结构。核被膜主要有三种结构组分：双层核膜、核孔复合体与核纤层（图 9-1）。核纤层（nuclear lamina）紧贴内层核膜下，是一层由纤维蛋白构成的网络结构，它与胞质中间丝、核基质有密切联系。当真核细胞用非离子去垢剂、核酸酶及高盐溶液等分级抽提后，核纤层往往与核孔复合体、胞质中间丝、核基质一起被保存下来，成为贯穿于细胞核与细胞质的骨架结构体系。

一、核膜

（一）核膜结构

核膜由内外两层平行但不连续的单位膜构成。面向核质的一层膜称作内（层）核膜（inner nuclear membrane），而面向胞质的另一层膜称为外（层）核膜（outer nuclear membrane）。两层膜厚度相同，约为 7.5 nm。两层膜之间有 20～40 nm 的透明空隙，称为核周间隙（perinuclear space）或核周池（perinuclear cisternae）。核周间隙宽度随细胞种类不同而异，并随细胞的功能状态而改变。内、外核膜各有特点：① 外核膜表面常附有核糖体颗粒，且常常与糙面内质网相连，使核周间隙与内质网腔彼此相通。从这种结构上的联系出发，外核膜可以被看做是糙面内质网的一个特化区域。② 内核膜表面光滑，无核糖体颗粒附着，但紧贴其内表面有一层致密的纤维网络结构，即核纤层。内核膜上有一些特有的蛋白质成分，如核纤层蛋白 B 受体（lamin B receptor, LBR）。

双层核膜互相平行但并不连续，内外核膜常常在某些部位相互融合形成环状开口，称为核孔（nuclear pore）。在核孔上镶嵌着一种复杂的结构，叫做核孔复合体（nuclear pore complex, NPC）。核孔周围的核膜特称为孔膜区（pore membrane domain），它也有一些特有的蛋白质成分，如核孔复合体特有的跨膜糖蛋白 gp210、Pom121 等。

（二）核膜的崩解与组装

在真核细胞中，核膜伴随着细胞周期的进行有规律地解体与重建。在分裂期，双层核膜崩解成单层膜泡，核孔复合体解体，核纤层解聚；到分裂末期，核被膜开始围绕染色体重新形成。那么，子细胞的核被膜是来源于旧核被膜碎片，还是来自其他膜结构？对此一直存在两种意见。通过对变形虫的研究，很多人支持第一种说法，即新核膜来自旧核膜。将变形虫培养在含有 ^{3}H-胆碱的培养基中，^{3}H-胆碱掺入到膜脂的磷脂酰胆碱中，这样核膜便被 ^{3}H 标记。将带有放射性标记的核取出，移植到正常的去核变形虫中，追踪观察一个细胞周期，结果发现子代细胞形成后，原有的放射性标记全部平均分配到子细胞的核被膜中，说明旧核膜参与了新核膜的构建。

对于核膜组装的机制及其与核孔复合体、核纤层的关系，目前尚无定论。一种以非洲爪蟾（*Xenopus laevis*）卵提取物为基础的非细胞核组装体系（cell-free nuclear assembly system）为研究该问题提供了很好的实验模型。非洲爪蟾的成熟卵母细胞处于第二次减数分裂中期。此时的卵母细胞体积很大，直径可达 1 mm，其中储存了大量的营养物质，为受精后快速卵裂做准备。一个成熟的卵母细胞所储备的原料可供形成 $10^3 \sim 10^4$ 个细胞核。现已设法用这种卵提取物在体外成功地模拟出细胞核的构建及解体过程。目前越来越多的证据表明，一种直径 200 nm 左右的单层小膜泡直接参与了核膜的形成。它们首先附着到染色质表面，在染色质表面排列并相互融合形成双层核膜，同时在膜上的某些部位内外膜相互融合并形成核孔复合体结构。对 HeLa 细胞有丝分裂过程的研究发现，核被膜在细胞周期中发生有序的去组装与重组装。从处于分裂期的 HeLa 细胞中可以分离出两种膜泡组分：一组富含 LBR，另一组富含 gp210。这说明核被膜的去组装不是随机的，而是具有区域特异性（domain-specific）。在有丝分裂后期核被膜重新组装时，富含 LBR 的膜泡首先与染色质结合，而富含 gp210 的膜泡与染色质结合较晚。近期的研究工作发现，Ran GTP 酶及其结合蛋白参与了核被膜的组装调控。这些蛋白质不仅调控膜泡在染色质表面的募集，也参与膜泡的融合和核孔复合体组装。此外，核被膜的去组装、重组装变化受细胞周期调控因子的调节，这种调节作用可能通过对核纤层蛋白、核孔复合体蛋白等进行磷酸化与去磷酸化修饰来实现。

二、核孔复合体

1949—1950 年间，H. G. Callan 与 S. G. Tomlin 在用透射电子显微镜观察两栖类卵母细胞的核被膜时发现了核孔。随后人们逐渐认识到核孔并不是一个简单的孔洞，而是一个相对独立的复杂结构。1959 年 M. L. Watson 将这种结构命名为核孔复合体。迄今已知的所有真核细胞，从酵母到人，其间期细胞核普遍存在核孔复合体。核孔复合体在核被膜上的数量、分布密度与分布形式随细胞类型、细胞核的功能状态的不同而有很大的差异。一般来说，转录功能活跃的细胞，其核孔复合体数量较多。一个典型的哺乳动物细胞核被膜上的核孔复合体总数为 3 000～4 000 个，相当于 10～20 个 /μm^2。

（一）结构模型

核孔复合体镶嵌在内外核膜融合形成的核孔上。核孔的直径为 80～120 nm，而核孔复合体稍大一些，直径为 120～150 nm，因为它有一部分结构嵌入核被膜内。有关核孔复合体的结构一直是一个令人感兴趣的问题。自从被发现以来，不断有新的结构模型提出，但至今并不完善，仍有一些关键性的问题有待阐明。这主要是因为分离纯化核孔复合体的方法还不够完善，并且还受到电镜制样技术与观察方法的限制。研究核孔复合体形态结构的经典方法主要有三种：树脂包埋超薄切片技术、负染色技术和冷冻蚀刻技术。20 世纪 80 年代以来，计算机图像处理技术应用于电镜的图像分析，高分辨率场发射扫描电镜技术（HR-FESEM）和快速冷冻－冷冻干燥制样技术的发展，使人们对核孔复合体的形态结构有了更深入的了解（图 9-2）。综合已

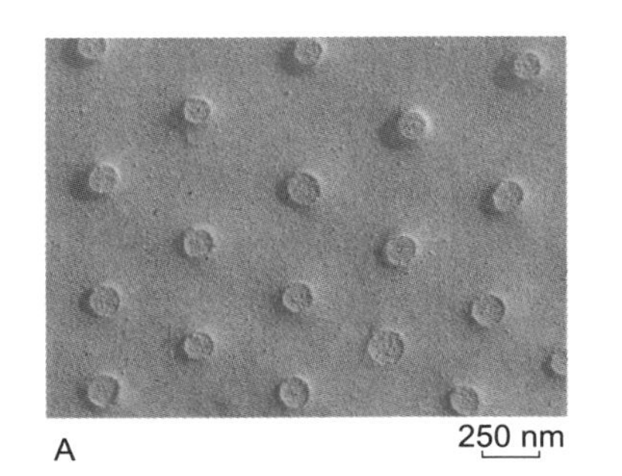

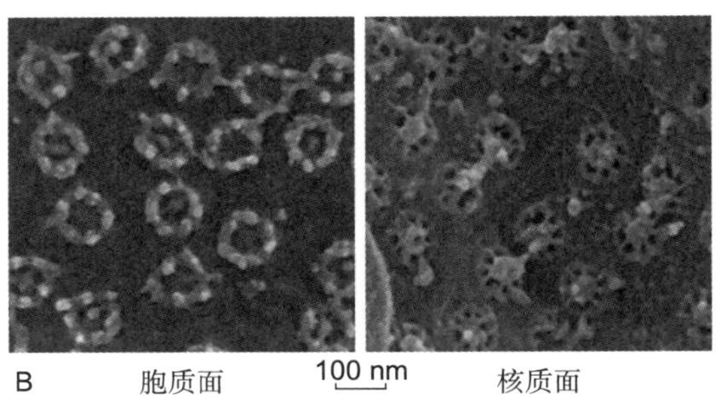

图 9-2 用冷冻蚀刻电镜技术（A）和高分辨率扫描电镜（B）显示的核孔复合体

（A 图由 Bechara Kachar 博士惠赠；B 图由任合博士和张传茂博士提供）

有的资料人们提出了一个最新的核孔复合体结构模型（图 9-3）。

对于这个模型的结构组成目前有两种理解：① 从横向上看，核孔复合体由周边向核孔中心依次可分为环、辐、栓三种结构亚基。② 从纵向上看，核孔复合体由核外（胞质面）向核内（核质面）依次可分为胞质环、辐（+栓）、核质环三种结构亚基，形成“三明治”（sandwich）式的结构。综合起来，核孔复合体主要有以下 4 种结构组分：① 胞质环（cytoplasmic ring）：位于核孔边缘的胞质面一侧，又称外环。环上有 8 条短纤维对称分布并伸向胞质。② 核质环（nuclear ring）：位于核孔边缘的核质面一侧，又称内环。内环比外环结构复杂，环上也对称地连有 8 条细长的纤维，向核内伸入 50～70 nm。在纤维的末端形成一个直径为 60 nm 的小环，小环由 8 个颗粒构成。这样整个核质环就像一个“捕鱼笼”（fish-trap）样的结构，也有人称之为核篮（nuclear basket）结构。③ 辐（spoke）：由核孔边缘伸向中心，呈辐射状八重对称。它的结构也比较复杂，可进一步分为三个结构域：主要的区域位于核孔边缘，连接内、外环，起支撑作用，称作“柱状亚基”（column subunit）；在这个结构域之外，接触核膜部分的区域称为“腔内亚基”（luminal subunit），它穿过核膜伸入双层核膜的核周间隙；在“柱状亚基”之内，靠近核孔复合体中心的部分称作“环带亚基”（annular subunit），由 8 个颗粒状结构环绕形成核孔复合体核质交换的通道。④ 栓：或称中央栓（central plug），位于核孔的中心，呈颗粒状或棒状，所以又称为中央颗粒（central granule）。由于推测它在核质交换中起一定的作用，所以也把它叫做“transporter”。不过不是在所有的核孔复合体中都能观察到这种结构，因此有人认为它不是核孔复合体的结构组分，而只是正在通过核孔复合体的被转运的物质。由上述结构模型可见，核孔复合体相对于垂直于核膜通过核孔中心的轴呈辐射状八重对称结构，而相对于平行于核膜的平面则是不对称的，即核孔复合体在核质面与胞质面两侧的结构明显不对称，这与其在功能上的不对称性是一致的。

Ris 与 M. Malecki 运用 HR-FESEM 观察非洲爪蟾卵母细胞核膜上的核孔复合体，发现“捕鱼笼”并非中断且游离在核质中，而是与一种称为“cable”的网络通道相连通。这种 cable 由与“捕鱼笼”类似的结构单位串联而成，看上去像是“捕鱼笼”上的纤维与小环在核质中的周期性重复与延续。从“捕鱼笼”末端小环的 8 个颗粒上又发出 8 条细长的纤维，在纤维上周期性地间隔有 8 个颗粒构成的环状结构。不同的“捕鱼笼”发出的 cable 相互交叉，使 cable 成为一个遍布核质、相互贯通的复杂的网络。这种与“捕鱼笼”相连、结构相似的 cable 有何功能尚不清楚，推测它很可能与核孔复合体的核质转运功能有关。

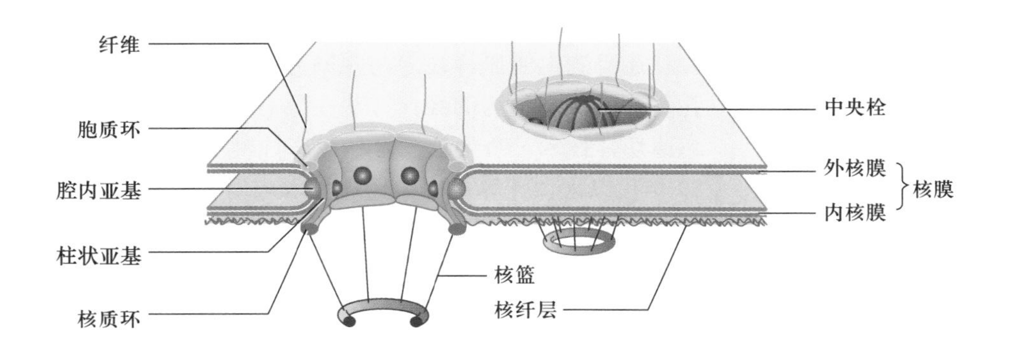

图 9-3 核孔复合体结构模型

表 9-1　已知的脊椎动物核孔复合体的蛋白质成分简表

蛋白质名称	对应的 NPC 结构	功能与特性
gp210	孔膜区，跨膜蛋白	能与 ConA 结合；N 端位于膜周间隙，C 端将 NPC 锚定在核膜上
Pom121	孔膜区，跨膜蛋白	能与 WGA 结合；C 端有 FXFG 重复序列
Nup153	“捕鱼笼”	能与 WGA 结合；N 端有 FXFG 重复序列；具有锌指结构，能够结合 DNA（在体外）
Nup180	胞质环及其纤维	不能与 WGA 结合；其抗体对核质交换没有抑制作用；介导 NPC 与胞质骨架的联系
Nup155	核质面与胞质面	不能与 WGA 结合
p62	中央颗粒	能与 WGA 结合；具有 FXFG 重复序列；其抗体对核质交换有抑制作用；能与 p58，p54，p45 形成 p62 复合体；与酵母的 Nsp1p 同源
p58		具有 FG 重复序列；与酵母的 Nup49p 同源
p54		具有 FG 重复序列；与酵母的 Nup57p 同源
p45		具有 FG 重复序列
Nup84（大鼠）或 Nup88（人）	胞质环纤维	与 Nup214/CAN 结合，并将其连接到核孔复合体上
Nup214/CAN	胞质环纤维	能与 WGA 结合
Nup107		与酵母的 Nup84p 同源
Nup98		具有 GLFG 重复序列；与酵母的 Nup116p 同源
Nup155		与酵母的 Nup170 同源
p260/Tpr	胞质环纤维	不能与 WGA 结合

（二）组成成分

核孔复合体主要由蛋白质构成，其总分子质量约为 125 MDa，新近推测可能含有 30 余种不同的多肽，共 1 000 多个蛋白质分子。通过生化与遗传学技术相结合，在酵母中已鉴定出 30 余种与核孔复合体有关的蛋白质成分。迄今已鉴定的脊椎动物的核孔复合体蛋白质成分也已达到 10 多种（表 9-1），其中 gp210 与 p62 是最具有代表性的两个成分，它们分别代表着核孔复合体蛋白的两种类型。实际上，核孔复合体的整个结构在演化上是高度保守的。gp210 与 p62 这两类蛋白质成分在从酵母到人的多种生物中都已被发现证实，它们在不同的物种中有很强的同源性。目前人们倾向于把所有的核孔复合体蛋白统一命名为“核孔蛋白”（nucleoporin，Nup）。

gp210 代表一类结构性跨膜蛋白，是第一个被鉴定出来的核孔复合体蛋白，分子质量为 210 kDa，位于核膜的“孔膜区”，故认为它在锚定核孔复合体的结构上起重要作用。目前认为 gp210 主要有三方面的功能：① 介导核孔复合体与核膜的连接，将核孔复合体锚定在“孔膜区”，从而为核孔复合体组装提供一个起始位点。② 在内、外核膜融合形成核孔中起重要作用。③ 在核孔复合体的核质交换功能活动中起一定作用，如 gp210 核周间隙内肽段的抗体能够降低蛋白质入核转运的速度。

p62 代表一类功能性的核孔复合体蛋白。脊椎动物的 p62 分子主要分为两个结构域：① 疏水性 N 端区：具有 FXFG（F：苯丙氨酸；X：任意氨基酸；G：甘氨酸）形式的重复序列，这个区域可能在核孔复合体功能活动中直接参与核质交换。② C 端区：具有疏水性的七肽重复序列，类似一些纤维蛋白（如中间丝蛋白、核纤层蛋白）的杆状区，适合形成 α 螺旋。这个区域可能通过卷曲螺旋与其他核孔复合体蛋白成分相互作用，从而将 p62 分子稳定到核孔复合体上，为其 N 端进行核质交换活动提供支持。p62 对核孔复合体行使正常的功能非常重要。目前，这一类核孔复合体蛋白成分已有很多被鉴定出来，其中有些像 p62 一样带有 *O*-连接 GlcNac 类型的糖基化修饰，并且含有一些重复序列，如 Nup153 中的 FXFG，Nup98 中的 GLFG（L：亮氨酸），也有些没有任何糖基化修饰或类似的重复序列。

（三）功能

从功能上讲，核孔复合体可以看做是一种特殊的跨膜运输蛋白复合体，并且是一个双功能、双向性的亲水

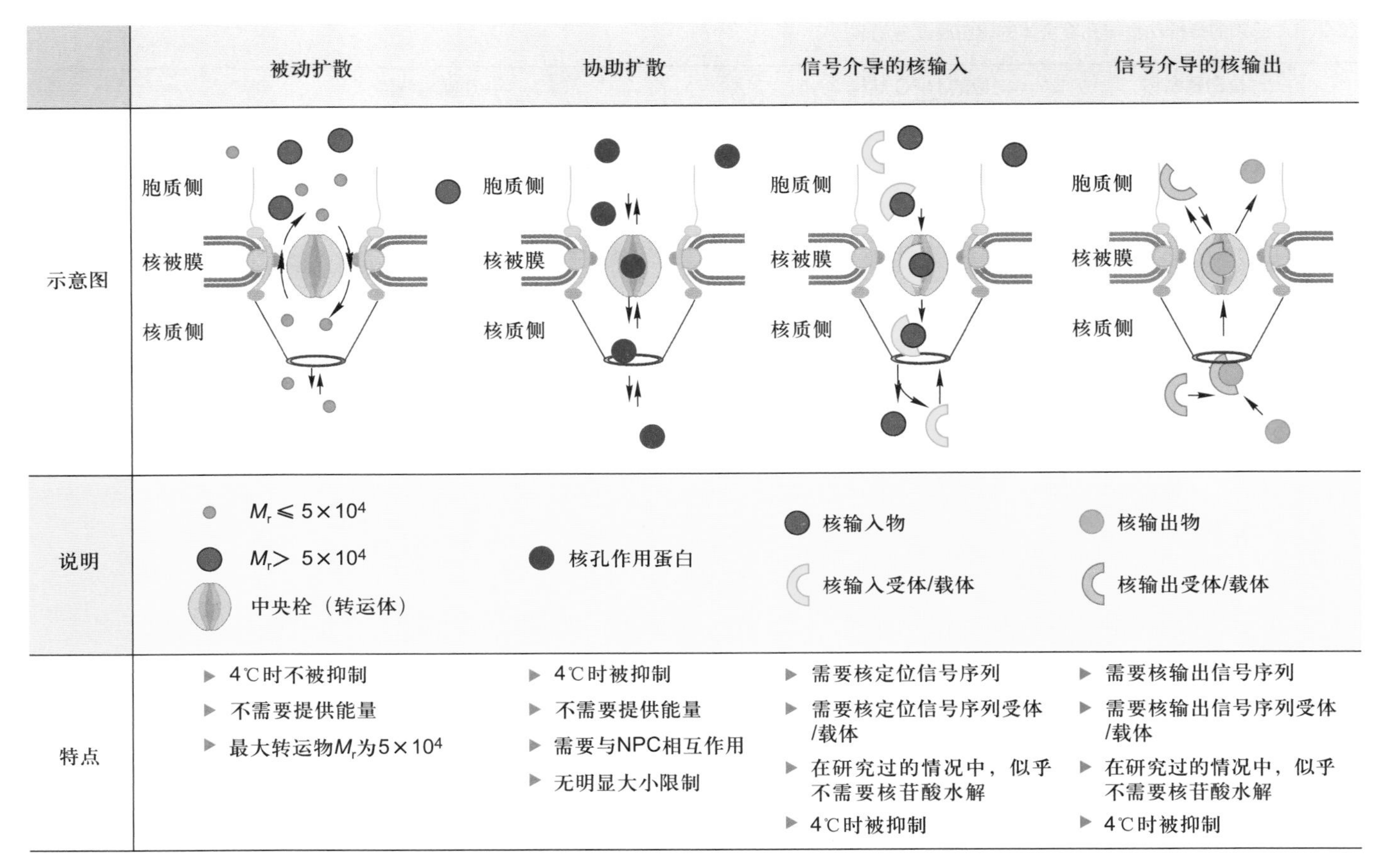

图 9–4　通过核孔复合体物质运输的功能示意图

性核质交换通道。双功能表现在它有两种运输方式：被动扩散与主动运输。双向性表现在既介导蛋白质的入核转运，又介导 RNA、核糖核蛋白颗粒（RNP）的出核转运（图 9–4）。

1. 通过核孔复合体的被动扩散

核孔复合体作为被动扩散的亲水通道，其有效直径为 9～10 nm，有的可达 12.5 nm，即离子、小分子以及直径在 10 nm 以下的物质原则上可以自由通过。对于球形蛋白质，这种有效直径相当于允许分子质量在 40～60 kDa 的蛋白质分子自由穿过核孔。但实际上并不是所有符合这个条件的蛋白质都可以随意出入细胞核。有许多小分子的蛋白质，如组蛋白 H1，其分子质量虽只有 21 kDa，但由于它本身带有具信号功能的氨基酸序列，所以是通过主动运输进入细胞核的；有的小分子蛋白质本身虽然没有信号序列，但可以与其他有信号序列的成分结合，一起被主动运输到核内。因此，核孔复合体的这种被动扩散通道并不意味着所有 10 nm 以下的小分子在核被膜两侧就一定均匀分布。有些小分子蛋白质可能会因为与其他大分子相结合，或与一些不溶性结构成分（如中间丝、核基质）结合而被限制在细胞质或细胞核内。

2. 核孔复合体的主动运输

生物大分子的核质分配如亲核蛋白的核输入，RNA 分子及核糖核蛋白颗粒（RNP）的核输出，在细胞核功能活性的控制中起非常重要的作用。对于真核细胞来说，典型的哺乳类细胞的核被膜上有 3 000～4 000 个核孔（10～20 个 /μm^2）。如果细胞正在合成 DNA，为了确保染色质包装，则需要每 3 min 从细胞质向核内输入 10^6 个组蛋白分子，这意味着每个核孔每分钟要运进 100 个组蛋白分子。如果细胞在迅速生长，则需要每个核孔每分钟从细胞核向细胞质输出 3 对核糖体大小亚基，以确保蛋白质合成的需要。现在已知，这种大分子的核质分配主要是通过核孔复合体的主动运输完成的，具有高度的选择性，并且是双向的。其主动运输的选择性表现在以下三个方面：① 对运输颗粒大小的限制。主动运输的功能直径比被动运输大，为 10～20 nm，甚至可达 26 nm。像核糖体亚基那样大的 RNP 也可以通过核孔复合体从核内运输到细胞质中，表明核孔复合体的有效直径的大小是可调节的。② 通过核孔复合体的主动运输是一个信号识别与载体介导的过程，需要消耗ATP能量，并表现出饱和动力学特征。③ 通过核孔复合体的主动运输具有双向性，即核输入与核输出，它既能把复制、转录、染色体构建和核糖体亚基组装等所需要的各种因子如DNA聚合酶、RNA聚合酶、组蛋白、核糖体蛋白等运输到核内；同时又能将翻译所需的RNA、组装好的核糖体亚基从核内运送到细胞质。有些蛋白质或RNA分子甚至两次或多次穿越核孔复合体，如核糖体蛋白、snRNA。

近期对于亲核蛋白的入核转运机制的研究进展较快。亲核蛋白（karyophilic protein）是指在细胞质内合成后，需要或能够进入细胞核内发挥功能的一类蛋白质。大多数的亲核蛋白往往在一个细胞周期中一次性地被转运到核内，并一直停留在核内行使功能，典型的如组蛋白、核纤层蛋白；但也有一些亲核蛋白需要穿梭于核质之间进行功能活动，如核输入蛋白（importin）。通过研究核质蛋白（nucleoplasmin）的入核转运，人们逐步发现了指导亲核蛋白入核的信号。亲核蛋白一般都含有特殊的氨基酸序列，这些内含的特殊短肽保证了整个蛋白质能够通过核孔复合体被转运到细胞核内。这段具有“定向”“定位”作用的序列被命名为核定位序列（nuclear localization sequence）或核定位信号（nuclear localization signal, NLS）。第一个被确定序列的NLS来自猴肾病毒（SV40）的T抗原（分子质量92 kDa）。这个NLS由7个氨基酸残基构成：Pro–Lys–Lys–Lys–Arg–Lys–Val。其中仅一个氨基酸残基的突变就会导致该蛋白在胞质内不正常积累。如果将这段NLS序列连接到非亲核蛋白上，则非亲核蛋白就会被转运到核内。此后，又陆续鉴定出一些其他亲核蛋白的NLS。目前认为NLS是存在于亲核蛋白内的一些短的氨基酸序列片段，富含碱性氨基酸残基，如Lys、Arg，此外还常常含有Pro。这些氨基酸残基片段可以是一段连续的序列，如上述SV40 T抗原的NLS；也有分成两段存在于亲核蛋白的氨基酸序列中，两段之间往往间隔约10个氨基酸残基，如核质蛋白的NLS。在不同的NLS之间尚未发现共有的特征序列。与指导蛋白质跨膜运输的信号肽不同，NLS序列可存在于亲核蛋白的不同部位，并且在指导亲核蛋白完成核输入后并不被切除。

亲核蛋白通过核孔复合体的转运是分步进行的，根据整个过程对能量的需求可粗略分为两步：结合（binding）与转移（translocation）。亲核蛋白首先结合到核孔复合体的胞质面，这一步不需要能量，但依赖正常的NLS；随后的转移步骤则需要GTP水解供能。亲核蛋白除了本身具有NLS外，其入核转运还需要一些胞质蛋白因子的帮助。目前比较确定的因子有importin-α、importin-β、Ran和NTF2等。在它们的参与下，亲核蛋白的入核转运可分为如下几个步骤（图9–5）：① 亲核蛋白通过NLS识别importin-α，与可溶性NLS受体importin-α/importin-β异二聚体结合，形成转运复合物。② 在importin-β的介导下，转运复合物与核孔复合体的胞质纤维结合。③ 转运复合物通过改变构象的核孔复合体从胞质面被转移到核质面。④ 转运复合物在核质面与Ran–GTP结合，并导致复合物解离，亲核蛋白释放。⑤ 受体的亚基与结合的Ran返回胞质，在胞质内Ran–GTP水解形成Ran–GDP并与importin-β解离，Ran–GDP返回核内再转换成Ran–GTP状态。

对于RNA及核糖体亚基的出核转运机制了解得较

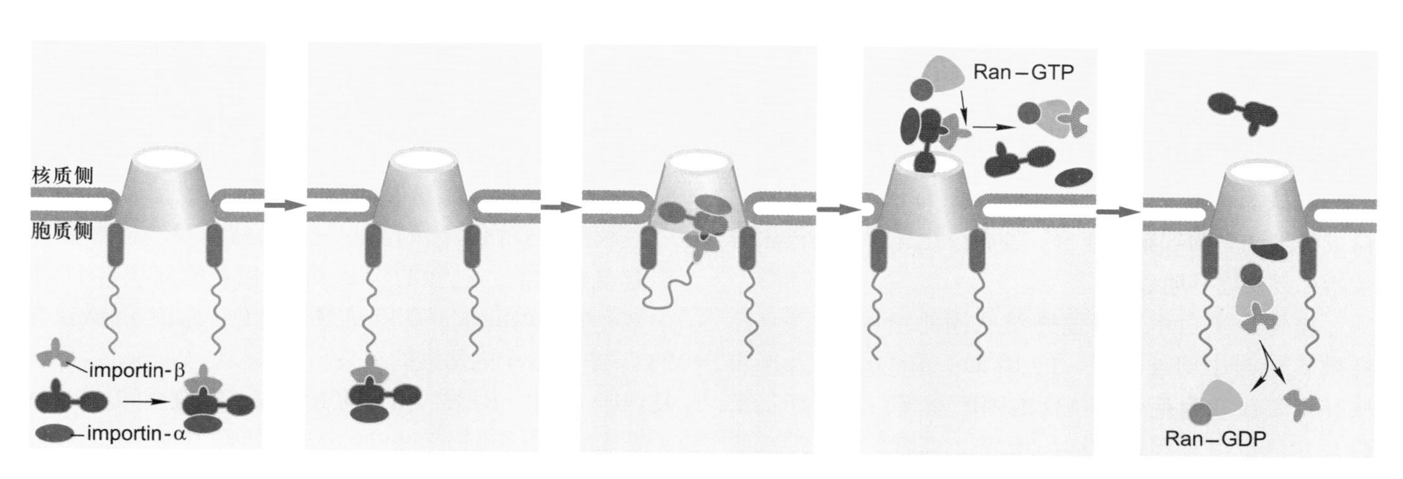

图9–5　亲核蛋白从细胞质向细胞核输入的过程示意图

少。真核细胞中RNA一般要经过转录后加工、修饰成为成熟的RNA分子后才能被转运出核。① 由RNA聚合酶Ⅰ转录的rRNA分子，总是在核仁中与从胞质中转运进来的核糖体蛋白结合形成核糖体亚基，以RNP的形式离开细胞核，转运过程需要能量。② 由RNA聚合酶Ⅲ转录的5S rRNA与tRNA的转运是一种由蛋白质介导的过程。③ 由RNA聚合酶Ⅱ转录的核内异质RNA（heterogeneous nuclear RNA, hnRNA），首先需要在核内进行5′端加帽和3′端附加多腺苷酸序列（poly A）以及剪接等加工过程，然后形成成熟的mRNA出核，出核转运也是一个需要载体的主动运输过程。真核细胞的snRNA、mRNA与tRNA，无论在细胞质还是细胞核中，都是与相关的蛋白质结合在一起，即以各种RNP的形式存在的。所谓RNA的出核转运实际上是RNA-蛋白质复合体的转运，即RNA的核输出离不开特殊的蛋白质因子的参与，这些蛋白质因子本身含有出核信号。目前人们正致力于寻找在RNA分子与核孔复合体之间起桥梁作用的信号与载体。现已发现一些与RNA共同出核的蛋白因子，如HIV病毒的Rev蛋白、转录因子TFⅢA、蛋白激酶A抑制因子PKI等，含有对它们的出核转运起决定作用的氨基酸序列，命名为核输出信号（nuclear export signal, NES）。此外，有迹象表明入核转运与出核转运之间可能有某种联系，如它们可能需要某些共同的因子。

三、核纤层

哺乳动物体细胞的核纤层主要由三种核纤层蛋白构成，它们分别是lamin A、lamin B和lamin C。其中，lamin A和lamin C是同一个基因的不同拼接体（splicing variant），前566个氨基酸完全相同，但是C端的序列是不一样的。lamin A/C的表达具有组织与发育时期的特异性，但lamin B则在哺乳动物的所有细胞中表达。在早期小鼠胚胎中，lamin A核纤层蛋白不表达，所以它们被认为可能与细胞的分化有关。lamin B缺失的小鼠成纤维细胞的细胞核变形、细胞分化异常、染色体倍数增加以及过早地衰老。

核纤层蛋白本身形成纤维状网络结构（图9-6）。纤维直径与中间丝类似，约10 nm。所以，有人也将核纤层蛋白认为是一类特殊的中间丝蛋白。核纤层蛋白与其他蛋白质存在结构与功能上的相互关系。这些

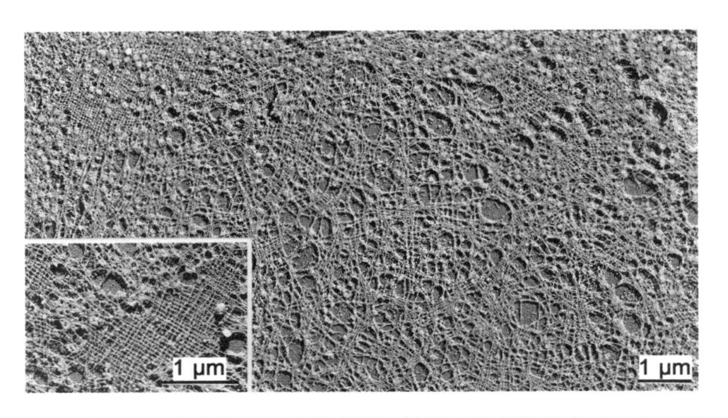

图9-6　冷冻蚀刻电镜技术显示核纤层的纤维结构（Ueli Aebi博士惠赠）

蛋白质主要包括一些核被膜内膜蛋白（INM protein），如SUN1（Sad1-Unc84）、LAP（lamin-associated polypeptide）；核孔复合体蛋白；细胞骨架结合蛋白，如Nesprin；核基质与染色质结合蛋白，如BAF（barrier-to-autointegration factor）。

核纤层的功能主要包括以下几个方面：① 结构支撑功能。核纤层蛋白形成骨架结构支撑于核被膜的内侧，使得核被膜能起到细胞核与细胞质之间的隔离与信息交换功能。核纤层的骨架功能还得以使细胞核维持正常的形状与大小。② 调节基因表达。果蝇细胞中基因组范围的研究结果表明，沉默基因更倾向于分布于核纤层附近，异染色质更易与核纤层结合，而且核纤层附近染色质的乙酰化水平较低。然而，在酵母细胞中活跃转录的基因也分布于核纤层附近，它们常与核孔复合体结合。所以，核纤层与基因表达的确切关系还不是非常清楚。很可能在不同物种的细胞中，甚至不同组织的细胞中情况不一样。③ 调节DNA修复。研究表明，lamin A核纤层蛋白是双链DNA断裂修复必需的。核纤层蛋白功能异常患者细胞中的基因组变得不稳定，DNA修复反应滞后，端粒变短。④ 与细胞周期的关系。细胞分裂过程中，核纤层蛋白解聚成可溶的单体或与崩解后的核被膜相结合。新核形成时，核被膜与染色质结合的同时，核纤层也最后重新形成。

核纤层蛋白基因的突变导致的核纤层功能丧失会引起多种疾病。已知的与lamin A相关的疾病有11种之多。如Hutchinson-Gilford早老综合征是由于lamin A的C端的50个氨基酸的缺失，非典型性Werner综合征是由于A57P、R133L和L140R的氨基酸改变等。lamin B受体功能改变则会引起Pelger-Huët综合征。

第二节　染色质

染色质（chromatin）是遗传物质的载体。1879 年，Flemming 提出了染色质这一术语，用以描述细胞核中能被碱性染料强烈着色的物质。1888 年，W. von Waldeyer-Hartz 正式提出染色体的命名。经过一个多世纪的研究，人们认识到，染色质和染色体是在细胞周期不同阶段可以互相转变的形态结构。

染色质是指间期细胞核内由 DNA、组蛋白、非组蛋白及少量 RNA 组成的线性复合结构，是间期细胞遗传物质存在的形式。染色体是指细胞在有丝分裂或减数分裂的特定阶段，由染色质聚缩而成的棒状结构。实际上，二者之间的区别主要并不在于化学组成上的差异，而在于包装程度不同，反映了它们在细胞周期不同的功能阶段中所处的不同的结构状态（图 9–7）。在真核细胞的细胞周期中，大部分时间是以染色质的形态而存在的。

如果说细胞核是细胞遗传与代谢的调控中心，那么这个中心最重要的成员便是染色质。几乎所有细胞生命活动都要从染色质开始。我们知道细胞的生长、分裂甚至衰老与死亡都是受基因控制的，而细胞内基因存在与发挥功能的结构基础是染色质。与基因组直接相关的细胞活动都是在染色质水平进行的，如 DNA 复制、基因转录、同源重组、DNA 修复，包括转录偶联的修复（transcription coupled repair）以及 DNA 和组蛋白的各种修饰（图 9–7）。这些修饰包括甲基化、乙酰化、磷酸化、亚硝基化和泛素化等。

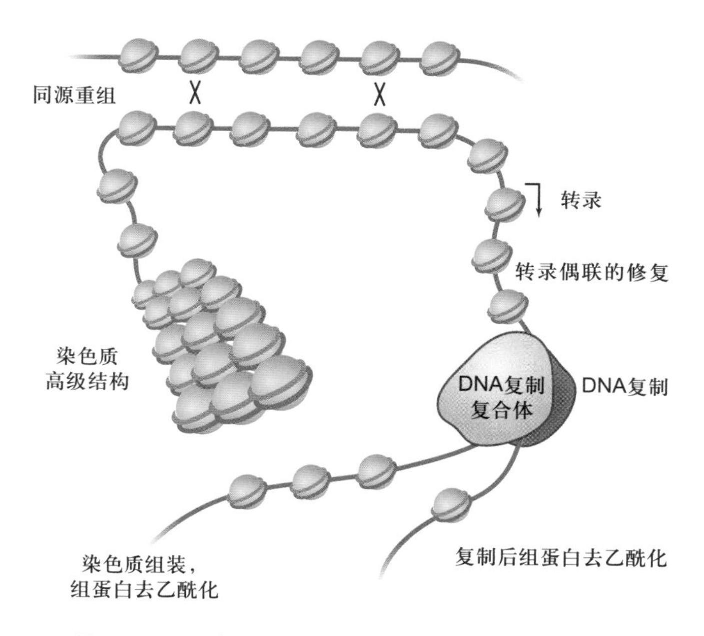

图 9–7　DNA 复制、转录和重组都是在染色质水平进行

通过分离胸腺、肝或其他组织细胞的核，用去垢剂处理后再离心收集染色质进行生化分析，确定染色质的主要成分是 DNA 和组蛋白，还有非组蛋白及少量 RNA。大鼠肝细胞染色质常被当做染色质成分分析模型，其中组蛋白与 DNA 含量之比近于 1∶1，非组蛋白与 DNA 之比是 0.6∶1，RNA/DNA 比值为 0.1∶1。DNA 与组蛋白是染色质的稳定成分，非组蛋白与 RNA 的含量则随细胞生理状态不同而变化。下面我们将对染色质 DNA 和染色质蛋白质进行详细叙述。

一、染色质 DNA

（一）基因组大小比较

除部分病毒的遗传物质是 RNA 以外，凡是具有细胞形态的生物其遗传物质都是 DNA。在真核细胞中，每条未复制的染色体包含一条纵向贯穿的 DNA 分子。狭义而言，某一生物的细胞中储存于单倍染色体组中的总遗传信息，组成该生物的基因组（genome）。真核生物基因组 DNA 的含量比原核生物高得多。大肠杆菌的基因组含 4.6×10^6 bp，基因平均长度为 1.2 kb，基因数目约 4 288；而真核生物芽殖酵母基因组是大肠杆菌基因组的 3～4 倍，为 1.2×10^7 bp，基因平均长度为 1.4 kb，约有 6 000 个基因；果蝇高达 40 倍（1.8×10^8 bp），基因平均长度为 11.3 kb，约有 13 600 个基因；人的单倍体基因组几乎高达 800 倍，为 3.2×10^9 bp，基因平均长度为 16.3 kb，有 30 000～40 000 个基因（表 9–2）。然而，突变分析结果表明，并非所有基因都是细胞生存的必需基因（essential gene），如酵母基因组有 40% 的基因属于非必需基因（nonessential gene）；果蝇基因组只有 5 000 个必需基因；最小最简单的细胞支原体（生殖支原体，*Mycoplasma genitalium*），有迄今发现的能独立生活的有机体的最小基因组（470 个基因），其中只有 256 个必需基因。

（二）基因组 DNA 类型

生物基因组 DNA 可以分为以下几类（以人类基因组为例）：① 蛋白编码序列，以三联体密码（triplet）

表 9-2 已测序的基因组比较

物种	基因组大小 /Mb	基因数目 / 个	蛋白编码序列
细菌			
生殖支原体	0.58	470	88%
流感嗜血杆菌	1.8	1 743	89%
大肠杆菌	4.6	4 288	88%
酵母			
芽殖酵母	12	6 000	70%
裂殖酵母	12	4 800	60%
无脊椎动物			
秀丽隐杆线虫	97	19 000	25%
果蝇	180	13 600	13%
植物			
拟南芥	125	26 000	25%
水稻	440	30 000~50 000	约 10%
哺乳动物			
人	3 200	30 000~40 000	1%~1.5%

Mb：百万碱基对。

方式进行编码。编码DNA在基因组中所占比例随物种而异（表9-2），在人类细胞基因组中，这一比例为1%～1.5%。这类编码序列主要是非重复的单一DNA序列，一般在基因组中只有一个拷贝（单一基因）。然而，也可能有两个或几个拷贝甚至多达上千个拷贝的情况，这些都来自于从基因家族里派生出来的重复基因（duplicated genes in gene families）或多基因（diverged genes in gene families）。② 编码rRNA、tRNA、snRNA和组蛋白的串联重复序列。它们在基因组中一般有20～300个拷贝，人类基因组中约含0.3%这样的DNA。③ 含有重复序列的DNA。这类DNA在基因组中占有很大一部分。它们又可分为两个亚类：简单序列DNA（simple sequence DNA）和散在重复（interspersed repeats）序列。DNA转座子、LTR反转座子、非LTR反转座子和假基因都属于散在重复序列。非LTR反转座子包括短散在元件（short interspersed element, SINE）和长散在元件（long interspersed element, LINE）。典型SINE长度少于500 bp，如人和灵长类基因组中大量分散存在的Alu家族。人基因组中有50万～70万份Alu拷贝，相当于平均每隔4 kb就有一个Alu序列。典型LINE其长度为6～8 kb，如人基因组中L1家族，有100 000个L1拷贝。④ 未分类的间隔DNA（unclassified spacer DNA）（表9-3）。

此外，真核细胞基因组中还含有高度重复DNA序列。每个基因组中至少含10^5个拷贝，约占脊椎动物总

表 9-3 人类基因组 DNA 类型及在基因组中含量

种类	长度	人类基因组中的拷贝数	人类基因组中的含量 /%
蛋白编码序列			
单一基因	可变	1	约 15*（0.8 ↑）
双重基因或基因家族里分出的基因	可变	2 至约 1 000	约 15*（0.8 ↑）
编码 rRNA、tRNA、snRNA 和组蛋白的串联重复基因	可变	20~300	0.3
重复序列 DNA			
简单序列 DNA	1~500 bp	可变	3
散在重复序列			
DNA 转座子	2~3 kb	300 000	3
LTR 反转座子	6~11 kb	440 000	8
非 LTR 反转座子			
LINE	6~8 kb	860 000	21
SINE	100~300 bp	1 600 000	13
编译假基因	可变	1 至约 100	约 0.4
未分类的间隔 DNA	可变	n.a.	约 25

* 表示包括内含子的完整转录单位；↑表示编码蛋白质的外显子；人类基因组编码蛋白质的基因有30 000~35 000个，但这一数目可能被低估；n.a.表示不适用于此。来源于：Lander *et al.*，*Nature*，2001，409: 860。

DNA 的 10%。高度重复 DNA 序列由一些短的 DNA 序列呈串联重复排列，可进一步分为几种不同类型：① 卫星 DNA（satellite DNA）。重复单位长 5～100 bp，不同物种重复单位碱基组成不同，一个物种也可能含有不同的卫星 DNA 序列。主要分布在染色体着丝粒部位，如人类染色体着丝粒区的α-卫星 DNA 家族，其功能不明。② 小卫星 DNA（minisatellite DNA）。重复单位长 12～100 bp，重复 3 000 次之多，又称数量可变的串联重复序列。每个小卫星区重复序列的拷贝数是高度可变的，因此早前常用于 DNA 指纹技术（DNA finger-printing）做个体鉴定。研究发现小卫星序列的改变可以影响邻近基因的表达，基因的异常表达会导致一系列不良后果。③ 微卫星 DNA（microsatellite DNA）。重复单位序列最短，只有 1～5 bp，串联成簇长度 50～100 bp。人类基因组中至少有 30 000 个不同的微卫星位点，具高度多态性（polymorphism），在不同个体间有明显差别，但在遗传上却是高度保守的，因此可作为重要的遗传标记，用于构建遗传图谱（genetic map）及个体鉴定等。

生物的遗传信息储存在 DNA 的核苷酸序列中，生物界物种的多样性也寓于 DNA 分子 4 种核苷酸千变万化的排列之中。DNA 分子不仅一级结构具有多样性，而且二级结构也具有多态性。所谓二级结构是指两条多核苷酸链反向平行盘绕所生成的双螺旋结构。DNA 二级结构构型分三种：B 型 DNA（右手双螺旋 DNA）是经典的“沃森－克里克”结构，二级结构相对稳定，水溶液和细胞内天然 DNA 大多为 B 型 DNA；A 型 DNA 是 B 型 DNA 的重要变构形式，同样是右手双螺旋 DNA，其分子形状与 RNA 的双链区和 DNA/RNA 杂交分子很相近；第三种是 Z 型 DNA，呈左手螺旋，也是 B 型 DNA 的变构形式。

三种构型 DNA 中，大沟的特征在遗传信息表达过程中起关键作用。基因表达调控蛋白都是通过其分子上特定的氨基酸侧链与沟中碱基对两侧潜在的氢原子供体（＝NH）或受体（O 和 N）形成氢键而识别 DNA 遗传信息的。由于大沟和小沟中这些氢原子供体和受体各异以及排列不同，所以大沟携带的信息要比小沟多。此外，沟的宽窄及深浅也直接影响碱基对的暴露程度，从而影响调控蛋白对 DNA 信息的识别。B 型 DNA 是活性最高的 DNA 构型，变构后的 A 型 DNA 仍有较高活性，变构后的 Z 型 DNA 活性明显降低。人们推测，在生理状态下，由于细胞内各种化学修饰的影响和结合蛋白的作用有可能使三种构型的 DNA 处于一种动态转变之中。此外，DNA 双螺旋能进一步扭曲盘绕形成特定的高级结构，正、负超螺旋是 DNA 高级结构的主要形式。DNA 二级结构的变化与高级结构的变化是相互关联的，这种变化在 DNA 复制、修复、重组与转录中具有重要的生物学意义。

二、染色质蛋白

与染色质 DNA 结合的蛋白质负责 DNA 分子遗传信息的组织、复制和阅读。这些 DNA 结合蛋白包括两类：一类是组蛋白（histone），与 DNA 结合但没有序列特异性；另一类是非组蛋白（nonhistone），与特定 DNA 序列或组蛋白相结合。

（一）组蛋白

组蛋白是构成真核生物染色体的基本结构蛋白，富含带正电荷的 Arg 和 Lys 等碱性氨基酸，等电点一般在 pH 10.0 以上，属碱性蛋白质，可以和酸性的 DNA 紧密结合，而且一般不要求特殊的核苷酸序列。用聚丙烯酰胺凝胶电泳可以区分 5 种不同的组蛋白：H1、H2A、H2B、H3 和 H4。几乎所有真核细胞都含有这 5 种组蛋白，而且含量丰富，每个细胞每种类型的组蛋白约有 6×10^7 个分子。表 9-4 列举了 5 种组蛋白的一些特性。

5 种组蛋白在功能上分为两组：① 核小体组蛋白（nucleosomal histone），包括 H2A、H2B、H3 和 H4。这 4 种组蛋白有相互作用形成复合体的趋势，它们通过 C 端的疏水氨基酸（如 Val，Ile）互相结合，而 N 端带正电荷的氨基酸（Arg、Lys）则向四面伸出以便与 DNA 分子结合，从而帮助 DNA 卷曲形成核小体的稳定结构。这 4 种组蛋白没有种属及组织特异性，在演化上十分保守，特别是 H3 和 H4 是所有已知蛋白质中最为保守的。例如牛和豌豆的 H4 组蛋白的 102 个氨基酸残基中仅有 2 个不同，而它们的分歧时间已有 3 亿年的历史。从这种保守性可以看出，H3 和 H4 的功能几乎涉及它们所有的氨基酸，任何位置上氨基酸残基的突变可能对细胞都是有害的。② H1 组蛋白。其分子较大（215 个氨基酸）。球形中心在演化上保守，而 N 端和 C 端两个“臂”的氨基酸变异较大，所以 H1 在演化上不如核小体组蛋白那么保守。在构成核小体时 H1 起连接作用，它赋予染色质以极性。H1 有一定的种属和组织特异性。在哺乳类细胞中，组蛋白 H1 约有 6 种密切相关的亚型，

表 9-4　5 种组蛋白的某些特性

种类	类型	碱性氨基酸			酸性氨基酸	碱性氨基酸 / 酸性氨基酸	氨基酸残基数	分子量	核小体上位置
		Lys	Arg	Lys/Arg					
H1	极度富含 Lys	29%	1%	29	5%	6.0	215	23 000	连接
H2A	同上	11%	9%	1.2	15%	1.3	129	14 500	核心
H2B	同上	16%	6%	2.7	13%	1.7	125	13 774	核心
H3	轻度富含 Lys	10%	13%	0.77	13%	1.8	135	15 324	核心
H4	富含 Arg	11%	14%	0.79	10%	2.5	102	11 822	核心

氨基酸序列稍有不同。在鱼类和鸟类的成熟红细胞中，H1 为 H5 取代。有的生物如芽殖酵母缺少 H1。

（二）非组蛋白

与染色质组蛋白不同，非组蛋白主要是指与特异 DNA 序列相结合的蛋白质，所以又称序列特异性 DNA 结合蛋白（sequence specific DNA binding protein）。利用非组蛋白与特异 DNA 序列亲和的特点，通过凝胶延滞实验（gel retardation assay），可以在细胞抽提物中进行检测。首先制备一段带有放射性标记的已知特异序列的 DNA，将要检测的细胞抽提物与标记 DNA 混合，进行凝胶电泳。未结合蛋白质的自由 DNA 在凝胶上迁移最快，而与蛋白质结合的 DNA 迁移慢，一般结合的蛋白质分子越大，DNA 分子的延滞现象越明显，然后通过放射性自显影分析，即可发现一系列 DNA 带谱，每条带分别代表不同的 DNA – 蛋白质复合物。每条带相对应的结合蛋白随后再通过细胞抽提物组分分离方法被进一步分开。

非组蛋白具有以下特性：

（1）非组蛋白具有多样性　不同组织细胞中非组蛋白的种类和数量都不相同，代谢周转快。包括多种参与核酸代谢与修饰的酶类如 DNA 聚合酶和 RNA 聚合酶、高速泳动族蛋白（high mobility group protein, HMG）、染色体支架蛋白、肌动蛋白和基因表达调控蛋白等。

（2）识别 DNA 具有特异性　能识别特异的 DNA 序列，识别信息来源于 DNA 核苷酸序列本身，识别位点存在于 DNA 双螺旋的大沟部分，识别与结合依靠氢键和离子键。在不同的基因组之间，这些非组蛋白所识别的 DNA 序列在演化上是保守的。这类序列特异性 DNA 结合蛋白具有一个共同特征，即形成与 DNA 结合的螺旋区并具有蛋白二聚化的能力。

（3）具有功能多样性　虽然与 DNA 特异序列结合的蛋白质在每个真核细胞中只有 10 000 个分子左右，约占细胞总蛋白的 1/50 000，但它们具有多方面的重要功能，包括基因表达的调控和染色质高级结构的形成。如帮助 DNA 分子折叠，以形成不同的结构域；协助启动 DNA 复制，控制基因转录，调节基因表达。

三、核小体

20 世纪 70 年代以前，人们关于染色质结构的传统看法认为，染色质是组蛋白包裹在 DNA 外面形成的纤维状结构。直到 1974 年 R. D. Kornberg 等人根据染色质的酶切和电镜观察，发现核小体（nucleosome）是染色质组装的基本结构单位，提出染色质结构的“串珠”模型，从而更新了人们关于染色质结构的传统观念。

（一）核小体的发现

（1）用温和的方法裂解细胞核，将染色质铺展在电镜铜网上，通过电镜观察，未经处理的染色质自然结构为 30 nm 的纤丝，经盐溶液处理后解聚的染色质呈现一系列核小体彼此连接的串珠状结构，串珠的直径为 11 nm（图 9–8）。

（2）用非特异性微球菌核酸酶（micrococcal nuclease）消化染色质时，经过蔗糖梯度离心及琼脂糖凝胶电泳分析，发现绝大多数 DNA 被降解成大约 200 bp 的片段；如果部分酶解，则得到的片段是以 200 bp 为单位的单体以及二体（400 bp）、三体（600 bp）等。蔗糖梯度离心得到的不同组分，在波长 260 nm 的吸收峰的大小和电镜下所见到的单体、二体和三体的核小体组成完全一致。如果用同样方法处理裸露的 DNA，则产生随机大小的片段群体。从而提示染色体 DNA 除某些周期性位点之外均受到某种结构的保护，避免核酸酶的接近。

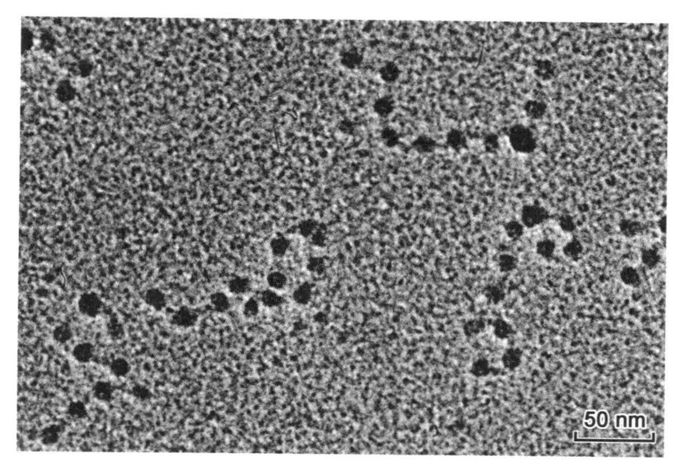

图 9-8　透射电镜显示串珠状 11 nm 的核小体结构（李国红博士惠赠）

（3）应用 X 射线衍射、中子散射和电镜三维重建技术，研究染色质结晶颗粒，发现核小体颗粒是直径为 11 nm、高 6.0 nm 的扁圆柱体，具有二分对称性（dyad symmetry）。核心组蛋白的构成是先形成 $(H3)_2$-$(H4)_2$ 四聚体，然后再与两个 H2A-H2B 异二聚体结合形成八聚体（图 9-9）。

（4）SV40 微小染色体（minichromosome）分析。用 SV40 病毒感染细胞，病毒 DNA 进入细胞后，与宿主的组蛋白结合，形成串珠状微小染色体，电镜观察 SV40 DNA 为环状，周长 1 500 nm，约 5.0 kb。若 200 bp 相当于一个核小体，则可形成 25 个核小体，实际观察到 23 个，与推断基本一致。如用 0.25 mol/L 盐酸将 SV40 溶解，可在电镜下直接观察到组蛋白的聚合体。若除去组蛋白，则完全伸展的 DNA 长度恰好为 5.0 kb。

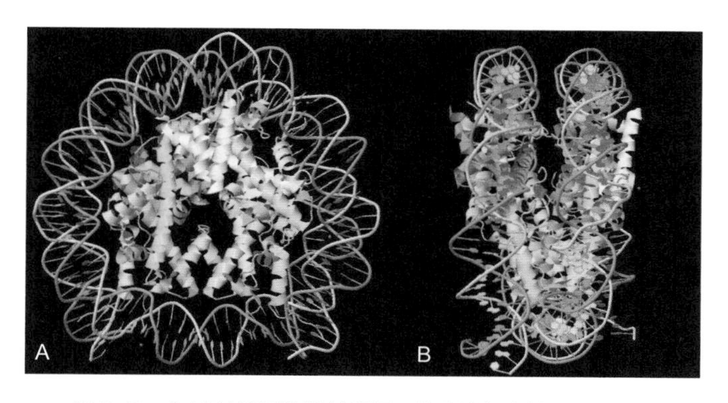

图 9-9　由 X 射线晶体衍射所揭示的人类细胞核小体三维结构

A. 通过 DNA 超螺旋中心轴所显示的核小体核心颗粒 8 个组蛋白分子的位置。B. 垂直于中心轴的角度所见到的核小体核心颗粒的盘状结构。（基于 PDB 数据 3AFA 结构绘制）

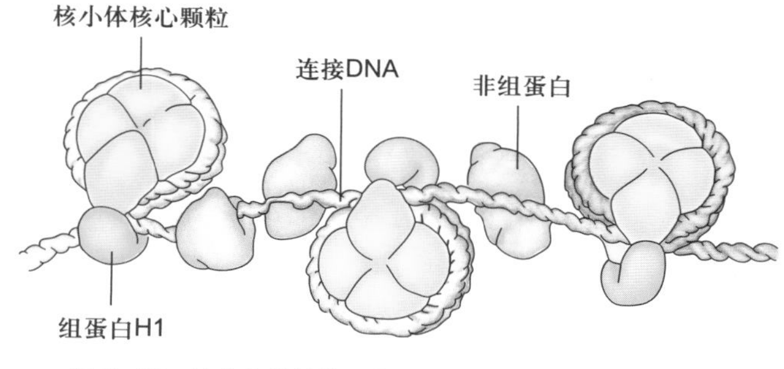

图 9-10　核小体的结构要点示意图

（二）核小体的结构

（1）每个核小体单位包括 200 bp 左右的 DNA 超螺旋和一个组蛋白八聚体以及一分子的组蛋白 H1（图 9-10）。

（2）组蛋白八聚体构成核小体的盘状核心颗粒，分子质量为 100 kDa，由 4 个异二聚体组成，包括两个 H2A-H2B 和两个 H3-H4。

（3）146 bp 的 DNA 分子超螺旋盘绕组蛋白八聚体 1.75 圈。组蛋白 H1 在核心颗粒外结合额外 20 bp DNA，锁住核小体 DNA 的进出端，起稳定核小体的作用。

（4）两个相邻核小体之间以连接 DNA（linker DNA）相连，典型长度为 60 bp，不同物种变化值为 0～80 bp 不等（图 9-10）。

（5）组蛋白与 DNA 之间的相互作用主要是结构性的，基本不依赖于核苷酸的特异序列。正常情况下不与组蛋白结合的 DNA（如噬菌体 DNA 或人工合成的 DNA），当与从动植物中分离纯化的组蛋白共同孵育时，可以体外组装成核小体单位。

（6）核小体沿 DNA 的定位受不同因素的影响。如非组蛋白与 DNA 特异性位点的结合，可影响邻近核小体的相位（positioning）；DNA 盘绕组蛋白核心的弯曲也是核小体相位的影响因素，因为富含 AT 的 DNA 片段优先存在于 DNA 双螺旋的小沟，而富含 GC 的 DNA 片段优先存在于 DNA 双螺旋的大沟，结果核小体倾向于形成富含 AT 和富含 GC 区的理想分布，从而通过核小体相位改变影响基因表达。

四、染色质组装

人的每个体细胞所含 DNA 约 6×10^9 bp，分布在 46 条染色体中，总长达 2 m，平均每条染色体 DNA 分子长约 5 cm。然而，细胞核直径只有 5～8 μm，这就意味着从染色质 DNA 组装成染色体要压缩近万倍，相当于一个网球内包含有 20 km 长的细线。

（一）染色质组装的前期过程

图 9-11 是关于 DNA 组装成染色质的整个过程的描述。① 最开始是 H3-H4 四聚体（两个异二聚体）的结合，由 CAF1（chromatin assembly factor 1）介导与新合成的裸露的 DNA 结合。② 然后是两个 H2A-H2B 异二聚体由 NAP1 和 NAP2（nucleosome assembly protein）介导加入。为了形成一个核心颗粒，新合成的组蛋白被特异地修饰。组蛋白 H4 的 Lys5 和 Lys12 两个位点被乙酰化。③ 核小体最后的成熟需要 ATP 来创建一个规则的间距以及组蛋白的去乙酰化。ISWI（imitation switch）和 SWI/SNF（switch/sucrose nonfermentable）家族的蛋白质参与此过程的调节。连接组蛋白（H1）的结合伴随着核小体的折叠。④ 6 个核小体组成一个螺旋或由其他的组装方式形成一个螺线管结构（下面将详细讨论）。⑤ 进一步的折叠事件将使染色质在细胞核中最终形成确定的结构。在图的右侧列出了各个环节中相应的参与因子，这些因子对于促进整个组装过程的顺利进行发挥了重要的作用。

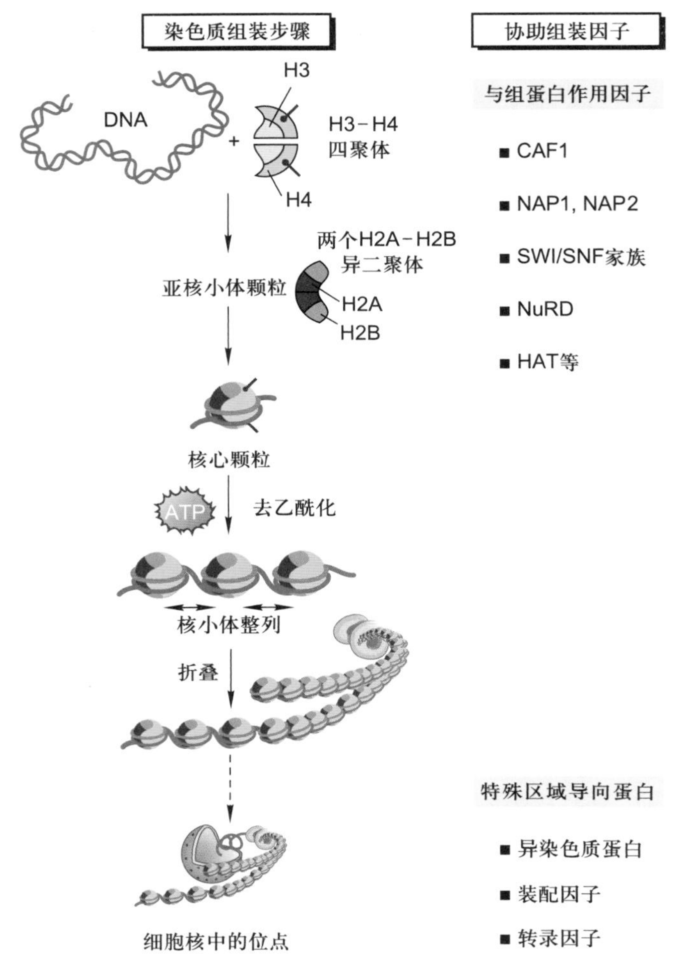

图 9-11 DNA 组装成染色质的过程及各阶段的协助组装因子

细胞内基因组 DNA 在合适的时候（一般在 DNA 复制后或 DNA 修复后）与核小体（由两个 H3-H4 异二聚体和两个 H2A-H2B 异二聚体组成）结合形成核小体颗粒。这个过程中参与的因子包括组蛋白伴侣分子 CAF1、NAP1 和 NAP2 等；染色质重塑因子 NuRD（nucleosome remodeling and deacetylase）、SWI/SNF 家族蛋白等；组蛋白修饰因子 HAT（histone acetyltranferase）等。核小体形成排列成串后经过一个组蛋白的去乙酰化过程，然后折叠形成高级结构。这一过程需要一些特异的异染色质蛋白、染色质装配因子以及部分转录因子的参与。最后成熟的染色质会分布到细胞核中特定的部位。

这样一个高度压缩的结构极大地阻碍了像转录这样的细胞核活动的进行。为了解决这个问题，有两个家族的染色质修饰酶在染色质上作用，使染色质更接近于转录机器。第一个家族是通过在组蛋白尾部的共价修饰而发挥作用，这些修饰包括组蛋白的磷酸化、乙酰化和泛素化等，它们会影响以后与 DNA 或组蛋白相互作用因子的作用。第二个家族成员的主要特点是它们能够利用 ATP 水解时释放的能量来破坏核小体中的组蛋白-DNA 接触（染色质结构与基因表达的关系将在下一节中详细叙述）。

染色质组装的前期过程，即从裸露 DNA 组装成直径 30 nm 的螺线管已有直接的实验证据，并被绝大多数科学家认可。然而，染色质如何进一步组装成更高级结构，直至最终成染色体的过程尚不是非常清楚，目前主要有两种模型。

（二）染色质组装的多级螺旋模型

由 DNA 与组蛋白组装成核小体，在组蛋白 H1 的介导下核小体彼此连接形成直径约 10 nm 的核小体串珠结构，这是染色质组装的一级结构。不过在细胞中，染色质很少以这种伸展的串珠状形式存在。当细胞核经温和处理后，在电镜下往往会看到直径为 30 nm 的染色质纤维。在有组蛋白 H1 存在的情况下，由直径 10 nm 的核小体串珠结构螺旋盘绕，每圈 6 个核小体，形成外径 25～30 nm，螺距 12 nm 的螺线管（solenoid）。组蛋白 H1 对螺线管的稳定起着重要作用。螺线管是染色质组装的二级结构（图 9-12）。

A. L. Bak 等（1977）从人胎儿离体培养的分裂细胞中分离出染色体，经温和处理后，在电镜下看到直

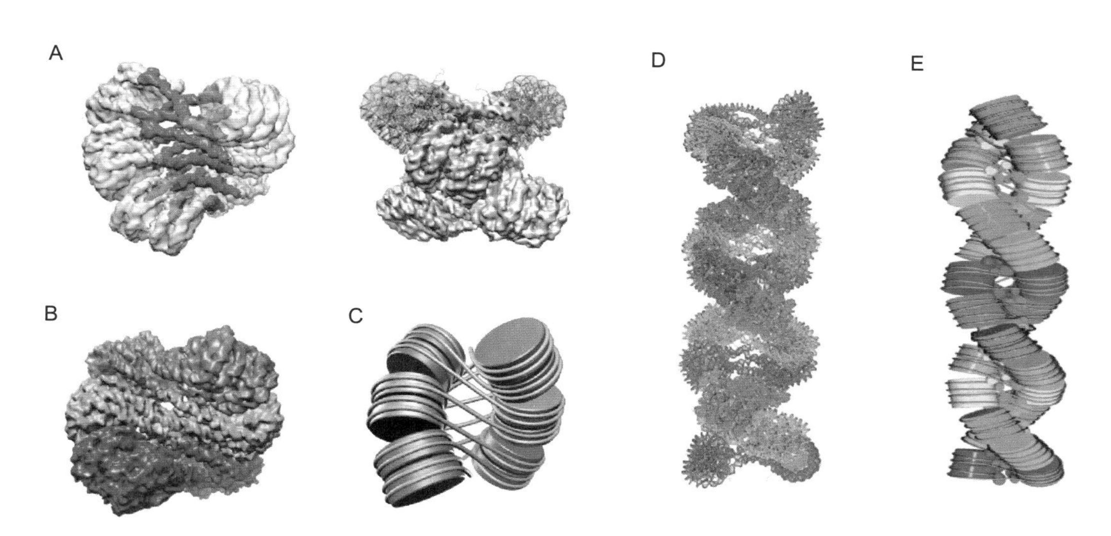

图 9-12　30 nm 染色质纤维的三维结构

A. 30 nm 染色质纤维（十二聚核小体在连接组蛋白 H1 作用下形成）的冷冻电镜三维重构结构。B, C. 四聚核小体（tetranucleosome，以不同颜色标示）是 30 nm 染色质纤维的基本结构单元。D, E. 30 nm 染色质纤维左手双螺旋结构的原子模型图（D）和结构模式图（E）。（改编自 Song *et al*.，2014）

径 0.4 μm，长 11～60 μm 的染色线，称为单位线（unit fiber）。在电镜下观察，判明单位线是由螺线管进一步螺旋化形成直径为 0.4 μm 的圆筒状结构，称为超螺线管（supersolenoid），这是染色质组装的三级结构。这种超螺线管进一步螺旋折叠，形成长 2～10 μm 的染色单体，即染色质组装的四级结构。根据多级螺旋模型（multiple coiling model），从 DNA 到染色体经过四级组装：

DNA $\xrightarrow{\text{压缩 7 倍}}$ 核小体 $\xrightarrow{\text{压缩 6 倍}}$ 螺线管 $\xrightarrow{\text{压缩 40 倍}}$ 超螺线管 $\xrightarrow{\text{压缩 5 倍}}$ 染色单体

经过四级螺旋组装形成的染色体结构，共压缩了 8 400 倍。

（三）染色质组装的放射环结构模型

U. K. Laemmli 等人用 2 mol/L 的 NaCl 或硫酸葡聚糖加肝素处理 HeLa 细胞中期染色体，除去组蛋白和大部分非组蛋白后，在电镜下可观察到由非组蛋白构成的染色体骨架（chromosomal scaffold）和与骨架相连的无数的 DNA 侧环。此外，实验观察发现，一些特殊染色体，如两栖类卵母细胞的灯刷染色体或昆虫细胞的多线染色体，几乎都含有类似的袢环结构域（loop domain），从而提示袢环结构可能是染色体高级结构的普遍特征（表 9-5）。

关于染色体骨架和染色质袢环的研究，使染色体袢环结构模型近年来引起人们的重视。该模型认为，30 nm 的染色线折叠成环，沿染色体纵轴，由中央向四周伸出，构成放射环，即染色体的骨架－放射环结构模型（scaffold radial loop structure model）。J. Painta 和 D. Coffey（1984）对该模型进行了较详细的描述：首先是直径 2 nm 的双螺旋 DNA 与组蛋白八聚体构建成连续重复的核小体串珠结构，其直径 10 nm。然后按每圈 6 个核小体为单位盘绕成直径 30 nm 的螺线管。由螺线管形成 DNA 复制环，每 18 个复制环呈放射状平面排列，结合在核基质上形成微带（miniband）。微带是染色体高级结构的单位，大约 10^6 个微带沿纵轴构建成子染色体。

上述两种关于染色体高级结构的组织模型，前者强

表 9-5　DNA 袢环的一般性质

DNA 袢环特征	平均数	数值范围
每个环的碱基数 /bp	63 000	30 000～100 000
每个环占有 DNA 的长度 / μm	21.1	10～34
每个环所含有的核小体数	315	150～500
环线的直径 /nm	30	30
每个环所含螺线管的盘绕数	52	25～83
环的长度 / μm	0.52	0.52～0.83
环的高度 / μm	0.26	0.12～0.41
DNA 的压缩比	40	40
每个体细胞的总复制环数	95 000	60 000～400 000

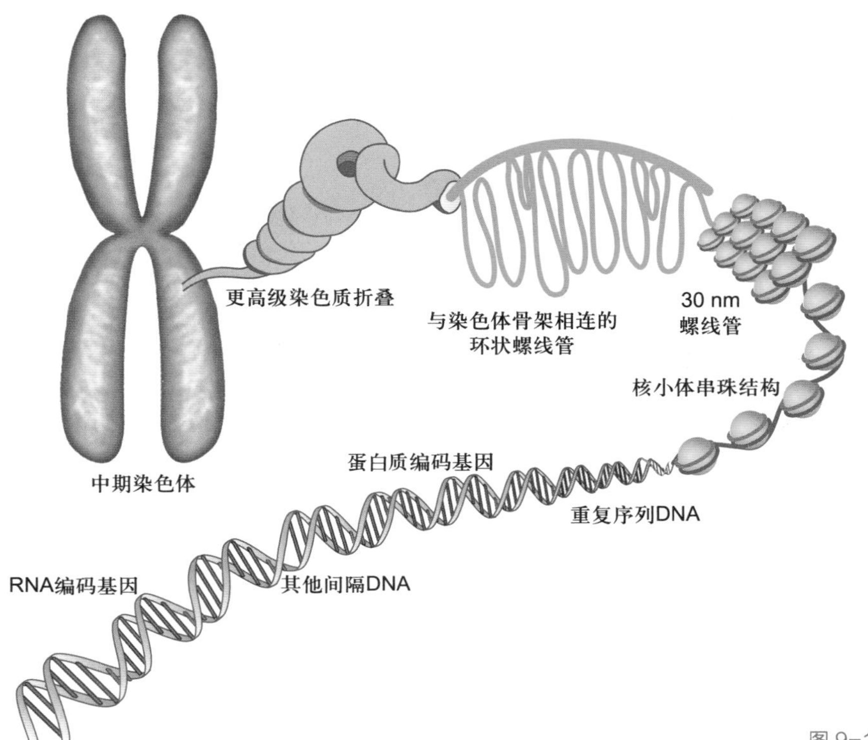

图 9-13 基因组结构和染色质组装一览图

调螺旋化，后者强调环化与折叠。两者都有一些实验与观察的证据，也许在不同的组装阶段这些机制共同起作用。图 9-13 是融两种机制在内的染色质组装模型。

五、染色质类型

间期染色质按其形态特征、活性状态和染色性能区分为两种类型：常染色质（euchromatin）和异染色质（heterochromatin）。

（一）常染色质与异染色质

常染色质是指间期细胞核内染色质纤维折叠压缩程度低，相对处于伸展状态，用碱性染料染色时着色浅的那些染色质。在常染色质中，DNA 组装比为 1/2 000～1/1 000，即 DNA 实际长度为染色质纤维长度的 1 000～2 000 倍。构成常染色质的 DNA 主要是单一序列 DNA 和中度重复序列 DNA（如组蛋白基因和 tRNA 基因）。常染色质并非所有基因都具有转录活性，处于常染色质状态只是基因转录的必要条件，而不是充分条件。

异染色质是指间期细胞核中染色质纤维折叠压缩程度高，处于聚缩状态，用碱性染料染色时着色深的那些染色质。异染色质又分结构异染色质或组成型异染色质（constitutive heterochromatin）和兼性异染色质（facultative heterochromatin）。结构异染色质指的是各种类型的细胞中，在整个细胞周期均处于聚缩状态，没有较大变化的异染色质。在间期核中，结构异染色质聚集形成多个染色中心（chromocenter）。在哺乳类细胞中，这些染色中心随细胞类型和发育阶段不同而变化。结构异染色质有如下特征：① 在中期染色体上多定位于着丝粒区、端粒、次缢痕及染色体臂的某些节段。② 由相对简单、高度重复的 DNA 序列构成，如卫星 DNA。③ 具有显著的遗传惰性，不转录也不编码蛋白质。④ 在复制行为上与常染色质相比表现为晚复制、早聚缩。⑤ 占有较大部分核 DNA，在功能上参与染色质高级结构的形成，导致染色质区间性，作为核 DNA 的转座元件，引起遗传变异。兼性异染色质是指在某些细胞类型或一定的发育阶段，原来的常染色质聚缩，并丧失基因转录活性，变为异染色质。这类兼性异染色质的总量随不同细胞类型而变化，一般胚胎细胞含量很少，而高度特化的细胞含量较多，说明随着细胞分化，较多的基因渐次以聚缩状态而关闭，从而再也不能接近基因活化蛋白。因此，染色质通过紧密折叠压缩可能是关闭基因活性的一种途径。例如雄性哺乳类细胞的单个 X 染色体呈常染色质状态；而雌性哺乳类体细胞的核内，两条

X 染色体之一在发育早期随机发生异染色质化而失活。在上皮细胞核内，这个异固缩的 X 染色体称性染色质或巴氏小体（Barr body）。因此，检查羊水中胚胎细胞的巴氏小体可以预报胎儿的性别。在多形核白细胞的核内，此 X 染色体形成特殊的"鼓槌"结构。

（二）常染色质与异染色质间的转变

有些染色质并不是固有的异染色质或常染色质，而是在异染色质或常染色质之间随着发育时期或细胞周期的变化而相互转化。异染色质与常染色质之间的转变常常需要伴随着一些组蛋白与 DNA 修饰。如图 9-14 所示，由常染色质转变成异染色质时，H3S10（组蛋白 H3 第十位丝氨酸）位上首先要被 JIL1 磷酸酶去磷酸化，同时 HDAC1 负责 H3K9 的去乙酰化，这样使得 H3K9（组蛋白 H3 第九位赖氨酸）位点的甲基化（由 Su（Var）3-9 负责）得以进行，而这是异染色质化的一个重要标志。除此之外，H3K4 位点上的甲基则需要被 LSD1 去甲基化。H3K9 甲基化使得异染色质蛋白 HP1 能够顺利与染色质结合，HP1 的多聚化能够使得染色质进一步浓缩。在这一过程中，染色质组装因子 CAF1 也起着非常重要的调节作用。H3K9 的甲基化也伴随着 H3K27 的甲基化和 H4K20 的甲基化。它们共同决定最终异染色质的形成。另一方面，由异染色质转变为常染色质的过程则伴随着基本上相反的组蛋白修饰过程。DNA 甲基化在决定染色质的异染色质化 / 常染色质化过程中也起着重要的调节作用。

（三）活性染色质与非活性染色质

按功能状态的不同可将染色质分为活性染色质（active chromatin）和非活性染色质（inactive chromatin）。对绝大多数细胞而言，在特定阶段具有转录活性的基因只占基因总数的 10%以下，而 90%以上的基因在转录上是不活跃的。所谓活性染色质是指具有转录活性的染色质，非活性染色质是指没有转录活性的染色质。

活性染色质由于核小体构型发生改变，往往具有疏松的染色质结构，从而便于转录调控因子与顺式调控元件结合和 RNA 聚合酶在转录模板上滑动。当染色质结构处于疏松状态时，利用核心组蛋白 H3 暴露出来的游离巯基与有机汞的亲和性，可采用有机汞亲和层析和二硫苏糖醇（DTT）洗脱的方法将活性染色质分离出来。

1. 活性染色质对 DNase Ⅰ超敏感

当染色质用 DNase Ⅰ消化时，可将染色质降解成酸溶性的 DNA 小片段。若从鸡红细胞中提取染色质进行上述处理，发现 β－珠蛋白基因很快就被降解，而卵清蛋白基因的降解程度则很低。相反，若从鸡输卵管细胞中提取染色质作同样处理，则优先降解的是卵清蛋白

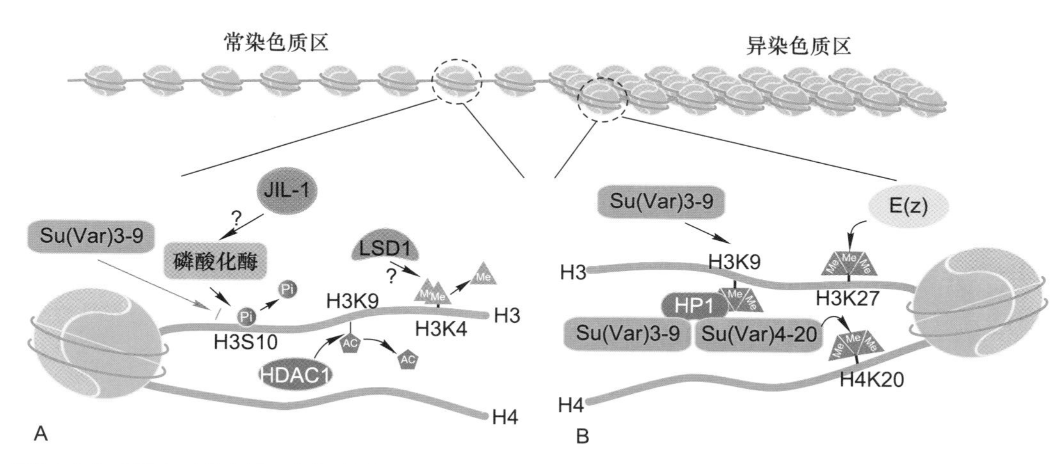

图 9-14　常染色质与异染色质转变过程中伴随的组蛋白修饰的变化

A. 常染色质相关组蛋白修饰（绿色和蓝色，正调节因子），如：K3K10 磷酸化、H3K9 的乙酰化及 H3K4 的甲基化。这个过程受到 Su（Var）3-9（suppressor of variegation 3-9）和 JIL1 等负调节因子的抑制。H3K9 的乙酰化基团的去除需要 HDAC1（histone deacetylase 1）活性的存在。Ac 是乙酰化基团；Me 是甲基化基团；Pi 是磷酸化基团。LSD1（lysine-specific histone demethylase 1）负责 H3K4 的去甲基化。B. 与异染色质形成和维持直接相关的特异组蛋白修饰（红色），如：H3K9、H3K27 及 H4K20 的甲基化。这三个位点的甲基化分别由 Su（Var）3-9、E（z）（ehancer of zeste）和 Su（Var）4-20（suppressor of variegation 4-20）负责进行。异染色质蛋白 HP1（heterochromatin protein 1）与甲基化修饰的 H3K9 结合，HP1 也进一步招募 Su（Var）3-9，使异染色质得以加固与维持。

基因而不是β-珠蛋白基因。结果表明，凡有基因表达活性的染色质DNA对DNase Ⅰ的降解作用比没有转录活性的染色质DNA要敏感得多。进一步发现，正在转录或具有潜在转录活性而未转录的基因对DNase Ⅰ同样敏感，说明活化染色质对DNase Ⅰ的优先敏感性（preferential sensitivity）不是由于转录过程中RNA聚合酶的作用，而是可转录染色质的一个基本特征。用DNase Ⅰ处理染色质时，优先释放出两种HMG非组蛋白，它们是HMG14和HMG17。当把这两种非组蛋白从鸡红细胞染色质中用低盐溶液抽提出来以后，珠蛋白基因就不再表现出对DNase Ⅰ的优先敏感性，而在盐抽提过的染色质中加入这两种非组蛋白后，敏感性又可恢复，说明活化染色质对DNase Ⅰ的优先敏感性与这两种非组蛋白有关。然而，把这两种蛋白质加入盐抽提过的鸡脑细胞染色质后，其中的珠蛋白基因并不表现出对DNase Ⅰ优先敏感性，说明这些HMG蛋白不是造成这种优先敏感性的唯一原因。红细胞和脑细胞中一定还存在其他因子的差异，这些因子决定了红细胞的珠蛋白基因在HMG14和HMG17存在时对DNase Ⅰ敏感。

如用很低浓度的DNase Ⅰ处理染色质，切割将首先发生在少数特异性位点上，这些特异性位点叫做DNase Ⅰ超敏感位点（DNase Ⅰ hypersensitive site）。超敏感位点的存在是活性染色质的特点，若用游离DNA作底物则无超敏感位点出现。通过对大量基因进行试验发现，每个活跃表达的基因都有一个或几个超敏感位点，大部分位于基因5′端启动子区域，少部分位于其他部位如转录单位的下游。并且发现，5′端超敏感位点只出现在基因正在活跃表达的细胞中，而该基因不表达的细胞中则不存在。例如，对于鸡β-珠蛋白基因族，胚胎阶段超敏感位点出现在胚胎型基因而不是成体型基因的5′端；而在成体阶段情况则恰好相反，超敏感位点出现在成体型而不是胚胎型β-珠蛋白基因的5′端。这说明超敏感位点和基因活性有一定的关系。现已知道，超敏感位点实际上是一段长100～200 bp的DNA序列特异暴露的染色质区域。由超敏感位点所引起的染色质结构变化，可能是由于超敏感序列首先与其他蛋白质结合而阻止核小体的组装。这样，该序列不被组蛋白八聚体所保护，所以一个典型的超敏感位点区对核酸酶攻击的敏感性是其他染色质区域的100倍以上。活性基因的超敏感位点建立在启动子附近，并与启动子功能有关，很可能是为RNA聚合酶、转录因子或其他蛋白调控因子提供结合位点。现有证据表明5′端超敏感位点的建立发生在转录起始之前，但很可能是起始转录的必要条件而非充分条件。有人为说明超敏感位点的稳定性，用温度敏感的肿瘤病毒转化导致珠蛋白基因的激活，并建立超敏感位点；如果转化在非许可的较高温度下完成，则珠蛋白基因不被激活，也不出现超敏感位点；在低温下珠蛋白基因被转化激活后，若提高温度可使其失活而不表达，但已建立的超敏感位点却至少要保持到细胞复制20次以后。这一结果也证实了超敏感位点的建立只是起始转录所必要的特征之一，但建立超敏感位点的事件与保持该位点的事件可能是不同的。

2. 活性染色质的蛋白组成与修饰变化

根据对活性染色质蛋白组分的生化分析发现：① 活性染色质很少有组蛋白H1与其结合。② 活性染色质的4种核心组蛋白虽然以常量存在，但是与非活性染色质相比较，活性染色质上的组蛋白乙酰化程度高。③ 活性染色质的核小体组蛋白H2B与非活性染色质相比较，很少被磷酸化。④ 核小体组蛋白H2A在许多物种包括果蝇和人的活性染色质中很少有变异的形式存在。⑤ 最新研究表明，组蛋白H3的变种H3.3只在活跃转录的染色质中出现。⑥ HMG蛋白是染色体非组蛋白中一组较丰富、不均一、富含电荷的蛋白质。其中HMG14和HMG17只存在于活性染色质中，与DNA结合。平均每10个核小体中有1个核小体是与HMG14和HMG17结合的，其氨基酸序列在演化中高度保守，表明其具有重要功能。

许多研究工作已经清楚地表明，一些组蛋白的修饰直接影响染色质的活性。这些修饰包括甲基化、乙酰化和磷酸化。乙酰化一般是活性染色质的标志（下面会详细叙述），而甲基化和磷酸化则在活性染色质与非活性染色质中都存在。不同组蛋白或同一组蛋白的不同氨基酸残基上的修饰决定染色质处于活性或非活性状态。图9-15举例说明了H3组蛋白的修饰与染色质活性的

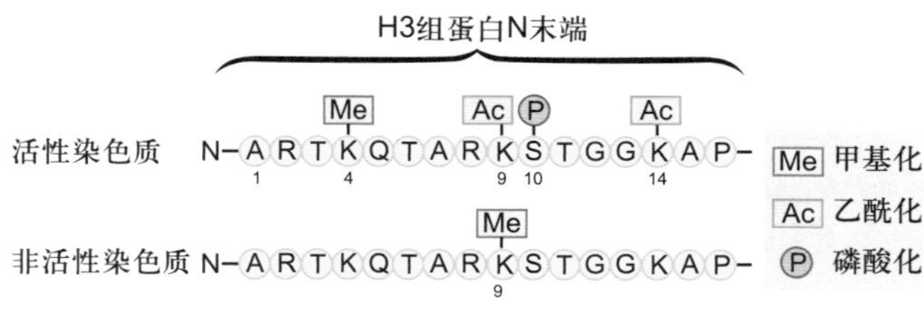

图9-15 H3组蛋白修饰与染色质活性的关系

关系。活性染色质的标志是：H3的N端第4个赖氨酸甲基化，第9和14个赖氨酸乙酰化以及第10个丝氨酸磷酸化。非活性染色质的标志是：H3的N端第9个赖氨酸甲基化而不是乙酰化。此外，其他蛋白修饰如泛素化修饰也可在组蛋白上发生，如H2A119位赖氨酸和H2B120位赖氨酸都可被泛素化修饰，然而这些修饰与染色质活性的关系目前还不是非常清楚。

第三节　染色质的复制与表达

一、染色质的复制与修复

细胞分裂对于生命的维持至关重要（见第十二章）。细胞分裂的第一步是遗传信息的复制。遗传信息的复制不仅仅是DNA的复制，同时包括DNA的载体——核小体的复制，两者正常复制是染色质复制的基础。DNA的复制已经研究得比较深入，但在此不予详述（请参考生物化学或分子遗传学的有关教科书）。核小体的复制是如何进行的至今并不清楚。比如，组蛋白及其修饰是否存在半保留复制机制？鉴于近年来表观遗传学研究的快速发展，相信核小体的复制机制也终将被解释。

（一）染色质的复制

在真核生物细胞周期的S期，染色质的完全复制不仅需要基因组DNA的复制，也需要把复制好的DNA组装成染色质。普遍认为，在复制叉移动的同时，染色质短暂地解组装，然后在两条复制好的子代DNA链上重新进行组装。新复制的DNA主要通过以下两种途径组装成染色质：第一，在复制叉的移动期间，父代的核小体核心颗粒与DNA分离，到该段DNA复制完成，父代的核小体核心颗粒直接转移到两条子链DNA的一条上；第二，染色质组装因子利用刚刚合成的、乙酰化的组蛋白介导核小体在复制DNA上组装。图9-16显示的是异染色质区域染色质复制的模型以及相关的调节因子。

（二）染色质的修复与基因组稳定性

染色质的形成，特别是高度浓缩的染色质结构对基因组DNA（染色质DNA）具有重要的保护作用。然而，即使如此，因为细胞中的染色质DNA随着细胞周期的变化会暴露或部分暴露于其周围环境中，所以，基因组DNA会受到细胞内外化学的与物理的因素的作用而产生突变。这种突变有些是致命的，首先导致相关基因功能的丧失，然后导致细胞的死亡或癌化。不过，细胞中存在一整套的DNA修复机器来应对各种各样的DNA突变（详见第十二章）。细胞一旦丧失了DNA修复的部分或全部能力，细胞的基因组就会变得不稳定。基因组的不稳定性是直接导致肿瘤发生的重要原因之一。

此外，修复好的DNA必须及时地与组蛋白结合，组装成染色质。否则，裸露的DNA很容易被重新突变或断裂。在修复后的DNA组装成染色质的过程中（这一过程称染色质修复，chromatin restoration），染色质组装因子CAF1、组蛋白乙酰转移酶Tip60、染色质重塑因子SWI等起着重要的调节作用。

二、染色质的激活与失活

随着20世纪70年代核小体结构的发现，科学家们提出了一个重要问题，那就是RNA聚合酶、转录因子等非组蛋白如何能与同组蛋白核心紧密结合的DNA相互作用？事实上，有证据表明，DNA与核小体组蛋白的结合会阻断DNA与转录因子及基础转录装置的接近，从而阻断了转录的进行。但同时，又有些证据表明，DNA在与组蛋白形成复合物的情况下仍可被转录。所以，这其中的关键问题是虽然DNA都被包装成染色质，但染色质存在不同的活性状态。当前染色质结构改变与基因活化的关系的研究主要集中在如下三个方面：一是如何形成活性染色质，以便RNA聚合酶能起始转录；二是具有转录活性的染色质结构域如何与周围的非活性区域隔离；三是RNA聚合酶如何通过与染色质模板结合进行转录。

（一）染色质的激活

染色质的疏松状态源于核小体的结构改变或核小体的解聚。根据核小体结构与功能关系，可能有以下原因：

1. DNA结构与核小体相位的变化

和细胞其他部分一样，染色质并不是一个静止的结构，而是一个动态、可塑的蛋白质与核酸组成的复合

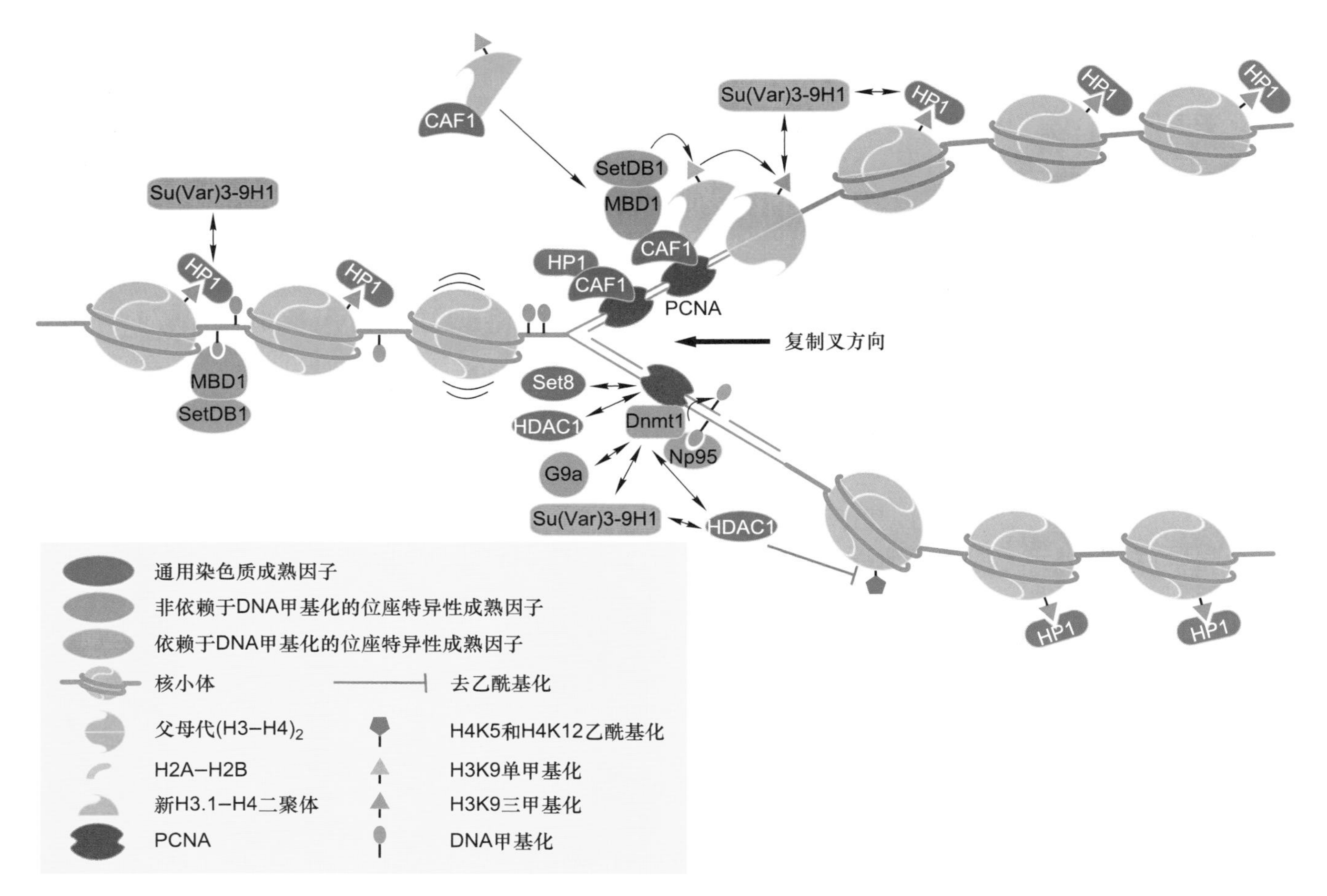

图 9-16　**异染色质复制过程示意图**

复制后的 DNA 首先要与核小体结合组装成染色质，此后需要进一步浓缩最终形成跟复制前一样的异染色质，才能完成异染色质的复制。复制后的异染色质标记（主要是 DNA 甲基化和组蛋白甲基化及异染色质蛋白 HP1 的结合）的恢复跟复制蛋白 PCNA（proliferating cell nuclear antigen）和染色质组装因子 CAF1 及密切相关。PCNA 招募 CAF1，CAF1 与 Su（Var）3–9H1（suppressor of variegation 3–9 homolog 1）、MBD1（methyl–CpG–binding domain protein 1）–SetDB1（SET domain bifurcated histone lysine methyltransferase 1）复合物都有相互作用，共同决定组蛋白的甲基化（H3K9）。甲基化的组蛋白被 HP1 识别。与此同时，DNA 母链传递到子链的甲基化位点被 Np95（a 95 kDa nuclear protein）识别。Np95 与 Dnmt1（DNA methyltransferase 1）结合，使得另一条链上的 DNA 甲基化得以进行。Dnmt1–PCNA 复合物招募 Set8（SET domain–containing protein 8，负责 H4K20 甲基化）、G9a（一种组蛋白赖氨酸甲基转移酶，负责 H3K9 甲基化）、Su（Var）3–9H1、HDAC1 等组蛋白修饰因子，一起最终决定异染色质的形成与维持。

体。当一个调控蛋白结合到染色质 DNA 的一个特定的位点上时，不管是在核小体间还是在一个核小体内，染色质都很容易被引发二级结构的改变。这些改变使得其他的一些结合位点与调控蛋白的结合变得要么更加容易，要么更加困难。有证据表明，结合到 DNA 上的基因调控蛋白能对距离较远的区域产生影响。比如，某一特定的转录因子结合到一段离基因编码区较远的增强子序列上后，有利于在该基因较近的 TATA 盒序列上进行前起始复合体的组装。该复合体一旦组装后，就可以作为转录因子与其他调控因子结合的“靶点”，结果使染色质上某一特定区域从转录非活化状态转变成转录活化状态。细胞似乎具有某些“工具”能撬开被核小体阻断的 DNA 区域，从而允许转录因子与 DNA 接触。例如酵母和人类细胞具有一种多亚基复合物 SWI/SNF，利用 ATP 水解释放的能量破坏组蛋白 -DNA 之间的相互作用，使转录因子得以同基因调控区结合（图 9–17）。此外，不同的拓扑异构酶能调整 DNA 双螺旋的局部构象和高级结构的变化，使之超螺旋化或松弛。实验发现，拓扑异构酶Ⅱ抑制果蝇 *hsp* 基因的转录；拓扑异构酶Ⅰ分布于果蝇多线染色体中具转录活性的基因座上；B 型 DNA（右旋）变成 Z 型 DNA（左旋），会导致核心组蛋白八聚体与 DNA 的亲和力降低。核小体并非沿

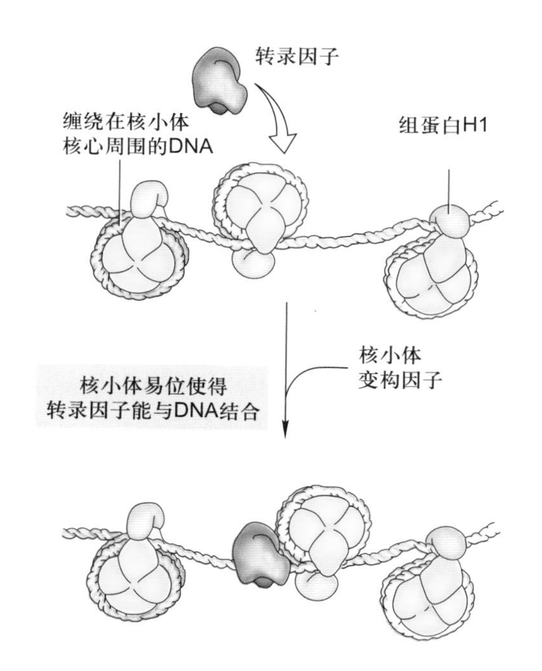

图 9-17　核小体变构因子通过改变核小体的相位而调节染色质的活性

DNA 随机分布，而通常是定位在特殊位点。一种情况是基因关键调控元件（增强子和启动子）位于核小体颗粒之外，使之便于与转录因子结合；另一种情况是基因调控元件位于盘绕核心组蛋白的 DNA 上，则增强子和启动子两种调控元件通过转录因子被联系起来。

2. 组蛋白的修饰

组成核小体的组蛋白八聚体的 N 端都暴露在核小体之外，某些特殊的氨基酸残基会发生乙酰化、甲基化、磷酸化或 ADP 核糖基化等修饰。这些基团修饰的意义：一是改变染色质的结构，直接影响转录活性；二是核小体表面发生改变，使其他调控蛋白易于和染色质相互接触，间接影响转录活性。

（1）核心组蛋白的赖氨酸残基乙酰化（acetylation）　组蛋白的赖氨酸残基乙酰化是核小体变构的一种重要方式。乙酰化后的组蛋白赖氨酸侧链不再带有正电荷，这样就失去了与 DNA 紧密结合的能力，使相邻核小体的聚合受阻，同时影响泛素与组蛋白 H2A 的结合，导致蛋白质的选择性降解。H3 和 H4 是蛋白酶修饰的主要组蛋白，它们的乙酰化可能有类似促旋酶（gyrase）的活性，使核小体间的 DNA 因产生过多的负超螺旋而易于从核小体上脱离，致使对核酸酶敏感性增高，并有利于转录调控因子的结合。负责组蛋白乙酰化的酶已经被鉴定。此外，近年来还发现大量的辅激活子（coactivator）具有组蛋白乙酰转移酶（histone acetyltransferase）的功能，将乙酰基从乙酰 CoA 供体转移到组蛋白特异的赖氨酸残基上（图 9-18）。辅激活子作为一种接头蛋白，在 DNA 上游位点将转录因子同基础转录装置连接起来。通过具有组蛋白乙酰基转移酶活性的辅激活子的作用，特定的启动子可被看做是核小体解体的起始点。由许多激素受体所介导的基因转录可以说明这一途径。当激素受体与 DNA 上相应的激素应答元件（hormone response element）结合时，同时与 CBP 辅激活子相互作用，CBP 辅激活子使位于核心启动子区的核小体的组蛋白侧链乙酰化，进而打开启动子并促使转录装置的组装，最终导致相关基因的转录。另一个很好的例子是在酵母

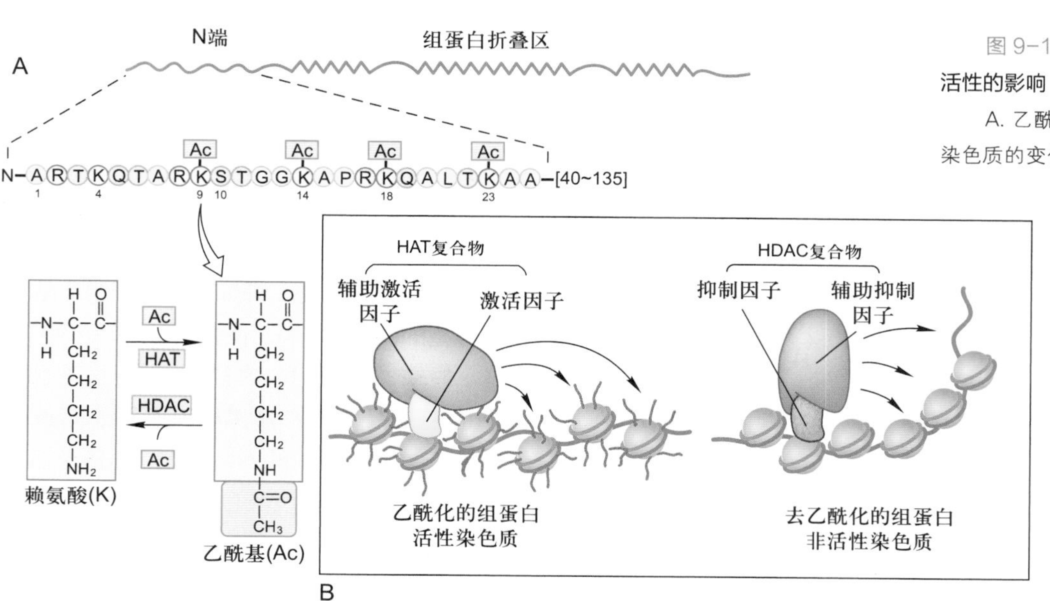

图 9-18　乙酰化和去乙酰化对染色质活性的影响

A. 乙酰化和去乙酰化的位置。B. 导致染色质的变化。

中激活因子指导的组蛋白N端的超乙酰化。激活因子GCN4（general control nonrepressed protein 4）的DNA结合域与其调控基因的上游激活序列UAS（upstream activating sequence）结合，然后它的激活结构域与一些组蛋白乙酰化酶复合物相互作用，GCN5的催化亚基就是这样的乙酰化酶之一。随后对GCN4结合的附近核小体组蛋白N端尾巴的大量乙酰化促使基础转录因子与DNA的结合（图9-19）。

染色质的乙酰化状态是一种动态过程。细胞内既存在使组蛋白乙酰化的酶即组蛋白乙酰化酶（histone acetylase），也存在使组蛋白去乙酰化的酶即组蛋白去乙酰化酶（histone deacetylase）。组蛋白去乙酰化伴随着对转录的抑制。实际上有许多转录辅助抑制因子（transcriptional co-repressor）作为组蛋白去乙酰化酶而发挥作用。在酵母中，抑制因子能够指导组蛋白N端尾巴的去乙酰化。图9-19显示的是抑制因子UME6的DNA结合域与它所调控的基因的特异的上游控制因子（URS1）相互作用，UME6的抑制结构域RD（repression domain）与SIN3结合，SIN3是一个去乙酰化酶复合物的成分之一，RPD3也是这个复合物的成员。对URS1附近的组蛋白N端尾巴的去乙酰化使得通用转录因子不能与TATA盒结合从而抑制基因转录。

（2）组蛋白H1的磷酸化（phosphorylation） 组蛋白H1丝氨酸残基的磷酸化主要发生在有丝分裂期，细胞分裂后其磷酸化水平下降到峰值的20%。H1在染色质组装过程中发挥重要作用，它确定核小体的方向，并对30 nm的螺线管起维持稳定的作用。

（3）不同组蛋白修饰之间的关系 如前所述，乙酰化一般是活性染色质的标志，而甲基化和磷酸化则在活性染色质与非活性染色质中都存在。组蛋白H3K9的甲基化在调节基因表达、染色质组装和异染色质的形成过程中发挥重要作用。然而，H3S10的短暂磷酸化足以使H3K9甲基化引起的染色质浓缩变得疏松。这是一个两种组蛋白修饰同时调节染色质组装状态的典型例子：稳定的甲基化和动态的磷酸化标记。

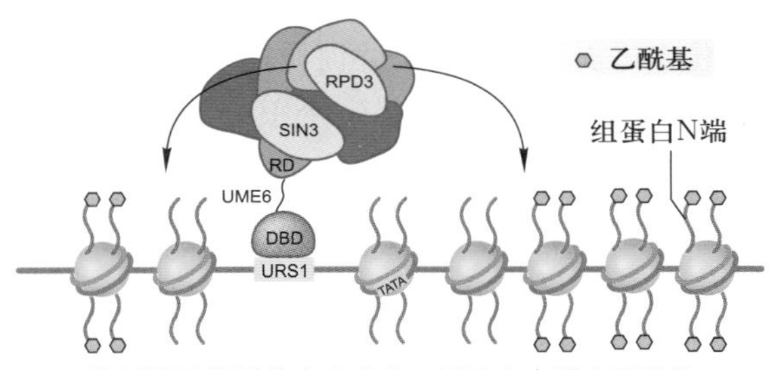

抑制因子指导的去乙酰化，组蛋白末端去乙酰化

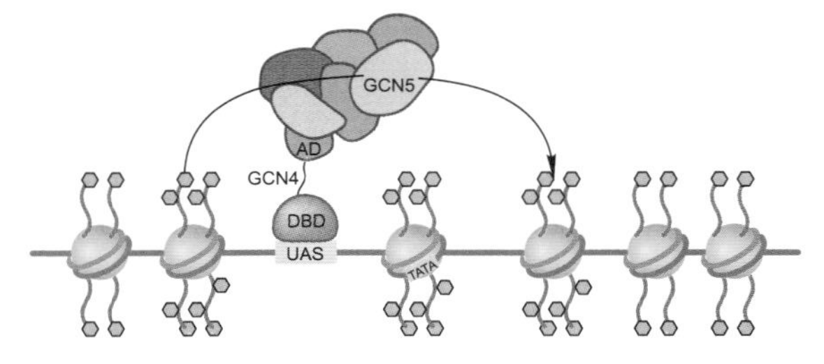

激活因子指导的超乙酰化，组蛋白末端超乙酰化

图9-19 酵母组蛋白乙酰化与去乙酰化控制转录的作用机制

URS：上游抑制序列（upstream repression sequence）；UAS：上游激活序列；RD：抑制结构域；AD：激活结构域。

3. HMG蛋白的影响

高速泳动族非组蛋白HMG1和HMG2有A、B和C三个结构域：A、B结构相似，C含有酸性的羧基端尾部，与H1结合。RNA聚合酶Ⅰ相关的转录因子UBF的DNA结合域是85个氨基酸残基的重复区，与HMG1和HMG2的A、B结构相似，所以这种特征性结构被命名为“HMG”结构域。与这一结构域相应的DNA序列称为“HMG box”，而具有一个或多个HMG结构域的蛋白质称为HMG结构域蛋白。HMG结构域蛋白有细胞特异性，根据结构域拷贝数、序列识别特性和演化关系等分为两个亚簇：一个亚簇广泛存在于各种细胞中，如HMG1和HMG2，UBF（RNA聚合酶Ⅰ的转录因子）。该类蛋白一般有多个HMG结构域，没有DNA识别特异性，执行不同的功能。另一个亚簇只存在于特定的细胞中，能识别特异的DNA序列，只有一个HMG结构域，如淋巴细胞增强子结合因子LEF1（lymphoid enhancer binding factor 1）、TCF1（T-cell factor 1）和SRY（sex determining region of the Y chromosome）。

HMG结构域蛋白结合在DNA双螺旋的小沟中，以40倍的优势选择富含嘧啶的核苷酸元件。HMG结构域蛋白的功能之一是与DNA弯折和DNA-蛋白质复合体高级结构的形成有关。研究发现，HMG结构域可识别某些异型的DNA结构，使DNA链产生90°～130°的弯折。一般来说，150 bp的DNA双链很难自发形成环状结构，但在非特异的HMG1存在时，可改变DNA双螺旋结构而形成66 bp的DNA环。具转录活性的核小体常缺乏H1，但有非组蛋白HMG14、HMG17存在。在爪蟾中发现HMG17会促进RNA聚合酶Ⅲ的转录，HMG14则直接参与RNA聚合酶Ⅱ对染色质中基因的转录。

（二）染色质的失活

1. X 染色体失活

通过比较有活性的 X 染色体（X_a）与失活的 X 染色体（X_i），我们可以发现：雌性哺乳动物中失活的 X 染色体上的 H4 组蛋白不发生乙酰化，而雄性中有活性的 X 染色体上的 H4 都是乙酰化的，前者不表达，后者表达。用乙酰化 H4 的抗体标记人和小鼠的中期染色体，除 X_i 外，其他染色体都被标记，所以中期染色体上 H4 乙酰化程度的高低，可代表基因转录活性的高低。据推算 H2B、H3、H4 可能具有 30 多种不同的乙酰化方式，而每种乙酰化方式都可能使核小体结构发生改变，或使核小体上供结合蛋白识别的表面发生变化，从而对转录起始复合体的组装起不同的作用。

在小鼠胚胎发育的早期是来自父方的 X 染色体（X_p）失活，这一过程似乎是印记（imprinting）而来。到囊胚期以后，原先失活的 X_p 重新被激活。之后，来自父方的 X_p 与来自母方的 X 染色体 X_m 二者之一随机失活。这一过程依赖于一种独特的非编码 RNA（Xist，即 X 染色体失活特异性转录物）的活性（图 9–20）。Xist RNA 覆盖于某一 X 染色体的表面并使之失活，其机制至今仍不清楚。早期 X_p 的失活伴随着组蛋白 H3K4 的甲基化减少和 H3K9 的甲基化增加，当大量 Polycomb 类蛋白在 X_p 染色体上聚集后，H3K27 开始发生大量甲基化。到目前为止，X 染色体失活的调节过程仍然不清楚。

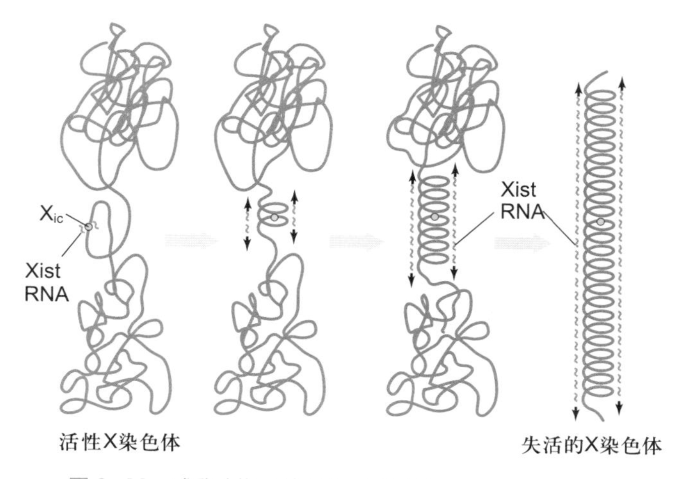

图 9–20　哺乳动物 X 染色体失活模型

X_{ic}：X 染色体失活中心；Xist RNA：X 染色体失活特异性转录物 RNA（X-inactivation specific transcript RNA）。

2. 位置花斑效应

基因表达有位置效应，有的活性基因转位到异染色质区附近时会失活。这一现象称为位置花斑效应（position effect variegation）。位于抑制状态与活化状态的染色质结构域之间、能防止不同状态的染色质结构域的结构特征向两侧扩展的染色质 DNA 序列，称为隔离子（insulator）。研究表明，隔离子可能有以下作用：一是作为异染色质定向形成的起始位点；二是作为结构域两端的锚定点，提供拓扑隔离区，使结构域外的增强子成分不能进入；三是涉及追踪机制，远端增强子处组成的复合体沿染色质模板运动直到启动子，而隔离子可阻止这个复合体超越正常作用范围。虽然三种作用模式均不能满意地解释所有观察到的隔离子现象，但却提示隔离子是以不同方式行使功能的。果蝇中 SCS（specialized chromosome structure）是一段 250～300 bp 的 DNA 序列，插入启动子与增强子之间可阻断来自增强子的转录激活作用。

三、染色质与基因表达调控

（一）以染色质为模板的转录

真核细胞中基因转录的模板是染色质而不是裸露的 DNA，因此染色质呈疏松或紧密结构，即是否处于活化状态是决定 RNA 聚合酶能否有效行使转录功能的关键。现在普遍认为，转录起始伴随着染色质上某一基因调节序列内部或者周围的结构改变。某些情况下，如在两栖类卵子发生过程中，rRNA 基因进行活跃转录时，染色质 DNA 似乎没有核小体。不过，研究发现大多数转录基因仍然保留了它们的核小体，即使有 RNA 聚合酶沿着 DNA 模板移动也是如此。RNA 聚合酶是一个大分子，差不多有两个核小体那么大。它和大约 50 bp DNA 结合，而且还不能有损伤。因此 DNA 模板不太可能牢固地结合在未解开的核小体的核心结构上而被转录。RNA 聚合酶被认为是用“核小体犁”（nucleosome plow）来克服这一障碍的，即用“核小体犁”来解除组蛋白和 DNA 间的相互作用。图 9–21 给出了一种模式，描绘了转录过程在有核小体存在时是如何进行的。目前，上述过程还有许多问题留待解决，比如 SWI/SNF 复合物何时停止工作？谁将转录过的染色质重新组装起来？等等。

（二）转录因子介导的基因表达调控

DNA 序列对转录的调节，并不依靠 DNA 本身，

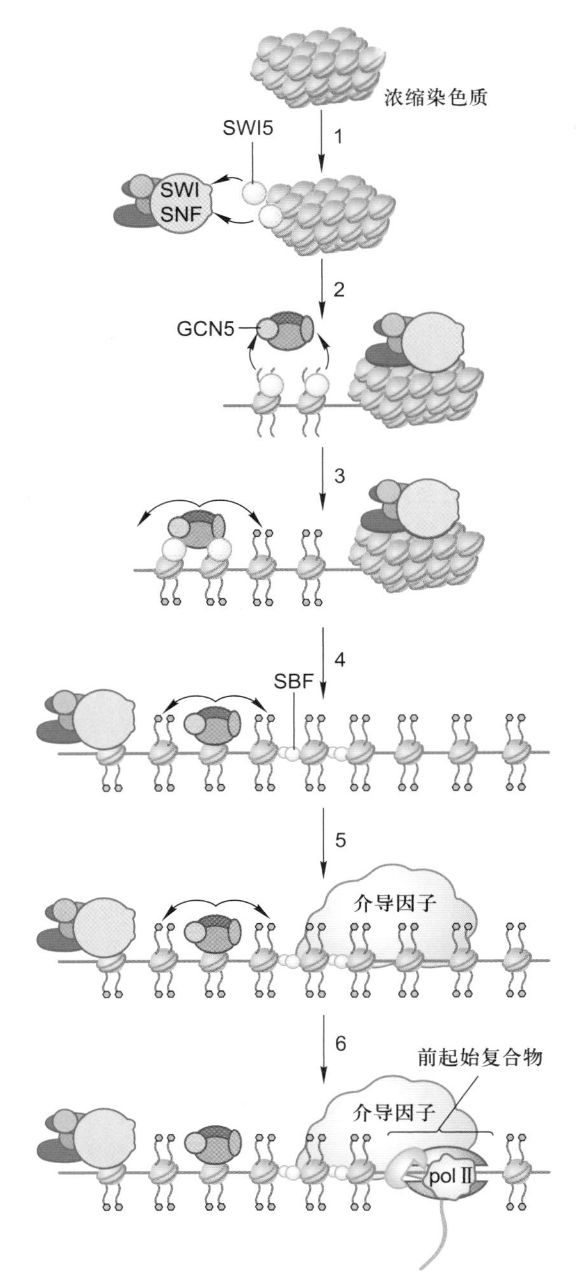

图 9-21 **酵母激活因子及辅激活子有顺序地相互作用于 *Ho* 基因在染色质水平调节其表达**

1. 最初 *Ho* 是包装在浓缩染色质内的，当 SWI5 激活因子与位于基因上游 1 200~1 400 bp 处的增强子结合并与 SWI/SNF 染色质重构物相互作用时，基因转录开始被激活；2. SWI/SNF 复合物行使功能使染色质解凝聚，以暴露组蛋白尾巴；3. 含有 GCN5 的组蛋白乙酰酶复合体与 SWI5 结合并使 *Ho* 中组蛋白尾巴乙酰化，同时 SWI/SNF 复合物继续行使功能使染色质解凝聚；4. SWI5 离开 DNA，而 SWI/SNF 复合物和 GCN5 仍然与 *Ho* 的调控区结合，它们的作用使得 SBF（SCB-binding factor）与近基因启动子段的位点结合；5. SBF 与转录介导因子复合物结合；6. RNA 聚合酶 II（polymerase II，pol II）的结合及基础转录因子共同组装成转录起始复合物，转录开始。

而是依靠特异识别这些 DNA 序列并与之结合的蛋白质，这些蛋白质叫做转录因子（transcription factor）。转录因子从功能上可分为两类：通用转录因子（general transcription factor），与结合 RNA 聚合酶的核心启动子位点结合；特异转录因子（specific transcription factor），与特异基因的各种调控位点结合，促进或阻遏这些基因的转录。

有了通用转录因子和 RNA 聚合酶，基因就可以开始转录了。但一般情况下，真核生物的基因转录还需要其他蛋白因子的参与，以帮助通用转录因子和 RNA 聚合酶在染色质上组装。这些辅助因子通常与 DNA 元件结合，这些 DNA 元件称为增强子（enhancer）。因为它们的存在能够显著加强目的基因的转录。增强子有的位于启动子附近，也有一些增强子距离启动子相当远，甚至可以相距几千碱基。增强子没有方向性，无论在启动子的上游或下游，都可以增强基因转录。

像大多数蛋白质一样，在转录水平上参与基因表达调控的转录因子也含有不同的结构域。典型的转录因子至少包括两个结构域：DNA 结合域（DNA binding domain），结合特异的 DNA 序列；激活结构域（activation domain），激活转录。此外，许多转录因子还含有一个促进该蛋白与其他蛋白形成二聚体的表面。二聚体的形成是许多不同类型转录因子的共同特征，在基因表达调控中起重要作用。

除了激活转录的转录因子之外，还有一些转录因子起抑制基因转录的作用。编码这些转录因子的基因发生突变，会导致某些基因的转录失控，由调节型表达变为组成型表达。果蝇和线虫中都曾经发现这类突变，造成胚胎中本来不应该表达的基因发生转录，导致胚胎发育异常。转录抑制因子（transcriptional repressor）在功能上与转录激活因子正好相反，它们结合于特定的 DNA 调节序列，抑制结合区附近的基因转录。在结构上，转录抑制因子也是由两部分组成，即 DNA 结合域和抑制结构域（repression domain）。它的活性也受到其他蛋白质的调控。激活与抑制转录因子的作用决定了某个基因在组织甚至细胞水平表达的特异性，即某个基因可能在同一组织的某些细胞中表达，而同时在另外一些细胞中不表达（图 9-22）。

转录因子的 DNA 结合域之所以能够识别并结合特异的 DNA 序列，是因为这些蛋白质的表面与 DNA 双螺旋的特定区域有特异的亲和性，亲和性的大小决定于 DNA 序列。蛋白质与 DNA 结合的机制，在于蛋白质插

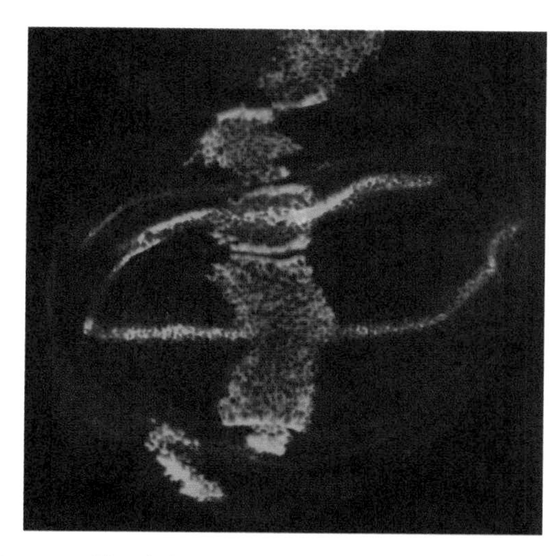

图 9-22 **基因表达的空间特异性**

图中红色显示的是在果蝇的翅膀成虫盘（wing disc）中，dpp-GAL4 介导的 Uif 的表达在前后分界处。绿色是在同一个盘中的背腹分界处的 Wg 的表达。dpp：decapentaplegic；Uif：uninflatable；Wg：wingless。（谢更强博士和焦仁杰博士提供）

入 DNA 分子的大沟，与某些碱基对以氢键、离子键或疏水力等相互作用。蛋白质和 DNA 之间的结合强度，取决于这类非共价键的数量。如果这些非共价键形成较多，蛋白质与 DNA 之间就可以形成很强的结合，这也决定了蛋白质识别 DNA 序列的特异性。

虽然蛋白质与 DNA 的结合方式千差万别，但是它们都需要形成某些特殊的空间结构，以结合 DNA 双螺旋的大沟。这些结构称为 DNA 结合基序（DNA binding motif）。转录因子中最常见的几种基序（结构模式），包括“锌指”（zinc finger）、“螺旋－转角－螺旋”（helix-turn-helix）、“亮氨酸拉链”（leucine zipper）结构和同源异型结构域。同源异型结构域由三段 α 螺旋组成，属于“螺旋－转角－螺旋”家族。从真菌到各种动植物，在调节不同类型细胞活动的大量蛋白质中都发现了这些结构模式。值得注意的是，尽管转录因子是调节基因表达的重要因素，但它并不是唯一的调控机制。细胞还存在其他调控基因转录的机制，比如 DNA 的甲基化。

（三）DNA 甲基化介导的基因表达调控

现有研究发现，DNA 甲基化（DNA methylation）与基因表达的阻遏有关。对哺乳动物及其他脊椎动物的 DNA 研究表明，每 100 个核苷酸就有一个含有甲基基团，并且通常是结合在胞嘧啶的 5′-C 位上。这种简单的化学修饰被认为是一种“标记”，使特定的 DNA 区域与其他区域区别开来。几乎所有的甲基化胞嘧啶残基都出现在对称序列（symmetrical sequence）的 5′-CG-3′ 二核苷酸上。这种序列在 DNA 上并不是随机分布，而是集中于富含 CG 的区域，这种区域称为“CG 岛”（CG rich island）。CG 岛常位于转录调控区或其附近，它的甲基化程度直接影响转录的活性。

一般而言，非活跃转录基因的 DNA 甲基化程度普遍高于活跃转录的基因；当含有甲基化 DNA 的非活性基因活化后，通常伴随失去许多甲基基团。在发育过程中，处于活化状态的基因调节区的甲基化水平会显著下降。例如，与其他组织相比，婴儿肝细胞 DNA 中位于 γ-球蛋白基因上游区域的甲基化水平显著降低。造成这种差异的原因是在婴儿发育期，这个基因处于高水平转录状态。许多研究证据表明，DNA 甲基化对维持基因长期处于非活化状态起重要作用。比如雌性哺乳动物失活的 X 染色体中，DNA 就是高度甲基化的。因此，甲基化是使 DNA 转入持久遏制状态的重要条件。

甲基化作用通过两种方式抑制转录：一是干扰转录因子对 DNA 结合位点的识别，二是将转录激活因子识别的 DNA 序列转换为转录抑制因子的结合位点。不过需要指出的是，DNA 甲基化和去甲基化与基因活性的关系并不是绝对的。DNA 甲基化也不是使基因表达失活的一种普遍机制。动物种属之间 DNA 甲基化的程度有很大差别。脊椎动物尤其是哺乳动物比无脊椎动物甲基化程度高得多。无脊椎动物，如果蝇和其他双翅目昆虫，细胞中 DNA 甲基化水平可能很低。这说明 DNA 甲基化是一种演化事件，并随演化程度的提高而逐步增强。因此，甲基化和去甲基化在基因表达活性调控中的意义依生物不同而有差异。

基因组印记（genomic imprinting）是哺乳动物比较常见的现象，是说明甲基化作用在基因表达调控中具有重要意义的最好例证。直到 20 世纪 80 年代中期人们还认为，子代基因组中来自父亲的一套染色体和来自母亲的一套染色体在功能上是等价的。但事实并非如此。在哺乳动物发育早期，某些特定基因是活化还是失活仅仅依赖于它们是被精子还是被卵子带入受精卵。例如，在小鼠的早期发育中，编码类胰岛素生长因子 2（insulin-like growth factor 2, IGF2）的基因只在由父亲传递下来的染色体上有活性。而编码这种蛋白质的受体（IGF2R）的基因，只在由母亲传递下来的染色体上有活性。这些类型的基因被认为是按照其亲本的来源带上印记。据估计，哺乳动物的基因组含有超过 100 个这类基因。

DNA 甲基化在基因组印记中具有重要作用。在某些情况下，甲基化不足的基因是有活性的；在另一些情况下，含有额外甲基的基因是有活性的，而甲基化不足的模板是无转录活性的。印记基因的这些差异，不受在早期胚胎中出现的去甲基化和复甲基化的影响。当个体产生配子（精子或卵）的时候，从亲本遗传来的印记才会消除。

（四）组蛋白修饰介导的基因表达调控

真核生物转录因子调节基因转录的一种重要机制，就是调整染色质的结构，以影响通用转录因子对启动子的结合能力。我们都知道，真核生物的遗传物质是以染色质而不是裸露 DNA 的形式存在于细胞核中。染色质的基本组成单位是核小体，它是由约 147 bp 长的 DNA 缠绕在组蛋白核心上形成的。如果基因的启动子位于核小体当中，则组蛋白核心会阻碍通用转录因子在启动子上的组装以及 RNA 聚合酶与启动子的结合，基因转录就无法进行。转录因子能够调节组蛋白核心的结构，从而改变核小体和染色质的紧密程度，影响通用转录因子和 RNA 聚合酶对启动子的结合，调控基因的表达。

转录激活因子的存在，通常有利于那些导致染色质或组蛋白结构松散的蛋白质复合物发挥作用，如组蛋白乙酰化酶。每种组蛋白的 N 端以及组蛋白 H2A 的 C 端，都从核小体表面向外伸出，称为组蛋白尾。这些组蛋白的尾部能够被某些酶可逆修饰，从而改变核小体的结构。其中组蛋白乙酰化酶对组蛋白 H3 和 H4 的修饰对核小体结构的调节起了最重要的作用（详见本章前文）。转录抑制因子通常会加强那些促进染色质结构紧密的蛋白质的作用，如组蛋白去乙酰化酶。它的作用与乙酰化酶正好相反，使核小体结构更紧密，转录起始复合物越发难以结合到启动子上。因此，染色质结构紧密的地方，往往也是基因转录活性很低的地方，这可能就是为什么不活跃的基因常常和异染色质相联系的原因。然而，异染色质区的基因（这类基因虽然不多，但确实存在）的正常表达则依赖于异染色质结构的存在。

（五）染色质与表观遗传

2003 年 6 月 15 日，包括中国在内的 6 个国家（美国、英国、法国、德国、日本和中国）的领导人在美国华盛顿宣布人类基因组计划完成。至今，我们已经清楚地知道了从大肠杆菌到线虫、果蝇、小鼠等几种模式生物以及人类的基因组序列。但是了解基因的序列，并不代表了解了生命的奥秘，更不意味着我们可以用这些基因去重构生命，尽管任何生物的 DNA 都编码了该生命体的细胞和机体构建以及生命活动的进行所需要的全部信息。生物之所以成为生物，除了它包含遗传信息外，更重要的是它要恰如其分地使用这些遗传信息，在正确的时间、正确的位置来正确地表达或关闭某些遗传信息。

表观遗传现象最早是摩尔根的学生 H. J. Muller 在 1930 年研究 X 射线诱导的染色体重组时发现的。当时他称自己得到的红白嵌合眼果蝇是“位置花斑效应”现象。20 世纪 40 年代，C. Waddinton 提出了表观遗传的概念：基因与环境相互作用产生的可遗传表型。随后科学家们发现了一系列类似的现象，如 20 世纪 50 年代麦克林托克（B. McClintock）第一次将染色体位置效应与玉米中染色体上不同位置的突变频率联系起来，20 世纪 60 年代 M. Lyon 发现的哺乳动物雌性个体细胞中 X 染色体失活现象。后来，科学家们发现了 DNA 的甲基化与基因表达的关系，脊椎动物细胞中的染色体印记现象，酵母细胞中的端粒沉默（telomeric silencing）现象等。不过，从最初的表观遗传现象发展至现今的表观遗传学领域还得归功于十几年以前开始发现的一系列组蛋白修饰酶——乙酰化酶、去乙酰化酶、甲基化酶、去甲基化酶、磷酸化酶、磷酸酶、泛素化酶、去泛素化酶等，以及这些酶与一些染色质重塑因子之间的相互作用等。

中心法则，即遗传信息从 DNA 到 RNA 再到蛋白质，是遗传学的基础，也是孟德尔遗传规律的根本。这也就是我们通常所说的基因型（DNA 序列）决定表型（性状）。然而，自然界的许多生命现象却很难用孟德尔规律去解释。如双胞胎、克隆猫、肿瘤组织等，虽然它们的 DNA 序列是一样的，却经常有很大的表型上的差异。现在已知，这些差异是由表观遗传的修饰不同造成的。如肿瘤细胞中 DNA 甲基化的变化使得抑癌基因失活。表观遗传现象在哺乳类、果蝇、酵母及植物中都广泛存在。值得指出的是，表观遗传修饰在干细胞的分化以及体细胞的去分化过程中发挥着举足轻重的作用。遗传学的变化是通过 DNA 序列的突变实现的，通过生殖细胞得以遗传。表观遗传的变化是通过组蛋白和 DNA 的不同修饰而实现的。表观遗传修饰可以遗传但富于变化，它是通过改变染色质的结构而改变基因组信息的表达。这些可改变染色质结构的途径主要包括：各种组蛋白修饰共同构成组蛋白密码子（histone code）、染色质重塑（chromatin remodeling）、组蛋白异型体（histone variant）、DNA甲基化和非编码RNA（noncoding RNA）的作用。这些染色质上的各种标记可以在细胞分裂过程中被遗传下去。它们共同构成特定细胞在特定时期的表观基因组（epigenome）。

四、染色质的三维动态分布与细胞ID

染色质在细胞核内的分布并不是均匀的，也不是静止不变的，而是存在时间和空间上的特异性。这一特异分布的特性与细胞内的基因表达有关，更与细胞的状态直接相关。根据这一特性，如果能够实时地检测和显示细胞核内染色质的分布模式，我们就可以确定该细胞的身份（identity, ID）。知道了每个细胞的ID可以帮助我们确定该细胞的状态，从而可以知道它的下一步“前进”方向。如果发现“异常”细胞，我们就可以将它们及时地从机体内清除出去，以保证正常细胞行使功能和机体生命的正常进行。这对机体发育和人类健康的维持将会发挥至关重要的作用。

这一想法在2014年之前是不可想象的。基于CRISPR/Cas9的DNA序列标记技术（参见知识窗2-3）的建立结合活体生物成像技术的应用为我们实现建立细胞ID的想法提供了可能。2013年底B. Chen等人用GFP标记的Cas9蛋白通过一段gRNA（guide RNA）在活体细胞中特异地显示一段基因组DNA相连的染色质在细胞核内的三维分布。他们发现这段DNA（或基因）相关的染色质的三维分布是动态变化的。这种变化跟细胞周期的变化直接相关。基于这些观察，我们设想有可能根据某些标志性DNA序列的三维分布建立各类细胞ID标准化信息库，为将来有可能利用这一信息库为人类健康服务打下基础。

第四节　染色体

染色体是细胞在有丝分裂（或减数分裂）时遗传物质存在的特定形式，是间期细胞染色质结构紧密组装的结果。不同生物的细胞中含有不同数目的染色体（表9-6）。所有单倍染色体组包含的DNA组成该生物基因组。

表9-6　不同生物的基因组大小和染色体数目

物种	基因组大小/Mb	染色体数目
芽殖酵母（*Saccharomyces pastorianus*）	12	16
黏霉菌（*Dictyostelium*）	70	7
拟南芥（*Arabidopsis thaliana*）	125	5
秀丽隐杆线虫（*Caenorhabditis elegans*）	97	6
果蝇（*Drosophila melanogaster*）	180	4
非洲爪蟾（*Xenopus laevis*）	3 000	18
玉米（*Zea mays*）	5 000	10
洋葱（*Allium cepa*）	15 000	8
百合（*Lilium brownii*）	50 000	12
肺鱼（*Neoceratodus forsteri*）	50 000	17
鸡（*Gallus gallus*）	1 200	39
小鼠（*Mus musculus*）	3 000	20
牛（*Bos taurus*）	3 000	30
狗（*Canis lupus*）	3 000	39
人（*Homo sapiens*）	3 000	23

基因组大小和染色体数目都源自单倍体。

一、染色体的形态结构

中期染色体具有比较稳定的形态，它由两条相同的姐妹染色单体（chromatid）构成，彼此以着丝粒（centromere）相连。根据着丝粒在染色体上所处的位置，可将中期染色体分为4种类型（图9-23，表9-7）：中着丝粒染色体（metacentric chromosome），两臂长度相等或大致相等；亚中着丝粒染色体（submetacentric chromosome）；亚端着丝粒染色体（subtelocentric chromosome），具有微小短臂；端着丝粒染色体（telocentric chromosome）。

染色体各部的主要结构如下：

（一）着丝粒与动粒

着丝粒连接两条染色单体，并将染色单体分为两臂：短臂（p）和长臂（q）。由于着丝粒区浅染内缢，所以也叫主缢痕（primary constriction）。近年来的研究表明，着丝粒是一种高度有序的整合结构，在结构和组成上都是非均一的，至少包括三种不同的结构域：

（1）沿着着丝粒外表面的动粒结构域（kinetochore

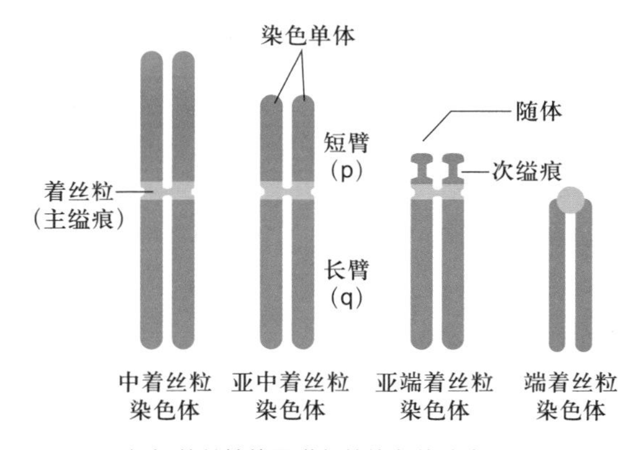

图 9-23　根据着丝粒位置进行的染色体分类图示

表 9-7　根据着丝粒位置进行的染色体分类

着丝粒位置	染色体符号	着丝粒比*	着丝粒指数**
中着丝粒	m	1.00～1.67	0.500～0.375
亚中着丝粒	sm	1.68～3.00	0.373～0.250
亚端着丝粒	st	3.01～7.00	0.249～0.125
端着丝粒	t	7.01～∞	0.125～0.000

* 长臂长度 / 短臂长度；** 短臂长度 / 染色体总长度。（Levan *et al.*，1964；Green *et al.*，1980）

domain）　哺乳类动粒（又称着丝点，kinetochore）超微结构可分为三个区域（图 9-24）：一是与着丝粒中央结构域相联系的内板（inner plate）；二是中间间隙（middle space），电子密度低，呈半透明区；三是外板（outer plate）。在没有动粒微管结合时，覆盖在外板上的第 4 个区称为纤维冠（fibrouscorona），由微管蛋白构成。动粒微管与内外板相连，并沿纤维冠相互作用，与内板相联系的染色质是与微管相互作用的位点。已有证据表明，动粒结构域的化学组成包括与动粒结构与功能相关的两类蛋白质以及着丝粒 DNA，但是目前关于动粒的结构模型尚无定论。

（2）中央结构域（central domain）　这是着丝粒区的主体，由串联重复的卫星 DNA 组成。这些重复序列大部分是物种专一的。人染色体的着丝粒 DNA 由 α 卫星 DNA 组成，重复单位 17 bp，每一着丝粒串联重复 2 000～30 000 次，可达 250 kb 至 400 kb，但不同染色体着丝粒的 α 卫星 DNA 序列存在差别。其中一个亚类含有 17 bp 的 DNA 模　式（5′–CTTCGTTGGAAACGGGA–3′），能与动粒蛋白 CENP-B 结合，这一 DNA 模式被称为 CENP-B 框。通过免疫印迹分析，在哺乳类染色体着丝粒区已发现 CENP-A、B、C、E 和 F 五种动粒蛋白，这些动粒蛋白和细胞分裂及其调控有密切关系，因而也是极为保守的。

（3）配对结构域（pairing domain）　位于着丝粒内表面的配对结构域。代表中期姐妹染色单体相互作用的位点。已经发现有两类蛋白：一类是内部着丝粒蛋白 INCENP（inner centromere protein），另一类是染色单体连接蛋白 CLIPS（chromatid linking protein），两者与染色单体配对有关。

虽然三种结构域具有不同的功能，但它们并不能独自发挥作用。正是三种结构域的整合功能，才确保细胞在有丝分裂中染色体与纺锤体整合，发生有序的染色体分离。

（二）次缢痕

除主缢痕外，染色体上其他的浅染缢缩部位称次缢痕（secondary constriction）。它的数目、位置和大小是某些染色体所特有的形态特征，因此也可以作为鉴定染色体的标记。

（三）核仁组织区

核仁组织区（nucleolar organizing region, NOR）位于染色体的次缢痕部位，但并非所有次缢痕都是 NOR。染色体 NOR 是 rRNA 基因所在部位（5S rRNA 基因除外），与间期细胞核仁形成有关。

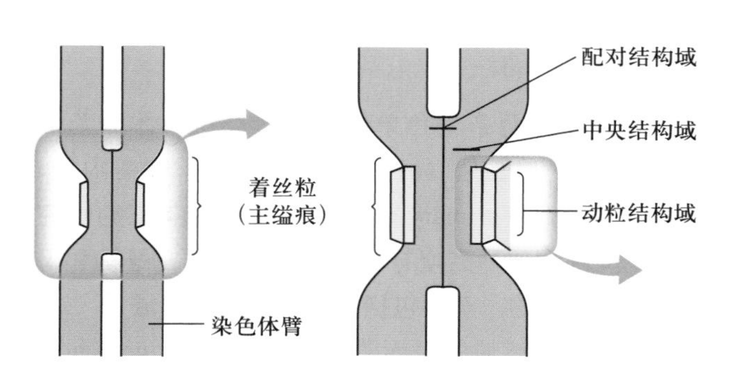

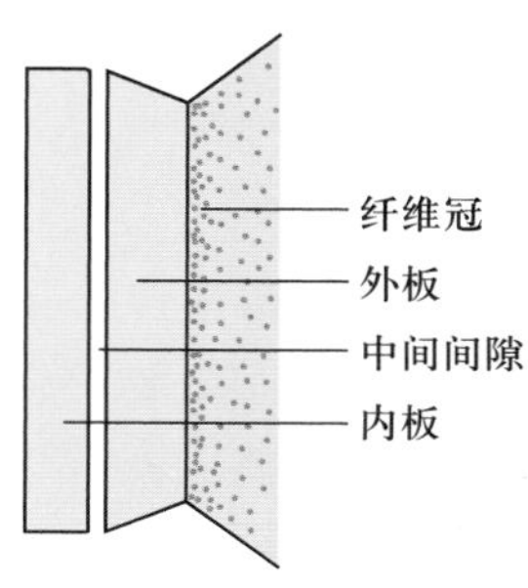

图 9-24　着丝粒的结构域组织

（四）随体

随体（satellite）指位于染色体末端的球形染色体节段，通过次缢痕区与染色体主体部分相连。它是识别染色体的重要形态特征之一，有随体的染色体称为 sat 染色体。

（五）端粒

端粒（telomere）是染色体两个端部特化结构。端粒通常由富含鸟嘌呤核苷酸（G）的短的串联重复序列 DNA 组成（TEL DNA），伸展到染色体的 3′端。一个基因组内的所有端粒都是由相同的重复序列组成，但不同物种的端粒的重复序列是不同的（表 9–8）。哺乳类和其他脊椎动物端粒的重复序列中的保守序列是 TTAGGG，串联重复 500～3 000 次，序列长度在 2 kb 到 20 kb 之间不等。端粒的长度与细胞及生物个体的寿命有关。端粒的生物学作用在于维持染色体的完整性和独立性，可能还与染色体在核内的空间排布等有关。

二、染色体的功能元件

在细胞世代中确保染色体的复制和稳定遗传，染色体起码应具备三种功能元件（functional element）（图 9–25）：至少一个 DNA 复制起点，确保染色体在细胞周期中能够自我复制，维持染色体在细胞世代传递中的连续性；一个着丝粒，使细胞分裂时已完成复制的染色体能平均分配到子细胞中；最后，在染色体的两个末端必须有端粒，保持染色体的独立性和稳定性。构成染色体 DNA 的这三种关键序列（key sequence）称为染色体

表 9–8　不同生物中端粒 DNA 序列比较

物种	端粒 DNA 重复序列
酵母	
芽殖酵母	$G_{1\sim3}T$
裂殖酵母	$G_{2\sim5}TTAC$
原生动物	
四膜虫	GGGGTT
黏霉菌	$G_{1\sim8}A$
植物	
拟南芥	AGGGTTT
哺乳动物	
人	TTAGGG

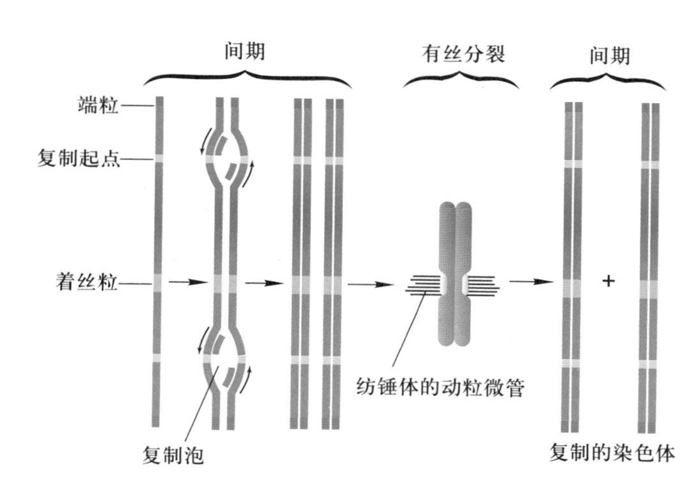

图 9–25　真核细胞染色体的三种功能元件示意图

DNA 的功能元件。近年来采用分子克隆技术把真核细胞染色体的复制起点、着丝粒和端粒这三种 DNA 关键序列分别克隆成功，并把它们互相搭配或改造而构成所谓“人造微小染色体”（artificial minichromosome）。

（一）自主复制 DNA 序列

应用 DNA 重组技术，将带有正常酵母亮氨酸合成酶的 *Leu* 基因的 DNA 限制酶片段重组到大肠杆菌的质粒中。用这种重组质粒去转化亮氨酸合成代谢缺陷型酵母细胞，发现单纯质粒不能转化酵母细胞，而重组质粒能在酵母细胞中复制、表达和遗传。可见该酵母 DNA 插入片段除含有 Leu 的基因外，还含有一段酵母染色体自主复制 DNA 序列（autonomously replicating DNA sequence, ARS）。该序列首先在酵母基因组 DNA 序列中发现，它能使含有这一序列的重组质粒高效转化酵母细胞，并能在酵母中独立于宿主染色体而存在。根据不同来源的 ARS 的 DNA 序列分析，发现它们都具有一段 11～14 bp 的同源性很高的富含 AT 的共有序列（consensus sequence），同时证明这段共有序列及其上下游各 200 bp 左右的区域是维持 ARS 功能所必需的。现在已利用双向电泳定位复制起点的技术，直接证明了 ARS 在质粒以及酵母染色体上与复制起点（replication origin）共定位的现象。绝大多数真核细胞的染色体含有多个复制起点，以确保全染色体快速复制。现在还没有确定真核生物的复制起点的 DNA 序列是否具有固定模式，但大多包含一个富含 AT 的序列。

（二）着丝粒 DNA 序列

上述插入 ARS 的重组质粒，虽然能在酵母细胞中

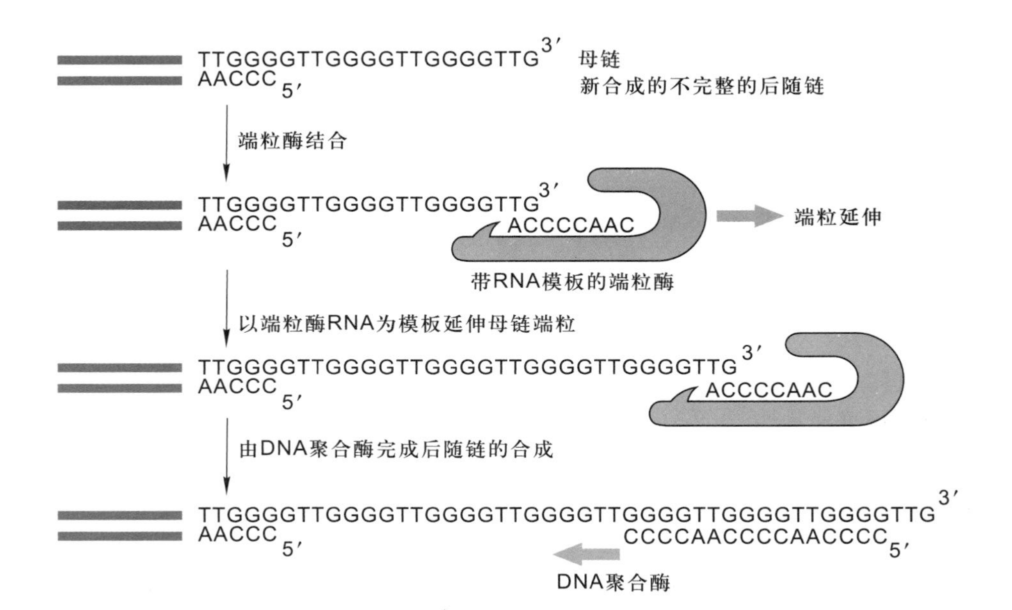

图 9-26　端粒酶的作用示意图

复制和表达，但由于它缺少着丝粒，因此不能在酵母细胞有丝分裂时平均分配到子细胞中去。当把酵母染色体上的着丝粒 DNA 序列（centromere DNA sequence, CEN）插入到这个含 ARS 的重组质粒中，这种新的插有酵母染色体的 ARS 和 CEN 序列的重组质粒，在有丝分裂中便表现出与正常染色体相似的复制与分离行为。根据不同来源的 CEN 序列分析，发现它们的共同特点是有两个彼此相邻的核心区，一个是 80～90 bp 的 AT 区，另一个是 11 bp 的保守区。通过 CEN 缺失损伤试验或插入突变试验，发现一旦伤及这两个核心区序列，CEN 即丧失其生物学功能。

（三）端粒 DNA 序列

将插入 ARS 和 CEN 序列的环状重组质粒 DNA 在单一位点切开，形成一个具有两个游离端的线性 DNA 分子。虽然这段线性 DNA 可以在酵母细胞中复制并附着到有丝分裂的纺锤体上，但最终将从子细胞中丢失，结果细胞无法生长。如果在切开的线性 DNA 两端加上端粒 DNA 序列（telomere DNA sequence, TEL），则转染细胞生长。这是因为环状 DNA 变成线性 DNA 分子以后无法解决“末端复制问题”，即新合成的 DNA 链 5′ 末端 RNA 引物被切除后变短的问题。真核细胞染色体端粒的重复序列不是染色体 DNA 复制时连续合成的，而是由端粒酶（telomerase）合成后添加到染色体末端。端粒酶是一种核糖核蛋白复合物，具有反转录酶的性质，由物种特异的内在 RNA 作模板，把合成的端粒重复序列再加到染色体的 3′ 端（图 9-26）。人的生殖细胞染色体末端比体细胞染色体末端长几千个碱基对，这是因为迄今为止只发现在生殖细胞和部分干细胞里有端粒酶活性，而在所有体细胞里则尚未发现端粒酶的活性。端粒起到细胞分裂计时器的作用。不管是体内还是体外，体细胞每分裂一次，端粒重复序列就缩短一些。表明端粒重复序列的长度与细胞分裂次数和细胞的衰老有关。肿瘤细胞具有表达端粒酶活性的能力，使癌细胞得以无限制地增殖。

除了端粒酶能维持端粒的长度外，另外一个端粒变长的途径是 ALT（alternative lengthening of telomere），这一途径不依赖于端粒酶的存在。3′ 端突出的端粒 DNA 最终与 5～10 kb 之外的另一条链上的 TTAGG 同源序列配对形成一个 D 形环（或 T 形环），以稳定端粒末端结构。这一过程由 TRF2 催化完成。

三、染色体带型

核型（karyotype）一词首先由苏联学者 G. A. Levitsky 等人在 20 世纪 20 年代提出。核型分析的发展有三项技术起了很重要的促进作用：一是 1952 年美籍华人细胞学家徐道觉发现的低渗处理技术，使中期细胞的染色体分散良好，便于观察；二是秋水仙素的应用便于富集中期细胞分裂相；三是植物凝集素（PHA）刺激血淋巴细胞转化、分裂，使以血培养方法观察动物及人的染色体成为可能。

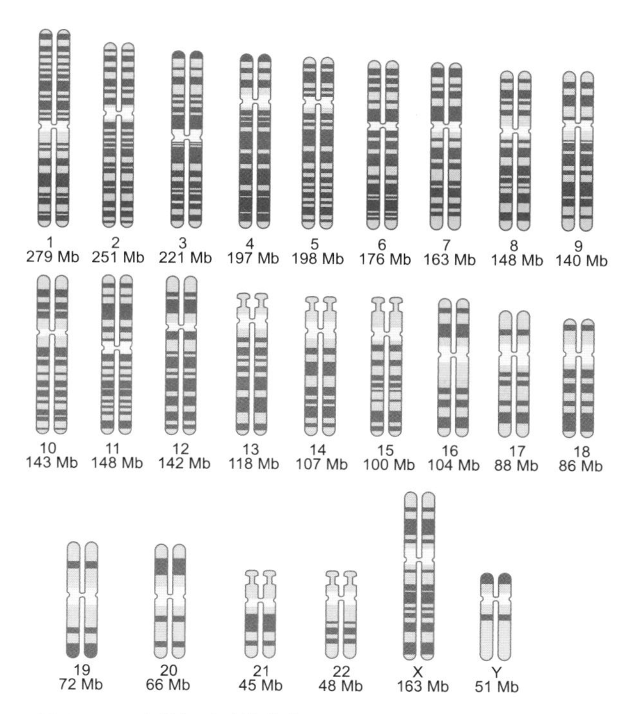

图 9-27　人类细胞中期染色体显带及染色体大小示意图

核型是指染色体组在有丝分裂中期的表型，是染色体数目、大小、形态特征的总和。核型分析是在对染色体进行测量计算的基础上，进行分组、排队、配对并进行形态分析的过程。核型分析对于探讨人类遗传病的机制、物种亲缘关系、远缘杂种的鉴定等都有重要意义。将一个染色体组的全部染色体逐个按其特征绘制下来，再按长短、形态等特征排列起来的图像称为核型模式图（idiogram），它代表该物种的核型模式（图 9-27）。

在染色体显带技术发展之前，核型分析主要是根据染色体形态和着丝粒位置的差别来进行的，因此有时对染色体仍不易精确识别和区分。1968 年由瑞典细胞学家 Casperson 首先建立的染色体 Q 带技术及其以后的发展，为核型研究提供了有力的工具。Q 带技术即喹吖因 (Quinacrine) 荧光染色技术，显示中期染色体经氮芥喹吖因或双盐酸喹吖因染色以后，在紫外线照射下所呈现的荧光亮带和暗带。一般富含 AT 碱基的 DNA 区段表现为亮带，富含 GC 碱基的 DNA 区段表现为暗带。G 带即吉姆萨（Giemsa）带，是将中期染色体制片经胰酶或碱、热、尿素、去垢剂等处理后再用吉姆萨染料染色后所呈现的染色体区带。一般来说，G 带与 Q 带相符，但也有例外，如 Q 带显示的人 Y 染色体的特异荧光，在 G 带带型上并不出现。R 带是指中期染色体经磷酸盐缓冲液保温处理，以吖啶橙或吉姆萨染色，结果所显示的带型和 G 带明暗相间带型正好相反，所以又称反带（reverse band）。C 带主要显示着丝粒结构异染色质及其他染色体区段的异染色质部分。T 带又称末端带（terminal band），是染色体端粒部位经吖啶橙染色后所呈现的区带，在分析染色体末端结构畸变时有用。N 带又称 Ag-As 染色带，主要用于染核仁组织者区的酸性蛋白质。1975 年以来，美国细胞遗传学家 J. J. Yunis 等建立了染色体高分辨显带技术，用氨甲蝶呤使培养的细胞同步化后，再用秋水仙胺短暂处理，获得大量晚前期和早中期分裂相，这些时期的染色体比典型中期染色体长，显带后可得到更多更细的带纹。如在人体细胞晚前期染色体组中可以分辨出 843～1 256 条带，而中期染色体只能观察到 320～550 条带，因而更有助于发现细微的染色体异常。

染色体显带技术最重要的应用就是明确鉴别一个核型中的任何一条染色体，乃至某一个易位片段。同时显带技术也用于染色体基因定位和染色体重构，如染色体着丝粒的罗伯逊式融合（Robertsonian fusion）与染色体着丝粒的罗伯逊式裂解（Robertsonian fission）。

从果蝇到人，有丝分裂的染色体普遍存在特殊的带型。一个物种某一条染色体上的标准带型是非常稳定的并是特征性的。这就提示，染色体带作为更大范围的结构域对细胞的功能可能是重要的。有人估计，即使最细的带纹也应含有 30 个或更多的环状结构域，并且已知富含 AT 的带和富含 GC 的带都含有基因。近年来发展的显带染色体显微切割和分子微克隆技术，已有可能研究染色体某几个带纹的 DNA 性质，这是联系细胞遗传学与分子遗传学之间的重要桥梁。

四、特殊染色体

在某些生物的细胞中，特别是在发育的某些阶段，可以观察到一些特殊的体积很大的染色体，包括多线染色体（polytene chromosome）和灯刷染色体（lampbrush chromosome），这两种染色体总称为巨大染色体（giant chromosome）。

（一）多线染色体

多线染色体是 1881 年由意大利细胞学家 E. G. Balbiani 首先在双翅目摇蚊幼虫的唾腺细胞中发现的，它也存在于双翅目昆虫的幼虫组织细胞内，如唾腺、气管、肠和马氏管（Malpighian tube）。此外，在不同植物的不同类型的细胞中，如胚珠细胞（胚乳、胚柄和反足细胞）也发现多线染色体。

多线染色体来源于核内有丝分裂（endomitosis），即核内DNA多次复制而细胞不分裂。产生的子染色体并行排列，且体细胞内同源染色体配对，紧密结合在一起从而阻止染色质纤维进一步聚缩，形成体积很大的多线染色体。多线化的细胞处于永久间期，并且体积也相应增大。同种生物的不同组织以及不同生物的同种组织的多线化程度各不相同。在果蝇唾腺细胞中，染色体进行10次DNA复制，因而形成2^{10}=1 024条同源DNA拷贝，形成的多线染色体比同种有丝分裂染色体长200倍以上，4条配对的染色体全长可达2 mm。配对染色体的着丝粒部位结合在一起形成染色中心（图9-28）。

早期遗传学分析认为，果蝇多线染色体一条带代表一个基因，一个基因编码一种基本蛋白质。B. Bossy等（1984）在果蝇基因组中克隆出一段315 kb的连续DNA序列，以该DNA为探针检测该区段DNA所转录的mRNA，结果发现mRNA的种类是被鉴定带数目的3倍。所以把每条带看做一个特异的基因组区更为恰当。最近的研究表明，多线染色体的带和间带都含有基因，有可能“持家”基因（housekeeping gene）位于间带，而有细胞类型特异性的“奢侈”基因（luxury gene）位于带上。

（二）灯刷染色体

灯刷染色体在1882年由Flemming在研究美西螈卵巢切片时首次报道，但由于其形态特殊而未能肯定。1892年，J. Rückert研究鲨鱼卵母细胞时，给灯刷染色体以正式命名。现已知道，灯刷染色体几乎普遍存在于动物界的卵母细胞中，其中两栖类卵母细胞的灯刷染色体最典型，也研究得最深入。在植物界，也有关于灯刷染色体的报道。如垂花葱（*Allium cernuum*）和玉米雄性配子减数分裂中出现不很典型的灯刷染色体，而大型的单细胞藻类地中海伞藻（*Acetabularia mediterranea*）却有典型的灯刷染色体。

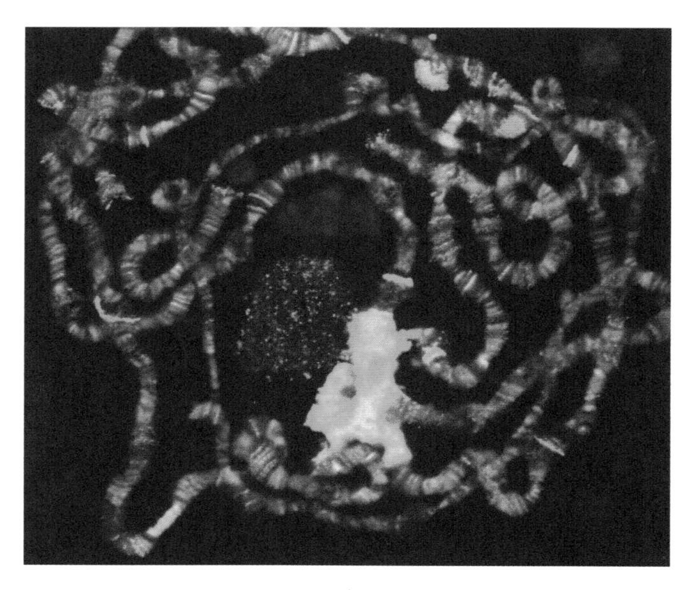

图9-28　果蝇唾腺细胞全套多线染色体

图中红色信号表示异染色质蛋白HP1在多线染色体上的分布，绿色是dCAF1-p180蛋白的分布。（黄海博士和焦仁杰博士提供）

灯刷染色体是卵母细胞进行减数分裂第一次分裂时停留在双线期的染色体。它是一个二价体，包含4条染色单体。此时同源染色体尚未完全解除联会，因此可见到几处交叉。这一状态在卵母细胞中可维持数月或数年之久。

灯刷染色体轴由染色粒轴丝构成，每条染色体轴长约400 μm（多数有丝分裂染色体小于10 μm）。从染色粒向两侧伸出两个相类似的侧环，每个环相当于一个袢环结构域，一个平均大小的环约含100 kb DNA。两栖类一套灯刷染色体约含10 000个这样的染色质侧环，不同的侧环有各自的特异DNA序列，每个环在细胞中有4个拷贝。

灯刷染色体的形态与卵子发生过程中营养物储备是密切相关的。大部分DNA以染色粒形式存在，没有转录活性，而侧环是RNA活跃转录的区域，一个侧环往往是一个大的转录单位或几个转录单位组合构成的。转录的RNA副本3′端借助RNA聚合酶固定在侧环染色质轴丝上，游离的5′端捕获大量蛋白质形成核糖核蛋白复合物，组成环周围的基质。环的粗细变化表示基质的厚薄和转录RNA的长短。转录起始点RNA短，随着RNA聚合酶读码而逐渐延长。用RNase和蛋白酶可将基质消化，侧环轴丝保留。改用DNase消化，侧环轴丝解体消失，说明基质由RNP组成，轴丝由DNA组成。灯刷染色体合成的RNA主要为前体mRNA，有些类型的mRNA可翻译成蛋白质，有些mRNA与蛋白质结合，暂不翻译而储存在卵母细胞中。

第五节　核仁与核体

核仁（nucleolus）是真核细胞间期核中最显著的结构。在光镜下被染色的细胞、相差显微镜下的活细胞或分离细胞的细胞核都容易看到核仁，它们通常表现为单一或多个匀质的球形小体。核仁的大小、形状和数目随生物的种类、细胞类型和细胞代谢状态不同而变化。蛋白质合成旺盛、活跃生长的细胞（如分泌细胞、卵母细胞）的核仁大，可占总核体积的25%；不具蛋白质合成能力的细胞如肌细胞、休眠的植物细胞，其核仁很小。在细胞周期过程中，核仁又是一个高度动态的结构，在有丝分裂期间表现出周期性的消失与重建。

真核细胞的核仁具有重要功能，它是rRNA合成、加工和核糖体亚基的组装场所。

一、核仁的结构

电镜下核仁的超微结构与胞质中的大多数细胞器不同，它没有被膜包裹。尽管核仁的大小、形态和超微结构明显地随所研究的细胞类型和细胞的代谢状态不同而变化，但三种基本的核仁结构组分仍可通过超薄切片的电镜观察加以识别（图9-29）。

（一）纤维中心

在电镜下观察，纤维中心（fibrillar center, FC）是包埋在颗粒组分内部一个或几个浅染的低电子密度的圆形结构。电镜细胞化学和放射自显影研究已经确证，在纤维中心存在rDNA、RNA聚合酶Ⅰ和结合的转录因子，并且光镜及电镜水平的原位分子杂交也证明了这种DNA具有rRNA基因（rDNA）的性质。根据形态相似性和嗜银蛋白的存在，通常认为FC代表染色体NOR在间期核的副本。然而由于核仁活性的变化，FC的数目可能超过染色体NOR的数目；并且有证据表明，FC中的染色质不形成核小体结构，也没有组蛋白存在，但存在嗜银蛋白。其中磷蛋白C23的存在已得到免疫电镜的证明，并认为它是和rDNA结合在一起的，可能与核仁中染色质结构的调节有关。

（二）致密纤维组分

在电镜下观察，致密纤维组分（dense fibrillar component, DFC）是核仁超微结构中电子密度最高的部分，呈环形或半月形包围FC，由致密的纤维构成，通常见不到颗粒。用^{3}H作为RNA前体物对细胞进行脉冲标记，根据电镜放射自显影观察，带放射性标记的第一个核仁结构就是DFC。电镜原位分子杂交也证明rRNA以很高的密度出现在DFC区域。此外，研究还发现DFC有特异性结合蛋白，其中比较清楚的是核仁纤维蛋白（fibrillarin）、核仁蛋白（nucleolin）和核仁组成区嗜银蛋白。

（三）颗粒组分

在代谢活跃的细胞的核仁中，颗粒组分（granular component, GC）是核仁的主要结构。它由直径15～20 nm的RNP构成，可被蛋白酶和RNase消化。这些颗粒是正在加工、成熟的核糖体亚基前体颗粒。间期核中核仁的大小差异主要是由颗粒组分数量的差异造成的。

除上述三种基本核仁组分外，在观察电镜超薄切片时会发现，核仁虽然没有膜包裹，但被或多或少的染色质所包围，这层染色质称为核仁相随染色质（nucleolar associated chromatin）；有时还深入到核仁内，称为核仁内染色质（intranucleolar chromatin）；而包围核仁的染色质称为核仁周边染色质（perinucleolar chromatin）。此外，应用RNase和DNase处理核仁，在电镜下看到核仁的残余结构，称为核仁基质（nucleolar matrix）或核仁骨架。FC、DFC和GC三种组分都淹没在这种无定形的核仁基质中。

图9-29　BHK-21细胞核仁的电镜照片

银粒示rRNA转录部位。（丁明孝提供）

现有研究资料普遍认为，上述三种基本核仁组分以某种方式和rRNA的转录与加工形成RNP的不同事件有关。比较一致的看法认为，FC是rRNA基因的储存位点，转录主要发生在FC与DFC的交界处。初始rRNA转录本首先出现在DFC并在那里加工，某些加工步骤也发生在GC区，并负责将rRNA与核糖体蛋白组装成核糖体亚基，所以GC代表核糖体亚基成熟和储存的位点。目前，关于rRNA基因转录的确切位点仍有不同见解。

二、核仁的功能

核仁的主要功能与核糖体的生物发生（ribosome biogenesis）相关。这是一个向量过程（vectorial process），从核仁纤维组分开始，再向颗粒组分延续。这一过程包括rRNA的合成、加工和核糖体亚基的组装。

除此之外，核仁的另一个功能涉及mRNA的输出与降解。最初的观察发现，哺乳类细胞通过紫外线照射灭活核仁，可阻止非核糖体RNA的输出。虽然在高等真核细胞大量poly(A) RNA并不定位于核仁，但是一些特殊的mRNA（如MyoD、*N*-Myc的转录本）已在核仁中检测到。在酵母中也发现，*Mtr1-1*和*Mtr2-1*基因突变或重度热休克（severe heat shock）会干扰mRNA的运输，导致poly(A) RNA在核仁中的积累。

三、核仁的动态周期变化

在细胞周期中，核仁是一种高度动态的结构，在形态和功能上都发生很大的变化。当细胞进入有丝分裂时，核仁首先变形和变小，然后随着染色质凝集，核仁消失，所有rRNA合成停止，致使在中期和后期细胞中没有核仁；在有丝分裂末期，rRNA合成重新开始，核仁的重建随着核仁物质聚集成为分散的前核仁体（prenucleolar body, PNB）而开始，然后在NOR周围融合成正在发育的核仁。

在细胞周期中核仁周期（nucleolar cycle）变化的分子过程还不十分清楚。但研究表明，核仁的动态变化是rDNA转录和细胞周期依赖性的。在细胞周期的间期，核仁结构完整性（structure integrity）的维持，以及有丝分裂后核仁结构的重新建成，都需要rRNA基因的活性。用带有荧光标记的RNA聚合酶Ⅰ抗体显微注射到体外培养的PtK2细胞核中，rRNA基因的转录被选择性抑制。通过双标记免疫荧光显微术（double labeling immunofluorescence microscopy）和电镜观察发现，注射RNA聚合酶Ⅰ抗体后，DFC很快开始去整合并导致核仁解体，核质内充满大量核仁外体（extra nucleolar body），用核仁纤维蛋白抗体染色证明，这些核仁外体具有DFC性质，残余的核仁失去DFC，主要由FC和GC组成。由此可见，DFC在核仁中的定位与整合，关键依赖于正在转录的rRNA基因。

采用上述相同的方法，将RNA聚合酶Ⅰ抗体注射到有丝分裂中期的细胞内。被注射的细胞虽然能继续完成分裂并且子细胞按正常周期运转进入G_1期，但它们却不能重建核仁，而是在核中充满许多PNB。PNB含有核仁纤维蛋白及其他核仁蛋白，但没有RNA聚合酶Ⅰ和拓扑异构酶Ⅰ，也没有rDNA。结果表明，预先形成的PNB围绕染色体NOR重建核仁，同样需要RNA聚合酶Ⅰ的活性形式，rRNA基因转录的抑制是阻止核仁重建的早期步骤。

四、核体

虽然核仁是细胞核里最显著的结构，但细胞核内也存在其他一些核体（nuclear body）结构。这些结构包括：卡哈尔体（Cajal body）、GEMS（Gemini of coiled body）以及染色质间颗粒（interchromatin granule cluster/nuclear speckle）。与核仁一样，这些亚核结构没有膜的包被，并且是高度动态变化的。它们的出现可能是蛋白质和RNA组分（或许也有DNA）相互作用的结果。这些组分与在基因表达过程中发挥作用的生物大分子的合成、组装和储存相关。卡哈尔体和GEMS非常相似，它们常常在核内成对出现，其实人们并不清楚它们的结构是否真正不同。它们可能是snRNA和snoRNA最后加工及与蛋白质组装的场所。组成snRNP的RNA和蛋白质都是首先在细胞质中部分组装，然后转运到细胞核中进行最后的加工。卡哈尔体/GEMS被认为也是snRNP循环利用的场所。相反，染色质间颗粒被认为是成熟的、可直接用于pre-mRNA剪接的snRNP的储存地点。

研究这些亚核结构的功能一直存在许多困难。然而，最新的研究表明：卡哈尔体与端粒酶复合物（telomerase holoenzyme）有着直接的关系。端粒酶是维持祖细胞和癌细胞端粒长度的关键因子。端粒的长短直接与细胞及机体的寿命相关。E. H. Blackburn、C. W. Greider和J. W. Szostak因在端粒酶的发现及相关功能方面的研究获得了2009年的诺贝尔生理学或医学奖。TCAB1（telomerase Cajal body protein 1）被发现是端粒酶复合体的成分之一。它参与端粒的维持，同时它也是卡哈尔体的成分之一，参与RNA的剪切修饰过程。用RNA干扰的方法去除TCAB1的功能，卡哈尔体就不能与TERC（telomerase RNA component）相结合，端粒酶也就不能维持端粒的长度。

通过遗传学的手段（包括基因剔除鼠和人类自发突变），科学家发现GEMS包含SMN（survival of motor neuron）蛋白。该蛋白编码基因的突变导致可遗传的脊柱肌肉萎缩症（spinal muscular atrophy）。这一疾病的病因可能是由于snRNP组装的细微缺陷而引起的pre-mRNA剪接缺陷。

第六节　核基质

在真核细胞的核内除染色质、核膜与核仁外，还有一个以蛋白质成分为主的网架结构体系，这一网架结构体系最初由Coffey和R. Berezney等人（1974）从大鼠肝细胞核中分离出来。他们用核酸酶（DNase和RNase）与高盐溶液对细胞核进行处理，将DNA、组蛋白和RNA抽提后发现核内仍残留有纤维蛋白的网架结构，并将其称之为核基质（nuclear matrix）。因为它的基本形态与胞质骨架很相似，又与胞质骨架体系有一定的联系，因此有人称之为核骨架（nuclear skeleton）。近年来，核骨架的研究取得很大进展，已成为细胞生物学研究的一个前沿领域。目前，对核骨架可以有两种理解：广义的概念，核骨架应包括核基质、核纤层（或核纤层－核孔复合体结构体系），以及染色体骨架（chromosome scaffold）；另一种狭义的概念仅把核骨架具体理解为核基质。这里明确提出的核基质就是指在细胞核内，除了核被膜、核纤层、染色质与核仁以外的网架结构体系。从这一理解出发，核骨架与核基质具有等同含义。

迄今为止，对核骨架的研究认识大致可归纳为：

（1）核骨架是存在于真核细胞核内的结构体系。

（2）核骨架与核纤层、中间丝相互连接形成的网络体系，是贯穿于核与质的一个相对独立的结构系统。

（3）核骨架主要由非组蛋白的纤维蛋白构成，含有多种蛋白质成分。少量RNA的存在可能对维持核骨架结构的完整性是必要的。

（4）核骨架与DNA复制、基因表达及染色体的组装与构建有密切关系。

思考题

1. 概述细胞核的基本结构及其主要功能。
2. 试述核孔复合体的结构及其功能。
3. 染色质按功能分为几类？它们的特点是什么？
4. 组蛋白与非组蛋白如何参与表观遗传的调控？
5. 试述从DNA到染色体的包装过程。DNA为什么要包装成染色质？
6. 分析中期染色体的3种功能元件及其作用。
7. 概述核仁的结构及其功能。
8. 如何保证大量的细胞生命活动在很小的细胞核内有序进行？从染色质组装的角度分析。

参考文献

1. Chen B, Gilbert L A, Cimini B A, *et al*. Dynamic imaging of genomic loci in living cells by an optimized CRISPR/Cas System. *Cell*, 2013, 155: 1479-1491.
2. Cooper G M, Hausman R E. The Cell: a molecular approach. 3rd ed. Washington: ASM Press, 2004.
3. Dorigo B, Schalch T, Kulangara A, *et al*. Nucleosome arrays reveal the two start organization of the chromatin fiber. *Science*, 2004, 306(5701): 1571-1573.

4. Fischle W, Tseng B S, Dormann H L, *et al*. Regulation of HP1-chromatin binding by histone H3 methylation and phosphorylation. *Nature*, 2005, 438(7071): 1116-1122.
5. Hsu P D, Lander E S, Zhang F. Development and applications of CRISPR-Cas9 for genome engineering. *Cell*, 2014, 157 (6): 1262-1278.
6. Huang H, Yu Z, Zhang S, *et al*. *Drosophila* CAF-1 regulated HP1-mediated epigenetic silencing and pericentric heterochromatin stability. *Journal of Cell Science*, 2010, 123(16): 2853-2861.
7. Lewin B. Genes XI. New York: Oxford University Press, 2014.
8. Luger K, Mäder A W, Richmond R R, *et al*. Crystal structure of the nucleosome core particle at 2.8 Å resolution. *Nature*, 1997, 389(6648): 251-259.
9. Okamoto I, Otte A P, David Allis C, *et al*. Epigenetic dynamics of imprinted X inactivation during early mouse development. *Science*, 2004, 303(5658): 644-649.
10. Ou H D, Phan S, Deerinck T J, *et al*. ChromEMT: Visualizing 3D chromatin structure and compaction in interphase and mitotic cells. *Science*, 2017, 357(6349): 1-13.
11. Song F, Chen P, Sun D, *et al*. Cryo-EM Study of the chromatin fibre reveals a double helix twisted by tetranudeosomal units. *Science*, 2014, 344(6182): 376-380.
12. Tachiwana H, Kagawa W, Osakabe A, *et al*. Structural basis of instability of the nucleosome containing a testis-specific histone variant, human H3T. *Proceedings of the National Academy of Sciences of the United States of America*, 2010, 107: 10454-10459.
13. Towbin B D, Meister P, Gasser S M. The nuclear envelope – a scaffold for silencing? *Current Opinion in Genetics & Development*, 2009, 18: 180-186.
14. Tran E J, Wente S R. Dynamic nuclear pore complexes: life on the edge. *Cell*, 2006, 125: 1041-1053.
15. Venteicher A S, Abreu E B, Meng Z, *et al*. A human telomerase holoenzyme protein required for Cajal body localization and telomerase synthesis. *Science*, 2009, 323(5914): 644-648.
16. Zhang C, Clarke P R. Chromatin independent nuclear envelope assembly induced by Ran GTPase in *Xenopus* egg extracts. *Science*, 2000, 288(5470): 1429-1432.

第十章

核糖体

核糖体（ribosome）是一种核糖核蛋白颗粒（ribonucleoprotein particle），是细胞内合成蛋白质的细胞器，其功能是依照mRNA上携带的遗传信息，高效精确地将氨基酸合成为多肽链。1953年，E. Robinson和Brown用电镜观察植物细胞时发现了这种颗粒结构。1955年Palade在动物细胞中也观察到类似的结构。因为富含核苷酸，1958年R. B. Roberts正式建议把这种颗粒命名为核糖核蛋白体，简称核糖体。

核糖体几乎存在于一切细胞内。不论是原核细胞还是真核细胞，均含有大量的核糖体。即使最小最简单的细胞——支原体，也含有数以百计的核糖体。线粒体和叶绿体中含有合成自身某些蛋白质的专有核糖体。目前，仅发现在哺乳动物成熟的红细胞等极个别高度分化的细胞内没有核糖体，因此可以说核糖体是细胞最基本的不可缺少的组成成分。核糖体是一种不规则的颗粒状结构，主要成分是RNA与蛋白质。在原核生物中，其直径为20～25 nm，而在真核生物中，其直径为25～30 nm。核糖体RNA称为rRNA，蛋白质称核糖体蛋白。原核生物核糖体中，RNA质量约占核糖体整体质量的2/3，而蛋白质约占1/3；而在真核生物中，胞质成熟核糖体rRNA与蛋白质量比约为1∶1。核糖体蛋白分子主要分布在核糖体的表面，而rRNA则主要位于内部，二者靠非共价键结合在一起。rRNA在翻译的精确性、tRNA的选择、蛋白质因子的结合、肽键的形成等方面发挥重要作用。在真核细胞中很多核糖体附着在内质网的膜表面，称为附着核糖体，它与内质网形成复合细胞器，即糙面内质网。在原核细胞的质膜内侧也常有附着核糖体。还有一些核糖体不附着在膜上，呈游离状态，分布在细胞质基质中，称游离核糖体。附着核糖体与游离核糖体的结构与化学组成完全相同，只是所合成的蛋白质种类不同。

核糖体常常分布在细胞内蛋白质合成旺盛的区域，其数量与蛋白质合成旺盛程度有关。处在指数生长期的细菌，每个细胞内大约有数以万计的核糖体，其含量可达细胞干重的40%。而在处于饥饿状态的体外培养细胞内，仅有几百个核糖体。在体外培养的HeLa细胞中，核糖体的数目为5×10^6～5×10^7个。

核糖体发现至今已有60多年。作为蛋白质合成的场所，核糖体在细胞代谢中具有举足轻重的地位。其复杂的结构，更是人们了解生物大分子及其复合物结构与功能关系的一个绝佳范例。因此，自从确定核糖体的生物学功能以来，研究者就对其发挥功能的结构基础非常关注，希望解开核糖体的结构之谜。2000年，核糖体的三维结构研究取得了突破性进展，这对更加全面地认识核糖体总体结构及翻译过程具有重要意义。核糖体的本质是核酶，核酶的发现为生命起源于RNA世界的假说提供了支撑。

第一节 核糖体的类型与结构

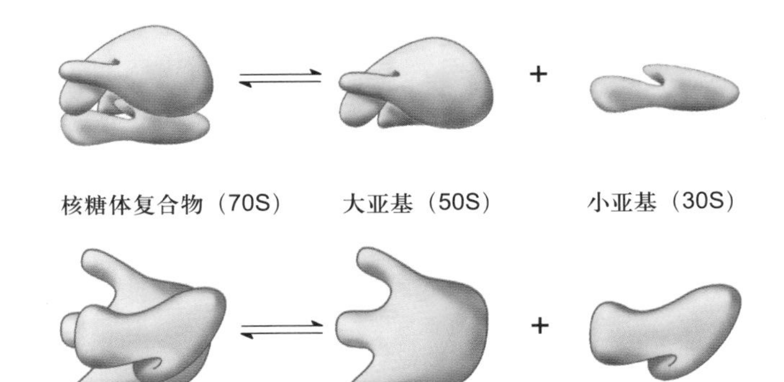

图 10-1 原核细胞核糖体结构模式图（不同侧面观）

一、核糖体的基本类型与化学组成

核糖体有两种基本类型：一种是原核细胞核糖体，另一种是真核细胞核糖体。两种核糖体都由两个大小不同的亚基（subunit）组成，每个亚基都含有大量的rRNA和蛋白质。原核细胞核糖体沉降系数为70S（S为Svedberg沉降系数单位），分子质量约为2 500 kDa；真核细胞核糖体沉降系数为80S，分子质量约为4 200 kDa。体外实验表明，70S核糖体在Mg^{2+}浓度小于1 mmol/L的溶液中，易解离为50S与30S的大小亚基（图10-1）。当溶液中Mg^{2+}浓度大于10 mmol/L时，两个核糖体常常形成100S的二聚体。真核细胞线粒体与叶绿体内有自身的核糖体，叶绿体中核糖体沉降系数近似于70S，而线粒体中核糖体的沉降系数在不同物种间有所差异，酿酒酵母线粒体核糖体沉降系数近似于70S，而哺乳动物线粒体中核糖体沉降系数为55S。

用EDTA、尿素和一价盐可逐级去掉核糖体上的核糖体蛋白，最后得到纯的rRNA。对核糖体的成分分析结果如表10-1所示。在原核细胞大肠杆菌中，50S与30S的大小亚基的分子质量分别为1 600 kDa和900 kDa。小亚基中含有一个16S的rRNA分子，分子质量为600 kDa，由1 542个核苷酸组成。大亚基含有一个23S的rRNA分子，分子质量为1 200 kDa，由2 904个核苷酸组成。大亚基还含有一个5S的rRNA，分子质量为30 kDa，仅由120个核苷酸组成。从30S小亚基中已发现有21种不同的蛋白质分子（称为S蛋白），50S的大亚基约含34种蛋白质（称为L蛋白）。在大肠杆菌核糖体中除了L7/L12有4个拷贝，其余的核糖体蛋白仅有一个拷贝。

80S核糖体普遍存在于真核细胞内，对分离的核糖体进行理化性质测定，发现与原核细胞核糖体具有类似的特征。随着溶液中Mg^{2+}浓度的降低，80S核糖体可解离为60S与40S的大小亚基；当Mg^{2+}浓度增高时，80S核糖体又可形成120S的二聚体。对80S核糖体的成分分析结果如表10-1所示，60S与40S亚基的分子质量分别为2 800 kDa与1 400 kDa。小亚基中含有一个18S的rRNA分子，分子质量为900 kDa。大亚基中含有一个28S的rRNA分子，分子质量为1 600 kDa，还含有一个5S的rRNA分子和一个5.8S的rRNA分子。

表 10-1 原核细胞与真核细胞核糖体成分比较

类型	核糖体大小		亚基种类	亚基大小		亚基蛋白数	亚基 RNA	
	S 值	分子质量 /kDa		S 值	分子质量 /kDa		S 值	碱基数 /bp
原核细胞的核糖体（大肠杆菌）	70	2 300	大亚基	50	1 600	34	23	2 904
							5	120
			小亚基	30	900	21	16	1 542
真核细胞质的核糖体	80	4 200	大亚基	60	2 800	46～47	25～28	约4 700
							5.8	160
							5	120
			小亚基	40	1 400	33	18	1 900
哺乳动物线粒体的核糖体	55	2 700	大亚基	39		52	16	1 569
			小亚基	28		30	12	962
植物叶绿体的核糖体	70	2 500	大亚基	50		33	23	3 033
							5	120
							4.5～4.8	103
			小亚基	30		25	16	1 491

在不同的真核细胞中，核糖体也存在着差异，如动物细胞核糖体的大亚基内有 28S rRNA，而植物细胞、真菌细胞与原生动物细胞核糖体的大亚基中却不是 28S rRNA，而是 25S～26S rRNA；在低等真核生物细胞中，构成核糖体的 rRNA 类型比较复杂，可能不仅限于以上几种。真核细胞核糖体的小亚基约含 33 种蛋白质，大亚基约含 49 种蛋白质（表 10–1）。

rRNA 中的某些核苷酸残基在修饰酶的作用下会发生化学修饰。这些修饰主要包括核糖 2′-OH 甲基化（2′-O-Me）、假尿嘧啶化。此外，核苷酸碱基上不同位置的氨基也可能发生不同的化学修饰，如：N^6, N^6– 双甲基腺苷酸（m^6_2A）、N^1– 甲基腺苷酸（m^1A）、N^4– 乙酰胞嘧啶（ac^4C）等。这些化学修饰的核苷酸残基通常位于核糖体保守的功能区域。如 *E. coli* 16S rRNA 上有 10 个核苷酸残基含有甲基化修饰，1 个核苷酸残基含有假尿嘧啶化修饰，3′ 端高度保守序列中 2 个相邻的腺嘌呤核苷酸中的 4 个甲基化位点 m^6_2A1518、m^6_2A1519，可能参与 30S 和 50S 亚基的结合过程。*E. coli* 23S rRNA 上包含了 25 个有化学修饰的核苷酸残基。在酿酒酵母中，约有 55 个核苷酸残基发生 2′-O-Me 修饰，约有 45 个核苷酸残基发生假尿嘧啶化修饰。真核细胞 rRNA 修饰的种类和数量均比原核细胞 rRNA 高。

核糖体大小亚基也可以游离于细胞质基质中，通常当小亚基与 mRNA 结合后大亚基才与小亚基结合形成完整的核糖体。肽链合成终止后，大小亚基解离，又游离于细胞质基质中。

二、核糖体的结构

作为蛋白质的合成机器，核糖体是细胞中最为复杂的结构之一，它很像一个流动的小工厂，在其他辅助因子的帮助下，以极快的速度合成肽链（真核细胞每个核糖体每秒能将 2 个氨基酸添加到肽链上，而细菌核糖体合成速度可达 20 个氨基酸 / 秒）。对核糖体结构进行精细分析的一项重要手段是 X 射线衍射分析，其前提是获得高质量的核糖体晶体。由于核糖体分子量太大，结构太复杂，直到 20 世纪 70 年代，许多结晶学家对于核糖体能否结晶仍然表示怀疑。1980 年，以色列科学家 A. E. Yonath 等得到了核糖体的第一个晶体。随后 20 年，通过不断改进，科学家们最终获得了死海微生物嗜盐古菌（*Haloarcula marismortui*）核糖体 50S 大亚基 2.4 Å 分辨率三维结构以及嗜热栖热菌（*Thermus thermophilus*）

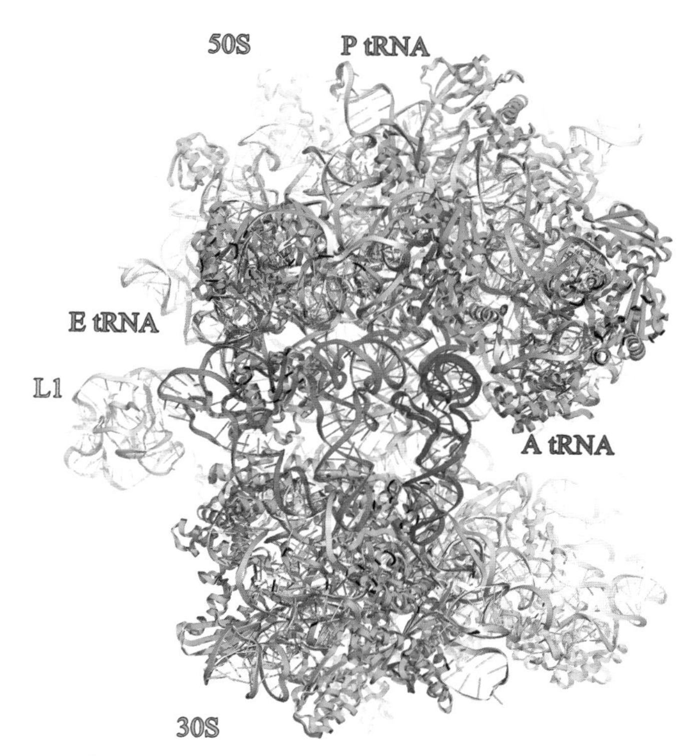

图 10–2 大肠杆菌 70S 核糖体（PDB：5H5U）结构图

核糖体大亚基蛋白使用绿色表示；核糖体大亚基 rRNA 使用橙黄色表示；小亚基蛋白使用蓝绿色表示；小亚基 rRNA 使用粉色表示；E tRNA 表示结合在 E 位点的 tRNA，用红色标示；P tRNA 表示结合在 P 位点的 tRNA，用洋红色标示；A tRNA 表示结合在 A 位点的 tRNA，用蓝色标示。L1 代表核糖体大亚基蛋白 L1 的位置。（高宁博士惠赠）

3.3 Å 和 3 Å 分辨率的 30S 小亚基三维结构。2005 年又成功获得 *E. coli* 3.5 Å 分辨率的 70S 完整核糖体结构（图 10–2）。美国科学家 V. Ramakrishnan、T. A. Steitz 以及以色列科学家 Yonath 因为对核糖体三维结构研究做出了突出贡献而获得 2009 年诺贝尔化学奖。在核糖体结构研究中，电子显微镜也发挥了关键作用。20 世纪 50 年代，Palade 发现了核糖体，20 年后，电镜下观察到了大肠杆菌完整核糖体及其大小亚基的形态。20 世纪 90 年代中期，因为低温电子显微镜技术（cryo-EM）的应用，科学家们获得了核糖体与延伸因子（EF-Tu）以及 tRNA 等分子相互作用的一系列动态结构。结合 X 射线晶体衍射和低温电子显微镜两种技术获得的数据，人们对核糖体结构和功能的认识更加深入。这些研究结果揭示了核糖体蛋白质与 rRNA 的三维关系以及核糖体与翻译因子、mRNA、tRNA 相互作用的详细信息，对核糖体生物学活性部位有了更加准确的认识，也为基于核糖体结构的抗生素药物设计提供了基础。

从图 10–2 可见，rRNA 折叠成高度压缩的三维结构，不但构成了核糖体的核心，还决定了核糖体的整体形态。这些 rRNA 像三维拼图玩具的部件一样在核糖体中相互连锁，从而构成一个统一整体。与 rRNA 的核心地位不同的是，核糖体蛋白通常定位在核糖体的表面，或填充于 rRNA 之间的缝隙。核糖体蛋白质大多有一个球形结构域和伸展的尾部。最出人意料的是，核糖体蛋白的球形结构域分布于核糖体表面，而其伸展的多肽链尾部则伸入核糖体内折叠的 rRNA 分子中。分析表明这些肽链由约 26% 的精氨酸、赖氨酸以及丰富的甘氨酸和脯氨酸组成。但核糖体上的活性部位——催化蛋白肽键形成的地方——只包括 rRNA。

对核糖体高分辨率的 X 射线衍射图谱分析表明：

（1）每个核糖体含有 4 个 RNA 分子的结合位点，其中 1 个位点供 mRNA 结合，3 个位点供 tRNA 分子结合，分别为 A 位点（aminoacyl site）、P 位点（peptidyl site）和 E 位点（exit site）。这些位点横跨核糖体大小亚基结合面。

（2）在核糖体大小亚基结合面，特别是 mRNA 和 tRNA 结合处，无蛋白质分布。这也意味着在核糖体起源之初可能仅由 RNA 组成。

（3）催化肽键形成的活性位点由 RNA 组成。

（4）大多数核糖体蛋白有一个球形结构域和伸展的尾部，球形结构域分布于核糖体表面，而其伸展的多肽链尾部则伸入核糖体内折叠的 rRNA 分子中。也有些核糖体蛋白完全没有球形结构域，如小亚基的 S14 及大亚基的 L39e 蛋白。许多核糖体蛋白与 RNA 具有多个结合位点，发挥稳定 rRNA 三级结构的作用。

对于 rRNA，特别是 16S rRNA 结构的研究已积累了丰富的资料。大肠杆菌 16S rRNA 有 1 542 个碱基。通过对 500 多种不同生物的 rRNA 序列的分析，发现其一级结构在演化上非常保守，某些区域的序列完全一致。16S rRNA 的二级结构具有更高的保守性，尽管不同种的 rRNA 的一级结构可能有所不同，但它们都折叠成相似的二级结构——即由多个茎环（stem-loop）所组成的结构。其中不到半数的碱基配对，且配对区一般小于 8 bp，而未配对的碱基形成环（loop）。整个 16S rRNA 可分成 4 个结构域，即中心结构域（central domain）、5′ 端结构域（5′ domain）、3′ 端主结构域（3′ major domain）及 3′ 端次结构域（3′ minor domain）。23S rRNA 结构比 16S rRNA 复杂，其二级结构有 6 个结构域，分别为结构域 Ⅰ ～ Ⅵ。

rRNA 三级结构的稳定涉及多种作用力，如 rRNA 螺旋间的相互作用以及腺嘌呤插入螺旋小沟的作用力等。在形成三级结构后，16S rRNA 每一个大的结构域都对应小亚基的一个形态部位。如 5′ 端结构域形成了小亚基的主体（body），中心结构域形成了平台（platform），3′ 端主结构域形成了头部（head），3′ 端次结构域横跨了界面。而 23S rRNA 的 6 个结构域在 50S 大亚基中却是相互交织在一起，形成一个“集成”结构。这种差异可能体现了韧性是小亚基发挥功能所需要的。

三、核糖体蛋白质与 rRNA 的功能

核糖体上具有一系列与蛋白质合成有关的结合位点与催化位点（图 10–3）：

（1）与 mRNA 结合的位点　蛋白质的起始合成首先需要 mRNA 与小亚基结合。原核生物中，核糖体与 mRNA 的结合位点位于 16S rRNA 的 3′ 端，其准确识别的基础是细菌 mRNA 有一段特殊的 Shine-Dalgarno 序列（SD 序列），位于起始密码子上游 5～10 个核苷酸处。SD 序列能与核糖体小亚基 16S rRNA 的 3′ 端序列互补结合。真核生物核糖体没有 SD 序列，其小亚基准确识别 mRNA 主要依赖于能够特异识别 mRNA 5′ 端的甲基化帽子的翻译起始因子。

（2）A 位点　与新进入的氨酰 tRNA 结合的位点——氨酰基位点。

（3）P 位点　与延伸中的肽酰 tRNA 结合的位点——肽酰基位点。

（4）E 位点　tRNA 离开核糖体前的结合位点。

（5）与肽酰 tRNA 从 A 位点转移到 P 位点有关的转移酶（即延伸因子 EF-G）的结合位点。

（6）肽酰转移酶的催化位点。

此外还有与蛋白质合成有关的其他起始因子、延伸

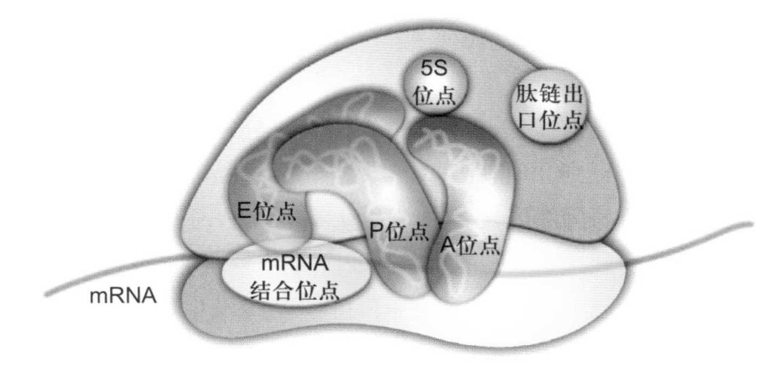

图 10–3　核糖体中主要活性部位示意图

因子和终止因子的结合位点。这些结合位点位于核糖体的哪个亚基及其确切位点，已有比较多的了解。

已知与tRNA结合的P位点、A位点或E位点各自都涉及一套rRNA上不同的区域。16S RNA与tRNA同P位点和A位点的结合有关，23S rRNA与tRNA同P位点、A位点和E位点的结合有关。例如，与tRNA结合的A位点，在16S rRNA中主要位于530和1400/1500区域两部分（数字指rRNA的核苷酸序号），这也是16S rRNA两个最保守的区域，与tRNA结合最强的区域是G530、A1492和A1493（英文字母代表碱基种类），其次是A1408和G1494。在16S rRNA和23S rRNA中与A位点、P位点或E位点有关的碱基序列几乎都是共同的保守序列，而且与各结合位点有关的一套碱基又各自不同。某些核糖体蛋白，如小亚基上的S2、S3和S14参与氨酰tRNA与A位点的结合，L13和L27则是大亚基上P位点的组成成分。延伸因子EF-G和EF-Tu结合到大亚基的一套相同位点上，位于23S rRNA 2660区域的共同保守序列，特别是与G2655、A2660和G2661结合更为紧密，这些区域也涉及核糖体蛋白L11和L7/L12，它们位于大亚基突起的底部，均与EF-G的功能有关。在研究这些结合位点时，人们也注意到处于不同的结合条件下，核糖体的构象发生了相应的变化，而这些变化对核糖体行使其功能可能是十分必要的。

核糖体中最主要的活性部位是肽酰转移酶的催化位点。早些时侯人们普遍认为既然酶的本质是蛋白质，那么核糖体中一定有某种蛋白质与蛋白质合成中的催化作用有关。虽然RNA占核糖体的60%以上，但长期以来它仅仅被看做是核糖体蛋白的组织者，即形成核糖体的内部结构框架或是与蛋白质合成过程中所涉及的RNA碱基配对有关。在对核糖体蛋白和rRNA进行大量研究特别是利用化学方法和遗传突变株来研究核糖体蛋白的功能以后，人们对核糖体蛋白是否具有催化蛋白质合成的活性提出了疑问：

（1）很难确定哪一种蛋白质具有催化功能，在大肠杆菌中很多核糖体蛋白突变甚至缺失对蛋白质合成并没有表现出“全”或“无”的影响，即并不引起蛋白质合成的完全抑制。

（2）多数抗蛋白质合成抑制剂的突变株，并非由于核糖体蛋白的基因突变而往往是rRNA基因发生了突变。

（3）在整个演化过程中，rRNA的结构比核糖体蛋白的结构具有更高的保守性。越来越多的事实使人们推测，rRNA在蛋白质合成过程中可能具有重要作用。

H. F. Noller用高浓度的蛋白酶K、强离子型去垢剂SDS以及苯酚等试剂处理大肠杆菌50S的大亚基，去掉与23S rRNA结合的各种核糖体蛋白。结果发现，得到的23S rRNA仍具有肽酰转移酶的活性。用对肽酰转移酶敏感的抗生素处理或用核酸酶处理均可抑制其合成多肽的活性，但用阻断蛋白质合成其他步骤的抗生素处理，则肽酰转移酶活性不受影响。这些结果初步揭示了在50S核糖体大亚基中，23S rRNA参与催化肽酰转移酶的功能。当然抽提后的23S rRNA中，还残存不到5%的核糖体蛋白，这些蛋白质很可能是维持rRNA构象所必需的。1985年，T. R. Cech发现RNA具有催化RNA拼接过程的活性；1992年又证明，RNA具有催化蛋白质合成的活性，这些重要发现不仅有力推动了对核糖体结构与功能的研究，而且对生命的起源与演化过程的探索也提供了重要的依据。2000年，耶鲁大学研究小组在核糖体晶体图谱中定位了肽酰转移酶位点（peptidyl transferase site），发现在该位点的成分全是rRNA，这些成分属于23S rRNA结构域Ⅴ的中央环。因此，人们相信rRNA才具有催化功能，核糖体实际上是核酶（ribozyme）。

目前认为，在核糖体中，rRNA是起主要作用的结构成分，其主要功能是：

（1）具有肽酰转移酶的活性。

（2）为tRNA提供结合位点（A位点、P位点和E位点）。

（3）为多种蛋白质合成因子提供结合位点。

（4）在蛋白质合成起始时参与同mRNA选择性结合以及在肽链的延伸中与mRNA结合。此外，核糖体大小亚基的结合、校正阅读（proofreading）、模板链或读码框移位的校正，以及抗生素的作用等都与rRNA有关。

核糖体蛋白在翻译过程中也起着重要的作用，如果缺失某一种核糖体蛋白或对它进行化学修饰，或核糖体蛋白的基因发生突变，都将会影响核糖体的功能，降低多肽合成的活性。目前关于核糖体蛋白的功能有多种推测，主要有：① 对rRNA折叠成有功能的三维结构是十分重要的；② 在蛋白质合成中，核糖体的空间构象发生一系列的变化，某些核糖体蛋白可能对核糖体的构象起“微调”作用。

第二节　多核糖体与蛋白质的合成

一、多核糖体

核糖体是蛋白质合成的机器。核糖体在细胞内不仅能够单个独立地执行功能，而且通常还由多个核糖体串联在一条 mRNA 分子上高效地进行肽链的合成。这种具有特殊功能与形态结构的核糖体与 mRNA 的聚合体称为多核糖体（polyribosome 或 polysome）（图 10-4）。每种多核糖体所包含的核糖体数量是由 mRNA 的长度决定的，也就是说，mRNA 越长，合成的多肽分子量越大，核糖体的数目也越多。J. R. Waner 和 A. Rich 等发现网织红细胞内合成血红蛋白分子的多核糖体常常含有 5 个核糖体。根据血红蛋白的一条多肽链的大小（约 150 个氨基酸）可推算出其 mRNA 分子的长度约为 150 nm。他们将密度梯度离心技术与电镜负染色技术相结合，观察到网织红细胞内，多核糖体是由一条直径 1～1.5 nm 的 mRNA 串联 5 个（有时 6 个或 4 个）核糖体组成，相邻核糖体的中心间距为 30～35 nm，多核糖体的总长约 150 nm，这与前面的推论相符。细菌的 β- 半乳糖苷酶由 1 100 个氨基酸残基组成，它的多核糖体中含有约 50 个核糖体，如将 β- 半乳糖苷酶的基因截短，mRNA 的长度随之缩短，多核糖体的大小及核糖体的数目也成比例地减少。

在真核细胞中每个核糖体每秒能将两个氨基酸残基加到多肽链上，而在细菌细胞中可将 20 个氨基酸加到多肽链上，因此合成一条完整的多肽链平均需要 20 秒至几分钟。即使在这样短的时间里，当第一个核糖体结合到 mRNA 上起始蛋白质合成后，不久第二个核糖体便结合到 mRNA 上，相邻的核糖体间距约 80 个核苷酸的距离。由于蛋白质的合成是以多核糖体的形式进行，这样细胞内各种多肽的合成，无论其分子量的大小或是 mRNA 的长短如何，单位时间内所合成的多肽分子数目都大体相等，即在相同数量的 mRNA 的情况下，可大大提高多肽合成速度，特别是对于分子量较大的多肽。多肽合成速度提高的倍数与结合在 mRNA 上的核糖体数目成正比。在细胞周期的不同阶段，细胞中数以万种的 mRNA 有些在合成，有些在降解，其种类与浓度不断发生变化，以多核糖体的形式进行多肽合成，这对 mRNA 的利用及对其数量的调控更为经济和有效。

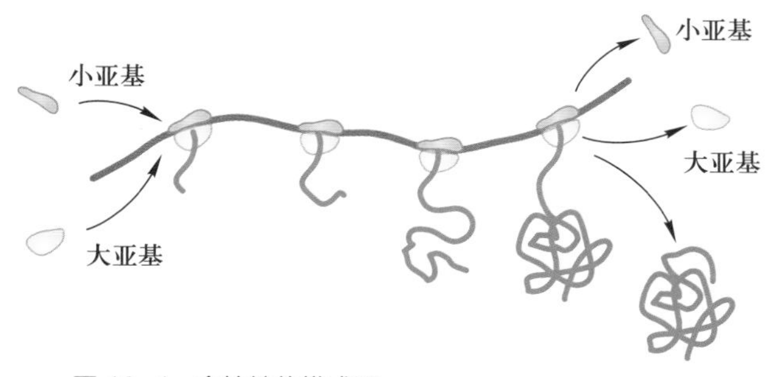

图 10-4　多核糖体模式图

原核细胞中，在 mRNA 合成的同时，核糖体就结合到 mRNA 上，即 DNA 转录成 mRNA 和 mRNA 翻译成蛋白质这两个生命活动是同时并几乎在同一部位进行的，所分离的多核糖体常常与 DNA 结合在一起。真核细胞中，多核糖体或附着在内质网上，或游离在细胞质基质中。

二、蛋白质的合成

蛋白质合成，或称蛋白质翻译是细胞中最复杂、最精确的生命活动之一。蛋白质的合成需要各种携带氨基酸的 tRNA、核糖体、mRNA、多种蛋白质因子及能量分子 GTP 等的参与。在蛋白质合成过程中，有三个关键问题，即如何催化肽键的形成？如何识别正确的 tRNA？tRNA 和 mRNA 如何通过核糖体的活性位点？目前这些问题都有了答案。

蛋白质合成主要包括三个主要阶段：肽链的起始（initiation）、肽链的延伸（elongation）和肽链的终止（termination）（图 10-5）。原核细胞蛋白质合成最为清楚，下面以原核细胞为例，简单介绍蛋白质翻译的过程。

（一）肽链的起始

蛋白质合成起始涉及 mRNA、起始 tRNA 和核糖体小亚基间相互作用和装配。

1. 30S 小亚基与 mRNA 的结合

蛋白质合成起始阶段，mRNA 只能够与细胞质基质中游离的核糖体 30S 小亚基结合，此时，mRNA 的起始密码子（initiation codon）AUG 必须精确地定位在 30S 小亚基的 P 位点上。由于 mRNA 内部仍然可能有密码子 AUG，那么 30S 小亚基是如何准确识别起始

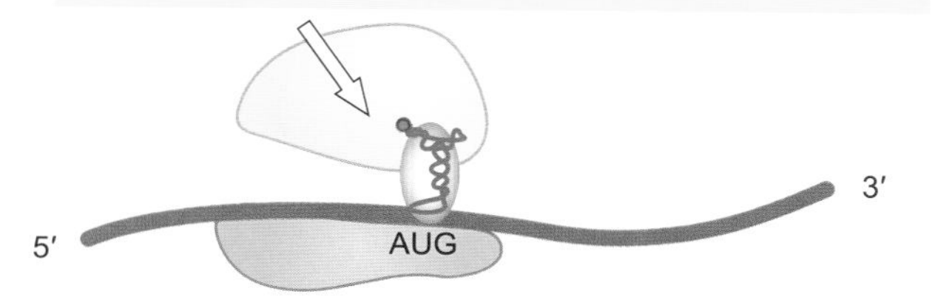

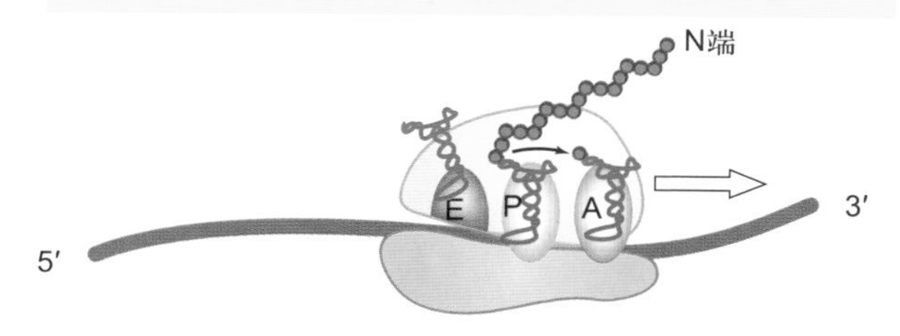

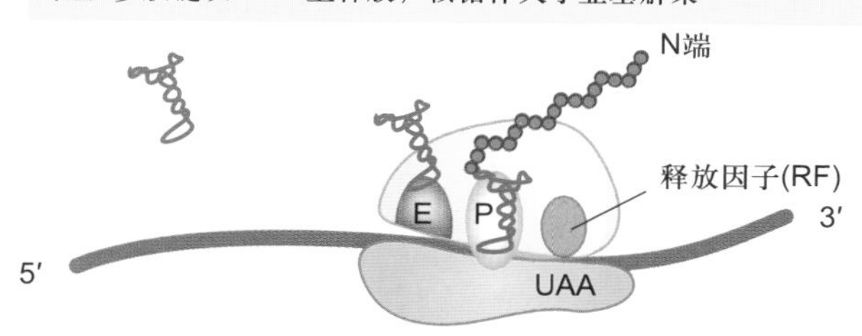

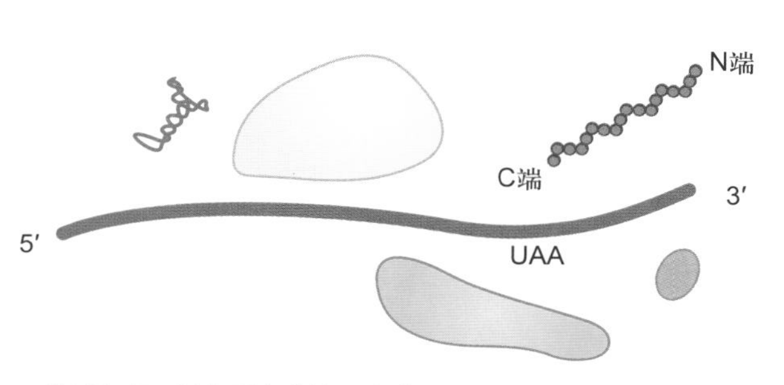

图 10-5　蛋白质合成的三个阶段

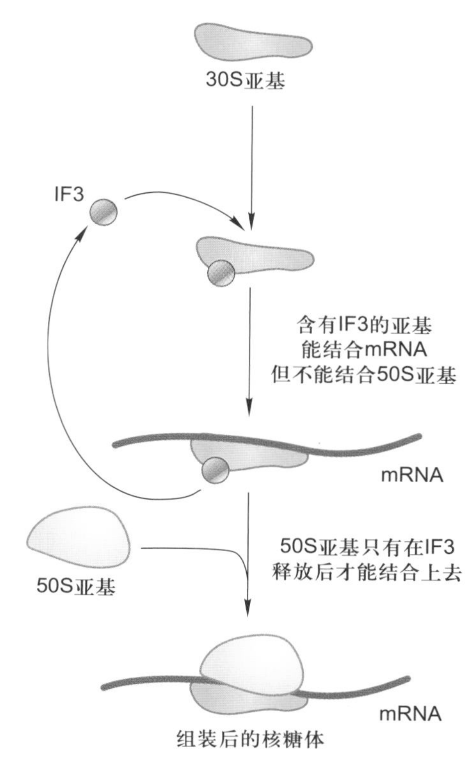

图 10-6　30S 亚基与 IF3

密码子 AUG 的呢？研究发现，在细菌 mRNA 起始密码子 AUG 上游 5～10 个碱基处有一段特殊的序列，即 SD 序列。SD 序列能与核糖体小亚基 16S rRNA 3′ 端的碱基序列互补结合，从而保证 30S 小亚基能准确识别起始密码子 AUG，并结合到 mRNA 上。SD 序列为：5′-AGGAGG-3′，16S rRNA 3′ 端与此互补的序列为：3′-UCCUCC-5′。

30S 小亚基与 mRNA 的结合需要起始因子（initiation factor, IF）的帮助。这些起始因子仅位于 30S 亚基上，而且一旦 30S 亚基与 50S 亚基结合形成 70S 核糖体后便释放。显然，起始因子的主要作用是帮助形成起始复合物。原核细胞有三种起始因子，即 IF1、IF2 和 IF3。其中，30S-IF1 复合体晶体结构显示，IF1 与 30S 亚基 A 位点结合，协助 30S 亚基与 mRNA 的结合，并防止氨酰 tRNA 错误进入核糖体的 A 位点；IF2 是一种 GTP 结合蛋白，协助第一个氨酰 tRNA 进入核糖体；IF3 能防止核糖体 50S 大亚基提前与小亚基结合，并有助于第一个氨酰 tRNA 进入核糖体，在调节核糖体动态平衡以及 30S 亚基与 mRNA 结合能力方面发挥了重要作用（图 10-6）。结合生化与结构数据，发现在蛋白质翻译起始阶段，30S 亚基所有的 tRNA 结合位点都被占据，如 A 位点被 IF1 占据，P 位点被起始 tRNA 占据，而 E 位点被 IF3 占据。其生物学意义可能与蛋白质合成的正确起始有关。

真核细胞蛋白质翻译的起始与原核细胞类似，但有一定的差异。如真核细胞 40S 小亚基需要十多种起始因子帮助形成起始复合物。起始复合物识别 mRNA 结合位点的机制不同，小亚基在起始因子的帮助下首先识别 mRNA 5′ 端甲基化帽子，然后沿着 mRNA 移动扫描（scanning）。通常情况下，起始复合物将扫描到的第一个 AUG 作为起始密码子。

2. 第一个氨酰 tRNA 进入核糖体

当 mRNA 与小亚基结合后，在 IF2 的帮助下，携带有甲酰甲硫氨酸的起始 tRNA（$\text{fMet-tRNA}_i^{\text{fMet}}$）进入核糖体P位点，通过反密码子与mRNA中的AUG识别，之后释放IF3。

原核生物中的第一个氨酰tRNA是甲酰化的甲硫氨酰tRNA，而真核生物中第一个氨酰tRNA的甲硫氨酸不会被甲酰化。

3. 完整起始复合物的装配

一旦起始tRNA与AUG密码子结合，核糖体大亚基便与起始复合物结合，形成完整的70S核糖体——mRNA起始复合物。该过程伴随与IF2结合的GTP水解，IF1、IF2和IF3释放。

（二）肽链的延伸

一旦起始复合物形成，蛋白质合成随即开始，这一过程称为肽链的延伸。主要包括4个步骤：氨酰tRNA在核糖体A位点的入位、肽键的形成、转位（translocation）和tRNA的释放（图10-7）。

1. 氨酰tRNA在核糖体A位点的入位

起始的$tRNA_i^{Met}$占据P位点，核糖体接受第二个氨酰tRNA进入A位点，这就是肽链延伸的第一步。为了有效地结合A位点，第二个氨酰tRNA必须与有GTP的延伸因子（elongation factor, EF）EF-Tu结合形成三元复合体（氨酰tRNA-EF-Tu-GTP）。尽管任何形成复合体的氨酰tRNA都能够进入A位点，但只有其反密码子能与A位点的mRNA密码子匹配的氨酰tRNA才能被核糖体牢牢捕捉并定位在A位点，从而保证正确识别tRNA。氨酰tRNA到位后，结合在EF-Tu上的GTP水解，EF-Tu连同结合在一起的GDP离开核糖体，被另一个因子EF-Ts介导重新生成EF-Tu-GTP。

在真核细胞中，延伸因子eEF1A的功能与原核细胞中EF-Tu功能类似。

2. 肽键的形成

当核糖体的P位点与A位点都有tRNA时，通过肽键的生成将两个氨基酸结合起来。具体来讲，是A位点氨酰tRNA上氨基酸的氨基与P位点tRNA上氨基酸的羧基形成肽键。这一反应由肽酰转移酶催化，该酶是核糖体大亚基rRNA，活性位点位于23S rRNA结构域V的中央环。

3. 转位

形成第一个肽键时，A位点的tRNA分子一端仍然与mRNA的密码子结合，另一端与一个二肽结合。此时，P位点的tRNA分子已经如释重负，没有携带任何氨基酸。接下来便是延伸反应的第三步：转位，即核糖

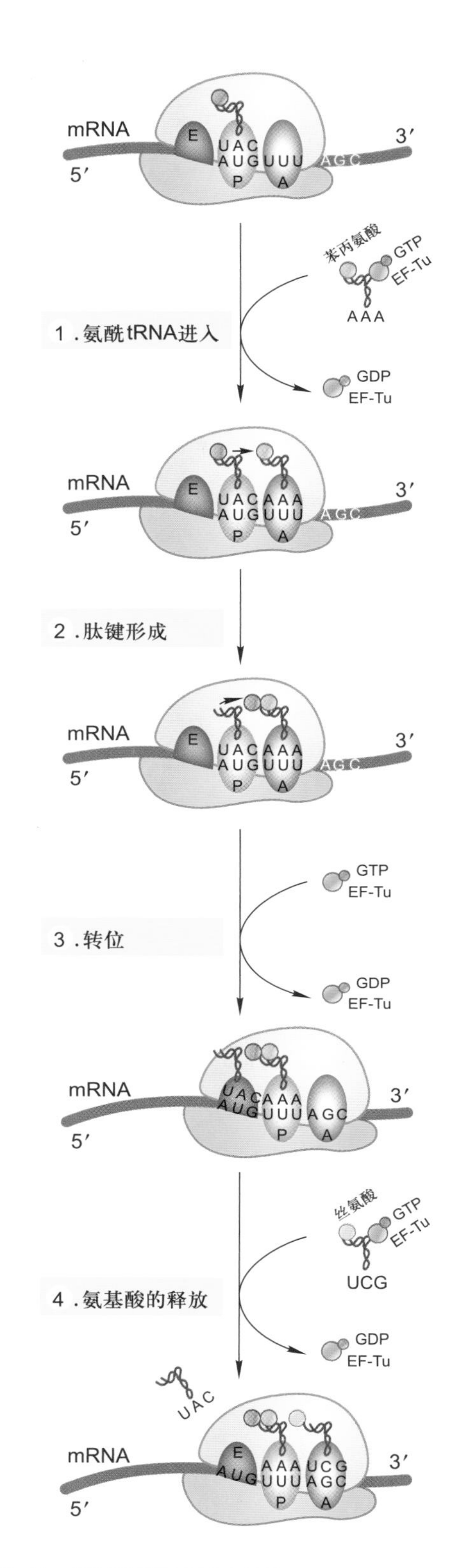

图10-7 多肽链延伸过程示意图

主要通过4个步骤完成：1. 氨酰tRNA分子结合到核糖体A位点；2. 肽酰转移酶催化形成新的肽键；3. 核糖体沿mRNA由5′→3′准确移动3个核苷酸的距离；4. E位点上tRNA从核糖体释放，另一氨酰tRNA可以结合到A位点。如此循环完成整个多肽链的延伸。

体沿着 mRNA 分子的 5′→3′方向移动 3 个核苷酸（一个密码子）。在转位过程中，携带二肽的 tRNA 从 A 位点移位到 P 位点，而没有携带任何氨基酸的 tRNA 从 P 位点移位到 E 位点。原核细胞 GTP 结合的延伸因子 EF-G 能促进移位过程的发生。在真核细胞中，结合 GTP 的延伸因子 eEF2 促进转位过程的发生。

4. tRNA 的释放

延伸反应的最后一步是 tRNA 离开核糖体 E 位点。一旦肽酰 tRNA 通过转位从 A 位点移位到 P 位点后，A 位点再次接受下一个能与 mRNA 第三个密码子匹配的氨酰 tRNA，又开始新的肽链延伸循环。

（三）肽链的终止

如果 A 位点处 mRNA 上的三核苷酸是 UAA、UGA 或 UAG，即终止密码子（termination codon 或 stop codon），由于没有与之对应的 tRNA，于是蛋白质合成终止。释放因子（release factor, RF）RF1 可识别 UAA 或 UAG，RF2 识别 UAA 或 UGA，催化蛋白质合成的终止。RF1 或 RF2 识别 A 位点的终止密码子并促使肽酰转移酶催化水分子添加到肽酰 tRNA 上。这一过程实际上与肽键形成类似，只不过是水分子代替了氨基成为活化肽酰基的受体。这一反应使得多肽链末端的羧基游离出来，肽链延伸终止形成完整的蛋白链。蛋白链随即脱离核糖体进入细胞质基质，而核糖体也在核糖体回收因子（ribosome recycling factor）的帮助下从 mRNA 上释放下来，同时解离成 30S 和 50S 亚基。

在真核细胞中，释放因子 eRF1 可以识别所有的终止密码子。释放因子 eRF1 正确识别终止密码子需要 GTP 酶 eRF3 的帮助，而 eRF1 介导肽酰 tRNA 的水解需要 ATP 酶 Rli1 的帮助。

在某些情况下，由于 mRNA 在转录或拼接过程中发生了错误，而缺少终止密码子，它们在蛋白质翻译过程中会导致核糖体无法从 mRNA 上释放下来。这不仅影响多肽链的合成，还会影响核糖体的再利用。然而，人们发现细胞中存在解决这一问题的“挽救”机制，如在细菌中的 ArfA-RF2 挽救系统，它能使缺少终止密码子的 mRNA 的肽链合成正常终止，将核糖体从 mRNA 上释放下来以循环使用。最近，人们应用低温电镜单颗粒技术阐释了这一复杂过程的分子机理。

研究发现，新生肽链通过核糖体大亚基的一个特定通道进入细胞质基质，该通道称为肽通道。肽通道长约 10 nm，宽 1～2 nm，是一个亲水性通道，内壁主要由 23S rRNA 组成，仿佛不粘锅表面的聚四氟乙烯（teflon）一样，由于没有与肽链互补的结构存在，因此，新生肽链能顺利地通过肽通道。肽通道大小也提示，新生肽链通过肽通道时，往往不会以高级结构形式通过。从核糖体肽通道出来时，一些新生肽链将在共翻译分子伴侣的帮助下，形成正确的三维构象。另外一些肽链在翻译完成后，先从核糖体上释放出来，在细胞质分子伴侣的帮助下形成正确的三维构象。

核糖体结构的解析使我们对蛋白质合成的认识发生了很大变化。随着对结合了延伸因子与释放因子的 70S 核糖体结构的解析，特别是在整个翻译周期中核糖体结构状态的解析，汇合结构、生化及功能研究数据，一部核糖体如何合成蛋白质的分子“电影”逐渐清晰地呈现在我们面前。

三、核糖体与 RNA 世界

（一）核糖体的本质是核酶

核酶是指一类具有催化活性的 RNA 分子。1981 年，Cech 和他的同事在研究四膜虫的 26S 前体 rRNA（precursor rRNA）加工去除内含子时惊奇地发现，内含子的切除是由 26S 前体 rRNA 自身催化的，而不是蛋白质，这一现象称为 RNA 自剪接（self-splicing）。这说明 RNA 分子具有催化活性，因此被命名为核酶。Cech 因为首次发现了核酶而获得 1989 年诺贝尔化学奖。从前面的介绍可以看到，核糖体是一种分子量大、结构复杂的细胞器，RNA 组分占了核糖体整体质量 50% 以上。早先证据表明，在蛋白质合成过程中催化肽键形成的肽酰转移酶是 23S rRNA，随后在核糖体的结构研究中获得直接证据。2000 年，核糖体大小亚基的高分辨三维结构研究证实，rRNA 负责维持核糖体的整体结构、tRNA 在 mRNA 上的定位等功能；最有意义的发现是肽键形成位点，即肽酰转移酶中心仅由 23S rRNA 组成。显然，肽键形成的催化反应是由 rRNA 执行的。另外，核糖体的三个结合位点，即 A 位点、P 位点和 E 位点也主要是由 rRNA 组成。因此，核糖体的本质是核酶。

（二）RNA 世界与生命起源

遗传信息的表达需要一套复杂的机器，这套机器将 DNA 中储存的遗传信息表达为生命活动的主要执行者蛋白质。显然，在遗传信息表达过程中，蛋白质的合成依赖于DNA和RNA，而DNA和RNA的合成又离不开蛋白质。这就提出了一个有关生命起源最有趣的问题：在生命起源之初，究竟先有核酸，还是先有蛋白质。20世纪80年代，W. Gilbert等人大胆提出，最早出现的生物大分子很可能是RNA，它兼具了DNA与蛋白质的功能，不但可以像DNA一样储存遗传信息，而且还像蛋白质一样进行催化反应，DNA和蛋白质则是演化的产物。这就是著名的“RNA世界”（RNA world）假说。根据这一假说，原始的具有自我复制和催化能力的RNA在以后的亿万年演化过程中，逐渐将其携带遗传信息的功能让位于性质上更加稳定的DNA分子，将其催化功能让位给了催化能力更强的蛋白质。

核糖体23S rRNA具有肽酰转移酶的活性，在蛋白质合成中催化肽键形成。核糖体是核酶这一发现，对RNA世界假说起到了很大的支撑作用。除了RNA可催化RNA和DNA水解、连接、mRNA的拼接（splicing）等现存“活化石”证据外，在体外已证明人工合成的RNA还可催化RNA聚合反应以及RNA、DNA的磷酸化，RNA氨酰基化、烷基化，能催化糖苷键形成、氧化还原反应等多种反应。

那么，RNA是如何实现向DNA的转变的呢？通过体外加速演化手段，研究人员成功地在试管中将具有核酶活性的RNA转变成了DNA。这些发现有助于理解生命起源过程中RNA是如何实现向DNA转变的。遗传信息的储存让位于DNA，从演化来讲，更为有利，因为双链DNA比单链RNA稳定，且DNA链中胸腺嘧啶代替了RNA链中的尿嘧啶，使之易于修复，作为遗传物质载体可储存大量的信息并能更稳定地遗传。

此外，蛋白质的合成又是如何演化的呢？在今天的细胞中，蛋白质的合成是在一个结构非常复杂、由蛋白质和RNA组成的核糖体中完成的，显然，在演化中蛋白质合成必须是在有了一个原始的蛋白质合成机器后才可能发生。在今天的细胞中，有些短肽的合成就是通过肽合成酶的催化完成的，它不需要复杂的蛋白质翻译机器核糖体，也不需要mRNA的指令。这不禁让人推测，在RNA世界中，原始蛋白质的合成不需要mRNA，很可能就是直接通过RNA分子催化完成的。这种由RNA分子催化肽键形成的功能在今天的细胞中仍然被遗留下来了，只不过起催化作用的RNA与蛋白质一道形成核糖体，而且，实验室中的核酶也能执行氨酰化反应。因此，很可能在RNA世界，类似tRNA一样的接头分子能和特异的氨基酸结合。随后，一种特异性不高的肽酰转移酶随着时间的推移，逐渐获得了将氨酰tRNA精确定位到模板RNA分子上的功能，最终出现了今天的核糖体，蛋白质合成得以演化。而蛋白质因为自身的多样性，最终接管了RNA分子的绝大多数催化与结构功能，成为结构和功能复杂的细胞演化的基础。

如果生命起源于RNA的假说是对的，我们就不难勾画出生命起源的大致轮廓。生命的最早形式可能是由膜包裹的一套具有自我复制能力的分子体系和简单的物质与能量供应体系组成，其遗传物质的载体是RNA（原始RNA）而不是DNA。构成核酸的基本成分是核糖，而脱氧核糖是由核糖还原而成的事实也说明了这点。在最早的细胞中，可能还存在一个前RNA世界（pre-RNA world），集遗传、结构与催化功能于一身，尔后RNA分子逐渐接管了这些功能。RNA的催化效率远远低于蛋白质，在漫长的演化过程中，由RNA催化产生了蛋白质，进而DNA代替了RNA的遗传信息功能，蛋白质则取代了绝大部分RNA作为酶的功能，逐渐演化成今天遗传信息流的模式——中心法则（图10-8）。

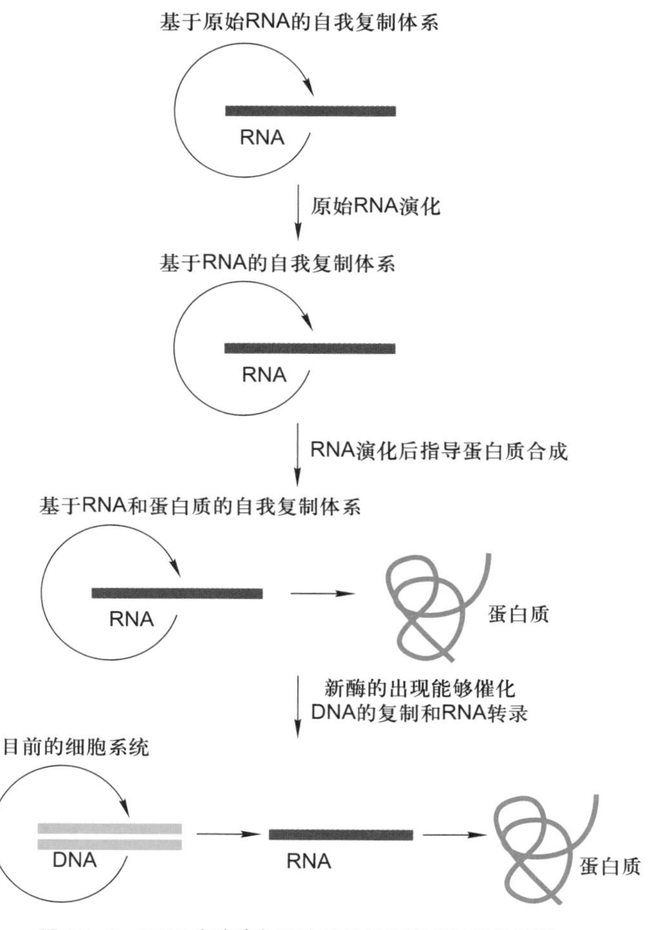

图10-8　RNA在生命起源中的地位及演化过程的假说

很有趣的是，生命演化到现在，仍然存在一个RNA世界。至今在遗传信息表达过程中，不仅还要通过RNA完成遗传信息的传递和密码的翻译，而且一些重要的反应过程如mRNA的拼接和蛋白质的合成仍需要RNA的催化作用。同时，RNA（包括microRNA）还可通过RNA干扰等方式决定mRNA的命运、对DNA进行修饰以调控基因的表达甚至使整条染色体失活（如哺乳动物X染色体失活）等。因此，无论在生命起源之初，还是在今天的细胞中，RNA对生命演化的影响、对基因表达的调控都发挥着很重要的作用，也许我们对其认识才刚刚开始。

思考题

1. 核糖体上有哪些活性部位？它们在多肽合成中各起什么作用？
2. 何谓多核糖体？以多核糖体的形式行使功能的生物学意义是什么？
3. 试比较原核细胞与真核细胞的核糖体在结构、组分及蛋白质合成上的异同点。
4. 有哪些实验证据表明肽酰转移酶是rRNA，而不是蛋白质？rRNA催化功能的发现有什么意义？

参考文献

1. Archer S K. Shirokikh N E, Beilharz T H, *et al*. Dynamics of ribosome scanning and recycling revealed by translation complex profiling. *Nature*, 2016, 535 (7613): 570-574.
2. Ban N, Nissen P, Hansen J, *et al*. Placement of protein and RNA structures into a 5 Å-resolution map of the 50S ribosomal subunit. *Nature*, 1999, 400 (6747): 841-847.
3. Ban N, Nissen P, Hansen J, *et al*. The complete atomic structure of the large ribosomal subunit at 2.4 Å resolution. *Science*, 2000, 289 (5481): 905-920.
4. Desai N, Brown A, Amunts A, *et al*. The structure of the yeast mitochondrial ribosome. *Science*, 2017, 355 (6324): 528-531.
5. Kornprobst M, Turk M, Kellner N, *et al*. Architecture of the 90S pre-ribosome: a structural view on the birth of the eukaryotic ribosome. *Cell*, 2016, 166 (2): 380-393.
6. Ma C, Kurita D, Li N, *et al*. Mechanistic insights into the alternative translation termination by ArfA and RF2. *Nature*, 2017, 541 (7638): 550-553.
7. Merrick W C, Pavitt G D. Protein synthesis initiation in eukaryotic cells. *Cold Spring Harbor Perspectives in Biology*, 2018, 10: a033092.
8. Nissen P, Hansen J, Ban N, *et al*. The structural basis of ribosome activity in peptide bond synthesis. *Science*, 2000, 289 (5481): 920-930.
9. Orgel L. A simpler nucleic acid. *Science*, 2000, 290 (5495): 1306-1307.
10. Sanghai, Z A, Miller L, Molloy KR, *et al*. Modular assembly of the nucleolar pre-60S ribosomal subunit. *Nature*, 2018, 556 (7699): 126-129.
11. Schuwirth B S, Borovinskaya M A, Hau C W, *et al*. Structures of the bacterial ribosome at 3.5 Å resolution. *Science*, 2005, 310 (5749): 827-834.
12. Steitz T A, Moore P B. RNA, the first macromolecular catalyst: the ribosome is a ribozyme. *Trends in Biochemical Sciences*, 2003, 28(8): 411-418.
13. Wimberly B T, Brodersen D E, Clemons W M Jr, *et al*. Structure of the 30S ribosomal subunit. *Nature*, 2000, 407 (6802): 327-339.

第十一章

细胞信号转导

多细胞生物是一个有序而可控的细胞社会，这种社会性的维持不仅依赖于细胞的物质代谢与能量代谢，更依赖于细胞间通信与信号调控，从而协调细胞的代谢与行为，诸如细胞的各种生理功能和细胞的存活、生长、分裂、分化与凋亡等。

第一节　细胞通信与信号转导

细胞通信（cell communication）是指细胞产生的胞外信号与靶细胞表面相应的受体结合，引发受体构象改变而激活，进而导致细胞内信号转导通路的建立，最终调解靶细胞的代谢、结构功能或基因表达，并表现为靶细胞整体的生物学效应。细胞信号转导（signal transduction）是实现细胞间通信的关键过程，它是协调细胞功能，控制细胞生长和分裂、组织发生与形态建成所必需的，也是细胞感知并应对外界环境刺激而进行生理学反应的基础。细胞内信号通路在演化上是高度保守的。

一、细胞通信

细胞通信可概括为三种类型：① 信号细胞通过分泌胞外化学信号进行细胞间通信，这是多细胞生物普遍采用的通信方式；② 细胞间接触依赖性通信（contact-dependent signaling），细胞直接接触，通过信号细胞跨膜信号分子（配体）与相邻靶细胞表面受体相互作用；③ 动物相邻细胞间形成间隙连接（gap junction）、植物细胞间通过胞间连丝（plasmodesma）使细胞间相互沟通，通过交换小分子来实现代谢偶联或电偶联，从而实现功能调控。

信号细胞分泌胞外信号，按其对靶细胞发挥效应的空间距离和作用方式，又可分为：① 内分泌（endocrine），在动物中由内分泌细胞分泌胞外信号分子（如激素），通过血液或其他细胞外液运送到体内各相应组织，作用于靶细胞而发挥作用（图 11-1A）。② 旁分泌（paracrine），细胞通过分泌局部化学介质到细胞外液中，经过局部扩散作用于邻近靶细胞而发挥作用（图 11-1B），在多细胞生物中调节发育的许多生长因子往往是通过短距离而起作用的；旁分泌方式对创伤或感染组织刺激细胞增殖以恢复功能也具有重要意义。③ 自分泌（autocrine），释放信号分子的细胞也是发挥效应的靶细胞，即对自身分泌的信号分子产生反应（图 11-1C）。自分泌信号常存在于病理条件下，如肿瘤细胞合成并释放生长因子刺激细胞自身，导致肿瘤细胞的增殖；此外，通过分泌信息素（pheromone）传递信息也属于通过化学信号进行细胞间通信，作用于同类的其他个体。④ 突触信号传递（synaptic signaling），通过化学突触传递神经信号（图 11-1D），从作用范围来讲，也当属短距离局部作用，当神经细胞接受刺激后，神经信号以动作电位的形式沿轴突快速（100 m/s）传递至神经末梢，电压门控的 Ca^{2+} 通道将电信号转换为化学信号，即刺激突触前化学信号（神经递质或神经肽）小泡的分泌，在不到 1 ms 的时间内化学信号通过扩散经过相距不足 100 nm 的突触间隙到达突触后膜，再通过后膜上配体门控通道将化学信号转换回电信号，实现电信号—化学信号—电信号的快速转导。

细胞间另一种通信方式是接触依赖性通信，细胞直接接触而无需信号分子的释放，通过信号细胞质膜上的信号分子与靶细胞质膜上的受体分子相互作用来介导细胞间的通信（图 11-1E）。这种通信方式包括细胞－细胞黏着、细胞－基质黏着等，这种接触依赖性通信在胚胎发育过程中对组织内相邻细胞的分化命运具有决定性影响。在胚胎发育过程中，部分胚胎上皮细胞层将发育成神经组织。最初相邻的上皮细胞是彼此相同的，但在发育过程中，某些单个上皮细胞通过独立分化成为神经细胞，而与其相邻的周边细胞则受到抑制保持非神经细胞状态。这是因为预分化形成神经细胞的细胞通过膜结合的抑制性信号分子（称为 Delta）与其相接触的周边细胞的膜受体（Notch，见 Notch 信号通路）相互作用，

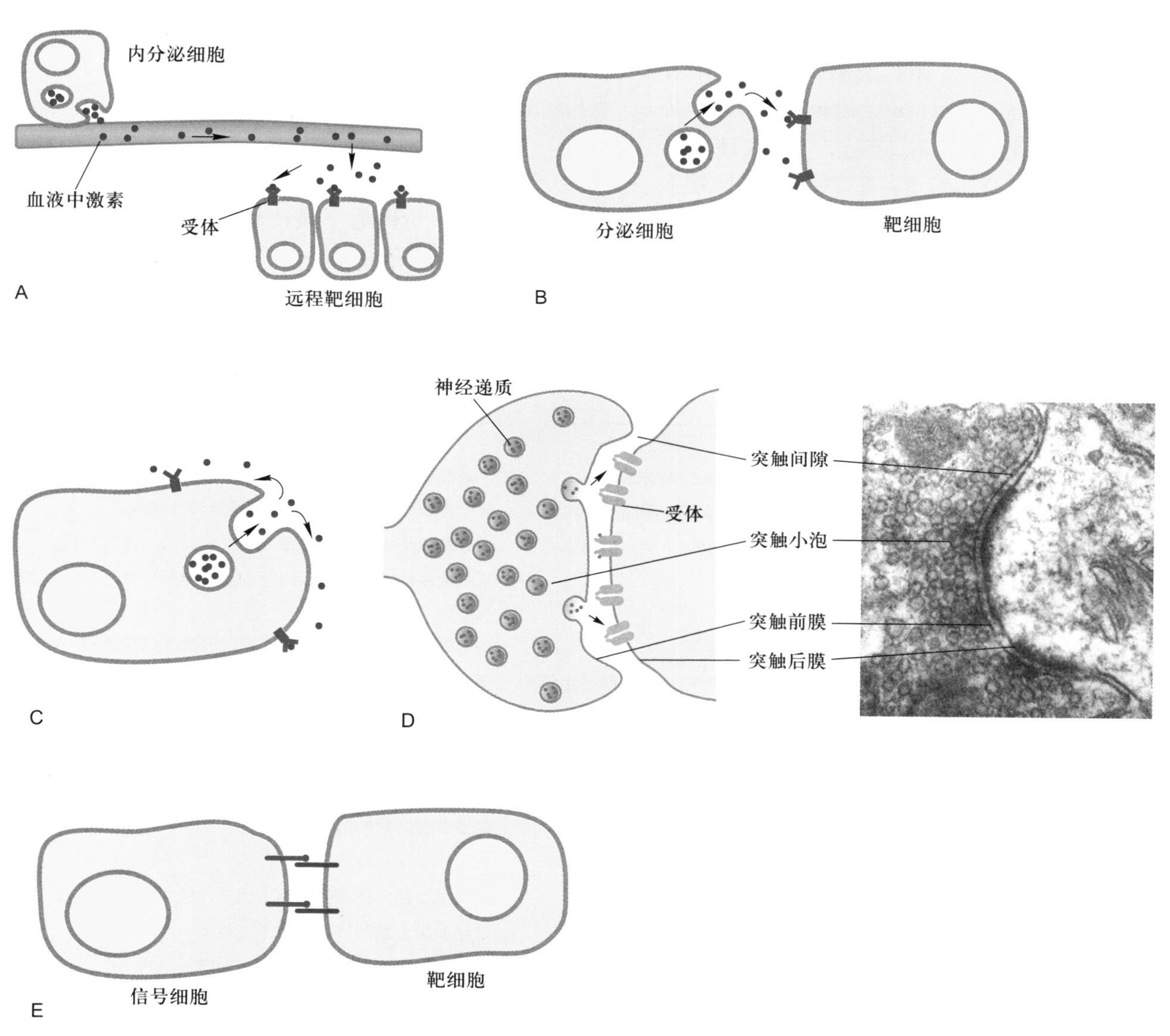

图 11-1　**不同类型的细胞间通信方式**

A. 内分泌：由内分泌腺产生的激素，分泌进入血液循环，作用于相应的靶器官。B. 旁分泌：信号细胞分泌局部化学介质释放到细胞外液中，作用于邻近的靶细胞，其作用距离只有几微米。C. 自分泌：细胞对其自身分泌的信号分子起反应。D. 突触信号传递：神经细胞与靶细胞之间的化学突触通信，突触结构电镜照片来自人脑杏仁体（李伯勤惠赠）。E. 细胞间接触依赖性通信：信号细胞质膜上结合蛋白（信号分子）直接与相邻靶细胞的表面受体相互作用。细胞间接触依赖性的信号传递需要细胞质膜与细胞质膜之间彼此直接接触。

阻止它们也分化为神经细胞。控制这一过程的信号是通过细胞间接触而传递的。这类膜表面的信号分子与受体基本类似，它们所介导的信号转导机制也基本相同。在接触依赖性通信缺陷的突变体中，有些细胞类型（如神经细胞）会过量发生。

动物细胞间的间隙连接或植物细胞间的胞间连丝同属通信连接，详见第十六章。

二、细胞的信号分子与受体

（一）细胞的信号分子

信号分子（signal molecule）是细胞的信息载体，种类繁多，包括化学信号诸如各类激素、局部介质（local mediator）和神经递质（neurotransmitter）等，以及物理信号诸如声、光、电和温度变化等。各种化学信号根据其性质通常可分为四类：① 气体性信号分子（gaseous signal molecule），包括 NO、CO，可以自由扩散，进入细胞直接激活效应酶（鸟苷酸环化酶）产生第二信使（cGMP），参与体内众多的生理过程，影响细胞行为。② 疏水性信号分子，主要是甾类激素和甲状腺素，是血液中长效信号（long-lasting signal），这类亲脂性分子小、疏水性强，可穿过细胞质膜进入细胞，与细胞内核受体（nuclear receptor）结合形成激素－受体复合体，调节基因表达。③ 亲水性信号分子，包括神经递质、局部介质和大多数蛋白质类激素，它们不能透过靶细胞质膜，只能通过与靶细胞表面受体结合，经信号转换机制，在细胞内产生第二信使或激活蛋白激酶或蛋白磷酸酶的活性，引起细胞的应答反应。④膜结合信号分子，表达在细胞质膜上的信号分子，通过与靶细胞质膜上的受体分子相互作用，引起细胞应答。表 11-1 列出了一些激素、局部介质、神经递质和接触依赖性信号分子（膜结合信号分子）。

（二）受体

受体（receptor）是一类能够识别和选择性结合某种配体（信号分子）的分子，已经鉴定的绝大多数

表 11-1　信号分子举例

信号分子	合成 / 分泌位点	化学性质	生理功能
激素：			
肾上腺素	肾上腺	酪氨酸的衍生物	升高血压、加快心律和增加代谢
皮质醇	肾上腺	类固醇（胆固醇衍生物）	影响多数组织中蛋白质、糖类和脂质代谢
雌二醇	卵巢	类固醇（胆固醇衍生物）	诱导和维持雌性第二性征
胰高血糖素	胰岛 α 细胞	肽	刺激葡萄糖合成、糖原降解和脂肪分解（如肝细胞和脂肪细胞）
胰岛素	胰岛 β 细胞	蛋白质	刺激肝细胞葡萄糖摄取、蛋白质合成和脂质合成
睾丸酮	睾丸	类固醇（胆固醇衍生物）	诱导和维持雄性第二性征
甲状腺素	甲状腺	酪氨酸的衍生物	刺激多种细胞的代谢
局部介质：			
表皮生长因子（EGF）	多种细胞	蛋白质	刺激上皮细胞等多种细胞的增殖
血小板衍生生长因子（PDEF）	多种细胞（包括血小板）	蛋白质	刺激多种细胞的增殖
神经生长因子（NGF）	各种神经支配的组织	蛋白质	促进某类神经细胞的存活；促进神经细胞轴突的生长
组胺	肥大细胞	组氨酸衍生物	扩张血管、增加渗透，有助发炎
一氧化氮（NO）	神经细胞、血管内皮细胞	可溶性气体	引起平滑肌细胞松弛；调节神经细胞活性
神经递质：			
乙酰胆碱	神经末梢	胆碱衍生物	在许多神经－肌肉突触和中枢神经系统中存在的兴奋性神经递质
γ－氨基丁酸（GABA）	神经末梢	谷氨酸衍生物	中枢神经系统中存在的抑制性神经递质
接触依赖性信号：			
Delta	预定神经细胞、其他胚胎细胞	跨膜蛋白	抑制相邻细胞以与信号细胞相同的方式分化

受体都是蛋白质且多为糖蛋白，少数受体是糖脂（如霍乱毒素受体和百日咳毒素受体），有的受体是糖蛋白和糖脂组成的复合物（如促甲状腺素受体）。根据靶细胞上受体存在的部位，可将受体区分为细胞内受体（intracellular recepor）和细胞表面受体（cell-surface receptor）。细胞内受体位于细胞质基质或核基质中，主要识别和结合小的脂溶性信号分子，如甾类激素、甲状腺素、维生素 D 和视黄酸（retinoic acid），以及细胞或病原微生物的代谢产物、结构分子或者核酸物质；细胞表面受体主要识别和结合亲水性信号分子，包括分泌型信号分子（如神经递质、多肽类激素、生长因子）或膜结合型信号分子（细胞表面抗原、细胞表面黏着分子等）。根据信号转导机制和受体蛋白类型的不同，细胞表面受体又分属三大家族（图 11–2）：

（1）离子通道偶联受体（ion channel-coupled receptor），是指受体本身既有信号（配体）结合位点，又是离子通道，其跨膜信号转导无需中间步骤，又称配体门控通道（ligand-gated channel）或递质门控通道（transmitter-gated channel）。

（2）G 蛋白偶联受体（G-protein-coupled receptor, GPCR），是细胞表面受体中最大的家族，普遍存在于各类真核细胞表面，根据其偶联效应蛋白的不同，介导不同的信号通路。

（3）酶联受体（enzyme-linked receptor），一类是受体胞内结构域具有潜在酶活性，另一类是受体本身不具酶活性，而是受体胞内段与酶相联系。

不管哪种类型的受体，一般至少有两个功能域，结合配体的功能域及产生效应的功能域，分别具有结合特异性和效应特异性。细胞信号转导始于胞外信号分子与靶细胞表面受体的结合，受体结合特异性配体后而被激活，通过信号转导途径将胞外信号转换为胞内信号，结果诱发两类基本的细胞应答反应：一是改变细胞内特殊的酶类和其他蛋白质的活性或功能，进而影响细胞代谢功能或细胞运动等；二是通过修饰细胞内转录因子刺激或阻遏特异靶基因的表达，从而改变细胞特异性蛋白的表达量。一般而言，前一类应答反应比后一类反应发生得更快些。故前者称为快反应（短期反应），后者称为慢反应（长期反应）（图 11–3）。

对多细胞生物而言，一个细胞经常暴露于以不同状态存在的上百种不同信号分子的环境中，靶细胞对外界特殊信号分子的特异反应取决于细胞具有的相应受体。细胞对外界信号分子的敏感性既取决于细胞表面受体的数量，也取决于受体对配体的亲和性（affinity）。通常，用受体与配体的结合试验来检测和决定其亲和性和特异性。对于完整细胞或细胞片段，受体的检测和估量通常根据它与放射性或荧光标记的配体的结合来进行。受体与配体是通过非共价键结合的，因此受体与配体的结合可以描述为可逆性的双分子相互作用的热动力学平衡反应，以 R 和 [R] 分别表示自由受体及其浓度，以 L 和 [L] 分别表示自由配体及其浓度，以 RL 和 [RL] 分别表示受体 – 配体复合物及其浓度，则解离常数 K_d 值表示受体与配体的结合亲和性高低，以下列公式表述：

$$K_d = [R][L]/[RL]$$

K_d 值代表细胞表面受体达到 50% 被占据时所需的配体

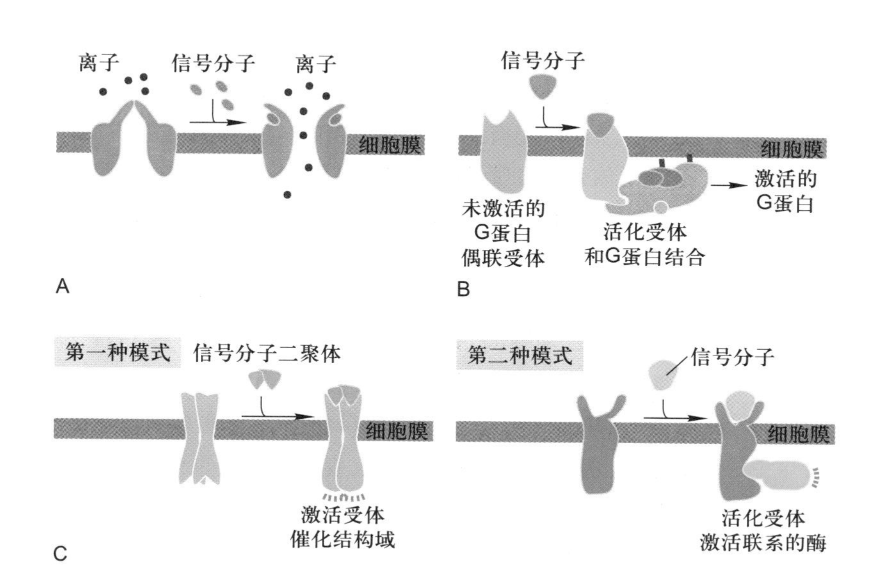

图 11–2　三种类型的细胞表面受体

A. 离子通道偶联受体。B. G 蛋白偶联受体。C. 酶联受体。

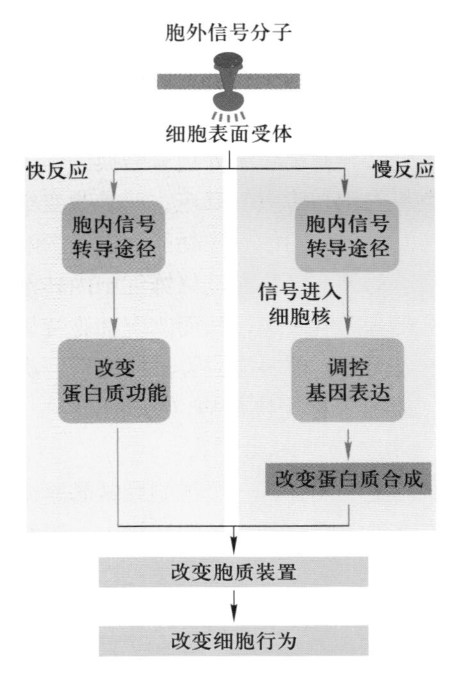

图 11-3　通过细胞表面受体转导胞外信号诱发两类基本细胞应答反应——快反应和慢反应

分子浓度。K_d 值低代表受体与配体的结合亲和性高，K_d 值高代表受体与配体的结合亲和性低。例如有两个受体：对受体 1 而言，$K_d=10^{-7}$ mol/L，对受体 2 而言，$K_d=10^{-9}$ mol/L；则同样配体对受体 2 比受体 1 具有较高的亲和性。

受体与信号分子空间结构的互补性是二者特异性结合的主要因素，但并不意味受体与配体之间是简单的一对一关系。不同细胞对同一种化学信号分子可能具有不同的受体，因此，不同的靶细胞以不同的方式应答于相同的化学信号；例如同为乙酰胆碱，作用于骨骼肌细胞引起收缩，作用于心肌细胞却降低收缩频率，作用于唾腺细胞则引起分泌。另外也有不同的细胞具有相同的受体，当与同一种信号分子结合时，不同细胞对同一信号产生不同的反应，或同一细胞不同的受体应答于不同的胞外信号产生相同的效应；如肝细胞肾上腺素或胰高血糖素受体在结合各自配体被激活后，都能促进糖原降解而升高血糖。绝大多数细胞同时具有多种类型的受体，应答多种不同的胞外信号从而启动不同的生物学效应，如存活、分裂、分化或死亡。由此可见，靶细胞一是通过受体对信号结合的特异性，二是通过细胞本身固有的特征对外界信号产生反应。

（三）第二信使与分子开关

20 世纪 50 年代，Sutherland 通过体外实验证明，向肝组织切片加入肾上腺素时，可明显导致糖原磷酸化酶活性增加，并促进糖原分解为葡萄糖，从而导致 cAMP 的发现。70 年代初提出激素作用的第二信使学说（second messenger theory），即胞外化学信号（第一信使）不能进入细胞，它作用于细胞表面受体，导致产生胞内信号（第二信使），从而引发靶细胞内一系列生化反应，最后产生一定的生理效应。第二信使的降解使其信号作用终止。Sutherland 正是通过阐明 cAMP 的功能并提出第二信使学说而获得 1971 年诺贝尔生理学或医学奖。他的研究结果一直作为基本模式指导着细胞信号系统的研究，并不断发展完善。第二信使（second messenger）是指在胞内产生的非蛋白类小分子，其浓度变化（增加或减少）应答胞外信号与细胞表面受体的结合，调节细胞内酶和非酶蛋白质的活性，从而在细胞信号转导途径中行使携带和放大信号的功能。目前公认的第二信使包括 cAMP、cGMP、Ca^{2+}、二酰甘油（1, 2-diacylglycerol, DAG）和 1,4,5- 三磷酸肌醇（1,4, 5-inositol trisphosphate, IP_3）等（图 11-4）。1987 年，以色列科学家 M. Benziman 发现细菌可将两分子的 GTP 通过 3′, 5′- 磷酸二酯键连接而成第二信使 c-di-GMP，在细菌纤维素的合成中起重要调节作用。此后，c-di-GMP 和 c-di-AMP 也被发现在细菌中起重要的第二信使作用。2012 年，在霍乱弧菌中发现环化 GMP-AMP（cGAMP，此为 3′, 3′-cGAMP）对于调节细菌的趋化性及毒性有重要作用。2013 年，我国科学家陈志坚发现哺乳动物细胞也能够生成 cGAMP（此为 2′, 3′-cGAMP），并作为第二信使激活天然免疫反应。

在细胞信号转导过程中，除细胞表面受体和第二信使分子以外，还有三类在演化上保守的胞内蛋白，其功能作用依赖于细胞外信号的刺激，这三类蛋白在引发信号转导级联反应中起分子开关（molecular switch）的作用。

（1）GTP 酶分子开关调控蛋白　GTP 酶分子开关调控蛋白构成细胞内 GTP 酶超家族，包括三聚体 GTP 结合蛋白和如 Ras 和类 Ras 蛋白的单体 GTP 结合蛋白。所有 GTP 酶开关蛋白都有两种状态：一是与 GTP 结合呈活化（开启）状态，进而改变特殊靶蛋白的活性；二是与 GDP 结合，处于失活（关闭）状态。GTP 酶开关蛋白通过两种状态的转换控制下游靶蛋白的活性。信号

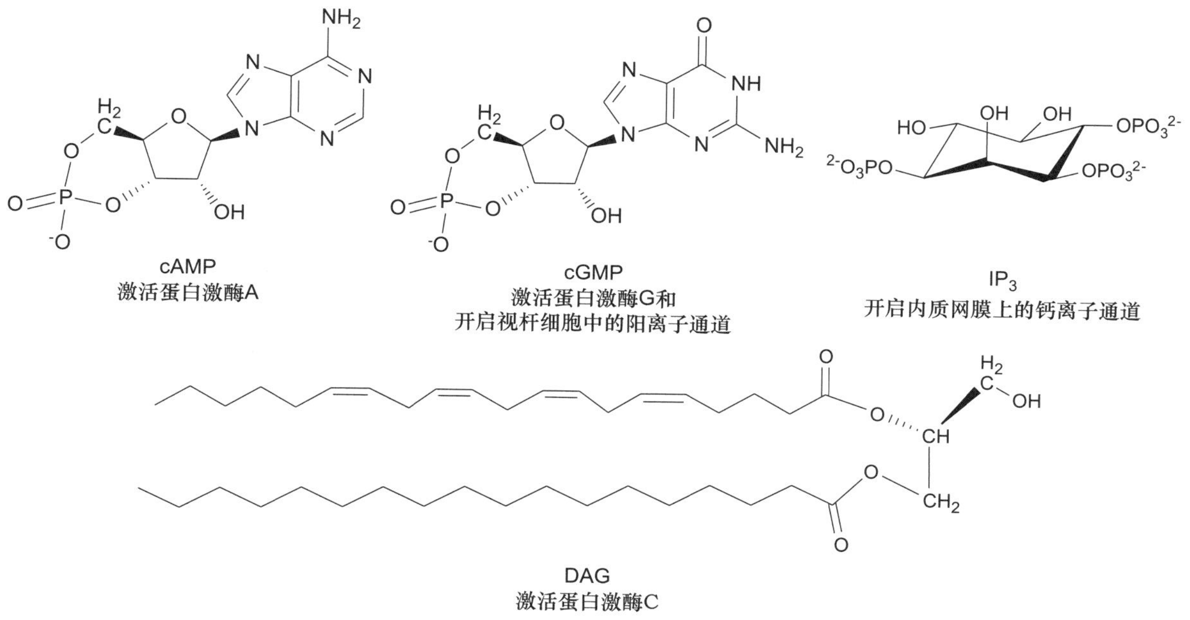

cAMP
激活蛋白激酶A

cGMP
激活蛋白激酶G和
开启视杆细胞中的阳离子通道

IP_3
开启内质网膜上的钙离子通道

DAG
激活蛋白激酶C

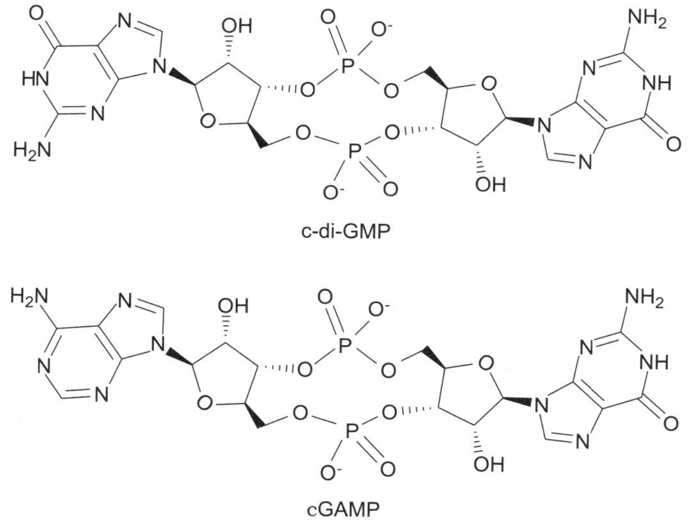

c-di-GMP

cGAMP

图 11-4　6 种常见的细胞内第二信使及其主要效应

诱导的开关调控蛋白从失活态向活化态的转换，由鸟苷酸交换因子（guanine nucleotide-exchange factor, GEF）所介导，GEF 引起 GDP 从开关蛋白释放，继而结合 GTP 并引发开关调控蛋白（G 蛋白）构象改变使其活化；随着结合的 GTP 的水解形成 GDP 和 Pi，开关调控蛋白又恢复成失活的关闭状态；GTP 的水解速率又被 GTP 酶促进蛋白（GTPase-accelerating protein, GAP）和 G 蛋白信号调节子（regulator of G protein-signaling, RGS）所促进，被鸟苷酸解离抑制物（guanine nucleotide dissociation inhibitor, GDI）所抑制（图 11-5）。

（2）蛋白激酶 / 蛋白磷酸酶　另一类最普遍存在的分子开关机制是通过蛋白激酶（protein kinase）使靶蛋白磷酸化，通过蛋白磷酸酶（protein phosphatase）使靶蛋白去磷酸化，从而调节靶蛋白的活性，E. G. Krebs 和 E. H. Fischer 因为发现蛋白质磷酸化与去磷酸化作为一种生物学调节机制而获得 1992 年诺贝尔生理学或医学奖。虽然这两种反应基本上是不可逆的，但综合蛋白激酶和蛋白磷酸酶的活性，蛋白质磷酸化和去磷酸化可为细胞提供一种“开关”机制，使各种靶蛋白处于“开启”或“关闭”的状态（图 11-6）。蛋白质磷酸化和去磷酸化可以改变蛋白质的电荷并改变蛋白质构象，从而导致该蛋白质活性的增强或降低，是细胞内普遍存在的一种调节机制。蛋白激酶和蛋白磷酸酶在几乎所有的信号通路中被普遍使用，在代谢调节、基因表达、周期调

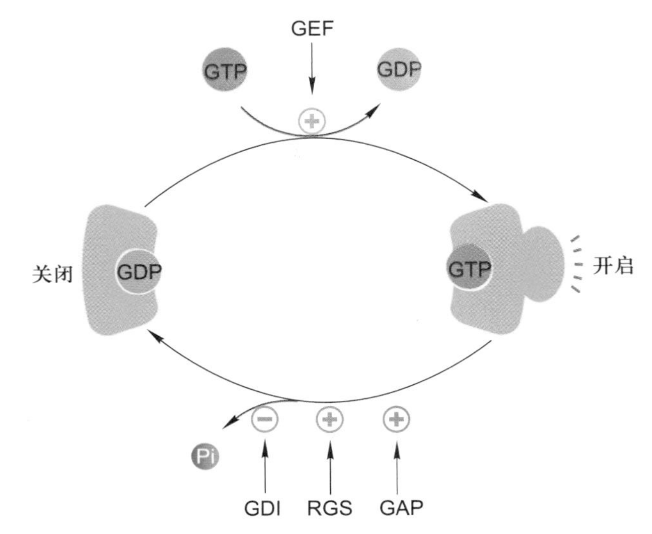

图 11-5 **GTP 酶开关调控蛋白活化（开）与失活（关）的转换**

通过结合的 GTP 的水解，GTP 酶开关蛋白由活化态转换为失活态，该过程受 GAP 和 RGS 的促进，受 GDI 的抑制；GTP 酶开关蛋白的再活化被 GEF 的促进。

控中具有重要作用。据最近统计，人类基因组大约编码蛋白激酶 560 种，编码不同的蛋白磷酸酶有 100 种。在不同的细胞类型中，每种蛋白激酶在一套靶蛋白中磷酸化特殊的氨基酸残基，在动物细胞中有两种类型的蛋白激酶—— 一类是将磷酸基团加在酪氨酸残基的羟基上，称为酪氨酸激酶，另一类是将磷酸基团加在靶蛋白丝氨酸或 / 和苏氨酸残基的羟基上，称为丝 / 苏氨酸激酶；并且所有蛋白激酶还结合磷酸化残基周围的特异性氨基酸序列。这两种酶的靶蛋白的活性变化都是通

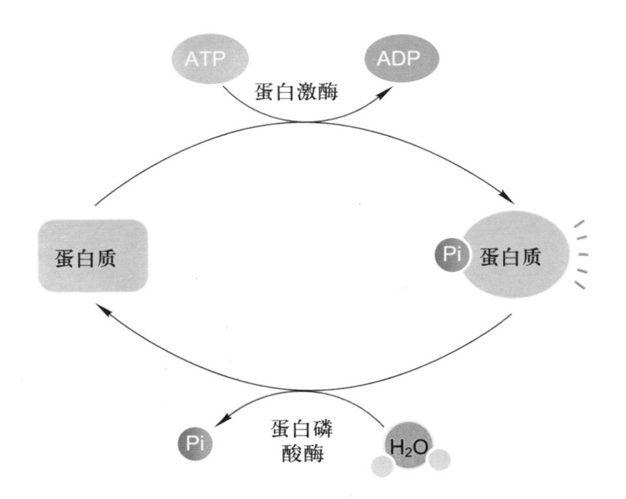

图 11-6 **靶蛋白磷酸化和去磷酸化是细胞调节靶蛋白活性的一个普遍机制**

在该图例中，当靶蛋白被磷酸化时活化，去磷酸化时失活，有些靶蛋白具有相反的变化模式。

过蛋白激酶 / 蛋白磷酸酶开关调节的，并且具有靶蛋白特异性。

（3）钙调蛋白　Ca^{2+} 作为胞内第二信使，在调控细胞对多种信号的应答反应中发挥基本作用，许多 GPCR 和其他类型的受体是通过影响细胞质 Ca^{2+} 浓度而发挥作用的。在细胞处于静息状态下，细胞质中游离 Ca^{2+} 浓度维持在亚微摩尔每升水平（约 0.2 μmol/L），这是靠 ATP 驱动的钙泵持续工作的结果，即将游离 Ca^{2+} 不断运出胞外和运进内质网和其他膜胞腔内；若细胞质中游离 Ca^{2+} 浓度的小量升高，便会诱发各类细胞反应，包括内分泌细胞激素的分泌、胰腺外分泌细胞消化酶的分泌和肌肉的收缩等。钙调蛋白（calmodulin, CaM）是细胞质中普遍存在的小分子蛋白，有 148 个氨基酸残基，每个 CaM 分子具有 4 个 Ca^{2+} 结合位点，它作为行使多种功能的分子开关蛋白介导多种 Ca^{2+} 的细胞效应，CaM 可通过与 Ca^{2+} 的结合或解离而分别处于活化或失活的“开启”或“关闭”状态。形成的 Ca^{2+}–CaM 复合物可结合多种酶及其他靶蛋白，并修饰其活性。

三、信号转导系统及其特性

（一）信号转导系统的基本组成及信号蛋白的相互作用

通过细胞表面受体介导的信号通路通常由下列 5 个步骤组成（图 11–7）：① 细胞表面受体特异性识别并结合胞外信号分子（配体），形成受体 – 配体复合物，导致受体激活。② 由于激活受体构象改变，导致信号初级跨膜转导，靶细胞内产生第二信使或活化的信号蛋白。③ 通过胞内第二信使或细胞内信号蛋白复合物的装配，起始胞内信号放大的级联反应（signaling cascade）。④ 细胞应答反应。这种级联反应如果是通过酶的逐级激活，其结果可能改变细胞代谢活性；如果是通过表达基因调控蛋白，其结果可能影响发育；如果是通过细胞骨架蛋白的修饰，其结果则改变细胞形状或运动。⑤ 由于受体的脱敏（desensitization）或受体下调（down-regulation），终止或降低细胞反应。

细胞信号转导系统是由细胞内多种行使不同功能的信号蛋白所组成的信号传递链。受体通过细胞内信号蛋白的相互作用而传播信号，这必然涉及信号蛋白之间靠何种机制保障彼此的精确联系。细胞内信号蛋白的相互作用是靠蛋白质模式结合域（modular binding domain）

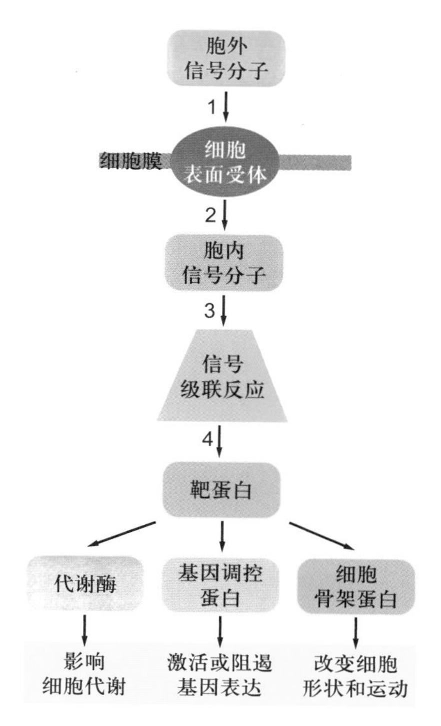

图 11-7 细胞表面受体介导的细胞信号转导系统的组成

1. 受体特异性识别并结合胞外信号分子被激活；2. 信号初级跨膜转导；3. 通过胞内信号级联反应实现信号传播与放大；4. 产生细胞应答反应；5. 细胞反应终止或下调（未表示）。

所特异性介导的，多种模式结合域经多重相互作用极大地拓展了细胞内信号网络的多样性。这些模式结合域通常由40～120个氨基酸残基组成，一侧有较浅凹陷的球形结构域、不具酶活性、但能识别特定基序或蛋白质上特定修饰位点、它们与识别对象的亲和性较弱，因而有利于快速和反复进行精细的组合式网络调控。SH2（Src homology 2 domain）是研究蛋白质互作的原型模式结构域，由约100个氨基酸残基组成，其定义源于逆转录病毒癌蛋白（oncoprotein）v-Eps。具有SH2结构域的蛋白质家族，具有相似的三维结构，但每一成员可特异性结合围绕磷酸酪氨酸残基的氨基酸序列（图 11-8）。

1991年，进一步阐明了SH2结构域的基本功能，人类基因组大约编码115种SH2结构域，该蛋白质家族包括多种功能性成员：① 酶，含有一或两个与催化序列相联系的SH2结构域，如蛋白激酶或蛋白磷酸酶结构域、磷脂酶C、Ras GAP结构域、Rho家族GEF结构域；② 癌蛋白和致病性互作（oncogenic protein and pathogenic interaction），如人慢性粒细胞白血病Bcr-Ab1癌蛋白；③ 锚定蛋白（docking protein），如哺乳类ShcA（C端具SH2结构域，N端具PTB结构域）、胰岛素受体底物（IRS）等；④ 接头蛋白（adaptor），含单个SH2和多个SH3结构域，如哺乳类的生长素受体结合蛋白2（Grb2）等；⑤ 调节蛋白（regulator），许多SH2蛋白家族成员具有调节功能，如STAT介导的细胞因子信号通路；⑥ 转录因子。此外，人类基因组还大约编码253个SH3结构，结合富含脯氨酸序列（PXXP）。由于技术的进步和方法的完善，现在已有多种手段研究细胞内蛋白质 - 蛋白质之间的互作，为研究细胞内大分子互作及其复合物的组成提供了有力的工具，特别是包括人类在内的动物基因组序列的发现为研究细胞内分子间相互作用提供了条件。现在需要解决的问题是要利用计算学和统计学的原理来归纳已知的分子间相互作用信息，并且利用他们来推测未知分子间的相互作用，从而更深入地研究细胞的生命活动。此外还陆续发现许多其他蛋白质模式结构域及其结合基序的特异性（表 11-2，图 11-8）。

（二）细胞内信号蛋白复合物的装配

细胞内信号蛋白复合物的形成是信号蛋白间相互作用的结果，是实现细胞表面受体所介导的各种细胞内信号通路的重要结构基础。从细胞接受信号刺激到产生应答反应的过程中，信号蛋白复合物的形成有其重要生物学意义，即在时空上增强细胞应答反应的速度、效率和反应的特异性。概括起来，细胞内信号蛋白复合物的装配可能有三种不同策略：

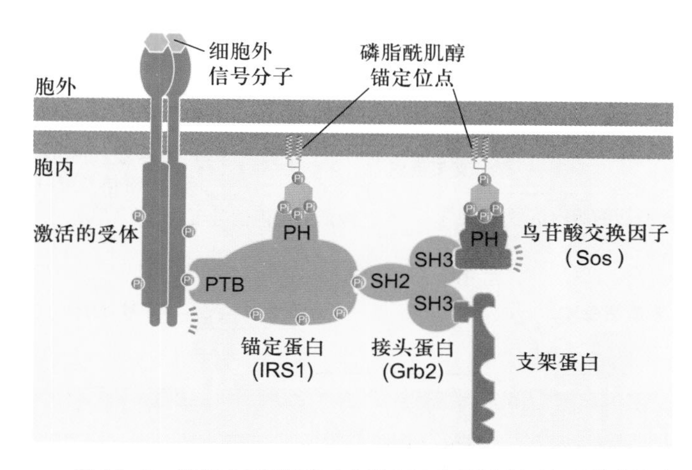

图 11-8 细胞内信号蛋白之间的相互作用是靠蛋白质模式结合域所特异性介导的示意图

图中具有SH2结构域的蛋白质具有相似的三维结构，每一成员可特异性结合围绕磷酸酪氨酸残基的氨基酸序列。IRS为胰岛素受体底物。

表 11-2　蛋白质模式结构域及其结合基序特异性

结构域	结合基序特征	举例
SH2 结构域	特异性结合磷酸酪氨酸残基（p-Tyr）	Src、Grb2、Shc、STAT
SH3 结构域	结合富含脯氨酸序列（PXXP）和 RXXK	Src、Nck
PTB 结构域	结合 NPXY 基序	Shc、IRS1
PDZ 结构域	识别膜蛋白 C 端 4～5 个氨基酸残基组成的短肽基序（通常最末端为 Val-COOH）	Dishevelled、FAP
WW 结构域	结合富含脯氨酸基序（XPPXY）	Nedd4（E3 泛素连接酶）、Smurf、Dystrophin
PH 结构域	与肌醇磷脂结合，将蛋白质靶向质膜（PI(3, 4) P_2、PI(4, 5) P_2、PI(3, 4, 5) P_3）	Akt、Sos
FYVE 结构域	与肌醇磷脂结合，将蛋白质靶向内体	EEA1、SARA（PI3P）
LIM 结构域	识别基于转角的蛋白质基序	
死亡结构域		Fas

（1）细胞表面受体和某些细胞内信号蛋白通过与大的支架蛋白结合预先形成细胞内信号复合物，当受体结合胞外信号被激活后，再依次激活细胞内信号蛋白并向下游传递（图 11-9A）。

（2）依赖激活的细胞表面受体装配细胞内信号蛋白复合物，即表面受体结合胞外信号被激活后，受体胞内段多个氨基酸残基位点发生自磷酸化（autophosphorylation）作用，从而为细胞内不同的信号蛋白提供锚定位点，形成短暂的信号转导复合物分别介导下游事件（图 11-9B）。

（3）受体结合胞外信号被激活后，在邻近质膜上形成修饰的肌醇磷脂分子，从而募集具有 PH 结构域的信号蛋白，装配形成信号复合物（图 11-9C）。

（三）信号转导系统的主要特性

（1）特异性（specificity）　细胞受体与胞外配体通过结构互补以非共价键结合，形成受体－配体复合物，简称具有“结合”特异性（binding specificity），受体因结合配体而改变构象被激活，介导特定的细胞反应，从而又表现出“效应器”特异性（effector specificity）。此

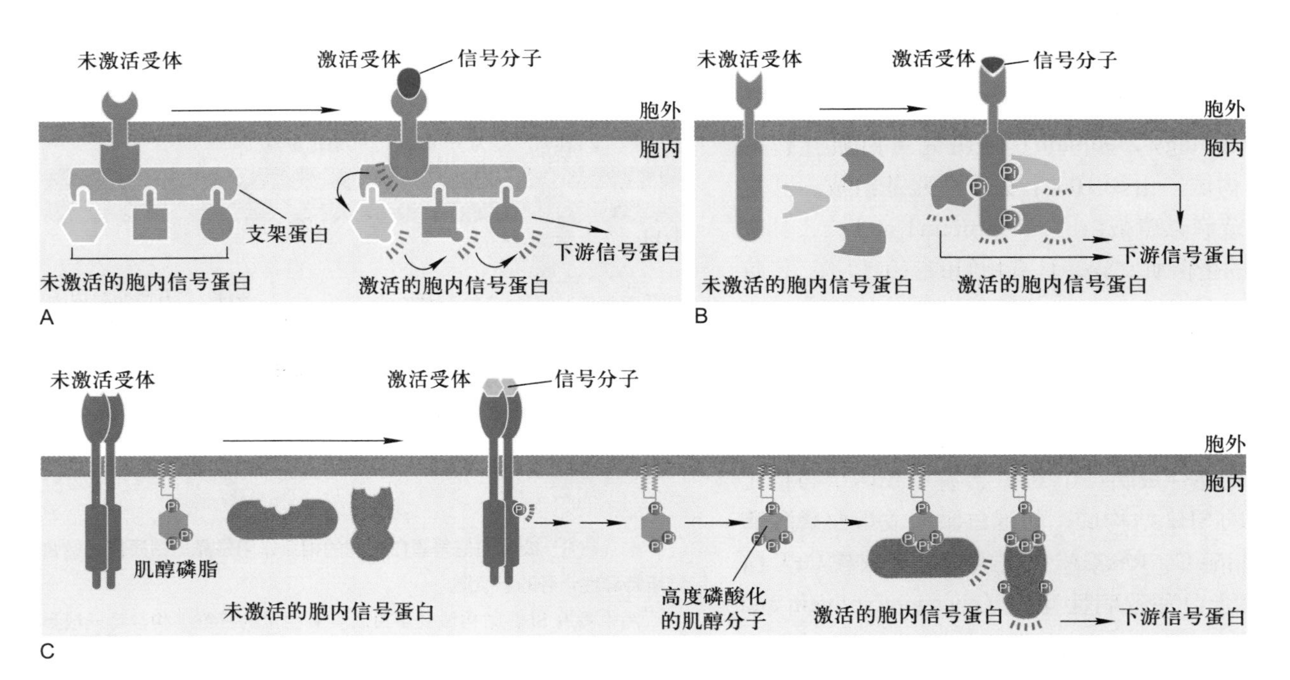

图 11-9　细胞内信号蛋白复合物装配的三种类型

外，受体与配体的结合具有饱和性和可逆性的特征。

（2）放大效应（amplification） 胞外信号分子（通常称为第一信使）与细胞表面受体结合，导致细胞内某些低分子量细胞内信号分子（称为第二信使）浓度的增加或减少（如 Ca^{2+}、cAMP），例如肾上腺素在血液的浓度约 10^{-10} mol/L，当与细胞表面受体（GPCR）结合，激活胞内效应酶（腺苷酸环化酶）产生第二信使 cAMP，其浓度可以快速升高 10 000 倍达到 10^{-6} mol/L 转而与下游酶或其他蛋白质结合，修饰它们的活性，引发细胞内信号放大的级联反应，如果级联反应主要是通过酶的逐级激活，结果将改变细胞代谢活性。最常见的级联放大作用是通过蛋白质磷酸化实现的。

（3）网络化与反馈（feedback）调节机制 每一个细胞都处于错综复杂的信号环境之中，包括各种激素、生长因子、相邻细胞的表面蛋白，甚至危险信号等。这些信号分子相互作用，构成细胞信号的网络，激活不同的转录因子并调节不同的蛋白质表达，最终使细胞产生一种有条理的生物学反应。细胞信号网络中的不同信号通路之间的相互作用，主要通过一系列正反馈（positive feedback）和负反馈（negative feedback）来校正反应的速率和强度，把外界纷繁复杂的，甚至相互矛盾的信号进行归纳整理。细胞信号系统网络化及反馈调节是细胞生命活动的重要特征。

（4）整合作用（integration） 多细胞生物的每个细胞都处于细胞“社会”环境之中，大量的信息以不同组合的方式调节细胞的行为。因此，细胞必须整合不同的信息，对细胞外信号分子的特异性组合作出程序性反应，甚至作出生死抉择，这样才能维持生命活动的有序性。

第二节 G 蛋白偶联受体及其介导的信号转导

G 蛋白偶联受体（GPCR）是细胞表面受体中最大的家族。统计表明，在人类基因组中有总数大约 900 个成员，其中有一半的基因被认为主要是编码嗅觉受体，尽管许多天然相关配体尚未被鉴定。现有超过 30% 的临床处方药物是针对 GPCR 所介导信号通路为靶点研制和开发的，可见它与人类的健康密切相关。

一、G 蛋白偶联受体的结构与作用机制

G 蛋白是三聚体 GTP 结合调节蛋白（trimeric GTP-binding regulatory protein）的简称，位于质膜内胞浆一侧，由 α、β、γ 三个亚基组成，β 和 γ 亚基以异二聚体形式存在，α 和 βγ 亚基分别通过共价结合的脂分子锚定在质膜上。

GPCR 所介导的信号转导通路均具有如下共同元件：

（1）所有 GPCR 均具有 7 次跨膜的 α 螺旋结构，即都含有 7 个疏水肽段形成的跨膜 α 螺旋区和相似的三维结构，N 端在细胞外侧，C 端在细胞胞质侧。每个跨膜 α 螺旋由 22～24 个氨基酸残基组成疏水核心区，其中螺旋 5 和 6 之间的胞内环状结构域 C3 和 C4（C 末端），对于受体与 G 蛋白之间的相互作用具有重要作用（图 11-10）。推测配体与受体的结合会引起 H5 和 H6 螺旋的彼此相对移动，结果导致 C3 环构象改变使之容许结合并激活 G 蛋白 α 亚基。

GPCR 介导很多胞外信号的细胞应答，GPCR 家族包括多种对蛋白或肽类激素、局部介质、神经递质和氨基酸或脂肪酸衍生物等配体识别与结合的受体，以及哺乳类嗅觉、味觉受体和视觉的光激活受体（视紫红质）。在线虫基因组 19 000 个基因中大约编码 1 000 种不同的 GPCR。尽管与这类受体相互作用的信号分子多种多样，受体的氨基酸序列也千差万别，但从已分析过的 GPCR 的结果表明，所有真核生物从单细胞酵母到人类都具有相似的七次跨膜结构。许多 GPCR 的亚族的这种结构特征，在演化上是高度保守的；同时，不同的 GPCR 亚型也可以结合相同的激素，产生不同的的细胞效应。

（2）均偶联一个三聚体 G 蛋白，其功能是作为分子开关，以促成该蛋白在“活化”与“失活”两种状态之间转换。三聚体 G 蛋白 α 亚基本身具有 GTP 酶活性，是分子开关蛋白。当配体与受体结合，三聚体 G 蛋白解离，并发生 GDP 与 GTP 交换，游离的 Gα-GTP 处于活化的开启状态，导致结合并激活效应器蛋白，从而传递信号；当 Gα-GTP 水解形成 Gα-GDP 时，则处于失活的关闭状态，终止信号传递并导致三聚体 G 蛋白的重新装配，恢复系统进入静息状态（图 11-11）。有些信号途径，效应器蛋白是离子通道，其活性受游离的 Gβγ 亚基调节并激活。由于阐明了胞外信号如何转换为胞内信号的机制，对 G 蛋白发现作出重要贡献的 A. G.

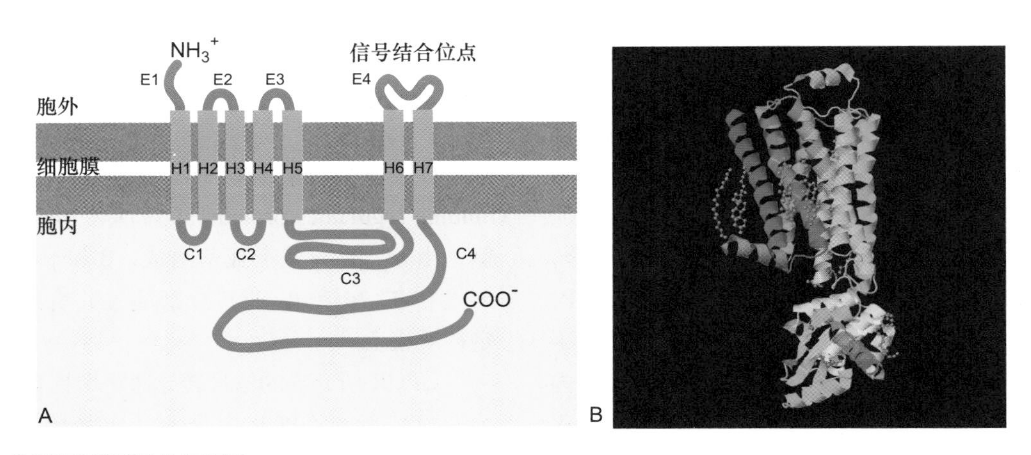

图 11-10　G 蛋白偶联受体的结构图

A. GPCR 的结构模式图。所有这类受体在膜上都具有相同的取向，并含有 7 次跨膜 α 螺旋区（左至右依次为 H1—H7），4 个细胞外肽段（左至右依次为 E1—E4）；4 个细胞内肽段（左至右依次为 C1—C4），E4 环结合胞外信号（配体），C3 环结构域和有些受体的 C2 环，是与 G 蛋白相互作用的位点，配体的结合引起受体胞内域活化 G 蛋白。B. 人 β 肾上腺素 GPCR 晶体结构（基于 PDB 数据库 2RH1 结构绘制）。

Gilman 和 M. Rodbell，因此荣获 1994 年诺贝尔生理学或医学奖。

表 11-3 列出了哺乳类三聚体 G 蛋白的主要种类及其效应器。

（3）均具有与质膜结合的效应器蛋白（effector protein），细胞表面通过 G 蛋白偶联的受体有多种效应器蛋白，包括离子通道蛋白、腺苷酸环化酶（adenylyl cyclase）和磷脂酶 C（phospholipase C, PLC）等。不同的 G 蛋白被不同的 GPCR 激活，继而调控不同的效应器蛋白，分别产生不同的细胞效应。包括 Gβγ 激活 K^+ 通道效应器，改变膜电位；激活或抑制腺苷酸环化酶，改变 cAMP 第二信使的浓度；激活磷脂酶 C，产生由膜脂（磷脂酰肌醇）衍生而来的 1,4,5- 三磷酸肌醇（inositol 1,4,5-trisphosphate, IP_3）和二酰甘油（1,

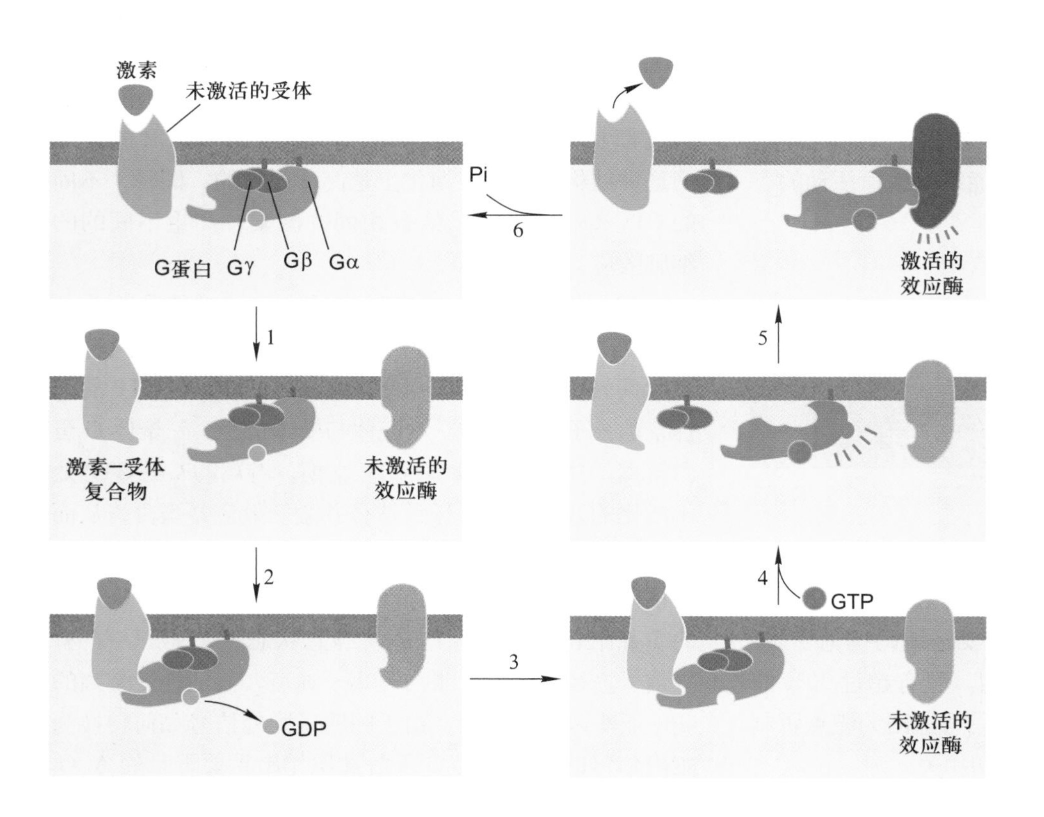

图 11-11　与 G 蛋白偶联受体相联系的效应蛋白的激活普遍机制

三聚体 G 蛋白解离活化的步骤如下：1. 配体（激素）结合诱发受体构象改变；2. 活化受体与 Gα 结合；3. 活化的受体引发 Gα 构象改变，致使 GDP 与 G 蛋白解离；4. GTP 与 Gα 结合，引发 Gα 与受体和 Gβγ 解离；5. 配体 – 受体复合物解离，Gα 结合并激活效应蛋白；6. GTP 水解成 GDP，引发 Gα 与效应蛋白解离并重新与 Gβγ 结合，恢复到三聚体 G 蛋白的静息状态。

表 11-3 哺乳类三聚体 G 蛋白的主要种类及其效应器

Gα 类型	结合的效应器	第二信使	受体举例
$G_s\alpha$	腺苷酸环化酶	cAMP（升高）	β 肾上腺受体，高血糖素受体，血中复合胺受体，后叶加压素受体
$G_i\alpha$	腺苷酸环化酶	cAMP（降低）	α_2 肾上腺素受体
	K^+ 通道（Gβγ 激活效应器）	膜电位改变	M 型乙酰胆碱受体
$G_{olf}\alpha$	腺苷酸环化酶	cAMP（升高）	嗅觉受体（鼻腔）
$G_q\alpha$	磷脂酶 C	IP_3，DAG（升高）	α_1 肾上腺素受体
$G_o\alpha$	磷脂酶 C	IP_3，DAG（升高）	乙酰胆碱受体（内皮细胞）
$G_t\alpha$	cGMP 磷酸二脂酶	cGMP（降低）	视杆细胞中视紫红质（光受体）

2-diacylglycerol, DAG）两种关键第二信使。

（4）在信号通路中均具有参与反馈调节或导致受体脱敏的蛋白。细胞对外界信号作出适度的反应既涉及信号的有效刺激和信号转导的启动，也依赖于信号的解除与细胞反应的终止，特别值得注意的是信号的解除与终止和信号的刺激与启动对于确保靶细胞对信号的适度反应来说同等重要。解除与终止信号的重要方式是在信号浓度过高或细胞长时间暴露某一种信号刺激的情况下，细胞会以不同的机制使受体脱敏，这种现象又称之为适应（adaptation），这是一种负反馈调控机制。

二、G 蛋白偶联受体所介导的细胞信号通路

由 GPCR 所介导的细胞信号通路按其效应器蛋白的不同，可区分为三类：① 激活离子通道的 GPCR；② 激活或抑制腺苷酸环化酶，以 cAMP 为第二信使的 GPCR；③ 激活磷脂酶 C，以 1,4,5- 三磷酸肌醇和二酰基甘油作为双信使的 GPCR。该类信号通路由于配体的多样性，效应蛋白及其第二信使的不同，所介导细胞反应也是多方面的，既包括调控离子通道开启而影响膜电位的变化，又包括改变酶类或其他蛋白质活性而调控细胞代谢，还参与对某些基因表达的调控。

（一）激活离子通道的 G 蛋白偶联受体所介导的信号通路

当受体与配体结合被激活后，通过偶联 G 蛋白的分子开关作用，调控跨膜离子通道的开启与关闭，进而调节靶细胞的活性，这是最简单的细胞对信号做出的应答反应，也是神经冲动传导最基本的反应。如心肌细胞的 M 型乙酰胆碱受体和视杆细胞的光敏感受体，都属于这类调节离子通道的 GPCR。

1. 心肌细胞上 M 型乙酰胆碱受体激活 G 蛋白开启 K^+ 通道

M 型乙酰胆碱受体（muscarinic acetylcholine receptor）在心肌细胞膜上与 G_i 蛋白偶联，乙酰胆碱配体与受体结合使受体活化，导致 $G_i\alpha$ 结合的 GDP 被 GTP 取代，引发三聚体 G_i 蛋白解离，使 βγ 亚基得以释放，进而直接诱发心肌细胞质膜上相关的效应器 K^+ 通道开启，随即引发细胞内 K^+ 外流，从而导致细胞膜超极化（hyperpolarization），减缓心肌细胞的收缩频率（图 11-12）。该结果已被体外膜片钳（patch-clamping）实验所证实。许多神经递质受体是 GPCR，有些效应器蛋白是 Na^+ 或 K^+ 通道。神经递质与受体结合引发 G 蛋白偶联的离子通道的开放或关闭，进而导致膜电位的改变。

2. 激活 G_t 蛋白偶联的光敏感受体诱发 cGMP- 门控阳离子通道的关闭

人类视网膜含有两类光受体（photoreceptor），负责视觉刺激的初级感受。视锥细胞的光受体与色彩感受相关，视杆细胞的光受体接受弱光刺激。视紫红质（rhodopsin）是视杆细胞 G_t 蛋白偶联的光受体，定位在视杆细胞外段上千个扁平膜盘上，三聚体 G_t 蛋白与视紫红质偶联，通常称之为传导素（transducin，简称 G_t）。人类视杆细胞含有大约 4×10^7 个视紫红质分子。视紫红质分子即光敏感的 GPCR，具有 7 次跨膜的典型结构，视紫红质组成视蛋白（opsin），并与光吸收色素（11- 顺式视黄醛）共价连接。吸收光子后，转换为全反式视黄醛，从而引发视蛋白构象改变。

如图 11-13 所示，在暗适应状态下的视杆细胞，高水平的第二信使 cGMP 保持 cGMP 门控非选择性阳离子通道的开放，光的吸收产生激活的视蛋白 O^*（步骤 1）；活化的视蛋白与无活性的 GDP-G_t 三聚体蛋白结合并引

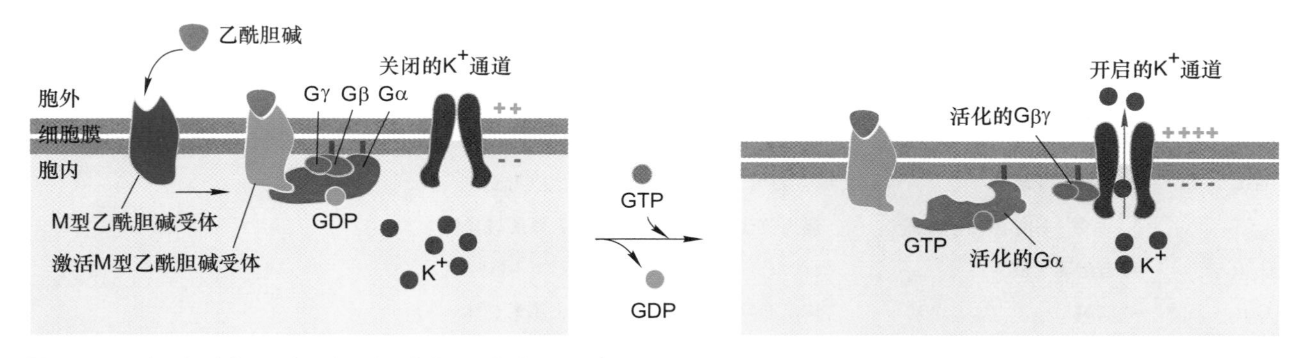

图 11-12　心肌细胞上 M 型乙酰胆碱受体的活化与效应器 K^+ 通道的开启的工作模型

这类受体通过三聚体 G_i 蛋白与 K^+ 通道相联系，乙酰胆碱的结合以常见的方式引发 $G_i\alpha$ 亚基活化并与 Gβγ 解离。在本例中，释放的 Gβγ 亚基（而不是 $G_i\alpha$-GTP）结合并打开 K^+ 通道，K^+ 通透性增加，使膜超极化，降低心肌细胞收缩频率。当与 $G_i\alpha$ 结合的 GTP 水解形成 GDP 时，$G_i\alpha$-GDP 重新与 Gβγ 结合（图中未表示）。

发 GDP 被 GTP 置换（步骤 2）；G_t 三聚体蛋白解离形成游离的 $G_t\alpha$，通过与 cGMP 磷酸二酯酶（PDE）抑制性 γ 亚基结合导致 PDE 活化（步骤 3）；同时引起 γ 亚基与催化性 α 和 β 亚基解离，由于抑制的解除，催化性 α 和 β 亚基使 cGMP 转换成 GMP（步骤 4）；由于胞质中 cGMP 水平降低导致 cGMP 从质膜 cGMP 门控阳离子通道上解离下来并致使阳离子通道关闭（步骤 5），然后，膜瞬间超极化。

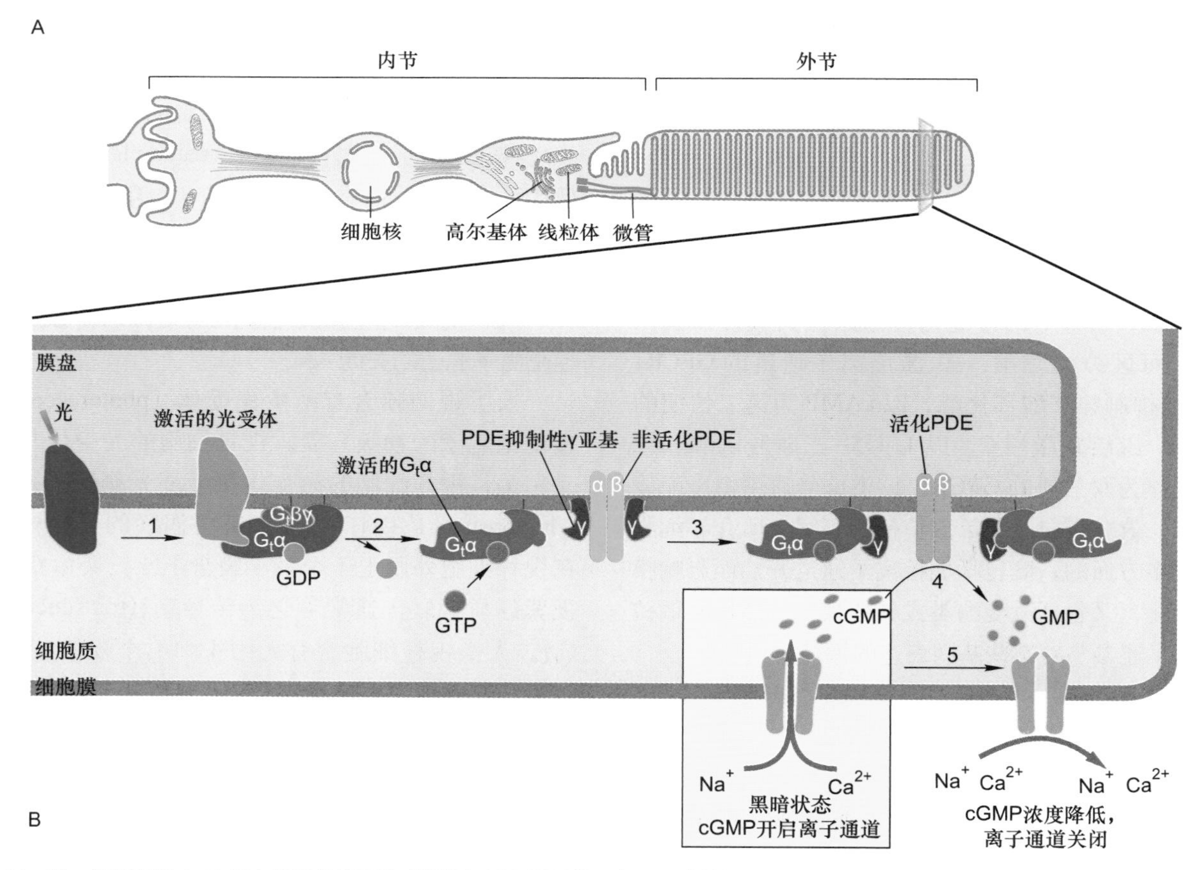

图 11-13　视杆细胞中 G_t 蛋白偶联的光受体（视紫红质）诱导的阳离子通道的关闭

A. 视杆细胞结构模式图。B. G_t 蛋白偶联的光受体介导的信号反应：在盘膜上活化的单分子视蛋白可以活化 500 个 $G_t\alpha$ 分子，每个 $G_t\alpha$ 分子又活化 cGMP 磷酸二脂酶（PDE），这是视觉系统中信号放大的初级阶段；然后光诱导的 cGMP 的减少导致非选择性阳离子通道的关闭，当光刺激停止，cGMP 又逐渐恢复到原来水平。

（二）激活或抑制腺苷酸环化酶的 G 蛋白偶联受体

在绝大多数哺乳类细胞，GPCR 介导的信号通路遵循如图 11–11 所示的普遍机制。在该信号通路中，Gα 的首要效应酶是腺苷酸环化酶，通过腺苷酸环化酶活性的变化调节靶细胞内第二信使 cAMP 的水平，进而影响信号通路的下游事件。这是真核细胞应答激素反应的主要机制之一。

不同的受体–配体复合物或者刺激或者抑制腺苷酸环化酶活性，这类调控系统主要涉及 5 种蛋白质组分（图 11–14）：①刺激型激素的受体（receptor for sitimulatory hormone, R_s），②抑制型激素的受体（receptor for inhibitory hormone, R_i），③刺激型 G 蛋白（sitimulatory G-protein, G_s），④抑制型 G 蛋白（inhibitory G-protein, G_i），⑤腺苷酸环化酶。

R_s 和 R_i 均为 7 次跨膜的 GPCR，但与之结合的胞外配体不同。已知 R_s 有几十种，包括肾上腺素 β 型受体、胰高血糖素受体、后叶加压素受体、促黄体生成素受体、促卵泡激素受体、促甲状腺素受体、促肾上腺皮质激素受体和肠促胰酶激素受体等；R_i 有肾上腺素 α_2 型受体、阿片肽受体、乙酰胆碱 M 型受体和生长素释放抑制因子受体等。

刺激型激素与相应受体 R_s 结合，偶联 G_s（具刺激型 α 亚基，即 $G_s\alpha$），刺激腺苷酸环化酶活性，提高靶细胞 cAMP 水平；抑制型激素与相应受体 R_i 结合，偶联 G_i（具抑制型 α 亚基，即 $G_i\alpha$，但和 G_s 含相同的 βγ 亚基），结果抑制腺苷酸环化酶活性，降低靶细胞 cAMP 水平。

腺苷酸环化酶是分子质量为 150 kDa 的 12 次跨膜蛋白，胞质侧具有两个大而相似的催化结构域，跨膜区有两个整合结构域，每个含 6 个跨膜 α 螺旋；人工制备包含 $G_s\alpha$、腺苷酸环化酶催化结构域的两个蛋白质片段的 X 射线晶体学分析，已获得三维结构证明（图 11–15）。腺苷酸环化酶在 Mg^{2+} 或 Mn^{2+} 存在条件下，催化 ATP 生成 cAMP。在正常情况下细胞内 cAMP 的浓度小于10^{-6} mol/L，当腺苷酸环化酶被激活后，cAMP 水平急剧增加，使靶细胞产生快速应答；在细胞内还有另一种酶即 cAMP 磷酸二酯酶，可降解 cAMP 生成 5′-AMP，导致细胞内 cAMP 水平下降，而终止信号反应。cAMP 浓度在细胞内的迅速调节是细胞快速应答胞外信号的重要基础。

在多细胞动物各种以 cAMP 为第二信使的信号通路，主要是通过 cAMP 激活的蛋白激酶 A（protein kinase A, PKA）所介导的。无活性的 PKA 是 2 个调节亚基（regulatory subunit, R）和 2 个催化亚基（catalytic subunit, C）组成的四聚体，在每个 R 亚基上有 2 个 cAMP 的结合位点，cAMP 与 R 亚基结合是以协同方式（cooperative fashion）发生的，即第一个 cAMP 的结合会降低第二个 cAMP 结合的解离常数 K_d，因此胞内 cAMP 水平的很小变化就能导致 PKA 释放 C 亚基并快速使激酶活化（图 11–16）。通过激素引发的某些抑制物的解离导致酶的迅速活化是各种信号通路的普遍特征。绝大多数哺乳类细胞表达 GPCR。虽然许多激素刺激这些受体导致 PKA 的激活，但是细胞应答反应可能只依赖于细胞表达的特殊 PKA 异构体和 PKA 底物。例如，肾上腺素对糖原代谢的细胞效应是通过 cAMP 和

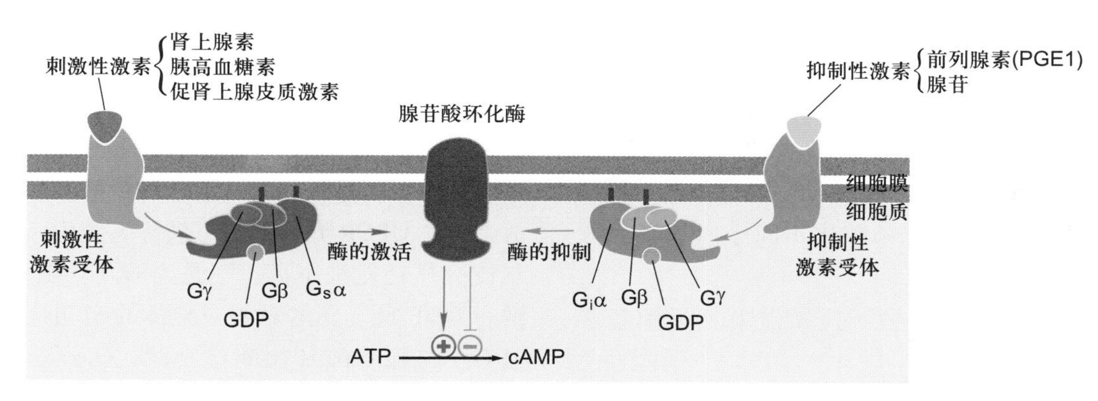

图 11–14　在脂肪细胞受激素诱导的腺苷酸环化酶的激活与抑制

不同的激素–受体复合体，偶联不同的 G 蛋白［G_s 和 G_i，含相同的 βγ 亚基但不同的 α 亚基（$G_s\alpha$ 和 $G_i\alpha$）］，导致 $G_s\alpha$–GTP 激活腺苷酸环化酶，而 $G_i\alpha$–GTP 抑制腺苷酸环化酶的活性。

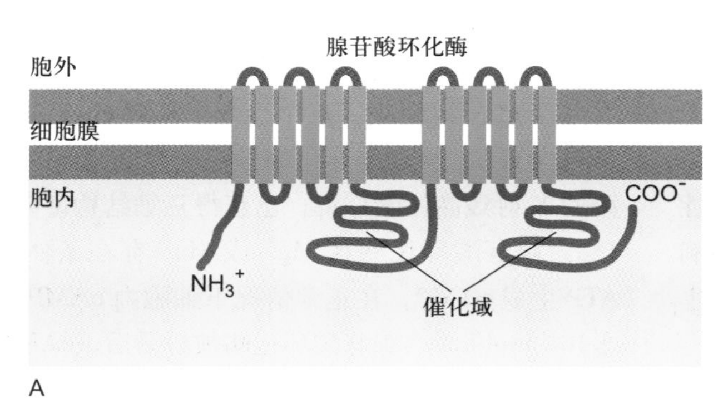

图 11-15 哺乳类腺苷酸环化酶的结构与该酶同 $G_s\alpha$-GTP 的相互作用

A. 哺乳类腺苷酸环化酶的结构示意图：12 次跨膜蛋白，含 2 个胞质侧催化结构域，2 个膜整合结构域（每个含 6 个跨膜 α 螺旋）。B. 包含牛 $G_s\alpha$、狗的 V 型腺苷酸环化酶和鼠的 II 型腺苷酸环化酶催化结构域的重组三维结构（基于 PDB 数据库 1CJT 结构绘制）。

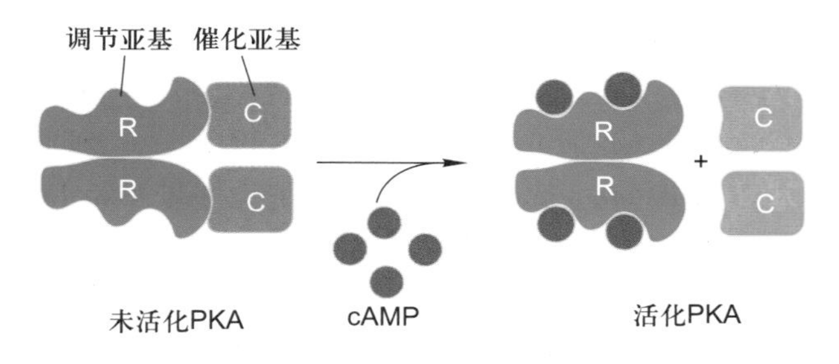

图 11-16 cAMP 特异性地活化 cAMP 依赖的 PKA，释放其催化亚基

PKA 所介导的，但主要限于肝细胞和肌细胞，它们表达与糖原合成和降解有关的酶。在脂肪细胞，肾上腺素诱导的 PKA 的激活促进磷脂酶的磷酸化和活性。磷脂酶的作用是催化三酰甘油水解生成脂肪酸和甘油。释放的脂肪酸进入血液并被其他组织（如肾、心和肌肉）细胞用作能源。然而，卵巢细胞（ovarian cell）GPCR 在某些垂体激素刺激下导致 PKA 活化，转而促进两种类固醇激素（雌激素和孕酮）的合成，这对雌性性征发育至关重要。虽然 PKA 在不同类型的细胞作用于不同底物，但 PKA 总是磷酸化相同序列的基序 X-Arg-(Arg/Lys)-X-(Ser/Thr)-ϕ 中（X 代表任意氨基酸，ϕ 代表疏水氨基酸）的丝氨酸（Ser）和苏氨酸（Thr）残基，其他的 Ser/Thr 激酶磷酸化不同序列基序中的靶残基。

1. cAMP-PKA 信号通路对肝细胞和肌细胞糖原代谢的调节

糖原代谢是由激素诱导的 PKA 的活化所调节的。正常人体维持血糖水平的稳态，需要神经系统、激素及组织器官的协同调节。肝和肌肉是调节血糖浓度的主要组织。脑组织活动对葡萄糖是高度依赖的，因而在应答胞外信号的反应中，cAMP 水平会发生快速变化，几乎在 20 s 内 cAMP 水平会从 5×10^{-8} mol/L 上升到 10^{-6} mol/L 水平。细胞表面 GPCR 应答多种激素信号对血糖浓度进行调节。以肝细胞和骨骼肌细胞为例，cAMP-PKA 信号对细胞内糖原代谢起关键调控作用，这是一种短期的快速应答反应。当细胞内 cAMP 水平增加时，cAMP 依赖的 PKA 被活化，活化的 PKA 首先磷酸化糖原磷酸化酶激酶（GPK），使其激活，继而使糖原磷酸化酶（GP）被磷酸化而激活，活化的 GP 刺激糖原的降解，生成 1- 磷酸葡糖；另一方面活化的 PKA 使糖原合酶（GS）磷酸化，抑制糖原的合成。此外，活化的 PKA 还可以使磷蛋白磷酸酶抑制蛋白（IP）磷酸化而被激活，活化的 IP 与磷蛋白磷酸酶（PP）结合并使其磷酸化而失活（图 11-17A）；当细胞内 cAMP 水平降低时，cAMP 依赖的 PKA 活性下降，致使 IP 磷酸化过程逆转，导致 PP 被活化。活化 PP 使糖原代谢中 GPK 和 GP 去磷酸化，从而降低其活性，导致糖原降解的抑制，活化 PP 还促使 GS 去磷酸化，结果 GS 活性增高，从而促进糖原的合成（图 11-17B）。

在激活 GPCR—腺苷酸环化酶—cAMP-PKA 的信号通路中，信号依赖第二信使和激酶级联反应被逐级放大。在 GPCR 介导的信号转导系统中，又有多种机制使受体功能被下调：一是当 $G_s\alpha$ 伴随释放 GTP 而结合 GDP 时，受体对相应配体的亲和性下降；二是当 $G_s\alpha$ 与腺苷酸环化酶结合时，$G_s\alpha$ 潜在的 GTP 酶活性被激活，使 GTP 水解为 GDP；三是 cAMP 在磷酸二酯酶作用下使 cAMP 水解形成 5′-AMP，终止细胞反应。

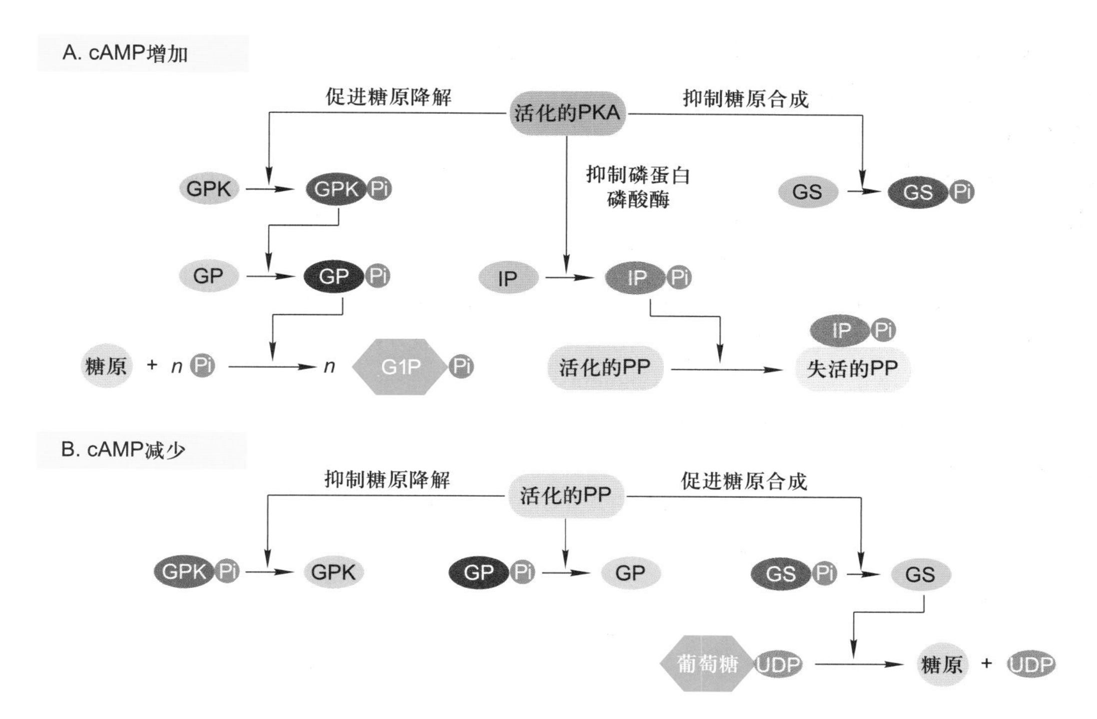

图 11-17 cAMP-PKA 信号通路对肝细胞和肌细胞糖原代谢的调节

PKA：蛋白激酶 A；PP：磷蛋白磷酸酶；GPK：糖原磷酸化酶激酶；GP：糖原磷酸化酶；GS：糖原合酶；IP：磷蛋白磷酸酶抑制蛋白；G1P：1- 磷酸葡糖。

2. cAMP-PKA 信号通路对真核细胞基因表达的调控

cAMP-PKA 信号通路对细胞基因表达的调节是一类细胞应答胞外信号缓慢的反应过程，因为这一过程涉及细胞核机制，所以需要几分钟乃至几小时。这一信号通路控制多种细胞内的许多过程，从内分泌细胞的激素合成到脑细胞有关长期记忆所需蛋白质的产生。该信号途径涉及的反应链可表示为：激素→ GPCR → G 蛋白→腺苷酸环化酶→ cAMP → cAMP 依赖的 PKA →基因调控蛋白（CREB）→基因转录。

信号分子与受体结合通过 Gα 激活腺苷酸环化酶，导致细胞内 cAMP 浓度增高，cAMP 与 PKA 调节亚基结合，导致催化亚基释放，被活化的 PKA 的催化亚基转位进入细胞核，使基因调控蛋白（cAMP 应答元件结合蛋白，CREB）磷酸化，磷酸化的 CREB 与核内 CREB 结合蛋白（CBP）特异结合形成复合物，复合物与靶基因调控序列（cAMP-response element, CRE）结合，激活靶基因的转录（图 11-18）。

在讨论 GPCR 介导的信号通路时，我们不禁要问：为什么不同的信号（配体）通过类似的机制会引发多种不同的细胞反应？这主要取决于 GPCR 的特异性。首先，对某一特定的配体其受体可以几种不同的异构体形式存在，并对该配体和特定 G 蛋白有不同的亲和性。现已知肾上腺素受体有 9 种不同的异构体，5- 羟色胺的受体有 15 种不同的异构体；其次，现已知人类基因组

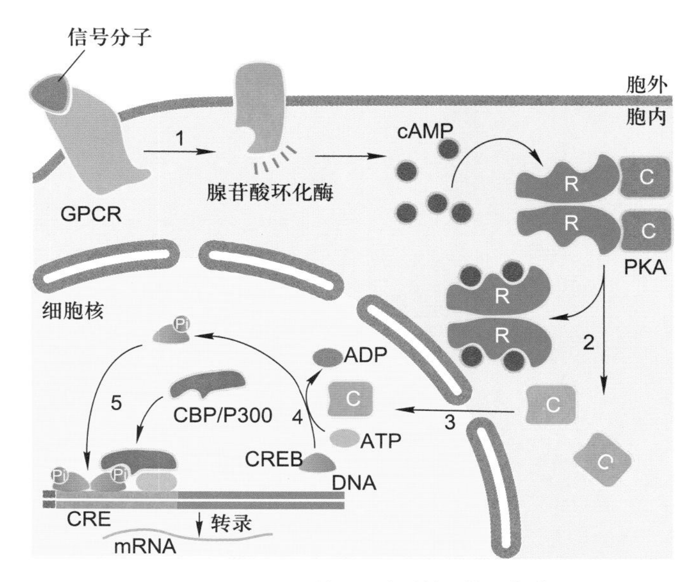

图 11-18 cAMP-PKA 信号通路对基因转录的激活

活化的 PKA 磷酸化基因调控蛋白，进而激活靶基因转录。

由 16 个基因至少编码 21 种不同的 Gα，6 种不同的 Gβ 和 12 种不同的 Gγ。还有 9 种不同的腺苷酸环化酶。不同的受体，G 蛋白不同的亚基组合的多样性以及不同的效应酶，决定了众多不同的细胞反应。

有些细菌毒素（toxin）含有一个跨细胞质膜的亚基，能催化 $G_s\alpha$-GTP 的化学修饰，从而防止结合的 GTP 水解成 GDP，结果 $G_s\alpha$ 持续维持在活化状态，在缺乏激素刺激的情况下也会不断地激活腺苷酸环化酶，产生第二信使，向下游传递信号。霍乱毒素（cholera toxin）具有 ADP- 核糖转移酶活性，进入细胞催化胞内的 NAD^+ 的 ADP 核糖基共价结合 $G_s\alpha$ 上，致使 $G_s\alpha$ 丧失 GTP 酶活性，与 $G_s\alpha$ 结合的 GTP 不能水解成 GDP，结果 GTP 永久结合在 $G_s\alpha$ 上，处于持续活化状态并不断地激活腺苷酸环化酶，使腺苷酸环化酶被“锁定”在活化状态。霍乱病患者的症状是严重腹泻，其主要原因就是霍乱毒素催化 $G_s\alpha$ ADP- 核糖基化，致使小肠上皮细胞中 cAMP 水平增加 100 倍以上，导致细胞大量 Na^+ 和水分子持续外流，产生严重腹泻而脱水。百日咳博德特菌（*Bordetella pertussis*）产生百日咳毒素（pertussis toxin）催化 $G_i\alpha$ ADP- 核糖基化，阻止了 $G_i\alpha$ 上 GDP 的释放，使 $G_i\alpha$ 被“锁定”在非活化状态，$G_i\alpha$ 的失活导致气管上皮细胞内 cAMP 水平增高，促使液体、电解质和黏液分泌减少。

（三）激活磷脂酶 C 和以 IP_3 和 DAG 作为双信使的 GPCR 介导的信号通路

通过 GPCR 介导的另一条信号通路是磷脂酰肌醇信号通路，其信号转导是通过效应酶磷脂酶 C 完成的。

细胞肌醇磷脂代谢途径如图 11-19 所示，双信使 IP_3 和 DAG 的合成来自膜结合的磷脂酰肌醇（PI）。细

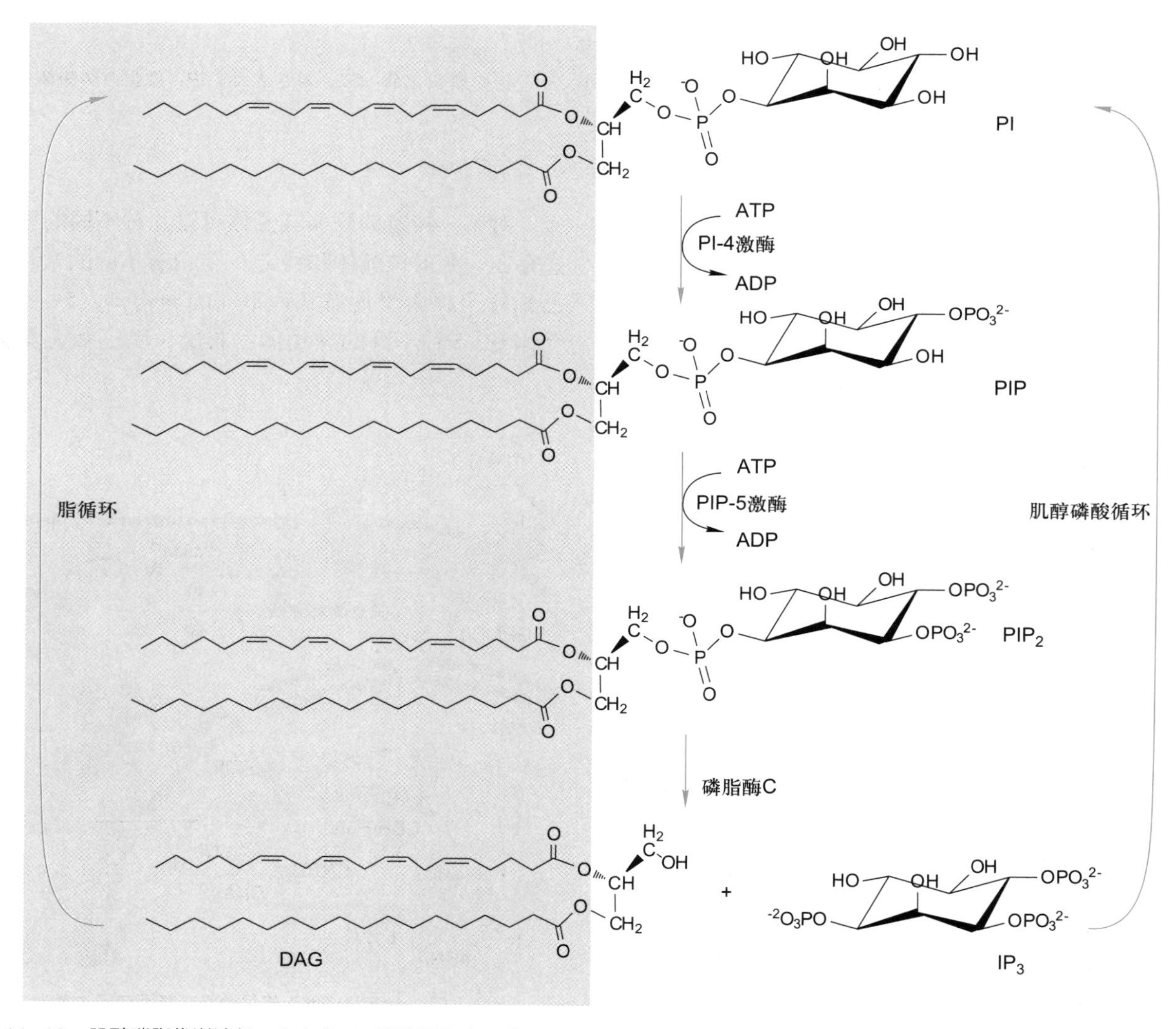

图 11-19　肌醇磷脂代谢途径：1,4,5- 三磷酸肌醇（IP_3）和二酰甘油（DAG）的合成来自膜结合的磷脂酰肌醇（PI）

胞膜结合的PI激酶将肌醇环上特定的羟基磷酸化，形成4-磷酸磷脂酰肌醇（PIP）和4,5-二磷酸磷脂酰肌醇（PIP_2），胞外信号分子与G_o或G_q蛋白偶联的受体结合，通过如前所述的G蛋白开关机制引起质膜上磷脂酶C的β异构体（PLCβ）的活化，致使质膜上PIP_2被水解生成IP_3和DAG两个第二信使。IP_3在细胞质中扩散，DAG是亲脂性分子联系在膜上。

IP_3刺激细胞内质网释放Ca^{2+}进入细胞质基质，使胞内Ca^{2+}浓度升高，DAG激活蛋白激酶C（PKC），活化的PKC进一步使底物蛋白磷酸化，并可活化Na^+/H^+交换引起细胞内pH升高。以磷脂酰肌醇代谢为基础的信号通路的最大特点是胞外信号被膜受体接受后，同时产生两个胞内信使，分别激活两种不同的信号通路，即IP_3/Ca^{2+}和DAG/PKC途径（图11-20），实现细胞对外界信号的应答，因此把这种信号系统又称之为“双信使系统”（double messenger system）。

1. IP_3-Ca^{2+}信号通路

胞外信号分子与GPCR结合，活化G蛋白（$G_o\alpha$或$G_q\alpha$），进而激活磷脂酶C，催化PIP_2水解生成IP_3和DAG两个第二信使。IP_3通过细胞内扩散，结合并开启内质网膜上IP_3敏感的Ca^{2+}通道，引起Ca^{2+}顺电化学梯度从内质网钙库释放进入细胞质基质。所以，IP_3的主要功能是引发贮存在内质网中的Ca^{2+}转移到细胞质基质中，使胞质中游离Ca^{2+}浓度提高。依靠内质网膜上的IP_3门控Ca^{2+}通道（IP_3-gated Ca^{2+} channel），将储存的Ca^{2+}释放到细胞质基质中是几乎所有真核细胞内Ca^{2+}动员的主要途径。IP_3门控Ca^{2+}通道由4个亚基组成，每个亚基在N端胞质结构域有一个IP_3结合位点，IP_3的结合导致通道开放，Ca^{2+}从内质网腔释放到细胞质基质中（图11-21）。

在细胞中发现的各种磷酸肌醇加到内质网膜泡的制备物中，只有IP_3能引起Ca^{2+}的释放，表明IP_3具有效应特异性。IP_3介导的Ca^{2+}水平升高只是瞬时的，不仅是因为质膜和内质网膜上Ca^{2+}泵的启动会分别将Ca^{2+}泵出细胞和泵进内质网腔，而且是由于细胞质基质中的Ca^{2+}对IP_3门控Ca^{2+}通道进行双向调控。一方面，Ca^{2+}会增加通道的开启，结果引发储存Ca^{2+}的更多释放。另一方面，细胞质基质中Ca^{2+}浓度的进一步升高，又会导致通道失活，中止IP_3诱导的胞内储存Ca^{2+}的释放。当细胞中IP_3通路受到刺激时，这种由细胞质基质中Ca^{2+}对内质网膜上IP_3门控Ca^{2+}通道的复杂调控会导致细胞质基质中Ca^{2+}水平的快速振荡（oscillation）。例如垂体中激素分泌细胞受到黄体生成素释放激素（LHRH）的刺激，引发细胞质基质中Ca^{2+}水平产生快速而重复的脉冲，每个脉冲又都与LH分泌的高潮相吻合。

在细胞信号转导过程的研究中，人们对信号分子与受体的相互作用及其最终的生物学效应已经有了比较多的了解。但是信息是如何在细胞中传递的细节却知之甚少。借助于能与Ca^{2+}特异结合的荧光试剂如Fura-2和Fluo-3的发明和激光共聚焦显微镜的使用，人们得以在活细胞中实时观察和记录细胞中Ca^{2+}浓度的微弱变化（图11-22A），从而揭示了作为第二信使的钙信号在细胞中传递的机制。

1993年以来，钙火花（Ca^{2+} spark）等一系列微区钙信号传导单元的发现，显示出钙信号转导过程中，在时间、空间和幅度上形成多尺度、多层次的精细结构。

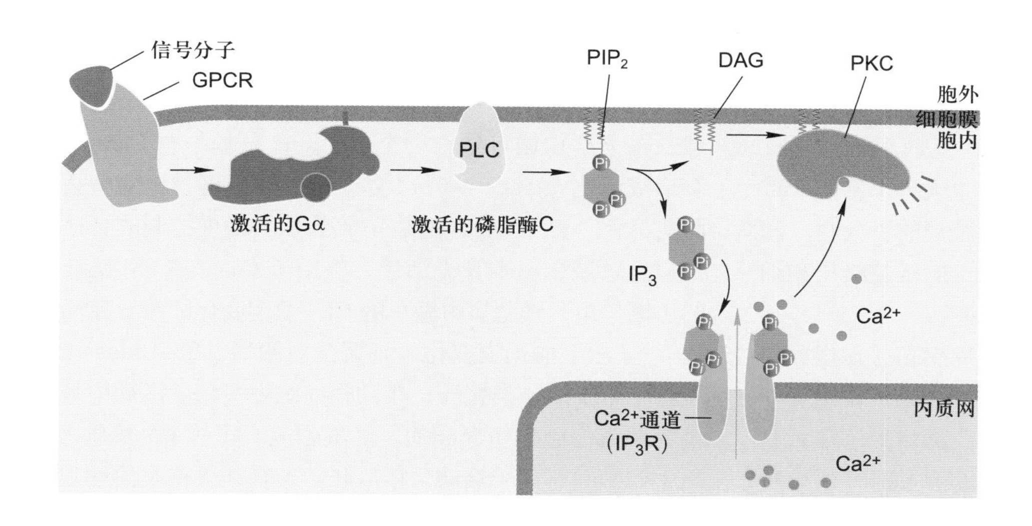

图11-20 IP_3/Ca^{2+}和DAG/PKC双信使信号途径

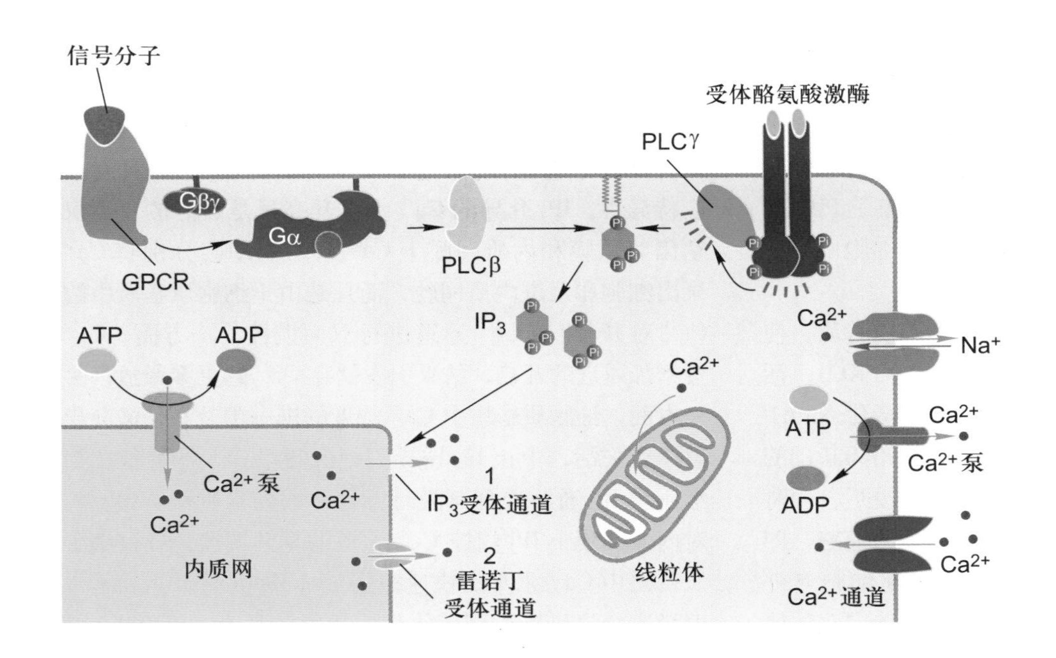

图 11–21　**细胞内 Ca^{2+} 水平调控示意图**

在内质网膜上有两类 Ca^{2+} 通道：1. IP_3 受体，即 IP_3 门控 Ca^{2+} 通道；2. 雷诺丁受体（RyR），主要存在于可兴奋细胞（如心肌细胞）中，咖啡因的作用之一就是增强雷诺丁受体对 Ca^{2+} 的敏感性，因而增加这些离子通道被 CICR 开通的可能性，使细胞更容易兴奋。PLCβ：磷脂酶 β 亚基；PLCγ：磷脂酶 γ 亚基。

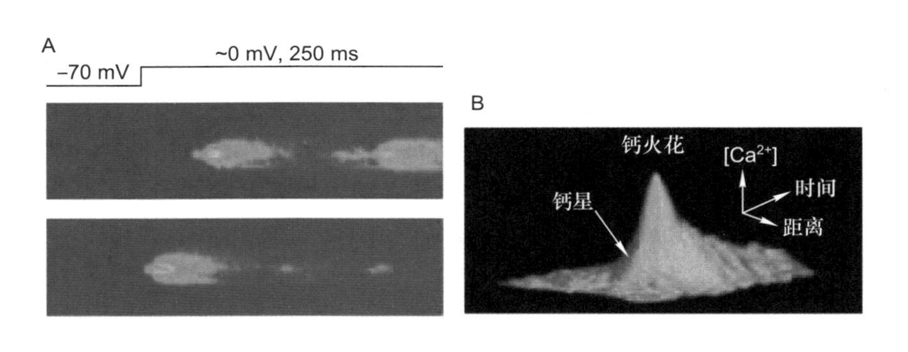

图 11–22　**钙火花**

A. Fluo-3 染色心肌细胞的共聚焦线扫描显微图像，示钙火花的时间 – 空间特征。B. 钙火花的立体图，高度代表 Fluo-3 荧光强度。钙星由细胞质膜上钙通道的钙内流形成，通过 CICR 触发钙火花。（程和平博士惠赠）

钙火花的直径约 2 μm，体积 8 fL。在短短的 10 ms 内，细胞中某一微区 Ca^{2+} 探针 Fluo-3 的荧光强度骤升一倍，随后又在 20 ms 内消失，故称钙火花（图 11–22B）。钙火花的发生是一个“扩散—反应”的过程，即 Ca^{2+} 从一簇雷诺丁受体（ryanodine receptor）构成的发放源放出，向周围扩散，并通过不同的分子机制回收或清除，以恢复细胞质中正常的静息 Ca^{2+} 浓度。在单个心肌细胞中，每次收缩可形成大约 10^4 个钙火花，它们在时间和空间上的叠加形成了细胞水平的钙振荡，驱动心肌细胞收缩。此外，细胞微区钙信号的存在，也大大丰富了 Ca^{2+} 编码生物信息的能力。在平滑肌细胞膜周的钙火花，却可选择性地影响膜上离子通道，导致细胞膜超极化和细胞外钙内流下降，最终引发平滑肌舒张。

钙信号基本单元钙火花的研究，将钙信号作用原理的单一性与其调控和功能的复杂性统一起来。快速变化的钙信号与肌肉收缩、神经递质传递、激素分泌等生理过程直接相关，而不同的钙信号的组合在长时程的生物学过程，如基因表达、细胞凋亡以及受精作用中都发挥重要的作用。因此，对钙火花等微区钙信号激活机制、协同机制和终止机制等方面的研究具有非常重要的生理与病理意义。

一般情况 Ca^{2+} 不直接作用于靶蛋白，而是通过 Ca^{2+} 应答蛋白间接发挥作用。钙调蛋白（calmodulin, CaM）是真核细胞中普遍存在的 Ca^{2+} 应答蛋白，分子质量为 16.7 kDa，由 148 个氨基酸残基组成，含 4 个结构域，每个结构域可结合一个 Ca^{2+}。首先 Ca^{2+} 与 CaM 结合形成活化态的 Ca^{2+}–CaM 复合体，然后再与靶酶结合将其活化（表 11–4），这是一个受 Ca^{2+} 浓度控制的可逆反应。钙调蛋白本身无活性，但由于 Ca^{2+} 与 CaM 结合的协调作用，细胞质中微小的 Ca^{2+} 浓度变化即可导致活化 CaM 水平的很大变化。钙调蛋白激酶（CaM kinase）是特别重要的一类靶酶，在动物细胞许多功能活动中是由钙调蛋白激酶所介导的。如细胞内 Ca^{2+}–CaM 复合物水平的升高有利于启动受精后胚胎发育，兴奋肌肉细胞

表 11-4 受钙调蛋白调节的酶

酶	细胞功能	酶	细胞功能
腺苷酸环化酶	合成 cAMP	磷酸化酶	糖原降解
鸟苷酸环化酶	合成 cGMP	肌球蛋白轻链激酶	平滑肌收缩运动
钙依赖性磷酸二酯酶	水解 cAMP 和 cGMP	钙调蛋白激酶	各种蛋白质的磷酸化
Ca^{2+}-ATP 酶	Ca^{2+} 泵	钙依赖性蛋白磷酸酶	各种蛋白质的去磷酸化
NAD 激酶	合成 NADP	转谷氨酰胺酶	蛋白质交联

的收缩，刺激内分泌细胞和神经细胞的分泌。在哺乳类脑神经元突触处一种特殊的钙调蛋白激酶十分丰富，是构成记忆通路的组分，失去这种钙调蛋白激酶的突变小鼠表现出明显的记忆无能。依细胞类型不同，Ca^{2+} 可激活或抑制各种靶酶和运输系统，改变膜的离子通透性，诱导膜的融合或者改变细胞骨架的结构与功能。

2. Ca^{2+}-NO-cGMP- 活化的蛋白激酶 G 信号途径

血管平滑肌细胞的舒张是由该信号通路所诱导的。早在认识 NO 作为气体信号分子之前，科学家有两个重要发现：20 世纪 80 年代发现在培养条件下巨噬细胞的杀菌活性依赖于培养基中精氨酸的存在，而精氨酸是 NO 合酶（nitric oxide synthase, NOS）的底物，提示 NO 是一种重要的生物功能分子；此外，多年前人们就知道乙酰胆碱（acetylcholine）通过引起平滑肌松弛而舒张血管。1980 年 R. Furchgott 提出血管舒张是因为血管内皮细胞产生一种信号分子引起血管平滑肌松弛所致。随后在 1986 年 Furchgott 和 L. Ignarro 的研究证实，NO 作为气体信号分子引起血管平滑肌舒张。正是这些研究贡献使 Furchgott 等三位美国科学家获得 1998 年诺贝尔生理学或医学奖。NO 是一种具有自由基性质的脂溶性气体分子，可透过细胞膜快速扩散，作用邻近靶细胞发挥作用。由于体内存在氧及其他与 NO 发生反应的化合物（如超氧离子、血红蛋白等），因而 NO 在细胞外极不稳定，其半衰期只有 2～30 s，只能在组织中局部扩散，被氧化后以硝酸根（NO_3^-）或亚硝酸根（NO_2^-）的形式存在于细胞内外液中。血管内皮细胞和神经细胞是 NO 的生成细胞，NO 的生成需要 NOS 的催化，以 L- 精氨酸为底物，以还原型辅酶Ⅱ（NADPH）作为电子供体，等当量地生成 NO 和 L- 瓜氨酸。NO 没有专门的储存及释放调节机制，作用于靶细胞的 NO 的多少直接与 NO 的合成有关。NO 这种可溶性气体，作为局部介质在许多组织中发挥作用，NO 发挥作用的主要机制是激活靶细胞内具有鸟苷酸环化酶（guanylate cyclase, GC）活性的 NO 受体。内源性 NO 由 NOS 催化合成后，扩散到邻近细胞，与鸟苷酸环化酶活性中心的 Fe^{2+} 结合，改变酶的构象，导致酶活性增强和 cGMP 水平增高。cGMP 的作用是通过 cGMP 依赖的蛋白激酶 G（PKG）活化，抑制肌动 - 肌球蛋白复合物信号通路，导致血管平滑肌舒张（图 11-23）。此外，心房钠尿肽（atrial natriuretic peptide, ANP）和某些多肽类激素与血管平滑肌细胞表面受体的结合，也会引发血管平滑肌舒张，这些细胞表面受体的胞质结构域也具有内源性鸟苷酸环化酶活性，通过类似的机制调节心肌的活动。NO 对血管的影响可以解释为什么硝酸甘油（nitroglycerin）能用于治疗心绞痛病人，硝酸甘油在体内转化为 NO，可舒张血管，从而减轻心脏负荷和心肌的需氧量。

3. DAG-PKC 信号途径

作为双信使之一的二酰甘油（DAG）结合在质膜

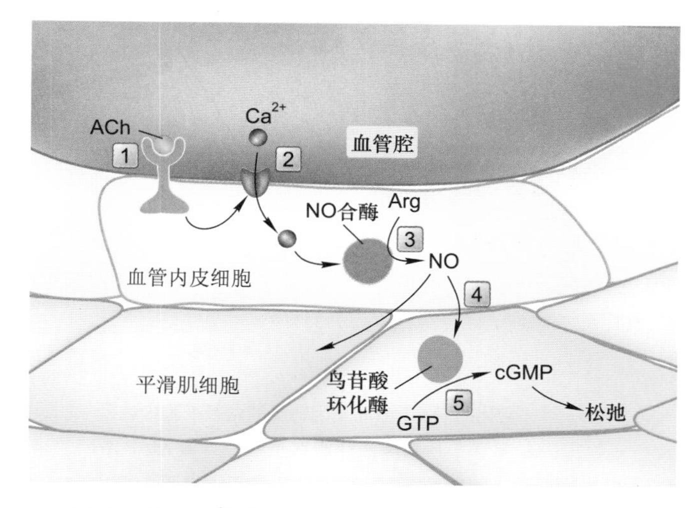

图 11-23 Ca^{2+}-NO-cGMP- 活化的蛋白激酶 G 信号途径

作为血管内皮细胞应答乙酰胆碱 GPCR 的激活，激活磷脂酶 C，通过 IP_3-Ca^{2+}/CaM 激活 NO 合酶，在血管内皮细胞生成 NO，扩散至血管平滑肌细胞激活鸟苷酸环化酶，生成 cGMP 并作用于 PKG，导致血管平滑肌舒张。

上，可活化与质膜结合的蛋白激酶C（PKC）。PKC有两个功能区，一个是亲水的催化活性中心，另一个是疏水的膜结合区。在静息的细胞中，PKC以非活性形式分布于细胞质中，当细胞接受外界信号刺激时，PIP_2水解，质膜上DAG瞬间积累，由于细胞质中Ca^{2+}浓度升高，导致细胞质基质中PKC与Ca^{2+}结合并转位到质膜内表面，被DAG活化，进而使不同类型细胞中不同底物蛋白的丝氨酸和苏氨酸残基磷酸化。PKC是Ca^{2+}和磷脂酰丝氨酸依赖性的丝氨酸/苏氨酸蛋白激酶，具有广泛的作用底物，参与众多生理过程，既涉及许多细胞"短期生理效应"如细胞分泌、肌肉收缩等，又涉及细胞增殖、分化等"长期生理效应"。DAG只是PIP_2水解形成的暂时性产物，DAG通过两种途径终止其信使作用：一是被DAG激酶磷酸化形成磷脂酸，进入肌醇磷脂代谢途径（图11-19）；二是被DAG脂酶水解成单脂酰甘油。由于DAG代谢周期很短，不可能长期维持PKC活性，而细胞增殖或分化行为的变化又要求PKC长期所产生的效应。现发现另一种DAG生成途径，即由磷脂酶催化质膜上的磷脂酰胆碱断裂产生的DAG，用来维持PKC的长期效应。在许多细胞中，PKC的活化可增强特殊基因的转录。已知至少有两条途径：一是PKC激活一条蛋白激酶的级联反应，导致与DNA特异序列结合的基因调控蛋白的磷酸化和激活，进而增强特殊基因的转录；二是PKC的活化，导致一种抑制蛋白的磷酸化，从而使细胞质中基因调控蛋白摆脱抑制状态释放出来，进入细胞核，刺激特殊基因的转录（图11-24）。

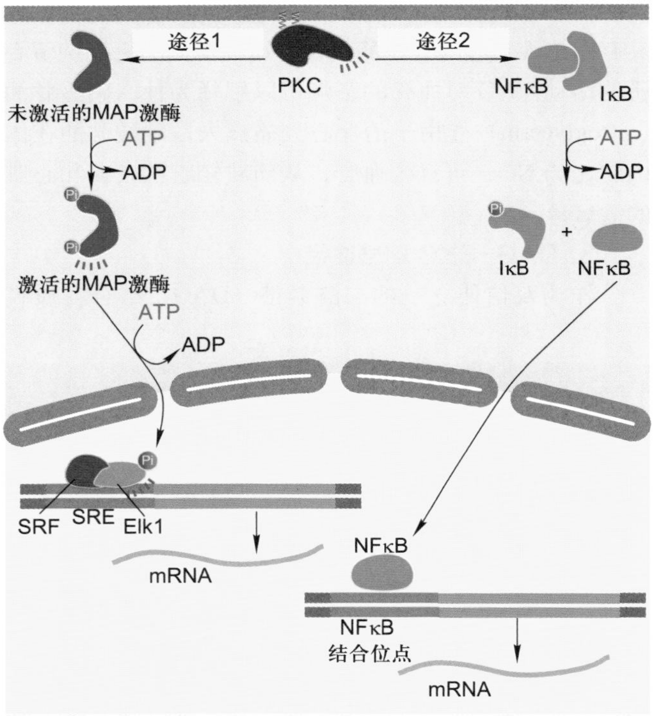

图11-24 **活化的PKC激活基因转录的两条细胞内途径**

一条是PKC激活一系列磷酸化级联反应，导致MAP激酶的磷酸化并使之活化，MAP激酶磷酸化并活化基因调控蛋白Elk1。Elk1与另一种DNA结合蛋白血清应答因子（SRF）共同结合在基因上短的DNA调控序列（血清应答元件，SRE）上。Elk1的磷酸化和活化，即可调节基因转录。另一条途径是PKC的活化导致IκB磷酸化，使基因调控蛋白NFκB与IκB解离并进入细胞核，与相应的基因调控序列结合激活基因转录。

第三节 介导并调控细胞基因表达的受体及其信号通路

在细胞表面受体中，G蛋白偶联受体作为最大的多样性家族，其主要生物学效应是通过修饰细胞内酶类和其它蛋白质的活性来调控细胞的代谢反应（短期效应）；这一节重点介绍以调控细胞基因表达（长期效应）为主要生物学效应的酶联受体（受体酪氨酸激酶、细胞因子受体等）所介导信号通路及其他调控基因表达的重要信号通路。在真核细胞中，大约有12类高度保守的细胞表面受体，激活几类高度保守的细胞内信号转导途径，调控多种细胞基因的表达。某些哺乳类细胞表达上百种不同类型的细胞表面受体，每种受体又可结合不同的配体。任何一个基因的表达既受多种转录因子的调节，也受多种细胞外信号的调控，这是一种多级可控的复杂过程。

一、酶联受体及其介导的细胞信号转导通路

（一）受体酪氨酸激酶和细胞因子受体的结构特征与作用机制

在人类基因组中，大约有90种蛋白质磷酸激酶受体，分属两大类催化型酶联受体（enzyme-linked receptor），即受体酪氨酸激酶（receptor tyrosine kinase, RTK）和细胞因子受体（cytokine receptor）。再进一步细分至少包括5类：① 受体酪氨酸激酶；② 受体丝氨酸/苏氨酸激酶；③ 受体酪氨酸磷酸酯酶；④ 受体鸟

苷酸环化酶；⑤ 酪氨酸蛋白激酶偶联的受体。

目前已知受体酪氨酸激酶（RTK）和细胞因子受体这两类受体家族具有类似的结构特征和作用机制：

（1）具有类似的结构，绝大多数是单次跨膜蛋白，其 N 端位于细胞外，是配体结合域，C 端位于胞内，中间是疏水的跨膜 α 螺旋。不同的是 RTK 胞内段自身含酪氨酸蛋白激酶结构域，具有酪氨酸激酶活性，并具有不同的酪氨酸残基自磷酸化位点，迄今已鉴定该家族类受体有 50 余种，包括 7 个亚族（图 11–25）。细胞因子受体其胞内段结构域本身不具有激酶活性，但具有与胞质酪氨酸激酶（Jak kinase）的结合位点，是细胞表面一类与酪氨酸激酶偶联的受体（tyrosine kinase-linked receptor）。这两类催化性受体被激活后，均磷酸化靶蛋白特异的酪氨酸残基。磷酸化的靶蛋白可以激活一个或多个信号通路，而这些信号通路主要是调节细胞增殖、分化、存活以及代谢诸多方面。

（2）这两类受体具有基本相同的活化机制，二聚化是单次跨膜的酶联受体被激活的普遍机制。当胞外信号（配体）与受体结合时，即引起受体构象变化，但单次跨膜 α 螺旋无法传递这种构象变化，因此配体的结合导致受体二聚化（dimerization）形成同源或异源功能性二聚体（图 11–26），功能二聚体的形成几乎是所有酶联受体被激活的必须步骤。

（3）受体胞内段的激酶活性或胞内段结合激酶的活性被激活后，在二聚体内特定的酪氨酸残基位点发生彼此交叉磷酸化（cross-phosphorylation），又称之受体的自磷酸化（autophosphorylation）（图 11–26）。受体酪氨酸残基磷酸化，进一步引发构象改变，或者有利于 ATP 的结合（如胰岛素受体），或者有利于结合其他蛋白质底物（如 FGF）。在激活的 RTK 内，许多磷酸酪氨酸残基可被含有 SH2 结构域的胞内信号蛋白所识别，作为多种下游信号蛋白的锚定位点（docking site），启动细胞内信号传导。许多情况下，这两类受体所介导的信号通路是类似或重叠的。图 11–27 是两类酶联受体所介导的信号转导通路的示意性概括。

（二）受体酪氨酸激酶介导的 Ras–MAK 激酶信号通路

几乎所有 RTK 和细胞因子受体都能介导 Ras-MAK 激酶信号通路。

1. 胞外信号分子与接头蛋白

激活 RTK 的胞外信号分子是可溶性或膜结合的多肽或蛋白类激素，包括多种生长因子、胰岛素（insulin）和胰岛素样生长因子等。许多 RTK 和它们的配体，在

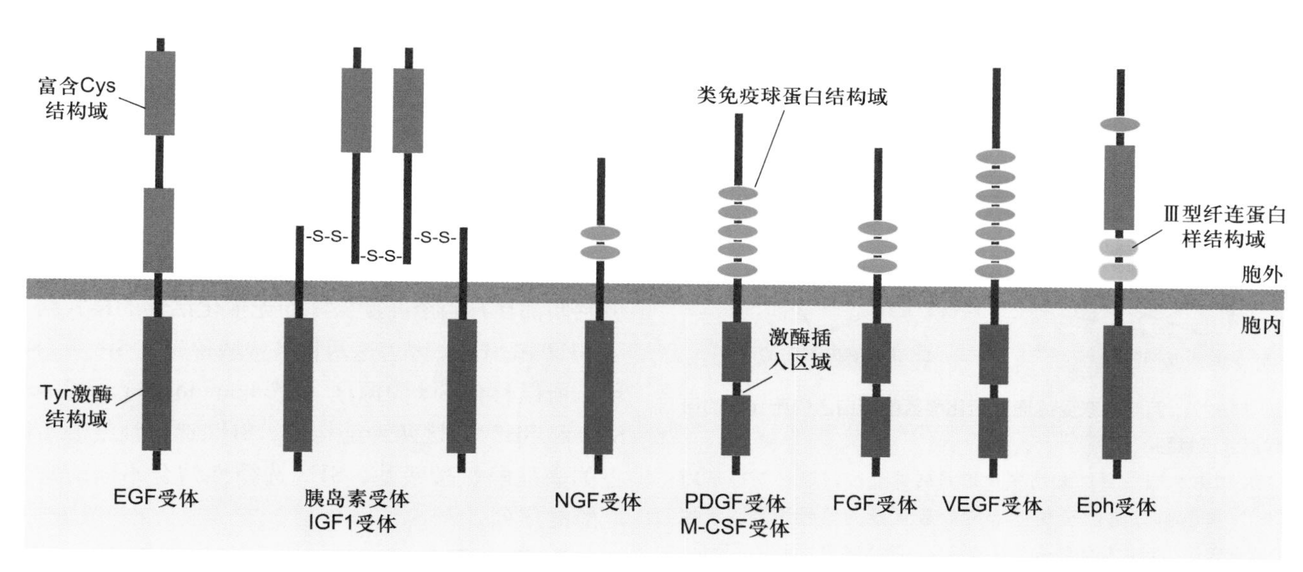

图 11–25 受体酪氨酸激酶的 7 个亚族

每个亚族只标示了 1～2 个成员：表皮生长因子（EGF）受体、胰岛素和胰岛素样生长因子 1（IGF1）受体、神经生长因子（NGF）受体、血小板衍生生长因子（PDGF）和巨噬细胞集落刺激因子（M-CSF）受体、成纤维细胞生长因子（FGF）受体、血管内皮生长因子（VEGF）受体和肝配蛋白 Eph 受体亚族。肝配蛋白（Ephrin, Eph）受体亚族是一大类与膜结合配体相互作用的受体，人类基因组中已鉴定 8 个成员，主要功能是刺激血管发生、指导细胞和轴突迁移。在一些亚族中酪氨酸蛋白激酶的结构域被激酶插入区所中断。关于富含半胱氨酸和类免疫球蛋白结构域的功能意义尚不清楚。

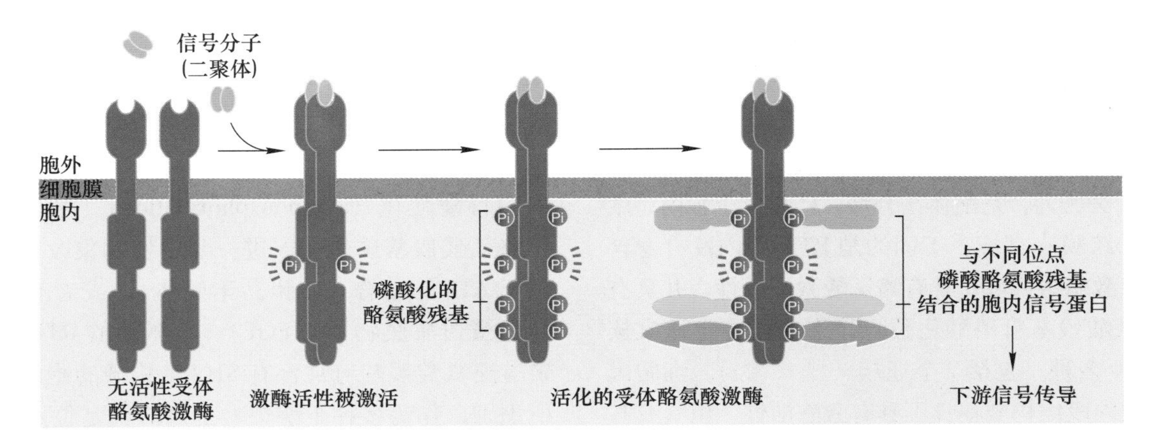

图 11-26　**配体结合所诱导的受体酪氨酸激酶的二聚化与自磷酸化图解**

1. 当细胞处于“静息”状态（没有结合配体），RTK 固有的激酶活性很低，激酶结构域柔韧的活化唇（activation lip）未被磷酸化而呈现阻断激酶活性的构象；2. 配体结合，引发构象改变，促进受体二聚化，活化唇部位特定的酪氨酸残基被交叉磷酸化，解除激酶活性的阻断状态；3. 受体胞内段其他酪氨酸残基被进一步交叉磷酸化，结果促进蛋白激酶被激活，并提供下游信号蛋白的锚定位点。

研究人类癌症过程中已被鉴定，因为一些癌症的发生与生长因子受体的突变相关，受体突变即使在缺乏生长因子的情况下也会刺激细胞增殖，或者说这类受体始终处

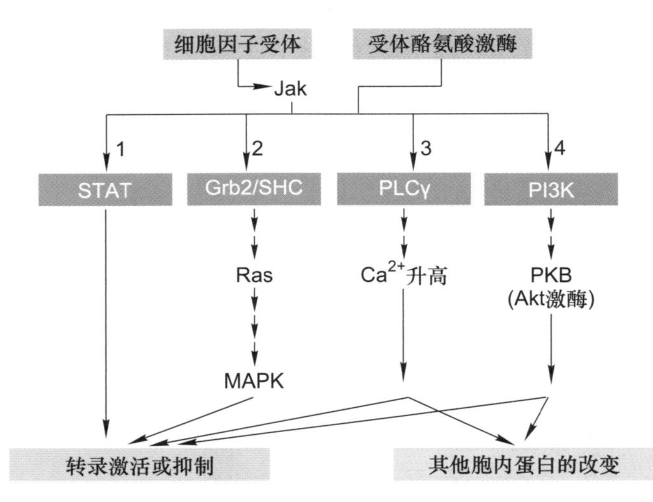

图 11-27　**两类酶联受体通过活化酪氨酸蛋白激酶所介导的信号转导通路示意图**

RTK 和细胞因子受体激活多种信号转导途径，最终调控基因转录。1. 主要由细胞因子受体介导的最直接的信号通路：一种 STAT 转录因子与活化受体结合并被磷酸化，进入核内直接激活转录。2. 一类接头蛋白（Grb2 或 Shc）与活化受体结合，导致激活 Ras-MAP 激酶信号途径。3, 4. 通过募集磷脂酶 Cγ（PLCγ）和磷脂酰肌醇 3 激酶（PI3K）到质膜上引发两种肌醇磷脂途径：通过升高 Ca^{2+} 和激活蛋白激酶 B（PKB）调解转录因子以及胞质蛋白活性，从而致使转录激活或阻遏以及修饰其他蛋白影响细胞代谢或细胞运动或细胞形状。

于组成型活化状态。其他一些 RTK 在分析线虫、果蝇和小鼠的发育突变中也被发现，因为这类突变导致阻断某些细胞类型的分化。

如前所述，活化的 RTK 通过磷酸化受体胞内段特定的酪氨酸残基，作为锚定位点可以结合多种细胞质中带有 SH2 结构域的蛋白。其中一类是接头蛋白（adapter protein），如生长因子受体结合蛋白 2（Grb2），其作用是偶联活化的 RTK 受体与其他胞内信号蛋白，参与构成细胞内信号转导复合物，但它本身不具酶活性，也没有传递信号的性质；另一类是在信号通路中有关的酶，如 GTP 酶活化蛋白（GTPase activating protein, GAP）、肌醇磷脂代谢有关的酶（磷脂酶 Cγ，3- 磷脂酰肌醇激酶）、蛋白磷酸酯酶（SyP）以及 Src 类的非受体酪氨酸蛋白激酶等。这两类 RTK 结合蛋白的结构和功能不同，但它们都具有两个高度保守而无催化活性的模式结合域即 SH2 和 SH3。因为这两种结构域首先在 Src 蛋白中发现，所以称作 Src 同源区（Src homolog region 2 and 3, SH2 和 SH3）。这两种结构域，SH2 选择性结合不同位点的磷酸酪氨酸残基，SH3 选择性结合不同的富含脯氨酸的序列。

2. Ras 蛋白

在许多真核细胞中，Ras 蛋白在 RTK 介导的信号通路中也是一种关键组分。Ras 蛋白（分子质量 21 kDa）是 *Ras* 基因表达产物，是由 190 个氨基酸残基组成的小分子单体 GTP 结合蛋白，具有 GTP 酶活性，分布于质膜胞质一侧，结合 GTP 时呈活化态，而结合 GDP 时呈

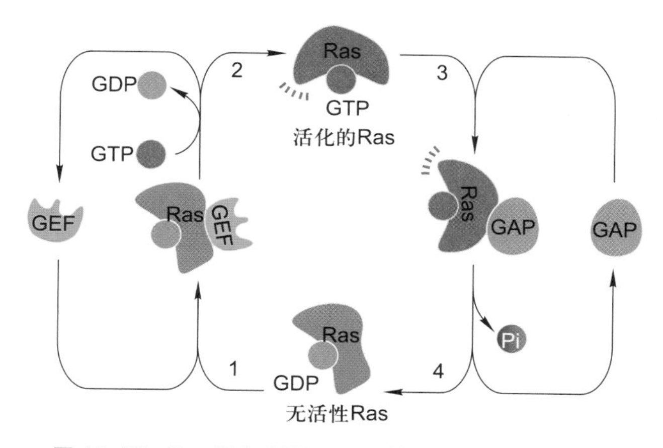

图 11-28　Ras 蛋白 GTP—GDP 转换与机制

失活态，所以 Ras 蛋白也是 GTP 酶开关蛋白。在细胞中，Ras 蛋白的活性受 GAP 的调节，它能刺激 Ras 蛋白 GTP 酶活性增高 10 万倍；此外 Ras 蛋白从失活态到活化态的转变，先要 GDP 释放才有 GTP 的结合，GDP 的释放需要 GEF 参与；Ras 蛋白从活化态到失活态的转变，则要 GAP 的促进；所以 GEF 和 GAP 都与 Ras 蛋白 GTP—GDP 转换相关（图 11-28）。

具有鸟苷酸交换因子活性的 Sos 蛋白（Ras-GEF，来自 son-of-sevenless 缩写，Sos）与 Ras 结合引发导致 Ras 活化的构象改变，使非活性的 Ras-GDP 转换成有活性的 Ras-GTP。对线虫和果蝇发育的特定分化阶段的突变遗传分析发现，也证实上述两种胞质蛋白在联系 RTK 与 Ras 蛋白的活化之间具有关键作用。

在酶联受体介导的信号通路中，Ras 蛋白是活化受体 RTK 下游的重要功能蛋白。二者之间通过接头蛋白和 Ras 蛋白 - 鸟苷酸交换因子（Ras-GEF）起重要联系作用。实验证明，用 PDGF 和 EGF 混合物处理培养的成纤维细胞诱导细胞增殖，如果这些细胞显微注射抗 Ras 抗体则阻断细胞增殖；反之，如果注射 Ras^{D}（一种组成型活化的突变 Ras 蛋白），它不能有效地水解 GTP 并维持细胞持续的活化状态，结果诱发细胞在缺少生长因子的情况下进行增殖。如图 11-29 所示，两种胞质蛋白提供了关键性联系：一个是生长因子受体结合蛋白 Grb2，具有 SH2 结构域可直接与活化受体特异性磷酸酪氨酸残基结合，Grb2 还具有两个 SH3 结构域能结合并激活另一种胞质蛋白 Sos，即 Grb2 作为一种接头蛋白既与活化受体上特异磷酸酪氨酸残基结合又与胞质蛋白鸟苷酸交换因子 Sos 结合，促进在膜上形成胞内信号转导复合物，复合物的形成又有利于在 Sos 作用下促进 Ras 蛋白结合的 GDP/GTP 交换而被激活。

Ras 蛋白的活化是通过配体与 RTK 的结合而诱导的，而 Ras 蛋白的活化对诱导不同类型细胞的分化或增殖又是必要而充分的，然而在有些突变细胞中组成型地活化 Ras 蛋白，即使在缺少信号刺激情况下，细胞也会发生应答反应。已有大量研究表明，约 30% 的人类恶性肿瘤与 *Ras* 基因突变有关，因为突变的 Ras 蛋白能够与 GTP 结合，但不能将其水解成 GDP，所以这种突变的 Ras 蛋白被“锁定”在开启状态，结果引起赘生性细胞增生。由 RTK 介导的信号通路具有广泛的功能，包括调节细胞的增殖与分化，促进细胞存活，以及细胞代谢的调节与校正作用（adjustment）。各种不同的生长因子与 RTK 结合，有时往往引起细胞内产生多向性的效

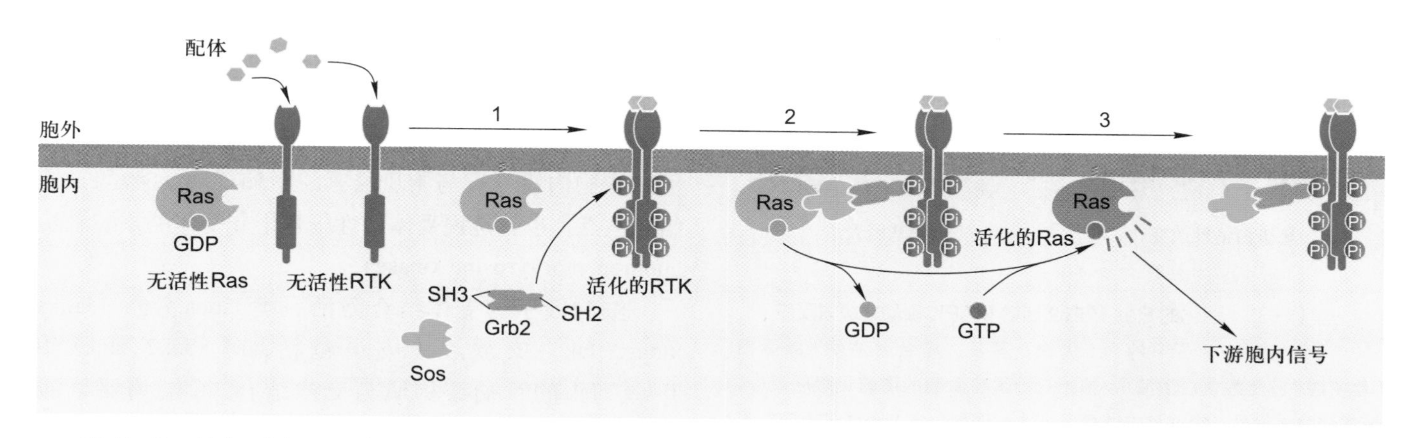

图 11-29　伴随配体与 RTK（或细胞因子受体）结合，Ras 蛋白的活化

1. 配体与受体结合导致二聚化和受体激活，形成磷酸酪氨酸残基特异性锚定位点；2. 胞质 Grb2 接头蛋白与活化受体特异性磷酸酪氨酸残基和胞质 Sos 蛋白结合，在质膜胞质面形成细胞内信号转导复合物；3. 鸟苷酸交换因子 Sos 的活性促进 GDP—GTP 转换，形成活化的 Ras-GTP。

应（pleiotropic effect），包括早期和晚期基因表达。这种多向性效应是在配体作用下，产生多种信号调节的结果。

3. Ras-MAPK 磷酸化级联反应

Ras-MAPK 磷酸化级联反应，是细胞如何克服 Ras 活化所能维持的时间较短、不足以保障细胞增殖与分化所需持续性信号刺激的重要机制。Ras-MAPK 磷酸化级联反应始于质膜下活化的 Ras 蛋白（Ras-GTP），终止于促分裂原活化的蛋白激酶（MAPK）。在酵母、线虫、果蝇和哺乳类的生化及遗传研究中，已经揭示 Ras 的下游通路是高度保守的三种激酶的级联反应，在 MAPK 终结（图 11-30）。这一保守信号通路参与调控细胞生长、发育、分化、凋亡等多种生理过程。

多种信号蛋白如 Ras、酪氨酸激酶 Src、蛋白激酶 C、蛋白激酶 B 等都可通过激活不同的 Raf 激活下游通路，Raf 是已知处在丝氨酸 / 苏氨酸（Ser/Thr）蛋白激酶最上一级的激酶（促分裂原活化的蛋白激酶激酶激酶，MAPKKK），其中 Ras 蛋白激活 Raf 是最具代表性的。Ras-MAPK 磷酸化级联反应的基本步骤如下：

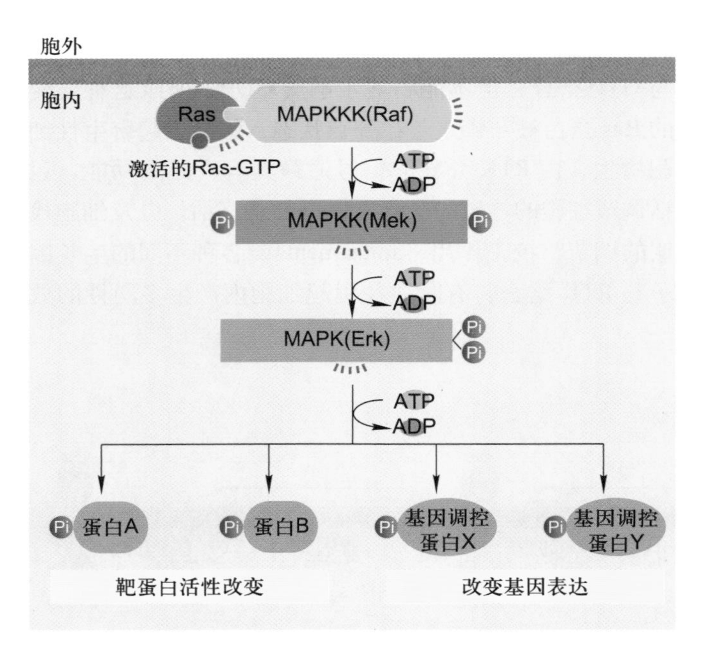

图 11-30　活化的 Ras 蛋白激活的 MAPK 磷酸化级联反应

活化的、结合 GTP 的 Ras 蛋白，募集、结合并激活 Raf 蛋白（丝氨酸 / 苏氨酸蛋白激酶），起始三种蛋白激酶的磷酸化级联反应，增强和放大信号，级联反应的最后，才能磷酸化修饰一些基因调控蛋白，改变基因表达模式。这是最终导致细胞行为改变的关键。MAP：促分裂原活化蛋白质；Erk = MAPK：促分裂原活化的蛋白激酶；Mek = MAPKK：促分裂原活化的蛋白激酶激酶；Raf = MAPKKK：促分裂原活化的蛋白激酶激酶激酶。

（1）活化的 Ras 蛋白与 Raf 的 N 端调控结构域结合并使其激活，它使靶蛋白上的丝氨酸 / 苏氨酸残基磷酸化；丝氨酸 / 苏氨酸残基磷酸化的蛋白质代谢周转比酪氨酸残基磷酸化的蛋白质慢，这有利于使短寿命的 Ras-GTP 信号事件转变为长寿命的信号事件。

（2）活化的 Raf 结合并磷酸化另一种蛋白激酶 Mek（促分裂原活化的蛋白激酶激酶，MAPKK），使其丝氨酸 / 苏氨酸残基磷酸化导致 MAPKK 的活化。

（3）MAPKK 是一种双重特异的蛋白激酶，它能磷酸化其唯一底物 MAPK 的苏氨酸和酪氨酸残基使之激活。

（4）MAPK 在该信号通路的蛋白激酶磷酸化级联反应中是一种特别重要的组分，中文译名为促分裂原活化的蛋白激酶（mitogen-activated protein kinase, MAPK），活化的 MAPK 进入细胞核，可使许多底物蛋白质的丝氨酸 / 苏氨酸残基磷酸化，包括调节细胞周期和细胞分化的特异性蛋白表达的转录因子，从而修饰它们的活性。

（三）细胞质因子受体与 JAK/STAT 信号通路

细胞因子（cytokine）是由细胞分泌的影响和调控多种类型细胞增殖、分化与成熟的活性因子，包括白细胞介素（interleukin, IL）、干扰素（interferon, IFN）、集落刺激因子（colony-stimulating factor, CSF）、促红细胞生成素（erythropoietin, Epo）和某些激素（如生长激素和催乳素）等，它们组成一个信号分子家族，其成员分子量相对较小，通常由约 160 个氨基酸组成。细胞因子对多种细胞类型的发育，特别是在造血细胞和免疫细胞的生长、分化与成熟中起重要调控作用。

细胞因子受体是细胞表面一类与酪氨酸激酶偶联的受体。这类受体的结构与活化机制和 RTK 非常相似，受体所介导的胞内信号通路也多与 RTK 介导的胞内信号通路相似或重叠。细胞因子受体本身不具有酶活性，但它的胞内段具有与胞质酪氨酸激酶（Janus 激酶）的结合位点，也就是说受体活性依赖于非受体酪氨酸激酶（nonreceptor tyrosine kinase）。

细胞因子与受体结合激活一类 Janus 激酶（Janus kinase, Jak）家族，其成员包括 Jak1、Jak2、Jak3 和 Tyk2。Jak 的 N 端结构域与受体结合，C 端为酪氨酸激酶结构域。每种激酶成员与特异的细胞因子受体结合。研究 Epo 受体所介导的信号转导通路时，在激酶的直接底物中发现一类新的衔接子蛋白是基因转录调节因子，称为信号转导子和转录激活子（signal transducer and activator of transcription, STAT)，STAT 蛋白 N 端具有 SH2 结构域和核定位信号（NLS），中间为 DNA 结合域，C 端有一个保守的酪氨酸残基，对其活化至关重要。目前已发现的 STAT 家族成员有 7 个，分别命名为 STAT1 至 STAT6，其中 STAT5 又分为 STAT5A 和 STAT5B 两个成员，具有信号转导和转录激活的双重功能，因此细胞因子受体介导的信号通路又称为 Jak-STAT 信号通路（图 11-31）。

该信号通路是人们在研究干扰素诱导培养细胞特定基因转录的调控作用时发现的，继后发现该通路对细胞增殖、分化、迁移和凋亡等生物学过程都具有重要的调节作用。目前已在人类肿瘤中发现了 STAT3 信号的异常持续活化，同时在对基因敲除小鼠表型的研究中，也显示 Jak-STAT 信号通路与某些疾病的发生，如心血管疾病、肥胖症、糖尿病以及支气管哮喘等可能起关键的调控作用。

Jak-STAT 信号通路的基本步骤：

（1）细胞因子与细胞因子受体特异性结合，引发受体构象及紧密结合的 Jak 构象改变并形成同源二聚体。受体二聚化有助于各自结合的 Jak 相互靠近，使彼此酪氨酸残基发生交叉磷酸化，从而完全激活 Jak 的活性。

（2）活化的 Jak 继而磷酸化受体胞内段特异性酪氨酸残基，使活化受体上磷酸酪氨酸残基成为具有 SH2 结构域的 STAT 或具有 PTB 结构域的其他胞质蛋白的锚定位点。

（3）STAT 通过 SH2 结构域与受体磷酸化的酪氨酸残基结合，继而 STAT 的 C 端酪氨酸残基被 Jak 磷酸化。磷酸化的 STAT 分子即从受体上解离下来。

（4）两个磷酸化的 STAT 分子依靠各自的 SH2 结构域结合形成同源或异源二聚体，从而暴露其核定位信号 NLS。二聚化的 STAT 转位到细胞核内与特异基因的调控序列结合，调节相关基因的表达。

细胞因子受体与 STAT 的结合具有特异选择性，这基于受体胞内段不同位点的磷酸酪氨酸残基结合不同的 STAT 分子，例如，干扰素 α 受体识别 STAT1 和 STAT2，而干扰素 β 受体只识别 STAT1，Epo 受体却识别 STAT5。不同的 STAT 在不同的细胞内调节不同的基因转录。在红细胞分化与成熟过程中，Epo 激活 STAT5 继而诱导 Bcl-xL 活化，从而防止前体细胞的凋亡，这对红细胞分化与成熟至关重要。*EpoR* 基因敲除实验表明，在小鼠胚胎发育至 13 天时会因为缺少编码 Epo 受体的功能基因导致小鼠因为不能产生正常红细胞而死亡。

细胞因子（Epo）除通过 Jak-STAT 通路调控基因转录外，还有其他信号转导途径调控基因的转录（图 11-32）

（四）PI3K-PKB（Akt）信号通路

1. PI3K-PKB（Akt）信号通路及其组成

PI3K-PKB（Akt）信号通路始于 RTK 和细胞因子受体的活化，产生磷酸化的酪氨酸残基，从而为募集 PI3K 向膜上转位提供锚定位点。

磷脂酰肌醇 3 激酶（PI3K）最初是在多瘤病毒（polyoma，一种 DNA 病毒）研究中被鉴定的。迄今发现在人类基因组中 PI3K 家族有 9 种同源基因编码，

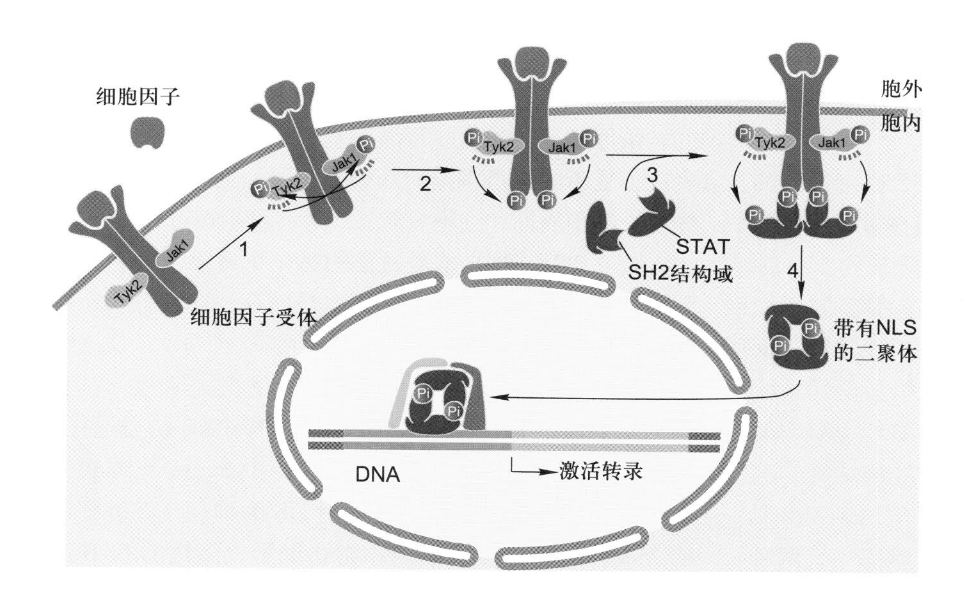

图 11-31　Jak-STAT 信号通路

在没有结合配体时，细胞因子受体的胞质结构域与一类 Jak 紧密而不可逆地结合。虽然受体已二聚化形成同源二聚体，但 Jak 只有很低的活性。特异性细胞因子与受体结合后，引发 Jak 构象改变和酪氨酸残基被交叉磷酸化，继而受体的酪氨酸残基也被活化激酶交叉磷酸化，产生具有 SH2 结构域的 STAT 的锚定位点。两个磷酸化的 STAT 分子从受体上解离下来，靠各自的 SH2 结构域结合形成同源二聚体，并借助其核定位信号 NLS 转位至核内，调控基因表达。

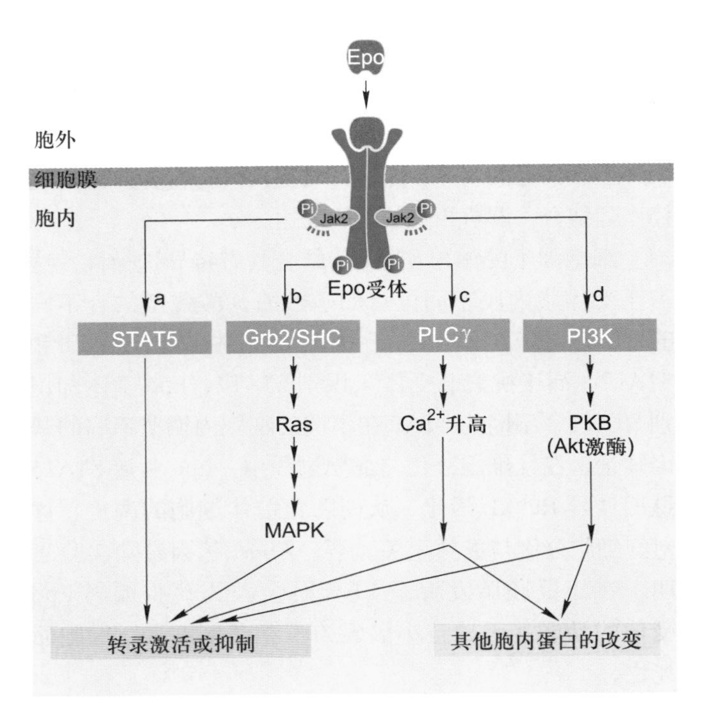

图 11-32 促红细胞生成素（Epo）及其受体所介导的信号转导途径概观

PI3K 既具有 Ser/Thr 激酶活性，又具有磷脂酰肌醇激酶的活性。PI3K 由两个亚基组成：一个 p110 催化亚基；一个 p85 调节亚基，具有 SH2 结构域，可结合活化的 RTK 和多种细胞因子受体胞内段磷酸酪氨酸残基，从而被募集到质膜，使其催化亚基靠近质膜内的磷脂酰肌醇。在膜脂代谢中，具有磷脂酰肌醇激酶活性的 PI3K 催化 PI4P 生成 PI(3, 4)P_2，进一步催化 PI(4, 5)P_2 生成 PI(3, 4, 5)P_3。这些与膜结合的 PI3P 为多种信号转导蛋白提供了锚定位点，进而介导多种下游信号通路。因此，PI3K-PKB 信号途径可视为细胞内另一条与磷脂酰肌醇有关的信号通路，也是 RTK 介导的衍生信号通路。

许多蛋白激酶都是通过与质膜上 PI3P 锚定位点的结合而被激活的，这些激酶再影响细胞内许多靶蛋白的活性。蛋白激酶 B（PKB）是一种分子质量约 60 kDa 的 Ser/Thr 蛋白激酶，与 PKA 和 PKC 均有很高的相似性，故又称为 PKA 与 PKC 的相关激酶（related to the A and C kinase, RAC-PK），该激酶被证明是反转录病毒癌基因 *v-Akt* 的编码产物，故又称 Akt。PKB/Akt 由 480 个氨基酸残基组成，除中间激酶结构域外，其 N 端还含有一个 PH 结构域，能紧密结合 PI(3,4)P_2 和 PI(3, 4, 5)P_3 分子的 3 位磷酸基团。在静息状态下，两种磷脂酰肌醇组分均处于低水平，PKB 以非活性状态存在于细胞质基质中，在生长因子等激素刺激下，PI3P 水平升高，PKB 凭借 PH 结构域与 3 位磷酸基因结合而转位到质膜上，同时 PKB 被 PH 结构域掩盖而抑制的催化位点的活性得以释放。PKB 转位到细胞膜上对其部分活化是必需的，是其活化的第一步；而 PKB 的完全活化还需要另外两种 Ser/Thr 蛋白激酶，一个是 PDK1（3-phosphoinsitide dependent kinase 1）借助其 PH 结构域转位到膜上并使 PKB 活性位点上的关键苏氨酸残基磷酸化，另一个是 PDK2（通常是 mTOR）则磷酸化 PKB 上丝氨酸残基，上述两个位点被磷酸化后，PKB 才完全活化（图 11-33）。完全活化的 PKB 从质膜上解离下来，进入细胞质基质和细胞核，进而磷酸化多种相应的靶蛋白，产生影响细胞行为的广泛效应，诸如促进细胞存活、改变细胞代谢、致使细胞骨架重组等。

2. PI3K-PKB 信号通路的生物学作用

PI3K-PKB 信号通路参与多种生长因子、细胞因子和细胞外基质等的信号转导，具有广泛的生物学效应，特别在防止细胞凋亡，促进细胞存活以及影响细胞糖代谢等方面具有重要作用。

（1）PI3K-PKB 信号通路对细胞生存的促进作用是活化的 PKB 所诱发的诸多细胞反应中最值得关注的事件。虽然活化 PKB 仅需 5～10 min，但它的效应却可持续至少几个小时。在很多细胞中，活化的 PKB 可以直接使促凋亡蛋白（如 Bad）磷酸化并产生短期效应，以防止细胞凋亡。对许多培养细胞，活化的 PKB 也可以产生长期效应，即通过磷酸化 FOXO 转录因子家族成员 FOXO3A 多个 Ser/Thr 残基，使其与细胞质中磷酸丝氨酸结合蛋白 14-3-3 结合而滞留在细胞质中，因而不能进入核内使凋亡基因转录，减低细胞凋亡效应而促进细胞存活。在哺乳动物和人体中，FOXO 家族有 4 种不同的转录因子，其作用既可激活基因表达，也可抑制基因表达，受不同成员调控的基因参与诸如细胞凋亡、肝糖异生、细胞周期和细胞应激反应等多种生理过程。

（2）PI3K-PKB 信号通路的另一个重要生物学作用是促进胰岛素刺激的葡萄糖摄取与储存。在没有胰岛素存在的情况下，细胞内糖原合酶激酶 3（GSK3）是活化的，可将糖原合酶（GS）磷酸化致使失去活性；在有胰岛素刺激的情况下，也可启动 PI3K-PKB 信号途径，结果活化的 PKB 使 GSK3 的 N 端一个 Ser 残基磷酸化而变成无活性形式，从而解除对 GS 的抑制，促进糖原的合成。此外，在肌细胞和脂肪细胞，活化的 PKB 还

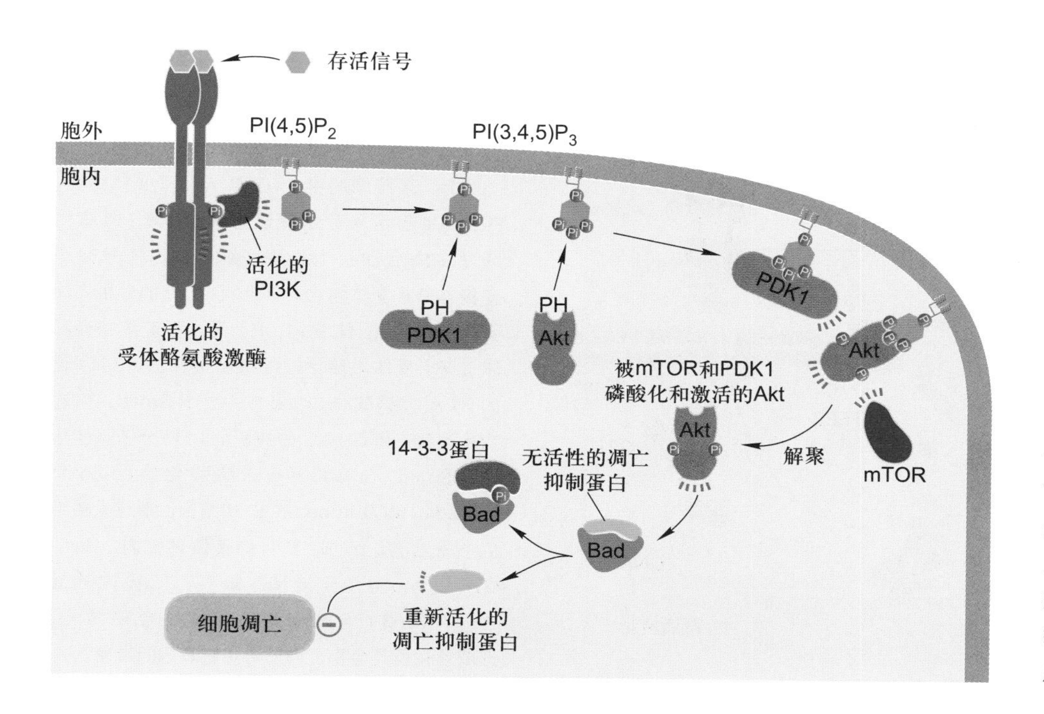

图 11-33　PI3K-PKB 信号通路

作为 RTK 介导的衍生信号通路，第一步是具有 SH2 结构域的 PI3K 被募集到质膜，催化膜脂代谢；第二步是 PKB 凭借 PH 结构域与 3 位磷酸基团结合而转位到质膜上，使 PKB 被自身 PH 结构域抑制的催化位点的活性得以释放；第三步是在两种 Ser/Thr 蛋白激酶（PDK1 和 PDK2 通常是 mTOR）进一步磷酸化 PKB 活性位点上的关键苏氨酸残基和丝氨酸残基，致使 PKB 完全活化；并在细胞质内或转位到核内通过修饰下游靶蛋白影响，产生影响细胞行为的广泛效应。

能诱发胰岛素依赖性葡糖转运蛋白 4（glucose transporter 4，Glut4）从细胞内膜转移到细胞表面，促进细胞对葡萄糖的摄取。通过增强糖原合成和促进葡萄糖摄取而使血糖降低。

此外，越来越多的证据表明，在细胞内蛋白质分选或内吞 / 内化过程中，PI3K 是重要的调节因子。活化的 PI3K 可导致高尔基体 TGN 或质膜局部区域产生高水平的 PI(3, 4, 5)P_3，从而接头蛋白（AP1 或 AP2）能在这里与膜蛋白中的内吞信号（YXXΦ 基序）发生相互作用，进而结合网格蛋白形成包被膜泡，然后发生特定的蛋白质分选或内吞作用。

（五）TGFβ 受体及其 TGFβ-Smad 信号通路

转化生长因子β（transforming growth factor β，TGFβ）是由多种动物细胞合成与分泌，以非活性形式储存在细胞胞外基质中的信号分子超家族，编码基因于 1985 年克隆。无活性的分泌前体需经蛋白酶水解作用形成以二硫键连接的同源或异源二聚体，即成熟的活化形式。人类 TGFβ 超家族由 TGFβ1、TGFβ2、TGFβ3 三种异构体组成，已发现近 40 种。TGFβ 超家族是一类作用广泛、具有多种功能的生长因子，不同的细胞类型或同一细胞处于不同状态也会引起不同的细胞反应。TGFβ 不仅会影响细胞的增殖、分化，而且在创伤愈合、细胞外基质的形成、胚胎发育、组织分化、骨的重建、免疫调节以及神经系统的发育中都有重要作用。

TGFβ 超家族成员都是通过细胞表面酶联受体而发挥作用的。根据 ^{125}I 标记的 TGFβ 与细胞表面受体结合复合物的电泳检测分析，发现三种分子质量分别为 55、85 和 280 kDa 的多肽，分别称之 RⅠ、RⅡ 和 RⅢ 受体。其中最为丰富 RⅢ 受体是质膜上的蛋白聚糖（proteoglycan，也称 β-glycan），负责结合并富集成熟的 TGFβ，对信号传递起促进作用；RⅠ 和 RⅡ 受体是二聚体跨膜蛋白，直接参与信号传递，其胞质侧结构域具有丝氨酸 / 苏氨酸蛋白激酶活性，所以 TGFβ 受体在本质上是受体 Ser/Thr 激酶。RⅡ 是组成型活化激酶，在没有 TGFβ 结合情况下也可催化自身磷酸化 Ser/Thr 残基。当细胞外 TGFβ 与 RⅢ 受体结合后（图 11-34，1a），RⅢ 将 TGFβ 递交给 RⅡ 受体；在另些细胞，TGFβ 可以与 RⅡ 受体直接结合（图 11-34，1b）。与 TGFβ 结合的 RⅡ 受体募集并磷酸化 RⅠ 受体胞内段 Ser/Thr 残基，从而解除其激酶活性的抑制状态，使 RⅠ 受体被激活。

尽管 TGFβ 可以诱发复杂而多样的细胞反应，但 TGFβ 受体所介导的信号转导通路却又相对简单而且基本相同，即一旦受体与配体结合形成复合物后便被激活，那么受体的激酶活性就能在细胞质内直接磷酸化并激活特殊类型的转录因子 Smad，进入核内调节基因表达，故称“TGFβ-Smad 信号通路”（图 11-34）。

在 TGFβ-Smad 信号通路中，Smad 蛋白最初在线虫和果蝇发现，分别是 Sma 和 Mad，而后在爪蟾、小

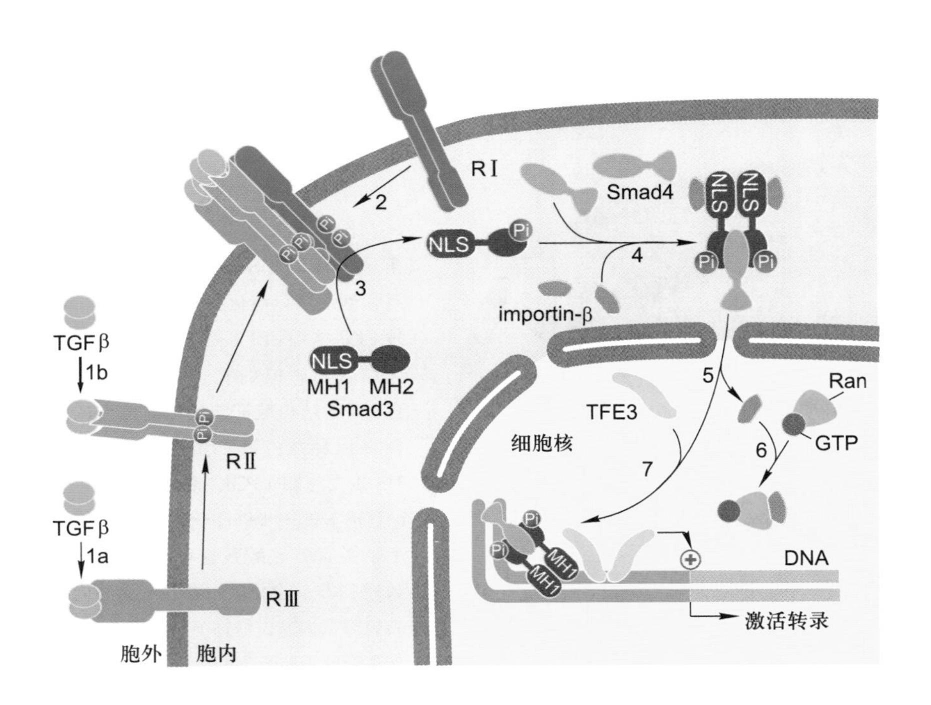

图 11-34 TGFβ-Smad 信号通路

1a. 某些细胞中，TGFβ 与 RⅢ 受体结合，并由 RⅢ 将信号分子传递给 RⅡ 受体（具有组成型激酶活性）；1b. 有些细胞中，信号分子直接与 RⅡ 受体结合。2. 结合配体的 RⅡ 受体募集并磷酸化 RⅠ 受体（RⅠ 受体不直接结合配体），RⅠ 受体激酶活性的抑制被释放。3. 活化的 RⅠ 受体磷酸化 Smad 或另外 R-Smad，引起构象改变，解除 NLS 的掩蔽。4. 两分子磷酸化的 R-Smad（Smad3）与未磷酸化的 co-Smad（Smad4）以及 importin-β 相结合，形成大的细胞质复合物。5，6. 复合物转位到核内，Ran-GTP 使 importin-β 与 NLS 解离。7. 核内转录因子（TEF3）与 Smad3/Smad4 复合物结合，形成活化型复合物，调节特定靶基因的转录。

鼠和人类中又发现其相关蛋白质，故以 Sma 和 Mad 的缩写 Smad 家族命名这类基因转录调控蛋白。现已知有三种 Smad 转录因子起调控作用，包括受体调节的 R-Smad（Smad2、Smad3）、辅助性 Smad（co-Smad，Smad4）和抑制性或拮抗性 I-Smad（importin-β），三种 Smad 在信号通路中分别发挥不同作用。R-Smad 是 RⅠ 受体激酶的直接作用底物，含有 MH1 和 MH2 两个结构域，中间为可弯曲的连接区，位于 N 端的 MH1 结构域含有特异性 DNA 结合区，同时也包含核定位信号（NLS）序列，MH2 结构域与活化受体结合、R-Smad 蛋白磷酸化以及 R-Smad 蛋白分子的寡聚化有关，并具有潜在转录激活功能。当 R-Smad 未被磷酸化而处于非活化状态时，NLS 被掩盖，此时 MH1 和 MH2 结构域便不能与 DNA 或 co-Smad（Smad4）相结合。当 RI 受体被激活后，将 R-Smad 近 C 端的丝氨酸残基磷酸化并导致构象改变使 NLS 暴露，两个磷酸化的 R-Smad 与 co-Smad 和 importin-β 结合形成大的细胞质复合物（其中 importin-β 与 NLS 结合），并引导进入细胞核。在核内 Ran-GTP 作用下 importin-β 与 NLS 解离，Smad2/Smad4 或 Smad3/Smad4 复合物再与其他核内转录因子（TFE3）结合，激活特定靶基因的转录。例如，经 TGFβ-Smad 信号通路激活的 p15 蛋白的表达，可在 G_1 期阻断细胞周期，从而抑制细胞增殖。又如 Smad2/Smad4 或 Smad3/Smad4 复合物也可阻遏 *c-Myc* 基因的转录，从而减少许多受 Myc 转录因子调控的促进细胞增殖基因的表达，对细胞增殖起负调控作用。因而 TGFβ 信号的缺失会导致细胞的异常增殖和癌变。现已发现，许多人类肿瘤或者含有 TGFβ 受体的失活突变，或者 Smad 蛋白的突变，因而对 TGFβ 引起的生长抑制是拮抗的。

在核内 R-Smad 发生去磷酸化，结果 R-Smad/co-Smad 复合物解离，又从核内输出进入细胞质。由于 Smad 持续的核－质穿梭，所以细胞核中活化的 Smad 浓度可以很好地反映细胞表面活化的 TGFβ 受体的水平。

二、其他调控基因表达的细胞表面受体及其介导的信号转导通路

按其信号通路的组成和调控机制不同，可将这类受体分作两类：一类是 Wnt 受体和 Hedgehog 受体介导的信号通路；另一类是 NFκB 和 Notch 两种信号通路涉及到抑制物或受体本身的蛋白切割作用，从而释放活化的转录因子，再转位到核内调控基因表达。

（一）Wnt 受体和 Hedgehog 受体介导的信号通路

Wnt 受体和 Hedgehog 受体具有与 7 次跨膜与 GPCR 相似的结构，但并不激活 G 蛋白；两种受体在细胞处于“静息”状态下，两条相关的信号通路中其关键转录因子被泛素化修饰，进而被蛋白酶体识别和切割降解，表现为失活状态；信号通路的激活涉及大的胞质蛋

白复合物的解体（去装配）、泛素化的抑制和活性转录因子的释放，再转位到核内调控基因表达。

1. Wnt-β-catenin（β-联蛋白）信号通路

Wnt 是一组富含半胱氨酸的分泌性糖蛋白，作为局域性信号分子，广泛存在于各种动物多种组织中。小鼠 *Wnt1* 基因是最先发现的脊椎动物 Wnt 基因，由于某些乳腺癌的发生与它的过度表达有关，所以 Wnt 基因倍受关注，仅在人类中所发现的 Wnt 蛋白家族成员已多达 19 个。Wnt 来源于 *wingless* 和 *int* 的融合词，*wingless* 是果蝇中与蝇翅发育缺陷相关的基因，*int* 是小鼠中反转录病毒的整合位点。β-catenin 是哺乳类中与果蝇 Arm 蛋白同源的转录调控蛋白，它在胞质中的稳定及其在核内的累积是 Wnt 信号通路中的关键事件，起中心作用。由于 Wnt 信号可以引发转录因子 β-catenin 从胞质蛋白复合物中释放出来，调控基因表达，所以 Wnt 信号通路又称 Wnt-β-catenin 信号通路，该信号转导通路十分保守，从低等生物线虫到高等生物哺乳类，其组成具有同源性。

该信号通路的膜受体，Frizzled（Fz）是与 GPCR 相似的 7 次跨膜细胞表面受体，直接与 Wnt 结合；另一个辅助性受体（co-receptor）LRP5/6（LDL-receptor-related protein, LRP），一次跨膜，以 Wnt 信号依赖的方式与 Frzzled 结合。编码 Wnt、Fz 或 LRP 的基因的突变都会影响胚胎的发育。

在细胞内 Wnt 信号转导中，多功能的 β-catenin 起核心作用，它既是转录激活蛋白，又是膜骨架连接蛋白。此外，还有其他胞质调节蛋白参与其中，包括：糖原合酶激酶 3（GSK3）、Dishevelled（Dsh）、APC（adenomatous polyposis coli，人类重要的抑癌基因产物）、支架蛋白（Axin）、T 细胞因子（T cell factor, TCF）等。

Wnt-β-catenin 信号通路如图 11-35 所示：在细胞缺乏 Wnt 信号时，β-catenin 结合在由 Axin 介导形成的胞质复合物上，并被复合物中 GSK3 磷酸化，磷酸化的 β-catenin 发生泛素化后被蛋白酶体识别和降解，因而细胞质中 β-catenin 的水平很低，核内受 Wnt 信号调控的靶基因处于转录的抑制状态。在细胞外存在较高水平的 Wnt 信号时，支架蛋白 Axin 与辅助受体 LRP 的胞质结构域结合，导致含有 GSK3 和 β-catenin 的胞质蛋白复合物解离，从而防止 β-catenin 被 GSK3 磷酸化，使 β-catenin 在细胞质中维持稳定。在细胞质中维持由 Wnt 诱导的 β-catenin 的稳定还需要与受体 Fz 胞质结构域结合的 Dsh 蛋白。自由的 β-catenin 转位到核内，与核内转录因子 TCF 结合，调控特殊靶基因的表达。

Wnt-β-catenin 信号通路是胚胎发育中最重要的调控途径之一，对多细胞生物体轴的形成和分化、组织器官建成、组织干细胞的更新与分化等至关重要。Wnt 信号通路的异常活化导致或参与多种人类疾病的发生发展，如肿瘤发生、神经系统退行性疾病（如阿尔茨海默病）等。

2. Hedgehog 受体介导的信号通路

Hedgehog（Hh）是一种由信号细胞所分泌的局域性蛋白质信号分子，作用范围很小，一般不超过 20 个

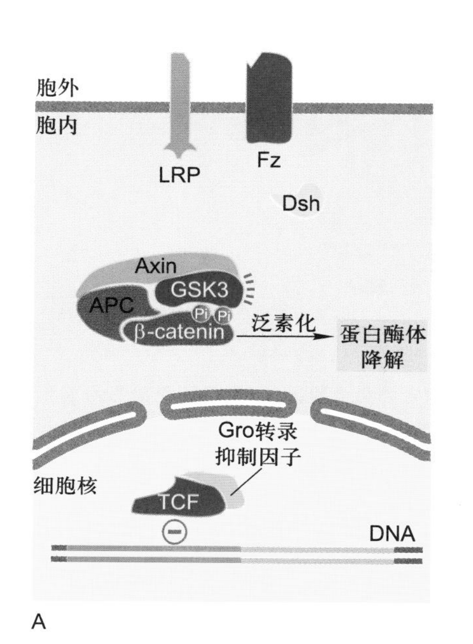

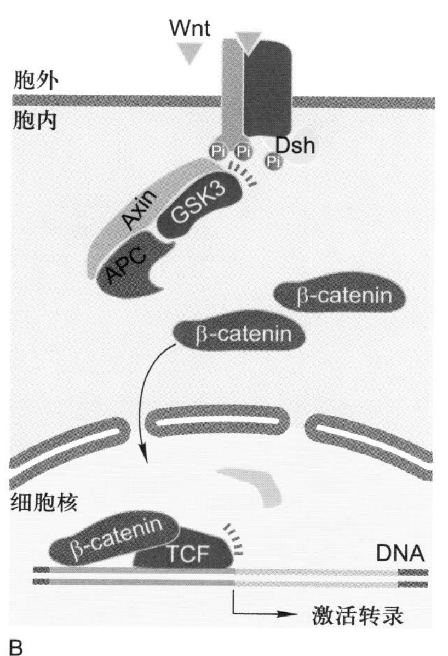

图 11-35 Wnt-β-catenin 信号通路

A. 缺乏 Wnt 信号，β-catenin 与 Axin 介导的胞质蛋白复合物结合，利于 β-catenin 被 GSK3 磷酸化，磷酸化的 β-catenin 泛素化后被蛋白酶体识别和降解，转录因子 TCF 与抑制因子结合在核内作为阻遏物抑制靶基因转录。B. Wnt 信号与受体 Fz 结合，引发 LRP 被 GSK3 和其他激酶磷酸化，从而使 Axin 与 LRP 结合，致使 Axin/APC/GSK3/β-catenin 复合物解离，防止 β-catenin 被 GSK3 磷酸化而免于降解并在细胞中富集，转位到核内与 TCF 结合，激活靶基因转录。

细胞。Hedgehog 信号通路，在脊椎和无脊椎动物的诸多发育过程中，控制细胞命运、增殖与分化，该信号通路被异常激活时，会引起肿瘤的发生与发展。该信号蛋白诱导不同的细胞命运依赖于 Hh 信号分子的浓度。和其他形态生成素（morphogen）一样，它的产生在时间与空间上受到严格控制。Hedgehog 在细胞内是以前体（precursor）形式合成与分泌的，在细胞外发生自我催化性降解，然后在 N 端不同氨基酸残基位点发生胆固醇化和棕榈酰化（palmitoylation）修饰，从而制约其扩散并增加其与质膜的亲和性。

Hedgehog 受体有三种跨膜蛋白：Patched（Ptc）、Smoothened（Smo）和 iHog，介导细胞对 Hh 信号的应答反应。Ptc 和 Smo 具有接受和转导 Hh 信号的功能，膜蛋白 iHog 可能作为辅助性受体参与 Ptc 与 Hh 信号的结合。在缺乏 Hh 信号情况下，Ptc 主要存在于质膜上，以尚未明确的机制，保持 Smo 处于失活状态并使之隔离在细胞内膜泡上。在有 Hh 信号存在的情况下，iHog 蛋白辅助 Hh 信号与 Ptc 结合，抑制 Ptc 的活性并诱发其内吞作用被溶酶体消化，同时 Smo 受体蛋白被磷酸化并转位到细胞表面，向下游传递信号。和 Wnt 信号一样，Hedgehog 信号通路也涉及在胞质中多种调节蛋白复合物的装配及复合物的解离，从而释放转录因子。这些调节蛋白包括：丝氨酸 / 苏氨酸激酶 Fused（Fu）、驱动蛋白相关的马达蛋白 Costal-2（Cos2）、转录因子 Ci（Cubitis interruptus，锌指蛋白）以及有关激酶——蛋白激酶 A（PKA）、糖原合酶激酶 3（GSK3）、酪蛋白激酶 1（casein kinase 1, CK1）。

基于在果蝇中大量的研究，Hedgehog 信号通路的基本模型如图 11-36 所示：在缺乏 Hh 信号情况下（图 11-36A），受体 Ptc 蛋白抑制胞内膜泡上的 Smo 蛋白，胞质调节蛋白形成复合物并与微管结合，在复合物中关键的转录因子 Ci 被各种激酶磷酸化，磷酸化的 Ci 在泛素 / 蛋白酶体相关的 F-box 蛋白 Slimb 的作用下水解形成 Ci75 片段，作为 Hh 应答基因的阻遏物发挥作用，进入核内抑制靶基因表达。在有 Hh 存在情况下（图 11-36B），Hh 与 Ptc 结合抑制 Ptc 活性，引发 Ptc 内化并被消化，从而解除对 Smo 的抑制，然后 Smo 通过膜泡融合移位到质膜，并被 CK1 和 PKA 两种激酶磷酸化，与

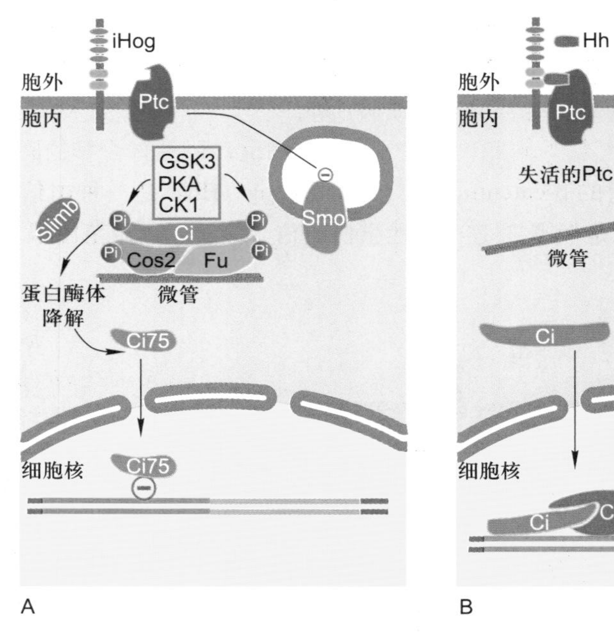

图 11-36　Hedgehog 信号通路示意图

Hedgehog 受体有三种跨膜蛋白：Ptc 跨膜 12 次，Smo 跨膜 7 次，iHog 蛋白单次跨膜但胞外段具有类免疫球蛋白（Ig）和类 III 型纤连蛋白（FN）结构域。A. 缺乏 Hh 信号情况下，受体 Ptc 蛋白抑制胞内膜泡上的 Smo 蛋白，细胞内形成胞质调节蛋白复合物并与微管结合，在复合物中关键的转录因子 Ci 被各种激酶磷酸化，磷酸化的 Ci 作为靶标由泛素 / 蛋白酶体相关蛋白（Slimb）的作用下水解形成 Ci75 片段，此片段作为 Hh 应答基因的阻遏物发挥作用，进入核内抑制靶基因表达。B. 在有 Hh 存在情况下，Hh 与 Ptc 结合抑制 Ptc 活性，引发 Ptc 被内吞、消化，从而解除对 Smo 的抑制，然后 Smo 通过膜泡融合移位到质膜，并被 CK1 和 PKA 两种激酶磷酸化，与 Smo 结合的 Cos2 和 Fu 蛋白超磷酸化，致使 Fu/Cos2/Ci 复合物从微管上解离下来并去装配，从而形成稳定形式的 Ci，进入核内并与 CREB 结合蛋白（CBP）结合，作为靶基因的转录激活子而发挥作用。

Smo 结合的 Cos2 和 Fu 蛋白超磷酸化，致使 Fu/Cos2/Ci 复合物从微管上解离下来，从而形成稳定形式的 Ci，进入核内并与 CREB 结合蛋白（CBP）结合，作为靶基因的转录激活子而发挥作用。

（二）NFκB 和 Notch 信号通路

按其信号通路的组成和调控机制，NFκB 和 Notch 两种信号通路虽然在生物学功能上也是以调控基因表达，影响细胞长时程（慢反应）活动诸如细胞命运、增殖与分化等方面；但在信号转导机制上涉及到 NFκB 的抑制物（IκB）或受体本身（Notch 受体）的蛋白质切割降解作用，从而释放活化的转录因子，再转位到核内调控基因表达，因此信号调节通路是不可逆的过程。

1. NFκB 信号通路

NFκB 最初是 R. Sen 和 D. Baltimore 于 1986 年在 B 细胞中发现的一种核转录因子，能特异性结合免疫球蛋白 κ 轻链基因的上游增强子序列并激活基因转录。此后发现它广泛存在于几乎所有真核细胞，故而命名。NFκB 信号通路可调控多种参与炎症反应的细胞因子（如 IL1、IL6、TNFα）、黏附因子和蛋白酶类基因的转录过程，以应答细胞对多种胞外信号刺激，包括病毒侵染、细菌和真菌感染、肿瘤坏死因子、白细胞介素等细胞因子，甚至离子辐射，产生的免疫、炎症和应激反应，并影响细胞增殖、分化及发育。

NFκB 蛋白家族包括五个含有 Rel homology domain（RHD）的蛋白，即 RelA、RelB、c-Rel、p50 和 p52，它们之间分别形成同源或异源二聚体，在“静息”状态下存在于细胞质中，在 N 端共享一个同源区，以确保其二聚化并与 DNA 结合，核定位信号（NLS）也位于此同源区。

如图 11-37 所示，在细胞处于“静息”状态下，NFκB 在细胞质中与一种抑制物 IκBα 结合，处于非活化状态，同源区的 NLS 也因抑制物的结合被掩盖。当细胞受到外界信号刺激时，胞质中 IκB 激酶复合物（IκB kinase α/β/γ）被激活并磷酸化 IκB 抑制物 N 端两个丝氨酸残基（步骤 1、2）。E3 泛素连接酶快速识别 IκB 的磷酸化丝氨酸残基并使 IκB 发生多聚泛素化，进而导致 IκB 被泛素依赖性蛋白酶体降解（步骤 3、4）。IκB 的降解使 NFκB 解除束缚并暴露 NLS，然后 NFκB 转位进入核内激活靶基因的转录（步骤 5、6）。

在多种免疫系统细胞中，受 NFκB 激活转录的基因有 150 多种，包括编码细胞因子和趋化因子

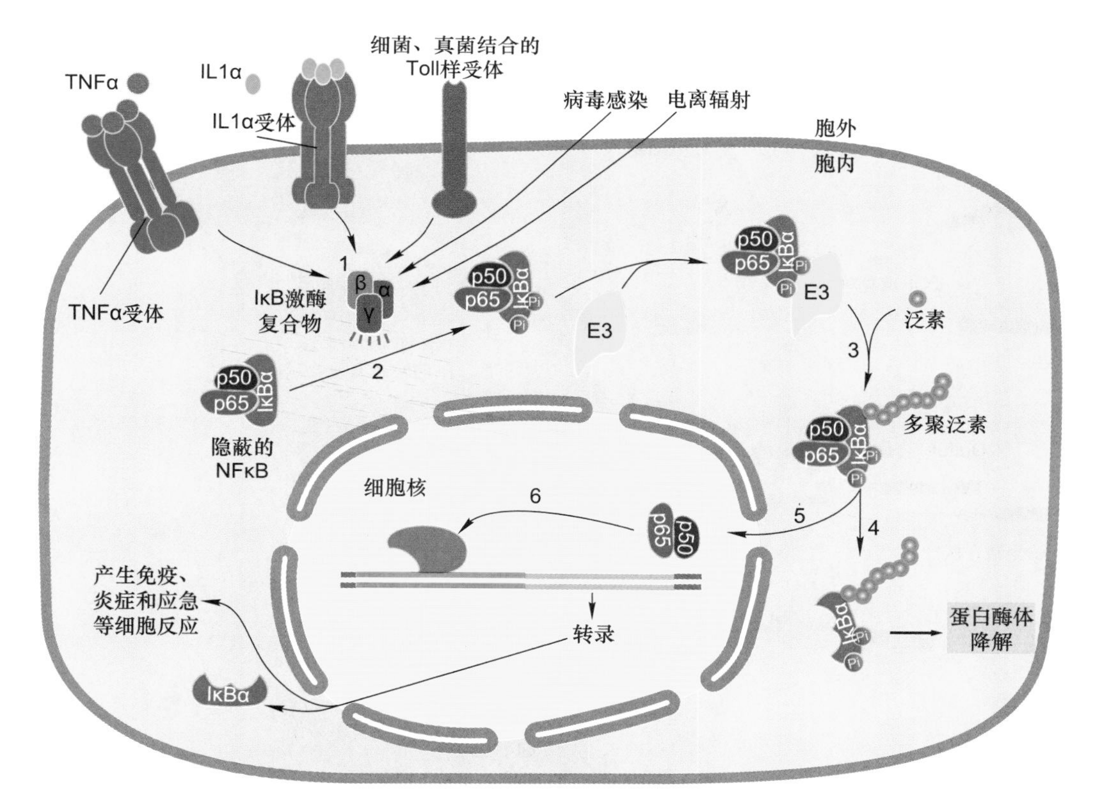

图 11-37　NFκB 信号通路图解（步骤见正文）

（chemokine）的基因，在炎症反应中 NFκB 能促进中性粒细胞受体蛋白的表达以利细胞迁移，以及在应对细菌感染时刺激可诱导的一氧化氮合酶（NOS）的表达。NFκB 信号通路除了在免疫和炎症反应中的作用之外，在哺乳动物的发育中也起关键作用，NFκB 对发育中的肝细胞的存活是必须的。实验表明，如果小鼠胚胎不能表达 IκB 激酶的一种亚基，那么在妊娠中期即发生夭折，原因是发育中的肝细胞过度凋亡。

NFκB 信号的终止是负向调节的关键，其中活化的 NFκB 除激活靶基因转录外，还能激活 IκB 基因的表达，新合成的 IκB 与核中 NFκB 结合，然后 NFκB/IκB 复合物返回细胞质，抑制 NFκB 的活性。

2. Notch 信号通路

Notch 信号通路是一种细胞间接触依赖性的通信方式。信号分子及其受体均是膜整合蛋白。信号转导的启动依赖于信号细胞的信号蛋白与相邻应答细胞的受体蛋白的相互作用，信号激活的受体发生两次切割，释放转录因子，调节应答细胞的分化方向，决定细胞的发育命运。

Notch 受体蛋白是由 *Notch* 基因编码的膜蛋白受体家族，从无脊椎动物到人类广泛表达，在结构上具有高度保守性。Notch 受体蛋白的胞外区包含多个 EGF 样的重复序列及其与配体的结合位点；胞内区含多种功能序列，是 Notch 受体蛋白完成信号转导的关键区域。Notch 的配体又称 DSL（其名源于果蝇 Notch 配体 Delta、Serrate 和线虫 Lag2 的首字母缩写）。

如图 11-38 所示，Notch 蛋白首先以单体膜蛋白形式在内质网合成，然后转运至高尔基体，在反面网状区被蛋白酶切割，产生一个胞外亚基和一个跨膜 - 胞质亚基；在没有与其他细胞的配体相互作用时，两个亚基彼此以非共价键结合（步骤 1）。随着与相邻信号细胞的配体（Delta）的结合，应答细胞的 Notch 蛋白便发生两次蛋白切割过程：Notch 蛋白首先被结合在膜上的基质金属蛋白酶（matrix metalloprotease）ADAM（源于 a disintegrin and metalloprotese 首字母缩写）切割，然后释放出 Notch 的胞外片段（步骤 2）；第二次切割发生在 Notch 蛋白疏水的跨膜区，由 4 个蛋白亚基组成的跨膜复合物 γ 分泌酶（γ-secretase）负责催化完成，切割后释放 Notch 蛋白的胞质片段（步骤 3）；该胞质片段是 Notch 的活性形式，它立即转位到核内与其他转录因子协同作用，调节靶基因的表达，从而影响发育过程中细胞命运的决定（步骤 4）。

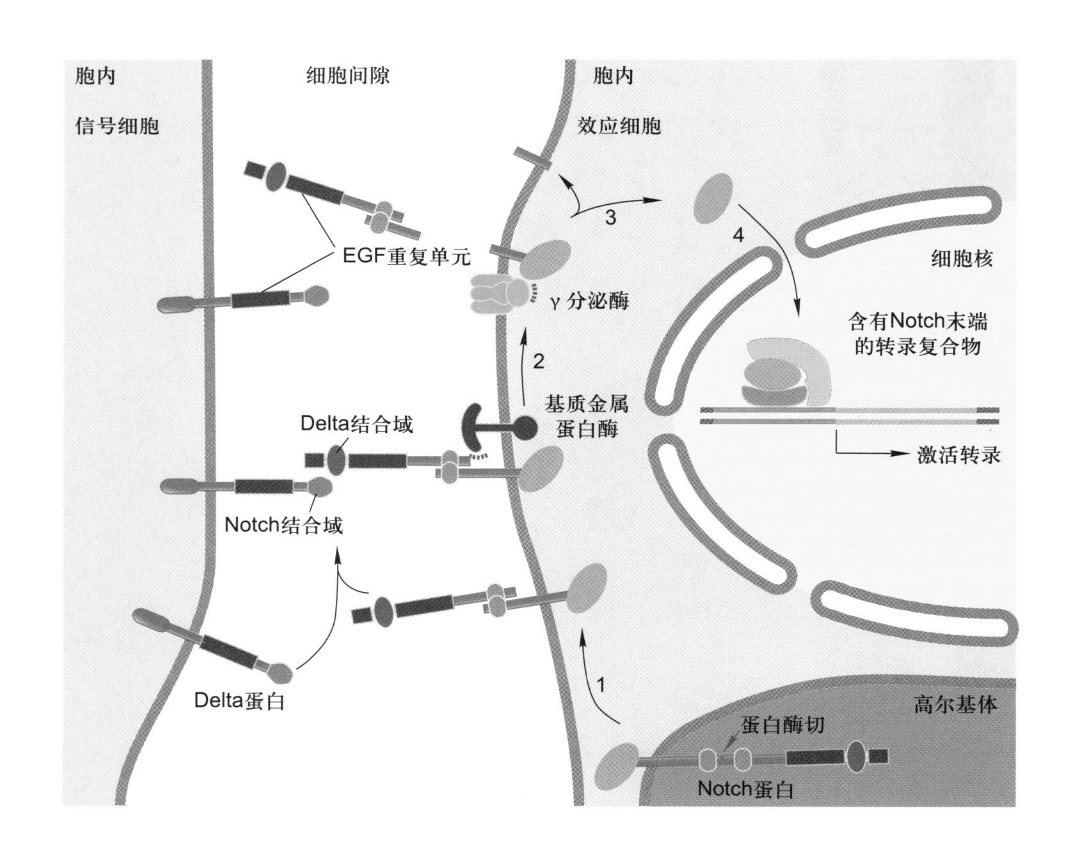

图 11-38　Notch/Delta 信号通路图解（步骤见正文）

第四节　细胞信号转导的整合与控制

细胞的信号转导是多通路、多环节、多层次和高度复杂的可控过程。在许多情况下，细胞的适当反应依赖于接收信号的靶细胞对多种信号的整合以及对信号有效性的控制。

一、细胞对信号的应答反应具有发散性或收敛性特征

对特定胞外信号产生多样性细胞反应的机制通常有三种情况：

（1）细胞外信号的强度或持续时间的不同控制反应的性质。例如，在体外培养条件下，神经生长因子（NGF）诱导 PCI2 细胞分化为神经细胞；而上皮生长因子（EGF）则诱导 PCI2 细胞分化为脂肪细胞。通过延长生长因子刺激时间来强化 EGF 信号强度，则又转而引起神经细胞分化。虽然两种生长因子 NGF 和 EGF 都是 RTK 的配体，但与 EGF 相比，NGF 是 Ras-MAPK 信号转导通路更强的激活子（activator），而 EGF 受体只有延长刺激时间才可能激活这条信号通路。

（2）在不同细胞中，具有同样受体，但因不同的胞内信号蛋白，可引发不同的下游通路。在线虫（*C. elegans*）研究中已经证明，RTK 受体介导的下游通路具有细胞类型特异性。EGF 信号在不同的细胞类型中至少可诱发 5 种不同的反应，其中 4 种反应是由共同的 Ras-MAPK 信号通路介导的，而第 5 种反应涉及雌雄同体的排卵作用，则是利用一种不同的下游途径，该途径产生第二信使 IP_3，与内质网膜上 IP_3 受体（IP_3R）结合，动员 Ca^{2+} 释放，细胞质中 Ca^{2+} 水平升高，引发排卵。

（3）细胞通过整合不同通路的输入信号调节细胞对信号的反应。不同类型的受体特异性识别并结合各自配体，这些信号通过两条或多条信号途径，在向下游传递时经整联蛋白（integrator protein）在细胞内汇聚、收敛（convergence）去激活一个共同的效应器（如 Ras 或 Raf 蛋白），从而引起细胞生理、生化反应和细胞行为的改变（图 11-39）；来自细胞表面同一类受体（如 Epo 受体）激活 Jak 也可引发多种信号途径，导致信号传播的发散（divergence），调节不同的基因表达，产生不同生理效应（见图 11-32）。

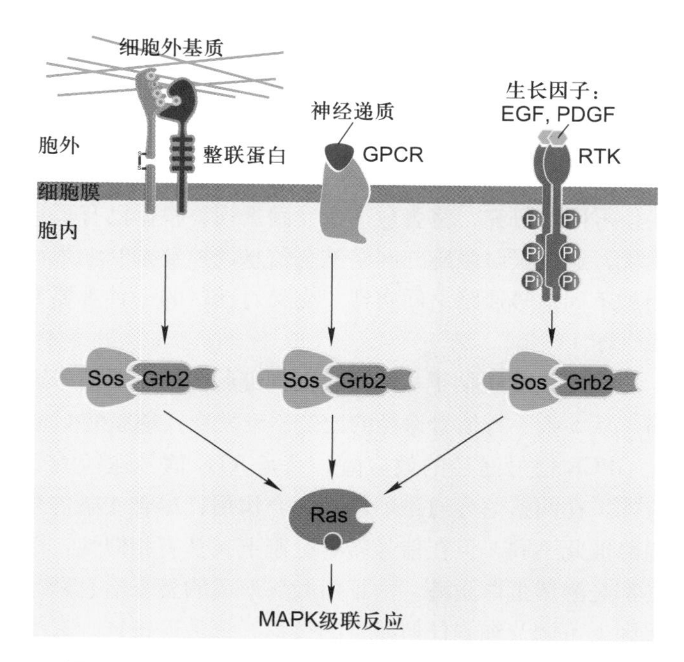

图 11-39　**细胞应答信号反应的收敛性特征**

来自细胞表面 GPCR、整联蛋白和受体酪氨酸激酶所转导的信号都收敛到 Ras 蛋白，然后沿 MAPK 级联反应途径向下传递。

二、蛋白激酶的网络整合信息

细胞各种不同的信号通路，主要提供了信号途径本身的线性特征，然而细胞需要对多种信号进行整合和精确控制，最后作出适宜的应答。细胞信号转导最重要的特征之一是构成复杂的信号网络系统（signal network system），它具有高度的非线性特点。人们对信号网络系统中各种信号通路之间的交互关系，形象地称之为“交叉对话”（cross talk）。或许可以把细胞信号转导比喻为电脑的工作，细胞接受的外界信号如同键盘输入的不同的字母或符号，细胞内各种信号通路及其组分如同电脑线路中的各种集成块，信号在这些集成块中流动，经分析、整合，最后将结果显示在荧光屏上。在细胞中，这些经信号网络系统分析、整合后的信号最终表现为特定的生理学功能。但是最复杂的电脑恐怕也无法和最简单的细胞相比，电脑作为无生命的机械装置，简单的操作失误或线路故障，都可导致整个系统的瘫痪；而细胞则有一定的自我修复和补偿能力。

虽然我们对细胞信号系统的研究有了长足进展，但对其复杂关系的了解仍然是初步的。细胞信号系统的网络化相互作用是细胞生命活动的重大特征，也是细胞生命活动的基本保障之一。今后对以调节基因表达为主线的信号网络研究，将会愈来愈受到重视。根据已有事实发现，通过蛋白激酶的网络整合信息调控复杂的细胞行为是不同信号通路之间实现“交叉对话”的一种重要方式（图 11-40）。

图 11-40 概括了从细胞表面到细胞内的主要信号通路，从 5 条平行信号途径的比较不难发现：磷脂酶 C 既是 GPCR 信号途径的效应酶，又是 RTK 信号途径的效应酶，在两条信号通路中都起中介作用；尽管 4 条信号通路彼此不同，但在信号转导机制上又具有相似性，最终都是激活蛋白激酶，由蛋白激酶形成的整合信息网络原则上可调节细胞任何特定的过程。据最近统计，人类基因组编码蛋白激酶多达 560 种。因此不难理解蛋白激酶的网络整合信息是不同信号通路之间实现“交叉对话”的一种重要方式。

事实上，细胞信号网络的复杂性远比我们所了解的多。首先，还有许多信号途径不为人们所了解；其次，对主要途径的相互作用，我们只涉及了蛋白激酶，其他的正负调控及“交叉对话”却没有述及。对细胞信号转导过程中这些内容的研究和对信号传递过程非线性内涵的认识，将对我们深入了解多基因表达调控机制、发育机理、病理过程及疾病控制等方面产生重要的影响。

三、信号的控制：受体的脱敏与下调

典型哺乳类细胞针对某种特殊配体的细胞表面受体，只占质膜总蛋白的 0.1%～5.0%，但是靶细胞对信号分子的最大细胞反应通常并不需要所有受体都被激活，细胞对胞外信号的敏感性既取决于表面受体的数量，又取决于受体与它们配体的亲和性（affinity）。受体与配体的亲和性常常用受体－配体复合物的解离常数（K_d）来估量，K_d 值代表细胞表面受体达到 50% 被占据时所需的配体分子浓度。因此 K_d 值越大，表明亲和性越小；相反，K_d 值越小，则表明亲和性越大。

细胞对外界信号作出适度的反应既涉及到信号的有效刺激和启动，也依赖于信号的解除与细胞的反应终止，特别值得注意的是信号的解除与终止和信号的刺激与启动对于确保靶细胞对信号的适度反应来说同等重要。解除与终止信号的重要方式是在信号浓度过高或细胞长时间暴露某一种信号刺激的情况下，细胞会以不同的方式致使受体脱敏（desensitization），这种现象又称之为适应（adaptation），这是一种负反馈调控机制。以视杆细胞对周围光强度变化的适应为例，由光激活的视蛋白（opsin, O^*）是视紫红质激酶（rhodopsin kinase）的底物，活化的视蛋白其胞质面三个丝氨酸残基恰是视紫红质激酶的磷酸化位点，视蛋白的磷酸化一方面显著

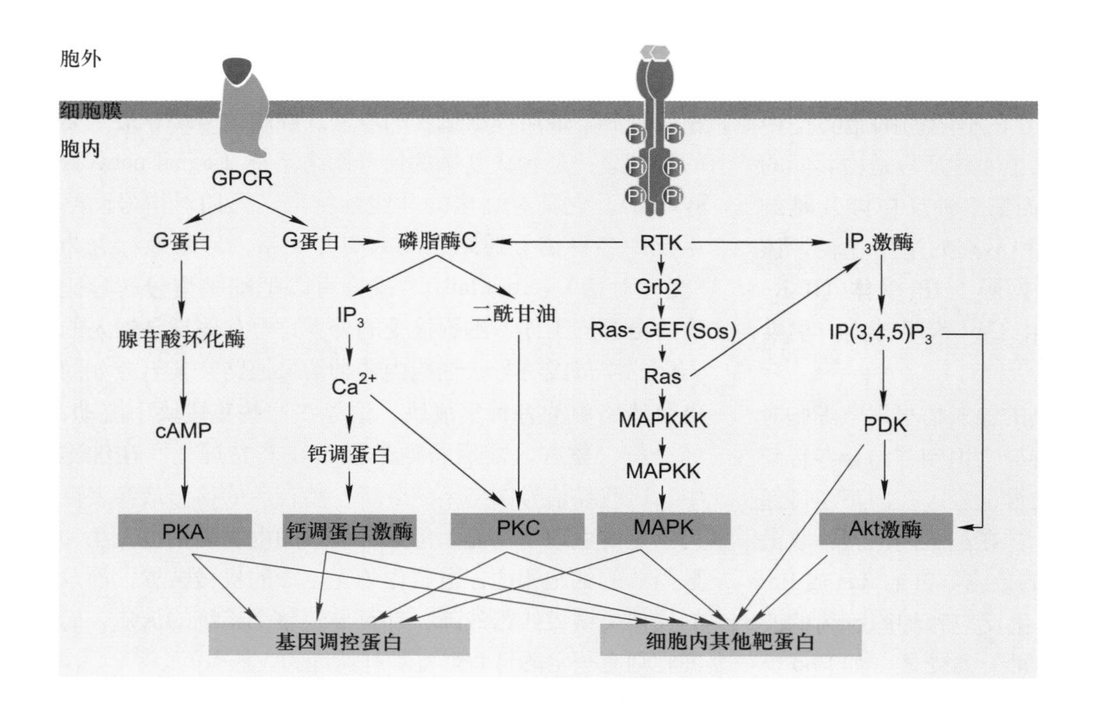

图 11-40　由两类受体介导的细胞内平行的信号通路与它们之间的网络关系

降低 O^* 分子激活 $G_t\alpha$ 的能力，另一方面视蛋白胞质面磷酸丝氨酸位点又为胞质抑制蛋白 β-arrestin 的结合提供了锚定位点，β-arrestin 的结合完全阻断 $G_t\alpha$ 与磷酸化 O^* 的相互作用，由于阻断 $G_t\alpha$–GTP 复合物的形成，从而关闭所有视杆细胞的活性。这种引发靶细胞对信号刺激的脱敏（适应）机制也是其他 GPCR 在高配体水平条件下引发脱敏反应的普遍机制，导致受体磷酸化的激酶包括 PKA、PKC 或 G 蛋白偶联受体激酶（GRK）家族（包括视紫红质激酶）。GRK 只是结合已被激活的受体，使其 C 端胞质域特定氨基酸（丝氨酸 / 苏氨酸）残基磷酸化，从而为结合 β-arrestin 提供锚定位点，这是 GPCR 脱敏的重要方式之一（图 11-41）。随后的研究发现，β-arrestin 不仅与磷酸化的受体结合，而且作为接头蛋白与两种包被蛋白组分——网格蛋白和 AP2 蛋白结合，介导细胞内吞作用；另外还通过结合并激活几种胞质蛋白激酶参与信号转导功能。

细胞可以适应刺激强度或刺激时间的变化，正是因为细胞可以校正对信号的敏感性。概括起来，靶细胞对信号分子的脱敏机制有如下 5 种方式：

（1）受体没收（receptor sequestration）　细胞通过配体依赖性的受体介导的内吞作用（receptor-mediated endocytosis）减少细胞表面可利用受体的数目，以网格蛋白 /AP 包被小泡形式摄入细胞，内吞泡脱包被形成无包被的早期内体，受体被暂时扣留，受 pH 降低的影响（pH 5.0），受体 – 配体复合物在晚期内体解离，扣留的受体可返回质膜再利用（如 LDL 受体），配体进入溶酶体被消化。这是细胞对多种肽类或其他激素受体发生脱敏反应的一种基本途径。有时即使缺乏配体结合的情况下，细胞通过批量膜流（bulk membrane flow）也会使细胞表面受体以相对较低的速率被内化（internalization），然后再循环利用，从而减少细胞表面可利用受体的数目。

（2）受体下调（receptor down-regulation）　通过受体介导的内吞作用，受体 – 配体复合物转移至胞内溶酶体被消化降解而不能重新利用，因此细胞通过表面自由受体数目减少和配体的清除导致细胞对信号敏感性下调。受体 – 激素复合物的内吞作用和它们在溶酶体内被消化，是细胞表面减少 RTK 和细胞因子受体一种最基本的方式，从而降低细胞对胞外多肽类激素的敏感性。

（3）受体失活（receptor inactivation）　如前所述，GRK 使结合配体的受体丝氨酸 / 苏氨酸残基磷酸化，再通过与胞质抑制蛋白 β-arrestin 结合而阻断与 G 蛋白的偶联作用，这是一种快速使受体脱敏的机制。

（4）信号蛋白失活（inactivation of signaling protein）　致使细胞对信号反应脱敏的原因不在于受体本身，而在于细胞内信号蛋白发生改变，如去磷酸化或者泛素化并降解，从而使信号级联反应受阻，不能诱导正常的细胞反应。

（5）抑制型蛋白质产生（production of inhibitory protein）　受体结合配体而被激活后，在下游反应中（如对基因表达的调控）产生抑制型蛋白质并形成负反馈环从而降低或阻断信号转导途径。

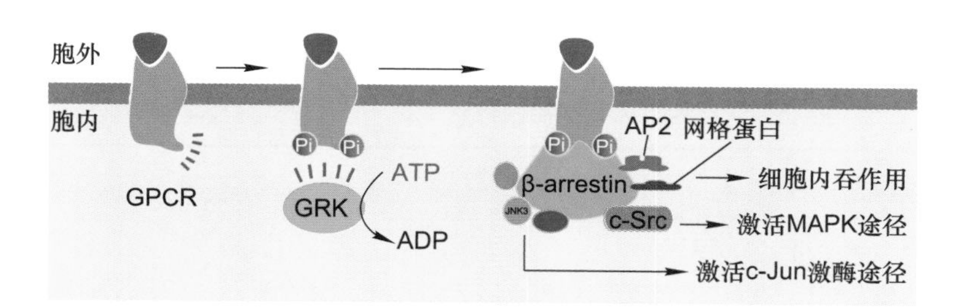

图 11-41　β-arrestin 在 GPCR 脱敏和信号转导中的作用

GPCR 在 GRK 作用下发生丝氨酸 / 苏氨酸残基磷酸化，为 β-arrestin 抑制蛋白的结合提供锚定位点，β-arrestin 与受体结合，导致 GPCR 脱敏。β-arrestin 作为接头蛋白与两种包被蛋白组分网格蛋白和 AP2 蛋白结合，介导和促进受体的细胞内吞作用，从而降低表面受体的数量。此外，β-arrestin 在信号转导中通过结合并激活几种胞质蛋白激酶而传递来自活化受体的信号，如 c-Src 激活 MAPK 途径，导致某些关键转录因子的磷酸化，或与三种其他蛋白相互作用，包括 c-Jun N 端激酶（JNK3），结果磷酸化并激活其他转录因子。

思考题

1. 何谓信号转导中的分子开关机制？请举例说明。
2. 如何理解细胞信号系统及其功能？
3. 试比较 G 蛋白偶联受体介导的信号通路（效应蛋白、第二信使、生物学功能）。
4. 概述受体酪氨酸激酶介导的信号通路的组成、特点及其主要功能。
5. 概述细胞表面受体的分类（配体、受体、信号转导机制）。
6. 图解细胞表面受体调节基因表达的信号通路。
7. 概述细胞信号的整合方式与控制机制。

参考文献

1. Cantley L C. The phosphoinositide 3-kinase pathway. *Science*, 2002, 296(5573): 1655-1657.
2. Cheng H, Lederer W J, Calcium sparks. *Physiological Reviews*, 2008, 88(4): 1491-1545.
3. Cheng H, Lederer W J, Cannell M B. Calcium sparks: elementary events underlying excitation-contraction coupling in heart muscle, *Science*, 1993, 262(5134): 740-744.
4. Gordon M D, Nusse R. Wnt signaling: multiple pathways, multiple receptors, and multiple transcription factors. *Journal of Biological Chemistry*, 2006, 281: 22429-22433.
5. Hamm H E. How activated receptors couple to G-proteins. *Proceedings of the National Academy of Sciences of the United States of America*, 2001, 98(9): 4819-4821.
6. Heldin C, Landström M, Moustakas A. Mechanism of TGFβ signaling to growth arrest, apoptosis, and epithelial-mesenchymal transition. *Current Opinion in Cell Biology*, 2009, 21(2): 166-176.
7. Hubbard S R, Miller W T. Receptor tyrosine kinases: mechanisms of activation and signaling. *Current Opinion in Cell Biology*, 2007, 19(2): 117-123.
8. Itoh S, ten Dijke P. Negative regulation of TGFβ receptor/Smad signal transduction. *Current Opinion in Cell Biology*, 2007, 19(2): 176-184.
9. Leonard W. Role of Jak kinases and STATs in cytokine signal transduction. *International Journal of Hematology*, 2001, 73(3): 271-277.
10. Pierce K L, Premont R T, Lefkowitz R J. Seven-transmembrane receptors. *Nature Reviews Molecular Cell Biology*, 2002, 3(9): 639-652.
11. Soulard A, Cohen A, Hall M N. TOR signaling in invertebrates. *Current Opinion in Cell Biology*, 2009, 21(6): 825-836.
12. Taylor S S, Kim C, Vigil D, *et al.* Dynamics of signaling by PKA. *Biochimica et Biophysica Acta* (*BBA*) - *Proteins and Proteomics*, 2005, 1754(1-2): 25-37.
13. Yamamoto Y, Gaynor R B. IκB kinases: key regulators of the NFκB pathway. *Trends in Biochemical Sciences*, 2004, 29(2): 72-79.

第十二章

细胞周期与细胞分裂

细胞增殖（cell proliferation）是细胞生命活动的重要特征之一。细胞增殖最直观的表现是细胞分裂（cell division），即由原来的一个亲代细胞（mother cell）变为两个子代细胞（daughter cell），使细胞的数量增加。各种细胞在分裂之前，必须进行一定的物质准备，不然细胞便不能分裂。物质准备和细胞分裂是一个高度受控的相互连续的过程。这一相互连续的过程即为细胞增殖。新形成的子代细胞再经过物质准备和细胞分裂，又会产生下一代的子细胞。这样周而复始，使细胞的数量不断增加。因而，细胞增殖过程也称为细胞周期（cell cycle），或称为细胞分裂周期（cell division cycle）。也有人将细胞增殖过程称为细胞生活周期（cell life cycle）或细胞繁殖周期（cell reproductive cycle）。

细胞增殖是生物繁育和生长发育的基础。单细胞生物，如酵母，细胞增殖将直接导致生物个体数量的增加。自然界中，由于各种因素的作用，每时每刻都会有大量的生物个体消亡，尤其是那些个体小、结构比较简单的单细胞生物。这些单细胞生物要保持物种的存在，必须依赖大量的细胞增殖，增加个体数量。多细胞生物是由一个单细胞即受精卵分裂发育而来，需要许多次甚至无数次的细胞增殖，并经过复杂的细胞分化过程。但不管细胞增殖次数多少，细胞分化如何复杂，我们都不难看出，细胞增殖是多细胞生物繁殖和生长发育的基础。

相对于发育早期的个体，成体生物仍然需要细胞增殖，以弥补代谢过程中的细胞损失。就我们人体而言，每天都会有大量的细胞衰老死亡，如皮肤的表皮细胞、血细胞、肠上皮细胞。要维持细胞数量的平衡和机体的正常功能，必须依赖细胞增殖。另外，机体创伤愈合、组织再生、病理组织修复等，都要依赖细胞增殖。

在本章我们将重点介绍细胞增殖过程。

第一节　细胞周期

一、细胞周期概述

如前所述，细胞周期是一个由物质准备到细胞分裂高度受控、周而复始的连续过程。细胞只有经过各种必要的物质准备，才能进行细胞分裂。经过分裂产生的子代细胞，只有再经过物质准备，才能进行下一轮的细胞分裂。细胞经过物质准备与细胞分裂，完成一个循环过程，即完成一个细胞周期。通常，我们将从一次细胞分裂结束开始，经过物质准备，直到下一次细胞分裂结束为止，称为一个细胞周期。细胞周期是一个十分复杂而又必须精确的生命活动过程，在细胞周期中至少涉及三个需要解决的根本问题：一是细胞分裂前遗传物质DNA精确的复制；二是完整复制的DNA如何在细胞分裂过程中确保准确分配到两个子细胞；三是物质准备与细胞分裂是如何调控的。这三个问题的任何环节的错误都可能影响细胞的生死存亡，或导致细胞周期调控紊乱，诸如细胞恶性增殖和肿瘤发生。

人们最初从细胞形态变化考虑，将一个细胞周期简单地划分为两个相互延续的时期，即细胞有丝分裂期（mitosis，简称 M 期）和居于两次分裂期之间的分裂间期（interphase）。分裂间期是细胞增殖的物质准备和积累阶段，分裂期则是细胞增殖的实施过程。细胞经过细胞分裂间期和细胞分裂期，完成一个细胞周期，细胞数量也相应地增加一倍。后来的工作发现，在细胞分裂期，也有一些物质准备，主要用于调控细胞分裂进程。

20 世纪 50 年代初，人们用 ^{32}P 标记蚕豆根尖细胞并作放射自显影实验，发现 DNA 合成是在分裂间期中的某个特定时期进行的。这一特定时期称为 DNA 合成期（DNA synthesis phase，简称 S 期）。进一步研究发现，S 期不在分裂间期的开始，也不在分裂间期的末尾，而是在其中间某个时期。因而，从上次细胞分裂结束至 S 期 DNA 复制之前必然存在一个时间间隔（gap）。人们称这一时间间隔为第一间隔期，简称为 G_1 期；在 S 期 DNA 复制完成至细胞分裂之前，也必然存在一个时间间隔。人们将这一时间间隔期称为第二间隔期，简称为 G_2 期。由此可见，一个细胞周期可以人为地划分为先后连续的 4 个时相，即 G_1 期、S 期、G_2 期和 M 期。绝大多数真核细胞的细胞周期都包含这 4 个时相，只是时间长短有所不同。因而，通常将含有这 4 个不同时相的细胞周期称为标准的细胞周期（standard cell cycle）（图 12–1）。

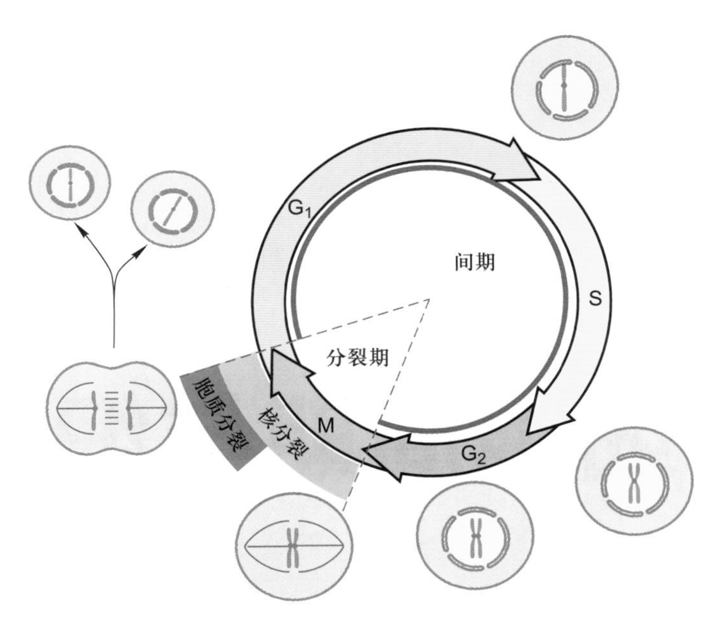

图 12–1　**标准的细胞周期**

一个标准的细胞周期一般包括 4 个时相：DNA 合成期（S）、细胞分裂期（M）以及介于二者之间的 G_1 期和 G_2 期。细胞周期从 G_1 期开始，经 S 期和 G_2 期，到 M 期结束。

同种细胞之间，细胞周期时间长短相似或相同；不同细胞种类之间，细胞周期时间长短差别很大。自然界细胞种类繁多，有的细胞每增殖一次仅需几十分钟（如细菌和蛙胚细胞），有的需要十几小时或几十小时（如小肠上皮细胞），有的长达一年至数年（如高等动物体内的某些组织细胞）。就高等生物体的细胞而言，细胞周期时间长短主要差别取决于 G_1 期，而 S 期、G_2 期和 M 期的总时间相对恒定。尤其是 M 期持续的时间更为恒定，常常仅持续半小时左右。

多细胞生物，尤其是高等生物，可以看做是由一个受精卵经过许多次分裂、分化所形成的细胞社会。在这个细胞社会中，可将细胞群体分为三类：① 周期中细胞（cycling cell），这类细胞可能会持续分裂，即细胞周期持续运转。如上皮组织的基底层细胞，通过持续不断的分裂，增加细胞数量，弥补上皮组织表层细胞死亡脱落所造成的细胞数量损失。② G_0 期细胞，也称静止期细胞（quiescent cell），这类细胞会暂时脱离细胞周期，停止细胞分裂，但仍然活跃地进行代谢活动，执行特定的生物学功能（图 12–2）。周期中细胞转化为 G_0 期细胞多发生在 G_1 期。G_0 期细胞只是暂时脱离细胞周期，一旦得到信号指使，会快速返回细胞周期，分裂增殖，如结缔组织中的成纤维细胞，平时并不分裂，一旦所在的组织部位受到伤害，它们会马上返回细胞周期，分裂产生大量的成纤维细胞，分布于伤口部位，促使伤口愈合。体外培养的细胞，在某些营养物质缺乏时，也可以进入 G_0 期。此时的细胞仅可以生存，但不能进行分裂。一旦得到营养物质补充，G_0 期细胞很快会重返细胞周期，开始细胞分裂。对 G_0 期细胞的产生和它们重返细胞周期机理的研究，已越来越受到人们的重视，这不仅涉及对细胞分化和细胞增殖调控过程的探讨，而且对生物医学如肿瘤发生和治疗、药物设计和药物筛选等，都具有重要的指导意义。③ 终末分化细胞（terminally differentiated cell），在机体内另有一类细胞，由于分化程度很高，一旦特化定型后，执行特定功能，则终生不再分裂。如大量的横纹肌细胞，血液多形核白细胞，某些生物的有核红细胞等。G_0 期细胞和终末分化细胞的界限有时难以划分，有的细胞过去认为属于终末分化细胞，目前可能又被认为是 G_0 期细胞。

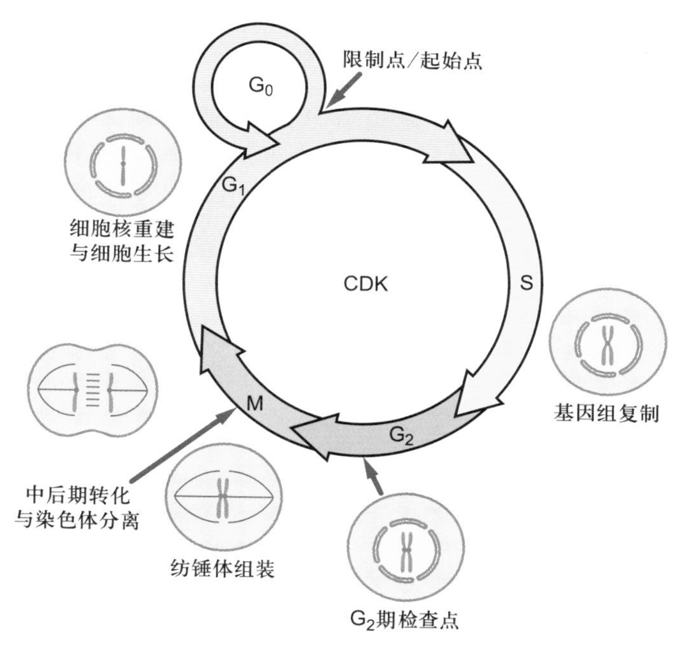

图 12-2　细胞周期检查点及其主要事件

二、细胞周期中各不同时相及其主要事件

在组成细胞周期的 4 个不同时相里，要发生许多不同的事件。人们对这些事件已有不同程度的认识，有的已有所了解，有的已比较深入，有的可能还不为人知。在这里我们仅对其中的一些主要事件做一概括介绍（图 12-2）。

G_1 期是一个细胞周期的第一阶段。上一次细胞分裂之后，产生两个子代细胞，标志着 G_1 期的开始。新生成的子代细胞立即进入一个细胞生长期，开始合成细胞生长所需要的各种蛋白质、糖类、脂质等，但不合成细胞核 DNA。在 G_1 期的晚期阶段有一个特定时期。如果细胞继续走向分裂，则可以通过这个特定时期，进入 S 期，开始细胞核 DNA 合成，并继续运行，直到完成细胞分裂。在芽殖酵母中，这个特定时期被称为起始点（start）。起始点过后，细胞开始出芽，DNA 也开始复制。起始点最初的概念是指细胞出芽的开始，但事实上控制着新一轮细胞周期的运转。在其他真核细胞中，这一特定时期称为限制点（restriction point, R 点），或检查点（checkpoint）。

起始点被认为是 G_1 期晚期的一个基本事件。细胞只有在内、外因素共同作用下才能完成这一基本事件，顺利通过 G_1 期，进入 S 期并合成 DNA。任何因素影响到这一基本事件的完成，都将严重影响细胞从 G_1 期向 S 期转换。影响这一事件的外在因素主要包括营养供给和相关的激素刺激等，而内在因素则主要是一些与细胞分裂周期相关基因（cell division cycle gene, CDC 基因）调控过程相关的因素。CDC 基因的产物是一些蛋白激酶、蛋白磷酸水解酶等。这些酶活性的变化将直接影响到细胞周期的变化。而这些酶活性变化本身在时间和空间上又受到内在和外在因素的调节。

限制点的概念多用于高等真核细胞，尤其是哺乳动物细胞。其实质尚不完全清楚，已发现与酵母中的起始点在形式上有许多共同之处，但也有明显不同，可能比后者更为复杂。实验发现，绝大多数细胞若在限制点前进行无生长因子培养 (growth factor starvation)，细胞会很快进入休眠期，不能复制 DNA，也不能进行细胞分裂。倘若在限制点之后进行无生长因子培养，细胞则可以进入 S 期，复制 DNA。

检查点是目前细胞周期研究领域中用得较多的一个术语。这一术语的出现可能源于早期对大肠杆菌 DNA 复制调控的研究。当大肠杆菌 DNA 受到损伤，或 DNA 复制受到抑制时，会激活 RecA 蛋白，酶解 LexA 抑制子，诱导 *Sos* 基因的大量表达。有些 *Sos* 基因产物参与受损 DNA 的修复，有些则参与阻止细胞分裂。这种细胞周期进程被抑制的原因并不是由于 DNA 损伤或 DNA 复制尚未完成本身所引起的，而是由于细胞内存在一系列监控机制（surveillance mechanism）。这些特异的监控机制可以鉴别细胞周期进程中的错误，并诱导产生特异的抑制因子，阻止细胞周期进一步运行。在真核细胞中也发现多种监控机制，即指细胞周期的某些关键时刻，存在一套监控机制，以调控周期各时相有序而适时地进行更迭，并使周期序列过程中后一个事件的开始依赖于前一个事件的完成，从而保证周期事件高度有序地完成。进一步研究发现，检查点不仅存在于 G_1 期，也存在于其他时相，如 S 期检查点、G_2 期检查点、纺锤体组装检查点等。从分子水平看，检查点是作用于细胞周期转换时序的调控信号通路，其监控作用在于保证基因和基因组的稳定性，而不是细胞分裂的基本条件。

S 期即 DNA 合成期。细胞经过 G_1 期，为 DNA 复制的起始做好了各方面的准备。进入 S 期后，细胞立即开始合成 DNA。DNA 复制的起始和复制过程受到多种细胞周期调节因子的严密调控。同时，DNA 复制与细胞核结构如核骨架、核纤层、核膜等密切相关。目前已经知道，真核细胞DNA的复制和原核生物一样，是严格按照半保留复制的方式进行的。真核细胞新合成的DNA立即与组蛋白结合，共同组成核小体串珠结构。新的组蛋白也是在S期合成的。关于真核细胞DNA复制的起始、复制过程及其调控机制等，目前已取得了许多突破性进展；DNA复制与细胞核结构的关系等，也在积极研究之中。

DNA复制完成以后，细胞即进入G_2期。此时细胞核内DNA的含量已经增加一倍，即每条染色体含有2个拷贝的DNA，由G_1期细胞的染色体倍性（$2n$）变成了G_2期的染色体倍性（$4n$）。其他结构物质和相关的亚细胞结构也已完成进入M期的必要准备。通过G_2期后，细胞即进入M期。但细胞能否顺利地进入M期，要受到G_2期检查点的控制。G_2期检查点要检查DNA是否完成复制，细胞是否已生长到合适大小，环境因素是否利于细胞分裂等。只有当所有利于细胞分裂的因素得到满足以后，细胞才能顺利实现从G_2期向M期的转化。

M期即细胞分裂期。真核细胞的细胞分裂主要包括两种方式，即有丝分裂（mitosis）和减数分裂（meiosis）。体细胞一般进行有丝分裂；成熟过程中的生殖细胞进行减数分裂，也称为成熟分裂。减数分裂是有丝分裂的特殊形式。细胞经过分裂，将其经过S期复制的染色体（DNA）平均分配到两个子细胞中。关于细胞分裂过程，下面将详细介绍。

细胞周期中各个时相的有序更迭和整个细胞周期的运行，需要“引擎”分子的驱动，即是在周期蛋白依赖性激酶复合物（cyclin-dependent kinase complex, CDK）统一调控下进行的。CDK通过调节靶蛋白磷酸化而调控细胞周期的运转。与CDK相对应的是蛋白磷酸水解酶，促进已磷酸化的靶蛋白去磷酸化。已知的CDK已有十来种，在不同的时期有不同的CDK起调控作用。参与调控细胞周期的蛋白磷酸水解酶也有多种。此外，还有不少其他因素，通过调控CDK和蛋白磷酸水解酶的活性或其他相关反应，从而参与调控细胞周期。下文还将进一步介绍细胞周期调控的机制。

细胞种类众多，繁殖速度有快有慢，细胞周期长短差别很大。单细胞生物如此，多细胞生物也是如此。就人体细胞而言，如神经细胞、肌细胞、血细胞、肝细胞、小肠上皮细胞等，其生长繁殖速度差异很大。体外培养的细胞也是如此，细胞来源不同，其细胞周期时间长短各异。细胞周期长短与细胞所处的外界环境也有密切关系。就环境温度而言，在一定范围之内，温度高，细胞分裂繁殖速度加快，温度低，则分裂繁殖速度减慢。

在某些工作中，常常会涉及细胞周期时间长短的测定。测定方法也多种多样，如脉冲标记DNA复制和细胞分裂指数观察测定法、流式细胞仪测定法等。若仅需要测定细胞周期总时间，只要通过在不同时间里对细胞群体进行计数，就可以推算出细胞群体的倍增时间，即细胞周期总时间。或者应用缩时摄像技术，不仅可以测定准确的细胞周期时间，还可以测定分裂间期和分裂期的准确时间。

三、细胞周期同步化

在同种细胞组成的细胞群体中，不同的细胞可能处于细胞周期的不同时相，为了某种目的，人们常常需要整个细胞群体处于细胞周期的同一个时相。事实上，在自然界中已经存在一些细胞群体处于细胞周期的同一时相的例子。例如有一种黏菌（*Physarum polycephalum*）的变形体*plasmodia*，只进行核分裂而不进行细胞质分裂，结果形成多核原生质体结构。所有细胞核在同一细胞质中进行同步分裂，细胞核数目可多达10^8个，多核原生质体（细胞）直径可达5～6 cm。又如，大多数无脊椎动物和个别脊椎动物的早期胚胎细胞，可同步化卵裂数次甚至十多次，形成数量可观的同步化细胞群体。这种自然界存在的细胞周期同步化过程，称为天然同步化（natural synchronization）。

细胞周期同步化也可以进行人工选择或人工诱导，统称为人工同步化 (artificial synchronization)。人工选择同步化是指人为地将处于周期不同时相的细胞分离开来，从而获得不同时相的细胞群体。例如，处于对数生长期的单层培养细胞，细胞分裂活跃，大量处于分裂期的细胞变圆，从培养瓶（皿）壁上隆起，与培养瓶（皿）壁的附着力减弱。若轻轻振荡培养瓶（皿），处于分裂期的细胞即会从瓶（皿）壁上脱落，悬浮到培养液中。收集培养液，通过离心，即可获得一定数量的分裂期细胞（图12-3）。将这些分裂期细胞重新悬浮于一定体积的培养液中培养，细胞即开始分裂，进行细胞周期同步运转，由此可以获得不同时相的细胞。这种人工选择同步化方法目前仍被广泛采用。其优点是，细胞未经任何药物处理和伤害，能够真实反映细胞周期状况，且细胞同步化效率较高。但此方法也有不理想之处，即分离的细胞数量少。要获得足够数量的细胞，其成本大大

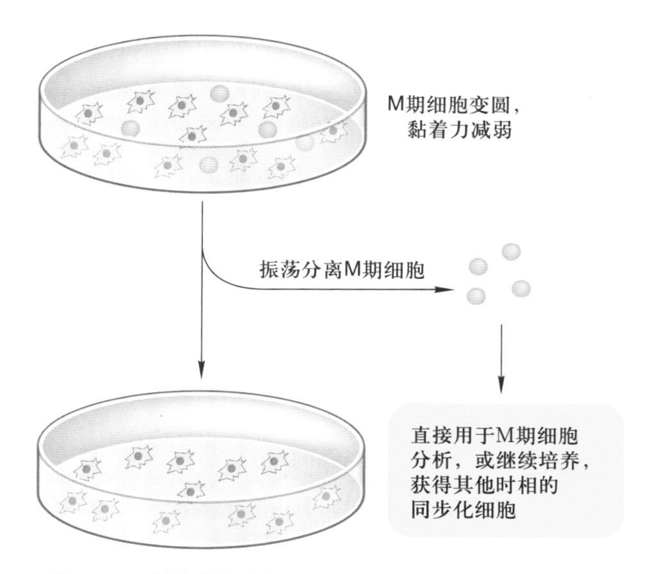

图 12-3　从培养细胞中收集 M 期细胞的同步化方法

高于采用其他方法。人工选择同步化的另一个方法是密度梯度离心法。有些种类的细胞，如裂殖酵母，不同时期的细胞在体积和质量上差别显著，可以采用密度梯度离心方法分离出处于不同时相的细胞。这种方法简单省时、效率高、成本低，但缺点是，对大多数种类的细胞并不适用。

细胞同步化可以通过人工诱导而获得，即通过药物诱导，使细胞同步化在细胞周期的某个特定时相。目前应用较广泛的诱导同步化方法主要有两种，即 DNA 合成阻断法和分裂中期阻断法。

1. DNA 合成阻断法

DNA 合成阻断法是一种采用低毒或无毒的 DNA 合成抑制剂特异地抑制 DNA 合成，而不影响处于其他时相的细胞进行细胞周期运转，从而将被抑制的细胞抑制在 DNA 合成期的实验方法。目前采用最多的 DNA 合成抑制剂为胸腺嘧啶脱氧核苷（TdR）或羟基脲（hydroxyurea, HU）。将一定剂量的抑制剂加入培养液并继续培养一定时间（G_2+M+G_1），所有细胞即被抑制在 S 期。注意，此时的 S 期细胞可能处于 S 期中的任何时期，其时间区段仍然较宽。若将抑制剂去除，细胞仍然不能有效地进行同步化运转。要解决这一问题，通常的做法是，采用两次 DNA 合成抑制剂处理，将细胞最终抑制在 G_1/S 期交界处狭窄的时间区段。抑制剂去除后，细胞即可以进行同步细胞周期运转（图 12-4）。将过量的 TdR 加入细胞培养液，凡处于 S 期的细胞立刻被抑制，而其他各期的细胞则照常运转，培养一定时间（G_2+M+G_1）后，所有这些细胞则被抑制在 G_1 期和 S 期的交界处；将 TdR 洗脱，更换新鲜培养液后，阻断于 S 期的细胞，开始复制 DNA 并沿细胞周期运转。再向培养液中第二次加入 TdR，经过一定时间的培养，所有细胞则会被抑制在 G_1/S 期交界处。将 TdR 洗脱，更换新鲜培养液并继续培养一定时间，即可以获得 S 期和 G_2 期不同时间点的同步化细胞。此方法的优点是同步化效率高，几乎适合于所有体外培养的细胞体系。这种方法目前被广泛采用。

2. 分裂中期阻断法

某些药物，如秋水仙碱、秋水仙酰胺和诺考达唑（nocodazole）等，可以抑制微管聚合，因而能有效地抑制细胞纺锤体的形成，将细胞阻断在细胞分裂中期。处于间期的细胞，受药物的影响相对较弱，常可以继续运转到 M 期。因而，在药物持续存在的情况下，处于 M 期的细胞数量会逐渐累加。通过轻微振荡，将变圆的 M 期细胞摇脱，经过离心，可以得到大量的分裂中期细胞。将分裂中期细胞悬浮于新鲜培养液中继续培养，它

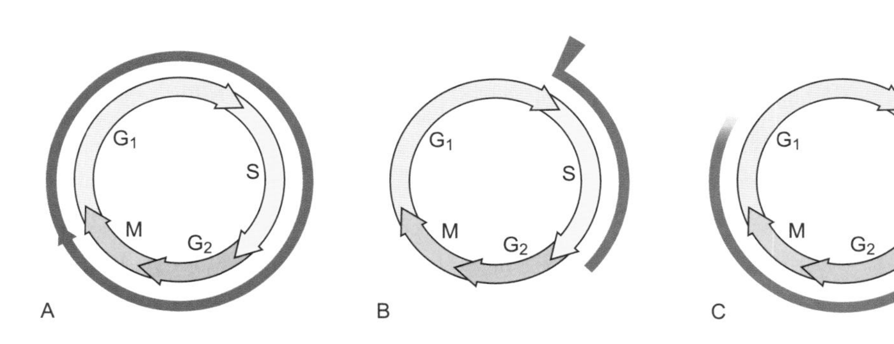

图 12-4　应用过量的 TdR 阻断法进行细胞周期同步化

A. 处于对数生长期的细胞。B. 第一次加入 TdR，所有处于 S 期的细胞立即被抑制，其他细胞运行到 G_1/S 期交界处被抑制。C. 将 TdR 洗脱，解除抑制，被抑制的细胞沿细胞周期运行。D. 在解除抑制的细胞到达 G_1 期终点前，第二次加入 TdR 并继续培养，所有的细胞被抑制在 G_1/S 期交界处。

们可以继续分裂并沿细胞周期同步运转，从而获得 G_1 期不同阶段的细胞。此方法的优点是操作简便，效率高；缺点是这些药物的毒性相对较大，若处理的时间过长，所得到的细胞常常不能恢复正常的细胞周期运转。

在实际工作中，人们常将几种方法并用，以获得数量多、同步化效率高的细胞。我们曾用低温、TdR 和诺考达唑综合处理法获取大量的分裂中期细胞，将这些中期细胞匀浆用来进行非细胞体系细胞核重建实验，获得了体外重建的细胞核，不仅实现了细胞同步化，而且证明这些同步化的 M 期细胞仍可以进行正常的细胞周期运转。

目前，人们已经分离了许多与细胞周期调控有关的条件依赖性突变株。将这些突变株转移到限定条件下培养，所有细胞便被同步化在细胞周期中某一特定时相。

四、特殊的细胞周期

特殊的细胞周期是指那些特殊的细胞所具有的与标准的细胞周期相比有着鲜明特点的细胞周期。应用这些细胞所进行的细胞周期研究，不仅大大简化了实验条件，获得了许多重要结果，加深了人们对细胞周期的认识，而且这些研究仍在向深入发展。

（一）早期胚胎细胞的细胞周期

早期胚胎细胞的细胞周期主要指受精卵在卵裂过程中的细胞周期。它与一般体细胞的细胞周期明显不同，尤其是两栖类、海洋无脊椎类以及昆虫类的早期胚胎细胞等。最显著的特点是，卵细胞在成熟过程中已经积累了大量的物质基础，基本可以满足早期胚胎发育的物质需要，其细胞体积也显著增加；当受精以后，受精卵便开始迅速卵裂，卵裂球数量增加，但其总体积并不增加，因而，卵裂球体积将越分越小。每次卵裂所持续的时间，即一个细胞周期所持续的时间，与体细胞周期相比，周期时间大大缩短。早期胚胎细胞周期的 G_1 期和 G_2 期非常短，以至于被误认为早期胚胎细胞周期仅含有 S 期和 M 期，即一次卵裂后，新的卵裂球迅速开始 DNA 合成，然后立即开始下一轮卵裂。以非洲爪蟾早期胚胎为例，当卵细胞受精以后，第 1 个细胞周期，即第 1 次卵裂，持续时间约 75 min。从第 2 个细胞周期到第 12 个细胞周期，即从第 2 次卵裂到第 12 次卵裂，每个细胞周期持续 30 min 左右。12 个细胞周期共需要 8 个多小时。而一个非洲爪蟾体细胞的细胞周期持续时间约 24 h。虽然早期胚胎细胞周期有其鲜明的特点，但细胞周期的基本调控因子和监控机制与一般体细胞标准的细胞周期基本是一致的。在过去的几十年中，人们选用早期胚胎细胞作为材料所进行的细胞周期调控研究，多次取得突破性进展，大大推动了学科发展。

（二）酵母细胞的细胞周期

利用酵母细胞所从事的细胞周期研究，在整个细胞周期研究领域中占有重要位置。几十年来，用酵母细胞进行细胞周期调控研究取得了大量突破性的成果，如许多与细胞周期调控直接相关的基因的成功分离等。用于进行细胞周期调控研究的酵母主要有两种，即芽殖酵母和裂殖酵母。

酵母细胞的细胞周期与标准的细胞周期相比有许多相同之处。首先，酵母细胞周期运转过程也包括 G_1 期、S 期、G_2 期和 M 期 4 个时相。更基本的是酵母细胞周期调控过程与标准的细胞周期非常相似，许多参与调控细胞周期的基因与高等生物的也基本相同。

酵母细胞周期也有其明显的特点。首先，酵母细胞周期持续时间较短，大约为 90 min。和许多其他单细胞生物一样，细胞分裂过程属于封闭式，即在细胞分裂时，细胞核核膜不解聚。与细胞核分裂直接相关的纺锤体不是在细胞质中，而是位于细胞核内。此外，还有其他一些特点。例如，和其他真菌相似，酵母在一定环境因素作用下，也进行有性繁殖。

芽殖酵母和裂殖酵母虽同称为酵母，但二者之间的亲缘关系甚远，分属于两个属，据 rRNA 序列分析，二者在两亿年前即已开始分歧演化。芽殖酵母和裂殖酵母在细胞结构和生命过程方面也有明显差别。

芽殖酵母以出芽方式进行分裂，因而很容易在生活状态下观察细胞周期进程。如图 12-5 所示，芽殖酵母细胞在 G_1 期呈卵圆形，含有一个细胞核，基因组为单倍体。细胞周期起始点位于 G_1 期的后期阶段。起始点过后，细胞马上开始出芽。根据芽体的大小比例可以粗略估计细胞所处的时期。细胞出芽后，很快便进入 S 期，开始 DNA 复制，同时，纺锤体开始组装。纺锤体的两端为纺锤体极体（spindle polar body）。另一个与标准的细胞周期显著不同的是，酵母的纺锤体组装与 S 期 DNA 复制同时进行，而不是在 DNA 复制之后。S 期过后，经过短暂的 G_2 期，染色质开始凝集，纺锤体逐渐延长，细胞逐步向 M 期推进。随着时间延长，芽体也不断增长，细胞核一分为二，分别分配到

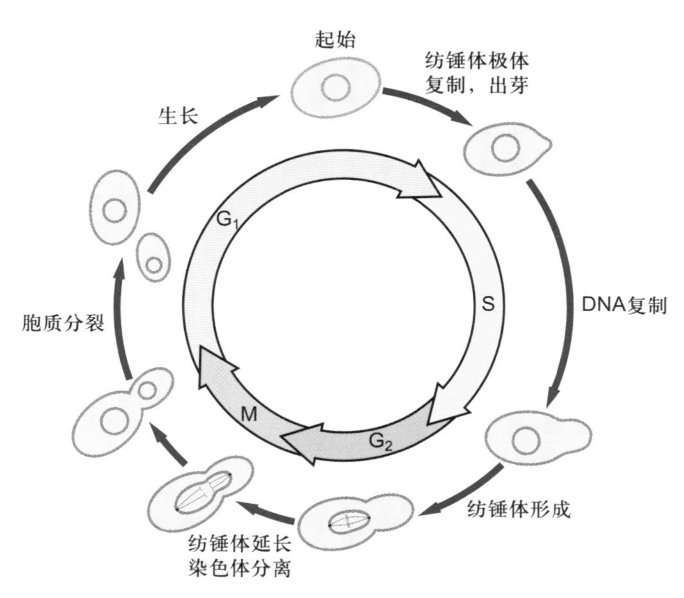

图 12-5　芽殖酵母的细胞周期

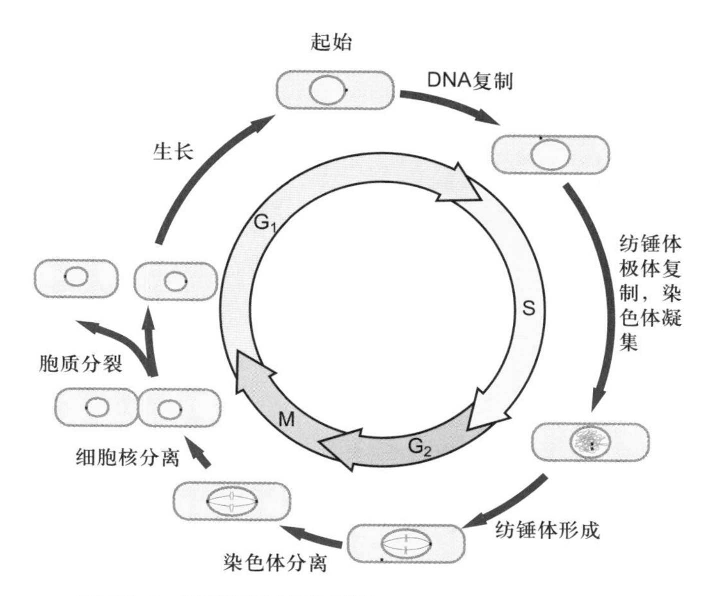

图 12-6　裂殖酵母的细胞周期

母体细胞和子细胞芽体中。再经过胞质分裂，形成相互独立的两个细胞。芽殖酵母细胞分裂为不等分裂，即生成的两个细胞体积大小不等，以芽体逐渐形成的子细胞体积较小。

芽殖酵母子细胞形成后，如果环境因素适宜，它们可以继续进行下一轮细胞周期。如果环境因素不适宜，如营养物质缺乏等，它们或者直接进入 G_0 期状态，或者改变生活周期，由通过有丝分裂方式转化为减数分裂方式进行有性生殖。两个雌雄单倍体细胞会发生接合，细胞质相互融合，细胞核也随之融合，形成一个二倍体细胞。该二倍体细胞再经过起始点、一轮 DNA 复制、减数分裂等，最终形成 4 个单倍体孢子。一旦环境因素适应，单倍体孢子又可以萌发，回到无性生殖状态。

裂殖酵母形态呈棒状。其细胞周期与芽殖酵母有不少相似之处，也有显著不同（图 12-6）。G_1 期裂殖酵母细胞为短棒状。经过一段时间的生长，细胞增加到一定长度，到达起始点。和芽殖酵母相似，经过起始点后，细胞很快进入 S 期，开始复制 DNA，同时继续生长。S 期过后，细胞进入 G_2 期，并将继续生长一定时间，待细胞达到一定体积后，方能启动 M 期。经染色体凝集、纺锤体极体复制、纺锤体在细胞核内组装并逐渐延长、细胞核拉长等一系列变化，分裂成两个细胞核。再经胞质分裂，形成两个大小相同的子细胞。裂殖酵母在环境因素不利时，也会由有丝分裂生殖转化为减数分裂生殖。但与芽殖酵母细胞不同，两个不同性别的单倍体裂殖酵母细胞可以直接接合，通过减数分裂，形成 4 个单倍体孢子。此外，裂殖酵母的起始点无明显的形态学标志。因而难以像芽殖酵母那样，可以通过观察芽体的大小来估计细胞所在的细胞周期位置。但裂殖酵母有两个鲜明的特点：一是细胞分裂为均等分裂，即分裂后生成的两个子细胞大小相等；二是细胞生长仅是细胞长度的增加，细胞直径保持不变。根据这两个特点，可以通过测定细胞长度，比较容易地确定细胞周期变化。

（三）植物细胞的细胞周期

植物细胞的细胞周期与动物细胞的标准细胞周期非常相似，也含有 G_1 期、S 期、G_2 期和 M 期 4 个时相。但植物细胞的细胞周期至少含有两个突出特点（图 12-7）：第一，高等植物细胞不含中心体，但在细胞分裂时可以正常组装纺锤体。在动物细胞，中心体被认为是微管组织中心，是纺锤体组装所必需的。在缺乏中心体的情况下，是什么因素控制纺锤体组装，长期以来一直是植物细胞周期研究领域中的重要课题之一。第二，植物细胞分裂是在成膜体指导下，以形成细胞板（中间板）的形式完成胞质分裂。研究植物细胞胞质分裂的调控过程，也是探讨细胞周期调控中的重要课题之一。

（四）细菌的细胞周期

近些年来，研究细菌细胞周期也成为细胞周期调控

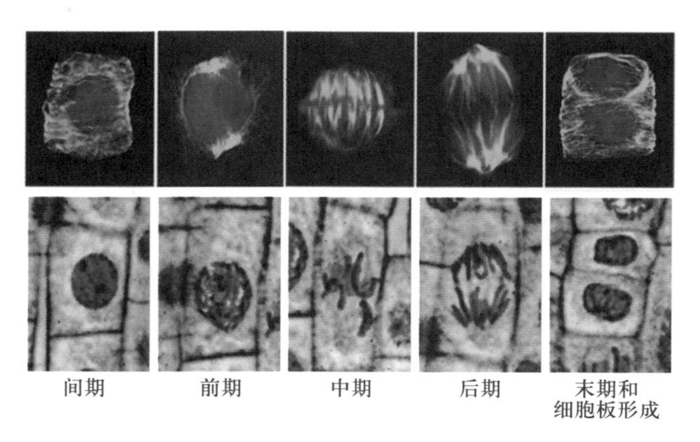

图 12-7　**植物细胞的有丝分裂**

上排各图用两种荧光染色，绿色荧光显示胞质微管（纺锤体），红色荧光显示细胞核（染色体）。下排各图用福尔根染色法显示有丝分裂及胞质分裂过程。（苏都莫日根博士提供）

研究中重要课题之一。但细菌种类繁多，细胞周期变化很大。在这里仅以大肠杆菌为例，简单介绍其细胞周期过程，以获得对细菌细胞周期的一般认识。

与所有其他细胞相似，DNA 复制是细菌细胞周期中的重要事件之一（图 12-8）。细菌 DNA 为一环形分子，含有一个复制起始点（origin）。细菌生长缓慢的情况下，在 DNA 复制之前，一般要经过一个临界时间（threshold），调节 DNA 复制的起始。在 DNA 复制之后和细胞分裂之前，也有一个临界时间。只有通过这个临界时间，细胞才能开始分裂。从这种慢生长情况来看，细菌细胞周期过程与真核细胞周期过程有一定相似之处。其 DNA 复制之前的准备时间与 G_1 期类似。分裂之前的准备时间与 G_2 期类似。再加上 S 期和 M 期，细菌的细胞周期也基本具备 4 个时相（图 12-8A）。但是，细菌在快生长情况下，细胞周期过程发生较大变化。最主要的变化在于细胞如何协调快速分裂和最基本的 DNA 复制速度之间的矛盾。在快生长情况下，细菌细胞每分裂一次（即一个细胞周期时间）仅需要 35 min，而完成一次 DNA 复制却需要 40 min。而且，在 DNA 复制之前，需要 10 min 的复制起始准备，在 DNA 复制之后还需要 20 min 的染色体分离和细胞分裂。由此可见，真正完成一轮 DNA 复制实际需要 70 min。细菌细胞是如何来协调快速分裂和慢速的 DNA 复制之间的矛盾呢？原来，如图 12-8B 所示，在上一次细胞分裂结束时，细胞内的 DNA 已经复制到一半路程。细胞分裂后，立即开始新一轮的 DNA 复制。10 min 后，DNA 复制起始，复制的起点不是在一个 DNA 分子上，而是在两个正在形成中的 DNA 分子上同时开始。随着上次 DNA 复制的结束，染色体开始分裂，细胞也随之分裂。到两个细胞完全形成时，刚才开始的 DNA 复制又已经走过一半路程。前后时间持续 35 min。新的细胞又开始下一轮的 DNA 复制准备。可以看出，快生长时，在一个细胞周期中每个 DNA 分子复制仅能完成一半，但 DNA 复制是在两个正在形成中的 DNA 分子上同时进行的。结果，经过 70 min，两个 DNA 分子完成复制，得到 4 个 DNA 拷贝，细胞完成两轮细胞周期，产生 4 个细胞。

细菌在一定环境条件下，其慢生长和快生长可以相互转化。若慢生长转化为快生长，在第一次 DNA 复制起始之后立即开始新一轮的 DNA 复制起始，使两个 DNA 分子同时复制，细胞分裂后，形成两个各含 DNA 复制完成一半路程的子细胞。若快生长转化为慢生长，在细胞分裂之后仅开始新一轮的细胞周期，而不起始新的 DNA 复制，结果生成两个各含一个 DNA 分子的子细胞。

关于细菌细胞 DNA 复制起始调控和染色体分离及细胞分裂调控等方面的研究，已经获得了许多成果，目前仍在深入进行中。

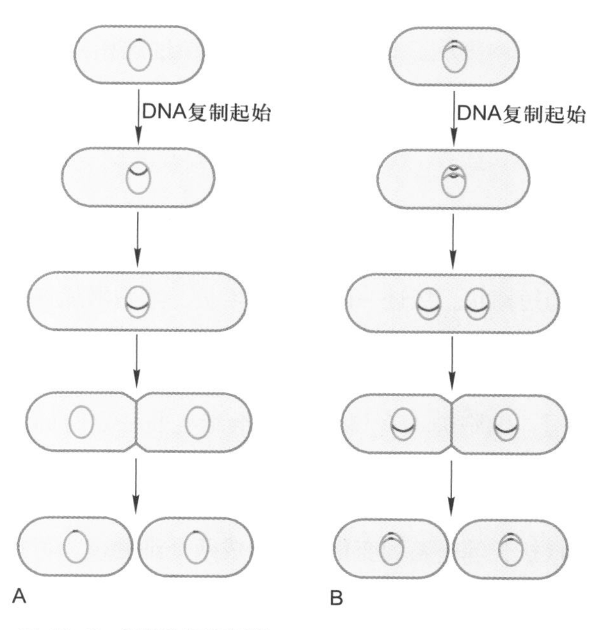

图 12-8　**细菌的细胞周期**

A. 慢生长。B. 快生长。

第二节　细胞分裂

一、有丝分裂

在细胞周期的M期时相包括核分裂与胞质分裂两个相互联系的过程。细胞有丝分裂即指核分裂，根据细胞分裂期核膜、染色体、纺锤体装配及核仁等形态结构的规律性变化，传统上人们将有丝分裂过程又人为地划分为前期、前中期、中期、后期和末期。胞质分裂（cytokinesis）相对独立，一般开始于细胞有丝分裂后期，完成于细胞有丝分裂末期。通过核分裂与胞质分裂，使已经复制好的染色体DNA平均分配到两个子细胞中。在整个细胞分裂过程中，细胞骨架系统是核分裂与胞质分裂的主要执行者。图12-9中的照片摄自经抗微管抗体和DNA染料双重荧光染色的动物细胞。在细胞间期，细胞核结构清晰，微管以一个中心体为核心向四周辐射装配。随着细胞进入分裂期，细胞核结构和微管排列方式等将发生一系列有序的变化。基于光镜下所见有丝分裂基本过程，在中学及大学其他先行课程中已多有描述，故此不再赘述。

（一）有丝分裂各期的重要事件及其结构装置

1．前期

前期（prophase）是有丝分裂过程的开始阶段。在前期主要发生两个事件：

（1）染色体凝缩（chromatin condensation）　染色体凝缩是指由间期细长、弥漫样分布的线型染色质，经过进一步螺旋化、折叠和包装（packing）等过程，逐渐变短变粗，形成光镜下可辨的早期染色体结构。已复制的染色体的两个姐妹染色单体间彼此黏着和凝缩是有丝分裂和减数分裂期间基因组准确分离的先决条件。不同水平染色体高级结构的组织是依赖于不同的SMC（structural maintenance of chromosome）蛋白复合物来维持的。两类结构上相关的蛋白复合物分别是黏连蛋白（cohesin）和凝缩蛋白（condensin），二者均是由多个亚基构成的。黏连蛋白介导姐妹染色单体的黏着，凝缩蛋白介导染色体凝缩。它们的核心组分为具有ATP酶活性的Smc家族成员，从细菌到高等生物，在演化上高度保守，在染色体高级结构组织、包装和配对等方面行使关键作用。典型真核生物的SMC复合物由两个SMC蛋白异二聚体和两个或多个非SMC蛋白亚基组成。黏连蛋白由Smc1/3异二聚体以及非Smc蛋白如Mcd1（Scc1或Rad21）和Scc3亚基组成；凝缩蛋白最初在爪蟾卵细胞抽提物中被纯化，除Smc2/4异二聚体外，还有其

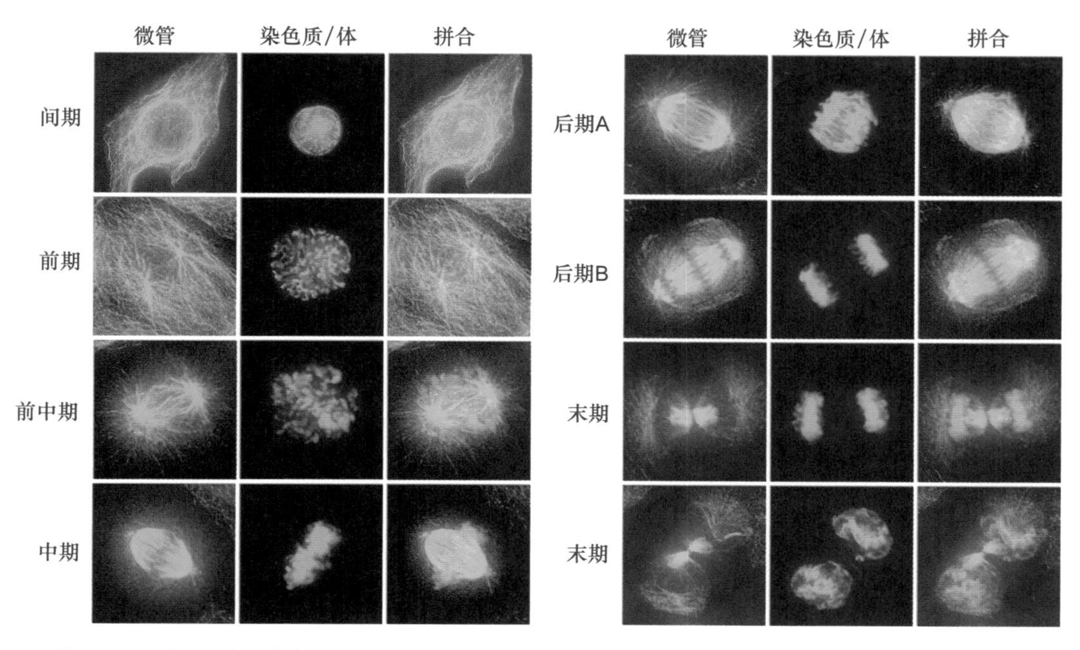

图12-9　高等动物细胞有丝分裂过程（罗佳博士和张传茂博士提供）

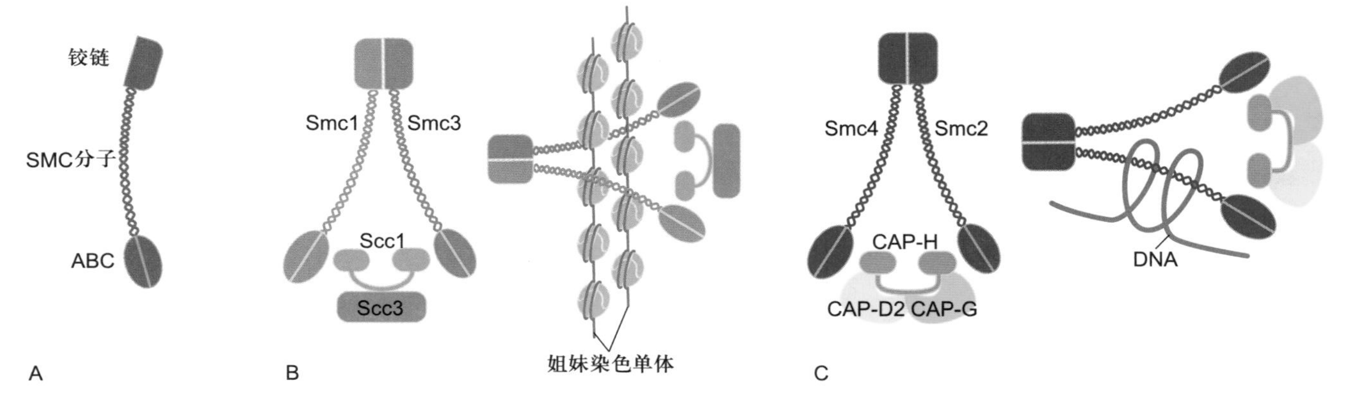

图 12-10　SMC 蛋白（A）及其黏连蛋白（Smc1/3）（B）、凝缩蛋白（Smc2/4）（C）异二聚体的作用

他三种非 SMC 蛋白（CAP-H，-G 和 -D2）参与复合物的组成。每个异二聚体被中间铰链区分为两个卷曲螺旋臂，每个臂的末端是球形类 ATP 结合盒（ATP-binding cassette, ABC），这种结构特点使得 SMC 复合物可以利用水解 ATP 释放的能量保持高度动态性和可塑性，以确保分子间或分子内的相互作用。在其他非 SMC 蛋白亚基参与下，黏连蛋白通过臂端类 ABC 结构域与 DNA 结合，将两条姐妹染色单体黏着在一起（分子间交联），直至有丝分裂中－后期转换时染色单体彻底分离。染色单体间除通过黏连蛋白而交联外，在主缢痕（着丝粒）区两侧还组装形成一种蛋白质复合物结构，称为动粒（详见第九章第四节）；凝缩蛋白介导染色体 DNA 分子内交联，利用水解 ATP 释放的能量，促进染色体凝缩（图 12-10）。

（2）细胞分裂极的确立和纺锤体的装配　不管是细胞常规的有丝分裂，还是像酵母那样的核内有丝分裂，在起始阶段，分裂极的确立至关重要。动物细胞分裂极的确立，与中心体的复制、分离和有星纺锤体的装配密切相关。中心体建立两极纺锤体，确保细胞分裂过程的对称性和双极性，而这一功能对染色体的精确分离是必需的。高等植物细胞没有中心体，但有丝分裂时也要装配形成无星纺锤体，其分裂极的确立机制尚不清楚。动物细胞中心体被称为微管组织中心（MTOC），中心体内含有一对桶状的中心粒，它们彼此垂直分布，外面被无定形的中心粒外周物质所包围（参见图 8-22）。在细胞周期过程中中心体的周期变化如图 12-11 所示。

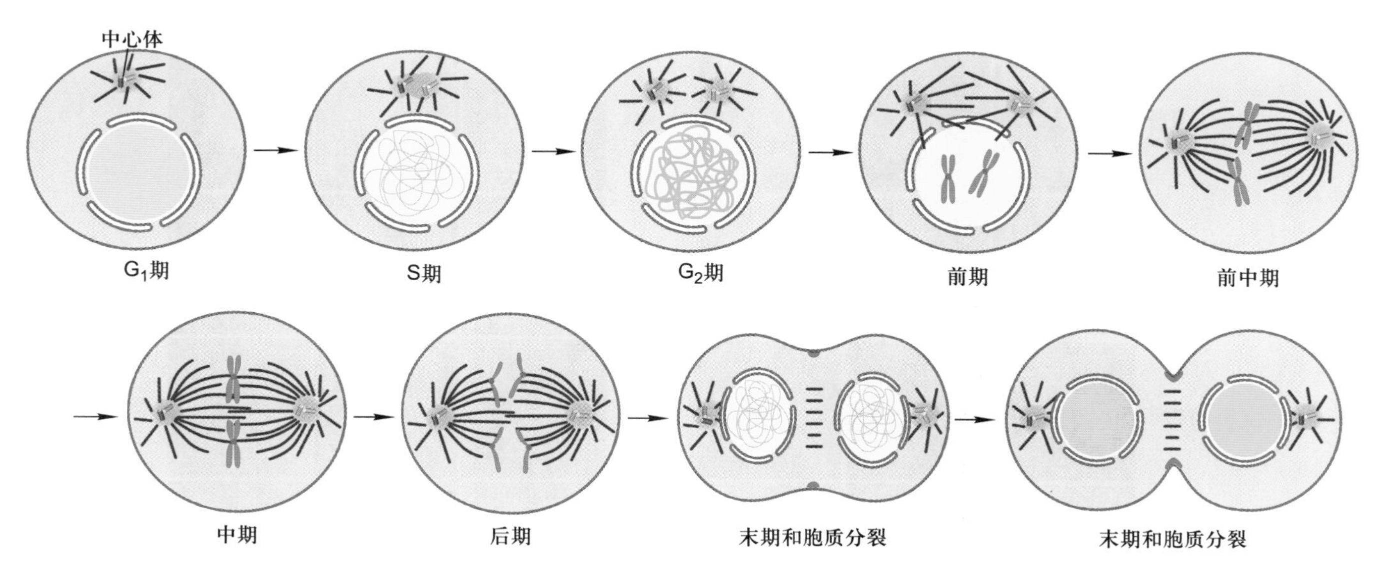

图 12-11　动物细胞中心体的复制与细胞周期的关系

在每个细胞周期中，中心体进行一次半保留复制。在有丝分裂末期，每个子代细胞继承一个中心体，而在下次有丝分裂开始之前，它又包含两个中心体。

在分裂间期，中心体精确的复制周期为有丝分裂做前期准备，这一过程被称之为中心体复制。在 G_1 期晚期垂直分布的母中心粒和子中心粒分离，这是中心体复制开始的征兆，现普遍认为，中心体在 G_1 期末开始复制，在 S 期完成复制，随着中心体复制完成，在 G_2 期分离，半保留复制的中心粒进入子代中心体。细胞进入有丝分裂前期，复制并分离后的两个子中心体作为微管组织中心，开始放射状微管装配，中心体及其周围微管形成两个星体（aster），这便是分裂极的确立和纺锤体装配的起始。根据中心体生化分析，中心体长驻蛋白包括 α/β/γ/δ/ε 微管蛋白、中心体蛋白（centrin）、中心粒周蛋白（pericentrin）等。许多研究结果表明，γ 微管蛋白是微管组织中心的组成成分，最初发现于一种真菌中，后来证实它普遍存在于其他真核生物中，是一种非常保守的蛋白质，而且可能也由多基因编码，γ 微管蛋白连接微管和中心体。尽管它在细胞中含量很少，但对微管的装配、微管的取向等起着很重要的调节作用。中心体蛋白是分子质量为 20 kDa 的一个钙结合蛋白家族，主要定位于中心体及其同源结构中。目前已鉴别出 4 种中心体蛋白（centrin-1p, 2p, 3p, 4p）。centrin-2p 和 centrin-3p 普遍表达于哺乳动物细胞中，两种蛋白质主要位于中心粒的远端。研究表明在 HeLa 细胞中，如果 centrin-2p 的表达被干扰 RNA 灭活，中心粒的复制将被抑制并导致细胞周期连续性的缺损。研究发现，中心体蛋白在中心体的复制和分离中发挥重要作用，在哺乳动物细胞中，中心体蛋白的定位具有细胞周期依赖性的特点，推测中心体蛋白参与了有丝分裂过程。中心粒周蛋白是中心粒周围物质的组成成分，它参与组织中心体的结构。现已有实验证据表明，中心体复制的起始需要多种调节因子介入，在 G_1/S 期限制点，需要 cyclin E–Cdk2（参见本章第一节）参与，为中心体复制签发通行证；中心体复制由钙调蛋白依赖激酶Ⅱ(CaMKⅡ) 触发，细胞内自由钙离子浓度增加使 CaMKⅡ激活，CaMKⅡ激活触发中心体复制的开始，在 S 期中心体复制依靠 cyclin A–CDK2 复合物。

动物细胞有丝分裂前期纺锤体的装配起始于两个星体的形成，它们并排于核膜附近。典型的有星纺锤体由星体微管、极间微管和染色体动粒微管排列组成。有丝分裂前期，星体微管和极间微管通过向其远离中心体的一端（正极端）加入 α/β 微管蛋白二聚体而不断延长，在基于微管的马达蛋白的介导下推动中心体向细胞两极移动。

如果中心体复制异常，或细胞未能协调好中心体复制和 DNA 复制的关系，将不可避免地导致形成单极或多极纺锤体，而单极或多极纺锤体将驱使染色体异常分离，最终导致染色体倍性的改变。早在 20 世纪初期，Boveri 就提出恶性肿瘤细胞极性的改变和染色体分裂异常（非整倍体）可能是由于中心体功能缺陷引起的。事实上，染色体组型的改变在癌细胞中非常普遍，现在已经有越来越多的研究结果证实了这一观点。如今人们已经认识到，中心体复制功能障碍可能是引起染色体分裂异常的重要原因，并且最终导致癌的形成。

2. 前中期

前中期（prometaphase）的标志性事件之一是核膜崩解。核纤层蛋白形成骨架结构支撑于核被膜的内侧，得以使细胞核维持正常的形状与大小。在细胞有丝分裂中核被膜经历有规律地解体与重建过程（图 12–12）。

核膜的崩解与核纤层的解体是相互偶联的事件。细胞分裂过程中核纤层的解体和重新组装与核纤层蛋白的磷酸化水平相关。核纤层蛋白的磷酸化与去磷酸化可能是有丝分裂过程中核纤层结构动态变化的调控因素。一些研究结果表明，核纤层蛋白是有丝分裂促进因子（MPF）的直接作用底物。MPF 具蛋白激酶活性，有丝分裂前期，MPF 可以使核纤层蛋白 22 位和 392 位丝氨酸磷酸化，结果导致这两个与核纤层组装直接相关的结构域发生构象变化，从而导致核纤层蛋白四聚体解聚和核纤层解聚。解聚的核纤层蛋白 A 以可溶性单体形式弥散在细胞中，而核纤层蛋白 B 则与核膜解体后形成的核膜小泡保持结合状态。在分裂末期，结合有核纤层蛋白 B 的核膜小泡在染色质周围聚集，并渐渐融合形成新的核膜，而核纤层蛋白则在核膜的内侧组装成子细胞的核纤层。

前中期标志性事件之二是完成纺锤体装配，形成有丝分裂器（mitotic apparatus）。在前期，两个星体的形成和向两极的运动，事实上标志着纺锤体组装的开始。有丝分裂进入前中期，随着核膜的解体，由纺锤体两极发出的一些星体微管可进入“核”内，通过其正极端迅速捕获染色体，并分别与染色体两侧的动粒结合，形成动粒微管（kinetochore microtubule）。至此，由微管及其结合蛋白组成的纺锤体基本完成组装，由星体微管、染色体动粒微管和极间微管及其结合蛋白构成有星纺锤体，即动物细胞的有丝分裂器（图 12–13）。此时的纺锤体赤道直径相对较大，两极直径的距离也相对较短。与同一条染色体的两个动粒相连接的两极动粒微管并不

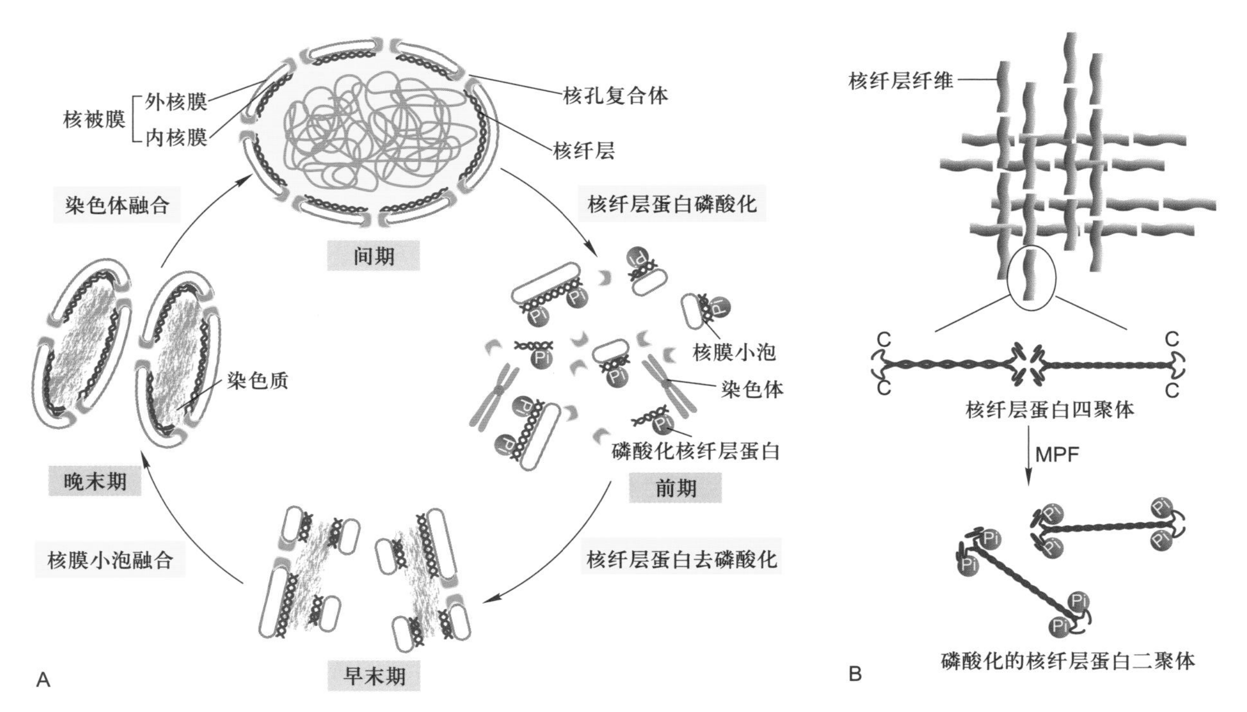

图 12-12 细胞分裂过程中核被膜和核纤层的动态变化

A. 核被膜在细胞有丝分裂中有规律地解体与重建。B. 核纤层解聚。

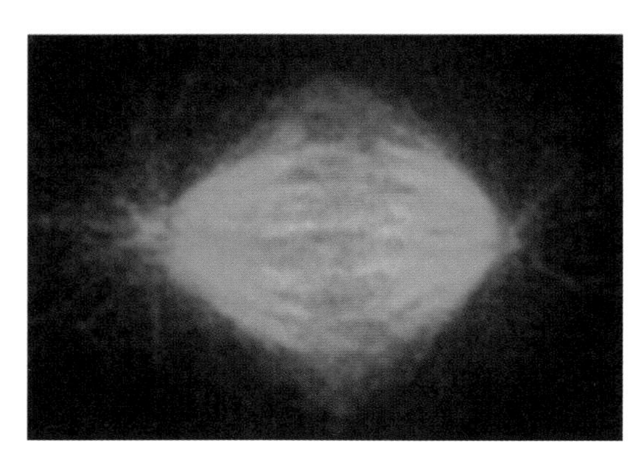

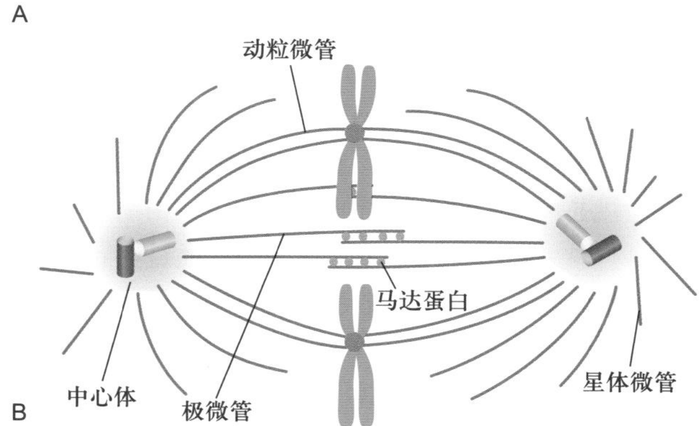

图 12-13 高等动物细胞纺锤体结构

A. DNA 荧光染料染色（红色）和抗微管蛋白抗体免疫荧光染色（绿色）。B. 染色体和纺锤体结构模式图。（A 图由罗佳博士和张传茂博士提供）

等长。因而染色体并不完全分布于赤道板，相互排列貌似杂乱无章。

纺锤体（spindle）是细胞分裂过程中的一种与染色体分离直接相关的细胞器。植物细胞不含中心体，但能形成无星纺锤体介导植物细胞的核分裂。

纺锤体组装是一个十分复杂的过程。首先要涉及微管在中心体周围组装和已经完成复制的中心体的分离。如前所述，中心体的复制和周围微管的组装需要许多调节因素的参与，如 γ 微管蛋白、中心体蛋白、中心粒周蛋白等。中心体的分离需要驱动蛋白相关蛋白（kinesin-related protein, KRP；参见表 8-1 驱动蛋白家族成员介绍）和细胞质动力蛋白等的作用（图 12-14）。KRP 主要为一些向微管正极运动（正向运动）的蛋白质，而细胞质动力蛋白主要是向微管负极运动（负向运动）的蛋白质。中心体分离时，负向运动的马达蛋白在来自姐妹中心体的微管之间搭桥，通过向负极运动，将被结合的微管牵拉在一起，组成纺锤体微管，中心体也自然形成了纺锤体的两极。这一过程称为中心体列队（centrosome alignment），即分裂极的确立（图 12-14A、B）。然后，正向运动的马达蛋白在纺锤体微管之间搭桥，借助向微管正极运动，将纺锤体拉长，中心体之间的距离逐渐加大（图 12-14C）。当纺锤体拉长到一定程度后，负向运

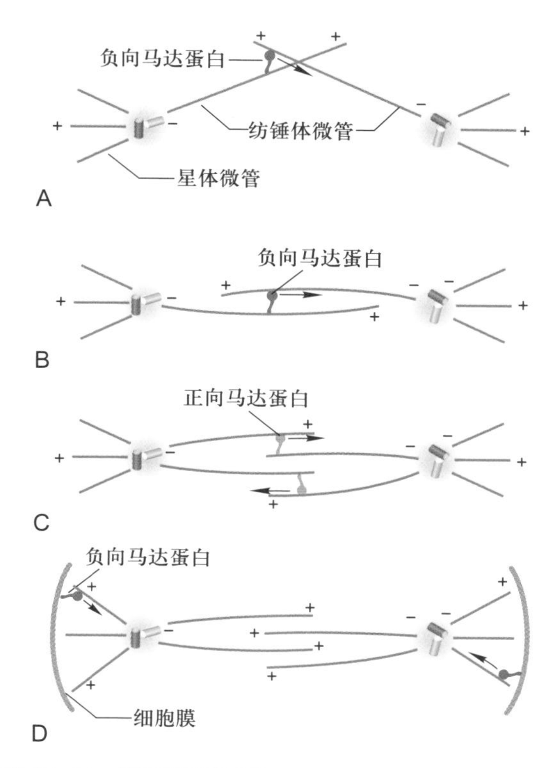

图 12-14 纺锤体组装过程

A. 中心体分离，负向运动马达蛋白与来自姐妹中心体的纺锤体微管结合。B. 借助马达蛋白向微管负极运动，将纺锤体微管牵拉在一起，形成早期纺锤体。C. 正向运动马达蛋白在纺锤体微管之间搭桥，借助正向运动，将纺锤体拉长。D. 负向运动的马达蛋白在细胞膜和星体微管之间搭桥，借助负向运动，将中心体进一步拉近两极的细胞膜，纺锤体进一步被拉长。

动的马达蛋白在细胞膜和星体微管之间搭桥，借助负向运动，将星体向两极细胞膜拉近，纺锤体也进一步被拉长（图 12-14D）。

前中期标志性事件之三是染色体整列（chromosome alignment）。由纺锤体极体发出的微管捕捉染色体动粒，形成染色体动粒微管，这是染色体整列的必要前提。没有动粒的染色体不能与纺锤体微管结合并向两极运动，同样，染色体动粒如果未被纺锤体微管捕获，也不能和其他染色体一起向两极运动。着丝粒和动粒是染色体结构的重要组分，由于着丝粒和动粒联系紧密，结构成分相互穿插，在功能方面又密切相关，因此二者常被合称为着丝粒－动粒复合体（centromere-kinetochore complex），这是一种高度有序的整合结构。在电镜下，动粒为一个圆盘状结构，分内、中、外三层。动粒的外侧主要用于纺锤体微管附着，内侧与着丝粒相互交织（图 12-15）。每条中期染色体上含有两个动粒，分别位于着丝粒的两侧。细胞分裂后，两个动粒分别被分配到两个子细胞中。当细胞再次进入 S 期后，动粒又会重新复制。用抗动粒蛋白的抗体作免疫荧光染色，可以清楚地识别动粒所在位置。

着丝粒 DNA 主要由 α 卫星 DNA 构成。着丝粒 DNA 片段大小由芽殖酵母的 125 bp、裂殖酵母的 40~100 kb 到人类的 100~5000 kb 不等。大的着丝粒 DNA 片段则主要由一些特殊序列重复排列构成。着丝粒 DNA 也伸入到动粒的内层，成为动粒内层的组成成分。目前已经分离了几种着丝粒动粒蛋白质成分，如哺乳类的 CENP-A、CENP-B、CENP-C、CENP-E、CENP-F、INCENP、Hec1 等。CENP-A 的分子质量约为 17 kDa，是一种组蛋白 H3 类的蛋白质，与组蛋白 H3 在 C 端有 62%的同源序列。

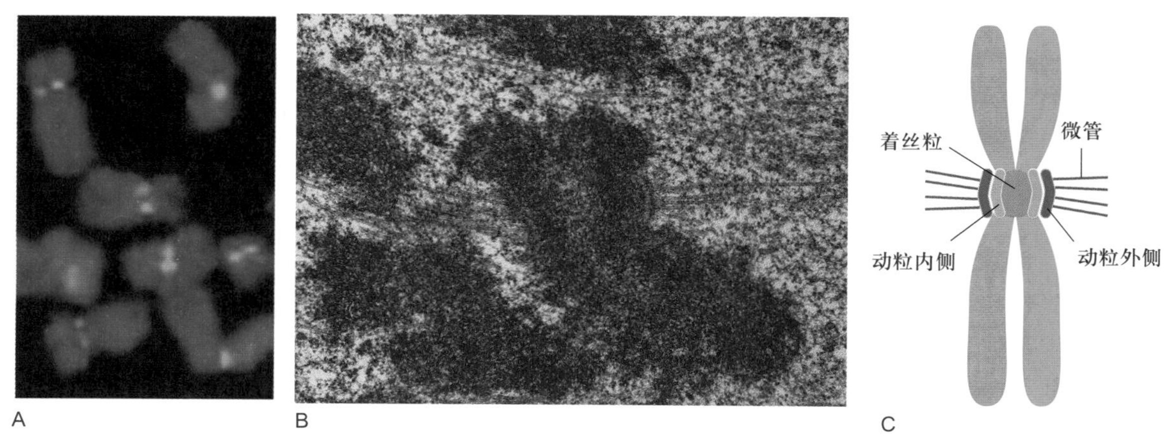

图 12-15 应用免疫荧光技术和电镜技术显示动粒位置和结构

A. 双重荧光染料染色，显示染色体 DNA（蓝色）和动粒蛋白 Hec1（红色）。B. 透射电镜技术显示染色单体上的动粒结构及其与动粒微管的连接。C. 动粒结构及动粒－微管相互连接示意图。（A、B 图由付文祥博士、吕全龙博士和张传茂博士提供）

免疫标记技术证实 CENP-A 定位于动粒的内层。CENP-B 分子质量约为 80 kDa，主要定位于动粒内层内侧的着丝粒上。CENP-C 的分子质量约为 140 kDa，定位于动粒的内层。CENP-E 分子质量约 312 kDa，是一种驱动蛋白，定位于动粒外层表面的冠上，被认为在促使染色体与来自两极的微管相联结过程中起重要作用。CENP-E 在前中期与微管结合，以后逐渐转移到动粒上；到分裂后期，CENP-E 离开动粒，转移到纺锤体的中间区。CENP-F 分子质量约为 330 kDa。CENP-F 在间期是一种核骨架蛋白；在分裂前期，转移到动粒上；到分裂后期，再转移到纺锤体的中间区域；到末期，再度转移到中体（midbody）上。在酵母细胞中也已分离到了在结构和功能上与此类同的蛋白质。Hec1 是定位于动粒外板的结构蛋白，分子质量约为 76 kDa。至于着丝粒染色质是如何组装的，着丝粒形成后又是如何引导动粒在其附近装配的，以及动粒的分子结构至今并不十分清楚。

长期以来染色体整列问题一直困扰着有关生物学家。直到最近，这一研究领域才终于取得了突破性进展。近期的研究发现，至少有数种蛋白质参与染色体整列事件，其中首要的两组蛋白质称为 Mad 和 Bub 蛋白。Mad 和 Bub 可以使动粒敏化，促使微管与动粒接触。免疫荧光染色发现，Mad2 和 Bub1 位于前期和前中期染色体的动粒上。如果染色体被纺锤体微管捕获，Mad2 和 Bub1 很快会从动粒上消失。一侧的动粒被微管捕捉，一侧的 Mad2 和 Bub1 消失；两侧的动粒被微管捕捉，两侧的 Mad2 和 Bub1 消失；如果染色体不被微管捕捉，则 Mad2 和 Bub1 不从动粒上消失。因而认为 Mad2 和 Bub1 与染色体组装入纺锤体有关。进一步研究发现，由于某些染色体不能被微管及时捕捉而滞后，Mad2 和 Bub1 不能从这些染色体的动粒上消失，后期则不能启动，染色单体不能相互分离。只有等到这些染色体也被微管捕捉并排列到赤道板上，Mad2 和 Bub1 从动粒上消失，后期才能开始启动（图 12-16）。

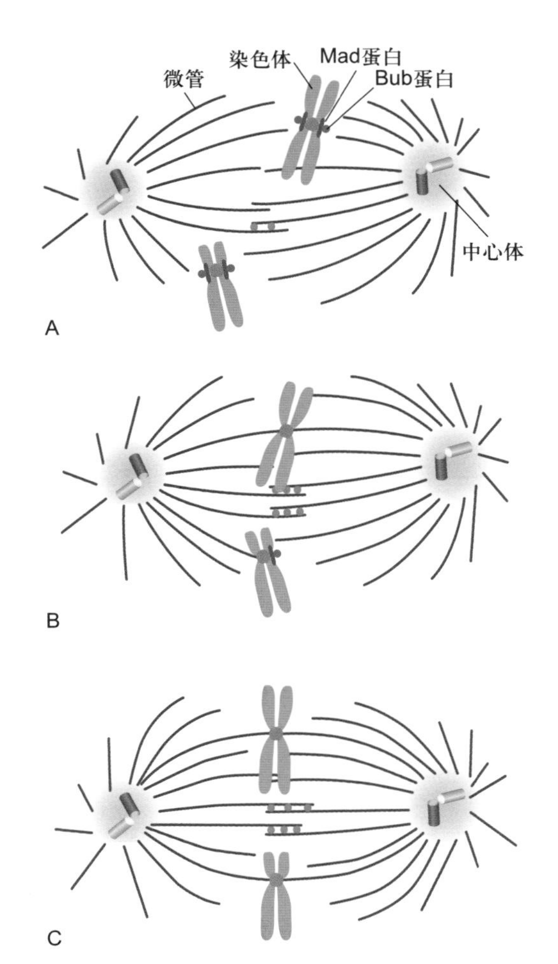

图 12-16　染色体整列

A. 细胞分裂前期和前中期，Mad 和 Bub 蛋白在染色体的动粒上聚集。B. 微管与动粒联结后，Mad 和 Bub 蛋白消失，某些染色体滞后，未与微管联结的动粒依然含有 Mad 和 Bub 蛋白。C. 所有染色体的动粒均与微管联结，Mad 和 Bub 蛋白消失，染色体列队到赤道板。

3. 中期

细胞有丝分裂进入中期（metaphase）的主要标志是染色体整列完成并且所有染色体排列到赤道面上，纺锤体结构呈现典型的纺锤样。当染色体上的两个动粒被微管捕获后，细胞通过什么机制将染色体排列到赤道面上呢？目前对此解释流行两种学说，即牵拉（pull）假说和外推（push）假说（图 12-17）。牵拉假说认为，染色体向赤道面方向运动，是由于动粒微管牵拉的结果。动粒微管越长，拉力越大，当来自两极的动粒微管的拉力相等时，染色体即被稳定在赤道面上。外推假说认为，染色体向赤道方向移动，是由于星体的排斥力将染色体外推的结果。染色体距离中心体越近，星体对染色体的外推力越强，当来自于两极的推力达到平衡时，染色体即被稳定在赤道面上。这两种假说也许并不相互排斥，有可能同时发挥作用，或有其他机制共同参与。

染色体向赤道面运动的过程称为染色体整列或染色体中板聚合（congression）。当染色体完成在赤道面整列之后，两侧的动粒微管长度相等，作用力均衡。除动粒微管外，许多极微管在赤道区域也相互搭桥，形成貌似连续微管结构。整个纺锤体微管数量，在不同物种之间变化很大，少则十来根，多的数千根甚至上万根。如真菌 *Phycomyces* 仅有 10 根纺锤体微管，产于澳大利亚的一种小袋鼠（rat kangaroo），其纺锤体微管约有 1 500

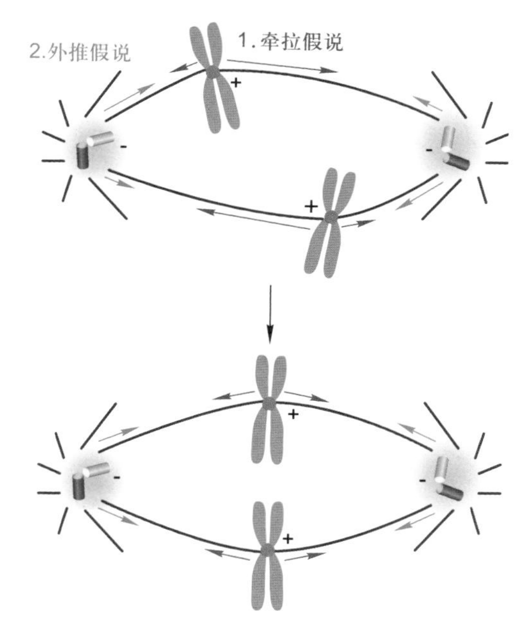

图 12-17 **解释染色体在赤道面整列的两种假说**

根，而网球花属植物（*Haemanthus*）的纺锤体微管约有 10 000 根。染色体整列的运动速度非常快，一般为 0.05～1 μm/s。染色体排列到赤道面上以后，其两个动粒分别面向纺锤体的两极，在每一个动粒上结合的动粒微管可以多达几十根。

4. 后期

后期（anaphase）发生的标志性事件是中期整列的染色体的两条姐妹染色单体分离，分别向两极运动。当染色体在赤道面上完成整列后，在各种调节因素的共同作用下，细胞有丝分裂由中期向后期转换，姐妹染色单体分离并逐渐向两极移动。后期大致可以划分为连续的两个阶段，即后期 A 和后期 B。在后期 A，动粒微管变短，牵动染色体向两极运动；在后期 B，极微管长度增加，两极之间的距离逐渐拉长。整个后期阶段约持续数分钟。染色体运动的速度为 1～2 μm/min。

染色体向两极的运动依靠纺锤体微管的作用。用破坏微管的药物如秋水酰胺、秋水仙素或诺考达唑等处理，染色体的运动会立即停止。去除这些药物，染色体并不能立即恢复运动，而是要等到纺锤体重新装配后才能恢复。可见染色单体与纺锤体微管的联系也是染色体向极部运动所必需的。用实验方法破坏这种联系，染色单体运动停止，直到这种联系恢复，染色体的运动才能恢复。

曾有多种假说解释后期染色单体分离和向两极移动的运动机制。目前比较广泛支持的假说是后期 A 和后期 B 两个阶段假说。在后期 A，动粒微管变短，将染色体逐渐拉向两极。一般认为，动粒微管变短是由于其动粒端解聚所造成的；而这种解聚又是由于动力蛋白沿动粒微管向极部运动的结果。如图 12-18 所示，微管马达蛋白首先结合到动粒上，在 ATP 分解提供能量的情况下，沿动粒微管向极部运动，并带动动粒和染色体向极部运动。动粒微管的末端随之解聚成微管蛋白二聚体，动粒微管变短，动粒和染色单体与两极之间的距离逐渐拉近。当染色单体接近两极，后期 A 结束，转向后期 B。在后期 B，极微管游离端（正极）在 ATP 提供能量的情况下与微管蛋白聚合，使极微管加长，形成较宽的极微管重叠区。KRP 与极微管重叠区的微管结合并在来自两极的极微管之间搭桥。KRP 向微管正极行走，促使来自两极的极微管在重叠区相互滑动（如双极四聚体

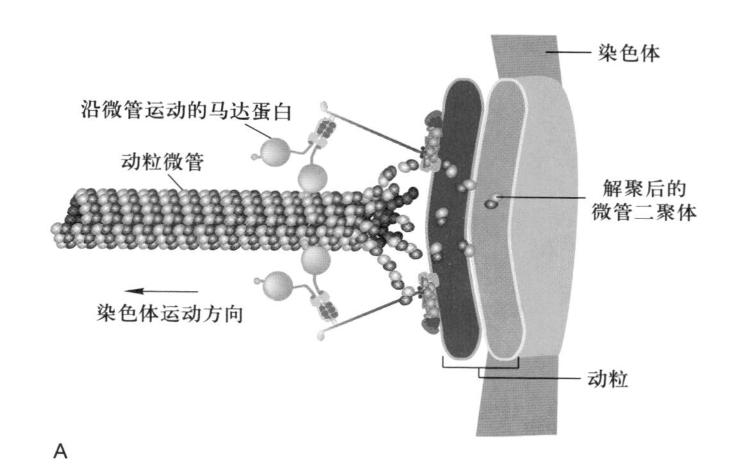

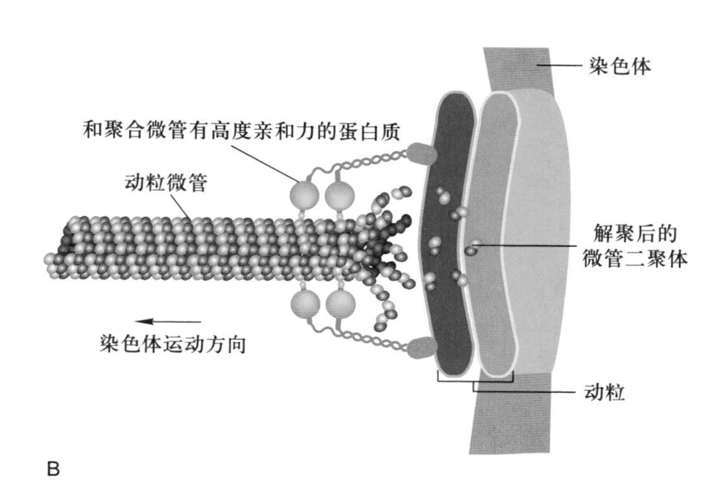

图 12-18 **细胞有丝分裂后期由 ATP 驱动的马达蛋白沿微管向极部运动使染色体分开**

A. ATP 驱动的染色体运动促使微管解聚。B. 微管解聚促使染色体运动。

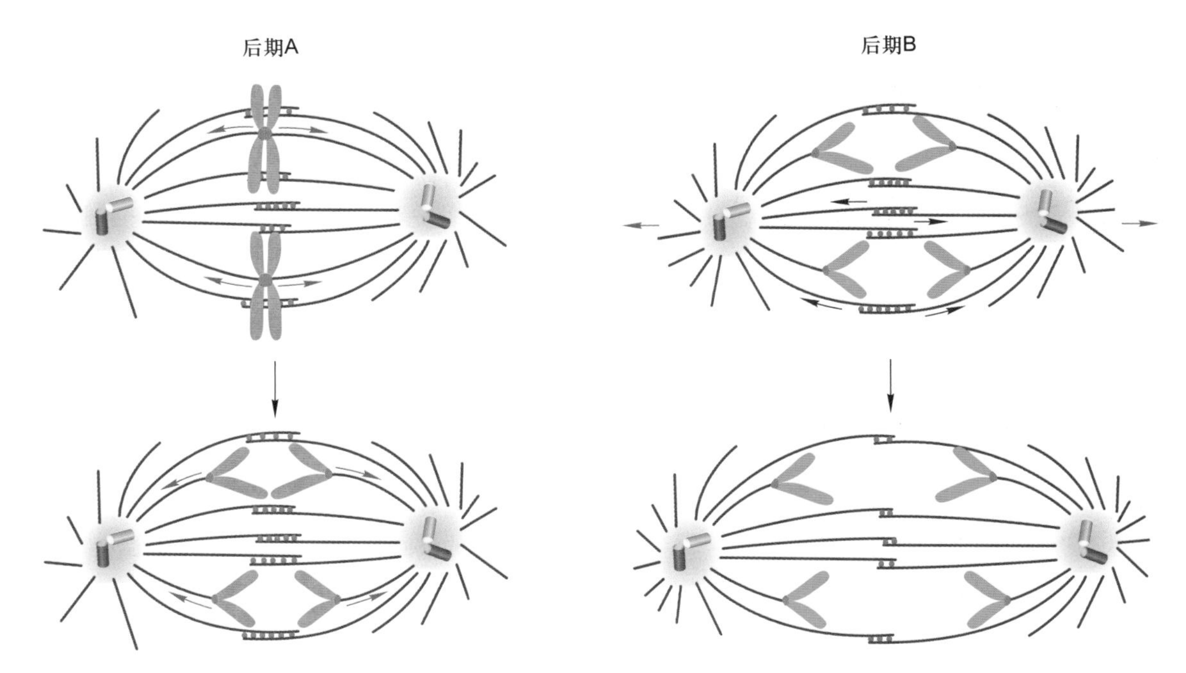

图 12-19　细胞分裂后期 A 和后期 B 产生染色体向极部运动的示意图

后期 A：动粒微管在两端解聚缩短，致使姐妹染色单体向两极运动。后期 B：通过星体微管牵拉和极微管重叠区滑动，使纺锤体两极和染色体进一步分开。

kinesin-5），使重叠区逐渐变得狭窄，两极之间的距离逐渐变长。同时，胞质动力蛋白在星体微管和细胞膜之间搭桥，并向星体微管负极运动，进一步将两极之间的距离拉长（图 12-19）。

研究发现，在姐妹染色单体分离之前，彼此间通过黏连蛋白相互黏着在一起（图 12-10）。黏连蛋白至少含有 4 种亚基，即 Smc1、Smc3、Scc1/Mcd1 和 Scc3。只有该复合体解聚的情况下，姐妹染色单体才能分离。进一步研究发现，在姐妹染色单体分离过程中，黏连蛋白是被一种称为分离酶（separase）的蛋白酶所降解的。分离酶主要剪切黏连蛋白的 Scc1 亚基，结果导致姐妹染色单体的分离。分离酶剪切 Scc1 的过程是在严格的调控下进行的。通常情况下，分离酶与一种抑制性蛋白 securin 结合而不表现出蛋白酶活性。Cdk1 也通过磷酸化分离酶而抑制其活性。当后期开始时，后期促进复合物（anaphase-promoting complex, APC）介导 securin 的降解，解除其对分离酶的抑制作用；APC 也通过介导 cyclin B 降解，使 Cdk1 活性丧失，失去对分离酶的磷酸化作用，促进分离酶活化。活化的分离酶剪切 Scc1，导致姐妹染色单体分离（图 12-20）。

在所有染色体排列到赤道板上之前，为什么后期不能启动呢？有人认为，动粒在与微管联结之前，会发出抑制信号，抑制细胞周期向下一个阶段运转。另一些科学家为了验证这一观点，用激光特异地破坏滞后染色体尚未与微管联结的动粒，发现尽管染色体依然滞后，细胞周期却可以随之向下一阶段转化，提示未与微管联结的动粒确实可以发出抑制信号，抑制细胞周期向下一阶段运转。更为直接的证据显示，Mad2 可以与 APC 及其他相关物质结合，抑制 APC 的活性，阻止细胞周期向下一个阶段发展。

微管与动粒联结后，抑制后期启动的信号又是如何解除的呢？有人认为 CENP-E 和 Bub 蛋白在这一过程中起了重要作用。当微管与动粒联结后，CENP-E 分子的结构和位置将发生变化，这些变化进一步影响到 Bub1 的活性。Bub1 活性变化，又进一步影响到 Mad2 的稳定性和与其他有关物质的结合，最终导致 Mad2 对 APC 抑制的解除。

5. 末期

姐妹染色单体分离到达两极，有丝分裂即进入末期（telophase）。动粒微管消失，极微管继续加长，较多地分布于两组染色单体之间。到达两极的染色单体开始去浓缩，在每一个染色单体的周围，伴随核纤层蛋白去磷酸化，核纤层与核膜重新组装，分别形成两个子代细胞核。在核膜形成的过程中，核孔复合体同时在核膜上

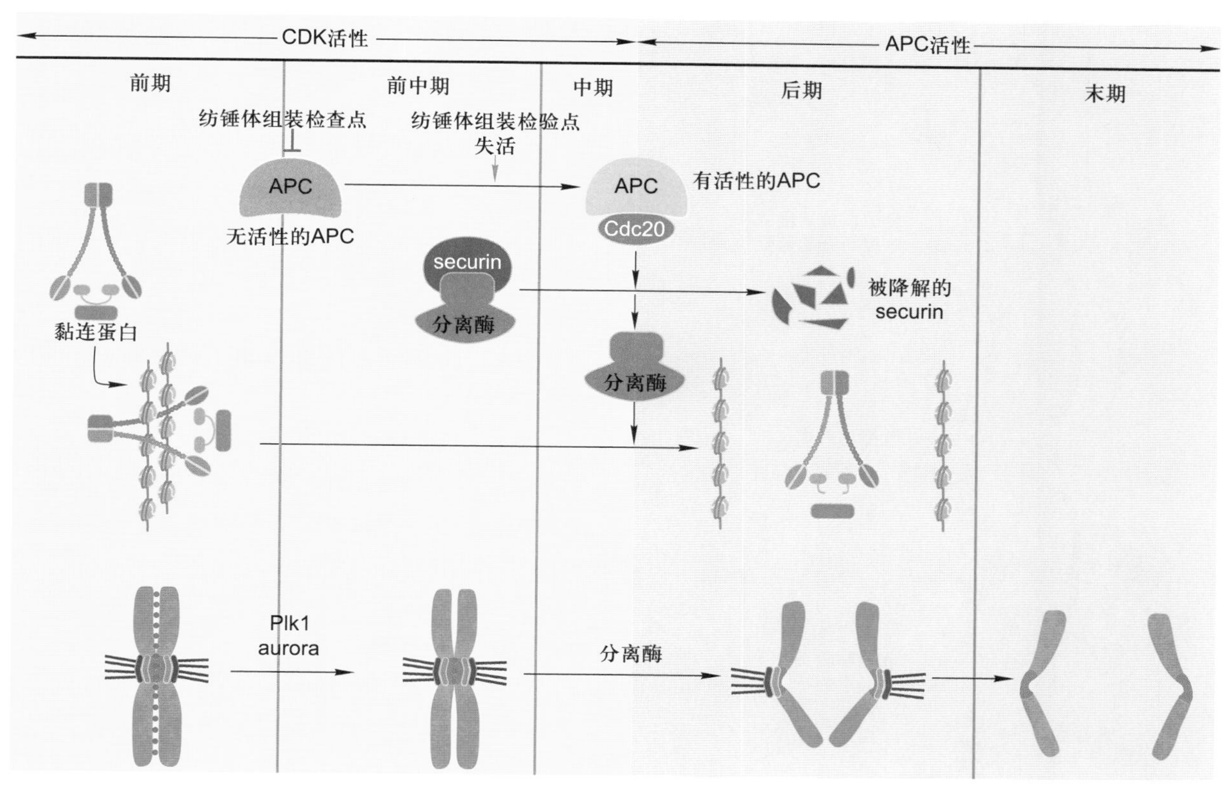

图 12-20 **有丝分裂中后期转换**

有丝分裂中－后期转换是由活化 APC 启动的，抑制物 securin 的降解导致分离酶活化，进而黏连蛋白被切割，致使姐妹染色单体分离。

装配。随着染色单体的去浓缩，核仁也开始重新组装，RNA 合成功能逐渐恢复。

6. 胞质分裂

胞质分裂与核分裂（有丝分裂）是相关的事件。胞质分裂一般开始于细胞分裂后期，完成于细胞分裂末期；而有丝分裂即使在没有胞质分裂的情况下也要发生。胞质分裂开始时，在赤道板周围细胞表面下陷，形成环形缢缩，称为分裂沟（furrow）。随着细胞由后期向末期转化，分裂沟逐渐加深，直至两个子代细胞完全分开。分裂沟的形成靠多种因素的相互作用。实验证明，肌动蛋白和肌球蛋白Ⅱ参与了分裂沟的形成和整个胞质分裂过程。在分裂沟的下方，除肌动蛋白之外，还有微管、核膜小泡等物质聚集，共同构成一个环形致密层，称为中体（midbody）。随着胞质分裂，中体将一直持续到两个子细胞完全分离。胞质分裂开始时，大量的肌动蛋白和肌球蛋白Ⅱ在中体处组装成反向排列的微丝束，环绕细胞，称为收缩环（contractile ring）。收缩环收缩，分裂沟逐渐加深，细胞形状也由原来的圆形逐渐变为椭圆形、哑铃形，直到两个子细胞相互分离。用抗肌动蛋白和抗肌球蛋白的抗体作免疫荧光染色，可见随分裂沟的形成，其下面的荧光亮度逐渐增强，并明显高于其他部位。在电镜下，可见大量的微丝结构分布于分裂沟下。用抗肌动蛋白、抗肌球蛋白或特异性破坏微丝的药物如细胞松弛素 B 处理处于分裂期的活细胞，收缩环的收缩活动停止，分裂沟逐渐消失。胞质分裂整个过程可以简单地归纳为 4 个步骤，即分裂沟位置的确立、肌动蛋白聚集和收缩环形成、收缩环收缩、收缩环处细胞膜融合并形成两个子细胞（图 12-21）。

分裂沟的定位与纺锤体的位置明显相关。人为地改变纺锤体的位置可以使分裂沟的位置改变。对分裂沟定位的分子作用机制目前尚不清楚，但在动物细胞分裂时，越来越多的证据显示，中央纺锤体和星体微管共同决定了分裂沟形成的位置，星体微管参与了分裂沟的形成（图 12-22）。有实验显示，在培养细胞分裂中期，人为干扰中央纺锤体发出的信号（图 12-22A），将会阻止分裂沟的形成。在末期开始时，星体微管加长直到与细胞膜下的皮层接触。微管末端对细胞皮层刺激，促使分裂沟形成（图 12-22B）。也有实验显示，在

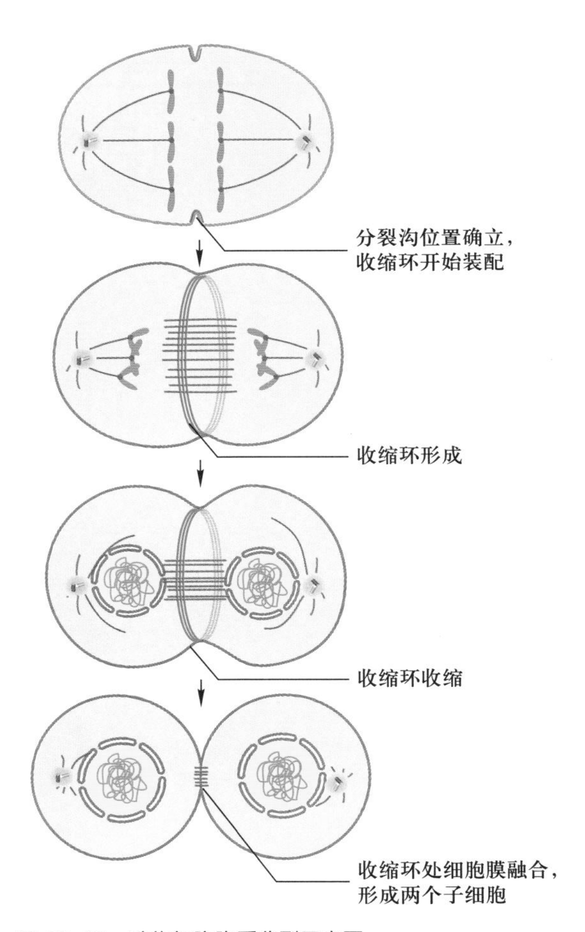

图 12-21　动物细胞胞质分裂示意图

远离分裂沟的端部，星体微管可能发出抑制细胞皮层收缩的信号，促使该处细胞膜松弛，加速分裂沟的形成（图 12-22C）。目前，对肌动蛋白与肌球蛋白Ⅱ的聚集和收缩环的形成也不完全了解。对于收缩环收缩和收缩环处细胞膜融合两个步骤的研究，已取得较大进展。1996—1997 年，M. R. Larochelle 等在网柄菌属（*Dictyostelium*）中发现 *Ras* 基因家族中的 *RacE* 基因产物在收缩环收缩和细胞膜融合过程中起重要作用。*RacE* 基因产物是一个小分子量的 GTP 酶。另外两组科学家则发现，两种参与调节小分子 GTP 酶活性的蛋白 GapA 和 RgaA/DPAP1 也参与收缩环收缩和细胞膜融合过程。目前已知有二十多种调节因子参与了分裂沟的定位、收缩环的形成和胞质分裂。这些调节因子主要包括：微管结合蛋白 PRC1、Kif4、Aurora-B 激酶及其结合蛋白、RhoA 信号通络的各成员以及与膜融合相关的调节因子等。

也有实验证明，钙离子浓度的变化也会影响分裂沟的形成。将荧光标记的钙离子指示剂注入细胞，发现在分裂沟下钙离子浓度上升。将钙离子直接注射到蛙卵细胞膜下，可以刺激分裂沟形成。

二、减数分裂

减数分裂是一种特殊的有丝分裂形式，仅发生于有性生殖细胞形成过程中的某个阶段。按照真核生物减数分裂所发生的阶段不同，可将减数分裂区分为三种类型（图 12-23）：① 配子减数分裂，又称终末减数分裂（gametic/terminal meiosis），发生在所有多细胞动物和许多原生生物配子形成阶段；② 孢子减数分裂，又称居间型减数分裂（sporic/intermediate meiosis），所有高等植物和某些藻类减数分裂发生阶段既与配子形成无关，又与受精作用无关，发生在孢子体某一阶段；③ 合子减数分裂，又称起始减数分裂（zygotic/initial meiosis），某些原生生物、真菌和少数藻类，在有性生活史起始，即受精后便发生减数分裂，形成单倍体孢子。

减数分裂与有丝分裂相比，其主要不同列于表

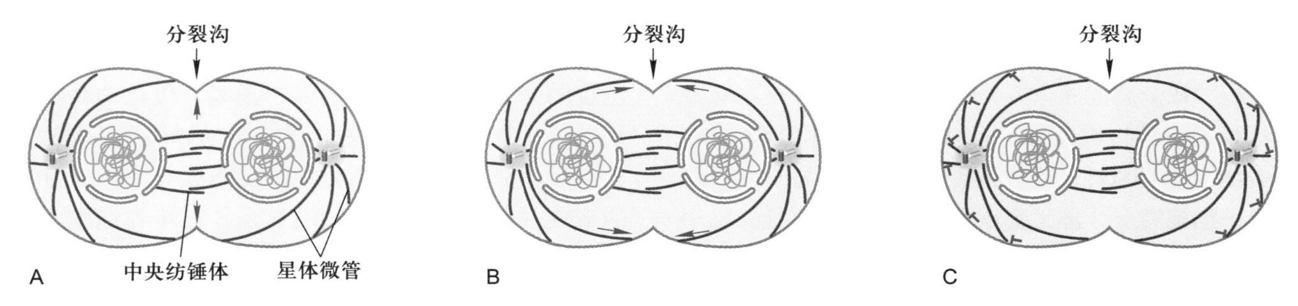

图 12-22　中央纺锤体和星体微管作用于细胞皮层并诱导分裂沟形成

A. 中央纺锤体发出的信号决定分裂沟的定位。B. 接近分裂沟位置的纺锤体微管发出信号，促进分裂沟的形成。C. 远离分裂沟位置的星体微管发出抑制性信号（T 形箭头），抑制远离分裂沟端部的细胞皮层收缩，间接促进分裂沟的形成。

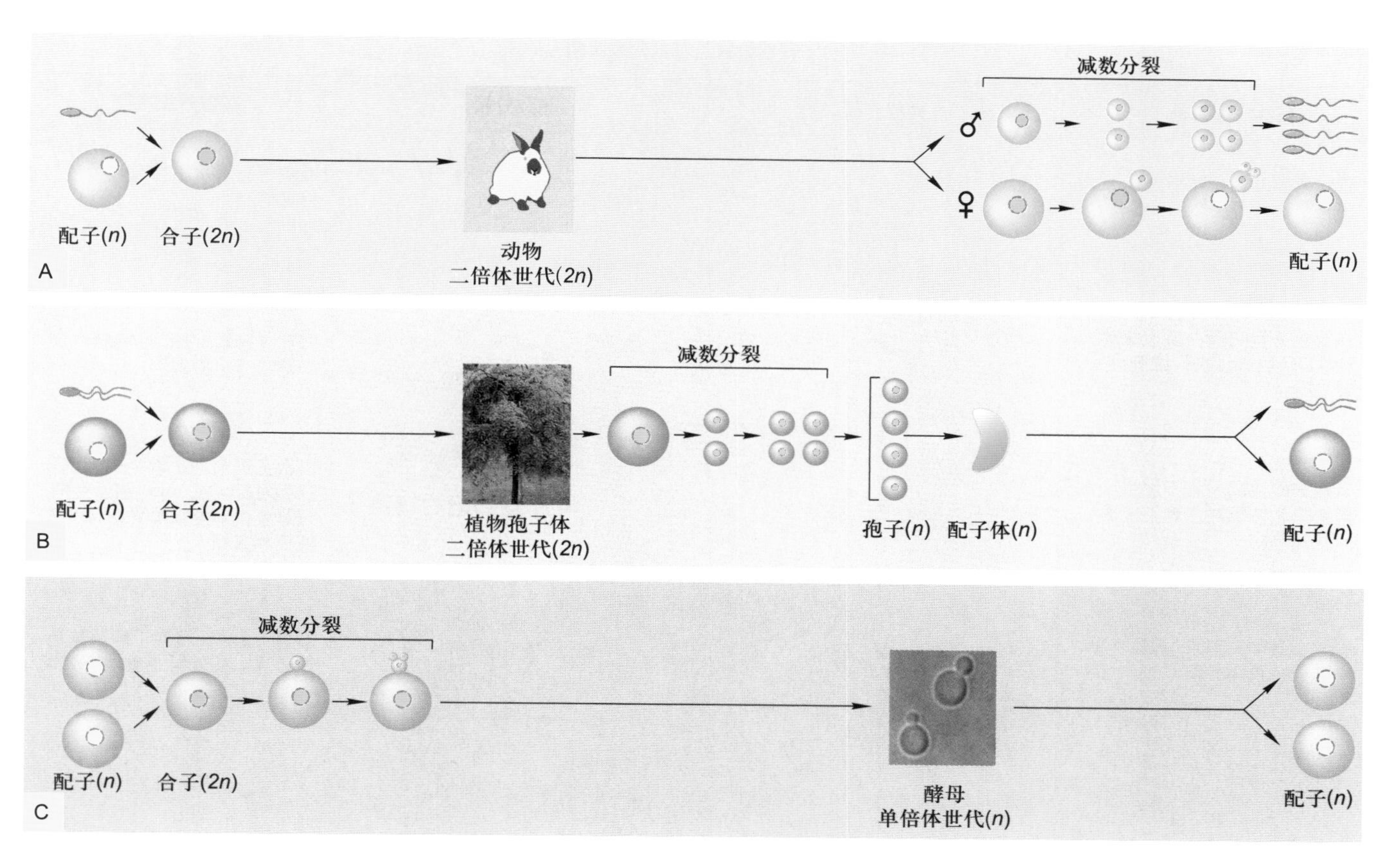

图 12-23 **真核生物减数分裂的三种类型**

A. 配子减数分裂。B. 孢子减数分裂。C. 合子减数分裂。

12-1 中。减数分裂最主要特征是，细胞仅进行一次 DNA 复制，随后细胞连续两次分裂。两次分裂分别称为减数分裂 Ⅰ 和减数分裂 Ⅱ。在两次分裂之间，还有一个短暂的分裂间期。减数分裂的结果，子细胞各自的染色体数目减半。再经过受精，形成合子，染色体数恢复到体细胞的染色体数目。减数分裂的意义在于，既有效地获得双亲的遗传物质，保持后代的遗传稳定性，又可以增加更多的变异，确保生物的多样性，增强生物适应环境变化的能力。相反，假如在有性生殖过程中没有减数分裂，生殖细胞染色体数不能减半，经过受精，其染色体数必将倍增。细胞体积也会相应增加，生物个体体积也会增大。代代相传，其生命活动将无法适应环境变化，终将会被自然淘汰。因而，减数分裂是生物有性生殖的基础，是生物遗传、演化和生物多样性的重要保证。

与有丝分裂相似，在减数分裂之前的间期阶段，也可以人为地划分为 G_1 期、S 期、G_2 期三个时相。但此间期阶段也有其鲜明的特殊性。为区别于一般的细胞间期，常把减数分裂前的细胞间期称为减数分裂前间期 (premeiotic interphase)。

（一）减数分裂前间期

减数分裂前间期的最大特点在于其 S 期持续时间较长，同时也发生一系列与减数分裂相关的特殊事件。例如，蝾螈（*Triturus*）体细胞有丝分裂前 S 期约为 12 h，而减数分裂前 S 期则可持续 10 天。小鼠有丝分裂前 S 期为 5～6 h，而其减数分裂前 S 期约为 14 h。另一个重要特点是，在网球花属植物中发现，其减数分裂前间期的 S 期仅复制其 DNA 总量的 99.7%～99.9%，而剩下的 0.1%～0.3% 要等到减数分裂前期阶段才进行复制。科学家发现，这些推迟复制的 DNA 被分割为 5 000～10 000 个小片段，分布于整个基因组中，每个小片段长 1 000～5 000 个碱基对。另外还发现，有一种蛋白质，称为 L 蛋白，在减数分裂前间期与上述 DNA 小片段结合，阻止其复制。这些 DNA 小片段被认为与减数分裂前期 Ⅰ 染色体配对和基因重组有关。

大多数生物，减数分裂前间期的细胞核大于其体细胞核。染色质也多凝集成异染色质。这种变化的意义虽不明了，但一般认为与染色体配对和基因重组有关。另

表12-1　有丝分裂与减数分裂比较

有丝分裂特征	有丝分裂	减数分裂	减数分裂特征
有丝分裂发生在体细胞，在时空上无严格限定			减数分裂只发生在有性生殖的特定时空
在有丝分裂间期，每个体细胞核DNA复制1次，细胞分裂1次			减数分裂前间期DNA复制1次，细胞连续分裂2次
有丝分裂前期一般不发生同源染色体配对，也不发生交换和重组			减数分裂前期Ⅰ发生同源染色体配对(联会)，并伴随发生同源染色体非姐妹染色单体之间交换和重组
有丝分裂中-后期同源染色体姐妹染色单体分离			减数分裂中-后期Ⅰ同源染色体分离，姐妹染色单体不分离
			减数分裂中-后期Ⅱ姐妹染色单体分离
子细胞染色体数目与母细胞染色体数目相同 ($2n \to 2n$) 有丝分裂产生2个子细胞，保持遗传稳定			子细胞染色体数目减半 ($2n \to n$) 减数分裂产生4个子细胞，增加遗传变异

外，根据生物种类不同，减数分裂前间期的 G_2 期的长短变化较大。有的 G_2 期短，有的则和有丝分裂前间期的 G_2 期长短相当，也有的可以在 G_2 期停滞较长一段时间，直到受到新的刺激来打破这种停滞。

（二）减数分裂过程

由减数分裂前 G_2 期细胞进入两次有序的细胞分裂，即减数第一次分裂和减数第二次分裂。两次减数分裂之间的间期或长或短，但无 DNA 合成。减数分裂过程见图 12-24。

1. 减数分裂Ⅰ

减数分裂Ⅰ（meiosis Ⅰ）与体细胞有丝分裂有许多相似之处，其过程也可以人为地划分为前期Ⅰ、前中期Ⅰ、中期Ⅰ、后期Ⅰ、末期Ⅰ和胞质分裂Ⅰ6 个阶段。但减数分裂Ⅰ又有其鲜明的特点，其主要表现是分裂前期Ⅰ的同源染色体配对和基因重组以及其后的染色体分离方式等。

（1）前期Ⅰ　前期Ⅰ（prophase Ⅰ）持续时间较长。在高等生物，其时间可持续数周、数月、数年，甚至数十年。在低等生物，其时间虽相对较短，但也比有丝分裂前期持续的时间长得多。在这漫长的时间过程中，要进行同源染色体配对和基因重组。此外，也要合成一定量的 RNA 和蛋白质。根据细胞染色体形态变化，又可以将前期Ⅰ人为地划分为细线期、偶线期、粗线期、双线期和终变期 5 个阶段。

细线期（leptotene，leptonema）：为前期Ⅰ的开始

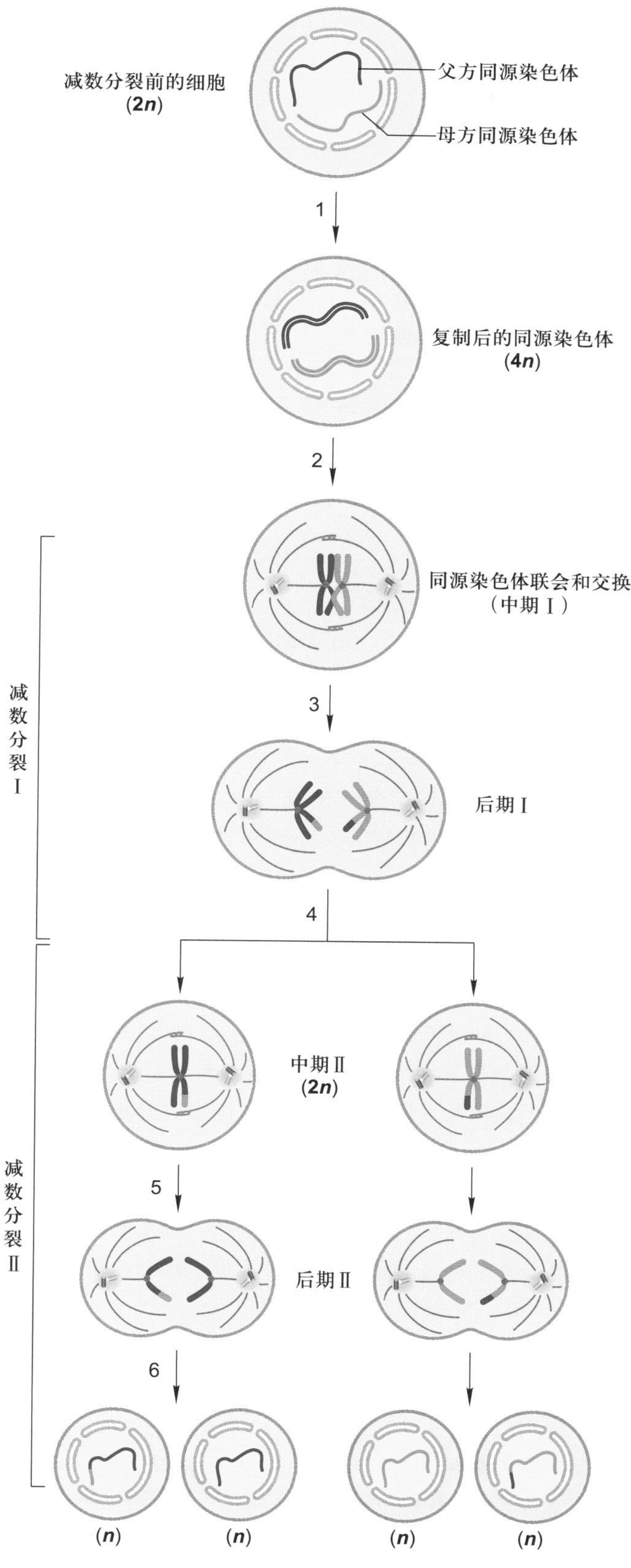

图 12-24　减数分裂过程图解

阶段。首先发生染色质凝缩，染色质纤维逐渐螺旋化、折叠，包装成在显微镜下可以看到的细纤维样染色体结构。因而，有人将细线期也称为凝缩期（condensation stage）。细线期与有丝分裂前期起始阶段既有相似特点，如减数分裂前期Ⅰ每个同源染色体的两条姐妹染色单体在黏连蛋白介导下被紧密约束在一起而不分离，待同源染色体配对时，黏连蛋白则参与联会复合体的装配；与有丝分裂前期也有明显不同，在细线期染色质在凝集前已复制，但仍呈单条细线状，看不到成双的染色体。但在电子显微镜下，可观察到此期的染色体是由两条染色单体构成的。不过，由于DNA复制在减数分裂前间期（S期）尚未全部完成，因而未被复制的DNA片段可能是将两条姐妹染色单体紧密联系在一起的可能因素之一（图 12-25）。此期另外一个明显不同点是，在细纤维样染色体上，出现一系列大小不同的颗粒状结构，称为染色粒（chromomere）。虽然已经知道染色粒是由染色质紧密包装而成，但其功能并不清楚。细线期还有一个明显的特点，即染色体端粒通过接触斑与核膜相连。对玉米细胞减数分裂的研究发现，玉米细线染色体的端粒开始是分布在整个细胞核中，在邻近细线期结束时，端粒定位到核膜的内侧。由于很多细线染色体的端粒与核膜结合，使染色体装配成花束状，所以细线期又称花束期。

偶线期（zygotene, zygonema）：主要发生同源染色体配对（pairing），即来自父母双方的同源染色体逐渐靠近，沿其长轴相互紧密结合在一起。因而，偶线期又称为配对期（pairing stage）。配对过程是专一性的，仅发生于同源染色体之间，非同源染色体之间不进行配对。关于同源染色体之间相互识别的机制，目前尚不清楚。配对以后，两条同源染色体紧密结合在一起所形成的复合结构，称为二价体（bivalent）。由于每个二价体由两条同源染色体构成，共含有4条染色单体，因而又称为四分体（tetrad）。但此时的四分体结构并不清晰可见。同源染色体配对的过程称为联会（synapsis）。联会

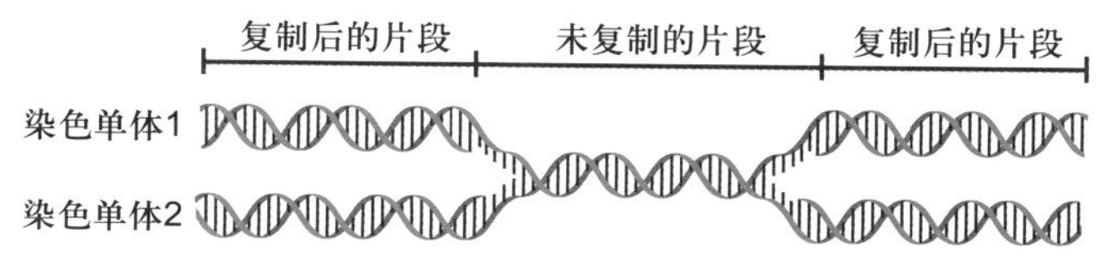

图 12-25　偶线期 DNA 在减数分裂前期Ⅰ才进行复制示意图

可能是由于此种未复制的DNA片段的存在，导致两条姐妹染色单体紧密联系在一起。

初期，同源染色体端粒与核膜相连的接触斑相互靠近并结合。从端粒处开始，这种结合不断向其他部位伸延，直到整对同源染色体的侧面紧密联会。联会也可以同时发生在同源染色体的其他位点上。在联会的部位形成一种特殊的复合结构，称为联会复合体（synaptonemal complex）。联会复合体沿同源染色体长轴分布，在电镜下可以清楚地显示其细微结构（图 12-26）。联会复合体被认为与同源染色体联会和基因重组有关。在偶线期发生的另一个重要事件是合成在 S 期未合成的约 0.3% 的 DNA（偶线期 DNA，即 zygDNA）。若用 DNA 合成抑制剂抑制 zygDNA 合成，联会复合体的形成将受到抑制。zygDNA 在偶线期转录活跃。转录的 RNA 被称为 zygRNA。zygDNA 转录也被认为与同源染色体配对有关。

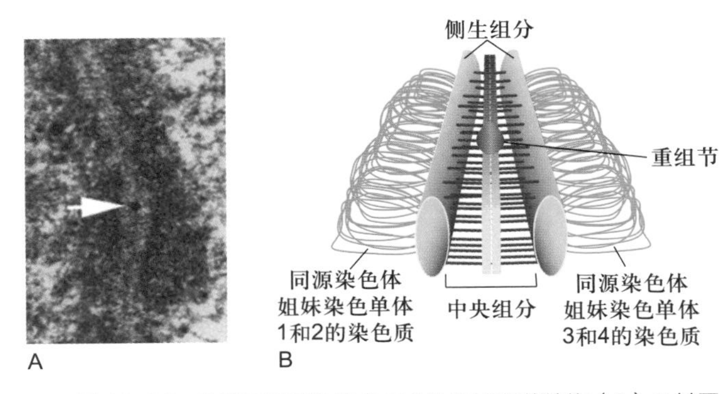

图 12-26　电镜下见到的联会复合体和重组节结构（A）及其图解（B）

A. 照片显示联会复合体和重组节（箭头所指）。B. 图解显示侧生组分、中央组分、重组节和同源染色体的姐妹染色单体。（A 图由马红博士惠赠）

粗线期（pachytene, pachynema）：开始于同源染色体配对完成之后。这一过程可以持续几天至几个星期。在此过程中，染色体进一步凝缩，变粗变短，并与核膜继续保持接触。同源染色体仍紧密结合，并发生等位基因之间部分 DNA 片段的交换和重组，产生新的等位基因的组合。此时在联会复合体部位的中间，出现一个新的结构即重组节（combination nodule）。重组节是同源染色体配对联会复合体中的球形、椭圆形或棒状的结节，直径约为 90 nm，是由蛋白质装配成的小体，结构不清楚（图 12-26）。重组节中含有催化遗传重组的酶类，因此推测某些重组节与染色体重组有关。交叉与重组节在总的数量上是相等的，而在联会染色体上的分布方式两者也极为相似，果蝇的某些突变引起了交叉分布的异常，重组频率因此降低，此时，可发现重组节不仅数量减少，分布也发生了变化，这也从另一个角度证明重组节与染色体交换的发生有关。在粗线期，也合成一小部分尚未合成的 DNA，称为 P-DNA。P-DNA 大小为 100～1 000 bp，编码一些与 DNA 剪切（nicking）和修复（repairing）有关的酶类。

粗线期另一个重要的生化活动是，合成减数分裂期专有的组蛋白，并将体细胞类型的组蛋白部分或全部地置换下来。这种置换也许在一定程度上参与了基因重组过程，或反映出减数分裂前期染色体结构的变化。

在许多动物的卵母细胞发育过程中，粗线期还要发生 rDNA 扩增。即编码 rRNA 的 DNA 片段从染色体上释放出来，形成环形的染色体外 DNA，游离于核质中，并进行大量复制，形成数千个拷贝的 rDNA。如在非洲爪蟾卵母细胞中，经过 rDNA 扩增，可以产生大约 2 500 个拷贝的 rDNA。这些 rDNA 将参与形成附加的核仁，进行 rRNA 转录。

双线期（diplotene, diplonema）：重组阶段结束，同源染色体相互分离，仅留几处相互联系。同源染色体的四分体结构变得清晰可见。同源染色体仍然相联系的部位称为交叉（chiasma）。交叉的数量变化不定，但一般认为“交叉”是遗传学“交换”（crossover）的细胞学基础。即使在同种物种的不同细胞之间，交叉的数量也不相同（图 12-27）。在电镜下可见交叉部位含有残留的联会复合体结构。

许多动物在双线期阶段，同源染色体或多或少地要发生去凝集，RNA 转录活跃。关于染色体去凝集的程度，有的种类低到不易觉察，有的种类则高到几乎与一般间期细胞相似。在许多动物，尤其是鱼类、两栖类、爬行类和鸟类的雌性动物，染色体去凝集形成一种特殊的巨大染色体结构，形似灯刷，故称灯刷染色体（lampbrush chromosome）。在灯刷染色体上有许多侧环结构，是进行 RNA 活跃转录的部位。RNA 转录、蛋白质翻译以及其他物质的合成等，是双线期卵母细胞体积

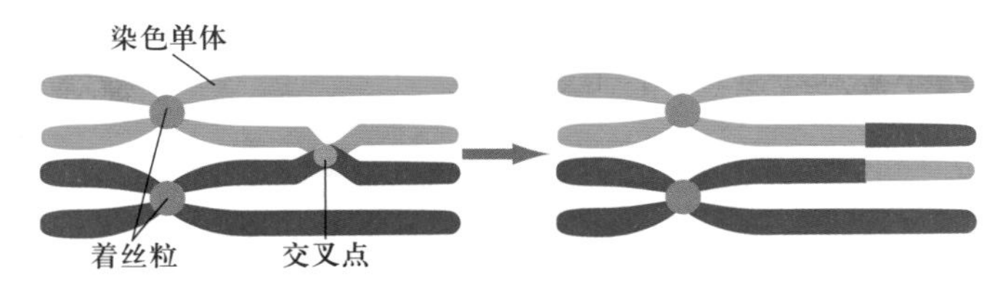

图 12-27　双线期二价染色体图解

可见 4 条染色单体，1 个交叉，两个同源染色体各自的两个姐妹着丝粒并排存在。

增长所必需的（见本书第九章）。

目前比较清楚的是，在灯刷染色体侧环上合成的RNA主要为前体mRNA。前体mRNA合成以后，很快被剪辑为mRNA。有些种类的mRNA，如编码组蛋白、核糖体蛋白和卵黄蛋白的mRNA很快会在细胞质中翻译为蛋白质。许多其他种类的mRNA则和蛋白质结合，以非活跃形式储备在卵母细胞质中。直到卵细胞成熟并受精以后，这些储备的mRNA才能转变为活跃状态，进行蛋白质翻译。在灯刷染色体一定的侧环上，也可以检测到tRNA和5S rRNA的转录。

双线期持续时间一般较长，其长短变化很大。两栖类卵母细胞的双线期可持续将近一年；而人类的卵母细胞双线期从胚胎期的第五个月开始，短者可持续十几年，到性成熟期开始，长者可达四五十年，到生育期结束。

终变期（diakinesis）：染色体重新开始凝集，形成短棒状结构。如果有灯刷染色体存在，其侧环回缩，RNA转录停止，核仁消失，四分体较均匀地分布在细胞核中。同时，交叉向染色体臂的端部移行。此移行过程称为端化（terminalization）。到达终变期末，同源染色体之间仅在其端部和着丝粒处相互联结。终变期的结束标志着前期Ⅰ的完成。

（2）中期Ⅰ　前期Ⅰ结束，细胞逐渐转入减数分裂中期Ⅰ（metaphase Ⅰ）。在此过程中，要进行纺锤体组装。纺锤体结构和形成过程与一般有丝分裂过程中的相类似。核膜破裂标志着中期Ⅰ的开始。纺锤体微管侵入核区，捕获分散于核中的四分体。四分体逐渐向赤道方向移动，最终排列在赤道面上。和有丝分裂不同的是，每个四分体含有四个动粒。其中一条同源染色体的两个动粒位于一侧，另一条同源染色体的两个动粒位于另一侧。从纺锤体一极发出的微管只与一个同源染色体的两个动粒相连，从另一极发出的微管也只与另一个同源染色体的两个动粒相连（图12-28）。

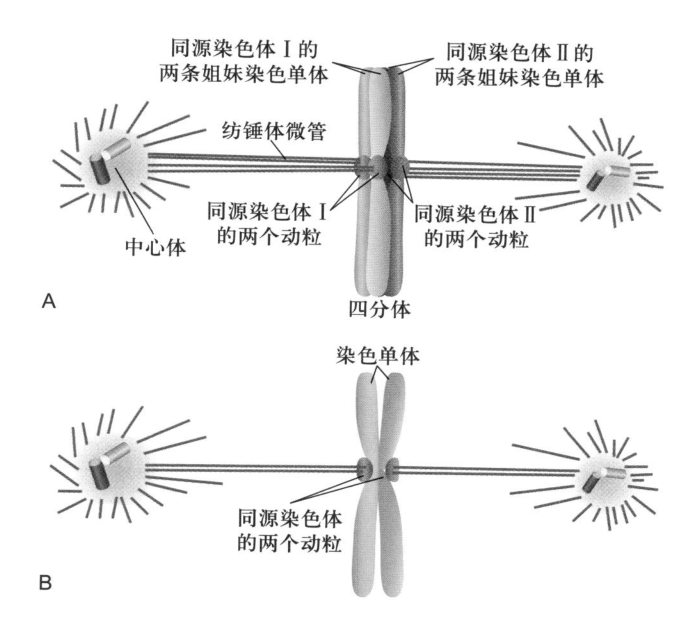

图12-28　**减数分裂中期Ⅰ（A）与减数分裂中期Ⅱ（B）动粒与纺锤体的联系示意图**

在减数分裂中期Ⅰ，四分体中同源染色体的两个动粒位于同侧，只与从同一极发出的纺锤体微管相联结；减数分裂中期Ⅱ与一般有丝分裂中期相似，每个染色体的两个动粒分别位于染色体的两侧，分别与从两极发出的纺锤体微管相联结。

（3）后期Ⅰ　同源染色体对分离并向两极移动，标志着后期Ⅰ（anaphase Ⅰ）的开始。移向两极的每个同源染色体均含有两条姐妹染色单体。其结果，到达每一极的染色体DNA含量由$4n$变为$2n$。以减数分裂前间期细胞复制后的染色体数目为基数，减数分裂的第一次分裂后的染色体数减半。另外，两套同源染色体在功能上是等价的，解除配对的同源染色体向两极移动是一个随机分配、自由组合的过程，因而到达两极的染色体会出现众多的组合方式。如人类细胞有23对染色体，从理论上讲将会产生2^{23}种不同的排列方式。如此庞大的排列方式，即使不发生基因重组，得到遗传上完全相同的配子概率也只有八百四十万分之一。再加上基因重组和精子与卵子的随机结合，要获得遗传上完全相同的子代个体几乎是不可能的，除非是同卵双生个体，其遗传性状可能相同。

（4）末期Ⅰ、胞质分裂Ⅰ和减数分裂间期　经过后期Ⅰ后，细胞进一步的变化主要有两种类型：第一种类型，染色体到达两极，并逐渐进行去凝集。在染色体的周围，核被膜重新组装，形成两个子细胞核。同时，随着染色体分离并向两极移动，细胞质也开始分裂，形成两个间期子细胞。此时的间期细胞虽具有一般间期细胞的基本结构特征，但又有着重要区别，即它们不再进行DNA复制，也没有G_1期、S期和G_2期时相之分。间期持续时间一般较短，有的仅作短暂停留。为区别于一般细胞间期，特将其称为减数分裂间期（interkinesis）。第二种类型，即细胞进入末期后，不是完全回复到间期阶段，而是立即准备进行减数第二次分裂，即减数分裂Ⅱ。

2. 减数分裂Ⅱ

减数分裂Ⅱ过程与有丝分裂过程非常相似，即经过分裂前期Ⅱ、中期Ⅱ、后期Ⅱ、末期Ⅱ和胞质分裂Ⅱ等几个过程。每个过程中细胞形态变化也与有丝分裂过程相似。对于上述第二种类型，染色体到达两极后，减数分裂Ⅰ的纺锤体去组装，两极的中心粒和星体此时一分为二，重新组装成两个纺锤体。染色体在原来两极的位置重新排列，形成新的赤道板。此时即为中期Ⅱ。此后的发展则与一般有丝分裂相似。

经过减数分裂Ⅱ，共形成4个子细胞。但它们以后的命运随生物种类不同而不同。在雄性动物中，4个细胞大小相似，称为精细胞，经变态进一步发育成4个精子。在雌性动物中，减数分裂Ⅰ为不等分裂，即第一次分裂后产生一个大的卵母细胞和一个小的极体，称为第一极体。第一极体将很快死亡解体，有时也会进一步分裂为两个小细胞，但没有功能。卵母细胞将继续进行减数分裂Ⅱ，也为不等分裂。其结果是产生一个卵细胞和一个第二极体。第二极体也没有功能，很快解体。因此，雌性动物减数分裂仅形成一个有功能的卵细胞。高等植物减数分裂与动物减数分裂类似，即雄性产生4个有功能活性的精子，而雌性仅产生一个有功能活性的卵细胞。

（三）减数分裂过程的特殊结构及其变化

1. 性染色体的分离

在染色体组型中与性别决定有关的染色体称性染色体。XY型性别决定是所有哺乳类动物、多数雌雄异株植物、部分昆虫、某些鱼类和两栖类动物的性别决定方式。不同性别之间，其性染色体构成不同。性染色体组成为XX的个体是雌性，性染色体组成为XY或XO（即无Y染色体）的个体是雄性。另一种为ZW型性别决定，刚好与XY型相反，雌性个体的性染色体组成为ZW，雄性个体的性染色体组成为ZZ。ZW型性别决定方式普遍存在于鸟类、鳞翅目昆虫、某些两栖类和爬行类之中。对于含有XX性染色体的细胞，两条X染色体像常染色体一样进行正常配对、交换和分离。而含有XY性染色体的细胞，两条性染色体的形态结构不同，基因含量也不同。在前期Ⅰ，二者是如何配对和分离的呢？一般讲，有些物种的XY染色体间可能会含有一些同源区段，有的可能不含任何同源区段。对于含有同源区段的XY染色体，如人类的XY染色体，在前期Ⅰ可以进行配对。不管XY染色体配对与否，二者都将和常染色体一样，在分裂中期Ⅰ排列到赤道面上。其后，随常染色体分离而相互分离，并各自移向两极。到减数分裂Ⅱ，XY染色体和常染色体一样，其两条染色单体再进行分离。偶尔也可出现XY染色体的染色单体在减数分裂Ⅰ时就相互分离的现象，致使产生的两个细胞各含有一个X染色单体和一个Y染色单体。到第二次减数分裂时，每个细胞的X和Y染色单体再分配到两个细胞中。

对于XO物种（主要是昆虫），在第一次减数分裂时，X染色体移向一极。结果将产生一个含X染色体的细胞和一个不含性染色体的细胞。到第二次减数分裂，含X染色体的细胞分裂为两个含X染色单体的细胞；不含性染色体的细胞也一分为二，形成两个不含性染色体的细胞。偶尔也可以看到X染色体的两个染色单体在第一次减数分裂时即相互分离，产生两个各含一个X染色单体的细胞。到第二次减数分裂时，X染色单体仅分配到一个细胞中。最终结果是，一个XO细胞经过减数分裂，产生两个含X染色体的细胞和两个无性染色体的细胞。

2. 联会复合体和基因重组

联会复合体是减数分裂期间（前期Ⅰ）在两个同源染色体之间形成的一种临时性蛋白质梯状结构。这种结构是M. J. Moses于1956年用电镜观察蝲蛄卵母细胞时发现的。随后证实，联会复合体在动物和植物减数分裂过程中广泛存在，主要功能是介导同源染色体之间配对（联会）和遗传重组（交换）。现在也有证据表明，联会复合体对于遗传重组不是必需的，因为不仅发现重组可以发生在联会复合体装配之前，而且发现突变的酵母细胞即使不能形成联会复合体，也能实现遗传信息的交换。所以近来又认为联会复合体的主要功能是为相互作用的染色单体之间完成交换提供一种结构框架。联会复合体在同源染色体联会处沿同源染色体长轴分布，由位于中间的中央组分和位于两侧的侧生组分共同构成。侧生组分的外侧则为配对的同源染色体（图12-29）。联会复合体中央组分宽约100 nm，侧生组分宽20～40 nm。从两侧的侧生组分向中央组分方向发出横向纤维（transverse fiber），交会于中央组分的中间部位。

蛋白质是联会复合体的主要组成成分之一。用胰蛋白酶、链霉蛋白酶等处理联会复合体，其中央组分、侧生组分以及横向纤维等结构消失。现已鉴定出联会复合体3种特异性蛋白：SC protein-1 (SYCP1)、SC protein-2 (SYCP2) 和 SC protein-3 (SYCP3)，并已在人类中确定其编码基因的染色体定位。SYCP3和SYCP2参与侧生组分组成，SYCP1参与中央组分组成，也是横向纤维的

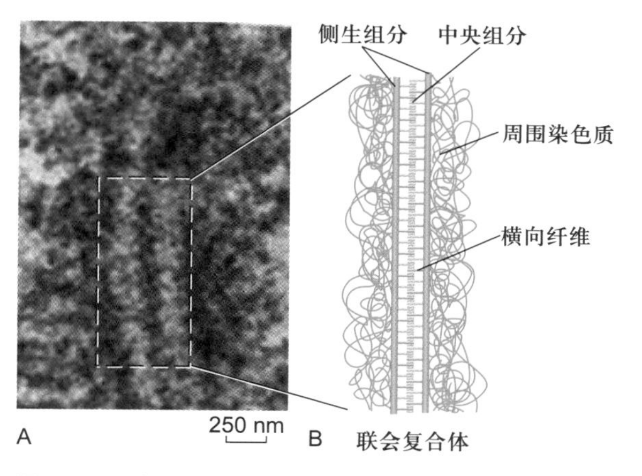

图 12-29 **粗线期的联会复合体**

A. 联会复合体电镜照片。B. 联会复合体图解。（A 图由马红博士惠赠）

主要成分。

P. B. Moens 实验室等曾经分离出几种联会复合体结构蛋白，并用其制备了特异抗体。用免疫电镜方法证实，其中有两种小分子蛋白质位于侧生组分，两者的分子质量分别为 30 和 33 kDa。第三种蛋白质分子质量为 125 kDa，位于中央组分。第四种蛋白质的分子质量约为 190 kDa，既分布于侧生组分，也分布于中央组分。这些蛋白质分子的功能尚不清楚。另外，用同样方法也证明，DNA 拓扑酶Ⅱ存在于侧生组分和其周围的染色质中。

DNA 片段也是联会复合体的组成成分之一。这些 DNA 片段长度多在 50～550 bp 之间。它们很可能是挂在或包含于侧生组分的染色体纤维的部分 DNA 片段。Moens 等用 DNA 酶消化分离多线染色体，发现这些 DNA 片段被联会复合体保护而免遭 DNA 酶消化。序列分析显示，这些 DNA 片段中并无特殊的 DNA 序列。不同细胞之间，这些 DNA 片段的大小和碱基的序列会有明显差别。这些结果提示，DNA 与联会复合体结合不需要特殊的 DNA 序列；染色体的任何部分都可能与联会复合体的侧生组分结合。这些 DNA 片段很可能完全穿越侧生组分而进入中央组分，在此处参与同源染色体的基因重组。

在中央组分和侧生组分中还发现有 RNA。因此，联会复合体可能含有核糖核蛋白复合物。

联会复合体被认为从细线期开始组装，经过偶线期至粗线期形成典型的联会复合体结构，同时在粗线期重组节开始组装。双线期联会复合体开始去装配，终变期时完全消失。

思考题

1. 什么是细胞周期？细胞周期各时相的主要变化是什么？
2. 不同物种之间的细胞周期有何异同？
3. 试比较有丝分裂与减数分裂的异同点。
4. 细胞通过什么机制将染色体排列到赤道板上？ 有何生物学意义？
5. 说明细胞分裂后期染色单体分离和向两极移动的运动机制。
6. 试述动粒的结构及功能。
7. 说明细胞分裂过程中核膜破裂和重装配的调节机制。

参考文献

1. Archambault V, Glover D M. Polo-like kinases: conservation and divergence in their functions and regulation. *Nature Reviews Molecular Cell Biology*, 2009, 10(4): 265-275.
2. Beck M, Hurt E. The nuclear pore complex: understanding its function through structural insight. *Nature Reviews Molecular Cell Biology*, 2017, 18(2): 73-89.
3. Clarke P R, Zhang C. Spatial and temporal coordination of mitosis by Ran GTPase. *Nature Reviews Molecular Cell Biology*, 2008, 9(6): 464-477.
4. Güttinger S, Laurell E, Kutay U. Orchestrating nuclear envelope disassembly and reassembly during mitosis. *Nature Reviews Molecular Cell Biology*, 2009, 10(3): 178-191.

5. Hara M, Fukagawa T. Kinetochore assembly and disassembly during mitotic entry and exit. *Current Opinion in Cell Biology*, 2018, 52: 73-81.
6. LaJoie D, Ullman K S. Coordinated events of nuclear assembly. *Current Opinion in Cell Biology*, 2017, 46: 39-45.
7. Nigg E A, Raff J W. Centrioles, centrosomes, and cilia in health and disease. *Cell*, 2009, 139(4): 663-678.
8. Lara-Gonzalez P, Westhorpe, F G, Taylor S S. The spindle assembly checkpoint. *Current Biology*, 2012, 22(22): R966-R980.
9. Walczak C E, Cai S, Khodjakov A. Mechanisms of chromosome behavior during mitosis. *Nature Reviews Molecular Cell Biology*, 2010, 11(2): 91-102.
10. Wang G, Jiang Q, Zhang C. The role of mitotic kinases in coupling the centrosome cycle with the assembly of the mitotic spindle. *Journal of Cell Science*, 2014, 127(19): 4111-4122.

第十三章

细胞增殖调控与癌细胞

细胞增殖是生物繁殖和生长发育的基础，是细胞重大生命活动之一。细胞增殖是通过细胞周期来实现的，这是一个高度严格受控的细胞生命活动过程。为确保细胞增殖这一生命过程严格有序地进行，细胞内发展了一系列调控机制，在细胞周期不同阶段有一系列检查点对该过程进行严密监控。任何细胞，不管是简单的单细胞，还是高等生物体内的细胞，其增殖过程都必须遵循一定的规律。例如，遗传物质 DNA 在没有完全复制之前，细胞不能分裂；在 DNA 复制准备阶段尚未完成之前，DNA 不能起始复制等。在细胞增殖过程中，任何一个关键步骤的错误，都有可能引起严重后果，或者引发细胞癌变，或者导致细胞死亡。在高等生物中，细胞增殖调控更为复杂。它不仅要遵循细胞自身的增殖调控规律，同时还要服从生物体整体的调控。不然，不受约束而生成的细胞将被机体免疫系统所清除，或者癌变，转化为癌细胞。癌细胞不仅表现出增殖失控，同时还具有浸润和转移的特征，最终导致个体的死亡。

在本章我们将重点介绍细胞增殖调控的机制以及癌细胞的发生。

第一节　细胞增殖调控

人们开展细胞周期调控研究已有几十年历史。在 20 世纪五六十年代，S 期的发现和细胞周期中 4 个时相的划分，使细胞周期调控研究辉煌多时。最近 30 多年，细胞周期调控研究再现辉煌，并取得了突飞猛进的发展，获得了许多突破性成果。

一、MPF 的发现及其作用

MPF，即卵细胞成熟促进因子（maturation-promoting factor），或细胞有丝分裂促进因子（mitosis-promoting factor），也称 M 期促进因子（M-phase-promoting factor）。MPF 最早发现并被命名于 20 世纪 70 年代初期。随后的工作不仅逐步鉴定了 MPF 的构成，同时也逐步证明了其在细胞周期调控中的重要作用。

1970 年，R. T. Johnson 和 P. N. Rao 将 HeLa 细胞同步化在细胞周期中的不同时相，然后将 M 期细胞与其他间期细胞在仙台病毒介导下融合，并继续培养一定时间。他们发现，与 M 期细胞融合的间期细胞发生了形态各异的染色体凝缩，并称之为早熟染色体凝缩（premature chromosome condensation, PCC）。此种染色体则称为早熟凝缩染色体。不同时期的间期细胞与 M 期细胞融合，产生的 PCC 的形态各不相同。G_1 期 PCC 为细单线状，S 期 PCC 为粉末状，G_2 期 PCC 为双线染色体状（图 13-1）。PCC 的这种形态变化可能与 DNA 复制状态有关。早熟染色体凝缩在其他细胞中也被证明。M 期细胞可以诱导 PCC，提示在 M 期细胞中可能存在一种诱导染色体凝缩的因子，称为细胞有丝分裂促进因子。

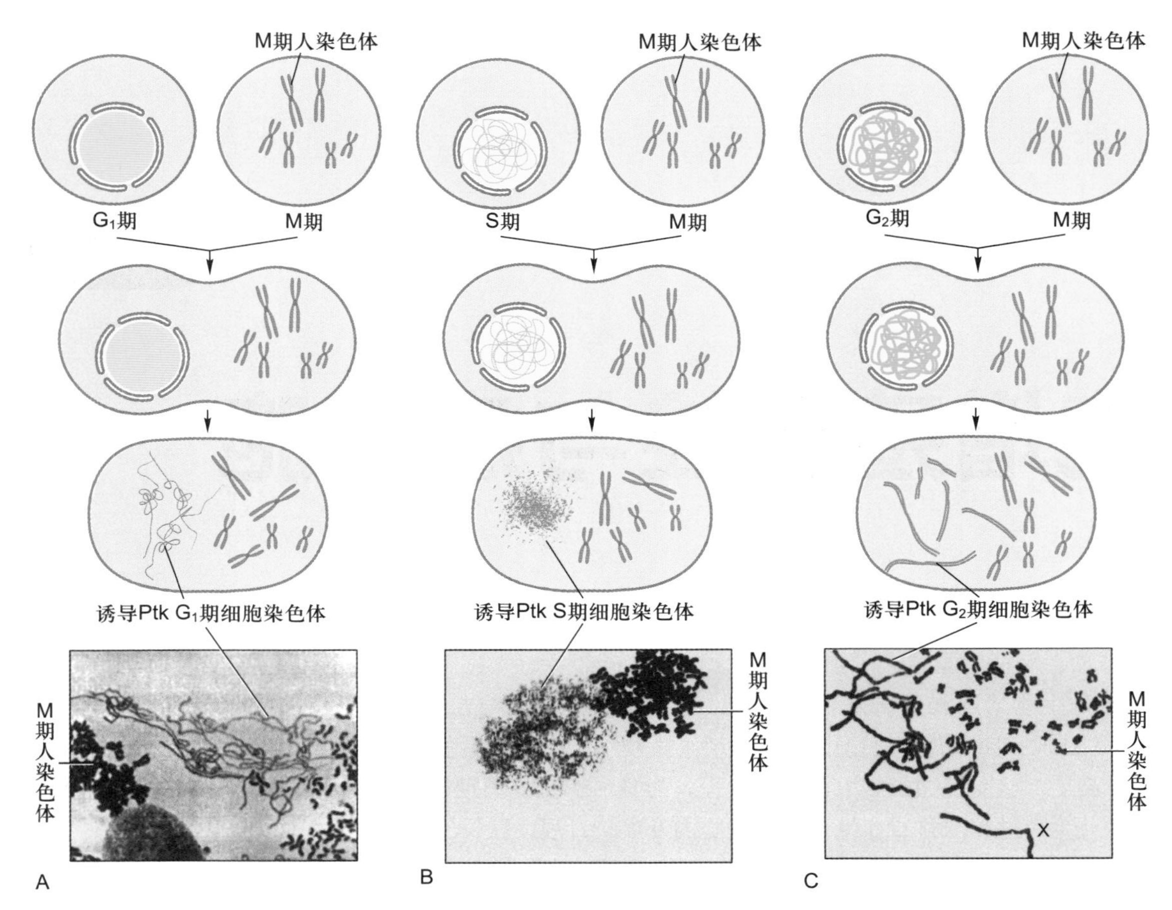

图 13-1　M 期细胞与 G_1、S 和 G_2 期细胞融合诱导早熟染色体凝缩

A. M 期细胞与 G_1 期细胞融合。B. M 期细胞与 S 期细胞融合。C. M 期细胞与 G_2 期细胞融合。（Rao 博士惠赠）

1971 年，Y. Masui 和 C. L. Markert 用非洲爪蟾卵做实验，明确提出了 MPF 这一概念。非洲爪蟾卵细胞发育过程可以划分为 6 个阶段，即第Ⅰ、Ⅱ、Ⅲ、Ⅳ、Ⅴ和Ⅵ期。第Ⅰ至Ⅳ期为卵母细胞生成和生长阶段。第Ⅳ期卵母细胞达到一定体积，停止生长，等待成熟。此时的卵母细胞处于减数第一次分裂期前期阶段，有一个体积较大的细胞核，称为生发泡（germinal vesicle, GV）。卵母细胞成熟需要孕酮的刺激。在孕酮作用下，卵母细胞向Ⅴ和Ⅵ期转化，生发泡破裂（GV broken down），染色体凝缩，进行减数分裂Ⅰ；然后立即进行减数分裂Ⅱ，并停留在分裂中期，即成熟的卵细胞（第Ⅵ期卵细胞）。卵细胞受精后，形成受精卵，很快便开始卵裂（图 13-2）。

Masui 和 Markert 用解剖方法分离第Ⅳ期卵母细胞，并用孕酮进行体外刺激，诱导卵母细胞成熟，然后进行细胞质移植实验。他们发现，将孕酮诱导成熟的卵细胞的细胞质注射到卵母细胞中，可以诱导后者成熟；再将后者的细胞质少量注射到一些新的卵母细胞中，这些新的卵母细胞仍被诱导成熟；再将刚被诱导成熟的卵细胞的细胞质少量注射到另一些新的卵母细胞中，仍然可以

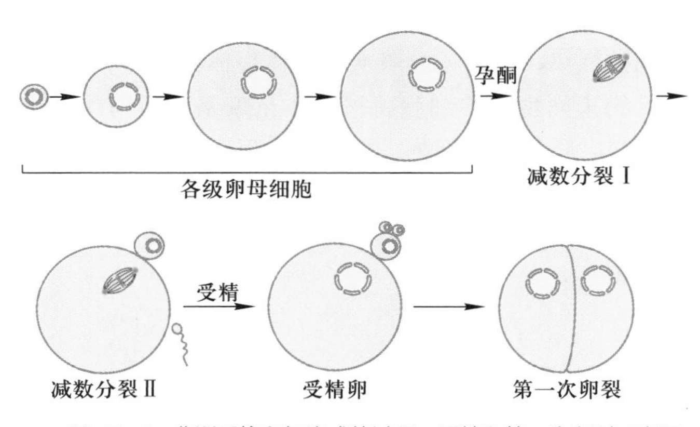

图 13-2　非洲爪蟾卵细胞成熟过程、受精和第一次卵裂示意图

非洲爪蟾卵母细胞成熟过程可人为地划分为 6 个时期。第Ⅰ至Ⅳ期为各级生长卵母细胞。第Ⅳ期卵母细胞在孕酮作用下向第Ⅴ和第Ⅵ期转化，随即开始减数分裂Ⅰ和Ⅱ。成熟卵细胞受精后，便开始第一次卵裂。

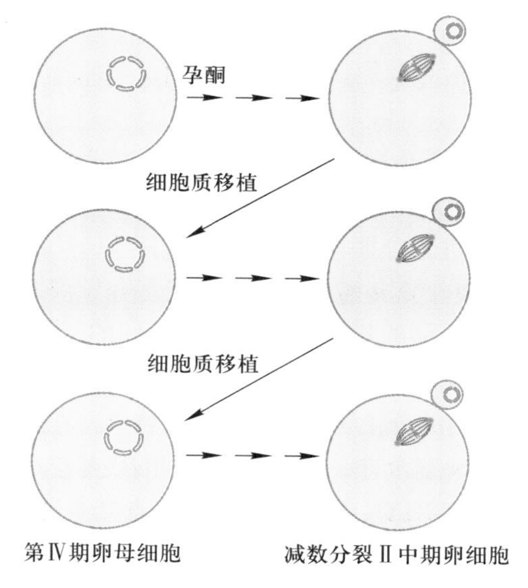

图 13-3　成熟卵细胞细胞质移植发现 MPF 的存在

诱导卵母细胞成熟（图 13-3）。因而他们认为，在成熟的卵细胞的细胞质中，必然有一种物质，可以诱导卵母细胞成熟。他们将这种物质称作成熟促进因子，即 MPF。

进一步研究发现，用孕酮诱导卵母细胞成熟，卵母细胞需要进行一定程度的蛋白质合成。在有蛋白质合成抑制剂存在的情况下，孕酮不能诱导卵母细胞成熟。成熟卵细胞的细胞质诱导卵母细胞成熟，则不需要蛋白质合成；在蛋白质合成抑制剂存在的情况下，也可以诱导卵母细胞成熟。这些实验结果提示，在成熟卵细胞中，MPF 已经存在，只是处于非活性状态，被称为前体 MPF（pre-MPF）。非活性态的前体 MPF 通过翻译后修饰，可以转化为活性态的 MPF。

MPF 被发现以后，不少学者便着手 MPF 的纯化工作，但一直进展缓慢，直到 1988 年，J. L. Maller 实验室的 M. J. Lohka 等人以非洲爪蟾卵为材料，分离获得了微克级的纯化 MPF，并证明其主要含有 p32 和 p45 两种蛋白。p32 和 p45 结合后，表现出蛋白激酶活性，可以使多种蛋白质底物磷酸化。因而证明，MPF 是一种蛋白激酶。

二、$p34^{Cdc2}$ 激酶的发现及其与 MPF 的关系

在研究 MPF 工作的同时，另一批生物学家则以酵母为材料，从另一个侧面对细胞周期调控进行着深入研究。以 L. H. Hartwell 为代表的酵母遗传学家在不同温度条件下培养芽殖酵母，分离获得了数十个温度敏感型突变株（temperature-sensitive mutant, *ts*）。对芽殖酵母来说，允许温度（permissive temperature）常为 20～23℃，限定温度（restrictive temperature）通常为 35～37℃。突变株最基本的特点是，在允许温度条件下，可以正常分裂繁殖，而在限定温度条件下，则不能正常分裂繁殖。这种在限定温度下失去正常分裂繁殖能力的现象，是由于某个基因发生突变而引起的。不同的突变株，发生突变的基因不同；在限定温度下，细胞在细胞周期中所停留的时相以及细胞所表现出的形态结构也常常是不同的，因而可以对不同突变株的基因变化和基因表达进行综合分析。以 P. M. Nurse 为代表的另一批酵母生物学家在不同温度下培养裂殖酵母细胞，也分离出了数十个温度敏感型突变株。和芽殖酵母类似，在限定温度下，不同突变株的某个基因也发生了突变，其细胞停留在细胞周期中的某个特定时相。CDC 基因调控酵母细胞分裂和细胞周期，根据 CDC 基因被发现的先后顺序等，对这些基因进行了命名，如 *Cdc2*、*Cdc25*、*Cdc28* 等，尽管当时 CDC 基因尚未被分离出来。

Cdc2 基因是裂殖酵母细胞中最重要的基因之一。*Cdc2* 基因突变导致细胞停留在 G_2/M 期交界处。*Cdc2* 基因也是第一个被分离出来的 CDC 基因。它的表达产物为一种分子质量为 34 kDa 的蛋白质，被称为 $p34^{Cdc2}$。进一步研究发现，$p34^{Cdc2}$ 具有蛋白激酶活性，可以使多种蛋白底物磷酸化，因而又被称为 $p34^{Cdc2}$ 激酶。$p34^{Cdc2}$ 激酶在裂殖酵母细胞周期调控过程中，起着关键性作用。在芽殖酵母中也有一个关键性的 CDC 基因，称为 *Cdc28*。*Cdc28* 基因突变，芽殖酵母细胞或者停留在 G_1/S 期交界处，或者停留在 G_2/M 期交界处。*Cdc28* 基因是继 *Cdc2* 基因之后，第二个被分离出来的 CDC 基因。*Cdc28* 基因产物也是一种分子质量为 34 kDa 的蛋白质，称为 $p34^{Cdc28}$。$p34^{Cdc28}$ 也是一种蛋白激酶，在 G_2/M 期转换过程中起着中心调节作用，因而是 $p34^{Cdc2}$ 的同源物。同时，$p34^{Cdc28}$ 对 G_1/S 期转换也是必需的。更进一步的研究发现，不管是 $p34^{Cdc2}$ 还是 $p34^{Cdc28}$，其本身并不具有激酶活性，只有当其与有关蛋白质结合后，其激酶活性才能够表现出来。例如，$p34^{Cdc2}$ 必须和另一种蛋白质 $p56^{Cdc13}$ 结合，才具有激酶活性。

知道 $p34^{Cdc2}$ 与 MPF 都具有激酶活性并能够促进 G_2/M 期转换以后，人们不禁要问，$p34^{Cdc2}$ 和 MPF 有何关系呢？当 MPF 的基本构成被确认以后，Maller 实验室和 Nurse 实验室立即开始合作，很快便证明 MPF 中的 p32 可以被 $p34^{Cdc2}$ 特异抗体所识别，并且 $p34^{Cdc2}$ 多肽片段可以增强 MPF 活性，表明二者为同源物。其同源性又

被后来的序列分析进一步证明。了解 p32 与 $p34^{Cdc2}$ 以后，人们进一步提出，蛙 MPF 的 p45 和酵母的 $p56^{Cdc13}$ 是否也有一定关系呢？

在开展上述工作的同时，以 R. T. Hunt 为代表的另一些科学家以海胆卵为材料，对细胞周期调控进行了深入的研究。J. R. Evans 等人于 1983 年报道，在海胆卵细胞中存在有两种特殊蛋白质。这两种蛋白质的含量随细胞周期进程变化而变化，一般在细胞间期内积累，在细胞分裂期内消失，在下一个细胞周期中又重复这一消长现象，因而他们将这两种蛋白质命名为周期蛋白（cyclin）。随后，这些周期蛋白很快便被分离和克隆出来，并被证明广泛存在于从酵母到人类等各种真核生物中。进一步研究证明，周期蛋白为诱导细胞进入 M 期所必需。而且，各种生物之间的周期蛋白在功能上有着广泛的互补性。将海胆 cyclin B 的 mRNA 引入到非洲爪蟾卵非细胞体系中，其翻译产物可以诱导该非细胞体系进行多次细胞周期循环。将一种基因工程表达的抗降解的 cyclin Δ90 引入非洲爪蟾卵非细胞体系或直接显微注射到非洲爪蟾卵细胞中，可以稳定 MPF 活性。所有这些实验结果均提示周期蛋白可能参与 MPF 的功能调节。当 MPF 被提纯以后，Maller 实验室和 Hunt 实验室立即开始合作，并很快证明 MPF 的另一种主要成分为 cyclin B。序列分析证明，cyclin B 与酵母的 $p56^{Cdc13}$ 为同源物。至此，MPF 的生化成分便被确定下来，它含有两个亚基，即 Cdc2 为其催化亚基，周期蛋白为其调节亚基。当两者结合后，表现出蛋白激酶活性。

三、周期蛋白

自 1983 年首次发现周期蛋白后，许多科学家纷纷开展周期蛋白研究。在短短的十年间，人们便从各种生物体中克隆分离了数十种周期蛋白，如酵母的 Cln1、Cln2、Cln3、Clb1—Clb6，高等动物的周期蛋白 A1、A2、B1、B2、B3、C、D1、D2、D3、E1、E2、F、G、H、L1、L2、T1、T2 等。目前在人体中已经发现 25 种周期蛋白。这些周期蛋白在细胞周期内表达的时相有所不同，所执行的功能也多种多样。这些周期蛋白有的只在 G_1 期表达并只在 G_1 期和 S 期转化过程中执行调节功能，所以常被称为 G_1 期周期蛋白，如 cyclin C、D、E、Cln1、Cln2、Cln3 等；有的虽然在间期表达和积累，但到 M 期时才表现出调节功能，所以常被称为 M 期周期蛋白，如 cyclin A、B 等。G_1 期周期蛋白在细胞周期中存在的时间相对较短。M 期周期蛋白在细胞周期中则相对稳定。

各种周期蛋白之间有着共同的分子结构特点，但也各有特性。首先，它们均含有一段相当保守的氨基酸序列，称为周期蛋白框（cyclin box）（图 13-4）。周期蛋白框含约 100 个氨基酸残基，其功能是介导周期蛋白与 CDK 结合。不同的周期蛋白框识别不同的 CDK，组成不同的 cyclin-CDK 复合体，表现出不同的 CDK 活性。M 期周期蛋白的分子结构还有另一个特点，在这些蛋白质分子的近 N 端含有一段由 9 个氨基酸残基组成的特殊序列（RXXLGXIXN，其中 X 代表任意氨基酸），称为破坏框（destruction box）。在破坏框之后，为一段约 40 个氨基酸残基组成的赖氨酸富集区。破坏框主要参与泛素依赖性的 cyclin A 和 B 的降解。G_1 期周期蛋白分子中不含破坏框，但其 C 端含有一段特殊的 PEST 序列。研究认为，PEST 序列与 G_1 期周期蛋白的更新有关。

不同的周期蛋白在细胞周期中表达的时期不同，并与不同的 CDK 结合，调节不同的 CDK 活性。图 13-5 显示了几种周期蛋白在哺乳动物细胞和酵母细胞中的表达和积累状况。在哺乳动物细胞中，cyclin A 在 G_1 期的早期即开始表达并逐渐积累，到达 G_1/S 期交界处，其含量达到最大值并一直维持到 G_2/M 期；cyclin B 则从 G_1 期晚期开始表达并逐渐积累，到 G_2 期后期阶段达到最大值并一直维持到 M 期的中期阶段，然后迅速降解；作为 G_1 期周期蛋白的 cyclin D 在细胞周期中持续表达；而 cyclin E 则在 M 期的晚期和 G_1 期早期开始表达并逐渐积累，到达 G_1 期的晚期，其含量达到最大值，然后

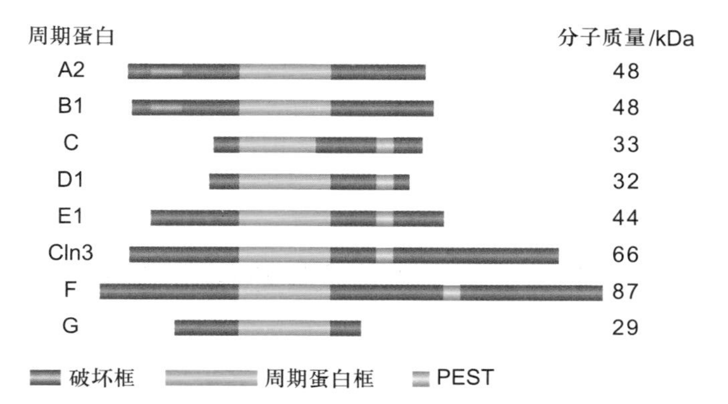

图 13-4 **部分周期蛋白分子结构特征**

图中显示的，除 Cln3 外，均为人类的周期蛋白分子。所有这些分子均含有一个周期蛋白框。M 期周期蛋白（A2、B1）分子的 N 端含有一个破坏框。G_1 期周期蛋白的 C 端含有一个 PEST 序列。

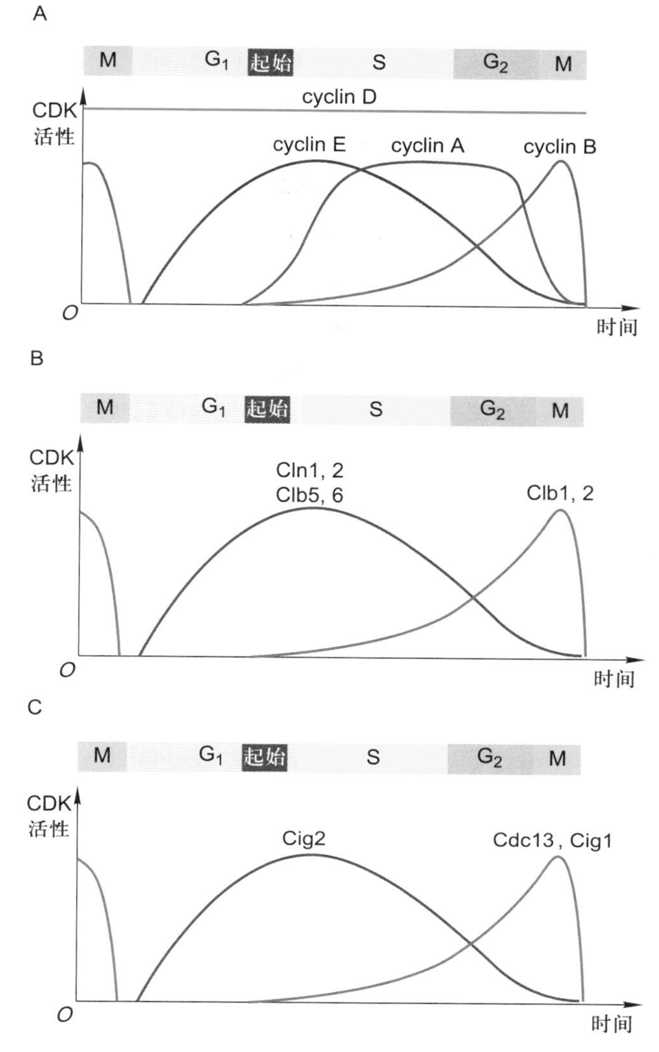

图 13-5 **部分哺乳动物和酵母细胞周期蛋白在细胞周期中的积累及其与 CDK 活性的关系**

A. 哺乳动物细胞周期。B. 芽殖酵母细胞周期。C. 裂殖酵母细胞周期。

逐渐下降，到达 G_2 期的晚期，其含量降到最低值。在裂殖酵母和芽殖酵母中，周期蛋白含量的消长情况与哺乳动物细胞中的有许多相似之处。作为 M 期周期蛋白，芽殖酵母中的 Clb1、Clb2 和裂殖酵母中的 Cdc13、Cig1 均在 G_1 期的后期开始表达，到 G_2 期达到最大值，到达 M 期中期后则迅速消失。作为 G_1 期周期蛋白，芽殖酵母中的 Cln1、Cln2 和裂殖酵母中的 Cig2 则在 M 期的后期开始表达，到达 G_1 期后期的"起始点"前，其含量达到最大值，然后逐渐降低，到达 G_2 期时降到最低值。另外，在裂殖酵母中还发现其他两种 B 类周期蛋白 Clb3、Clb4。二者的表达早于 Clb1 和 Clb2。但对其功能尚了解不多。有人推测它们可能在 G_1/S 期转化和 S 期中起调节作用。

对于其他种类的周期蛋白的功能研究，有的已经取得重要进展，有的尚在积极研究之中。

四、CDK 和 CDK 抑制因子

当酵母 *Cdc2* 和 *Cdc28* 基因被分离出来后，几个实验室便立即着手 *Cdc2* 或 *Cdc28* 类同基因的分离工作。他们首先通过 PCR 技术构建了人类、非洲爪蟾和果蝇的 cDNA 文库，然后对 cDNA 文库进行筛选。结果成功分离到了十多个 *Cdc2* 相关基因。通过基因序列和蛋白质功能分析，证明有的确实是 *Cdc2* 类同基因，与酵母 *Cdc2* 基因相比较，不仅同源性强，在蛋白质功能方面也有很强的互补性。也有的不仅在序列方面与 *Cdc2* 有一定差异，在蛋白质功能方面也表现出一定的特殊性。但是，它们又含有两个共同的特点：一个是它们含有一段类似的氨基酸序列，另一个是它们都可以与周期蛋白结合，并以周期蛋白作为调节亚基，进而表现出蛋白激酶活性。因而，它们被统称为周期蛋白依赖性蛋白激酶（cyclin-dependent kinase, CDK）。目前在人体中已发现并被命名的 CDK 包括 Cdc2、Cdk2—Cdk13 等。由于 Cdc2 第一个被发现，而其他几个 CDK 则是通过与其相比较而得来，因而 Cdc2 激酶被命名为 Cdk1。不同的 CDK 所结合的周期蛋白不同，在细胞周期中执行的调节功能也不相同。对不同的 CDK 的功能认识，有的比较清楚，有的正在深入。某些 CDK 与周期蛋白的配对关系，见表 13-1。

各种 CDK 分子均含有一段类似的 CDK 激酶结构域（CDK kinase domain）。与 Cdk1 激酶结构域相比，其他几种 CDK 激酶结构域的保守程度有所不同（图 13-6）。但是，在 CDK 激酶结构域中，有一小段序列则相当保守，即 PSTAIRE 序列。据认为，此序列与周期蛋白结合有关。此外，在 CDK 分子中也发现一些重要位点。对这些位点进行磷酸化修饰，将对 CDK 活性起重要调节作用。细胞内存在多种因子，对 CDK 分子结构进行修饰，参与 CDK 活性的调节。

除周期蛋白和上述修饰性调控因子对 CDK 活性进行调控之外，细胞内还存在一些对 CDK 活性起负调控的蛋白质，称为 CDK 抑制因子（cyclin-dependent kinase inhibitor, CKI）。到目前为止，已经发现多种对 CDK 起负调控作用的 CKI，分别归为 Cip/Kip 家族和 INK4 家族。Cip/Kip 家族成员主要包括 $p21^{Cip/Waf1}$、$p27^{Kip1}$ 和

表 13-1　某些 CDK 与周期蛋白的配对关系及执行功能的时期

CDK 种类	可能结合的周期蛋白	执行功能的可能时期
Cdk1(p34[Cdc2])	A, B1, B2, B3	G_2/M
Cdk2	A, D1, D2, D3, E	G_1/S, S
Cdk3		G_1/S
Cdk4	D1, D2, D3	G_1/S
Cdk5	D1, D3	
Cdk6	D1, D2, D3	G_1/S
Cdk7	H	
Cdk8	C	
Cdk9	T1, T2a, T2b, K	
Cdk10		G_2/M
Cdk11p58		G_2/M
Cdk11p110		
Cdk12L	L1, L2	
Cdk12S	L1, L2	

p57[Kip2]，其中 p21[Cip/Waf1] 为此家族的典型代表。p21 主要对 G_1 期 CDK（Cdk2、Cdk3、Cdk4 和 Cdk6）起抑制作用。p21 还可以与 PCNA（proliferating cell nuclear antigen）直接结合。PCNA 是 DNA 聚合酶 δ 的辅助因子，为 DNA 复制所必需。p21 与 PCNA 结合，可以直接抑制 DNA 复制。INK4 家族成员主要包括 p16、p15、p18 和 p19 等，p16 为此家族的典型代表。p16 主要抑制 Cdk4 和 Cdk6 活性。

五、细胞周期运转调控

目前已经公认，CDK 对细胞周期运行起着核心性调控作用，因此将其称为周期引擎分子（engine molecule）。不同种类的周期蛋白与不同种类的 CDK 结合，构成不同的 CDK。不同的 CDK 在细胞周期的不同时期表现活性，因而对细胞周期的不同时期进行调节。例如，与 G_1 期周期蛋白结合的 CDK 在 G_1 期起调节作用，与 M 期周期蛋白结合的 CDK 在 M 期起调节作用。

（一）G_2/M 期转化与 Cdk1 的关键性调控作用

如上所述，Cdk1 即 MPF，或 p34[Cdc2] 激酶，由 p34[Cdc2]（或 p34[Cdc28]）蛋白和 cyclin B 结合而成。p34[Cdc2] 蛋白在细胞周期中的含量相对稳定，而 cyclin B 的含量

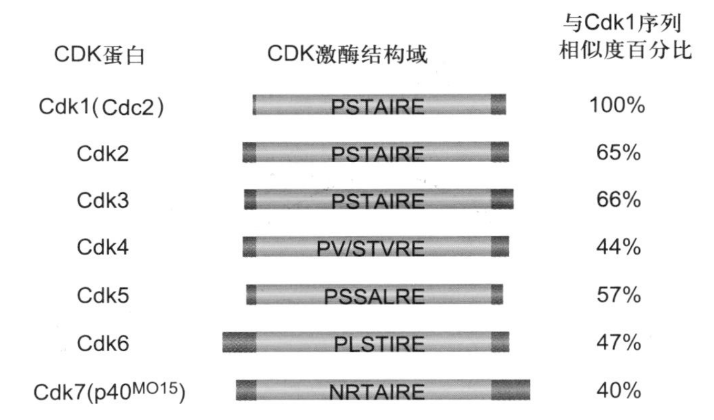

图 13-6　通过 PCR 技术测定与 Cdk1 类似的 CDK 蛋白分子图解

图中以 Cdk1（Cdc2）氨基酸序列为标准（100%），将其他 CDK 激酶结构域的氨基酸序列与其比较，得到序列相似度百分比。

则呈现周期性变化。p34[Cdc2] 蛋白只有与 cyclin B 结合后才有可能表现出激酶活性。因而，Cdk1 活性首先依赖于 cyclin B 含量的积累。cyclin B 一般在 G_1 期的晚期开始合成，通过 S 期，其含量不断增加，到达 G_2 期，其含量达到最大值。随 cyclin B 含量积累到一定程度，Cdk1 活性开始出现。到 G_2 期晚期阶段，Cdk1 活性达到最大值并一直维持到 M 期的中期阶段。Cdk1 活性和 cyclin B 含量的关系（图 13-7）。cyclin A 也可以与 Cdk1 结合成复合体，表现出 CDK1 活性。

Cdk1 通过使某些底物蛋白磷酸化，改变其下游的某些靶蛋白的结构和启动其功能，实现其调控细胞周期的作用。Cdk1 催化底物磷酸化有一定的位点特异性，即选择底物中某个特定序列中的某个丝氨酸或苏氨酸残基。Cdk1 可以使多种底物蛋白磷酸化，其中包括组蛋白 H1，核纤层蛋白 A、B、C，核仁蛋白（nucleolin），No38，p60[c-Src]，c-Abl 等（表 13-2）。组蛋白 H1 磷酸化，促进染色质凝缩；核纤层蛋白磷酸化，促使核纤层解

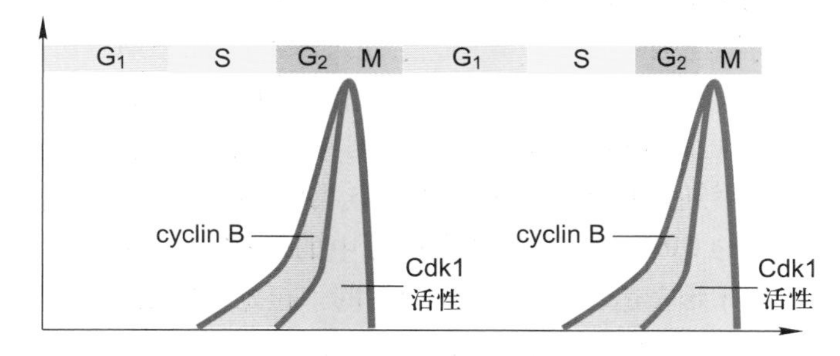

图 13-7　cyclin B 在 Cdk1 活性调节过程中的作用

Cdk1 活性首先依赖于 cyclin B 含量的积累。cyclin B 的含量达到一定值并与 CDK 蛋白结合，同时在其他一些因素的调节下，逐渐表现出最高激酶活性。

聚；核仁蛋白磷酸化，促使核仁解体；$p60^{c\text{-}Src}$蛋白磷酸化，促使细胞骨架重排；c-Abl蛋白磷酸化，促使细胞形态调整等。

CDK活性受到多种因素的综合调节。周期蛋白与CDK结合是激活CDK活性的先决条件。但是，仅周期蛋白与CDK结合，并不能使CDK激活。还需要其他几个步骤的修饰，才能表现出激酶活性。首先，当周期蛋白与CDK结合形成复合物后，Wee1/Mik1激酶和CDK活化激酶（Cdk1-activiting kinase）催化CDK第14位的苏氨酸（Thr14）、第15位的酪氨酸（Tyr15）和第161位的苏氨酸（Thr161）磷酸化。但此时的CDK仍不表现激酶活性（称为前体MPF）。然后，CDK在蛋白磷酸水解酶Cdc25C的催化下，使其Thr14和Tyr15去磷酸化，才能表现出激酶活性。Cdk1活性调控见图13-8。

在体外培养的细胞和单细胞生物中，CDK活性是细胞生命活动所需要的。解除CDK活性，往往导致细胞生命活动停滞和死亡。但在小鼠中，敲除一些被认为是细胞生命活动所必需的CDK活性，如Cdk2、Cdk4、Cdk6、cyclin A、cyclin E、cyclin D等，动物可以存活，因而推测CDK之间可以代偿一些功能。CDK活性敲除实验也揭示了CDK在个体发育等方面的功能。例如，Cdk4敲除小鼠个体矮小，内分泌器官发育不良，导致糖尿病和不育等。Cdk6敲除小鼠个体不正常，脾和胸腺发育不全，某些T淋巴细胞类群对抗原的应答滞后等。Cdk2敲除小鼠不育。由此可见，细胞周期调控因子对生物体个体和器官的发育也起着重要调节作用。

表13-2　某些Cdk1底物及其磷酸化后可能产生的生理效应

Cdk1底物	序　列	M期的可能作用
核纤层蛋白B	PL*S*PTR	核纤层解聚，核膜崩解
核纤层蛋白A	TL*S*PTR	核纤层解聚，核膜崩解
核纤层蛋白C	—	核纤层解聚，核膜崩解
核纤层L67（clam）	*S*PTR	核纤层解聚，核膜崩解
波形蛋白	—	分裂期中间纤维体系再调整
微管结合蛋白MAP-220	S*S*PGG	使其失去刺激微管组装作用
组蛋白H1	—	染色体凝缩
$p60^{c\text{-}Src}$	K/R*S*/TPXK	进一步磷酸化其他物质（细胞骨架重排）
No38	Q*T*PNK	核仁分解；抑制核糖体合成?
核仁蛋白	*T*PXKK	核仁分解；抑制核糖体合成?
cyclin B	*T*PXKK	调节Cdk1活性
EF-1b，EF-1r	—	翻译抑制
SV40T	—	—
p53	H*S*TPPKKKRKV	影响其亚细胞定位
c-Abl	S*S*SPQK	调节细胞形态
c-Myb	APD*T*PEL	降低与DNA结合能力
钙调蛋白结合蛋白（caldesmon）	PAV*S*PLL	降低与肌动蛋白结合能力，从微丝上游离下来
肌球蛋白	*S*/*T*PXK/R	抑制胞质分裂
GTP结合蛋白	*S*P/*T*P	抑制细胞内物质运输
HMG1	Ser1, 2; Thr9 KIQ**ST**PVK; R**S**PR ZP**S**ZPTPK	降低与DNA结合能力

催化位点通式：S/TPXZ。S/T：Ser/Thr；X：一种极性氨基酸残基；Z：一般为一种碱性氨基酸残基。斜体字母表示磷酸化氨基酸残基位点。

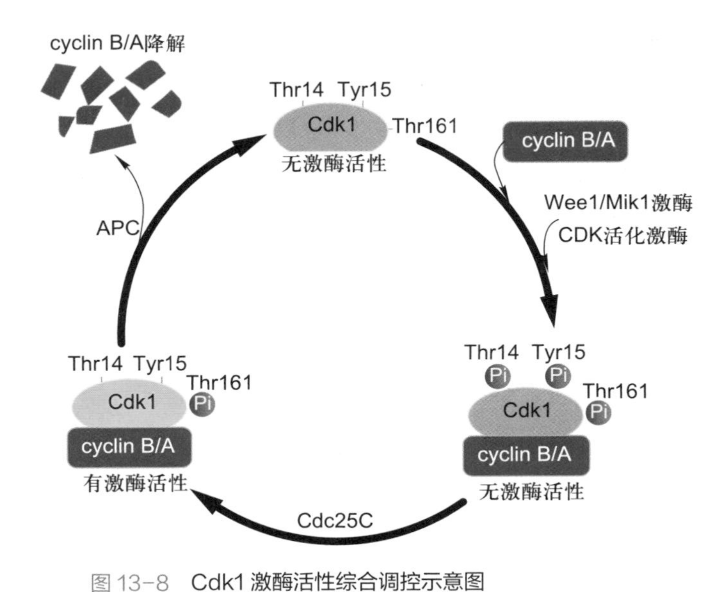

图 13-8 Cdk1 激酶活性综合调控示意图

（二）M 期周期蛋白与细胞分裂中期向后期转换

细胞周期运转到分裂中期后，M 期 cyclin A 和 B 将迅速降解，Cdk1 活性丧失，上述被 Cdk1 磷酸化的靶蛋白去磷酸化，细胞周期便从 M 期中期向后期转化。目前已经知道，cyclin A 和 B 的降解是通过泛素化依赖途径实现的。

如前所述，伴随 cyclin-CDK 复合物形成，CDK 亚基 Thr14、Tyr15 和 Thr161 残基磷酸化，以及 Thr14 和 Tyr15 去磷酸化，cyclin-CDK 复合物激酶活性表现出来，Thr161 位点保持磷酸化状态是 Cdk1 活性表现所必需的（图 13-8）。有丝分裂中期过后，周期蛋白与 CDK 分离，在 APC 的作用下，M 期 cyclin A 和 B 通过泛素化依赖途径被蛋白酶体降解（参见图 5-2 由泛素和蛋白酶体所介导的蛋白质降解途径）。M 期周期蛋白在泛素化途径降解过程中，其分子中的破坏框起着重要的调节作用。用基因突变方法将破坏框去除，所得到的突变分子将不能被泛素化途经所降解，因而可以较长时间地保持活性。

1995 年，两个实验室率先分离并部分纯化了具有 E3 活性的蛋白质复合物。首先，V. Sudakin 等人在青蛙卵中分离到了一个分子质量为 1 500 kDa 的蛋白质复合物，称为 cyclosome。在 E1、E2、泛素和 ATP 再生体系存在的情况下，cyclosome 可以在体外将 cyclin A 和 B 通过泛素化途径降解。几乎与此同时，R. W. King 等人在非洲爪蟾卵中分离到了一个 20S 的蛋白质复合物，即后期促进复合物（anaphase-promoting complex, APC），也支持 cyclin B 通过泛素化途径体外降解。此后证明，cyclosome 和 APC 为同源物，而 APC 这一名词则更广为应用。APC 的发现是细胞周期研究领域中又一大进展，表明细胞分裂中期向后期转换也受到精密调控。进一步研究证明，APC 至少有 15 种成分组成，分别称为 Apc1—Apc15。这些蛋白质成分在不同物种中大部分已鉴定出来，如在人体中已鉴定了 Apc1—Apc8，Apc10—Apc13，以及 Cdc26 等 13 种，在芽殖酵母和裂殖酵母中也已分别鉴定出了 13 种 APC 成分。在不同物种中鉴定的 15 种成分中，有的为过去已知的成分，如 Cdc16、Cdc23、Cdc27 和 BimE 等，有的为未知成分。S. Tugendreich 等人（1995）克隆了人类的 *Cdc16* 和 *Cdc27* 基因，并证明 Cdc16Hs 和 Cdc27Hs 蛋白位于哺乳动物细胞的中心体和纺锤体上。用抗 Cdc27Hs 的抗体进行显微注射，可以将细胞抑制在分裂中期。在非洲爪蟾体系中，用抗 Cdc27Hs 的抗体处理上述 20S 的 APC，可以使 APC 的泛素化活性丧失。在 Kim Nasmyth 实验室工作的另一些科学家则在芽殖酵母细胞中证明，Cdc16 和 Cdc23 也为 cyclin B 的降解所必需。*BimE* 基因最早发现于构巢曲霉（*Aspergillus nidulans*）温度敏感突变株 *bimE7*。*bimE7* 细胞在正常温度下可以正常生活，若放到限定温度下培养，*BimE7* 基因会失活，引起细胞早熟性地进入分裂期。即使用药物处理，将细胞先抑制在 S 期，然后再放到限定温度下培养，也会引起细胞早熟性地进入分裂期，说明 BimE 是一种细胞分裂负调控因子。对 BimE 的确切作用机制，目前尚不甚清楚。APC 除了调节 M 期周期蛋白泛素化依赖降解途径外，还调节其他一些与细胞周期调控有关的非周期蛋白类蛋白质的降解，如裂殖酵母中的 Cut2 和芽殖酵母中的 Pds1p 等。已知 Cut2 和 Pds1p 均为细胞分裂由中期向后期转换的负调控因子。

了解 APC 活性变化是认识细胞周期由分裂中期向后期转换的关键问题之一。APC 活性受到多种因素的综合调节。目前已知，细胞中存在正、负两类 APC 活性调节因子。激活 APC 的正调控因子有 Cdc20/Fizzy 和 Cdh1/Fzy 等，负调控因子有 Emi1、Emi2、Mad2、BubR1 等。首先，已知各类 APC 在分裂间期中表达，但只有到达 M 期后才表现出活性，提示 M 期 CDK 激酶活性可能对 APC 的活性起着调节作用。体外实验显示，APC 可以被活化的 M 期 CDK 所激活，且多种 APC 作为底物被 M 期 CDK 磷酸化；而活化的 APC 则可以被蛋白磷酸水解酶作用而失活。其次发现，Cdc20为APC有效的正调控因子。Cdc20主要位于染色体动粒上，为姐妹染色单体分离所必需。APC活性亦受到纺锤体组装检查点（spindle assembly checkpoint）的调控。纺锤体组装不完全，或所有动粒不能被动粒微管全部捕捉，APC则不能被激活。目前已经知道，在纺锤体组装调控过程中，Mad2（mitosis arrest deficient 2）蛋白起着重要作用。正常情况下，Mad2定位在早中期和错误排列的中期染色体的动粒上，纺锤体组装不完全，动粒不能被动粒微管捕捉，Mad2则不能从动粒上解离下来。因此，Mad2蛋白为细胞延迟进入后期提供了一种“等待”信号。Mad2与Cdc20结合，有效地抑制Cdc20的活性。当纺锤体组装完成以后，动粒全部被动粒微管捕捉，Mad2从动粒上消失，从而解除对Cdc20的抑制作用，促使APC活化，导致M期周期蛋白降解，M-CDK活性丧失；在酵母细胞中，促使Cut2/Pds1p降解，解除其对姐妹染色单体分离的抑制，细胞则由中期向后期转化。

（三）G_1/S期转化与G_1期周期蛋白依赖性CDK

细胞由G_1期向S期转化是细胞增殖过程中的关键事件之一。细胞能否成功地实现由G_1期向S期转化，标志着该细胞能否完成其DNA复制和其他相关生物大分子的合成，进而完成细胞分裂。目前一般认为，细胞由G_1期向S期转化主要受G_1期周期蛋白依赖性CDK所控制。在哺乳动物细胞中，G_1期周期蛋白主要包括cyclin D、E，或许还有cyclin A。与G_1期周期蛋白结合的CDK主要包括Cdk2、Cdk4和Cdk6等。cyclin D主要与Cdk4和Cdk6结合并调节后者的活性，而cyclin E则与Cdk2结合。cyclin A常被认为属M期周期蛋白，但cyclin A也可与Cdk2结合使后者表现激酶活性，提示cyclin A可能参与调控G_1/S期转化过程。

目前已知哺乳动物细胞中表达三种cyclin D，即D1、D2和D3，但三者的表达有细胞和组织特异性。据推测，在快速增殖的细胞中至少表达一种cyclin D。一般情况下，一种细胞仅表达两种cyclin D，即D3和D1或D2。在细胞水平上所做的实验，包括特异的抗cyclin D的抗体显微注射和反义RNA显微注射等，显示cyclin D为细胞G_1/S期转化所必需。cyclin D-Cdk4和cyclin D-Cdk6不能使组蛋白H1磷酸化。对cyclin D-CDK的底物仍已知甚少，目前仅知道Rb蛋白（retinoblastoma protein，成视网膜细胞瘤蛋白）为其底物。Rb蛋白是E2F的抑制因子，在哺乳类G_1期细胞中起“刹车”作用，因此Rb蛋白是G_1/S期转化的负调控因子，在G_1期的晚期阶段通过磷酸化而失活。

cyclin E是哺乳类细胞中表达的另一种G_1期周期蛋白。它在G_1期的晚期开始合成，并一直持续到细胞进入S期。当细胞进入S期后，cyclin E很快即被降解。cyclin E与Cdk2结合形成复合物，呈现Cdk2活性。因而，cyclin E-Cdk2活性峰值时间为G_1期晚期到S期的早期阶段。大量实验显示，cyclin E-Cdk2活性为S期启动所必需。在果蝇胚胎发育过程中，如果将cyclin E进行基因突变，该胚胎的细胞则被阻止在G_1期。将抗cyclin E的特异抗体做细胞显微注射，被注射的细胞便停留在G_1期。用非洲爪蟾卵提取物进行细胞核重建和DNA复制实验，如果事先将cyclin E从卵提取物中用免疫沉淀方法去除，重建的细胞核不能复制DNA。在哺乳动物细胞中，TGFβ是一种生长抑制因子。有实验表明，cyclin E-Cdk2是TGFβ作用的主要靶酶。TGFβ可以有效地抑制cyclin E-Cdk2活性，进而将细胞阻止在G_1期。也有一些证据显示，cyclin E在肿瘤细胞中的含量比正常细胞中要高得多。在细胞中提高cyclin E的表达，该细胞则快速进入S期，而且对生长因子的依赖性降低。

实验表明，cyclin E-Cdk2可以与类Rb蛋白p107和转录因子E2F结合形成复合物。与Rb蛋白相似，p107可以将SAOS细胞抑制在G_1期。而E2F则可以促进与G_1/S期转化和DNA复制有关的基因转录。一般认为，当cyclin E-Cdk2激酶与p107和E2F结合形成复合物之后，Cdk2催化p107磷酸化，使p107失去抑制作用，则E2F的作用被显现出来，促进有关基因的转录，从而促使细胞周期由G_1期向S期转化。此外，最近有几个实验室相继证明，cyclin E-Cdk2直接参与了中心体复制的起始调控。

cyclin A也可以与Cdk2结合，形成cyclin A-Cdk2。cyclin A的合成开始于G_1/S期转化时期。进入S期后，cyclin A-Cdk2激酶成为该时期主要的CDK。目前有实验显示cyclin A-Cdk2与DNA复制有关。在S期，cyclin A-Cdk2复合物位于DNA复制中心。将抗cyclin A的抗体注射到细胞中将抑制细胞DNA的合成。在体外，cyclin A-Cdk2可以使DNA复制因子RF-A磷酸化并使其活性增强。此外，cyclin A-Cdk2也可以与p107和E2F结合形成复合物，进而影响E2F促进基因转录的功能。

到达 S 期的一定阶段，G_1 期周期蛋白也是通过泛素化依赖途径降解的，但与 M 期周期蛋白的降解有所不同。G_1 期周期蛋白的降解是通过 SCF (Skp-cullin-F-box protein) 泛素化途径降解的，同时需要 G_1 期 CDK 活性的参与。G_1 期周期蛋白分子中不含有破坏框序列，而是含有 PEST 序列。PEST 序列对 G_1 期周期蛋白降解起促进作用。此外，一些参与 DNA 复制的调控因子如 Cdt1 和 Orc1，以及 CDK 抑制因子如 p21、p27 和 p57 等，也是通过 SCF 泛素化依赖途径降解的。SCF 通过降解细胞周期的不同时期的不同的底物从而在整个细胞周期中都发挥作用（图 13-9）。SCF 是一种由多亚基构成的蛋白复合物，具有 E3 泛素连接酶的功能。SCF 主要由 Skp1、Cul1 和 Rbx1 三种亚基构成，可以被 Skp2、Fbw7 和 β-TrCP 三种 F-box 蛋白分别活化，催化底物蛋白的泛素化。SCF 的底物特异性的识别是由 F-box 蛋白来决定的（图 13-10）。

除 G_1 期周期蛋白依赖性 CDK 活性之外，细胞内还存在其他多种因素对 DNA 复制起始活动进行综合调控。首先，DNA 复制起始点的识别，是 DNA 复制调控中的重要事件之一。已经发现，从酵母细胞到高等哺乳类细胞，均存在一种多亚基蛋白复合物，称为复制起始点识别复合物（origin recognition complex, ORC）。ORC 含有 6 个亚基，分别称为 Orc1—Orc6。ORC 识别 DNA 复制起始位点并与之结合，是 DNA 复制起始所必需的。其次，Cdc6 和 Cdc45 也是 DNA 复制所必需的调控因子。如果将 Cdc6 和 Cdc45 去除，DNA 便不能起始复制。Cdc6 在 G_1 期早期与染色质结合，到 S 期早期从染色质上解离下来。Cdc45 约在 G_1 期晚期才与染色质结合，Cdc6 对 Cdc45 与染色质结合起促进作用，但尚不知道是起直接作用还是间接作用。另外，在 20 世纪 80 年代末，人们还提出了一种“DNA 复制执照因子学说”（DNA replication-licensing factor theory），并在此后的研究中取得突破性进展。人们早已知道，在整个细胞周期中 DNA 复制一次，而且只能一次。是什么因素控制细胞在一个细胞周期中 DNA 只能复制一次呢？为此，J. Blow 和 R. Laskey 通过实验提出，在细胞的胞质内存在一种执照因子，对细胞核染色质 DNA 复制发行“执照”（licensing）。在 M 期，细胞核膜破裂，胞质中的执照因子与染色质接触并与之结合，使后者获得 DNA 复制所必需的“执照”。细胞通过 G_1 期后进入 S 期，DNA 开始复制。随 DNA 复制过程的进行，“执照”信号不断减弱直到消失。到达 G_2 期，细胞核

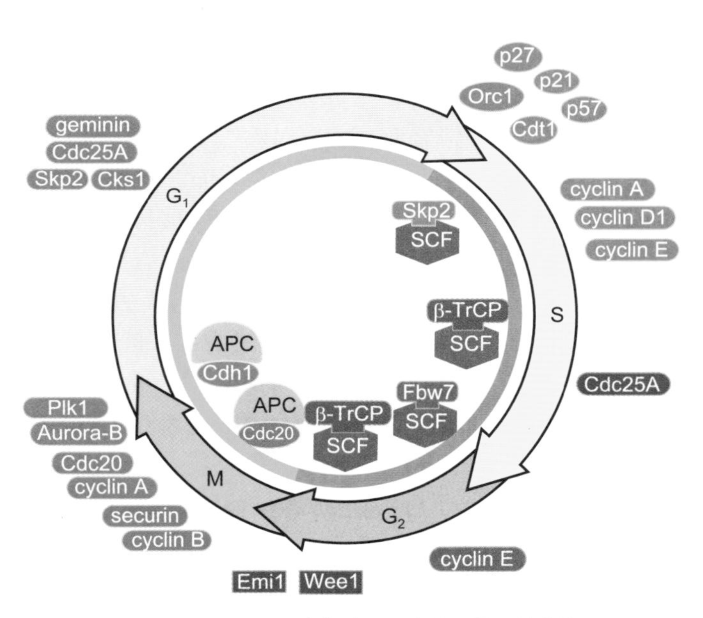

图 13-9　APC 和 SCF 在细胞周期中的活性及其底物

图中显示细胞周期不同时相 SCF 和 APC 泛素化连接酶的底物蛋白。SCF 主要在细胞间期 G_1、S 和 G_2 期发挥功能。SCF 的 3 种 F-box 蛋白 Skp2、Fbw7 和 β-TrCP 分别用 3 种不同的颜色表示，其相应的底物也用相应的颜色表示。APC 主要在细胞有丝分裂期 M 期以及 G_1 期早期发挥功能。APC 的两个负责底物识别的因子 Cdc20 和 Cdh1 分别用两种不同的颜色表示，其相应的底物也用相应的颜色表示。

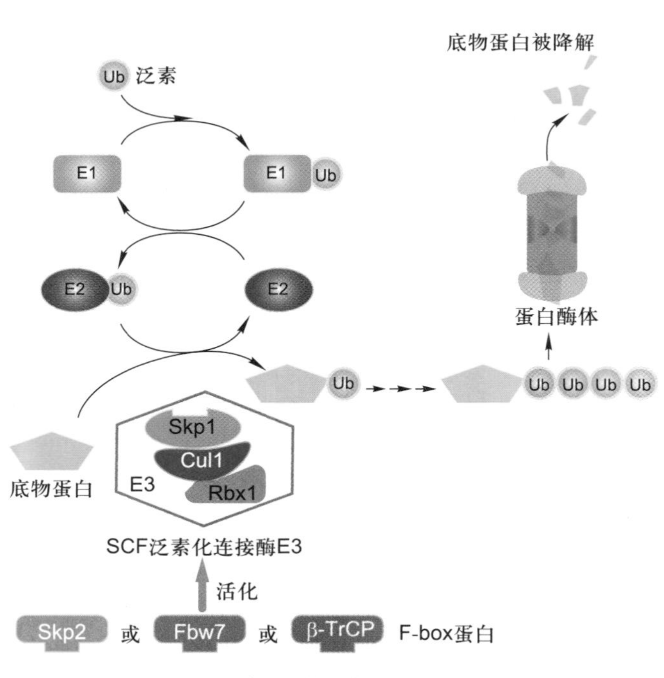

图 13-10　SCF 泛素化依赖蛋白质降解途径

不再含有“执照”信号，DNA 复制结束并不再起始。只有等到下一个 M 期，染色质再次与胞质中的执照因子接触，重新获得“执照”，细胞核才能开始新一轮的 DNA 复制。DNA 复制执照因子是一种什么物质呢？提纯工作发现，Mcm 蛋白（minichromosome mantenance protein）是其主要成分。Mcm 蛋白共有 6 种，分别称为 Mcm2、Mcm3、Mcm4、Mcm5、Mcm6 和 Mcm7。在细胞中去除任何一种 Mcm 蛋白，都将使细胞失去 DNA 复制起始功能。除 Mcm 蛋白之外，执照因子中还包括其他某些成分，但目前还不清楚。关于 ORC、Cdc6、Cdc45 和 Mcm 蛋白在与染色质结合过程中的相互关系，见图 13-11。

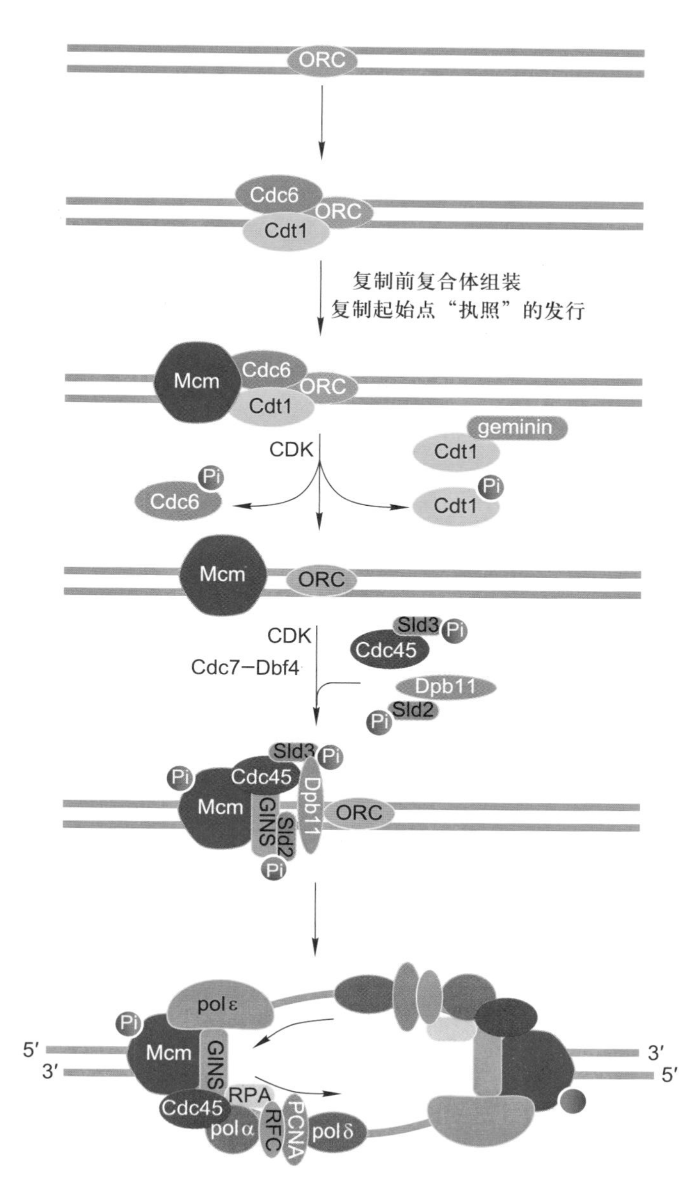

图 13-11　ORC、Cdc6、Cdc45、CDK 和 Mcm 与染色质的结合及其在 DNA 复制起始调控中的作用

（四）S/G_2/M 期转换与 DNA 复制检查点

DNA 复制结束，细胞周期由 S 期自动转换到 G_2 期，并准备进行细胞分裂。然而，为什么在 DNA 复制尚未完成之前，细胞不能开始 S/G_2/M 期转化呢？原来，细胞中存在一系列检查 DNA 复制进程的监控机制。DNA 复制还未完成或者 DNA 复制出现问题，细胞周期便不能向下一个阶段转换。DNA 复制检查点主要包括两种：S 期内部检查点（intra-S phase checkpoint）以及 DNA 复制检查点（replication checkpoint）（图 13-12）。

S 期内部检查点是指在 S 期内发生 DNA 损伤如 DNA 双链发生断裂时，S 期内部检查点被激活，从而抑制复制起始点的启动，使 DNA 复制速度减慢，S 期延长，同时激活 DNA 修复和复制叉的恢复等机制。S 期内部检查点是通过两条信号通路来实现的。一条通路是通过染色体结构维持蛋白 Smc1 的磷酸化，从而实现 S 期的延长。而 Smc1 的磷酸化则依赖于 ATM-Mdc1-MRNC（Mre11-Rad50-Nbs1 complex）等中介物的系列催化过程。然而，磷酸化的 Smc1 是如何促使 DNA 复制停滞的，目前仍然不太清楚。另一条通路是通过 ATM/ATR 介导的 Cdc25A 磷酸酶过磷酸化而降解，从而抑制 cyclin E/A-Cdk2 活性。cyclin E/A-Cdk2 受到抑制后，阻止 Cdc45 在仍未起始复制的复制起始点上的募集。Cdc45 是 DNA 解旋酶 Mcm2—7 的关键的激活因子，因而这种方式能够抑制未起始复制的复制起始点。

另外一种是由于停滞的复制叉导致的 S 期的延长，被称为 DNA 复制检查点。DNA 复制检查点主要是由 ATR/Chk1 激活来介导的。尽管对该机制中 ATR/Chk1 的底物还了解得很少，而 ATR/Chk1 介导的 Cdc25A 降解进而抑制 cyclin E/A-Cdk2 的通路在减缓整体 DNA 复制的效率中应该起到一定作用（图 13-12）。许多处于复制叉上的复制蛋白都是 ATR 的底物并且被 ATR 磷酸化，它们包括 RFC 复合体 (replication factor C complex)、Rpa1 和 Rpa2、Mcm2—7 复合体、Mcm10，以及一些 DNA 聚合酶。然而，这些磷酸化事件的功能大部分都不清楚。

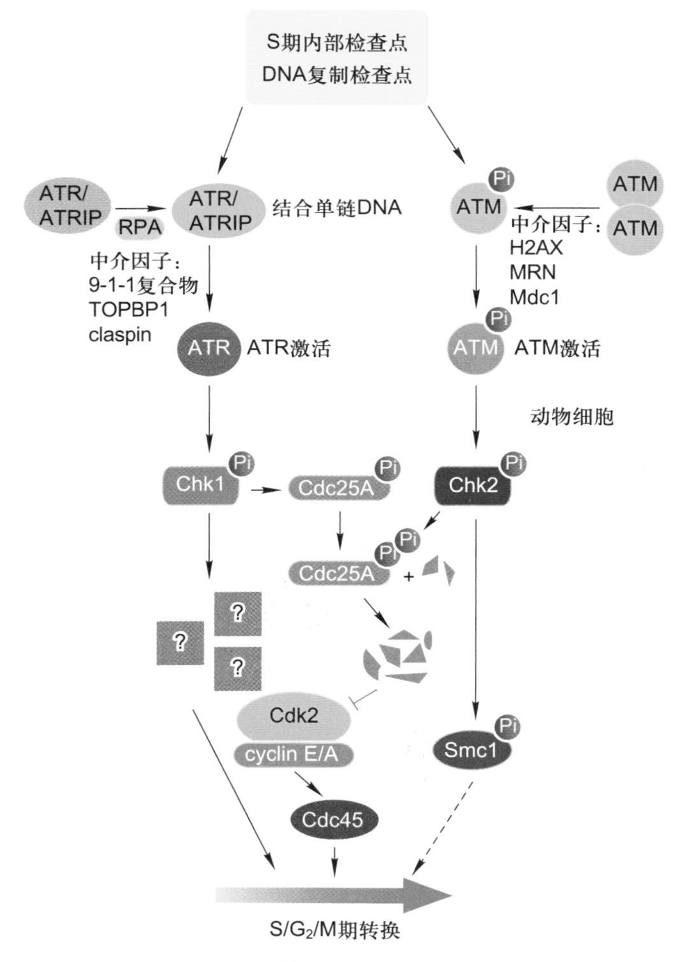

图 13-12　$S/G_2/M$ 期转化与 DNA 复制检查点

S 期内部检查点和 DNA 复制检查点能够将细胞停滞在 S 期和 G_2/M 期。当 DNA 复制叉阻断引发单链 DNA 时，ATR-Chk1 通路被激活。当 DNA 双链断裂时，ATM-Chk2 通路被激活。S 期内部检查点由 Smc1 磷酸化通路和 Cdc25A-Cdk2/cyclin E/A-Cdc45 通路介导。DNA 复制检查点主要是由 ATR/Chk1 介导的 Cdc25A 降解从而抑制 cyclin E/A-Cdk2。ATM/ATR 是与 PI3K 同源的激酶，也是 DNA 损伤信号感受因子，进而激活下游信号通路。Chk2/Chk1：哺乳类细胞中 DNA 损伤信号感受因子的底物，又是下游效应器分子 Ser/Thr 激酶。

六、其他因素在细胞周期调控中的作用

除上述各种因素参与细胞周期调控之外，还有不少其他因素参与细胞周期调控，其中最为重要的一类因素为癌基因和抑癌基因。癌基因和抑癌基因均是细胞生命活动所必需的基因，其表达产物对细胞增殖和分化起着重要的调控作用。癌基因异常表达可导致细胞转化、增殖失控，甚至细胞癌变。目前已经分离了一百多种癌基因，其表达产物大致可归纳为蛋白激酶、多肽类生长因子、膜表面生长因子受体和激素受体、信号转导器、转录因子、类固醇和甲状腺激素受体、核蛋白等几个类型。它们在细胞周期信号调控过程中各自起着不同的作用。例如，生长因子与细胞表面的生长因子受体结合，可以促使 G_0 期的细胞返回细胞周期，开始细胞增殖。抑癌基因表达产物对细胞增殖起负调节作用，如 p53、Rb 等。p53 是近年来研究较多的人类抑癌蛋白之一。*p53* 基因突变，使细胞癌变的机会大大增加，已经证实，有许多肿瘤同时伴随 *p53* 基因突变。

除细胞内在因素外，细胞和机体的外在因素对细胞周期也有重要影响，如离子辐射、化学物质作用、病毒感染、温度变化、pH 变化等。离子辐射对细胞最直接的影响之一是 DNA 损伤。DNA 损伤后，细胞会很快启动其 DNA 损伤修复调控体系，抑制细胞周期运转，直到 DNA 损伤得以完全修复；或者最终不能完成修复，致使细胞走向死亡。在人类细胞 DNA 损伤修复过程中，*p53* 表达水平大大提高，通过一些下游调控因子，抑制 Cdk1、Cdk2、Cdk4 等激酶活性，从而影响细胞周期运转。化学物质种类繁多，有的可直接参与调控 DNA 代谢，影响细胞周期变化；有的可以通过其他途径，影响酶类和其他调节因素的变化，改变细胞周期进程。病毒感染也是影响细胞周期进程的主要因素之一。有的病毒感染能快速抑制细胞周期，有的则可以诱导细胞转化和癌变，使整个细胞周期进程发生改变。

第二节　癌细胞

多细胞生物是由不同类型细胞受控于严格的调控机制而形成的细胞社会。癌细胞（cancer cell）脱离了细胞社会赖以构建和维持的规则的制约，表现出细胞增殖失控和侵袭并转移到机体的其他部位生长这两个基本特征，其结果破坏了组织和器官的正常生理功能。全世界每年死于癌症的人数达人口总数的 0.01%～0.035%。基因突变的结果有可能招致某些分化细胞的生长与分裂失控，脱离了衰老和死亡的正常途径而成为癌细

胞。癌细胞与正常分化细胞明显不同的一点是，分化细胞的细胞类型各异，但都具有相同的基因组；而癌细胞的细胞类型相近，但基因组却发生不同形式的改变。随着环境因素的影响，基因突变率提高，细胞癌变的概率也随之增加。此外少数癌细胞其基因组 DNA 序列并未改变，但由于其 DNA 或组蛋白的修饰发生了变化，即表观遗传改变（epigenetic change），导致基因表达模式的改变，从而引起癌症的发生。因此，对癌细胞形成与特征的了解不仅有助于了解细胞增殖、分化与凋亡的调节及其分子机制，而且也是人类健康所面临的十分严峻的问题。

一、癌细胞的基本特征

动物体内因细胞分裂调节失控而无限增殖的细胞称为肿瘤细胞（tumor cell）。具有转移能力的肿瘤称为恶性肿瘤（malignancy），源于上皮组织的恶性肿瘤称为癌。目前癌细胞已作为恶性肿瘤细胞的通用名称。其主要特征是：

（一）细胞生长与分裂失去控制

在正常机体中细胞或生长与分裂，或处于静息状态，执行其特定的生理功能（如肝细胞和神经细胞）。在成体一些组织中，会有新生细胞的增殖、衰老细胞的死亡，在动态平衡中维持组织与器官的稳定，这是一种严格受控的过程。而癌细胞失去控制，成为“不死”的永生细胞，核质比例增大，分裂速度加快，结果破坏了正常组织的结构与功能。

（二）具有浸润性和扩散性

动物体内特别是衰老的动物体内常常出现肿瘤，这些肿瘤细胞仅位于某些组织特定部位，称之为良性肿瘤，如疣和息肉。如果肿瘤细胞具有浸润性和扩散性，则称之为恶性肿瘤，即癌症发生。

良性肿瘤与恶性肿瘤细胞的最主要区别是：恶性肿瘤细胞（癌细胞）的细胞间黏着性下降，具有浸润性和扩散性，易于浸润周围健康组织，或通过血液循环和淋巴途径转移并在其他部位黏着和增殖。由转移并在身体其他部位增殖产生的次级肿瘤称为转移灶（metastasis），这是癌细胞的基本特征（图 13-13）。此外，癌细胞在分化程度上低于正常细胞和良性肿瘤细胞，失去了原组织细胞的某些结构和功能。

（三）细胞间相互作用改变

正常细胞之间的识别主要通过细胞表面特异性蛋白的相互作用实现的，进而形成特定的组织与器官。癌细胞冲破了细胞识别作用的束缚，在转移过程中，除了会产生水解酶类（如用于水解基底膜成分的酶类），而且要异常表达某些膜蛋白，以便与别处细胞黏着和继续增殖。并借此逃避免疫系统的监视，防止天然杀伤细胞等的识别和攻击。

（四）表达谱改变或蛋白质活性改变

癌细胞的种种生物学特征主要归结于基因表达及调控方式的改变。人们曾用基因表达谱分析技术（serial analysis of gene expression, SAGE）对乳腺癌和直肠癌细胞与正常细胞中基因表达谱进行了比较。在检测的 30 万个转录片段（transcript），至少相当于 4.5 万个所表达的基因中只有 500 个转录片段（相当于 75 个基因）有明显不同，仅占整个基因表达谱中很少一部分。

癌细胞的蛋白质表达谱系中，往往出现一些在胚胎细胞中所表达的蛋白质，如在肝癌细胞中表达胚肝细胞中的多种蛋白质。多数癌细胞中具有较高的端粒酶活性。此外癌细胞还异常表达与其恶性增殖、扩散等过程相关的蛋白质组分，如纤连蛋白表达减少，某些蛋白如蛋白激酶 Src、转录因子 Myc 等过量表达。

此外，由于癌细胞基因突变位点不同，同一种癌甚至同一癌灶中的不同癌细胞之间也可能具有不同的表型，而且其表型不稳定，特别是具有高转移潜能的癌细胞其表型更不稳定，这就决定了癌细胞异质性的特征。生物芯片技术可用于检测细胞 mRNA 或蛋白质的表达谱，目前已用于肿瘤的研究、诊断，并有望用于优化对肿瘤患者的个体化治疗。

（五）体外培养的恶性转化细胞的特征

应用人工诱导技术可培养出恶性转化（malignant transformation）的细胞及恶性程度不同的转化细胞。恶性转化细胞同癌细胞一样具有无限增殖的潜能，在体外培养时贴壁性下降，可不依附在培养器皿壁上生长，有些还可进行悬浮式培养；正常细胞生长到彼此相互接触时，其运动和分裂活动将会停止，即所谓接触抑制。癌细胞失去运动和分裂的接触抑制，在软琼脂培养基中可形成细胞克隆，这也是细胞恶性程度的标志之一。当将恶性转化细胞注入易感染动物体内，往往会形成肿瘤。

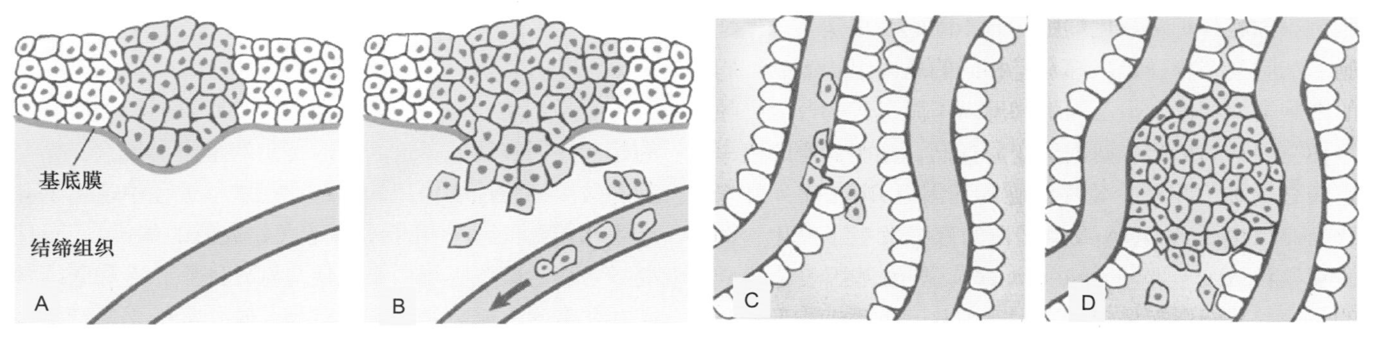

图 13-13　**癌细胞的扩散**

癌细胞在上皮中恶性增殖（A）后，突破基膜的障碍，通过管壁进入血管或淋巴管（B）。进入淋巴管的癌细胞，首先滞留于淋巴结，形成淋巴结转移。只有不到 1/1 000 的细胞能够转移到其他组织并形成新的肿瘤。这里显示的是癌细胞从肺向肝转移的情况，癌细胞黏附于肝的血管壁，穿过血管壁（C）后，在肝中增殖形成转移灶（D）。

对体外培养的恶性转化细胞及癌细胞的比较研究有助于了解癌细胞的特征及发生机制。

（六）抵御死亡

抵御死亡是癌细胞的另一个基本特征。在过去的二十年间人们逐步认识到，成为“不死”的永生细胞的内在原因还应包括细胞自身对死亡的抵御。在生物机体内，细胞增殖即受到其内在的正反双向调控因子的严格监控，也受到外在正反因素的调节。在个体发育特定阶段完成时效任务的正常细胞往往通过程序化死亡而清除，而一些受到不良因素影响而发生变化的非正常细胞也往往会启动自行死亡机制。也有一些细胞，虽然不合时宜的产生，却逃脱不了有机体内的监控机制而难免被及时清除。因而，促使细胞死亡是生物机体免受癌症发生的重要机制之一。但是，癌症之所以发生，原因之一恰恰是癌细胞发展了抵御死亡的机制。

癌细胞能够抵御死亡，原因之一是获取了抗细胞凋亡的能力，既可能是其促凋亡基因突变而失活，也可能是抑制细胞凋亡基因突变而活性加强，最终表现为细胞凋亡调控通路的抑制（见第十五章第一节）。另一个原因是逃脱了生物机体对它的监控，这可能是由于自身基因突变而不能对细胞外来信号产生应答，也可能是外界信号的变化导致不能被有效监控所造成。另外一个原因是促使细胞增殖的细胞外信号过强，导致细胞增殖超越及时分化或细胞死亡。癌细胞正是这样的一类细胞，由于其逃离了凋亡调控径路或生物机体监控径路，对外界促增殖信号的应答尤显敏感，增殖愈加迅速。

二、癌基因与抑癌基因

癌症主要是由携带遗传信息的 DNA 的病理变化而引起的疾病。与遗传病不同，癌症主要是体细胞 DNA 突变，而不是生殖细胞 DNA 突变。然而由于癌症涉及多个基因位点的突变，因此生殖细胞某些基因位点的突变无疑也会加大癌变的可能性。

癌基因（oncogene）是控制细胞生长和分裂的一类正常基因，其突变能引起正常细胞发生癌变。癌基因最早发现于诱发鸡肿瘤的劳氏肉瘤病毒（Rous sarcoma virus，属于反转录病毒），称之为 *Src* 基因。该基因对病毒繁殖不是必需的，但当病毒感染鸡后，可以引起细胞癌变，导致肉瘤。20 世纪 70 年代中后期和 80 年代，J. M. Bishop 和 H. E. Varmus 证实癌基因起源于细胞，并普遍存在于许多生物基因组中，二人因此获得 1989 年诺贝尔生理学或医学奖。癌基因可以分成两大类：一类是病毒癌基因，指反转录病毒的基因组里带有可使受病毒感染的宿主细胞发生癌变的基因，简写成 v-onc（v 是 virus 的缩写）；另一类癌基因是细胞癌基因，简写成 c-onc（c 是 cell 的缩写），又称原癌基因（proto-oncogene）。在后来的研究中，大多数 c-onc 基因是依靠病毒的 v-onc 基因探针找到的。近年来研究表明，许多致癌病毒中的癌基因不仅与致癌密切相关，而且与正常细胞中的某些 DNA 序列高度同源，从而推测病毒癌基因起源于细胞的原癌基因。反转录病毒所携带的癌基因，可能是由于这类病毒特殊的增殖方式而从宿主细胞中获得的。病毒中的癌基因由于碱基序列的突变，引起所编码的蛋白质产物超活化或失去控制，最终导致肿瘤的发生。

c-onc 是在正常细胞基因组中对细胞正常生命活动起主要调控作用的基因，这些基因一旦发生突变或被异常激活，可使细胞发生恶性转化。换言之，在每一个正常细胞基因组里都带有原癌基因，但它不出现致癌活性，只是在发生突变或被异常激活后才变成具有致癌能力的癌基因。因为已活化的癌基因或是从癌细胞里分离出来的癌基因，可将体外培养的哺乳类细胞，转化成为具有癌变特征的癌细胞，所以癌基因有时又被称为转化基因 (transforming gene)。因此，c-onc 基因是一类具有正常的生理功能的基因，而只有在发生突变或异常表达的情况下才会引起细胞癌变。实际上，c-onc 基因向癌基因的转化是一种功能获得性突变，即细胞的 c-onc 基因被不适当地激活后，会造成蛋白质产物的结构改变，c-onc 基因出现组成型激活，以及过量表达或不能在适当的时刻关闭基因的表达等。

目前已识别的 c-onc 基因有 100 多个，其编码的蛋白质主要包括生长因子、生长因子受体、信号转导通路中的分子、基因转录调节因子、细胞凋亡蛋白、DNA 修复相关蛋白和细胞周期调控蛋白等几大类型（图 13-14）。当然，因突变而诱发癌症的基因还不止这些。细胞信号转导是细胞增殖与分化过程的基本调控方式，而信号转导通路中蛋白因子的突变是细胞癌变的主要原因。如人类各种癌症中约 30% 的癌症是信号转导通路中的 *Ras* 基因突变过表达引起的。此外，很多癌基因在演化上是相当保守的，如 *c-Ras* 基因在酵母、果蝇、小鼠和人的正常基因组均有存在。

人们还注意到，视网膜母细胞瘤 (retinoblastoma) 是由于 *Rb* 基因突变失活而导致的。随后又发现 *p53* 等基因均有类似的现象。这类基因称为抑癌基因或肿瘤抑制基因 (tumor-suppressor gene)，又称抗癌基因 (antioncogene)，或者更为确切地说是这类基因编码的蛋白质，其功能是正常细胞增殖过程中的负调控因子，在细胞周期的检查点上起阻止周期进程的作用（图 13-15），或者是促进细胞凋亡，或者既抑制细胞周期调节，又促进细胞凋亡。如果抑癌基因突变，丧失其细胞增殖的负调控作用，则导致细胞周期失控而过度增殖。抑癌基因是基因的功能丢失性突变。抑癌基因原先有对细胞分裂周期或细胞生长设置限制的功能，当抑癌基因的一对等位基因都缺失或都失去活性时，

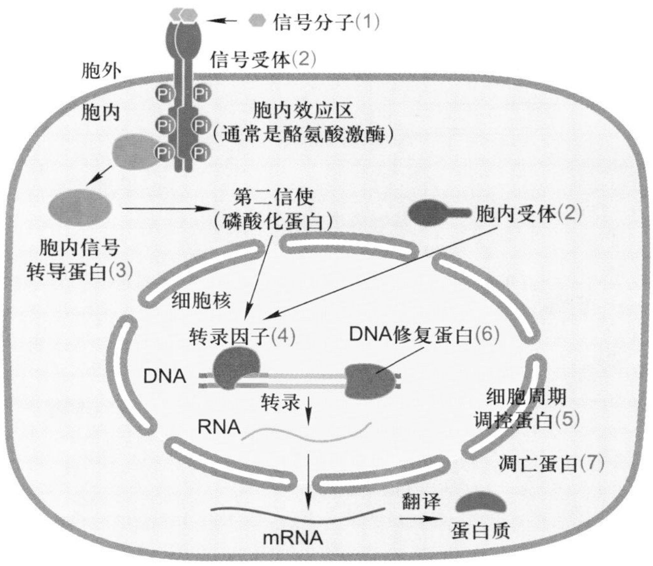

图 13-14 **控制细胞生长和增殖，并与肿瘤发生相关的 7 类蛋白**

有 7 类蛋白调控细胞的增殖，它们的突变都可能致癌。很多胞外信号分子（1）、信号受体（2）、胞内信号转导蛋白（3）和转录因子（4）能够刺激细胞增殖，它们的致癌突变是显性的。而抑制细胞周期的调控蛋白（5）和负责修复 DNA 的蛋白（6）由抑癌基因编码，它们的致癌突变是隐性的。凋亡蛋白（7）也是抑癌蛋白，通过诱导细胞凋亡而抑制细胞的增殖。

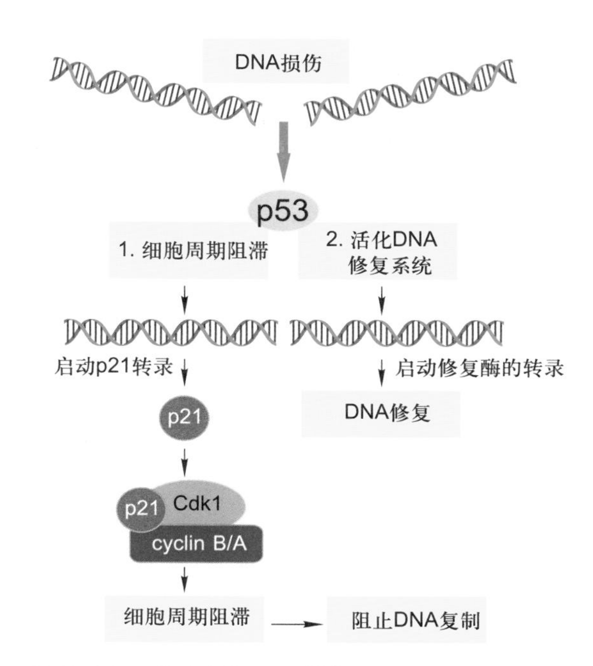

图 13-15 **p53 与细胞 DNA 损伤**

p53 是一种转录因子，DNA 的损伤会导致 p53 的水平上升，激活 DNA 的修复系统，同时启动很多下游基因的转录，其中包括 p21[Cip]。p21 能够与各种 cyclin-CDK 复合物结合，抑制它们的活性，使细胞周期阻滞，等待 DNA 完成修复。在 DNA 严重损伤的情况下，p53 将诱导凋亡因子的表达，使细胞进入程序化死亡。

这种限制功能也就随之丢失，于是出现了细胞癌变。抑癌基因与癌基因之间的区别在于癌基因的突变性质是显性的，抑癌基因的突变性质是隐性的。目前已发现的抑癌基因有 10 多种。例如，*p53* 基因是于 1979 年发现的第一个抑癌基因，开始时被认为是一种癌基因，因为它能加快细胞分裂的周期，以后的研究发现只有在 *p53* 的失活或突变时才会导致细胞癌变，才认识到它是一个抑癌基因。抑癌基因或其编码的蛋白质的主要功能可概括为 3 类：① 偶联细胞周期与 DNA 损伤，即只要细胞有 DNA 损伤，那么细胞将不会分裂。如果 DNA 损伤被修复，那么细胞周期可以继续运行。② 如果 DNA 损伤未被修复，那么细胞将起始凋亡程序，以解除这类细胞可能对机体造成的危险。③ 与细胞黏着有关的某些蛋白质可以防止肿瘤细胞的扩散，阻止接触抑制的丧失并抑制转移，这类蛋白质起转移抑制者作用。

细胞癌变的基本特征之一是细胞增殖失控，而细胞的增殖是通过细胞信号调控网络中细胞增殖相关基因和抑制细胞增殖相关基因的协同作用而调控的。细胞的癌变归根结底也恰恰是这两大类基因的突变或异常表达，破坏了正常的细胞增殖的调控机制，形成了具有无限分裂潜能的肿瘤细胞（图 13-16）。

三、肿瘤的发生是基因突变逐渐积累的结果

根据 DNA 复制过程中的基因突变率（10^{-6}）及人的一生中细胞分裂次数（10^{16}）推测，人类基因组中每个基因都可能发生 10^{10} 次的突变。如果再考虑生活环境中的致癌因素（如辐射等物理因素、化学诱变剂等化学因素和肿瘤病毒感染等生物因素），令人们感到惊奇的并不是细胞为什么会癌变，而是肿瘤的发生频率为什么

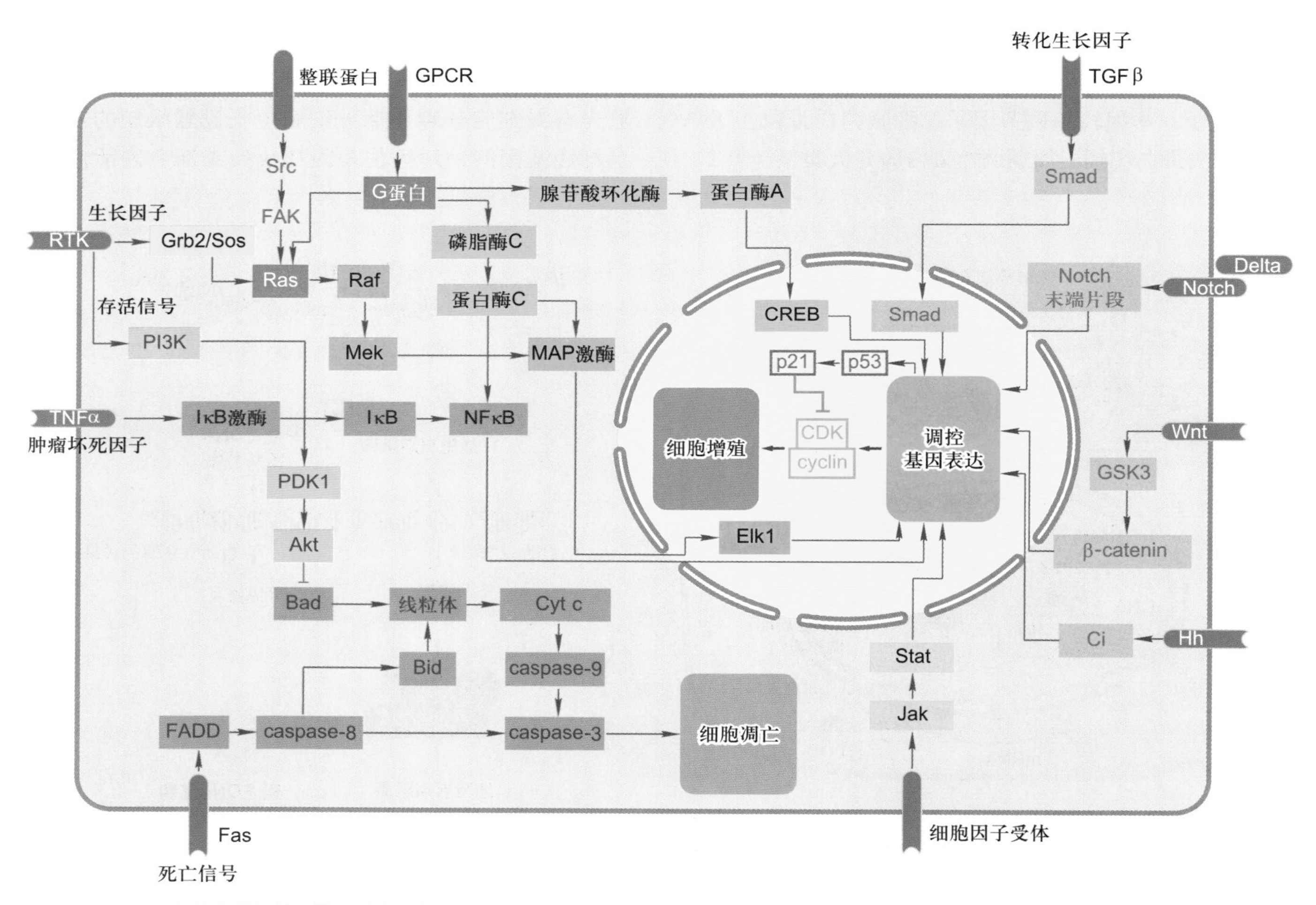

图 13-16 **细胞信号调控网络及肿瘤发生相关的主要调控因子**

与肿瘤发生相关的调控因子主要包括胞外信号分子、信号受体、胞内信号转导蛋白和转录因子、细胞周期调控蛋白、DNA 损伤修复调控蛋白和促凋亡蛋白等。它们参与细胞生命活动的各条信号调控通路（见第十一章）。这些调控因子的失调，将引起细胞生命活动的阻滞，或者不受约束地快速增殖即癌变，或者细胞的死亡（见第十五章）。

如此之低。

根据大量的病例分析，癌症的发生一般并不是单一基因的突变，而至少在一个细胞中发生5～6个基因突变，才能赋予癌细胞所有的特征，即癌细胞不仅增殖速度快，而且其子代细胞能够逃脱细胞衰老的命运，取代相邻正常细胞的位置，不断从血液中获取营养，进而穿越基膜与血管壁在新的组织部位安置、存活与生长。因此，细胞基因组中产生与肿瘤发生相关的某一原癌基因的突变，并非马上形成癌，而是继续生长直至细胞群体中新的偶发突变的产生。某些在自然选择中具有竞争优势的细胞，再经过类似的过程，逐渐形成具有癌细胞一切特征的恶性肿瘤。如结肠癌发生的病程中开始的突变仅在肠壁形成多个良性的肿瘤（息肉），进一步突变才发展为恶性肿瘤（癌），全部过程至少需要10年或更长时间（图13-17）。从这一点上看，癌症是一种典型的老年性疾病，它涉及一系列的原癌基因与抑癌基因的致癌突变的积累。

在人的二倍体细胞中抑癌基因有两个拷贝，只要其中一个拷贝正常，便可保证正常的调控作用。如两个拷贝都丢失或失活，才能引起细胞增殖的失控，而原癌基因的两个拷贝中只需要一个基因发生突变，便可能起到与癌基因类似的作用。

在某些癌症病例中，其生殖细胞中原癌基因或肿瘤抑制因子发生致癌突变，结果个体所有的体细胞的相应基因都已变异。在这种情况下，癌变发生所需要的基因突变数的积累时间就会减少，携带这种基因突变的家族成员更易患癌症（图13-18）。

同样白血病等血细胞的恶性增生，并不涉及浸润这一环节，而直接随血流遍布全身。因此，只有少数基因突变，便可导致癌症发生，患病年龄也相应提早。

四、肿瘤干细胞

在长期的肿瘤研究与临床治疗中人们注意到两个值得关注的现象：（1）在恶性肿瘤组织中，并非将每一个癌细胞移植到免疫缺陷的裸鼠体内，都能形成肿瘤，肿瘤的形成往往需要10^6个癌组织的细胞。（2）化学药物是治疗恶性肿瘤的有效方法，但总有少量癌细胞依然存活，因而常常引起肿瘤的复发。

显然，癌组织中各细胞的致癌能力及对化学药物的抗性是有很大差别的。近年来，随着干细胞研究的进展，人们自然会联想到肿瘤组织中是否也存在着类似于成体干细胞的肿瘤干细胞（cancer stem cell）。这也是涉及肿瘤发生机制及肿瘤治疗策略的重要问题。

肿瘤干细胞是一群存在于某些肿瘤组织中的干细胞样细胞。自1997年首次报导分离出白血病肿瘤干细胞后，陆续报道分离与鉴定了乳腺癌干细胞、脑瘤干细胞和黑色素瘤干细胞，并建立了脑瘤干细胞和乳腺癌干细胞的体外培养。2004年，S. K. Singh等人在人脑肿瘤细胞中成功分离到含CD133标志的肿瘤干细胞，并将其注射到小鼠脑中，结果发现小鼠脑中长出了含有该标志的肿瘤，并可通过再注射而实现鼠－鼠传递。一般情况下，注射成千上万的不表达CD133标志的肿瘤细胞都不会致瘤，而注射不足百个含CD133标志的肿瘤细胞即可成功致瘤，说明致瘤干细胞只是致瘤中一个很小的类群，含有特殊的标志。随着肿瘤干细胞在更多的不同肿瘤组织中分离成功，更有力地证明了肿瘤干细胞的存在，同时为深入探讨肿瘤的发生、发展及评价预后等提供

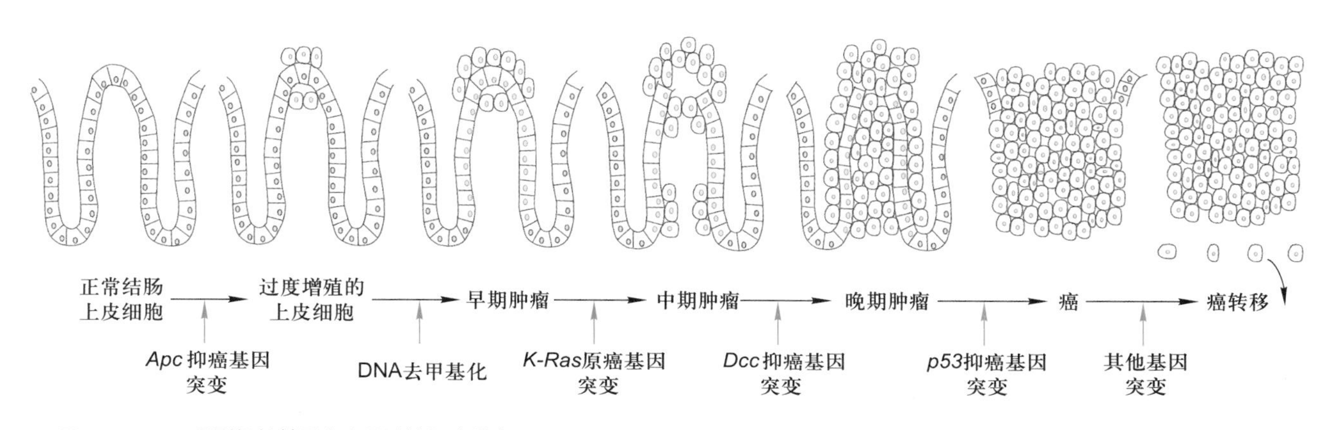

图13-17　一系列相关基因突变导致结肠癌发生

Apc: adenomatosis polyposis coli; *Dcc*: deleted in colorectal cancer.

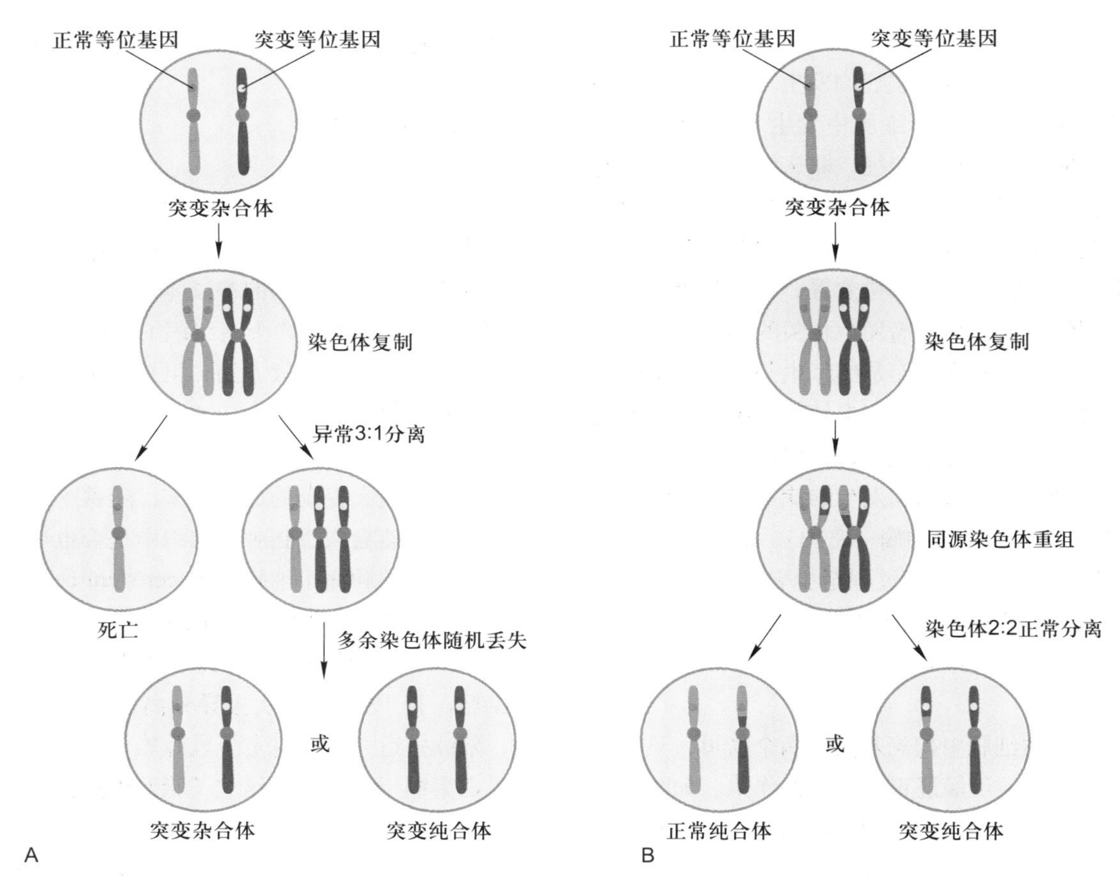

图 13-18　**造成杂合性缺失的两种机制**

细胞如果含有一个正常的抑癌基因和一个突变的等位基因，一般是正常的。细胞分裂过程中，如果出现纺锤体结构的缺陷，导致染色体的错误分离（A），或者带有野生型和突变型的染色体之间发生重组（B），就可能形成抑癌基因的一对等位基因都突变的细胞。

了新的理论依据，同时也为肿瘤的治疗带来了新的思路。

干细胞具有自我更新和几乎无限增殖的能力，具有迁移至某些特定组织和排除有毒化学因子的能力。而肿瘤干细胞也具有无限增殖、转移和抗化学毒物损伤的能力。而且，二者使用一些共同的信号转导通路，如 Wnt、Notch 和 Shh 信号通路及相关的信号分子。然而肿瘤干细胞和正常干细胞在细胞增殖、分化潜能和细胞迁移等行为上有明显差异。正常干细胞的增殖（又称为自我更新）是严格受控的过程，具有迁移到特定组织分化成多种功能细胞的潜能，以构建正常的组织器官。而肿瘤干细胞增殖失控，失去正常分化的能力，转移到多种组织后形成异质性的肿瘤，破坏正常组织与器官的功能。与一般肿瘤细胞相比，肿瘤干细胞具有高致瘤性。很少量的肿瘤干细胞在体外培养，就能生成集落。将很少量的肿瘤干细胞注入实验动物体内，即可以形成肿瘤。肿瘤干细胞耐药性强。多数肿瘤干细胞的细胞膜上表达 ATP 结合盒（ABC）家族膜转运蛋白。这类蛋白质大多可运输并外排包括代谢产物、药物、毒性物质、内源性脂质、多肽、核苷酸及固醇类等多种物质，使之对许多化疗药物产生耐药性。目前认为肿瘤干细胞的存在是导致肿瘤化疗失败的主要原因。

通过上面的比较，人们很容易想到肿瘤干细胞起源于成体干细胞的可能性。而且，与终末分化细胞相比较，成体干细胞的寿命要长得多（图 13-19），细胞基因组发生多个位点突变的可能性更大。当然这也并不排除肿瘤干细胞来源于已分化细胞的可能性。因此，研究肿瘤干细胞存在的普遍性及探索其发生的机制，是目前肿瘤生物学研究的一个非常重要的课题。

五、肿瘤的治疗

肿瘤治疗的根本是移除肿瘤细胞，采取的方法手段当然离不开这一根本。手术移除、化学疗法和放射疗法是目前最常用的肿瘤治疗手段。但是，手术、化疗和放

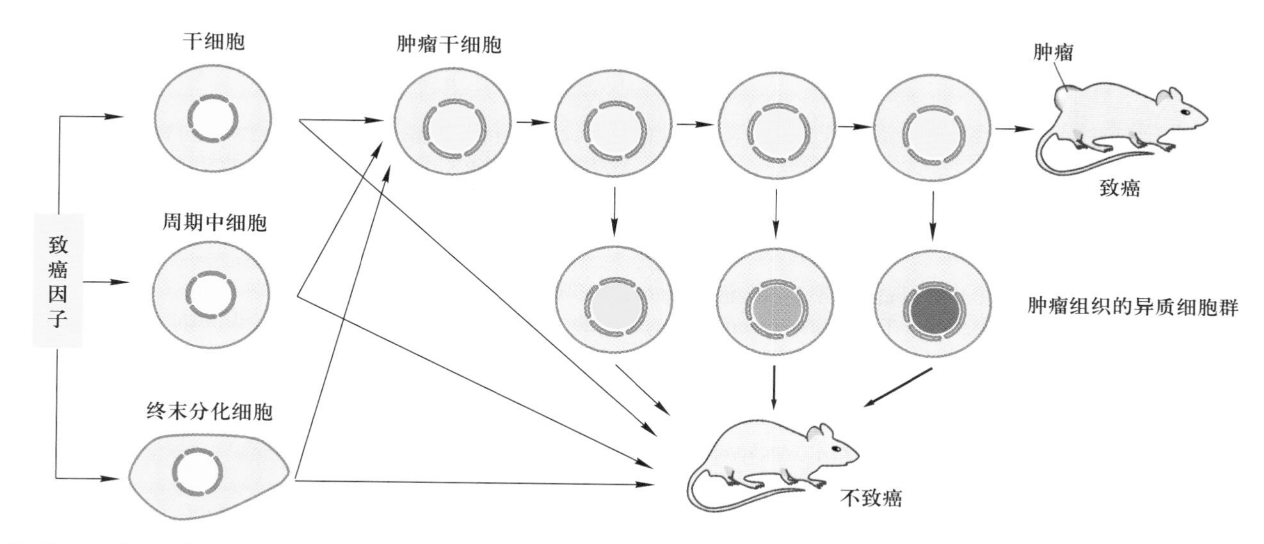

图 13-19　**肿瘤干细胞与肿瘤的发生机制模型**

在正常情况下，干细胞、周期中细胞和终末分化细胞不具致癌性。在致癌因子的诱导下，这些细胞可能转化为肿瘤干细胞，最终能够增生为肿瘤。在肿瘤干细胞增生过程中，部分细胞也会发生异质化，失去致癌性，不能再增生为肿瘤。

疗都有相当多的局限性和不确定性，如部位限制而不能有效移除，化疗和放疗的剂量与移除效果直接相关，对正常细胞同样具有杀伤力，从而产生副作用。生物学治疗近年来备受推崇，即有的放矢地对癌细胞采取相应措施，如通过寻找癌细胞特异靶点进行有目的攻击，或者通过分子细胞生物学方法如基因治疗、调节性微小核糖核酸（microRNA）导入、基因改造的肿瘤细胞免疫治疗等，干预发生变化的某个调控通路，达到杀死癌细胞、或者促其转化为不具恶性的正常细胞之目的。

肿瘤细胞免疫治疗是重要的生物学治疗模式之一。虽然这一模式包涵多种方法手段，但其基本原理则是基于细胞增殖、分化、代谢及机体免疫等方面的调控机制来设计的。例如，先从生物机体内分离出T淋巴细胞，通过基因改造的方法增加其对癌细胞的识别能力并进行扩增，获得能够特异识别含有某个特异标志的癌细胞的能力，然后将这些经过基因改造的T细胞回注到生物体内，让其自动寻找和杀伤具特异标志的癌细胞。

生物学治疗之所以受推崇，理论上说它可以精确清剿癌细胞，既适合早期恶性肿瘤患者，也适合较晚期的恶性肿瘤患者。若与其他疗法联合应用，还可以减少其他疗法所用剂量，减轻副作用，提高治愈率。更重要的是，生物学治疗将会实现对患者肿瘤发生特点的个体化分析，通过采取个体针对性强的方式，真正实现个体化治疗。因此，生物学肿瘤治疗将为有效移除癌细胞提供切实可行的手段。

思考题

1. 简述 $p34^{Cdc2}$/cyclin B 蛋白激酶的发现过程。
2. 细胞周期中有哪些主要检查点，各起何作用？
3. 举例说明 CDK 在细胞周期中是如何执行调节功能的？
4. 癌细胞的基本特征是什么？说明癌症的发生与癌基因和抑癌基因的关系。
5. 为什么说肿瘤的发生是基因突变逐渐积累的结果？
6. 什么是肿瘤干细胞？

参考文献

1. Bassermann F, Eichner R, Pagano M. The ubiquitin proteasome system—Implications for cell cycle control and the targeted treatment of cancer. *Biochimica et Biophysica Acta (BBA) - Molecular Cell Research*, 2014, 1843(1): 150-162.
2. Batlle E, Clevers H. Cancer stem cells revisited. *Nature Medicine*, 2017, 23(10): 1124-1134.
3. Bloom J, Cross F R. Multiple levels of cyclin specificity in cell-cycle control. *Nature Reviews Molecular Cell Biology*, 2007, 8(2): 149-160.
4. Hanahan D,Weinberg R A. Hallmarks of cancer: the next Generation. *Cell*, 2011, 144(5): 646-674.
5. Hochegger H, Takeda S, Hunt T. Cyclin-dependent kinases and cell-cycle transitions: does one fit all? *Nature Reviews Molecular Cell Biology*, 2008, 9(11): 910-916.
6. Izawa D, Pines J. How APC/C-cdc20 changes its substrate specificity in mitosis. *Nature Cell Biology*, 2011, 13(3): 223-233.
7. Parker M W, Botchan M R, Berger J M. Mechanisms and regulation of DNA replication initiation in eukaryotes. *Critical Reviews in Biochemistryand Molecular Biology*, 2017, 52(2): 107-144.
8. Peters J. The anaphase promoting complex/cyclosome: a machine designed to destroy. *Nature Reviews Molecular Cell Biology*, 2006, 7(9): 644-656.
9. Salazar-RoaM, Malumbres M. Fueling the cell division cycle. *Trends in Cell Biology*, 2017, 27(1): 69-81.
10. Zachariae W, Tyson J J. Cell division: flipping the mitotic switches. *Current Biology*, 2016, 26(24): R1272-R1274.

第十四章

细胞分化与干细胞

多细胞有机体是由各种不同类型的细胞组成的（表14-1），而这些细胞通常是由一个受精卵细胞经分裂、增殖和分化衍生而来的后代。在个体发育中，由一种细胞类型经细胞分裂后逐渐在形态、结构和功能上形成稳定性差异，产生不同的细胞类群的过程称为细胞分化（cell differentiation）。细胞分化的关键在于不同类型细胞中决定细胞命运和功能的特异性转录因子网络的建立，其实质是这些特异性基因在发育的特定时间和空间中选择性表达的结果。细胞分化是多细胞有机体发育的基础，也是目前干细胞（stem cell）研究中所面临的核心问题。

在个体发育过程中，通过有控制的细胞分裂增加细胞数目，通过有序的细胞分化增加细胞类型，进而由不同类型的细胞构成生物体的组织与器官，执行不同的功能。显然，细胞分化为各种细胞类型，这一过程为细胞通过相互作用完成各种生物学功能，并构建精密而复杂的多细胞生命体奠定了基础，为生命向更高层次的发展与演化创造了必要条件。

表 14-1　几种生物的细胞数目与类型

物种	细胞数 / 个	细胞类型 / 种
团藻	10^2	2
海绵	10^3	5 ~ 10
水螅	10^5	10 ~ 20
涡虫	10^9	100
人	10^{14}	大于 200

有限基因的选择性表达如何分化出形态功能各异的细胞，精确地构建成各种组织、器官以及多姿多彩的生命体，一直是生命科学面临的最具有挑战性的问题之一。通过对各种不同的模式生物的研究，人们逐渐加深了对上述问题的了解，尤其是干细胞体外分化研究的进展，使我们对于细胞分化和个体发育过程认识，达到了前所未有的高度。

干细胞是一群具有自我更新能力和分化潜能的细胞。多细胞生命体源于受精卵，受精卵即是一个全能性的干细胞。在胚胎发育早期以及成体的不同组织中也都存在分化潜能不同的干细胞。干细胞在胚胎发育、成体组织再生等方面起着至关重要的作用。通过在体外建立不同种类的干细胞系，以及诱导分化产生各种功能细胞的研究，特别是诱导性多潜能干细胞（induced pluripotent stem cell, iPS 细胞）的建系及其相关研究，使人们对细胞命运的决定有了全新的认识，并将开启一条个体化疾病治疗的新途径。

质表达谱，从而为深入了解细胞分化的机制提供了重要的研究途径。

第一节　细胞分化

一、细胞分化的基本概念

（一）细胞分化是基因选择性表达的结果

在早期发育研究中，人们推测细胞分化是由于细胞在发育过程中遗传物质的选择性丢失所致。现代分子生物学的证据表明，绝大多数的细胞分化不是因为遗传物质的丢失，而是由于细胞选择性地表达组织特异性基因，从而导致细胞形态、结构与功能的差异。如鸡的输卵管细胞合成卵清蛋白，成红细胞合成β-珠蛋白，胰岛β细胞合成胰岛素，这些细胞都是在个体发育中逐渐产生的。分别用上述3种蛋白质的基因作探针，对3种细胞中提取的总DNA进行Southern杂交实验，结果显示，上述3种细胞的基因组DNA中都含有卵清蛋白基因、β-珠蛋白基因和胰岛素基因（表14-2）；然而用同样的3种探针，对上述3种细胞中提取的总RNA进行Northern杂交实验，结果表明，卵清蛋白mRNA仅在输卵管细胞中表达，成红细胞中仅表达β-珠蛋白mRNA，胰岛β细胞中仅表达胰岛素mRNA。

这一经典的实验表明，不同类型的细胞各自表达一套特异的基因，其产物不仅决定细胞的形态结构，而且执行特定的生理功能。随着生物信息学技术的发展，人们认识到细胞分化过程伴随着细胞特异性的转录因子调控网络的形成，从而决定了细胞的命运和功能。目前，人们可用RNA测序（RNA sequence, RNA-seq）等技术检测特定类型细胞中的基因表达谱，包括所表达的几乎所有种类的mRNA及其丰度，用质谱技术等分析蛋白质表达谱，从而为深入了解细胞分化的机制提供了重要的研究途径。

（二）管家基因与组织特异性基因

细胞分化是通过严格而精准地调控基因表达实现的。分化细胞基因组所表达的基因大致可分为两种基本类型：一类是管家基因（house-keeping gene），另一类称为组织特异性基因（tissue-specific gene）。管家基因是指几乎所有细胞中均表达的一类基因，其产物是维持细胞基本生命活动所必需的，如糖酵解酶系基因等。组织特异性基因是指不同类型细胞中特异性表达的基因，其产物赋予各种类型细胞特异的形态结构特征与特定的功能，如卵清蛋白基因、胰岛素基因等。

与细胞分化相关的基因在时间与空间上的差异表达，不仅涉及基因转录水平和转录后加工水平上的调控，而且涉及染色体和DNA水平（如DNA与组蛋白的修饰）以及蛋白质翻译和翻译后加工与修饰等复杂而严格的调控过程。

早期实验结果提示，在哺乳动物基因组中，多数基因为管家基因。然而，随着高通量测序技术的发展以及检测细胞类型的增多，人们发现真正意义上的管家基因可能仅占基因总数很少一部分（有人估计不超过3%）。管家基因编码的产物多为细胞基础代谢活动所需的酶类、核糖体蛋白、膜转运蛋白，以及细胞周期调控的主要蛋白质等细胞生命活动必需的蛋白质。与之相比较，组织特异性基因占基因总数的绝大多数，它们调控并参与了细胞分化和组织与器官的构建。

（三）组合调控引发组织特异性基因的表达

人体有200多种不同类型（有的学者认为有500种以上）的细胞。如果每种类型的细胞分化都需要一种调控蛋白的话，那么需要200种以上的调控蛋白。然而，

表14-2　分子杂交技术检测基因及其mRNA的表达

	细胞总DNA			细胞总RNA		
	输卵管细胞	成红细胞	胰岛β细胞	输卵管细胞	成红细胞	胰岛β细胞
卵清蛋白基因探针	+	+	+	+	－	－
β－珠蛋白基因探针	+	+	+	－	+	－
胰岛素基因探针	+	+	+	－	－	+
实验方法		Southern杂交			Northern杂交	

实际上细胞分化是有限的少量调控蛋白启动了为数众多的特异细胞类型基因表达的过程。其机制就是组合调控（combinational control）的方式，即每种类型的细胞分化是由多种调控蛋白共同参与完成的。这样，如果调控蛋白的数目是 n，则其调控的组合在理论上可以启动分化的细胞类型为 2^n。这样，3 种调控蛋白（调控蛋白 1、2、3）可以调控产生 8 种不同类型的细胞（图 14–1）。

在启动细胞分化的各类调控蛋白中，往往存在一两种起决定作用的调控蛋白，编码这种蛋白的基因称为主导基因（master gene）。有时，仅单一主导基因的表达就有可能启动整个细胞的分化过程。例如，MyoD 是一种在成肌细胞分化为骨骼肌细胞过程中的关键性调控蛋白。如果将其转入体外培养的成纤维细胞中进行过表达，将使来自皮肤结缔组织的成纤维细胞表现出骨骼肌细胞的特征，例如合成大量的肌动蛋白和肌球蛋白，在质膜上产生对神经信号敏感的受体蛋白和离子通道蛋白，并融合成肌细胞样的多核细胞等。

借助于组合调控，一旦某种关键性基因调控蛋白与其他调控蛋白形成适当的组合，不仅可以将一种类型的细胞转化成另一种类型的细胞，而且遵循类似的机制，甚至可以诱发整个器官的形成，这一点已在研究果蝇、小鼠和人类的眼睛发育中得到证实。例如在眼的发育中，有一种关键性调控蛋白称 Ey（果蝇）或 Pax6（脊椎动物），如果在发育的早期，把果蝇 *Ey* 基因转入到将发育成腿的幼虫细胞中表达，结果诱导产生构成眼的不同类型细胞的有序三维组合，最终在腿的中部形成眼。显然 Ey 蛋白除了能启动细胞某些特异基因的表达、诱导某种类型细胞分化外，其启动的某些基因本身可能又调控另一些基因，它们进一步启动其他特异基因表达，形成由多种不同类型细胞组成的有序三维群体，即组织器官的形成。

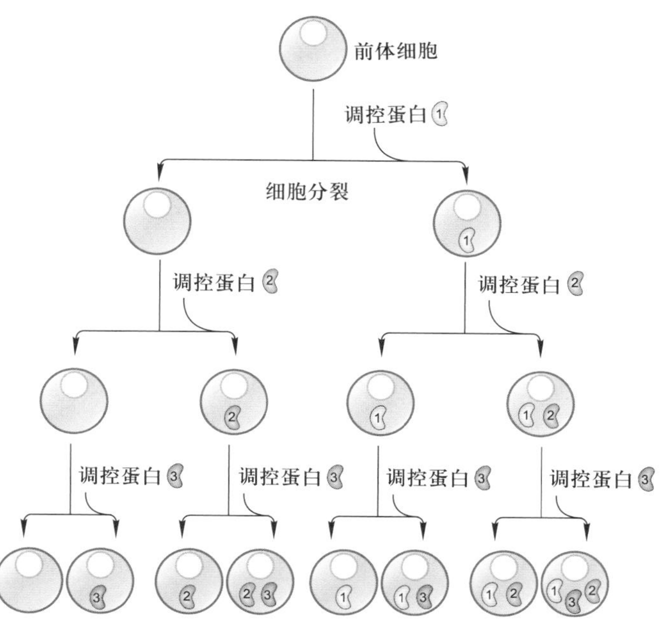

图 14–1　**组合调控的作用机制示意图**

3 种调控蛋白（分别以 1、2、3 表示）理论上可以调控产生 8 种不同类型的细胞。

通过少数关键性调节蛋白对其他调节蛋白的级联启动，是一种生命体内高效而经济的细胞分化调控机制。正是通过这一机制的高效运行，复杂有机体不同组织的细胞逐渐获得了最终形态及功能。

（四）单细胞有机体的细胞分化

细胞分化并非多细胞有机体独有的特征，单细胞生物甚至原核生物也存在细胞分化，如原核生物枯草杆菌芽孢的形成，鱼腥藻（一种蓝藻）形成正常增殖的营养体细胞和起固氮作用的异形胞（见图 1–6）等。

真核生物芽殖酵母有 3 种不同类型的细胞：二倍体细胞（α/a）和由单倍体孢子萌发形成的 α 和 a 两种交配型。目前人们对上述细胞分化的机制已经有较深入的了解，这也为多细胞有机体细胞分化的研究提供了有意义的资料。黏菌（如盘形网柱黏菌 *Dictyostelium discoideum*）的营养体直径约 1 mm，是研究低等生物体细胞分化的一种很好的材料。在孢子形成过程中，由单细胞变形体形成多细胞的蛞蝓形假原质团（pseudoplasmodium），并进一步分化成为菌柄和孢子囊（图 14–2）。在每一个过程中，均涉及一系列特异基因的表达。然而单细胞生物与多细胞有机体细胞分化的不同之处是：前者多为直接应对外界环境的改变，而后者则通过遗传程序控制的细胞分化构建执行不同功能的组织与器官，从而间接地适应环境的改变。因此，多细胞有机体在其分化程序与调节机制方面显得更为复杂。

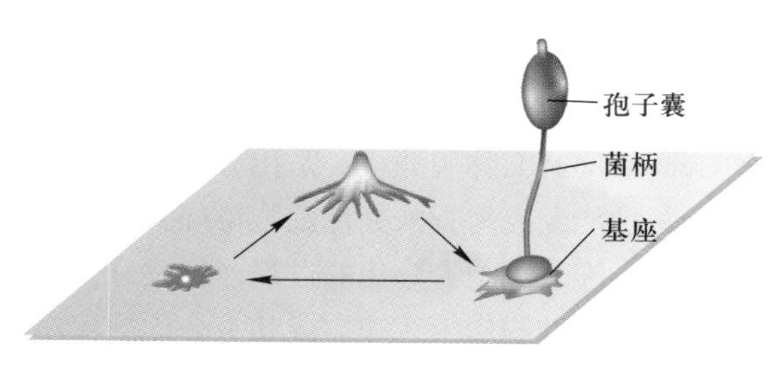

图 14–2　**黏菌繁殖过程示意图**

（五）细胞谱系

细胞谱系（cell lineage）是指受精卵从第一次卵裂时起，到分化为各组织和器官的终末细胞时为止的发育史；因其母代细胞和子代细胞之间世代相承的关系类似于人类族谱，故又被称为“细胞世系”。许多生物的卵裂过程按照严格的图式进行，且各类细胞产生的时间、顺序、位置和类型，在发育的早期就已确定。

细胞谱系的研究对于了解各类细胞和器官发育机制、比较不同种类生物早期发育之间的演化关系以及分离并获取具有生理功能的各种细胞等都有重要价值。人们通常利用细胞谱系示踪（cell lineage tracing）技术来标记细胞并追踪观察其所有后代的增殖、分化以及迁移等活动，进而获得细胞分化和发育的相关知识。最早的示踪技术源于20世纪初，E. G. Conklin等人利用海鞘早期卵裂球本身着色差异的特性，对卵裂球的分裂过程进行了连续观察；此后，人们尝试通过物理方式将各种染料注入细胞内，以此对其进行标记和追踪。由于染料标记不够准确，且随细胞分裂染料逐渐稀释并最终消失，因而不是一种理想的细胞示踪技术。

近年来基因编辑技术的快速发展，实现了对细胞精准和永久性的标记。例如，通过基因打靶将噬菌体P1的Cre/Loxp重组酶系统整合到待标记的细胞基因组中，对标记细胞进行示踪。由于发育过程中表达Cre的细胞及其子代细胞将被永久标记，细胞谱系得以准确地绘制和研究。近年来，更高效的CRISPR/Cas9基因编辑技术又为细胞谱系示踪增添了新的活力。目前，细胞示踪技术与影像学技术相结合，可以对活体细胞进行示踪。细胞谱系示踪技术的发展正迅速改变和加深人们对于细胞分化和发育的认知，也将极大促进生物医学的发展。

（六）转分化与再生

一种类型的分化细胞转变成另一种类型的分化细胞的现象称转分化（transdifferentiation），如水母横纹肌细胞经转分化可形成神经细胞、平滑肌细胞和上皮细胞，甚至可形成刺细胞。

转分化往往经历去分化和再分化的过程。去分化（dedifferentiation）又称脱分化，是指分化细胞失去其特有的结构与功能变成具有未分化细胞特征的过程。高等动物的克隆也涉及细胞去分化的过程，但已分化细胞的细胞核需要在卵细胞质中才能完成其去分化的程序。这一过程又称为重编程（reprogramming），其中涉及DNA与组蛋白修饰的改变。但最新研究证明，如果在一种类型的细胞中表达另一种类型细胞的关键转录因子的调控蛋白，能够激活另一种类型细胞的基因调控网络，从而使得细胞命运和功能发生转变；例如通过导入基因或通过化学小分子直接激活关键转录因子的方法，人皮肤成纤维细胞能够成功转分化为神经、肝、心肌等多种类型的细胞。

大部分已分化的植物细胞都具有经去分化和再分化形成完整植株的潜能。植物细胞的这种特点，可能主要有两个原因：一是植物是以细胞为生命单位的光合自养方式获得能量，细胞之间不需要如动物那么复杂的分化与分工；二是植物适应光合自养获能方式的固着生长使得植物无法逃离环境的胁迫与机械损伤，维持高效的去分化与再分化能力，有助于植物体在受到伤害后，增加存活的机会。植物细胞相对易于去分化和再分化的特点，可能是演化过程中，光合自养及其派生出来的固着生长这两个选择压下的选择结果。

生物界普遍存在再生现象（regeneration）。广义的再生可包括细胞水平、组织与器官水平及个体水平的再生。但一般再生是指生物体缺失部分后重建的过程，如幼体蝾螈附肢切除后，伤口处部分细胞凋亡，多数细胞（包括皮肤、肌肉、软骨和其他结缔组织的细胞）经去分化形成间充质或成纤维细胞样的细胞团——再生芽基（regeneration blastema）。芽基细胞再分化形成以有序方式排列的从肱骨直至指骨的完整附肢。

另一典型的例子是晶状体的再生。若将发育中的蝾螈晶状体摘除，其背面的虹膜上含黑色素的平滑肌细胞就会去分化，失去黑色素和肌纤维，然后再转变成为产生晶状体蛋白的晶状体细胞。

不同的有机体，其再生能力有明显的差异。一般来说，植物比动物再生能力强，低等动物比高等动物再生能力强。从只有二胚层的腔肠动物水螅中部，切下仅占体长5%的部分，便可长成完整的水螅；具有三胚层的扁形动物涡虫同样具有极强的再生能力，目前已成为研究机体再生与干细胞的增殖和分化的一种模式生物。而两栖类却只能再生形成附肢，人和其他高等动物通常只具有组织水平的再生能力。再生能力常常随个体年龄增大而下降。再生现象从另一个侧面反映了细胞命运的可塑性。

二、影响细胞分化的因素

基因的选择性表达主要是由调节转录因子蛋白所

启动。转录因子蛋白的组合是影响细胞分化的主要的直接因素。一般来说，这种影响主要是胞外信号及细胞微环境，同细胞内的信号转导调控网络相互作用，转录因子蛋白的表达受细胞内外信号的精确调控。而胞外信号及细胞微环境又是通过细胞的信号转导调控网络来起作用。在很多物种中影响细胞分化的胞内因素可以追溯到单细胞受精卵中细胞质的作用。此外，外部的环境对某些物种的细胞分化，乃至个体发育也会产生很大的影响。

（一）受精卵细胞质的不均一性对细胞分化的影响

在卵母细胞的细胞质中除了储存有营养物质和各种蛋白质外，还含有多种 mRNA。如在果蝇的受精卵中含有许多由母体提供的 mRNA 和蛋白质，这些都是母体基因产物。母体基因产物在受精卵中的分布具有明显的区域性，受精后，区域性分布的母体基因产物通过级联反应，激活或抑制合子相应的基因表达，进一步造成裂隙基因（gap gene）、成对规则基因（pair-rule gene）和体节极性基因（segment polarity gene）等合子基因表达的区域化，从而决定了果蝇胚胎的前后轴、背腹轴和体节的形成。因此，果蝇胚胎的发育命运，早在卵子成熟时就决定了。受精后，胚胎就按照既定的途径完成发育过程（图 14–3）。在很多物种中，决定细胞向某一方向分化的初始信息储存于卵细胞中，卵裂后的细胞所携带的信息已开始有所不同，这种区别又通过信号分子影响其他细胞产生级联效应。这样，最初储存的信息不断被修饰并逐渐形成更为精细、更为复杂的指令，最终产生分化各异的细胞类型。

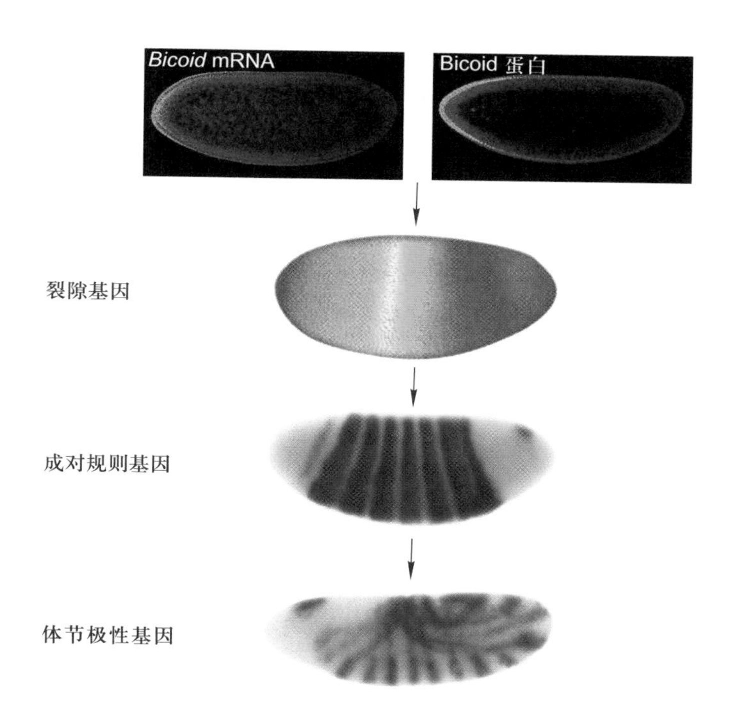

图 14–3 果蝇体节形成中的基因调控

Bicoid 等母体基因的 mRNA 和产物蛋白在受精卵中形成浓度梯度，调控裂隙基因的表达，形成各自特异的表达区域；裂隙基因再调控成对规则基因，各形成 7 条横纹状分布的表达区；成对规则基因调控其下游的体节极性基因，形成 14 条表达横纹，相当于 14 个副体节的位置。体节的不同特征则是由同源异型基因决定的。（Markus Noll 博士惠赠）

（二）信号分子及细胞的位置信息决定细胞分化的命运

多细胞个体在发育过程中，某个细胞在某一时刻是否分化及其分化的方向是由内因和外因共同决定的。内因是指细胞本身的状态，特别是基因组的整体表达情况（如特异受体蛋白的表达），以及该细胞所经历的发育过程或所处的发育阶段。细胞的状态可以通过转录组、蛋白质组、代谢组、甲基化组学等进行分析。细胞分化的外因则是指该细胞所处的周边环境，包括与之相邻的细胞，所接收到的信号分子、激素等。

人们很早就注意到，在胚胎发育过程中，一部分细胞会影响周围的细胞，使其向一定的方向分化，这种作用称为近端组织相互作用（proximate tissue interaction），也称近端诱导或胚胎诱导（embryonic induction）。其中一个典型的例证就是在眼原基中发生的逐级诱导过程。正常情况下，早期的视泡诱导与之接触的外胚层上皮细胞发育成晶状体，随后，在视泡和晶状体的共同诱导下，外侧的表皮细胞形成角膜。如果把早期的视泡移植在头部的其他部位，则可诱导与之接触的外胚层异位发育成晶状体。近端组织相互作用主要是通过信号细胞分泌产生的信号分子改变周围细胞（靶细胞）的分化方向来实现的。

信号分子是由信号细胞直接合成并分泌到胞外，依靠扩散作用围绕信号细胞形成浓度梯度，因此主要作用于邻近的细胞。在第九章我们已经讨论过多种信号分子及其受体家族的属性，其中也提到了 TGFβ、Wnt、Hedgehog（Hh）等信号分子及信号通路在细胞分化和个体发育中的作用。然而，细胞能够接收到哪些类型的信号分子、信号强度或持续的时间，则取决于细胞在胚胎或成体中所处的空间位置（也称位置信息）。

根据信号细胞和靶细胞的距离，或信号分子的作用范围，通常人为地将之分为短程和长程的诱导作用。一般相距 5～10 个细胞以内，称为短程诱导作用，超过这个距离，则称为长程诱导作用。上皮生长因子（EGF）和成纤维细胞生长因子（FGF）等家族成员属于前者，TGFβ 和 Wnt 等家族成员通常属于后者。有些信号分子兼有短程和长程诱导作用，例如，Hedgehog 通常被认为是短程信号分子，然而在某些情况下却起着长程信号分子的作用。如在脊椎动物神经管的发育中，在由脊索细胞分泌的 Shh（Sonic Hedgehog）信号蛋白的作用下，靠近脊索的细胞分化成底板（floor plate），而远离脊索的细胞分化成运动神经元。如果将另一个脊索植入鸡胚中线一侧，则会以同样的方式诱导底板和运动神经元的发生。如果 Shh 基因发生突变，则会导致中枢神经系统发育异常，甚至可出现面部仅有一个眼睛和一个鼻孔的畸胎。Shh 蛋白还可以调节肢体的发育。肢体的长度、形态和内部结构，均取决于 Shh 蛋白的浓度或某些由它调控的其他信号分子的浓度。

有些信号细胞还可以产生非分泌型的膜蛋白配体，它们通常仅作用于相邻的细胞，因此称为极短程诱导作用。如膜蛋白 DSL 作为 Notch 信号通路的配体，仅作用于相邻的靶细胞的膜受体 Notch（详见第十一章第三节）。

当然，长程和短程的诱导作用只是相对而言，信号分子的扩散程度也是一个受控的过程，细胞的应答并最终决定其分化方向，更是多种信息整合的复杂而精准的调控的结果（详见第十一章第四节）。

激素对细胞分化的调节总体属于一种远程作用，它一般由内分泌细胞分泌，然后借助于血液循环抵达靶细胞。细胞对激素的反应完全取决于其所表达的受体及其他内在因素，而与其在个体中的位置无直接关系。如无尾两栖类的蝌蚪在变态过程中，尾部的退化及前后肢的形成是由甲状腺分泌的甲状腺素和三碘甲状腺原氨酸的分泌增加所致。昆虫的变态过程则主要是由蜕皮素和保幼素共同调控的。在很多情况下，激素的远程调控常常与近端诱导的信号分子协同作用，完成细胞分化。如哺乳动物乳腺的发育受控于激素的远程调控，然而乳腺的导管和腺泡的发育、泌乳细胞的分化，则通过组织间的近端诱导作用得以完成。

近年来，对胚胎干细胞（包括人胚胎干细胞在内）的细胞定向分化的研究显示，细胞分化与三个胚层发生这一复杂的过程，不仅依赖于各种信号分子的组合和浓度，而且也与细胞相互间的位置密切相关（图 14-4）。人们越来越关注细胞所处的位置即细胞的微环境对细胞状态的维持以及分化的命运所起到的关键作用。

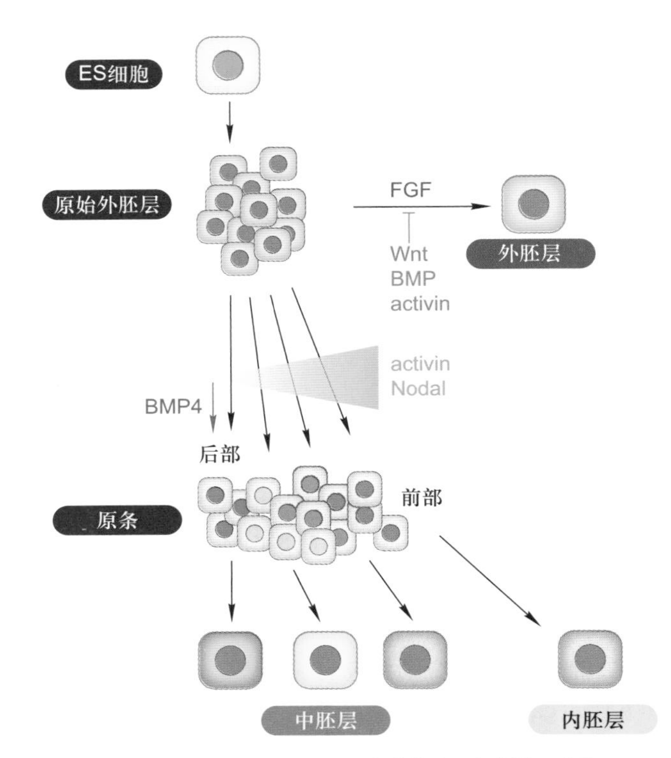

图 14-4　细胞分化与三个胚层发生的分子机制的示意图

（三）细胞记忆与决定

信号分子的有效作用时间是短暂的，然而细胞可以将这种短暂的作用储存起来并形成长时间的记忆，逐渐向特定方向分化。果蝇幼虫的成虫盘（imaginal disc）是一些未分化的细胞群，在幼虫变态过程中，不同的成虫盘发育为成虫不同的器官，如腿、翅和触角等。人们曾把果蝇幼虫的成虫盘细胞植入成虫体内，连续移植 9 年，细胞增殖多达 1 800 代，然后将这种成虫盘细胞再移植回幼虫体内，依然发育成为相应的器官。

早期的研究提出“决定早于分化”这一概念，所谓决定（determination）是指一个细胞接受了某种指令，在发育中这一细胞及其子代细胞将区别于其他细胞而分化成某种特定的细胞类型，或者说在形态、结构与功能等分化特征尚未显现之前就已确定了细胞的分化命运。

细胞的决定与细胞的记忆有关，而细胞记忆可能通过两种方式实现：一是正反馈途径（positive feedback loop），即细胞接受信号刺激后，激活转录调节因子，该因子不仅诱导自身基因的表达，还诱导其他组织特异性基因的表达；二是染色体结构变化（DNA 与蛋白质相互作用及其修饰）的信息传到子代细胞，如两条 X 染色体中，其中一条始终保持凝集失活状态并可在细胞世代间稳定遗传一样。上述细胞记忆的机制也可以用来解释某些能够继续增殖的终末分化细胞，如平滑肌细胞和肝细胞分裂后只能产生与亲代相同的细胞类型。近年来表观遗传学的研究结果，表明了染色质构象的改变及 DNA 与组蛋白的化学修饰在基因表达中的重要作用，显然，这与细胞的记忆与决定有密切的关系。

（四）染色质变化与基因重排对细胞分化的影响

一百多年前人们就发现马蛔虫在卵裂过程中，染色体出现消减现象，追踪至 32 个细胞的分裂球阶段，发现除一个细胞（将分化成生殖细胞）保留正常的染色体外，其余将分化成体细胞的细胞中，全部出现了染色体丢失。显然这是细胞分化的一个特例，但在当时成为种质学说的重要依据。

原生动物纤毛虫的营养核中，染色体 DNA 也存在大量缺失的现象。纤毛虫类（如草履虫、四膜虫）的细胞内存在两个细胞核，小核称为生殖核，包含完整的二倍体基因组，但基因基本不表达；大核称为营养核，丢失 10%～90%的 DNA，剩余的 DNA 经重排与扩增后形成多倍体，其基因活跃地转录并决定其一切表型特征。大核是在有性生殖过程中，由小核发育而来，细胞虽未分化但细胞核“分化”成两种不同的类型。

基因重排（gene rearrangement）是细胞分化的另一种特殊方式。抗体是由浆细胞分泌的，而浆细胞是由 B 淋巴细胞分化而来。在这一过程中，B 淋巴细胞中的 DNA 经过断裂丢失与重排的复杂变化从而利用有限的免疫球蛋白基因，在理论上可表达出数百亿种抗体。T 淋巴细胞在分化过程中也存在类似的基因重排现象。

从单细胞的受精卵到多细胞的成体，实际上是一个受到精密调控的细胞分裂、迁移和分化、凋亡的过程，而细胞分化是整个发育的基础与核心（详见知识窗 14-1）。细胞分化的奥妙不仅在于其过程与结果的复杂性，而且还在于分化的细胞在组织和机体构建中难以置信的经济性。如同仅 88 个键的钢琴能够演奏出无限多美妙的乐曲，生命体凭借相对有限的基因通过组合调控，形成各种形态功能迥异的细胞，精确地构建成各类组织、器官以及多姿多彩的生命体。

第二节　干细胞

一、干细胞概念及其分类

干细胞是机体中能进行自我更新（产生与自身相同的子代细胞）并具有多向分化潜能（分化形成不同细胞类型）的一类细胞（图 14-5）。它们在个体发育和成体维持等生命过程中，起着关键和决定性的作用。

根据分化潜能的不同，干细胞可分为全能干细胞（totipotent stem cell）、多潜能干细胞 (pluripotent stem cell)、多能干细胞（multipotent stem cell）和单能干细胞（unipotent stem cell）。干细胞最终形成特化细胞类型的过程称为终末分化（terminal differentiation）。

全能干细胞具有分化形成完整生命体的潜能或特性。实际上，真正含义上的哺乳动物全能干细胞只有受精卵和卵裂早期的细胞（目前认为一般不超过 16 个细胞的卵裂球）。它们不仅可以分化形成三个胚层中的各种类型的细胞，最终产生子代个体，而且还能分化成为胚胎提供营养的包括胎盘组织（胎儿部分）在内的胚外组织。多潜能干细胞通常是指在一定条件下，能分化产生三个胚层中各种类型的细胞并形成器官的一类干细胞，如胚胎干细胞。小鼠的胚胎干细胞在体内和体外都可以分化产生三

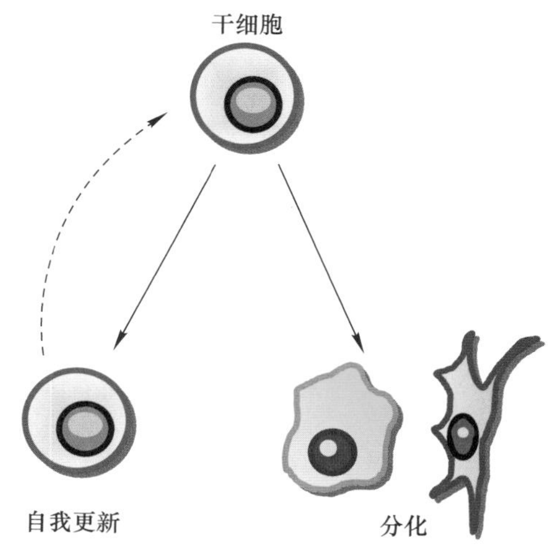

图 14-5　**干细胞基本特征示意图**

干细胞通过细胞分裂产生与自身相同的子代细胞，即自我更新能力，同时也具有分化成不同细胞类型的潜能。

个胚层的各种细胞类型，当移植到囊胚中后，还可以形成嵌合体（chimera）。更重要的是，通过四倍体互补（tetraploid complementation）技术，小鼠胚胎干细胞可以形成完整的胚胎个体。多能干细胞仅具有分化形成多种细胞类型的能力。单能干细胞则只能向一种或密切相关的几种终末细胞类型分化。

根据来源不同，干细胞又可分为胚胎干细胞（embryonic stem cell, ESC）和成体干细胞（adult stem cell）。胚胎干细胞是来自胚胎发育早期囊胚内细胞团的一种高度未分化的细胞，其具有在体外培养无限增殖、自我更新和多向分化的特性。根据干细胞的组织来源的不同，成体干细胞还可以分为造血干细胞、间充质干细胞、神经干细胞、肌肉干细胞、肠干细胞等。因此，成体干细胞又称组织干细胞。

干细胞的增殖表现为两种方式：对称性分裂和不对称性分裂。前者常见于干细胞自身数目的扩增，而后者除了自我更新外，还产生了分化的细胞。这些复杂的过程是在特定的体内环境中精确调控完成的，因此在体外培养条件下，如何在干细胞传代培养过程中，维持其自身的干细胞特性不变，以及如何在体外诱导干细胞通过定向分化获得某种类型的细胞，一直是干细胞研究领域中要解决的核心问题。

在整个发育过程中，细胞的分化潜能逐渐受到限制，即由发育早期的全能性细胞逐渐过渡为发育后期和成体中的多能和单能干细胞，最终形成特定细胞谱系中的某一终末分化细胞类型。但是在特殊的情况下，这一过程可以被逆转。动物克隆技术的基本理论问题或主要难题之一是体细胞核的重编程（reprogramming）问题，即已分化细胞的染色质如何通过重新“编程”回到初始未分化的细胞状态，然后才有可能沿正常的发育程序分化成各种类型的细胞。在早期的研究中，J. Gurdon 利用两栖类动物进行核移植试验证明，将蝌蚪的肠上皮细胞的细胞核植入去核的卵子中，能发育成蝌蚪甚至发育成蛙。1997 年英国科学家 I. Wilmut 等将羊的乳腺细胞的细胞核植入去核的羊卵细胞中，成功地克隆了名为“多莉”的克隆羊，人们称之为生殖性克隆。随后关于小鼠、大鼠、狗、牛、猪和猴等一系列动物克隆成功的报道，进一步证明了即使是哺乳动物终末分化的细胞，也可以通过细胞重编程逆转成为具有全能性的干细胞。

二、胚胎干细胞

胚胎干细胞是一种广为人知的多潜能干细胞，而它的建立与胚胎发育的研究息息相关。个体发育的起点是精子与卵子结合形成受精卵，随后受精卵进一步发生细胞分裂会形成一个内部存在空腔的球状结构，被称为囊胚（blastocyst）。在囊胚阶段，胚胎细胞第一次出现了细胞类型的分化：囊胚的外层细胞形成了滋养层细胞（trophoblast），将发育成为胚胎提供营养的组织——胎盘的一部分；囊胚腔内侧的一群细胞被称为内细胞团（inner cell mass, ICM），细胞数为 140～150 个（小鼠），它们将进一步形成胚胎（embryo）和卵黄囊（yolk sac），最终发育成个体。胚胎干细胞就来源于囊胚的内细胞团。

胚胎干细胞的建立要追溯到 20 世纪 80 年代小鼠胚胎干细胞的建立。1981 年，首株小鼠胚胎干细胞由剑桥大学的 M. J. Evans 和 M. H. Kaufman 从小鼠的内细胞团分离建立。他们发现，通过将受精后 3.5 天的小鼠囊胚的内细胞团培养在增殖停滞的小鼠成纤维细胞饲养层上，可以维持内细胞团的未分化状态，并且可以在体外持续传代。这项研究为基因打靶技术的建立打下了基础，开创了哺乳动物功能基因组学研究的新途径，并于 2007 年获诺贝尔生理学或医学奖。1998 年，美国威斯康星大学 J. A. Thomson 等成功地建立了人胚胎干细胞系（图 14-6）。

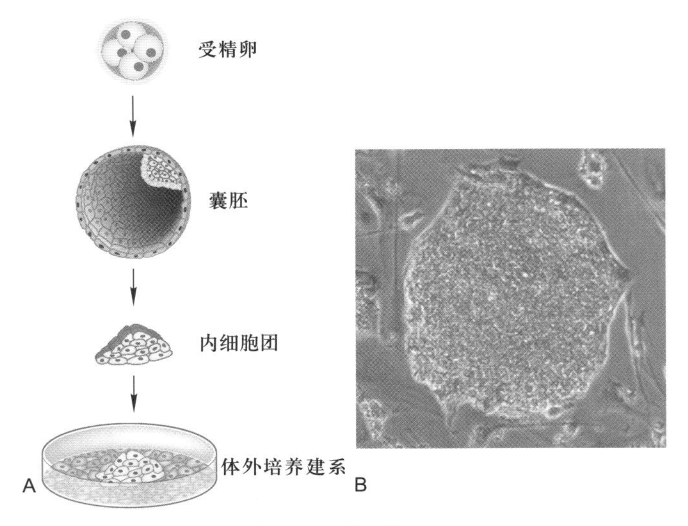

图 14-6 **人胚胎干细胞建系的示意图**

A. 人胚胎发育 5～6 天至囊胚期时，取出内细胞团。分散后培养在体外的饲养层细胞（一般为经处理后，不能继续分裂的小鼠成纤维细胞）上，随后传代培养，建立细胞系。B. 体外培养的人胚胎干细胞（邓宏魁博士提供）。

此后，在 Thomson 等工作的基础上，包括我国在内的很多国家的实验室相继建立了多株人胚胎干细胞系。这一成果极大地推进了细胞分化与胚胎发育，特别是人类胚胎早期细胞分化机制的研究。同时，也为在体外获得各种人体功能细胞提供了新的干细胞来源，开辟了生物医学一个崭新的领域。

基于人胚胎干细胞系的建立和克隆羊的成功，2001 年 B. Haseltine 提出了再生医学（regenerative medicine）的概念，这一旨在将治疗性克隆（有别于上述生殖性克隆）技术与人胚胎干细胞的制备相结合，利用体外构建的患者自身来源的干细胞，分化产生无免疫排斥的组织与器官，用于疾病治疗的全新的理念，开启了生物医学的新纪元（图 14-7）。

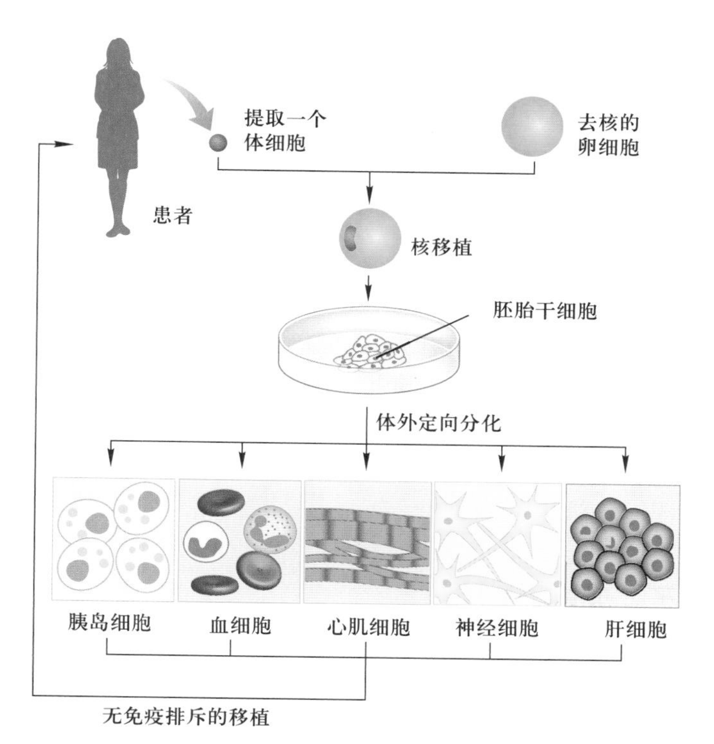

图 14-7 **人类的治疗性克隆与再生医学的设想**

利用治疗性克隆技术获得患者自身的多潜能干细胞。在合适的条件下，诱导分化成患者所需的特定细胞类型，用于疾病的治疗。

干细胞生物学特性的维持及其定向分化，主要受控于不同类型信号分子和信号通路网络，以调控干细胞的自我更新或干细胞的定向分化（图 14-8）。例如，信号分子 FGF、Wnt 和 TGFβ 等通过调控关键多潜能性基因（pluripotency gene）*Oct4*、*Sox2*、*Nanog* 的活性，从而使人胚胎干细胞完成自我更新；而骨形成蛋白（bone morphogenetic protein, BMP）通过激活通路下游的

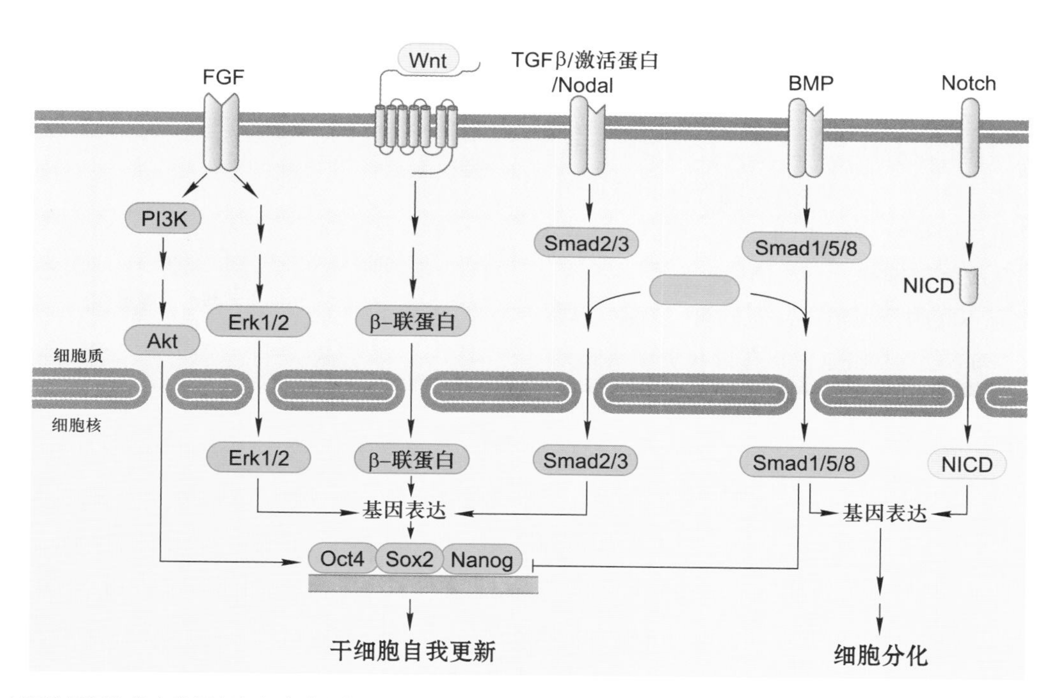

图 14-8 **人胚胎干细胞的自我更新与细胞分化相关的主要信号分子及信号通路**

在 FGF、低浓度 Wnt 和 TGFβ 等信号分子的作用下（高浓度 Wnt 和 TGFβ 信号促进分化），转录因子 Oct4、Sox2 和 Nanog 等的基因得以表达，进而使相关的基因转录维持干细胞的状态。而 TGFβ 超家族的另一成员——骨形成蛋白，具有抑制人胚胎干细胞的自我更新和诱导细胞分化的双重功能。

Smad1/5/8 靶点，则可启动人胚胎干细胞的分化。不同类型的干细胞所受到调控的信号分子和通路有所不同。而同一信号通路，对不同类型的干细胞的调控作用也可能有所不同。例如，BMP 信号通路能够促进小鼠胚胎干细胞的自我更新，却会导致人胚胎干细胞的分化。另一方面，信号分子和通路的调控效果与其作用浓度是密切相关的。例如，低浓度的 activin/Nodal 信号分子能够促进人胚胎干细胞的自我更新，而高浓度的 activin/Nodal 信号分子却会促使其分化。总之，正是通过不同类型、不同剂量的信号分子和通路的组合，实现了对机体不同类型的干细胞在自我更新和分化方面的复杂调控（图 14-8）。

三、成体干细胞

生物成体中，多数细胞都是有一定寿命的，它们的存活时间远远短于生物体的寿命。而且疾病和物理或化学损伤，还会加速成体细胞的细胞衰老和死亡。因此生物体需要产生足够的各种不同类型的细胞，以维持机体的代谢平衡。这一工作主要是由存在于各种组织和器官中的干细胞完成的，我们称之为成体干细胞或组织干细胞，它们的基本功能是分化产生某些类型的终末分化细胞。目前已经知道，成体干细胞广泛地存在于多种组织，如造血系统、皮肤、肠、卵巢、睾丸和肌肉中，甚至成年脑的某些部位也都存在这样的一群干细胞。然而，在某些组织例如肝脏和胰岛中，已分化的细胞仍具有很强的再生能力。例如小鼠等哺乳动物部分肝脏被切除后，几周内肝脏就会恢复到原来的大小。所以，这类组织中是否也存在成体干细胞，目前仍未有定论。

成体干细胞有不同的分裂模式，它们可以对称分裂成两个和自身一样的子代干细胞，具有自我更新（self-renewal）的能力，使干细胞在个体的一生中都可以保持一定的数量。同时，它们也可以通过不对称分裂形成一个干细胞和一个祖细胞（progenitor）。祖细胞可以快速地分裂，形成各种分化细胞。与干细胞不同，祖细胞只有有限的分裂次数。

成体干细胞需要特定的微环境来维持它们的生物学特性。除了内在的调控信息外，周边的细胞，胞外基质及其外源的信号，对干细胞状态的维持也是必需的。这种提供特定胞外信号的微环境称为干细胞巢（stem-cell niche）。成体干细胞另一个特征是通常细胞分裂很慢，有些是受到外界信号刺激才会分裂，例如皮肤损伤会激活皮肤干细胞的分裂。而另一些成体干细胞，如肠干细胞则持续不断地进行缓慢的分裂，以补充肠上皮细胞的脱落。

存在于人体骨髓中的造血干细胞可以分化成多种髓系细胞、红细胞和淋巴细胞等十种以上的血液细胞（图 14-9）；骨髓间充质干细胞也具有分化为成骨细胞、软骨细胞等多种细胞的分化潜能；小肠上皮中的干细胞，能够分化为小肠上皮细胞等类型；神经干细胞可分化产生神经元、寡突胶质细胞和星形胶质细胞等细胞，通常称这类干细胞为多能干细胞。多能干细胞属于成体干细胞的范畴，其分化的潜能是有限的，一般局限于分化产生同一胚层的细胞类型。单能干细胞仅能分化产生一种或几种类型的细胞，如生殖干细胞只能产生生殖细胞。显然这与各种干细胞所存在的部位，自身的特征以

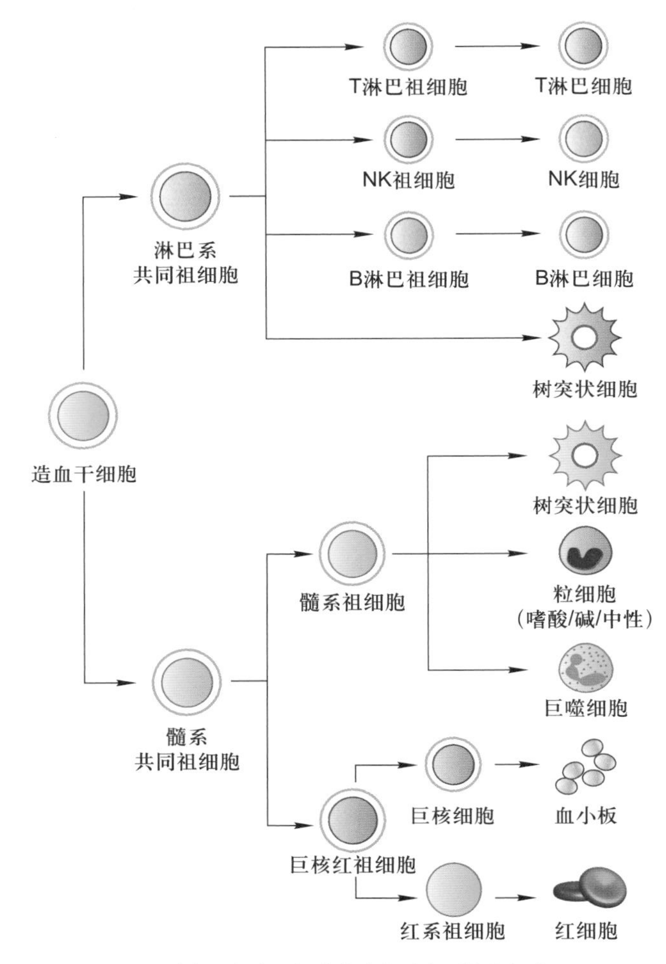

图 14-9 造血干细胞逐级分化为各种类型的血细胞

造血干细胞在自我更新的同时，分化为髓系共同祖细胞（CMP）或淋巴系共同祖细胞（CLP）。CMP 通过持续分化形成红细胞、血小板、巨噬细胞及各粒细胞。CLP 最终分化为 T 淋巴细胞、B 淋巴细胞、NK 细胞等。树突状细胞则有髓系与淋巴系两种来源。

及它们所承担的功能相关。目前，各种干细胞，特别是多数组织干细胞，其确切的表面标志分子还知之不多，这对成体干细胞的分离纯化及其生理功能和分化机制的研究带来很大的困难。因此，对干细胞的分类及生物学特征，还需进一步研究。

（一）造血干细胞

造血干细胞是干细胞研究与应用领域中开展最早，也是迄今为止了解最深入的一种成体干细胞，自上世纪60年代开展骨髓移植治疗血液疾病以来，已得到广泛的临床应用。成体哺乳动物的造血干细胞大部分存在于骨髓中，所以，骨髓移植实质上是造血干细胞的移植。多数造血干细胞处于静息态，即 G_0 期，只有小部分造血干细胞处于比较活跃的细胞分裂状态。多种生理因素的变化，如缺氧等，都会刺激造血干细胞增殖。在成体骨髓特定的微环境中存在有数量较少的长期造血干细胞（long-term hematopoietic stem cell, LT-HSC），它们具有极强的自我更新能力，因而在维持机体终生造血的过程中起着主要的作用。长期造血干细胞在骨髓中可以分化成短期造血干细胞（short-term hematopoietic stem cell, ST-HSC），短期造血干细胞只具备有限的自我更新的能力，因而只能在一定时期内维持机体的造血机能。短期造血干细胞可以继续分化成多能前体祖细胞 (multipotent progenitor, MPP)，进一步分化成共同淋巴系前体祖细胞（common lymphoid progenitor, CLP）或共同髓系前体祖细胞（common myeloid progenitor, CMP）等。图 14-9 扼要图示造血干细胞分化成各种血细胞的基本途径，其分化与调控的很多细节还有待于深入研究。在骨髓移植的临床实践中，可以看出造血干细胞和祖细胞之间的明显差异：只有造血干细胞具有重建整个造血系统的能力，而祖细胞尽管数量很多，却没有这种能力，这也作为目前鉴定造血干细胞的金标准。

造血干细胞的维持，自我更新以及谱系分化受到诸如 SCF、TPO、Flt3 配体、GM-CSF、EPO 等细胞因子和 IL3、IL6 等白介素以及 Notch、Wnt、BMP4 等多条信号通路的调控。

（二）神经干细胞

神经干细胞是一类被广泛研究的组织干细胞，其研究为预防和治疗神经退行性疾病提供新的思路。在胚胎发育早期，神经管由一单层细胞组成。而这单层细胞就是胚胎神经干细胞（embryonic neural stem cell），它将发育成整个中枢神经系统。这些神经干细胞可以通过对称分裂的方式形成两个子代干细胞，也可以不对称分裂形成一个干细胞和另一个向外迁移的细胞，称之为短暂增殖细胞（transient amplifying cell）。短暂增殖细胞可以形成神经祖细胞，向外迁移形成连续的神经层。示踪实验证明神经祖细胞可以产生一个神经细胞和一个胶质细胞。相反，神经干细胞会一直留在原来的干细胞巢中，即室管膜下区（subventricular zone, SVZ），以维持其干细胞特性。干细胞巢中有特定的信号分子来维持神经干细胞的特性，例如 FGF、BMP、IGF、VEGF、TGFα 和 BDNF 等信号分子，但是这些信号分子究竟如何组合精细调控干细胞的维持和分化，目前仍然不完全清楚。

多年以来，人们认为成年哺乳动物的脑中没有新的神经元的生成。确实在大多数哺乳动物成年脑中神经细胞停止分裂，但在室管膜下区和海马附近的区域有一部分细胞作为干细胞可以分裂产生新的神经元。与其他的干细胞类似，这些神经干细胞可以自我更新和分化产生神经元、星形胶质细胞和寡突胶质细胞。为了分离和鉴定这些神经细胞的特性，将室管膜下区的细胞分离出来并在 FGF2 或 EGF 生长因子存在的条件下培养，一些细胞可以增殖并维持未分化的状态。而在另一些因子的刺激下，这些未分化细胞可以分化成胶质细胞和神经元。一系列相关的实验证明了成年脑中神经干细胞的存在。

（三）肠干细胞

肠上皮细胞更新很快，平均每五天就会全部更新一次。在肠壁深处的隐窝（crypt）中存在一群肠干细胞，可以连续不断地分化产生肠上皮细胞。肠干细胞的附近存在一些已分化的潘氏细胞（Paneth cell），但是由于肠干细胞缺乏特殊的形态学特征，很难区分干细胞和其周围专门形成干细胞巢的支持细胞。脉冲示踪实验表明肠干细胞可以产生前体细胞，前体细胞增殖并向外迁移分化，逐渐形成突起的小肠绒毛（villi）（图 14-10）。分化细胞从隐窝中产生到在绒毛尖端死亡脱落，仅仅只有3～4天。因此，需要干细胞持续产生大量细胞，来维持肠上皮的完整。新细胞的产生是受到精确调控的，过少的分裂会导致小肠绒毛的减少和小肠上皮的瓦解，而过多的分裂可能会导致肿瘤的发生。

早期的遗传学实验证明 Wnt 信号对肠干细胞的维持有重要作用。如过表达 β- 联蛋白（Wnt 下游效应蛋白）会引起肠上皮的过度增殖；相反，干涉 Wnt 激活的

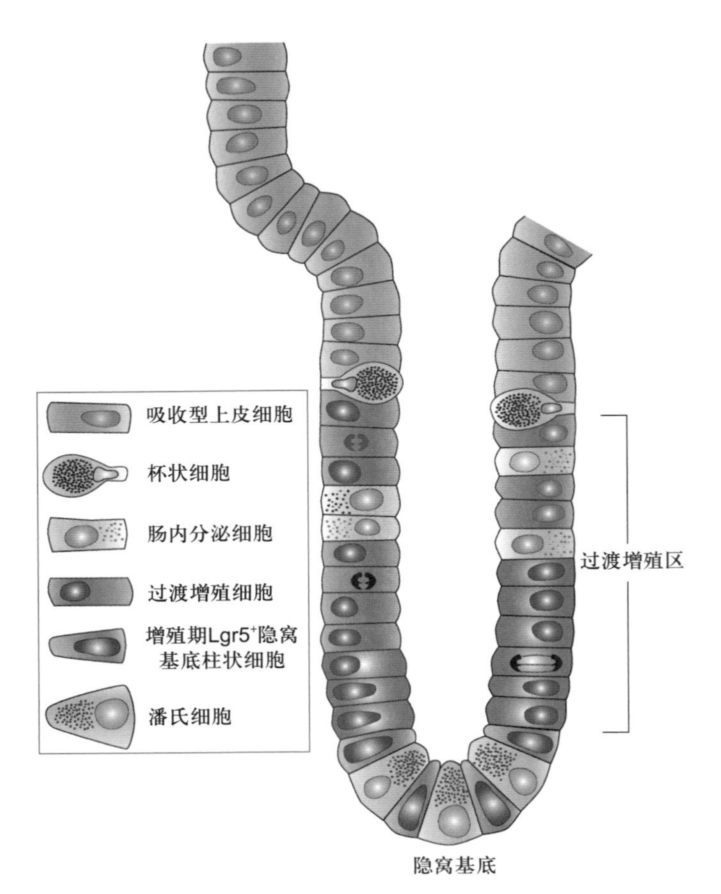

图 14-10　**肠干细胞示意图**

图中显示了一个肠隐窝中的肠干细胞（绿色）与它分裂产生的增殖区（蓝色）和终端分化区（粉色）。潘氏细胞（黄色）存在于隐窝的底部，作为干细胞巢的主要组分并可分泌抗菌蛋白。

TCF 转录因子，则会抑制肠干细胞的分裂。事实上，过度激活 Wnt 通路的基因突变是结肠癌的主要原因。

通过分析一系列 Wnt 信号所诱导的基因表达产物，H. Clevers 团队找到一个只在隐窝中少数细胞才表达的 G 蛋白偶联受体 Lgr5。研究发现将单个表达 Lgr5 的细胞从肠隐窝中分离出来，并在含有Ⅳ型胶原和层粘连蛋白（laminin）的细胞外基质中进行三维培养，这些细胞可以在体外形成小肠隐窝－绒毛样结构，其中包含了所有成熟肠上皮中的四种细胞。实验表明 Lgr5 是肠干细胞特有的一个标志。

潘氏细胞能产生几种抗菌蛋白来保护肠上皮免受感染，最新的证据表明潘氏细胞是形成干细胞巢的主要部分。体外培养的潘氏细胞能产生 Wnt 和其他因子例如 EGF 和 Delta 蛋白，这些对肠干细胞维持是必需的。将潘氏细胞和小肠干细胞体外共培养，可以显著地促进隐窝－绒毛样结构的形成。转基因小鼠实验证明，潘氏细胞数量的减少会引起小肠干细胞的减少。显然，作为小肠干细胞分化而来的潘氏细胞，它们分布在肠干细胞周围并参与形成干细胞巢。

四、细胞命运重编程与诱导性多潜能干细胞

随着发育的进行，细胞的分化潜能不断丧失，由全能性到多能性、单能性、直到形成特定终末分化的细胞类型。长期以来，人们认为这是一个不可逆的过程，细胞命运一旦最终决定就无法更改。然而，1962 年 Gurdon 利用体细胞核移植（somatic cell nuclear transfer, SCNT）技术，将爪蟾的体细胞核移植到去核的卵细胞中，发育成正常的个体。证明了动物的细胞核可以通过重编程到全能性的状态，揭开了细胞命运重编程的序幕。此后，核移植技术被成功应用到羊和小鼠等其他物种中，进一步证实了体细胞命运可逆的现象。1983 年，H. Blau 等发现将羊膜细胞与肌细胞融合后，本来已经在羊膜细胞中沉默的肌肉相关的基因又重新被激活，提示了不同命运的终末分化细胞之间存在相互转变的可能。2001 年，M. Tada 等研究发现通过将体细胞与胚胎干细胞融合，也可以使体细胞回到多能性的状态。上述研究结果从不同角度证明了终末分化细胞的命运是可以通过细胞重编程改变的，改变了长期以来人们认为终末分化的细胞命运不可逆转的观点。

上述研究表明，卵母细胞和胚胎干细胞中存在的某些因子，能够诱导细胞重编程过程的发生。但是究竟是哪些因子决定了重编程的发生，是一个长期未能解决的问题。由于卵母细胞和胚胎干细胞中的活性因子非常丰富，细胞重编程又是一个非常复杂的生物学过程，所以，人们普遍认为使用少量已知的因子来诱导细胞重编程是不可能实现的。然而，日本京都大学山中伸弥（Shinya Yamanaka）实验室选取了 24 个对胚胎干细胞维持重要的基因，在小鼠的成纤维细胞中分组表达，结果发现，利用逆转录病毒，同时转入 4 种基因（*Oct4*、*Sox2*、*c-Myc* 和 *Klf4*）就可以诱导成纤维细胞变成多潜能干细胞，称“诱导性多潜能干细胞”（iPS 细胞）（图 14-11）。由于这一开创性的工作，山中伸弥获 2012 年诺贝尔生理学或医学奖。iPS 细胞与胚胎干细胞均属多潜能干细胞，二者有着极大的相似性。如特异基因的表达、DNA 甲基化模式、增殖时间、体内畸胎瘤（teratoma）的形成、可发育成嵌合体，以及体外定向分化能力等，iPS 细胞都与胚胎干细胞类似。近年来，人们发现 Wnt，TGFβ，p53 等越来越多的信号通路及表观遗

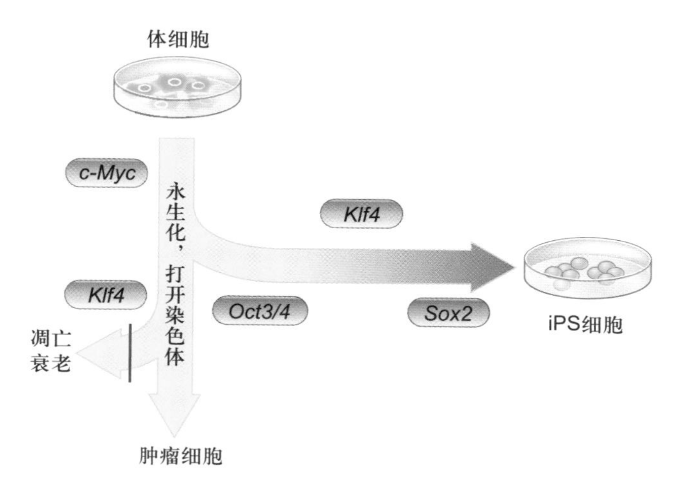

图 14-11　iPS 细胞建系过程的示意图

山中伸弥利用逆转录病毒将 4 种转录因子基因 *Oct4*、*Sox2*、*c-Myc* 和 *Klf4* 转入小鼠或人的体细胞中表达，体细胞可以转变成多潜能干细胞。其中 *c-Myc* 是原癌基因，可能使细胞转变成肿瘤细胞。

传靶点参与调控 iPS 细胞形成，同时也提出了一些与之相关的重要的理论模型。

在山中伸弥最初使用的四种诱导产生 iPS 细胞的基因中，作为原癌基因的 *c-Myc* 一方面促进了细胞的自我更新能力，另一方面也增加了 iPS 细胞的成瘤性，给其临床应用带来了一定风险。随后的研究结果表明，在没有 *c-Myc* 的条件下也能将鼠和人的体细胞诱导成 iPS 细胞。与此同时，研究者们应用多种技术，如以腺病毒、质粒为载体，替代逆转录病毒，以及向细胞中转入有关的蛋白质、RNA 等，均可诱导 iPS 细胞的产生，从而降低了 iPS 细胞的成瘤风险。但这些技术因其操作复杂，在临床应用中仍受到很大的限制。近些年来，利用具有生物活性的化学小分子提高重编程效率以至完全替代转录因子，成为新一代细胞重编程技术研发的热点。化学小分子具有操作简单、容易通过细胞膜、其作用具有可逆性等特点，人们可以利用不同化学小分子的组合以及合适的处理时间和浓度，实现对某些特异蛋白的激活或抑制，以实现对细胞重编程的精确调控。2013 年我国邓宏魁实验室首次实现通过小分子化合物的组合，成功地诱导小鼠体细胞转变成为多潜能干细胞，称为“化学诱导的多潜能干细胞”（chemically induced pluripotent stem cell, CiPS 细胞）（图 14-12）。在这项研究中，研究者们使用小分子化合物的组合，调整了 Wnt、TGFβ 信号通路的活性，改变了表观遗传修饰，快速激活 *Sall4*、*Sox2* 等干性基因，最终将小鼠体细胞诱导成多潜能性干细胞。在 CiPS 细胞诱导过程中，细胞经历了一个类似胚外内胚层的中间状态，表明 CiPS 细胞形成的分子机制有别于以往的体细胞重编程途径，这有助于我们更好地理解细胞命运决定和细胞命运转变的机制。

近年来，科学家发现多潜能干细胞（包括胚胎干细胞和 iPS 细胞）的细胞性质都是不均一的。对应于体内的不同发育阶段，处于早期的多潜能干细胞称为原始态（naive）多潜能干细胞，处于晚期的多潜能干细胞称为始发态（primed）多潜能干细胞。例如，1981 年 Evans 建立的小鼠胚胎干细胞属于原始态多潜能干细胞，具有增殖速度快、细胞异质性小等特征，有利于通过基因打靶技术制备各种小鼠突变体，用于功能基因组研究；而 1998 年 Thomson 建立的人胚胎干细胞则属于始发态干细胞，具有细胞克隆形态扁平、细胞异质性大等特点。目前，人们通过优化细胞培养条件，已建立了具有原始

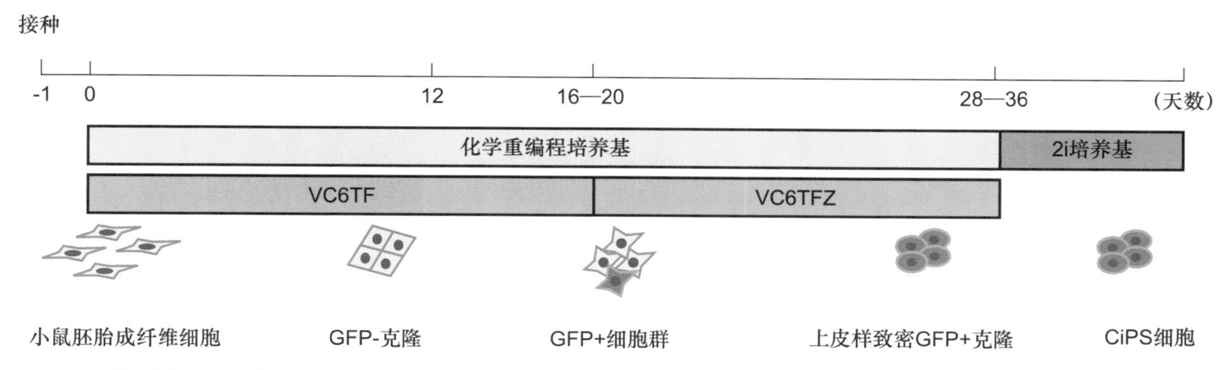

图 14-12　化学小分子诱导多潜能干细胞形成的过程

首先，制备表达 Oct4-GFP（*Oct4* 是多潜能干细胞关键的干性基因之一，绿色荧光蛋白基因 *Gfp* 作为报告基因）的小鼠成纤维细胞，此时检测不到绿色荧光。在化学小分子组合的作用下，逐步成为 GFP 阳性的克隆（表明干性基因 *Oct4* 表达），最终获得化学诱导多潜能干细胞，在 2i 培养基（小鼠胚胎干细胞专用的培养基）中进行培养。培养基中的 VC6TF 和 VC6TFZ，每个字母或数字均为特定的化学小分子名称或代码的缩写。

态的人多潜能干细胞。

然而，胚胎干细胞和多潜能干细胞只具备分化形成胚胎，而不具备分化形成胚外组织（胎盘等）的能力。经过不懈的努力，2017 年，我国科学家利用化学小分子组合，建立了具有高发育潜能的小鼠和人的多潜能干细胞，单个干细胞就可以分化形成胚内组织和胚外组织，为实现在体外获得具有全能性特征的干细胞的目标，迈进了一大步。

五、谱系重编程

除了将人胚胎干细胞或 iPS 细胞等多潜能性干细胞分化为特定的体细胞，用于再生医学研究外，谱系间的重编程（lineage reprogramming）也受到人们极大的关注。转分化是谱系间重编程的一种方式，即一种类型已分化的细胞转变成为另一谱系的分化细胞。这样就不需要通过重编程，先把体细胞转化成 iPS 细胞等原始状态的多潜能干细胞，再诱导分化为特定的细胞类型。最早的例子是在成纤维细胞中过表达 *MyoD* 基因，使其转分化为成肌细胞。随后的一些实验多利用单一的组织特异性的转录因子，实现了相近的谱系间细胞的转分化。iPS 技术的成功也给转分化带来了新的思路。2010 年，M. Wernig 的研究团队利用 3 个转录因子（Ascl1、Brn2 和 Myt1l）将小鼠成纤维细胞转分化为神经细胞，首次证明了利用转录因子组合，实现不同胚层间转分化的可能性。随后的几年，人们通过转分化途径，制备了心肌细胞、肝细胞和造血干细胞。例如在人的成纤维细胞中过表达向肝细胞转变和成熟的 6 个转录因子 HNF1A 等，可以将成纤维细胞直接转分化为具有生理功能的肝细胞（图 14-13）。

如前所述，细胞分化、细胞重编程，以及细胞谱系重编程等细胞命运之间的转变，都包含细胞类型之间表观遗传修饰的改变。该过程主要包含了 DNA 甲基化及去甲基化、组蛋白修饰（如组蛋白甲基化、乙酰化等）的添加和擦除，这些修饰能够通过影响基因转录来调控细胞类型特异性表达的基因的转录开启或关闭。因此，细胞命运转变的实质是细胞原有表观遗传修饰的擦除和新的细胞命运表观遗传修饰的重新建立。例如，在重编程过程中，首先发生的是分化细胞特异表达基因的转录抑制，伴随着对促进分化基因转录活性的表观遗传修饰的擦除，以及添加抑制这些分化基因转录活性的表观遗传修饰；然后是擦除干性相关基因上抑制性的表观遗传修饰，以及添加促进干性相关基因转录活性的表观遗传修饰。这些表观遗传修饰的改变是细胞重编程的必要条件。

六、干细胞应用

干细胞的研究方兴未艾，干细胞的应用也十分广泛。目前，基于成体干细胞（如造血干细胞、间充质干细胞）的某些干细胞技术已经在临床治疗上得到应用，其范围不断拓宽。例如骨髓移植即造血干细胞移植，最早用于治疗再生障碍性贫血，20 世纪 50 年代发现其对白血病有较好疗效，这一具有里程碑意义的临床实践，使 E. D. Thomas 医师获得了 1990 年的诺贝尔生理学或医学奖。随后，造血干细胞移植逐步用于血液系统其它肿瘤甚至恶性实体瘤的治疗。最近，造血干细胞移植被应用于艾滋病治疗中，通过向艾滋病患者移植具有

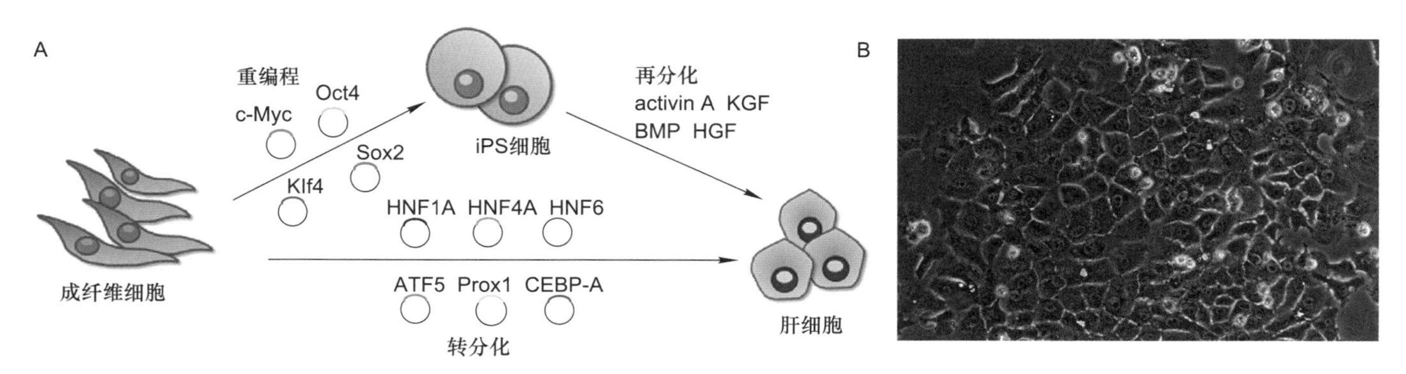

图 14-13 **重编程 / 再分化或转分化途径获得成熟肝细胞示意图**

A. 用 4 种转录因子，通过细胞重编程，可将成纤维细胞转化为为 iPS 细胞，再经过特定的信号分子的作用，再分化成肝细胞。此外，也可以直接用 6 种转录因子，将成纤维细胞转分化为肝细胞。B. 通过转分化得到的人肝细胞的显微图片（邓宏魁博士提供）。

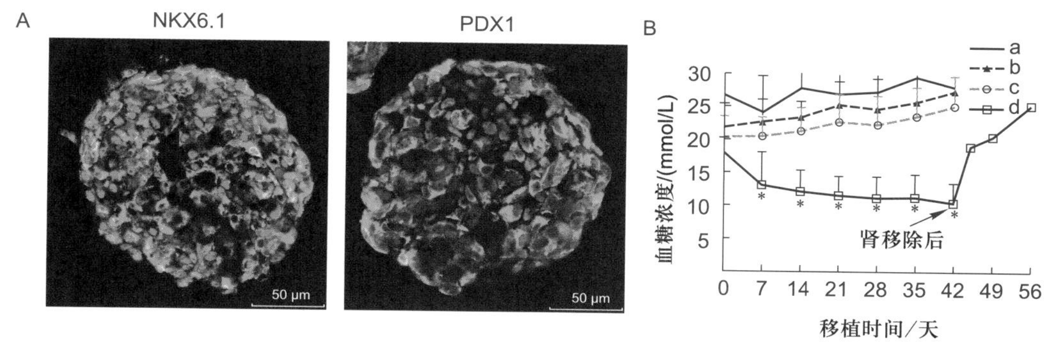

图 14-14 **人的胚胎干细胞体外诱导分化成胰岛 β 细胞**

A. 体外诱导产生的胰岛 β 细胞表达胰岛素（绿色）及 β 细胞关键转录因子 NKX6.1 和 PDX1（红色）。B. 将体外诱导产生的胰岛 β 细胞移植到糖尿病模型小鼠体内，一周后小鼠血糖趋于正常。移植后 42 天取出移植物，结果血糖明显升高。a、b、c：对照组；d：实验组。

Ccr5 基因（该基因产物为 HIV 病毒侵染 T 细胞所必需的辅助受体）缺陷的造血干细胞，实现了首例治愈艾滋病的病例。

细胞治疗则是人多潜能干细胞技术中最引人瞩目的应用领域。近年来，通过体外对人胚胎干细胞的定向诱导分化，已成功获得了血细胞、神经细胞、心肌细胞、肝实质细胞、胰岛 β 细胞等多种人的体细胞，从而为细胞治疗和再生医学的临床应用打下基础。同时，也为药物筛选和毒性评估提供了新的平台。如胰岛移植是治疗Ⅰ型糖尿病的有效方法，但是胰岛细胞的来源问题，极大地限制了其临床应用。人们将人多潜能干细胞，在体外定向分化胰岛 β 细胞，当移植到糖尿病模型小鼠体内后，血糖明显地恢复到正常值（图 14-14）。这为Ⅰ型糖尿病的治疗提供了一条可行的途径，相关的临床试验已开始启动。

相对于人胚胎干细胞，诱导性多潜能干细胞在临床应用中规避了伦理问题，因此有着更为广泛的应用前景。从理论上讲，可以从病人身上获取体细胞，诱导形成 iPS 细胞，进而遵循再生医学的思路，设计出有针对性的、个体化的治疗方案。2014 年，日本笹井芳树（Yoshiki Sasai）等取患者的皮肤细胞，经细胞重编程处理后获得 iPS 细胞，再将其诱导分化成视网膜色素上皮细胞（retinal pigment epithelium）用于治疗老年性黄斑变性。

如何获得功能成熟的细胞类型，是干细胞研究和应用领域中的一大难题。基于三维培养体系形成的类器官（organoid），具有更成熟的功能，成为了近年来干细胞领域的重要研究手段。类器官是一种由干细胞发育而来的具有器官特性的细胞集合体，这种细胞集合体能够模拟体内的细胞分化和器官空间构成。最近十年，类器官的定义逐渐演变成在三维培养体系中，具有器官特性和空间结构的细胞群体，其主要来源于多潜能性干细胞和成体干细胞。目前，通过这种途径已经能获得多种类器官，包括肠、胃、肝、肺、肾和脑等。其中，利用人多潜能干细胞分化产生脑类器官已初步具备不同人脑区域，为研究神经相关疾病提供很好的模型。另外，小鼠多潜能干细胞来源的肾脏类器官，形成了肾脏三维结构，为今后获得完整生理功能以及器官移植奠定基础。类器官不仅为干细胞研究提供了新手段，更为干细胞研究向临床转化研究向前迈进了一大步。

近 20 年来干细胞研究中所取得的令人瞩目的成果，不仅展示出诱人的应用前景，同时也极大推进了细胞分化和胚胎发育机制的研究。特别是对已建立起来的有关细胞分化潜能、细胞分化和终末分化细胞等传统的概念提出了挑战，以至人们需要重新审视什么是干细胞，什么是分化细胞。随着新的研究模式系统和实验手段（如 iPS 技术和单细胞测序技术等）的建立和应用，人们对细胞分化领域的相关概念，将赋予新的涵义。

干细胞领域目前面临的关键问题主要包括，如何建立全能性干细胞？如何维持多潜能干细胞体外扩增培养的稳定性？如何实现干细胞分化过程中精细的时间和空间调控？如何产生功能成熟的各种细胞或者组织来应用于治疗各种疾病？目前，结合单细胞测序技术，已广泛开展各谱系细胞体内发育及体外细胞图谱的绘制工作，相信随着这些工作的不断完善，有望实现干细胞分化过程的精细调控以及获得功能成熟的细胞或组织。

思考题

1. 何谓细胞分化？为什么说细胞分化是基因选择性表达的结果？
2. 组织特异性基因的表达是以何种方式调控的？
3. 影响细胞分化的因素有哪些？请予以说明。
4. 什么是干细胞？它有哪几种基本类型和各自的基本特征？
5. 什么是诱导性多潜能干细胞？试论述其在理论与医学实践中的重要意义。
6. 改变细胞命运有哪几种方式？
7. 什么是类器官？为什么类器官能在细胞功能成熟方面能起到重要作用？

参考文献

1. 张红卫，王子仁，张士璀. 发育生物学. 2版. 北京：高等教育出版社，2006.
2. Alvarado A S, Yamanaka S. Rethinking differentiation: stem cell, regeneration, and plasticity. *Cell*, 2014, 157(1): 110-119.
3. Hou P, Li Y, Zhang X, *et al*. Pluripotent stem cells induced from mouse somatic cells by small-molecule compounds. *Science*. 2013; 341(6146): 651-654.
4. Takahashi K, Yamanaka S. Induction of pluripotent stem cells from mouse embryonic and adult fibroblast cultures by defined factors. *Cell*, 2006, 126(4): 663-667.
5. Xu J, Du Y, Deng H. Direct lineage reprogramming: strategies, mechanisms, and applications. *Cell Stem Cell*, 2015; 16(2): 119-134.

第十五章

细胞衰老与细胞程序性死亡

细胞衰老和细胞程序性死亡是正常的细胞生命活动，发生在生物个体生长发育和衰老死亡的整个生命进程中。

多细胞生物（如人体）由不同类型的细胞构成。终末分化的细胞（如神经细胞）终生不分裂，随着个体年龄增长，这些细胞的功能逐渐衰退，进入衰老状态；而各种组织中的干细胞（如骨髓细胞）可持续增殖，不断产生新生细胞，替代衰老和死亡的细胞。正常状态下这类细胞的增殖能力是有限的，当细胞失去复制能力，进入不可逆的增殖停滞状态，就称为细胞衰老，又称复制衰老。干细胞的复制衰老以及各类体细胞的功能衰退是个体衰老的根源。本章将重点介绍细胞复制衰老的特征及其分子机制。

但凡生命，最终都会死亡，细胞作为生命的基本单位也不例外。对于多细胞生物，部分细胞程序性死亡是维持生物个体正常发育生存的必要条件，其重要性不亚于细胞增殖。不同类型的细胞在不同生理条件下存在不同的死亡方式，其生理功能、形态特征和分子机制各异，但均受到细胞内在基因的控制，是程序性而非随机的细胞死亡，因而称为细胞程序性死亡。本章介绍几种典型的细胞程序性死亡方式，并重点介绍细胞凋亡的分子机制。

第一节　细胞衰老

一、细胞衰老的概念

在之前的章节中我们了解了真核细胞如何通过有丝分裂的方式自我复制，那么细胞是否具有无限的自我复制能力，可以无限次地分裂下去呢？对于正常细胞而言，答案是否定的。除了生殖干细胞，绝大多数正常细胞在经历有限次数的分裂后会进入“衰老”状态，不再具有增殖能力，细胞的形态结构和代谢活动也发生显著改变，这一现象称为细胞衰老（cell senescence），也称为复制衰老（replicative senescence, RS）。“senescence”一词源于拉丁语“*senex*”，含义是逐渐衰老。细胞衰老与 G_0 期的细胞静止（cell quiescence）状态不同，后者在特定生理条件下可以返回细胞周期继续增殖，而衰老细胞是不可逆地处于增殖停滞状态。

在细胞生物学研究史上，细胞是否具有无限的增殖能力这一问题经历了曲折的认识过程。早在 1881 年，德国生物学家 Weissman 就提出“有机体终究会死亡，因为组织不可能永远能够自我更新，而细胞凭借分裂来增加数量的能力也是有限的”。后来这一观点受到法国外科医生、诺贝尔奖获得者 Carrel 的挑战，以至于一度被研究者们抛弃。Carrel认为，体外培养的细胞是能够永生不死的，如果它停止增殖是因为培养条件不适宜了。他声称在纽约洛克菲勒研究所里培养的鸡心脏成纤维细胞持续分裂了34年。这使得当时人们普遍认为，所有脊椎动物的细胞在体外培养时均能够无限次分裂。但事实上没有研究者能够重复Carrel的工作。有人开始质疑Carrel的细胞培养实验，认为培养液中每天添加的鸡胚提取物中可能混有鸡胚细胞（胚胎干细胞）。1958年，美国生物学家L. Hayflick在Wistar研究所从事癌症研究时，将癌细胞的提取物加到人正常细胞的培养基中，希望看到正常细胞发生癌变。结果非他所愿，细胞不但没有癌变，还停止了分裂。起初Hayflick相信Carrel的理论，认为自己细胞培养的技术不过关。后来他与合作者一起精心设计了一系列实验，证实大多数正常细胞只能进行有限次数的分裂。在体外培养时，无论培养条件如何优化，如果将细胞以1∶2的比率（即一瓶细胞分为两瓶细胞）连续进行传代（群体倍增），平均只能传代40～60次，之后细胞就不再分裂。Hayflick的实验结果发表后得到许多研究者的证实：除了生殖干细胞和肿瘤细胞，来自不同生物、不同年龄供体的原代培养细胞均存在复制衰老现象。1974年，澳大利亚生物学家M. Burnett在他的著作《内在变异》（*Intrinsic Mutagenesis*）中首次将这一发现称为“Hayflick界限”（Hayflick limit），表示细胞在进入增殖停滞状态前的有限倍增次数。

二、细胞复制衰老的特征

Hayflick及其后续的研究者们对培养细胞在衰老过程中发生的变化进行了详细的观察，发现了衰老细胞形态结构方面的各种变化。与年轻细胞相比，衰老细胞变得大而扁平，如曾有报道年轻成纤维细胞的表面区域一般小于1 000 μm^2，而衰老细胞可达到9 000 μm^2；同时衰老细胞质膜的流动性降低，细胞骨架结构改变，细胞黏附性增强，细胞内溶酶体体积增大，内部含有大量未分解的脂质成分如脂褐质（lipofuscin），这是老年斑的成因。

随着研究的深入，更多细胞衰老的分子特征被发现。主要包括：①细胞不可逆地停止分裂，即使添加生长因子也无济于事。②若干细胞周期的负调节因子如p21、p16、p53表达上调或活性增强。③衰老相关的β-半乳糖苷酶（senescence-associated β-galactosidase, SABG）活化。β-半乳糖苷酶是溶酶体内的水解酶，通常在pH 4.0的条件下表现活性，而衰老细胞的SABG在pH 6.0条件下表现出活性。目前尚不清楚这一现象的分子机制，可能反映了溶酶体在细胞衰老过程中的变化。用底物染色的方法可以观察到随着培养细胞传代次数的增加，细胞群体中表达SABG的细胞日益增多（图15-1）。体内衰老细胞同样具有这一特征，年老小鼠的肝脏有17%的细胞显示SABG阳性；而年轻小鼠仅有8%。④衰老细胞端粒（telemere）长度明显减少（短于原有长度的50%）。目前可以运用定量荧光原位杂交技术（quantitative fluorescence *in situ* hybridization technique）便捷准确地测定端粒长度。该方法用荧光标记的端粒序列作为探针与细胞染色体的端粒进行原位杂交后，通过荧光显微镜对荧光强度进行测定，再借助标准曲线测算端粒的长度。⑤出现衰老相关异染色质集中（senescence-associated heterochromatin foci, SAHF）现象。用DNA荧光染料如DAPI对细胞核进行染色，年轻细胞细胞核的荧光均匀分布，而衰老细胞细胞核的荧光会出现点状聚集。这些聚集的染色质包括了细胞周期正向调控蛋白的编码基因，这些DNA被多种蛋白质包裹，处于转录失活状态。⑥衰老细胞还会产生一系列衰老特征性分泌物（senescence-associated secretory phenotype, SASP），包括炎性因子、金属蛋白酶等，招募免疫细胞前来吞噬衰老细胞，同时改变了周围细胞的微环境。

A

B
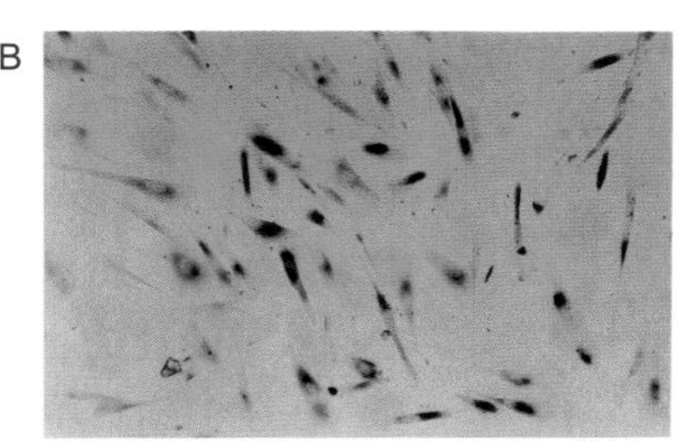

图15-1　**衰老相关β-半乳糖苷酶（SABG）染色区分年轻和衰老的人胚胎成纤维细胞IMR-90**

A. 第20代的年轻细胞，细胞体积较小，SABG呈阴性。B. 第55代的衰老细胞，细胞体积明显增大，多数表达SABG。（陈丹英博士提供）

三、细胞复制衰老的机制

细胞衰老是如何发生的呢？为了确定原因是在于细胞本身还是培养环境的恶化，Hayflick 设计了一个巧妙的实验。他以有无巴氏小体作为标记，将男性已分裂 40 次的成纤维细胞与女性已分裂 10 次的成纤维细胞混合培养，同时用单独培养的细胞作为对照统计倍增次数。他发现混合培养的女性年轻细胞仍然旺盛增殖的时候，男性衰老细胞已停止分裂了，并且混合培养的两类细胞倍增次数与各自单独培养时相同。说明细胞衰老由细胞自身因素决定，与环境条件无关。Hayflick 进而将年轻细胞除去细胞核的原生质体与衰老的完整细胞融合，形成的“杂合”细胞仍旧不能增殖；反之，将衰老细胞的原生质体与年轻的完整细胞融合时，“杂合”细胞的分裂能力与年轻细胞几乎相同，由此说明细胞核而不是细胞质决定了细胞的分裂能力。正常细胞甚至冻存后仍然“记得”之前复制了多少次，继续复制的次数累计与未冻存的细胞一致。显然细胞核内存在某种计算复制次数的机制，细胞的这种“计数”机制究竟是什么呢？

前文已提到过端粒缩短是细胞衰老的特征之一。端粒是染色体末端的特殊结构，由连续重复的核苷酸构成（参见第九章）。真核细胞 DNA 复制过程中存在所谓末端复制问题（the end replication problem）。由于 DNA 聚合酶不能从头合成子链，复制母链 3′ 末端时，子链 5′ 末端与之配对的 RNA 引物被切除后会产生末端缺失，导致子链的 5′ 末端随着细胞分裂次数的增加而逐渐缩短（每次缺失约 30～120 bp），而端粒的存在使得染色体 5′ 末端的缩短不会影响到编码区域。1972 年，苏联理论生物学家 A. Olovnikov 提出，随着复制不断缩短的 DNA 末端可能是正常细胞有限分裂的原因。1978 年，Blackburn 发现四膜虫的端粒由 TTGGGG 重复序列构成，而哺乳动物细胞的端粒序列是类似的 TTAGGG，这一发现使得端粒的长度得以准确测算；继而研究者发现了一系列端粒与细胞衰老和个体衰老相关的证据，包括体外培养的人体细胞的端粒长度随着分裂次数增加不断缩短，年老个体细胞的端粒短于年轻个体，沃纳综合征（Werner's syndrome）患者体细胞的端粒明显短于正常人等，人们开始认同端粒在细胞衰老过程中的作用。1998 年，C. Greide 获得了端粒缩短能够导致细胞衰老的直接证据。能够持续增殖的干细胞以及癌细胞中存在一种酶，称为端粒酶（telomerase），它能够以自身含有的 RNA 为模板，反转录出端粒 DNA，从而避免端粒的缩短。大多数正常细胞如成纤维细胞、内皮细胞、上皮细胞、软骨细胞、淋巴细胞中，端粒酶的活性很低，无法有效地延长端粒。Greide 将活化的端粒酶导入人成纤维细胞并使其持续表达，细胞的端粒就不再缩短，而细胞的复制寿命延长了 5 倍；相应地，使癌细胞中的端粒酶失活能够导致癌细胞增殖停滞，引发癌细胞的衰老。三位美国科学家 Blackburn、Greide 和 Szostak 因上述端粒和端粒酶的发现分享了 2009 年诺贝尔生理学或医学奖。

端粒的缩短如何引发细胞的复制衰老呢？简而言之，当端粒随着细胞增殖缩短到一定程度，会触发细胞内 p53 信号通路介导的 DNA 损伤“警报”系统，导致细胞周期的停滞。p53 是著名的肿瘤抑制因子，通过诱导细胞凋亡（见本章第二节）或细胞衰老，避免细胞因为 DNA 的损伤而发生癌变。研究发现，端粒的缩短（可视作一种 DNA 损伤）会使细胞中的 p53 含量、磷酸化程度及稳定性明显增加，继而活化细胞周期抑制蛋白 p21，使细胞停留在细胞周期的 G_1 检查点，细胞分裂停滞，最终导致细胞衰老（图 15-2）。

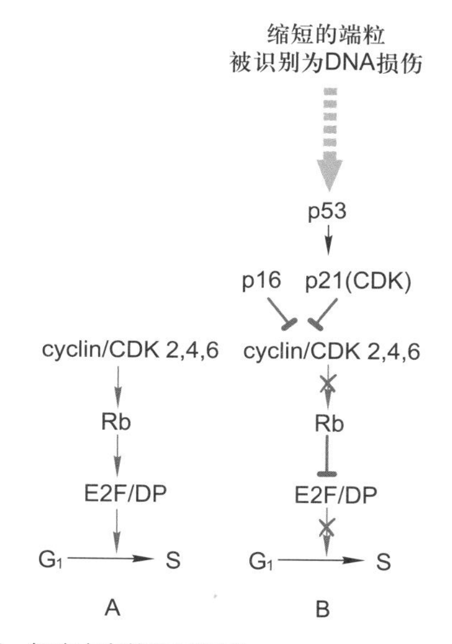

图 15-2　**细胞衰老的信号通路**

A. 正常年轻细胞中，CDK 的活化导致 Rb 蛋白磷酸化，与转录因子 E2F 分离，被释放的 E2F 活化下游基因的转录，促使细胞从 G_1 期进入 S 期，细胞周期正常运行。B. 随着细胞增殖，端粒的缩短会导致细胞内 DNA 修复体系包括 p53 的活化，p53 继而诱导 p21 的表达，p21 使得 CDK 失去活性，从而阻止 Rb 蛋白的磷酸化，Rb 不能与 E2F 分离，E2F 处于持续失活状态，不能正常起始 G_1/S 检查点若干关键因子的转录，细胞周期停滞导致细胞衰老。在细胞衰老的另一条信号通路中，氧化损伤等因素可以通过诱导 p16 的表达导致细胞衰老。

除了端粒缩短诱发细胞衰老以外，细胞内另一些刺激因素，如超量的过氧化物，原癌基因的非正常活化，非端粒的DNA损伤（包括核DNA和线粒体DNA损伤）等也能够缩短细胞的复制寿命，使细胞提前进入衰老状态。研究者们将这一类型的细胞衰老称为胁迫诱导的早熟性衰老（stress-induced premature senescence, SIPS）。研究发现SIPS的发生可能通过活化另一种周期抑制蛋白p16信号途径，引发细胞周期停滞（图15-2）。p16高表达不仅是细胞衰老的典型特征之一，在人和小鼠的检测中均发现p16的表达量与个体衰老程度呈显著的正相关。

四、细胞衰老与个体衰老

个体的衰老（aging）是指随着年龄的增加，机体功能呈现退行性变化的现象。对人类而言，个体衰老伴随着生殖能力的下降、死亡率的上升以及对一系列疾病，如癌症、糖尿病、心血管系统功能障碍、神经退行性疾病等的易感性增加。个体衰老的机制非常复杂，涉及分子、细胞、组织、器官各个层面。近年来研究者归纳了各类生物特别是哺乳动物共有的个体衰老在分子及细胞水平上的主要标志（hallmark），它们既是个体衰老的特征，也是个体衰老的成因，并且相互关联。这些标志可分为两类：①基因和蛋白质水平上衰老的标志，包括：基因组DNA损伤在衰老个体中明显积累；衰老个体的染色体端粒长度明显缩短；衰老个体的DNA及组蛋白某些位点甲基化或乙酰化修饰发生改变，染色质高级结构变化等表观遗传修饰的改变，及其引起的基因表达异常；衰老个体细胞内协助蛋白质折叠的体系（如分子伴侣）以及降解非正常折叠蛋白质的体系（如泛素-蛋白酶体，自噬体-溶酶体）发生障碍，导致错误蛋白的堆积。②细胞水平上衰老的标志，包括：衰老个体中失去增殖能力和功能减退的细胞累积，不能被免疫系统及时清除，同时，衰老细胞的分泌物又造成周围细胞及组织器官生存微环境的恶化，出现个体衰老的体征；成体干细胞因为细胞衰老而减弱甚至丧失组织更新的能力；细胞通信的失调，尤其是涉及传递营养信号的多条信号通路，如感受葡萄糖浓度的胰岛素及胰岛素样生长因子信号通路，感受氨基酸浓度的mTOR信号通路等，营养过剩导致上述信号通路持续活化，加速了个体衰老；线粒体功能障碍，衰老个体中线粒体损伤的累积造成能量代谢等功能性障碍。

可见，细胞衰老（复制衰老）是导致个体衰老的重要因素之一，与个体衰老的其他标志直接或间接相关。Hayflick曾发现，从胎儿肺得到的成纤维细胞可以在体外条件下传代约50次，而从成人肺得到的成纤维细胞只能传代20次，表明细胞的增殖能力与供体的年龄相关；此外他还发现似乎寿命越长的生物其培养细胞的增殖能力越强。例如取自龟的培养细胞体外传代达90～125次，而来自小鼠的细胞体外传代次数只有14～28次。这些结果一度让人们认为细胞的复制“寿命”能够表征个体的年龄及寿命。但事实上多细胞生物个体由不同类型的细胞构成，其增殖状况各异。这些不同类型的细胞既有持续分裂的细胞如某些组织干细胞，不断更新的细胞如上皮细胞、淋巴细胞，又有处于终末分化阶段的神经细胞、心肌细胞、骨骼肌细胞等，它们在发育早期就已停止分裂并且在整个生命过程中几乎不被更新。个体的衰老是各种细胞功能变化的综合表现，认为与某种细胞的复制“寿命”直接关联则失之偏颇。

细胞的复制衰老主要表现在各类持续分裂的组织干细胞如造血干细胞、上皮干细胞、神经干细胞中。这些组织干细胞的衰老导致细胞再生受阻，器官机能下降，进而影响全身各系统之间的协调配合，是人及其他动物个体衰老的主要原因。干细胞的增殖能力远远强于大多数体细胞，为何会发生复制衰老呢？原因在于除了生殖干细胞之外，多数单能和多能干细胞如表皮、骨髓和神经干细胞具有一定活性的端粒酶，但活性不足以完全弥补细胞复制过程中端粒的缩短，它们的增殖能力随着个体生命进程也会下降。而生殖干细胞及癌细胞中高活性的端粒酶使它们具有永生化（immortality）的增殖能力。已发现组织干细胞的端粒酶缺失会导致相关器官的功能障碍，产生局部的“早老”症状，如肺纤维化（pulmonary fibrosis）、表皮先天性角化不良（dyskeratosis congenita）、再生障碍性贫血（aplastic anemia）等。此外，近年迅猛发展的诱导性多潜能干细胞（见第十四章）制备过程中也需要克服复制衰老。已发现导入外源基因将已分化体细胞重编程为多潜能干细胞的最后阶段，端粒酶被活化，原来体细胞的端粒延长，使体细胞在具备分化潜能的同时具备增殖潜能。现已运用重编程技术在体外成功地使早老症患者的衰老细胞重新获得增殖能力，希望这一成果在不久的将来能用于早老症的临床治疗。

另一方面，大量已分化的组织细胞如上皮细胞、血细胞，如果因衰老功能减退，在正常状态下会被免疫细胞清除，由干细胞产生的新生细胞替代。但随着个体年龄的增长，未及时清除而存积的衰老细胞会越来越多。如前所述，衰老细胞会产生包括炎症因子和金属蛋白酶在内的特征性分泌物 SASP，影响周围细胞的正常生理功能，损坏组织结构，促进个体衰老表征的显现。例如促进平滑肌细胞增生和血管壁增厚而引发心血管疾病，或者分解胶原蛋白，引起真皮及表皮塌陷而产生皱纹。同时 SASP 还可通过体液循环影响其它组织器官，引起慢性炎症样变化，加速整体衰老。

对于机体内大量的终末分化细胞，如神经细胞、心肌和骨骼肌细胞、红细胞等，它们不存在复制衰老现象，但随着个体生命进程其功能活性的逐渐下降是个体衰老的重要原因。例如骨骼肌和心肌细胞的衰老使得老年人肌肉松弛萎缩、心肌功能下降而导致心血管疾病，而神经元数量的减少会引发脑功能衰退等。这些细胞衰老失能的某些特征与复制衰老相似，例如细胞内出现大量被脂褐质充填的溶酶体等。而终末分化细胞衰老的机制目前没有定论，氧化损伤可能发挥了重要作用。细胞吸收的氧中约有 2%～3% 转变为活性氧成分（reactive oxygen species, ROS），包括超氧阴离子、过氧化氢和羟自由基。过量的 ROS 对生物大分子如蛋白质、脂质、核酸等均有损伤作用，例如使蛋白质或脂质发生异常的共价修饰，失去活性并且不能被正常降解，导致溶酶体失去功能，还会使线粒体 DNA 发生特异性的突变，使细胞内的能量和物质代谢失常。由于终末分化细胞不能通过分裂自我更新，它们对 ROS 的累积损伤较之持续分裂细胞更为敏感，最终导致细胞失去功能。

由此可见，细胞衰老是个体衰老的根源。那么细胞衰老对个体有何益处，为何在演化过程中被保留下来？Hayflick 曾注意到：正常细胞分裂次数有限，而癌细胞能够在体外无限增殖，细胞癌化与细胞衰老是结果相反的两个过程。通过对细胞衰老分子机制的研究，人们认识到细胞衰老是机体防止细胞癌变的重要途径。如前所述，抑癌基因 p53 和 p16 的活化介导了细胞的复制衰老。随着生命进程而积累的各种损伤，包括 DNA 的突变等既是细胞癌变的诱因，也会引发细胞衰老。机体通过细胞衰老，阻断潜在的恶性细胞早期的癌化进程，并能够招募免疫细胞对其进行清除，从而维护机体内环境的平衡。

细胞衰老对细胞癌化的拮抗作用对个体生存有利；同时细胞衰老导致的组织器官功能退化对个体又是不利的，生物体必须在细胞衰老的多种效应之间建立平衡，目前尚不知晓这种平衡的机制。生物体的衰老特别是人体的衰老历来是人们特别关注的生理现象，人们越来越意识到，体内体外细胞衰老机制的研究对于深入剖析个体衰老及癌症的发生，促进人类老年期的生理健康，治疗老年相关疾病，延长人类的健康寿命（healthy lifespan）具有重要意义。

第二节 细胞程序性死亡

一、多种形式的细胞死亡及其生物学意义

但凡生命，最终都会死亡，细胞作为生命的基本单位也不例外。区别于物理或化学因素导致的随机被动性死亡，如高温使得生物大分子瞬间发生化学改变而导致的细胞死亡，细胞具有内在遗传机制控制的主动性死亡方式，称为程序性死亡（programmed cell death, PCD）。细胞程序性死亡是维持生物体正常生长发育及生命活动的必要条件，其重要性不亚于细胞的增殖。现在发现细胞程序性死亡的形式多种多样，其形态特征、分子机制和生理效应各异，如动物细胞的凋亡、程序性坏死，植物细胞的程序性死亡等，但均受到某些基因的控制，经历一系列有序的信号传递。细胞以何种形式“结束生命”取决于细胞类型、生理状态、周围环境以及外界刺激等多种因素。

（一）凋亡

动物细胞的凋亡是研究得最为深入的程序性死亡方式。早在 1885 年德国生物学家 Flemming 就曾描述过卵巢滤泡细胞的凋亡形态特征。他观察到细胞死亡时伴随染色质的水解，因此将这种细胞死亡称作“染色质溶解”（chromatolysis）。80 年后的 1965 年，澳大利亚病理学家 J. Kerr 观察到结扎大鼠肝门静脉后，在局部缺血的情况下，大鼠肝细胞连续不断地转化为小的圆形的细胞质团，从周围的组织中脱离。这些细胞质团由质膜包裹，内含细胞碎片（细胞器和染色质等）。在这一过程中死亡细胞的质膜及溶酶体保持完整，细胞内含物不会释放到膜外，不会诱导机体发生炎症反应。1972 年 Kerr 将这一现象命名为细胞凋亡（apoptosis）。“apoptosis”一词源自古希腊语，意指花瓣或树叶的脱落、凋零，这一

命名意在强调这种细胞死亡方式是正常的生理过程。此后，研究者们在各种生理或病理过程中发现了凋亡现象的存在。三位学者S. Brenner、J. Sulston和R. Horvitz以线虫的发育为研究模式，利用一系列突变体，发现了发育过程中控制细胞凋亡的关键基因，使原先侧重于形态学描述的细胞凋亡概念在基因水平上得以阐释，即细胞凋亡是受基因调控的主动的生理性自杀行为。三人因此获得了2002年诺贝尔生理学或医学奖。此后，对细胞凋亡分子机制的解析迅速展开，成为20世纪90年代生命科学的一大研究热点。

细胞凋亡具有重要的生理意义，主要表现在如下几个方面：

（1）保证正常的胚胎发育进程，塑造个体及器官形态，形成免疫耐受。在动物个体发育的组织形成时期，一开始往往制造数量过多的细胞，继而再依据需求选择最后留存的功能细胞，而多余的细胞通过细胞凋亡去除（图15-3）。例如在脊椎动物神经系统的发育过程中，

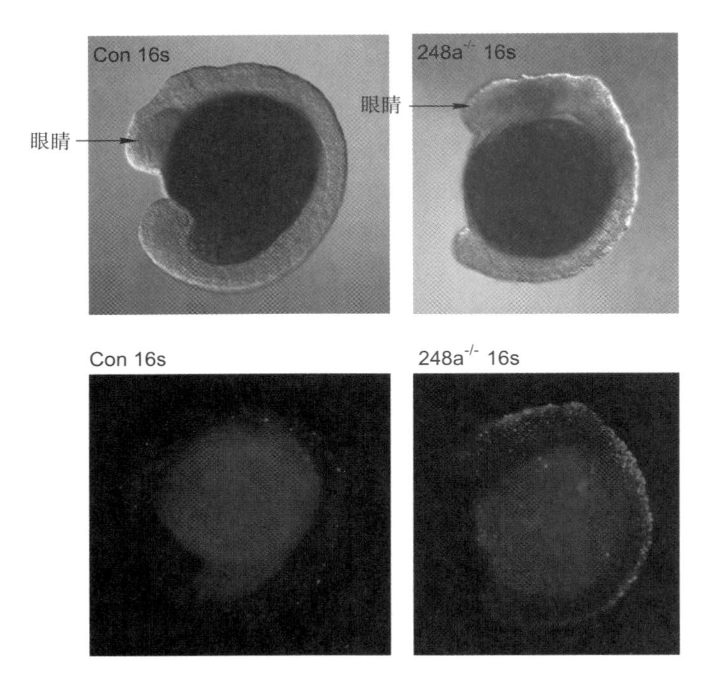

图15-3 **原位末端标记法显示斑马鱼胚胎发育过程中的细胞凋亡**

正常16体节期的斑马鱼胚胎（Con 16s）在发育过程中部分细胞发生凋亡，突变体（$248a^{-/-}$ 16s）有大量细胞发生凋亡。原位末端标记法即转移酶介导的dUTP缺口末端标记法（terminal deoxynucleotidyl transferase-mediated dUTP nick end labeling, TUNEL）。这一方法能对DNA分子断裂缺口中的3′-OH进行原位荧光标记，用荧光显微镜能观察到单个凋亡细胞。（祖尧博士和佟向军博士提供）

约有50%的原始神经元存活并且与靶细胞建立了连接，而没有建立连接的神经元则发生凋亡。这与靶细胞（肌细胞）分泌的一种存活因子——神经生长因子（nerve growth factor, NGF）有关。只有接受了足够量存活因子的神经元才能生存，其它的神经元则发生凋亡。动物体通过这种方式来调节神经细胞的数量，使之与需要支配的靶细胞数量相适应，以最终建立正确的神经网络联系（图15-4）。

细胞凋亡是塑造个体及器官形态的途径之一。哺乳动物指（趾）间蹼的消失、颚融合、肠腔管道的形成、视网膜发育等过程都必须有细胞凋亡的参与。动物蜕变过程中幼体器官的缩小和退化（如蝌蚪尾的消失等）也是通过细胞凋亡来实现的。

细胞凋亡还参与了免疫耐受的形成。例如胸腺细胞经过一系列的发育进程成为各种类型的免疫活性细胞；同时通过细胞凋亡，对识别自身抗原的T细胞克隆进行选择性消除。这样形成了既有免疫活性又对自身抗原免疫耐受的淋巴细胞。

（2）维持生物体内的自稳态。Kerr等建立细胞凋亡的概念时就提出："细胞凋亡降低细胞数量，细胞分裂增加细胞数量，同为控制细胞族群大小的两大原动力。"细胞凋亡不诱发炎症，是"安全"的细胞死亡方式。动物成体通过调节细胞凋亡和增殖的速率来维持组织器官细胞数量的稳定以及成体细胞的自然更新。健康成人体内每秒分裂产生约十万个新细胞，同时有相当数量的细胞发生凋亡。正常的T淋巴细胞在受到入侵的抗原刺激后被激活，产生免疫应答。机体为了防止免疫过激，会通过诱导T细胞凋亡来控制T细胞的寿命。细胞凋亡不足会导致多种疾患，例如在自身免疫性淋巴增生综合征（ALPS）患者体内，增生的T淋巴细胞无法正常凋亡，造成淋巴细胞增殖性的自身免疫病。另一方面，细胞凋亡过度也会导致组织器官功能缺失。例如人免疫缺陷病毒HIV特异性感染$CD4^+$ T淋巴细胞，能够直接诱发T细胞凋亡或使其对凋亡信号的敏感性增强，致使T细胞相关的免疫功能缺陷，极大地增加了艾滋病患者机会性感染及肿瘤的发生概率。多种急慢性疾病如败血症、心肌梗死、急性肝损伤、亨廷顿病，以及神经退行性疾病帕金森病、阿尔茨海默病等都与细胞的过度凋亡相关。目前知道阿尔茨海默病的发生主要是由于海马及基底神经核内的神经细胞大量丧失，其原因可能是β-淀粉样蛋白过量表达，沉积于神经组织内，激活周围的吞噬细胞释放炎症因子，促进神经细胞凋亡的发生，从而导致

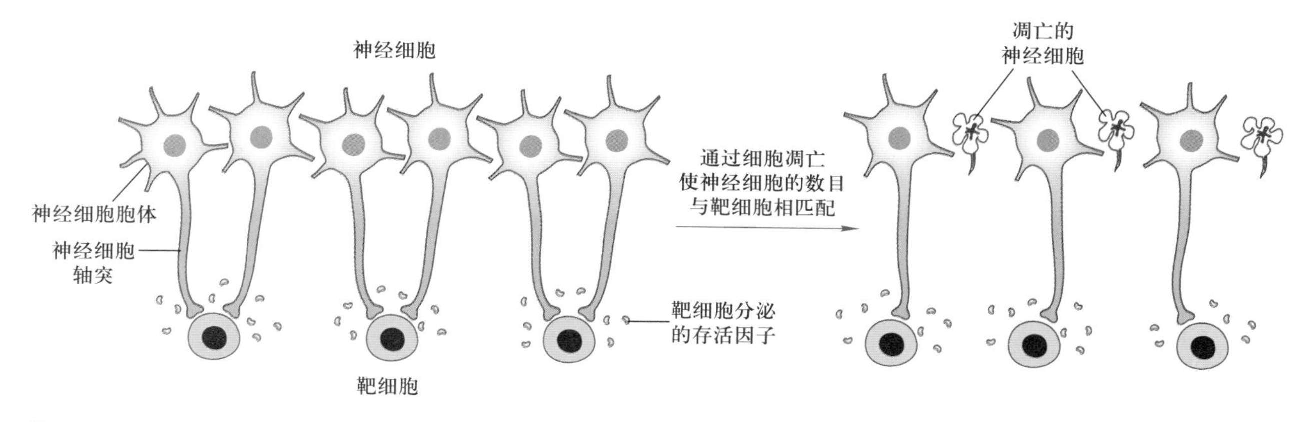

图 15-4 **细胞凋亡使得神经细胞与靶细胞的数量相匹配**

发育过程中神经细胞的数量较靶细胞多。靶细胞通过分泌存活因子来调节神经细胞的数量。不能获得足够存活因子的神经细胞发生凋亡，使得剩下的神经细胞与靶细胞的数量相当。

神经细胞的大量丧失。

（3）生理保护，肿瘤监控。细胞凋亡能够清除体内受损或危险的细胞而不对周围的细胞或组织产生损害。例如杀伤性 T 淋巴细胞能够分泌一种细胞因子——Fas 配体，与被病原体感染的细胞表面的死亡受体——Fas 蛋白结合，启动细胞内的凋亡程序，使被感染细胞发生凋亡（见后文）。一些细胞在受损伤或受胁迫的情况下能够同时产生 Fas 配体和 Fas 蛋白，导致自身的凋亡。

凋亡也是机体预防癌症发生的重要手段。DNA 损伤等致癌因素会诱发细胞凋亡，遏制细胞的癌变。临床研究发现，相当多的恶性肿瘤细胞的正常凋亡机制受到抑制，使机体不能早期清除可能有癌变危险的细胞。例如哺乳动物中第一个被发现的凋亡抑制基因 *Bcl2* 在滤泡淋巴瘤（follicular lymphomas）细胞中高表达。由于染色体重排，*Bcl2* 基因的编码区与免疫球蛋白的增强子相连，导致 Bcl2 蛋白的过量表达，使肿瘤细胞能够免于凋亡，持续增殖。

（二）程序性坏死

坏死（necrosis）一词源于希腊语“nekros”，意为尸体。19 世纪初被用于描述外科手术中观察到的组织溃烂，后来用于描述病理性的细胞死亡。细胞坏死具有与细胞凋亡迥然不同的特征：细胞膜破裂，细胞内含物释放，周围组织发生炎症反应，动物血液中可检测到原本定位于细胞内部的分子，如细胞核内的高速泳动族蛋白 B1（nuclear high mobility group box 1 protein）和线粒体 DNA 等。作为机体内源性的危险信号，这些分子被称为损伤相关分子模式（damage-associated molecular pattern, DAMP），对应于病原体入侵产生的外源性危险信号：病原相关分子模式（pathogen-associated molecular pattern, PAMP），如细菌或病毒的核酸及蛋白质成分。

细胞坏死曾长期被认为是一种区别于细胞凋亡的、被动的细胞死亡方式。近年的研究确立了细胞程序性坏死（programmed necrosis）的概念，即与细胞凋亡类似，这种细胞膜破裂的死亡过程，也受到细胞内特异基因的控制。现在发现程序性坏死可以由不同信号触发，由细胞内不同的信号传递分子介导。

典型的程序性坏死证据来自于肿瘤坏死因子（tumor necrosis factor, TNF）的效应。TNF 是一种多效的细胞因子，在感染和损伤诱导的机体炎症发生过程中发挥重要作用。通过它的主要受体 TNFR1（TNF receptor 1）可以诱导多种炎症因子的表达及某些敏感细胞的死亡，包括质膜保持完整的凋亡和质膜破裂的坏死两种形式；当细胞内的凋亡信号通路受阻或不完整时，TNF 诱导的细胞坏死现象就变得非常明显（图 15-5）。2005 年袁钧瑛研究团队将这种细胞死亡方式命名为“necroptosis”。2009 年包括韩家淮和王晓东在内的三个研究团队，发现并报道了激酶 RIPK（receptor interacting kinase）家族成员 RIPK3 在 necroptosis 信号通路中发挥重要作用（见后文）。以上研究证明细胞坏死是可调控的，即确立了程序性坏死的概念。

另一种程序性坏死的方式是细胞焦亡（pyroptosis），与细胞的免疫反应密切相关。20 世纪 80 年代发现，某些细菌感染巨噬细胞会导致伴随大量炎性因子释放的死亡，2001 年这种死亡方式被命名为“pyroptosis”。

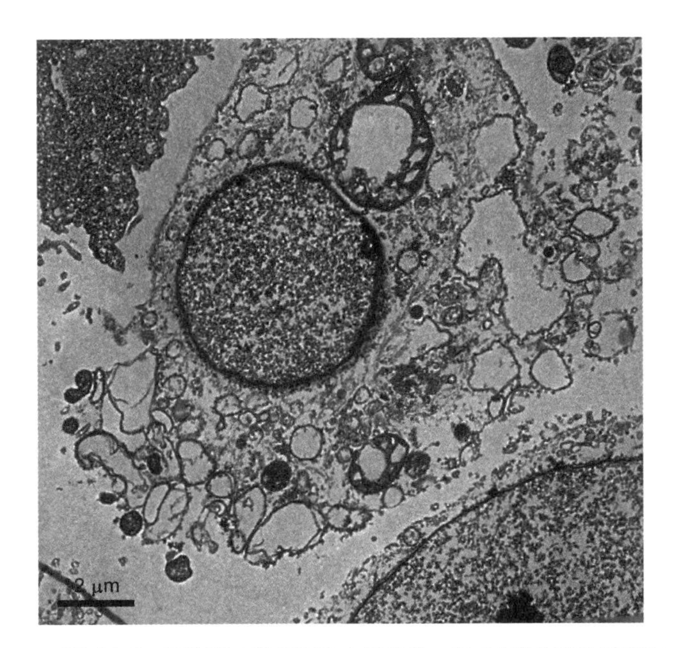

图 15-5　细胞程序性坏死的电镜照片。鼠成纤维细胞 L929 在 TNF 及凋亡抑制剂的作用下发生坏死。细胞质出现空泡，细胞质膜破损，细胞内含物，包括膨大和破碎的细胞器释放到胞外。（韩家淮博士惠赠）

“pyro”在希腊语中表示“发热”，暗示这种细胞死亡方式导致炎症。细胞焦亡表现为，受到病原体感染后，细胞膜在短时间内形成孔洞，细胞膨胀至细胞膜破裂，白介素 1β（interleukin-1β, IL1β）等炎性因子大量释放，激活机体产生强烈的炎症反应并诱导免疫吞噬作用，破裂的细胞膜包裹着细菌等病原体被吞噬细胞吞噬消灭。2015 年邵峰研究团队等解析了介导细胞焦亡的关键信号分子（见后文），再次确认了细胞程序性坏死的概念。

由于缺乏特异性的分子标记和抑制剂，目前对程序性坏死生理功能的了解还较为有限。程序性坏死可能在机体免疫反应中发挥重要作用。一方面，细胞感染病原体后如果需要通过“自杀”方式消灭病原体，由于某种原因凋亡不能正常发生时，程序性坏死可以作为凋亡的“替补”方式被细胞采用。已发现病毒为了保障复制顺利完成，防止宿主细胞提前“自杀”，除了携带抑制凋亡的基因，还会携带抑制坏死的基因，这从侧面证明程序性坏死是细胞抗感染的途径之一。另一方面，被感染的细胞发生坏死后，来自细胞和病毒的内源外源损伤信号 DAMP、PAMP 释放出来，能够强烈促发免疫反应，有利于机体对病原体发动更有效的进攻。但若干人类疾病包括急性肝损伤、急性胰腺炎、系统性炎症等也涉及不受控制的细胞坏死。深入解析细胞坏死的分子机制可能有助于这些疾病治疗药物的开发。

（三）植物细胞的程序性死亡

最早关于植物细胞程序性死亡的相关报道发表于 1994 年，研究者在拟南芥的超敏反应中发现类似动物细胞凋亡的现象，之后逐渐证明细胞程序性死亡在植物中也广泛存在。主要生理功能包括：①植物防御病原体的反应或称超敏反应（hypersensitive response, HR）。植物在病原体侵染部位发生细胞程序性死亡，阻止病原体侵染其他部位。②植物对环境胁迫的反应，如缺氧、高盐等引发细胞程序性死亡。③在植物发育进程中发挥作用。如配子体发育过程中非功能性大孢子的死亡，绒毡层细胞的死亡；种子发育早期珠心的退化，胚乳、胚柄、种皮的发育，根冠的形成，维管组织的形成等。例如木质部管状细胞（tracheary element, TE）是植物体负责运输及机械支持的厚壁组织细胞，管状细胞的成熟包括细胞伸长、细胞壁增厚、木质化和细胞程序性死亡过程。

植物细胞程序性死亡的方式与动物细胞差别较大。植物细胞被固定在细胞壁中，没有类似动物巨噬细胞的可移动细胞来清除死亡残余物，因此植物细胞往往利用溶酶体（液泡）中的水解酶来消化分解死亡细胞，主要包括两种方式：①植物细胞内液泡膜破裂，水解酶释放出来消化细胞内含物，整个细胞被迅速直接地分解而死亡。这种方式的细胞死亡一般发生在植物发育进程中。②液泡膜与细胞膜发生融合，水解酶释放到细胞外触发细胞死亡。植物被细胞外复制的病原体感染时会诱发这种反应，往往在消灭病原体的同时引发间接的细胞死亡。

二、细胞凋亡的过程及分子机制

在已知的各种细胞程序性死亡方式中，人们对细胞凋亡了解得最为深入。下面重点介绍凋亡的生物学特征及分子机制。

典型动物细胞的凋亡过程，在形态学上可分为三个阶段（图 15-6A）：

（1）凋亡的起始。细胞表面的特化结构如微绒毛等消失，细胞间连接消失，细胞质中核糖体逐渐与内质网脱离，内质网囊腔膨胀，并逐渐与质膜融合；细胞核内染色质固缩凝集，形成新月形帽状结构，沿着核膜分布（图 15-6B，图 15-7）。这一阶段历时数分钟，然后进入第二阶段。

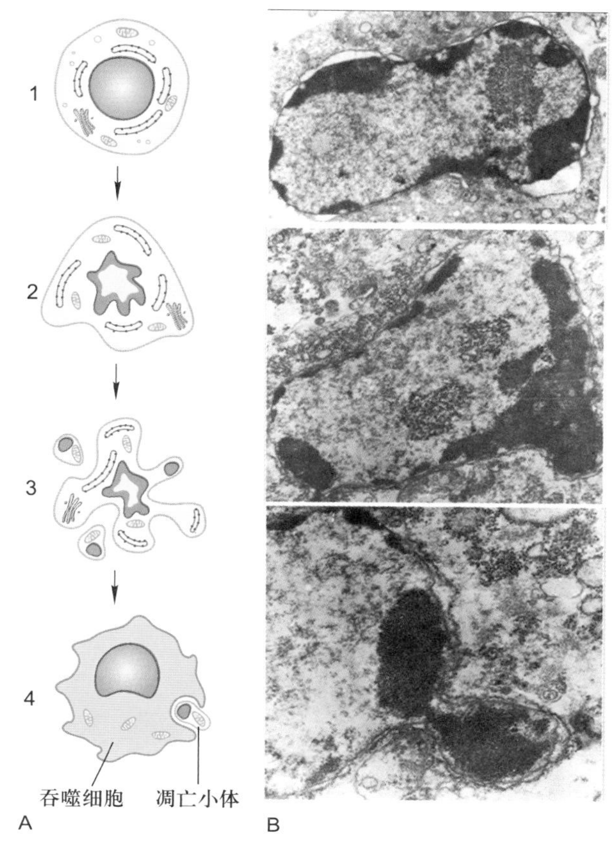

图 15-6　细胞凋亡的过程及特征

A. 细胞凋亡过程模式图。1. 正常细胞；2. 细胞凋亡的起始，染色质固缩并沿核膜分布，细胞皱缩；3. 凋亡中的细胞，细胞质膜反折，包裹染色质片段和细胞器等细胞碎片，形成芽状突起并逐渐脱离，形成凋亡小体；4. 凋亡小体被吞噬细胞吞噬。B. 凋亡细胞的电镜照片，显示染色质的变化。上：染色质凝集并沿核膜分布；中、下：染色质片段逐渐“离开”原来的细胞核，进入核膜包围的泡状结构。（电镜照片由丁明孝提供）

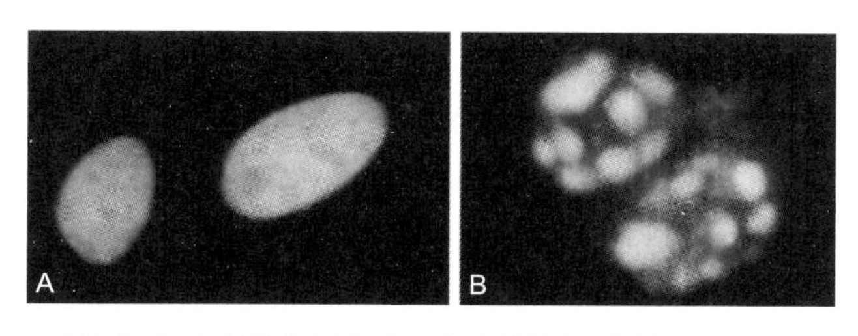

图 15-7　DAPI 染色显示凋亡细胞的染色质凝集

A. 正常细胞核。B. 凋亡细胞核。4′, 6- 二脒基 -2- 苯基吲哚（4′, 6-diamidino-2-phenylindole, DAPI），是常用的一种与 DNA 结合的荧光染料（丁明孝提供）。

（2）凋亡小体的形成。核染色质断裂为大小不等的片段，与某些细胞器如线粒体等聚集在一起，被反折的细胞质膜包裹，形成膜包裹的球形结构，称为凋亡小体（apoptotic body）。扫描电镜下可以观察到细胞表面产生许多泡状或芽状突起，随后逐渐脱离细胞，形成单个的凋亡小体。

（3）凋亡小体被吞噬。凋亡小体逐渐被邻近细胞或巨噬细胞吞噬，在溶酶体内被消化分解。

细胞凋亡发生的整个过程中，细胞内含物始终被膜包裹，不泄漏到细胞外，因此不会引发机体的炎症反应。凋亡的过程往往很迅速，从细胞凋亡启动到凋亡小体的出现不过数分钟，大约半小时到几个小时后，整个凋亡细胞便被吞噬灭迹。因此细胞凋亡虽然是机体中频繁发生的生理现象，但在组织学水平上却难以观察到，也正是由于这个原因迟迟未引起早期研究者们的注意。

在分子水平上，细胞凋亡过程包括接受凋亡信号、凋亡相关分子的活化、凋亡的执行、凋亡细胞的清除 4 个阶段。蛋白酶 caspase（cysteine aspartic acid specific protease）家族成员在其中发挥了重要作用，大部分凋亡过程依赖于 caspase 的活性，称为 caspase 依赖性凋亡（caspase dependent apoptosis）。caspase 失活或者被抑制，细胞凋亡往往不能发生。

1. caspase 及其基本类型简介

caspase 是一组天冬氨酸特异性的半胱氨酸蛋白水解酶，存在于细胞质中。它们的活性位点均包含半胱氨酸残基，能够特异地切割靶蛋白天冬氨酸残基后的肽键，切割的结果是使靶蛋白活化或失活，而非完全降解。

caspase 的发现源于秀丽隐杆线虫（*Caenorhabditis elegans*）发育的研究。线虫从胚胎发育到成体的过程中共产生 1090 个体细胞，其中 131 个体细胞发生凋亡后消失。1986 年美国麻省理工学院 Horvitz 实验室发现，当 *Ced3* 或 *Ced4* 突变后，原先应该凋亡的 131 个细胞依然存活；与之相反，*Ced9* 的突变导致所有细胞在胚胎期死亡，无法得到成虫。这一结果证明，*Ced3* 和 *Ced4* 是线虫发育过程中细胞凋亡的必需基因，*Ced9* 的功能是抑制细胞凋亡。线虫凋亡基因的发现促进了哺乳动物细胞凋亡机制的研究。胎生哺乳动物 caspase 家族成员有十余种（表 15-1），按照功能可以分为两大类：①炎症 caspase，包括 caspase-1、4、5、11、12，负责产生有活性的白介素 1（interleukin-1, IL1）。IL1 和肿瘤坏死因子 TNF 都是重要的炎症因子，与 TNF 不同的是，IL1 表达量的调控主要发生在翻译后阶段。IL1 前体蛋白需要被 caspase 在特异位点切割后才成为成熟有活性的细胞因子被分泌到细胞外。②凋亡 caspase，包

表 15-1 caspase 家族部分成员及其功能

名称	物种分布	功能
caspase-1	小鼠，人	参与炎症信号通路
caspase-2	小鼠，人	起始 caspase
caspase-3	小鼠，人	执行 caspase
caspase-4	人	参与炎症信号通路
caspase-5	人	参与炎症信号通路
caspase-6	小鼠，人	执行 caspase
caspase-7	小鼠，人	执行 caspase
caspase-8	小鼠，人	起始 caspase
caspase-9	小鼠，人	起始 caspase
caspase-10	人	起始 caspase
caspase-11	小鼠	参与炎症信号通路
caspase-12	小鼠，人	参与炎症信号通路
caspase-13	牛	未知
caspase-14	小鼠，人	未知
caspase-16	小鼠，人	未知

括 caspase-2、3、6、7、8、9、10，负责介导细胞凋亡。按照在凋亡过程中发挥的不同功能，凋亡 caspase 又可分为两类：起始 caspase 和效应 caspase。起始酶（caspase-2 等）负责对效应酶的前体进行切割，产生有活性的效应 caspase；效应酶（caspase-3 等）负责切割细胞核内、细胞质中的结构蛋白和调节蛋白，使其失活或活化，保证凋亡程序的正常进行。除了上述炎症和凋亡相关的功能，近年的证据显示 caspase 家族成员还参与了细胞自噬、坏死、分化等生命活动的调控。

2. caspase 在细胞凋亡中的作用机制

不论起始 caspase 或效应 caspase，通常均以无活性的酶原形式存在于细胞质中。接受凋亡信号刺激后，酶原分子在特异的天冬氨酸位点被切割，产生的两段多肽形成大小两个亚基，再聚合成异二聚体，此即具有活性的酶（图 15-8A）。起始 caspase 的活化属于同源活化（homo-activation），即同一种酶原分子彼此结合或与接头蛋白结合形成复合物，在复合物中构象改变而活化，进而彼此切割产生有活性的异二聚体。起始 caspase 中，caspase-8 和 caspase-10 含有串联重复的死亡效应结构域（death effector domain, DED），而 caspase-2 和 caspase-9 则含有 caspase 募集结构域（caspase recruitment domain, CARD）。这两种结构域也存在于一些负责传递凋亡信号的接头蛋白分子结构中，通过结构域之间的聚合，caspase 能够彼此结合或与接头蛋白结合，被招募到上游信号复合物中发生同源活化（图 15-8A）。

效应 caspase 的活化属于异源活化（hetero-activation）。已活化的起始 caspase 招募效应 caspase 酶原分子后，对其进行切割，产生活性的效应 caspase（图 15-8A）。效应 caspase 负责切割细胞中的结构蛋白和调节蛋白，使其失活或活化，此时细胞进入凋亡的执行阶段。

目前已知的效应 caspase 底物约 280 种，可以分为被活化和被失活两大类。caspase 对于这些底物的切割使得细胞呈现出凋亡的一系列形态学和分子生物学特征。被 caspase 活化的代表分子是 caspase 激活的 DNA 内切酶（caspase activated DNase, CAD）。CAD 一般与其抑制因子 ICAD（inhibitor of CAD）结合在一起，处于失活状态。细胞启动凋亡程序后，活化的 caspase-3 降解 ICAD，使有活性的 CAD 释放出来，在核小体间切割 DNA，形成间隔 200 bp 的 DNA 片段。因此，提取凋亡细胞的 DNA 进行琼脂糖凝胶电泳时会观察到 DNA 梯状条带（DNA ladder）（图 15-9），这是细胞凋亡的标志之一。另一个 caspase 的重要底物是聚腺苷酸二磷酸核糖转移酶［poly (ADP-ribose) polymerase, PARP］。PARP 能够识别损伤的 DNA，使组蛋白发生 ADP- 核糖基化，从 DNA 上脱离下来，有助于修复蛋白与 DNA 结合进行损伤修复，因此被认为是 DNA 损伤的感受器。在凋亡过程中 PARP 被 caspase 切割后失活，使细胞对 DNA 的降解不再敏感。效应 caspase 还通过切割细胞骨架蛋白使细胞的骨架体系发生结构变化，便于细胞改变形态以及形成凋亡小体等。例如通过切割核纤层蛋白使核纤层解聚，导致核膜收缩；切割核孔蛋白以及细胞质骨架蛋白，使细胞核与细胞质的信号传递中断。此外，黏着斑激酶（focal adhesion kinase, FAK）参与黏着斑形成和调节，是整联蛋白介导的信号转导中的重要成员，它同样也是效应 caspase 的底物，FAK 被切割失活导致凋亡细胞与胞外基质以及其它细胞解离。

起始 caspase 和效应 caspase 组成细胞内凋亡信号的级联分子网络（图 15-8B），凋亡程序一旦启动，级联网络“顶端”的起始 caspase 首先活化，切割下游 caspase 酶原，使得凋亡信号在短时间内迅速放大并传递到整个细胞，产生凋亡效应。这一过程是不可逆转的。

由于 caspase 在细胞凋亡途径中发挥关键作用，可将其作为药物设计的靶标分子来对凋亡相关疾病进行

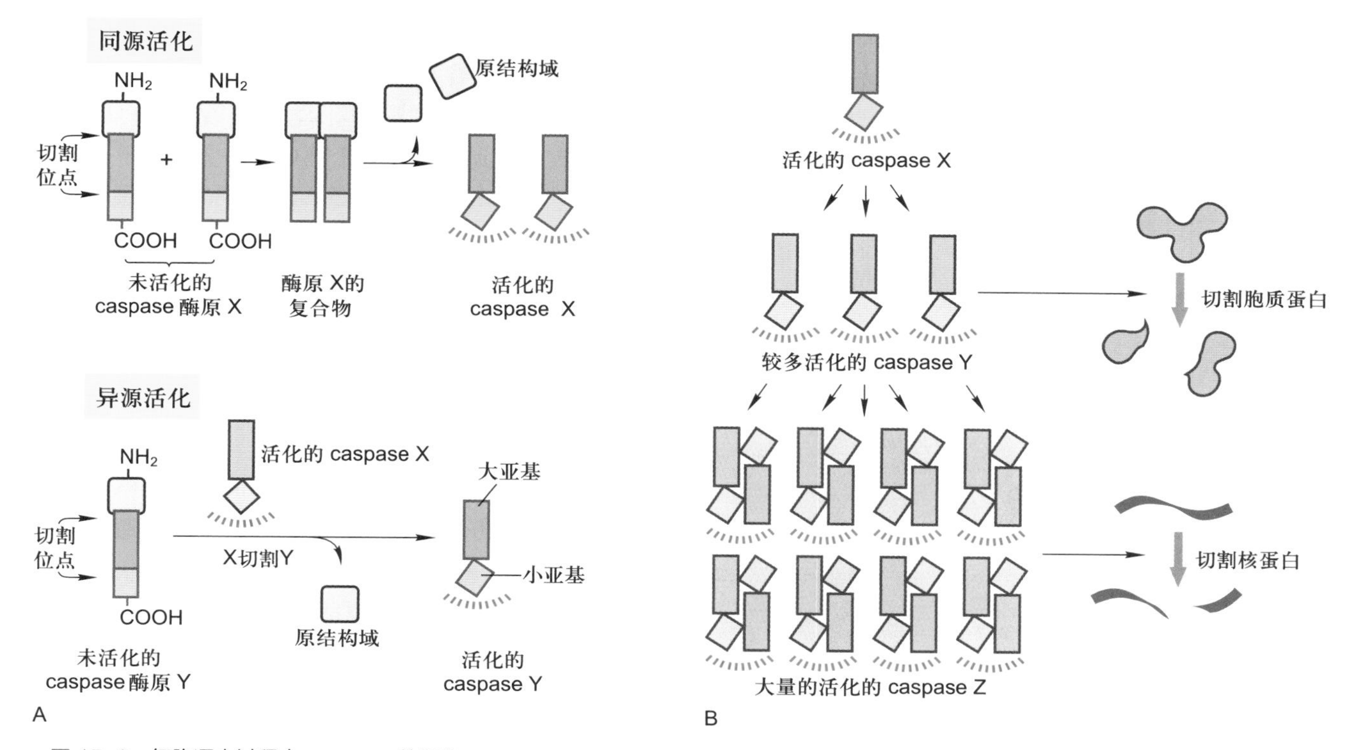

图 15-8 细胞凋亡过程中 caspase 的活化

A. caspase 酶原的活化。接受凋亡信号刺激后，酶原分子在特异的天冬氨酸位点被切割，产生的两段多肽形成大小两个亚基，聚合成异二聚体即有活性的酶。其中起始 caspase 酶原的活化属于同源活化，即同一种酶原分子（X）彼此结合或与接头蛋白结合形成复合物，在复合物中构象改变被活化进而彼此切割产生活性形式。效应 caspase 酶原的活化属于异源活化，由已活化的起始 caspase（X）切割效应 caspase 酶原分子（Y），产生活性的效应 caspase。B. caspase 级联活化效应。少量活化的起始 caspase（X）能够切割许多下游 caspase 前体（Y），进而通过级联放大作用，产生更大量的活化的下游 caspase（Z）。其中的效应 caspase 切割细胞质内及细胞核内重要的结构蛋白和调节蛋白，产生凋亡效应。

控制。在动物模型中，caspase 的抑制剂已被证实对细胞过度凋亡引发的疾病有疗效，例如可以降低急性心脏和肝脏损伤时的损伤度。另一方面，选择性地激活 caspase 或降低其活化的能障，可用于治疗癌症，例如将肿瘤细胞胞内或胞外的特异性蛋白与 caspase 连接形成融合蛋白，通过特异性蛋白的聚合作用引发 caspase 的活化，从而选择性杀死肿瘤细胞；或者将肿瘤细胞中失活的 caspase 替换成活性形式，用 RNA 干扰降低肿瘤细胞中 caspase 抑制因子的表达等方法，促进肿瘤细胞的凋亡。

3. 细胞凋亡信号通路

细胞内外的凋亡信号主要通过两条通路诱导 caspase 活化，引发细胞凋亡：由死亡受体（death receptor）引发的外源途径和由线粒体引发的内源途径（图 15-10）。

死亡受体引发的凋亡起始于死亡配体与受体的结合。死亡配体主要是肿瘤坏死因子家族成员，包括 TNF、Fas 配体（Fas ligand）、TRAIL 等。它们的受体包括 TNFR1、Fas、DR-4、DR-5 等。死亡受体的胞质部分均含有死亡结构域（death domain, DD），负责招募凋亡信号通路中的接头蛋白。Fas 是死亡受体家族中的代表成员。Fas 配体与之结合后引起 Fas 的聚合，聚合后的 Fas 通过死亡结构域招募接头蛋白 FADD 和 caspase-8 酶原，形成死亡诱导信号复合物（death inducing signaling complex, DISC）（图 15-10）。caspase-8 酶原在复合物中通过自身切割（同源活化）而被激活，进而切割效应 caspase：caspase-3 酶原，产生有活性的 caspase-3，导致细胞凋亡。另一方面，活化的 caspase-8 还通过切割信号分子 Bid 将凋亡信号传递到线粒体，引发凋亡的内源途径，使凋亡信号进一步扩大。通过以上途径，分泌 Fas 配体的杀伤性 T 淋巴细胞可以诱导被病原体感染的靶细胞发生凋亡；而被损伤的细胞可以通过

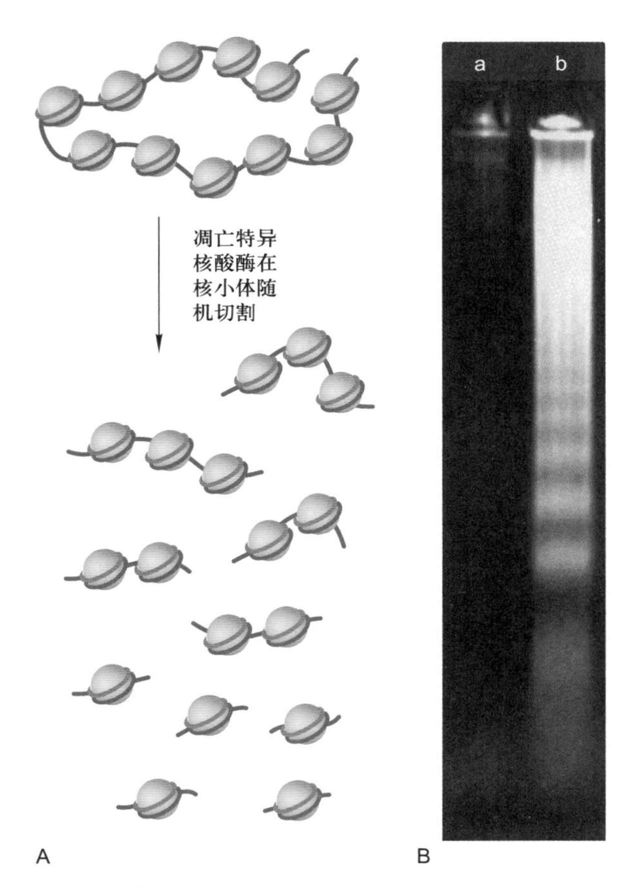

图 15-9 细胞凋亡的典型特征——DNA 梯状条带（DNA ladder）

A. DNA 梯状条带产生过程示意图。细胞凋亡时，细胞内特异性 DNA 内切酶活化，染色质 DNA 被随机地在核小体间切割，降解成 180～200 bp 或其整数倍片段。B. 正常细胞与凋亡细胞的 DNA 电泳照片。a. 对照的正常人胚肾 293 细胞 DNA；b. 过量表达肿瘤坏死因子受体 1（TNFR1）诱导凋亡的 293 细胞 DNA。由于提取 DNA 过程中保持细胞核膜的完整，因此正常细胞的提取物中几乎没有 DNA；而凋亡细胞凋亡小体中的 DNA 被提取出来，长度相差 200 bp 或其整数倍的 DNA 分子经琼脂糖凝胶电泳分离，呈现梯状条带。（电泳照片由陈丹英博士提供）

自己产生 Fas 配体和 Fas，触发自身的凋亡。

在凋亡的内源途径中，线粒体处于中心地位。当细胞受到内部凋亡信号（如不可修复的 DNA 损伤）刺激时，线粒体膜通透性会发生改变，向细胞质中释放出凋亡相关因子，引发细胞凋亡。线粒体释放到胞质中的凋亡因子有多种，其中最“著名”的是细胞色素 c。1996 年王晓东领导的研究团队发现，在 HeLa 细胞提取物中加入 dATP 能够诱发外源细胞核 DNA 断裂。他们将 HeLa 细胞提取物经过柱层析后分为两种组分——流出组分和吸附组分，并发现这两种组分只有合并起来才能诱导凋亡。他们进而对吸附组分进行了分级纯化，最终发现分子质量为 15 kDa 的蛋白质是凋亡的必需因子。出乎大家的预料，序列测定结果表明这一蛋白质是线粒体电子传递链的组分细胞色素 c。紧接着，他们从流出组分中分离克隆到了另外两个凋亡的必需因子——APAF1（apoptosis protease activating factor 1）和 caspase-9，从而建立了细胞凋亡内源途径的模型（图 15-10）。细胞接受内源性凋亡信号刺激后，细胞色素 c 从线粒体释放到细胞质中与 APAF1 结合。APAF1 是线虫凋亡分子 Ced4 在哺乳动物细胞中的同源蛋白，分子质量为 130 kDa，N 端含有 caspase 募集结构域（CARD）。它与细胞色素 c 结合后发生自身聚合，形成一个很大的复合物，称为凋亡复合体（apoptosome）（图 15-10），分子质量约为 700～1 400 kDa。之后，APAF1 通过 CARD 结构域招募细胞质中的 caspase-9 酶原，caspase-9 酶原在凋亡复合体中发生同源活化，活化的 caspase-9 再进一步切割并激活 caspase-3 和 caspase-7 酶原，引发细胞凋亡。

细胞凋亡的内源途径中，细胞色素 c 的释放是关键步骤，源于线粒体膜通透性的改变，主要受到 Bcl2（the B-cell lymphoma gene 2）蛋白家族的调控。Bc12 是线虫凋亡抑制分子 Ced9 在哺乳动物中的同源分子，家族成员大多定位在线粒体外膜上，或受信号刺激后转移到线粒体外膜上。按照功能，可将 Bcl2 家族成员分为 3 个亚族：Bcl2 亚族，包括 Bcl2、Bcl-xL、Bcl-w、Mcl1 等，对细胞凋亡发挥抑制作用；Bax 亚族，包括 Bax、Bak、Bok，功能与 Bcl2 亚家族相反，促进细胞凋亡；BH3 亚族，包括 Bad、Bid、Bik、Puma、Noxa 等，它们能够充当细胞内凋亡信号的“感受器”，作用也是促进细胞凋亡。Bcl2 家族成员可以通过彼此间的聚合及解聚来调节线粒体的通透性。细胞接受内源的凋亡信号后，Bax 亚族的促凋亡因子 Bax 和 Bak 发生寡聚化，从细胞质中转移到线粒体外膜上，并与膜上的电压依赖性阴离子通道（voltage-dependent anion channel, VDAC）相互作用，使通道开放到足以使线粒体内的凋亡因子如细胞色素 c 等释放到细胞质中，引发细胞凋亡。正常状态下 Bcl2 与 Bax/Bak 形成复合体，阻碍 Bax 和 Bak 的寡聚化，防止线粒体膜通道的开启；而 BH3 亚族成员如 Bid 被活化后又可以解除 Bcl2 对 Bax/Bak 的抑制。

上述两种看似迥异的 caspase 依赖性细胞凋亡途径亦有相似之处。即起始 caspase 如 caspase-8、caspase-9 等，均在一些大的多成分复合物中被活化，如 DISC、apoptosome 等。在复合物的形成过程中，多种接头蛋白

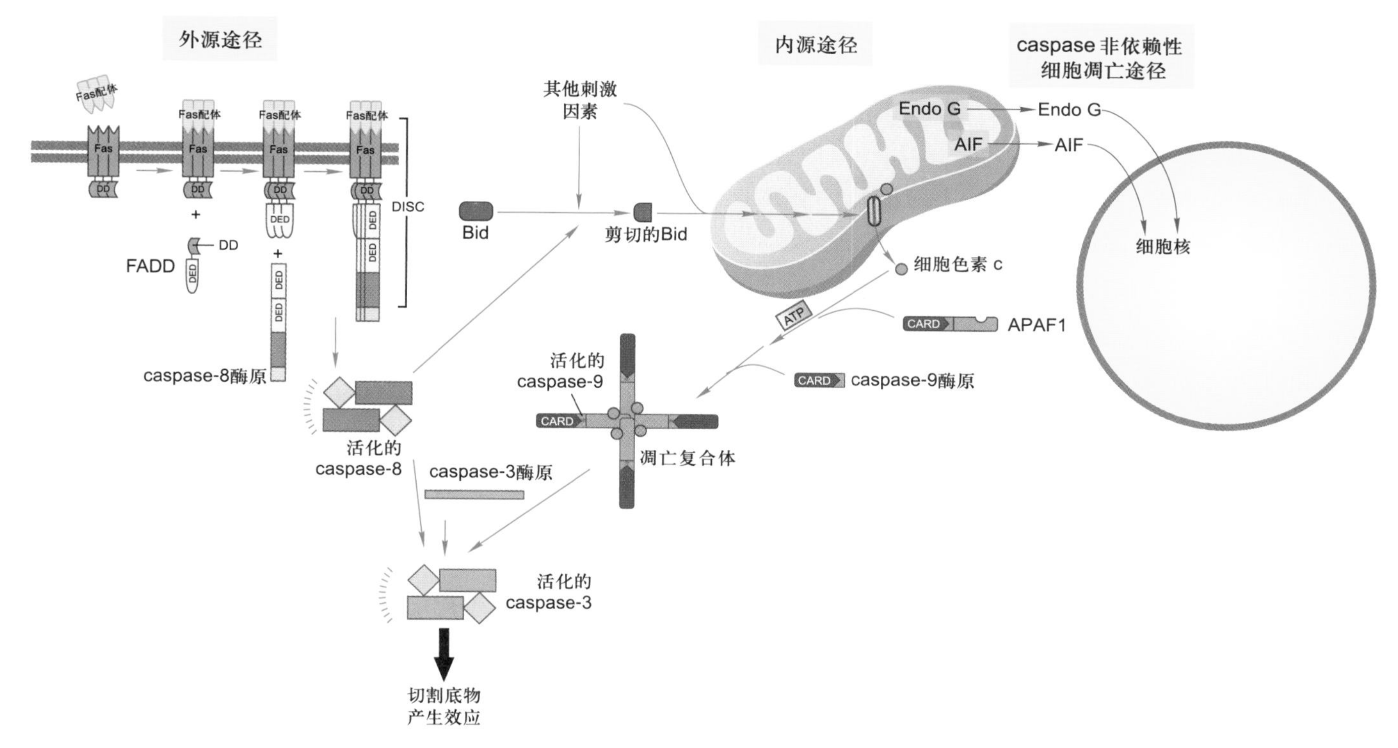

图 15-10　**凋亡信号通路**

在凋亡的外源途径中，死亡受体如 Fas 在 Fas 配体的刺激下，通过接头蛋白 FADD 将 caspase-8 酶原招募到细胞膜上，形成死亡诱导信号复合物 DISC。caspase-8 酶原在这个复合物中活化，进而活化 caspase-3 酶原；在凋亡的内源途径中，线粒体接收到凋亡信号后，向细胞质内释放细胞色素 c。细胞色素 c 与 APAF1 和 caspase-9 酶原形成凋亡复合体 apoptosome，并活化 caspase-9 酶原，进而活化 caspase-3 酶原。外源途径中的 caspase-8 也可以切割并活化 Bcl2 家族的促凋亡因子 Bid，激活内源凋亡途径。在 caspase 非依赖性细胞凋亡途径中，线粒体释放凋亡因子 EndoG、AIF 等，直接进入细胞核，导致 DNA 断裂。

如 FADD、APAF1 等发挥了关键作用，它们负责引导起始 caspase 进入复合物的适当位置，进而使之发生同源活化。

细胞凋亡的外源途径和内源途径彼此关联。当 caspase-8 通过外源途径被活化后，能够切割 BH3 亚族成员 Bid 使其活化，被激活的 Bid 从细胞质转移到线粒体，释放出被 Bcl2 束缚的 Bax/Bak，活化内源途径，从而放大外源凋亡信号的效应（图 15-10）；另一方面，凋亡的内源途径被激活后，线粒体释放的促凋亡因子 Smac（见后文）也能够活化 caspase-8，从而与外源途径交汇。

研究表明当使用 caspase 的抑制剂，或者将 caspase 敲除之后，一些细胞仍然可以发生凋亡。线粒体在其中同样发挥了关键作用。除了细胞色素 c，线粒体能够向细胞质内释放多个凋亡相关因子，如凋亡诱导因子（apoptosis inducing factor, AIF），限制性内切核酸酶 G（endonuclease G, Endo G），它们从线粒体中释放出来进入细胞核，对核 DNA 进行切割，引发 caspase 非依赖性细胞凋亡（caspase independent apoptosis）（图 15-10）。

不论是 caspase 依赖性还是非依赖性的细胞凋亡，都会归结到最终阶段：凋亡细胞的清除。凋亡细胞形成的凋亡小体可迅速被周围细胞或巨噬细胞等专职吞噬细胞识别并吞噬。凋亡细胞表面具有引发吞噬作用的信号分子，如磷脂酰丝氨酸（phosphatidylserine）。它一般存在于正常细胞膜脂双层的内叶，细胞发生凋亡时外翻定位到脂双层外叶，向吞噬细胞发出“吃掉我”的信号。磷脂酰丝氨酸的细胞表面定位也是凋亡的标志之一。

4. 生死抉择：细胞凋亡的调控

生物体是高度有序的细胞群体，细胞的生存、增殖和死亡都受到严格的信号控制。大多数细胞都需要获得存活信号来维持生存，这类信号主要来自于其它细胞分泌的细胞因子，包括多种有丝分裂原和生长因子。如果细胞接受不到足够的存活信号，就会激活自杀程序，这种依赖性保证了细胞仅生存于适当的时间和地点。例如发育过程中神经细胞的存活依赖靶细胞分泌的神经生长因子，神经生长因子与神经细胞表面的受体结合后，激活 PI3K 途径，活化了蛋白激酶 PKB，活化的 PKB 磷酸化 Bcl2 家族 BH3 亚族成员 Bad，Bad 能够抑制 Bcl2 促进细胞凋亡，被磷酸化后 Bad 失去活性，导致 Bcl2 持续抑制 Bax/Bak，神经细胞不会发生凋亡。而接受不到足够生长因子的多余神经元，Bcl2 的保护作用被解除，凋亡后使得神经细胞的数量与靶细胞匹配。此外，多种细胞存活及生长必需的细胞因子，还能通过激活 NFκB 等转录因子，增加凋亡抑制因子的表达量来抑制细胞凋亡（图 15-11）。

作为细胞凋亡的核心分子，caspase 本身的活性在细胞中也受到严格调控，以保证在必需的情况下凋亡程序才能启动。细胞中存在一类 caspase 抑制因子（inhibitor of apoptosis, cIAP），能够直接与 caspase 活性分子结合，阻抑其对底物的切割。而当凋亡程序启动后，有两种蛋白质与细胞色素 c 一起从线粒体中释放出来：其一是 Smac（second mitochondria derived activator of caspase），又称 DIABLO（direct IAP binding protein with low pI）。该蛋白含有 IAP 结合结构域，通常情况下存在于线粒体的膜间隙中。它从线粒体释放出来后能与 cIAP 结合，释放出被封闭的 caspase。其二是丝氨酸蛋白酶 Htra2/Omi，接受凋亡信号后从线粒体释放出来，通过切割 cIAP 解除其抑制凋亡的作用。对细胞色素 c 和 Smac 的双重需要确保了 caspase 级联反应仅在信号充分的情况下才被活化。

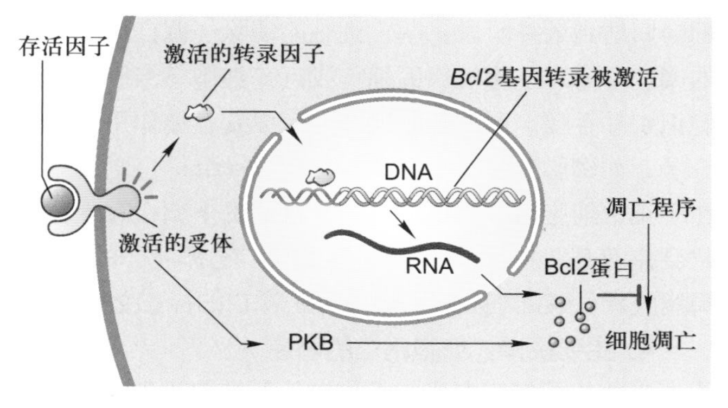

图 15-11　**存活因子通过调节 Bcl2 家族成员的活性及表达抑制细胞凋亡的发生**

存活因子与受体的结合，可以通过活化蛋白激酶 PKB 促进 Bcl2 的活性，抑制细胞凋亡。也可激活 NFκB 等转录因子，启动 Bcl2 亚族成员基因的转录，抑制细胞凋亡。

病毒为了保证能在细胞中顺利复制，也演化出相应的对抗机制来抑制 caspase 的活性，阻止宿主细胞发生凋亡，如天花病毒蛋白 CrmA 和杆病毒蛋白 p35 就是天然的 caspase 抑制剂，疱疹病毒和痘病毒携带 caspase 抑制因子 v-FLIP，可与死亡受体 Fas 的接头蛋白 FADD 发生相互作用，通过抑制凋亡的外源途径来抑制宿主细胞的凋亡。

线粒体获得的促凋亡信号往往来自于细胞内的转录因子 p53。p53 是重要的肿瘤抑制基因，如上节所述可以通过阻断细胞周期引发细胞复制衰老，而 p53 的活化也能诱导细胞凋亡。在 p53 依赖性的细胞凋亡过程中，p53 能够直接解除 Bcl2 对 Bax/Bak 的抑制作用触发凋亡内源途径；或者发挥转录因子的功效，激活凋亡正调节因子，抑制负调节因子的表达来促进凋亡。p53 的活性对癌的放射和化学疗法的效果起关键作用。具有 p53 基因野生型拷贝的肿瘤，如睾丸癌和儿童急性淋巴母细胞白血病等，对放疗和化疗诱导的细胞凋亡较为敏感；而缺少功能性 p53 基因的肿瘤，如黑色素瘤、结肠癌、前列腺癌和胰腺癌等通常不能被诱发凋亡，对放疗和化疗具有抵抗性。

哺乳动物细胞中抗凋亡和促凋亡的调控因子多种多样，因此细胞的命运——生存或者死亡，可能取决于细胞中这两类调控因子的相对含量以及胞外信号对它们进行活性调控的综合效应。

三、细胞程序性坏死的分子机制

如前所述，我们已知肿瘤坏死因子家族成员如 TNF、FasL 与死亡受体的结合能诱导细胞发生外源途径的凋亡，而当 caspase 的活性被抑制时，某些细胞在 TNF/FasL 的作用下会发生被称为“necroptosis”的细胞程序性坏死。在 TNF 和某些病原体的诱导下，蛋白激酶 RIPK3 及其上游信号分子会聚合形成坏死复合物（necrosome），RIPK3 在复合物中发生磷酸化而活化，进而招募并磷酸化下游分子 MLKL（mixed-lineage kinase domain-like）。MLKL 被 RIPK3 磷酸化后发生寡聚化，通过与质膜中的磷脂酰肌醇磷酸（phosphatidylinositol phosphate, PIP）结合，在细胞膜上形成通道，导致细胞膜屏障作用消失，细胞坏死。RIPK3 在 necroptosis 信号通路中起决定作用，它在不同类型细胞中表达量不同，仅当 RIPK3 蛋白含量足够时细胞才会被诱导发生 necroptosis。

另一种伴随炎性因子大量释放的程序性坏死，即细胞焦亡的分子机制最近也取得了重要进展。如前所述，caspase 家族包括十多个成员，其中大部分在凋亡过程中发挥作用，而 caspase-1 和 caspase-4/5/11 则参与炎症信号通路。caspase-1 的功能主要是在特异位点切割炎性因子的前体蛋白 pro-IL1β 和 pro-IL18，产生具有活性的 IL1β 和 IL18。与其他 caspase 类似，caspase-1 通常以无活性的前体形式存在，需要聚合后发生切割才被活化，这一过程依赖于细胞内称为炎性小体（inflammasome）的蛋白复合体。当病原体入侵到细胞内部，一系列蛋白质包括感知信号的受体、接头蛋白、caspase-1 前体等会组装形成炎性小体，促使其中的 caspase-1 前体发生同源活化（见前文），切割 pro-IL1β 和 pro-IL18，使之成熟并分泌到胞外，诱导机体发生炎症。20 世纪 80 年代研究者发现了依赖 caspase-1 活化、伴随 IL1β 大量释放的细胞死亡现象，但其机制一直不明了。2015 年发现 GSDM（gasdermin）家族成员 GSDMD（gasdermin D）可能是细胞焦亡重要的执行分子。免疫细胞、消化道上皮细胞中的 GSDMD 通常处于自抑制构象。病原体侵染导致 caspase-1 经由炎性小体被活化，而 caspase-4/5/11 可以与病原体成分如细菌脂多糖直接结合而被诱导活化，以上活化的炎性 caspase 切割 GSDMD 分子中部的特异位点，产生 N 端片段，迁移到细胞膜，聚合形成直径为 10~20 nm 的质膜孔洞，为 IL1β 释放提供通道，同时可能导致钠离子伴随大量水分子内流，细胞膨胀破裂死亡。

与我们熟知的细胞凋亡相比，细胞程序性坏死在形态特征界定、分子机制等方面尚存诸多科学问题待解决。

四、植物细胞程序性死亡的分子机制

近年来发现了众多在植物细胞程序性死亡过程中发挥作用的信号分子，包括各种转录因子、激酶、核酸酶、蛋白酶、膜泡运输蛋白等。这些分子彼此间的上下游关系以及信号网络仍不够清晰，还需要确认它们在不同植物种类间功能的保守性。现有植物基因组中未发现动物 caspase 的同家族成员，但植物有一类蛋白酶称为 metacaspase，在植物细胞程序性死亡信号途径中发挥作用。metacaspase 与动物 caspase 具有类似的酶活性中心，都含有半胱氨酸残基；它们与动物 caspase 切割底物的位点不同，切割精氨酸或赖氨酸形成的肽键。例如液泡膜破裂型的程序性死亡源于液泡酶 VPE（vacuolar enzyme）的活化，VPE 具有 caspase-1 的类似活性中心；液泡膜与细胞膜融合型的程序性死亡源于膜融合的抑制蛋白被蛋白酶体降解了，而参与这一过程的蛋白酶体成分之一 PBA1 具有 caspase-3 的类似活性中心。

由基因控制的程序性死亡不仅存在于动物、植物等多细胞生物，单细胞生物如细菌和酵母也存在程序性死亡。越来越多的实验证据表明，细胞程序性死亡机制在细胞生命的演化过程中具有共同的起源。而不同物种研究体系的建立，将有助于揭示各种程序性死亡途径之间的复杂关系。

本章介绍了细胞两种重要的生命活动：细胞衰老和细胞程序性死亡。它们被细胞内外危机信号引发，可以视为细胞的“应激”反应，并且均由细胞内精密信号通路控制。可以预见，将发现更多由不同分子介导的、不同形式的细胞衰老和程序性死亡方式，在各种生理病理状态下发挥功能。另一方面，现在发现相同的信号如 DNA 损伤既可以诱导细胞衰老，又可以触发细胞凋亡；TNF 刺激可以诱发细胞凋亡和细胞坏死两种方式的程序性死亡；而一些胞内信号传递分子如 p53、RIP1 为多条信号通路共享。由此可见在不同的细胞程序性死亡途径之间，乃至细胞衰老和凋亡程序之间均存在广泛的“交叉对话”，细胞如何应对不同的危机信号，如何在各种程序性死亡以及细胞衰老的命运间进行抉择，有待研究者们深入解析。

思考题

1. 什么是“Hayflick 界限”？细胞衰老的分子机制是什么？
2. 个体衰老在细胞和分子水平上有哪些标志？与细胞衰老有何联系？
3. 什么是细胞程序性死亡？有哪些形式？生理意义是什么？
4. 现在已知的细胞凋亡、细胞程序性坏死的基本信号通路有哪些？
5. 细胞程序性死亡受到哪些因素的调控？

参考文献

1. Cho Y, Challa S, Moquin D, *et al*. Phosphorylation-driven assembly of the RIP1-RIP3 complex regulates programmed necrosis and virus-induced inflammation. *Cell*, 2009, 137(6): 1112-1123.
2. Degterev A, Huang Z, Boyce M, *et al*. Chemical inhibitor of nonapoptotic cell death with therapeutic potential for ischemic brain injury. *Nature Chemical Biology*, 2005, 1(2):112-119.
3. Ellis H M, Horvitz H R. Genetic control of programmed cell death in the nematode *C. elegans*. *Cell*. 1986, 44(6): 817-829.
4. Greider C W, Blackburn E H. Identification of a specific telomere terminal transferase activity in Tetrahymena extracts. *Cell*, 1985, 43(2): 405-413.
5. Greider C W, Blackburn E H. A telomeric sequence in the RNA of Tetrahymena telomerase required for telomere repeat synthesis. *Nature*, 1989, 337(6205): 331-337.
6. Hayflick L, Moorhead P S. The serial cultivation of human diploid cell strains. *Experimental Cell Research*, 1961, 25(3): 585-621.
7. He S, Wang L, Miao L, *et al*. Receptor interacting protein kinase-3 determines cellular necrotic response to TNF-α. *Cell*, 2009, 137(6): 1100-1111.
8. Hengartner M O, Ellis R E, Horvitz H R. *Caenorhabditis elegans* gene *ced-9* protects cells from programmed cell death. *Nature*, 1992, 356(6369): 494-499.
9. Hengartner M O, Horvitz H R. *C. elegans* cell survival gene *ced-9* encodes a functional homolog of the mammalian proto-oncogene *bcl-2*. *Cell*, 1994, 76(4): 665-676.
10. Kayagaki N, Stowe I B, Lee B L, *et al*. Caspase-11 cleaves gasdermin D for non-canonical inflammasome signalling. *Nature*, 2015, 526(7575): 666-671.
11. Kerr J F R, Wyllie A H, Currie A R. Apoptosis: a basic biological phenomenon with wide-ranging implications in tissue kinetics. *British Journal of Cancer*, 1972, 26: 239-257.
12. Li P, Nijhawan D, Budihardjo I, *et al*. Cytochrome c and dATP-dependent formation of Apaf-1/caspase-9 complex initiates an apoptotic protease cascade. *Cell*, 1997, 91(4): 479-489.
13. López-Otín C, Blasco M A, Partridge L, *et al*. The hallmarks of aging. *Cell*, 2013, 153(6): 1194-1217.
14. Shi J, Gao W, Shao F. Pyroptosis: gasdermin-mediated programmed necrotic cell death. *Trends in Biochemical Sciences*, 2017, 42(4): 245-254.
15. Shi J, Zhao Y, Wang K, *et al*. Cleavage of GSDMD by inflammatory caspases determines pyroptotic cell death. *Nature*, 2015, 526(7575): 660-665.
16. Sulston J E. Post-embryonic development in the ventral cord of *Caenorhabditis elegans*. *Philosophical Transactions of the Royal Society of London. Series B, Biological Sciences*, 1976, 275(938): 287-297.
17. Sun L, Wang H, Wang Z, *et al*. Mixed lineage kinase domain-like protein mediates necrosis signaling downstream of RIP3 kinase. *Cell*, 2012, 148(1-2), 213-227.
18. Wei M C, Zong W, Cheng E H, *et al*. Proapoptotic BAX and BAK: a requisite gateway to mitochondrial dysfunction and death. *Science*, 2001, 292(5517): 727-730.
19. Yuan J, Shaham S, Ledoux S, *et al*. The C. *elegans* cell death gene *ced-3* encodes a protein similar to mammalian interleukin-1 β -converting enzyme. *Cell*, 1993, 75(4): 641-752.
20. Zhang D, Shao J, Lin J, *et al*. RIP3, an energy metabolism regulator that switches TNF-induced cell death from apoptosis to necrosis. *Science*, 2009, 325(5938): 332-336.
21. Zhang Y, Chen X, Gueydan C, *et al*. Plasma membrane changes during programmed cell deaths. *Cell Research*, 2018, 28: 9-21.

第十六章

细胞的社会联系

在多细胞生物体内，没有哪个细胞是“孤立”的，它们通过细胞通信、细胞黏着、细胞连接以及细胞与胞外基质的相互作用，构成了复杂的细胞社会。细胞的社会联系体现在细胞与细胞间、细胞与胞外环境甚至机体间的相互作用、相互制约和相互依存。细胞的形态结构、生命活动以及在机体中的位置均受到机体、局部组织、周围细胞以及细胞外信号分子的调节与控制。不言而喻，细胞社会联系在胚胎发育、组织构建等过程中尤为重要。在胚胎发育过程中，胚胎细胞通过细胞社会的联系彼此交流信息，以决定细胞的行为和命运，包括结构与功能分化、位置以及生死抉择等。细胞社会联系是组织建成、维持及修复的最主要保障。神经细胞、免疫细胞以及内分泌细胞通过社会性联系，共同参与并维持机体的稳态平衡。细胞社会联系的破坏往往导致细胞病变甚至死亡。

细胞通信和信号转导是细胞社会性联系的核心内容，有关知识已在第十一章描述，本章重点从细胞连接、细胞黏着和细胞外基质等方面介绍细胞的社会联系。

第一节　细胞连接

细胞连接（cell junction）是指在细胞质膜的特化区域，通过膜蛋白、细胞骨架蛋白或者胞外基质形成的细胞与细胞之间、细胞与胞外基质之间的连接结构。细胞连接是细胞社会性的结构基础，是多细胞有机体中相邻细胞之间协同作用的重要组织方式，主要存在于上皮细胞间。根据行使功能的不同，细胞连接可分为三大类：

（1）封闭连接（occluding junction）　将相邻上皮细胞的质膜紧密地连接在一起，阻止溶液中的小分子沿细胞间隙从细胞一侧渗透到另一侧。紧密连接是这种连接的典型代表。

（2）锚定连接（anchoring junction）　通过细胞膜蛋白及细胞骨架系统将相邻细胞，或细胞与胞外基质间黏着起来。根据直接参与细胞连接的细胞骨架纤维类型的不同，锚定连接又分为与中间丝相关的锚定连接和与肌动蛋白纤维相关的锚定连接。前者包括桥粒和半桥粒；后者主要有黏着带和黏着斑。

（3）通信连接（communicating junction）　介导相邻细胞间的物质转运、化学或电信号的传递，主要包括动物细胞间的间隙连接、神经元之间或神经元与效应细胞之间的化学突触和植物细胞间的胞间连丝。

通过基因敲除、生化分析及酵母双杂交系统等技术可以研究细胞连接的功能，揭示参与细胞连接的相关蛋白质等。

一、封闭连接

紧密连接（tight junction）是封闭连接的主要类型，一般存在于上皮细胞之间。在光镜下，小肠上皮细胞之间的闭锁堤区域便是紧密连接存在的部位。电镜下，紧密连接处的相邻细胞质膜紧紧地靠在一起，没有间隙。冷冻断裂复型技术显示出它是由围绕在细胞四周的“焊接线”形成。焊接线又称为嵴线，它由成串排列的特殊跨膜蛋白组成。相邻细胞的嵴线相互交联封闭了细胞之间的间隙，其形态结构如图 16–1 所示。

紧密连接有两个主要功能。一是形成渗透屏障，阻止可溶性物质从上皮细胞层一侧通过细胞间隙扩散到另一侧，起封闭作用。如将电子致密物氢氧化镧加入上皮细胞一侧作为示踪物，电镜观察发现这些示踪物不能够通过细胞间形成的紧密连接进入细胞的另一侧。紧密连接不但在上皮细胞间存在，也存在于血管内皮细胞间，特别是在大脑的血管内皮细胞间更为明显。紧密连接的大脑毛细血管内皮细胞参与形成血脑屏障，阻止离子或水分子等通过血管内皮组织进入脑组织，从而保证大脑内环境的稳定性。但血脑屏障的形成也阻止了多种药物从血管进入中枢神经系统。非常有趣的是，尽管离子或水分子等小分子物质不能通过血脑屏障，但免疫细胞却能够顺利通过内皮细胞间的紧密连接。目前认为这可能是因为免疫细胞分泌了信号分子，从而打开紧密连接。这也提示紧密连接形成的渗透屏障是相对的。某些小分子可以通过相邻细胞间的紧密连接，以细胞旁路途径（paracellular pathway）从上皮细胞层一侧转运或“渗漏”到另一侧，如小肠上皮和肾小管组织中存在细胞旁路转运方式。这种转运方式的调节与构成紧密连接的密封蛋白（claudin）组成有关，也与 G 蛋白–cAMP 信号通路的调节有关。一种遗传性低镁血症就涉及 *Claudin-16* 基因的变异，导致镁离子不能借助细胞旁路转运方式通过肾小管进入血液，引起抽搐；因 *Claudin-14* 基因突变引起的遗传性耳聋也与细胞旁路转运异常有关。

紧密连接的第二个功能是形成上皮细胞膜蛋白与膜脂分子侧向扩散的屏障，从而维持上皮细胞的极性。小肠上皮细胞是极性细胞，有面向肠腔的顶面（apical face）或游离面，以及基底面（basolateral face）。游离面质膜与基底面质膜担负不同的功能，游离面含有大量吸收葡萄糖分子的协同转运载体，完成 Na^{+} 驱动的葡萄糖同向转运；而基底面含有执行被动运输的葡萄糖转运载体，将葡萄糖转运到细胞外液，从而完成葡萄糖的吸收和转运功能。正是由于紧密连接限制了膜蛋白和膜脂分子的流动性，使得上皮细胞游离面与基底面的膜蛋白以及膜脂分子只能够在各自的膜区域流动以行使各自不同的功能。因此，紧密连接不仅仅是细胞间的一个机械

A

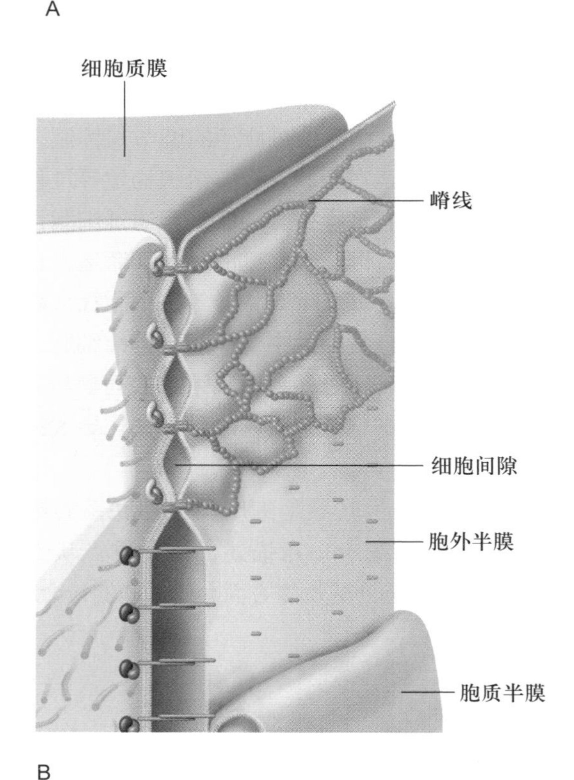

B

图 16–1　**小肠上皮细胞紧密连接结构**

A. 小肠上皮细胞紧密连接的冷冻断裂复型电镜照片，示细胞微绒毛和细胞紧密连接区。B. 紧密连接模式图，两个相邻细胞的质膜通过嵴线紧密连接在一起。（A 图由 Bechara Kachar 博士惠赠）

连接装置，而且还能维持上皮细胞极性，保证细胞正常行使功能。

紧密连接通过相邻细胞膜上的跨膜蛋白形成嵴线而相互作用，从而将两个细胞的质膜紧密地连接在一起。目前从紧密连接的嵴线中至少确定了两类蛋白：一类称为闭合蛋白（occludin），是分子质量为 60 kDa 的 4 次跨膜蛋白；另一类称为密封蛋白，也是 4 次跨膜的蛋白家族（现已鉴定 20 种以上）。闭合蛋白和密封蛋白形成嵴线的相互作用还依赖于其他蛋白质，如细胞膜的外周蛋白 ZO，将嵴线锚定在微丝上。近年发现，claudin-1 和闭合蛋白还是丙型肝炎病毒（hepatitis C virus, HCV）入侵细胞所必需的受体，意味着紧密连接很有可能和 HCV 入侵细胞的过程相关。

二、锚定连接

单纯的细胞质膜并不能有效地将机械压力从一个细胞传递到另一个细胞或者胞外基质，因此其承受机械力的强度很低。但当细胞形成组织后，由于细胞间或者细胞与胞外基质间通过锚定连接分散作用力，从而增强细胞承受机械力的能力。锚定连接在机体组织内广泛分布，在那些需要承受机械力的组织内尤其丰富，如心脏、肌肉及上皮组织等。锚定连接由两类蛋白质构成。第一类统称细胞内锚蛋白（anchor protein），这类蛋白质形成独特的盘状致密斑（胞质斑），一侧与细胞内的骨架纤维如中间丝或者微丝相连，另一侧与跨膜黏着蛋白质相连。第二类统称跨膜黏着蛋白质（adhesion protein），这类蛋白质是细胞膜蛋白，一端与胞内锚蛋白相连，另一端与胞外基质蛋白或与相邻细胞特异的跨膜黏着蛋白质相连。

（一）与中间丝相连的锚定连接：桥粒与半桥粒

桥粒（desmosome）是连接相邻细胞间的锚定连接方式，最明显的形态特征是细胞内锚蛋白形成独特的盘状致密斑，一侧与细胞内的中间丝相连，另一侧与跨膜黏着蛋白质相连，在两个细胞之间形成纽扣样结构，将相邻细胞铆接在一起（图 16-2）。胞内锚蛋白包括桥粒斑珠蛋白（plakoglobin）和桥粒斑蛋白（desmoplakin）。跨膜黏着蛋白质属于钙黏蛋白家族（cadherin family），包括桥粒芯蛋白（desmoglein）和桥粒芯胶黏蛋白（desmocollin）等。细胞内中间丝依据细胞类型不同而种类有异，在上皮细胞主要是角蛋白丝

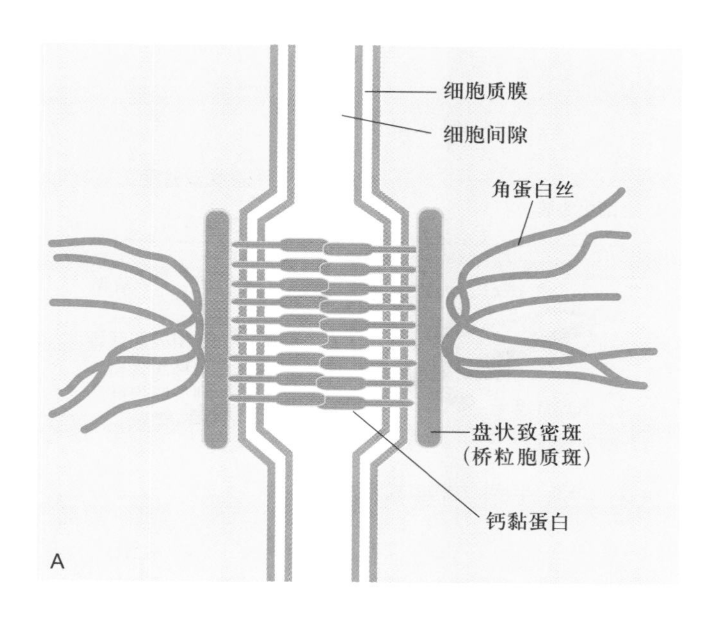

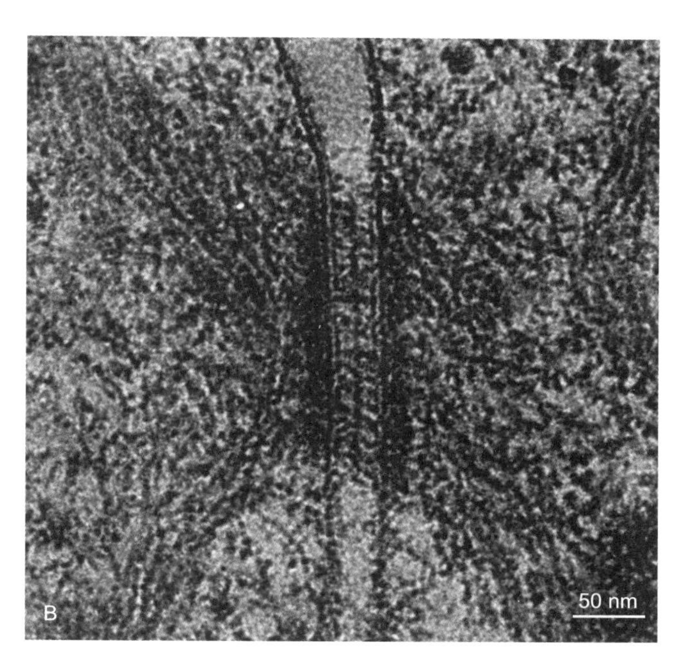

图 16-2　桥粒结构

A. 上皮细胞桥粒结构示意图。B. 小鼠膀胱上皮细胞桥粒电镜图（何万中博士惠赠）。

（keratin filament）。

从桥粒结构上看，一个细胞内的中间丝与相邻细胞内的中间丝通过桥粒相互作用，从而将相邻细胞连成一体，增强了细胞抵抗外界压力与张力的机械强度。临床上有一种自身免疫缺陷病——天疱疮（pemphigus），其病因是患者自身抗体结合桥粒跨膜黏着蛋白质，从而破坏桥粒结构，导致上皮细胞间锚定连接丧失，体液渗漏

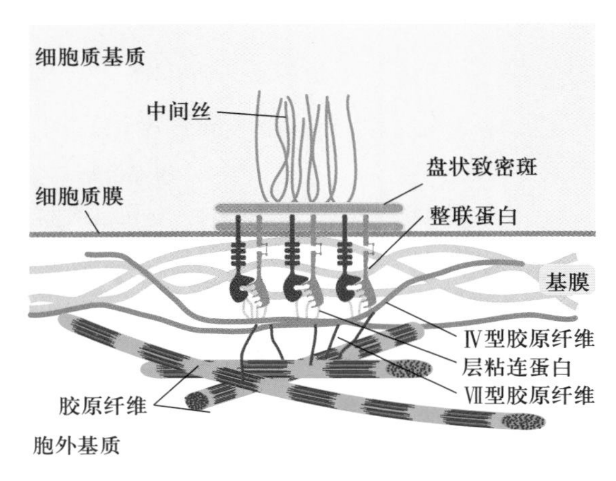

图 16-3　半桥粒结构模式图

而产生严重的皮肤水疱病。

半桥粒（hemidesmosome）在形态上与桥粒类似，但功能和化学组成不同。半桥粒是细胞与胞外基质间的连接形式，参与的细胞骨架仍然是中间丝，但其细胞膜上的跨膜黏着蛋白质是整联蛋白（integrin），与整联蛋白相连的胞外基质是层粘连蛋白。通过半桥粒，上皮细胞可以黏着在基膜上（图 16-3）。

（二）与肌动蛋白纤维相连的锚定连接：黏着带与黏着斑

黏着带（adhesion belt）位于上皮细胞紧密连接的下方，相邻细胞间形成一个连续的带状结构（图 16-4）。黏着带处的相邻细胞间隙约 30 nm，其间由 Ca^{2+} 依赖的跨膜黏着蛋白质（钙黏蛋白）形成胞间横桥相连。细胞内的锚蛋白有联蛋白（catenin）、黏着斑蛋白（vinculin）及 α-辅肌动蛋白（α-actinin）等。与黏着带相连的骨架纤维是肌动蛋白纤维。联蛋白介导钙黏蛋白与微丝的连接。由于平行排列的微丝及其结合的肌球蛋白能够产生相对运动，导致微丝收缩，因此推测在动物胚胎发育形态建成过程中，黏着带能促使上皮细胞层弯曲形成神经管等结构。

黏着斑（focal adhesion）是细胞与胞外基质之间的连接方式，参与的细胞骨架组分是微丝，跨膜黏着蛋白质是整联蛋白，胞外基质主要是胶原和纤连蛋白，胞内锚蛋白有踝蛋白（talin）、α-辅肌动蛋白、细丝蛋白和纽蛋白等。这种连接形式在肌肉与肌腱（主要成分是胶原）很常见。体外培养的成纤维细胞通过黏着斑贴附在培养皿基质上，微丝终止于黏着斑处，这种结构有助于维持细胞在运动过程中的张力以及影响细胞生长的信号传递（图 16-5）。

三、通信连接

（一）间隙连接

间隙连接（gap junction）在动物组织细胞间分布非常广泛。除骨骼肌细胞及血细胞外，几乎所有的动物组织细胞都利用间隙连接来进行通信联系。

1. 结构与成分

间隙连接的基本结构单位是连接子（connexon）。每个连接子由 6 个相同或相似的连接子蛋白（connexin）呈环状排列而成，中央形成一个直径约 1.5 nm 的亲水性通道。相邻细胞质膜上的两个连接子对接便形成完整的

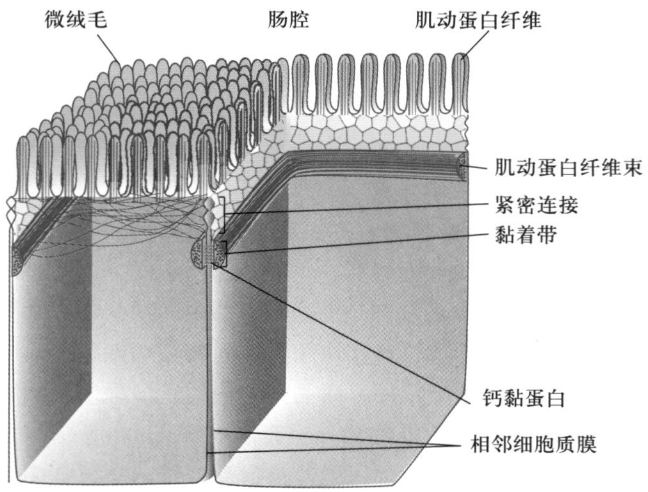

图 16-4　小肠上皮细胞之间黏着带示意图

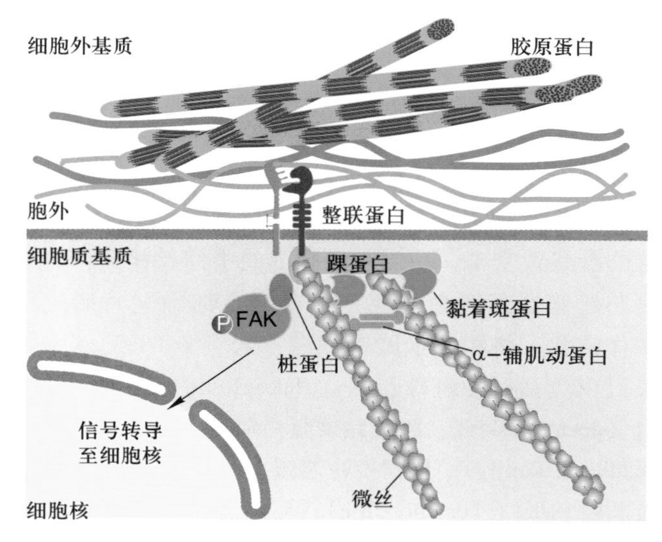

图 16-5　黏着斑结构与功能示意图

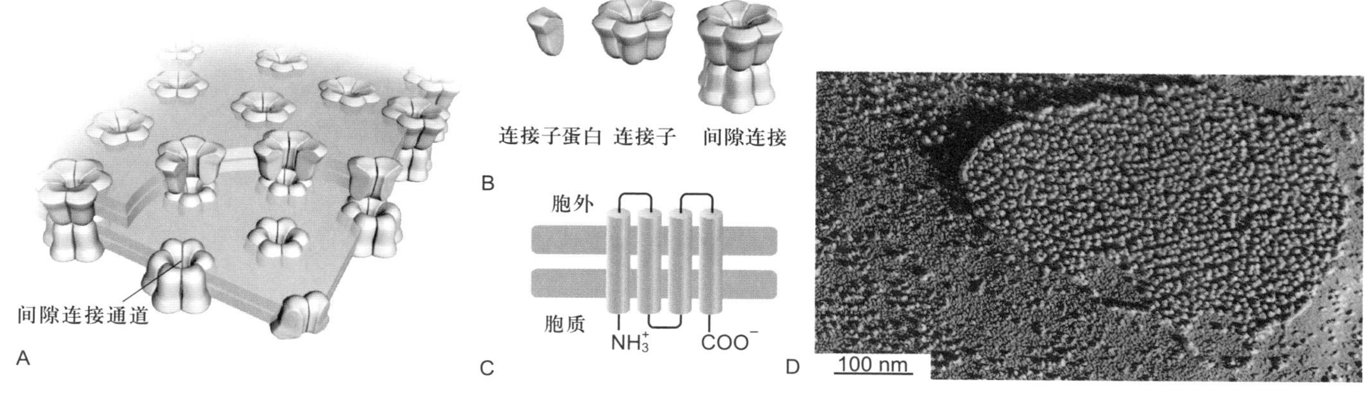

图 16-6 间隙连接

A. 间隙连接结构示意图。B. 间隙连接的蛋白组成。C. 4 次跨膜的连接子蛋白结构示意图。D. 豚鼠上皮细胞冷冻蚀刻电镜照片显示间隙连接成片分布区域。（D 图由 Bechara Kachar 博士惠赠）

间隙连接结构（图 16-6）。间隙连接处相邻细胞质膜间的间隙为 2～3 nm，因而间隙连接也称缝隙连接。许多间隙连接单位往往集结在一起形成大小不一的片状结构（图 16-6A），最大直径可达 0.3 μm，因此通过密度梯度离心技术可将质膜上的间隙连接区域的膜片分离出来。目前已从不同动物或不同组织中分离出 20 余种构成连接子的蛋白质，它们属于同一类蛋白质家族，其分子质量从 26 kDa 至 60 kDa 不等。这类蛋白质较一般蛋白质更能抗去垢剂抽提和蛋白酶的消化，所以比较容易纯化。尽管连接子蛋白的分子质量差异较大，但所有连接子蛋白都具有 4 个保守的 α 螺旋跨膜区（图 16-6C）。连接子蛋白的一级结构比较保守，其氨基酸序列具有相似的亲水性与疏水性分布。然而不同类型细胞表达不同的连接子蛋白，多数细胞表达一种或几种，它们所组装的间隙连接的孔径与调控机制也有所不同。

2. 功能

相邻细胞通过间隙连接可以实现代谢偶联或电偶联。通过向细胞内注射不同分子量的染料，证明间隙连接的通道可以允许分子量小于 1 000 的分子通过，这表明细胞内的小分子，如无机盐离子、糖、氨基酸、核苷酸、维生素、cAMP 和 IP_3 等小分子物质能从一个细胞通过间隙连接的通道进入另一个细胞，而蛋白质、核酸、多糖等生物大分子则不能通过。

（1）间隙连接在代谢偶联中的作用　间隙连接允许通过小分子代谢物和信号分子，以实现细胞间代谢偶联或细胞通信。代谢偶联现象在体外培养细胞中已得到实验证实，缺乏胸苷激酶的突变细胞株，不能利用胸苷合成 DNA。将突变细胞与含有胸苷激酶的正常细胞共培养，两种细胞相互接触并形成间隙连接，此时向培养液中加入放射性标记的胸苷，结果显示放射性标记的胸苷不仅可掺入到正常细胞的 DNA 中，也可掺入到突变细胞的 DNA 中，表明放射性标记的胸苷进入正常细胞后在胸苷激酶的作用下形成三磷酸胸苷（TTP），然后作为 DNA 合成的前体物，通过间隙连接进入突变细胞中参与 DNA 合成。代谢偶联作用在协调细胞群体的生物学功能方面起重要的作用，如当促细胞分泌的激素促胰液素（secretin）作用于胰腺腺泡细胞，其基底面质膜上的受体与激素分子结合，激发细胞内作为第二信使的 cAMP 和 Ca^{2+} 浓度增高，促使贮存在分泌泡中的胰蛋白酶向胞外释放。cAMP 和 Ca^{2+} 都可通过间隙连接从一个细胞进入相邻的细胞中。因此，只要有部分细胞接受信号分子的作用后，便可使所有腺泡细胞同时向外分泌消化酶。

（2）间隙连接在神经冲动信息传递中的作用　神经元之间或神经元与效应细胞（如肌细胞）之间通过突触（synapse）完成神经冲动的传导。突触可分为电突触（electronic synapse）和化学突触（chemical synapse）两种基本类型。电突触是指细胞间形成间隙连接，电冲动可直接通过间隙连接从突触前向突触后传导（图 16-7）。与化学突触传递信号不同，电突触的间隙连接有利于细胞间的快速通信，让动作电位（离子流）从一个细胞直接通过间隙连接通道迅速传递到另一个细胞。而化学突触传递信号时，神经冲动传递到轴突末端，引起神经递质小泡释放神经递质，然后神经递质作用于突触后细胞，引起新的神经冲动。这种信号传递涉及将电信号转变为化学信号，再将化学信号转变为电信号的过程。

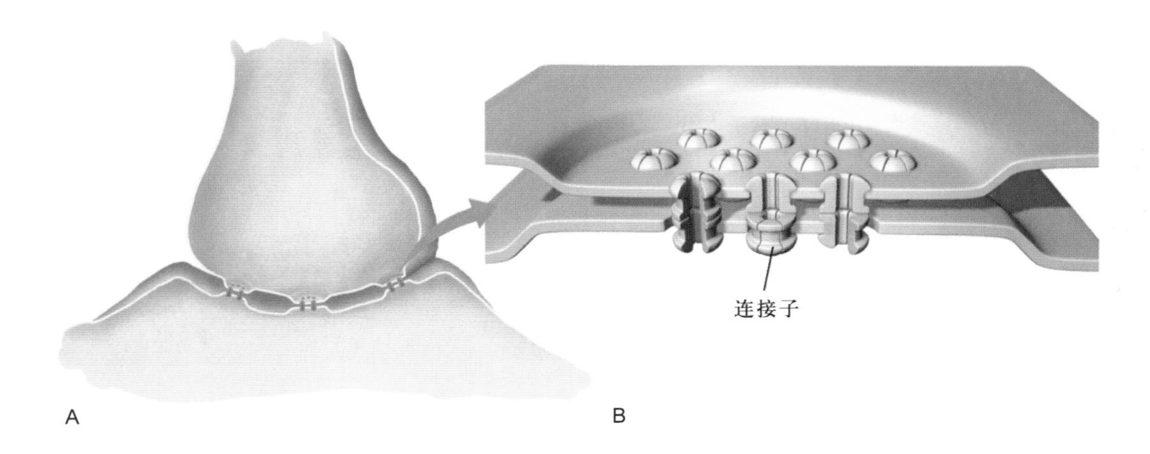

图 16-7 **电突触结构示意图**
A. 电突触结构示意图。B. 电突触的间隙连接示意图。

而电突触传递信号时是通过间隙连接直接将电信号从一个细胞传递到另一个细胞，相对来讲，信号传递速度快了很多。这对于某些无脊椎动物和鱼类快速准确地逃避反射十分重要，如龙虾在外界刺激后的 15 ms 内即可作出反应。

此外，间隙连接在协调心肌细胞的收缩，保证心脏正常跳动，协调小肠平滑肌的收缩，控制小肠蠕动等过程中也都能通过电偶联的方式来协调细胞群体行为。

（3）间隙连接在胚胎早期发育中的作用　间隙连接出现在动物胚胎发育的早期，如在小鼠胚胎八细胞阶段，细胞之间普遍建立了电偶联。但是当细胞开始分化后，不同细胞群之间电偶联逐渐消失，说明间隙连接存在于发育与分化的特定阶段的细胞之间。若将抗连接子蛋白的抗体注射到八细胞蛙胚的某个细胞中，则细胞间的电偶联被选择性阻断，注射的染料只存留在被注射细胞及其子细胞中，并且使胚胎发育出现明显的缺陷。很可能胚胎发育中细胞间的代谢偶联或电偶联为影响细胞分化的信号物质的传递提供了重要的通路。

有趣的是，除了依赖亲水性通道发挥通信功能外，最近发现，间隙连接还有黏着特性。在大脑发育过程中，神经元与放射状纤维形成间隙连接而黏着在一起，通过连接子蛋白与细胞内的微丝相互作用，介导了神经元沿放射状纤维的迁移。

3. 间隙连接通透性的调节

间隙连接允许分子量小于 1 000 的无机离子及小分子物质通过，但间隙连接的通透性也是可变的，表现在以下两个方面：

（1）间隙连接对小分子物质的通透能力具有底物选择性　如豚鼠耳蜗支持细胞间的间隙连接对阳离子通透性明显比阴离子大。同样，耳蜗感觉上皮细胞的间隙连接（连接子蛋白主要为 Cx26）也表现出对带正电荷的分子通透性大。

（2）间隙连接通透性受细胞质 Ca^{2+} 浓度和 pH 调节　降低胞质中的 pH 和提高胞质中自由 Ca^{2+} 的浓度都可以使间隙连接通透性降低。在某些组织中，间隙连接的通透性还受两侧电压梯度的调控及细胞外化学信号的调控。这些现象表明，间隙连接通道是一种动态结构，其构象可发生可逆性变化。电压和 pH 对间隙连接通透性调节的意义尚不清楚。Ca^{2+} 浓度的升高关闭了间隙连接的通道，至少可阻止细胞高浓度的 Ca^{2+} 进入相邻细胞而影响其正常细胞代谢活动。

间隙连接通透性还受胞外化学信号的调节，有助于细胞间的代谢偶联。例如，当胰高血糖素作用于肝细胞时，使肝细胞内 cAMP 水平增高，cAMP 激活了依赖于 cAMP 的蛋白激酶，蛋白激酶又使间隙连接蛋白磷酸化，导致其构象发生改变，从而使间隙连接通透性增加，这样 cAMP 就可以迅速从一个细胞扩散到周围的肝细胞，最终使肝细胞共同对胰高血糖素的刺激作出应答反应。

（二）胞间连丝

植物细胞具有坚韧的细胞壁，因此相邻细胞的质膜无法形成像动物细胞间的紧密连接和间隙连接，也不需要形成锚定连接，但植物细胞间仍然需要通信。除

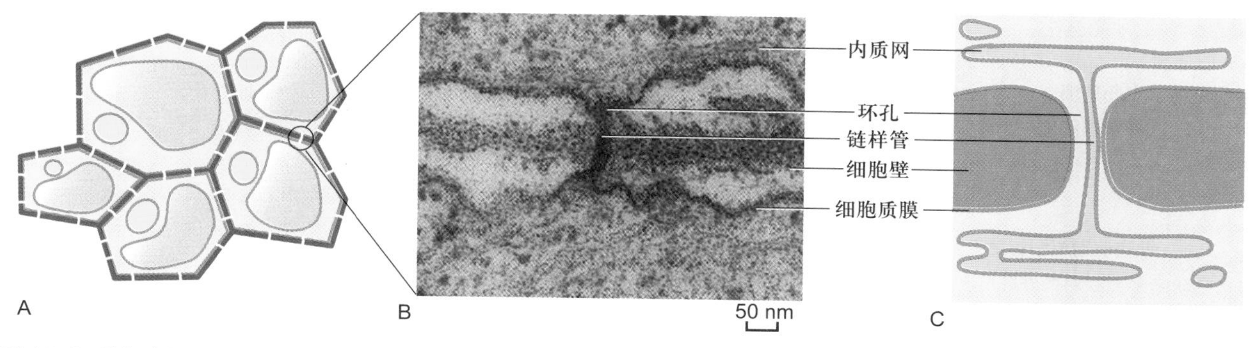

图 16-8　**胞间连丝**

A. 植物细胞之间形成众多胞间连丝。B. 马铃薯细胞胞间连丝电镜照片。C. 胞间连丝的结构示意图。（B 图由袁明博士惠赠）

极少数特化的细胞外，高等植物细胞之间通过胞间连丝（plasmodesma）相互连接，完成细胞间的通信联络。胞间连丝穿越细胞壁，由相邻细胞的细胞质膜共同组成直径为 20～40 nm 的管状结构，中央是由光面内质网延伸形成的链样管（desmotubule）。在链样管与管状质膜之间是由细胞液构成的环孔（图 16-8）。环孔两端狭窄，可能用以调节细胞间的物质交换。胞间连丝可在植物细胞胞质分裂中细胞板形成后期产生，也可在非姐妹细胞之间形成，而且还可以通过修饰改变它的结构和运输功能。

胞间连丝形成了物质从一个细胞进入另一个细胞的通路，所以在植物细胞的物质运输和信号传递中起着非常重要的作用。例如，在分泌旺盛的细胞中，胞间连丝的数目可达 15 个 /μm^2，而一般细胞中约为 1 个 /μm^2。同间隙连接一样，可用荧光染料扩散实验和脉冲电流传导实验来研究胞间连丝的通信功能。向一个细胞中注入荧光染料则染料迅速扩散到相邻的细胞内，同样，向某个细胞加上一定大小的脉冲电流，在相邻细胞中则可检测到脉冲电流的存在，检测到的脉冲电流强度减小的程度与细胞间的胞间连丝数量有关。

胞间连丝介导的细胞间的物质运输也是有选择性的，并且是可以调节的。显微注射荧光染料标记的多肽实验表明，正常情况下，胞间连丝可以允许分子量小于 1 000 的分子自由通过。但是，在有些组织的细胞之间，即使是很小的分子也不能通过胞间连丝，其调节机制至今并不十分清楚。很多植物病毒编码一种特殊的运动蛋白，分子质量大多在 30 kDa 左右，可以使胞间连丝的通透性增大，进而使病毒蛋白和核酸通过胞间连丝感染相邻的细胞。例如烟草花叶病毒可通过其自身的 p30 运动蛋白调节胞间连丝孔径，使病毒粒子从一个细胞进入另一个细胞。p30 蛋白缺陷突变株不能完成对植株的感染，而在有 p30 蛋白少量表达的转基因植株中，突变株病毒又可以恢复感染。实验表明，某些细胞蛋白与核酸等生物大分子均可通过胞间连丝进入相邻细胞，因此植物细胞胞间连丝在协调其基因表达与生理功能中起着重要作用。绿色荧光蛋白标记技术发现，在烟草叶肉组织的发育过程中，早期细胞间的胞间连丝可允许 50 kDa 的蛋白质通过，而在成熟细胞中，胞间连丝呈分枝状，只能允许通过分子量为 400 的物质，显示在发育过程中，胞间连丝结构的改变可以调节植物细胞间的物质运输。

（三）化学突触

化学突触是存在于可兴奋细胞之间的细胞连接方式，它通过释放神经递质来传导神经冲动并因此而得名。在信息传递中，有一个将电信号转化为化学信号，再将化学信号转化为电信号的过程，因此表现出动作电位在传递中的延迟现象。化学突触是相对电突触而言的，相关知识参见生理学有关内容。

第二节　细胞黏着及其分子基础

同种类型细胞间的彼此黏着是许多组织结构的基本特征。实验表明，细胞可以特异性识别某些细胞的表面，并与其选择性地相互作用而忽视另一些细胞。如将发育中的鸡胚或两栖类胚胎组织取出并解离制备成单细胞悬液，然后将不同器官来源的细胞混合以研究在培养

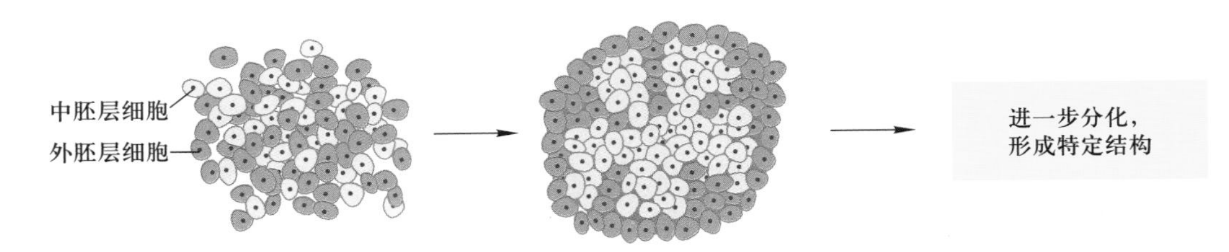

图 16-9　**细胞识别与细胞黏着实验示意图**

将两栖动物早期胚胎的外胚层和中胚层细胞解离为单细胞并混合在一起，起初细胞形成一个混合的聚合体，然后从其他类型细胞中分选出来。外胚层细胞移动到聚合体的外表面，中胚层细胞移动到聚合体的内部，这正反映出它们在胚胎中所占据的位置。

条件下细胞重新聚集的情况。结果发现，两种不同器官来源的细胞最初聚集形成混合的细胞团块，经过一段时间后，同一器官来源的细胞相互识别、黏着，最后从混合团块中自行分选出来。这就是同类细胞的识别与黏着（图 16-9）。同种组织类型细胞的黏着甚至超越物种的界限，如鼠肝细胞倾向于与鸡肝细胞黏着，而不与鼠肾细胞黏着。在发育过程中，细胞间的识别、黏着、分离以及迁移对胚胎发育及形态建成具有重要作用。无论是受精，还是胚泡植入、形态发生、器官形成或成体结构与功能的维持，都离不开细胞识别与黏着。在胚胎发育过程中，具有相同表面特性的细胞通过特异性识别并黏着在一起形成三个不同胚层：内胚层、中胚层和外胚层。在器官形成过程中，同样通过细胞识别与黏着使具有相同表面特性的细胞聚集在一起形成组织和器官。

细胞识别与黏着的分子基础是细胞表面的细胞黏着分子（cell adhesion molecule, CAM）。细胞黏着分子都是整合膜蛋白，介导细胞与细胞间的黏着或细胞与细胞外基质间的黏着。这种黏着不仅将细胞连结成组织，而且提供了细胞与周围环境双向通信的基础。目前已在高等动物发现很多种细胞黏着分子。这些分子通过三种方式介导细胞识别与黏着：相邻细胞表面的同种黏着分子间的识别与黏着（同亲型结合）；相邻细胞表面的不同黏着分子间的相互识别与黏着（异亲型结合）；相邻细胞表面的同种黏着分子借助其他衔接分子的相互识别与黏着（衔接分子依赖性结合）。根据其结构与功能特性，细胞黏着分子分为 4 大类：钙黏蛋白、选凝素、整联蛋白及免疫球蛋白超家族。细胞黏着分子多数需要依赖 Ca^{2+} 或 Mg^{2+} 才起作用，这些分子介导的细胞识别与黏着还能在细胞骨架的参与下，形成细胞连接，如桥粒、半桥粒、黏着带以及黏着斑等结构（表 16-1）。

一、钙黏蛋白

钙黏蛋白（cadherin）是一种同亲型结合、Ca^{2+} 依赖的细胞黏着糖蛋白，对胚胎发育中的细胞识别、迁移和组织分化以及成体组织器官构成具有重要作用。最先发现的钙黏蛋白常根据其发现的组织类型命名，如上皮组织中的钙黏蛋白称 E- 钙黏蛋白，神经组织的称 N- 钙黏蛋白，胎盘及表皮细胞的称 P- 钙黏蛋白。表 16-2 列出了钙黏蛋白家族部分成员及其分布。这些钙黏蛋白又称为典型钙黏蛋白，具有细胞黏着和信号转导功能，其胞内或胞外结构域在序列组成上高度相似。而非典型钙黏蛋白在序列组成上差异较大，主要功能是介导细胞黏着，包括分布于大脑的原钙黏蛋白（protocadherin）

表 16-1　**细胞表面主要的黏着分子家族**

细胞黏着分子家族	主要成员	Ca^{2+} 或 Mg^{2+} 依赖性	胞内骨架成分	参与细胞连接类型
钙黏蛋白	E、N、P-钙黏蛋白	+	肌动蛋白丝	黏着带
	桥粒 - 钙黏蛋白	+	中间丝	桥粒
选凝素	P-选凝素	+	肌动蛋白丝	-
免疫球蛋白类	N-细胞黏着分子	-	-	-
血细胞整联蛋白	$\alpha_L\beta_2$	+	肌动蛋白丝	-
整联蛋白	20 多种类型	+	肌动蛋白丝	黏着斑
	$\alpha_6\beta$	+	中间丝	半桥粒

表 16-2 钙黏蛋白家族部分成员

名 称	主要分布	参与细胞连接类型	在小鼠中失活后的表型
E-钙黏蛋白	上皮细胞	黏着连接	胚泡细胞不能聚集在一起，死于胚泡时期
N-钙黏蛋白	神经、心脏、骨骼肌及成纤维细胞	黏着连接、化学突触	因心脏缺陷而死于胚胎时期
P-钙黏蛋白	胎盘、表皮	黏着连接	异常乳腺发育
VE-钙黏蛋白	内皮细胞	黏着连接	血管异常发育（因为内皮细胞凋亡）

以及形成桥粒连接的桥粒芯蛋白和桥粒芯胶黏蛋白。目前已在人类中发现了约 200 种钙黏蛋白成员。

典型钙黏蛋白胞外部分形成 5 个重复结构域（cadherin repeat），非典型钙黏蛋白胞外部分一般有 4～5 个重复结构域，个别甚至高达 30 个重复结构域。每个重复结构域类似一个刚性结构，它们之间是具有一定韧性的铰链区域，铰链区是 Ca^{2+} 结合位点。有模型认为，钙黏蛋白胞外（N 端）最后一个重复结构域形成一个把手样结构和口袋状结构，当 Ca^{2+} 结合在重复结构域之间的铰链区域后，赋予了整个钙黏蛋白胞外部分的刚性，使得一个细胞钙黏蛋白的把手样结构和另一个细胞钙黏蛋白的口袋状结构彼此“嵌合”在一起，从而实现 Ca^{2+} 依赖性的细胞黏着。而去除 Ca^{2+} 后，钙黏蛋白铰链区变得松软，胞外部分刚性随之变小，同时，N 端构象发生改变，钙黏蛋白彼此间的嵌合力降低（图 16-10）。因此，阳离子螯合剂 EDTA 能破坏 Ca^{2+} 或 Mg^{2+} 依赖性的细胞黏着。钙黏蛋白胞内结构域为微丝或中间丝提供了锚定位点，它们之间的相互连接是非直接性的，依赖连环蛋白等衔接。

钙黏蛋白介导高度选择性的细胞识别与黏着。通过调控钙黏蛋白的种类与数量能影响细胞间的黏着与迁移，从而影响组织分化。如外胚层发育成神经管时，神经管细胞停止表达 E-钙黏蛋白转而表达 N-钙黏蛋白，而当神经嵴细胞从神经管迁移出来时，神经嵴细胞则很少表达 N-钙黏蛋白，转而主要表达钙黏蛋白-7。E-钙黏蛋白是哺乳动物发育过程中第一个表达的钙黏蛋白，当小鼠发育进入八细胞胚胎时期，E-钙黏蛋白的表达将松散联系的分裂球细胞变成紧密黏合的细胞。若用 E-钙黏蛋白的抗体处理胚胎细胞，则会阻止分裂球细胞间的紧密黏合。如果 E-钙黏蛋白突变，将会导致胚胎细胞的分离和死亡。

上皮细胞转型为间质细胞或间质细胞转型为上皮细胞是一个受控的可逆过程，称之上皮－间质转型（epithelial-mesenchymal transition, EMT），其分子机制涉及 E-钙黏蛋白的表达与否。表达 E-钙黏蛋白后，分散的间质细胞会聚集在一起形成上皮组织；不表达 E-钙黏蛋白的上皮细胞则改变其命运，从上皮组织迁移出来形成游离的间质细胞。E-钙黏蛋白的表达既受启动子区甲基化影响，又受多种转录调控因子如 Snail、Slug、Twist 等的负调控而起抑制作用。这种上皮－间质转型

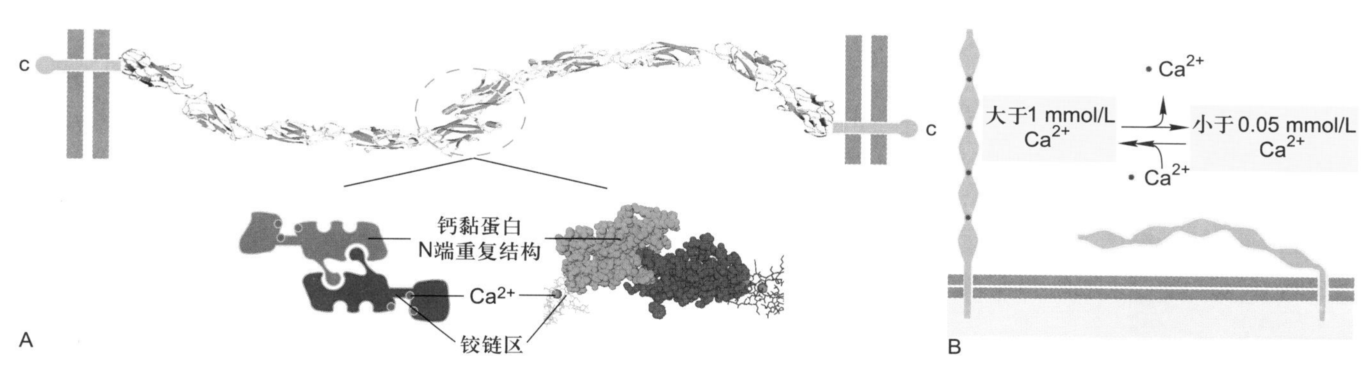

图 16-10 钙黏蛋白结构及功能

A. 典型钙黏蛋白胞外肽链形成 5 个重复结构域，Ca^{2+} 结合在重复结构域之间的铰链区域，赋予钙黏蛋白刚性特性。钙黏蛋白 N 端最后一个重复结构域形成把手样结构和口袋状结构，同亲型结合时，把手样结构和口袋状结构彼此嵌合在一起，形成细胞黏着。B. Ca^{2+} 对钙黏蛋白胞外部分刚性的影响，低浓度（小于 0.05 mmol/L）Ca^{2+} 导致钙黏蛋白胞外部分的刚性丧失。

是细胞转分化的一种方式，在胚胎发育、器官的细胞更新和再生，以及某些多能干细胞的分化等过程中均发挥重要的生理作用。我们知道，大多数肿瘤起源于上皮组织，当肿瘤细胞逃逸原发上皮组织而入侵其他组织时，就成为恶性肿瘤。上皮组织获得侵润和转移能力是细胞癌变的关键特征，所以癌细胞演进与 EMT 有关。此外，医学上脏器纤维化病变也与 EMT 有关，例如与肾纤维化病变直接相关的肾间质成纤维细胞绝大多数由肾上皮细胞经 EMT 而来。

二、选凝素

20 世纪 60 年代，人们发现从外周淋巴结中分离出来的淋巴细胞经过放射性标记后注射到体内，这些淋巴细胞会回到它们最初衍生出来的位点，这种现象称为“淋巴细胞归巢”（lymphocyte homing）。之后又发现这种归巢现象能在体外进行研究，让淋巴细胞黏附到淋巴器官组织的冰冻切片上。在实验条件下，淋巴细胞会选择性地黏附在外周淋巴结小静脉的内皮上。淋巴细胞与小静脉的结合可以被抗体阻断，这些抗体与淋巴细胞表面上特异的糖蛋白结合，这种糖蛋白后来被称为 L- 选凝素（L-selectin）。

选凝素（selectin）是一类异亲型结合、Ca^{2+} 依赖性的细胞黏着分子，能与特异糖基识别并结合。除了 L- 选凝素外，还有位于血小板和内皮细胞上的 P- 选凝素以及位于内皮细胞上的 E- 选凝素。选凝素是跨膜蛋白，其胞外部分具有高度保守并能识别其他细胞表面特异性寡糖链的凝集素（lectin）结构域（图 16-11A）。选凝素主要参与白细胞与血管内皮细胞之间的识别与黏着，帮助白细胞经血流进入炎症部位。在炎症病灶部位，血管内皮细胞表达选凝素，被白细胞识别（依靠自身寡糖链）。由于选凝素与白细胞表面糖脂或糖蛋白的特异糖侧链亲和力较小，加上血流速度的影响，白细胞在血管中黏着—分离—再黏着—再分离，呈现滚动式运动，直到活化自身整联蛋白后，最终才与血管内皮细胞较强地结合在一起，并于相邻的血管内皮细胞间内皮间隙进入组织（图 16-11B）。白细胞就是以这种机制富集到炎症发生的部位。

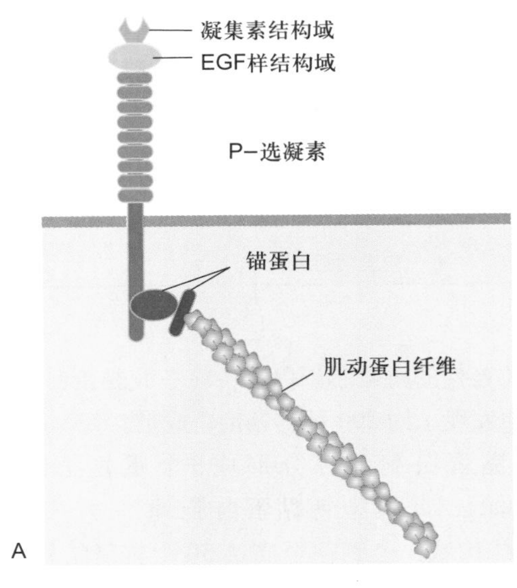

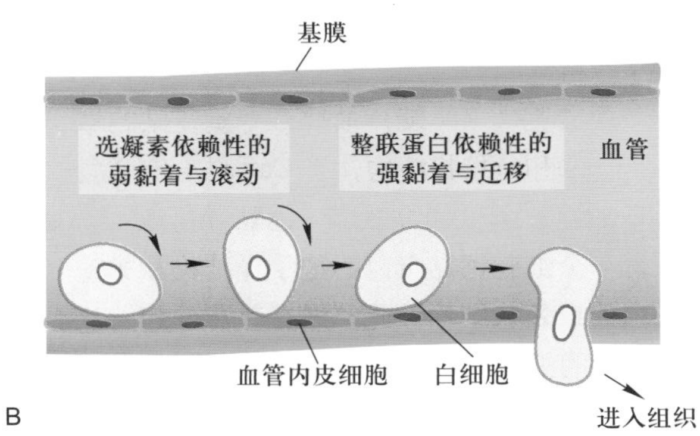

图 16-11 选凝素的结构及功能示意图

A. P-选凝素结构。B. 选凝素及整联蛋白介导的细胞黏着，帮助白细胞从血液进入组织。

三、免疫球蛋白超家族

免疫球蛋白超家族（immunoglobulin superfamily, IgSF）指分子结构中具有与免疫球蛋白类似结构域的细胞黏着分子超家族。其中有的介导同亲型细胞黏着，有的介导异亲型细胞黏着，但免疫球蛋白超家族成员介导的黏着都不依赖于 Ca^{2+}，其中了解最多的是神经细胞黏着分子（neural cell adhesion molecule, NCAM），它在神经组织细胞间的黏着中起主要作用。不同的 NCAM 由单一基因编码，但由于其 mRNA 拼接不同和糖基化各异而产生 20 余种不同的 NCAM。分析发现，所有神经细胞黏着分子的胞外部分都有 5 个免疫球蛋白样的结构域（Ig-like domain），如图 16-12 所示。

大多数 IgSF 细胞黏着分子介导淋巴细胞和免疫应答所需要的细胞（如巨噬细胞、淋巴细胞和靶细胞）之间的黏着。但是，一些 IgSF 成员如 VCAM（血管细胞黏着因子）、NCAM 和 L1 介导非免疫细胞的黏着，在神经系统发育中有重要作用。因此，*L1* 基因的突变会产生破坏性的后果。典型的病例是新生婴儿患有致死性

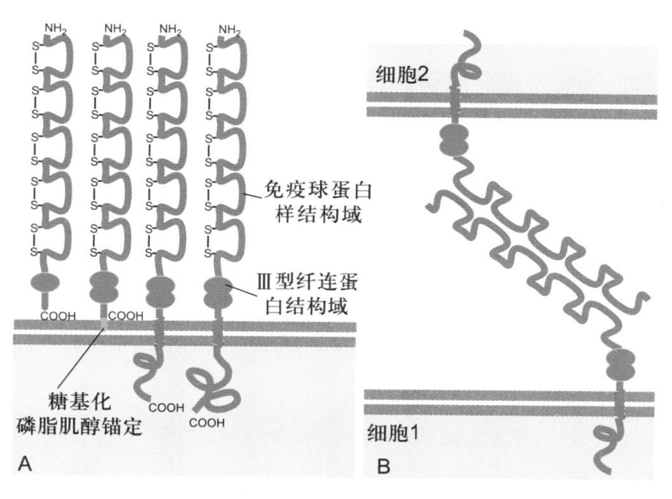

图 16-12　**神经细胞黏着分子的结构示意图**

A. 4 种神经细胞黏着分子免疫球蛋白样结构域，每个结构域在环区末端形成二硫键。B. 同亲型结合模型。

的脑积水。*L1* 缺失病患者的尸体解剖发现，他们常常失去两条大的神经管道，一条往返于脑的两半球之间，另一条往返于脑和脊髓之间。这两条神经管道的缺失，表明 L1 参与胚胎神经系统中轴突的生长。

四、整联蛋白

整联蛋白（integrin）普遍存在于脊椎动物细胞表面，属于异亲型结合、Ca^{2+} 或 Mg^{2+} 依赖性的细胞黏着分子，主要介导细胞与胞外基质间的黏着。整联蛋白由 α、β 两个亚基形成跨膜异二聚体（图 16-13）。目前至少已鉴定出人有 24 种不同的 α 亚基和 9 种不同的 β 亚基，可与胞外基质配体结合，有时也与其他细胞表面配体结合（表 16-3）。

整联蛋白通过与胞内骨架蛋白的相互作用介导细胞与胞外基质的黏着。如图 16-5 所示，大多数整联蛋白 β 亚基的胞内部分通过踝蛋白、α-辅肌动蛋白、细丝蛋白、黏着斑蛋白等与细胞内的肌动蛋白纤维相互作用，而胞外部分则通过自身结构域与纤连蛋白、层粘连蛋白等含有 Arg-Gly-Asp（RGD）三肽序列的胞外基质成分结合，介导细胞与胞外基质的黏着。整联蛋白介导细胞与胞外基质黏着的典型结构有黏着斑和半桥粒。因此，如果细胞在含有 RGD 序列的合成肽的培养基中培养，由于合成肽的 RGD 序列与纤连蛋白中的 RGD 序列竞争性地结合在细胞表面的整联蛋白上，阻断细胞与纤连蛋白的结合，导致细胞不能贴壁和生长。据估计大约半数

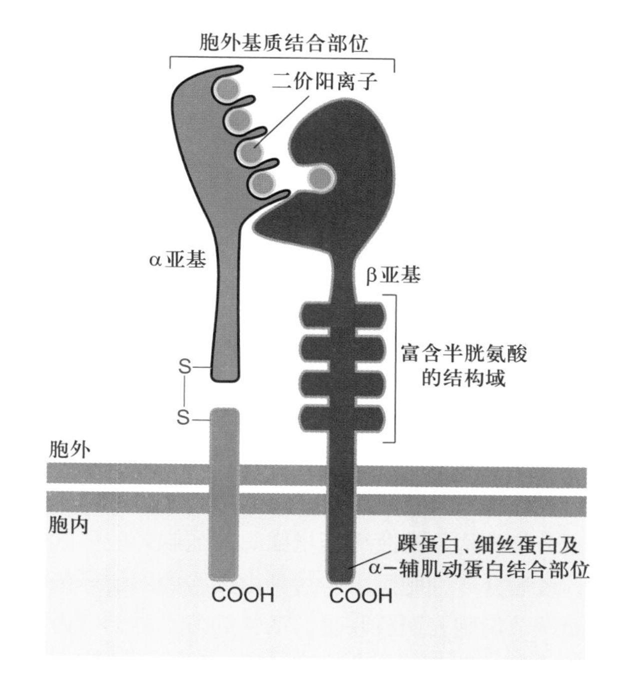

图 16-13　**整联蛋白分子结构示意图**

整联蛋白是由 α、β 两个亚基形成跨膜异二聚体，α、β 两个亚基均具有较大的胞外配体结合区、单跨膜区和较小的可结合细胞骨架及信号分子的胞内区，其中含 β1 亚基的各种整联蛋白是多种胞外基质成分的受体。

表 16-3　**整联蛋白主要类型**

整联蛋白	主要配体	分　布
$\alpha_5\beta_1$	纤连蛋白	广泛
$\alpha_6\beta_1$	层粘连蛋白	广泛
$\alpha_7\beta_1$	层粘连蛋白	肌细胞
$\alpha_L\beta_2$	IgSF	白细胞
$\alpha_2\beta_3$	纤维蛋白原	血小板
$\alpha_6\beta_4$	层粘连蛋白	半桥粒

的整联蛋白含有结合 RGD 的结构域。RGD 序列的发现开辟了以受体－配体相互作用为基础的新的治疗手段。在病变的动脉中，血栓的形成会阻断血液流向器官，是造成心脏病发作或卒中的病因之一。血凝块的形成始于血小板的凝聚，而血小板的凝聚需要血小板特异的整联蛋白 $\alpha_{IIb}\beta_3$ 与含 RGD 序列的可溶性血液蛋白（如纤维蛋白原，fibrinogen）的相互作用，后者作为衔接蛋白把血小板聚集在一起。动物实验表明，含 RGD 序列的肽可竞争性地阻止血小板整联蛋白与纤维蛋白原等结合，从而预防血凝块的形成。针对 $\alpha_{IIb}\beta_3$ 整联蛋白的特异性抗体可防止接受高风险血管外科手术病人的血栓形成。

尽管特定的胞外基质蛋白可与多个不同的整联蛋白结合，一种整联蛋白也可与多个不同配体相结合，但不少整联蛋白表现出各自独特的功能，如 α_8 基因敲除小鼠表现为肾缺陷，α_4 基因敲除小鼠表现为心脏缺陷，α_5 基因敲除小鼠表现为血管缺陷。

由于整联蛋白参与细胞信号转导，从而在调节细胞增殖、死亡、黏着、迁移以及生长等过程中发挥重要作用。整联蛋白参与的信号传递方向有“由内向外”（inside out）及“由外向内”（outside in）两种形式。研究发现，血小板及白细胞的整联蛋白往往以无活性的形式存在于细胞表面。当细胞内信号传递启动后，如 PIP_2 激活踝蛋白，引起踝蛋白与整联蛋白 β 链的结合能力增强，导致整联蛋白胞外构象的改变而增强与其他胞外配体的结合能力，最后介导细胞黏着。这种由细胞内部信号传递的启动而调节细胞表面整联蛋白活性的方式称为“由内向外”的信号转导。例如，血液凝固过程中，血小板结合于受损血管或被其他可溶性信号分子作用后引起细胞内信号的传递，诱导血小板膜上的 $\alpha_{IIb}\beta_3$ 整联蛋白构象发生改变而被激活。活化的整联蛋白与血液凝固蛋白——纤维蛋白原结合后导致血小板彼此粘连在一起形成血凝块。

整联蛋白还可作为受体介导信号从细胞外环境到细胞内的转导，这种方式称为“由外向内”的信号转导。整联蛋白参与的这种信号转导现象最先发现于对肿瘤细胞的研究。大多数正常细胞必须附着在胞外基质上才能生长，如果细胞不能贴附在胞外基质上就会停止分裂直至死亡，这种现象叫做锚定依赖性生长。然而，肿瘤细胞在不与胞外基质牢固附着的情况下仍然会继续生长。正常贴壁细胞在悬浮培养时死亡是因为它们的整联蛋白不能与胞外基质配体相互作用，致使无法向细胞内传递“救生信号”，而当细胞恶变时，它们的存活不再依赖于整联蛋白与配体的结合。现在知道，这种整联蛋白介导的“由外向内”的典型信号转导通路依赖细胞内酪氨酸激酶——黏着斑激酶（focal adhesion kinase, FAK）。一旦与配体结合，整联蛋白就会快速与肌动蛋白骨架产生联系，并聚集在一起形成黏着斑。在黏着斑形成部位，还有结构蛋白如黏着斑蛋白、踝蛋白及 α-辅肌动蛋白。此时，FAK 借助踝蛋白等结构蛋白被募集到黏着斑部位，并相互磷酸化使彼此特异的酪氨酸带上磷酸基团，为细胞内酪氨酸激酶 Src 家族成员提供停泊位点。Src 又使 FAK 其他酪氨酸带上磷酸基团，为胞内多种信号传递蛋白提供停泊位点，同时，Src 激酶还活化黏着斑部位的其他蛋白（参见图 16-5）。通过这种方式，信号不断向细胞内进行传递，调节细胞增殖、生长、生存、凋亡等重要生命活动。

整联蛋白与传统的信号受体通过多种协同方式刺激细胞产生广泛的应答。如整联蛋白与生长因子受体共同作用，调节细胞生长、增殖。这种依赖细胞附着在胞外基质上才能生存、增殖的生物学意义可能确保细胞定位于适当的位置。

第三节　细胞外基质

多细胞生物体的组成除细胞之外，还包括由细胞分泌的蛋白质和多糖所构成的细胞外基质（extracellular matrix, ECM）。细胞外基质在结缔组织中含量最为丰富，主要由成纤维细胞（fibroblast）所分泌，占据结缔组织的大部分胞外空间（图 16-14）。

胞外基质的分子类型、不同组分的含量和组装形式具有组织器官特异性，并与组织器官的发育阶段及功能状态相适应。各种结缔组织的胞外基质变化多样，如：骨组织胞外基质表现为刚硬，以确保其支撑等作用；软骨具有一定的韧性；角膜中胞外基质是透明而柔软的；肌腱和韧带中的胞外基质组装成绳索状，具有高度抗张强度；在上皮层和结缔组织间的胞外基质特化为基膜。尽管如此多样，但根据其组成成分的功能进行划分，动物细胞的胞外基质成分主要有三种类型：① 结构蛋白，

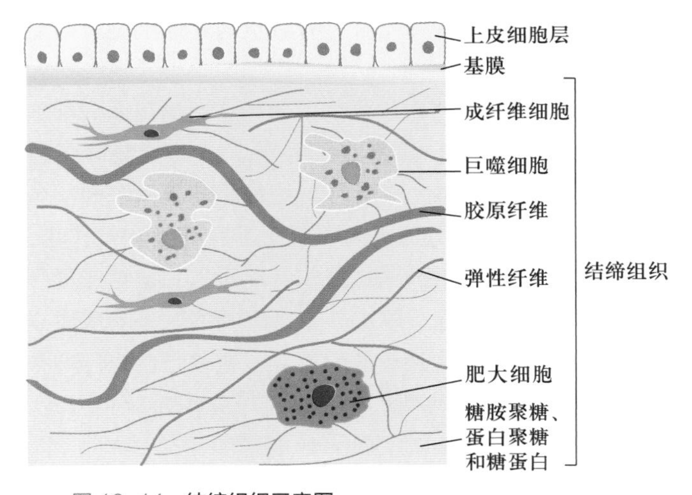

图 16-14　**结缔组织示意图**

上皮组织下的结缔组织由多种细胞和胞外基质成分构成，细胞主要是分泌胞外基质的成纤维细胞。

包括胶原和弹性蛋白，分别赋予胞外基质强度和韧性；② 蛋白聚糖，由蛋白质和多糖共价形成，具有高度亲水性，从而赋予胞外基质抗压的能力；③ 粘连糖蛋白，包括纤连蛋白和层粘连蛋白，有助于细胞粘连到胞外基质上。

动物组织的构建既是多细胞相互作用的结果，也是细胞与胞外基质相互作用的结果。胞外基质不仅为组织的构建提供了支撑框架，还对与其接触的细胞的存活、发育、迁移、增殖、形态以及其他功能产生重要的调控作用。很多编码胞外基质成分的基因或某些胞外基质受体基因突变，或者胞外基质的装配与降解过程紊乱，可导致脏器纤维化等多种疾病甚至肿瘤的发生，因此对胞外基质功能的研究越来越受到关注。

一、胶原

（一）结构与类型

胶原（collagen）是胞外基质最基本的成分之一，也是动物体内含量最丰富的蛋白质，占人体蛋白质总量的 25%以上。典型的胶原分子呈纤维状。胶原纤维的基本结构单位是原胶原（tropocollagen）。原胶原由 3 条 α 链多肽盘绕而成三股螺旋结构，长 300 nm，直径 1.5 nm。不同的 α 链由不同的基因编码，目前已发现人基因组中有 42 个编码基因。α 链的氨基酸组成及排列独特，甘氨酸含量占 1/3，脯氨酸及羟脯氨酸约占 1/4。α 链的一级结构具有 Gly-X-Y 三肽重复序列，其中 X 常为脯氨酸（Pro），Y 常为羟脯氨酸（Hypro）或羟赖氨酸（Hylys），其典型结构如图 16-15 所示。这种三肽重复序列有利于形成三股螺旋胶原分子，也有助于胶原纤维高级结构的形成，因此，其氨基酸残基突变，尤其是 Lys 残基的突变往往导致三股螺旋形成障碍。

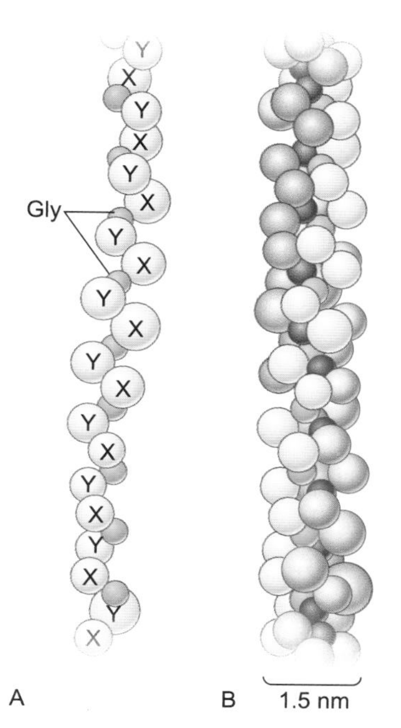

图 16-15 **典型的胶原分子结构**

A. 一条胶原 α 链，呈左手螺旋，具有 Gly-X-Y 三肽重复序列特征。B. 胶原分子模式图，由 3 条 α 链螺旋盘绕形成。

值得一提的是，并非所有类型的胶原都由相同的 α 链螺旋盘绕形成，如Ⅰ、Ⅳ、Ⅴ、Ⅸ型胶原由两种或 3 种 α 链螺旋形成，而Ⅱ、Ⅲ、Ⅶ、Ⅻ、ⅩⅦ和ⅩⅧ型胶原仅由一种 α 链形成。目前已发现的人胶原类型多达 27 种，几种常见的胶原类型及其组织分布见表 16-4。

表 16-4 **胶原的类型及其特性**

类型	多聚体形式	组织分布	突变表型
Ⅰ	纤维	皮肤、肌腱、骨、韧带、角膜等	严重的骨缺陷和断裂
Ⅱ	纤维	软骨、脊索、人眼玻璃体	软骨缺陷、矮小症状
Ⅲ	纤维	皮肤、血管、体内器官	皮肤易损、关节松软、血管易破
Ⅴ	纤维（结合Ⅰ型胶原）	与Ⅰ型胶原共分布	皮肤易损、关节松软、血管易破
Ⅺ	纤维（结合Ⅱ型胶原）	与Ⅱ型胶原共分布	近视、失明
Ⅸ	与Ⅱ型胶原侧面结合	软骨	骨关节炎
Ⅳ	片层状（形成网络）	基膜	血管球型肾炎、耳聋
Ⅶ	锚定纤维	鳞状上皮下	皮肤起疱
ⅩⅦ	非纤维状	半桥粒	皮肤起疱
ⅩⅧ	非纤维状	基膜	近视、视网膜脱离、脑积水

（二）合成与装配

与大多数分泌蛋白的合成、修饰类似，胶原的合成与组装始于内质网，并在高尔基体中进行修饰，最后在细胞外组装成胶原纤维。每一条胶原肽链以前α链（pro-α chain）的形式在rER膜结合的核糖体上合成。前α链不仅含有内质网信号肽，而且在其N端以及C端还含有前肽（propeptide）序列。N端前肽约150个氨基酸残基，而C端前肽约250个氨基酸残基。前α链进入rER腔后信号肽被切除，其脯氨酸、赖氨酸被羟基化形成羟脯氨酸和羟赖氨酸，有些羟赖氨酸还被糖基化。然后，带有前肽的3条前α链在ER腔内装配形成三股螺旋的前胶原分子（procollagen），通过高尔基体分泌到细胞外，在两种Zn^{2+}依赖性的前胶原N-蛋白酶和前胶原C-蛋白酶作用下，分别切去N端前肽及C端前肽，成为胶原分子（collagen molecule）。切除前肽的胶原分子以1/4交替平行排列的方式自我装配形成直径10～30 nm的胶原原纤维（collagen fibril），胶原原纤维进一步聚合成500～3 000 nm的胶原纤维（图16-16）。

在上述合成、加工与装配过程中，脯氨酸和赖氨酸残基的羟基化有助于羟基间形成氢键，以稳定胶原三股螺旋结构。缺少维生素C（抗坏血酸）时，脯氨酸的羟基化受到影响，从而引起坏血病。这是由于未羟基化的前α链不能形成稳定的三股螺旋结构而很快在细胞中被降解，结果导致胞外基质中胶原的不断丢失而引起血管脆性增加、牙齿松脱以及创伤不能修复。此外，前α链的前肽不仅有助于形成三股螺旋结构，而且阻止了细胞内形成胶原原纤维，因此，前胶原分泌到细胞外后才被切除前肽，这对胶原原纤维的正常组装是必需的。在Ehlers-Danlos综合征中，由于缺乏一种切除前肽的酶，导致胶原不能正常组装为高度有序的纤维而出现皮肤和血管脆弱、皮肤弹性过强等症状。

胶原纤维的强度还可通过胶原分子间以及胶原分子内赖氨酸残基之间形成共价键而得到极大增强。在跟腱部位，这种共价键特别丰富，因此跟腱具有极强的抗张能力。

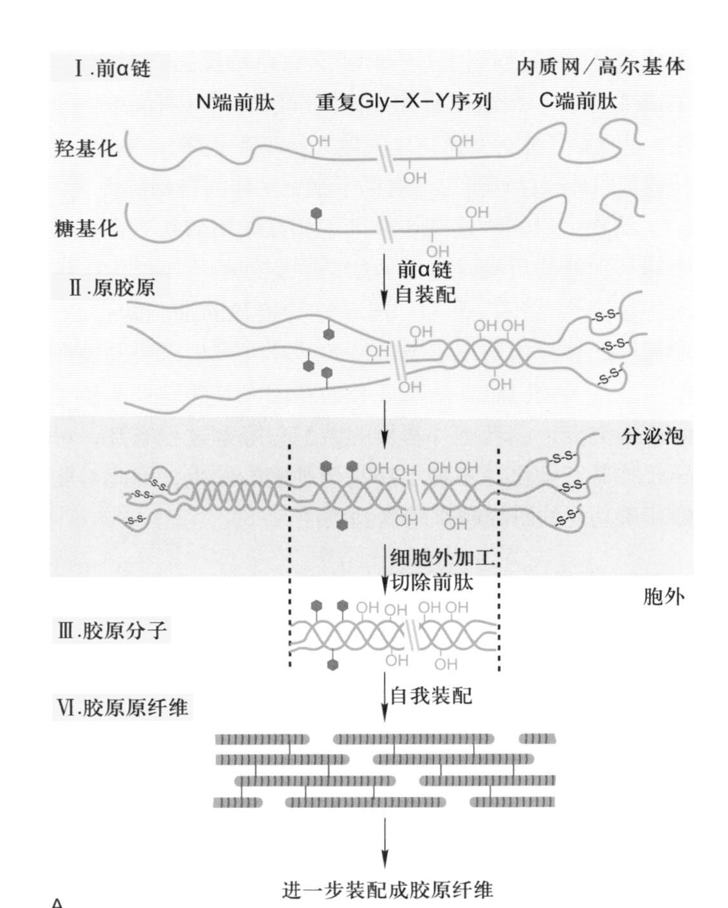

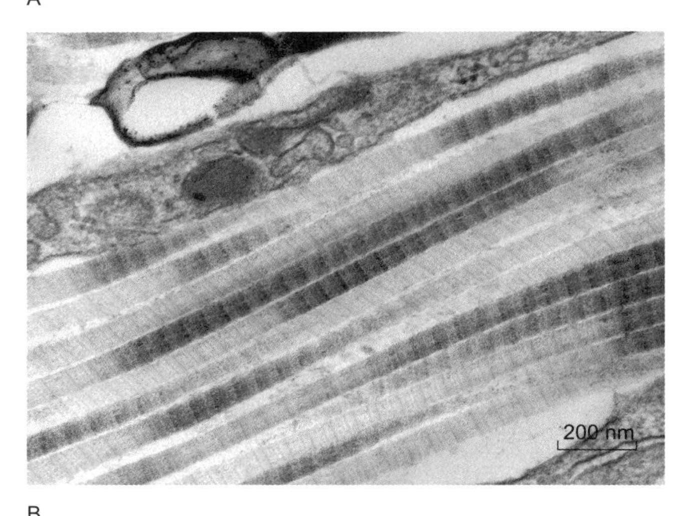

图16-16 **胶原合成与装配**

A. 胶原纤维的合成与装配过程。B. 小鼠胶原纤维电镜超薄切片照片。（B图由梁凤霞博士惠赠）

（三）胶原的空间排布形式

同一组织中常含有几种不同类型的胶原，但常以某一种类型为主。在不同组织中，胶原组装成不同的纤维形式，以适应特定功能的需要，最显著的是在骨和角膜中，胶原纤维分层排布，同一层的胶原彼此平行，而相邻两层的纤维彼此垂直，形成夹层板样的结构，使组织具有牢固、不易变形的特性。

胶原纤维的大小和空间排布形式在不同结缔组织中存在巨大差异，这至少与两方面因素有关：一是细胞分泌的胞外基质中一些纤维结合胶原（fibril-associated collagen）。如Ⅸ型和Ⅻ型胶原，前者结合在Ⅱ型胶原表面，后者结合在Ⅰ型胶原表面，介导胶原分子间或者胶原与其他胞外基质大分子间的相互作用，从而影响胶原的排布形式。二是分泌胶原的细胞对胶原在胞外基质中排布的影响。如成纤维细胞，通过对分泌的胶原进行“梳理”，从而影响胶原纤维大小、强度以及空间排布形式。

（四）功能

胶原在胞外基质中含量最高，刚性及抗张力强度最大，构成细胞外基质的骨架结构。细胞外基质中的其他组分通过与胶原结合形成结构与功能的复合体。胶原纤维具有很强的抗张能力，特别是Ⅰ型胶原。胶原纤维束构成肌腱，连接肌肉和骨骼。单位横截面的Ⅰ型胶原抗张能力比铁还强。当Ⅰ型胶原发生突变后，常导致成骨不全（osteogenesis imperfecta），患者很容易发生骨折。

二、弹性蛋白

弹性蛋白（elastin）是弹性纤维的主要成分。弹性纤维主要存在于脉管壁及肺组织，也少量存在于皮肤、肌腱及疏松结缔组织中。弹性纤维与胶原纤维共同存在，分别赋予组织弹性及抗张性。弹性蛋白是高度疏水的非糖基化蛋白，约含 750 个氨基酸残基。它的氨基酸组成像胶原一样富含甘氨酸和脯氨酸，但很少含羟脯氨酸，不含羟赖氨酸，没有 Gly–X–Y 序列。弹性蛋白在组成上主要由两种不同类型的区域交替排列而成：疏水区域，赋予分子弹性；富含丙氨酸和赖氨酸的 α 螺旋区域，有助于相邻分子形成交联。正因为如此，弹性蛋白才具有两个明显的特征：一是构象呈无规则卷曲状态；二是通过 Lys 残基相互交连成网状结构（图 16–17）。

胶原和弹性蛋白的重要性在年老个体中表现得更为明显。随着年龄的增长，胶原的交联度越来越大，而韧性却越来越低，弹性蛋白也从皮肤等组织中逐渐丧失。结果，老年人关节灵活性降低，皮肤起皱，弹性降低。

三、糖胺聚糖和蛋白聚糖

（一）糖胺聚糖

糖胺聚糖（glycosaminoglycan, GAG）是由重复的二糖单位构成的不分支的长链多糖，其二糖单位之一是氨基己糖（*N*–乙酰氨基葡糖或 *N*–乙酰氨基半乳糖），故又称氨基聚糖，另一个是糖醛酸。由于其糖基通常带有硫酸基团或羧基，因此糖胺聚糖带有大量负电荷（图 16–18）。根据糖、糖基连接类型和硫酸基团的数量与位置，糖胺聚糖可分为透明质酸（hyaluronan）、硫酸软骨素（chondroitin sulfate）和硫酸皮肤素（dermatan sulfate）、硫酸乙酰肝素（heparan sulfate）以及硫酸角质素（keratan sulfate）4 类。

由于高度亲水性的糖胺聚糖带有大量负电荷，因而能够吸引大量的阳离子（如 Na^+），这些阳离子再结合大量水分子。结果，糖胺聚糖就像海绵一样吸水产生膨压，赋予胞外基质抗压的能力。尽管结缔组织中的糖胺聚糖含量很少，但由于它们能形成多孔的水合胶体，体积增大数倍，糖胺聚糖填充了胞外基质的大部分空间，为组织提供了机械支撑作用。一种严重的硫酸皮肤素合成缺陷遗传病显示，患者身材矮小，外貌早熟，其皮肤、关节、肌肉和骨等都不正常。

透明质酸是一种重要的糖胺聚糖，是增殖细胞和迁移细胞的胞外基质主要成分，在早期胚胎中含量特别丰富。与其他糖胺聚糖相比，透明质酸不被硫酸化，而且通常不与任何核心蛋白（core protein）共价连接。

与其他糖胺聚糖一样，透明质酸分子表面含有大

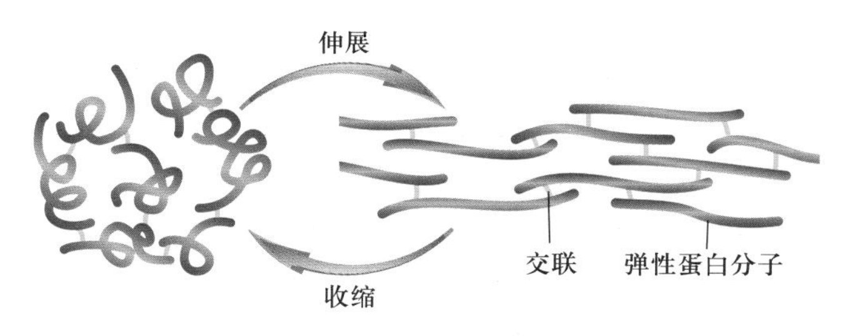

图 16–17　**弹性蛋白伸展及收缩示意图**

弹性蛋白分子通过共价键相互连接在一起形成卷曲的网状结构，从而可以随意的伸展及回缩。

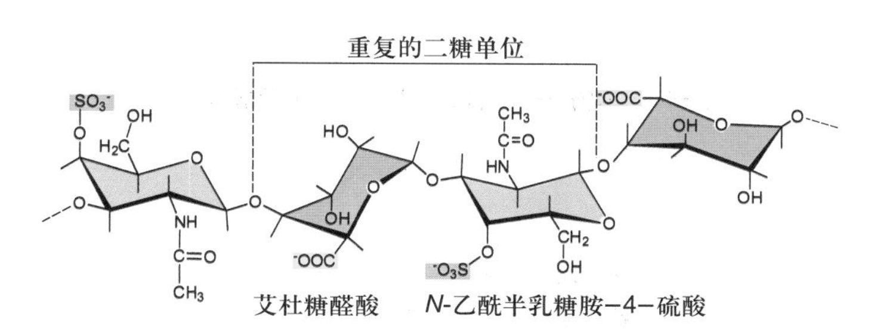

图 16–18　**糖胺聚糖结构示意图**

量亲水的羧基基团，吸引阳离子，结合大量水分子，形成水合胶体。因此在胞外基质中，透明质酸向外产生膨压，赋予结缔组织抗压能力。此外，透明质酸形成的水合空间有利于细胞保持彼此分离，使细胞易于运动迁移和增殖。一旦细胞迁移停止或增殖够数，便由透明质酸酶（hyaluronidase）将其降解。透明质酸还是关节液的一种重要成分，起到润滑关节的作用。透明质酸的许多作用都不是独立完成的，还依赖于与其他蛋白质及蛋白聚糖的相互作用。

（二）蛋白聚糖

蛋白聚糖（proteoglycan）位于结缔组织、细胞外基质及许多细胞表面，由糖胺聚糖（除透明质酸外）与核心蛋白的丝氨酸残基共价连接形成的大分子（图 16-19），其含糖量可达 90%～95%。一个核心蛋白上可连接数百个不同的糖胺聚糖形成蛋白聚糖。蛋白聚糖的核心蛋白在 ER 上合成，其与多糖链结合的糖基化过程发生在高尔基复合体中，首先是一个特异的连接四糖（link tetrasaccharide）与核心蛋白的丝氨酸残基共价结合，然后每次由糖基转移酶（glycosyl-transferase）将糖胺聚糖一个个地添加到四糖末端（图 16-19）。

在很多组织中，蛋白聚糖以单分子形式存在。但在软骨中，大量蛋白聚糖借助连接蛋白（linker protein）以非共价键的形式与透明质酸结合形成很大的复合体（图 16-20）。每个复合体分子量高达数百万，长达几个微米。蛋白聚糖的一个显著特点是多态性，可以含有不同的核心蛋白以及长度和成分不同的多糖链。这些蛋白聚糖赋予软骨凝胶样特性和抗变形能力。此外，蛋白聚糖可与 FGF、TGFβ 等多种生长因子结合，有利于激素分子与细胞表面受体结合，有效完成信号转导。

并非所有蛋白聚糖都形成巨大的聚合物，如基膜中的蛋白聚糖，由一个 20～400 kDa 的核心蛋白和连

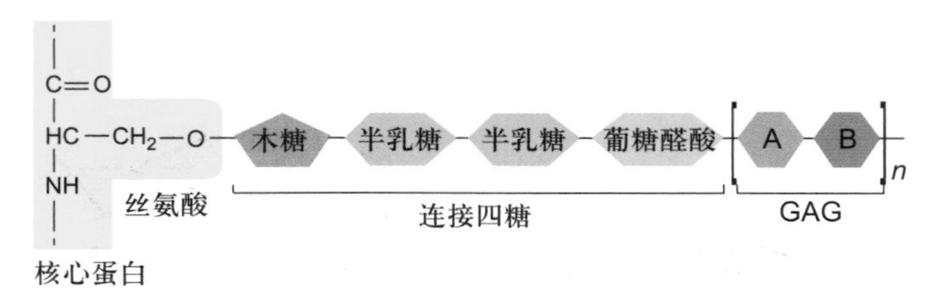

图 16-19 **蛋白聚糖结构示意图**

蛋白聚糖由糖胺聚糖（GAG）与核心蛋白的丝氨酸残基共价连接形成，其中糖胺聚糖通过一个连接四糖与核心蛋白相连。

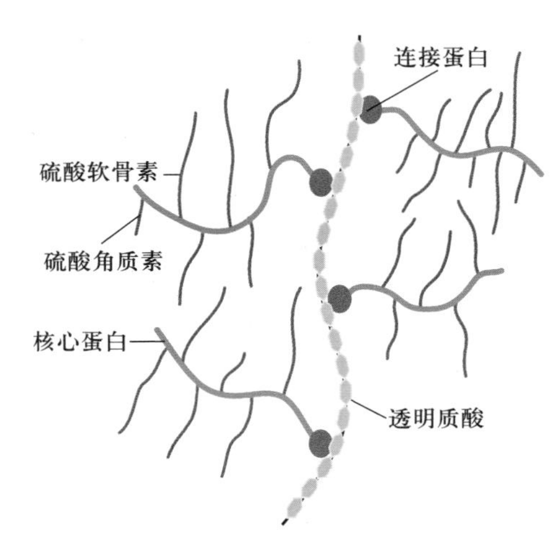

图 16-20 **蛋白聚糖复合体结构示意图**

蛋白聚糖通过连接蛋白与透明质酸结合在一起。

接的几个硫酸肝素链构成。这种蛋白聚糖与Ⅳ型胶原结合，构成基膜的结构组分。还有个别蛋白聚糖并不被分泌到细胞外，而是通过自身核心蛋白插入到脂双层中或者通过核心蛋白与糖基化磷脂酰肌醇相连而成为质膜的整合成分，充当其他受体的辅助受体，在信号转导以及信号分子活性与分布的调节等方面发挥重要作用。

四、纤连蛋白和层粘连蛋白

纤连蛋白与层粘连蛋白具有多个结构域，与胞外基质中其他大分子和细胞表面的黏分子（如整联蛋白）结合，从而帮助细胞粘连在胞外基质上。

（一）纤连蛋白

纤连蛋白（fibronectin, FN）是高分子量糖蛋白，含糖 4.5%～9.5%，由两个亚基通过 C 端形成的二硫键交联形成，每个亚基的分子质量为 220～250 kDa，整个分子呈 V 形（图 16-21）。

纤连蛋白一般由两个相似的亚基组成，每个亚基都是同一基因的表达产物，只是转录后差别剪接而产生不同的 mRNA。用低浓度蛋白酶从纤连蛋白各个结构域间的特异位点切断后，就可确定每个结构域的结合活性。分析发现，纤连蛋白的每个亚基有数个结构域。这些结构域有的能识别并结合胞外基质组分，如能结合Ⅰ、Ⅱ及Ⅳ型胶原、肝素及凝血蛋白——血纤维蛋白（fibrin），有的能识别并结合细胞表面受体（图 16-21）。这些与细胞表面受体结合的结构域中含有 RGD 三肽序列。如

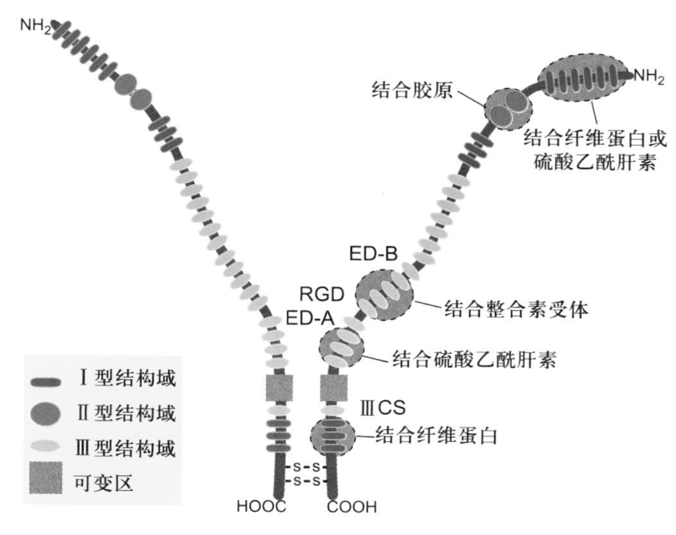

图 16-21　纤连蛋白二聚体结构示意图

两个亚基在 C 端通过两个二硫键连接在一起形成二聚体，每个亚基折叠后形成 5~6 个结构域，每个结构域能够结合特异的分子或者细胞。

果将人工合成的含有 RGD 三肽序列的短肽偶联在固体物表面，则细胞很容易附着上去。

纤连蛋白的细胞表面受体是整联蛋白家族成员，受体的胞外功能域有与 RGD 三肽序列高亲和性的结合部位，因此纤连蛋白具有介导细胞黏着的功能。纯化的纤连蛋白可增强细胞间黏着及细胞与胞外基质的黏着。

纤连蛋白有助于维持细胞形态。纤连蛋白能结合细胞表面受体和胶原等胞外基质，因此纤连蛋白就像一个分子“桥”，将细胞锚定在胞外基质上。这种锚定作用可以通过实验加以说明，如将细胞培养在有纤连蛋白的表面上，细胞很容易就贴壁生长，形态变得扁平，而且细胞内的肌动蛋白纤维的排列形式与胞外纤连蛋白的排列形式类似，由此认为肌动蛋白纤维的定向与组织形式对细胞形态及其维持具有明显的决定作用。研究还发现，很多种癌细胞不能合成纤连蛋白，不但丧失了正常的细胞形态，还脱离胞外基质。如果为这些癌细胞提供纤连蛋白，则细胞形态和结合胞外基质的能力都可以恢复到正常水平。这说明纤连蛋白可能涉及细胞癌变与迁移过程。

纤连蛋白还促进细胞迁移。一个典型的例子是两栖类胚胎发生早期神经嵴细胞的迁移。在神经管形成时，神经嵴细胞从神经管的背侧迁移到胚胎各个区域，分化成神经节、色素细胞等不同类型的细胞。显微注射抗纤连蛋白受体的抗体或含 RGD 序列的短肽，可以阻断细胞与纤连蛋白的结合，从而阻止细胞的迁移，形成异常胚胎。

此外，纤连蛋白还有助于血液凝固和创伤修复。血浆纤连蛋白（plasma fibronectin）是在血液中存在的一种可溶性的纤连蛋白。在血凝块形成过程中，血浆纤连蛋白能结合血纤维蛋白，并促进血小板附着于血纤维蛋白上。纤连蛋白还指引巨噬细胞和其他免疫细胞迁移到受损部位，促进创伤修复。

（二）层粘连蛋白

层粘连蛋白（laminin, LN）是另外一种粘连蛋白，不像纤连蛋白那样分布广泛，层粘连蛋白主要分布于各种动物胚胎及成体组织的基膜。层粘连蛋白是高分子量糖蛋白（820 kDa），不仅含糖量很高（占 25%～30%），而且糖链结构也最为复杂，层粘连蛋白通过二硫键将一条 α 链（400 kDa）、一条 β 链（220 kDa）及 γ 链（210 kDa）连在一起，分子外形似“十”字形状，3 条短臂各由 3 条肽链的 N 端序列构成（图 16-22）。如纤连蛋白一样，层粘连蛋白也有多个不同的结构域，可与Ⅳ型胶原、肝素等胞外基质组分结合，还可通过自身的

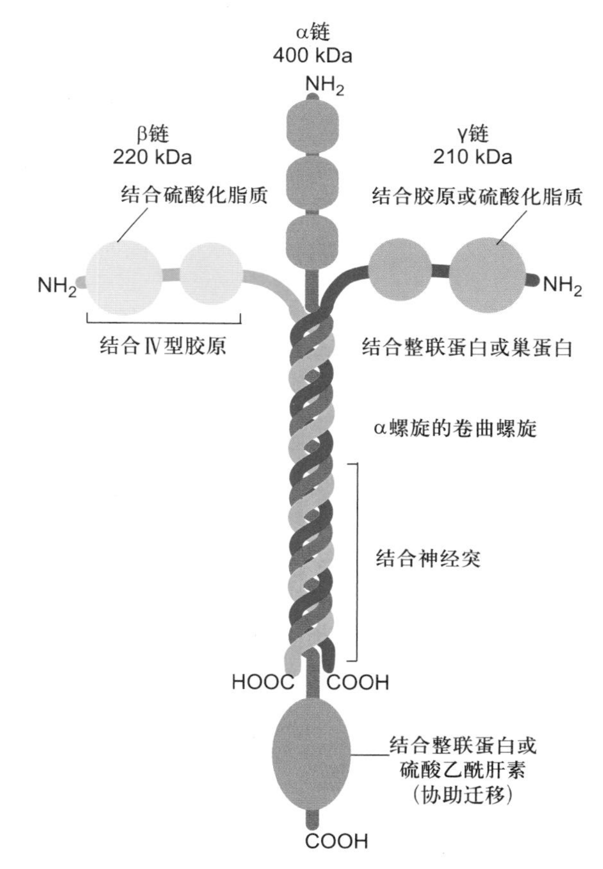

图 16-22　层粘连蛋白分子结构示意图

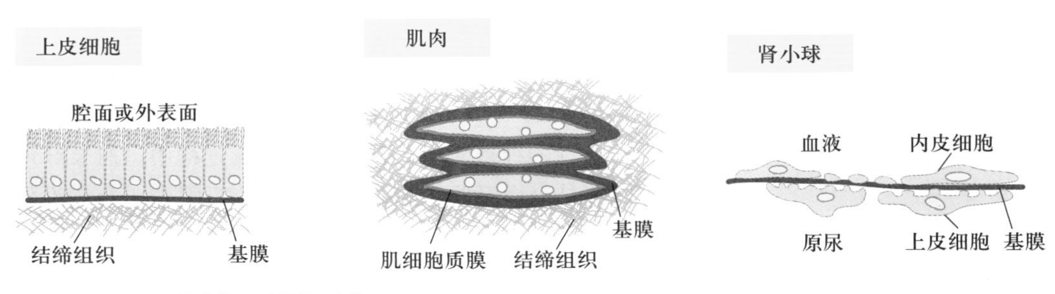

图 16-23　**基膜的三种组织形式**

RGD 三肽序列与细胞质膜上的整联蛋白结合。因此，层粘连蛋白也是分子“桥”，将细胞锚定在基膜上。

五、基膜与细胞外被

（一）基膜

基膜（basal lamina, basement membrane）是一种特化的胞外基质结构，通常位于上皮层的基底面，厚 40～120 nm，将上皮细胞与结缔组织分开。此外，在肌细胞和脂肪细胞表面、血管内皮细胞下面、施万细胞（Schwann cell）的表面也有基膜（图 16-23）。

基膜主要成分为Ⅳ型胶原、层粘连蛋白、巢蛋白（nidogen）以及基膜蛋白聚糖等。层粘连蛋白在基膜中发挥了重要作用，因为层粘连蛋白具有多个不同的功能结构域，既能与Ⅳ型胶原结合，也能与细胞表面受体结合，从而将细胞与基膜紧密结合在一起。

基膜不仅对组织起结构支撑作用，同时还具有调节分子通透性以及作为细胞运动的选择性通透屏障。如在肾中，基膜参与构成一种过滤装置，可允许小分子从血液进入尿液，而阻止血液中蛋白质进入尿液。在表皮细胞层下的基膜可阻止结缔组织中的细胞进入表皮，而允许参与免疫作用的白细胞进入。此外，基膜还能决定细胞的形态与极性，影响细胞代谢，促进细胞存活、增殖、分化甚至迁移，在组织再生中也发挥了重要作用。

（二）细胞外被

细胞外被（cell coat）又称糖萼（glycocalyx），指细胞质膜外表面覆盖的一层黏多糖物质（图 16-24A）。几乎所有的整合膜蛋白及某些膜脂分子都与糖链分子共价相连形成糖蛋白和糖脂，这些突出于细胞表面的糖链分子就形成了糖萼（图 16-24B）。所以，细胞外被是细胞质膜的正常结构组分，它与胞外基质在空间分布、成分及功能等方面都不一样。细胞外被不仅对细胞膜起保护作用，而且在细胞识别中起重要作用。

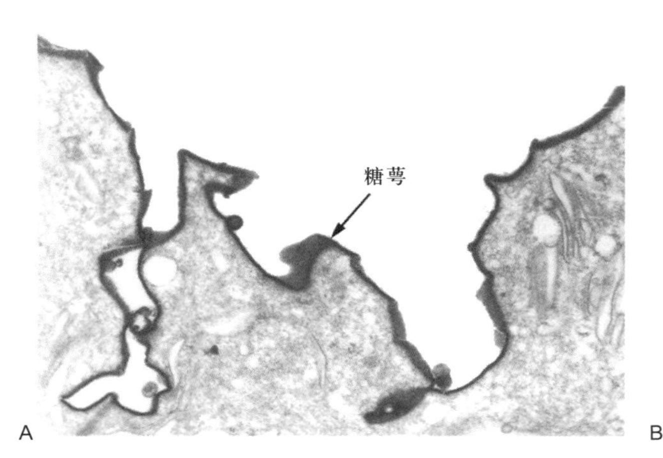

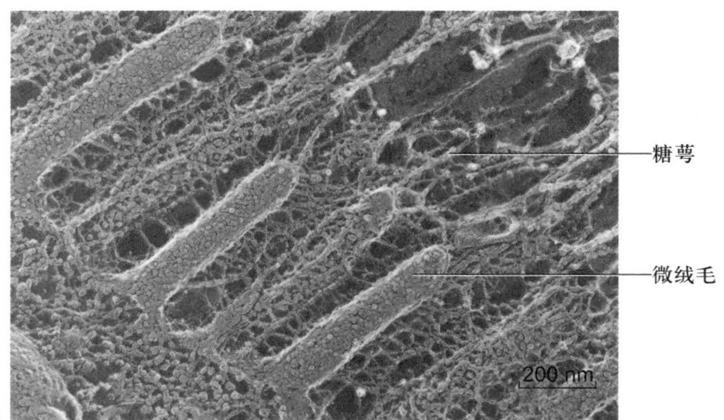

图 16-24　**细胞外被**

A. 小鼠膀胱上皮细胞表面的糖萼，钌红染色的电镜超薄切片。B. 蛙小肠上皮细胞表面突出的与膜脂及膜蛋白共价连接的糖萼（糖链分子）。（A 图由梁凤霞博士和丁明孝提供；B 图由 Bechara Kachar 博士惠赠）

六、植物细胞壁

动物细胞具有不同组织形式的胞外基质，而对植物、真菌、藻类和原核细胞而言，其胞外基质不但与动物细胞胞外基质在成分上不同，而且组织形式也不一样。植物、真菌、藻类和原核细胞的胞外基质形成不同类型的细胞壁（cell wall）。植物细胞坚韧的细胞壁赋予细胞强度，保护细胞免受机械损伤以及病原体感染。此外，细胞壁还发挥渗透屏障作用，小分子物质，如水、离子、单糖、氨基酸等都能顺利通过细胞壁，而分子质量高于 20 kDa 的蛋白质则很难通过细胞壁。正因为细胞壁对物质通透的渗透屏障性，在植物细胞间起信号作用的激素的分子量都小于 1 000。

（一）细胞壁的化学组成与结构

植物细胞壁与动物细胞胞外基质的来源一样，也是由细胞分泌的。植物细胞壁由大分子构成，主要成分是多糖，包括纤维素、半纤维素、果胶质等。

1. 纤维素

纤维素（cellulose）是由葡萄糖分子以 β（1→4）糖苷键连接起来的线性多聚体分子。纤维素分子集聚成束，形成长的微原纤维（microfibre），微原纤维的走向受细胞质中微管网架的影响。纤维素分子为细胞壁提供了抗张强度。

2. 半纤维素

半纤维素（hemicellulose）是由木糖、半乳糖和葡萄糖等组成的高度分支的多糖，通过氢键与纤维素微原纤维连接。半纤维素的分支有助于将微原纤维彼此连接或介导微原纤维与其他基质成分（例如果胶质）连接。果胶质像透明质酸一样，含有大量携带负电荷的糖基，如半乳糖醛酸等。果胶质结合诸如 Ca^{2+} 等阳离子，被高度水化，可形成凝胶，常用于食品加工。果胶质与半纤维素横向连接，参与细胞壁复杂网架的形成。

3. 伸展蛋白

伸展蛋白（extensin）是由大约 300 个氨基酸残基组成的糖蛋白，在植物细胞壁中含量可高达 15%。伸展蛋白含有大量羟脯氨酸残基，其肽链长度的一半是 Ser-Hyp-Hyp-Hyp 四肽序列的重复。大多羟脯氨酸含有 3～4 个阿拉伯糖残基的寡糖链，丝氨酸连接有半乳糖，糖的总量约占 65%。

4. 木质素

木质素（lignin）是由酚残基形成的水不溶性多聚体。次生细胞壁形成时，木质素开始合成，并以共价键与细胞壁多糖交联，大大增加了细胞壁的强度与抗降解力。

（二）初生细胞壁与次生细胞壁

植物细胞有两种细胞壁，即初生细胞壁（primary cell wall）和次生细胞壁（secondary cell wall）（图 16-25）。二者是在不同阶段由细胞分泌而成。

植物细胞壁最先形成的是中间层（middle lamella）（图 16-25），主要成分为果胶（pectin）。果胶是相邻细胞壁所共有的，起到将相邻细胞壁粘连在一起的作用。

分泌合成的第二个区域是初生细胞壁。初生细胞壁是在细胞生长时期合成的，由纤维素、半纤维素、果胶和糖蛋白等组成。初生细胞壁可看成为凝胶样基质，纤维素埋于其中。

当细胞停止生长后，多数细胞会分泌合成次生细胞壁。次生细胞壁与初生细胞壁相比，往往还含有木质素，但基本不含有果胶。这使得次生细胞壁非常坚硬。

细胞壁中某些寡糖成分可作为信号物质，当外界病原体入侵时，真菌或植物细胞壁中的多糖水解产生特定的寡糖组分，它们可诱导编码植保素合成酶的基因表达，产生植保素（phytoalexin）杀死病原体。有证据显示，细胞壁多糖中的某些寡糖片段可以作为细

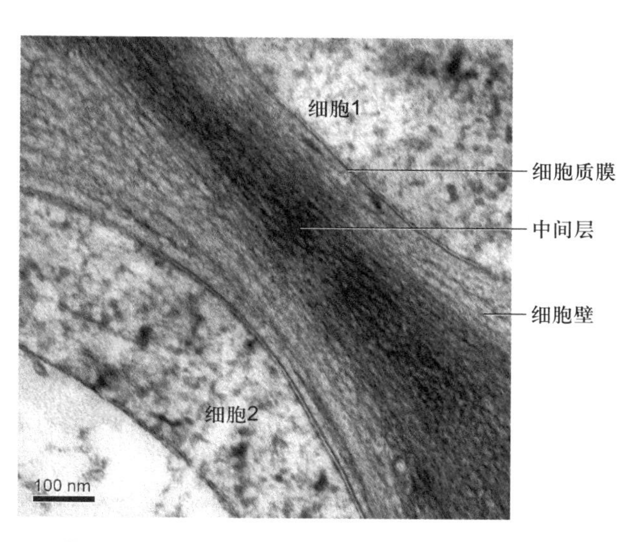

图 16-25　拟南芥细胞壁与中间层（祝建博士惠赠）

胞生长和发育的信号物质。在植物细胞壁中，也发现类似动物细胞的蛋白聚糖，如阿拉伯半乳聚糖蛋白(arabinogalactan protein)，其分布广泛且含量丰富，它们与植物组织发育、细胞增殖及胚胎发生中所涉及的细胞间信号转导和细胞与胞外基质的相互作用相关。

思考题

1. 细胞通过哪些方式产生社会联系？细胞社会联系有何生物学意义？
2. 细胞连接有哪几种类型，各有什么功能？
3. 细胞黏着分子与胞外基质成分有哪些，分别有什么功能？
4. 密封蛋白 –1（claudin-1）是形成紧密连接并发挥其功能的主要蛋白。试推测缺失 claudin-1 的小鼠出生后，其皮肤保持水份的能力发生什么变化。在体外，若小鼠成纤维细胞表达 claudin-1 蛋白，那么成纤维细胞间是否会形成紧密连接？细胞分泌胞外基质是否发生改变？

参考文献

1. Boggon T J, Murray J, Chappuis-Flament S, *et al*. C-cadherin ectodomain structure and implications for cell adhesion mechanisms. *Science*, 2002, 296(5571): 1308-1313.
2. Elias L A B, Wang D D, Kriegstein K R. Gap junction adhesion is necessary for radial migration in the neocortex. *Nature*, 2007, 448 (7156): 901-907.
3. Gallant N D, Michael K E, García A J. Cell adhesion strengthening: contributions of adhesive area, integrin binding, and focal adhesion assembly. *Molecular Biology of the Cell*, 2005, 16(9): 4329-4340.
4. Geiger B, Bershadsky A, Pankov R, *et al*. Transmembrane crosstalk between the extracellular matrix and the cytoskeleton. *Nature Reviews Molecular Cell Biology*, 2001, 2(11): 793-805.
5. Gelse K, Pöschl E, Aigner T. Collagens—structure, function, and biosynthesis. *Advanced Drug Delivery Reviews*, 2003, 55(12): 1531-1546.
6. Green K J, Gaudry C A. Are desmosomes more than tethers for intermediate filaments? *Nature Reviews Molecular Cell Biology*, 2000, 1(3): 208-216.
7. Ploss A, Evans M J, Gaysinskaya V A, *et al*. Human occludin is a hepatitis C virus entry factor required for infection of mouse cells. *Nature*, 2009, 457(7231): 882-886.
8. Ross T D, Coon B G, Yun S, *et al*. Integrins in mechanotransduction. *Current Opinion in Cell Biology*, 2013, 25(5): 613-618.

附　录　细胞生物学相关领域诺贝尔奖获奖情况

年份	获奖人	奖项	获奖者研究领域
2019	William G. Kaelin Jr, Peter J. Ratcliffe, Gregg L. Semenza	P/M	细胞如何感知和适应氧气供应
2018	James P. Allison，本庶佑	P/M	通过抑制负向免疫调节来治疗癌症
	Frances H. Arnold	C	酶的定向进化
	George P. Smith, Gregory P. Winter		噬菌体展示技术
2017	Jeffrey C. Hall, Michael Rosbash, Michael W. Young	P/M	发现了控制昼夜节律的分子机制
	Jacques Dubochet, Joachim Frank, Richard Henderson	C	开发冷冻电子显微镜用于溶液中生物分子的高分辨率结构测定
2016	大隅良典	P/M	发现了细胞自噬的机制
2015	William C. Campbell, 大村智	P/M	发现治疗丝虫寄生虫新疗法
	屠呦呦		发现治疗疟疾的新疗法
	Tomas Lindahl, Paul Modrich, Aziz Sancar	C	DNA 修复的细胞机制研究
2014	John O'Keefe, May-Britt Moser, Edvard I. Moser	P/M	发现构成大脑定位系统的细胞
	Eric Betzig, Stefan W. Hell, William E. Moerner	C	超分辨率荧光显微技术领域取得的成就
2013	James E. Rothman, Randy W. Schekman, Thomas C. Südhof	P/M	发现了细胞囊泡运输与调节机制
2012	Sir John B. Gurdon	P/M	细胞核重编程技术
	山中伸弥		发现成熟细胞可被重写成多功能细胞
	Robert J. Lefkowitz, Brian K. Kobilka	C	对 G 蛋白偶联受体的研究
2011	Bruce A. Beutler, Jules A. Hoffmann	P/M	对于先天免疫机制激活的发现
	Ralph M. Steinman		发现树突细胞和其在获得性免疫中的作用
2010	Robert G. Edwards	P/M	体外受精技术和试管婴儿技术
2009	Elizabeth H. Blackburn, Carol W. Greider	P/M	端粒和端粒酶在保护染色体结构完整中的作用
	Venkatraman Ramakrishnan, Thomas A. Steitz, Ada E. Yonath	C	对核糖体结构与功能的研究
2008	Harald zur Hausen	P/M	发现乳头瘤病毒导致宫颈癌
	Françoise Barré-Sinoussi, Luc Montagnier		发现人类免疫缺陷病毒 HIV
	Osamu Shimomura, Martin Chalfie, Roger Y. Tsien	C	绿色荧光蛋白（GFP）的发现和应用
2007	Mario R. Capecchi, Sir Martin J. Evans, Oliver Smithies	P/M	发明利用胚胎干细胞在小鼠中进行特异的基因修饰（即基因敲除技术）
2006	Andrew Z. Fire, Craig C. Mello	P/M	RNA 干扰——双链 RNA 能够沉默基因表达
	Roger D. Kornberg	C	真核生物转录的分子基础
2005	Barry J. Marshall, J. Robin Warren	P/M	发现幽门螺旋菌（*Helicobacter pylori*）及其在胃肠道疾病中的作用
2004	Richard Axel, Linda B. Buck	P/M	发现气味分子受体和嗅觉系统的组成
	Aaron Ciechanover, Avram Hershko, Irwin Rose	C	发现泛素介导的蛋白质降解途径
2003	Peter Agre	C	发现水通道
	Roderick MacKinnon		离子通道的结构和功能
2002	Sydney Brenner, H. Robert Horvitz, John E. Sulston	P/M	器官发育的遗传基础和细胞的程序化死亡
2001	Leland H. Hartwell, R. Timothy Hunt, Paul M. Nurse	P/M	发现细胞周期的关键调控因子
2000	Arvid Carlsson, Paul Greengard, Eric R. Kandel	P/M	神经系统的信号转导

年份	获奖人	奖项	获奖者研究领域
1999	Günter Blobel	P/M	蛋白质固有的信号控制及其在细胞内的转移与定位
1998	Robert F. Furchgott, Louis J. Ignarro, Ferid Murad	P/M	NO 是体内重要的信号分子
1997	Stanley B. Prusiner Jens C. Skou Paul D. Boyer, John E. Walker	P/M C	发现朊病毒 Na^+–K^+ ATP 酶 ATP 合成机制
1996	Rolf M. Zinkernagel, Peter C. Doherty	P/M	免疫系统对病毒感染细胞的识别
1995	Edward B. Lewis, Christiane Nüsslein-Volhard, Eric F. Wieschaus	P/M	胚胎发育的基因调控
1994	Alfred Gilman, Martin Rodbell	P/M	G 蛋白的结构与功能
1993	Richard J. Roberts, Phillip A. Sharp Kary B. Mullis Michael Smith	P/M C	断裂基因和 RNA 合成 多聚酶链反应（PCR） 点突变（SDM）
1992	Edmond H. Fischer, Edwin G. Krebs	P/M	磷酸化与去磷酸化对酶活性的影响
1991	Erwin Neher, Bert Sakmann	P/M	膜片夹测定膜离子流量
1989	J. Michael Bishop, Harold E.Varmus Thomas R. Cech, Sidney Altman	P/M C	导致恶性转变的胞内基因 具有催化能力的 RNA
1988	Johann Deisenhofer, Robert Huber, Hartmut Michel	C	细菌光合作用反应中心
1987	Susumu Toneqawa	P/M	基因重排导致抗体的多样性
1986	Rita Levi-Montalcini, Tanley Cohen	P/M	神经生长因子
1985	Michael S. Brown, Joseph L. Goldstein	P/M	胆固醇代谢调节与胞吞作用的关系
1984	George Köhler, César Milstein Niels K. Jerne	P/M	单克隆抗体 抗体形成
1982	Aaron Klug	C	核酸蛋白复合物的结构
1980	Paul Berg Walter Gilbert, Frederick Sanger Baruj Bennnacerraf, Jean Dausset, George D. Snell	C P/M	重组 DNA 技术 DNA 测序技术 主要组织相容性复合物
1978	Werner Arber, Daniel Nathans, Hamilton Smith Peter Mitchell	P/M C	限制性内切酶技术 氧化磷酸化的化学渗透学说
1975	David Baltimore, Renato Dulbecco, Howard M. Temin	P/M	反转录酶与反转录病毒活性
1974	Albert Claude, Christian de Duve, George E. Palade	P/M	细胞内部组分的结构与功能
1972	Gerald M. Edelman, Rodney R. Porter Christian B. Anfinsen	P/M C	免疫球蛋白结构 蛋白质一级结构与四级结构的关系
1971	Earl W. Sutherland	P/M	激素作用机制及其与 cAMP 的关系
1970	Bernard Katz, Ulf S. von Euler, Julius Axelrod	P/M	神经冲动的扩大及传递
1969	Max Delbrück, Alfred D. Hershey, Salvador E. Luria	P/M	病毒的遗传结构
1968	H. Gobind Khorana, Marshall W. Nirenberg, Robert W. Holley	P/M	遗传密码 tRNA 的结构
1966	Peyton Rous Charles Brenton Huggins	P/M	致癌病毒 前列腺癌的激素治疗

年份	获奖人	奖项	获奖者研究领域
1965	François Jacob, André M. Lwoff, Jacques L. Monod	P/M	细菌操纵子及其信使 RNA
1963	John C. Eccles, Alan L. Hodgkin, Andrew F.Huxley	P/M	神经膜电位的离子作用机制
1962	Francis H. C. Crick, James D.Watson, Maurice H. F. Wilkins	P/M	DNA 的三维结构
	John C. Kendrew, Max F. Perutz	C	球蛋白的三维结构
1961	Melvin Calvin	C	光合作用中 CO_2 同化作用的生化机制
1960	F. Mac Burnet, Peter B. Medawar	P/M	抗体形成过程中克隆选择理论
1958	George W. Beadle, Edward L.Tatum	P/M	基因决定蛋白质
	Joshua Lederberg		遗传重组
	Frederick Sanger	C	蛋白质一级结构

P/M: Physiology or Medicine Prize（生理学或医学奖）；C: Chemistry Prize（化学奖）。

索 引

A

B

C

D

E

F

G

H

J

K

L

M

Y

Z